신호 및 전원 무결성 3판

Signal and Power Integrity SIMPLIFIED

Third Edition

Eric Bogatin 지음
유태훈 · 권종화 · 김지성 · 박현호 · 송익환 · 안승영 옮김

Eric Bogatin

Pearson Modern Semiconductor Design Series
Pearson Signal Integrity Library

도서출판 학산미디어

책을 완성하기 위해서는 저자의 헌신이 필요하므로
책을 바치는 일을 '헌정'이라고 합니다.
모든 저자가 말하듯이 책을 쓰는 일은 사회 활동과는 정반대로
혼자서 하는 고독한 과정입니다. 글쓰기와 연구에 몰두하다 보면
현실 세계를 점점 더 많이 차단하기 쉽습니다.
성공한 작가는 결혼하지 않았거나
창의력을 샘솟게 하는 환경을 제공하며
지원을 아끼지 않는 배우자와 결혼한 경우입니다.

제 아내 수잔(Susan)은 제가 혼자 책을 쓰는 과정을
참고 견뎌주었고 1판과 2판, 3판을 완성하기 위해
헌신할 수 있는 공간을 마련해 주었습니다.
동시에 현실 세계에 내린 저의 닻이 되어
혼자 하는 일과 사회생활 사이에서
건전한 균형을 유지하게 해 주었습니다.
3판은 제 노력만큼이나 그녀의 노력 덕분입니다.
3판을 제 아내 수잔에게 바칩니다.

[제3판 서문]

이 책『Signal and Power Integrity—Simplified』 3판에는 2판에 중요한 부분을 새로 추가하였는데 바로 각 장의 끝부분에 있는 이해도를 테스트하고 강화하는 질문과 문제이다.

학생과 엔지니어는 이러한 질문에 답하고 문제를 풀어보면서 각 장에서 중요한 메시지를 습득하고 실제 문제를 해결하는 데 학습한 원리를 적용할 수 있는지 확인할 수 있다.

『Signal and Power Integrity—Simplified』 2판 출간 이후에 신호 무결성과 전원 무결성의 원리와 응용 방법과 분야는 달라지지 않았다. 전 세계를 돌아다니며 이 주제에 대해 강의하면서 그 어느 때보다 근본 원리가 중요하다는 것을 깨달았다.

기본 엔지니어링 원리와 간단한 근사식을 실제 문제에 적용하여 복잡해 보이는 문제까지도 해결할 수 있고 귀중한 통찰력을 얻을 수 있다는 사실에 놀랄 때가 많다. 이 책이 강조하는 바가 바로 이것이다.

이 책의 1판과 2판은 전 세계 수천 명의 엔지니어를 대상으로 신호 무결성과 전원 무결성 강의를 진행하면서 얻은 결과를 바탕으로 집필하였다. 이번 3판은 고속 직렬 링크를 사용하는 몇 가지 최신 사례와 콜로라도 대학교 볼더(University of Colorado Boulder) 캠퍼스에서 내 강의를 수강한 130여 명의 대학원생의 의견을 바탕으로 개정하였다. 학생들로부터 가장 많이 받은 피드백은 이해를 강화하고 테스트하는 데 도움이 되는 연습 문제를 원한다는 것이었다. 전문 엔지니어들에게 각 장의 끝에 문제를 추가한다고 말했을 때 압도적인 지지를 받았다.

엔지니어들은 도전적인 퍼즐과 문제를 좋아한다. 어려운 문제에 직면하고 이를 해결할 때마다 걸림돌을 디딤돌로 바꾸어 놓는다.

사람들은 종종 '직접 해보면서 가장 잘 배운다'라는 말을 하곤 하지만 나는 이 말이 완전히 맞는 말이라고는 생각하지 않는다. 나는 직접 해보는 활동에서 배운다고 생각하지 않는다. 직접 '해보는' 과정을 통해, 근본 원리를 공부하면서 얻은 이해를 더욱 강화할 수 있다고 생각한다. 실험실에서 측정 결과를 해석하거나 시뮬레이션을 수행하거나 문제를 해결하는 등 근본 원리를 실제 현상에 적용할 때 머릿속에 있는 문제 해결 과정을 실행해보며 원리를 적용하는 방법을 알 수 있다. 엔지니어들은 문제를 해결하면서 "마침내 이해가 되었다"라고 내게 말했다.

이 책의 각 장의 맨 뒤에는 원리를 생각하게 만들어 결국 원리를 깨달을 수 있도록 도움을 주는 20~35개의 복습문제가 있다. 부록 D에는 복습문제의 답이 수록되어 있다. 추가 보충 정보는 웹사이트 www.beTheSignal.com에서 확인할 수 있다.

2017년 9월

에릭 보가틴

[제2판 서문]

『Signal Integrity—Simplified』 1판이 출간된 이후로 신호 무결성의 원리는 달라지지 않았다.

하지만 고속 직렬 링크 사용이 늘어나고 전원 무결성이 신제품 출시의 성공과 실패에 중요한 역할을 하고 있다는 점은 달라졌다.

이번 2판에서는 여러 장에서 특히 차동 쌍과 손실에 대해 세부 사항과 사례를 더욱 자세히 다루고 있다. 또한, 오늘날 엔지니어와 설계자의 요구를 충족할 수 있는 강력한 기반을 제공하기 위해 두 개의 새로운 장을 추가하였다.

새로 추가한 12장에서는 신호 무결성 응용 분야에서 사용되는 S 파라미터를 자세히 소개하고 있다. 고속 직렬 링크를 다루다 보면 S 파라미터를 접하게 된다. S 파라미터는 주파수 영역의 낯선 용어로 작성되어 있으므로 고속 디지털 설계자에게는 다소 어렵게 느껴질 수 있다. 이 책의 다른 모든 장과 마찬가지로 12장에서는 S 파라미터의 이러한 표현 방식을 이해하는 데 탄탄한 기초를 제공하여 모든 엔지니어가 S 파라미터의 강력한 기능을 활용할 수 있도록 도와준다.

12장에 이어 새로 추가한 13장에서는 전원 무결성에 대해 다룬다. 이 중요한 주제는 점점 더 설계 엔지니어의 몫이 되고 있다. 고속 응용 분야의 경우 전원 분배 경로를 이루고 있는 인터커넥트는 전원 공급뿐만 아니라 신호의 귀환 경로와 EMC 인증 시험의 통과에도 영향을 미친다.

13장에서는 전원 분배 인터커넥트의 역할을 소개하고, 설계와 기술의 선택이 전원 분배 네트워크의 성능을 어떤 방식으로 좋게 만들고 나쁘게 만드는지 설명한다. 평면 임피던스, 확산 인덕턴스, 디커플링 커패시터, 커패시터의 루프 인덕턴스의 근본 원리를 소개한다. 여기에서 얻는 값진 통찰력은 엔지니어의 직관력을 기르는 데 도움을 주고 이를 통해 창의력을 발휘하여 새로운 설계 방법을 통합할 수 있게 해준다. 설계를 하고 그 설계의 성능을 분석하여 비용 대비 성능의 절충요소들을 탐색하고 PDN 임피던스 프로파일을 완벽하게 조정해 만들어낼 수 있도록 한다.

신호 무결성을 처음 접하는 경우라면 이 책『Signal and Power Integrity—Simplified』 2판은 신호 무결성에 대해 강력한 기초를 다질 수 있는 출발점을 제공하고 신호 무결성 설계를 새로 시작할 때마다 처음부터 올바르게 이를 수행하는 데 도움을 줄 것이다.

[제1판 서문]

"모든 것은 가능한 한 단순하게 만들어야 한다. 단 지나치게 단순해지지는 않게"
(Everything should be made as simple as possible, but not simpler.)
– 아인슈타인(Albert Einstein)

인쇄 회로 기판(printed circuit-board, PCB)과 IC 패키지 설계는 레이아웃(layout), CAD, 논리 설계(logic design), 열전달, 기계 공학, 신뢰성 분석에 대한 전문 지식이 필요한 분야였다. 최신 디지털 전자 시스템이 1 GHz의 장벽을 넘어서면서 패키징과 기판 설계자는 이제 이와 관련된 사항들을 포함하여 신호 무결성과 전기적 성능 사이에서 균형을 맞춰야 한다.

제품의 물리적 설계에 관여하는 모든 사람은 성능에 영향을 미칠 가능성이 있다. 모든 설계자는 자신이 하는 일이 신호 무결성에 어떤 영향을 미치는지 이해해야 한다. 아니면 최소한 신호 무결성을 담당하는 엔지니어와 대화를 할 수 있어야 한다.

작동하기를 바라며 시제품(prototype)을 제작하고 나서 테스트를 통해 문제를 알아내는 기존의 설계 방법론은 비용과 성능만큼이나 출시 시점이 중요한 요즘에는 더 이상 비용면에서 효과적이지 않다. 처음부터 신호 무결성을 고려하지 않으면 설계한 제품이 처음부터 제대로 작동할 가능성이 거의 없다.

패키징과 인터커넥트(interconnect)가 더 이상 신호에 대해 전기적으로 투명하지 않은 새로운 '고속' 세상에서는 처음부터 제품을 올바르게 설계하기 위한 새로운 방법론이 필요하다. 이 새로운 방법론은 예측 가능성을 기반으로 한다. 첫 번째 단계는 공학 분야의 지식을 기반으로 확립된 설계 지침을 사용하는 것이다. 두 번째 단계는 "숫자를 넣어서" 예상되는 성능을 평가하는 것이다. 이것이 바로 공학(engineering)과 추측(guesswork)을 구분한다. 새로운 방법론에서는 경험 규칙(rule of thumb), 해석적 근사식(analytic approximation), 수치 시뮬레이션 도구(numerical simulation tool), 측정(measurement)이라는 네 가지 중요한 도구가 활용된다. 효율적인 설계와 시뮬레이션 과정을 통해 예상 성능과 최종 비용 사이의 여러 가지 트레이드오프(trade-off) 요소들을 설계 주기(design cycle)의 초기에 평가할 수 있는데 이는 시간, 위험, 비용 절감에 가장 큰 영향을 미친다. 신호 무결성 문제를 해결하는 방법은 먼저 문제의 원인을 파악한 다음, 가지고 있는 모든 도구를 이용하여 최적의 해결책을 찾고 이를 검증하는 것이다.

설계 과정은 직관적인 과정이다. 새로운 문제 해결 방식에 대한 영감은 상상력과 창의력이라는 신비로운 세계에서 비롯된다. 아이디어가 떠오르면 기술 교육을 통해 습득한 분석력이 그 아이디어를 실용적인 해결책으로 발전시킨다. 컴퓨터 시뮬레이션은 해결책을 최종적으로 검증하는 데 절대적으로 필요하지만, 직관적인 이해에는 거의 도움이 되지 않는다. 그보다는 메커니즘, 원리, 정의를 이해하고 가능성을 확인하는 것이 해결책을 만드는 데 도움이 된다. 처음에 추측을 시작하고 해결책을 찾아야 할 부분을 알아내려면 이해와 상상력이 필요하다.

이 책은 직관적인 접근 방식을 강조한다. 온칩(on-chip)에서 패키지, 회로 기판, 커넥터, 케이블에 이르기까지 전체 계층 구조에 적용되는 인터커넥트와 물질의 전기적 특성을 이해하는 데 필요한 틀을 제공한다.

산업계에서 사용되는 혼동되고 때로는 모순되는 말과 용어로 어려움을 겪고 있는 사람은 이 책을 여기에서 벗어나는 출발점으로 삼을 수 있다.

전기, 전자 분야에서 설계 경험이 있는 사람은 이 책을 통해 수식의 의미를 최종적으로 이해할 수 있다.

이 책은 모든 용어(항목)를 기초부터 소개하고 있다. 예를 들어, 전송선로의 임피던스는 인터커넥트의 가장 기본적인 전기적 특성이다. 이 임피던스는 신호가 전기적으로 무엇을 바라보고 인터커넥트와 어떻게 상호 작용하는지 나타낸다. 신호 무결성을 처음 접하는 경우, 대부분의 문제는 세 가지 용어 – 특성 임피던스(characteristic impedance), 임피던스(impedance), 신호가 바라보는 순시 임피던스(instantaneous impedance) – 를 혼동하는 데에서 발생한다. 이 용어들을 구분하는 것은 숙련된 엔지니어에게도 중요하다. 이 책은 복잡한 수학 없이 이들 용어와 각각의 의미를 소개한다.

이 책에서는 몇 가지 새로운 주제들을 기초적인 수준으로 설명하고 있는데 다른 신호 무결성 책에서는 이 정도 수준으로 다루지 않는다. 여기에 해당하는 주제로는 부분 인덕턴스[partial inductance(루프 인덕턴스와는 다른 것임)], 접지 바운스와 EMI의 근본 원인, 임피던스, 전송선로 불연속, 차동 임피던스, 아이 다이어그램의 눈 붕괴(eye collapse)에 영향을 미치는 손실 전송선로의 감쇠가 있다. 이들 주제는 새로운 고속 직렬 링크에서 매우 중요해졌다.

최단 시간에 최상의 해답을 찾아야 하는 실무 엔지니어에게는 기본 원리를 이해하는 것 외에도 다양한 상용 도구를 활용하는 것이 매우 중요하다. 신호 무결성 문제를 해결하기 위한 도구는 분석(analysis)과 특성화(characterization)라는 두 가지 분야로 나뉜다. 분석은 일반적으로 계산이라고 부르는 것이고, 특성화는 일반적으로 측정이라고 부르는 것이다. 다양한 도구와 사용 지침과 이들을 사용해야 하는 시점, 그리고 이들의 가치를 보여주는 사례들을 책 전체에 걸쳐 소개하고 있다.

분석 도구에는 경험 규칙, 해석적 근사식, 수치 시뮬레이션의 세 가지 종류가 있다. 각 도구는 정확도와 사용하는 데 드는 시간과 노력의 측면에서 서로 다르다. 세 가지 도구에는 저마다 올바른 사용법과 잘못된 사용법이 있다. 세 가지 도구는 모두 중요하며 모든 엔지니어가 활용할 수 있어야 한다.

"도선의 자기 인덕턴스(self inductance)는 약 25 nH/inch이다."와 같은 경험 규칙은 "지금 당장 괜찮은 답이 뒤늦은 정답보다 더 중요"한 상황에서 필요하다. 극소수의 예외를 제외하고 신호 무결성에 사용되는 모든 방정식은 정의이거나 근사식이다.

근사식은 설계 공간을 탐색하고 설계와 성능의 균형을 맞추는 데 유용하다. 하지만 특정 근사식이 실제로 얼마나 정확한지 모른다면, 이 근사식에 근거해서 10,000달러의 비용과 4주간의 일정을 감수하면서 기판을 제작할 사람이 어디 있을까?

예를 들어 설계를 최종 승인할 때와 같이 정확도가 중요한 경우에는 수치 시뮬레이션이 적합한 도구이다. 지난 5년 사이에 완전히 새로운 세대의 도구가 등장했다. 이 새로운 도구는 사용하기 쉽고 정확하다는 강력한 능력을 가지고 있다. 이 도구는 모든 단면의 전송선로에 대해 특성 임피던스, 크로스토크, 차동 임피던스를 예측하고 모든 유형의 종단 방식에 따라 신호가 어떻게 영향을 받는지 시뮬레이션할 수 있다. 이 차세대 도구를 사용하는 데는 박사 학위가 없어도 되므로 모든 엔지니어가 이 도구를 활용하지 못할 이유가 없다.

시뮬레이션의 품질은 구성요소의 전기적 표현(즉, 등가 회로 모델)의 품질에 좌우된다. 엔지니어는 정보 처리를 수행하는 게이트의 회로 모델에 대해 배우지만 인터커넥트의 회로 모델을 자세히 검토하는 경우는 거의 없다.

인터커넥트가 신호에게 투명하게 보였던 15년 전에는 모든 인터커넥트를 임피던스와 시간 지연이 없는 이상적인 도선으로 간주하였다. 이들 용어가 추가되었을 때는 이들을 "기생성분(parasitic)"으로 한데 묶어 다루었다.

오늘날 클록 주파수가 약 100 MHz 이상인 고속 디지털 시스템에서 신호 무결성 문제를 일으키고 제품이 처음에 제대로 작동하지 못하게 만드는 것은 와이어 본드, 패키지 리드, 핀, 회로 기판 트레이스, 커넥터, 케이블 등의 실제 도선이다. 이러한 '아날로그' 효과들을 이해하고, 이들을 고려하여 설계하고, 이들을 정확한 값으로 명시하고, 설계를 하드웨어로 구현하기 전에 이들을 시스템 시뮬레이션에 포함시켜 검증하면 더욱 견고한 제품을 더욱 빠르게 시장에 출시할 수 있다.

이 책은 칩 패키징, 기판, 커넥터, 인터커넥트의 설계에 관여하는 모든 엔지니어와 관리자가 이러한 수동 요소들이 시스템의 전기적 성능에 어떤 영향을 미치고 이들을 시스템 시뮬레이션에 어떻게 통합하는지 이해할 수 있는 도구들을 제공한다. 또한, 중요한 전기적 파라미터를 공학적으로 추정하고 기술 트레이드오프(technology trade-off) 요소들을 평가하는 방법을 설명한다. 이 책에는 온칩 인터커넥트, 와이어 본드, 플립 칩 부착(flip chip attach), 다층 회로 기판, DIP, PGA, BGA, QFP, MCM 커넥터, 케이블을 비롯한 다양한 일반 시스템의 사례가 실려 있다.

대부분의 책이 이론적 유도와 수학적 엄밀성을 강조하지만, 이 책은 직관적 이해, 실용적 도구, 공학적 규칙을 강조한다. 이 책에서는 전기, 전자 공학과 물리학의 원리를 패키징과 인터커넥트의 세계에 적용하여 이해의 토대와 문제 해결의 방법론을 확립하고 있다. 시간 영역과 주파수 영역 측정, 2차원과 3차원 전자기장 솔버, 전송선로 시뮬레이션, 회로 시뮬레이터, 해석적 근사식 등의 도구를 활용하여 패키지와 인터커넥트에 대한 검증된 등가 회로 모델을 구축하고 있다.

모든 설계자는 자신이 사용하는 모델에 대해 두 가지 중요한 질문을 해야 한다. '얼마나 정확한가?', 그리고 '모델의 대역폭은 얼마인가?' 이 두 질문에 대한 답은 측정을 통해서만 얻을 수 있다. 측정은 위험을 줄이는 데 매우 중요한 역할을 한다.

이 책에서는 임피던스 분석기, 벡터 네트워크 분석기(VNA), 시간 영역 반사계(TDR)라는 세 가지 일반적인 측정 장비를 소개하고 측정한 데이터의 해석에 관해 설명한다. IC 패키지, PCB, 케이블, 커넥터와 같은 실제 인터커넥트에서 측정한 사례를 통해 원리를 설명하고 특성화 도구(characterization tool)의 가치를 설명한다.

이 책은 엔지니어, 프로젝트 관리자, 영업 및 마케팅 관리자, 기술 개발자, 과학자 등 다양한 수준의 전문 지식을 갖추고 있고 교육을 받은 사람들이 사용할 수 있도록 구성되어있다. 고속 디지털 시스템용 인터커넥트를 설계하기가 어려운 이유에서 시작하여 고주파에서 제대로 동작하기 위해서 극복해야 하는 주요 기술적 장애물에 대해 개략적으로 설명한다.

모든 종류의 인터커넥트를 통해 전달되는 디지털 신호의 신호 무결성 문제에 전기, 전자 공학과 물리학의 도구들을 적용한다. 등가 회로 모델의 개념을 도입하여 성능의 정량적 예측을 용이하게 한다. 이 책의 나머지 부분에서는 인터커넥트의 회로 모델이 반사, 크로스토크, 전원 분배 네트워크의 레일 붕괴, EMI의 네 가지 측면에서 시스템의 전기적 성능에 어떤 영향을 미치는지 설명한다.

이 책은 패키징, 회로 기판, 설계 분야의 엔지니어를 대상으로 운영한 일련의 단기 강좌와 한 학기 강좌에서 시작되었다. 이 책은 시스템을 설계하는 데 있어서 패키징과 인터커넥트와 관련한 다양한 요소들과 전기적 성능 사이에서 균형을 맞추어야 하는 모든 사람을 대상으로 한다. 이 책은 구조와 물질 특성이라는 물리적 설계가 전기적 성능에 어떻게 영향을 미치는지 이해하는 데 필요한 기초를 제공한다.

신호 무결성에 대해 다른 것은 기억하지 못하더라도 다음 열 가지 중요한 일반 원칙은 반드시 기억해야 한다. 여기에 요약한 원칙들은 이 책 전체에 걸쳐 자세히 설명되어 있다.

신호 무결성 10대 원칙

1. 효율적인 고속 제품 설계의 핵심은 정확한 성능을 예측할 수 있는 분석 도구를 활용하는 것이다. 설계 과정을 검증하고 위험을 줄이며 설계 도구에 대한 신뢰도를 높이는 수단으로 측정을 활용하라.
2. 신화(잘못 알려진 사실)와 현실을 구분하는 유일한 방법은 경험 규칙, 근사식, 수치 시뮬레이션 도구, 측정을 사용하여 숫자로 표현하는 것이다. 이것은 공학 분야의 필수 요소이다.

3. 신호 경로와 귀환 경로를 가진 모든 전송선로는 선로의 길이, 모양, 그리고 신호의 상승 시간과 관계없이 모두 인터커넥트이다. 신호는 인터커넥트를 따라 내려가면서 각각의 순간에 순시 임피던스를 바라본다. 신호가 단면이 균일한 전송선로를 따라 전파하는 경우처럼 신호가 바라보는 순시 임피던스가 일정하면 신호 품질은 크게 향상된다.
4. 접지(ground)라는 단어는 잊어야 한다. 이 용어를 사용하면 문제가 해결되는 것이 아니라 오히려 발생한다. 모든 신호에는 귀환 경로가 있다. 반드시 귀환 경로를 생각하고, 신호 경로를 다룰 때처럼 주의를 기울여 귀환 경로를 찾아내고 다룰 수 있도록 직관을 기르는 훈련을 하도록 한다.
5. 전압이 변할 때마다 전류는 커패시터를 통과해 흐른다. 빠른 에지에 대해서는 회로 기판의 가장자리에 달린 도선조차도 도선과 바닥 사이의 공기 갭(air gap)에 분포하는 프린지 전기장의 커패시턴스에 의해 낮은 임피던스를 가질 수 있다.
6. 인덕턴스는 근본적으로 전류를 완전히 둘러싸는 자기장 선 고리의 수와 관련이 있다. 어떤 이유로든 어떤 도체를 둘러싸는 자기장 선 고리의 수가 변하면 그 도체의 양단에 전압이 발생한다. 이것이 반사 노이즈, 크로스토크, 스위칭 노이즈, 접지 바운스, 레일 붕괴, EMI의 원인이다.
7. 접지 바운스는 귀환 경로의 총 인덕턴스를 통과해 흐르는 전류의 변화로 인해 접지 귀환 도체에서 발생하는 전압이다. 이는 스위칭 노이즈와 EMI의 주요 원인이다.
8. 신호 대역폭은 동일한 주파수의 사각파와 비교하여 중요한 가장 높은 사인파 주파수 성분이다. 모델 대역폭은 모델이 인터커넥트의 실제 성능을 정확하게 예측하는 가장 높은 사인파 주파수이다. 신호 대역폭이 모델 대역폭보다 높은 응용 분야에서는 그 모델을 사용해서는 안 된다.
9. 신호 무결성에 사용되는 모든 공식은 몇 가지 예외를 제외하고는 정의 또는 근사식이라는 점을 잊어서는 안 된다. 정확도가 중요한 경우에는 근사식을 사용해서는 안 된다.
10. 손실이 있는 전송선로로 인해 발생하는 문제는 상승 시간의 성능 저하, 즉 상승 시간 증가이다. 손실은 표피 깊이와 유전체 손실로 인해 주파수에 따라 증가한다. 손실이 주파수에 따라 일정하다면 상승 시간은 변하지 않을 것이며 손실 선로에는 큰 문제가 발생하지 않는다.
11. 가장 비용이 많이 드는 규칙은 제품 출시를 지연시키는 규칙이다.

여러분이 구입한 이 책『Signal and Power Integrity—Simplified』을 informit.com에 등록하면 다운로드, 업데이트, 수정 사항이 제공될 때 편리하게 액세스할 수 있다. 등록 절차를 시작하려면 informit.com/register로 이동하여 계정을 만든다.[1] 제품 ISBN 9780134513416을 입력한 후 제출을 클릭한다. 절차가 완료되면 "등록된 제품(Registered Products)"에서 사용 가능한 콘텐츠를 찾을 수 있다.

1 이 책의 향후 버전에 대한 독점 할인을 받으려면 알림을 받고 싶다는 확인란을 선택해야 한다.

[지은이 소개]

에릭 보가틴(Eric Bogatin), eric@beTheSignal.com

1976년 MIT에서 물리학 학사 학위를, 1980년 투손(Tucson)에 있는 애리조나 대학교(University of Arizona)에서 물리학 석사 학위와 박사 학위를 받았다. 그는 30년 넘게 신호 무결성과 인터커넥트 설계 분야에서 활동해 왔다. 그는 벨 연구소(AT&T Bell Labs), 레이켐 코퍼레이션(Raychem Corp.), 썬 마이크로시스템즈(Sun Microsystems), 인터커넥트 디바이스(Interconnect Devices Inc.), 르크로이(Teledyne LeCroy)에서 수석 엔지니어링과 관리 업무를 수행했다. 2011년에는 그의 회사인 보가틴 엔터프라이즈(Bogatin Enterprises)가 텔레다인에 인수되었다.

그는 현재 텔레다인의 신호 무결성 분야의 전도사로서 고성능 스코프의 새로운 응용 분야와 관련한 교육 자료를 제작하고 발표하고 있다. 그는 분석 기술과 측정 도구를 활용하여 복잡한 문제들을 실용적인 설계 및 측정 원리로 바꾸어 놓는 일을 하고 있다.

2012년부터 볼더(Boulder)에 있는 콜로라도 대학교(University of Colorado)에서 겸임 교수로 재직하면서 신호 무결성, 인터커넥트 설계, PCB 설계 분야의 대학원 과정을 가르치고 있다.

그는 PCD&F Magazine, Semiconductor International, Electronic Packaging and Production, Altera Corporation, Mentor Graphics Corporation, EDN, EE Times에 매달 정기 칼럼을 쓰고 있다. 그는 현재 Signal Integrity Journal(www.SignalIntegrityJournal.com)의 편집자로 활동하고 있다. 300편 이상의 많은 저서와 논문을 출간하였는데 그중 다수는 그의 웹사이트(www.beTheSignal.com)에서 다운로드할 수 있다. 그는 DesignCon, IEEE EMC 심포지엄, EDI con, IPC의 Designer Council 행사에서 정기적으로 발표하고 있다.

그는 프렌티스 홀(Prentice Hall)에서 출판한 인기 도서인 『Principles of Power Integrity for PDN Design–Simplified』를 스미스(Larry Smith)와 함께 저술하였다. DesignCon에서 수여하는 2016년 올해의 엔지니어 상을 받았다.

[옮긴이 소개]

유태훈

- (학력) 연세대학교 공학박사
- (현 소속) 동양미래대학교 정보통신공학과 교수
- (주요 경력) 한국전자파학회 EMC기술연구회 위원, Syracuse University Visiting Scholar, 삼성전자 정보통신 연구소 연구원

권종화

- (학력) 연세대학교 공학박사
- (현 소속) 한국전자통신연구원 책임연구원
- (주요 경력) 한국전자파학회 EMC기술연구회 위원장, Missouri S&T Visiting Scholar

김지성

- (학력) The University of Texas at Austin 공학박사
- (현 소속) 한국과학기술원 조천식모빌리티대학원 초빙교수
- (주요 경력) 수원과학대학교 전자정보통신공학과 교수, 삼성전자 수석연구원, 한국전자파학회 EMC기술연구회 위원장

박현호

- (학력) 한국과학기술원(KAIST) 공학박사
- (현 소속) 수원대학교 전기전자공학부 교수
- (주요 경력) 한국전자통신연구원 선임연구원, 삼성전자 수석연구원, 한국전자파학회 EMC기술연구회 위원장

송익환

- (학력) 한국과학기술원(KAIST) 공학박사
- (현 소속) 광운대학교 전자통신공학과 교수
- (주요 경력) 한국전자파학회 EMC기술연구회 위원, 삼성전자 글로벌기술센터 책임연구원

안승영

- (학력) 한국과학기술원(KAIST) 공학박사
- (현 소속) 한국과학기술원 조천식모빌리티대학원 교수
- (주요 경력) IEEE EMC Society Korean Chapter Chair, IEEE EMC Society Distinguished Lecturer, 한국전자파학회 정보전자연구회 위원장/EMC기술연구회 위원

[옮긴이 머리말]

오늘날 전자 제품의 발전 속도는 그야말로 경이로울 정도로 빠릅니다. 모바일 기기, 자동차 전장 시스템, 데이터 센터에 이르기까지 우리의 삶을 둘러싼 모든 분야에서 전자 장치는 필수 불가결한 요소가 되었습니다. 이러한 변화의 배경에는 아날로그에서 디지털로의 전환이 가져온 혁신이 자리하고 있습니다. 디지털화는 단순히 전자 시스템의 속도를 높인 것에 그치지 않고, 데이터 전송, 저장, 처리 방식에 있어서 근본적인 변화를 불러왔습니다. 하지만 이러한 고성능 전자 장치를 설계하고 구현하는 과정에서 신호와 전원 무결성(Signal and Power Integrity)을 유지하는 것은 점점 더 도전적인 과제가 되고 있습니다. 신호의 고속화, 인터커넥트(Interconnect)의 밀집도 상승, 고전력 요구 증가 등의 원인이 결합하면서 전자파 장해(EMI), 신호 왜곡, 전원 노이즈와 같은 문제들이 필연적으로 따라오기 때문입니다. 전기차 및 자율주행 차량과 같은 첨단 자동차 산업, 5G 및 고주파 통신 분야, 고성능 컴퓨팅 및 데이터 센터, 의료 기기, 방위산업과 항공우주 분야 등은 신호 및 전원 무결성을 필수적으로 고려해야 합니다. 이들 산업은 높은 데이터 전송 속도와 전원 안정성이 핵심적이기 때문에, 신호와 전원 무결성을 확보하지 못하면 성능 저하, 안정성 문제, 궁극적으로 제품의 실패로 이어질 수 있습니다. 따라서 이러한 분야에서 활동하는 엔지니어들은 관련 이론을 학습하고 이를 설계 및 테스트 과정에 반영하는 것이 매우 중요합니다.

과거에는 디지털 신호의 전송속도가 인터커넥트의 길이에 비해 느려서 회로 이론을 기반으로 회로도(Schematic)를 작성하고 인쇄회로기판(PCB)을 설계할 때 많이 고민하지 않아도 별다른 문제가 발생하지 않았습니다. 디지털 신호를 전송하는 인터커넥트가 신호에 미치는 영향이 크지 않았기 때문입니다. 그러나 디지털 신호의 전송속도가 기하급수적으로 높아짐에 따라, 현대의 디지털 회로 설계는 더 이상 단순한 회로 이론을 기반으로 해결하기 어려우며, 전자기학과 초고주파공학과 같은 학문에 기초한 고주파 해석이 필수적으로 요구됩니다. 고속의 신호가 다뤄지는 현대의 디지털 시스템에서는 전자기적 특성, 신호 반사, 임피던스 불일치 등 다양한 문제가 발생할 수 있으며, 이러한 문제는 시스템 성능과 안정성에 직접적인 영향을 미칩니다. 특히 모바일 제품의 경우, 디지털 회로뿐만 아니라 RF, 센서와의 상호 간섭 문제 역시 중요합니다. 최근 정보통신 기술의 발전으로 대부분의 전자 제품에는 디지털 회로뿐만 아니라 고주파(RF) 회로와 다양한 종류의 센서가 동시에 탑재되어 있어, 서로 다른 동작 특성을 가진 부품들이 하나의 시스템에서 공존해야 합니다. 이때 발생하는 무선 주파수 장해(RFI)는 시스템의 성능에 치명적인 영향을 미칠 수 있으며, RF 수신 성능 저하, 신호 왜곡, 센서 오작동 등 다양한 문제가 발생할 수 있습니다. 이러한 문제를 해결하는 데 필요한 분야가 바로 신호와 전원 무결성 분야입니다.

신호 무결성 이론은 반도체 패키지, PCB, 커넥터, 케이블을 포함한 신호가 전달되는 모든 인터커넥트 설계에 필수적인 이론입니다. 신호 무결성이라는 주제로 정리되기 전에는 EMI/

EMC 분야에서 다루었던 이론이었습니다. 디지털 신호가 왜곡되면 결국 전자파 노이즈가 발생하기 때문입니다. 하지만 디지털 신호의 속도가 높아지고 설계가 어려워지면서 신호 무결성이라는 주제에 집중하여 연구가 활발히 이루어졌으며 2000년대를 넘어오면서 전원 무결성 분야도 같이 발전해 왔습니다. 지금은 이 분야의 전문가들이 산업체에서 많이 활동하고 있으며 그 대상 제품들도 다양해지고 있습니다. 컴퓨터와 같은 고속 디지털 시스템뿐만 아니라 반도체 패키지와 같은 아주 작은 구조에서도 주파수가 높아짐에 따라 이 분야의 이론적 고려가 더욱 중요해졌습니다. 이러한 미세 구조에서의 설계는 신호 전송의 성능과 안정성에 큰 영향을 미치므로, 신호 무결성 이론은 이러한 첨단 기술의 발전에 필수적으로 요구되는 핵심 기술입니다. 특히 디지털 회로 설계 엔지니어에게 신호 무결성 이론을 기반으로 설계하는 것은 필수적입니다. 디지털 시스템의 신호는 이상적으로는 명확한 0과 1로 구분되지만, 고속 전송 환경에서는 여러 요인으로 인해 신호가 왜곡되고, 타이밍 지터와 신호 반사가 발생해 신호 품질이 저하될 수 있습니다. 이러한 현상은 신호 무결성을 훼손하여 디지털 시스템의 오동작, 데이터 손실, 성능 저하, 그리고 때에 따라서는 전자파 노이즈 발생을 초래할 수 있습니다. 신호 무결성 이론을 바탕으로 한 설계는 이러한 문제를 예측하고 최적화할 수 있도록 하여 시스템의 신뢰성과 성능이 크게 향상될 수 있습니다.

고속 디지털 시스템 설계 시 모델링과 시뮬레이션은 신호 및 전원 무결성을 확보하는 핵심 과정입니다. 고속 인터커넥트 설계에서는 PCB 레이아웃, 전원 분배 네트워크(PDN), IC 패키지 구조 등 다양한 요소가 서로 얽혀 복잡한 영향을 미칩니다. 이를 이해하고 최적화하기 위해서는 단순한 계산 이상의 정확한 모델링이 필요합니다. 모델링은 전자기적 특성을 수치적으로 표현해 복잡한 시스템의 반응을 예측할 수 있게 하며, 시뮬레이션은 이러한 모델을 바탕으로 설계가 실제 조건에서 어떻게 작동할지를 미리 검증할 수 있도록 합니다. 시뮬레이션 결과를 통해 엔지니어는 노이즈, 신호 반사, 임피던스 불일치 등 다양한 문제를 미리 파악하고 설계에 반영할 수 있습니다. 이러한 수요에 맞추어 최근 신호와 전원 무결성 모델링 및 시뮬레이션 기술이 크게 발전하고 있고 산업체의 실무 엔지니어들이 많이 활용하고 있습니다. 하지만 시뮬레이션을 통한 설계 과정에서 간과해서는 안 될 중요한 사항이 있습니다. 시뮬레이션 툴은 하나의 도구일 뿐입니다. 시뮬레이션이 필요한 분야이지만 시뮬레이션을 정확히 하려면 이론적인 이해가 반드시 바탕이 되어야 합니다. 이론적 이해가 부족하다면 잘못된 모델을 사용한다든가 또는 잘못된 해석 결과를 받아들이는 문제가 발생할 수 있습니다. 아무리 비싸고 좋은 시뮬레이션 툴을 사용하더라고 잘못된 과정은 최적의 설계 결과를 가져오지 못합니다. 따라서 신호 무결성 엔지니어라면 시뮬레이션 툴을 활용하기 전에 관련 이론에 대한 학습이 꼭 필요합니다. 이론적인 학습이 필요한 이유는 또 있습니다. 고성능의 프로그램을 이용한 시뮬레이션은 더욱 정확한 분석을 제공하지만, 이 과정은 많은 계산 자원과 시간을 요구합니다. 이러한 측면에서 이론에 기반한 경험 규칙(Rule of Thumb)을 알고 있으면 시뮬레이션 전에 시간과 비용 면에서 큰 이점을 얻을 수 있습니다. 설계 초기 단계에서 간단한 경험 규칙을 활용하면 주요 문제를 빠르게 파악하고, 큰 방향을 설정하는 데 많은 도움이 됩니다. 예를 들어, 회로의 신호 경로 길이와 같은 기본적인 요소들을 경험 규칙에 따라 미리 설정하면, 세부적인 시뮬레이션에 들어가기 전에 중요한 잠재적 문제를 줄일 수 있습니다. 이를 통해 엔지니어는 복잡한 시뮬레이션이 필요한 구역과 그렇지 않은 구역을 구분하여 더욱 효율적인 설계를 할 수 있습니다.

신호와 전원 무결성은 상당히 실무적인 기술입니다. 그러나 아쉽게도 대부분의 전기 전자 분야의 대학 4년 교육과정에 포함되지 않기 때문에 졸업 후 설계 엔지니어가 되어 실무를 하면서 이 분야에 대한 학습의 필요성을 느끼는 경우가 많습니다. 다행히 국내에도 관련 전공의 교수님들이 많아져서 일부 대학원 과목에서 다루고 있지만 흔하지는 않습니다. 이 분야의 이론이 정리되기 전에는 관련 이론을 학습하는 데 필요한 참고 서적이 부족해서 경험에 기반하여 설계에 관해 결정하고 제품을 설계했습니다. 특히 국내에서는 관련 참고 서적을 구하기 어려워 해외 원서를 구해서 학습하기도 했습니다. 지금과는 다르게 인터넷상의 정보도 매우 부족했기 때문에 이론적인 학습이 쉽지 않았고 전문가를 통해 기술을 습득하였습니다. 하지만 지금은 관련 참고 서적도 많이 발간되었고 그중에는 신호와 전원 무결성 이론을 처음 접하는 엔지니어가 기본 개념을 학습할 수 있는 수준의 서적부터 전문 엔지니어가 필요로 하는 고급 참고 서적까지 다양하게 찾아볼 수가 있고 또한 인터넷상에서도 좋은 교육 콘텐츠들을 쉽게 찾아볼 수 있습니다. 개인적으로 산업체나 학교에서 강의하고 나서 "학습하는 데 참고할 서적을 추천해 주세요"라는 질문을 종종 받았습니다. 지금은 많은 전문 서적을 구할 수 있어서 추천해 주곤 하지만 그때마다 아쉬웠던 것은 국내 전문 서적의 부재였습니다. 대학 교재로서의 서적도 부족하며, 스스로 학습하기 위해 기초적인 이론부터 고급 내용을 포함하는 서적도 찾아보기 어렵습니다. 이제 국내에도 학교에서 교재로 활용할 수 있는 서적 또는 이 분야를 처음 접하는 엔지니어가 쉽게 읽을 수 있는 책이 있으면 좋겠다고 생각했습니다. 마침 학회 출장에서 국내 전문가들과 이야기하다가 이러한 생각에 서로 공감하여 작업을 시작하게 되었습니다. 물론 직접 집필하면 좋겠지만 학교나 산업체에서 참고할 수 있는 좋은 책이 있다면 우선 번역 작업을 하자라고 의견을 모으게 되었고 "Signal and Power Integrity – Simplified"라는 책을 선택하여 번역 작업을 시작하였습니다.

이 책은 신호와 전원 무결성 분야에서 유명한 분인 Eric Bogatin이 집필한 책입니다. 저자는 신호와 전원 무결성 분야에서 많은 연구를 진행하며, 산업계와 학계에서 지금도 활발히 활동하고 있습니다. 여러 학회와 세미나, 그리고 온라인에서 강연을 진행하며, 신호 및 전원 무결성 관련 교육 프로그램을 운영하고 있습니다. 그의 교육 방식은 이론을 실제 사례와 연결하여 이해를 돕는 데 중점을 두고 있어서 그의 강의는 항상 인기가 있고 그의 저서와 강의는 많은 엔지니어에게 귀중한 참고 자료가 되고 있습니다. 그의 저서 중에 "Signal and Power Integrity – Simplified"라는 책이 특히 고속 디지털 회로 설계와 PCB 설계에 종사하는 엔지니어들에게 유용한 이유는 다음과 같이 여러 가지 있습니다. 이 책을 번역하기로 결정한 이유이기도 합니다.

- **현장 중심의 실용적 접근**: 이 책은 이론뿐만 아니라, 실무에서 자주 접하는 신호 및 전원 무결성 문제에 대한 해결 방법을 다루기 때문에 설계에서 바로 적용할 수 있는 실용적인 정보를 제공합니다.
- **명확하고 간단한 설명**: 복잡한 이론을 쉽게 풀어내어 신호와 전원 무결성 문제를 단순화하여 설명합니다. 따라서 이 분야에 처음 입문한 엔지니어는 물론, 실무 경험이 있는 전문가도 개념을 쉽게 이해할 수 있습니다.
- **시뮬레이션과 측정 사례**: 이 책은 시뮬레이션과 측정을 통해 문제를 해결하는 과정을 상세히 설명합니다. 독자들은 실제 상황에서 신호 및 전원 무결성 문제를 분석하고, 실험적으로 검증하는 방법을 배울 수 있습니다.
- **전원 무결성 이론**: 많은 책이 신호 무결성에 중점을 두지만, 이 책은 전원 무결성도 중요하게 다룹니다. 안정적인 전원 분배 네트워크(PDN) 설계와 디커플링 커패시터 배치 전략을 통해 전원 무결성을 확보하는 방법을 배울 수 있습니다.
- **설계 지침과 경험 규칙**: 책에는 다양한 설계 지침이 포함되어 있어, 이론을 실제 문제에 적용하기 쉽게 작성되었습니다. 엔지니어가 쉽게 지식을 활용해 문제를 예방하고, 이미 발생한 문제를 해결하는 데 도움을 받을 수 있습니다. 또한 부록에는 100가지가 넘는 신호 무결성 경험 규칙이 포함되어 있습니다.
- **이해를 위한 문제와 답**: 각 장마다 복습과 이해를 위한 문제가 있고 부록에 문제의 해답이 포함되어 있습니다. 이는 학습자가 학습 이해도를 확인하는데 필요한 중요한 내용입니다.

책을 우리말로 번역하는 것은 쉽지 않은 작업이었습니다. 저자의 의도를 정확히 파악해야 하고, 독자들이 한글로 읽을 때 문장의 의미를 더 이해하기 쉽게 의역 작업도 필요했습니다. 또한 기술적인 용어를 우리말로 번역할 때 오히려 이해도가 떨어지지 않을까 고민도 하여 번역하면서 필요한 경우에 원어를 같이 표기하였으며, 원서를 번역하면서 발견한 오류를 수정하였고, 추가 설명이 필요한 경우 각주로 설명하였습니다. 번역 작업을 여러 사람이 같이 하였기 때문에 전체적으로 틀을 맞추고 하나의 책으로 완성하는 작업 또한 쉽지 않았습니다. 그래도 같이 작업해 주신 분들 덕분에 무사히 번역을 마칠 수 있었고 도서 출판 학산미디어의 이덕선 대표님을 비롯한 관계자 여러분들 덕분에 이 책이 나올 수 있었습니다. 도움 주신 모든 분께 감사드립니다.

이 책은 신호 및 전원 무결성을 종합적으로 이해하고 싶은 엔지니어들에게 기본 개념부터 고급 설계 지침까지 제공하는 훌륭한 안내서이며, 고속 시스템 설계의 품질을 개선하려는 모든 설계자에게 매우 추천할 만한 책입니다. 마지막으로 이 책이 국내 산업체 엔지니어 및 학생들에게 신호와 전원 무결성이라는 기술 분야의 길잡이가 되기를 희망합니다.

2024년 11월 5일

유태훈, 권종화, 김지성, 박현호, 송익환, 안승영

[차례]

제 11 장 차동 쌍과 차동 임피던스 457

[01] 신호 무결성-우리의 미래

"두 부류의 엔지니어가 있다. 신호 무결성 문제를 겪고 있는 엔지니어와 곧 겪게 될 엔지니어"

— 보가틴(Eric Bogatin)

아이러니하게도 클록 주파수가 증가하고 신호 무결성(signal integrity) 문제가 더욱 심각해지고 있는 지금 이 시대에 제품 설계팀이 이러한 문제를 해결하는 데 쓸 수 있는 시간은 오히려 계속 줄고 있고 신제품의 주기는 점점 짧아지고 있다. 제품 설계팀이 제품을 시장에 출시할 수 있는 기회는 단 한 번뿐이므로 제품은 처음부터 성공적으로 작동해야 한다. 제품 설계 과정의 초기단계에서 신호 무결성 문제를 찾아내 해결하는 작업에 우선순위를 두지 않으면 제품이 작동하지 않을 가능성이 있다.

TIP

클록 주파수와 데이터 속도가 증가함에 따라 신호 무결성 문제를 식별하고 해결하는 것이 중요해졌다. 성공하는 기업이 되려면 신호 무결성 문제를 능수능란하게 처리해야 하고 이러한 문제를 제거하기 위한 효율적인 설계 프로세스를 구현해야 한다. 모범 설계 관행(best design practice)[1], 새로운 기술, 새로운 분석 기술과 도구를 모두 적용하면 고성능 설계를 구현하고 점점 단축되는 일정을 맞출 수 있다.

고속 제품에서는 물리적 설계(physical design)와 기계적 설계(mechanical design)가 모두 신호 무결성에 영향을 미칠 수 있다. [그림 1-1]은 인쇄 회로 기판(PCB)상에서 2인치 길이의 단순한 트레이스가 일반적인 드라이버의 신호 무결성에 어떤 방식으로 영향을 미칠 수 있는지 보여주는 사례이다.

1 (옮긴이) best practice(모범 관행)란 오랜 경험과 연구를 통해 목표를 달성하는 데 가장 효과적이라는 사실이 입증되어 널리 인정받은 관행, 사례, 방식(방법), 지침, 절차 등을 가리킴. 문맥에 따라 모범 관행, 모범 사례, 모범 방식(방법), 모범 지침, 모범 절차로 다양하게 표현할 수 있음.

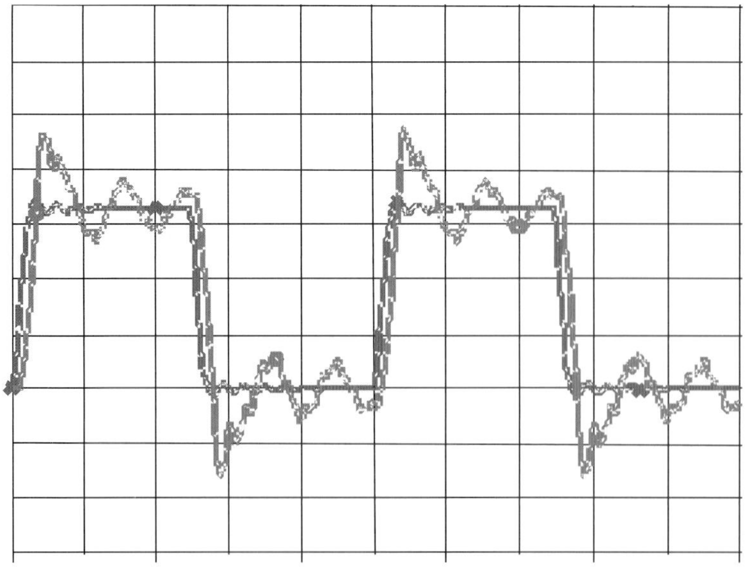

그림 1-1 드라이버 칩에서 출력되는 100 MHz 클록 파형 비교: 드라이버 칩에 연결된 트레이스가 없을 때(부드러운 선)와 칩에 2인치 길이의 PCB 트레이스가 연결되어 있을 때(링잉 노이즈). Mentor Graphics HyperLynx로 시뮬레이션. 스케일: 1 V/div, 2 nsec/div

설계 프로세스는 종종 매우 직관적이고 창의적인 과정이다. 되도록 빠르게 수용 가능한 수준의 설계에 도달하기 위해서는 신호 무결성에 대한 공학적(엔지니어링) 직관을 갖추는 것이 매우 중요하다.

제품 개발에 관여하는 모든 엔지니어는 자신이 수행하는 작업이 전체 제품의 성능에 어떤 영향을 미칠 수 있는지 이해해야 한다. 설계 프로세스에 참여하는 모든 엔지니어가 직관적 엔지니어링 관점에서 신호 무결성의 필수 원칙을 이해하고 있으면 자신의 결정이 시스템 성능에 미치는 영향을 평가할 수 있다. 이 책에서는 신호 무결성 문제와 그 해법을 이해하는 데 필요한 기본 원칙을 설명한다. 또한 이러한 문제를 다루는 데 필요한 공학적 방법들을 직관적인 관점과 정량적인 관점에서 제시한다.

1.1 신호 무결성, 전원 무결성, 전자파 적합성이란 무엇인가?

클록 주파수가 겨우 10 MHz에 지나지 않았던 옛날에는 회로 기판이나 패키지를 설계할 때 주된 과제는 '어떻게 하면 2층 기판에 모든 신호를 라우팅(routing, 배선)할 수 있을까, 또 어떻게 하면 조립 중에 패키지가 부서지지 않게 할 수 있을까'였다. 인터커넥트(interconnect)의 전기적 특성은 시스템 성능에 영향을 미치지 않았기 때문에 중요하지 않았다. 이러한 의미에서 이 좋았던 옛 시절에는 인터커넥트가 "신호에 대해 투명했다(transparent to the signal)"고 말한다.[2]

2 (옮긴이) 빛에 대해 투명한(transparent to light) 물체는 빛의 진행을 방해하지 않고 그대로 통과시킨다. 같은 의미로 신호에 대해 투명한 인터커넥터는 신호의 진행을 방해하지 않고 그대로 전달한다. 따라서 'A is transparent to B'는 A는 B에 대해서는 마치 없는 것처럼 전혀 영향을 주지 않는다는 뜻이다. 다시 말해, B는 A에 전혀 영향을 받지 않는다.

예전에 부품은 이를테면 상승시간이 10 nsec이고 주파수가 10 MHz인 클록 신호를 출력했고 회로들은 아주 하찮은 인터커넥트로 연결된 상황에서 작동했다. 와이어랩 기판(wire-wrapped boards)[3]으로 만든 시제품(prototype)도 인쇄 회로 기판(PCB)과 설계 변경 와이어(engineering change wire)[4]로 제작한 최종 제품과 마찬가지로 잘 작동했다.

그러나 클록 주파수는 지금까지 계속 증가했고 신호의 상승 시간은 계속 짧아졌다. 대부분의 전자 제품에서는 클록 주파수가 약 100 MHz 이상이거나 상승시간이 약 1 nsec 미만인 경우에 신호 무결성의 영향이 중요해지기 시작한다. 이렇게 되는 범위를 종종 **고주파수**(high-frequency) **영역** 또는 **고속**(high-speed) **영역**이라고 한다. 이 용어는 인터커넥트가 더 이상 신호에 대해 투명하지 않은 제품 및 시스템을 가리키며, 주의하지 않으면 신호 무결성 문제가 발생한다.

신호 무결성은 넓은 의미에서 인터커넥트로 인해 고속 제품에서 발생하는 모든 문제를 가리킨다. 신호 무결성은 디지털 신호의 전압 및 전류 파형과 상호 작용하는 인터커넥트의 전기적 특성이 어떤 방식으로 성능에 영향을 미칠 수 있는지에 관한 것이다.

이러한 모든 문제는 다음 세 범주 중 하나에 속하며 각 범주는 다른 범주와 상당히 겹친다.

1. **신호 무결성**(signal Integrity, SI): 신호의 왜곡과 관련된 문제
2. **전원 무결성**(power Integrity, PI): 능동 장치(active device)에 전원을 공급하는 인터커넥트 및 관련 부품에서 발생하는 노이즈와 관된 문제
3. **전자파 적합성**(electromagnetic compatibility, EMC): 제품에서 발생하는 방사성 방출과 외부 전자기장이 제품에 일으키는 전자파장해(electromagnetic interference)에 대한 내성(susceptibility, 감응성) 문제

성공적인 제품을 만들기 위해서는 설계 과정에서 이러한 세 범주의 전기적 성능 문제를 모두 고려해야 한다.

일반적으로 전자파 적합성(EMC)은 실제로 두 가지 문제 – 제품에서 외부 세계로 너무 많은 방사성 방출이 발생하는 것, 그리고 외부 세계에서 제품으로 들어오는 방사 전자파로 인해 제품에 너무 많은 간섭이 발생하는 것 – 를 해결하는 방법을 모두 포함한다.[5] EMC는 방사성 방출을 허용기준(limit) 아래로 유지하면서 동시에 외부 세계에서 들어오는 방사에 영향을 받지 않는(내성을 가지는) 제품을 만들기 위한 공학적(엔지니어링) 해결방법에 관한 것이다.

이러한 문제의 해결방법을 논의하는 경우를 전자파 적합성(EMC)이라고 하며 문제 자체를 논의하는 경우를 전자파장해(EMI)라고 한다. 일반적으로 전자파 적합성(EMC)은 방사성 방

3 (옮긴이) 와이어를 부품 핀에 직접 납땜하는 대신에 와이어의 피복을 벗긴 부분을 부품 핀에 돌돌 말아서 연결하는 방식으로 제작한 기판

4 (옮긴이) 설계나 제조 단계에서 생긴 변경사항을 반영하기 위해 추가되거나 수정된 도선

5 (옮긴이) 전자파 적합성(EMC)은 공기를 통한 방사성 방출이나 방사성 내성(감응성)뿐만 아니라, 전도 경로를 통해 발생하는 전도성 방출이나 전도성 내성(감응성)을 모두 포함하는 개념이다.

출 시험을 통과하고 방사성 내성 시험을 통과하는 것과 관련이 있다. 이것이 중요한 관점인 이유는 EMC 해결방법 중의 일부가 인증 시험을 통과하기 위해 도입되기 때문이다.

TIP

일반적으로 제품이 모든 성능 시험을 통과하고 모든 기능 사양을 충족하더라도 전자파 적합성(EMC) 준수(인증) 시험(compliance test)에는 실패할 수 있다.

제품이 허용 가능한 수준의 EMC를 가지도록 설계하려면 우수한 SI 설계와 PI 설계뿐 아니라 케이블, 커넥터, 함체(enclosure) 설계와 관련된 사항을 추가로 고려해야 한다. 클록 주파수를 변조하여 의도적으로 클록에 지터를 추가하는 확산스펙트럼 클록킹(spread spectrum clocking, SSC)은 특별히 EMC 인증 시험을 통과하는 데 사용된다.

PI는 전원 분배 네트워크(power distribution network, PDN)와 관련된 문제를 다룬다. PDN에는 전압 조정기 모듈(voltage regulator modules, VRM)에서 시작해 칩의 실리콘 다이(die)의 전압 레일(voltage rail)에 이르기까지 그 사이에 연결된 모든 인터커넥트가 포함된다. 여기에는 기판과 패키지에 있는 전원면(power plane)과 접지면(ground plane), 패키지로 연결되는 기판의 비아(via), 다이패드(die pad)와의 연결, PDN에 연결되는 커패시터와 같은 수동부품이 포함된다.

온-다이 코어 전원 레일(V_{dd} 레일이라고도 함)에 전원을 공급하는 PDN은 전적으로 PI와 관련된 문제이다. 하지만 PI 관련 주제와 SI 관련 주제 사이에는 서로 겹치는 문제들이 많이 있다. 이는 PDN 인터커넥트를, 신호에 대한 귀환 경로용 인터커넥트로 함께 사용하는 것이 일반적이어서 이러한 구조에 영향을 미치는 모든 것이 신호 품질과 전원 품질 모두에 영향을 미치기 때문이다.

TIP

PI와 SI 문제가 겹치면 산업계에 혼란이 가중된다. 이렇게 영역 구분이 모호한 문제는 PI 엔지니어와 SI 엔지니어가 각자 처리하거나 PI 엔지니어와 SI 엔지니어가 서로 상대방의 책임이라고 생각해서 무시하고 넘어가기 때문이다.

SI 영역에서 문제는 일반적으로 노이즈 문제 또는 타이밍(timing) 문제와 관련이 있으며, 각각에 의해 수신기에서는 잘못된 트리거링(triggering) 또는 비트 에러가 발생할 수 있다.

타이밍(timing)은 복잡한 연구 분야이다. 클록의 한 주기 동안에 정해진 수의 동작이 일어나야 한다. 타이밍 버짓(timing budget)에서 이 짧은 총 시간을 나누어 다양한 동작 모두에 할당해야 한다. 예를 들어, 게이트 스위칭 시간, 신호가 출력 게이트로 전파되는 데 걸리는 시간, 클록이 다음 게이트에 도달할 때까지 대기 시간, 게이트가 입력에서 데이터를 읽을 때까지 대기 시간 등이 할당된다. 인터커넥트도 타이밍 버짓에 영향을 미치지만 타이밍은 이 책에서 명시적으로 다루지 않는다. 이 책에서는 인터커넥트로 인해 발생하는 상승 시간 왜곡이 지터에 미치는 영향을 광범위하게 다룬다.

타이밍 버짓을 만들고 관리하는 방법에 대한 자세한 내용을 알고 싶으면 부록 C, "선별한 참고 문헌"에 나열한 여러 다른 책을 참조하기 바란다. 그러면 이 주제에 대해 더 많은 정보를 얻을 수 있다. 이 책은 고속 시스템에서 일반적으로 일어나는 또 다른 문제인 인터커넥트에 의해 과도한 노이즈가 발생하는 문제를 집중적으로 다룬다.

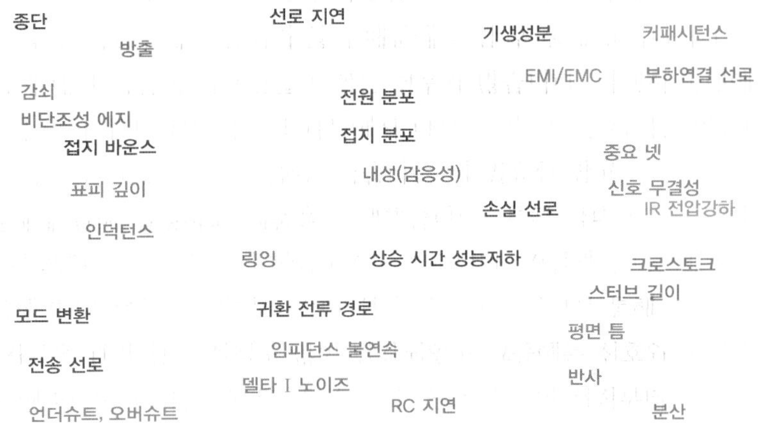

그림 1-2 신호 무결성에 속하는 영향(효과)들을 한데 모아놓고 살펴봐도 일정한 패턴을 발견하기 어렵다.

신호 무결성 노이즈 문제에 속하는 것으로 링잉(ringing), 접지 바운스(ground bounce), 반사(reflection), 근단 크로스토크(near-end cross talk), 스위칭 노이즈, 비단조성(non-monotonicity), 전원 바운스(power bounce), 감쇠(attenuation), 용량성 부하(capacitive loading)와 같이 여러 가지가 있다. 이 문제들은 모두 인터커넥트의 전기적 특성과 관련이 있다. 또한 이 문제들은 모두 전기적 특성이 디지털 신호의 왜곡에 어떻게 영향을 미치는지에 관한 것이다.

언뜻 생각하면 고려해야 할 새로운 효과(영향)들이 무한대로 늘어날 수밖에 없을 것처럼 보인다. 이러한 혼란이 [그림 1-2]에 설명되어 있다. 디지털 시스템 설계자나 기판 설계자 중에서 이전에 경험한 이른바 '제품 설계 지뢰밭'에 남아 있는 폭탄 터진 구덩이에 이름표가 붙어 있는 항목을 제외하고 이 모든 문제 항목들을 잘 아는 사람은 거의 없다. 이 모든 전기적 문제를 어떻게 이해해야 할까? 늘어나는 체크리스트를 잘 유지하고 주기적으로 추가하면 될까?

위에 나열한 각각의 효과는 SI/PI/EMC 분야에서 다음 여섯 가지 고유한 문제 계열 중 하나와 관련이 있다.

1. 하나의 넷(net)에서의 신호 왜곡
2. 둘 이상의 넷 사이의 크로스토크
3. 크로스토크의 특수한 경우로, 접지 바운스 및 전원 바운스
4. 인터커넥트의 주파수 의존적 손실로 인한 상승 시간 열화(degradation, 즉 상승 시간 증가)
5. 전원 분배와 접지 분배에서의 레일 붕괴(rail collapse)
6. 전체 시스템의 전자파 간섭 및 전자파 방사

이 여섯 가지 문제 계열이 [그림 1-3]에 나와 있다. 이 여섯 가지 문제 계열 각각과 관련된 노이즈의 근본 원인을 파악하고 그 뒤에 있는 기본 원리를 이해하면 각 계열의 문제를 찾아 해결하기 위해 사용해야 할 일반적인 방법이 명확해진다. 이것이 모든 SI/PI/EMC 문제를 이 여섯 가지 계열 중 하나로 분류할 수 있어야 하는 이유이다.

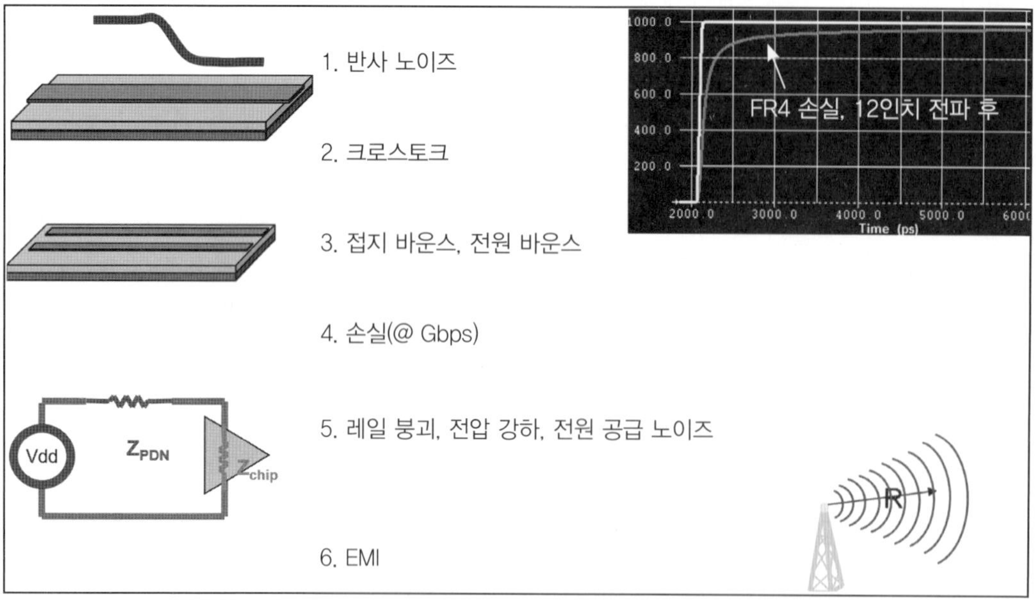

그림 1-3 SI/PI/EMC 문제의 여섯 가지 계열

이러한 문제는 가장 작은 온-칩 와이어에서 기판의 랙(rack)까지, 그리고 그 사이에서 모든 곳을 연결하는 케이블을 비롯한 모든 인터커넥트에서 중요한 역할을 한다. 본질적인 원리와 효과는 동일하다. 이러한 각각의 물리적 구조물 사이의 차이점은 기하학적 형상의 크기, 그리고 물질(재료) 특성뿐이다.

1.2 하나의 넷에서의 신호 무결성 효과

하나의 넷(net)은 한 시스템 내에 함께 연결되어 있는 모든 금속으로 이루어져 있다. 예를 들어 어느 한 클록 칩의 출력 핀 하나에서 다른 세 개의 칩으로 연결되는 트레이스가 있을 수 있다. 이 핀 4개를 모두 연결하는 각각의 금속 선로는 하나의 넷으로 간주한다. 또한, 넷에는 신호 경로뿐만 아니라 신호 전류의 귀환 경로도 포함된다.

단일 넷의 신호가 인터커넥트에 의해 왜곡되는 것과 관련이 있는 일반적인 문제로 다음 세 가지가 있다. 첫 번째는 반사(reflection)이다. 반사를 일으키는 원인은 단 하나로 신호가 맞닥뜨리는 순시 임피던스(instantaneous impedance)의 '변화'이다. 신호가 바라보는 순시 임피던스는 신호 트레이스의 물리적 특징뿐만 아니라 귀환 경로에 따라서도 달라진다. [그림 1-4]는 하나의 회로 기판에 있는 두 개의 서로 다른 넷의 예를 보여주고 있다.

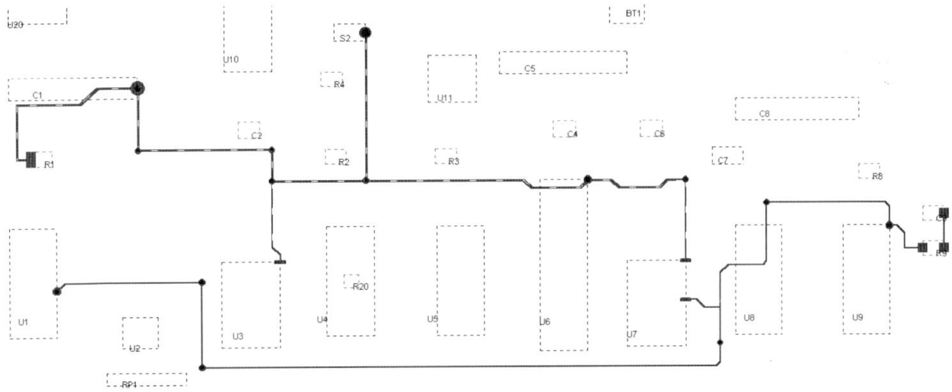

그림 1-4 하나의 회로 기판상에 있는 두 개의 넷. 서로 연결된 모든 금속은 하나의 넷으로 간주한다. 주의: 아래 쪽 넷을 보면 표면실장 저항기가 직렬로 연결되어 있다. Mentor Graphics HyperLynx로 라우팅

신호가 출력 드라이버를 떠날 때 신호를 구성하는 전압과 전류는 인터커넥트를 전기적 임피던스로 간주한다. 신호는 넷을 따라 전파하면서 끊임없이 탐색하고 묻는다. "내가 바라보는 순시 임피던스 값은 얼마지?" 신호가 바라보는 임피던스가 동일하게 유지되면 신호는 왜곡되지 않은 상태로 계속 진행한다. 그러나 어느 지점에서 신호가 바라보는 임피던스가 변경되면 바로 그 지점에서 신호의 일부가 반사된다. 나머지 신호 부분은 왜곡된 상태로 인터커넥트의 나머지 부분을 통해 계속 전파한다. 전파하는 신호는 또 다른 임피던스 불연속을 마주칠 때마다 계속해서 반사된다. 이렇게 인터커넥트를 이리저리 돌아다니던 신호의 일부는 수신기까지 도달해서 왜곡을 추가한다. 임피던스 변화가 충분히 크면 왜곡으로 인해 잘못된 트리거링이 발생할 수 있다.

넷의 단면이 달라지거나 기하학적 모양이 바뀌면 신호가 바라보는 임피던스가 변한다. 임피던스를 변화시키는 모든 특성들을 **불연속**(discontinuity)이라고 한다. 모든 불연속은 그 정도만 다를 뿐 신호를 원래의 깨끗한 형태에서 왜곡되게 만든다. 신호가 바라보는 임피던스를 변경하는 특성, 즉 불연속의 예를 몇 가지 들어보면 다음과 같다.

- 인터커넥트의 맨 끝(종단)
- 선로 폭 변경
- 비아(via)를 통한 층 변경(layer change)
- 귀환면(귀환 경로 평면)상의 틈(gap)
- 커넥터
- 분기(branch), 티(tee), 스터브(stub) 등 라우팅 토폴로지(topology, 형상) 변경

이러한 임피던스 불연속은 단면, 배선된 트레이스의 토폴로지, 또는 추가된 부품 등의 변경으로 인해 발생할 수 있다. 가장 일반적인 불연속은 트레이스의 맨 끝에서 생기는데, 통상적으로는 끝에 연결된 수신기로 인한 높은 임피던스의 개방(high impedance open)과 끝에 연결된 출력 드라이버에 의한 낮은 임피던스(low impedance)이다.

반사 노이즈의 원인이 순시 임피던스의 변화인 경우, 이 문제를 해결하는 방법은 인터커넥트의 임피던스가 일정하게 유지되도록 설계하는 것이다.

TIP

임피던스 변화와 관련된 문제를 최소화하는 방법은 신호가 바라보는 순시 임피던스를 넷 전체에 걸쳐 일정하게 유지하는 것이다.

이 전략은 일반적으로 다음 네 가지 모범 설계 관행를 통해 구현한다.

1. 일정한 임피던스를 갖는 트레이스 또는 "제어된(controlled)" 임피던스를 갖는 트레이스로 배선한 기판을 사용한다. 이러한 임피던스를 갖는 트레이스란 일반적으로 균일 전송선로(uniform transmission line)를 의미한다.
2. 트레이스의 종단에서 발생하는 반사를 관리하기 위해 트레이스 맨 끝에 저항기를 연결하여 신호가 임피던스 변화를 알아보지 못하도록 신호를 속이는 종단 전략을 사용한다.
3. 트레이스를 따라가며 일정한 임피던스를 계속해서 유지할 수 있게 해주는 배선 규칙(routing rule)을 사용한다. 이러한 규칙이란 일반적으로 점대점 배선(point-to-point), 최소길이 분기(minimum-length branch), 짧은 스터브 길이(short stub length)를 사용하는 것을 의미한다.
4. 불연속을 줄이기 위해 균일하지 않은 전송선로 구조를 설계한다. 이는 프린지 전자기장(fringe field)를 만들기 위해 기하학적 설계 특성을 정밀하게 조정하는 것을 의미한다.

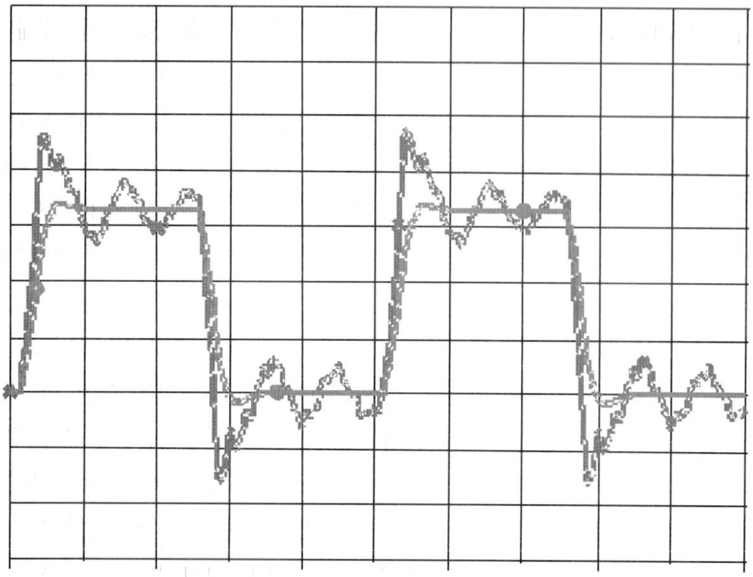

그림 1-5 2 inch 길이의 PCB 트레이스가 연결된 드라이버 칩에서 출력되는 100 MHz 클록 파형 비교: 드라이버 칩에 직렬로 종단 저항이 연결되어 있을 때의 좋은 신호 품질과 종단 저항이 없을 때의 링잉. Mentor Graphics HyperLynx로 시뮬레이션. 스케일: 1 V/div, 2 nsec/div

[그림 1-5]는 동일한 넷에서 임피던스 변화로 인해 신호 품질이 저하되는 경우와 임피던스 변화를 관리하기 위해 종단 저항기를 사용한 경우의 차이를 비교한 예이다. 종종 "링잉(ringing)"이라고 생각하는 현상은 실제로는 임피던스 변화와 관련된 반사로 인해 발생한다.

완벽한 종단 이외에도 신호 품질에 큰 영향을 미칠 수 있는 것이 정확한 기판 레이아웃이다. 트레이스가 두 개의 경로로 분기되면 접합부(분기 지점)의 임피던스가 변경되어 그 지점에서 신호의 일부는 반사되어 소스(source)로 다시 돌아가고 신호의 나머지는 감소되고 왜곡된 형태로 분기된 트레이스를 따라 계속해서 내려간다. 선로를 데이지 체인(daisy chain) 형식으로 다시 배선하면 신호가 전체 경로를 따라가며 일정한 임피던스를 바라보게 되어 신호 품질을 복원할 수 있다.

회로에 있는 불연속이 신호에 미치는 영향은 신호의 상승 시간에 따라 달라진다. 상승 시간이 짧을수록 신호 왜곡의 크기는 커진다. 다시 말해 상승 시간이 3 nsec인 33 MHz 설계에서는 문제가 되지 않았던 불연속이 상승 시간이 1 nsec인 100 MHz 설계에서는 문제가 될 수 있다. 이것을 [그림 1-6]에 설명하였다.

주파수가 높을수록, 상승 시간이 짧을수록 신호가 바라보는 임피던스를 일정하게 유지하는 것이 더욱 중요하다. 이를 달성하는 한 가지 방법은 패키지에서도 다층 볼격자배열(Ball Grid Array, BGA)과 같이 제어된 임피던스 인터커넥트를 사용하는 것이다. 패키지에 리드 프레임(lead frame)과 같이 제어된 임피던스를 사용하지 않는 경우, 칩스케일 패키지(Chip Scale Package, CSP) 등을 사용하여 리드를 짧게 유지하는 것이 중요하다.

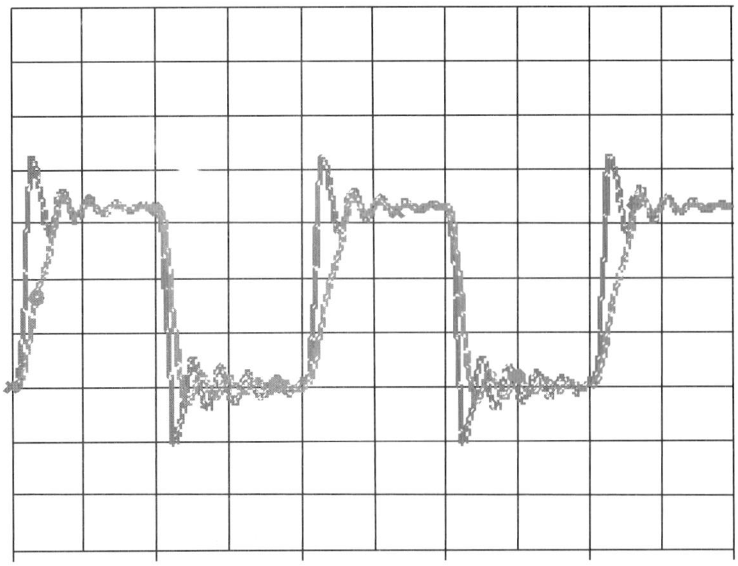

그림 1-6 6 inch 길이의 종단되지 않은 PCB 트레이스가 연결된 드라이버 칩에서 출력되는 25 MHz 클록 파형. 느린 상승 시간이 3 nsec의 상승 시간이다. 링잉은 1 nsec의 상승 시간에서 발생한다. 어떤 상승 시간에서는 문제가 되지 않았더라도 그보다 짧은 상승 시간에서는 문제가 될 수 있다. Mentor Graphics HyperLynx로 시뮬레이션. 스케일: 1 V/div, 5 nsec/div

하나의 넷과 관련된 신호 무결성에는 두 가지 다른 측면이 있다. 도체와 유전체에 의해 선로에서 발생하는 주파수 의존적 손실로 인해 고주파 신호 성분이 저주파 성분보다 더 많이 감쇠된다. 그 결과, 신호가 전파하면서 신호의 상승 시간이 증가한다. 이러한 상승 시간 열화(degradation, 성능저하)가 단일 비트의 단위 간격에 가까워지면 한 비트의 정보가 다음 비트와 그 다음 비트로 누설된다. 이 효과를 부호 간 간섭(intersymbol interference, ISI)이라고 하며, 초당 1 기가비트(Gbps) 이상의 고속 직렬 링크에서 발생하는 문제의 주요 원인이다.

하나의 넷과 관련된 신호 품질 문제의 세 번째 측면은 타이밍과 관련이 있다. 두 개 이상의 신호 경로 사이의 시간 지연 차이를 스큐(skew)라고 한다. 신호 선로와 클록 선로의 스큐가 예상과 다른 경우에는 잘못된 트리거링과 에러가 발생할 수 있다. 차동 쌍(differential pair)을 구성하는 두 선로 사이에 스큐가 있으면 차동 신호의 일부가 공통 신호로 변환되고 차동 신호는 왜곡된다. 이는 모드 변환의 특수한 경우로, 결과적으로 ISI와 잘못된 트리거링이 발생한다.

스큐는 타이밍 문제이지만 인터커넥트의 전기적 특성으로 인해 종종 발생한다. 스큐에 근본적으로 영향을 주는 것은 인터커넥트의 총 길이이다. 이는 레이아웃을 신중히 해서 길이를 일치시키면 쉽게 제어할 수 있다. 그러나 시간 지연은 각 신호가 바라보는 국부(local) 유전상수와도 관련이 있으며 해결하기 훨씬 더 어려운 문제인 경우가 많다.

TIP

스큐(skew)는 둘 이상의 넷 사이의 시간 지연 차이이다. 일차적으로는 넷의 길이를 서로 일치시키는 방식으로 제어할 수 있다. 또한 라미네이트(laminate, 유전체 기판)의 유리섬유 직조 분포로 인한 넷 사이의 유전 상수의 국부적 변화도 시간 지연에 영향을 미치는데 이는 제어하기가 더 어렵다.

1.3 크로스토크

이느 한 넷(활성 넷)이 신호를 전달할 때 이 신호의 전압과 전류 중 일부가, 조용히 앉아서 자기 일에만 신경을 쓰고 있는 인접한 넷(비활성 넷)으로 넘어갈 수 있다. 활성 넷의 신호 품질이 완벽하더라도 신호의 일부가 비활성 넷으로 결합되어 비활성 넷에서 원치 않는 노이즈로 나타날 수 있다.

TIP

한 넷(공격자)에서 다른 넷(피해자)으로 원하지 않는 노이즈가 건너가는 경로를 제공하는 것은 두 넷 사이의 용량성 결합(capacitive coupling)과 유도성 결합(inductive coupling)이다. 이것을 공격자 선로에서 피해자 선로로 전달되는 프린지 전기장과 프린지 자기장으로도 설명할 수 있다.

크로스토크(cross talk)는 두 가지 서로 다른 환경 – 회로 기판에 있는 대부분의 트레이스에서와 같이 인터커넥트가 균일 전송 선로인 경우, 그리고 커넥터와 패키지에서와 같이 균일 전송 선로가 아닌 경우 – 에서 발생한다. 트레이스가 폭이 넓고 균일한 귀환 경로를 가지고 있다면 이것은 제어된 임피던스 전송선로이다. 이러한 전송선로에서 용량성 결합과 유도성 결합은 그 양이 서로 비슷하다. 이 경우 이 두 가지 효과는 비활성 선로의 근단(near end)과 원단(far end)에서 서로 다른 방식으로 결합된다. [그림 1-7]에 회로 기판의 두 넷 사이에서 측정한 근단 크로스토크와 원단 크로스토크의 예를 나타내었다.

귀환 경로로 넓고 균일한 도체 평면을 사용하면 크로스토크를 가장 낮아지게 할 수 있다. 귀환 경로가 넓고, 균일한 평면에서 어떤 식으로든 달라지면 두 전송 선로 사이에 결합되는 노이즈의 양이 증가한다. 예를 들어, 어떤 신호가 커넥터를 통과하고 있고 이 신호에 대한 귀환 경로가 평면이 아니라 커넥터 핀 중 하나이면서 이 핀이 다른 신호에 대해서도 귀환 경로로 함께 사용되는 경우에는 이런 상황이 발생하여 유도성 결합 노이즈가 용량성 결합 노이즈보다 훨씬 더 많이 증가한다.

유도성 결합 노이즈가 우세한 이러한 구성에서는 일반적으로 크로스토크를 스위칭 노이즈(switching noise), 델타 I 노이즈(delta I noise), dI-dt 노이즈, 접지 바운스(ground bounce), 동시 스위칭 노이즈(simultaneous switching noise, SSN) 또는 동시 스위칭 출력(simultaneous switching output, SSO) 노이즈라고 한다. 앞으로 살펴보겠지만 이러한 유형의 노이즈는 상호 인덕턴스(mutual inductance)라고 하는 결합 인덕턴스에 의해 발생한다. 스위칭 노이즈가 발생하는 부분은 주로 커넥터, 패키지, 비아(via)와 같이 귀환 경로 도체가 넓고 균일한 평면이 아닌 곳이다.

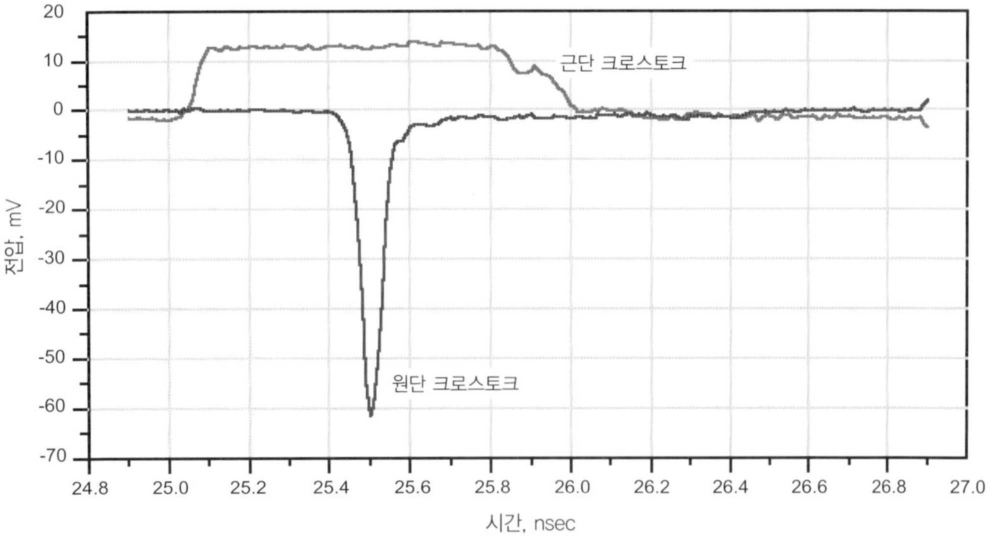

그림 1-7 200 mV 신호가 활성 트레이스에 주입될 때 비활성 트레이스의 근단 전압 노이즈와 원단 전압 노이즈 측정 결과. 근단 노이즈는 신호의 약 7%이고 원단 노이즈는 신호의 약 30%이다. 플러그인 방식의 시간 영역 반사계(TDR)인 Agilent DCA86100으로 측정

이 책의 뒷부분에서 검토할 접지 바운스는 특별히 동일한 컨덕터에 귀환 전류가 중첩되고 상호 인덕턴스가 매우 높은 경우에 발생하는 크로스토크이다. [그림 1-8]은 패키지 내에서

서로 인접해 있는 신호 경로와 귀환 경로 사이의 높은 상호 인덕턴스로 인해 발생하는 SSO 노이즈의 예를 보여주고 있다.

TIP

결합 인덕턴스, 다시 말해 상호 인덕턴스가 가장 큰 영향을 주는 SSO 노이즈는 커넥터 설계와 패키지 설계에서 가장 중요한 문제이다. 차세대 제품에서는 이로 인한 상황이 더욱 악화될 수밖에 없다. 해결책은 경로의 기하학적 구조를 신중하게 설계해서 상호 인덕턴스를 최소가 되도록 하고 차동 신호를 사용하는 것이다.

용량성 결합과 유도성 결합의 근본적인 특성은 집중 소자(lumped element), 또는 프린지 전기장과 프린지 자기장으로 설명할 수 있다. 이를 제대로 이해하면 인접한 신호 트레이스의 물리적 설계를 최적화하여 결합을 최소화할 수 있다. 가장 간단하게는 두 트레이스의 간격을 더 벌려 서로 멀리 떨어지게 하는 것만으로도 결합을 최소로 할 수 있다. 또한, 유전율이 낮은 물질을 사용하면 동일한 특성 임피던스 선로에 대해 크로스토크를 줄일 수 있다. 크로스토크의 몇 가지 측면 중에서 특히 스위칭 노이즈는 인터커넥트 길이가 길수록, 상승 시간이 짧을수록 증가한다. 신호의 상승 시간이 짧을수록 크로스토크는 더 많이 발생한다. CSP와 고밀도 인터커넥트(high density interconnect, HDI) 등을 사용하여 인터커넥트를 짧게 유지하면 크로스토크를 최소화하는 데 도움이 된다.

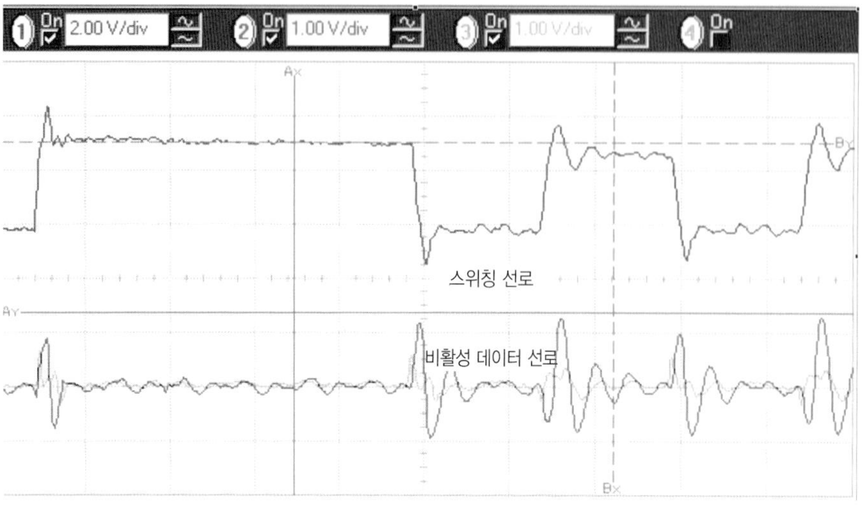

그림 1-8 상단 파형: 다중선로 버스(bus)의 활성 선로에서 측정된 전압. 하단 파형: 비활성 선로에서 측정된 노이즈. 이 노이즈는 패키지의 활성 넷과 비활성 넷 사이의 상호 인덕턴스로 인한 스위칭 노이즈이다.

1.4 레일 붕괴 노이즈

노이즈는 신호 경로 이외에 여러 곳에서 발생하여 문제를 일으킨다. 또한, 각 칩에 전원을 공급하는 전원 분배 네트워크(power distribution network, PDN)와 접지 분배 네트워크(ground distribution network)에서도 재앙이 될 수 있다. 칩에서 출력 상태의 스위칭이 일어나거나 코어 게이트가 스위칭을 하면 전원 경로와 접지 경로를 통과하는 전류가 변경되고 이 전류에 의해 전원 경로와 접지 경로의 임피던스에서 전압 강하가 발생한다. 특히 PDN에 병렬 공진을 일으키는 리액티브(reactive) 소자가 있는 경우에는 스위칭 전원 전류로 인해 전원 레일(power rail)[6]에서 전압 스파이크가 더욱 높게 발생할 수도 있다.

이 전압 노이즈의 크기만큼 칩의 레일 패드의 전압은 더 낮아지거나 더 높아진다. 전원 레일의 전압이 변경되면 신호 선로에 전압 노이즈가 발생하여 잘못된 트리거링과 비트 에러를 일으키거나 지터가 심해질 수 있다. [그림 1-9]는 마이크로프로세서 전원 레일의 전압 변화를 보여주는 예이다.

PDN 노이즈도 지터를 유발할 수 있다. 게이트가 ON이 되는 동안에 발생하는 전파지연(propagation delay)은 드레인과 소스 사이의 전압과 관련이 있다. 전압 노이즈에 의해 레일 전압이 증가하면 게이트는 더 빠르게 스위칭되므로 클록 에지와 데이터 에지는 시간상으로 앞으로 당겨진다. 전압 노이즈에 의해 레일 전압이 낮아지면 게이트는 더 느리게 스위칭되므로 클록 에지와 데이터 에지는 시간상으로 뒤로 밀려난다. 클록 에지와 신호 에지에 가해지는 이러한 영향이 지터의 주된 원인이다.

고성능 프로세서, FPGA, 그리고 몇몇 ASIC의 경우에는 전원 공급 전압은 낮아지는 반면에 소비 전력은 높아지는 추세이다. 이러한 추세의 주된 원인은 칩에서 더욱 빠르게 스위칭을 하는 게이트의 수가 더 많아지고 있기 때문이다. 각 사이클마다 일정량의 에너지가 소비된다. 칩이 더 빨리 스위칭하면 각각의 사이클에서는 동일한 에너지가 소비되지만 더욱 자주 소비되므로 전력 소비는 더 높아진다.

이러한 요인들이 결합되어 더욱 높은 전류가 더욱 짧은 시간에 스위칭되고 이렇게 되면 더욱 낮아지고 있는 신호 전압 스윙에 대해 허용할 수 있는 노이즈의 양이 감소한다. 구동 전압(drive voltage)이 감소하고 전류 레벨이 증가함에 따라 레일 붕괴와 관련된 전압 강하는 점점 더 큰 문제가 된다.

이러한 전원 레일 전류가 PDN 인터커넥트의 임피던스를 통해 흐르면서 인터커넥트의 각 소자(성분) 양단에는 전압 강하가 발생한다. 이 전압 강하가 전원 레일 노이즈의 원인이다.

6 (옮긴이) 전기 · 전자 장비를 구성하는 여러 회로와 부품들은 전원공급기에서 제공되는 전원 선로(power line)와 귀환 선로(return line, 접지 선로)에 모두 병렬로 연결된다. 이러한 전원 공급(분배) 구조가 나란한 두 개의 기차 레일(rail)에 수많은 침목들이 가로질러 연결된 형태와 유사하므로 전원 공급(분배)을 위한 전원 선로와 귀환 선로를 전원 레일(power rail)과 접지 레일(ground rail)이라 한다.

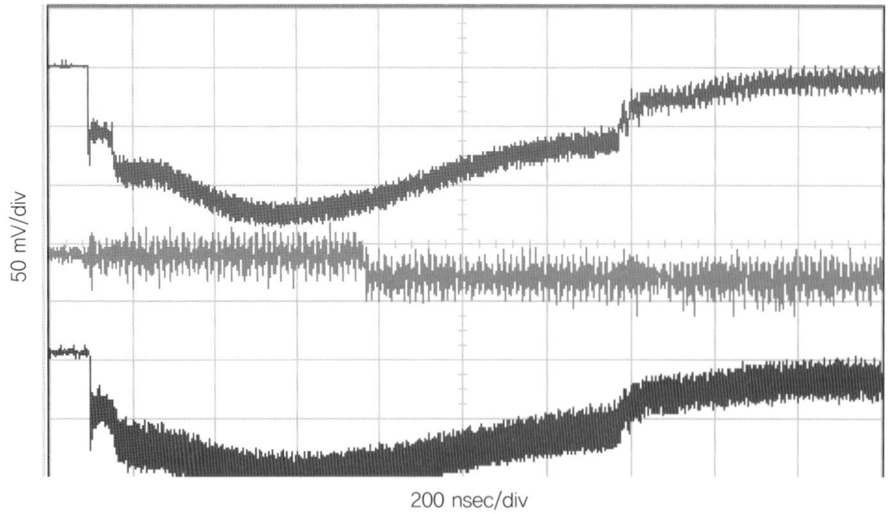

그림 1-9 "스톱-클록(stop-clock)" 상태에서 막 벗어난 마이크로프로세서 패키지상의 세 핀 위치에서 측정한 V_{cc} 전압. 공칭 전압(nominal voltage)은 2.5 V이지만 전원 분배 시스템의 전압 강하로 인해 실제 공급되는 전압은 거의 125 mV까지 떨어진다.

> **TIP**
> 전원 공급기의 전류가 스위칭할 때 발생하는 전원 레일의 전압 노이즈를 줄이기 위해 사용하는 모범 설계 관행은 PDN을 낮은 임피던스로 설계하고 제작하는 것이다.

이 방식을 적용하면 PDN에서 전류 스위칭이 일어나더라도 낮은 PDN 임피던스 양단에 발생하는 전압 강하를 허용 가능한 수준으로 유지할 수 있다. 썬마이크로시스템즈(Sun Microsystems)는 고성능 프로세서용 PDN의 임피던스 요건을 평가하였는데 [그림 1-10]에 썬마이크로시스템즈에서 작성한 PDN에 대한 요구 임피던스 추정치를 나타내었다. PDN의 낮은 임피던스는 점점 더 중요해지고 있으며 달성하기는 더욱 어려워지고 있다.

인터커넥트의 물리적 설계가 임피던스에 미치는 영향을 이해하면 낮은 임피던스를 갖도록 PDN 설계를 최적화할 수 있다. 앞으로 살펴보겠지만 저임피던스 PDN을 설계한다는 것은 다음과 같은 기능을 포함한다는 것을 의미한다.

1. 전원 분배를 위한 도체 평면(전원면)과 접지 분배를 위한 도체 평면(접지면) 사이에 들어가는 유전체의 두께를 가능한 한 얇게 하여 인접한 이 두 평면 사이의 간격을 좁게 하고, 동시에 이 두 평면을 기판 표면 가까이에 배치
2. 인덕턴스가 낮은 디커플링 커패시터를 여러 개 사용
3. 패키지에 아주 짧은 전원 리드와 접지 리드를 여러 개 사용
4. 임피던스가 낮은 VRM 사용
5. 온-패키지 디커플링(on-package decoupling, OPD) 커패시터 사용
6. 온-칩 디커플링(on-chip decoupling, ODC) 커패시터 사용

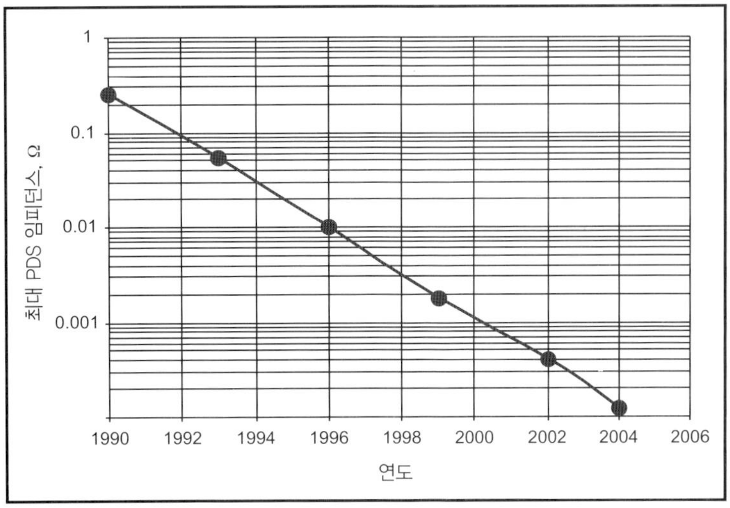

그림 1-10 고성능 프로세서용 전원 분배 시스템(PDS)에 대한 최대 허용 임피던스 변화 추세. 출처: 썬마이크로시스템즈

레일 붕괴를 최소화하는 혁신적인 기술로서 전원층과 접지층 사이에 새로운 초박형 고유전율 라미네이트(laminate, 기판)를 사용하는 것이 있다. 한 가지 예로 쓰리엠사(3M Corp)의 C-Ply라는 제품이 있다. 이 물질은 두께가 8 μm이고 유전 상수가 20이다. 전원층과 접지층 사이의 유전체로 이 물질을 사용하면 루프 인덕턴스가 매우 낮아지고 분산 커패시턴스(distributed capacitance)는 매우 높아지므로 전원 및 접지 분배 임피던스가 획기적으로 감소한다. [그림 1-11]은 기존 유전체를 사용하는 소형 시험 기판과 이 새로운 C-Ply를 사용한 기판에서 각각 측정한 레일 붕괴 노이즈(rail-collapse noise)를 보여준다.

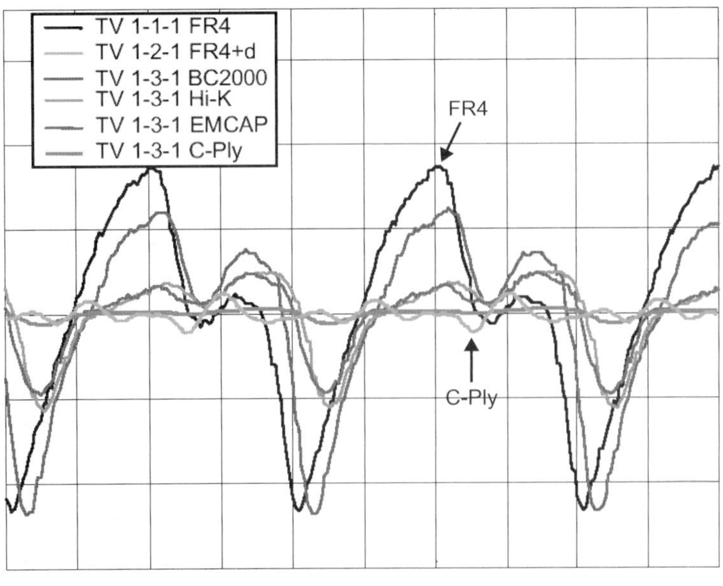

그림 1-11 소형 디지털 기판에서 측정한 레일 전압 노이즈. 여섯 가지 디커플링 방법 중에서 최악은 FR4에 디커플링 커패시터가 없는 경우이고, 최선은 3M사의 C-Ply 물질로 전압 노이즈가 거의 없음을 볼 수 있다. 미국국립제조과학센터(National Center for Manufacturing Science) 제공. 스케일: 0.5 V/div, 5 nsec/div

1.5 전자파 간섭(EMI)

기판 수준에서 사용하는 주파수 범위가 100 MHz~500 MHz일 때 처음 몇 개의 고조파들(harmonics)은 TV, FM 라디오, 휴대폰, 개인 통신 서비스(personal communications services, PCS)에서 사용하는 통신 대역 안에 있다. 따라서 전자파 방출이 허용 가능한 수준 이하로 유지되지 않으면 전자 제품들이 통신을 방해할 가능성이 매우 높다. 안타깝게도 설계 시 특별한 고려를 해주지 않으면 EMI는 주파수가 높을수록 더욱 악화된다. 공통 전류(common current)에서 방사되는 원거리장(far field)의 강도는 주파수에 따라 선형적으로 증가하고 차동 전류(differential current)에서는 주파수 제곱의 비율로 증가한다. 클록 주파수가 증가함에 따라 방사성 방출의 크기도 필연적으로 증가한다.

EMI 문제가 발생하려면 노이즈 소스(source), 노이즈 소스에서 방사기(radiator, 안테나)로 가는 경로, 전자파를 방사하는 방사기(안테나), 이렇게 세 가지가 필요하다. 위에서 언급한 모든 신호 무결성 문제의 소스가 EMI의 소스가 된다. EMI를 어렵게 만드는 이유는 노이즈가 신호 무결성 노이즈 버짓(noise budget)과 전원 무결성 노이즈 버짓을 충족할 만큼 충분히 낮더라도 심각한 방사성 방출을 일으키기에는 충분히 클 수 있기 때문이다.

TIP

EMI를 발생시키는 가장 일반적인 소스(source)는 다음 두 가지이다. (1) 차동 신호의 일부가 변환되어 생겨나는 공통 신호: 이러한 공통 신호는 최종적으로 외부 트위스티드 페어 케이블(twisted pair cable)상에 나타난다. (2) 회로 기판의 접지 바운스: 이것은 외부 단일-종단 차폐 케이블(single-ended shielded cable)상에 공통 전류를 흐르게 한다. 이밖에도 내부에서 생성된 방사(radiation)가 함체(enclosure, 인클로저)의 외부로 빠져나가 노이즈가 발생할 수 있다.

방사성 방출을 일으키는 대부분의 전압 소스는 전원 분배 네트워크와 접지 분배 네트워크에서 생긴다. 종종 레일 붕괴 노이즈를 낮추는 데 도움이 되는 물리적 설계 특성들이 노이즈 방사를 감소시키는 데에도 도움이 된다.

방사를 일으키는 전압 노이즈 소스가 있더라도 기판에서 고속 동작을 하는 부분들을 한데 모아놓고 제품 밖으로 빠져나갈 수 있는 곳과 멀리 떨어진 위치에 배치하는 방식으로 노이즈 소스를 격리할 수 있다. 상자를 차폐하면 안테나로부터 노이즈가 누출되는 것을 최소로 할 수 있다. 잘못 설계된 기판의 많은 문제들은 차폐(shield)를 잘하면 해결할 수 있다.

차폐가 훌륭하게 되어 있는 제품이라도 통신, 주변 장치, 인터페이스를 위해 제품을 외부 세계와 연결해주는 케이블이 필요하다. 일반적으로 차폐된 함체에서 외부로 연장되는 케이블은 안테나 역할을 하므로 노이즈를 방사한다. 연결된 모든 케이블, 특히 트위스티드 페어 케이블(twisted pair cable)[7]에 페라이트를 올바르게 사용하면 안테나로서 동작하는 효율을 크게 낮출 수 있다. [그림 1-12]는 케이블 주위에 장착하는 페라이트를 자세히 보여주고 있다.

7 (옮긴이) 전자파장해를 줄일 목적으로 두 가닥의 도선을 꼬아서 만든 케이블. 우리말로는 '꼰 도선 쌍' 케이블, '쌍 꼬임' 또는 '꼬임 쌍' 케이블이라고 하며 한자어로는 비틀 연(撚)자를 써서 연선(撚線)이라고 한다.

I/O 커넥터와 관련된 임피던스, 특히 귀환 경로를 이루고 있는 부분의 임피던스는 방사 전류를 흐르게 만드는 노이즈 전압에 큰 영향을 미친다. 차폐(shield)와 섀시(chassis) 사이를 낮은 임피던스로 연결해주는 차폐 케이블을 사용하면 EMI 문제를 최소화하는 데 큰 도움이 된다.

안타깝게도 동일한 물리적 시스템에서 클록 주파수가 증가하면 방사성 방출의 크기도 증가한다. 다시 말해 클록 주파수가 증가하면 EMI 문제를 해결하기가 더 어려워진다.

그림 1-12 케이블 주위에 장착하는 스플릿형 페라이트 초크. 페라이트는 방사성 방출의 주요 원인인 공통 전류를 줄이기 위해 일반적으로 케이블 주위에 부착하여 사용한다. IM Intermark 제공

1.6 두 가지 중요한 신호 무결성의 일반화

위의 여섯 가지 신호 무결성 문제를 종합하면 다음과 같이 두 가지 중요한 결론을 내릴 수 있다.

첫째, 상승 시간이 짧을수록 여섯 가지 문제 계열은 모두가 악화된다. 위의 모든 신호 무결성 문제는 전류 변화의 빠르기 또는 전압 변화의 빠르기에 따라 달라진다. 이러한 전류 변화율과 전압 변화율을 dI/dt와 dV/dt로 나타낸다. 상승 시간이 짧을수록 dI/dt와 dV/dt는 높아진다.

상승 시간이 짧아질수록 노이즈 문제가 증가하고 해결하기 더욱 어려워지는 것은 피할 수 없다. 그리고 산업계의 일반적인 추세에 따라 모든 전자 제품에서 상승 시간은 계속해서 짧아질 것이다. 따라서 어떤 설계에서는 아무런 문제를 일으키지 않았을 수도 있는 것이 더욱 짧은 상승시간으로 동작하는 차세대 칩셋을 적용한 다음번 설계에서는 치명적인 문제가 될 수 있다. 이 때문에 이번 장을 시작하면서 "두 부류의 엔지니어가 있다. 신호 무결성 문제를 겪고 있는 엔지니어와 곧 겪게 될 엔지니어"라고 말한 것이다.

두 번째 결론은 신호 무결성 문제에 대한 효과적인 해결책은 인터커넥트의 임피던스 이해 정도에 크게 기반을 두고 있다는 사실이다. 임피던스에 대해 명확한 직관적 감각을 갖고 있으면서 인터커넥트의 물리적 설계와 그 임피던스 사이의 관계를 파악할 수 있다면 설계 진행 과정에서 많은 신호 무결성 문제를 제거할 수 있다.

이 책의 한 장 전체를 직관적이고 공학적 관점에서 임피던스를 이해하는 데 할애한 이유는 바로 이 때문이다. 또 이 책의 나머지 많은 부분에서 인터커넥트의 물리적 설계가 신호와 전원 전류와 접지 전류가 바라보는 임피던스에 미치는 영향을 다루고 있는 것도 마찬가지 이유이다.

1.7 전자 제품 동향

더욱 높은 밀도와 더욱 낮은 비용으로 더욱 높은 성능을 추구하는 인간의 끝없는 갈망은 전자 산업을 이끌고 있다. 이는 영상 이미지, 게임과 같은 정보 소비와 생물정보학(bioinformatics), 날씨 예측이나 기후 예측과 같은 산업에서 정보를 처리하고 저장하는 데에도 모두 해당된다.

2015년에는 인터넷 트래픽의 거의 50%가 넷플릭스(Netflix)와 유튜브(YouTube)의 동영상 이미지 형식이었다. 인터넷 백본에 흐르는 정보의 데이터 속도는 해마다 거의 두 배씩 증가한다.

지난 10년 동안 지역의 컴퓨터 매장을 몇 번만이라도 가본 사람이라면 컴퓨터 성능의 놀라운 발전속도를 실감할 수 있을 것이다. 성능을 나타내는 한 가지 척도는 프로세서 칩의 클록 주파수이다. [그림 1-13]에서 볼 수 있듯이 인텔(Intel) 프로세서 칩의 추세는 약 2년마다 클록 주파수가 두 배로 증가해왔다.

일부 프로세서 제품군에서는 클록 주파수가 더는 증가하지 않는 포화상태에 있지만 칩과 칩, 기판과 기판 사이의 통신에 사용되는 신호의 데이터 속도는 꾸준히 증가해왔다.

더욱 높은 클록 주파수와 데이터 속도를 향한 이러한 움직임을 가능하게 한 것이 반도체 혁명의 원동력인 포토리소그래피(photolithography)이다. 트랜지스터의 게이트 채널 길이를 작게 만들 수 있게 되면서 트랜지스터의 스위칭 속도는 빨라지게 되었다. 전자(electron)와 정공(hole)의 이동 거리가 짧아지고 채널 길이가 짧아진 만큼 더욱 짧은 시간에 게이트를 통과하여 전이(transition)를 일으킬 수 있다.

0.18 μm 기술 세대(technology generation) 또는 0.13 μm 기술 세대라는 표현이 있는 데, 이는 실제로 제조할 수 있는 가장 작은 채널 길이를 뜻한다. 채널 길이가 더 작은 트랜지스터에서 스위칭 시간이 더 짧아지면 신호 무결성에 두 가지 중요한 결과를 초래한다.

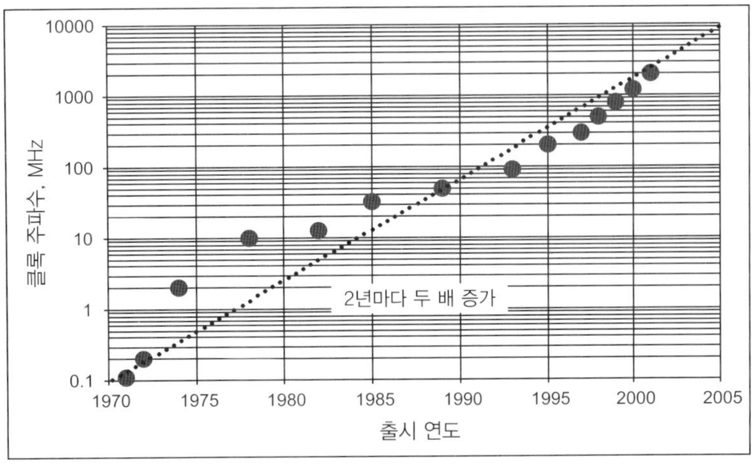

그림 1-13 출시 연도를 기준으로 한 인텔(Intel) 프로세서의 클록 주파수의 변화 추세. 클록 주파수는 2년마다 두 배로 증가하고 있다. 출처: 인텔사

한 클록 주기에 필요한 최소 시간은 한 주기 동안에 수행해야 하는 모든 작업에 의해 제한된다. 일반적으로 이 최소 시간에 영향을 주는 주요 항목은 다음 세 가지이다: (1) 모든 게이트가 직렬로(연속해서) 스위칭해야 하는 고유 시간, (2) 신호가 시스템을 통해 스위칭해야 하는 모든 게이트로 전파하는 시간, (3) 게이트가 입력 신호를 읽기 위해 필요한 셋업 시간(setup time)과 홀드 시간(hold time).

개인용 컴퓨터와 같은 단일 칩 마이크로프로세서 기반 시스템에서 최소 주기 시간에 가장 큰 영향을 미치는 요인은 트랜지스터의 스위칭 속도이다. 스위칭 시간을 줄일 수 있다면 한 사이클에 필요한 최소 총 시간을 줄일 수 있다. 이것이 피처 사이즈(feature size)[8]가 줄어들면서 클록 주파수가 증가한 주된 이유이다.

TIP

트랜지스터 피처 사이즈가 계속해서 감소함에 따라 상승 시간은 계속 짧아지고 클록 주파수와 데이터 속도가 계속해서 증가하는 것은 불가피하다.

[그림 1-14]는 2001년 SIA(Semiconductor Industry Association, 미국 반도체 산업 협회)의 ITRS(International Technology Roadmap for Semiconductors, 국제 반도체 기술 로드맵)에서, 예상되는 피처 사이즈 축소를 기반으로 하여 향후 온-칩 클록 주파수를 예측한 그래프이다. 비교를 위해 인텔 프로세서의 클록 주파수 추세를 함께 표시하였다. 그래프를 보면 향후 15년 동안 증가 정도는 약간씩 줄어들기는 하지만 클록 주파수의 증가 추세는 계속해서 유지되고 있다. 최근에 클록 주파수는 약 3 GHz에 머물고 있고 앞으로도 포화상태를 유지할 것으로 보이지만 통신 데이터 속도는 꾸준히 기하급수적으로 증가하고 있어서 2020년에는 채널

8 (옮긴이) MOS 트랜지스터의 소스와 드레인 사이 채널의 최소 거리. 따라서 피처 사이즈보다 작은 치수를 가진 트랜시스터로 회로설계를 할 수 없다.

당 56 Gbps를 초과할 것이다.

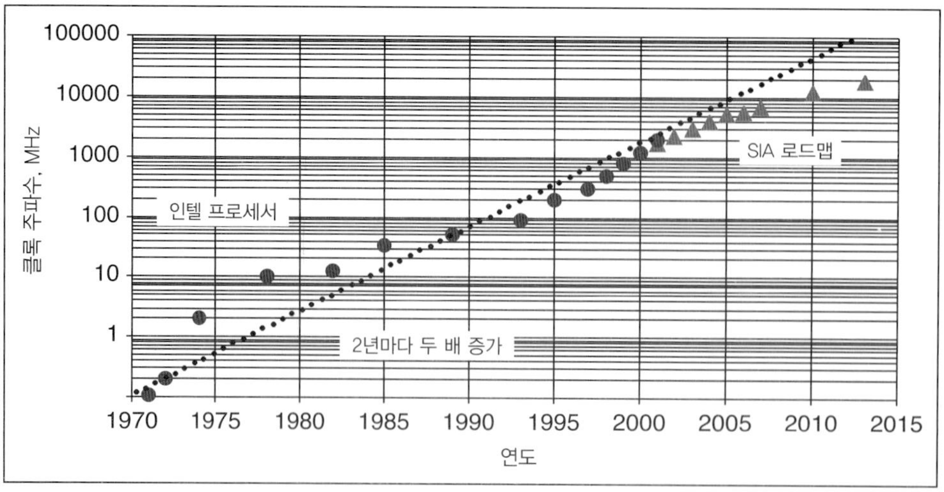

그림 1-14 출시 연도를 기준으로 한 인텔(Intel) 프로세서의 클록 주파수의 변화 추세. 클록 주파수는 2년마다 두 배로 증가하고 있다. 비교를 위해 미국 반도체 산업협회 로드맵 추정치를 함께 표시하였음. 출처: Intel Corp. 및 SIA

클록 주파수가 증가하면 그에 따라 신호의 상승 시간도 짧아져야 한다. 데이터 선로 또는 클록 선로를 읽는 각 게이트가 신호를 올바르게 읽으려면 신호는 충분한 시간 동안 하이(high) 상태 또는 로우(low) 상태로 유지하고 있어야 한다.

다시 말해 신호 상태가 전이(transition)하는 데 걸리는 시간이 짧아야 한다. 일반적으로 최종 상태의 10%에서 최종 상태의 90%까지 도달하는 데 걸리는 시간을 측정한 것을 상승 시간(rise time) 또는 하강 시간(fall time)이라고 한다. 상승 시간과 하강 시간이 바로 전이 시간(transition time)이다. 이렇게 측정한 상승 시간을 10–90 상승 시간이라고 한다. 또 다른 정의에서는 20% ~ 80% 전환점을 사용하는데 이 경우에 상승 시간을 20–80 상승 시간이라고 한다. [그림 1–15]에 전형적인 클록 파형과 전이에 할당된 시간을 나타내었다. 대부분의 고속 디지털 시스템에서 상승 시간에 할당된 시간은 클록 주기(clock period)의 약 10%이다.

이 값은 기본 조건이 아니라 단순한 경험 규칙이다. 고성능 ASIC이나 FPGA 칩을 사용하고 있지만 주변장치는 구형인 레거시 시스템(legacy system, 구식 장치)에서는 상승 시간이 클록 주기의 1% 정도일 수 있다. 고속 직렬 링크에서 가능한 최고 데이터 속도 한계까지 클록 주파수를 높이면 상승 시간은 단위 시간 간격의 50%일 수 있다.

이 경험 규칙에 따라 상승 시간과 클록 주파수 사이의 관계는 대략적으로 다음과 같다.

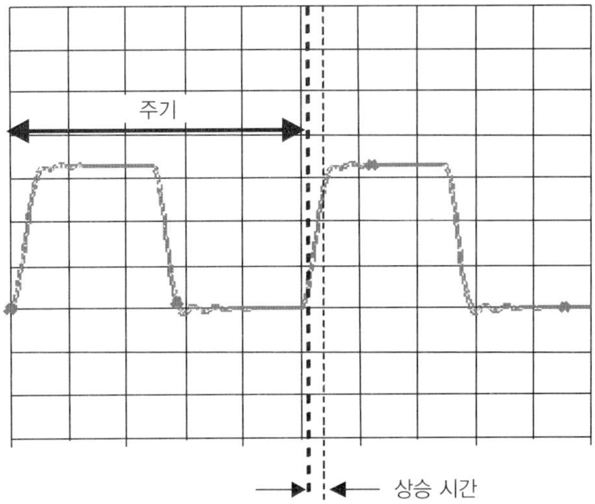

그림 1-15 전형적인 클록 파형에서 10-90 상승 시간은 대략적으로 주기의 10%이다. Mentor Graphics HyperLynx로 시뮬레이션. 스케일: 1 V/div, 2 nsec/div

$$RT = \frac{1}{10 \times F_{clock}} \tag{1.1}$$

여기서

RT : 상승 시간(단위: nsec)

F_{clock} : 클록 주파수(단위: GHz)

예를 들어 클록 주파수가 1 GHz일 때 이 신호의 상승 시간은 약 0.1 nsec 또는 100 psec이다. 클록 주파수가 100 MHz일 때 상승 시간은 대략 1 nsec이다. 이 관계가 [그림 1-16]에 나와 있다.

> **TIP**
> 러닝머신처럼 '쉬지 않고 증가하는 클록 주파수'의 발전은 결국 '계속 짧아지는 상승 시간'이라는 해결하기 어려운 문제를 동반한다.

물론 신호의 상승 시간과 클록 주파수 사이의 이 간단한 관계는 대략적인 근사식일 뿐이며 실제는 시스템의 특성에 따라 달라진다. 이러한 간단한 경험 규칙의 가치는 모든 정보를 알지 못해도 더욱 빠르게 답을 얻을 수 있다는 데 있다. 물론 그 답이 정확한 답이 아닐 수도 있음은 감수해야 한다. 이는 매우 중요한 엔지니어링 원칙 – "때로는 지금 당장 괜찮은 답이 뒤늦은 정답보다 더 중요하다." – 에 바탕을 두고 있다. 다만 경험 규칙의 경우, 그 배경에 있는 기본 가정을 반드시 알고 있어야 한다.

제품의 클록 주파수가 낮더라도 칩 기술의 직접적 결과로 상승 시간이 짧아질 위험성은 여전히 존재한다. 일반적으로 "팹(fab)"이라고 불리는 칩 제조 공장은 전체 수율을 높이기 위해 모든 웨이퍼를 하나의 공정으로 표준화하려고 노력한다. 칩 사이즈가 작을수록 한 웨이퍼에 더 많은 칩을 넣을 수 있고 칩당 비용이 낮아진다. 저속 제품에 사용되는 칩이라도 최첨단 ASIC과 동일한 라인에서 동일한 소형 피처 사이즈로 제조할 수 있다.

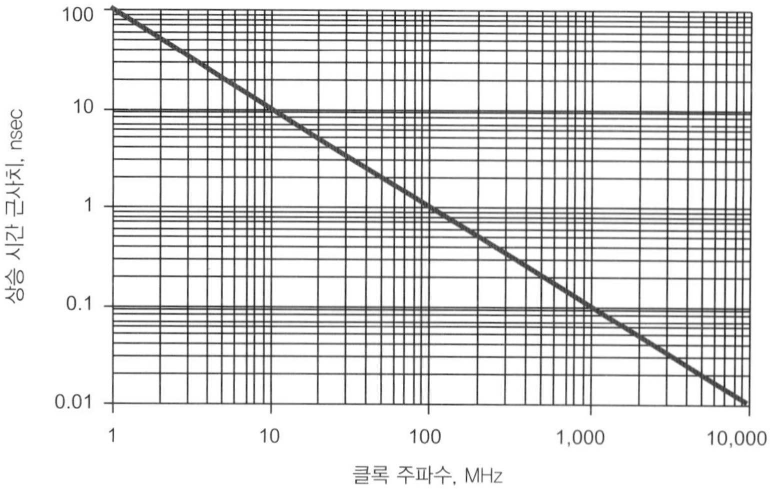

그림 1-16 클록 주파수가 증가함에 따라 상승 시간은 짧아진다. 신호 무결성 문제는 일반적으로 1 nsec 미만의 상승 시간 또는 100 MHz 이상의 클록 주파수에서 발생한다.

아이러니하게도 가장 저렴한 칩의 상승 시간이 언제나 더 짧기 마련이다. 그 칩의 용도에는 그렇게 짧을 필요가 없는데도 말이다. 이것은 무어의 법칙이 가져온 의도치 않은 무서운 결과이다. 예를 들어, 여러분의 제품에서 50 MHz의 클록 주파수로 설계된 칩셋이 상승 시간이 2 nsec인 클록을 사용할 때 아무런 신호 무결성 문제가 발생하지 않았다고 가정하자. 이 칩을 공급하는 업체가 더 미세한 공정으로 팹 라인을 업그레이드하면 더 저렴한 가격으로 칩을 제공할 수 있다. 그러면 좋은 거래를 하고 있다고 생각할 수 있다. 이제 이 저가 칩의 상승 시간이 1 nsec라고 가정하자. 이렇게 짧은 상승 시간으로 인해 반사 노이즈, 과도한 크로스토크와 과도한 레일 붕괴가 발생할 수 있으며 칩은 FCC(Federal Communications Commission, 미국연방통신위원회)의 EMC 인증 시험에 실패할 수 있다. 여러분의 제품의 클록 주파수는 변경되지 않았지만, 칩 공급회사의 더욱 새롭고 더욱 정밀한 피처 제조 공정으로 인해 여러분에게 공급되는 칩의 상승 시간은 더욱 짧아졌다.

TIP

모든 팹이 더욱 낮은 비용과 더욱 미세한 피처 제조 공정으로 전환함에 따라 제조된 모든 칩의 상승 시간은 더욱 짧아져서 신호 무결성 문제가 모든 제품에서 발생할 가능성이 있다. 심지어는 클록 주파수가 50 MHz 미만인 제품에서도 마찬가지로 문제가 발생할 수 있다.

클록 주파수가 증가하고 상승 시간이 짧아지는 것은 마이크로프로세서 기반의 디지털 제품만이 아니다. 고속 통신에 사용되는 데이터 속도와 클록 주파수는 마이크로프로세서 디지털 제품의 클록 주파수를 넘어서고 있다.

고속 직렬 링크의 속도를 정의하는 가장 일반적인 사양 중 하나는 광 캐리어(optical carrier, OC) 사양이다. OC는 사실상 데이터 속도를 나타낸다. OC-1은 50 Mbps에 해당하는 데이터 속도이다. 데이터 전송속도가 2.5 Gbps인 OC-48은 현재 널리 구현되어 있고 대량으로 사용되고 있다. 데이터 속도가 10 Gbps인 OC-192는 이제 막 사용이 증가하고 있다. 가까운 시일 내에 40 Gbps의 데이터 속도를 가진 OC-768이 광범위하게 사용될 것이다.

OC라는 명칭은 클록 주파수가 아닌 데이터 속도를 가리키는 사양이다. 데이터 스트림에서 비트가 인코딩되는 방식에 따라 시스템의 실제 클록 주파수는 데이터 속도보다 높거나 낮을 수 있다.

예를 들어 클록 주기당 비트 수가 1 비트인 경우, 실제 클록 주파수가 곧 데이터 속도가 된다. 클록 주기당 두 개의 데이터 비트가 인코딩되는 경우, 기본 클록 주파수는 데이터 속도의 절반이 된다. 다시 말해 1.25 GHz 클록으로 2.5 Gbps 데이터 속도를 얻을 수 있다. 라우팅 정보 또는 에러 정정(error correction), 그리고 오버헤드(overhead)에 사용되는 데이터 스트림의 비트 수가 많을수록 클록 주파수가 일정하더라도 데이터 속도는 낮아진다.

PCIe, SATA, 기가비트 이더넷과 같이 일반적으로 사용되는 신호 프로토콜은 모두 각 클록 주기마다 2 비트를 인코딩하는 NRZ(non-return-to-zero) 신호 방식을 사용한다. 따라서 전이밀도가 가장 높은 데이터 형태인 1010101010…에서 겉으로 드러나는 기본 클록은 데이터 속도의 절반에 해당하는 주파수를 갖는다. 이 기본 클록 주파수를 나이퀴스트 주파수(Nyquist frequency)라고 한다.

신호 무결성 문제를 최소로 하려면 가장 낮은 클록 주파수와 가장 긴 상승 시간을 사용해야 한다. 이를 근거로 하여 데이터 속도가 28 Gbps를 초과하는 경우에는 다중 레벨 신호방식(multilevel signaling)과 병렬 다중신호선로(multiple signal line in parallel)를 사용하여 한 클록 주기당 4~8개의 데이터 비트를 인코딩하는 추세가 증가하고 있다.

진폭으로 비트를 인코딩하는 이 기법을 펄스 진폭 변조(pulse amplitude modulation, PAM)라고 한다.

한 주기당 2 비트를 인코딩하는 NRZ는 PAM2 신호 방식으로 간주된다. 하나의 단위 간격에 4개의 전압 레벨을 사용하는 것을 PAM4라고 하며, 이 기법은 56 Gbps 신호에 널리 사용된다.

추세는 확실히 더욱 높은 데이터 속도를 향해 가고 있다. 이더넷 시스템에서 일반적으로 사용되는 10 Gbps의 데이터 속도는 5 GHz의 나이퀴스트 클록 주파수를 가진다. 10 Gbps 신호의 단위 간격은 100 psec에 불과하다. 이는 상승 시간이 50 psec 미만이어야 함을 뜻한다. 상승 시간이 짧으면 매우 신중한 설계 방식을 적용할 필요가 있다.

고속 직렬 링크는 휴대폰과 컴퓨터에서 대형 서버와 메인 프레임에 이르기까지 모든 제품에서 칩 사이의 통신과 기판 사이의 통신에도 사용된다. 어떤 데이터 속도에서 시작하든 최소 세 세대를 거쳐 이동해간 경로를 발견할 수 있는데, 각 세대는 비트 레이트가 두 배가 된다.

그중에는 다음과 같은 것들이 있다.

- PCI Express: 2.5 Gbps에서 시작하여 5 Gbps → 8 Gbps → 16 Gbps로 이동
- InfiniBand: 2.5 Gbps에서 시작하여 5 Gbps → 10 Gbps로 이동
- 직렬 ATA (SATA): 1.25 Gbps에서 시작하여 2.5 Gbps → 6 Gbps → 12 Gbps로 이동
- XAUI: 3.125 Gbps에서 시작하여 6.25 Gbps → 10 Gbps로 이동
- 기가비트 이더넷: 1 Gbps에서 시작하여 10 Gbps → 25 Gbps → 40 Gbps, 심지어 100 Gbps로 이동.

1.8 새로운 설계 방법론의 필요성

지금까지 미래에 대해 무서운 전망을 해보았는데 분석한 상황을 간추리면 다음과 같다.

- 신호 무결성 문제는 고속 디지털 제품의 올바른 작동을 방해할 수 있다.
- 이러한 문제는 짧은 상승 시간과 높은 클록 주파수의 직접적인 결과이다.
- 상승 시간이 더욱 짧은 값을 향해 계속 나아가는 것을 피할 수 없으며 클록 주파수는 계속 증가할 것이다.
- 클록 주파수를 제한하더라도 가장 저렴한 칩을 사용하면 저속 시스템에서도 상승 시간이 매우 짧은 칩을 사용하게 된다.
- 제품을 시장에 출시하기 위해 제품 설계 주기(design cycle)에 주어지는 시간이 더욱 줄어들기 때문에 제품은 처음부터 제대로 작동해야 한다.

이런 상황에서 무엇을 해야 하는가? 이 새로운 시대에 고속 제품을 효율적으로 설계하려면 어떻게 해야 하는가? 시스템의 클록 주파수가 10 MHz이었던 좋았던 옛날에는 인터커넥트는 신호에 대해 투명했고 신호 무결성 효과에 대해 걱정할 필요가 없었다. 기능 구현에 초점을 맞춰 제품 설계를 해치웠고 신호 무결성은 무시할 수 있었다. 오늘날의 제품에서 신호 무결성을 무시하면 일정이 지연되고 개발 비용이 증가하며 기능성(functionality)을 갖춘 제품을 출시할 수 없게 된다.

나중에 제품을 고치려고 애쓰는 것보다 처음에 제품을 제대로 설계하는 데 추가 비용을 지불하는 편이 수익면에서 언제나 유리하다. 제품 수명 주기(product life cycle)에서 출시 후 첫 6개월이 가장 수익성이 높은 경우가 많다. 제품 출시가 늦어지면 수명 주기 수익의 상당 부분을 잃을 수 있다. 시간이 곧 돈이다.

> **TIP**
> 가능한 한 설계주기 초기에 신호 무결성 문제를 식별하고 이를 제품에서 확실히 제거할 수 있는 새로운 제품 설계 방법론이 필요하다. 점점 더 짧아지고 있는 설계 주기를 맞추려면 제품은 처음부터 성능 사양을 충족해야 한다.

1.9 신제품 디자인 방법론

신제품 설계 방법론에는 다음 여섯 가지 핵심 요소가 있다.

1. 여섯 가지 문제 계열을 기준으로, 제품에서 발생할 특정 SI/PI/EMC 문제, 그리고 막아야 할 특정 SI/PI/EMC 문제를 찾아낸다.
2. 각 문제의 근본 원인을 찾는다.
3. 영맨 원리(Youngman Principle)를 적용하여 문제의 근본 원인을 모범 설계 관행으로 바꾼다.
4. 비용이 들지 않을 때는 언제나 습관처럼 모범 설계 관행을 따른다.
5. 경험 규칙, 근사식, 수치 시뮬레이션[가상 프로토타입(virtual prototype) 등]과 같은 분석 도구를 사용해서 설계 트레이드오프(trade-off, 적정성)를 평가한 결과를 종합하여 성능, 비용, 위험, 일정에 맞게 설계를 최적화한다.
6. 설계 주기 내내 측정을 수행하여 위험도를 낮추고 예측 품질의 신뢰도를 높인다.

이 전략의 바탕을 이루는 원리는 제품의 SI/PI/EMC 문제를 종합적으로 처리하는 데는 물론이고 그 밖의 모든 엔지니어링 설계 문제를 해결하는 데도 적용된다. 문제를 해결하는 가장 효율적인 방법은 먼저 근본 원인을 찾는 것이다. 문제의 근본 원인을 잘못 파악하면 문제 해결은 순전히 운에 달려 있다.

> **TIP**
> 모든 설계 과정 또는 디버그 과정에서 가장 중점을 두어야 하는 것은 문제의 정확한 근본 원인을 찾는 것이다.

영맨 원리는 "한 문장의 제왕(king of the one-liners)"으로 알려진 유명 TV 코미디언 헤니 영맨(Henny Youngman, 1906-1998)의 이름에서 따온 것이다. 영맨 원리를 사용하여 근본 원인을 모범 설계 관행으로 바꾼다. 그가 들려준 여러 이야기 중 하나에는 매우 중요한 공학적 원리가 담겨있다. "한 남자가 의사 진료실에 들어와서 의사에게 '의사 선생님, 팔을 올리면 팔이 아파요. 어떻게 해야 하나요?'라고 말했어요. 그랬더니 의사가 '팔을 들지 마세요'라고 하더군요."

이 이야기에는 단순하지만 근본 원인을 모범 설계 관행으로 바꾸는 것과 관련하여 심오한 의미가 담겨있다. 제품 설계에서 어떤 부분이나 기능이 문제를 일으키는지 찾아낼 수 있는 경우, 그 문제를 제거하기를 원한다면 제품에서 해당 기능을 제거하라. "팔을 들지 마세요." 라는 처방처럼. 예를 들어, 반사 노이즈가 발생한 원인이 임피던스 불연속인 경우, 모든 인터커넥트를 일정한 순시 임피던스를 가지도록 설계하라. 접지 바운스의 원인이 잘못된 귀환 경로와 겹치는 귀환 전류인 경우, 귀환 경로를 엉망으로 만들지 말고 여러 귀환 전류들이 겹치지 않도록 하라.

TIP

문제의 근본 원인을 모범 설계 관행으로 바꾸는 것이 영맨 원리이다.

모범 설계 관행이 제품에 비용을 추가하지 않는다면 비록 성능에 도움이 되는 정도가 미미하더라도 항상 그것을 수행해야 한다. 이러한 모범 설계 관행(best design practice)을 습관(habit)이라고 부르는 이유가 바로 여기에 있다.

목표 특성 임피던스(target characteristic impedance)를 가진 균일 전송 선로로 인터커넥트를 설계하고 제작하는 데에는 비용이 추가로 들지 않는다. 제품 설계에서 비아패드 스택(via pad stack)의 임피던스를 50 Ω에 가까운 값으로 정합되도록 최적화하는 데에도 비용이 추가로 들지 않는다.

무료라면 항상 수행해야 한다. 비용이 추가된다면 다음 질문에 답하는 것이 중요하다. "그만한 가치가 있는가? 비용을 들인 만큼 얻을 수 있는 것은 무엇인가? 이러한 질문에 답하는 방법은 경험 규칙, 근사식, 수치 시뮬레이션을 통해 "수치"를 얻어내는 것이다. 성능을 예측하는 것은 제품의 예상 성능을 탐색하기 위해 "가상 프로토타입(virtual prototype)"을 구축하는 것과 같다.

시뮬레이션은 하드웨어를 구축하기 전에 시스템의 성능을 예측하는 것이다. 예전에는 시스템에서 신호 무결성 효과에 민감한 넷만 시뮬레이션을 하였다. 이러한 넷을 "중요 넷(critical net)"이라고 하는데 일반적으로 클록 선로와 몇 개의 고속 버스 선로(high-speed bus line)가 여기에 속한다. 클록 주파수가 100 MHz인 제품에서는 전체 넷의 5~10%만이 중요 넷이었다. 클록 주파수가 200 MHz 이상인 제품에서는 전체 넷의 50% 이상이 중요 넷일 수 있으며, 이 경우에는 전체 시스템이 시뮬레이션에 포함되어야 한다.

TIP

오늘날 모든 고속 제품에서는 제품을 제작하기 전에 신호 무결성 문제가 제거되었는지 정확하게 검증하기 위해 시스템 수준 시뮬레이션(system-level simulation)을 수행해야 한다.

일반적으로 다양한 노드의 전기적 성능, 다시 말해 그 노드에 실제로 나타나는 전압 및 전류 파형을 예측하려면 물리적(physical, 실제) 설계를 전기적 표현(electrical description)으로 변환해야 한다. 이러한 변환은 다음 세 가지 방식 중 하나로 수행할 수 있다.

첫째로, 물리적 설계를 등가 회로 모델로 변환한 다음, 회로 시뮬레이터(circuit simulator)를 사용하여 모든 노드에서 전압과 전류를 예측할 수 있다.

둘째로, 전자기 시뮬레이터(electromagnetic simulator)를 사용하여 물리적 설계 및 물질 특성(material property)을 기반으로 공간의 모든 곳에서 전기장과 자기장을 시뮬레이션할 수 있다. 이렇게 구한 전기장과 자기장에서 인터커넥트의 동작 모델(behavioral model)을 생성할 수 있는데, 일반적으로는 S 파라미터 모델의 형태로 만들어내고 이를 회로 시뮬레이터에서 사용한다.

마지막으로 벡터 네트워크 분석기(vector-network analyzer, VNA)를 사용하여 인터커넥트의 S 파라미터를 측정해서 인터커넥터의 S 파라미터 동작 모델을 직접 만들 수 있다. 이렇게 측정을 하여 만들어낸 S 파라미터 모델은 전자기 시뮬레이터로 시뮬레이션을 하여 만들어낸 S 파라미터와 마찬가지로 시뮬레이터 도구에 통합할 수 있다.

1.10 시뮬레이션

다음 세 가지 유형의 전기적 시뮬레이션 도구는 신호 동작에 대한 인터커넥트의 아날로그 효과를 예측한다.

1. **전자기(EM) 시뮬레이터 또는 3D 전자기장 솔버**: 설계의 형상(기하학적 구조)과 물질의 특성을 경계 조건으로 사용하여 맥스웰 방정식을 풀어서 시간 영역이나 주파수 영역의 다양한 위치에서 전기장과 자기장을 시뮬레이션한다.
2. **회로 시뮬레이터**: 다양한 집중회로 소자(lumped circuit element)에 해당하는 미분 방정식을 풀고 키르히호프(Kirchhoff) 전압 법칙과 전류 법칙 등을 사용하여 시간 영역이나 주파수 영역에서 다양한 회로 노드의 전압과 전류를 예측한다. 회로 시뮬레이터는 대부분 SPICE 호환 시뮬레이터이다.
3. **수치 시뮬레이션 도구(numerical simulation tool)**: 입력 파형들을 합성해서 인터커넥트의 S 파라미터 모델로부터 임펄스 응답(impulse response)을 계산한 다음, 컨볼루션 적분(convolution integral) 또는 기타 수치해석 방법(numerical method)을 사용하여 각 포트에서 나오는 파형을 계산한다.

신호 무결성은 맥스웰 방정식(Maxwell's equation)이 책임을 져야 한다. 맥스웰 방정식을 이루고 있는 네 가지 방정식은 전기장과 자기장이 도체 및 유전체와 어떤 방식으로 상호 작용하는지 설명한다. 결국 신호는 전파하는 전자기장과 다름없다. 전기장과 자기장 자체를 시뮬레이션 할 때 인터커넥트와 모든 수동 구성요소(passive component)들은 도체의 경계조건과 유전체의 경계조건, 그리고 형상(기하학적 구조)과 물질 특성으로 변환되어야 한다.

장치 드라이버(device driver)의 신호는 입사(incident) 전자기파로 변환되며 맥스웰 방정식을 사용하여 이 전자기파가 도체 및 유전체와 상호 작용하는 방식을 예측한다. 물질의 기하학적 구조와 특성은 맥스웰 방정식을 푸는 데 필요한 경계 조건을 정의한다.

[그림 1-17]에 나타낸 것이 실제 맥스웰 방정식으로, 실무 엔지니어가 이 방정식을 직접 풀 필요는 없다. 여기에 방정식을 표시한 것은 단지 참고용으로, 전자기장에 대해 알아야 할 모든 것을 설명하는 몇 개의 간단한 방정식이 실제로 존재한다는 사실을 보여주기 위해서이다. 입사 전자기장이 구조 및 물질과 상호작용하는 방식을 이 네 개의 맥스웰 방정식으로 계산하여 공간의 모든 지점에서 표시할 수 있다. 이러한 전자기장은 시간 영역 또는 주파수 영역에서 시뮬레이션을 하여 구할 수 있다.

[그림 1-18]은 2.0 GHz와 2.3 GHz에서 208핀을 가진 PQFP(plastic quad flat pack) 패키지의 어느 한 핀에 입사하는 전압 사인파에 의해 패키지 내부에 형성되는 전기장 강도를 시뮬레이션으로 구한 결과를 보여주고 있다. 색상과 농도를 달리하여 전기장 강도의 차이를 표시하고 있다. 이 시뮬레이션 결과는 신호에 2.3 GHz의 주파수 성분이 있는 경우, 패키지 내부에 강한 세기의 전자기장 분포가 발생함을 보여준다. 이를 공진(resonance)이라고 하는데, 공진은 제품에 치명적일 수 있다. 이러한 공진으로 인해 신호 품질이 저하되고 크로스토크 문제와 EMC 문제가 더 많이 발생한다. 공진은 언제나 부품이 사용될 수 있는 최고 대역폭을 제한한다.

시간 영역	**주파수 영역**
$\nabla \bullet \varepsilon\mathbf{E} = \rho$	$\nabla \bullet \varepsilon\mathbf{E} = \rho$
$\nabla \bullet \mathbf{B} = 0$	$\nabla \bullet \mathbf{B} = 0$
$\nabla \times \mathbf{E} = -\dfrac{\partial \mathbf{B}}{\partial t}$	$\nabla \times \mathbf{E} = -j\omega\mathbf{B}$
$\nabla \times \dfrac{1}{\mu}\mathbf{B} = \mathbf{J} + \varepsilon\dfrac{\partial \mathbf{E}}{\partial t}$	$\nabla \times \dfrac{1}{\mu}\mathbf{B} = \mathbf{J} + j\omega\varepsilon\mathbf{E}$

그림 1-17 시간 영역과 주파수 영역으로 각각 나타낸 맥스웰 방정식. 이 방정식은 전기장과 자기장이 시간과 공간에 걸쳐 경계 조건 및 물질과 어떤 방식으로 상호 작용하는지 설명한다. 이런 방정식이 있다는 사실을 아는 것만으로 충분하다.

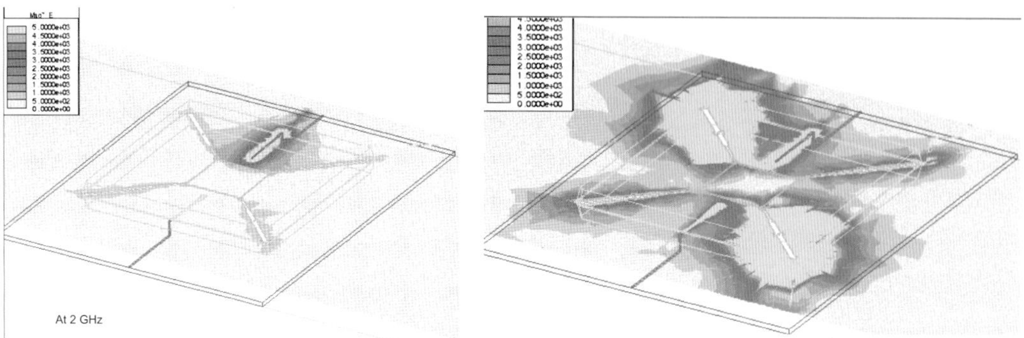

그림 1-18 전자기 시뮬레이션으로 구한 208핀 PQFP 내부의 전기장 분포로 공진이 발생한 것을 볼 수 있다. (왼쪽) 2.0 GHz, (오른쪽) 2.3 GHz. 안소프트(Ansoft)의 HFSS(High-Frequency Structure Simulator)로 시뮬레이션

몇몇 효과는 전자기 시뮬레이터로만 시뮬레이션을 할 수 있는데 일반적으로 인터커넥트가 매우 불균일하고 전기적으로 긴 경우[예: 갈라진 틈(gap)이 있는 귀환 경로의 위쪽에 놓여 있는 선로], 전자기 결합 효과가 매우 우세한 경우(예: 패키지 공진과 커넥터의 공진), 또는 EMC 방사 효과를 시뮬레이션해야 하는 경우에는 EM 시뮬레이터가 필요하다.

TIP

패키지 트레이스, 커넥터, 비아, 패드에 장착된 개별 부품과 같이 균일하지 않은 인터커넥트 구조의 영향을 정확하게 예측하려면 3D 전파(full-wave) 전자기 시뮬레이터가 필수 도구이다.

맥스웰 방정식과 오늘날 최고의 하드웨어 및 소프트웨어 도구를 사용하여 모든 대상의 전자기 현상을 다룰 수 있지만 아주 단순한 구조가 아닌 것에 대해 전자기 효과를 시뮬레이션 하는 것은 실용적이지 않다. 또한 현재의 전자기 시뮬레이션 도구 중 상당수가 전자기 이론에 대한 경험이 있는 숙련된 사용자를 필요로 한다는 점은 이러한 도구의 활용성을 제한하는 요인이다.

전자기 시뮬레이션 도구보다 더욱 쉽고 빠르게 사용할 수 있는 대체 시뮬레이션 도구는 회로 시뮬레이터이다. 이 시뮬레이션 도구는 신호를 전압과 전류로 나타낸다. 다양한 도체와 유전체는 저항(resistance), 커패시턴스, 인덕턴스, 전송선로, 그리고 이들 소자(요소)의 결합(coupling)으로 변환된다. 물리적(실제) 구조를 회로 소자들로 변환하는 과정을 모델링(modeling)이라고 한다.

인터커넥트의 회로 모델은 근사(approximation) 모델이다. 어떤 근사 모델이 적절한 정도의 정확성을 가지는 경우에는 전자기 시뮬레이터를 사용하는 것보다 항상 더 빠르게 답을 얻을 수 있다.

신호 무결성의 몇몇 문제는 전자기적인 해석 결과보다는 회로적인 해석 결과를 사용하면 더욱 쉽게 이해할 수 있고 해결 방법을 찾아낼 수 있다. 회로 모델은 본질적으로 근사 모델이므로 회로 시뮬레이터로 시뮬레이션을 할 수 있는 것에는 몇 가지 제한 사항이 있다.

회로 시뮬레이터로는 EMC 문제, 공진, 불균일한 파동 전파 등의 전자기 효과(현상)는 다룰 수 없다. 그러나 집중회로 모델과 SPICE 호환 시뮬레이션은 근거리장 크로스토크, 전송선로 전파, 반사, 스위칭 노이즈 등의 효과(현상)를 정확하게 설명할 수 있다. [그림 1-19]는 회로 시뮬레이터를 사용하여 회로를 시뮬레이션하여 나온 파형을 보여주고 있다.

여러 집중 회로 소자의 조합으로 이루어진 도면을 회로도(schematic)라고 한다. 이상적인 회로 소자로 구성된 회로도를 그리기만 하면 회로 시뮬레이터는 모든 노드에서 전압과 전류를 계산할 수 있다.

가장 널리 사용되는 회로 시뮬레이터는 스파이스(SPICE, Simulation Program with Integrated Circuit Emphasis)라는 일반적인 명칭으로 부른다. 최초의 스파이스 버전은 1970년대 초 UC 버클리(Berkeley)에서 형상(기하학적 구조)과 물질 특성을 기반으로 트랜지스터의 성능을 예측하기 위한 도구로 만들어졌다.

SPICE는 기본적으로 회로 시뮬레이터이다. 이 도구는 넷리스트(netlist)라는 특수한 텍스트 파일 안에 텍스트로 표현된 회로도를 바탕으로 각 회로 소자가 나타내는 미분 방정식을 풀어 전압과 전류를 시간 영역에서 계산하거나[이를 과도 시뮬레이션(transient simulation)이라고 함], 주파수 영역에서 계산한다(이를 AC 시뮬레이션이라고 함). 30개 이상의 상업용 SPICE 버전이 있는데, 일부 학생/데모 버전은 웹에서 무료로 다운로드할 수 있다.

> **TIP**
> 가장 사용하기 쉽고 가장 다양한 기능을 갖춘 SPICE 호환 시뮬레이터로 QUCS(Quite Universal Circuit Simulator)가 있다. 출판 품질의 그래픽 디스플레이와 깔끔한 사용자 인터페이스를 갖추고 있다. 오픈 소스이며 https://qucs.sourceforge.net/ 에서 다운로드할 수 있다.

매트랩(MATLAB), 파이썬(Python), 키사이트(Keysight)의 PLTS, 르크로이(Teledyne LeCroy)의 SI 스튜디오(Studio)와 같은 수치해석 시뮬레이터는 합성된 입력 파형들이 S 파라미터 인터커넥트 모델과 상호 작용하는 방식을 기반으로 출력 파형을 예측하는 시뮬레이션 도구이다. 회로 시뮬레이터에 비해 가장 큰 장점은 계산 속도이다. 이러한 시뮬레이터 중 다수는 자사소유(전용) 시뮬레이션 엔진을 사용하며 사인파, 클록, 또는 NRZ 데이터 패턴 등 특정 유형의 파형에 최적화되어 있다.

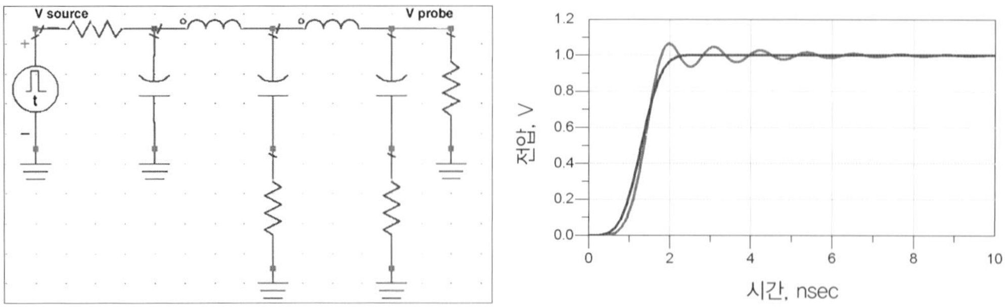

그림 1-19 전형적인 스코프 프로브의 프로브 팁에 대한 회로 모델(왼쪽)과 시뮬레이션 결과(오른쪽). 프로브 팁의 길이는 약 5 cm. 상승시간이 1 nsec인 깨끗한 신호와 프로브 팁의 과도한 인덕턴스로 인해 발생한 링잉을 볼 수 있음.

1.11 모델링과 모델

모델링(modeling)은 시뮬레이터가 어떤 장치나 부품의 전압 파형과 전류 파형을 예측하고 해석할 수 있도록 그 장치나 부품의 전기적 표현인 모델(model)을 만드는 것을 말한다. 트랜지스터와 출력 드라이버와 같은 능동 장치(active device) 모델은 모든 인터커넥트와 개별 부품과 같은 수동 장치(passive device) 모델과 근본적으로 다르다. 능동 장치의 경우, 모델은 일반적으로 SPICE 호환 모델이거나 IBIS(input/output buffer interface, 입력/출력 버퍼 인터페이스) 호환 모델이다.

능동 장치의 SPICE 모델은 이상적인 소스와 수동 소자의 조합 또는 트랜지스터의 구조를 기반으로 하는 특수 트랜지스터 모델을 사용한다. 이렇게 하면 공정 기술이 변경되는 경우에 트랜지스터 동작을 쉽게 확장할 수 있다. SPICE 모델에는 드라이버의 특정 기능과 공정 기술에 대한 정보가 포함되어 있다. 이러한 이유로 대부분의 칩 공급업체는 칩에 대한 귀중한 정보가 들어있는 칩의 SPICE 모델을 제공하는 것을 꺼린다.

IBIS는 입력 드라이버나 출력 드라이버의 응답을 V-I 특성과 V-t 특성으로 정의하는 형식(format)을 말한다. 동작 시뮬레이터는 능동 장치의 V-I 곡선과 V-t 곡선을 가져와서 이들 곡선이 전송선로와 인터커넥트를 나타내는 집중 소자인 저항기(R), 인덕터(L), 커패시터(C)에 의해 영향을 받아 어떻게 변하는지 시뮬레이션한다. 능동 장치에 대한 IBIS 모델의 가장 큰 이점은 IC 공급업체가 트랜지스터의 형상(기하학적 구조)에 대한 자사보유 정보를 공개하지 않고도 장치 드라이버의 IBIS 모델을 제공할 수 있다는 데 있다.

IC 공급업체로부터 SPICE 모델보다는 IBIS 모델을 얻는 것이 훨씬 쉽다. 1000개의 넷과 100개의 IC를 동시에 시뮬레이션 할 수 있는 시스템 수준 시뮬레이션의 경우, 일반적으로 IBIS 모델이 사용된다. 그 까닭은 일반적으로 IBIS 모델이 SPICE 모델보다 구하기 쉽고 더 빠르게 실행되기 때문이다.

모든 시뮬레이션의 정확성을 제한하는 가장 큰 요소는 모델의 품질이다. 어느 한 드라이버에 대해서는 SPICE 모델에 필적할 만큼 정확하고 실제 측정값과도 완벽하게 일치하는 IBIS 모델을 얻을 수 있지만 모든 장치에 대해 좋은 품질의 모델을 일상적으로 얻는 것은 어렵다.

TIP

일반적으로 우리는 부품의 최종 사용자로서 공급업체가 부품에 관해 제공하는 모델의 품질에 대해 일종의 검증을 수행할 것을 지속적으로 요구해야 한다.

장치 모델의 또 다른 문제는 어느 한 세대의 칩에 적용되는 모델이 다음 세대의 칩에는 들어맞지 않는다는 것이다. 6~9개월마다 일어나는 세대 변화에서 이루어지는 다이 축소(die shrink)로 인해 채널 길이가 더욱 짧아지고 상승 시간이 더욱 짧아진다. 또한 드라이버의 V-I 곡선과 과도 응답이 변경될 수 있다. 따라서 새 부품의 이전 모델은 신호 무결성 영향을 낮게 추정한다. 우리는 부품의 최종 사용자로서 항상 공급업체가 공급하는 모든 드라이버에 대해 정확하고 검증된 최신 모델을 제공할 것을 요구해야 한다.

TIP

SPICE 시뮬레이터를 비롯하여 다른 모든 시뮬레이터의 정확도는 기본적으로 매우 우수하다. 하지만 시뮬레이션의 품질은 시뮬레이션에 사용되는 모델의 품질 이상으로 좋아질 수 없다. GIGO(garbage in, garbage out, 쓰레기를 넣으면 쓰레기가 나온다)라는 말은 회로 시뮬레이션을 설명하는 데 딱 들어맞는 표현이다.

이러한 이유로 모든 장치 드라이버, 인터커넥트, 수동 부품들의 모델 정확도를 검증하는 것은 매우 중요하다. 그래야만 시뮬레이션 결과에 대한 확신을 가질 수 있다. 능동 장치에 대한 모델이 매우 중요하지만, 이 책에서는 수동 장치와 인터커넥트에 대한 모델을 다룬다. 부록 C, "선별한 참고 문헌"에 나열한 참고 자료들은 능동 장치 모델에 대해 설명하고 있다.

시스템을 구성하는 모든 요소(소자)들에 대한 모델을 입수하는 것이 매우 중요하다. 신호 무결성 효과를 시뮬레이션하는 유일한 방법은 기판 수준 전송 선로, 패키지 모델, 커넥터 모델, DC 차단 커패시터, 종단 저항기와 같은 인터커넥트 모델과 수동 소자들의 모델을 모두 포함하는 것이다.

물론 회로 모델은 시뮬레이터가 이해하는 소자들만 사용할 수 있다. SPICE 시뮬레이터의 경우, 인터커넥트와 수동 부품은 저항기, 커패시터, 인덕터, 상호 인덕터, 무손실 전송선로(lossless transmission line)로 나타낼 수 있다. 몇몇 SPICE 시뮬레이터와 동작 시뮬레이터에서는 새로운 이상적 회로 소자를 내놓았는데 여기에는 이상적 결합 전송선로와 이상적 손실 전송선로가 기본 이상적 회로 소자로 포함되어 있다.

[그림 1-20]은 두 개의 표면 실장 종단 저항기로 이루어진 실제 구성요소와 이것의 등가 전기 회로 모델의 예를 보여주고 있다. 이 회로 모델에는 스위칭 노이즈를 발생시키는 유도성 결합이 포함되어 있다. 실제 구성요소에서 일어나는 동작의 모든 전기적 품질은 회로 모델로 설명할 수 있다. 이 회로 모델, 다시 말해 회로도는 측정 가능한 모든 효과를 정확하게 예측할 수 있다.

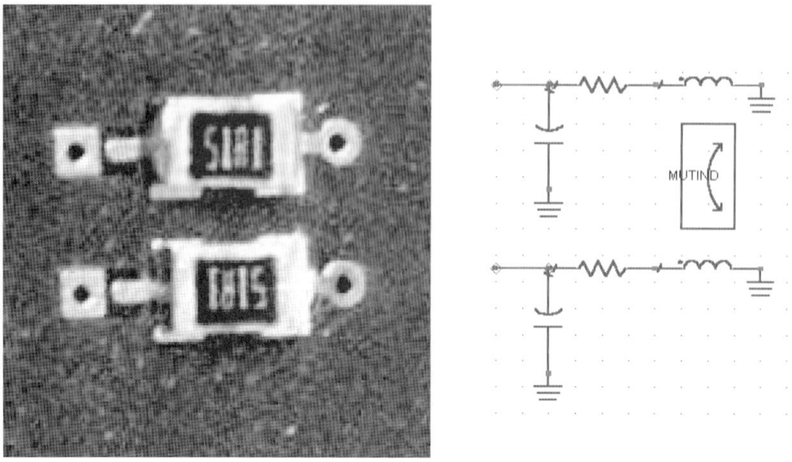

그림 1-20 두 개의 표면 실장 0805 저항기와 등가 회로 모델. 이 모델은 5 GHz까지 검증되었다.

인터커넥트의 정확한 회로 모델을 생성하는 데는 계산과 측정이라는 두 가지 기본 접근 방식이 있다. 일반적으로 계산을 통해 모델을 생성하는 것을 분석(analysis)이라 하고, 측정을 통해 모델을 생성하는 것을 특성화(characterization)라고 한다.

1.12 계산을 통한 회로 모델 만들기

삶의 상당 부분은 비용(요구되는 시간, 돈, 전문 지식)과 받는 가치 사이에서 끊임없이 균형을 잡는 행위이다. 대부분의 다른 분야의 문제뿐만 아니라 모든 신호 무결성 설계 문제의 분석도 예외는 아니다. 예를 들어 우리는 정확도로 평가되는 해답의 품질과, 그 해답을 얻는 데

드는 시간과 비용 사이의 균형을 지속적으로 맞추고 있다.

> **TIP**
> 오늘날 세계적으로 경쟁이 치열한 시장에서 거의 모든 제품 개발 프로그램의 목표는 비용, 일정, 위험도 버짓(budget) 내에서 성능 사양을 충족하는 수용 가능한 설계에 도달하는 것이다.

이것은 어려운 과제이다. 이를 달성하려면 신호 무결성 설계와 인터커넥트 설계에 관여하는 엔지니어는 가능한 한 설계 주기의 초기에 최상의 기술을 선택하고 최적의 모범 설계 관행을 확립하는 재능과 다방면의 능력을 갖추어야 한다.

모든 엔지니어의 '도구 상자(toolbox)'에서 가장 중요한 도구는 트레이드오프 요소들을 신속하게 평가할 수 있는 유연성이다. IBM 펠로우(Fellow)이자 EMC 업계의 아이콘인 브루스 아참볼트(Bruce Archambeault)는 "엔지니어링은 드레이드오프 분석을 위한 긱[9]이다(Engineering is Geek for trade-off analysis)."라고 말했다.

트레이드오프 분석이란 기술 선택, 재료(물질) 특성, 모범 설계 관행의 선택과 이것이 시스템 성능, 비용, 위험도에 미치는 영향 사이에서 실제적인 균형을 맞추는 것이다.

> **TIP**
> 설계 주기의 초기에 올바른 절충안(trade-off)을 확립할수록 개발 시간이 단축되고 개발 비용도 낮아진다.

트레이드오프 분석을 돕기 위해 다음 세 가지 수준의 근사 방법을 사용하여 성능 또는 전기적 특성을 예측한다.

1. 경험 규칙(rule of thumb)
2. 해석적 근사식(analytical approximation)
3. 수치 시뮬레이션(numerical simulation)

각 접근 방식은 실제와의 근접성(즉, 정확도)과 답을 얻는 데 필요한 시간, 노력 사이의 균형 정도를 측정하는 저마다 다른 일종의 저울이라고 할 수 있다. 이것을 [그림 1-21]에서 설명하고 있다. 물론 이러한 접근 방식이 실제 측정을 대체할 수는 없다. 그러나 올바른 분석 기술을 정확히 적용하면 '제작 → 테스트 → 재설계'라는 통상적 접근 방식에 의존하는 경우에 비해 설계 주기 시간을 원래 값의 10%까지 단축할 수 있다.

경험 규칙은 기억하기 쉽고 직관력을 키우는 데 도움이 되는 간단한 관계(수치 또는 수식)이다. 예를 들어, "짧은 도선(wire)의 자기 인덕턴스(self inductance)는 약 25 nH/inch이다"는 것이 바로 경험 규칙이다. 이 경험 규칙에 따르면 0.1 inch 길이의 와이어 본드(wire bond)[10]는 약 2.5 nH의 자기 인덕턴스를 갖는다.

---

9 (옮긴이) 긱(geek)은 기술적, 전문적 주제에 대해 강박적으로 관심이 많으면서 탁월하게 이해하고 있는 특이한 사람(괴짜)을 가리키는 영어 속어로 여기서는 '기술적 전문적 접근방식'이라는 의미로 사용

10 (옮긴이) 칩 내부의 패드와 칩 외부로 연결되는 리드(또는 패드) 사이를 접합하는 가느다란 와이어

모든 분석의 첫 번째 단계는 경험 규칙을 사용하는 것인데, 다만 이 경우에 경험 규칙으로 얻은 결과는 나중에 모든 답을 비교할 수 있는 온전성 검사(sanity-check)에 쓰이는 수치(number)를 제공하는 데만 사용해야 한다. 경험 규칙으로 시뮬레이션을 하는 데 사용되는 초기 기대치를 설정할 수 있다. 이것은 모든 엔지니어가 시뮬레이션에 대한 자신감을 얻기 위해 습관처럼 수행해야 하는 여러 가지 일관성 시험(consistency test) 중 첫 번째이다. 이것이 '보가틴 규칙 9번'의 근거이다.

TIP

'보가틴 규칙 9번'은 "먼저 결과를 예상하고 그 다음에 측정이나 시뮬레이션을 수행하라."이다. 결과가 예상과 다르다면 거기에는 이유가 있다. 왜 예상대로 나오지 않았는지 이유를 확인하지 않고 진행하면 절대 안 된다. 결과가 예상과 일치했다면 이것을 신뢰를 구축하는 좋은 도구로 삼을 수 있다.

'규칙 9번'의 결론은 "측정이나 시뮬레이션에서 실수할 수 있는 방식이 너무나 많아서 일관성 시험(consistency test)을 너무 많이 할 수 없다."이다. 경험 규칙을 사용한 초기 추정은 항상 첫 번째로 수행하는 가장 중요한 일관성 시험이다.

설계/기술/비용 트레이드오프(적정성)를 분석(평가)하기 위해 브레인스토밍을 수행하거나 대략적인 추정, 비교 또는 타당성의 근거를 찾을 때 경험 규칙을 사용하면 진행 속도가 10배 이상 빨라질 수 있다. 결국, 제품 개발 주기의 초기에 올바른 설계와 기술 결정을 내릴수록 프로젝트에 드는 시간과 비용을 더욱 많이 절약할 수 있다.

경험 규칙은 정확한 답이 아닌 신속한 답을 얻기 위한 것이다. 경험 규칙을 설계 승인을 내리는 데에는 절대로 사용해서는 안 된다. 경험 규칙은 엔지니어의 직관을 교정하고 높은 수준의 트레이드오프 분석에 도움을 주는 지침을 제공하는 데 사용해야 한다. 부록 B, "신호 무결성 효과를 추정하는 데 도움이 되는 100가지 경험 규칙"에는 신호 무결성에 사용되는 많은 중요한 경험 법칙이 요약되어 있다.

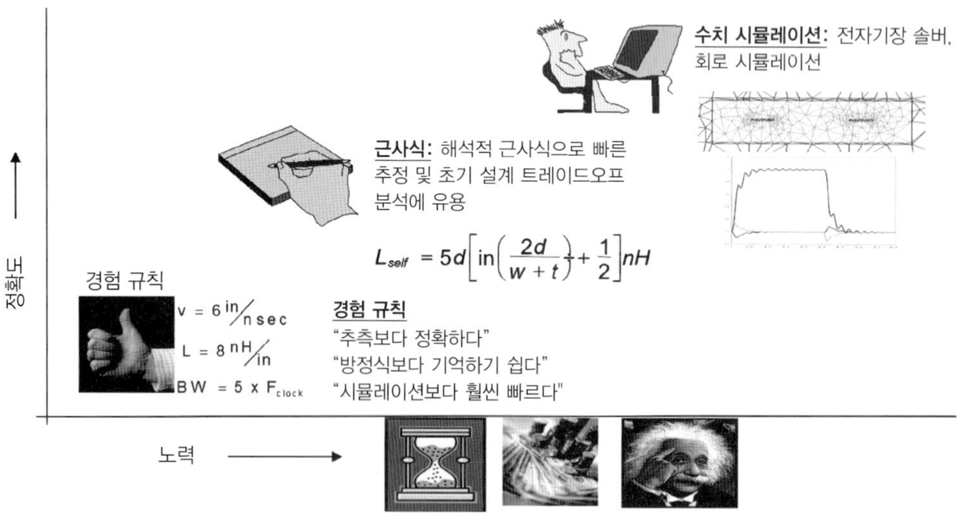

그림 1-21 세 가지 분석 수준에 들어가는 노력과 그 대가로 얻는 정확도 사이의 균형. 각 도구는 저마다 장단점이 있으므로 적절한 상황에서 사용해야 한다.

해석적 근사식은 방정식 또는 공식이다. 예를 들어 원형 루프의 루프 자기 인덕턴스(loop self-inductance)를 나타내는 근사식은 다음과 같다.

$$L_{self} = 32 \times R \times \ln\left(\frac{4R}{D}\right) nH \qquad (1.2)$$

여기서

L_{self} = 자기 인덕턴스(단위: nH)

R = 루프 반지름(단위: inch)

D = 와이어 지름(단위: inch)

예를 들어, 지름이 10 mil인 도선(wire)으로 만든 반지름 ½ inch(지름 1 inch)의 원형 루프는 약 85 nH의 루프 인덕턴스를 가진다. 엄지손가락과 집게(둘째)손가락 끝을 서로 맞대어 둥근 원 모양을 만들어 보자. 이 정도 크기의 원형 루프를 30 게이지(gauge) 구리도선으로 만들면 루프 인덕턴스는 약 85 nH이다.

근사식은 스프레드시트로 값을 구할 수 있고 "만약에 ~ 라는 질문(what if question)[11]"에 신속하게 답변할 수 있다는 점에서 가치가 있다. 근사식은 중요한 항목들을 알 수 있게 해주고 이 항목들 사이의 관계를 파악할 수 있게 해준다. 식 (1.2)의 근사식은 인덕턴스의 증가율이 반지름의 증가율보다 조금 더 빠르다는 사실을 알려준다. 루프의 반지름이 클수록 루프 인덕턴스는 커진다. 또한 도선 지름이 클수록 루프 인덕턴스는 도선 지름의 '자연로그'에 비례하여 작아지는데, 자연로그는 증가율이 비교적 작은 함수이므로 루프 인덕턴스는 약간만 작아진다.

TIP

극소수의 예외를 제외하면 신호 무결성 분석에 사용되는 모든 방정식은 정의(definition)이거나 근사식(approximation)이라는 점을 잘 알아두어야 한다.

정의(definition)는 둘 이상의 항목 사이의 정확한 관계를 설정한다. 예를 들어 클록 주파수와 클록 주기 사이의 관계인 F = 1/T는 정의이다. 전압, 전류, 임피던스 사이의 관계인 Z = V/I는 정의이다.

근사식의 정확도는 오차 1%에서 50% 이상까지 다양할 수 있으므로 항상 주의해야 한다. 어떤 근사 공식을 계산기로 계산할 때 소수점 이하 다섯 자리로 표시되는 값을 구할 수 있다고 해서 그 근사 공식이 소수점 다섯 자리까지 정확하다는 의미는 아니다. 어떤 근사식의 복잡도나 인기도를 근거로 그 근사식의 정확도를 알 수는 없다.

특정한 상황에 대해서 '근사식의 품질은 얼마나 좋은가?'라는 질문에 대한 답을 모르는 경우, 품질을 알 수 없는 근사식에 근거해서 – 차이가 5% 이상이면 그 근사식과 관련이 있는

11 (옮긴이) 특정 상황을 가정하여 무슨 일이 일어날 수 있는지를 묻는 질문

부분(부품 등의 구성요소)이 실제 사용되고 있는 곳에서 작동하지 않을 수 있으므로 – 설계 승인을 내려서는 안 된다. 모든 근사식에 대해서는 항상 맨 처음에 그 식이 '얼마나 정확한지' 묻고 이 물음에 답해야만 한다.

근사식의 정확도를 검증하는 한 가지 방법은 계산 결과와 비교할 수 있도록 잘 특성화(well-characterized)된 시험 장치를 만들어 측정을 수행하는 것이다. [그림 1–22]는 위에 제공된 루프 인덕턴스의 근사식으로 계산한 값과 루프를 제작하고 임피던스 분석기로 루프 인덕턴스를 측정한 값을 비교한 결과이다. 계산값과 측정값이 매우 잘 일치하는 것을 보여준다. 오차는 2% 이내이다.

근사식은 설계를 위한 공간(여지)을 탐색하거나 허용오차 분석을 수행할 때 매우 중요하다. 또한 트레이드오프(trade-off) 요소들 사이의 균형을 맞출 때 유용하다. 하지만 근사식의 오차가 20% 이상이고 상당한 시간, 비용, 자원(resource)이 소요되는 경우에는 정확도가 불확실한 근사식에 절대 의존해서는 안 된다.

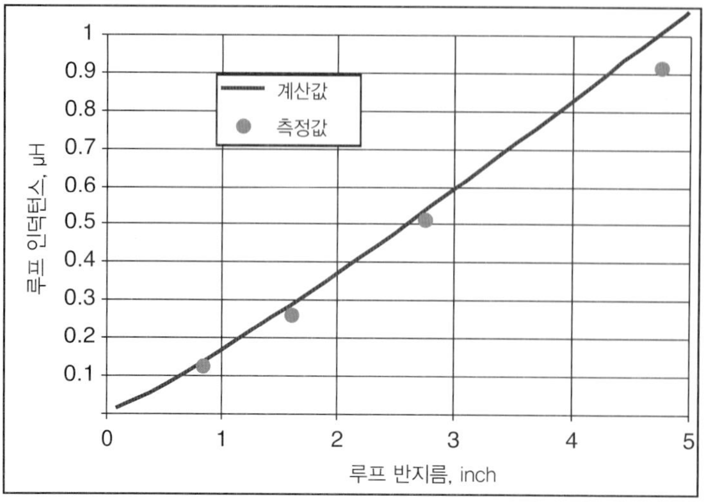

그림 1–22 다양한 원형 도선 루프가 가지는 루프 인덕턴스의 측정값(임피던스 분석기 사용)과 계산값(근사식 사용)의 비교. 근사식의 정확도를 보면 측정값을 기준으로 오차가 약 2%이다.

형상(기하학적 구조), 물질 특성으로부터 인터커넥트를 나타내는 모델을 구성하는 전기 회로 소자의 파라미터 값을 더욱 정확하게 계산하는 방법이 있다. 이 방법에서는 수치해석 계산(numerical calculation)을 기반으로 하여 맥스웰 방정식을 푼다. 이 방법을 사용하는 해석 도구는 도체와 유전체의 분포를 경계 조건으로 사용해서 맥스웰 방정식을 수치적으로 풀어 전기장과 자기장의 값을 계산하기 때문에 전자기장 솔버(field solver)라고 한다. 어떤 전자기장 솔버는 이렇게 계산된 전자기장을 등가 회로 모델을 구성하는 실제 파라미터 값(즉 R, L, C 값)으로 변환해주는데, 이러한 유형의 솔버를 기생추출 도구(parasitic extraction tool)라고 한다.

어떤 인터커넥트의 형상(기하 구조)이 길이를 따라가며 균일한 경우에는 인터커넥터의 단면만으로도 그 특성을 나타낼 수 있다. 따라서 이 경우에는 2D 전자기장 솔버를 사용해서 인터커넥트의 전송선로 특성을 추출할 수 있다. [그림 1-23]에는 전형적인 마이크로스트립 선로의 단면과 시뮬레이션으로 구한 전기장선(electric field line)과 등전위선(equipotential line)이 나와 있다. 이 선로 구조에서 추출된 파라미터 값은 Z_0 = 50.3 Ω, TD = 142 psec이다.

커넥터나 IC 패키지와 같이 단면이 균일하지 않은 경우에 가장 정확한 결과를 얻으려면 3D 전자기장 솔버가 필요하다.

어떤 수치 시뮬레이션 도구를 사용하기에 앞서, 답을 구해야 할 최종 설계 적용 상황과 유사한 몇 가지 시험 사례(test case)에 대해 시뮬레이션을 수행하고 결과를 확인하여, 해당 시뮬레이션 도구의 설정과정과 계산과정과 결과의 정확성을 미리 검증해보는 것이 중요하다.

모든 사용자는 시뮬레이션 도구의 판매 업체에게 그 도구를 다양한 경우에 두루 사용해도 충분히 정확하다는 점을 입증할 것을 요구해야 한다. 이렇게 하면 결과의 품질에 대한 확신을 얻을 수 있다. 몇몇 전자기장 솔버는 오차 1% 이내의 정확도를 가지고 있음이 확인되었다. 물론 모든 전자기장 솔버가 이들처럼 정확한 것은 아니다.

예를 들어, 설계 승인처럼 정확도가 중요한 경우에는 기생추출 도구와 같은 수치 시뮬레이션 도구를 사용해야 한다. 수치 시뮬레이션 도구를 사용하면 경험 규칙이나 해석적 근사식을 사용하는 것보다 모델을 구축하는 데 시간이 더 오래 걸릴 수 있다. 시간에 있어서도, 전문성에 있어서도 더 많은 노력이 들어간다. 그러나 이렇게 만든 모델을 사용하면 더욱 높은 정확도와 신뢰도로 실제 제조된 부품의 성능이 예상한 성능과 일치할 것이다. 상용 수치 시뮬레이션 도구는 계속해서 발전하고 있으므로 새로 나오는 상용 시뮬레이션 도구들은 더욱 더 사용하기 쉬워질 것이다.

이러한 세 가지 분석 기법을 조합하여 사용하면 시간, 돈, 위험도의 측면에서 관련 트레이드오프 요소들의 균형을 맞춰서 성취할 수 있는 성능 향상을 매우 정확하게 예측할 수 있다.

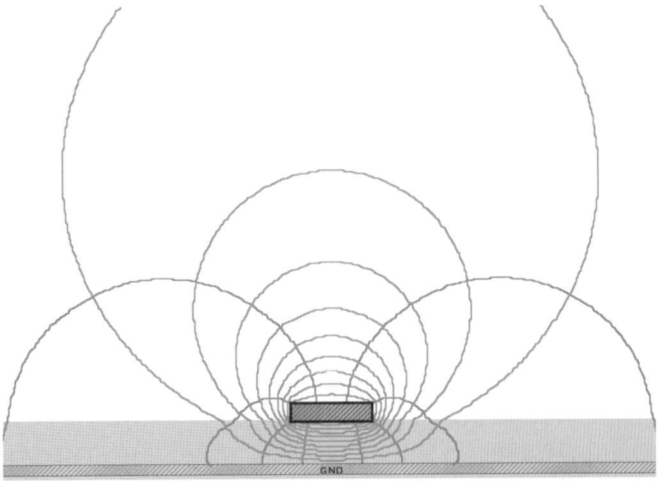

그림 1-23 마이크로스트립 선로에 분포하는 전기장과 자기장을 2D 전자기장 솔버로 계산한 결과. 기생 추출 도구로 Mentor Graphics의 HyperLynx를 사용. 이 도구의 정확도는 오차 2% 이내임을 별도로 검증하였음

1.13 세 가지 측정 유형

> **TIP**
> 계산은 제품이 제작되기 전에 성능을 예측하는 데 중요한 역할을 하는 반면에 측정은 위험도를 낮추는 데 중요한 역할을 한다. 모든 계산 결과에 대한 최종적인 테스트는 측정이다. 측정은 계산을 실제상황과 연결해주는 닻이 될 수 있다.

능동 장치(active device)와 달리 수동 장치(passive device)인 인터커넥트를 측정할 경우, 측정 장비로 정밀한 기준 신호를 발생시켜 이를 피시험 장치(device under test, DUT)에 가해주고 응답(response)을 측정해야 한다. 이렇게 측정된 장치의 응답은 본질적으로 장치의 임피던스의 공간 변동성(spatial variation)[12]과 관련이 있다. 능동 장치는 자체적으로 신호를 생성하므로 능동 장치를 측정하는 경우에 측정 장비는 장비 외부에서 발생한 전압이나 전류를 측정하는 수동적 역할만을 수행할 수 있다. 수동 부품을 측정하는 데는 다음 세 가지 계측기를 주로 사용한다.

1. 임피던스 분석기(impedance analyzer)
2. 벡터 네트워크 분석기(vector-network analyzer, VNA)
3. 시간 영역 반사계(time-domain reflectometer, TDR)

임피던스 분석기는 일반적으로 4-단자(terminal) 기기이며 주파수 영역에서 작동한다. 두 쌍의 단자 중에서 한 쌍의 단자는 기기 내부에서 생성된 정전류(constant-current) 사인파를 출력하여 피시험 장치(DUT)에 가해주는 데 사용한다. 나머지 한 쌍의 단자는 DUT 양단의 사인파 전압을 측정하는 데 사용한다.

측정된 전압과 측정된 전류의 비가 임피던스(impedance)이다. 주파수는 일반적으로 낮은 100 Hz 범위에서 약 40 MHz의 주파수까지 단계적으로 조정된다. 각각의 주파수 점에서 임피던스의 정의에 기반하여 임피던스의 크기와 위상을 측정한다.

벡터 네트워크 분석기도 주파수 영역에서 작동한다. 각 단자(terminal) 또는 포트(port)는 낮은 kHz 범위에서 50 GHz를 넘는 주파수까지 사인파 전압을 방출한다. 각각의 주파수 점에서 입사 전압의 진폭과 위상, 그리고 반사 전압의 진폭과 위상을 모두 측정한다. 이러한 측정은 산란 파라미터[scattering parameter(S 파라미터)]의 형식으로 이루어진다. 이 주제는 12장, "신호 무결성 응용에 사용되는 S 파라미터"에서 광범위하게 다룬다.

반사 신호가 어느 정도 발생할지는 입사 신호와 VNA에서 DUT로 가는 경로상의 임피던스 변화에 따라 달라진다. VNA의 출력 임피던스는 일반적으로 50 Ω이다. 반사 신호를 측정하여 각각의 주파수 점에서 DUT의 임피던스를 구할 수 있다. 반사 신호와 DUT의 임피던스 사이의 관계는 다음과 같다.

---

12 (옮긴이) 공간상의 서로 다른 위치에서 어떤 양을 측정할 때, 측정된 값이 위치에 따라 다르게 나오는 특성

$$\frac{V_{reflected}}{V_{incident}} = \frac{Z_{DUT} - 50\ \Omega}{Z_{DUT} + 50\ \Omega} \tag{1.3}$$

여기서

$V_{reflected}$ = 반사 사인파 전압의 진폭과 위상
$V_{incident}$ = 입사 사인파 전압의 진폭과 위상
Z_{DUT} = DUT의 임피던스
50 Ω = VNA의 임피던스

각 주파수에서 입사 전압에 대한 반사 전압의 비율(ratio)을 종종 S 파라미터 중 하나인 S_{11}으로 표시한다. 소스 임피던스 값(보통 50 Ω)을 알고 있는 상태에서 S_{11}을 측정하면 측정된 S_{11} 값으로부터 DUT의 임피던스를 추출할 수 있다. [그림 1-24]는 사진에 나타난 짧은 길이의 전송선로의 S_{11}을 측정하고 이를 변환하여 이 전송선로의 임피던스를 구한 결과이다.

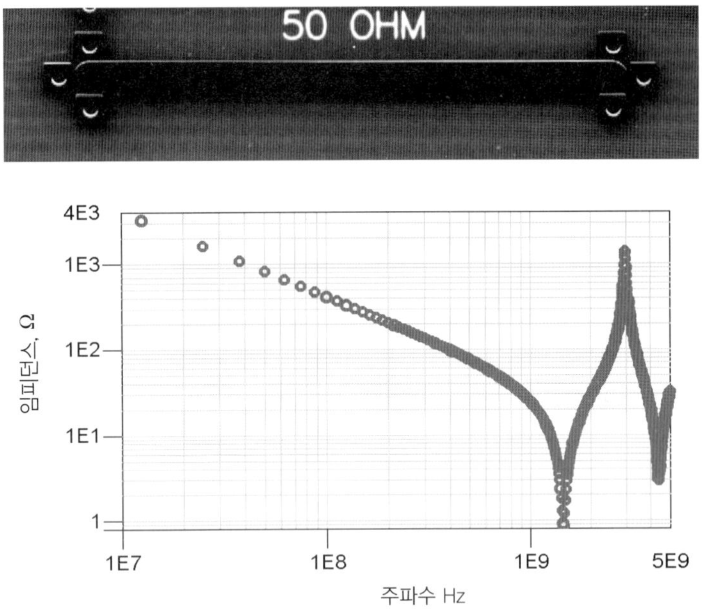

그림 1-24 길이가 1 inch인 전송선로의 임피던스 측정결과. 네트워크 분석기로 선로의 맨 앞쪽과 트레이스 아래의 접지면에 연결된 비아(via) 사이에서 반사된 사인파 신호를 측정했다. 이 반사 신호는 임피던스의 크기(magnitude)로 변환되었다. 임피던스의 위상(phase)도 측정했지만 여기에는 표시하지 않았다. 주파수 범위: 12 MHz~5 GHz. GigaTest Labs Probe Station으로 측정

시간 영역 반사계(time-domain reflectometer, TDR)는 VNA와 유사하지만 시간 영역에서 작동한다. 일반적으로 35~150 psec의 빠른 상승 시간을 갖는 스텝 신호(step signal, 계단 신호)를 내보내고 나서 반사된 과도 전압(transient voltage) 신호를 측정한다. VNA와 마찬가지로 측정된 반사 전압을 사용하여 DUT의 임피던스를 추출할 수 있다. 시간 영역에서 측정된 임피던스는 DUT의 순시 임피던스를 나타낸다. 전송 선로와 같이 전기적으로 긴 인터커넥트의 경우, TDR은 임피던스 프로파일을 보여줄 수 있다. [그림 1-25]는 귀환 평면(접지면)에 작

은 틈(gap)이 있는 4 inch 길이 전송선로의 임피던스 프로파일을 TDR로 측정한 예이다. 틈이 위치한 지점에 높은 임피던스가 나타나는 것을 볼 수 있다.

TDR이 작동하는 원리와 TDR에서 측정된 전압을 해석하는 방법은 8장, "전송 선로와 반사"에서 설명한다. 수학적인 계산을 통해 VNA에서 측정한 주파수 영역의 S_{11} 응답을 시간 영역의 스텝 응답(step response, 계단 응답)으로 변환할 수 있다. 시간 영역에서 측정하든 주파수 영역에서 측정하든 측정된 응답은 시간 영역에서도 주파수 영역에서도 나타낼 수 있다. 이 중요한 원리에 대해서는 12장에서 자세히 설명한다.

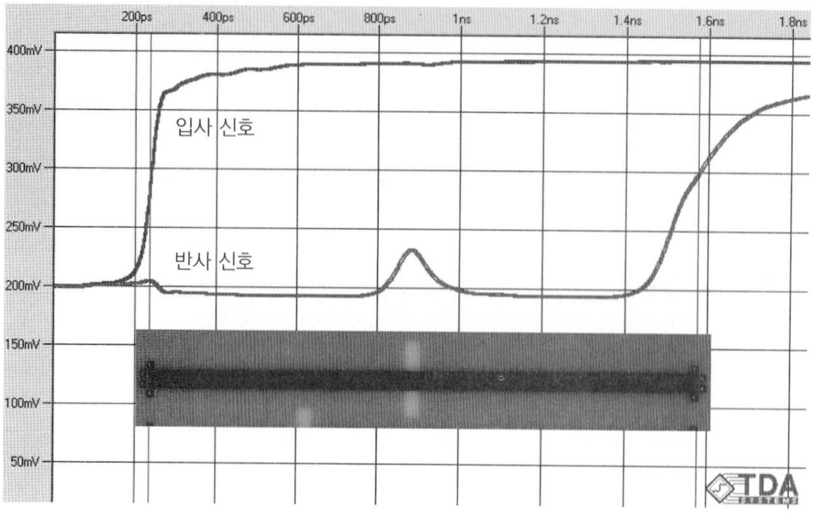

그림 1-25 귀환 경로의 중간 부분에 틈(gap)이 있는 4 inch 길이의 균일 전송선로의 TDR 프로파일 측정 결과. 선로의 맨 끝은 개방되어 있다. Agilent 86100 DCA TDR로 측정, GigaTest Labs Probe Station을 사용하고 TDA Systems IConnect 소프트웨어로 기록

TIP

동일한 DUT의 임피던스를 주파수 영역에서든 시간 영역에서든 모두 표시할 수 있다. 하지만 각 경우에 표시되는 임피던스 종류가 다르다. 주파수 영역에 표시되는 임피던스는 각 주파수에서의 DUT 전체가 통합된 총 입력 임피던스이다. 시간 영역에 표시되는 임피던스는 DUT상의 공간적으로 서로 다른 각 지점에서의 순시 임피던스이다.

1.14 측정의 역할

구성 부품이나 시스템의 예상되는 전기적 성능을 계산할 수 있다면 굳이 측정할 필요가 있을까? 모델링과 시뮬레이션 도구에만 의존하면 안 될까? 측정은 실제 장치에서만 수행할 수 있다. 시간이 너무 많이 걸리는 방식인 '제작 → 테스트 → 재설계'를 피하는 것이 우리의 목표가 아닌가?

위에서 설명한 여러 유형의 측정은 제품 수명 주기의 다양한 단계에서 위험도를 낮추는 데 있어서, 그리고 시뮬레이션의 정확성에 대해 더욱 높은 신뢰도를 확보하는 데 있어서 다음 여섯 가지의 매우 중요한 기본 역할을 수행한다. 측정을 통해 설계자는 다음을 수행할 수 있다.

1. 검증되지 않은 프로세스를 사용하여 상당한 자원을 소비하기 전에 설계/모델링/시뮬레이션 프로세스의 정확성을 검증한다.
2. 향후 제작될 부품이 성능 사양을 충족하는지 확인한다.
3. 향후 제작될 구조의 물질(재료) 특성을 추출하여 시뮬레이션 도구에 넣어주는 입력 파라미터로 사용한다.
4. 설계 주기의 어느 단계에서든 어떤 구성 부품을 입수하거나 판매 업체로부터 구입하는 시점에서 해당 부품에 대한 등가 전기 모델을 만든다.
5. 설계 주기의 어떤 단계에서든 어떤 구성 부품을 입수하거나 판매 업체로부터 구입하는 시점에서 전기적 모델을 만들지 않고도 예상 성능을 빠르게 구할 수 있는 방법으로서 해당 부품의 시스템 성능을 에뮬레이션(emulation)한다.
6. 설계 주기의 어떤 단계에서든 어떤 구성 부품을 입수하거나 판매 업체로부터 구입하는 시점에서 기능 부품 또는 시스템(functional part or system)을 디버깅한다.

델파이 일렉트로닉스(Delphi Electronics)의 사례는 측정을 통해 검증된 설계/모델링/시뮬레이션 프로세스 조합이 얼마나 강력한 힘을 발휘하는지 잘 보여준다. 델파이가 만드는 제품 중 하나는 고속 신호용 회로 기판 두 개를 연결하는 맞춤형 플렉시블 커넥터(custom flexible connector)이다(그림 1-26 참조). 이 커넥터는 서버, 컴퓨터, 스위칭 시스템에 사용된다. 이 커넥터의 전기적 성능은 시스템이 올바른 기능을 수행하는 데 있어서 매우 중요하다.

고객이 성능 사양(performance specification) 목록을 가지고 찾아오면 델파이는 해당 사양들을 충족하는 부품을 납품해야 한다. 기존의 제품 설계 방식은 최선의 추측을 하고, 부품을 제조한 다음, 이를 실험실로 가져와서 측정하고, 사양과 비교한 후 필요하면 다시 설계하는 것이었다. 이것이 예전의 '제작 → 테스트 → 재설계' 접근 방식이다. 이 기존 방식에서는 CAD 및 제조 주기가 길어서 한 번의 반복 작업에 거의 9주가 걸렸다. 첫 번째 설계가 고객의 사양을 충족하지 못해 두 번째 주기가 필요했던 경우도 있었다. 이렇게 되면 개발 주기는 18주로 늘어났다.

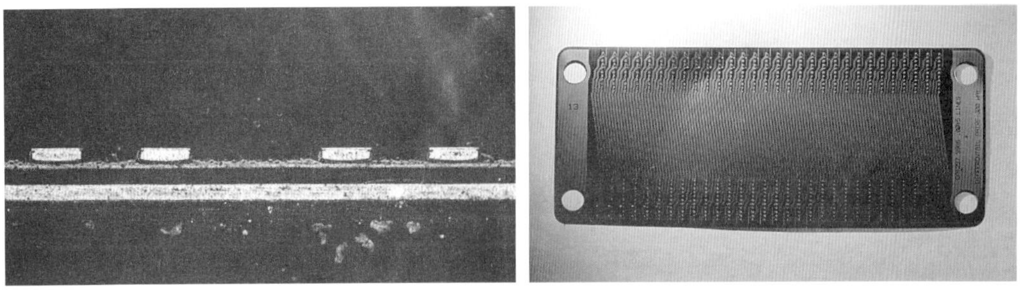

그림 1-26 델파이 오토모티브(Delphi Automotive)의 골드 닷(Gold Dot) 커넥터. (왼쪽) 2 금속층 플렉스 기판(two-metal-layer flex substrate)의 단면, (오른쪽) 두 기판을 연결하는 수백 개의 도체들(위에서 본 모양). 사진 제공: 로리 타이라-그리핀(Laurie Taira-Griffin), 델파이 일렉트로닉스(Delphi Electronics)

이 설계 주기 시간을 단축하기 위해 델파이는 형상(기하학적 구조)과 물질 특성을 기반으로 커넥터의 전기적 특성을 예측할 수 있는 2D 모델링 도구를 구현했다. TDR과 VNA를 사용하여 측정하는 실험을 여러 차례 수행하는 검증 프로세스를 거치면서 델파이는 모델링 프로세스를 미세 조정할 수 있었고 이를 통해 제품을 제조하기 전에 그 제품의 성능 예측 가능성을 보장할 수 있었다. [그림 1–27]은 고객이 요구한 최초 커넥터 사양(목표)에 대해 모델링 도구로 예측한 값과 실제로 측정한 값이 최종적으로 얼마나 잘 일치하고 있는지 보여주고 있다.

파라미터	시뮬레이션	측정	목표
단일 종단 임피던스	52.1 Ω	53 Ω	50 +/– 10% Ω
차동 임피던스	95.2 Ω	98 Ω	100 +/– 10% Ω
감쇠(5 GHz)	<0.44 dB/inch	<0.44 dB/inch	<0.5 dB/inch
전파 지연	152 ps/inch	158 ps/inch	170 ps/inch
단일 종단 근단 크로스토크(NEXT)	<4.5%	<4.5%	<5%
차동 근단 크로스토크(NEXT)	<0.3%	<0.3%	<0.5%
데이터 속도	>5 Gbps	>5 Gbps	5 Gbps

그림 1–27 특정 커넥터의 전기적 사양 요구 조건(목표)에 대한 예측값 및 측정값 요약. 모델링/시뮬레이션 프로세스를 최적화한 이후에 성능을 예측하는 능력이 크게 향상되었다.

이러한 모델링/시뮬레이션 프로세스가 가동되면서 델파이는 제조된 커넥터의 최종 성능을 정확하게 예측할 수 있다는 확신을 갖게 되었고 이를 바탕으로 설계 주기 시간을 4시간 이내로 단축할 수 있었다. 9주가 4시간이 되었으니 100배 이상 단축된 것이다. 측정은 이 프로세스에서 중요한 검증 단계를 제공했다.

1.15 핵심 요약

1. 신호 무결성 문제는 물리적(실제) 인터커넥트가 집적 회로(IC)에서 나오는 깨끗한 신호를 어떻게 망가뜨리는지와 관련이 있다.
2. 신호 무결성 문제에는 일반적으로 다음 여섯 가지 계열이 있다. ① 하나의 넷(net)상의 신호 품질, ② 손실(loss)로 인한 상승시간 열화(성능저하, 즉 상승시간이 길어짐), ③ 인접한 넷 사이의 크로스토크, ④ 접지 바운스 및 전원 바운스, ⑤ 레일 붕괴, ⑥ EMI
3. 이러한 문제는 모두 상승 시간이 짧아지거나 클록 주파수가 증가함에 따라 점점 더 악화되고 해결하기가 어려워진다.
4. 트랜지스터가 작아질수록 상승 시간이 짧아지므로 신호 무결성이 더욱 큰 문제가 되는 것을 피할 수 없다.
5. 신호 무결성 문제를 찾고 고치고 막으려면 물리적 설계를 등가 전기 회로 모델로 변환하고 해당 모델을 사용하여 파형을 시뮬레이션하여 제품을 제작하기 전에 성능을 예측할 수 있어야 한다.

6. 세 가지 수준의 분석–경험 규칙, 근사식, 수치 해석 도구–을 사용하여 전기적 효과(영향)를 계산할 수 있으며, 모델링과 시뮬레이션에 적용할 수 있다.
7. 세 가지 일반 계측기–임피던스 분석기, 네트워크 분석기, 시간 영역 반사계–를 사용하여 수동 장치와 인터커넥트의 전기적 특성을 측정할 수 있다.
8. 이들 계측기는 위험도를 낮추고 모델링과 시뮬레이션 프로세스의 정확도에 대한 신뢰 수준을 높이는 데 중요한 역할을 한다.
9. 여섯 가지 계열의 신호 무결성 문제를 이해하면 제품에서 이들 문제를 공학적으로 해결하는 모범 설계 관행(best design practice)으로 이어질 수 있다. [그림 1–28]에 여섯 가지 신호 무결성 문제 계열에 대한 일반적인 모범 설계 관행을 요약하였다.

노이즈 범주	설계 원칙
신호 품질	제어된 임피던스 인터커넥트를 사용하여 인터커넥트 선로 전체에 걸쳐 일정한 순시 임피던스를 갖도록 설계한다. 이때 인터커넥트 선로의 끝을 종단해야 하고 가능한 한 점-대-점 배선 토폴로지(point-to-point routing topology)에 가까워야 한다.
손실로 인한 상승 시간 열화	더욱 짧은 인터커넥트, 더욱 넓은 트레이스, 더욱 낮은 손실계수를 갖는 라미네이트(유전체 기판)를 사용하여 주파수 의존적 손실을 줄인다.
크로스토크	선로 간격을 최솟값보다 넓게 유지한다.
접지 및 전원 바운스	귀환 경로를 엉망으로 만들지 않고 여러 귀환 전류를 공유하지 않는다(겹치지 않게 한다). 이상적이지 않은 귀환 경로의 상호 인덕턴스를 최소화한다.
레일 붕괴	전원 경로와 접지 경로의 임피던스를 최소로 하여 델타 I(ΔI)를 최소화한다.
EMI	대역폭을 최소로 하고 접지 임피던스를 최소로 하며 외부 케이블과 차폐에 흐르는 공통 전류를 최소로 한다.

그림 1–28 여섯 가지 신호 무결성 문제 계열과 이들 문제를 최소로 하기 위한 일반적 설계 지침 요약. 이러한 지침을 따르더라도 설계가 성능 요구 조건을 충족하는지 여부를 평가하기 위해 반드시 시스템을 모델링하고 시뮬레이션해야 한다.

이 책의 나머지 부분에서는 예상되는 SI/PI/EMC 문제, 모범 설계 관행, 이들 문제를 이해하는 데 필요한 필수 원칙을 설명한다. 또한 이들을 제품에 적용하는 구체적인 기법과 모범 설계 관행을 다룬다.

복습 문제

다음 복습 문제 해답은 부록 D에 수록되어 있다.

1.1 신호 무결성 문제 중 한 가지를 말하라.

1.2 전원 무결성 문제 중 한 가지를 말하라.

1.3 전자파 적합성 문제 중 한 가지를 말하라.

1.4 SI 문제와 PI 문제 중 양쪽에 모두 해당하는 것 한 가지를 말하라.

1.5 임피던스 불연속의 원인은 무엇인가?

1.6 주파수 의존적 손실이 있는 인터커넥트는 전파 신호에 어떤 영향을 미치는가?

1.7 크로스토크를 일으키는 두 가지 메커니즘은 무엇인가?

1.8 크로스토크를 최소로 하려면 인접한 신호 경로에 대해 귀환 경로는 어떤 구조가 되어야 하는가?

1.9 임피던스가 낮은 전원 분배 네트워크(PDN)는 전원 무결성 문제를 줄여준다. 임피던스가 낮은 PDN을 설계하기 위한 세 가지 방법을 말하라.

1.10 EMI를 감소시키는 방법 중 두 가지를 말하라.

1.11 경험 규칙을 사용하는 것이 좋은 경우와 사용하지 않는 것이 좋은 경우를 말하라.

1.12 신호의 특성 중에서 신호 무결성 문제의 발생 여부에 가장 큰 영향을 미치는 것은 무엇인가?

1.13 문제를 해결하기 위해 알아야 할 가장 중요한 정보는 무엇인가?

1.14 모범 설계 관행은 따라야 할 좋은 습관이다. 회로 기판의 인터커넥트에 대한 모범 설계 관행 중 세 가지를 말하라.

1.15 모델과 시뮬레이션의 차이점은 무엇인가?

1.16 중요하게 사용되는 분석 도구 세 가지를 말하라.

1.17 보가틴 규칙 9번은 무엇인가?

1.18 전체 설계 과정 중의 어느 시점에서 측정을 통합시켜야 하는 세 가지 중요한 이유는 무엇인가?

1.19 클록 신호의 주파수가 2 GHz이다. 주기는 얼마인가? 또 상승시간의 합리적 추정치는 얼마인가?

1.20 SPICE 모델과 IBIS 모델의 차이점은 무엇인가?

1.21 맥스웰 방정식은 무엇을 설명하는가?

1.22 기본 클록 주파수가 2 GHz일 때, 기본 클록 주파수의 두 배가 되는 속도로 데이터를 추출해 보내면 신호의 전송 속도는 얼마인가?

[02]
시간 영역과 주파수 영역

이 장에서는 신호가 인터커넥트와 상호 작용하는 방식을 살펴보기 위한 준비 과정으로 신호의 기본 속성(property)을 살펴본다. 신호를 보는 방법에는 여러 가지가 있는데, 방법마다 각각 다른 관점을 제공한다. 가장 명백해 보이는 경로나 직접적인 경로가 답을 얻는 가장 빠른 경로가 아닐 수 있다. 신호를 보는 데 사용하는 관점(방식)을 영역(domain)이라고 한다. 우리는 여러 가지 영역 중에서 특히 시간 영역(time domain)과 주파수 영역(frequency domain)을 사용할 것이다.

사람들은 일반적으로 시간 영역에 더 익숙하다. 하지만 주파수 영역은 임피던스, 손실 선로, 전원 분배 네트워크, 측정, 모델 등의 다양한 신호 무결성 효과(영향)를 이해하고 능숙해지는 데 필요한 유용한 통찰력을 제공할 수 있다.

이번 2장에서는 시간 영역과 주파수 영역을 소개하고 이어서 몇 가지 특수한 경우에 대해 두 영역 사이의 변환을 수행하는 방법을 살펴본다. 또한 여기서 배운 내용을 바탕으로 '상승 시간(rise time)'과 '대역폭(bandwidth)'이라는 두 가지 중요한 양 사이의 관계를 파악해본다. 여기서 상승 시간은 시간 영역에서 다루는 항목이고, 대역폭은 주파수 영역에서 다루는 항목이다. 앞으로 보게 되겠지만 이 둘은 밀접하게 관련되어 있다.

끝부분에서는 이 대역폭 개념을 인터커넥트, 모델, 측정에 적용한다.

2.1 시간 영역

우리는 시간 영역이라는 용어를 많이 사용한다. 그런데 우리가 시간 영역이라고 말할 때 실제로 이 말 속에는 어떤 의미가 담겨 있는 것일까? 시간 영역이란 무엇인가? 시간 영역이 유용한 것은 어떤 특별한 기능을 가지고 있기 때문인가? 이러한 질문은 너무나 당연해 보여서 오히려 대답하기 매우 어려운 질문이다. 사실 우리는 시간 영역의 진정한 의미에 대해 거의 생각하지 않는다.

TIP

시간 영역은 현실 세계이며, 실제로 존재하는 유일한 영역이다.

우리가 시간 영역을 당연하게 여기는 까닭은 태어난 순간부터 우리의 경험이 시간 영역에서 발달하고 조정되기 때문이다. 우리는 주변에서 발생하는 사건들마다 시각 표시를 하고 이들을 시간 순서에 따라 정렬하는 데 익숙하다.

시간 영역은 우리가 경험하는 세계이며 고속 디지털 제품이 작동하는 영역이다. 디지털 제품의 동작을 평가할 때 시간 영역에서 분석을 수행하는 것이 일반적인데, 이는 최종적으로 제품의 성능이 측정되는 곳이 바로 시간 영역이기 때문이다.

예를 들어 보자. 클록 파형의 두 가지 중요한 속성은 클록 주기(period)와 상승 시간(rise time)이다. [그림 2-1]에 이 두 속성이 표시되어 있다.

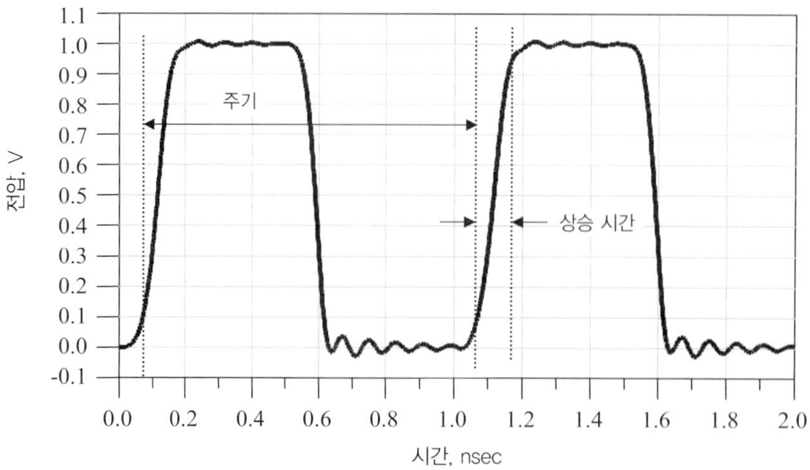

그림 2-1 주파수가 1 GHz인 전형적인 클록 파형. 클록 주기와 10-90 상승 시간이 표시되어 있다. 일반적으로 하강 시간이 상승 시간보다 약간 짧으며 종종 더 많은 노이즈를 생성한다.

클록 주기는 하나의 클록 사이클을 완료하는 데 걸리는 시간 간격으로, 일반적으로 나노초(nsec) 단위로 측정된다. 클록 주파수 F_{clock}는 1초 동안 몇 번의 사이클을 완료하는지를 나타낸다. 다음 식에서 보듯이 클록 주파수 F_{clock}는 클록 주기 T_{clock}의 역수이다.

$$F_{clock} = \frac{1}{T_{clock}} \tag{2.1}$$

여기서

F_{clock} = 클록 주파수(단위: GHz)

T_{clock} = 클록 주기(단위: nsec)

예를 들어, 주기가 10 nsec인 클록의 주파수는 1/10 nsec = 0.1 GHz, 또는 100 MHz이다.

상승 시간은 신호가 낮은 값에서 높은 값으로 전이(transition)[1]하는 데 걸리는 시간과 관련이 있다. 상승 시간에 대해서는 두 가지 일반적인 정의가 있다.

첫 번째 정의로서 10-90 상승 시간은 신호가 최종값의 10%에서 최종값의 90%로 전이하는 데 걸리는 시간이다. 이것이 일반적으로 사용되는 상승 시간의 기본 의미이다. 상승 시간은 파형의 시간 영역 그래프에서 직접 읽을 수 있다.

두 번째 정의는 20-80 상승 시간이다. 이것은 신호가 최종값의 20%에서 최종값의 80%로 전이하는 데 걸리는 시간이다. 같은 파형에 대해서는 당연히 20-80 상승 시간이 10-90 상승 시간보다 짧다. 손실이 있는 인터커넥트를 통해 전송되는 신호를 살펴보면 상승 에지(rising edge)나 하강 에지(falling edge)의 모양이 왜곡되고 신호에 긴 꼬리가 생긴다. 이 경우 10-90 상승 시간은 별로 중요하지 않으며 20-80 상승 시간이 더 좋은 성능 지수(figure of merit)[2]일 수 있다.

실제 장치의 몇몇 IBIS 모델은 20-80 상승시간 정의를 사용하기 때문에 혼란이 발생한다. 따라서 모호함을 없애기 위해 '10-90 상승 시간' 또는 '20-80 상승 시간'이라고 분명하게 표시해주는 것이 좋다.

시간 영역의 파형은 어떤 특정한 하강 시간 값을 가지고 있다. 논리 계열(logic family)에 따라 차이가 있지만 일반적으로 하강 시간은 상승 시간보다 약간 짧다. 이렇게 된 것은 전형적인 CMOS 출력 드라이버의 설계 때문이다. 전형적인 출력 드라이버에서는 $V_{CC}(+)$와 $V_{SS}(-)$ 전원 레일 사이에 p형 트랜지스터와 n형 트랜지스터가 직렬로 연결된다. 출력은 두 트랜지스터 사이의 중앙에 연결된다. 출력이 로우(low, L)인지 하이(high, H)인지에 따라 한 번에 하나의 트랜지스터만 온(on)이 된다.

드라이버가 L에서 H로 전환할 때(즉, 상승 에지) n형 트랜지스터는 오프(off)가 되고 p형 트랜지스터는 온(on)이 된다. 상승 시간은 p형 트랜지스터가 얼마나 빨리 켜질 수 있는지와 관련이 있다. 드라이버가 H에서 L로 전환할 때(즉, 하강 에지) p형 트랜지스터는 오프(off)가 되고 n형 트랜지스터는 온(on)이 된다.

일반적으로 트랜지스터의 피처 사이즈(feature size)가 동일한 경우에는 n형 트랜지스터가 p형 트랜지스터보다 빠르게 온(on)이 될 수 있다. 이 때문에 H에서 L로 전환하는 하강 에지가 상승 에지보다 짧아진다. 일반적으로 신호 무결성 문제는 낮은 레벨(L)에서 높은 레벨(H)로 전환할 때보다 높은 레벨(H)에서 낮은 레벨(L)로 전환할 때 발생할 가능성이 더 높다. n 채널 트랜지스터를 p 채널보다 길게 만들면 상승 에지와 하강 에지를 아주 잘 일치시킬 수 있다.

1 (옮긴이) 한 상태에서 다른 상태로 옮겨 가는 것

2 (옮긴이) 어떤 장치, 시스템, 방법의 성능을 다른 상대와 비교하여 특징짓는 데 사용되는 지표

지금까지 사건(event)을 바라보는 방식의 하나인 시간 영역에 대해 확실히 알아보았다. 이제 세상을 분석하는 여러 가지 방식 가운데 하나인 주파수 영역으로 관심을 돌려보자.

2.2 주파수 영역의 사인파

주파수 영역이라는 용어는 특히 무선 주파수(radio frequency, RF) 또는 통신 시스템과 관련된 경우에 자주 듣게 된다. 고속 디지털 응용 분야에서도 주파수 영역이라는 말을 듣게 된다. 이 용어를 들어본 적이 없거나 사용해 본 적이 없는 엔지니어는 거의 없다. 그러나 주파수 영역이 실제로 의미하는 것은 무엇인가? 주파수 영역은 무엇이고, 주파수 영역을 특별하고 유용하게 만드는 것은 무엇인가?

TIP

주파수 영역에 관한 가장 중요한 원칙은 이 영역은 실제로 존재하지 않는다는 것이다. 주파수 영역은 수학적 구조이다. 실제로 존재하는 것은 오직 시간 영역뿐이다. 주파수 영역은 아주 구체적인 규칙을 따르는 수학의 세계이다.

주파수 영역에서 가장 중요한 규칙은, 주파수 영역에 존재하는 파형의 종류는 오직 사인파(sine wave) 하나뿐이라는 것이다. 사인파는 주파수 영역의 언어이다.

사인 함수가 아닌 다른 특수 함수를 사용하는 또 다른 영역도 있다. 예를 들어 JPEG 사진 압축 알고리즘은 웨이블릿(wavelet)이라는 특수 파형을 활용한다. 웨이블릿 변환은 x-y 진폭 정보 내용이 많은 공간 영역을 가져와서 같은 정보를 표현하는 데 10% 미만의 메모리를 사용할 수 있는 다른 수학적 표현으로 변환한다. 이것은 근사방법이지만 매우 좋은 방법이다.

엔지니어들은 사인파의 조합으로 어떤 시간 영역 파형도 만들 수 있기 때문에 주파수 영역에서 사인파를 사용한다고 생각하는 것이 일반적이다. 이는 사인파가 가진 매우 중요한 속성이다. 그러나 이러한 속성을 가진 다른 파형도 많이 있다. 이는 사인파만이 가진 속성이 아니다.

사실, 사인파가 가진 네 가지 속성으로 인해 사인파는 다른 파형을 나타내는 데 매우 유용하다.

1. 시간 영역의 모든 파형은 사인파의 조합으로 완전하고 유일하게 나타낼 수 있다.
2. 주파수가 다른 두 사인파는 서로 직교한다(orthogonal). 서로 다른 사인파들끼리 서로 곱한 다음에 전체 시간에 걸쳐 적분하면 0이 된다. 이는 각각의 사인파 성분을 서로 분리할 수 있다는 것을 의미한다.
3. 수학적으로 잘 정의되어 있다.
4. 시간 영역의 모든 위치에서 무한대가 아닌 값을 가지며, 동시에 무한대가 아닌 미분값을 가진다. 실제 세계에는 무한대가 없으므로 이는 사인파를 실제 파형을 나타내는 데 사용할 수 있음을 의미한다.

이 모든 속성은 매우 중요하지만 사인파만 가지고 있는 것은 아니다. 임의의 시간 영역 파형을 나타내는 데 사용할 수 있는 함수 전체를 가리켜 직교 함수(orthogonal function)라고 한다. 때에 따라서는 고유 함수(eigenfunction) 또는 기저 함수(basis function)라고 부르기도 한다. 사인 함수 이외의 직교 정규(orthonormal) 함수로는 에르미트 다항식(Hermite polynomial), 르장드르 다항식(Legendre polynomial), 라게르 다항식(Laguerre polynomial), 베셀 함수(Bessel function)가 있다.

주파수 영역의 함수로 사인파를 선택한 이유는 무엇인가? 사인파의 특별한 점은 무엇인가? 이들 질문에 대한 대답은 사인파를 사용하면 인터커넥트의 전기적 효과와 관련된 몇 가지 문제를 이해하고 해결하기가 더욱 쉽다는 것이다. 주파수 영역으로 전환하여 사인파들로 나타내면 시간 영역에 머물러 있는 것보다 더 빨리 답을 얻을 수 있다.

TIP

결국 시간 영역이 실제 세계라면, 수용 가능한 답에 도달하는 데 주파수 영역이 시간 영역보다 더 빠른 경로를 제공하지 않는 한 우리는 결코 시간 영역을 떠나지 않을 것이다.

신호 무결성에서 종종 발생하는 유형의 전기적 문제들에 대해서는 종종 사인파가 수용 가능한 답변에 도달하는 더욱 빠른 경로를 제공할 수 있다. 다양한 인터커넥트를 나타내는 회로들을 살펴보면 대부분 저항기(R), 인덕터(L), 커패시터(C)의 조합으로 이루어져 있다.

회로를 구성하는 이러한 소자들은 2차 선형 미분 방정식으로 나타낼 수 있다. 이러한 유형의 미분 방정식의 해(solution)는 사인파이다. 이러한 회로에서 자연적으로 발생하는 파형[3]은 미분 방정식의 해가 되는 여러 파형들, 즉 여러 사인파들의 조합이다.

실제 세계에서 R, L, C로 구성된 회로를 만들고 여기에 임의의 파형을 입력하면 [그림 2-2]의 예에서 보듯이 사인파와 닮은 파형이 출력된다. 이 출력 파형은 여러 개의 사인파의 합성(조합)으로 더욱 간단하게 나타낼 수 있다.

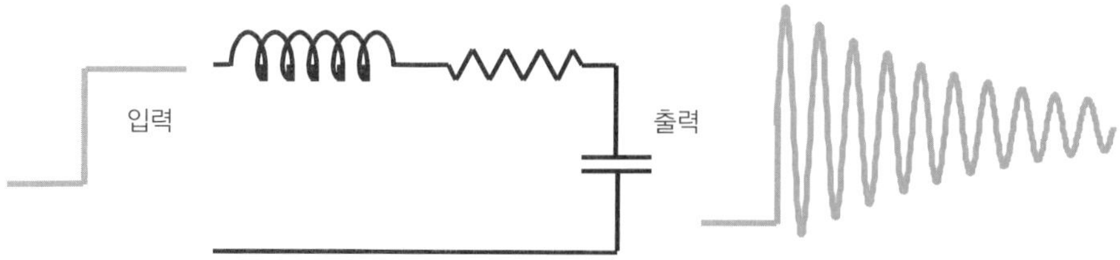

그림 2-2 이상적인 RLC 회로와 상호 작용하는 고속 에지의 시간 영역 동작. 사인파는 디지털 신호가 인터커넥트와 상호 작용할 때 자연적으로 발생하는데, 이때 인터커넥트는 R, L, C 회로 소자의 조합으로 나타낼 수 있다.

3 (옮긴이) 회로에 인가하는 입력 파형(함수)에 관계없이 회로 자체의 고유 특성(구성 소자의 종류와 연결(조합) 방식 등)에 의해 자연적으로 발생하는 파형(해). 이를 자연 응답 또는 고유 응답이라고 하며 영어로는 natural response라고 한다.

2.3 빠르게 답을 얻을 수 있는 주파수 영역

TIP
시간 영역에서 다른 영역으로 이동하는 유일한 이유는 수용할 수 있는 답을 더욱 빨리 얻기 위해서이다.

경우에 따라서는 시간 영역이 아닌 주파수 영역에서, 자연적으로 발생하는 사인파를 사용하면 문제를 더욱 간단하게 나타낼 수 있고 답에 더욱 빨리 도달할 수 있다.

주파수 영역에는 근본적으로 새로운 정보는 없다는 점을 명심하는 것이 중요하다. 같은 파형을 시간 영역에서 나타내든 주파수 영역에서 나타내든 담겨 있는 정보의 내용은 정확히 같다.

그러나 문제의 유형에 따라서는 시간 영역보다 주파수 영역에서 더욱 이해하고 표시하기 쉽다. 예를 들어, 대역폭(bandwidth)이라는 개념은 본질적으로 주파수 영역의 개념이다. 대역폭이라는 항목은 신호, 측정, 모델, 인터커넥트와 관련하여 이들에게 가장 중요한(significant)[4] 사인파 주파수 성분들이 무엇인지 나타내는 데 사용한다.

임피던스는 시간 영역과 주파수 영역 모두에서 정의된다. 그러나 주파수 영역에서 임피던스 개념을 이해하고 사용하고 적용하는 것이 훨씬 쉽다. 두 영역 모두에서 임피던스를 이해해야 하지만 먼저 주파수 영역에서 임피던스 문제를 풀면 답을 더 빨리 얻을 수 있다.

주파수 영역에서 전원 분배 네트워크와 접지 분배 네트워크의 임피던스를 살펴보면 레일 붕괴 문제를 더욱 간단하게 나타내고 해결할 수 있다. 앞으로 살펴보겠지만 전원 분배 시스템의 설계 목표는 직류(DC)에서 일반적인 신호의 주파수 대역까지 임피던스를 목표(target) 값 이하로 유지하는 것이다.

EMI 문제를 다룰 때 FCC 규격과 제품의 전자파 적합성을 측정하는 방법은 모두 주파수 영역에서 더 쉽게 수행된다.

오늘날 하드웨어 도구와 소프트웨어 도구에서 널리 사용되는 기능을 고려할 때 측정 품질과 수치 시뮬레이션 도구의 계산속도가 주파수 영역에서 종종 더 우수하고 빠를 수 있다.

높은 신호 대 잡음비(SNR)는 더 높은 품질의 측정을 의미한다. 주파수 영역에서 동작하는 벡터 네트워크 분석기(VNA)의 SNR은 전체 주파수 범위에서 일정한데, 10 MHz에서 최대 50 GHz 이상까지 −130 dB를 유지하기도 한다. 시간 영역 반사계(TDR)의 경우에는 유효 대역폭이 20 GHz까지 높을 수 있지만 SNR은 저주파에서 −70 dB에서 시작하여 20 GHz에서 −30 dB까지 낮아진다.

손실이 있는 전송 선로와 관련된 많은 효과(현상)는 주파수 영역을 사용하여 더욱 쉽게 분석과 측정과 시뮬레이션이 된다. 전송 선로의 직렬 저항 성분은 주파수의 제곱근에 비례하여

4 여기서 사용된 단어 '중요한'은 important가 아닌 'significant'이다. '중요한(significant)'이라는 말은 앞으로도 계속 나오며 2.11절에서 자세히 다루고 있다. 'significant ~'는 어떤 대상에 '영향을 줄 정도의 크기/힘/의미/가치 등을 가지고 있어서 무시할 수 없는 ~' 뜻을 나타낸다.

증가하고 유전체의 병렬(션트, shunt) AC 누설 전류는 주파수에 따라 선형적으로 증가한다. 손실 전송선로의 과도(시간 영역) 성능은 먼저 신호를 주파수 영역으로 변환하여 신호의 주파수 성분들을 구하고, 전송선로가 이들 주파수 성분 각각에 미치는 영향을 확인한 다음, 영향을 받아 달라진 사인파 성분을 다시 시간 영역으로 변환하면 더욱 쉽게 분석 결과를 얻을 수 있다.

> **TIP**
> 주파수 영역은 매우 유용하므로 시간 영역과 주파수 영역 모두에서 생각하는 능력을 기르는 것이 중요하다. 엔지니어로서 성공하려면 두 개의 언어-시간 영역과 주파수 영역-에 모두 능통해야 한다.

2.4 시간 영역의 사인파 특성

앞에서 설명했듯이 주파수 영역에 존재하는 유일한 파형은 사인파이다. 지금부터 시간 영역에서 사인파를 어떻게 나타내는지 살펴보자. 사인파는 수학적으로 잘 정의된 곡선으로 다음 세 가지 항목을 사용하여 사인파를 나타낸다. 이 세 가지 항목으로 사인파가 가진 모든 특징을 알아낼 수 있다(그림 2-3 참조).

- 주파수(frequency)
- 진폭(amplitude)
- 위상(phase)

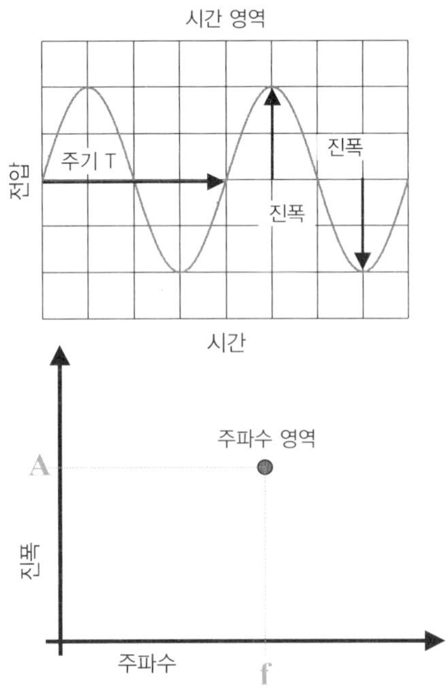

그림 2-3 (상단) 시간 영역에서 나타낸 사인파. 두 주기의 사인파 곡선을 그리는 데 1000개 이상의 데이터 점이 사용되었다. 각 데이터 점은 저마다 시간값과 진입값을 가진다. (하단) 주파수 영역에서 나타낸 사인파. 사인파 전체를 나타내는 데 한 개의 데이터 점만이 사용되었다. 데이터 점은 두 개의 값(진폭, 주파수)을 가리킨다. 주파수 영역에서는 사인파를 나타내는 데 세 항목(주파수, 진폭, 위상)만으로도 충분하다.

주파수는 초당 사이클의 개수(1초 동안 하나의 사이클을 완료한 횟수)로 정의되며 일반적으로 소문자 f로 표시한다. 각주파수(angular frequency)는 초당 라디안(radian/sec) 단위로 측정된다. 라디안은 각의 크기를 측정하는 단위이다. 하나의 완전한 주기, 즉 한 주기에 해당하는 각도는 2π 라디안이다. 각주파수를 나타내는 기호로는 그리스 문자 오메가 ω를 사용한다. 사인파의 주파수와 각주파수 사이의 관계는 다음 식과 같다.

$$\omega = 2\pi \times f \tag{2.2}$$

여기서

ω = 각주파수(단위: radian/sec)

π = 상수, 3.14159...(단위: radian)

f = 주파수(단위: Hz)

예를 들어, 사인파의 주파수가 100 MHz일 때 각주파수는 2 × 3.14159 rad × 100 MHz~ 6.3×10^8 rad/sec이다.

진폭은 사인파의 중심(수평)과 위쪽 피크 사이의 높이에 해당하는 값이다. 사인파는 중심(수평)을 기준으로 위쪽 피크까지 올라간 값만큼 아래쪽 피크까지 내려간다. 이상적인 사인파의 경우, DC(직류) 성분 또는 평균값은 항상 0이다. 이것은 사인파의 중요한 특성이다. 이러한 특성으로 인해 여러 개의 사인파를 어떤 식으로 합성하여도 평균값이 0이 아닌 신호는 생겨나지 않는다. 0이 아닌 평균값을 가진 신호를 나타내려면 DC 값, 다른 말로 오프셋 값(offset value)을 확실하게 더해주어야 한다. DC 값(오프셋 값)을 0 Hz 주파수 성분이라고도 한다.

위상은 진폭보다는 복잡하고 어렵다. 위상은 시간 축의 시작점(t=0 sec)에서 사인파가 한 주기상의 어느 곳(또는 각도)에 위치해 있는지 나타낸다. 위상의 단위로는 주기(사이클, cycle)를 사용하거나 각도(angle)의 단위인 라디안(radian) 또는 도(degree)를 사용한다. 한 주기(사이클)에 해당하는 각도는 2π radian 또는 360 degree이다. 위상은 수학적 분석에서는 중요하지만 사인파에 관한 더욱 중요한 측면에 집중하기 위해 앞으로는 대부분의 논의에서 되도록 위상은 언급하지 않을 것이다.

시간 영역에서 사인파를 나타내기 위해서는 사인파 곡선을 그려야 한다. 사인파 곡선을 그리기 위해서는 전압값과 시간값으로 이루어진 많은 수의 데이터 점을 찍어야 한다. 하지만 주파수 영역에서는 사인파를 나타내는 것이 훨씬 간단하다.

다시 한 번 강조하자면 주파수 영역에 존재하는 유일한 파형이 사인파이므로 사인파의 진폭, 주파수, 위상만 알면 된다. 주파수 영역에 나타내려는 사인파가 하나뿐인 경우, 이 세 가지 값만 있으면 그 하나의 사인파를 완전히 나타낼 수 있다.

여기서는 위상은 다루지 않을 것이기 때문에 진폭 값과 주파수 값만 주어지면 사인파를 완전히 나타낼 수 있다. [그림 2-3]과 같이 수평축을 주파수 축으로 하고 수직축을 진폭 축으로 하여 주어진 주파수 값과 진폭 값을 나타내는 데이터 점을 표시한다. 이 점 하나가 바로 하나의 사인파 전체이다. 여기에 위상까지 추가해 넣는다면 축이 하나 더 필요하므로 총 세 개의 축이 있어야 한다.

주파수 영역에서는 사인파가 단 하나의 데이터 점이다. 이것이 주파수 영역을 사용하는 핵심 이유이다. 시간 영역에서는 1000개의 데이터 점이었던 사인파가 주파수 영역에서는 주파수와 진폭 값을 나타내는 단 한 개의 데이터 점으로 변환된다.

주파수 값이 여러 개이고 각 주파수 값마다 진폭 값을 가질 때, 이 '주파수와 진폭의 집합'을 스펙트럼(spectrum)이라고 한다. 앞으로 살펴보겠지만 모든 시간 영역 파형은 저마다 고유한 형태의 스펙트럼을 가진다. 시간 영역에서 파형의 스펙트럼을 계산하는 유일한 방법은 푸리에 변환(Fourier transform)을 사용하는 것이다.

2.5 푸리에 변환

주파수 영역을 사용하기 위해서는 먼저 시간 영역의 파형을 주파수 영역의 파형으로 변환하여야 한다. 이 작업은 푸리에 변환(Fourier transform)으로 수행한다. 푸리에 변환에는 세 가지 유형이 있다.

- 푸리에 적분(Fourier integral, FI)
- 이산 푸리에 변환(Discrete Fourier transform, DFT)
- 고속 푸리에 변환(Fast Fourier transform, FFT)

푸리에 적분(FI)은 시간 영역의 이상적인 수식을 주파수 영역으로 변환하여 나타내는 수학적 기법이다. 예를 들어 시간 영역에서 전체 파형이 한 개의 짧은 펄스로 되어 있고 그 외에는 아무것도 없는 경우라면 푸리에 적분을 사용하여 주파수 영역으로 변환한다.

푸리에 적분에서는 −무한대에서 +무한대까지 전체 시간에 걸쳐 시간 영역 파형의 적분을 수행한다. 적분 결과는 0에서 +무한대 주파수까지 연속적인 주파수 영역의 함수가 된다. 이 범위의 모든 연속 주파수 값마다 그에 대응하는 진폭 값이 있다.

시간 영역의 파형은 실제로는 어떤 유한한 시간 T에 걸쳐 측정된 여러 개의 개별 점들로 이루어져 있다. 예를 들어, 어떤 클록 파형이 전압은 0 V에서 1 V까지 변하고 주기는 1 nsec이고 반복 주파수는 1 GHz라고 하자. 이 클록의 한 주기를 나타내기 위해 1 psec 간격으로 가져온 개별 데이터 점(point)은 1000개나 될 수 있다. [그림 2-4]는 이런 방식으로 시간 영역에 나타낸 1 GHz 클록 파형이다.

이 파형을 주파수 영역으로 변환하는 데 이산 푸리에 변환(DFT)이 사용된다. 기본적으로 원래의 시간 영역 파형은 주기적이며 T초마다 반복되는 것으로 가정한다. 이산 푸리에 변환에서는 적분 대신 급수(summation)가 사용되므로 간단한 수치 해석 기법을 사용하여 임의의 데이터 집합을 주파수 영역으로 변환할 수 있다.

마지막으로 고속 푸리에 변환(FFT)은 각 주파수 점에서 진폭 값을 계산하는 데 사용되는 실제 알고리즘에서 매우 빠른 행렬 대수 기법이 사용된다는 점을 제외하면 DFT와 완전히 동일하다. 이러한 행렬 대수 기법은 시간 영역 데이터 점(point)의 개수가 2의 거듭제곱(예: 256 포인트, 512 포인트, 1,024 포인트 등)인 경우에만 작동한다. 결과는 DFT와 같지만 전압 포인트의 수에 따라 일반 DFT 알고리즘보다 100~10,000배 빠르게 계산된다.

일반적으로 산업계에서는 FI, DFT, FFT의 세 가지 항목을 모두 같은 의미로 사용한다. 이 세 가지 방식 사이에는 차이가 있지만 시간 영역의 파형을 주파수 영역의 스펙트럼으로 변환한다는 목적은 동일하다.

TIP

주파수 영역에 나타나는 파형은 사인파 주파수 성분들의 집합이다. 각 주파수 성분은 저마다 진폭과 위상을 가진다. 파형을 구성하는 모든 주파수 성분의 주파수 값과 그 값에서의 진폭 값의 집합을 파형의 스펙트럼이라고 한다.

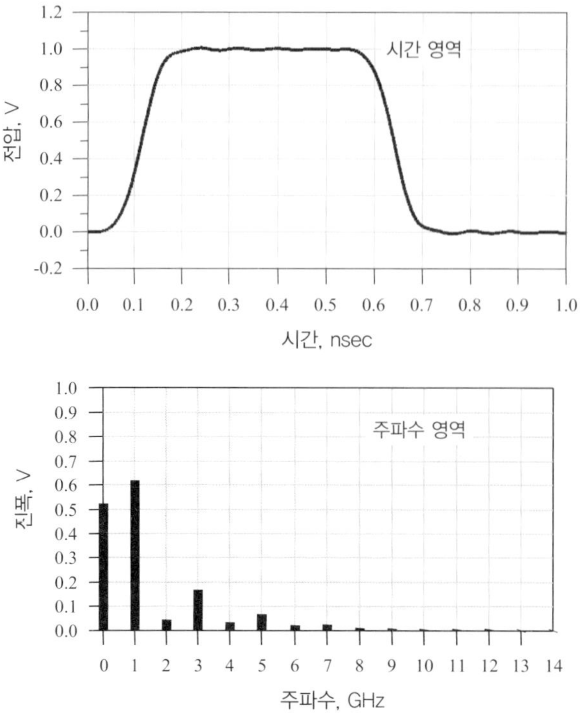

그림 2-4 시간 영역(상단)과 주파수 영역(하단)에서 나타낸 1 GHz 클록 신호의 한 주기

[그림 2-4]는 DFT를 사용하여 계산한 간단한 시간 영역 파형과 주파수 영역 스펙트럼의 예이다.

진정한 엔지니어라면 적어도 한 번은 세부 사항을 확인하기 위해 푸리에 적분을 손으로 직접 계산해 보아야 한다. 그 후에는 다시 손으로 계산할 필요가 없다. 푸리에 변환을 계산해주는 많은 상용 소프트웨어 도구 중 하나를 사용하면 항상 더 빠르게 답을 얻을 수 있다.

입력된 모든 파형의 DFT 또는 FFT를 계산하는 비교적 사용하기 쉬운 상용 소프트웨어 도구가 많이 있다. SPICE는 모든 버전에 .FOUR 명령이라는 기능을 가지고 있어서 모든 파형에 대해 앞에서부터 9개의 주파수 성분의 진폭을 계산해준다. 또한 대부분의 고성능 SPICE 도구 버전은 DFT를 사용하여 전체 진폭 값과 주파수 값 집합을 계산한다. 마이크로소프트 엑셀(Microsoft Excel)에도 엔지니어링 추가 기능 안에 FFT 기능이 들어있는 것이 보통이다.

2.6 반복 신호(repetitive signal)의 스펙트럼

실제로 DFT나 FFT는 실제 파형을 시간 영역에서 주파수 영역으로 변환하는 데 사용된다. 측정된 어떤 파형이라도 DFT를 계산할 수 있다. 파형에 대한 가장 중요한 요구 조건은 파형이 반복적(repetitive)이어야 한다는 것이다. 시간 영역 파형의 반복 주파수는 일반적으로 대문자 F로 표시한다.

예를 들어, 어떤 이상적인 사각파(square wave)가 진폭은 0 V에서 1 V까지 변하고 반복 시간은 1 nsec이고 듀티 사이클은 50%라고 가정하자. 이상적인 사각파에서는 0 V에서 1 V로 전이하는 데 걸리는 상승 시간이 정확히 0 sec이다. 그러면 이 사각파의 반복 주파수는 1/1 nsec = 1 GHz이다.

시간 영역의 어떤 신호가 t = 0에서 t = T까지의 시간 구간 안에서 임의의 모양을 하고 있는 파형인 경우에는 반복적으로 보이지 않을 수 있다. 그러나 이 경우에도 T초마다 파형이 되풀이하도록 만들어 놓으면 반복 신호(repetitive signal)로 바꿀 수 있다. 이 경우 반복 주파수는 F = 1/T가 된다. 어떤 임의의 파형이라도 반복 신호로 만들 수 있으며, DFT를 사용하여 이를 주파수 영역으로 변환할 수 있다. 이것을 [그림 2-5]에 설명하였다.

파형의 어느 한 부분을 반복적인 파형으로 변환하면 아티팩트(artifact)[5]가 발생할 가능성이 있다. 파형의 끝이 같은 값으로 시작하고 같은 값으로 끝나지 않으면 반복되는 부분이 서로 연결될 때 부자연스러운 전이가 생겨 DFT에서 아티팩트가 발생할 수 있다. 이 문제를 방지하기 위해 "윈도우잉(windowing)" 필터를 사용하여 파형의 양쪽 끝 전압이 항상 서로 동일한 값이 되게 만든다. 해밍 필터(Hamming filter)와 해닝 필터(Hanning filter)가 이러한 작업을 수행하는 필터이다.

DFT의 경우, 스펙트럼에는 특정 주파수 값만 존재한다. 이 값은 시간 간격 또는 반복 주파수의 선택에 따라 결정된다. SPICE와 같은 자동화된 DFT 도구를 사용하는 경우, 주기 값은 클록 주기와 같은 값으로 선택하는 것이 좋다. 이렇게 하면 결과 해석이 간단해진다.

스펙트럼에 존재하는 유일한 파형인 사인파의 주파수 값들은 반복 주파수의 정수배이다. 예를 들어 클록 주파수가 1 GHz인 일 때, DFT에는 1 GHz, 2 GHz, 3 GHz, … 등의 사인파 성분만 나타난다.

5 (옮긴이) 원래 신호에는 존재하지 않는 가짜 신호

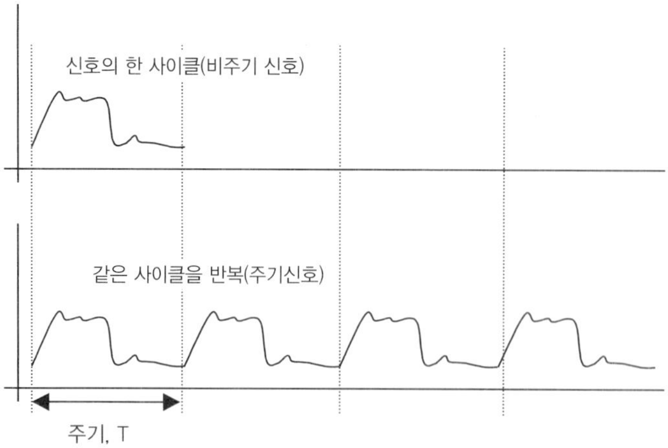

그림 2-5 어떤 모양의 파형이라도 반복적으로 보이게 만들 수 있다. DFT는 반복 파형에 대해서만 수행할 수 있다. 파형의 양쪽(좌우) 끝의 두 전압 값이 일치하지 않는 경우에는 윈도우잉 필터(windowing)를 사용하여 스펙트럼상의 아티팩트(artifact)를 최소화할 수 있다.

맨 처음 나오는 사인파 주파수를 1차 고조파(1st harmonic)라고 한다. 두 번째 사인파 주파수를 2차 고조파(2nd harmonic)라고 한다. 각 고조파는 저마다 진폭과 위상을 가진다. 모든 고조파와 그의 진폭의 집합을 **스펙트럼**이라고 한다.

각 고조파의 실제 진폭은 DFT에서 계산한 값으로 결정된다. 모든 파형은 저마다 자신만의 고유한 스펙트럼을 가진다.

2.7 이상적인 사각파의 스펙트럼

이상적인 사각파(square wave)[6]는 정의에 따라 상승 시간이 0이다. 이 파형은 실제로는 존재하지 않는 이상적인 파형이므로 실제 파형과는 차이가 있다. 그러나 이상적인 사각파의 스펙트럼을 살펴보고 이를 바탕으로 나중에 실제 파형을 평가하면 유용한 통찰력을 얻을 수 있다. [그림 2-6]에서 볼 수 있듯이 이상적인 사각파는 듀티 사이클이 50%이고 대칭이며 피크 전압이 1 V이다.

이상적인 사각파의 반복 주파수가 1 GHz일 때, 이 파형의 스펙트럼을 구성하는 사인파 주파수 값은 1 GHz의 배수이므로 f = 1 GHz, 2 GHz, 3 GHz, … 등의 사인파 주파수 성분이 나타날 것을 예상할 수 있다. 그러나 각 사인파 주파수 성분의 진폭은 얼마일까? 이를 구하는 유일한 방법은 이상적인 사각파에 대해 DFT를 수행하는 것이다. 다행히도 이상적인 사각파와 같은 특수한 파형에 대해서는 DFT를 정확하게 계산할 수 있다. 그 결과는 비교적 간단하다.

6 (옮긴이) square wave 또는 rectangular wave를 우리말로는 종종 구형파(矩形波)라고 한다. 구형파에서 구(矩)는 옛날에 목수가 사각형을 그릴 때 사용했던 ㄱ자 모양의 직각자를 가리키는 한자어이다. 이 한자어는 오늘날 잘 사용되지 않고 있는데다가 사각형을 뜻하는 구형(矩形)이 공(원) 모양을 뜻하는 구형(球形)과 혼동을 일으킬 수 있으므로 이 책에서는 '구형파' 대신 '사각파'로 옮긴다.

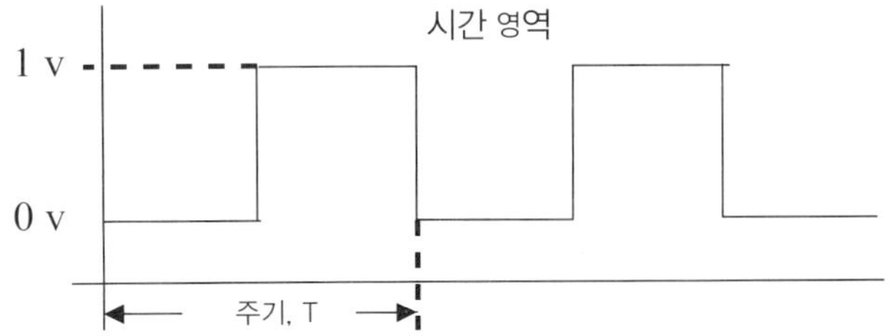

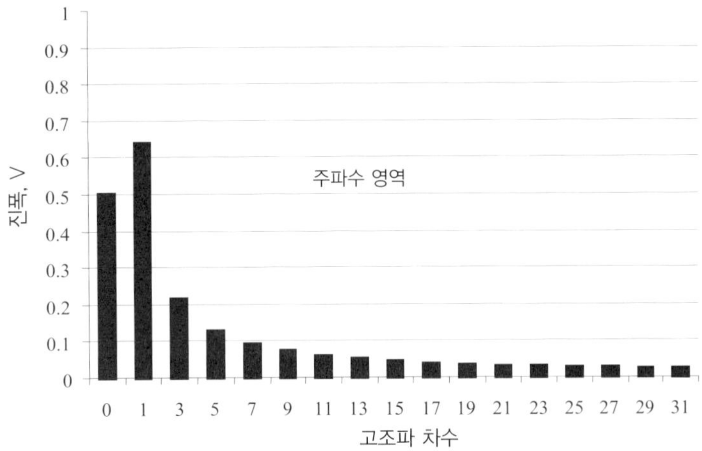

그림 2-6 이상적인 사각파의 시간 영역 파형(상단)과 주파수 영역 스펙트럼(하단)

모든 짝수 고조파(even harmonics)(예: 2 GHz, 4 GHz, 6 GHz, …)의 진폭은 모두 0이다. 0이 아닌 값을 갖는 것은 홀수 고조파(odd harmonics)뿐이다. 주기 파형에서 뒤의 반(1/2) 주기의 파형이 앞의 반주기의 파형과 값은 같고 부호만 정반대이면 어떤 모양의 파형이든 이와 같은 특성을 나타낸다(단 파형의 평균값이 0일 때). 이러한 파형을 반대칭 파형(anti-symmetric waveform) 또는 홀수 파형(odd waveform)이라고 한다.

홀수 고조파의 진폭 A_n은 다음과 같이 지정된다.

$$A_n = \frac{2}{\pi \times n} \tag{2.3}$$

여기서

A_n = n차 고조파의 진폭

π = 상수, 3.14159...

n = 고조파 차수, 홀수만 허용됨

예를 들어 듀티 사이클이 50%이고 0 V에서 1 V로 전이하는 이상적인 사각파의 1차 고조파 진폭은 0.63 V이다. 3차 고조파의 진폭은 0.21 V이다. 심지어는 1001차 고조파의 진폭도 0.00063 V로 계산할 수 있다. 고조파의 차수가 높아질수록 사인파 주파수 성분의 진폭은 1/f의 비율로 감소한다는 사실을 잘 알아두는 것이 중요하다.

이상적인 사각파의 전이 전압 범위가 0 V에서 2 V로 이전의 두 배가 되면 각 고조파의 진폭도 두 배가 된다.

또 다른 특수한 주파수 값으로 0 Hz가 있다. 모든 사인파의 중심은 0 V이므로 사인파들을 어떤 방식으로 조합하여 합성하여도 0 V를 중심으로 하는 시간 영역 파형만 나타나게 된다. DC 오프셋을 허용하기 위해, 다시 말해 평균값이 0 V가 되지 않게 하기 위해서는 0 V가 아닌 DC 성분이 필요하다. DC 값(DC 오프셋 값)을 종종 0차 고조파라고 한다. 0차 고조파의 진폭은 신호의 평균값과 같다. 듀티 사이클이 50%인 사각파의 경우 0차 고조파의 진폭은 0.5 V이다.

DC 값이 0 V인 사각파는 −0.5 V에서 +0.5 V로 전이하며 진폭은 0.5 V이고 피크-대-피크 값은 1 V이다. 이 사각파의 스펙트럼에서 0차 고조파는 DC 값이 없기 때문에 0 V이고 1차 고조파는 0.63 V이다. 이 결과는 다소 놀랍다. 사각파 속에 묻혀 있는 1차 고조파 성분의 진폭이 이상적인 사각파 자체의 진폭보다 크다니! 이것은 푸리에 변환의 중요한 속성이다.

이상적인 사각파에서 차수가 더 높은 쪽의 고조파들을 모두 제거하면 그때 나타나는 신호의 진폭은 원래 신호의 진폭보다 커진다! 직관에는 어긋나지만 주파수 성분들을 제거하면 더 큰 신호가 남게 된다. 이는 신호들의 주파수가 스코프의 대역폭 한계에 근접한 경우에 신호 처리를 할 때, 그리고 오실로스코프에서 수신한 신호를 분석할 때 중요하다.

지금까지 배운 내용을 요약하면 다음과 같다.

- 사인파 주파수 성분과 그 진폭의 집합을 **스펙트럼**이라고 한다. 각 성분을 **고조파**라고 한다.
- 0차 고조파는 DC 값이다.
- 듀티 사이클이 50%인 이상적인 사각파와 같이 특수한 형태의 파형인 경우, 짝수 고조파의 진폭은 0이다.
- 고조파의 진폭은 2/(π × n)으로 계산할 수 있다.

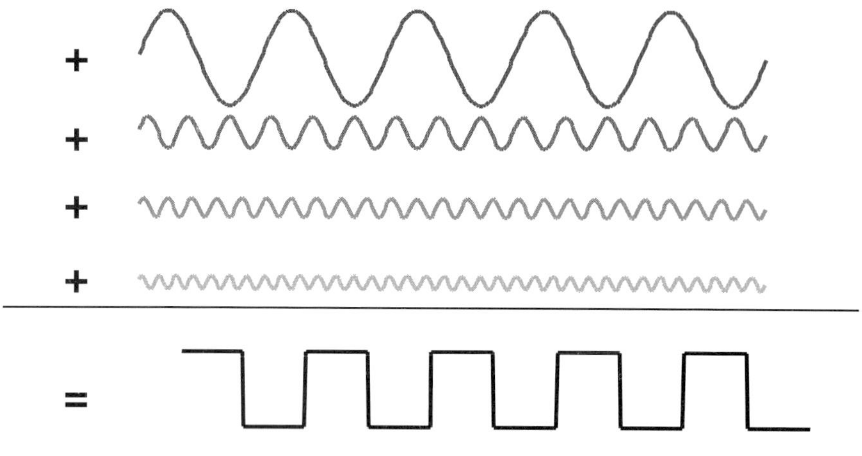

그림 2-7 각 사인파 성분을 모두 더하여 주파수 영역 스펙트럼을 시간 영역 파형으로 변환한다.

2.8 주파수 영역에서 시간 영역으로 변환

주파수 영역의 스펙트럼은 시간 영역 파형의 모든 사인파 주파수의 진폭을 나타낸다. 신호의 스펙트럼을 알고 있을 때 그 신호의 시간 영역 파형을 보려면 스펙트럼의 각각의 주파수 성분을 가져와서 시간 영역 사인파로 변환한 다음에 이들 사인파를 모두 더하면 된다. 이 과정을 푸리에 역변환(inverse Fourier transform)이라고 한다. 이를 [그림 2-7]에 설명하였다.

주파수 영역에서 각각의 성분은 시간 영역에서는 저마다 하나의 사인파이다. 시간 영역의 사인파는 $t = -\infty$에서 $t = +\infty$까지 정의된다. 시간 영역 파형을 다시 만들어 내기 위해 스펙트럼에 나타난 각각의 사인파를 시간 영역으로 모두 가져온 다음, 시간 영역을 이루고 있는 각각의 시간 점(point)에서 이들 사인파를 모두 합산한다. 스펙트럼에 근거하여 주파수가 가장 낮은 1차 고조파에서 시작하여 차수를 올리면서 고조파를 차례로 더한다.

주파수가 1 GHz인 이상적인 사각파의 스펙트럼의 경우, 주파수 영역의 첫 번째 항은 진폭이 0.5 V인 0차 고조파이다. 이 성분은 시간 영역에서 일정한 DC 값을 나타낸다.

두 번째 항은 1차 고조파로서 이 성분은 시간 영역에서 주파수가 1 GHz이고 진폭이 0.63 V인 사인파이다. 이 항을 이전 항에 더하면 시간 영역에서 0.5 V 오프셋을 가진 사인파가 되는데 이 파형은 이상적인 사각파에 대한 아주 좋은 근사 파형은 아니다. 이 내용이 [그림 2-8]에 나와 있다.

세 번째 항은 3차 고조파이다. 이 성분은 시간 영역에서 주파수가 3 GHz이고 진폭이 0.21 V인 사인파이다. 이를 기존 시간 영역 파형에 더하면 파형의 모양이 약간 달라지는 것을 볼 수 있다. 파형의 위쪽은 조금 더 평평해지면서 사각파에 더 가까워지고 상승 시간은 조금 더 날카로워진다. 이상적인 사각파를 다시 만들기 위해 계속해서 더 높은 차수의 고조파를 추가하는 과정을 거치면서 결과 파형은 점점 더 사각파처럼 보이기 시작한다. 특히 더 높은 차수의 고조파를 추가할수록 시간 영역에 나타나는 결과 파형의 상승 시간은 점점 짧아진다.

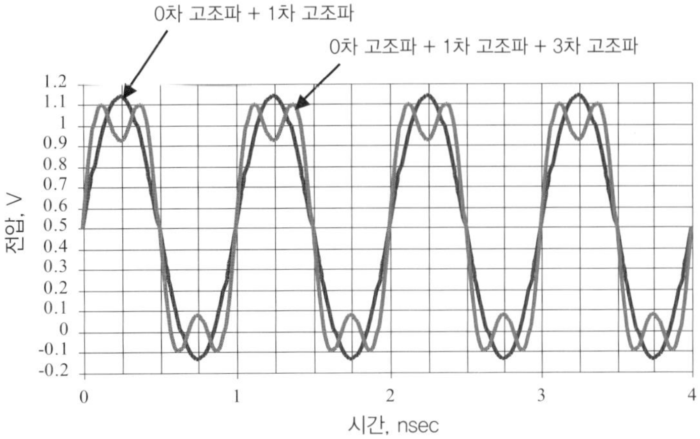

그림 2-8 주파수가 1 GHz인 이상적인 사각파의 0차 고조파와 1차 고조파를 더하고, 그 결과에 다시 3차 고조파를 더할 때 나타나는 시간 영역 파형

이를 더욱 자세히 설명하기 위해 [그림 2-9]에 나타낸 것처럼 한 사이클의 시작 부분을 중심으로 파형의 상승 시간을 확대해보자. 먼저 7차 고조파까지 모든 고조파를 더하고, 이어서 19차 고조파까지 모든 고조파를 더하고, 끝으로 31차 고조파까지 모든 고조파를 더하면 시간 영역에 나타나는 결과 파형의 상승 시간은 계속해서 짧아진다는 것을 알 수 있다.

DFT 설정 방법에 따라 스펙트럼에 100개 이상의 서로 다른 고조파가 나열될 수 있다. 이 시점에서 논리적인 질문이 생긴다. 이들을 모두 포함해야 하는가? 아니면 제한된 수의 고조파만으로 원래 시간 영역 파형의 "충분히 좋은" 표현(근사 파형)을 다시 만들어낼 수 있는가? 다시 만들어 낸 시간 영역 파형에 포함된 최고 차수의 고조파를 제한하면 실제로 어떤 영향이 있는가? 그것까지만 더해주면 더 이상은 더해주지 않아도 되는 가장 높은 사인파 주파수 성분이 있는가?

2.9 대역폭이 상승 시간에 미치는 영향

대역폭이라는 용어는 스펙트럼에서 중요한(significant) 여러 사인파 주파수 성분 중 가장 높은 사인파 주파수 성분을 가리키는 데 사용된다. 대역폭은 시간 영역 파형의 중요한 특징을 적절하게 근사하기 위해서 반드시 포함해야 하는 가장 높은 사인파 주파수이다. 대역폭보다 주파수가 높은 모든 주파수 성분은 무시할 수 있다. 특히 앞으로 보게 되겠지만 우리가 선택한 대역폭은 시간 영역에서 나타낼 수 있는 신호의 가장 짧은 상승 시간에 직접적인 영향을 미친다.

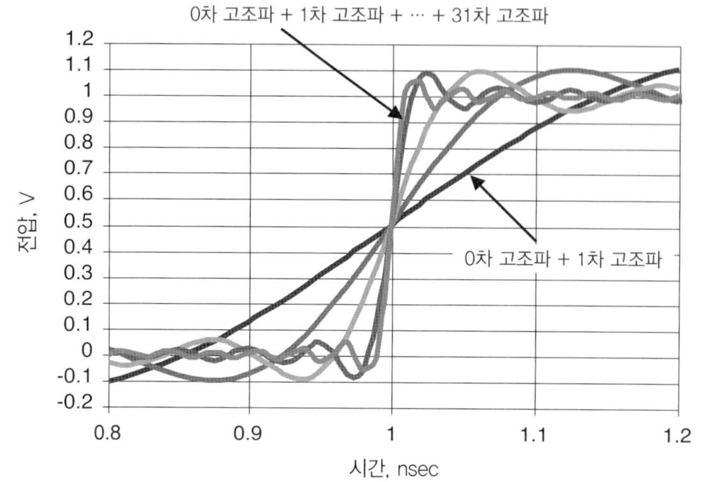

그림 2-9 주파수가 1 GHz인 이상적인 사각파의 0차 고조파와 1차 고조파를 더할 때, 그 결과에 3차 고조파를 더할 때, 그 결과에 7차 고조파까지 모든 고조파를 더할 때, 그 결과에 19차 고조파까지 모든 고조파를 더할 때, 그 결과에 31차 고조파까지 모든 고조파를 더할 때 각각 나타나는 시간 영역 파형

대역폭이라는 항목은 오랜 세월에 걸쳐 RF 세계에서 신호의 주파수 범위를 나타내는 데 사용되었다. RF 응용 분야에서는 반송파(carrier) 주파수의 진폭 또는 위상이 신호의 진폭에 따라

변조된다. 신호의 주파수 성분 스펙트럼은 어떤 한 대역 내에 모두 들어간다. RF 신호의 주파수 범위를 대역폭이라고 한다. 예를 들어 어떤 RF 신호는 반송파 주파수가 1.8 GHz이고 이 주파수 주위에 100 MHz의 대역폭을 가지고 있다는 식으로 말한다. RF 신호의 대역폭에 따라 서로 다른 통신 채널들이 얼마나 빈틈없게 잘 배치될지 정해진다.

디지털 신호의 경우, 대역폭은 신호 스펙트럼에 들어있는 주파수들의 범위를 의미하기도 한다. 디지털 신호의 스펙트럼에서 저주파 범위는 DC에서 시작하여 가장 높은 주파수 성분까지 펼쳐져 있다. 디지털 신호의 세계에서 가장 낮은 주파수는 항상 DC이므로 대역폭은 항상 중요하면서 가장 높은 사인파 주파수 성분과 값이 같아진다.

RF 신호 대역폭과 디지털 신호 대역폭 사이의 이러한 차이는 RF 응용과 고속 디지털 응용 사이에 존재하는 여러 가지 중요한 차이점 중 하나이다.

TIP

RF 제품에서는 비교적 좁은 주파수 범위에서 제어된 임피던스 특성을 갖도록 인터커넥트를 설계하는 것이 중요하다. 고속 디지털 응용 분야에서는 매우 넓은 주파수 범위에 대해 인터커넥트의 임피던스를 설계하는 것이 중요한데, 이렇게 하는 것이 일반적으로 더 어렵다.

[그림 2-8]에서 0차, 1차, 3차 고조파만으로 만든 시간 영역 파형의 대역폭은 3차 고조파까지, 즉 3 GHz였다. 이 파형의 설계에서 가장 높은 사인파 주파수 성분은 3 GHz이다. 이 시간 영역 파형에서 3차 고조파보다 높은 주파수를 가진 다른 모든 사인파 성분의 진폭은 정확히 0이다.

[그림 2-9]의 세 파형을 만들어 내기 위해 더 높은 차수의 고조파를 세 차례 추가했을 때 대역폭은 각각 7 GHz, 19 GHz, 31 GHz가 되었다. [그림 2-9]의 파형 중에서 상승 시간이 가장 짧은 파형을 골라서 다시 주파수 영역으로 변환하면 그 스펙트럼은 [그림 2-6]에 표시된 것과 정확히 같아진다. 스펙트럼은 0차 고조파부터 31차 고조파까지의 성분을 가진다. 31차를 넘는 고조파 성분은 모두 0이 된다. 이 파형에서 중요한 가장 높은 사인파 주파수 성분은 31차 고조파이므로 파형의 대역폭은 31 GHz이다.

각각의 경우 이상적인 사각파의 스펙트럼에 대해 알아본 다음에, 이를 기반으로 하여 대역폭이 점점 더 높은 파형을 차례로 만들어 냈다. 각각의 경우에서, 대역폭이 더 높은 파형의 10-90 상승 시간이 더 짧았다. 대역폭이 높을수록 상승 시간은 짧아지고 파형은 이상적인 사각파에 더욱 가까워진다. 마찬가지로 상승 시간이 짧은 신호의 대역폭을 줄이는 조치(즉, 고주파 성분을 제거)를 취하면 신호의 상승 시간이 늘어난다.

예를 들어, FR4에서 손실이 있는 전송 선로를 따라 전파되는 신호의 시간 영역 응답을 평가하는 것이 처음에는 어렵다. 앞으로 알게 되겠지만 전송 선로에는 도체 손실(conductor loss)과 유전체 손실(dielectric loss)이라는 두 가지 손실 메커니즘이 있다. 이 두 가지 작용이 고주파 성분과 저주파 성분을 동일하게 감쇠시킨다면 전송 선로의 맨 끝(far-end, 원단)에서 나오는 신호의 크기(진폭)는 줄어들겠지만 신호의 스펙트럼 패턴은 전송 선로의 맨 앞에 들어온 것과 동일할 것이다. 또한 신호 파형의 상승 시간에도 영향이 없을 것이다.

그러나 실제 도체 손실과 유전체 손실은 저주파 성분보다 고주파 성분을 더 많이 감쇠시킨다. 신호가 고작 4 inch 길이의 트레이스를 통과할 때쯤에는 대략 8 GHz 이상의 고주파 성분은 전력의 50% 이상을 잃는 것에 비해 저주파 성분은 이보다 영향을 적게 받는다. [그림 2-10]의 상단에 있는 그래프는 FR4 유전체상의 4 inch 길이의 전송 선로를 통과할 때 발생하는 사인파 주파수 성분의 감쇠를 측정한 결과이다. 이 전송 선로의 특성 임피던스는 50 Ω 이며 네트워크 분석기로 손실을 측정하였다. 2 GHz 미만의 주파수 성분은 감쇠량이 −1 dB 이하인 반면에 10 GHz 성분은 −4 dB나 감쇠된다.

이처럼 주파수가 높을수록 더 많은 감쇠가 일어나는 현상은 인터커넥트를 통해 전파되는 신호의 대역폭을 감소시키는 데 영향을 미친다. [그림 2-10]의 하단에 있는 파형은 FR4 유전체상의 36 inch 길이의 트레이스에 대해, 상승 시간이 50 psec인 신호가 트레이스로 들어갈 때의 측정 파형과 트레이스를 나갈 때의 측정 파형을 비교한 것이다.

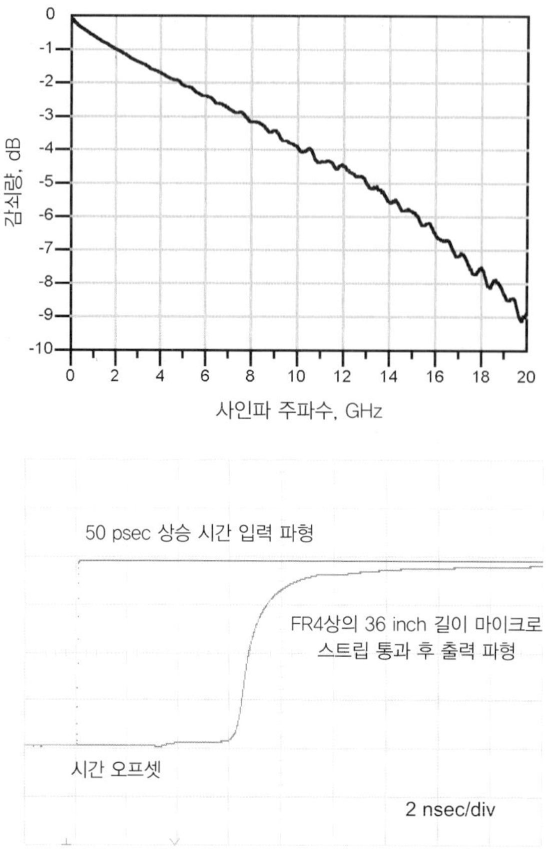

그림 2-10 (상단) FR4상의 4 inch 길이의 50 Ω 전송 선로를 통과할 때 측정된 감쇠. 높은 주파수에서 더 높은 감쇠를 보인다. (하단) FR4상의 36 inch 길이의 50 Ω 전송 선로에서 측정된 입력 신호와 출력 신호. 상승 시간이 50 psec에서 약 1.5 nsec로 늘어나는 성능 저하가 발생한다.

고주파 성분이 더 많이 감쇠되므로 상승 시간은 50 psec에서 거의 1.5 nsec로 증가했다. 36 inch는 6 inch 길이의 도터카드(daughter card, 도터보드) 두 개와 24 inch 길이의 백플레인(backplane)을 따라 이동하는 트레이스의 일반적인 길이이다. 이러한 상승 시간의 성능 저하는 1 GHz 이상의 고속 직렬 링크에서 FR4 유전체 기판의 사용을 제한하는 주된 이유이다.

TIP

일반적으로 시간 영역에서 상승 시간이 짧은 파형은 주파수 영역에서 더 높은 대역폭을 갖는다. 파형의 대역폭을 줄이기 위해 스펙트럼에 어떤 조치를 취하면 파형의 상승 시간이 길어진다.

스펙트럼에서 중요한 가장 높은 사인파 주파수 성분과 그 성분에 해당하는 시간 영역에서의 파형의 상승 시간 사이의 관계는 매우 중요한 성질이다.

2.10 대역폭과 상승 시간

이상적인 사각파를 다시 만들어가는 과정을 통해 상승 시간과 대역폭 간의 관계를 정량화할 수 있다. 앞에서 이상적인 사각파에 가까워지도록 고조파를 합성한 각각의 파형에서는 지정된 값까지만 사인파 주파수 성분을 포함하도록 의도적으로 파형을 만들어 냈기 때문에 대역폭을 확실하게 알고 있다. 최댓값의 10% 지점에서 90% 지점까지의 시간으로 정의되는 10-90 상승 시간은 시간 영역 파형에서 측정할 수 있다.

측정된 10-90 상승 시간과 각 파형에 대해 알고 있는 대역폭을 그래프로 그리면 이들 사이에 성립하는 간단한 관계를 실증적으로 알아낼 수 있다. 이것은 모든 신호에 적용되는 기본 관계로서 [그림 2-11]에 나와 있다.

높은 차수의 고조파 중에서 일부만을 포함하여 다시 만들어 낸 사각파의 경우, 대역폭은 상승 시간과 반비례한다. 측정한 데이터 점들과 잘 들어맞는 직선 근사식(straight-line approximation)을 찾으면 다음과 같은 수식으로 대역폭과 상승 시간 사이의 관계를 나타낼 수 있다.

$$BW = \frac{0.35}{RT} \tag{2.4}$$

여기서

BW = 대역폭(단위: GHz)

RT = 10-90 상승 시간(단위: nsec)

예를 들어 신호의 상승 시간이 1 nsec일 때 대역폭은 약 0.35 GHz 또는 350 MHz이다. 마찬가지로 신호의 대역폭이 3 GHz인 경우, 신호의 상승 시간은 약 0.1 nsec이다. DDR3 기반 시스템에서 볼 수 있는 상승 시간 0.25 nsec의 신호는 대역폭이 0.35/0.25 nsec = 1.4 GHz이다.

가우스 파형(Gaussian waveform)이나 지수 에지 파형(exponential edge waveform) 등 다른 파형에 대해서는 다른 방법으로 이 관계식을 유도한다. 사각파에 대해 여기에서 취한 접근 방식은 오로지 경험적(실험적)이며 어떠한 가정도 하지 않는다. 이것은 우리의 도구 상자에 들어있는 가장 유용한 경험 규칙 중 하나이다.

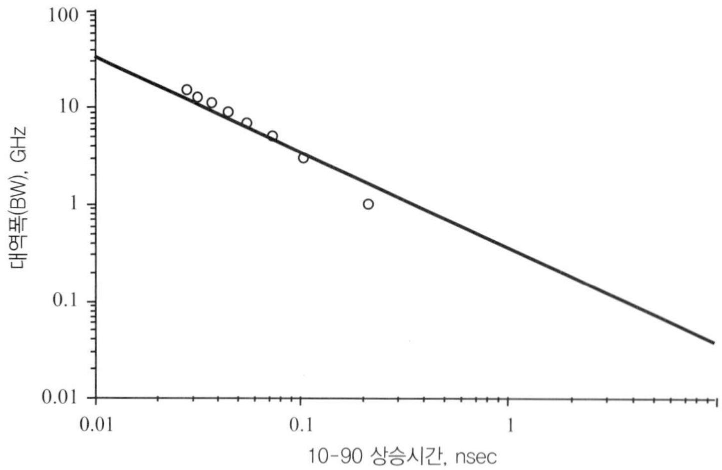

그림 2-11 이상적인 사각파를 다시 만들어내기 위해 각각의 고조파를 한 번에 하나씩 추가하면서 측정한 신호의 대역폭과 10-90 상승 시간 사이의 실험적 관계. 원으로 표시한 것이 측정 데이터 값이다. 직선은 근사식 'BW = 0.35/상승시간'을 계산하여 그린 것이다.

단위를 일관성 있게 유지하는 것이 중요하다. 상승 시간의 단위가 마이크로초(μsec)이면 대역폭의 단위는 메가헤르츠(MHz)가 되어야 한다. 예를 들어 10 μsec라는 매우 긴 상승 시간은 약 0.35/10 μsec = 0.035 MHz 또는 35 kHz의 대역폭을 가진다.

상승 시간이 나노초(nsec)이면 대역폭은 기가헤르츠(GHz)이다. 10 MHz 클록 주파수의 상승 시간은 일반적으로 10 nsec이다. 이 상승 시간은 약 0.35/10 nsec = 0.035 GHz 또는 35 MHz의 대역폭을 가진다.

2.11 중요하다는 것의 의미는 무엇인가?

우리는 신호의 대역폭을 중요한(significant) 가장 높은 사인파 주파수 성분으로 정의했다. 이상적인 사각파에서 시작하여 고주파 성분들을 제한한 앞의 예에서는 '중요한'이라는 단어가 의미하는 것에 대해 전혀 모호함이 없었다. 앞의 예에서는 주파수 영역에서 마지막으로 합성되는 고조파가 파형의 스펙트럼에서 가장 주파수가 높으면서 중요한 성분이 될 수 있도록 이 마지막 고조파보다 더 높은 주파수의 사인파 성분들을 전부 차단하였다.

이상적인 사각파의 모든 주파수 성분들 중에서 명시한 대역폭(BW)까지의 주파수 성분들만을 포함하면 '상승시간 = 0.35/BW'로 주어지는 제한된 상승 시간을 가진 사각파를 다시 만들어 낼 수 있음을 알아보았다.

그러나 그 다음 고조파 성분 중의 일부만을 추가하면 어떤 영향이 있을까?

예를 들어 클록 주파수가 1 GHz인 이상적인 사각파 클록 신호를 취하면 1차 고조파는 1 GHz 사인파 주파수가 된다. 21차 고조파까지 모든 성분을 전부 포함하면 대역폭은 21 GHz가 되고 이렇게 해서 만들어진 신호의 상승 시간은 0.35/21 GHz = 0.0167 nsec = 16.7 psec가 된다.

23차 고조파를 추가하면 상승 시간은 어떻게 변할까? 상승 시간은 0.35/23 GHz = 0.0152 nsec = 15.2 psec가 된다. 즉 상승 시간은 1.5 psec 감소한다. 감소 비율은 상승 시간의 약 10%인데 이는 대역폭의 증가 비율인 10%와 일치한다. 여기서 추가한 23차 고조파 성분의 진폭은 0.028 V로 1차 고조파의 진폭 0.63 V와 비교하면 아주 작다. 이 23차 고조파의 진폭은 1차 고조파 진폭의 5% 미만이고 피크값에 대해서는 3% 미만에 지나지 않을 정도로 작지만 기존 사각파의 상승 시간을 10%만큼 짧아지게 하는 영향을 미쳤다.

이상적인 사각파의 스펙트럼에는 무한대까지 높은 주파수 성분까지 들어있다. 상승 시간이 이상적인 사각파의 상승 시간인 0이 되기 위해서는 무한대 주파수까지 모든 주파수 성분이 필요하고 중요하다.

이상적이 아닌 실제 시간 영역 파형의 스펙트럼 성분은 같은 반복 주파수를 가진 이상적인 사각파와 비교할 때, 진폭이 주파수에 따라 더 빠르게 감소한다. '중요하다'는 것의 의미를 묻는 질문은 사실상 실제 시간 영역 파형의 고조파 진폭이 그에 대응하는(동일한 차수의) 이상적인 사각파의 고조파 진폭과 비교하여 '작아지는' 주파수를 묻는 질문이다.

여기서 '작아진다'라는 의미는 일반적으로 실제 파형의 고조파 성분의 전력이 이상적인 사각파의 고조파 성분의 전력의 50%보다 작아지는 것을 말한다. 전력이 50% 감소하는 것은 진폭이 70% 감소하는 것과 마찬가지이다. 이것이 바로 '중요하다'의 정의이다. '중요하다'는 것은 고조파 진폭이 그에 대응하는 이상적인 사각파의 고조파 진폭의 70%보다 크다는 것이다.

TIP

상승 시간이 유한한 실제 파형의 경우에 '중요하다'는 것은 파형의 고조파 진폭이 그에 대응하는(같은 차수의) 이상적인 사각파의 고조파 진폭의 70% 이상이 되는 것 또는 그렇게 되는 주파수이다.

약간 다른 관점에서 '중요하다'는 것의 의미를 정의할 수 있다. 이 정의에서는 실제 파형의 고조파 성분이 1/f보다 빠르게 떨어지기 시작하는 주파수이다. 이러한 상황이 발생하기 시작하는 주파수를 무릎 주파수(knee frequency)라고 한다. 이상적인 사각파의 고조파 진폭은 처음에는 거의 1/f의 비율로 떨어진다. 실제 파형의 고조파 진폭이 이상적인 사각파의 고조파 진폭에서 크게 벗어나기 시작하는 주파수가 무릎 주파수이다.

어떤 시간 영역 파형의 대역폭을 수치로 나타내기 위해서는 그 파형의 고조파 진폭이 그에 대응하는 이상적인 사각파의 고조파의 70%를 약간 넘어서는 가장 높은 주파수 성분을 알아야 한다. 실제 파형의 고조파 진폭이 이상적인 사각파의 고조파 진폭보다 훨씬 작은 경우,

진폭이 작은 이런 고조파는 상승 시간이 짧아지는 데 그다지 기여하지 않으므로 무시할 수 있다.

예를 들어, [그림 2-12]와 같이 시간 영역 파형에서 반복 주파수가 1 GHz인 두 개의 클록 파형 – 이상적인 사각파와 이상적인 사다리꼴파(상승 시간이 긴 비이상적인 사각파) – 을 비교해보자. 사다리꼴파의 10-90 상승 시간은 약 0.08 nsec로 이 값은 전형적인 많은 클록 파형의 주기의 약 8%에 해당한다.

이 두 파형의 주파수 성분을 비교하여 사다리꼴파의 스펙트럼이 이상적인 사각파와 크게 달라지기 시작하는 주파를 구해보자. 0.35/0.08 nsec = 5 GHz로 계산되므로 사다리꼴파의 높은 주파수 성분은 약 5 GHz에서 중요하지 않게 되기 시작할 것이다. 5 GHz는 5차 고조파 주파수이다. 결국 이상적인 사각파 스펙트럼을 취해서 앞서 살펴본 것처럼 5차 고조파보다 차수가 높은 고조파 성분들을 모두 없애버리면 0.08 nsec의 상승 시간을 갖는 비이상적인 사각파를 만들어낼 수 있다.

[그림 2-12]에서 사다리꼴파의 스펙트럼과 이상적인 사각파의 스펙트럼을 비교한 결과를 보면 두 파의 1차 고조파와 3차 고조파가 서로 거의 동일하다는 것을 알 수 있다. 사다리꼴파의 5차 고조파는 이상적 사각파의 약 70%로 여전히 큰 비율이다. 그러나 사다리꼴파의 7차 고조파는 이상적 사각파의 약 30%에 지나지 않는다.

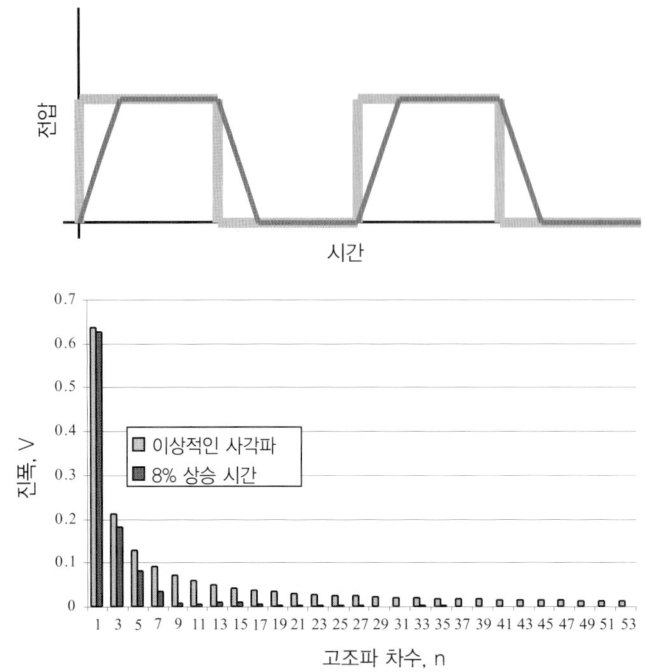

그림 2-12 (상단) 반복 주파수가 1 GHz인 두 시간 영역 파형의 비교: 이상적인 사각파와 상승 시간이 0.08 nsec인 이상적인 사다리꼴파. (하단) 두 파형의 주파수 영역 스펙트럼의 비교: 사다리꼴파는 이상적인 사각파에 비해 높은 차수의 고조파 진폭이 훨씬 작다.

사다리꼴의 스펙트럼을 간단히 살펴보면 5차 고조파 보다 높은 차수의 고조파(즉 7차 고조파와 그 이상의 고조파) 전체가 기여하는 양은 이상적인 사각파의 5차 고조파보다 높은 차수의 고조파 전체가 가진 전압량의 아주 작은 비율밖에 되지 않는다는 결론을 내릴 수 있다. 따라서 7차 이상의 전체 고조파가 기존의 상승 시간에 추가로 미치는 영향은 아주 작을 것이다. 스펙트럼으로부터, 이상적인 사각파와 비교할 때 사다리꼴파에서 '중요한' 가장 높은 사인파 주파수 성분은 5차 고조파라고 말할 수 있다. 이것은 근사식으로 얻은 결과이다.

사다리꼴파의 스펙트럼에는 5차 고조파보다 높은 차수의 수많은 고조파들이 있다. 그러나 이들 고조파의 진폭 중에서 가장 큰 진폭은 이상적 사각파의 30%이고 그다음에는 고작 몇 퍼센트에 불과하다. 이러한 진폭은 이상적인 사각파 진폭에 비해 아주 작아서 상승 시간이 짧아지는 데 거의 기여하지 않으므로 무시할 수 있다.

어떤 파형이든 그 파형의 대역폭은 대응하는 이상적인 사각파와 스펙트럼에서 진폭을 서로 비교할 때 그 크기가 서로 엇비슷한 사인파 주파수 성분들 중에서 가장 높은 사인파 주파수 성분이다. DFT를 사용하여 파형의 스펙트럼을 계산하고 이상적인 사각파와 비교하면 어떤 파형이든 그 파형의 대역폭을 알아낼 수 있다. 이상적인 사각파 진폭의 70% 미만인 파형의 주파수 성분을 찾아내거나 'BW = 0.35/상승시간'의 수식으로 주어지는 경험 규칙을 사용할 수 있다.

TIP

이 대역폭 개념은 본질적으로 근사방법이라는 점에 유의해야 한다. 이 근사방법은 실제 파형의 주파수 성분의 진폭이 이상적인 사각파보다 빠르게 감소하기 시작하는 주파수 위치를 대략적으로 찾아내는 경험 규칙이다.

파형의 대역폭이 900 MHz인지 950 MHz인지 정확히 아는 것이 중요한 문제인 경우에는 이 대역폭 개념을 사용하면 안 된다. 이 경우에는 이 대역폭 개념 대신 전체 스펙트럼을 사용해야 한다. 전체 스펙트럼은 항상 시간 영역 파형을 정확하게 나타낸다.

2.12 실제 신호의 대역폭

상승 시간을 기반으로 하는 근사식을 사용하는 방법 말고는 손으로 계산하여 파형의 대역폭을 구할 수 있는 방법은 거의 없다. 임의의 파형의 푸리에 변환은 수치 시뮬레이션을 통해서만 수행할 수 있다.

예를 들어, 사각파에 가까운 깔끔한 모양의 신호의 스펙트럼은 단순한 형태를 가진다. 전송선로 회로가 제대로 종단되지 않으면 신호에 링잉(ringing)이 발생할 수 있다. 링잉이 발생한 신호의 스펙트럼은 링잉 주파수에서 피크(peak)들을 가진다. 링잉 주파수의 진폭은 링잉이 없는 신호의 진폭보다 10배 이상 클 수 있다. [그림 2-13]에서 이를 확인할 수 있다.

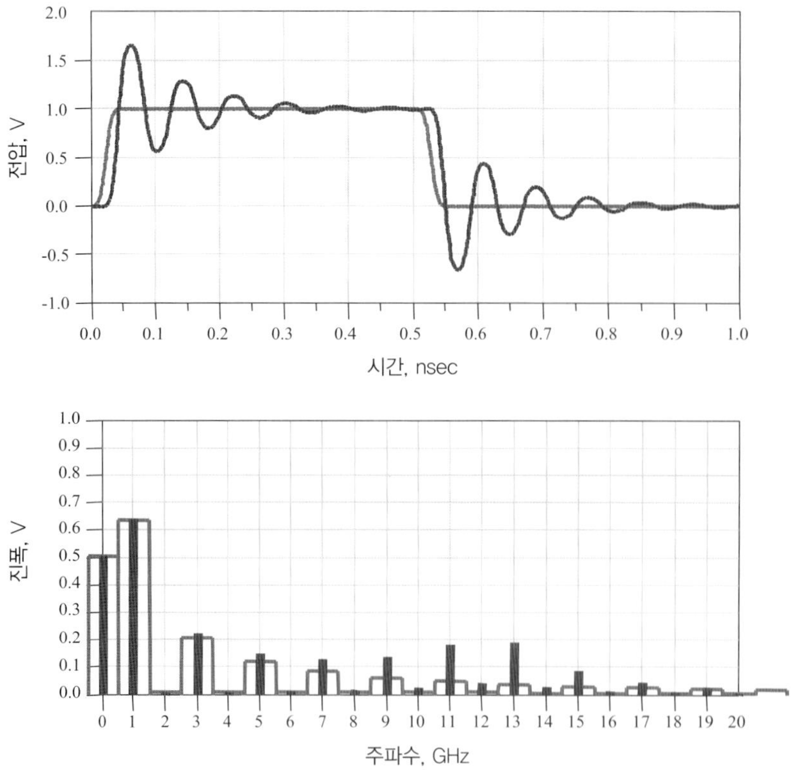

그림 2-13 (상단) 두 시간 영역 파형의 비교: 사각파에 가까운 원래 파형과 잘못된 종단으로 인해 상당히 큰 링잉이 발생한 파형. (하단) 두 파형의 DFT 스펙트럼. 스펙트럼상에 나타난 링잉 효과를 보여주고 있다. 넓은 막대는 이상적인 파형의 스펙트럼이고 좁은 막대는 링잉 파형의 스펙트럼이다.

링잉이 있는 파형의 대역폭은 링잉이 없는 파형보다 확실히 높다. 파형에 링잉이 있는 경우의 대역폭은 링잉 주파수에 더 가깝다. 그러나 링잉 신호의 특성을 나타내는 데 대역폭을 사용하는 것은 잘못된 이해를 불러올 수 있다. 따라서 대역폭 보다는 전체 스펙트럼을 고려해야 한다.

전류의 각 주파수 성분이 방사(radiation)를 일으키면 EMI가 발생한다. EMI를 발생시키는 최악의 범죄자인 공통 전류(common current)가 일으키는 방사성 방출(radiated emission)의 양은 주파수 f에 따라 선형적으로 증가한다. 공통 전류의 파형이 이상적인 사각파인 경우에는 각 전류 고조파의 진폭은 1/f의 비율로 감소하지만 방사 능력은 f의 비율로 증가하므로 모든 고조파가 EMI에 기여하는 정도는 동일하다. EMI를 최소로 하려면 모든 신호가 가능한 가장 낮은 대역폭을 사용하도록 설계해야 한다. 대역폭 이상의 주파수에서는 고조파 진폭이 1/f 보다 빠르게 감소하므로 방사성 방출이 줄어든다. 대역폭을 낮게 유지하면 방사성 방출을 최소로 할 수 있다.

회로의 링잉은 높은 주파수 성분의 진폭을 증가시키고 방사성 방출의 크기를 10배까지 증가시킬 수 있다. 이러한 사실은 모든 신호 무결성 문제를 해결하는 것이 EMI 문제를 최소화하는 출발점인 이유를 잘 보여준다.

2.13 대역폭과 클록 주파수

앞서 살펴본 바와 같이 대역폭은 신호의 상승 시간과 관련이 있다. 두 개의 파형이 클록 주파수는 정확히 같지만 상승 시간과 대역폭은 서로 다를 수 있다. 클록 주파수를 안다고 해서 대역폭이 얼마인지 알 수는 없다. [그림 2-14]는 클록 주파수는 1 GHz로 같지만 상승 시간이 다른 4개의 파형을 보여주고 있다. 상승 시간이 서로 다르므로 대역폭도 서로 다르다.

신호의 상승 시간을 알지 못하지만 그래도 대역폭을 반드시 알아야 할 경우가 있다. 간단한 가정을 사용하여 클록 주파수만으로 클록 파형의 대역폭을 추정할 수 있다. 그렇지만 대역폭을 결정하는 것은 클록 주파수가 아니라 상승 시간이라는 점을 명심하는 것이 중요하다. 파형에 대해 아는 것이 클록 주파수뿐이라면 대역폭을 확실히 알 수는 없고 추측만 할 수 있다.

클록 주파수만으로 신호의 대역폭을 수치로 구하려면 매우 중요한 가정을 해야 한다. 다시 말해 클록 파형의 전형적인 상승 시간을 추정해야 한다.

실제 클록 파형에서 상승 시간은 클록 주기와 어떤 관계가 있을까? 이론상 유일한 관계는 상승 시간은 반드시 주기의 50%보다 작아야 한다는 것이다. 이것 말고는 아무런 제한이 없으며 상승 시간은 주기의 50%를 넘지 않는 범위 내에서 어떠한 비율도 차지할 수 있다. 예를 들어 1 GHz 클록과 같이 클록의 주파수가 장치 기술의 한계까지 도달한 경우에는 클록의 상승 시간이 클록 주기의 25%가 될 수 있다. 많은 마이크로프로세서 기반 제품에서는 상승 시간이 주기의 10%인 것을 흔히 찾아볼 수 있다. 외부의 낮은 클록 주파수로 메모리 버스를 구동하는 고성능 FPGA에서는 상승 시간이 주기의 5%일 수 있다. 레거시 시스템(legacy system, 구식 장치)에서는 상승 시간이 주기의 1%일 수도 있다.

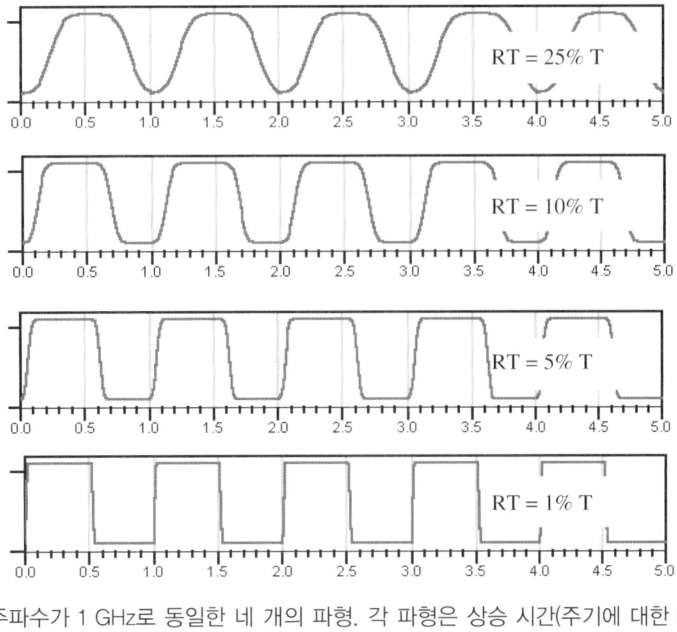

그림 2-14 클록 주파수가 1 GHz로 동일한 네 개의 파형. 각 파형은 상승 시간(주기에 대한 비율로 표시)이 서로 다르므로 대역폭도 서로 다르다.

상승 시간이 주기의 몇 분의 일인지 모르는 경우, 일반적으로 상승 시간을 클록 주기의 7%로 가정하는 것이 합리적이다. 이 비율은 기판 수준 버스(board-level bus)를 구동하는 많은 전형적인 마이크로프로세서 기반 기판과 ASIC의 상승 시간과 유사한 값이다. 이 값으로부터 클록 파형의 대역폭을 추정할 수 있다.

상승 시간이 주기의 7%라는 이 가정은 다소 공격적이라는 점을 명심해야 한다. 대부분의 시스템에서는 아마도 10%에 가까울 것이므로 이 상승 시간 값은 일반적으로 볼 수 있는 값보다 약간 짧게 상승 시간을 가정한 것이다. 그리고 이렇게 상승 시간을 짧게 추정하게 되면 대역폭은 크게 추정하는 것이 되는데, 이것이 대역폭을 작게 추정하는 것보다는 안전하다.

상승 시간이 주기의 7%이면 주기는 1/0.07 = 15로 상승 시간의 15배이다. 대역폭에 대한 근사치는 '0.35/상승시간'이다. 클록 주파수와 클록 주기는 서로 역수 관계에 있다. 클록 주기를 클록 주파수의 역수로 바꾸면 최종적으로 다음과 같이 '대역폭은 클록 주파수의 5배'라는 관계식을 얻는다.

$$BW_{clock} = 5 \times F_{clock} \tag{2.5}$$

여기서

BW_{clock} = 클록 대역폭 근사치(단위: GHz)

F_{clock} = 클록 반복 주파수(단위: GHz)

예를 들어, 클록 주파수가 100 MHz일 때 신호의 대역폭은 약 500 MHz이다. 클록 주파수가 1 GHz이면 신호의 대역폭은 약 5 GHz이다.

이 값은 상승 시간이 클록 주기의 7%라는 가정을 바탕으로 일반화하여 얻어낸 근사치이다. 이 가정을 따져보면 식 (2.5)는 별로 힘들이지 않고 대역폭을 추정할 수 있는 매우 강력한 경험 규칙이다. 이는 '클록 파형에서 가장 높은 사인파 주파수 성분은 일반적으로 5차 고조파다!'라는 말과 통한다.

대역폭을 구할 때는 상승 시간을 사용해야 하지만 어떤 경우에도 그래야 한다고 말할 수는 없다. 안타깝게도 파형의 상승 시간을 항상 알 수 있는 것은 아니다. 당장 답이 필요한 경우도 있다.

TIP

때로는 지금 "당장 괜찮은" 답을 얻는 것이 "뒤늦게 정답"을 얻는 것보다 더 중요하다.

2.14 측정 대역폭

지금까지는 대역폭이라는 항목을 신호 파형이나 클록 파형에 대해서 사용했다. 또한, 대역폭은 파형의 스펙트럼에서 '중요한(significant)' 가장 높은 사인파 주파수 성분이라고 말했다. 그리고 신호에서 '중요한' 성분을 판단할 때는 신호의 고조파 성분의 진폭을 동일한 반복 주파수를 갖는 이상적인 사각파의 고조파 성분의 진폭과 비교한 결과를 근거로 삼는다고 말한 바 있다.

이 대역폭이라는 항목은 다른 양을 나타내는 데도 사용된다. 특히 측정 대역폭, 모델 대역폭, 인터커넥트 대역폭과 같은 방식으로 사용될 수 있다. 이때도 대역폭은 각각의 경우에서 '중요한' 가장 높은 사인파 주파수 성분을 나타내지만 여기서 '중요한'의 정의는 응용 분야에 따라 다르다.

측정 대역폭은 '중요한' 정확도를 가진 가장 높은 사인파 주파수 성분이다. 주파수 영역에서 임피던스 분석기 또는 네트워크 분석기를 사용하여 측정을 수행하는 경우, 측정 대역폭은 매우 쉽게 구할 수 있다. 단순히 측정에서 가장 높은 사인파 주파수이다.

1 MHz부터 1 GHz까지의 주파수 범위에서 디커플링 커패시터의 임피던스를 측정해보면 약 10 MHz 이하에서는 이상적인 커패시터처럼 동작하지만 10 MHz 이상에서는 이상적인 인덕터처럼 동작한다. 이러한 측정결과가 [그림 2-15]에 나와 있다. 네트워크 분석기의 전체 범위 내에서(이 경우에는 최대 1 GHz까지)는 양호하고 정확한 측정 데이터를 얻을 수 있다. 그림의 예에서 측정 대역폭은 1 GHz이다. 측정 대역폭은 장치 사용이 가능한 응용 대역폭과 동일하지 않다.

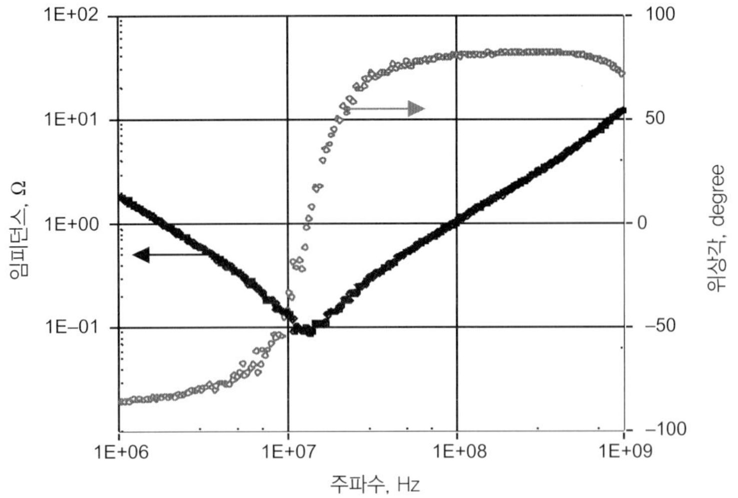

그림 2-15 소형 1206 세라믹 디커플링 커패시터의 임피던스 측정결과. 이 데이터의 측정 대역폭은 1 GHz이다.

TDR(시간 영역 반사계)과 같이 시간 영역에서 작동하는 측정 기기의 경우, 측정 대역폭은 DUT에 인가해줄 수 있는 가장 빠른 신호의 상승 시간으로 구할 수 있다. 결국 이 방법은 고주파 성분이 작아지는 때의 주파수 값을 대략적으로 구하는 것이다.

일반적인 TDR은 빠른 스텝 에지(step edge, 계단형 에지) 파형을 발생시켜 DUT에 인가하고 DUT와의 상호 작용으로 인한 변화를 측정한다. DUT로 들어가는 스텝 에지 파형의 일반적인 상승 시간은 사용되는 프로브와 케이블에 따라 35~70 psec 정도이다. [그림 2-16]을 보면 TDR로 측정한 상승 시간이 약 52 psec이다. 스텝 에지의 대역폭은 0.35/52 psec = 0.007 THz = 7 GHz이다. 이것이 TDR이 출력하는 신호의 대역폭이다. 이 값은 1차 근사로 구한 측정 대역폭이다.

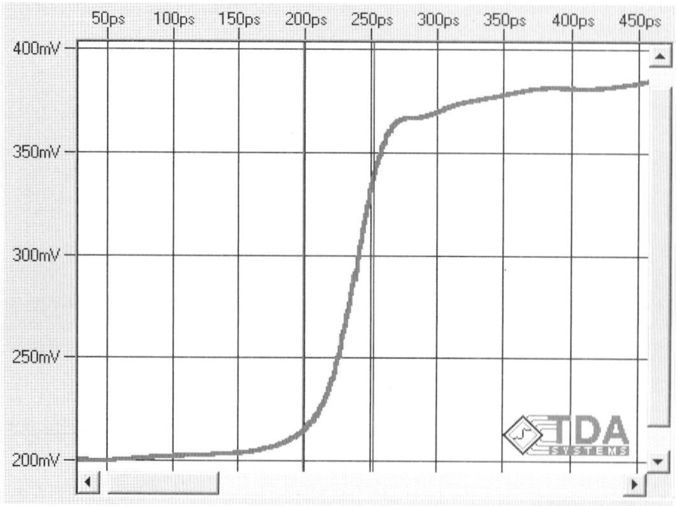

그림 2-16 길이 1 m의 케이블에 달려있는 마이크로프로브 팁이 개방되어 있을 때 케이블 끝에서 측정한 TDR 프로파일. 케이블과 프로브를 거친 TDR 스텝 에지 파형의 상승 시간은 약 52 psec이다. 측정 대역폭은 약 0.35/52 psec = 7 GHz이다. GigaTest Labs Probe Station으로 측정. TDA Systems I Connect 소프트웨어로 그래프 작성

최신 TDR에서는 보정 기법(calibration technique)을 사용하여 신호 대역폭(간단한 경험 규칙으로 구한 근사치)을 초과하는 주파수까지 측정 대역폭을 확장할 수 있다. 측정 대역폭은 주파수 성분의 신호-대-잡음비가 합리적인 값(예: 10)보다 낮아지는 경우를 기준으로 정해지며 고조파의 진폭이 이상적인 사각파의 70%가 되는 경우를 기준으로 하지 않는다. 일부 TDR의 측정 대역폭은 신호의 대역폭을 3배에서 5배까지 초과할 수 있으므로 TDR의 측정 대역폭은 최대 30 GHz까지 높아질 수 있다.

2.15 모델 대역폭

TIP

모델 대역폭이란 모델이 나타내는 구조의 실제 동작을 정확하게 예측하는 가장 높은 사인파 주파수 성분을 의미한다. 모델 대역폭을 구하는 데 사용할 수 있는 몇 가지 기법이 있다. 하지만 이렇게 구한 모델 대역폭은 측정결과와의 비교를 거쳐야만 신뢰할 수 있는 것이 일반적이다.

와이어 본드(wire bond)를 나타내는 가장 간단한 등가 회로 모델로 맨 처음 생각할 수 있는 것이 한 개의 인덕터이다. 이 인턱터 모델은 어느 정도의 대역폭까지 좋은 모델이 될 수 있을까? 실제로 이를 알아내는 방법은 이 모델의 예측값을 측정값과 비교하는 방법이 유일하

다. 물론 와이어 본드마다 결과는 다르게 나올 수 있다.

예를 들어, [그림 2-17]과 같이 길이가 300 mil인 매우 긴 와이어 본드가 두 개의 패드를 연결하고 있는 경우를 살펴보자. 두 패드의 10 mil 아래에는 귀환 경로 평면(return-path plane)이 놓여있다. 이 구조를 나타내는 간단한 회로 모델은 [그림 2-18]과 같이 이상적인 인덕터 한 개와 이상적인 저항기 한 개를 직렬로 연결한 것이다. L 값과 R 값을 최적의 값으로 선택하면 [그림 2-18]의 상단 그래프에서 보듯이 최대 2 GHz까지 측정값과 거의 일치하는 임피던스 예측값을 구할 수 있다. 이 간단한 모델의 대역폭은 2 GHz이다.

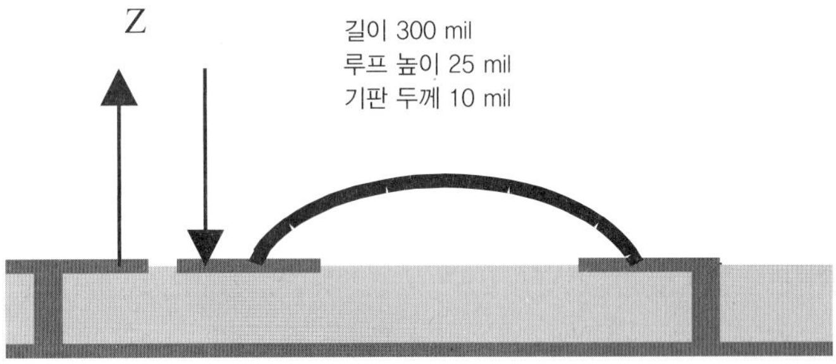

그림 2-17 두 패드 사이를 연결하는 와이어 본드 루프. 와이어 본드의 10 mil 아래에 귀환면이 놓여있는 구조이다.

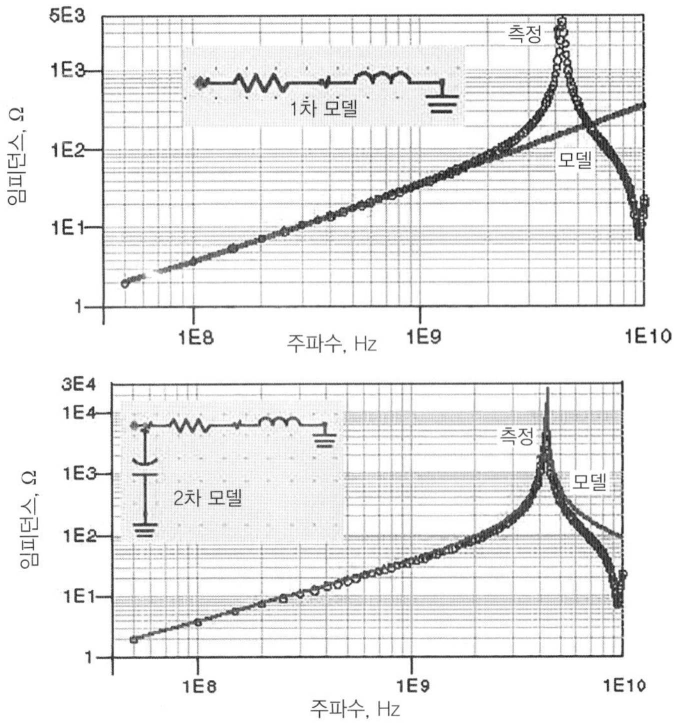

그림 2-18 (상단) 와이어 본드의 측정 임피던스와 1차 모델의 시뮬레이션 임피던스 비교: 약 2 GHz의 대역폭까지 두 결과가 잘 일치한다. (하단) 와이어 본드의 측정 임피던스와 2차 모델의 시뮬레이션 임피던스 비교: 약 4 GHz의 대역폭까지 두 결과가 잘 일치한다. GigaTest Labs Probe Station으로 측정. 측정 대역폭은 10 GHz

신호 대역폭이 2 GHz인 응용 분야에서는 이 간단한 모델을 사용하여 이 실제 구조의 성능에 대한 신뢰할 수 있는 예측결과를 제공할 수 있다. 이렇게 긴 와이어 본드에 대해 이렇게 단순한 모델–이상적인 인덕터 한 개와 저항기 한 개–이 최대 2 GHz까지 잘 작동한다는 것은 놀라운 일이다. 2 GHz의 주파수는 십중팔구 와이어 본드를 사용할 수 있는 대역폭보다는 높겠지만 이 모델은 이 정도의 높은 주파수까지 정확하다.

이 실제 와이어 본드의 실제 임피던스를 2 GHz보다 높은 주파수까지 정확하게 예측할 수 있도록 더욱 높은 대역폭을 가진 모델을 만들어보자. 이를 위해 기존의 1차 근사 모델에 패드로 인해 생기는 커패시턴스의 효과(영향)를 추가한다. 이렇게 이상적인 인덕터, 저항기, 커패시터로 구성된 새로운 2차 근사 모델을 구축하고 최적의 R, L, C 값을 찾으면 [그림 2–18]에서 보듯이 시뮬레이션으로 예측한 임피던스가 실제 임피던스와 거의 4 GHz까지 일치한다.

2.16 인터커넥트 대역폭

인터커넥트 대역폭은 '중요한 손실(significant loss)' 없이 인터커넥트로 전송할 수 있는 가장 높은 사인파 주파수 성분을 의미한다. 여기서 '중요한'의 의미는 무엇일까? 어떤 응용 분야에서는 전달된 신호가 입사 신호의 95% 이하이면 너무 작아서 사용 불가능하다고 간주한다. 또 다른 분야에서는 전달된 신호가 입사 신호의 10% 미만이어도 사용 가능하다고 간주한다. 장거리 케이블 TV 시스템에서는 수신기가 사용할 수 있는 전력이 처음에 보낸 전력의 1%밖에 되지 않을 수 있다. 물론 전달된 신호의 양이 얼마나 많아야 하는지에 대한 판단 기준은 응용 분야와 특정 사양(specification)에 따라 크게 달라진다. 실제로 어떤 인터커넥트의 대역폭은 그 인터커넥트가 응용 분야의 성능 사양을 충족하는 가장 높은 사인파 주파수이다.

> **TIP**
>
> 실제로 '중요한 손실(significant loss)'이 의미하는 것은 전달된 주파수 성분의 진폭이 입사 주파수 성분의 진폭에서 –3 dB만큼 감소하는 것이다. 진폭이 –3 dB만큼 감소하는 것은 전압 또는 전류 진폭이 입사 전압 또는 전류 진폭의 70%로 감소하는 것과 동등하다. 이렇게 되는 주파수를 종종 인터커넥트의 '3 dB 대역폭'이라고 한다.

인터커넥트의 대역폭은 시간 영역 또는 주파수 영역에서 측정할 수 있다. 일반적으로 소스 임피던스가 선로의 특성 임피던스와 다른 경우에는 복잡한 다중 반사가 발생하므로 결과를 주의해서 해석해야 한다.

주파수 영역에서 인터커넥트의 대역폭을 측정하는 것은 매우 간단하다. 네트워크 분석기는 다양한 주파수의 사인파를 발생시킨다. 네트워크 분석기는 이 사인파들을 인터커넥트의 맨 앞에 주입한 다음, 인터커넥트의 맨 끝에서 각 사인파가 얼마나 나오는지 측정한다. 이는 기본적으로 인터커넥트의 전달 함수를 측정하는 것으로, 이때 인터커넥트는 필터처럼 동작한다고 볼 수 있다. 이렇게 측정한 값을 인터커넥트의 삽입 손실(insertion loss)이라고 부르기도 한다. 인터커넥트의 특성 임피던스가 네트워크 분석기의 임피던스와 동일한 50 Ω이면 해석이 간단하다.

[그림 2-19]는 FR4로 만든 4 inch 길이의 50 Ω 전송선로를 따라 전송된 사인파의 진폭을 측정한 결과이다. 이 경우에 측정 대역폭은 20 GHz이다. 인터커넥트의 3 dB 대역폭은 약 8 GHz로 나타났다. 따라서 주파수가 8 GHz인 사인파를 전송선로로 넣어주면 8 GHz 사인파 진폭의 약 70%가 전송선로의 맨 끝에서 나온다. 인터커넥트 대역폭이 8 GHz인 경우 1 GHz 사인파를 인터커넥트에 넣어주면 이 사인파 진폭의 거의 100%가 인터커넥트의 맨 끝으로 전송될 가능성이 높다.

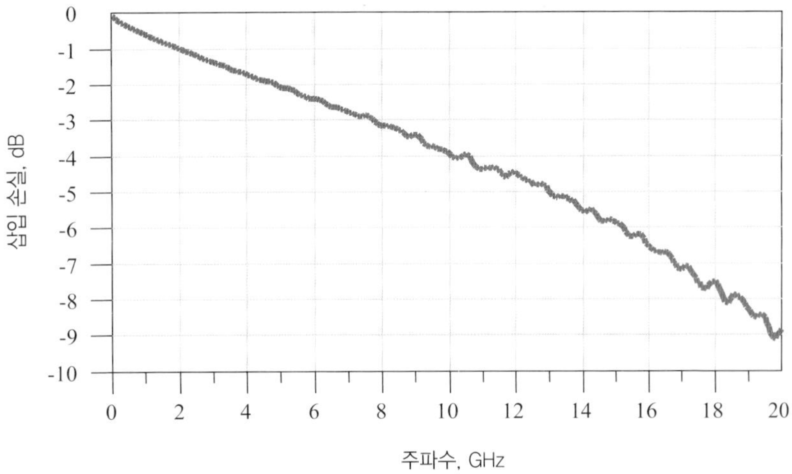

그림 2-19 FR4로 만든 4 inch 길이의 전송 선로를 통해 전송된 0~20 GHz 범위의 사인파 신호들의 진폭을 측정한 결과. 그래프를 보면 이 전송 선로의 구조와 물질 특성에 대한 3 dB 대역폭은 약 8 GHz로 나타남. GigaTest Labs Probe Station으로 측정

8 GHz로 측정된 인터커넥트 대역폭의 의미를 해석해보자. 이상적인 사각파를 이 인터커넥트를 통해 전송하면 이 사각파의 사인파 주파수 성분들 중에서 8 GHz 미만의 주파수 성분들은 처음에 인터커넥트로 들어갈 때와 거의 같은 진폭을 갖고 인터커넥트에서 빠져나올 것이다. 그러나 8 GHz 이상의 주파수 성분들의 진폭은 '중요하지 않은' 크기로 감소할 것이다.

인터커넥트로 들어가는 상승 시간이 1 psec인 신호가 인터커넥트에서 빠져나올 때는 상승 시간이 0.35/8 GHz = 0.043 nsec = 43 psec이 된다. 인터커넥트는 상승 시간의 성능을 저하시킨다.

TIP

인터커넥트의 대역폭으로 인터커넥트로 전송할 수 있는 신호의 최소 상승 시간을 구할 수 있다.

인터커넥트의 대역폭이 1 GHz인 경우, 이 인터커넥트로 전송할 수 있는 가장 빠른 에지(즉 상승 시간)는 350 psec이다. 이를 고유 상승 시간(intrinsic rise time)이라고도 한다. 에지가 350 psec인 신호가 인터커넥트에 들어가면 인터커넥트에서 빠져나오는 신호의 상승 시간은 어떻게 될까? 이것은 미묘한 질문이다. 인터커넥트를 빠져나오는 상승 시간은 다음 근사식으로 나타낼 수 있다.

$$RT_{out}^2 = RT_{in}^2 + RT_{interconnect}^2 \tag{2.6}$$

여기서

RT_{out} = 출력 신호의 10-90 상승 시간

RT_{in} = 입력 신호의 10-90 상승 시간

$RT_{interconnect}$ = 인터커넥트의 고유 10-90 상승 시간

이 근사식은 인터커넥트의 입사 스펙트럼과 인터커넥트의 응답이 모두 가우스 함수 모양(Gaussian-shaped)의 상승 시간과 일치한다고 가정한 것이다.

예를 들어, 앞서 언급한 4 inch 길이의 인터커넥트에 상승 시간이 50 psec인 신호가 입력되면 이 인터커넥트에서 빠져나오는 신호의 상승 시간은 다음과 같다.

$$\sqrt{(50\ \text{psec})^2 + (43\ \text{psec})^2} = 66\ \text{psec} \tag{2.7}$$

따라서 입사 파형의 상승 시간에 비해 전송된 파형의 상승 시간이 약 16 psec만큼 증가한다.

[그림 2-20]은 앞서 [그림 2-19]에서 주파수 영역 측정을 수행할 때 사용한 것과 동일한 길이 4 inch, 50 Ω 인터커넥트의 시간 영역 응답을 측정한 결과이다. 입력 파형의 시작 부분을 측정된 출력 파형의 시작 부분과 맞추기 위해 입력 파형을 시간축상에서 오른쪽으로 이동시켰다.

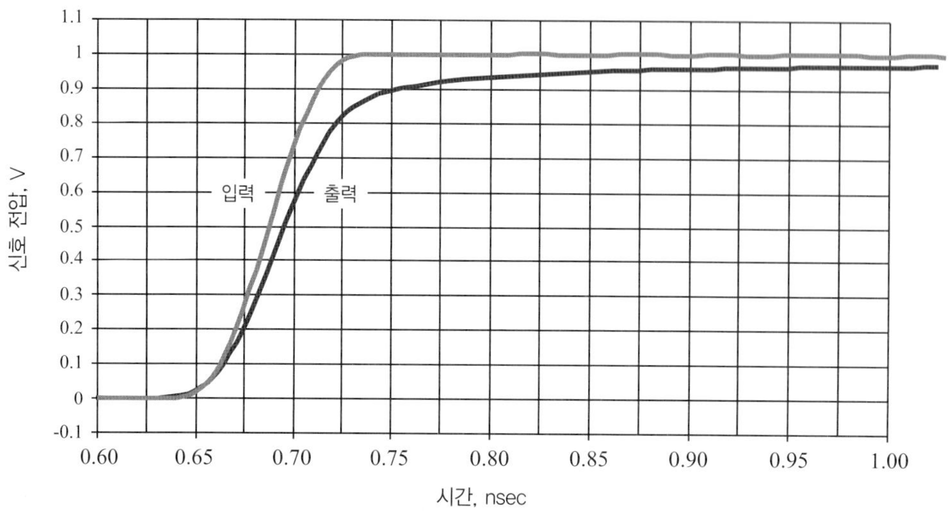

그림 2-20 FR4로 만든 4 inch 길이의 50 Ω 전송 선로를 통해 입력된 신호와 전송된 신호를 측정한 결과. 입력 상승 시간은 50 psec이다. 인터커넥트의 대역폭 측정값을 근거로 예측한 출력 상승 시간은 66 psec이다. GigaTest Labs Probe Station으로 측정

PCB 트레이스로 들어가는 파형의 상승 시간은 50 psec이다. 출력 파형의 10-90 상승 시간은 약 80 psec로 측정된다. 그러나 출력 파형은 긴 길이로 인해 다소 왜곡되며 위쪽 부분에서 안정되는데, 이는 손실 선로의 동작 특성이다. 70% 지점에서 추가 지연은 약 15 psec로 측정되는데 이 값은 위에서 근사식으로 예측한 값과 매우 가깝다.

상승 시간이 1 nsec인 신호가 고유 상승 시간이 0.1 nsec인 인터커넥트에 들어가면 인터커넥트에서 나오는 신호의 상승 시간은 약 $\sqrt{(1\ \text{nsec})^2 + (0.1\ \text{nsec})^2} = 1.005\ \text{nsec}$로 여전히 1 nsec라고 할 수 있다. 따라서 인터커넥트는 상승 시간에 영향을 미치지 않는다. 그러나 인터커넥트의 고유 상승 시간이 0.5 nsec인 경우에는 출력 상승 시간이 1.1 nsec가 되므로 인터커넥트가 상승 시간에 상당한 영향을 주기 시작한다.

TIP

경험 규칙: 인터커넥트로 인한 신호의 상승 시간의 증가가 10% 미만이 되려면 인터커넥트의 고유 상승 시간이 신호 상승 시간의 50%보다 짧아야 한다.

TIP

주파수 영역 관점에서 대역폭이 1 GHz인 신호의 전송을 지원하려면 인터커넥트의 대역폭이 적어도 신호 대역폭의 두 배인 2 GHz가 되어야 한다.

이는 경험 규칙으로서 설계 승인에 사용되어서는 안 된다는 점을 명심해야 한다. 경험 규칙은 대략적인 추정이나 목표를 찾아내는 데만 사용해야 한다. 인터커넥트의 대역폭이 신호 대역폭의 2배 이내이면 인터커넥트가 전체 신호 스펙트럼에 어떤 영향을 미쳤는지 분석하는 것이 중요하다.

2.17 핵심 요약

1. 시간 영역은 실제 세계이며 일반적으로 고속 디지털 성능이 측정되는 곳이다.
2. 주파수 영역은 매우 구체적이고 특수한 규칙이 적용되는 수학적 구조이다.
3. 시간 영역을 벗어나 주파수 영역을 사용하는 유일한 이유는 답을 더 빨리 얻기 위해서이다.
4. 디지털 신호의 상승 시간은 일반적으로 최종값의 10%에서 최종값의 90%까지 전이하는 데 걸리는 시간으로 측정된다.
5. 사인파는 주파수 영역에서 존재할 수 있는 유일한 파형이다.
6. 푸리에 변환은 시간 영역 파형을 사인파 주파수 성분의 스펙트럼으로 변환한다.
7. 이상적인 사각파의 스펙트럼은 진폭이 1/f의 비율로 감소한다.
8. 사각파에서 고주파 성분이 제거되면 상승 시간이 증가한다.
9. 신호의 대역폭은 동일한 반복 주파수를 가진 이상적인 사각파의 고조파와 비교할 때 중요한 가장 높은 사인파 주파수 성분이다.

10. 신호의 대역폭을 구하는 경험 규칙은 '대역폭 = 0.35/상승 시간'이다.

11. 신호의 대역폭을 감소시키는 모든 것은 신호의 상승 시간을 증가시킨다.

12. 측정 대역폭은 측정 정확도가 좋은 가장 높은 사인파 주파수이다.

13. 모델 대역폭은 모델의 예측이 인터커넥트의 실제 성능과 잘 일치하는 가장 높은 사인파 주파수이다.

14. 인터커넥트 대역폭은 인터커넥트의 성능이 여전히 사양을 충족하는 가장 높은 사인파 주파수이다.

15. 인터커넥트의 3 dB 대역폭은 신호 감쇠가 −3 dB 미만인 가장 높은 사인파 주파수이다.

복습 문제

다음 복습 문제 해답은 부록 D에 수록되어 있다.

2.1 시간 영역과 주파수 영역의 차이점은 무엇인가?

2.2 주파수 영역의 특수한 성질은 무엇이며 인터커넥트의 신호 분석에 주파수 영역이 중요한 까닭은 무엇인가?

2.3 현실 세계인 시간 영역을 떠나 주파수 영역으로 들어가는 단 하나의 이유는 무엇인가?

2.4 신호에서 짝수 고조파가 거의 0이 되려면 어떤 특징이 필요한가?

2.5 대역폭이란 무엇인가? 또 대역폭이 근사치를 나타내는 항목인 까닭은 무엇인가?

2.6 DFT를 수행하기 위해 신호가 가져야 할 가장 중요한 속성은 무엇인가?

2.7 고속 디지털 용도로 인터커넥트를 설계하는 것이 RF 용도로 인터커넥트를 설계하는 것보다 더 어려운 이유는 무엇인가?

2.8 신호의 대역폭이 감소하면 신호의 어떤 특성이 바뀌는가?

2.9 인터커넥트에서 −10 dB의 감쇠가 생기지만 그 주파수 특성은 평탄한 경우, 인터커넥트를 통과하는 동안에 신호의 상승 시간에 어떤 일이 생기는가?

2.10 대역폭을 "중요한" 주파수 성분들 중에서 가장 높은 주파수라고 설명하는 경우, 여기서 "중요한"이라는 단어는 어떤 의미인가?

2.11 몇몇 공개된 경험 규칙에서는 신호의 대역폭이 실제로는 0.5/RT라고 제시하고 있다. 0.35/RT와 0.5/RT 중에서 어느 쪽이 맞는가?

2.12 측정 대역폭이란 무엇을 의미하는가?

2.13 모델의 대역폭이란 무엇을 의미하는가?

2.14 인터커넥트의 대역폭이란 무엇을 의미하는가?

2.15 인터커넥트의 대역폭을 측정할 때, 발생기 임피던스와 수신기 임피던스를 인터커넥트의 특성 임피던스와 일치시켜야 하는 까닭은 무엇인가?

2.16 대역폭이 더 높은 스코프가 대역폭이 낮은 스코프보다 신호를 덜 왜곡하는데, 신호 대역폭의 20배에 달하는 대역폭을 가진 스코프를 구매하면 안 되는 까닭은 무엇인가?

2.17 고속 직렬 링크에서, 인터커넥트의 −10 dB 대역폭는 1차 고조파가 −10 dB 감쇠하는 주파수다. 3차 고조파는 얼마나 감쇠하는가? 이는 얼마나 작은 진폭인가?

2.18 신호 대역폭보다 낮은 대역폭을 가진 모델을 사용하는 경우, 어떤 잠재적 위험이 있는가?

2.19 VNA 계측기를 사용하여 인터커넥트의 모델 대역폭을 측정하려면 VNA 계측기의 대역폭은 어느 정도가 되어야 하는가?

2.20 클록 주파수가 2.5 GHz이다. 주기를 구하라. 또 10−90 상승 시간의 추정치를 구하라.

2.21 주기가 500 MHz인 반복 신호가 있다. 1차 고조파, 2차 고조파, 3차 고조파의 주파수를 구하라.

2.22 이상적인 어떤 사각파의 듀티 사이클이 50%이고 피크-대-피크 값은 1 V이다. 1차 고조파의 피크-대-피크 값을 구하라. 이 결과에서 놀라운 점이 있다면 말하라.

2.23 이상적인 사각파의 스펙트럼에서 1차 고조파의 진폭은 사각파의 피크−대−피크 값의 0.63배이다. 1차 고조파보다 진폭이 3 dB 낮은 고조파는 몇 차 고조파인가?

2.24 이상적인 사각파의 상승 시간은 얼마인가? 1001차 고조파의 진폭은 1차 고조파에 비해 얼마가 되는가? 1001차 고조파의 진폭이 매우 작다면, 이 고조파를 포함할 필요가 꼭 있는가?

2.25 어떤 신호의 10−90 상승 시간이 1 nsec일 때 대역폭을 구하라. 20−80 상승 시간이 1 nsec이면 대역폭은 증가하는가, 아니면 감소하는가, 또는 신호 대역폭에는 아무런 영향을 미치지 않는가?

2.26 신호의 클록 주파수는 3 GHz이다. 신호의 상승 시간을 모르는 경우, 대역폭을 어떻게 추정할 수 있는가? 추정치의 기본 가정은 무엇인가?

2.27 어떤 신호의 상승 시간이 100 psec이다. 이를 측정하는 데 사용하는 스코프의 최소 대역폭을 구하라.

2.28 어떤 인터커넥트의 대역폭이 5 GHz이다. 이 인터커넥트의 예측되는 최단 상승 시간을 구하라.

2.29 어떤 클록 신호의 주파수가 2.5 GHz이다. 이를 측정하는 데 사용하는 스코프의 최소 대역폭을 구하라. 또 이 신호를 전송하는 데 사용하는 인터커넥트의 최소 대역폭을 구하고 이를 시뮬레이션하는 데 사용하는 모델의 최소 대역폭을 구하라.

[03] 임피던스와 전기적 모델

신호 무결성이 중요한 역할을 하는 고속 디지털 시스템에서 신호는 '시간에 따라 변하는 전압' 또는 '시간에 따라 변하는 전류'를 가리킨다. 신호 무결성의 일반적인 범주에 들어가는 모든 효과들은 아날로그 신호(시간에 따라 변하는 전압과 전류)가 인터커넥트의 전기적 특성과 상호 작용하는 방식에서 비롯된다. 신호와 상호 작용하는 인터커넥트의 전기적 특성 중 가장 중요한 것이 인터커넥트의 임피던스이다.

임피던스(impedance)는 전압과 전류의 비(ratio)로 정의된다. 일반적으로 문자 Z를 사용하여 임피던스를 나타낸다. 임피던스의 정의 $Z = V/I$는 언제나 성립한다. 근본적인 양인 '전압', '전류'가 인터커넥트의 '임피던스'와 상호 작용하는 방식에 따라 모든 신호 무결성 효과가 결정된다. 어떤 신호가 인터커넥트를 따라가며 전파되는 과정에서 그 신호는 매 순간, 모든 위치에서 인터커넥트의 임피던스를 끊임없이 조사하고 그 조사 결과에 따라 반응한다.

TIP

인터커넥트의 임피던스를 알면 신호가 어떻게 왜곡되는지, 설계를 제작하기 전에 그 설계가 성능 사양을 충족할지 여부를 정확하게 예측할 수 있다.

마찬가지로 목표로 하는 성능 사양이 있고 신호에 대해 알고 있는 경우에는 인터커넥트에 대한 임피던스 요구조건(requirement)을 지정할 수 있다. 형상(geometry, 기하학적 구조)과 물질 특성(material property)이 인터커넥트의 임피던스에 미치는 영향을 이해해야 인터커넥트의 단면, 토폴로지(topology)[1], 물질(재료)을 적절히 설계하고 다른 구성요소(부품)들을 올바르게 선택하여 인터커넥트의 임피던스 사양을 충족할 수 있으며 그래야 처음부터 정상적으로 동작하는 제품을 만들 수 있게 된다.

1 (옮긴이) 구성요소들을 서로 연결(배치)해 놓은 것, 또는 연결(배치) 방식

TIP

임피던스는 인터커넥트의 모든 중요한 전기적 특성을 나타내는 핵심 항목이다. 인터커넥트의 임피던스와 전파 지연을 안다는 것은 인터커넥트에 관한 전기적인 것은 거의 전부를 안다는 것을 의미한다.

3.1 임피던스 측면에서의 신호 무결성 해법

신호 무결성 문제의 여섯 가지 기본 계열은 각각 임피던스를 바탕으로 설명할 수 있다.

1. 신호 품질(signal qualtity) 문제는 전압 신호가 바라보는 임피던스가 달라질 때마다 그 전압 신호가 반사되고 왜곡되기 때문에 발생한다. 신호가 바라보는 임피던스가 항상 일정하면 신호는 반사되지 않고 왜곡되지도 않는다. 감쇠 효과는 직렬 저항성 임피던스와 병렬(shunt, 션트) 저항성 임피던스로 인해 발생한다.
2. 크로스토크는 두 개의 인접한 신호 트레이스 사이(그리고 당연히 두 개의 인접한 접지 경로 사이)의 전기적 결합(electric coupling)과 자기적 결합(magnetic coupling)에 의해 발생한다. 두 트레이스 사이의 상호 커패시턴스와 상호 인덕턴스가 각각 갖는 임피던스가 두 트레이스 사이에서 결합되는 전류와 전압의 양을 결정한다.
3. 접지 바운스(ground bounce)는 신호 선로 사이의 높은 상호 인덕턴스로 인해 발생한다. 귀환 경로를 잘못 설계하면 신호 선로 사이의 상호 커패시턴스는 증가하고 신호 선로 사이의 상호 인덕턴스는 급격하게 증가한다.
4. 주파수에 따라 달라지는 직렬 저항의 임피던스와 역시 주파수에 따라 달라지는 병렬(션트) 컨덕턴스로 인해 상승 시간의 성능이 저하된다(상승 시간이 증가한다). 이러한 손실 메커니즘은 주파수에 따라 감쇠를 증가시키고 상승 시간을 증가시킨다.
5. 전원 공급 장치의 레일 붕괴(rail collapse)는 전원 분배 네트워크(power distribution network, PDN)의 임피던스와 관련이 있다. 시스템의 모든 IC에 전력을 공급하기 위해서는 전원에서 IC까지 어느 정도의 전류를 반드시 흘려주어야 한다. IC 전류가 스위칭될 때 전원 분배의 임피던스와 접지 분배의 임피던스로 인해 전압 강하가 발생한다. 이 전압 강하는 전원 레일과 접지 레일이 공칭값(norminal value)[2]에서 벗어나 붕괴되었음을 의미한다.
6. EMI의 가장 큰 원인은 접지면의 전압에 의해 구동되어 외부 케이블을 통해 흐르는 공통 전류(common current)이다. 접지면에서 귀환 전류 경로의 임피던스가 높을수록 방사를 일으키는 전류를 구동하는 전압 강하 또는 접지 바운스가 커진다. 케이블의 EMI를 해결하는 가장 일반적인 해결 방법은 케이블 주위에 페라이트 초크를 사용하는 것이다. 이 초크로 인해 공통 전류가 바라보는 임피던스가 증가하므로 결국 공통 전류의 양이 줄어든다.

2 (옮긴이) 정상 동작 시 값, 목표나 기준이 되는 값, 대표하는 값, 또는 이상적인 값을 가리킴. 실제 동작 시에는 동작 조건과 환경 조건 등에 따라 공칭값에서 벗어나는 값을 갖는 것이 일반적임.

인터커넥트의 물리적 특성에 대해 제약 조건을 설정하는 여러 가지 설계 규칙이나 설계 지침이 있다. 예를 들어 "인접한 신호 트레이스 사이의 간격을 10 mil 이상으로 유지할 것"은 크로스토크를 최소화하는 설계 규칙이다. "전원면과 접지면은 간격이 5 mil 미만인 인접한 층으로 하여 사용할 것"은 전원 분배와 접지 분배에 대한 설계 규칙이다. 이러한 지침은 인터커넥트의 임피던스를 종합적으로 설계하기 위해 만들어진 것이다.

TIP

임피던스를 사용하면 신호 무결성과 관련된 문제를 잘 설명할 수 있다. 또한 임피던스를 사용하여 우수한 신호 무결성을 얻는 데 필요한 설계 방법과 문제 해결 방법도 찾을 수 있다.

이러한 설계 규칙들은 물리적 인터커넥트의 임피던스를 어떤 특정한 값으로 설정한다. 이 임피던스가 신호에 대해 어떤 특정한 상태를 만들어주면 원하는 성능을 얻을 수 있다. 예를 들어 전원면과 접지면 사이의 간격을 가깝게 유지하면 전원 분배 시스템의 임피던스가 낮아지므로 주어진 전원 전류와 접지 전류에 대한 전압 강하가 낮아진다. 이는 레일 붕괴와 EMI를 최소화하는 데 도움이 된다.

인터커넥트의 물리적 설계가 임피던스에 미치는 영향을 이해하면 인터커넥트가 신호와 상호 작용하는 방식과 인터커넥트의 성능을 해석할 수 있다.

TIP

임피던스는 물리적 설계와 전기적 성능을 연결하는 로제타석(Rosetta stone)[3]이다. 우리의 전략은 시스템 성능 요구조건을 임피던스 요구조건으로 변환하고 물리적 설계를 임피던스 속성으로 변환하는 것이다.

임피던스는 신호 무결성 문제를 해결하는 데 사용할 방법론의 핵심이다. 최적의 성능을 위해 물리적 시스템을 설계한 다음에는 그 물리적 구조(physical structure)를 등가 전기 회로 모델(equivalent electrical circuit model)로 변환한다. 이 과정을 모델링(modeling)이라고 한다.

모델링 결과로 만들어진 회로 모델을 사용하여 인터커넥트가 전압 신호와 전류 신호에 미치는 영향을 구할 수 있다. 전압 소스(voltage source)는 인터커넥트의 임피던스에 의해 영향을 받으므로 회로 모델을 구축하고 나면 SPICE와 같은 회로 시뮬레이터를 사용하여 새로운 파형을 예측할 수 있다. 또는 회로 모델 대신에 드라이버나 인터커넥트의 동작 모델을 사용하여, 동작 모델이 나타내는 신호와 임피던스의 상호 작용을 통해 성능을 예측할 수 있다. 이러한 예측 과정을 시뮬레이션(simulation)이라고 한다.

마지막으로 모델링과 시뮬레이션을 통해 예측한 파형을 분석하여 타이밍과 왜곡과 노이즈 사양을 충족하는지 살펴보고, 이대로 허용 가능한지, 또는 물리적 설계를 수정해야 하는지 여부를 결정한다. 이렇게 새로운 설계를 할 때 수행하는 과정의 흐름을 [그림 3-1]에 나타내었다.

3 (옮긴이) 로제타석은 이집트 상형 문자를 해독하는 데 결정적인 실마리가 된 석비이다. '임피던스'는 장벽으로 가로막힌 두 세계(물리적 설계와 전기적 성능) 사이에 있는 문의 '열쇠' 역할을 해준다.

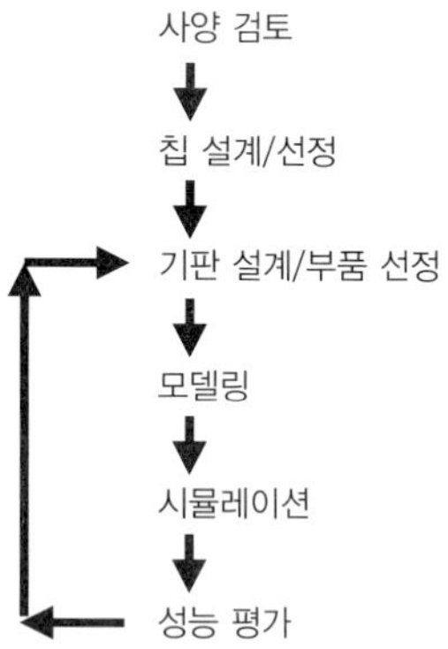

그림 3-1 하드웨어 설계를 위해 수행하는 과정의 흐름. 모델링, 시뮬레이션, 평가 단계는 설계 주기에서 가능한 한 일찍, 그리고 자주 실시해야 한다.

모델링과 시뮬레이션, 이 두 가지 핵심 과정은 전기적 특성을 임피던스로 변환하고 임피던스가 신호에 미치는 영향을 분석하는 것을 기반으로 한다.

회로도에 사용된 각 회로 소자의 임피던스와 이 회로 소자들이 조합된 회로의 임피던스를 계산하는 방법을 이해해야 "모든" 모델과 "모든" 인터커넥트의 전기적 동작을 예측하고 평가할 수 있다. 임피던스 개념은 신호 무결성 분석의 모든 측면에서 절대적으로 중요하다.

3.2 임피던스란 무엇인가?

우리는 일상 언어로 임피던스라는 용어를 사용하면서, 종종 전기적 정의와 일반적으로 사용하는 정의를 혼동한다. 앞서 보았듯이 전기적 관점에서 사용하는 임피던스는 어떤 장치를 통과하는 전류 I와 그 장치를 가로질러(장치 양단에) 발생하는 전압 V사이의 관계를 나타내는 양으로 Z = V/I의 수식으로 엄밀하게 정의된다. 이 기본 정의는 표면 실장 저항기(surface-mount resistor), 디커플링 커패시터, 패키지의 리드(lead), 또는 인쇄회로기판(PCB)의 트레이스와 그 귀환 경로와 각각 연결된 전면부 접속단자(front connection) 등의 다양한 2단자(two-terminal) 장치에 적용된다. 두 개 이상의 결합된 도체(coupled conductors), 그리고 전송 선로의 앞단(front end)과 뒷단(back end) 사이 등과 같이 단자가 2개보다 많은 경우에도 임피던스 정의는 동일하게 적용된다. 단자가 2개보다 많은 경우에는 단지 더 복잡할 뿐 정의는 그대로이다.

2단자 장치의 경우 [그림 3-2]에 설명되어 있듯이 임피던스 정의는 간단하다.

$$Z = \frac{V}{I} \tag{3.1}$$

여기서

Z = 임피던스(단위: Ω)

V = 장치 양단의 전압(단위: V)

I = 장치를 통과하는 전류(단위: A)

예를 들어, 어떤 종단 저항기(terminating resistor) 양단의 전압이 5 V이고 이 저항기를 통과하는 전류가 0.1 A일 때 이 저항기의 임피던스는 5 V/0.1 A = 50 Ω이 되어야 한다. 어떤 유형의 장치든 그 장치의 임피던스는 시간 영역과 주파수 영역 모두에서 Ω 단위를 갖는다.

TIP

이 임피던스 정의는 실제 장치든 계산을 위한 이상적인 장치든, 시간 영역이든 주파수 영역이든 관계없이 모든 상황에 적용된다.

어떤 경우에도 이 기본 정의로 되돌아가면 결코 잘못되지 않을 것이며 많은 혼란의 원인을 종종 제거할 것이다. 임피던스에서 종종 혼란을 일으키는 측면은 임피던스를 저항의 관점에서만 생각하는 것이다. 앞으로 살펴보겠지만, 저항(resistance)이 R인 이상적인 저항기(resistor) 회로 소자의 임피던스는 실제로 Z = R이다.

임피던스는 시간 영역과 주파수 영역 모두에서 어떤 종류의 회로 소자에도 적용되는 일반적인 항목이다. 저항(resistance)은 우리가 저항기 소자(resistor element)라고 부르는 이상적인 회로 소자의 특성을 나타내는 양이다. 임피던스를 교류저항(AC resistance)라고 말하기도 하지만 임피던스는 저항기뿐만 아니라 다른 모든 회로 소자에도 적용된다.

저항기의 임피던스라는 말을 들으면 머릿속에는 곧바로 '전압이 일정할 때 임피던스가 높을수록 전류가 적게 흐른다'는 생각이 떠오른다. 이 말은 '전압이 일정할 때 임피던스가 낮을수록 많은 전류가 흐를 수 있다'과 마찬가지이다. 이는 임피던스 관련 정의식인 I = V/Z와 일치한다. 이 관계는 전압에 대해서도 똑같이 적용되며 DC 전류는 물론 AC 전류인 경우에도 적용된다.

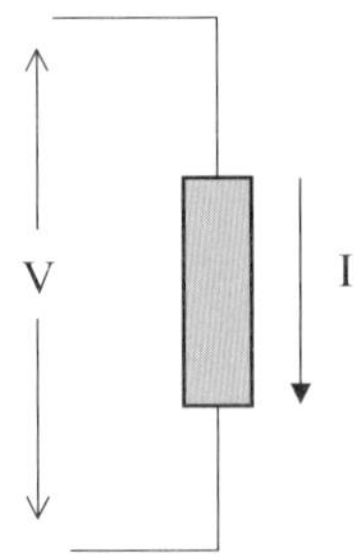

그림 3-2 임피던스의 정의는 Z = V/I로, 2단자 장치(부품)를 통과하는 전류와 양쪽 리드 사이의 전압 사이의 관계를 나타낸다.

임피던스 개념은 저항기뿐만 아니라 이상적인 커패시터, 이상적인 인덕터, 실제 와이어 본드, 인쇄 회로 트레이스는 물론 한 쌍의 커넥터 핀에도 적용할 수 있다.

임피던스에는 극단적인 값을 갖는 두 가지 특수한 경우가 있다. 첫 번째 경우는 개방(open)으로, 개방된 장치를 통해서는 전류가 흐르지 않는다. 어떤 장치에 전압을 인가할 때 그 장치를 통과하는 전류가 0이면 장치의 임피던스는 Z = 1 V/0 A = ∞ Ω이다. 따라서 개방된 장치의 임피던스는 무한대로 크다. 두 번째 경우는 단락(short)으로, 장치가 단락되면 장치를 통과하는 전류의 크기에 관계없이 장치 양단에 걸리는 전압은 0 V이다. 그러면 단락된 장치의 임피던스는 Z = 0 V/1 A = 0 Ω이다. 따라서 단락된 장치의 임피던스는 항상 0 Ω이다.

3.3 실제 회로 소자와 이상적인 회로 소자의 비교

전기 장치에는 실제 장치와 전기적 장치, 이렇게 두 가지 유형이 있다. 실제 장치는 물리적으로 존재하며 측정을 할 수 있다. 실제 장치는 실제 시스템의 하드웨어를 구성하는 실제 인터커넥트나 부품이다. 실제 장치의 예로는 기판의 트레이스, 패키지의 리드, 기판에 장착된 개별 디커플링 커패시터가 있다.

이상적인 장치(ideal device)는 정확하고 구체적인 정의를 가진 회로 소자들을 수학적으로 나타낸 것이다. 각각의 이상적인 회로 소자는 자신과 관련한 매우 구체적인 모델 또는 정의된 동작(behavior)을 가지고 있다. 모델은 시뮬레이터가 이해하는 언어이다. 우리는 이상적인 회로 소자들을 조합하여 회로를 만든다.

일반적으로 시뮬레이터는 이상적인 회로 소자들로 이루어진 회로만을 시뮬레이션할 수 있다. 회로 이론의 형식주의(formalism, 표현 방식)와 회로 이론의 능력은 이상적인 장치에만 적용된다. 모델은 이상적인 장치의 조합으로 구성된다.

이상적인 회로 소자 조합의 시뮬레이션 결과가 실제 회로 부품의 측정 결과와 아주 잘 일치하는 것을 보면 놀랍다.

최근에 나온 몇몇 시뮬레이터는 여러 가지 부품들 각각에 대해 측정한 S 파라미터를 기반으로 한 측정된 부품 동작 모델(behavioral model)을 시뮬레이터에 통합할 수 있게 되었다. 이 주제는 12장, "신호 무결성 응용을 위한 S 파라미터"에서 다룬다.

대다수 시뮬레이터는 이상적인 장치에 대해서만 성능을 시뮬레이션할 수 있다. 실제 회로 소자와 이상적인 회로 소자를 구분하는 것은 매우 중요하다. 실제로 존재하는 모든 물리적 인터커넥트와 수동 부품의 임피던스는 '측정'이 가능하다. 그러나 매우 잘 정의된 이상적인 수동 회로 소자 네 개(R, L, C, G)의 임피던스만 고려하면 수동 인터커넥트의 임피던스는 '계산'이 가능하다. 이상적인 회로 소자에 대해서는 임피던스의 '측정'이 불가능하다. 또한 측정된 S 파라미터 동작 모델의 경우를 제외하면 이상적인 소자가 아닌 다른 회로 소자들에 대해서는 임피던스의 '계산'이 불가능하다. 실제 부품과 이상적인 회로 소자를 구분하는 것이 중요한 이유는 바로 이 때문이다. 이러한 구분을 [그림 3-3]에서 설명하고 있다.

TIP

우리의 목표는 실제 부품들로 이루어진 회로의 실제 임피던스 측정 결과를 시뮬레이션으로 매우 정확하게 예측할 수 있도록 이상적인 회로 소자들의 조합으로 이루어진 등가 회로 모델을 만드는 것이다.

회로 모델은 어떤 경우든 실제 구조를 근사적으로 나타낸 것이다. 그러나 실제 장치의 측정 임피던스와 값이 똑같은 임피던스를 시뮬레이션으로 계산해주는 이상적인 모델을 구성하는 것은 가능하다.

예를 들어 [그림 3-4]는 실제 디커플링 커패시터의 임피던스를 측정한 결과와, RLC 회로 모델의 임피던스를 시뮬레이션으로 계산한 결과를 함께 보여주고 있다. [그림 3-3]은 디커플링 커패시터의 실제 부품 사진과 등가 모델이다. 측정 대역폭인 5 GHz까지 매우 잘 일치하는 것을 볼 수 있다.

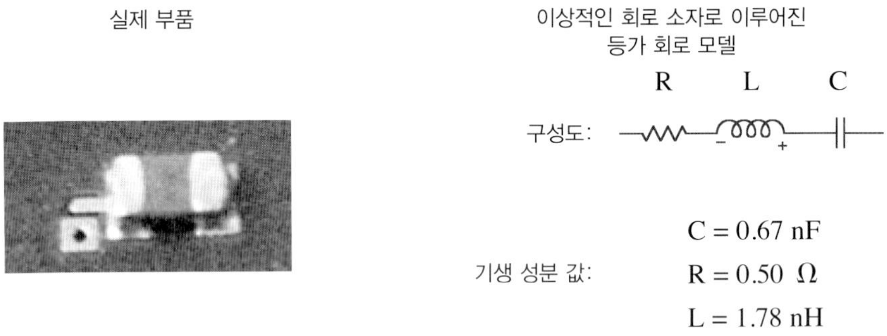

그림 3-3 부품을 설명하는 두 가지 관점: (왼쪽) 회로 기판에 장착된 실제 1206 디커플링 커패시터. (오른쪽 상단) 이상적인 회로 소자의 조합으로 구성된 실제 커패시터의 등가 회로 모델

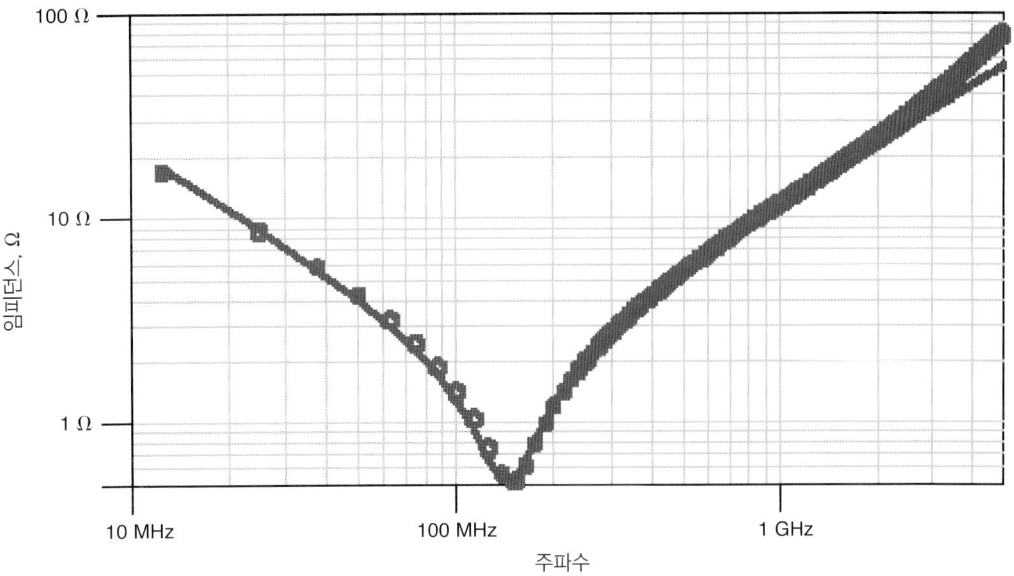

그림 3-4 1 nF 디커플링 커패시터의 임피던스 측정 결과(원)와 시뮬레이션 결과(선). 네트워크 분석기와 GigaTest Labs Probe Station로 측정

실제 인터커넥트를 나타내는 전기적 모델을 만드는 데 사용하는 기본 구성 요소로는 다음 네 가지 이상적인 2단자 회로 소자가 있다.

1. 이상적인 저항기
2. 이상적인 커패시터
3. 이상적인 인덕터
4. 이상적인 전송 선로

네 가지 회로 소자 중에서 이상적인 저항기, 커패시터, 인덕터는 그 특성이 하나의 점(point)에 "집중되어(lumped)" 있는 것으로 간주할 수 있으므로 집중 회로 소자(lumped circuit element)라는 범주로 분류한다. 이것은 그 특성이 길이를 따라 "분산되어(distributed)"있는 이상적인 전송 선로와는 다르다.

이상적인 회로 소자로서 이러한 소자들은 저마다 전류, 전압과 상호 작용하는 방식을 나타내는 명확한 정의를 가지고 있다. 이상적인 소자는 실제 저항기, 실제 커패시터, 실제 인덕터와 같은 실제 부품과 다르다는 점을 명심하는 것이 매우 중요하다. 하나는 물리적(physical) 부품이고 다른 하나는 이상적인(ideal) 소자이다.

유감스럽지만 이상적인 회로 소자와 실제 회로 부품을 같은 이름으로 부르고 있다. 이상적인 저항기(ideal resistor)는 이상적인 저항기 전기적 모델(ideal resistor electrical model)과 다르다. 이 둘의 동작(behavior)은 매우 유사할 수 있지만 같지는 않다.

혼동을 최소화하기 위해 부품을 나타낼 때는 그 앞에 이상적(ideal) 또는 실제(real)라는 용어를 붙여서 사용하는 것이 좋다. 이렇게 하면 혼동을 줄이고 어떤 종류의 부품을 가리키고 있는지 곧바로 파악하는 감각을 훈련하는 데 도움이 된다.

예를 들어 이상적인 저항기 모델(ideal resistor model)은 주파수에 따라 저항(resistance)이 변하지 않는 모델로 시작하지만 필요에 따라서는 이 이상적인 1차 모델에 복잡도를 추가할 수도 있다. 예를 들어, 처음의 이상적인 모델에 주파수의 제곱근에 비례하여 증가하는 저항 항(resistance term)이 포함되는 경우, 이 새로운 모델은 여전히 이상적인 모델이다. 다만 새로운 모델은 2차 모델로서 1차 모델보다 실제 세계를 더 잘 근사한다.

일반적으로 시뮬레이터 도구의 도구 상자(toolbox)에는 시뮬레이션에 사용할 수 있는 이상적인 모델들이 준비되어 있다. 이러한 도구 상자의 수준과 유용성은 다양한 시뮬레이터들을 서로 차별화하는 중요한 요소이다. 예를 들어 키사이트 테크놀로지(Keysight Technology)의 ADS(Advanced System Designer)는 모든 이상적인 회로 소자들의 매우 복잡한 모델을 갖추고 있는 정교한 시뮬레이터이다.

전송 선로의 특성은 처음에는 매우 혼란스럽고 곧바로 이해하기가 쉽지 않지만, 매우 중요하므로 7장 전체에서 전송 선로와 그 임피던스에 대해 다룬다. 이번 3장은 R, L, C 성분의 임피던스를 집중해서 다룬다.

TIP

실제 장치에 대해서는 '측정'을 수행할 수 있고 이상적인 소자에 대해서는 '계산' 또는 '시뮬레이션'을 수행할 수 있다.

등가 전기 회로 모델은 실제 구조를 이상화하여 전기적으로 나타낸 것이다. 이 모델은 이상적인 회로 소자를 조합하여 만든 근사 모델이다. 좋은 모델로 계산한 임피던스는 실제 장치의 측정 임피던스와 거의 일치한다. 어떤 인터커넥트의 시뮬레이션 임피던스를 그 인터커넥트의 임피던스 측정값과 더 잘 일치시킬수록 신호가 어떻게 상호 작용할지 더 잘 예측할 수 있다.

손실 선로와 같은 고주파수 효과들을 다룰 때는 시뮬레이션 결과와 측정 결과를 더 가깝게 일치시키기 위해 새로운 이상적인 회로 소자를 만들어내야 한다. 이상적인 회로 소자 조합의 시뮬레이션 결과는 실제 인터커넥트의 측정 결과와 놀라울 정도로 가깝게 일치한다.

3.4 시간 영역에서 이상적인 저항기의 임피던스

위의 네 가지 기본 회로 소자들은 저마다 전압과 전류가 상호 작용하는 방식에 대한 정의를 가지고 있다. 소자마다 정의에 따라 임피던스를 유도할 수 있는데, 각 소자의 임피던스는 서로 동일하지 않다.

이상적인 저항기를 통과하는 전류와 저항기 양단의 전압 사이의 관계는 다음과 같다.

$$V = I \times R \tag{3.2}$$

여기서

V = 저항기 양단의 전압(단위: V)
I = 저항기를 통과하는 전류(단위: A)
R = 저항기의 저항(단위: Ω)

이상적인 저항기에서는 저항기를 통과해 흐르는 전류가 증가하면 저항기 양단의 전압도 증가한다. 이상적인 저항기의 I–V 특성을 정의하는 이 관계식은 시간 영역과 주파수 영역 모두에서 적용된다. 이 식이 저항기 소자에 적용되는 옴 법칙(Ohm's law)이다. 실제로, 옴 법칙을 따르는 부품은 저항기 부품으로 규정한다.

시간 영역에서 임피던스의 정의를 적용해보자. 식 (3.2)의 이상적인 소자의 정의를 사용하여 다음과 같이 이상적인 저항기의 임피던스를 계산할 수 있다.

$$Z = \frac{V}{I} = \frac{I \times R}{I} = R \tag{3.3}$$

이 식을 보면 기본적으로 저항기의 임피던스는 일정하고 저항기에 흐르는 전류나 저항기 양단의 전압과는 무관함을 알 수 있다. 이상적인 저항기의 임피던스는 변화가 없어서 따분하다.

3.5 시간 영역에서 이상적인 커패시터의 임피던스

이상적인 커패시터에서는 두 리드(lead) 사이에 저장된 전하와 리드 양단의 전압 사이에 특별한 관계가 존재한다. 이상적인 커패시터의 커패시턴스(capacitance)는 다음 식으로 정의된다.

$$C = \frac{Q}{V} \tag{3.4}$$

여기서

C = 커패시턴스[단위: F(Farad, 패럿)]

V = 리드 양단의 전압(단위: V)

Q = 리드 사이에 저장된 전하[단위: C(Coulomb, 쿨롱)]

커패시터의 커패시턴스 값은 전압이라는 비용을 지불하여 얻은 전하의 저장 용량(capacity)을 나타낸다. 커패시턴스 값이 크다는 것은 두 단자(리드) 사이의 전압이 낮아도 많은 전하를 저장할 수 있음을 의미한다.

커패시턴스는 두 도체가 전하를 저장하는 효율을 나타내는 척도로, 전하를 저장하는 대가로 두 도체 양단에 전압을 인가해주어야 한다. 효율적으로 전하를 저장하는 한 쌍의 도체는 적은 전압을 걸어주어도 많은 전하를 저장하므로 높은 커패시턴스를 갖는다.

커패시터의 임피던스는 커패시터를 통과하는 전류와 커패시터의 두 단자 사이의 전압을 바탕으로 계산할 수 있다. 두 단자 사이의 전압과 커패시터를 통과하는 전류 사이의 관계를 파악하려면 전류가 커패시터를 통해 어떤 식으로 흐르는지 알아야 한다. 실제 커패시터는 유전체(dielectric)로 분리된 두 개의 도체로 만들어진다. 두 도체 사이에 '절연' 유전체가 있는데 전류는 어떻게 한 도체에서 다른 도체로 전달될까? 이 근본적인 질문은 신호 무결성 응용 분야에서 반복해서 튀어나올 것이다. 이 질문에 대한 대답은 실제 전류는 커패시터를 통해 실제로 흐르지 않고 커패시터 양단의 전압이 변할 때만 흐르는 것처럼 동작한다는 것이다.

커패시터 양단의 전압이 증가한다고 가정하자. 전압이 증가하기 위해서는 그만큼 상단 도체에는 약간의 +전하가 추가되고 하단 도체에는 약간의 −전하가 추가되어야 한다. 하단 도체에 −전하가 추가된 것은 +전하가 하단 도체로부터 밀려난 것과 마찬가지다. 이것은 상단 도체에 +전하가 추가되면서 하단 도체에서는 그만큼 +전하가 밀려 나온 것과 같다. 이 내용이 [그림 3-5]에 설명되어 있다. 결국, 마치 실제로 전류가 커패시터를 통과해 흐르는 것처럼 동작하는데, 이러한 동작은 커패시터 양단의 전압이 변할 때만 일어날 수 있다.

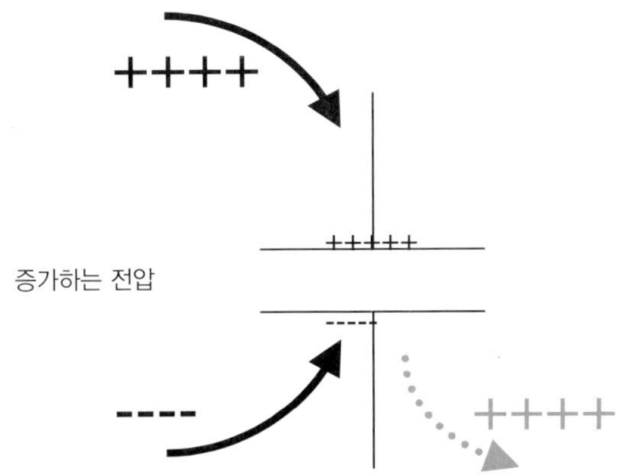

그림 3-5 커패시터 양단의 전압이 증가하면 상단 도체에는 +전하가 추가되고 하단 도체에는 −전하가 추가된다. 어떤 도체에 −전하를 추가하는 것은 그 도체에서 +전하를 빼앗는 것과 같으므로 결국 추가된 만큼 +전하가 상단 도체로 들어가 하단 도체로 빠져나오는 것처럼 보인다.

전자기학의 아버지로 불리는 맥스웰(James Clerk Maxwell)은 전도 전류(conduction current)만 고려하면 커패시터를 통해서는 전류의 연속성이 성립하지 않는다는 사실을 깨달았다. 커패시터의 두 판을 외부에서 양쪽으로 연결하고 있는 두 도체에는 전도 전류가 흐르지만 커패시터의 두 판 사이에 있는 유전체의 절연 특성 때문에 커패시터 내부를 통해 흐르는 전도 전류는 존재할 수 없다. 회로의 모든 곳에서 전류의 연속성이 성립하기 위해서는 두 판 사이의 절연 공간을 통해서 흐르는 새로운 종류의 전류가 있어야 했다.

맥스웰은 두 도체 판 사이에 있는 유전체의 분극(polarization, 편극)의 변화로 인한 속박 전하(bound charge)의 움직임이 바로 빠져 있는 두 판 사이의 전류라고 생각했다. 두 도체 판 사이의 전압이 증가함에 따라 전기장이 증가하고 이 증가한 전기장에 의해 커패시터 내부의 물질에는 더욱 큰 분극이 일어난다. 인가된 전기장에 의해 물질 내부의 속박 전하는 변위(displacement)된다. 맥스웰은 이러한 속박 전하의 변위(위치 변화)를 변위 전류(displacement current)라고 불렀다.

이 변위 전류는 속박 전하의 분극이 증가하거나 감소할 때만 흐르며, 이러한 분극의 변화는 전기장이 변할 때 발생한다.

이 모델은 두 도체 판 사이의 공간에 분극이 가능한 유전체가 있을 때는 의미가 있었지만, 두 판 사이가 자유공간(free space), 즉 진공(vacuum)으로 채워져 있는 경우에는 어떻게 되는 걸까? 맥스웰은 자유공간에도 약간의 분극은 일어날 수 있다고 생각했는데 1880년대 중반 당시 맥스웰은 자유공간이 에테르(ether)라는 물질로 채워져 있는 것으로 상상했다. 따라서 자유공간을 통해 흐르는 변위 전류는 에테르의 속박 전하의 변위였다.

물론 현재까지 에테르의 존재를 뒷받침하는 증거는 발견되지 않았다. "변위"할 속박 전하가 없다면 변위 전류란 무엇일까? 오늘날에는 변위 전류를 속박 전하의 변위라고 설명하는 대신, 변위 전류를 일종의 전기장의 새로운 속성으로 본다. 즉 변화하는 전기장은 전류와 동등한 속성을 가진다. 이 때문에 오늘날에도 변화하는 전기장을 여전히 변위 전류라고 부른다.

맥스웰 방정식의 기초는 '변화하는 전기장이 전류의 속성을 가지고 있다'는, 시공간 구조 그 자체에 내장되어있는 원리를 깨닫는 것이다. 이 전류를 '자유 전하의 움직임인 전도 전류' 또는 '물질의 변화하는 분극에 의한 속박 전하의 움직임인 변위 전류'와 구별하기 위해 '변화하는 전기장으로 인한 **변위 전류**'라고 부른다. 이 전류는 전기장의 속성으로 인해 발생하는 전류라는 것만 다를 뿐 전도 전류와 마찬가지로 실제적인 전류이다.

식 (3.4)의 C = Q/V에서 Q = CV가 되고 이 식의 양변을 시간 t에 대해 미분하면 커패시터의 I−V 특성을 정의하는 관계식을 다음과 같이 구할 수 있다.

$$I = \frac{dQ}{dt} = C\frac{dV}{dt} \tag{3.5}$$

여기서

I = 커패시터를 통과하는 전류

Q = 커패시터의 한 도체상의 전하

C = 커패시터의 커패시턴스

V = 커패시터 양단의 전압

이 관계는 앞서 살펴본 것처럼 커패시터를 통해 전류가 흐르는 유일한 방법은 전압이 변할 때라는 것을 나타낸다. 전압이 일정하면 커패시터를 통과하는 전류는 0이다. 저항의 경우에는 전압이 2배가 되면 저항을 통과하는 전류가 2배가 된다. 하지만 커패시터의 경우에는 커패시터 양단의 전압 '변화율'이 2배가 되면 커패시터를 통과하는 전류가 2배가 된다.

이 정의는 우리의 직관과 일치한다. 전압이 급격하게 변하면 커패시터를 통과하는 전류가 커진다. 전압이 거의 변하지 않으면 커패시터를 통과하는 전류는 0에 가깝다. 이 관계를 사용하여 시간 영역에서 이상적인 커패시터의 임피던스를 다음 식으로 계산할 수 있다.

$$Z = \frac{V}{I} = \frac{V}{C\frac{dV}{dt}} \tag{3.6}$$

여기서

V = 커패시터 양단의 전압

C = 커패시터의 커패시턴스

I = 커패시터를 통과하는 전류

이 수식은 다소 복잡하다. 커패시터의 임피던스는 커패시터 양단에 걸리는 전압 파형의 모양에 따라 달라진다고 말할 수 있다. 커패시턴 양단의 전압 파형의 기울기가 크면(즉, 전압이 매우 빠르게 변하면) 커패시터를 통과하는 전류가 커지므로 임피던스는 작아진다. 또한, 전압 신호의 변화율이 일정할 때 커패시턴스가 큰 커패시터는 커패시턴스가 작은 커패시터보다 임피던스가 낮다.

그러나 커패시터 임피던스의 정확한 값은 더 복잡하다. 커패시터의 임피던스가 전압 파형의 모양에 따라 달라진다는 것 말고는 커패시터의 임피던스를 일반화하기 어렵다. 커패시터의 임피던스는 시간 영역에서 사용하기 쉬운 항목이 아니다.

3.6 시간 영역에서 이상적인 인덕터의 임피던스

이상적인 인덕터의 동작은 다음 식으로 정의된다.

$$V = L\frac{dI}{dt} \tag{3.7}$$

여기서

- V = 인덕터 양단의 전압
- L = 인덕터의 인덕턴스
- I = 인덕터를 통과하는 전류

식 (3.7)을 살펴보면 인덕터 양단의 전압은 인덕터를 통과하는 전류가 얼마나 빨리 변하는가에 따라 달라진다. 또한, 인덕터를 통과하는 전류의 변화는 인덕터 양단의 전압 차이에 따라 달라진다. 전압과 전류의 변화 중에서 어느 것이 원인이고 어느 것이 반응(결과)인지는 원동력이 무엇인가에 따라 정해진다.

인덕터를 통과하는 전류가 일정하면 인덕터 양단의 전압은 0이 된다. 인덕터를 통과하는 전류가 빠르게 변하면 인덕터 양단에 큰 전압 강하가 발생한다. 인덕턴스는 변화하는 전류에 대해 인덕터 양단의 전압이 어느 정도로 민감하게 발생하는지를 나타내는 비례 상수이다. 인덕턴스가 크다는 것은 변화하는 작은 전류가 큰 전압을 발생시킨다는 것을 의미한다.

인덕터 양단에 발생하는 전압 강하의 방향(극성)에 대해 혼동을 일으키는 경우가 종종 있다. 변화하는 전류가 흐르는 방향이 바뀌면 유도 전압의 극성도 바뀐다. 전압의 극성을 기억하는 쉬운 방법은 저항의 전압 강하를 기준으로 하는 것이다.

저항 소자에서 직류(DC) 전류는 항상 부품의 +극에서 −극으로 흐른다. 전류가 흘러 들어가는 단자가 +극이고 전류가 흘러나가는 단자가 −극이다. 마찬가지로 인덕터에서도 흘러 들어가는 전류가 증가하는 단자가 유도 전압의 +극, 나머지 단자는 −극이다. 이것이 [그림 3-6]에 설명되어 있다.

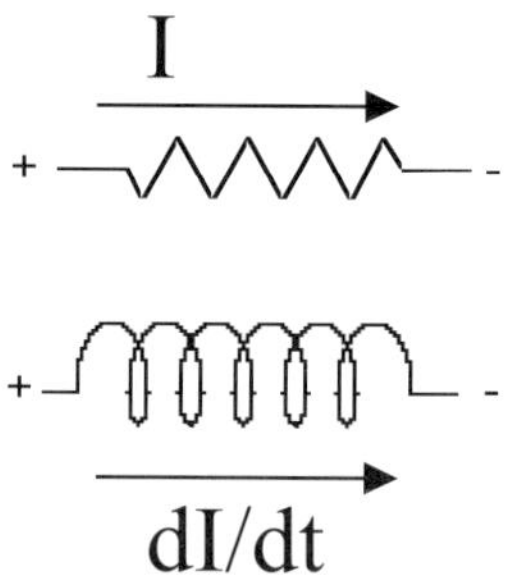

그림 3-6 변화하는 전류에 의해 인덕터 양단에 발생하는 전압 강하의 방향은 DC 전류에 의해 저항기 양단에 발생하는 전압 강하의 방향과 같다.

이 기본적인 인덕턴스 정의를 사용하여 인덕터의 임피던스를 계산할 수 있다. 이것은 임피던스의 정의에 따라 인덕터를 통과하는 전압 대 전류의 비율이다.

$$Z = \frac{V}{I} = L\frac{\frac{dI}{dt}}{I} \tag{3.8}$$

여기서

V = 인덕터 양단의 전압

L = 인덕터의 인덕턴스

I = 인덕터를 통과하는 전류

다시 말하면, 인덕터의 임피던스는 잘 정의되어 있지만, 시간 영역에서 사용하기에는 곤란하다. 인덕터의 일반적인 특징은 쉽게 파악할 수 있다. 인덕터를 통과하는 전류가 급격히 증가하면 인덕터의 임피던스가 커진다. 인덕터를 통과하는 전류가 변하면 인덕터는 높은 임피던스를 갖는다. 인덕터를 통과하는 전류가 아주 약간만 변하면 인덕터의 임피던스는 매우 작아진다. 변화가 없는 DC 전류가 흐르면 인덕터의 임피던스는 0이 된다. 이와 같은 일반적인 상황이 아닌 경우, 인덕터의 실제 임피던스는 인덕터를 통과하는 전류의 파형에 따라 매우 크게 달라진다.

> **TIP**
>
> 커패시터와 인덕터 모두 시간 영역에서 임피던스는 전혀 단순한 함수가 아니다. 시간 영역의 임피던스는 이 두 가지 이상적인 회로 소자를 나타내는 매우 복잡한 방법이다. 그렇다고 해서 잘못된 것은 아니고 단지 복잡할 뿐이다.

시간 영역에서 일어나는 이러한 상황은 주파수 영역으로 이동하면 분석이 훨씬 더 간단해진다.

3.7 주파수 영역의 임피던스

주파수 영역의 중요한 특징은 이 영역에 존재할 수 있는 유일한 파형이 사인파뿐이라는 것이다. 주파수 영역에서 이상적인 회로 소자의 동작은 회로 소자가 오직 사인파(즉 전류 사인파와 전압 사인파)와 상호 작용하는 방식으로 나타낼 수 있다. 사인파에는 주파수, 진폭, 그리고 각 파동과 관련된 위상, 이렇게 세 가지 특징만 있다.

위상을 나타낼 때는 주기(cycle)나 도(degree 또는 deg) 대신 라디안(radian 또는 rad) 단위를 사용하는 것이 더 일반적이다. 한 주기에는 2π rad이 있으므로 1 rad은 약 57 deg이다. 초당 라디안(rad/sec) 단위로 나타낸 주파수를 각주파수(angular frequency)라고 한다. 각주파수를 표시하는 데 그리스 문자 오메가(ω)를 사용한다.

각주파수 ω와 주파수 f 사이의 관계는 다음과 같다.

$$\omega = 2\pi \times f \tag{3.9}$$

여기서

ω = 사인파의 각주파수(단위: rad/sec)

f = 사인파의 주파수(단위: Hz)

회로 소자의 양단에 사인파 전압을 인가하면 회로 소자를 통과하는 사인파 전류를 볼 수 있다. 이 경우에도 임피던스의 기본 정의(즉 전압과 전류의 비)를 동일하게 적용하여 두 사인파, 즉 전압 사인파와 전류 사인파의 비를 취하여 임피던스를 얻는다.

기본 구성요소인 이상적인 회로 소자와 인터커넥트는 모두 선형 장치(linear device)라는 점을 명심하는 것이 중요하다. 예를 들어 1 MHz의 전압 사인파를 네 가지 이상적인 회로 소자 중 하나에 인가할 때 발생하는 전류 파형에 존재하는 사인파 주파수 성분은 1 MHz 사인파 하나뿐이다. 이 1 MHz의 전류 사인파는 A 단위의 진폭을 가지며 전압 사인파를 기준으로 위상이 이동할 수는 있지만, 주파수는 전압 사인파의 주파수와 정확히 동일하다. 이것을 [그림 3-7]에 설명하였다.

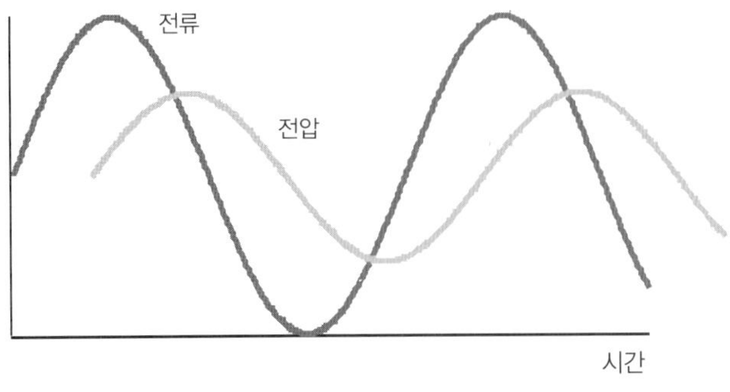

그림 3-7 이상적인 회로 소자를 통과하는 사인파 전류와 그 소자 양단의 사인파 전압. 사인파 전류와 사인파 전압의 주파수는 정확히 같지만 진폭과 위상은 서로 다를 수 있다.

TIP

두 사인파의 비를 계산할 때는 진폭의 비와 두 사인파 사이의 위상 차이를 모두 고려해야 한다.

사인파로 표시되는 전압과 전류의 비를 취한다는 것은 어떤 의미일까? 두 사인파의 비는 사인파가 아니다. 두 사인파의 비는 한 쌍의 숫자로 표시되는 양으로서 Z로 표기한다. 이 한 쌍의 숫자에는 진폭의 비와 위상 차이에 대한 정보가 담겨있다. 식 (3.10)과 같이 두 사인파 비의 크기(magnitude)는 두 사인파 진폭의 비이다.

$$|Z| = \frac{|V|}{|I|} \tag{3.10}$$

전압 진폭 |V|와 전류 진폭 |I|의 비 |V|/|I|는 Ω 단위로 표시된다. 이 비를 임피던스 Z의 크기라고 하며 |Z|로 표시한다. 임피던스 Z의 위상은 전압 사인파와 전류 사인파 사이의 위상 차이이다. 위상차의 단위는 deg 또는 rad이다. 주파수 영역에서 회로 소자 또는 회로 소자 조합의 임피던스는 예를 들어 다음과 같은 형식으로 나타낸다. '20 MHz에서 임피던스 크기는 15 Ω이고 임피던스 위상은 25 deg이다.' 이것은 전압 사인파와 전류 사인파의 진폭 비가 15 Ω이고 전압 사인파가 전류 사인파를 25 deg만큼 앞선다(lead)는 뜻이다.

모든 회로 소자의 임피던스는 모든 주파수 값에서 크기와 위상, 이렇게 두 개의 숫자로 구성된다. 임피던스의 크기와 임피던스의 위상은 모두 주파수에 따라 달라질 수 있다. 따라서 진폭의 비는 주파수에 따라 달라질 수 있고 위상 차이는 주파수에 따라 달라질 수 있다. 임피던스를 나타낼 때는 어떤 주파수에서의 임피던스인지 알 수 있도록 주파수를 명시해야 한다.

주파수 영역에서 임피던스는 복소수로도 나타낼 수 있다. 예를 들어, 회로의 임피던스는 실수 성분과 허수 성분을 갖는 것으로 나타낼 수 있다. 실수 성분과 허수 성분을 사용하면 복소수의 수학적 성질을 적용할 수 있어서 대규모 회로의 임피던스 계산을 아주 간편하게 수행할 수 있다. 크기와 위상에는 정확히 동일한 정보가 들어있다. 이 둘은 임피던스를 나타내는 서로 다른 두 가지 동등한 방법이다.

주파수 영역에서 작동하며 전류와 전압 파형으로 사인파만을 사용하는 이 새로운 발상을 통해 임피던스를 다른 시각으로 살펴볼 수 있다.

저항기에 사인파 전류를 인가하면 이 전류가 저항기를 통과하면서 저항기 양단에는 사인파 전압이 발생한다. 이때 이 사인파 전압은 식 (3.11)에서 보듯이 사인파 전류에 R을 곱한 것과 같다.

$$V = I_0 \sin(\omega t) \times R \tag{3.11}$$

사인파 전류는 사인 함수와 코사인 함수 또는 복소 지수함수로 나타낼 수 있다.

저항기(resistor)의 경우, 전압과 전류의 비를 취하면 식 (3.12)에서 보듯이 간단히 저항(resistance) 값이 나온다.

$$|Z| = \frac{|V|}{|I|} = \frac{I_0 \times R}{I_0} = R \tag{3.12}$$

따라서 임피던스는 주파수에 무관하며 위상은 0이다. 이상적인 저항기의 임피던스는 주파수에 따라 일정한 값을 가진다. 이 결과는 기본적으로 앞서 시간 영역에서 살펴봤던 결과와 동일한데, 주파수 영역에서도 여전히 변화가 없어서 따분하다.

주파수 영역에서 이상적인 커패시터를 살펴보기 위해 커패시터의 양 단자에 사인파 전압을 인가한다. 커패시터를 통과하는 전류는 전압의 도함수(미분)이므로 식 (3.13)과 같이 코사인파가 된다.

$$I = C \times \frac{d}{dt} V_0 \sin(\omega t) = C \times \omega V_0 \cos(\omega t) \tag{3.13}$$

이 식으로부터 전압 진폭이 일정하게 유지되더라도 전류 진폭은 주파수에 따라 증가한다는 것을 알 수 있다. 주파수가 높을수록 커패시터를 통과하는 전류의 진폭이 커진다. 이는 주파수가 증가함에 따라 커패시터의 임피던스가 감소한다는 것을 의미한다. 커패시터의 임피던스 크기는 다음 식으로 계산할 수 있다.

$$|Z| = \frac{|V|}{|I|} = \frac{V_0}{C \times \omega V_0} = \frac{1}{\omega C} \tag{3.14}$$

복소수를 사용하면 이 비는 쉽게 표시되지만, 사인파와 코사인파를 사용하면 이 비의 의미를 더욱 확실히 이해하는 데 도움을 얻을 수 있다. 커패시터의 임피던스 크기는 $1/\omega C$로 아주 간단하다. 중요한 정보는 이 간단한 식에 모두 담겨있다.

각주파수가 증가하면 커패시터의 임피던스는 감소한다. 이것은 커패시턴스 값이 주파수에 상관없이 일정해도 임피던스는 주파수가 높아질수록 작아진다는 것을 의미한다. 이렇게 되는 것은 당연하다. 그 까닭은 주파수가 높아질수록 커패시터를 통과하는 전류는 증가하는데 이러한 전류의 증가는 임피던스의 감소를 뜻하기 때문이다.

임피던스의 위상은 사인파인 전압과 코사인파인 전류 사이의 위상차이므로 −90 deg이다. 복소수 표기법으로 나타내면 −90 deg의 위상차는 복소수 −i로 표시된다. 복소수 표기법으로 나타내면 커패시터의 임피던스는 $-i/\omega C$이다. 위상을 사용하면 이해를 하는 데 도움이 되기보다는 오히려 더 큰 혼동을 일으킬 수 있으므로 앞으로는 특별한 경우가 아니면 위상은 무시하고 설명을 진행해나가기로 한다.

어떤 실제 디커플링 커패시터의 커패시턴스가 10 nF일 때 1 kHz에서 이 커패시터의 임피던스는 얼마일까? 먼저 이 커패시터가 이상적인 커패시터라고 가정한다. 10 nF의 이상적인 커패시터는 $1/(2\pi \times 1\ \text{kHz} \times 10\ \text{nF}) = 1/(6 \times 10^3 \times 10 \times 10^{-9}) = 1/(60 \times 10^{-6})\ \Omega \sim 16\ \text{k}\Omega$의 임피던스를 갖는다. 물론 주파수가 1 kHz보다 더 낮으면 임피던스는 더 높아진다. 1 Hz에서 임피던스는 약 16 MΩ이다.

지금까지와 동일한 주파수 영역 분석을 인덕터에 적용해보자. 인덕터에 사인파 전류를 인가하면 이 전류가 인덕터를 통과하면서 인덕터 양단에 발생하는 전압은 다음과 같다.

$$V = L \times \frac{d}{dt} I_0 \sin(\omega t) = L \times \omega I_0 \cos(\omega t) \tag{3.15}$$

이 식으로부터 전류 진폭이 일정한 경우, 인덕터 양단 전압의 진폭은 주파수가 높을수록 더 커진다는 것을 알 수 있다. 다시 말해 주파수가 높을수록 인덕터를 통해 일정한 진폭의 전류가 흐르게 하려면 더 높은 인덕터 전압이 필요하다. 이는 인덕터의 임피던스가 주파수에 따라 증가한다는 것을 뜻한다.

임피던스의 기본 정의를 사용하여 주파수 영역에서 인덕터의 임피던스 크기를 다음과 같이 유도할 수 있다.

$$|Z| = \frac{|V|}{|I|} = \frac{L \times \omega I_0}{I_0} = \omega L \tag{3.16}$$

인덕턴스 값이 주파수에 따라 일정한 경우에도 임피던스의 크기는 주파수에 따라 증가한다. 주파수가 증가함에 따라 인덕터를 통해 교류(AC) 전류를 흐르게 하기가 더욱 어려워지는 것은 인덕터의 자연스러운 동작이다.

인덕터의 임피던스 위상은 전압과 전류 사이의 위상차이므로 +90 deg이다(전압은 코사인파이고 전류는 사인파이므로). 복소수 표기법에서 +90 deg의 위상차는 복소수 i이다. 따라서 인덕터의 복소 임피던스는 $Z = i\omega L$이다.

실제 디커플링 커패시터는 커패시터의 고유한 형상과 기판 실장 풋프린트(footprint)[4]와 관련된 인덕턴스를 가진다. 이 고유 인덕턴스의 대략적인 추정치는 2 nH이다. 이보다 더 낮추려면 정말 열심히 노력해야 한다. 실제 커패시터를 이상적인 커패시터에 직렬로 연결된 2 nH의 이상적인 인덕터로 모델링할 때 1 GHz에서 이 직렬 인덕터 성분의 임피던스는 얼마일까?

직렬 인덕터의 임피던스는 $Z = 2 \times \pi \times 1\ \text{GHz} \times 2\ \text{nH} = 12\ \Omega$이다. 전원 분배와 접지 분배와 직렬로 연결되는 임피던스로 낮은 값(예: 0.1 Ω 미만)을 원할 때 12 Ω은 너무 높은 값이다. 이 값을 실제 디커플링 커패시터의 이상적인 커패시터 성분의 임피던스와 비교해보자. 1 GHz에서 이상적인 10 nF 커패시터 성분의 임피던스는 0.01 Ω이다. 이상적인 인덕터 성

4 (옮긴이) 부품을 PCB에 부착하고 전기적으로 연결하는 데 사용되는 패드(pad)나 스루홀(through-hole,, 관통홀)을 말함. 랜드 패턴(land pattern)이라고도 함

분의 임피던스는 이보다 1000배 이상 높으므로 실제 커패시터의 고주파 동작을 확실하게 지배한다.

이상적인 커패시터와 인덕터 모두, 주파수 영역의 임피던스는 매우 단순한 형태의 수식으로 주어지며 동작을 쉽게 설명할 수 있다. 이것이 주파수 영역의 장점 중 하나이며, 문제를 해결하기 위해 주파수 영역을 자주 사용하는 이유이기도 하다.

이상적인 저항기의 저항 값, 이상적인 커패시터의 커패시턴스 값, 이상적인 인덕터의 인덕턴스 값은 모두, 주파수에 따라 일정하다. 이상적인 저항기의 경우에는 임피던스도 주파수에 따라 일정하다. 그러나 커패시터의 경우, 임피던스는 주파수에 따라 감소하고 인덕터의 경우, 임피던스는 주파수에 따라 증가한다.

TIP

이상적인 커패시터의 커패시턴스 값과 이상적인 인덕터의 인덕턴스 값이 주파수에 따라 전혀 변하지 않고 일정하더라도 임피던스는 주파수에 따라 달라진다는 사실을 명심해야 한다.

3.8 등가 전기 회로 모델

실제 인터커넥트의 임피던스 동작은 이러한 이상적인 소자의 조합으로 실제와 가깝게 근사할 수 있다. 이상적인 회로 소자의 조합을 **등가 전기 회로 모델**(equivalent electric circuit model) 또는 줄여서 간단히 **모델**(model)이라고 한다. 회로 모델의 도면을 종종 **회로도**(schematic)라고 한다.

등가 회로 모델은 두 가지 정보로 구성된다. 회로 소자들이 서로 어떻게 연결되어 있는지[이를 **회로 토폴로지**(topology)라고 함]와, 각 회로 소자의 값[이를 **파라미터 값**(parameter value) 또는 **기생 값**(parasitic value)이라고 함]이다.

완벽하고 깨끗한 파형을 발생시키는 드라이버(driver)를 만드는 칩 설계자는 인터커넥트가 이 멋진 파형을 망칠 수 있다는 점에서 모든 인터커넥트들을 기생 성분으로 간주한다. 칩 설계자가 인터커넥트의 파라미터 값을 알아내는 과정이 실제로 **기생 성분 추출**(parasitic extraction)이다. 이 용어는 일반적으로 사용되고 있다.

TIP

회로 소자를 그릴 때마다 항상 이상적인 회로 소자라는 점을 명심하는 것이 중요하다. 실제 인터커넥트의 실제 성능을 근사하려면 이상적인 소자들의 조합을 사용해야 한다.

이상적인 등가 회로 모델을 사용하여 실제 인터커넥트의 실제 임피던스 동작을 정확하게 예측하는 데에는 항상 어떤 한계가 존재한다. 이 한계를 찾으려면 인터커넥트의 실제 임피던스를 측정하고, 측정 결과를 이러한 이상적인 회로 소자들의 조합으로 구성된 회로의 시뮬레이션을 기반으로 한 예측 결과와 반드시 비교해야 한다.

모든 모델에 대해서는 다음 두 가지 중요한 질문을 해야 한다. 모델이 얼마나 정확한가? 모델의 대역폭은 얼마인가? 여기서 대역폭이란 측정된 임피던스와 예측된 임피던스가 서로 잘 일치하는 가장 높은 사인파 주파수라는 것을 기억하라. 일반적으로 회로 모델의 예측이 실제 측정된 성능에 가까울수록 모델은 더 복잡해져야 한다.

TIP

모델링 과정에서는 항상 가능한 한 가장 단순한 모델로 시작하고 거기서부터 복잡도를 높이는 것이 좋다.

실제 디커플링 커패시터를 예로 들어 살펴보기로 하자. 이 커패시터의 한 패드에서 비아를 거쳐 패드 아래의 접지면을 지나 다시 커패시터로 돌아오는 구조의 임피던스를 측정한다. 앞의 [그림 3-3]에 표시된 실제 커패시터가 바로 이 구조이다. 이 실제 장치를 이상적인 커패시터 하나로 모델링할 수 있을 것이라는 기대를 할 수 있다. 그러나 이 단순한 이상적인 커패시터 회로 모델이 얼마나 높은 주파수까지 실제 커패시터처럼 동작할까? 10 MHz에서 5 GHz까지 이 실제 장치의 임피던스를 측정한 결과가 [그림 3-8]에 나와 있으며 이상적인 커패시터 모델로 예측한 임피던스를 겹쳐서 나타내었다.

낮은 주파수에서는 이 단순한 모델이 정말로 잘 동작하는 것이 분명하다. 0.67 nF 값을 가진 이상적인 커패시터 하나로 이루어진 이 모델은 실제 커패시터에 대한 매우 좋은 근사 모델이지만 단지 약 70 MHz까지만 잘 일치할 뿐이다. 그래서 이 모델의 대역폭은 70 MHz이다.

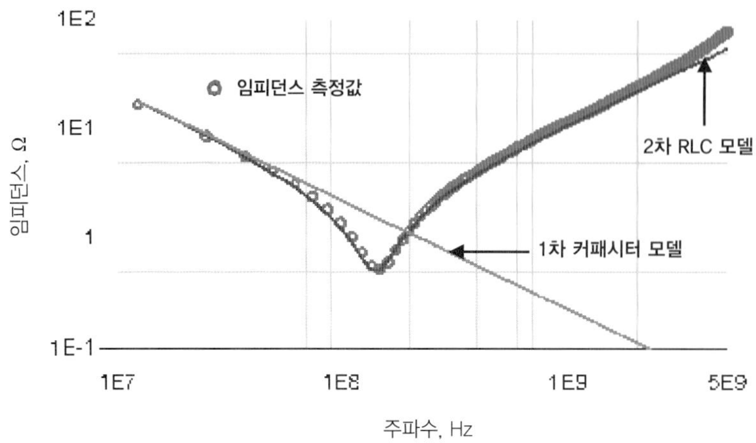

그림 3-8 실제 디커플링 커패시터의 임피던스 측정 결과와 C 소자 1개를 사용한 간단한 1차 모델 및 RLC 회로 모델을 사용한 2차 모델의 임피던스 예측 결과의 비교. GigaTest Labs Probe Station으로 측정

조금 더 노력하면 더 높은 대역폭을 갖는 더 정확한 회로 모델을 만들 수 있다. 실제 디커플링 커패시터에 대한 더 정확한 모델은 직렬로 연결된 이상적인 커패시터, 인덕터, 저항기이다. 최적의 파라미터 값을 선택하면 [그림 3-8]에서 보듯이 이 모델로 예측한 임피던스와 실제 장치의 측정 임피던스가 측정 대역폭(이 경우 5 GHz)까지 서로 아주 잘 일치한다는 것을 알 수 있다.

맨 처음 만드는 가장 간단한 모델을 종종 1차 모델이라고 부른다. 실제 장치와 더 잘 일치할 수 있도록 복잡도를 계속 높여가는데 이러한 후속 모델을 각각 2차 모델, 3차 모델,…이라고 한다.

이 실제 커패시터가 대역폭이 5 GHz 이하인 시스템에 사용되는 경우, 2차 모델을 이용하여 시스템에서 실제 커패시터가 작동할 때 나타내는 모든 중요한 전기적인 특성을 정확하게 예측할 수 있다.

TIP

비교적 복잡한 실제 부품의 동작을 이상적인 회로 소자의 조합으로 매우 높은 대역폭까지 상당히 정확하게 근사할 수 있다는 사실이 놀랍다.

3.9 회로 이론과 SPICE

이상적인 회로 소자 조합의 임피던스를 나타내는 데 사용되는 비교적 간단하면서 잘 정의된 형식이 있는데 이것이 회로 이론(circuit theory)이다. 회로 이론에서 중요한 규칙은 두 개 이상의 소자가 한쪽 끝에서 반대쪽 끝 사이에서 직렬로 연결되어 있을 때 이 소자 조합의 양쪽 끝 사이의 임피던스는 각 소자의 임피던스의 합이라는 것이다. 이때 합산되는 임피던스가 복소수여서 복소 대수(complex algebra) 계산을 해주어야 하는 것이 약간 복잡하다.

이전 절에서는 개별 회로 소자의 임피던스를 손으로 계산하는 것이 가능함을 알았다. 회로 소자들의 조합이 있으면 계산은 더 복잡해진다. 예를 들어, 실제 커패시터를 근사하는 RLC 모델의 임피던스는 다음 식으로 주어진다.

$$Z(\omega)=R+i\left(\omega L-\frac{1}{\omega C}\right) \tag{3.17}$$

R, L, C 값이 선택되면 이 해석적(analytic) 수식을 사용하여 주파수에 따른 RLC 회로의 임피던스를 계산하여 그래프로 그릴 수 있다. 스프레드시트(spreadsheet)를 사용하면 각 소자의 값을 변경해가며 이 작업을 간편하게 수행할 수 있다. 회로 보넬에 5개에서 10개의 소자가 들어있는 경우, 손으로 임피던스를 계산할 수 있지만, 그 과정이 매우 복잡하고 지루할 수 있다.

하지만 임의 회로의 임피던스를 계산하고 그래프를 그리는 데 훨씬 더 다양한 기능을 제공하는 유용한 도구가 있다. 이 도구는 매우 일반적이고 사용하기 쉬워서 임피던스나 회로에 관심이 있는 엔지니어라면 누구나 데스크톱에서 사용할 수 있어야 하는데 바로 SPICE다.

SPICE는 Simulation Program with Integrated Circuit Emphasis의 머리글자를 따서 만든 약자이다. SPICE는 실제 제작에 사용할 치수를 바탕으로 트랜지스터의 동작을 예측하는 도구로서 1970년대 초 캘리포니아 대학교(UC Berkeley)에서 개발되었다. 이 도구는 기본적으로 회로 시뮬레이터이다. R, L, C, T 소자로 그릴 수 있는 모든 회로를, 다양한 전압 여기 파형(voltage-exciting waveform, 전압 소스 파형), 전류 여기 파형(current-exciting waveform, 전류 소스 파형)에 대해 시뮬레이션할 수 있다. 지난 50년 동안 30개 이상의 SPICE 공급업체가 저마다 자신만의 특별한 기능과 성능을 추가하면서 발전해왔고 그만큼 다양해졌다. 웹에서 다운로드할 수 있는 무료 버전이나 100달러 미만의 학생용 버전이 몇 가지 있다. 무료 버전 중 몇몇은 기능이 제한되어 있지만, 회로를 배우기에는 훌륭한 도구이다.

매우 강력하고 사용이 간편한 무료 SPICE 도구로 QUCS(Quite Universal Circuit Simulator)가 있다. 이 도구는 오픈 소스이며 https://qucs.sourceforge.net/에서 다운로드할 수 있다. 또 다른 버전의 SPICE로는 리니어 테크놀로지(Linear Technologies)의 LTSpice가 있다. 두 도구 모두 모든 엔지니어의 데스크톱에 설치되어 있어야 한다.

SPICE에서는 이상적인 회로 소자만 사용되는데 모든 회로 소자는 잘 정의되어 있고 정확한 동작을 한다. SPICE에는 세 가지 기본 소자 – 능동 소스(active source, 능동 전원), 수동 소자(passive element), 비선형 소자(nonlinear element) – 가 있다.

능동 소자는 신호 소스(signal source, 신호원), 전류 파형, 전압 파형이다. 수동 소자는 R, L, C, T 소자이다. 비선형 소자는 다이오드와 트랜지스터 수준 모델들과 같은 모든 반도체 소자이다.

다양한 종류의 SPICE들 사이의 차이점 중 하나는 SPICE가 제공하는 이상적인 회로 소자의 다양성이다. SPICE의 모든 버전에는 다른 것은 몰라도 R, L, C, T(전송 선로) 소자는 반드시 들어있다.

SPICE 시뮬레이터를 사용하면 회로의 모든 지점에서 전압이나 전류를 시간 영역이나 주파수 영역에서 시뮬레이션하여 예측할 수 있다. 시간 영역 시뮬레이션을 과도 시뮬레이션(transient simulation)이라고 하고 주파수 영역 시뮬레이션을 AC 시뮬레이션이라고 한다. QUCS와 같은 일부 버전의 SPICE는 S 파라미터 시뮬레이션을 할 수 있다. SPICE는 매우 강력한 도구이다.

예를 들어, 어떤 드라이버 하나가 두 개의 수신기와 아주 가까운 위치에서 서로 연결되어 있을 때 이 구성을 간단한 전압 소스(voltage source)와 RLC 회로로 모델링할 수 있다. 여기서 R은 드라이버의 임피던스이며 일반적으로 약 10 Ω이다. C는 인터커넥트 트레이스의 커패시턴스와 두 수신기의 입력 커패시턴스를 합산한 총 커패시턴스로 일반적으로 약 5 pF이다. L은 패키지 리드와 인터커넥트 트레이스의 총 루프 인덕턴스이며 일반적으로 약 7 nH이다.

[그림 3-9]에서 이 회로의 동작을 예측하기 위해 SPICE에 입력한 회로도와 시간 영역 시뮬레이션을 하기 위한 설정을 볼 수 있다. 또한, 시뮬레이션 결과가 함께 표시되어 있는데 실제 회로에서 발생할 수 있는 링잉을 볼 수 있다.

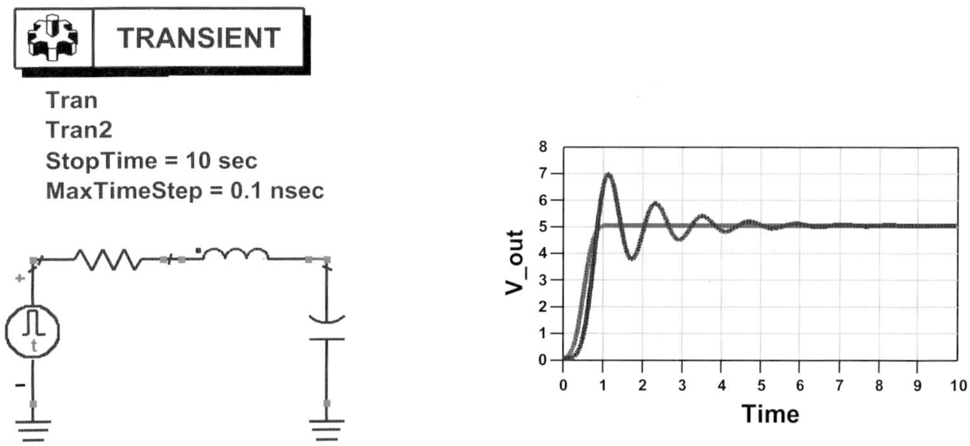

그림 3-9 (왼쪽) SPICE 버전 중의 하나인 키사이트(Keysight)의 ADS(Advanced Design System)에서 작성한 실제 회로(드라이버와 두 개의 수신기 및 패키징, 그리고 이들을 서로 연결하는 인터커넥트로 구성)를 나타내는 등가 회로 모델과 시간 영역 시뮬레이션을 위한 설정. (오른쪽) 시간 영역 시뮬레이션 결과 나타난 드라이버의 내부 전압 파형과 수신기 입력단의 전압 파형. 시뮬레이션으로 구한 파형의 상승 시간은 0.5 nsec이다. 리드 인덕턴스, 인터커넥트 인덕턴스, 입력 게이트 커패시턴스가 링잉을 일으키는 주요 원천이다.

TIP

회로도를 그릴 수 있으면 SPICE는 전압 파형과 전류 파형을 시뮬레이션할 수 있다. 이것이 일반적인 전기 공학 분석에 사용되는 SPICE의 진정한 능력이다.

SPICE는 주파수 영역에서 모든 회로의 임피던스를 계산하고 그래프로 그리는 데 사용할 수 있다. 보통은 모든 접속 지점에서 전압 파형과 전류 파형만을 표시해주지만 특별한 기법을 사용하여 이를 임피던스로 변환할 수 있다.

SPICE의 AC 시뮬레이션용 도구 상자(toolbox)에 들어있는 소스 회로 소자 중 하나는 진폭이 일정한 정전류 사인파 전류 소스(constant-current sine-wave-current source)이다. 이 전류 소스는 미리 정해진 주파수에서 진폭이 일정한 전류 사인파를 출력한다. AC 분석을 실행할 때 SPICE 엔진은 사인파 전류 소스의 주파수를 시작 주파수(start frequency) 값에서 정지 주파수(stop frequency) 값까지 단계적으로 올린다. 이때 주파수 스텝(frequency step), 즉 주파수가 올라가는 간격은 시작 주파수와 정지 주파수 사이에 들어가는 주파수 지점(frequency point)의 개수로 정해진다.

정전류 소스는 일정한 전류 진폭을 만들어내기 위해 어떤 전압 진폭을 갖는 사인파를 출력한다. 이때 이 전압 파형의 진폭은 그때그때의 상황에 맞춰 자동으로 조정되므로 전류의 진폭은 항상 지정된 일정한 값을 유지하게 된다.

SPICE에서 임피던스 분석기를 만들기 위해 전류 소스가 1 A의 일정한 진폭을 갖도록 설정한다. 전류 소스에 어떤 회로 소자가 연결되어 있든지 SPICE는 전압 진폭을 조정하여 회로를 통해 1 A의 전류 진폭이 발생하도록 만든다. 정전류 소스가 어떤 임피던스 Z(ω)를 가진 회로에 연결된 경우, 전류의 진폭을 일정하게 유지하려면 인가되는 전압을 조정해야 한다.

전류 진폭이 1 A인 정전류 소스로부터 회로에 인가되는 전압은 V(ω) = Z(ω) × 1 A이다. 따라서 전류 소스 양단의 전압(단위: V)은 연결된 회로의 임피던스(단위: Ω)와 수치가 동일하다.

예를 들어, 전류 진폭이 1 A인 정전류 소스 양단에 R Ω의 저항을 연결하면 1 A의 정전류를 유지하기 위해 정전류 소스 양단에 발생하는 전압 진폭은 V = R Ω × 1 A = R이 되어야 한다. 커패시턴스 C를 갖는 커패시터를 정전류 소스 양단에 연결하면 모든 주파수에서 전압 진폭은 V = 1/ωC이다. 사실상 이 회로는 임피던스 분석기를 모방하고 있다. 어떤 회로에 대해 주파수에 대한 전압의 크기를 그래프로 그리는 것은 그 회로의 주파수에 대한 임피던스의 크기를 측정하는 것이다. 또한, 주파수에 대한 전압의 위상을 그리는 것은 주파수에 대한 임피던스의 위상을 측정하는 것이다.

SPICE를 사용하여 임피던스 프로파일(impedance profile)을 그리기 위해 진폭이 1 A인 AC 정전류 소스를 만들어 테스트할 회로의 양쪽 단자에 연결한다. 그러면 전류 소스에서 측정된 전압은 곧 회로의 임피던스 측정 결과가 된다. [그림 3-10]에 간단한 회로를 나타내었다. R, L, C 회로 소자로 이루어진 회로를 임피던스 분석기에 연결하여 각 소자와 회로 전체의 임피던스 프로파일을 그래프로 그린 결과를 볼 수 있다.

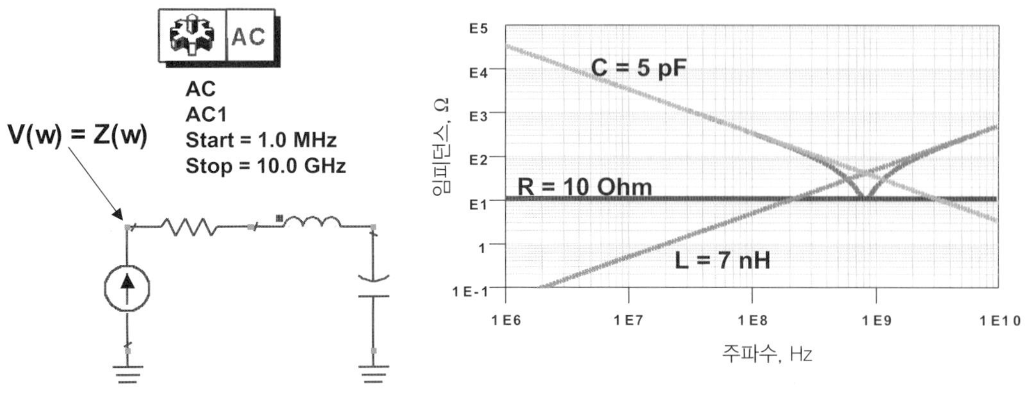

그림 3-10 (왼쪽) SPICE의 임피던스 분석기. 정전류 소스 양단의 전압을 측정한 결과는 양단에 연결된 회로의 임피던스가 된다. (오른쪽) SPICE의 임피던스 분석기로 계산한 다양한 회로 소자의 임피던스 크기

이 임피던스 분석기를 사용하여 모든 회로 모델의 임피던스를 그래프로 그릴 수 있다. 임피던스는 복소수이다. 크기 정보뿐만 아니라 위상 정보도 가지고 있다. SPICE에서 이들 각각을 개별적으로 그릴 수 있다. SPICE의 AC 시뮬레이션에서는 위상도 계산할 수 있다. [그림 3-11]은 임피던스 분석기를 사용하여 실제 커패시터를 나타내는 RLC 회로 모델의 임피던스를 시뮬레이션한 결과이다. 넓은 주파수 범위에서 임피던스의 크기와 위상이 그래프로 나타나 있다.

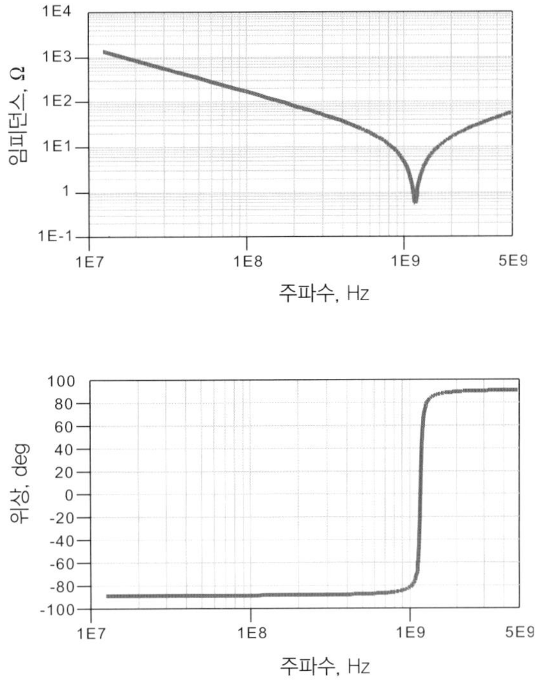

그림 3-11 이상적인 RLC 회로의 임피던스 크기와 위상을 시뮬레이션한 결과. 위상 그래프를 보면 낮은 주파수에서는 커패시터로 동작하지만 높은 주파수에서는 인덕터로 동작하는 것을 알 수 있다.

이것은 정확히 예상대로이다. 낮은 저주파에서 임피던스의 위상은 −90 deg이므로 커패시터의 동작을 나타낸다. 높은 주파수에서 임피던스의 위상은 +90 deg이므로 인덕터의 동작을 나타낸다.

3.10 측정 기반 모델링 소개

1장 "신호 무결성－우리의 미래"에서 설명한 바와 같이 인터커넥트와 수동 장치에 대한 등가 회로 모델은 측정 또는 계산을 기반으로 만들 수 있다. 두 경우 모두 회로 모델을 만드는 데 있어서 출발점은 토폴로지에 대한 가정이다. 올바른 토폴로지를 어떻게 선택하는가? 어떤 회로도로 시작하는 것이 가장 좋은지 어떻게 알 수 있을까?

인터커넥트 또는 그 밖의 구조의 모델을 만들기 위한 전략은 아인슈타인(Albert Einstein)이 "모든 것은 가능한 한 단순하게 만들어야 한다, 단 지나치게 단순해지지는 않게(Everything should be made as simple as possible, but not simpler)"라고 말한 원칙을 따르는 것이다. 항상 가장 단순한 모델부터 시작하고 거기에서 복잡도를 더해 가도록 한다.

모델을 만드는 데 필요한 것은 그 모델에 요구되는 정확도와 대역폭, 그리고 결과를 얻기 위해 투자하려는 시간과 노력의 양 사이에서 끊임없이 균형을 유지하는 작업이다. 일반적으로 정확도가 높을수록 시간, 노력, 비용이 더 많이 든다. 이것이 [그림 3-12]에 설명되어 있다.

TIP

인터커넥트를 나타내는 모델을 만들 때, 때로는 지금 "당장 괜찮은" 답을 얻는 것이 "뒤늦게 정답"을 얻는 것보다 더 중요하다는 점을 명심해야 한다. 이것이 바로 아인슈타인의 조언을 따라야 하는 이유이다.

어떤 인터커넥트에 대한 모델을 만들 때 시작 모델, 즉 1차 모델로는 이상적인 전송 선로를 선택하는 것이 항상 좋다. 이상적인 전송 선로는 인터커넥트를 나타내는 데 적합한 저주파수 모델이자 고주파수 모델이며, 이것이 7장 전체에서 전송 선로라는 이상적인 회로 소자를 다루는 이유이다.

그러나 때로는 '패키지 리드의 인덕턴스는 얼마인가?' 또는 '인터커넥트 트레이스의 커패시턴스는 얼마인가?'와 같이 집중 회로 소자의 측면에서 답을 얻기 바라는 질문이 나오기도 한다. 인터커넥트 구조가 전기적으로 짧거나 주파수가 낮은 경우에는 인터커넥트를 이상적인 R, L, C 소자로 근사할 수 있다. 전기적 길이(electrical length)의 개념은 7장에서 설명한다.

가장 간단한 집중 회로 모델은 한 개의 R 또는 L 또는 C 회로 소자이다. 그다음으로 간단한 것은 이 세 종류의 소자 중 두 개의 조합, 그다음은 세 개의 조합, … 등이다. 모델의 복잡도를 높여야 하는 시점을 결정하는 핵심 요인은 필요한 모델의 대역폭이다. 일반적으로 대역폭이 높을수록 모델이 더 복잡해지는 경향이 있다. 그러나 모든 고대역폭 모델은 낮은 주파수에서도 여전히 좋은 일치도를 보여야 한다. 그렇지 않은 경우 저주파 성분이 들어있는 신호에 대해 과도 시뮬레이션을 수행하면 결과가 정확하지 않다.

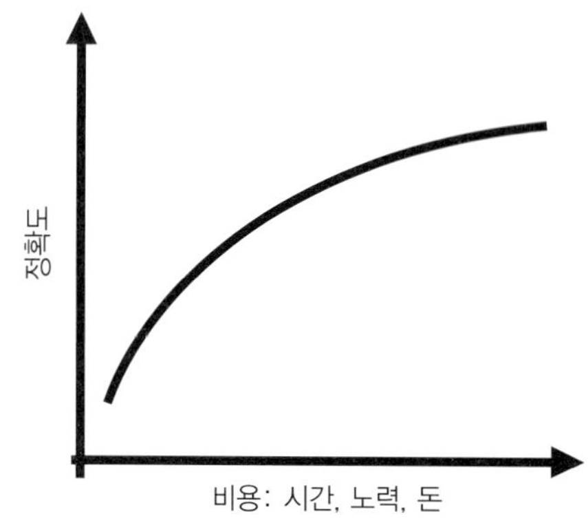

그림 3-12 모델의 정확도와 이를 달성하는 데 필요한 노력 사이의 트레이드오프. 이것은 일반적으로 대부분의 문제에 근본적으로 존재하는 관계이다.

SMT(surface-mount technology, 표면 실장 기술), 종단 저항기(terminating resistor), 디커플링 커패시터, 필터 인덕터와 같은 개별 수동 장치를 나타내는 데 사용되는, 낮은 대역폭을 가진 이상적인 회로 모델 토폴로지와, 높은 대역폭을 가진 이상적인 회로 모델 토폴로지를 [그림 3-13]에 나타내었다. 앞서 실제 디커플링 커패시터의 경우에서 살펴보았듯이 단일 소자 회로 모델은 낮은 주파수에서 매우 잘 작동했다. 실제 디커플링 커패시터를 나타내는 더 높은 대역폭을 가진 모델은 최대 5 GHz까지도 잘 작동했다. 실제 부품에 대한 회로 모델의 대역폭은 측정을 통해서가 아니면 추정하기가 쉽지 않다.

전기적으로 짧은(electrically short) 많은 인터커넥트에 대해서도 간단한 회로 모델을 사용할 수 있다. 예를 들어 PCB에서 접지면 위에 한 드라이버를 다른 부품과 연결하는 1인치 길이의 트레이스가 놓여 있는 구조를 회로 모델로 만들어보자. 가장 간단한 시작 모델은 단일 커패시터이다. [그림 3-14]는 1 inch 길이의 이 인터커넥트를 한 개의 C 소자로 나타낸 1차 모델을 사용하여 임피던스를 계산한 시뮬레이션 결과와 실제 측정 결과를 함께 나타낸 것이다. 이 경우에 약 1 GHz까지는 두 결과가 잘 일치한다. 인터커넥트의 응용 분야의 대역폭이 1 GHz 미만인 경우에는 간단한 이상적인 커패시터를 사용하여 이 1인치 길이의 인터커넥트를 정확하게 모델링할 수 있다.

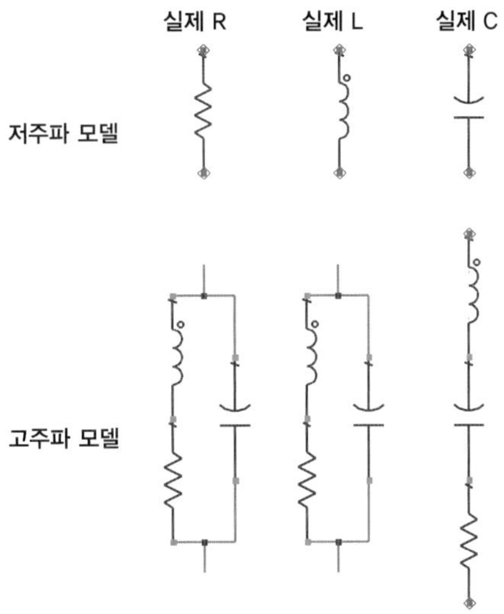

그림 3-13 낮은 주파수 대역폭과 높은 주파수 대역폭에서 실제 부품 또는 인터커넥트를 나타내는 간단한 1차 모델

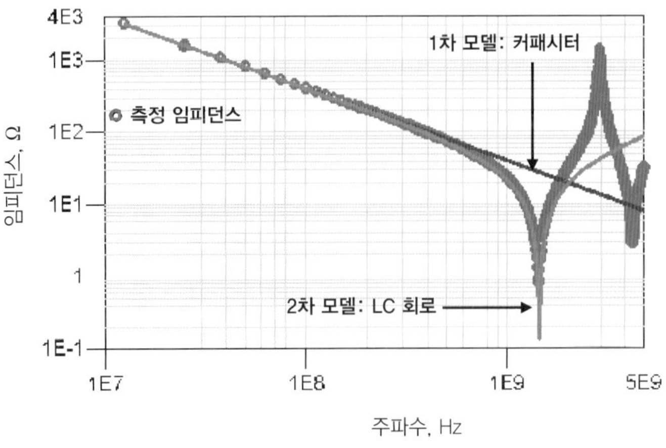

그림 3-14 1 inch 길이의 마이크로스트립 선로의 임피던스 측정 결과와 1차 모델 및 2차 모델의 임피던스 시뮬레이션 결과의 비교. 1차 모델은 한 개의 C 소자이며 대역폭은 약 1 GHz이다. 2차 모델은 직렬 LC 회로이며 대역폭은 약 2 GHz이다.

모델의 대역폭을 더 높이기 위해 커패시터에 직렬로 인덕터를 추가한 직렬 LC 회로를 2차 모델로 사용할 수 있다. 대역폭이 더 높은 이 모델은 최대 약 2 GHz까지 측정 결과와 잘 일치한다.

7장에서 설명하는 바와 같이 균일한 인터커넥트를 나타내는 데 가장 적합한 모델은 이상적인 전송 선로 모델이다. T 소자는 낮은 주파수와 높은 주파수에서 모두 잘 동작한다. [그림 3-15]는 전체 측정 대역폭에 걸쳐 측정된 임피던스와 이상적인 T 소자의 시뮬레이션 임피던스 사이의 우수한 일치도를 보여주고 있다.

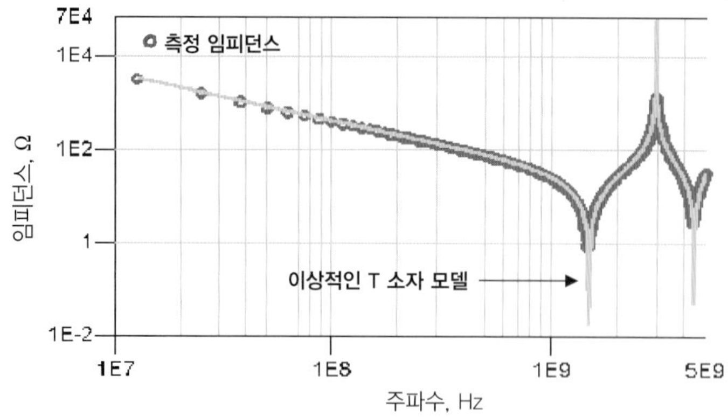

그림 3-15 1 inch 길이의 마이크로스트립 선로의 임피던스 측정 결과와 이상적인 T 소자 모델의 임피던스 시뮬레이션 결과. 전체 측정 대역폭에 걸쳐 두 결과가 잘 일치한다. 낮은 주파에서도 매우 잘 일치한다.

이상적인 저항기 회로 소자는 실제 저항기 부품에서 실제로 일어나는 동작을 놀랍도록 높은 대역폭까지 모델링할 수 있다. 예를 들어 종단을 하는 데 사용되는 저항기 부품은 일반적으로 축 리드(axial lead), SMT, IPD(integrated passive devices, 집적 수동 부품)와 같은 세 가지 기술을 적용하여 제작한다. 각 기술을 대표하는 소자의 임피던스를 측정한 결과를 [그림 3-16]에 나타내었다.

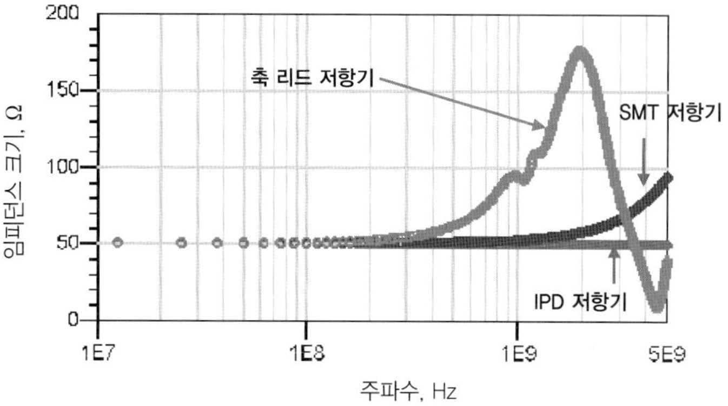

그림 3-16 세 가지 종류의 저항기 부품-축 리드 저항기, 표면 실장 기술(SMT) 저항기, 집적 수동 부품(IPD) 저항기 – 의 임피던스 측정 결과. 이상적인 저항기 소자는 주파수에 따라 임피던스가 일정하다. 이 간단한 모델은 저주파에서는 세 종류의 실제 저항기와 일치하지만, 저항기의 제조 기술에 따라 대역폭이 제한된다.

이상적인 저항기는 주파수에 따라 일정한 임피던스를 갖는다. [그림 3-16]에서 볼 수 있듯이 IPD 저항기는 최대 5 GHz의 전체 측정 대역폭까지 이상적인 저항기 소자의 동작과 일치한다. SMT 저항기는 실장 구조, 기판 적층 구조(stack-up)에 따라 최대 약 2 GHz까지 이상적인 저항기로 근사할 수 있다. 축 리드 저항기는 약 500 MHz까지는 이상적인 저항기로 근사할 수 있다. 일반적으로 더 높은 주파수에서 발생하는 중요한 효과는 실제 저항기에 들어있는 인덕터 성분으로 인한 것이다. 더 높은 대역폭 모델에는 인덕터 성분과 커패시터 성분이 포함되어야 할 것이다.

적합한 회로 모델 토폴로지를 선정하는 것은 절반의 해법에 불과하다. 나머지 절반의 해법은 측정 또는 계산을 통해 파라미터 값을 추출하는 것이다. 회로 토폴로지에서 시작하여, 경험 규칙, 해석적 근사식, 수치 시뮬레이션 도구를 사용하여 형상(기하학적 구조)과 물질(재료) 특성으로부터 각 회로 소자의 파라미터 값을 계산할 수 있다. 이에 대해서는 다음 장에서 자세히 설명한다.

3.11 핵심 요약

1. 임피던스는 모든 신호 무결성 문제와 그 해결책을 설명하는 강력한 개념이다.
2. 임피던스는 인터커넥트 또는 부품에서 전압과 전류가 어떤 관계를 가지고 있는지 나타낸다. 기본적으로 임피던스는 어떤 장치 양단의 전압과 그 장치를 통과하는 전류의 비이다.
3. 실제 하드웨어를 구성하는 실제 부품들을 현실 세계를 근사적으로 나타내는 수학적 표현인 이상적인 회로 소자들과 혼동해서는 안 된다.
4. 목표는 실제로 존재하는 물리적 인터커넥트 또는 부품의 임피던스를 적절하게 근사하는 이상적인 회로 모델을 만드는 것이다. 모든 모델은 대역폭을 가지고 있어서 대역폭을 초과하는 주파수에서는 현실을 정확하게 표현할 수 없다. 하지만 간단한 모델도 놀라울 정도로 높은 대역폭까지 잘 작동할 수 있다.
5. 이상적인 저항기의 저항, 이상적인 커패시터의 커패시턴스, 이상적인 인덕터의 인덕턴스는 모두 주파수에 따라 값이 달라지지 않고 일정하다.
6. 임피던스의 정의는 시간 영역과 주파수 영역에서 모두 동일하다. 하지만 주파수 영역에서 C 소자와 L 소자를 설명하는 것이 더 간단하고 일반화하기 쉽다.
7. 이상적인 R의 임피던스는 주파수에 따라 일정하다. 주파수에 따라 이상적인 커패시터의 임피던스는 $1/\omega C$로 변하고 이상적인 인덕터의 임피던스는 ωL로 변한다.
8. SPICE는 시간 영역과 주파수 영역 모두에서 모든 회로의 임피던스, 전압 파형과 전류 파형을 시뮬레이션하여 예측할 수 있는 매우 강력한 도구이다. 임피던스를 다루는 모든 엔지니어는 데스크톱에 SPICE 버전을 설치하여 사용해야 한다.

9. 실제 인터커넥트를 나타내는 등가 회로 모델을 만들 때는 항상 가능한 한 가장 단순한 모델부터 시작하여 복잡도를 높여가는 것이 중요하다. 가장 간단한 시작 모델은 단일 R, L, C, T 소자이다. 더 높은 대역폭을 갖는 모델은 이러한 이상적인 회로 소자들의 조합을 사용한다.

10. 실제 부품을 GHz 범위의 대역폭을 가진 매우 간단한 등가 회로 모델로 만들 수 있다. 그러나 모델의 대역폭을 알 수 있는 유일한 방법은 실제 장치의 임피던스 측정값을 이상적인 회로 모델을 사용한 임피던스 시뮬레이션 값과 비교하는 것이다.

복습 문제

다음 복습 문제 해답은 부록 D에 수록되어 있다.

3.1 인터커넥트의 가장 중요한 전기적 특성은 무엇인가?

3.2 임피던스 관점에서 반사 노이즈의 근본적 원인을 어떻게 설명할 수 있는가?

3.3 임피던스 관점에서 크로스토크의 근본적 원인을 어떻게 설명할 수 있는가?

3.4 모델링과 시뮬레이션의 차이점은 무엇인가?

3.5 임피던스란 무엇인가?

3.6 실제 커패시터와 이상적인 커패시터의 차이점은 무엇인가?

3.7 실제 부품을 표현하는 데 사용되는 이상적인 회로 모델의 대역폭은 무엇을 의미하는가?

3.8 인터커넥트 모델을 구축하는 데 사용되는 네 가지 이상적인 수동 회로 소자는 무엇인가?

3.9 간단한 L 소자로 표시되는 이상적인 인덕턴스의 동작과 실제 인덕터의 동작 사이의 두 가지 차이점은 무엇인가?

3.10 이상적인 인덕터로 모델링할 수 있는 인터커넥트 구소의 누 가지 예를 제시하라.

3.11 변위 전류란 무엇이며 어디서 찾을 수 있는가?

3.12 주파수가 증가함에 따라 이상적인 커패시터의 커패시턴스는 어떻게 되는가?

3.13 SPICE에서 임피던스 분석기의 출력에 개방 회로를 연결한 경우, 임피던스 시뮬레이션 결과는 어떻게 되는가?

3.14 인터커넥트를 위한 가장 간단한 시작 모델은 무엇인가?

3.15 실제 커패시터를 모델링하는 가장 간단한 회로 토폴로지는 무엇인가? 더 높은 주파수에서 이 모델을 어떻게 개선할 수 있는가?

3.16 실제 저항기를 모델링하는 가장 간단한 회로 토폴로지는 무엇인가? 더 높은 주파수에서 이 모델을 어떻게 개선할 수 있는가?

3.17 실제 축 리드(axial lead) 저항기의 동작은 어느 정도의 대역폭까지 간단한 이상적인 저항기 소자의 동작과 일치할 수 있는가?

3.18 모델의 대역폭을 평가하기 가장 쉬운 영역은 무엇인가?

3.19 253 Ω의 저항을 가진 이상적인 저항기의 임피던스는 1 kHz와 1 MHz에서 각각 얼마인가?

3.20 100 nF의 커패시턴스를 가진 이상적인 커패시터의 임피던스는 1 MHz와 1 GHz에서 각각 얼마인가? 실제 커패시터가 1 GHz에서 아주 낮은 임피던스를 가질 가능성이 낮은 까닭은 무엇인가?

3.21 온-다이(on-die) 전원 레일 전압이 매우 빠른 속도로 50 mV만큼 감소하는 경우, 1 nH의 패키지 리드를 통해 흐르는 전류의 변화율 dI/dt를 구하라.

3.22 패키지 리드를 통해 흐르는 전류의 변화율 dI/dt를 최대로 얻으려면 리드 인덕턴스는 커야 하는가, 아니면 작아야 하는가?

3.23 R = 0.12 Ω, C = 10 nF, L = 2 nH인 직렬 RLC 회로에서 최소 임피던스를 구하라.

3.24 위 [문제 3.23]의 회로에서 1 Hz와 1 GHz에서의 임피던스는 각각 얼마인가?

3.25 어떤 이상적인 전송선로가 실제 인터커넥트의 동작과 매우 잘 일치하는 경우, 낮은 주파수에서 이 이상적인 전송선로의 임피던스는 높은 값을 갖는가, 아니면 낮은 값을 갖는가?

3.26 임피던스 분석기의 역할을 하는 SPICE 회로는 무엇인가?

[04] 저항의 물리적 기초

모든 인터커넥트와 수동 장치는 단지 세 개의 이상적인 집중 회로 소자(저항기, 커패시터, 인덕터)와 하나의 분산 소자(전송 선로)를 사용하여 전기 회로 모델로 나타낼 수 있다. 인터커넥트는 인터커넥트를 구성하는 도체와 유전체의 해당 구조와 배치, 그리고 이들이 신호의 전기장, 자기장과 상호 작용하는 방식에 따른 전기적 특성을 가지게 된다.

도체와 유전체의 형상(기하학적 구조)과 전기적 특성 사이의 연관성을 이해하면 신호가 인터커넥트의 물리적 설계에 의해 어떻게 영향을 받는지에 대한 통찰력을 얻을 수 있으며, 설계를 통해 신호 무결성 성능을 다루는 방법에 대한 직관을 얻을 수 있다.

> **TIP**
> 우수한 신호 무결성을 확보하기 위해 시스템의 물리적 설계를 최적화하는 데 있어서 핵심은 물리적 설계로부터 전기적 성능을 정확하게 예측하고, 목표로 하는 전기적 성능에 맞게 물리적 설계를 효율적으로 최적화하는 것이다.

인터커넥트의 모든 전기적 특성은 맥스웰 방정식을 적용하여 완벽하게 설명할 수 있다. 이 네 가지 방정식은 전기장과 자기장이 경계 조건–어떤 형상(기하학적 구조)을 가진 도체와 유전체–과 어떻게 상호 작용하는지 알려준다. 원칙적으로 말하자면 최적화된 소프트웨어와 충분히 강력한 컴퓨팅 플랫폼을 사용하여, 회로 기판의 해당 레이아웃과 장치(부품)에서 나오는 다양한 초기 전압을 모두 입력하고 실행 버튼을 누르면 공간 전체에 전기장과 자기장이 어떻게 분포하고 변화하는지 확인할 수 있어야 한다. 결국 신호 전송과 관련하여 새로 필요한 물리학이나 알려지지 않은 신비한 효과(현상)는 없다. 모든 것은 맥스웰 방정식으로 설명할 수 있다.

PC에서도 실행되는 몇몇 소프트웨어 도구를 사용하면 작은 규모의 문제들은 맥스웰 방정식으로 완벽하게 시뮬레이션을 할 수 있다. 그러나 맥스웰 방정식을 사용하여 전체 기판을 직접 시뮬레이션 할 수 있는 방법은 아직 없다. 있다 하더라도 최종 시스템 검증만 수행할 수 있으며 이 특정 기판이 성능 사양을 충족하는지 여부만 알 수 있다. 시간에 따라 변하는 모든 전기장과 자기장을 구할 수 있다는 것만으로는 다음 설계에서 무엇을 변경하거나 다르게 수행해야 하는지에 대한 통찰력을 얻을 수는 없다.

TIP

디자인 프로세스는 매우 직관적인 과정이다. 새로운 아이디어는 상상력과 창의력에서 나온다. 이는 일련의 방정식을 수치적으로 푸는 데서 생기는 것이 아니라 직관적인 수준에서 방정식의 의미와 방정식이 말하는 것을 이해하는 데서 생긴다.

4.1 물리적 설계를 전기적 성능으로 변환하기

3장 "임피던스와 전기적 모델"에서 살펴본 것처럼 인터커넥트의 전기적 성능을 고려하는 데 있어서 가장 간단한 시작점은 등가 전기 회로 모델이다. 모든 모델은 두 부분 – 회로 토폴로지와 각 회로 소자의 파라미터 값 – 으로 구성되어 있다. 인터커넥트를 모델링하는 데 있어서 가장 간단한 시작점은 세 개의 이상적인 집중 회로 소자(저항기, 커패시터, 인덕터)와 한 개의 분산 소자(이상적인 전송 선로 회로 소자) 또는 그 조합을 사용하는 것이다.

모델링은 선로의 폭, 길이, 두께, 그리고 물질(재료) 특성 등의 물리적 설계를 R, L, C 소자라는 전기적 세계로 변환하는 프로세스이다. [그림 4–1]은 마이크로스트립 선로라는 특수한 물리적 구조를 물리적 관점과 RLC 모델이라는 전기적 관점으로 각각 나타낸 것이다.

인터커넥트를 나타내는 회로 모델의 토폴로지를 확실하게 정했으면 다음 단계는 파라미터 값을 추출하는 것이다. 이를 기생 추출(parasitic extraction)이라고도 한다. 그 다음 작업은 형상과 물질 특성을 가져와 이들의 값을 이상적인 R, C, L, T 소자의 등가 파라미터 값으로 변환하는 데 사용하는 방법을 결정하는 것이다. 여기에 사용되는 방법으로 경험 규칙, 해석적 근사식, 수치 시뮬레이션 도구가 있다.

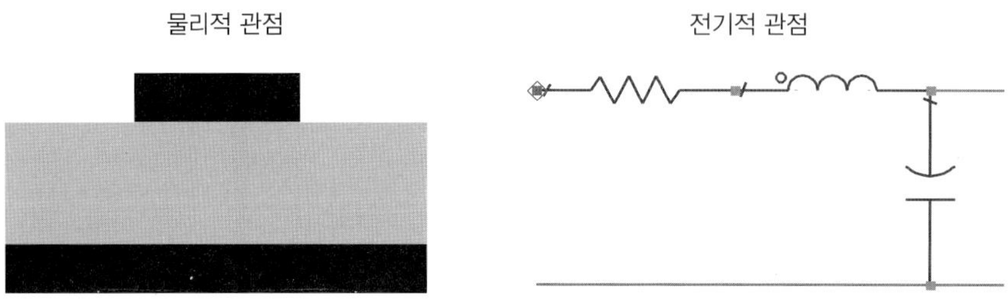

그림 4–1 마이크로스트립 인터커넥트라는 특수한 대상을 바라보는 두 가지 방식: 물리적 관점과 전기적 관점

이번 4장에서는 형상(기하학적 구조)과 물질 특성에 의해 저항(resistance)이 어떻게 결정되는지 살펴본다. 4장 다음에 이어지는 5장, 6장, 7장에서는 커패시턴스, 인덕턴스, 전송 선로의 물리적 기초를 차례로 살펴본다.

4.2 인터커넥트의 저항을 나타내는 유일한 좋은 근사식

기판상의 구리 트레이스와 같은 어떤 도체의 양단(양쪽 끝부분)을 택하고, 이 양단 사이에 전압을 인가하면 도체를 통해 전류가 흐른다. 전압이 두 배가 되면 전류도 두 배가 된다. 실제 구리 트레이스 양단 사이의 임피던스는 이상적인 저항기로 모델링할 수 있다. 이상적인 저항기는 시간과 주파수에 따라 일정한 임피던스를 가지고 있다.

TIP

인터커넥트의 저항 값을 추출한다는 말 속에는 인터커넥트를 이상적인 저항기로 모델링하겠다는 생각이 이미 들어있다.

회로 토폴로지를 이상적인 저항기 소자로 결정한 다음에는 세 가지 분석 기법 중 하나를 적용하여 인터커넥트의 특정 형상(구조)과 물질 특성을 바탕으로 파라미터 값을 추출한다. 모델의 초기 정확도는 실제 구조를 좋은 근사식을 가진 표준 모양(패턴, pattern) 중 하나로 얼마나 잘 변환할 수 있는지, 또는 수치 시뮬레이션 도구를 얼마나 잘 적용할 수 있는지에 따라 달라진다. 대략적인 근사치만 알고 싶은 경우에는 경험 규칙을 적용할 수도 있다.

인터커넥트의 저항을 나타내는 좋은 해석적 근사식은 단 하나뿐이다. 이 근사식은 길이 방향으로 균일한 단면을 갖는 도체에 대한 수식이다. 예를 들어, 와이어 본드(wire bond), 훅업 와이어(hook-up wire), 회로 기판상의 트레이스는 전체에 걸쳐 길이 방향으로 동일한 지름이나 단면을 갖는다. 이 근사식은 이러한 경우에 잘 들어맞는다. [그림 4-2]에 이 근사식을 사용하는 기하학적 구조를 나타내었다.

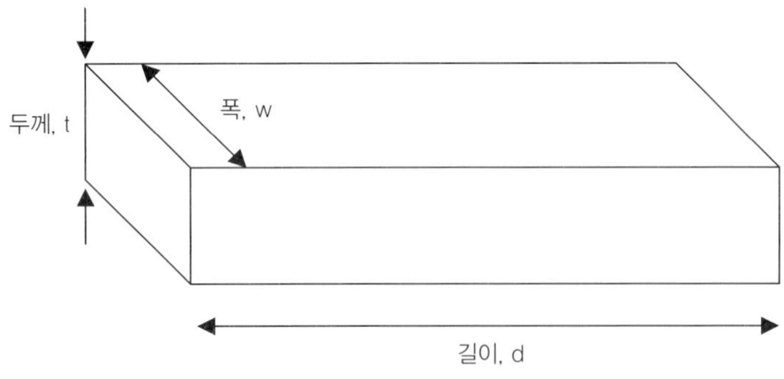

그림 4-2 이상적인 R 소자 모델로 나타내는 실제 인터커넥트의 기하학적 구조. 저항은 길이 d만큼 떨어져 있는 양쪽 끝 면 사이에 있다. 양쪽 끝 면 사이의 거리를 나타내는 데 Len이라는 용어를 사용하기도 한다.

도체의 형상이 특별히 길이를 따라가며 동일한 단면을 가진 경우에는 도체의 저항을 다음 근사식으로 나타낼 수 있다.

$$R = \rho \frac{Len}{A} \tag{4.1}$$

여기서

R = 저항(단위: Ω)

ρ = 도체의 벌크 저항률(단위: Ω-cm)

Len = 인터커넥트 양 끝 사이의 거리(단위: cm)

A = 단면적(단위: cm^2)

예를 들어 어떤 와이어 본드가 길이가 0.2 cm(약 80 mil), 지름이 0.0025 cm(1 mil)이고 저항률이 2.5 μΩ-cm인 금으로 이루어져 있을 때 양단 사이의 저항은 다음과 같다.

$$R = \rho \frac{Len}{A} = 2.5 \times 10^{-6} \times \frac{0.2}{(\pi/4)0.0025^2} = 0.1\ \Omega \tag{4.2}$$

TIP

다음 경험 규칙은 기억해 두면 좋다. 지름이 1 mil이고 길이가 80 mil인 와이어 본드의 저항은 약 0.1 Ω이다. 이 경우 인치당 저항은 약 1 Ω/inch으로 기억하기 쉽다.

이 근사식은 저항값이 길이에 따라 선형적으로 증가한다는 것을 나타낸다. 인터커넥트 길이를 두 배로 늘리면 저항도 두 배가 된다. 저항값은 단면적에 반비례한다. 단면적을 크게 하면 저항이 감소한다. 이러한 성질은 파이프를 통해 흐르는 물에 대해 우리가 알고 있는 내용과 일치한다. 파이프가 넓을수록 물의 흐름에 대한 저항이 작고 파이프가 길수록 저항이 크다.

이상적인 등가 저항기의 파라미터 값(즉 저항값)은 형상(기하학적 구조)과 물질(재료) 특성(즉, 벌크 저항률)에 따라 달라진다. 와이어의 모양을 변경하면 등가 저항도 바뀐다. PQFP(Plastic Quad Flat Pack)의 리드 프레임처럼 도체의 단면이 길이에 따라 달라지는 경우, 일정하지 않은 실제 단면을 일정 단면이라는 관점으로 근사하는 방법을 찾아야 한다. 그렇지 않으면 식 (4.1)의 근사식을 사용할 수 없다.

피치(pitch)가 25 mil인 208핀 PQFP의 리드를 고려해보자. 리드의 전체 길이는 0.5 inch인데 리드는 길이를 따라가며 모양이 변하고 단면이 일정하지 않다. 리드의 두께는 항상 3 mil로 일정하지만 리드의 폭은 10 mil에서 시작하여 바깥쪽 가장자리에서는 20 mil까지 넓어진다. 리드의 한쪽 끝에서 다른 쪽 끝까지 그 사이의 저항을 어떻게 추정할 수 있을까? 이 질문의 핵심 용어는 추정(estimate)이다. 가장 정확한 추정 결과가 필요한 경우에는 리드 도체의 모양에 대한 정확한 프로파일(profile, 정보)을 가지고 3D 모델링 도구를 사용하여 리드 도체 폭의 변화를 고려하여 각 부분(section)의 저항을 계산할 수 있다.

식 (4.1)의 근사식은 단면이 일정한 구조에 대해서만 사용할 수 있다. 따라서 실제로는 도체의 폭이 변하는 PQFP 리드를 단면이 일정한 구조로 근사해주어야 한다. 이러한 근사를 수행하는 한 가지 방법으로 리드가 길이를 따라가며 균일하게 가늘어지는 것으로 가정한다. 이렇게 가정하면 리드의 한쪽 끝의 폭이 10 mil이고 반대쪽 끝의 폭이 20 mil이므로 리드의 평균 폭은 15 mil이다. 따라서 실제 리드를 1차 근사하여 두께가 3 mil이고 폭이 15 mil인 일정한 단면을 가진 리드로 가정한다. 그런 다음 구리의 저항률을 사용하여 근사된 리드의 저항을 계산하면 다음과 같다.

$$R=\rho\frac{\mathrm{Len}}{A}=1.8\times10^{-6}\ \Omega\text{-cm}\times\frac{0.5\ \mathrm{inch}}{0.003\ \mathrm{inch}\times0.015\ \mathrm{inch}}\times\frac{1\ \mathrm{inch}}{2.54\ \mathrm{cm}}=8\ \mathrm{m}\Omega \tag{4.3}$$

각각의 단위에 주의를 기울이고 항상 단위 사이에서 일관성을 유지하는 것이 중요하다. 저항은 언제나 Ω 단위로 측정된다.

4.3 벌크 저항률

벌크 저항률(bulk resistivity)은 모든 도체가 가지고 있는 기본적인 물질 특성이다. 저항률은 Ω-inch 또는 Ω-cm과 같이 Ω-길이의 단위를 가진다. 저항률의 단위는 자칫 잘못하면 틀리기 쉬운데, 이는 저항률의 단위는 Ω-cm가 아니라 Ω/cm가 되어야 할 것 같기 때문이다. 실제로도 Ω/cm 단위로 잘못 보고된 벌크 저항률을 자주 본다. 물질의 고유한 특성인 저항률과 인터커넥트 일부분(조각)의 저항(resistance)을 혼동하지 말아야 한다.

벌크 저항률은 인터커넥트의 저항이 Ω 단위가 될 수 있게 만드는 단위를 가져야 한다. $R = \rho\cdot\mathrm{Len}/A$이므로 저항 = 저항률 × 길이/(길이 × 길이)의 단위가 Ω이 되려면 저항률의 단위는 Ω-길이가 되어야 한다.

> **TIP**
>
> 벌크 저항률은 물질(재료)로 만들어진 구조나 물체의 특성이 아니다. 벌크 저항률은 물질의 크기와 무관한 물질의 고유한 특성이다.

벌크 저항률은 물질(재료) 덩어리의 크기와는 관계가 없는 물질의 고유한 특성이다. 저항률은 물질이 전류 흐름을 방해하는 정도를 나타내는 물질 고유의 양이다. 한 변의 길이가 1 mil인 정육면체 덩어리 형상의 구리는 한 변의 길이가 10 inch인 정육면체 덩어리의 구리와 동일한 벌크 저항률을 갖는다.

도체의 특성이 좋지 않을수록 저항률이 높아진다. 일반적으로 그리스 문자 ρ를 물질의 벌크 저항률을 나타내는 기호로 사용한다. 저항률 대신에 **전도율**(conductivity)이라는 용어도 종종 사용된다. 전도율은 물질의 전기 저항률(electrical resistivity)을 나타내는 데 사용된다. 전도율을 가리키는 데는 그리스 문자 σ를 사용하는 것이 일반적이다. 전도성이 더 높은 물질이 더 높은 전도율을 갖는 것은 당연하다. 저항률과 전도율은 다음과 같이 서로 역수 관계이다.

$$\rho=\frac{1}{\sigma} \tag{4.4}$$

저항률의 단위는 Ω-m인 반면에 전도율의 단위는 1/(Ω-m)이다. 1/Ω 단위는 S(Siemens, 지멘스)라는 특별한 이름을 가진 단위로 간단히 나타낼 수 있다. 따라서 전도율의 단위는 S/m

이다. [그림 4-3]에는 인터커넥트에 널리 사용되는 다양한 도체와 그 저항률이 정리되어 있다. 대부분의 인터커넥트 금속의 벌크 저항률은 제조 시 다양한 가공 조건에 따라 최대 50%까지 달라질 수 있다는 점에 유의해야 한다. 예를 들어, 구리의 벌크 저항률은 전기 도금(electroplated), 무전해 증착(electrolessly deposited), 스퍼터링(sputtered), 압연(rolled), 압출(extruded), 열처리(annealed) 여부에 따라 1.8~4.5 μΩ-cm로 알려져 있다. 다공성(porous)일수록 저항률이 높아진다. 도체의 벌크 저항률을 오차 10% 이내로 반드시 알아야 하는 경우에는 샘플을 특정하여 측정을 수행해야 한다.

인터커넥트 물질	저항률 μΩ-cm
은(Silver)	1.47
구리(Copper)	1.58
금(gold)	2.01
알루미늄(aluminum)	2.61
몰리브덴(molybdenum)	5.3
텅스텐(tungsten)	5.3
니켈(nickel)	6.2
은으로 채워진 유리(silver-filled glass)	~10
주석(tim)	10.1
공정 납-주석 솔더(eutectic Pb/Sn solder)	15
납(lead)	19.3
코바(kovar)	49
알로이42(Alloy42)	57
은으로 채워진 에폭시(silver-filled epoxy)	~300

그림 4-3 대표적인 인터커넥트 물질의 벌크 저항률

이러한 물질의 고유한 특성을 나타내는 데 벌크 저항률(bulk resistivity)과 부피 저항률(volume resistivity)이라는 용어를 사용한다. 이 두 용어 이외에도 저항과 관련된 또 다른 두 가지 용어인 길이당 저항(resistance per length)과 시트 저항(sheet resistance)이 함께 사용된다.

4.4 길이당 저항

와이어 또는 회로 기판상의 트레이스와 같이 도체의 단면이 길이를 따라 균일할 때 인터커넥트의 저항은 길이에 정비례한다. 식 (4.1)의 근사식을 사용하면 단면이 균일한 도체의 경우에 길이당 저항은 다음과 같이 주어진다는 것을 알 수 있다.

$$R_L = \frac{R}{\text{Len}} = \frac{\rho}{A} \tag{4.5}$$

여기서

R_L = 길이당 저항

Len = 인터커넥트 길이

ρ = 벌크 저항률

A = 전류가 통과하는 단면적

예를 들어, 지름이 1 mil인 금으로 만든 와이어 본드의 경우에 단면은 길이에 따라 일정하다. 단면적은 $A = \pi/4 \times 1\ \text{mil}^2 = 0.8 \times 10^{-6}\ \text{inch}^2$이다. 금의 벌크 저항률은 약 1 μΩ-inch이므로 와이어 본드의 길이당 저항은 $R_L = 1\ \mu\Omega\text{-inch}/0.8 \times 10^{-6}\ \text{inch}^2 = (1/0.8)\ \Omega/\text{inch} \sim 1\ \Omega/\text{inch}$로 계산된다.

이는 기억해 두어야 하는 중요한 숫자로 종종 경험 규칙이라고 한다. 와이어 본드의 길이당 저항은 약 1 Ω/inch이다. 와이어 본드의 일반적인 길이는 약 0.1 inch이므로 와이어 본드의 일반적인 저항은 약 1 Ω/inch × 0.1 inch = 0.1 Ω이다. 0.05 inch 길이의 와이어 본드는 1 Ω/inch × 0.05 inch = 0.05 Ω = 50 mΩ의 저항을 가진다.

도선(wire)의 지름은 AWG(American wire gauge, 미국도선규격)라는 규격 참조 번호로 나타낸다. [그림 4-4]에 몇 가지 게이지 번호와 그에 해당하는 지름을 표로 정리하였다. 구리(copper)로 만든 도선으로 가정하면 지름 값으로부터 길이당 저항을 추정할 수 있다. 예를 들어, 많은 개인용 컴퓨터 본체에서 일반적으로 사용되는 22-게이지 도선의 지름은 25 mil이다. 이 도선의 길이당 저항은 $R_L = 1.58\ \mu\Omega\text{-cm}/(2.54\ \text{cm/inch})/(\pi/4 \times 25\ \text{mil}^2) = 1.2 \times 10^{-3}\ \Omega/\text{inch} = 15 \times 10^{-3}\ \Omega/\text{ft}$이다. 다시 말해 1000 ft당 15 Ω이다.

AWG 규격 번호	지름(inch)	1,000 피트당 저항(Ω) (ρ = 1.74 μΩ-cm로 가정)
24	0.0201	25.67
22	0.0254	16.14
20	0.0320	10.15
18	0.0403	6.385
16	0.0508	4.016
14	0.0640	2.525
12	0.0808	1.588
10	0.1019	0.999

그림 4-4 AWG 규격(American wire gauge, 미국도선규격): AWG 번호, 지름, 길이당 저항

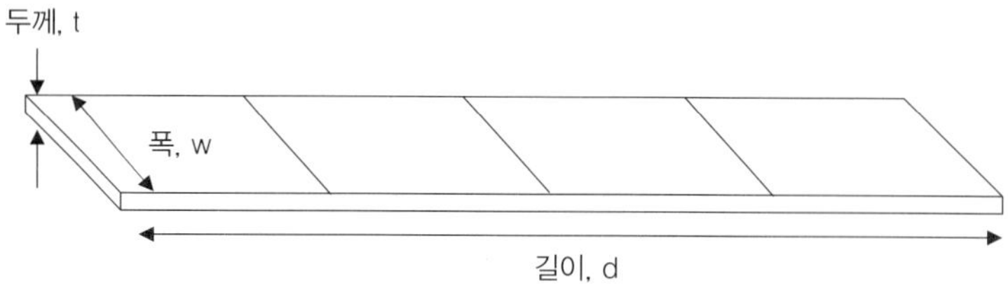

그림 4-5 시트 형태의 균일한 트레이스를 n(= Len/w)개의 정사각형으로 나눌 수 있다.

4.5 시트 저항

인쇄 회로 기판(printed circuit board, PCB), 공동 소성 세라믹 기판(cofired ceramic substrate), 박막 기판(thin film substrate)과 같은 많은 인터커넥트 기판상에서는 균일한 도체 시트를 사용하여 트레이스(trace)를 만든다. 기판 각 층(layer)의 모든 도체는 두께가 동일하다. [그림 4-5]와 같이 트레이스의 폭이 균일한 특수한 경우, 트레이스의 저항은 다음 식으로 주어진다.

$$R = \rho \frac{Len}{t \times w} = \left(\frac{\rho}{t}\right) \times \left(\frac{Len}{w}\right) \tag{4.6}$$

첫 번째 항 (ρ/t)는 기판 층에 만들어진 두께가 t인 모든 트레이스에 대해 일정하다. 결국 같은 층에 있는 모든 트레이스는 벌크 저항률과 두께가 모두 동일하다. ρ/t는 시트 저항(sheet resistance)이라고 하며 R_{sq}로 표시한다.

두 번째 항 (Len/w)은 특정 트레이스에서 길이와 폭의 비이다. 이 비는 트레이스를 따라가며 그릴 수 있는 정사각형(square)의 개수이다. 이 비를 n이라고 하며 단위가 없는 무차원수(dimensionless number)이다. 직사각형 트레이스의 저항은 다음 식으로 다시 쓸 수 있다.

$$R = R_{sq} \times n \tag{4.7}$$

여기서

R_{sq} = 시트 저항

n = 트레이스를 따라가며 만들 수 있는 정사각형 개수

흥미롭게도 시트 저항의 단위는 Ω이다. 시트 저항이 저항의 단위를 가지지만 시트 저항은 어떤 저항을 의미하는 것일까? 시트 저항에 대해 생각하는 가장 간단한 방법은 하나의 정사각형 모양(즉, 길이와 폭이 같음)인 시트 조각에 대해서 양단(서로 마주 보는 두 변) 사이의 저항을 고려하는 것이다. 이 경우 n = 1인데, 이 정사각형 트레이스의 양단 사이의 저항이 바로 시트 저항이다. 시트 저항은 정사각형 한 개의 저항을 말한다.

놀랍게도 정사각형의 한 변이 10 mil이든 10 inch이든 상관없이 정사각형 양단의 저항은 일정하다. 정사각형 한 변이 두 배가 되면 길이가 두 배가 되어 저항은 두 배가 될 것이다. 하

지만 폭도 두 배가 되므로 저항은 절반으로 줄어든다. 이 두 가지 효과는 상쇄되므로 정사각형의 크기가 달라져도 알짜(net) 저항은 일정하다.

TIP

동일한 도체 시트에서 잘라낸 모든 정사각형 조각은 양단(마주 보는 두 변) 사이의 저항이 동일하다. 이 동일한 정사각형 시트 조각의 저항을 시트 저항이라고 한다. 시트 저항은 단위는 Ω인데, 종종 Ω/square 또는 Ω/□로 나타내기도 한다.

시트 저항은 도체의 벌크 저항률과 시트의 두께에 따라 달라진다. 구리 도체 층으로 제작된 일반적인 PCB에서 구리 두께는 제곱피트당 구리의 무게로 표시한다. 이 표기 방법은 사이즈가 1 제곱피트인 판(panel)의 무게를 측정하여 도금 두께를 재었던 시절의 잔재이다. 1 온스(ounce, 줄여서 oz) 구리 시트는 기판에서 제곱피트당 1 온스의 구리 무게에 해당한다. 1 온스 구리 시트의 두께는 약 1.4 mil 또는 35 μm이다. 1/2 온스 구리 시트의 두께는 0.7 mil 또는 17.5 μm이다. 구리의 벌크 저항률을 기준으로 1 온스 구리의 시트 저항을 구해보면 $R_{sq} = 1.6 \times 10^{-6}\ \Omega\text{-cm}/35 \times 10^{-4}\ \text{cm} = 0.5\ \text{m}\Omega/\text{sq}$이다.

구리 시트의 두께를 반으로 줄여 1/2 온스 구리로 변경하면 시트 저항은 두 배가 된다. 따라서 1/2 온스 구리의 시트 저항은 1 mΩ/sq이다.

TIP

'1/2 온스 구리의 시트 저항은 1 mΩ/sq'은 기억해 두면 좋은 간단한 경험 규칙이다. 폭 5 mil, 길이 5 inch 트레이스에는 총 1000개의 정사각형을 그릴 수 있다. 트레이스에는 1000개의 정사각형(square)이 직렬로 연결되어 있으므로 1/2 온스 구리로 제작한 경우 트레이스의 총 저항은 1 mΩ/sq × 1000 sq = 1 Ω이다.

시트 저항은 층의 금속배선공정(metallization)에 있어서 중요한 특성이다. 두께와 시트 저항을 측정하면 증착된 금속의 벌크 저항률을 구할 수 있다. 시트 저항은 특수 설계된 4점 프로브(four-point probe)를 사용하여 측정된다. 4개의 팁은 일반적으로 단단한 재질(rigid)의 픽스처(fixture, 고정 장치)에 동일한 간격으로 일렬로 장착된다. 이 네 개의 프로브는 측정할 시트와 접촉하도록 배치되고 4점 임피던스 분석기(four-point impedance analyzer) 또는 저항계(Ohmmeter)에 연결된다. 네 개의 점 중에서 바깥쪽 두 점에 정전류 I를 인가하고 안쪽 두 점 사이의 전압 V를 측정하면 시트 저항 측정값은 $R_{meas} = V/I$이 된다. [그림 4-6]에 4점 프로브의 정렬 상태와 전압, 전류의 연결 방법을 나타내었다.

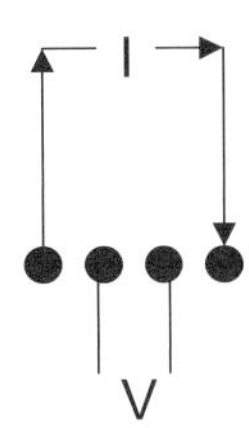

그림 4-6 일렬로 배치된 네 개의 프로브를 사용하여 시트 저항을 측정할 수 있다.

프로브가 시트의 가장자리에서 멀리(즉 가장자리에서 적어도 4개 프로브의 간격 이상) 떨어져 있기만 하면 측정된 저항값은 프로브 측정점 사이의 실제 간격과는 무관하다. 시트 저항 R_{sq} 값은 다음 식을 사용하여 측정된 저항값에서 계산할 수 있다.

$$R_{sq} = 4.53 \times R_{meas} \tag{4.8}$$

시트 저항이 0.5 mΩ/sq인 1 온스 구리의 저항을 4점 프로브로 측정하면 0.1 mΩ으로 나올 것이다. 이것은 매우 작은 저항값으로, 이 값을 측정하려면 특수한 정밀 저항계(micro Ohmmeter, 마이크로 옴 미터)가 필요하다. 시트 저항을 1%의 정확도로 측정하고 싶으면 저항계의 분해능(resolution)이 1 μΩ이 되어야 한다.

시트의 시트 저항값을 알면 이 값을 사용하여 시트로 만든 모든 도체의 길이당 저항과 총 저항을 계산할 수 있다. 일반적으로 트레이스는 폭 w와 길이 Len으로 정의된다. 트레이스의 길이당 저항은 다음과 같다.

$$R_L = \frac{R}{Len} = R_{sq} \times \frac{1}{w} \tag{4.9}$$

여기서

R_L = 길이당 저항
R = 트레이스 저항
R_{sq} = 시트 저항
w = 트레이스 폭
Len = 트레이스 길이

[그림 4-7]은 1 온스 구리 트레이스와 1/2 온스 구리 트레이스에 대해 트레이스 폭에 따른 길이당 저항의 변화를 보여주는 그래프이다. 예상대로 폭이 넓을수록 길이당 저항은 낮아진다. 다양한 백플레인(backplane) 응용 분야에서 일반적으로 사용되는 5 mil 폭 트레이스의 경우, 1/2 온스 구리 트레이스의 길이당 저항은 0.2 Ω/inch이다. 따라서 트레이스의 길이가 10 inch이면 0.2 Ω/inch × 10 inch = 2 Ω의 저항을 가진다.

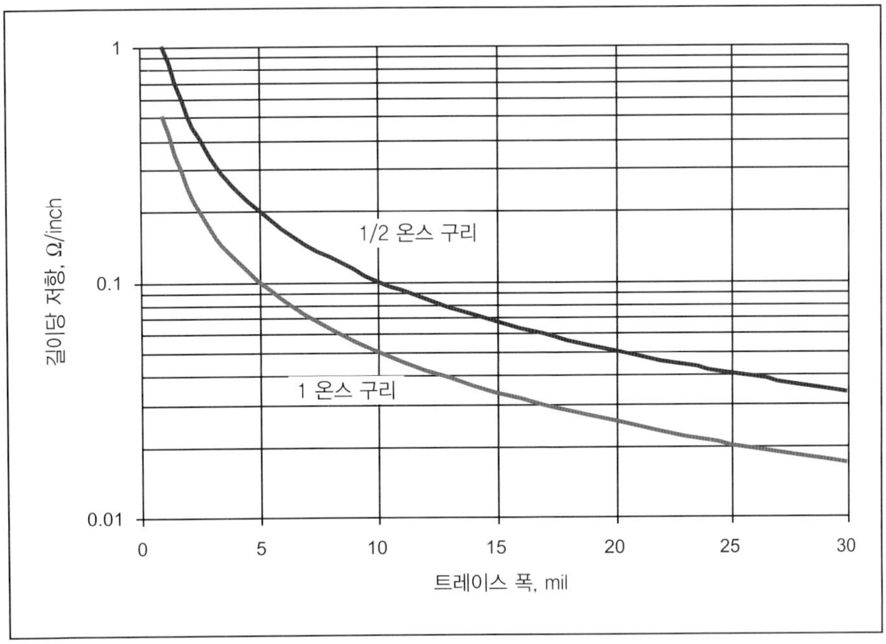

그림 4-7 1 온스 구리 트레이스와 1/2 온스 구리 트레이스의 폭에 따른 길이당 저항의 변화

지금까지 계산한 모든 저항은 전부 DC 아니면 낮은 주파수에서의 저항이라는 점을 명심하는 것이 중요하다. 6장에 설명되어 있듯이 표피 깊이(skin depth)와 관련된 효과로 인해 트레이스의 저항은 주파수에 따라 증가한다. 도체의 벌크 저항률은 주파수에 따라 변하지 않는다. 하지만 도체를 통해 흐르는 전류 분포는 주파수에 따라 변하는데 높은 주파수 신호 성분은 전류가 흐르는 부분의 단면적을 줄이기 위해 표면 근처로 모여 얇은 층을 이루면서 흐른다. 1 온스 구리 트레이스의 경우, 저항은 약 20 MHz부터 대략 주파수의 제곱근($\sqrt{f}$)에 비례하여 증가한다. 이러한 효과(현상)는 인덕턴스와 관련이 있다.

4.6 핵심 요약

1. 물리적 특성을 전기적 모델로 변환하는 것은 시스템의 전기적인 성능을 최적화하는 핵심 단계이다.
2. 인터커넥트의 저항을 계산하는 첫 번째 단계는 '이상적인 저항기 한 개'로 이루어진 간단한 등가 회로 모델을 사용하는 것이다.
3. 인터커넥트 양단 사이의 저항을 계산하는 가장 유용한 근사식은 R = ρ × 길이/단면적이다.
4. 벌크 저항률은 물질의 양과는 관계없는 물질의 고유한 특성이다.
5. 구조의 단면이 균일하지 않은 경우에는 균일한 단면으로 근사하거나 전자기장 해석 솔버(field solver)를 사용하여 저항을 계산해야 한다.

6. 균일한 선로의 길이당 저항은 일정하다. 1/2 온스 구리로 만든 10 mil 폭 트레이스의 길이당 저항은 0.1 Ω/inch이다.
7. 동일한 시트에서 잘라낸 모든 정사각형 조각은 변의 길이에 관계없이 양쪽 가장자리 사이(마주 보는 두 변 사이)의 저항값이 모두 같다.
8. 시트 저항은 시트에서 잘라낸 정사각형 도체의 양쪽 가장자리 사이에서 측정한 저항이다.
9. 1/2 온스 구리의 시트 저항은 1 mΩ/sq이다.
10. 표피 깊이의 효과로 인해 주파수가 높을수록 도체의 저항이 증가한다. 1 온스 구리의 경우 20 MHz부터 증가하기 시작한다.

복습 문제

다음 복습 문제 해답은 부록 D에 수록되어 있다.

4.1 인터커넥트의 저항에 영향을 미치는 세 가지 항목은 무엇인가?

4.2 거의 모든 저항 문제는 3D 전자기장 솔버를 사용하여 계산할 수 있다. 하지만 문제를 푸는 데 있어서 맨 처음 단계에서 3D 전자기장 솔버를 사용하는 경우, 어떤 단점이 있는가?

4.3 보가틴의 규칙 9번은 무엇이며, 왜 이 규칙을 항상 지켜야 하는가?

4.4 벌크 저항률의 단위는 무엇이며, 벌크 저항률은 왜 그러한 이상한 단위를 가지고 있는가?

4.5 저항률과 전도율의 차이는 무엇인가?

4.6 벌크 저항률과 시트 저항의 차이는 무엇인가?

4.7 인터커넥트의 길이가 증가하면 도체의 벌크 저항률은 어떻게 되는가? 또 도체의 시트 저항은 어떻게 되는가?

4.8 저항률 값이 가장 낮은 금속은 무엇인가?

4.9 도체의 벌크 저항률은 주파수에 따라 어떻게 달라지는가?

4.10 일반적으로 인터커넥트 트레이스의 저항은 주파수에 따라 증가하는가, 아니면 감소하는가? 그 이유는 무엇인가?

4.11 금이 구리보다 저항률이 높은데도 인터커넥트용으로 여러 분야에서 사용되는 까닭은 무엇인가?

4.12 1/2 온스 구리의 시트 저항은 얼마인가?

4.13 1/2 온스 구리로 만들어진 트레이스의 폭이 5 mil이고 길이가 10 inch이다. 총 DC 저항은 얼마인가?

4.14 동일한 도체 시트에서 잘라낸 모든 정사각형 조각끼리는 사이즈가 달라도 마주보는 두 변 사이의 저항이 같은 까닭은 무엇인가?

4.15 정사각형 모양의 금속에 대해 양쪽에서 마주보는 두 변 사이의 저항을 계산할 때, 정사각형 내의 전류 분포에 대해서는 어떤 기본적인 가정을 하고 있는가?

4.16 1/2 온스 구리로 만든 어떤 신호 선로의 폭이 5 mil일 때 이 신호 선로의 길이당 저항은 얼마인가?

4.17 표면 트레이스는 종종 2 온스 두께의 구리로 도금한다. 폭이 5 mil인 이 표면 트레이스의 길이당 저항은 1/2 온스 두께인 스트립라인 층과 비교하여 어느 정도인가?

4.18 4점 프로브(4-point probe)를 사용하여 1/2 온스 구리의 시트 저항을 1% 이내의 오차로 측정하려면 분해능이 1 μΩ이 되어야 한다. 100 mA의 전류를 사용하는 경우, 이렇게 작은 저항을 확인하기 위해 어느 정도의 전압까지 측정할 수 있어야 하는가?

4.19 지름이 10 mil이고 길이가 100 inch인 구리도선과 지름이 20 mil이고 길이가 50 inch인 구리도선 중 어느 것이 더 저항이 높은가? 두 번째 선이 텅스텐으로 만들어졌다면 어떻게 되는가?

4.20 와이어 본드(wire bond)의 길이당 저항을 예측하는 데 사용되는 경험 규칙은 무엇인가?

4.21 칩 부착 용도로 사용되는 솔더볼(solder ball)이 있다. 이 솔더볼은 지름이 0.15 mm이고 길이가 0.15 mm 길이인 원통 형태이며, 벌크 저항률은 15 μΩ-cm이다. 이 솔더볼의 저항을 추정하라. 이 결과를 와이어 본드와 비교하라.

4.22 구리의 벌크 저항률은 1.6 μΩ-cm이다. 구리로 만든 정육면체의 모서리의 길이가 1 cm일 때, 서로 마주보는 두 면 사이의 저항은 얼마인가? 또 모서리의 길이가 10 cm로 길어지면 저항은 얼마인가?

4.23 일반적으로 신호 경로에서 1 Ω 미만의 저항은 별다른 영향을 주지 않는 작은 값이다. 1/2 온스 구리로 만든 트레이스의 폭이 5 mil인 경우, 트레이스의 길이가 얼마 이상이 되면 DC 저항이 1 Ω을 초과하는가?

4.24 비아의 드릴 지름은 일반적으로 10 mil이다. 도금 후에는 약 1/2 온스 구리에 해당하는 두께의 구리 층으로 코팅된다. 비아의 길이가 64 mil일 때 비아 내부의 코팅된 구리 원통의 저항은 얼마인가?

4.25 어떤 경우에는 비아 내부를 실버 에폭시(silver epoxy)로 채우는 방법을 권장하기도 한다. 이 실버 에폭시의 벌크 저항률은 300 μΩ-cm이다. 비아 내부를 채운 실버 에폭시의 양쪽 끝 면 사이의 저항은 얼마인가? 실버 에폭시로 채운 경우의 저항을 구리 층으

로 코팅한 경우의 저항과 비교하라. 실버 에폭시로 채우는 방법의 장점은 무엇인가?

4.26 기판의 회로를 변경하는 데 종종 24 AWG 도선이 사용된다. 이 도선의 길이가 4 inch(약 10.16 cm)일 때 도선의 저항은 얼마인가?

[05] 커패시턴스의 물리적 기초

커패시터는 물리적으로 두 개의 도체로 이루어져 있다. 모든 두 도체 사이에는 어느 정도의 커패시턴스가 있다.

TIP

두 도체 사이의 커패시턴스(capacitance)는 기본적으로 두 도체가 가지고 있는 전하 저장 용량(capacity)을 나타내는 척도이다. 여기서, 두 도체가 가진 커패시턴스라는 용량에 전하를 저장하기 위해서는 전압이라는 비용을 두 도체 양단에 지불해주어야 한다.

[그림 5-1]에서 보듯이 두 개의 도체 중 어느 하나에 +전하를 가져다 놓고 나머지 도체에는 −전하를 가져다 놓으면 두 도체 사이에는 전압이 생긴다. 이때 한 쌍의 도체가 가지는 커패시턴스는 다음 식에서 보듯이 어느 한 도체에 놓인(저장된) 전하의 양과 두 도체 사이의 전압의 비(ratio)로 정의된다.

$$C = \frac{Q}{V} \tag{5.1}$$

여기서

C = 커패시턴스[단위: F(Farad, 패럿)]

Q = 한 도체의 총 전하량[단위: C(Coulomb, 쿨롱)]

V = 두 도체 사이의 전압[단위: V(volt, 볼트)]

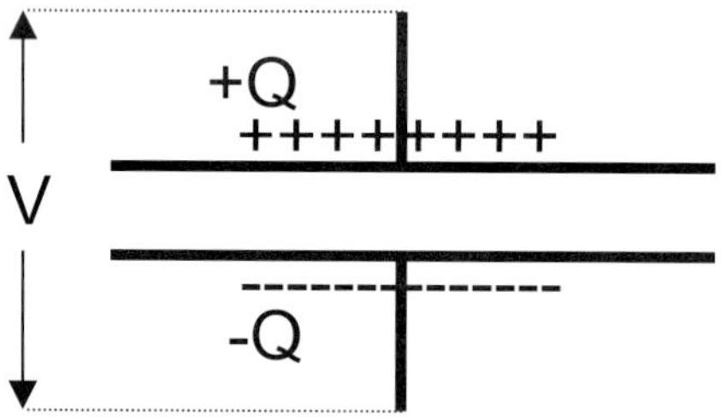

그림 5-1 커패시턴스는 도체 사이에 주어진 전압에 대해 전하를 저장하는 용량을 측정한 값이다.

전압은 전하를 저장하는 대가로 지불하는 비용이다. 정해진 전압에 대해 저장할 수 있는 전하가 많을수록 도체 쌍의 커패시턴스는 높다. 커패시턴스는 두 도체 양단에 전압이라는 비용을 지불할 때 두 도체에 전하가 얼마나 효율적으로 저장되는지를 나타내는 척도이다. 커패시턴스가 높을수록 도체는 동일한 전압 비용으로 더욱 많은 전하를 저장할 수 있으므로 더욱 효율적이다. 커패시터를 구성하는 두 도체 양단의 전압이 증가하면 저장된 전하가 증가하지만 커패시턴스는 변하지 않으므로 결국 전하 저장 효율은 변하지 않는다.

두 도체 사이의 실제 커패시턴스는 두 도체의 형상(기하학적 구조)과 유전체의 물질 특성에 의해 결정된다. 커패시턴스는 인가되는 전압과는 전혀 상관이 없다. 도체의 형상이 변경되면 커패시턴스가 달라진다. 두 도체가 더 가까워지거나 두 도체가 겹치는(마주 대하는) 영역이 더 넓을수록 커패시턴스가 커진다.

커패시턴스는 신호가 인터커넥트와 상호 작용하는 방식을 설명하는 데 중요한 역할을 한다. 커패시턴스는 인터커넥트를 모델링하는 데 사용되는 네 가지 이상적인 기본 회로 소자 중 하나이다.

두 도체 사이에 DC 경로가 없는 경우에도 커패시턴스가 있을 수 있다. 커패시터의 임피던스는 주파수에 따라 감소하므로 높은 주파수에서 두 도체 사이의 임피던스는 매우 낮아질 수 있다. 두 도체 사이에는 프린지 전기장(fringe electric field)이 잠재해 있으므로 신호 무결성 응용 분야에서는 완전한 "개방(open)"과 같은 것은 실제로 존재하지 않는다.

> **TIP**
> 예를 들어 두 개의 서로 다른 트레이스와 같이 어떤 두 도체 사이에 직접적인 도선 연결이 없는 경우에도 이들 두 도체 사이에는 항상 약간의 커패시턴스가 존재한다는 점이 커패시턴스를 미묘하게 만든다. 이 커패시턴스는 경우에 따라 특히 높은 주파수에서 도선 연결이 없는 두 도체 사이에 전류를 흐르게 만들어 크로스토크와 그 밖의 여러 가지 신호 무결성 문제를 일으킬 수 있다.

커패시턴스의 물리적 본질을 이해하면 우리는 마음의 눈으로 전류가 흐를 수 있는 이 은밀한 경로를 볼 수 있다.

5.1 커패시터에서의 전류 흐름

이상적인 커패시터에서는 유전체로 분리된 두 도체 사이에 DC 경로가 없다. 그래서 실제 커패시터를 통과해 전류가 흐를 수 없다고 생각하는 것이 보통일 것이다. 어쨌든 도체 사이에는 절연 유전체가 있기 때문이다. 어떻게 하면 절연 유전체를 통해 전류를 흐르게 할 수 있을까? 3장 "임피던스와 전기적 모델"에서 살펴본 것처럼 커패시터를 통해 전류를 흐르게 할 수 있지만 이러한 현상은 두 도체 사이의 전압이 변하는 특수한 경우에만 일어난다.

커패시터를 통과해 흐르는 전류는 다음 식으로 쓸 수 있다.

$$I = \frac{\Delta Q}{\Delta t} = C\frac{dV}{dt} \qquad (5.2)$$

여기서

- I = 커패시터를 통과하는 전류
- ΔQ = 커패시터상의 전하의 변화량
- Δt = 전하의 양이 변하는 데 걸리는 시간
- C = 커패시턴스
- dV = 두 도체 사이의 전압 변화
- dt = 전압이 변하는 데 걸리는 시간

TIP

커패시턴스는 두 도체 사이의 전압이 변할 때 두 도체 사이의 공간을 통과해 얼마나 많은 전류가 흐르는지를 나타내는 척도이기도 하다.

커패시턴스가 클수록 정해진 dV/dt에 대해 더 많은 전류가 커패시터를 통과한다. 커패시턴스가 크면 시간 영역에서 임피던스가 작아진다.

두 도체 사이의 빈 공간을 통해 전류는 어떻게 흐를까? 도체 사이의 공간에는 절연 유전체가 들어있다. 물론 어떤 실제 전도 전류도 절연 유전체를 통과해 흐를 수는 없지만 분명히 전도 전류가 흐르는 것처럼 보인다.

전류 흐름이 있는 것은 명백하다. 예를 들어 두 도체 사이의 전압을 높이면 한 도체에는 +전하가 추가되고 나머지 도체에서는 −전하가 추가된다. −전하가 추가되는 것은 +전하가 밀려나가는 것과 마찬가지이다. 따라서 한 도체에 추가한 전하가 공간(유전체)을 통과해서 나머지 도체에서 나오는 것처럼 보인다. 결국 도체 양단의 전압이 변경되면 전류가 커패시터를 통과해 흐른 것이나 마찬가지이다.

사실상 커패시터의 빈 공간을 흐른다고 간주할 수 있는 이 전류를 흔히 변위 전류(displacement current)라고 한다. 이것은 전자기학의 아버지인 맥스웰(James Clerk Maxwell)로부터 물려받은 용어이다. 맥스웰은 두 도체 사이의 전압이 변할 때 도체 사이의 빈 공간을 통과해 흐르

는 전류는 에테르(ether)라는 물질에서 일어나는 전하의 분리(separation of charges), 다시 말해 분극(polarization)의 증가 때문이라고 생각했다.

1880년대 맥스웰의 생각 속에는 진공(vacuum)은 비어 있지 않았다. 진공을 채우고 있는 매질(medium)은 빛이 전파하는 데 필요한 에테르라고 하는 미약한 물질이었다. 두 도체 사이의 전압이 변하면 에테르 속 전하들의 위치가 바뀌므로 전하가 서로 분리된다. 전하들의 위치가 바뀌는 동안, 즉 변위되는 동안 움직이는 전하를 맥스웰은 전류라고 생각했고 여기에 **변위 전류**(displacement current)라는 이름을 붙였다.

도체에서 자유 전하(free charge)의 움직임인 전도 전류와 달리 **분극 전류**(polarization current)는 물질(유전체)에 들어있는 속박 전하(bound charge)의 움직임이다. 물질 내부의 전기장이 변하면 물질의 분극(polarization, 편극)이 변하고 그 과정에서 속박 전하의 움직임이 일어난다. 변위 전류는 전기장이 변할 때 진공 속을 흐르는 특수한 전류이다. 이러한 원리는 빅뱅 이후 약 1 나노초 만에 전기장의 속성이 정해진 시공간(space-time)의 근본적인 성질이다.

> **TIP**
> 여러 도체들 사이에 프린지 전기장이 보일 때마다 변위 전류가 그 전기장 선(electric field line)을 따라 흐른다고 머릿속으로 그려본다.

5.2 구의 커패시턴스

두 도체 사이의 실제 커패시턴스 값은 두 도체를 연결하는 전기장 선의 개수와 관련이 있다. 두 도체의 간격이 가까울수록, 두 도체가 마주 대하는 면적이 넓을수록 두 도체를 연결하는 전기장 선의 개수가 많아지고 전하를 저장하는 용량과 효율성이 커진다.

두 도체의 기하학적 구조에 따라 커패시턴스가 달라지며 동일한 구조에서 치수가 달라지는 경우에도 커패시턴스가 달라진다. 몇 가지 예외를 제외하고 기하학적 구조와 커패시턴스 사이의 관계를 나타내는 공식은 대부분 근사식(approximation)이다. 일반적으로 전자기장 솔버를 사용하여, 커넥터를 구성하는 다수의 핀(pin)처럼 여러 도체가 모여 있는 곳에서 모든 도체 쌍 사이의 커패시턴스를 정확하게 계산할 수 있다. 몇 가지 특별한 기하학적 구조를 가진 도체 쌍에 대해서는 맥스웰 방정식을 풀어 정확한 해를 구할 수 있으므로 정확한 해석적 수식(exact analytical expression)이 존재한다.

이러한 구조에 속하는 것으로, 같은 중심을 가지는 두 개의 구(sphere, 공)로 이루어진 도체 쌍이 있다. 이 구조에서 한 도체 구는 다른 도체 구의 내부에 놓여 있다.

중심이 같은 두 개의 동심 구(concentric sphere)의 커패시턴스는 다음 식으로 정확하게 구할 수 있다.

$$C = 4\pi\varepsilon_0 \frac{r r_b}{r_b - r} \tag{5.3}$$

여기서

C = 커패시턴스(단위: pF)

ε_0 = 자유 공간의 유전율 = 0.089 pF/cm 또는 0.225 pF/inch

r = 내부 구의 반지름(단위: inch 또는 cm)

r_b = 더 큰 외부 구의 반지름(단위: inch 또는 cm)

외부 구의 반지름이 내부 구의 반지름보다 10배 이상 큰 경우 동심 구의 커패시턴스는 근사적으로 다음과 같다.

$$C \approx 4\pi \times \varepsilon_0 \times r \tag{5.4}$$

여기서

C = 커패시턴스(단위: pF)

ε_0 = 자유 공간의 유전율 = 0.089 pF/cm 또는 0.225 pF/inch

r = 내부 구의 반지름(단위: inch 또는 cm)

예를 들어, 반지름이 0.5 inch, 다시 말해 지름이 1 inch인 구의 커패시턴스는 $C = 4\pi \times 0.225$ pF/in $\times$ 0.5 in = 1.8 pF이다. 대략적인 경험 규칙으로 지름이 1 inch인 구(공) 모양을 하고 있는 도체의 커패시턴스는 약 2 pF이다.

TIP

이 근사식은 어떤 도체가 주변의 다른 도체 없이 공간에 홀로 놓여 있어도 그 도체는 지구 표면에 대해 약간의 커패시턴스를 가진다는 것을 의미한다. 홀로 있는 도체가 지구에서 아무리 멀어져도 그 도체는 더 이상 계속해서 작아지지 않고 지름에 의해 정해지는 어떤 최소 커패시턴스 값을 가진다. 이 도체가 다른 도체의 표면에 가까워질수록 도체의 커패시턴스는 이 최솟값보다 높아진다.

따라서 길이가 몇 인치에 불과한 짧은 와이어 피그테일(pigtail)이 상자 외부에 달려 있으면 최소 2 pF의 부유 커패시턴스(stray capacitance)를 가질 수 있다. 피그테일의 커패시턴스 값 2 pF의 임피던스를 1 GHz에서 계산해보면 약 100 Ω으로 이 만큼의 임피던스가 피그테일과 접지 또는 피크테일과 섀시 사이에 존재하게 된다. 이 예에서 보듯이 작은 값의 커패시턴스라도 특히 높은 주파수에서 상당한 누설 전류 경로를 생성할 수 있다는 점에서 키페시턴스의 효과는 미묘하다.

5.3 평행판 근사식

커패시턴스를 계산하는 아주 일반적인 근사식으로 평행판 근사식이 있다. [그림 5-2]와 같이 마주 대하고 있는 두 개의 평행한 도체 판(plate)이 거리 h만큼 서로 떨어져 있고 도체의 면적은 각각 A로 동일하며 두 판 사이에는 다른 물질 없이 공기만 있는 경우, 이 평행판 구조의 커패시턴스는 다음 식으로 주어진다.

$$C = \varepsilon_0 \frac{A}{h} \tag{5.5}$$

여기서

C = 커패시턴스(단위: pF)

ε_0 = 자유 공간의 유전율 = 0.089 pF/cm 또는 0.225 pF/inch

A = 도체 판의 면적

h = 두 도체 판 사이의 간격

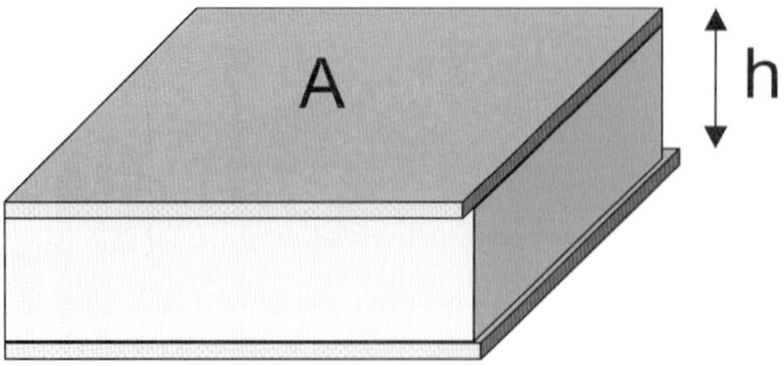

그림 5-2 도체 구조의 커패시턴스를 계산하는 데 사용되는 근사식 중에서 가장 일반적인 것은 면적이 A로 동일한 두 도체 판이 간격 h만큼 떨어져 있는 한 쌍의 평행 도체판의 커패시턴스 근사식이다.

예를 들어, 두 도체 판의 면적이 각각 1 cm^2로 서로 같고 두 도체 판 사이의 간격이 1 mm일 때[1] 이 평행판의 커패시턴스는 $C = 0.089\ pF/cm \times 1\ cm^2 / 0.1\ cm = 0.9\ pF$이다. 이 예는 1 pF의 커패시턴스가 어느 정도인지 감을 잡는 데 도움이 된다. 도체 판의 사이즈와 간격이 우리나라 1원 동전의 앞면 사이즈와 두께보다 약간 작으면 대략 1 pF이 된다.

TIP

평행판 근사식은 모든 커패시터의 중요한 기하학적 특성을 나타낸다. 두 도체가 서로 멀리 떨어져 있을수록 커패시턴스는 낮아지고 두 도체가 서로 마주 대하는 영역이 클수록 커패시턴스는 커진다.

몇몇 방정식을 제외하면 신호 무결성에 사용되는 거의 모든 방정식은 정의이거나 근사식이라는 것을 항상 명심하는 것이 중요하다. 평행판 커패시턴스 수식은 근사식이다. 이 수식은 판 가장자리 주변을 따라 실제로 분포하는 프린지 전기장이 없다고 가정한 것이다. 판 간격이 좁을수록 판이 넓을수록 이 근사식의 정확도는 높아진다. 판의 모양이 정사각형이고 한 변의 치수가 w일 때 w/h가 커질수록 이 근사식의 정확도가 높아진다.

일반적으로 평행판 근사식으로 계산한 커패시턴스는 실제 커패시턴스보다 작다. 이는 근사식이 두 도체 사이에서 도체면에 수직인 전기장 선만을 고려하고 도체 판의 가장자리를 따라 곡선을 그리며 분포하는 프린지 전기장 선은 포함하지 않기 때문이다.

1 (옮긴이) 이 치수는 우리나라 1원 동전(지름 17.2 mm, 두께 1.14 mm, 면적 2.3 cm^2)보다 약간 작다.

실제 커패시턴스는 가장자리에 분포하는 프린지 전기장의 기여로 인해 근사식으로 계산한 값보다 크다. 대략적인 경험 규칙에 따르면 판 사이의 거리가 판의 폭과 길이와 같아서 평행판 구조가 정육면체처럼 보일 때, 두 판 사이의 실제 커패시턴스는 평행판 근사식으로 예측한 값의 대략 두 배이다. 즉, 판의 가장자리를 따라 분포하는 프린지 전기장이 기여하는 커패시턴스의 양이, 평행판 근사식이 예측하는 커패시턴스의 양과 동일하다.

5.4 유전 상수

두 도체 사이에 절연 물질이 들어가면 커패시턴스가 증가한다. 커패시턴스를 증가시키는 물질의 특성을 유전 상수(dielectric constant) 또는 상대 유전율(relative permittivity)이라고 한다. 물질의 유전 상수를 나타내는 기호로, 유전율(permittivity)을 나타내는 기호인 그리스 문자 엡실론 ε에 아래 첨자 r을 붙인 ε_r을 사용한다. 또는 약어인 Dk를 사용하기도 한다. 유전 상수 또는 상대 유전율은 공기의 유전율과 비교하여 몇 배나 큰지를 나타낸다. 공기의 유전 상수는 1이다. 유전 상수는 단위가 없다.

유전 상수는 절연체(insulator)의 고유한 벌크(bulk) 특성이다. 따라서 작은 에폭시 조각의 유전 상수와 큰 에폭시 덩어리의 유전 상수는 – 같은 에폭시 물질이라면 – 서로 같다. 절연체의 유전 상수를 측정하는 방법은 한 쌍의 도체가 공기로 둘러싸여 있을 때의 커패시턴스(C_0)와, 절연 물질로 완전히 둘러싸여 있을 때의 커패시턴스(C)를 비교하는 것이다. 이때 물질의 유전 상수는 다음과 같이 정의된다.

$$\varepsilon_r = \frac{C}{C_0} \tag{5.6}$$

여기서

ε_r = 물질의 유전 상수

C = 두 도체가 물질로 완전히 둘러싸여 있을 때의 커패시턴스

C_0 = 두 도체가 공기로 완전히 둘러싸여 있을 때의 커패시턴스

평행판 구조에서 두 도체 사이에 들어가는 물질의 유전 상수가 높을수록 두 도체 사이의 커패시턴스는 더 많이 증가한다. 어떤 두 도체 주위의 모든 공간이 물질로 균일하게 채워져 있는 경우에는 그 두 도체의 형태(평행판, 두 개의 막대, 넓은 도체면 위의 한 개 도선)와는 전혀 무관하게 두 도체의 커패시턴스를 증가시킨다.

[그림 5–3]에 인터커넥트에 널리 사용되는 다양한 절연체(유전체)의 유전 상수를 표로 정리하였다. 대부분의 고분자 물질(polymer)은 유전 상수가 약 3.5~4.5이다. 따라서 두 전극(도체) 사이에 고분자 물질을 넣어 주면 커패시턴스가 약 4배 증가한다. 대부분의 고분자 물질의 유전 상수는 가공 조건, 경화 정도, 사용된 충전 물질(filler material)에 따라 달라질 수 있다는 점에 유의해야 한다. 유전 상수는 주파수에 따라 어느 정도 달라질 수 있다. 유전 상수

의 값을 오차 10% 이내의 정확도로 알아야 하는 경우, 샘플의 유전 상수를 측정해야 한다.

물질의 유전 상수는 대체로 쌍극자(dipole)의 개수, 크기와 관련이 있다. 물과 같이 많은 수의 쌍극자 분자(molecule)를 가진 물질은 유전 상수가 높다(80 이상). 공기와 같이 쌍극자가 거의 없는 물질은 유전 상수가 낮다(1). 속이 꽉 찬(solid) 균질한(homogeneous) 물질 중에서 테플론(Teflon)의 유전 상수는 약 2로 가장 낮다.

물질 내부에 공기(기포)를 추가하면 유전 상수를 낮출 수 있다. 폼(foam)의 유전 상수는 거의 1에 가깝다. 정반대로 티탄산바륨(barium titanate)과 같은 일부 세라믹은 유전 상수가 5000 정도로 매우 높다.

물질	유전 상수
공기(Air)	1
테플론(Teflon)	2.1
폴리에틸렌(Polyethylene)	2.3
BCB	2.6
PTFE	2.8
폴리이미드(Polyimide)	3.4
게텍(GETEK)	3.6 - 4.2
BT/유리(BT/Glass)	3.7 - 3.9
석영(Quartz)	3.8
캡톤(Kapton)	4
FR4	4 - 4.5
유리-세라믹(Glass-Ceramic)	5
다이아몬드(Diamond)	5.7
알루미나(Alumina)	9 - 10
티탄산바륨(Barium Titanate)	5,000

그림 5-3 인터커넥트에 널리 사용되는 유전체 물질의 유전 상수

유전 상수는 종종 주파수에 따라 달라진다. 예를 들어 1 kHz~10 MHz 사이에서 FR4의 유전 상수는 4.4~4.8 사이에서 달라진다. 그러나 1 GHz~10 GHz 사이에서는 FR4의 유전 상수는 거의 일정할 것이다. FR4의 유전 상수의 정확한 값은 에폭시 수지(epoxy resin)와 유리 직물(glass weave)의 상대적인 양에 따라 달라진다. 유전 상수의 값에 관한 이러한 불명확성을 없애려면 유전 상수가 측정되는 주파수를 명시하는 것이 중요하다.

유전 상수의 주파수 의존성이 중요한 경우, 인과 모델(causal models)을 사용하여 이러한 주파수 의존적 동작을 설명할 수 있다. 이 모델에서는 일반적으로 주파수의 로그(log)에 따라 달라지는 Dk와 주파수 변동의 기울기를 나타내는 손실 계수(dissipation factor) Df를 가정한다. 손실 계수 Df가 높을수록 Dk에 대한 주파수 의존성이 커지고 물질에서의 손실이 커진다.

인과 모델을 사용하여 유전 상수의 주파수 의존성을 나타낼 때, 어느 한 주파수(일반적으로 1 GHz)에서 Dk와 Df를 지정해주기만 하면 다른 모든 주파수에서 해당 값을 계산할 수 있다.

5.5 전원면과 접지면과 디커플링 커패시턴스

평행판 근사식의 가장 중요한 응용 분야 중 하나는 IC 패키지 또는 다층 인쇄 회로 기판(multilayer PCB)에서 전원면과 접지면 사이의 커패시턴스를 분석하는 것이다.

나중에 살펴보겠지만 전원 분배 시스템에서 전압 레일 붕괴를 줄이기 위해서는 전원과 접지 귀환 사이에 디커플링 커패시턴스를 많이 두는 것이 중요하다. 커패시턴스 C는 특정 시간 δt 동안 전원 전압의 강하를 방지한다.

전원 레일의 전류 공급량(current draw)을 측정하는 기준 중의 하나는 전력 소모량(power dissipation)이다. 전력 소모량은 전류 공급량에 전원 레일의 전압을 곱한 값이기 때문이다. 칩의 전력 소모가 P이면 칩에 공급(유입)되는 전류는 I = P/V이다. 디커플링 커패시턴스로 인해 전압 강하가 공급 전압의 5%로 증가할 때까지 걸리는 시간은 대략 다음과 같다.

$$\delta t = C \times 0.05 \times \frac{V^2}{P} \tag{5.7}$$

여기서

δt = 전압 강하가 5%를 초과할 때까지 걸리는 시간(단위: sec)

C = 디커플링 커패시턴스(단위: F)

0.05 = 5% 허용 전압 강하 비율

P = 칩의 평균 전력 소모(단위: W)

V = 공급 전압(단위: volt)

예를 들어, 칩의 전력 소모가 1 W이고 디커플링에 사용하는 커패시턴스가 1 nF이고 공급 전압이 3.3 V일 때 커패시턴스가 디커플링을 제공하는 시간은 $\delta t = 1\ \text{nF} \times 0.05 \times 3.3^2/1 = 0.5$ nsec이다. 그런데 이 시간은 실제로 필요한 시간에 비하면 그리 긴 것은 아니다.

전원 공급 장치 조정기(power supply regulator)가 칩이 정상 동작하는 데 적절한 전류를 공급할 수 있을 때까지 최소 5 μsec 동안 디커플링을 제공하려면 충분한 양의 디커플링 커패시턴스가 필요하다. 이 예에서 적절한 디커플링을 제공하려면 실제로 이 디커플링 커패시턴스의 10,000배 이상인 10 μF이 필요하다.

회로 기판의 전원면과 접지면으로 만들어지는 커패시턴스가 상당한 양의 디커플링을 제공할 것이라고 잘못 생각하는 경우가 많다. 평행판 근사식에 해당 수치를 입력하여 전원면과 접지면이 제공하는 디커플링 커패시턴스의 양과 이것으로 칩을 디커플링할 수 있는 시간을 계산할 수 있다.

다층 회로 기판에서 접지면에 인접한 층에 전원면이 있는 경우, 제곱인치당 두 면 사이의 커패시턴스를 다음과 같이 추정할 수 있다. 두 면 사이의 커패시턴스는 다음과 같다.

$$C = \varepsilon_0 \varepsilon_r \frac{A}{h} \tag{5.8}$$

여기서

C = 커패시턴스(단위: pF)

ε_0 = 자유 공간의 유전율 = 0.089 pF/cm 또는 0.225 pF/inch

ε_r = FR4의 유전 상수, 일반적으로 ~ 4

A = 전원면 또는 접지면의 면적

h = 전원면과 접지면 사이의 간격

전원면과 접지면 사이에 들어있는 유전체의 유전 상수가 4인 FR4이고 면의 면적이 1 in^2, 두 면 사이의 간격이 h일 때, 이 두 면의 커패시턴스는 $C = 0.225\ pF/inch \times 4 \times 1\ in^2/h \sim 1\ pF/h$이다. h의 단위를 mil로 하면 C = 1000 pF/h = 1 nF/h이다. 기판의 두께가 1 mil일 때 기판의 커패시턴스는 기판 면적 1 in^2당 1 nF이다. 이것은 기억해두면 좋은 간단한 경험 규칙이다.

기판에서 널리 사용되는 유전체 두께는 10 mil이다. 이 경우, 전원면과 접지면 사이의 커패시턴스는 기판 면적 1 in^2 마다 100 pF에 지나지 않는다.

ASIC에 할당된 기판 영역이 4 in^2인 경우, 기판의 전원면과 접지면으로 얻을 수 있는 총 면간(plane-to-plane) 디커플링 커패시턴스는 0.4 nF에 불과하다. 이는 실제로 필요한 커패시턴스 값인 10 μF의 1/10,000보다도 더 작은 값이다.

0.4 nF 정도의 커패시턴스는 얼마나 되는 시간 동안 디커플링을 제공할까? 식 (5.8)을 사용하면 전원면과 접지면이 제공하는 0.4 nF의 커패시턴스가 디커플링을 제공하는 시간은 0.2 nsec이다. 이것은 그다지 긴 시간이 아니다. 또한, 칩은 패키지 리드를 통해 이 작은 커패시턴스를 바라보게 된다. 패키지 리드의 임피던스는 훨씬 커서 이 0.4 nF의 면 간 커패시턴스(plane-to-plane capacitance)를 거의 보이지 않게 만든다. 또한, 칩 내부에 이미 통합(집적)되어 들어가 있는 커패시턴스는 일반적으로 이 면 간 커패시턴스의 100배 이상이다.

TIP

다층 회로기판에는 면 간 커패시턴스가 존재하지만, 전원을 관리하는 데 있어서 중요한 역할을 하기에는 그 값이 너무 작다. 6장 "인덕턴스의 물리적 기초"에 설명되어 있듯이 전원면과 접지면의 실제 역할은 칩과 벌크 디커플링 커패시터 사이에 낮은 인덕턴스 경로를 제공하는 것이다. 면 간 커패시턴스가 디커플링 커패시턴스를 제공하는 것이 아니다.

전원면과 접지면의 커패시턴스를 아주 크게 만들려면 어떻게 해야 할까? 평행판 근사식은 커패시턴스에 영향을 미치는 두 개의 요소－유전체 두께와 유전 상수－만을 고려한다. 상업적으로 생산되는 FR4의 경우, 가장 얇은 층 두께는 2 mil이다. 이 유전체를 사용한 평행판의 면적당 커패시턴스는 1000 pF/in^2/2 = 500 pF/in^{2}이다. 이 예에서 칩을 디커플링하기 위해 변의 길이가 2 inch인 정사각형 모양의 영역이 할당된 경우, 평행판의 총 커패시턴스는 500 pF/in^2 × 4 in^2 = 2 nF이다. 이 커패시턴스가 전압 붕괴를 막을 수 있는 시간은 약 1 nsec로 여전히 충분히 길지 않은 시간이다.

그러나 유전체 두께를 충분히 얇게 만들 수 있고 유전 상수가 충분히 높으면 전원면과 접지면이 상당히 큰 커패시턴스를 갖도록 설계할 수 있다. [그림 5-4]는 유전 상수가 각각 1, 4, 10, 20일 때, 유전체 두께에 따른 제곱인치당 커패시턴스의 변화를 보여준다. 면적당 커패시턴스를 증가시키는 것이 목표인 경우에는 얇은 유전체 층과 높은 유전 상수를 사용한다.

이러한 물질의 하나로 3M에서 개발 중인 C-Ply라는 이름의 제품이 있다. 이 물질은 고분자 복합재(polymer matrix) 내에 분말 티탄산바륨이 들어있는 구조이다. 유전 상수는 20이고 층 두께는 8 μm 또는 0.33 mil이다. 유전체의 윗면과 아랫면에 각각 1/2 온스 구리층이 형성되어 있는 경우, 면적당 면 간 커패시턴스는 C/A = 0.225 pF/inch × 20/0.33 mil~14 nF/in^{2}이다. 이 값은 앞서 살펴본 2 mil 두께의 FR4 유전체를 사용하는 최상의 경우에 얻은 0.5 nF/in^{2}보다 약 30배 더 크다.

C-Ply 층이 있는 기판에서 면적 4 in^2 영역은 약 56 nF의 디커플링 커패시턴스를 가진다. 1 W 칩의 경우, 이 값의 디커플링 커패시턴스는 상당히 긴 시간인 약 28 nsec 동안 디커플링을 제공한다.

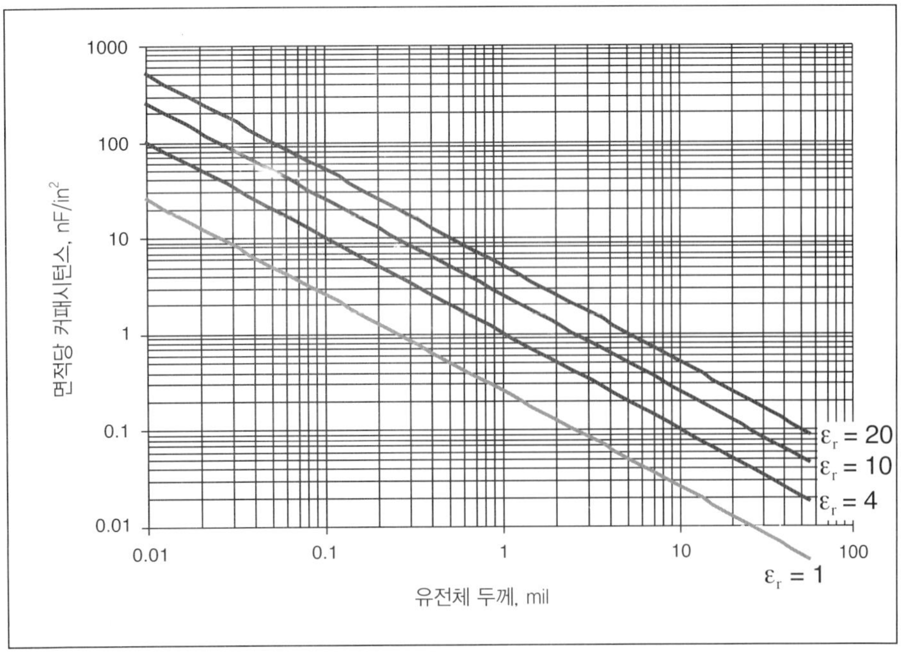

그림 5-4 유전 상수가 각각 1, 4, 10, 20일 때, 유전체 두께에 따른 제곱인치당 전원면과 접지면 사이의 커패시턴스의 변화

5.6 길이당 커패시턴스

대부분의 균일한 인터커넥트에서는 신호 경로의 단면과 귀환 경로의 단면이 변하지 않고 일정하다. 이러한 경우에는 신호 트레이스와 그 귀환 경로 사이의 커패시턴스가 인터커넥트 길이에 정비례한다. 인터커넥트 길이가 두 배가 되면 트레이스의 총 커패시턴스가 두 배가 된다. 따라서 선로의 커패시턴스는 길이당 커패시턴스로 나타내는 것이 편리하다. 단면이 균일하게 유지되면 길이당 커패시턴스는 일정하다.

인터커넥트의 단면이 균일한 경우, 신호와 귀환 경로 사이의 총 커패시턴스는 다음 식으로 쓸 수 있다.

$$C = C_L \times Len \tag{5.9}$$

여기서

C = 인터커넥트의 총 커패시턴스

C_L = 길이당 커패시턴스

Len = 인터커넥트 길이

[그림 5-5]에 있는 세 종류의 인터커넥트 단면은 원통좌표계에서 맥스웰 방정식을 풀어 정확한 해를 구할 수 있다. 이 세 가지 구조의 경우, 단면을 바탕으로 길이당 커패시턴스를 정확하게 계산할 수 있다. 이 세 가지는 전자기장 솔버를 테스트하는 데 활용할 수 있는 좋은 교정(calibration) 구조이다. 다른 기하학적 구조에 대해서도 저마다 관련 수식이 나와 있지만 이들 모두는 근사식이다.

TIP

일반적으로 단면이 균일한 경우 2D 전자기장 솔버를 사용하여 임의의 형상을 가진 인터커넥트의 길이당 커패시턴스를 매우 정확하게 계산할 수 있다.

동축 케이블(coaxial cable)은 중앙에 위치한 원형 도체를 유전체로 둘러싸고, 다시 그 유전체를 외부의 원형 도체가 둘러싸고 있는 구조로 되어 있는 인터커넥트이다. 일반적으로 중앙 도체를 신호 경로(signal path)라고 하고 외부 도체를 귀환 경로(return path)라고 한다. 내부 도체와 외부 도체 사이의 길이당 커패시턴스는 다음과 같은 정확한 수식으로 주어진다.

$$C_L = \frac{2\pi \varepsilon_0 \varepsilon_r}{\ln\left(\frac{b}{a}\right)} \tag{5.10}$$

여기서

C_L = 길이당 커패시턴스

ε_0 = 자유 공간의 유전율 = 0.089 pF/cm 또는 0.225 pF/inch

ε_r = 절연체의 유전 상수
a = 내부 도체(신호 도체) 반지름
b = 외부 도체(귀환 도체) 반지름

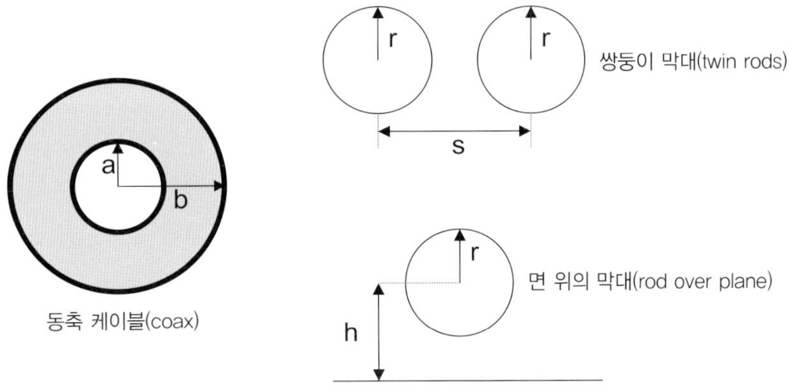

그림 5-5 길이당 커패시턴스를 구하는 정확한 수식이 있는 세 가지 단면 구조: 동축 케이블, 쌍둥이 막대(평행 도선), 면 위의 막대(면 위의 도선)

예를 들어, RG58 동축 케이블(가장 일반적인 유형의 동축 케이블로 케이블 끝에 BNC 커넥터가 부착되어 있음)에서 외부 도체 지름과 내부 도체의 지름의 비는 (1.62 mm/0.54 mm)으로 3이다. 폴리에틸렌(polyethylene)의 유전 상수는 2.3이므로 길이당 커패시턴스는 다음과 같이 계산할 수 있다.

$$C_L = \frac{2\pi \times 0.225 \times 2.3}{\ln(3)} = 2.9 \text{ pF/inch} \tag{5.11}$$

다음으로 평행한 두 개의 막대(rod) 사이의 커패시턴스는 다음과 같은 정확한 수식으로 주어진다.

$$C_L = \frac{\pi \varepsilon_0 \varepsilon_r}{\ln\left\{\frac{s}{2r}\left[1+\sqrt{1-\left(\frac{2r}{s}\right)^2}\right]\right\}} \tag{5.12}$$

여기서

C_L = 길이당 커패시턴스
ε_0 = 자유 공간의 유전율 = 0.089 pF/cm 또는 0.225 pF/inch
ε_r = 절연체의 유전 상수
s = 두 막대의 중심 사이의 간격
r = 두 막대의 반지름

막대 사이의 간격이 반지름에 비해 큰 경우($s \gg r$), 비교적 복잡한 이 수식은 다음과 같이 근사할 수 있다.

$$C_L = \frac{\pi \varepsilon_0 \varepsilon_r}{\ln\left\{\frac{s}{r}\right\}} \tag{5.13}$$

두 경우 모두 두 개의 막대를 둘러싼 유전체 물질은 모든 곳에서 균일하다고 가정한다. 유감스럽게도 이런 경우는 많지 않으며 공기 중의 와이어 본드와 같은 특수한 경우를 제외하고는 식 (5.13)의 근사식은 그다지 유용하지 않다. 예를 들어 두 개의 평행한 와이어 본드에서 와이어 반지름이 0.5 mil이고 두 와이어 중심 사이의 간격이 5 mil일 때, 이 평행 와이어 본드의 커패시턴스는 대략 다음과 같다.

$$C_L = \frac{\pi \varepsilon_0 \varepsilon_r}{\ln\left\{\frac{s}{r}\right\}} = \frac{3.14 \times 0.225 \times 1}{\ln\left\{\frac{5}{0.5}\right\}} = 0.3 \text{ pF/inch} \tag{5.14}$$

평행 와이어 본드의 길이가 40 mil인 경우, 총 커패시턴스는 0.3 pF/inch × 0.04 inch = 0.012 pF이다.

이번에는 평면 위쪽에 막대가 놓여 있는 구조의 커패시턴스를 나타내는 수식에 대해 알아보자. 막대가 평면에서 위쪽으로 멀리 떨어져 있는 경우($h \gg r$), 커패시턴스를 나타내는 근사식은 다음과 같다.

$$C_L = \frac{2\pi \varepsilon_0 \varepsilon_r}{\ln\left\{\frac{2h}{r}\right\}} \tag{5.15}$$

여기서

- C_L = 길이당 커패시턴스
- ε_0 = 자유 공간의 유전율 = 0.089 pF/cm 또는 0.225 pF/inch
- ε_r = 절연체의 유전 상수
- h = 평면의 표면과 막대 중심 사이의 간격
- r = 막대의 반지름

회로 기판의 인터커넥트에서 흔히 볼 수 있는 구조가 [그림 5-6]에 나타나 있는 마이크로스트립(microstrip)과 스트립라인(stripline)이다. 이 두 종류의 인터커넥트 단면에 대해 유용한 커패시턴스 근사식을 알아보자.

마이크로스트립 인터커넥트에서는 유전체 층 위에 신호 트레이스가 놓여 있고 유전체 층 아래에 도체면이 놓여 있다. 이것이 다층 기판에서 표면 트레이스의 일반적인 구조이다. 스트립라인에서는 맨 위와 맨 아래에 있는 두 개의 도체면 모두가 신호 트레이스에 대해 귀환 경

로를 제공한다. 두 도체면 사이에 실제로 DC 연결이 있든 없든 상관없이 높은 고주파 신호에 대해서는 두 도체면은 사실상 단락(short)된 것처럼 동작하므로 서로 연결된 것으로 간주할 수 있다. 신호 선로는 두 도체면 사이에서 대칭을 이루고 있으므로 위, 아래 도체면과의 간격이 같다. 유전체는 신호 도체 주위를 완전히 둘러싸고 있다. 마이크로스트립과 스트립라인 구조 모두에 대해 신호 선로와 귀환 경로 사이의 길이당 커패시턴스를 계산할 수 있다.

단위 길이당 커패시턴스를 계산해주는 근사식이 많이 있지만, 여기에서는 인쇄 회로 기판 산업 협회인 IPC에서 권고하는 두 개의 근사식을 제시한다. 먼저 마이크로스트립의 길이당 커패시턴스는 다음 근사식으로 계산할 수 있다.

$$C_L = \frac{0.67(1.41+\varepsilon_r)}{\ln\left\{\dfrac{5.98\times h}{0.8\times w+t}\right\}} \cong \frac{0.67(1.41+\varepsilon_r)}{\ln\left\{7.5\left(\dfrac{h}{w}\right)\right\}} \qquad (5.16)$$

여기서

C_L = 길이당 커패시턴스(단위: pF/inch)

ε_r = 절연체의 유전 상수

h = 유전체 두께(단위: mil)

w = 선로 폭(단위: mil)

t = 도체 두께(단위: mil)

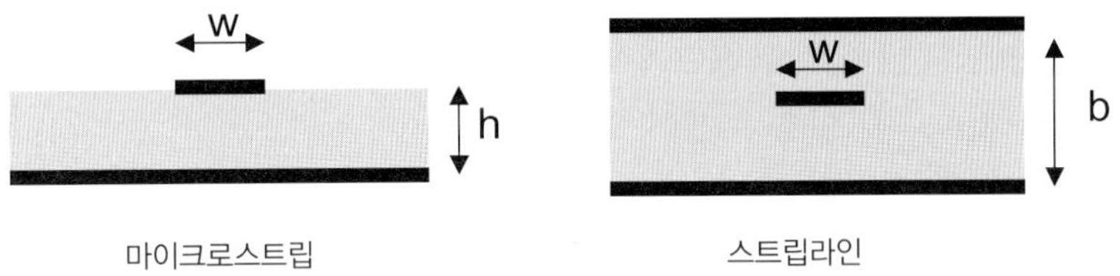

그림 5-6 마이크로스트립과 스트립라인 인터커넥트의 단면 구조와 주요 설계 파라미터

트레이스의 두께를 나타내는 파라미터가 식에 포함되어 있지만, 트레이스 두께가 미치는 영향을 정확하게 고려해야 하는 경우에는 이 근사식을 사용해서는 안 된다는 것을 명심해야 한다. 이런 경우에는 근사식 대신에 2D 전자기장 솔버를 사용해야 한다. 트레이스의 두께를 0으로 가정해도 이 근사식의 정확도는 영향을 받지 않는다.

선로 폭이 유전체 두께의 2배(즉, w = 2 × h)이고 유전 상수가 4일 때, 길이당 커패시턴스는 약 C_L = 2.7 pF/inch이다. 이 치수로 마이크로스트립 인터커넥트를 설계하면 특성 임피던스가 50 Ω에 가까운 전송 선로가 된다.

[그림 5-6]에 있는 스트립라인의 길이당 커패시턴스는 다음 근사식으로 계산할 수 있다.

$$C_L = \frac{1.4\varepsilon_r}{\ln\left\{\frac{1.9 \times b}{0.8 \times w + t}\right\}} \cong \frac{1.4\varepsilon_r}{\ln\left\{2.4\left(\frac{b}{w}\right)\right\}} \tag{5.17}$$

여기서

C_L = 길이당 커패시턴스(단위: pF/inch)

ε_r = 절연체의 유전 상수

b = 유전체 총 두께(단위: mil)

w = 선로 폭(단위: mil)

t = 도체 두께(단위: mil)

예를 들어, 유전체 총 두께 b가 선로 폭의 2배(즉, b = 2w)이고 유전 상수가 4일 때 스트립라인 인터커넥트는 특성임피던스가 거의 50 Ω인 전송 선로가 되며 길이당 커패시턴스는 C_L = 3.8 pF/inch이다.

앞에서 예로 든 마이크로스트립과 스트립라인 구조로부터 50 Ω 전송 선로의 길이당 커패시턴스는 약 3.5 pF/inch임을 알 수 있다. 이것은 기억해두면 좋은 경험 규칙이다.

TIP

대략적인 경험 규칙에 따르면 FR4를 사용한 50 Ω 전송 선로의 길이당 커패시턴스는 약 3.5 pF/inch이다.

예를 들어 다층 BGA 패키지에서 신호 트레이스는 마이크로스트립 구조로 설계되며 특성 임피던스은 약 50 Ω이다. 유전체 물질인 비스말레이미드 트리아진(bismaleimide triazine, BT)은 유전 상수가 약 3.9이다. 신호 트레이스의 길이당 커패시턴스는 약 3.5 pF/inch이다. 0.5 inch 길이의 트레이스는 약 3.5 pF/inch × 0.5 inch = 1.7 pF의 커패시턴스를 갖는다. 수신기의 용량성 부하(capacitive load)는 입력 게이트 커패시턴스 값으로 약 2 pF, 리드 커패시턴스 값으로 1.7 pF를 선택하면 이 둘을 합하여 약 3.7 pF로 근사할 수 있다.

5.7 2D 전자기장 솔버

정확도가 중요한 경우, 두 도체 사이의 길이당 커패시턴스를 계산하는 데 사용할 수 있는 가장 좋은 수치 해석 도구는 2D 전자기장 솔버이다. 이 도구는 도체의 단면이 길이에 따라 일정하다고 가정한다. 이 경우 길이당 커패시턴스도 길이에 따라 일정하다.

2D 전자기장 솔버는 도체의 기하학적 구조를 경계 조건으로 하여 맥스웰 방정식 중 하나인 라플라스 방정식(Laplace's equation)을 풀게 된다. 풀이 과정에서 대부분의 도구는 사용자 대신 스스로 한 도체의 전압을 1 V로 설정하고 공간의 모든 지점에서 전기장을 계산한다. 그런 다음 계산된 전기장을 사용하여 도체 표면의 전하량을 계산한다. 두 도체 사이의 길이당 커패시턴스는 인가된 1 V 전압에 대한 도체 전하의 비율로 곧바로 계산된다.

2D 전자기장 솔버의 정확도를 평가하는 한 가지 방법은 이 도구를 사용하여 동축 구조 또는 쌍둥이 막대(평행한 두 도선) 구조와 같이 정확한 수식이 있는 기하학적 구조를 계산하는 것이다. [그림 5-7]은 쌍둥이 막대 구조의 길이당 커패시턴스를, 앞서 살펴본 정확한 수식으로 계산한 결과와 전자기장 솔버로 계산한 결과를 비교한 그래프이다. 두 계산 결과가 매우 잘 일치하는 것을 볼 수 있다. 전자기장 솔버 결과와 해석적 결과 사이의 오차를 수치로 나타내기 위해 두 결과의 상대적인 차이를 그래프로 표시하였다. 여기서 사용한 전자기장 솔버(Ansoft 2D Extractor)의 경우, 최대 오차는 1% 미만으로 나타났다.

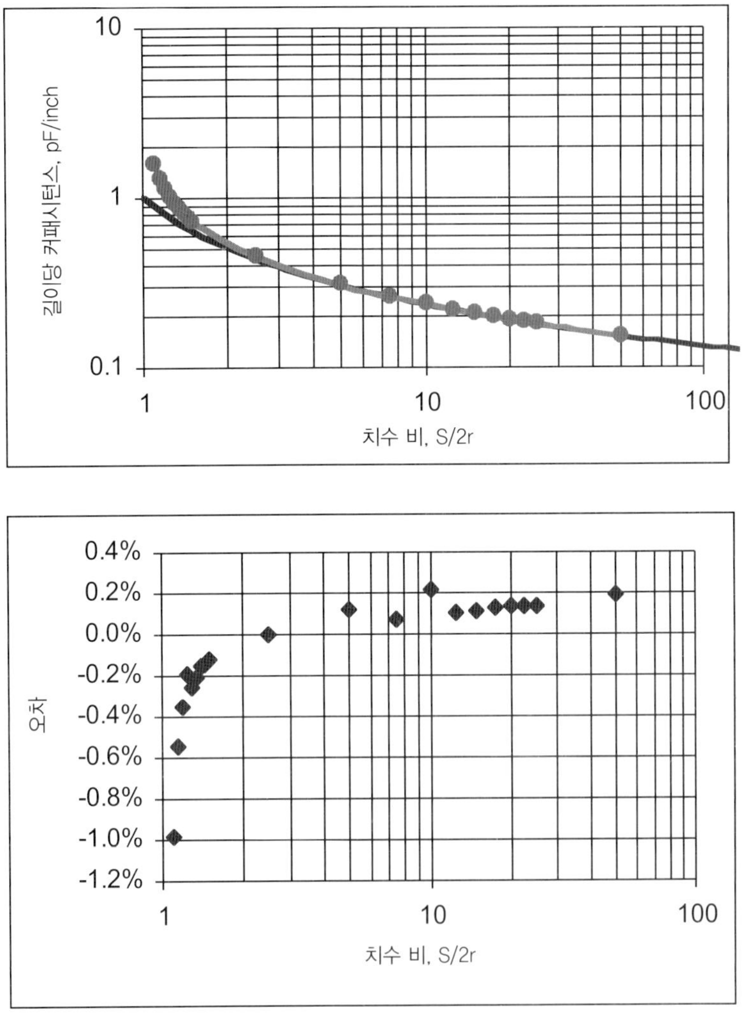

그림 5-7 세 가지 도구를 사용하여 쌍둥이 막대 구조의 길이당 커패시턴스를 계산한 결과: Ansoft 2D Extractor 전자기장 솔버, 정확한 수식, 근사식. (상단) 점은 Ansoft 2D Extractor, 점들의 중간을 통과하는 선은 정확한 수식, 또 다른 선은 근사식이다. $s > 4r$인 경우에는 근사식도 좋은 정확도를 가진다. (하단) 정확한 수식에 대한 Ansoft 2D Extractor의 오차. 오차는 1% 미만이다.

TIP

임의의 형상(기하학적 구조)에 대해 전자기장 솔버를 사용하여 길이당 커패시턴스를 계산하면 오차가 1% 미만인 정확도가 높은 해석 결과를 얻을 수 있다.

정확도가 검증된 전자기장 솔버를 사용하여 마이크로스트립 또는 스트립라인 구조의 길이당 커패시턴스를 구하는 데 많이 사용되는 몇 가지 근사식의 정확도를 평가하는 것은 흥미로운 일이다.

[그림 5-8]에서는 마이크로스트립에 대해 전자기장 솔버로 계산한 결과와 근사식으로 계산한 결과를 비교하였다. 어떤 경우에는 근사식으로 구한 결과가 오차 5% 이하의 좋은 정확도를 보일 수도 있지만 다른 경우에는 오차가 20% 이상 나오기도 한다. 어떤 근사식이라도 사전에 검증을 하지 않았다면, 근사식의 오차는 10% 이상, 심지어는 20%를 넘을 수도 있으므로 근사식을 신뢰해서는 안 된다.

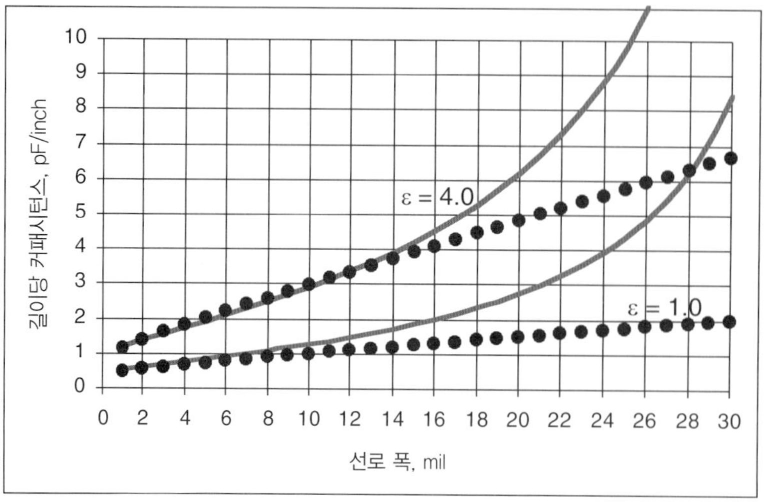

그림 5-8 안소프트(Ansoft)의 전자기장 솔버인 SI2D와 IPC 근사식을 사용하여 마이크로스트립 구조의 길이당 커패시턴스를 계산한 결과. 마이크로스트립의 유전체 두께는 5 mil이고 유전 상수는 4와 1이다. 점은 전자기장 솔버이고 선은 IPC 근사식이다.

전자기장 솔버의 또 다른 장점은 2차 효과를 고려할 수 있는 능력이다. 이러한 효과 중에 중요한 것이 마이크로스트립의 선로 두께 증가가 길이당 커패시턴스에 미치는 영향이다.

결과를 얻기 위해 전자기장 솔버를 무작정 사용하지는 말아야 한다. 사용 전에 항상 '규칙 9번'을 적용하고 예상되는 결과를 예측해야 한다.

선로의 금속 두께가 매우 얇은 값에서 매우 두꺼운 값으로 증가하면 신호 선로와 귀환면 사이의 프린지 전기장이 증가한다. 실제로 [그림 5-9]에서 볼 수 있듯이 길이당 커패시턴스는 선로의 금속 두께에 따라 증가하지만, 그 양은 그다지 크지 않다. 매우 얇은 두께에서 3 mil 두께, 다시 말해 2 온스 구리로 증가할 때 약 3%만 증가한다.

이러한 유형의 효과를 정확하게 예측할 수 있는 근사식은 존재하지 않는다. [그림 5-9]에 길이당 커패시턴를 IPC 근사식으로 계산한 결과와 더 정확한 도구인 전자기장 솔버로 계산한 결과를 비교하여 나타내었다. 두 결과가 잘 일치하지 않는다는 것을 볼 수 있다. 따라서 선로 두께와 같은 2차 효과의 영향을 평가하는 데 근사식을 사용해서는 안 된다는 것을 알 수 있다.

2D 전자기장 솔버는 단면이 균일한 인터커넥트의 전기적 특성을 계산하는 데 매우 중요한 도구이다. 유전체 물질이 도체 주위에 균일하게 분포되어 있지 않은 경우에는 이 도구가 특히 중요하다.

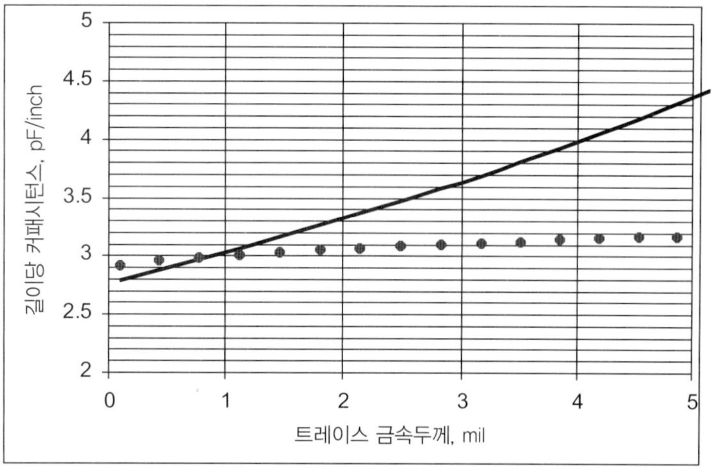

그림 5-9 안소프트의 전자기장 솔버인 SI2D와 IPC 근사식을 사용하여 마이크로스트립 트레이스의 도체 두께가 길이당 커패시턴스에 미치는 영향을 계산한 결과. 도체 두께는 0.1 mil에서 5 mil까지 변화시켰다. 유전체의 두께는 5 mil이고 도체의 폭은 10 mil이다. 점은 전자기장 솔버이고 선은 IPC 근사식이다.

5.8 유효 유전 상수

어떤 인터커넥트 구조의 단면에서 유전체 물질이 두 도체를 완전히 둘러싸고 있으면 두 도체 사이의 모든 전기장 선은 동일한 유전 상수를 바라보게 된다. 여기에 속하는 구조로 스트립라인을 들 수 있다. 그러나 마이크로스트립, 트위스티드 페어(twisted pair), 동일면 도파구조(coplanar) 등에서는 전기장 선 중에서 일부 전기장 선은 공기 중에만 존재하고 다른 전기장 선은 유전체 물질 내부에만 존재하며 또 다른 전기장은 공기와 유전체 물질 모두에 걸쳐 존재한다. [그림 5-10]은 마이크로스트립 구조에 분포하는 전기장 선과 자기장 선이다.

두 도체 사이에 절연 물질이 있으면 없을 때보다 두 도체 사이의 커패시턴스가 증가한다. 스트립라인과 같이 두 도체 사이와 그 주위에 절연 물질이 균질하게 분포되어 있으면 그 물질의 유전 상수와 동일한 비율로 커패시턴스가 증가한다.

마이크로스트립에서 일부 전기장 선은 공기와 맞닥뜨리고 일부는 유전체 기판의 유전 상수와 맞닥뜨리게 된다. 신호 경로와 귀환면 사이의 커패시턴스는 이들 사이에 들어있는 유전체 물질로 인해 증가할 것인데 그 증가량은 얼마나 될까?

마이크로스트립 구조에서는 일부 영역은 공기로 되어 있고 나머지 영역은 유전체로 채워져 있어서 이를 반영하기 위해 **유효 유전 상수**(effective dielectric constant)라는 항목을 사용한다. 커패시터 구조에서 두 도체면 사이가 유전체로 채워진 상태의 커패시턴스와 비어 있는 상태(즉 공기로 채워진 상태)의 커패시턴스의 비가 유전 상수인 것처럼, 유효 유전 상수는 마이크로스트립 구조에서 유전체가 제자리(그림 5-10에서 신호 도체와 아래쪽 귀환 도체 사이)에 실제로 배치되어 있을 때의 커패시턴스와 구조 '전체'가 공기로 채워진 상태에서의 커패시턴스의 비이다.[2]

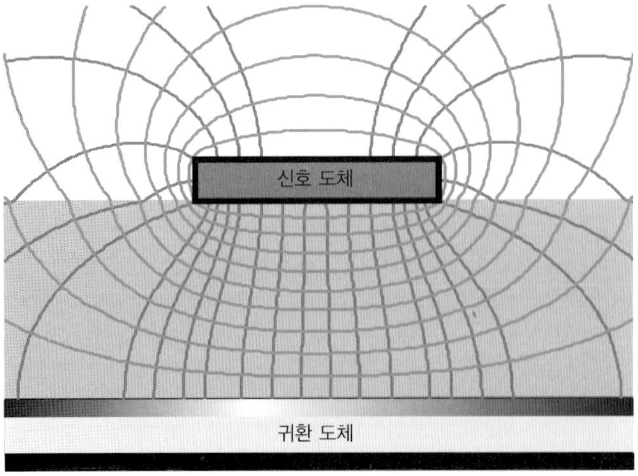

그림 5-10 마이크로스트립에 분포하는 전기장 선. 일부 전기장 선은 공기 중에, 나머지 전기장 선은 유전체 물질 내부에 존재한다. 유효 유전 상수는 공기의 유전 상수와 유전체 물질의 유전 상수의 조합이다. Mentor Graphics HyperLynx를 사용하여 계산

유효 유전 상수 ε_{eff}를 계산하는 첫 번째 단계는 두 도체 사이와 주위 공간 전체가 비어 있을 때 두 도체 사이의 길이당 커패시턴스 C_0를 계산하는 것이다. 두 번째 단계는 유전체를 원래 제자리에 놓고 2D 전자기장 솔버를 사용하여 길이당 커패시턴스 C_{filled}를 계산하는 것이다. 그러면 유효 유전 상수는 다음과 같이 두 길이당 커패시턴스의 비가 된다.

$$\varepsilon_{eff} = \frac{C_{filled}}{C_0} \tag{5.18}$$

여기서

C_0 = 빈 공간일 때 길이당 커패시턴스

2 (옮긴이) 결국, 공기(유전 상수 1)와 유전체 물질(유전 상수 ε_r), 이렇게 두 종류의 유전체로 이루어져 있는 구조를, 구조 전체가 하나의 새로운 유전체 물질로 이루어진 것으로 근사하여 나타낼 때 이 새로운 유전체 물질의 유전 상수가 유효 유전 상수 ε_{eff}인 셈이다.

C_{filled} = 유전체 물질이 있을 때 길이당 커패시턴스

ε_{eff} = 유효 유전 상수

빈 공간일 때의 커패시턴스와 유전체 물질이 있을 때의 커패시턴스는 모두 2D 전자기장 솔버를 사용하여 정확하게 계산할 수 있다. 전송 선로의 유효 유전 상수를 계산하는 유일한 정확한 방법은 2D 전자기장 솔버를 사용하는 것이다. 7장 "전송 선로의 물리적 기초"에 설명되어 있듯이 유효 유전 상수는 전송 선로에서 신호의 속도를 직접적으로 결정한다. 이처럼 유효 유전 상수는 성능을 나타내는 중요한 항목이다.

[그림 5-11]은 2D 전자기장 솔버를 사용하여 트레이스 폭의 증가에 따른 마이크로스트립의 유효 유전 상수의 변화를 계산한 결과이다. 이 예에서 마이크로스트립을 이루고 있는 유전체 물질의 유전 상수는 4이다. 트레이스의 폭이 매우 넓으면 대부분의 전기장 선은 유전체 물질 내부에 존재하게 되므로 유효 유전 상수는 물질의 유전 상수인 4에 근접한다. 트레이스의 폭이 좁으면 대부분의 전기장 선은 공기 중에 있게 되는데 공기의 유전 상수는 1로서 낮으므로 유효 유전 상수는 3 미만이다.

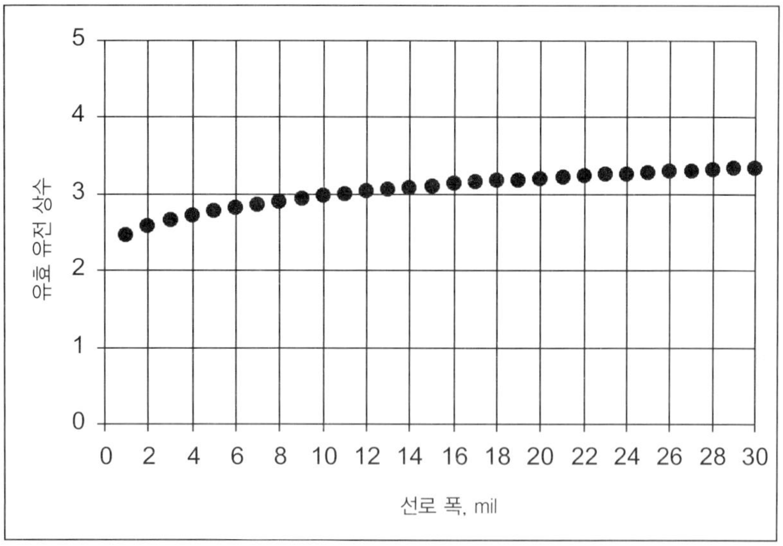

그림 5-11 마이크로스트립 구조에서 유전체의 두께가 5 mil, 유전체 물질의 유전 상수가 4일 때 선로 폭의 증가에 따른 유효 유전 상수의 변화. 벌크 물질의 유전 상수는 4이다. 안소프트의 2D Extractor로 계산

TIP

유전체 물질의 유전 상수는 변하지 않지만 두 도체 사이에 발생하는 전기장이 공기와 유전체 물질 중에서 어느 영역에 더 많이 분포하는기에 따라 커패시턴스에 미치는 영향이 달라진다.

[그림 5-12]에서 보듯이 마이크로스트립의 윗면에 유전체 물질을 추가하면 공기 중에 있던 프린지 전기장 선이 더 높은 유전 상수를 바라보게 되므로 마이크로스트립의 커패시턴스가 증가한다. 유전체 물질로 도체 위를 덮은 구조를 임베디드 마이크로스트립(embedded microstrip)

이라고 한다. 전기장 선 중 일부만 물질속에 있는 경우를 부분 임베디드 마이크로스트립(partially embedded microstrip)이라고 한다. 예를 들어 솔더마스크 코팅(soldermask coating)이 여기에 속한다. 모든 전기장 선이 유전체 물질 속에 있는 경우를 완전 임베디드 마이크로스트립(fully embedded microstrip)이라고 한다. [그림 5-12]는 유전체 물질의 두께가 다른 세 가지 임베디드 마이크로스트립에 분포하는 전기장 선을 보여주고 있다.

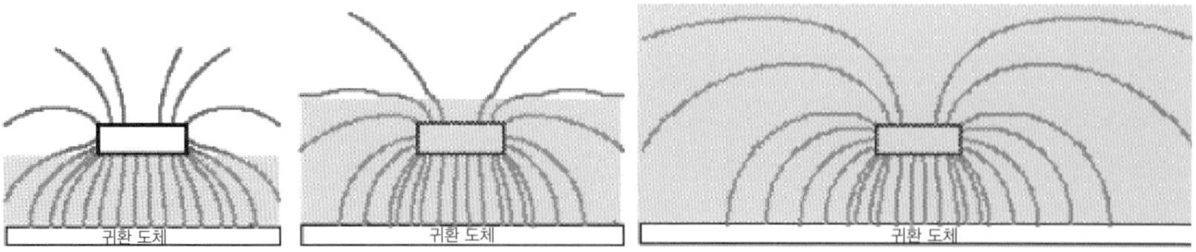

그림 5-12 유전체 물질의 두께가 서로 다른 임베디드 마이크로스트립 주위의 전기장 분포. 유전체층이 충분히 두꺼우면 모든 전기장은 유전체 물질 속에 들어가게 되므로 여기서 더 두꺼워져도 커패시턴스는 더 이상 증가하지 않는다. Mentor Graphics HyperLynx로 시뮬레이션

모든 전기장 선을 완전히 덮어서 유전체 물질의 유전 상수가 유효 유전 상수와 서로 일치하게 하려면 마이크로스트립에 얼마나 많은 유전체 물질을 위에 덮어주어야 할까? 이 문제는 2D 전자기장 솔버를 사용하여 쉽게 답할 수 있다. [그림 5-13]은 유전체의 유전 상수가 4이고 유전체의 두께는 5 mil이며 트레이스 폭이 10 mil인 마이크로스트립의 위쪽에, 동일한 유전체 물질로 만든 층을 덮을 때, 위쪽 유전체층의 두께에 따른 길이당 커패시턴스의 변화를 보여주고 있다.

이 예에서 모든 프린지 전기장을 상부 유전체층이 완전히 덮으려면 상부 유전체층의 두께를 트레이스 폭과 거의 동일하게 해주어야 한다.

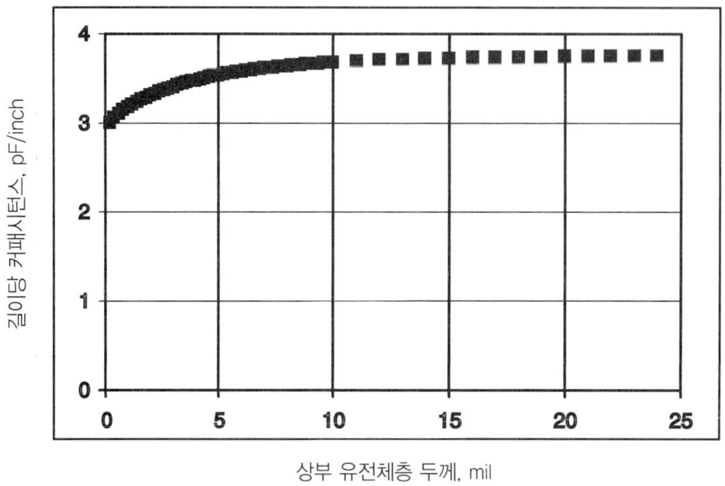

그림 5-13 상부층 유전체 두께에 따른 마이크로스트립의 길이당 커패시턴스 변화. 안소프트의 2D Extractor로 계산

5.9 핵심 요약

1. 커패시턴스(capacitance)는 두 도체 사이에 전하를 저장하는 용량(capacity)을 측정한 것이다.
2. 커패시터를 구성하는 두 도체 사이의 전압이 변하면 전류가 도체 사이를 통과해 흐른다. 이때 얼마나 많은 전류가 흐를 것인지를 나타내는 것이 커패시턴스이다.
3. 몇 가지 예외를 제외하면 두 도체의 커패시턴스와 관련된 모든 공식은 근사식이다. 10~20% 이하의 오차를 갖는 정확도가 필요한 경우, 근사식을 사용해서는 안 된다.
4. 커패시턴스를 나타내는 정확한 수식이 있는 세 가지 구조는 동축(coax), 쌍둥이 막대(twin rods, 두 개의 평행 도선), 접지면 위의 막대(rod over ground)뿐이다.
5. 일반적으로 두 도체 사이의 간격이 클수록 커패시턴스는 낮아진다. 두 도체가 서로 마주 대하는 영역이 넓을수록 커패시턴스는 높아진다.
6. 물질의 유전 상수는 그 물질의 존재로 인해 커패시턴스가 얼마나 증가하는지와 관련된 물질의 고유한 특성이다.
7. 회로 기판의 전원면과 접지면 사이에는 커패시턴스가 있다. 그러나 그 양은 무시할 수 있을 정도로 작다. 전원면과 접지면을 사용하는 까닭은 두 면이 만드는 디커플링 커패시턴스 때문이 아니라 낮은 루프 인덕턴스 때문이다.
8. 10% 이하의 오차를 갖는 정확도가 필요한 경우, 마이크로스트립과 스트립라인에 대한 IPC 근사식을 사용해서는 안 된다.
9. 검증된 2D 전자기장 솔버를 사용하여 균일 전송 선로 구조의 길이당 커패시턴스를 1% 이내의 오차를 갖는 정확도로 계산할 수 있다.
10. 마이크로스트립에서 도체 두께를 늘리면 길이당 커패시턴스가 증가하지만 그 정도는 미미하다. 도체를 매우 얇은 구리에서 2 온스 구리로 변경하면 커패시턴스는 겨우 3% 증가한다.
11. 마이크로스트립 위의 유전체 코팅 두께를 늘리면 커패시턴스가 증가한다. 유전체 코팅 두께가 트레이스 폭과 같아질 때 이 유전체 코팅이 모든 프린지 전기장 선을 완전히 둘러싸며 커패시턴스는 20%까지 증가한다.
12. 유효 유전 상수는 마이크로스트립에서와 같이 물질이 균질하게(homogeneous) 분포되지 않고 일부 전기장 선이 서로 다른 물질들을 바라보는 경우의 합성 유전 상수이다. 이는 2D 전자기장 솔버로 쉽게 계산할 수 있다.

복습 문제

다음 복습 문제 해답은 부록 D에 수록되어 있다.

5.1 커패시턴스란 무엇인가?

5.2 커패시턴스가 중요한 성능 지표 중의 하나라는 것을 보여주는 사례를 한 가지 들어라.

5.3 두 도체 사이에서 측정되는 커패시턴스는 무엇을 말하는 것인지 세 가지 방식으로 해석하라.

5.4 작은 금속 조각을 다른 금속 가까이에 가져다 놓으면 이 두 금속은 1 pF의 커패시턴스를 가질 수 있다. 이 두 금속 사이에 DC 연결이 없을 때 1 GHz에서 두 금속 사이의 임피던스를 구하라.

5.5 전도 전류는 어떤 방식으로 커패시터의 절연 유전체를 통과해 흐르는가?

5.6 변위 전류를 발생시키는 근원은 무엇인가? 또 변위 전류는 어디로 흐르는가?

5.7 기판의 전원면과 접지면 사이의 커패시턴스를 높게 설계하고 싶은 경우, 어떤 세 가지 설계 특성을 변경해야 하는가?

5.8 유전체의 화학적 특성 중에서 유전 상수에 가장 큰 영향을 미치는 것은 무엇인가?

5.9 두 도체 사이의 전압이 증가하면 두 도체 사이의 커패시턴스는 어떻게 되는가?

5.10 동축 구조로 된 두 도체에서 외부 도체의 반지름이 증가하면 커패시턴스는 어떻게 되는가?

5.11 마이크로스트립에서 신호 경로가 귀환 경로로부터 멀어지면 마이크로스트립의 길이당 커패시턴스는 어떻게 되는가?

5.12 두 도체가 서로 멀어질 때 커패시턴스가 증가하는 기하학적 구조가 있는가?

5.13 마이크로스트립에서 유전체 코팅의 두께가 증가함에 따라 유효 유전 상수가 증가하는 까닭은 무엇인가?

5.14 속이 채워진 균질한 물질 중에서 가장 낮은 유전 상수를 가진 물질은 무엇이고, 그 물질의 유전 상수는 얼마인가?

5.15 어떤 물질의 유전 상수를 상당히 낮추기 위해 그 물질에 대해 해줄 수 있는 방법은 무엇인가?

5.16 마이크로스트립의 맨 위쪽 면에 솔더 마스크를 추가하면 길이당 커패시턴스는 어떻게 되는가?

5.17 마이크로스트립의 도체 두께가 증가하면 길이당 커패시턴스는 어떻게 되는가?

5.18 스트립라인의 선로 폭이 증가하면 길이당 커패시턴스는 어떻게 되는가?

5.19 스트립라인의 트레이스 두께가 증가하면 길이당 커패시턴스는 어떻게 되는가?

5.20 마이크로스트립과 스트립라인이 서로 동일한 선로 폭과 동일한 층당 유전체 두께를 가질 때, 어느 쪽이 더 큰 길이당 커패시턴스 값을 가지는가?

5.21 이론적으로 어떤 물질이 가질 수 있는 가장 낮은 유전 상수는 얼마인가?

5.22 단면이 균일한 인터커넥트에서 길이당 커패시턴스가 일정한 까닭은 무엇인가?

5.23 다이(die)에서 전원 레일과 접지 레일 사이의 유전체 두께는 0.1 μm 정도까지 얇을 수 있다. SiO_2 물질의 유전 상수가 4이고 전원면과 접지면 사이의 간격이 10 mil일 때, 제곱인치당 온-다이(on-die) 커패시턴스와 제곱인치당 온-보드(on-board) 커패시턴스를 서로 비교하라.

5.24 1페니 동전의 앞면과 뒷면이 공기로 분리되어 있다면 두 면 사이의 커패시턴스는 얼마인가?

5.25 지름이 2 cm인 공 모양의 도체가 바닥에서 위로 1 m 떨어진 곳에 매달려 있을 때, 공과 바닥 사이의 최소 커패시턴스는 얼마인가? 공이 바닥에서 더 높이 올라가면 커패시턴스는 어떻게 변하는가?

5.26 어떤 회로 기판에서 한 변의 길이가 10 inch인 전원면과 접지면 사이에 두께가 10 mil인 FR4가 채워져 있다. 두 면 사이의 커패시턴스는 얼마인가?

5.27 공기 중에서 평행한 두 도선 구조의 길이당 커패시턴스 수식을 이용하여 평면 위에 한 개의 도선이 놓여 있는 구조의 길이당 커패시턴스를 유도하라.

[06] 인덕턴스의 물리적 기초

인덕턴스는 거의 모든 신호 무결성 문제에 영향을 미치는 매우 중요한 전기적 특성이다. 인덕턴스는 균일한 전송 선로에서 전파되는 신호에 대해 일종의 불연속(discontinuity)으로서 작용하고, 두 신호 선로 사이의 결합, 전원 분배 네트워크, EMI에 중요한 역할을 한다.

대부분의 경우, 스위칭 노이즈 감소를 위해 신호 경로 사이의 상호 인덕턴스를 줄이고 전원 분배 네트워크에서 루프 인덕턴스를 줄이고, EMI를 일으키는 귀환면의 유효 인덕턴스를 줄이는 등 여러 가지 인덕턴스를 줄이는 것을 목표로 삼는다. 다른 경우, 예를 들어 목표 특성 임피던스(target characteristic impedance)를 달성해야 하는 경우에는 인덕턴스를 최적화하는 것이 목표일 수 있다.

이번 6장에서는 인덕턴스의 기본적인 종류를 알고 물리적 설계가 인덕턴스의 크기에 미치는 영향을 이해하고, 이를 바탕으로 수용할 수 있는 신호 무결성을 달성하기 위해 물리적 설계를 최적화하는 방법을 살펴본다.

6.1 인덕턴스란 무엇인가?

신호 무결성과 인터커넥트 설계에 관여하는 사람 중에서 인덕턴스에 대해 한 번도 걱정하지 않은 사람은 단 한 명도 없다. 그러나 이 인덕턴스라는 용어를 정확하게 사용하는 엔지니어는 드물다. 이는 근본적으로 우리가 고등학교 시절 또는 대학 시절 물리학이나 전기 공학 수업에서 인덕턴스를 배웠던 방식 때문이다.

인덕턴스를 배우고 인덕턴스와 코일의 자속 선(magnetic flux line) 사이의 관계를 배우는 것이 전형적인 수업 방식이었다. 자속 선이 코일 도선이나 솔레노이드를 통과하는 모습이 그려진 그림을 보면서 코일의 인덕턴스를 처음 배웠다. 또한, 인덕턴스는 수학적으로 코일 도선이 받느는 표면을 통과하는 자기장 밀도의 적분이라고 배웠다. 예를 들어, 일반적으로 사용되는 인덕턴스 L의 정의는 다음과 같다.

$$L = \frac{1}{I} \int_{area} \overline{B} \bullet \hat{n} da \tag{6.1}$$

배웠던 이 모든 내용은 완벽하게 사실일 수 있지만, 실질적인 관점에서는 도움이 되지 않는다. 신호 귀환 경로에서 어디에 코일이 있는 걸까? 자기장 밀도의 적분은 실제로 무엇을 의미할까? 우리는 인덕턴스의 개념을 일상적으로 맞닥뜨리는 응용 분야-패키지, 커넥터, 기판과 같은 인터커넥트에서 일어나는 신호의 상호 작용과 관련된 문제-에 적용하는 방법을 교육받지 못했다.

그럼에도 불구하고 이제부터 인덕턴스를 더욱 근본적인 방식으로 이해해보기로 하자. 인덕턴스의 이해를 통해 공학적 직관을 기를 수 있고 실제 인터커넥트 문제를 해결하는 데 필요한 도구를 갖출 수 있다. 인덕턴스에 대한 실용적인 접근 방식은 다음 세 가지 기본 원리에 기반을 두고 있다.

6.2 인덕턴스 원리 1: 모든 전류 주위에는 고리 모양의 원형 자기장 선이 있다

모든 전류 주위에는 그 전류를 둘러싸는 자기장 선(magnetic-field line)이라는 새로운 근본이 되는 실체가 있다. 예를 들어 [그림 6-1]과 같이 직선 도선이 있고 여기에 1 A의 전류를 흐르게 하면 도선 주위에는 고리 모양의 원형 자기장 선이 발생한다. 이들 고리는 도선의 길이를 따라 도선 전체에 존재한다. 여러분이 도선을 따라 걸어가며 도선을 완전히 둘러싸고 있는 자기장 선 고리의 개수를 세어본다고 상상해 보자. 여러분이 전류의 표면(도선)에서 수직으로 좌우로 멀어질수록 여러분과 마주치는 자기장 선 고리의 수는 적어질 것이다. 표면에서 수직으로 좌우로 충분히 멀리 이동하면 자기장 선 고리를 아주 적게 셀 것이다.

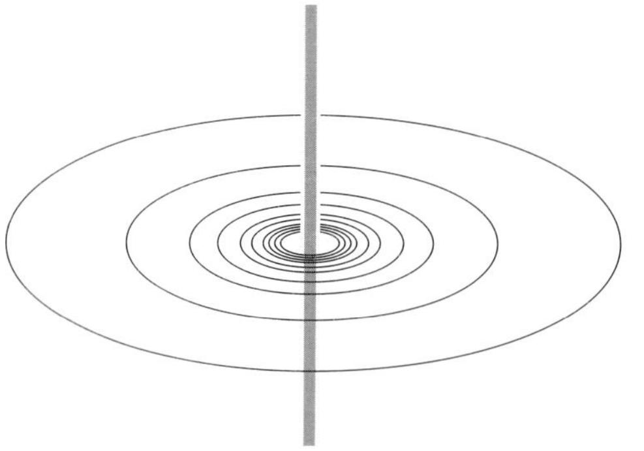

그림 6-1 원형 자기장 선이 전류 주위를 둘러싸는 고리를 형성한다. 고리들은 도선 길이를 따라 위아래 전체에 존재한다.

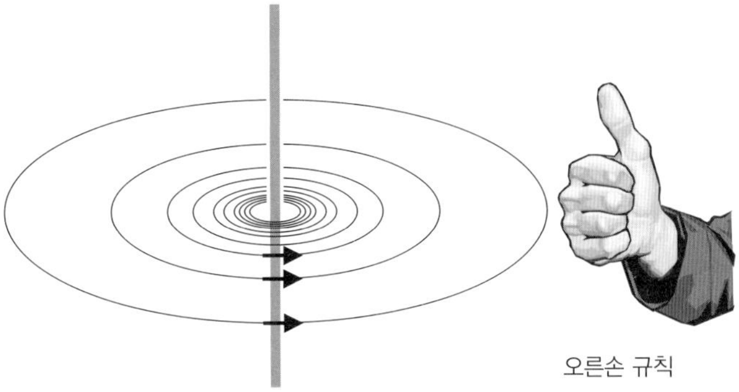

그림 6-2 자기장 선 고리의 순환 방향은 오른손 규칙을 따른다.

이 자기장 선은 어디에서 오는 것일까? 도선 안에서 이동하는 전하(charge)에 의해 자기장 선이 생겨나는 이유는 무엇인가? 전하에서 발생하는 전기장의 속성과 마찬가지로 자기장의 속성과 이동하는 전하와의 상호 작용은 바로 시공간 구조에 내재되어 있다. 전기장과 자기장, 그리고 전하와의 상호 작용은 빅뱅 후 약 1나노초가 지났을 때 시공간 구조로 굳어진 것으로 보이는 시공간 고유의 속성이다. 그 기원이 무엇이든, 그 속성은 맥스웰의 방정식으로 놀라울 정도로 잘 설명되는 것으로 보인다.

전류 주위의 자기장 선 고리는 전류가 흐르는 도선 주위를 특정한 방향으로 순환한다. 순환 방향을 알아내려면 친숙한 오른손 규칙을 사용하면 된다. 오른손 엄지손가락으로 +전류 방향을 가리킬 때 나머지 손가락들이 감기는 방향이 자기장 선 고리가 순환하는 방향이다. 이 오른손 규칙을 [그림 6-2]에 설명하였다.

TIP

자기장선 고리는 항상 완전한 원 모양으로 전류를 둘러싼다. 따라서 자기장 선 고리가 있으면 반드시 그 고리 속을 통과하는 전류가 있다.

우리가 전류와 함께 도선을 따라 걸어가며 자기장 선 고리를 마주치는 상황을 상상해보자. 자기장 선을 계산하거나 측정하기 위해 우리가 할 수 있는 것은 고리의 수를 세는 것이다.

자기장 선 고리를 셀 때는 어떤 단위를 사용할까? 펜을 세는 단위는 '그로스(gross)'이다. 1 그로스의 펜은 12 다스(dozen)이므로 총 144개의 펜을 가리킨다. 종이를 세는 단위는 '연(ream, R)'이다. 1 R(연)의 종이는 500장의 종이를 가리킨다. 사과의 총량을 측정하는 단위는 부셸(bushel)이다. 1 부셸이 몇 개의 사과를 가리키는지는 분명하지 않지만 어쨌든 어떤 개수의 사과를 가리킨다.[1]

전류 주위의 자기장 선 고리의 수를 세는 단위는 웨버(Weber, Wb)이다. 1 Wb의 자기장 선은 어떤 개수의 자기장 선 고리를 가리킨다.

1 (옮긴이) 부셸은 과일이나 곡물의 무게를 나타내는 데 쓰이는 단위로 1 부셸은 미국에서는 27.216 kg, 영국에서는 28.123 kg이다.

도선에 흐르는 전류 주위에 발생하는 자기장 선 고리의 개수가 몇 Wb가 될지는 몇 가지 요인에 의해 정해진다. 첫째 요인은 도선의 전류량이다. 도선에 흐르는 전류의 양을 두 배로 늘리면 도선 주위의 자기장 선 고리의 Wb 값은 두 배가 된다.

둘째 요인은 도선의 길이이다. 자기장 선 고리가 생기는 도선의 길이가 길수록 자기장 선 고리의 개수는 당연히 많아지므로 Wb 값이 커진다. 셋째 요인은 도선의 단면적으로 전류를 둘러싸는 자기장 선 고리의 총 개수는 단면적의 영향을 받는다. 이것은 2차 효과로서 더욱 미묘한 데가 있다. 앞으로 살펴보겠지만 도선의 지름이 증가하여 단면적이 증가하면 자기장선 고리의 수는 약간 '감소'한다.

넷째 요인은 다른 전류의 존재이다. 근처에 다른 전류(두 번째 전류)가 존재하면 원래 전류(첫 번째 전류) 주위의 자기장선 고리의 총 개수가 달라진다. 두 번째 전류에 속하는 것으로서 특별히 주의해야 할 전류는 귀환 전류이다. 첫 번째 도선에 흐르는 신호 전류(첫 번째 전류)에 대한 귀환 전류(두 번째 전류)가 신호 전류와 가까워지면 귀환 전류 주위의 자기장선 고리 중에서 반지름이 큰 고리들은 첫 번째 전류를 충분히 둘러쌀 수 있다.

이때 첫 번째 도선 주위를 둘러싸는 자기장 선 고리의 총 개수는 신호 전류 자신에 의해 발생한 고리와, 귀환 전류의 고리 중에서 첫 번째 도선까지 둘러싸는 고리를 합하여 계산한다. 그런데 귀환 전류에 의해 발생하여 첫 번째 전류까지 와서 첫 번째 전류 주위를 둘러싸는 자기장 선 고리는 첫 번째 전류에 의한 자기장 선 고리와 순환 방향이 반대이다. 따라서 가까이 있는 귀환 전류로 인해 첫 번째 도선을 둘러싸는 고리의 총 개수는 줄어든다.

반면에 유전체 물질의 존재는 전류 주위를 둘러싸는 자기장선 고리 수에 영향을 미치지 않는다.

TIP

자기장은 유전체 물질과는 전혀 상호 작용을 하지 않는다. 어떤 전류가 테플론(Teflon)이나 티탄산바륨(barium titanate) 유전체로 둘러싸여 있어도 그 전류 주변의 자기장 선 고리 수는 유전체가 없을 때와 비교하여 달라지지 않는다.

전류 주위를 둘러싸는 자기장 선 고리의 개수에 영향을 주는 다섯째 요인은 도선 제작에 사용된 금속이다. 세 가지 금속 – 철, 니켈, 코발트(그리고 이들의 조합) – 만이 전류 주위의 자기장 선에 영향을 미친다.

이 세 가지 금속을 강자성 금속(ferromagnetic metal)이라고 한다. 이들 금속과 이들로 이루어진 합금은 투자율이 1보다 훨씬 크다. 강자성 금속이 자기장 선 고리를 완전히 둘러싸면 자기장 선 고리의 수가 매우 크게 증가하는 효과가 있다. 단 이러한 효과의 영향을 받는 것은 강자성 금속으로 이루어진 도체 내부에서 순환하는 자기장 선 고리뿐이라는 것을 명심해야 한다. 인터커넥트용 합금으로 널리 사용되는 알로이 42(Alloy 42)와 코바(Kovar)는 둘 다 철, 니켈, 코발트를 포함하고 있으므로 강자성 금속이다.

구리, 은, 주석, 알루미늄, 금, 납, 탄소와 같이 강자성이 아닌 다른 종류의 금속으로 만들어진 도선은 전류 주위를 둘러싸는 자기장 선의 고리 수에 전혀 영향을 미치지 않는다.

6.3 인덕턴스 원리 2: 인덕턴스는 도체를 통과하는 전류 1 A당 도체 주위를 둘러싸는 자기장 선 고리의 Wb 값이다

인덕턴스는 기본적으로 어떤 도체를 통과하는 전류 1 A당 그 도체 주위를 둘러싸는 자기장 선의 고리 개수와 관련이 있다.

> **TIP**
> 인덕턴스는 어떤 한 점에서의 자기장 밀도의 절댓값에 관한 것이 아니라 전류 1 A당 그 전류를 둘러싸는 자기장 선의 고리 개수에 관한 것이다. 자기장의 집중도 또는 자기장의 밀도에 대해서는 신경 쓸 필요가 없으며 전류 1 A당 자기장 선의 고리 수만 따지면 된다.

인덕턴스를 측정하는 데 사용하는 단위는 전류 1 A당 자기장 선 고리의 개수인 Wb(Weber, 웨버)이다. Wb/A를 간단히 H(Henry, 헨리)로 쓸 수 있다. 대부분의 인터커넥트 구조의 인덕턴스는 1 H보다 매우 작기 때문에 nanoHenry(나노헨리) 단위가 일반적으로 더 많이 사용된다. nanoHenry는 간단히 nH로 쓸 수 있다. 인덕턴스 L은 어떤 도체를 통과하는 전류 1 A당 그 도체 주위를 둘러싸는 자기장 선 고리의 Wb 값으로 다음 식으로 쓸 수 있다.

$$L = \frac{N}{I} \tag{6.2}$$

여기서

L = 인덕턴스(단위: H)

N = 도체 주위를 둘러싸는 자기장 선의 고리 수(단위: Wb)

I = 도체를 통과하는 전류(단위: A)

도체를 통과하는 전류가 두 배가 되면 자기장 선의 고리 개수도 두 배가 되므로 그 비는 동일하게 유지된다. 따라서 이 비는 도체를 통과하는 전류의 양과는 전혀 무관하다. 어떤 도체의 인덕턴스는 그 도체에 전류가 0 A가 흐르든 100 A가 흐르든 변하지 않고 일정한 값을 유지한다. 그렇다, 전류의 양에 따라 자기장 선의 고리 개수는 변하지만 둘 사이의 비는 변하지 않는데, 바로 그 비가 인덕턴스이다.

> **TIP**
> 이러한 사실은 인덕턴스가 실제로 도체의 형상(기하학적 구조)과 관련이 있음을 의미한다. 인덕턴스에 영향을 미치는 유일한 요소는 도체들의 분포(배치) 방식이며, 강자성 금속인 경우에는 투자율이 인덕턴스에 영향을 준다.

이러한 측면에서 보면 인덕턴스는 자기장 선 고리를 생성하는 도체의 효율을 나타내는 양이다. 자기장 선 고리를 생성하는 데 효율적이지 않은 도체는 인덕턴스가 낮다. 모든 도체는 전류가 도체에 흐르고 있든 아니든 관계없이 저마다 효율을 가지고 있다. 도체의 전류량은 그 도체의 효율에는 어떤 영향도 미치지 않는다. 인덕턴스는 오로지 도체의 기하학적 구조에 관한 것이다.

인덕턴스는 도선에 흐르는 전류에 관한 것이 아니다. 인덕턴스는 도선 주위에 얼마나 많은 자기장이 있는지에 관한 것이 아니다. 인덕턴스는 전류 주위를 감싸는 자기장 밀도가 얼마나 높은지에 관한 것이 아니다. 인덕턴스는 자기장에 저장된 에너지에 관한 것이 아니다. 인덕턴스는 어떤 도체에 전류가 흐를 때 그 도체의 형상(구조)이 얼마나 효율적으로 자기장 선 고리를 생성하는지를 나타내는 수치일 뿐이다.

이 간단한 정의는 인덕턴스와 관련된 모든 경우에 적용할 수 있다. 적용 과정을 복잡하고 혼란스럽게 만드는 것은 전류 루프 주위를 감싸는 자기장 선의 고리 수가 몇 개나 되는지, 그리고 전류 근처에 자기장 선 고리를 생성하는 또 다른 전류가 존재하는지 하나하나 잘 따져야 한다는 점이다. 이 때문에 인덕턴스라는 용어 앞에는 다양한 수식어가 붙는다.

자기장 선 고리가 어디서 온 것인지 그 원천(source)을 표시하기 위해 자기 인덕턴스(self-inductance)와 상호 인덕턴스(mutual inductance)라는 용어를 사용한다. 또한, 자기장 선 고리의 개수를 계산하는 전류 루프의 범위(길이)를 표시하기 위해 루프 인덕턴스(loop inductance)와 부분 인덕턴스(partial inductance)라는 용어를 사용한다. 마지막으로, 전류가 전체 루프를 통해 흐르는 동안에 인터커넥트의 어느 한 부분(section) 주위의 자기장 선 고리만을 나타낼 때는 총 인덕턴스(total inductance), 알짜 인덕턴스(net inductance), 유효 인덕턴스(effective inductance)라는 용어를 사용한다. 이 세 용어는 산업계에서 같은 의미로 사용된다.

수식어 없이 단지 '인덕턴스'라는 용어만을 사용하는 것은 모호하다. 항상 인덕턴스 앞에는 자신이 의도하는 인덕턴스의 유형을 정확하게 가리키는 수식어를 붙이도록 하는 원칙을 만들어야 한다. 인덕턴스에 대해 가장 흔한 혼란의 원인은 다양한 유형의 인덕턴스 개념을 구분하지 않고 섞어서 사용하는 데서 생긴다.

6.4 자기 인덕턴스와 상호 인덕턴스

우주에 존재하는 유일한 전류가 단 하나의 도선에 흐르는 전류뿐이라면, 그 전류 주위를 둘러싸는 자기장 선의 고리 수는 쉽게 셀 수 있다. 그러나 근처에 다른 전류가 여러 개 있는 경우, 이들 전류의 자기장 선 고리가 여러 전류를 둘러쌀 수 있다. [그림 6-3]과 같이 a와 b로 표시된 서로 인접해 있는 두 개의 도선을 생각해 보자. 첫 번째 도선 a에만 전류가 흐르고 있는 경우, 도선 a 주위에는 여러 개의 원형 자기장 선 고리가 발생하므로, 도선 a는 이 고리 개수의 Wb 값을 전류 1 A당으로 환산한 인덕턴스를 가진다.

이번에는 두 번째 도선 b에도 전류가 흐르고 있다고 가정하자. 도선 b 주위에는 여러 개의 자기장 선 고리가 발생하므로 도선 b는 이 고리 개수의 Wb 값을 도선 b를 통과하는 전류 1 A 당으로 환산한 인덕턴스를 갖는다. 이 도선 b의 자기장 선의 고리 중 일부는 첫 번째 도선 a도 둘러싼다. 첫 번째 도선 a의 주위에는 이제 자신의 전류에 의해 발생한 자기장 선 고리와 인접한(두 번째) 전류 b에 의해 발생한 자기장 선 고리가 함께 있다.

어느 한 도선 주위를 둘러싸는 자기장 선 고리의 개수를 계산할 때는 자기장 선 고리의 원천을 나타내는 방법이 필요하다. 이를 위해 자신의 전류에서 발생한 자기장 선 고리에는 '자기(self)' 자기장 선 고리라는 이름을 붙이고 인접 전류에서 발생한 자기장 선 고리에는 '상호(mutual)' 자기장 선 고리라는 이름을 붙인다.

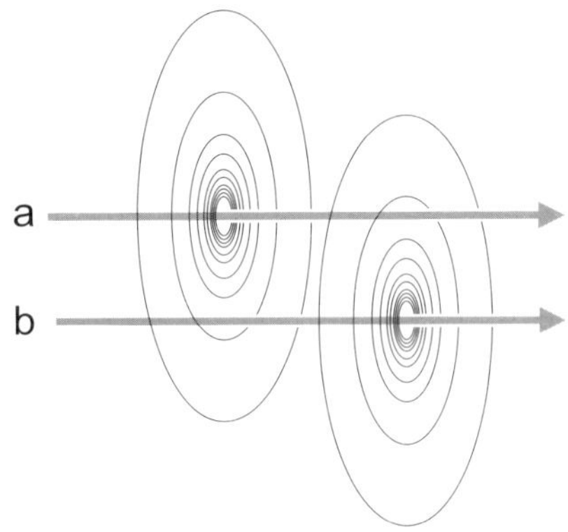

그림 6-3 어느 한 도체 주위를 둘러싸는 자기장 선 고리는 자신의 전류와 다른 전류에서 모두 발생할 수 있다.

> **TIP**
> 자기(self) 자기장 선 고리는 도선 주위의 자기장 선 고리 중에서 자신의 전류에서 발생한 고리를 가리킨다. 상호(mutual) 자기장 선 고리는 도선 주위의 자기장 선 고리 중에서 다른 도선의 전류에서 발생한 고리를 가리킨다.

도선 b의 전류에 의해 발생한 자기장 선 중에서 도선 a 주위를 둘러싸는 자기장 선은 도선 b와 도선 a 주위를 모두 둘러싸게 된다. 이런 식으로 상호(mutual) 자기장 선 고리는 두 개의 도체를 "연결(link)"한다고 말하거나 상호 자기장 선 고리는 두 개의 도체 모두를 둘러싸고 있다고 말한다.

두 개의 도선이 서로 가까이 놓여 있을 때 두 번째 도선에 전류를 흘려보내면 첫 번째 도선 주위를 둘러싸는 몇 개의 자기장 선 고리가 생긴다. 두 번째 도선을 첫 번째 도선으로부터 더 멀리 이동하면 두 도선 주위를 모두 둘러싸는 상호 자기장 선 고리의 수는 감소할 것이다. 이와는 반대로 도선을 더 가까이 이동하면 상호 자기장 선 고리의 수가 증가할 것이다.

하지만 첫 번째 도선 주위를 둘러싸는 자기장 선 고리의 총 개수는 어떻게 될까? 두 도선에 모두 전류가 흐르고 있는 경우, 두 도선 주위에는 저마다 자기 자기장 선 고리가 있다. 두 전류가 같은 방향으로 흐르면 두 도선 주위의 자기 자기장 선 고리의 순환 방향은 서로 동일하다. 첫 번째 도선 주위의 자기장 선 고리의 총 개수를 계산할 때는 첫 번째 도선의 자기(self)

자기장 선 고리와 두 번째 도선의 상호(mutual) 자기장 선 고리를 더하면 되는데, 이 두 종류의 자기장 선 고리가 같은 방향으로 순환하기 때문이다.

그러나 두 전류의 방향이 반대이면 첫 번째 도선 주위의 자기 자기장 선 고리와 상호 자기장 선 고리의 순환 방향은 반대이다. 따라서 자기장 선 고리의 총 개수를 계산할 때는 자기 자기장 선 고리에서 상호 자기장 선 고리를 빼주어야 한다. 따라서 인접한 반대 전류의 존재로 인해 첫 번째 도선 주위를 둘러싸는 자기장 선 고리의 총 개수는 감소한다.

자기장 선 고리의 원천을 표시하는 이 새로운 관점을 적용하면 인덕턴스를 더욱 구체적이고 명확하게 나타낼 수 있다.

TIP

자기 인덕턴스(self-inductance)라는 용어는 자신의 도선에 흐르는 전류 1 A당 그 도선 주위를 둘러싸는 자기장 선의 고리 수를 나타낸다. 우리가 일반적으로 생각하는 인덕턴스는 실제로는 도선의 자기 인덕턴스이다.

도선의 자기 인덕턴스는 다른 도체에 흐르는 전류의 존재 여부와 무관하다. 첫 번째 도선 근처에 두 번째 전류를 가져오면 첫 번째 도선 주위의 자기장 선 고리의 총 개수는 변할 수 있지만, 자신의 전류에 의한 자기장 선 고리 수는 변하지 않는다.

TIP

마찬가지로 상호 인덕턴스(mutual inductance)라는 용어는 다른 도선에 흐르는 전류 1 A당 어느 한 도선 주위를 둘러싸는 상호 자기장 선의 고리 수를 나타낸다.

두 도선을 서로 가깝게 하면 상호 인덕턴스가 증가한다. 두 도선을 더 멀리 떨어뜨리면 상호 인덕턴스가 감소한다. 물론 상호 인덕턴스를 측정하는 데 사용하는 단위도 nH인데 이는 상호 인덕턴스가 전류 1 A당 자기장 선의 고리 개수이기 때문이다.

상호 인덕턴스에는 두 가지 매우 특이하고 미묘한 특성이 있다. 첫 번째 특성으로, 상호 인덕턴스는 대칭적이다. 어느 한 도선에 1 A의 전류를 흘려보내고 이 전류에 의해 다른 도선 주위에 발생하는 자기장 선의 고리 수를 세든, 다른 도선에 1 A의 전류를 흘려보내고 이 전류에 의해 첫 번째 도선 주위에 발생하는 자기장 선의 고리 수를 세든, 어느 쪽이나 전류 1 A당 자기장 선의 고리 수는 정확히 같다. 이런 점에 있어서 상호 인덕턴스는 두 도체를 연결하고 두 도체를 동일하게 둘러싸고 있는 자기장 선 고리와 관련이 있다. 상호 인덕턴스는 두 도체가 똑같은 양으로 공유하는 속성이기 때문에 종종 "두 도체 사이의 상호 인덕턴스"라고 말한다. 이것은 두 도선이 각각 어떤 크기나 모양을 하고 있는가에 관계없이 적용되는 특성이다. 두 도체 중 하나는 좁은 스트립이고 다른 하나는 넓은 평면일 수 있다. 1 A의 전류를 넓은 도체든 좁은 도체든 어느 한 도체에 흘려보내도 나머지 도체 주위에 발생하는 자기장 선 고리 수는 동일하다.

두 번째 특성은 두 도체 사이의 상호 인덕턴스가 어느 한 도체의 자기 인덕턴스보다 클 수 없다는 것이다. 어쨌든 모든 상호 자기장 선 고리는 어느 한 도체에서 나온 자기장 선 고리이면서 동시에 그 도체 주위를 둘러싸는 자기 자기장 선 고리이기도 해야 한다. 두 도체 사이의 상호 인덕턴스는 어느 도체에 전류가 흐르든 동일하므로 상호 인덕턴스 값은 두 도체 각각의 자기 인덕턴스 값 중 더 작은 값보다도 작아야 한다.

6.5 인덕턴스 원리 3: 어떤 도체 주위를 둘러싸는 자기장 선의 고리 수가 변하면 그 도체 양단에 전압이 유도된다

지금까지 인덕턴스가 무엇인지 살펴보았다. 그렇다면 왜 인덕턴스에 관심을 가져야 할까? 자기장 선 고리의 특별한 성질은 어떤 이유로든 도선의 어느 한 부분 주위의 실제 자기장 선 고리의 총 개수가 변할 때 바로 그 부분의 양쪽 끝(양단) 사이에 전압이 발생한다는 것이다. 이를 [그림 6-4]에 설명하였다. 이때 발생하는 전압은 식 (6.3)에서 보듯이, 자기장 선 고리의 총 개수가 얼마나 빨리 변하는지와 직접적인 관련이 있다.

$$V = \frac{\Delta N}{\Delta t} \tag{6.3}$$

여기서

V = 도체 양단에 유도되는 전압

ΔN = 자기장 선 고리 수의 변화량

Δt = 자기장 선 고리 수가 변하는 데 걸리는 시간

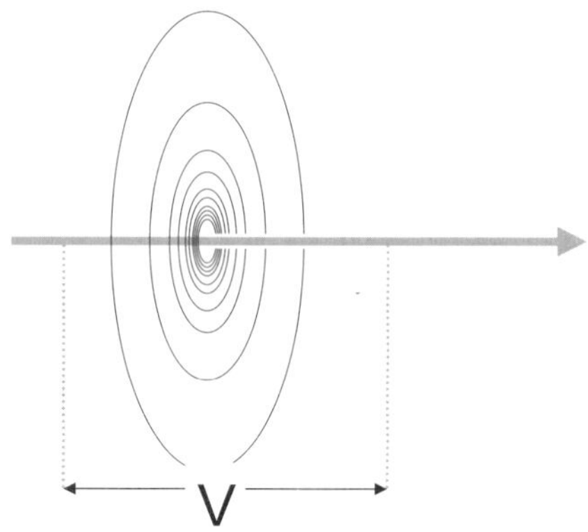

그림 6-4 도체 주위의 자기장 선 고리 수의 변화로 인해 도체 양단에 유도되는 전압

도선의 어떤 부분(section)에 흐르는 전류가 변하면 그 도선 부분 주위의 자기 자기장 선의 고리 수가 변하고 이에 따라 도선 부분의 양단(양쪽 끝) 사이에는 전압이 발생한다. 도선 부분 주위의 자기장 선의 고리 수는 $N = L \times I$이다. 여기서 L은 도선 부분의 자기 인덕턴스이다. 도선 부분에 발생하는 이 유도 전압은 식 (6.4)로 주어지는데, 도선의 인덕턴스와 도선에 흐르는 전류가 얼마나 빨리 변하는지와 관련이 있다.

$$V = \frac{\Delta N}{\Delta t} = \frac{\Delta LI}{\Delta t} = L\frac{dI}{dt} \tag{6.4}$$

TIP

유도 전압(induced voltage)은 인덕턴스가 신호 무결성에서 중요한 역할을 하는 근본적인 이유이다. 전류가 변할 때 유도 전압이 없다면 인덕턴스가 신호에 미치는 영향은 없을 것이다. 전류 변화로 인한 유도 전압은 전송 선로 효과(transmission line effect), 불연속(discontinuity), 크로스토크(cross talk), 스위칭 노이즈(switching noise), 레일 붕괴(rail collapse), 접지 바운스(ground bounce)를 발생시킨다. 또한, EMI를 일으키는 대부분의 소스(source)들도 유도 전압으로 인해 발생한다.

이 관계가 결국 인덕터의 정의이다. 인덕터를 통과해 흐르는 전류를 변화시키면 인덕터에 전압이 발생한다. 이 전압을 유도 기전력(induced electromotive force, EMF)으로 표현하기도 한다. 인덕터에 발생하는 이 유도 전압은 새로운 전압 소스(voltage source)가 되어, 전압의 − 극성 쪽에서 + 극성 쪽으로 전류를 퍼 올리는 배터리처럼 작동한다. 유도 전압의 +, − 극성은 전류 변화를 거스르는(상쇄하는) 방향으로 유도 전류가 흐를 수 있도록 정해진다. 이것이 "인덕터는 전류의 변화에 저항한다"고 말하는 이유이다.

첫 번째 도선 근처에 있는 다른 도선에 전류가 흐르고 있는 경우, 이 두 번째 도선 주위를 둘러싸는 자기장 선 고리의 일부는 첫 번째 도선 주위까지 둘러쌀 수 있다. 두 번째 도선의 전류가 변하면 첫 번째 도선 주위의 자기장 선 고리 수가 변한다. 이러한 자기장 선 고리 수의 변화는 첫 번째 도선 양단에 전압을 발생시킨다. 이것을 [그림 6-5]에 설명하였다. 이러한 상호 자기장 선 고리의 변화는 첫 번째 도선에 유도 전압을 발생시킨다. 어느 한 도체에 흐르는 전류의 변화로 인해 인접한 다른 도체에 유도되는 전압을 가리키는 용어로 **크로스토크**(cross talk)를 사용한다. 이 유도 전압은 원하지 않는 신호인 노이즈(noise)의 원인이다. 이 경우, 발생하는 전압 노이즈는 다음과 같다.

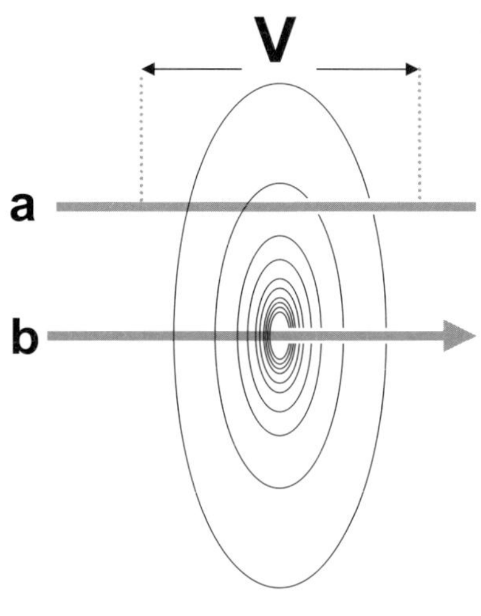

그림 6-5 한 도체에 흐르는 전류 변화와 그에 따른 상호 자기장 선의 변화로 인해 인접한 다른 도체에 유도되는 전압이 크로스토크의 한 종류이다.

$$V_{noise} = M\frac{dI}{dt} \tag{6.5}$$

여기서

V_{noise} = 비활성 도체(quiet wire)인 첫 번째 도체에 유도된 전압 노이즈

M = 두 도체 사이의 상호 인덕턴스(단위: Wb)

I = 활성 도체(active wire)인 두 번째 도선에 흐르는 전류

유도 전압은 전류 변화의 빠르기에 따라 달라지기 때문에 상호 인덕턴스를 통과해 흐르는 전류가 스위칭(switching)을 할 때 발생하는 노이즈를 가리켜 스위칭 노이즈(switching noise) 또는 델타 I 노이즈(delta I noise)라는 용어를 사용하기도 한다.

여러 개의 도체가 서로 관련된 실제 세계의 문제를 분석하려면 자기장 선 고리를 발생시키는 원천(source)인 여러 개의 전류를 모두 추적할 수 있어야 한다. 도체와 전류의 개수와 관계없이 상호 작용의 원리는 동일하며 다만 전류가 흐르고 주위에 자기장 선 고리가 있는 도체가 많은 경우에는 그만큼 복잡해질 뿐이다.

6.6 부분 인덕턴스

당연히 실제 전류는 끊어지거나 조각나지 않은 완전한 전류 루프에서만 흐른다. 앞에서 살펴본 여러 가지 예에서는 회로의 어느 한 부분(part)만을 그림으로 그려서 나타냈는데 이때 존재하는 전류는 오직 그림에 나타난 그 도선 부분(part of wire)에 흐르는 특정한 전류뿐이었다. 그 도선 부분 주위의 자기장 선의 고리 수를 계산할 때, 전체 전류 루프에서 그 부분을 제외한 나머지 루프 부분에 흐르는 전류에 의해 그 도선 부분 주위에 발생한 자기장 선 고리는 무시했다. 전체 도선 루프의 '한 부분(part)'에 흐르는 전류에 의해서만 그 도선 부분 주위에 발생하는 자기장 선 고리만을 고려하는 인덕턴스의 종류를 도선의 부분 인덕턴스(partial inductance)라고 한다.

어떤 부분의 부분 인덕턴스를 말할 때는 전체 루프에서 그 부분을 제외한 **나머지 부분은 존재하지 않는 것**과 같다는 점을 명심하는 것이 중요하다. 부분 인덕턴스의 관점에서는 우리가 다루려는 도체의 특정 부분에 흐르는 전류를 제외한 나머지 다른 전류는 존재하지 않는다. 부분 인덕턴스는 수학적 개념이다. 실제 세상에는 단절된 전류는 존재할 수 없으므로 절대로 측정할 수 없다.

TIP

부분 전류라는 것은 실제로는 존재할 수 없다. 존재할 수 있는 것은 전류 루프뿐이다. 그러나 부분 인덕턴스 개념은 특히 루프에서 그 부분을 제외한 나머지 부분이 어떻게 생겼는지 아직 모를 때 인덕턴스의 다른 특성을 이해하고 계산하는 데 쓰이는 매우 강력한 도구이다.

부분 인덕턴스에는 부분 자기 인덕턴스(partial self-inductance)와 부분 상호 인덕턴스(partial mutual inductance)라는 두 가지 종류가 있다. 지금까지 앞에서 설명한 것은 실제로 두 도선 부분의 부분 인덕턴스였다. 어떤 패키지 리드의 인덕턴스, 어떤 커넥터 핀의 인덕턴스, 어떤 표면 트레이스의 인덕턴스를 언급할 때 실제로는 이들 인터커넥트 요소(소자)의 부분 자기 인덕턴스를 말하는 것이다.

부분 자기 인덕턴스와 부분 상호 인덕턴스의 정확한 정의는 도선의 한 부분(section, 조각) 주위의 자기장 선 고리 수에 대한 수학적 계산에 기반을 두고 있다. 어떤 전류 루프의 한 부분(part)을 이루고 있는 특정 길이의 도선 부분을 생각하자. 이 부분을 루프에서 잘라내 분리하면 잘린 조각(부분)은 형상은 그대로 유지한 채 공간상에 홀로 존재한다. 이제 잘린 조각의 양쪽 끝에 길이에 수직인 방향으로 무한히 큰 도체 평면을 각각 가져다 붙인다. 이제 잘린 부분에 1 A의 전류를 흘려준다고 상상해보자. 그러면 잘린 조각의 앞쪽 끝에서 갑자기 전류가 나타나 조각을 통해 흐르다가 조각의 반대쪽 끝에서 나와 사라진다.

우주에 존재하는 유일한 전류는 두 무한 도체면 사이에 연결된 도선 조각에 흐르는 전류뿐이다. 이 작은 조각에 흐르는 전류에 의해 발생하여 두 무한 평면 사이에 들어가 있는 모든 자기장 선 고리의 수를 헤아린다. 도선 조각에 흐르는 전류 1 A당 이 자기장 선 고리의 개수가 이 도체 조각의 부분 자기 인덕턴스이다. 당연히 도선 조각의 길이를 더 길게 만들면 조각 주위의 자기장 선 고리의 총 개수는 증가하므로 부분 자기 인덕턴스도 증가한다.

이제 이 첫 번째 조각 근처에 또 다른 짧은 인터커넥트 조각을 가져온다. 두 번째 도선 조각의 한쪽 끝에 전류를 주입하고 반대쪽 끝에서 사라지게 한다. 이 부분 전류는 공간 전체에 걸쳐 자기장 선 고리를 발생시키고 그중 일부는 첫 번째 도선 조각을 완전히 둘러싸면서 동시에 첫 번째 조각 양쪽에 수직으로 설치한 두 무한 평면 사이에 들어갈 것이다. 두 번째 도선 조각의 전류 1 A당 첫 번째 도선 조각 주위를 둘러싸는, 무한 평면 사이의 자기장 선의 고리 개수가 두 도선 조각 사이의 부분 상호 인덕턴스이다.

당연히 실세 세상에서는 회로의 특정 부분에만 전류가 흐르고 있고 나머지 부분에는 전류가 흐르지 않는 상황은 일어날 수 없다. 하지만 수학적으로는 이러한 상황이 가능하다. 부분 인덕턴스라는 용어는 측정할 수만 없을 뿐 매우 잘 정의된 양이다. 앞으로 살펴보겠지만 부분 인덕턴스는 접지 바운스를 줄이기 위해 설계를 최적화하고, 측정이 가능한 다른 종류의 인덕턴스를 쉽게 계산할 수 있게 해주는 매우 강력한 개념이다.

부분 자기 인덕턴스를 상당히 좋은 정확도로 계산할 수 있는 근사식이 있는 도체의 형상(기하학적 구조)은 몇 가지에 지나지 않는다. [그림 6-6]에 나와 있는 직선 구조의 원형 도체의 부분 자기 인덕턴스는 다음의 간단한 근사식을 사용하여 오차 몇 퍼센트 이내의 정확도로 계산할 수 있다.

$$L = 5\mathrm{Len}\left\{\ln\left(\frac{2\mathrm{Len}}{r}\right) - \frac{3}{4}\right\} \tag{6.6}$$

여기서

L = 도선의 부분 자기 인덕턴스(단위: nH)

r = 도선의 반지름(단위: inch)

Len = 도선의 길이(단위: inch)

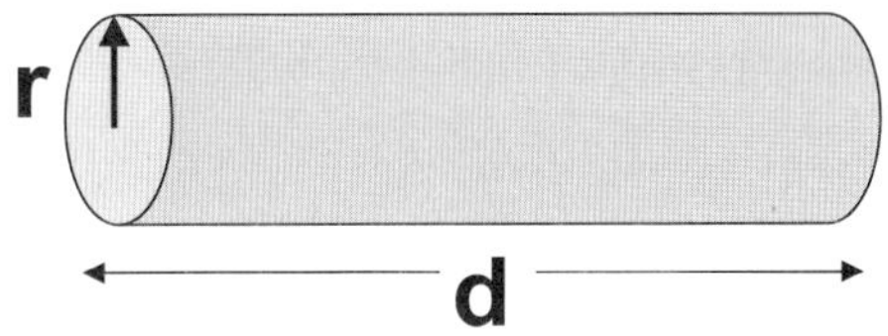

그림 6-6 부분 자기 인덕턴스를 나타내는 근사식을 구하는 데 사용하는 원형 막대의 구조. 도선의 길이 d는 Len으로도 표시한다.

예를 들어, 설계 변경 와이어(engineering change wire)로는 보통 30 게이지 도선을 사용한다. 30 게이지 도선의 지름은 대략 10 mil이다. 도선의 길이가 1 inch인 경우 부분 자기 인덕턴스는 다음과 같이 계산할 수 있다.

$$L = 5 \times 1 \left\{ \ln\left(\frac{2 \times 1}{0.005} \right) - \frac{3}{4} \right\} = 26\ \text{nH} \tag{6.7}$$

TIP

이 결과로부터 중요한 경험 규칙 하나가 만들어진다. 도선의 부분 자기 인덕턴스는 약 25 nH/inch 또는 1 nH/mm이다. 단 이것은 경험 규칙이며 사용이 간단한 만큼 정확도는 떨어진다는 점을 항상 명심해야 한다.

도체의 길이가 증가함에 따라 부분 자기 인덕턴스가 증가하는 것을 볼 수 있다. 그러나 놀랍게도 선형적으로 증가하는 것보다 빠르게 증가한다. 도체의 길이를 두 배로 하면 부분 자기 인덕턴스는 두 배 이상으로 증가한다. 이는 도선의 길이를 늘리면 새로 늘어난 부분에 흐르는 전류에 의해 그 부분 주위에 자기장 선 고리가 생기므로 그만큼 자기장 선 고리의 총 개수가 늘어나고, 여기에 더해 도선의 다른 부분에 흐르는 전류에 의해 새로 늘어난 부분 주위에 자기장 선 고리가 생기기 때문이다.

부분 자기 인덕턴스는 단면적이 증가함에 따라 감소한다. 도선의 반지름을 더 크게 하면 전류는 더 많이 퍼져 흐르고 부분 자기 인덕턴스는 감소한다. 전류 분포를 넓게 퍼지게 하면 자기장 선 고리의 총 개수는 약간 감소한다.

TIP

이것은 부분 자기 인덕턴스의 매우 중요한 특성을 나타낸다. 전류 분포가 더 넓게 퍼질수록 부분 자기 인덕턴스가 낮아진다. 전류 분포를 더 밀집하게 만들수록 부분 자기 인덕턴스가 높아진다.

이 원형 막대의 구조에서는 부분 자기 인덕턴스가 막대 반지름의 자연로그 값에 비례하여 달라지므로 반지름에 따른 변화율은 그다지 크지 않다. 이와는 달리 넓은 평면과 같은 단면의 부분 자기 인덕턴스는 원형 단면보다 전류 분포의 분산에 더욱 민감하게 변한다.

위의 경험 규칙을 사용하여 여러 인터커넥트의 부분 자기 인덕턴스를 추정할 수 있다. 예를 들어 커패시터에서 비아까지 연결하는 표면 트레이스의 길이가 50 mil일 때, 이 트레이스의 부분 자기 인덕턴스는 25 nH/inch × 0.05 inch = 1.2 nH이다. 두께가 0.64 mil인 기판을 관통하는 비아의 부분 자기 인덕턴스는 약 25 nH/inch × 0.064 inch = 1.6 nH이다.

근사식과 경험 규칙은 모두 반지름이 작은 가는 막대의 부분 자기 인덕턴스를 매우 잘 추정한다. [그림 6-7]은 경험 규칙과 위에서 주어진 근사식을 사용하여 지름이 1 mil인 와이어 본드의 부분 자기 인덕턴스를 추정한 결과이다. 비교를 위해 3D 전자기장 솔버의 계산값을 함께 나타내었다. 일반적인 와이어 본드의 길이인 약 100 mil의 길이까지 세 결과가 매우 잘 일치한다.

두 도체 조각(부분) 사이의 부분 상호 인덕턴스는 한 도체 조각 주위를 둘러싸는 자기장 선 고리 중에서 다른 도체 조각의 주위를 완전히 둘러싸는 자기장 선 고리의 수이다. 일반적으로 두 도선 사이의 부분 상호 인덕턴스는 두 도선 각자의 부분 자기 인덕턴스 중 작은 것보다 작으며 두 도선의 간격이 멀어질수록 매우 빠르게 감소한다. 두 개의 직선 구조의 원형 도선 사이의 부분 상호 인덕턴스는 다음과 같은 근사식으로 나타낼 수 있다.

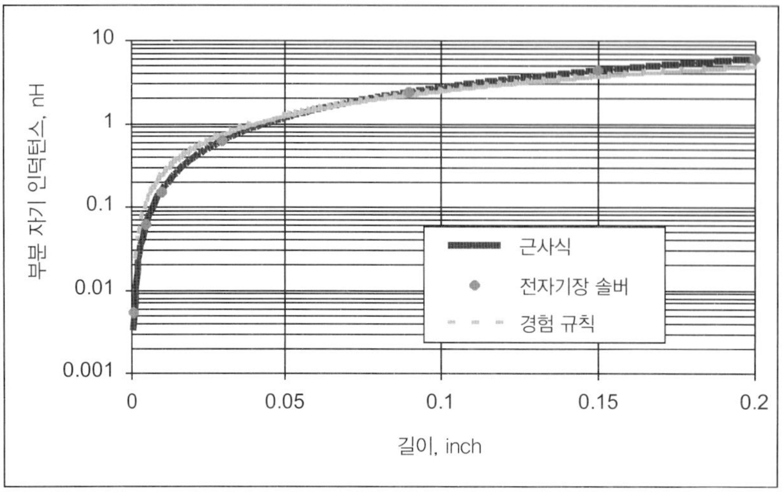

그림 6-7 지름이 1 mil인 원형 막대의 부분 자기 인덕턴스를 경험 규칙, 근사식, Ansoft Q3D 전자기장 솔버를 사용하여 계산한 결과

$$M = 5Len\left\{\ln\left(\frac{2Len}{s}\right) - 1 + \frac{s}{Len} - \left(\frac{s}{2Len}\right)^2\right\} \tag{6.8}$$

여기서

M = 부분 상호 인덕턴스(단위: nH)

Len = 두 막대의 길이(단위: inch)

s = 두 막대 중심 사이의 간격(단위: inch)

매우 강력한 이 근사식은 2차 효과까지 계산할 수 있으므로 종종 2차 모델이라고도 한다. 막대의 길이에 비해 간격이 작을 때(s ≪ Len), 이 근사식은 다음과 같이 더욱 간단하게 나타낼 수 있다.

$$M = 5Len\left\{\ln\left(\frac{2Len}{s}\right) - 1\right\} \tag{6.9}$$

이 근사식은 막대 사이의 원거리 결합(coupling)의 몇 가지 세부 사항을 무시하기 때문에 1차 모델이다. 정확도는 떨어지지만 그만큼 사용하기 쉽고 편리하다. [그림 6-8]은 두 막대가 [그림 6-7]의 경우보다 멀리 떨어져 있을 때 두 막대 사이의 간격에 따른 상호 인덕턴스의 변화를 두 종류의 근사식과 3D 전자기장 솔버로 예측한 결과이다. 부분 상호 인덕턴스가 부분 자기 인덕턴스의 약 20%보다 클 때(즉, 상호 인덕턴스가 작지 않을 때) 1차 모델도 정확도가 높다는 것을 알 수 있다. 이 1차 모델은 실용적이며 좋은 근사식이다.

예를 들어, 두 개의 와이어 본드의 길이가 100 mil일 때, 각 와이어 본드는 2.5 nH의 부분 자기 인덕턴스를 가질 수 있다. 이 두 와이어 본드의 중심 사이의 간격(pitch)이 5 mil이면 부분 상호 인덕턴스는 1.3 nH가 된다. 즉, 어느 한 와이어 본드에 1 A의 전류가 흐르면 나머지 와이어 본드 주위에는 1.3 nH × 1 A = 1.3 nWb에 해당하는 자기장 선 고리가 존재한다. 간격이 5 mil인 두 와이어 본드 사이의 부분 상호 인덕턴스와 와이어 본드 하나의 자기 인덕턴스의 비율은 약 50%이다.

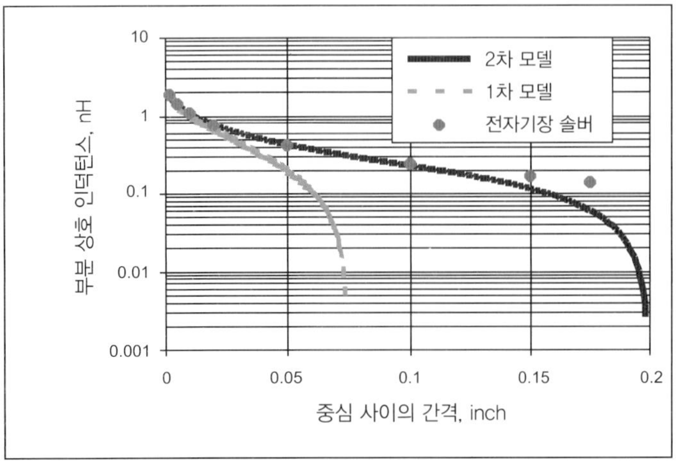

그림 6-8 길이가 0.1 inch인 두 원형 막대에 대해, 두 막대 사이의 간격에 따른 상호 인덕턴스의 변화를 1차 근사 모델, 2차 근사 모델, 안소프트의 Q3D 전자기장 솔버로 계산한 결과

TIP

[그림 6-8]의 상호 인덕턴스와 간격의 그래프에서 좋은 경험 규칙을 찾아낼 수 있다. 두 도체 조각(부분) 사이의 간격이 길이보다 더 크면 두 도체 조각의 부분 상호 인덕턴스는 어느 한 도체 조각의 부분 자기 인덕턴스의 10% 미만이므로 보통은 무시할 수 있다.

이것은 두 인터커넥트 조각(부분)의 간격이 길이보다 크면 이 두 인터커넥트 조각 사이의 결합은 중요하지 않다는 것을 의미한다. 예를 들어, 길이가 20 mil인 두 개의 비아가 각 비어의 중심에서 중심까지 20 mil 이상 떨어져 있으면 사실상 결합이 없는 것과 마찬가지이다.

부분 인덕턴스의 개념은 실제로 인덕턴스의 모든 측면에 대해 그 밑바탕을 이루고 있다. 모든 종류의 인덕턴스는 부분 인덕턴스로 설명할 수 있다. 패키지 모델과 커넥터 모델은 실제로 부분 인덕턴스를 기반으로 한다. 인덕턴스 값을 계산할 때 3D 정전자기장 솔버(static field solver)의 계산 결과는 실제로 부분 인덕턴스 항목이다. SPICE 모델은 실제로 부분 인덕턴스 항목을 사용한다.

TIP

각 종류의 인덕턴스를 최적화하는 방법의 측면에서 성능 설계 목표를 알아낼 수 있으면, 물리적 설계가 여러 도체로 구성된 구조의 부분 자기 인덕턴스와 부분 상호 인덕턴스에 미치는 영향을 이해함으로써 물리적 설계를 최적화할 수 있다.

6.7 유효 인덕턴스, 총 인덕턴스, 알짜 인덕턴스, 접지 바운스

[그림 6-9]와 같이 어느 정도의 길이만큼 직선 형태로 뻗어 나가다가 중간에 스스로 방향을 되돌려 다시 직선 형태로 뻗어 나가서 완전한 루프(complete loop)를 이루고 있는 도선을 생각해 보자. 이러한 구성 형태는 '신호 경로(signal path)'와 그에 대한 '귀환 경로(return path)', '전원 경로(power path)'와 그에 대한 '"접지" 귀환 경로(ground-return path)'를 포함하여 모든 인터커넥트에서 매우 흔하게 볼 수 있다. 예를 들어, 패키지에는 서로 가까이 배치된 전원 와이어 본드와 접지 귀환 와이어 본드를 쉽게 찾아볼 수 있다. 이 와이어 본드 쌍은 IC 패키지에서는 가까이 배치된 한 쌍의 신호 리드와 귀환 리드이거나 회로 기판에서는 인접한 한 쌍의 신호면(signal plane)과 귀환면(return plane)일 수도 있다.

루프에 전류가 흐르면 루프의 두 구간(상단의 직선 구간과 하단의 직선 구간)에서 각각 자기장 선 고리가 발생한다. 루프의 전류가 변하면 이에 따라 각 구간 주위의 자기장 선 고리 수가 변한다. 또한, 각 구간에는 전압이 발생하는데 그 크기는 각 구간 주위의 자기장 선 고리의 총 개수가 얼마나 빨리 변하는지에 따라 달라진다.

전류 루프의 어느 한 구간에서 발생한 전압 노이즈는 그 구간 주위를 둘러싸는 자기장 선 고리의 총 개수가 얼마나 빨리 변하는지에 따라 달라진다.

상단과 하단 구간 중 어느 한 구간 주위의 자기장 선 고리의 총 개수는 해당 구간의 전류에 의해 발생한 자기장 선 고리(부분 자기 자기장 선 고리)에서 온 것과, 나머지 한 구간의 전류에 의해 발생하여 해당 구간으로 온 자기장 선 고리(부분 상호 자기장 선 고리)에서 온 것, 이렇게 두 가지이다. 그러나 두 구간의 전류는 서로 반대 방향으로 흐르므로 이들 두 전류에 의해 각각 발생하는 자기장 선 고리는 해당 구간 주위를 서로 반대 방향으로 순환한다. 따라서 루프의 어느 한 구간 주위의 자기장 선 고리의 총 개수는 자기 자기장 선 고리와 상호 자기장 선 고리의 차이이다. 이 구간에 흐르는 전류 1 A당 구간 주위의 자기장 선 고리의 총 개수를 유효 인덕턴스(effective inductance), 총 인덕턴스(total inductance), 또는 알짜 인덕턴스(net inductance)라는 특별한 이름으로 부른다.

TIP

루프가 여러 부분(조각)으로 이루어져 있을 때, 어느 한 부분(조각)에 흐르는 전류 1 A당 그 부분 주위의 자기장 선 고리의 총 개수가 그 부분의 유효 인덕턴스, 알짜 인덕턴스, 또는 총 인덕턴스이다. 이러한 이름을 가진 인덕턴스에는 전체 루프의 모든 부분(조각)의 전류에 의해 발생하는 자기장 선 고리 중에서 그 부분 주위의 자기장 선 고리의 총 개수에 기여한 것들이 모두 포함되어 있다.

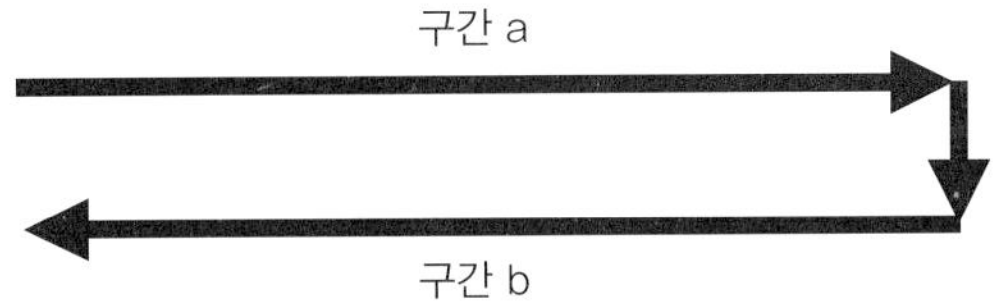

그림 6–9 두 구간으로 이루어진 전류 루프: 초기 전류와 귀환 전류

두 구간의 부분 인덕턴스를 기반으로, 어느 한 구간의 유효 인덕턴스를 계산할 수 있다. 루프를 구성하는 두 구간을 각각 구간 a, 구간 b라고 할 때, 구간 a와 구간 b의 부분 자기 인덕턴스를 각각 L_a와 L_b라고 하자. 두 구간 사이의 부분 상호 인덕턴스를 L_{ab}라고 하자. 루프의 전류를 I라고 할 때 구간 a와 구간 b에 흐르는 전류의 크기는 I로 같지만 흐르는 전류의 방향은 서로 반대이다.

구간 b 주위의 자기장 선 고리의 원천을 살펴보자. 구간 b의 자기장 선 고리 중 일부는 구간 b의 전류에 의해서 발생하는데 이것은 자기 자기장 선이다. 구간 b 주위에는 자신의 전류에 의해 $N_b = I \times L_b$개의 자기장 선 고리가 발생한다. 이와 동시에 구간 b 주위의 자기장 선 고리 중 일부는 구간 a의 전류에 의해 발생한 상호 자기장 선 고리이다. 구간 b 주위를 둘러싸는 자기장 선 고리 중에서 구간 a에서 오는 상호 자기장 선 고리의 수는 $N_{ab} = L_{ab} \times I$이다.

구간 b 주위의 자기장 선 고리의 총 개수를 구해보자. 구간 a의 전류는 구간 b의 전류와 반대 방향으로 흐르기 때문에 구간 b 주위의 자기장 선 고리 중에서 구간 a에서 오는 자기장 선 고리의 순환 방향은 구간 b의 전류에 의해 발생한 자기장 선 고리의 순환 방향과 반대가 된다. 따라서 구간 b 주위의 자기장 선 고리의 총 개수를 계산할 때 이들 두 자기장 선 고리의 개수를 서로 뺀다. 구간 b 주위의 자기장 선 고리의 총 개수는 다음과 같다.

$$N_{total} = N_b - N_{ab} = (L_b - L_{ab}) \times I \tag{6.10}$$

여기서 $(L_b - L_{ab})$를 구간 b의 총 인덕턴스, 알짜 인덕턴스, 또는 유효 인덕턴스라고 한다. 이 인덕턴스는 루프에 흐르는 전류 1 A당 구간 b 주위의 자기장 선 고리의 총 개수이다. 여기서 구간 b 주위의 자기장 선 고리의 총 개수에는 전체 루프를 이루고 있는 모든 부분의 전류에 의해 구간 b 주위에 발생하는 자기장 선 고리가 전부 포함된 것이다.

인접한 두 구간이 동일한 루프의 일부이고 한 구간이 다른 구간에 대한 귀환 전류 경로로 사용되는 경우처럼 인접한 두 전류가 서로 반대 방향으로 흐르는 경우, 유효 인덕턴스는 루프에 흐르는 전류가 변할 때 한 구간 양단에 발생하는 전압의 크기를 결정한다. 특히 전압이 발생하는 구간이 귀환 경로일 때, 이 귀환 경로에서 발생하는 전압을 **접지 바운스**(ground bounce)라고 한다.

귀환 경로의 접지 바운스 전압 강하는 다음과 같다.

$$V_{gb} = L_{total} \times \frac{dI}{dt} = (L_b - L_{ab}) \times \frac{dI}{dt} \tag{6.11}$$

여기서

V_{gb} = 접지 바운스 전압

L_{total} = 귀환 경로의 총 인덕턴스

I = 루프에 흐르는 전류

L_b = 귀환 경로 구간의 부분 자기 인덕턴스

L_{ab} = 귀환 경로와 시작 경로(신호 경로 또는 전원 경로) 사이의 부분 상호 인덕턴스

귀환 경로의 전압 강하(즉, 접지 바운스 전압)를 최소로 하는 것이 목표라면 딱 두 가지 접근 방식이 있다. 첫째, 루프에 흐르는 전류의 변화율을 줄이기 위해 가능한 모든 조치를 취해야 한다. 이는 에지(상승 시간 또는 하강 시간)를 느리게 하고, 동일한 공유 귀환 경로를 함께 사용하는 신호 경로의 수를 제한하고, 신호에는 차동 신호 방식(differential signaling)을 사용한다는 것을 의미한다. 이렇게 해야만 하는 상황들이 일어나게 해서는 안 되겠지만 늘 고려는 해야 한다.

둘째, L_{total}을 줄이기 위해 가능한 모든 방법을 찾아야 한다. 귀환 경로의 총 인덕턴스를 줄이기 위해 조절할 수 있는 두 가지 방법이 있다. 구간의 부분 자기 인덕턴스를 **줄이고**, 두 구간 사이의 부분 상호 인덕턴스를 **증가시키는** 것이다. 구간의 부분 자기 인덕턴스를 감소시킨다는 것은 귀환 경로를 가능한 한 짧고 넓게 만든다는 것을 의미한다(즉, 귀환 경로로 평면을 사용한다). 귀환 경로와 시작 경로(신호 경로 또는 전원 경로) 사이의 상호 인덕턴스를 증가시킨다는 것은 시작 구간과 그 귀환 경로를 가능한 한 가깝게 배치하기 위해 가능한 모든 조치를 취한다는 것을 의미한다.

TIP

접지 바운스는 루프의 전류 변화로 인해 귀환 경로의 두 지점 사이에 발생하는 전압이다. 접지 바운스는 스위칭 노이즈와 EMI를 발생시키는 주요 원인이다. 접지 바운스는 주로 귀환 경로와 공유 귀환 전류 경로의 총 인덕턴스와 관련이 있다. 접지 바운스 전압 노이즈를 줄이려면 다음과 같이 두 가지 중요한 특성을 변경해야 한다. 길이가 짧고 폭이 넓은 인터커넥트를 사용하여 귀환 경로의 부분 자기 인덕턴스를 줄인다. 또한, 신호 전류가 흐르는 구간과 귀환 경로로 사용되는 구간을 서로 가깝게 하여 이들 두 구간의 부분 상호 인덕턴스를 증가시킨다.

놀랍게도 귀환 경로에서 접지 바운스를 줄이려면 귀환 경로에 직접 무언가를 해주는 것 이상이 필요하다. 또한, 신호 전류 경로의 배치와 그에 따라 귀환 경로와의 사이에서 발생하는 부분 상호 인덕턴스에 대한 고려도 필요하다.

위의 근사식을 사용하여 어느 한 와이어 본드에 인접한 다른 와이어 본드를 더 가깝게 가져오면 그 와이어 본드의 총 인덕턴스가 얼마나 감소할 수 있는지 계산할 수 있다. 한 와이어 본드는 전원 전류를 전달하고 다른 와이어 본드는 접지 귀환 전류를 전달한다고 가정하자. 그러면 이 두 와이어 본드에 흐르는 전류는 크기는 같고 방향은 반대이다. 이 경우 두 와이어 본드 사이의 부분 상호 인덕턴스는 각각의 와이어 본드가 가지는 총 인덕턴스를 감소시키는 작용을 한다($L_{total} = L_a - L_{ab}$). 두 와이어 본드가 서로 가까워질수록 두 와이어 본드 사이의 부분 상호 인덕턴스가 커지므로 각각의 와이어 본드가 가지는 총 인덕턴스는 감소한다.

각 와이어 본드의 지름이 1 mil이고 길이가 100 mil일 때 각 와이어 본드의 부분 자기 인덕턴스는 약 2.5 nH이다. 위의 근사식으로 부분 자기 인덕턴스와 부분 상호 인덕턴스를 계산하여, 두 와이어 본드의 중심 사이의 간격 s를 변경할 때 어느 한 와이어 본드의 알짜 인덕턴스 또는 유효 인덕턴스의 변화를 추정할 수 있다.

두 와이어 본드가 100 mil 이상의 간격으로 멀리 떨어져 있으면 두 와이어 본드 사이의 부분 상호 인덕턴스는 부분 자기 인덕턴스의 10% 미만이다. 따라서 어느 한 와이어 본드의 유효 인덕턴스는 그 와이어 본드의 부분 자기 인덕턴스와 거의 동일하다. 그러나 두 와이어 본드를 서로 가깝게 배치하여 중심 사이의 간격이 5 mil이 되게 하면 두 와이어 본드의 상호 인덕턴스가 상당히 증가하여 하나의 와이어 본드의 유효 인덕턴스를 1.2 nH까지 낮출 수 있다. 이 값은 50% 이상 감소한 수치이다. 유효 인덕턴스가 낮을수록 이 와이어 본드 양단의 전압 강하가 낮아지고 칩에 가해지는 접지 바운스 전압 노이즈가 줄어든다.

앞에서 한 와이어 본드의 유효 인덕턴스는 다른 전류가 멀리 떨어져 있을 때 2.5 nH였다. 이 와이어 본드에 스위칭 시간이 1 nsec인 100 mA의 전류(전송 선로에 흐르는 전형적인 스위칭 전류)가 흐르면 와이어 본드 양단에 발생하는 접지 바운스 전압은 $V_{gb} = 2.5\ \text{nH} \times 0.1\ \text{A}/1\ \text{nsec} = 250\ \text{mV}$이다. 이것은 큰 전압 노이즈이다. 두 개의 와이어 본드가 5 mil 간격으로 서로 가깝게 배치되면 접지 바운스 노이즈는 $V_{gb} = 1.2\ \text{nH} \times 0.1\ \text{A}/1\ \text{nsec} = 120\ \text{mV}$로 상당히 줄어든다.

TIP

이 결과는 매우 중요한 설계 규칙을 제시하고 있다. 유효 인덕턴스를 줄이려면 귀환 전류를 신호 전류에 최대한 가깝게 배치하라.

정반대의 경우를 고려해보자. 인접한 두 도선이 모두 전원 전류를 전달하고 있다고 가정한다. 많은 IC 패키지에서는 여러 개의 리드가 전원 전류를 전달하고 접지 귀환 전류를 전달하는 데 사용되기 때문에 이러한 상황이 종종 발생한다. 인접한 두 도선 중 어느 한 도선의 알짜 인덕턴스를 살펴보고 그 도선에 다른 도선을 가까이 가져가면 도선의 알짜 인덕턴스는 어떻게 될까?

이 경우 두 전류는 같은 방향이다. 따라서 상호 자기장 선 고리는 자기 자기장 선 고리와 순환 방향이 같다. 두 번째 도선에서 오는 상호 자기장 선 고리는 첫 번째 도선 주위에 이미 존재하는 자기 자기장 선 고리에 상호 자기장 선 고리를 추가한다. 두 개의 전원 도선 중 어느 한 도선의 알짜 인덕턴스는 $L_{total} = L_a + L_{ab}$이다.

목표가 전원 리드의 알짜 인덕턴스를 최소로 하는 것이라면 설계 방법은 언제나 그렇듯 리드의 부분 자기 인덕턴스를 줄이기 위해 가능한 모든 조치를 취하는 것이다. 그러나 이 경우에는 인접한 두 도선의 자기장 선 고리가 같은 방향이기 때문에 상호 인덕턴스를 줄이기 위해 가능한 모든 조치를 취해야 한다. 이는 두 전선을 가능한 한 서로 멀리 배치하는 것을 의미한다.

인접한 두 와이어 본드에 같은 크기의 전류가 같은 방향으로 흐를 때, 또는 반대 방향으로 흐를 때, 한 와이어 본드의 알짜 인덕턴스(유효 인덕턴스)를 각각 추정할 수 있다. 그리고 두 와이어 본드의 간격에 따라 와이어 본드의 알짜 인덕턴스가 어떻게 달라지는지도 예측할 수 있는데 이 결과가 [그림 6-10]에 표시되어 있다.

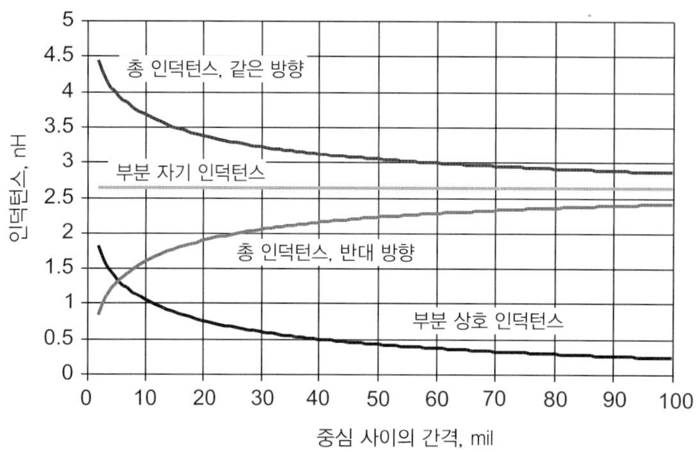

그림 6-10 길이가 100 mil인 두 개의 와이어 본드에 같은 방향과 반대 방향으로 전류가 흐르는 두 가지 경우에 대해 한 와이어 본드의 총 인덕턴스를 계산한 결과. 비교를 위해 두 와이어 본드를 서로 멀리 떨어뜨려 계산한 한 와이어 본드의 부분 자기 인덕턴스와 부분 상호 인덕턴스를 함께 표시하였다.

두 와이어 본드의 간격이 길이보다 크면 알짜 인덕턴스는 한 와이어 본드의 부분 자기 인덕턴스와 별로 차이가 나지 않는다. 두 와이어 본드의 간격이 가까워지면 알짜 인덕턴스는 전류가 반대 방향일 때 감소하고 전류가 같은 방향일 때 증가한다.

> **TIP**
> 전원 분배 시스템에서 각 구간의 알짜 인덕턴스를 최소화하기 위한 일반적인 설계 규칙은 같은 방향으로 나란히 흐르는 두 전류의 간격을 전류가 흐르는 구간의 길이만큼 멀리 떨어뜨리는 것이다.

즉, 길이가 100 mil인 두 개의 인접한 와이어 본드가 모두 전원을 전달하고 있을 때 두 와이어 본드의 중심 사이의 간격은 최소 100 mil은 되어야 한다. 이 간격보다 가까워질수록 상호 인덕턴스는 각 와이어 본드의 유효 인덕턴스를 증가시키고 따라서 각 와이어 본드의 스위칭 노이즈를 증가시킨다. 두 개의 인접한 와이어 본드로 같은 방향의 전원 전류를 흐르게 하는 방식에 이점이 없다는 의미는 아니다. 다만 얻을 수 있는 최대 이득보다는 효율성이 감소한다.

고전력 칩에서 사용하는 일반적인 관행은 이중 본딩(double bonding)이다. 즉, 다이의 동일한 패드와 패키지의 동일한 패드 사이를 두 개의 와이어 본드를 사용하여 연결한다. 두 개의 와이어 본드가 병렬로 연결되어 있으므로 와이어 본드로 인한 두 개의 패드 사이의 직렬 저항은 한 개의 와이어 본드를 사용할 때보다 감소하고, 와이어 본드로 인한 두 패드 사이의 인덕턴스도 한 개의 와이어 본드를 사용할 때보다 감소한다. 두 와이어 본드의 간격이 가까울수록 상호 인덕턴스가 높아지므로 유효 인덕턴스가 커진다. 그러나 와이어 본드 두 개가 병렬로 연결되어 있기 때문에 등가 인덕턴스는 한 와이어 본드의 총 인덕턴스의 절반이다.

이중 본딩 시 와이어 본드 루프를 만들 때는 와이어 본드들이 서로 최대한 멀리 떨어지도록 해야 한다. 이것은 동일한 방향의 전류 경로들은 넓게 퍼져 있을수록 총 인덕턴스가 감소한다는 일반 원리와 일치한다. 길이가 50 mil이고 간격이 5 mil인 두 와이어 본드에서 각 와이어 본드의 부분 자기 인덕턴스는 약 1.25 nH이고 부분 상호 인덕턴스는 약 0.5 nH이다. 따라서 와이어 본드 하나의 유효 인덕턴스는 1.75nH이다. 두 개를 병렬로 연결하면 등가 인덕턴스는 $1/2 \times 1.75$ nH = 0.88 nH가 된다. 이것은 단 한 개의 와이어 본드로 할 때 예상되는 1.25 nH보다 감소한 수치이다. 실제로 이중 본딩은 두 패드 사이의 등가 인덕턴스를 감소시킬 수 있다.

또 다른 예로 [그림 6-11]에 나와 있는 것처럼 디커플링 커패시터 패드와 그 아래의 전원면과 접지 귀환면을 연결하는 비아를 고려해보자. 패드에서 아래 평면까지의 거리가 20 mil이고 비아의 지름이 10 mil이라고 가정한다. 커패시터의 각 패드에서 여러 비아를 병렬로 사용하면 어떤 이점이 있을까?

인접한 두 비아의 중심 사이의 간격(s)이 비아 길이(20 mil)보다 크면 두 비아 사이의 부분 상호 인덕턴스가 매우 작으므로 두 비아는 상호 작용을 하지 않을 것이다. 두 비아 중 한 비아의 알짜 인덕턴스는 거의 부분 자기 인덕턴스와 같다. 하나의 패드에서 아래 평면까지 여러 개의 비아를 병렬로 연결하면 비아 개수에 반비례하여 아래 평면에 대한 등가 인덕턴스가 감소한다. 병렬로 연결된 비아가 많을수록 등가 인덕턴스는 낮아진다. 이렇게 되려면 [그림 6-11]에서 비아 간격 s_2가 적어도 아래 평면까지의 거리인 20 mil만큼은 되어야 한다. 마찬가지로, 전류가 서로 반대로 흐르는 두 비아를 비아의 길이보다 더 가까운 간격으로 배치할 수 있다면 각 비아의 유효 인덕턴스가 감소한다. 비아 간격 s_1이 20 mil 미만이 되도록 두 비아를 배치할 수 있는 경우, 각 비아의 알짜 인덕턴스가 감소하고 패드에서 아래 평면까지의 등가 인덕턴스가 감소하며 레일 붕괴 전압도 감소한다.

동일한 패드에 여러 개의 비아가 있는 경우에 얻을 수 있는 또 다른 중요한 이점은 전원면, 접지면과의 접촉 면적이 넓어짐에 따라 전원면과 접지면으로의 확산 인덕턴스(spreading inductance)가 감소한다는 것이다. 이것은 종종 비아의 인덕턴스가 감소하는 것보다 더 큰 이점이 될 수 있다.

TIP

두 경로의 총 인덕턴스를 최소로 하기 위해서는 다음 설계 규칙을 고려해야 한다. 동일한 방향의 전류가 흐르는 두 비아의 중심 사이의 간격을 적어도 비아의 길이만큼 멀리 떨어뜨린다. 반대 방향의 전류가 흐르는 두 비아의 중심 사이의 간격을 비아의 길이보다 훨씬 가깝게 유지한다.

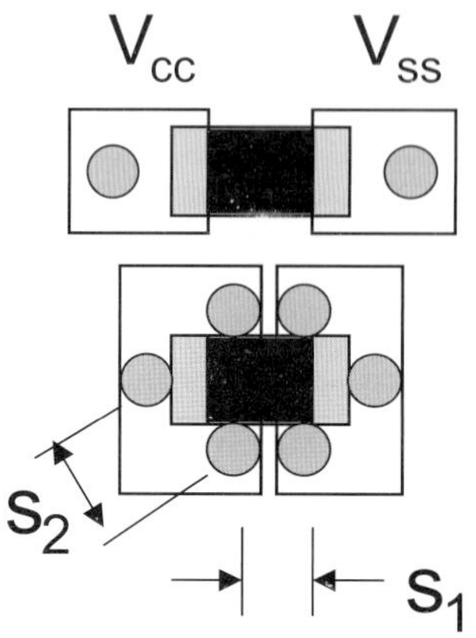

그림 6-11 V_{cc} 평면(전원면)과 V_{ss} 평면(접지면) 사이에 연결하는 디커플링 커패시터 패드상의 비아 배치 방식. (상단) 통상적인 배치 방식. (하단) 총 인덕턴스와 전압 붕괴 노이즈를 줄이는 데 최적화된 배치 방식: s_2 > 비아 길이, s_1 < 비아 길이

6.8 루프 자기 인덕턴스와 루프 상호 인덕턴스

인덕턴스의 일반적인 정의는 어떤 도체를 통과하는 전류 1 A당 그 도체 주위를 둘러싸는 자기장 선의 고리 수이다. 실제 세상에서 전류는 항상 완전한 루프(complete)를 그리며 흐른다. 전체 전류 루프의 총 인덕턴스를 가리켜 루프 인덕턴스(loop inductance)라고 한다. 이 루프 인

덕턴스는 실제로 전체 전류 루프의 자기 인덕턴스, 또는 루프 자기 인덕턴스(loop self-inductance)이다.

> **TIP**
>
> 어떤 전류 루프의 루프 자기 인덕턴스는 루프의 전류 1 A당 전체 루프를 둘러싸는 자기장 선 고리의 총 개수이다. 루프에 1 A의 전류가 흐를 때, 루프의 한쪽 끝에서 시작하여 도선을 따라 반대쪽 끝까지 걸어가면서 맞닥뜨리는, 루프에 흐르는 모든 전류에 의해 발생한 자기장 선 고리의 총 개수를 계산한다. 여기에는 도선의 각 부분의 전류 분포가 다른 모든 부분에 기여하는 것이 전부 포함된다.

[그림 6-9]에서와 같이 두 개의 직선 구간으로 이루어진 도선 루프의 루프 자기 인덕턴스를 살펴보자. 구간 a는 신호 경로, 구간 b는 귀환 경로라고 할 수 있다. 우리가 구간 a를 따라 걸어가는 동안에 구간 a의 전류에 의해 발생한 자기장 선 고리(구간 a의 부분 자기 인덕턴스)를 볼 수 있고, 구간 b의 전류에 의해 발생한 자기장 선 고리(구간 a와 구간 b 사이의 부분 상호 인덕턴스)를 볼 수 있다.

구간 a를 따라 이동하면서 우리가 세는 자기장 선 고리의 총 개수가 실제로 구간 a의 총 인덕턴스이다. 구간 b를 따라 이동하면서 구간 b 주위의 자기장 선 고리의 총 개수를 세면 구간 b의 총 인덕턴스도 계산된다. 구간 a의 총 인덕턴스와 구간 b의 총 인덕턴스를 합한 것이 전체 루프의 루프 자기 인덕턴스이다. 이를 식으로 나타내면 다음과 같다.

$$L_{loop} = L_a - L_{ab} + L_b - L_{ab} = L_a + L_b - 2L_{ab} \tag{6.12}$$

여기서

L_{loop} = 도선 루프의 루프 자기 인덕턴스

L_a = 구간 a의 부분 자기 인덕턴스

L_b = 구간 b의 부분 자기 인덕턴스

L_{ab} = 구간 a와 b 사이의 부분 상호 인덕턴스

이 식은 많은 교과서에 실려 있으므로 친숙해 보일 수 있다. 이 관계식에서 자기 인덕턴스와 상호 인덕턴스가 실제로는 부분 자기 인덕턴스와 부분 상호 인덕턴스라는 것을 분명하게 언급하지 않으면 인덕턴스를 이해하기 어려워진다.

식 (6.12)에 표시된 관계는 전류가 흐르는 두 구간을 더 가까워지게 만들면 루프 인덕턴스가 감소한다는 것을 나타낸다. 두 구간이 가까워지면 부분 자기 인덕턴스는 동일하게 유지되지만 부분 상호 인덕턴스는 증가한다. 이 경우 두 구간 사이의 더 커진 상호 인덕턴스는 각 구간 주위의 자기장 선 고리의 총 개수를 줄이고 루프 자기 인덕턴스를 줄이는 역할을 한다.

> **TIP**
>
> 루프 자기 인덕턴스가 "루프 면적"에 따라 달라진다고 말하는 경우가 있다. 이 말은 대체로 사실에 가깝지만 직관을 기르는 데는 큰 도움이 되지 않는다. 지금까지 살펴봤듯이 중요한 것은 면적이 아니라 각 구간 주위를 둘러싸는 자기장 선 고리의 총 개수이다.

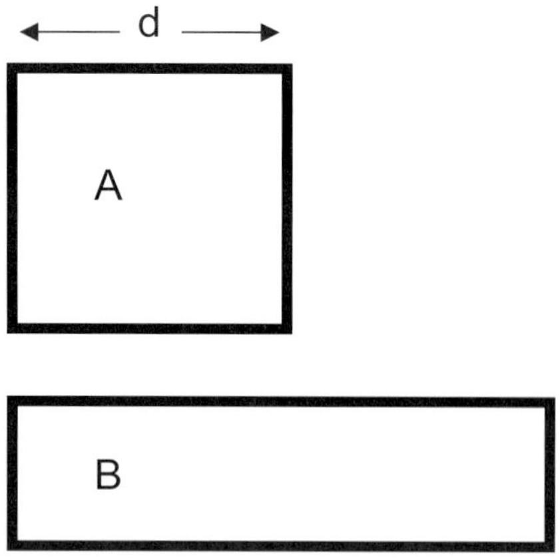

그림 6-12 면적은 같지만 루프 인덕턴스는 다른 두 개의 루프. 루프의 귀환 구간을 다른 구간에 더 가까워지게 하면 부분 상호 인덕턴스가 증가하므로 루프 인덕턴스는 감소한다.

예를 들어, [그림 6-12]을 보면 면적은 정확하게 같지만 모양은 서로 다른 두 개의 전류 루프가 있다. 이 두 루프는 부분 상호 인덕턴스가 전혀 다르기 때문에 루프 인덕턴스도 서로 다르다. 서로 반대 방향의 전류가 흐르는 두 구간을 더 가까워지게 만들수록 부분 상호 인덕턴스는 커지므로 결국 루프 인덕턴스는 작아진다.

루프 인덕턴스가 루프 면적에 비례한다고 생각하는 데에는 이유가 있다. 루프를 둘러싸는 자기장 선 고리의 총 개수를 셀 때, 이들 고리는 모두 루프의 내부를 통과한다는 것을 알 수 있다. 고리의 총 개수를 세는 것은 루프의 전체 면적에 걸쳐 자기장 밀도를 적분하는 것과 실제로 같다.

적분을 수행하는 영역은 분명히 면적에 비례하지만 적분하는 루프 내부의 자기장 밀도 값은 루프의 모양과 전류 분포에 따라 크게 달라진다.

앞서 살펴보았듯이 루프 자기 인덕턴스를 감소시키는 기본 메커니즘은 귀환 경로가 다른 쪽 구간에 더 가까워지고 루프가 더 작아져서 신호 경로와 귀환 경로 사이의 부분 상호 인덕턴스가 증가하는 것이다.

루프 인덕턴스를 계산하는 근사식이 있는 구조는 원형 루프, 두 개의 길고 평행한 막대, 두 개의 넓은 평면, 이렇게 세 가지이다.

원형 루프의 루프 인덕턴스를 나타내는 근사식은 다음과 같다.

$$L_{loop} = 32 \times R \times \ln\left(\frac{4R}{D}\right) nH \qquad (6.13)$$

여기서

L_{loop} = 루프 인덕턴스(단위: nH)

R = 루프 반지름(단위: inch)

D = 루프를 구성하는 도선의 지름(단위: inch)

예를 들어, 지름이 약 10 mil인 30 게이지 도선을 구부려 만든 지름이 1 inch인 원형 루프의 루프 인덕턴스는 다음과 같이 계산된다.

$$L_{loop} = 32 \times 0.5 \times \ln\left(\frac{4 \times 0.5}{0.01}\right) \text{nH} = 85 \text{ nH} \tag{6.14}$$

TIP

기억해두면 좋은 경험 규칙이 있다. 엄지손가락 끝과 집게손가락 끝을 서로 맞대서 원 모양을 만들어 보자. 30 게이지 도선으로 만든 이 크기의 원형 루프는 약 85 nH의 루프 인덕턴스를 가진다.

식 (6.13)으로 주어지는 근사식은 루프 인덕턴스가 실제로 루프 면적이나 둘레에 정비례하지 않는다는 것을 보여준다. 루프 인덕턴스는 '반지름 × ln(반지름)'에 비례한다. 둘레가 클수록 각 구간의 부분 자기 인덕턴스가 커지지만 루프에서 반대 방향으로 흐르는 전류 구간과 멀어지므로 상호 인덕턴스가 낮아진다.

그러나 1차 근사에서는 루프 인덕턴스가 대략 반지름에 비례한다. 둘레가 클수록 루프 인덕턴스가 증가한다. 지름이 1 inch인 루프의 경우 둘레는 약 1 inch × 3.14 = 3.14 inch이다.

인치당 둘레의 루프 인덕턴스는 85 nH/3.14 inch~25 nH/inch이다. 여기서도 좋은 경험 규칙이 하나 만들어지는데, 지름이 약 1 inch인 루프의 경우, 인치당 둘레의 루프 인덕턴스는 약 25 nH/inch이다.

[그림 6-13]은 작은 구리 도선의 루프 인덕턴스를, 이 근사식으로 예측한 결과와 실체 측정한 결과를 비교한 그래프이다. 근사식의 정확도는 오차 수 퍼센트 이내로 좋다.

두 개의 인접한 직선 원형 도선에서 한 도선은 신호 전류를 전달하고 나머지 도선은 그 신호 전류의 귀환 전류를 전달한다고 가정할 때 이 두 도선의 루프 인덕턴스는 다음 근사식으로 나타낼 수 있다.

$$L_{loop} = 10 \times \text{Len} \times \ln\left(\frac{s}{r}\right) \text{nH} \tag{6.15}$$

여기서

L_{loop} = 루프 인덕턴스(단위: nH)

Len = 도선 막대의 길이(단위: inch)

r = 도선 막대의 반지름(단위: mil)

s = 두 도선 막대의 중심 사이의 간격(단위: mil)

예를 들어, 길이가 100 mil이고 지름이 1 mil인 와이어 본드 두 개가 5 mil 간격으로 떨어져 있을 때 이 두 와이어 본드의 루프 인덕턴스는 다음과 같이 계산된다.

$$L_{loop} = 10 \times 0.1 \times \ln\left(\frac{5}{0.5}\right) \text{nH} = 2.3 \text{ nH} \tag{6.16}$$

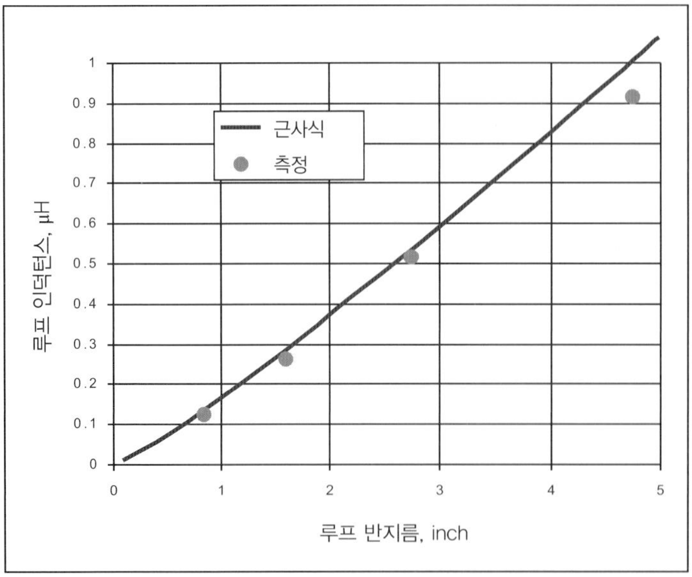

그림 6-13 25 mil 두께의 도선으로 만든 작은 구리 루프에 대해, 루프 반지름에 따른 루프 인덕턴스의 변화를 근사식으로 계산한 결과와 실제 측정한 결과. 근사식은 오차가 수 % 이내인 좋은 정확도를 보인다.

이 근사식은 두 개의 평행 도선의 루프 인덕턴스가 도선의 길이에 정비례한다는 것을 나타낸다. 또한 도선 사이 간격의 자연로그 값에 비례한다. 두 도선의 간격을 증가시키면 루프 인덕턴스도 증가하지만 그 증가 비율은 간격의 자연로그 값이므로 그만큼 천천히 증가한다.

길고 곧은 두 개의 평행한 도선 막대의 루프 인덕턴스는 막대의 길이에 정비례한다. 예를 들어, 도선 막대가 리본 케이블의 도체를 나타낸다고 할 때, 반지름이 10 mil이고 중심 사이의 간격이 50 mil인 두 평행 도선 막대에 서로 반대 방향의 전류가 흐르면 길이가 1 inch인 구간의 루프 인덕턴스는 약 16 nH이다.

신호 경로와 귀환 경로가 길이에 따라 일정한 단면을 갖는 특수한 경우, 루프 인덕턴스는 길이에 정비례한다. 그래서 이 경우에는 인터커넥트 길이당 루프 인덕턴스라는 항목을 사용한다. 리본 케이블의 신호 경로와 귀환 경로는 각각 길이당 일정한 루프 인덕턴스를 갖는다. 위의 예에서 리본 케이블 도선의 길이당 루프 인덕턴스는 약 16 nH/inch이다. 두 개의 인접한 와이어 본드의 경우, 길이당 루프 인덕턴스는 2.3 nH/0.1 inch 또는 23 nH/inch이다.

앞으로 살펴보겠지만 모든 제어된 임피던스 인터커넥트는 길이당 일정한 루프 인덕턴스를 갖는다.

6.9 전원 분배 네트워크와 루프 인덕턴스

"신호 무결성(signal integrity)"을 생각하면 일반적으로 반사 문제와 신호 넷(signal net) 사이의 크로스토크를 떠올린다. 이들은 중요한 문제이기는 하지만 다양한 신호 무결성 문제 중 일부일 뿐이다. 또 다른 문제들은 신호 경로가 아니라 전원 경로와 접지 경로에서 발생한다. 여러 전원 경로와 접지 경로를 한데 묶어서 **전원 분배 네트워크**(power distribution nwtwork, PDN)라고 부르며 PDN 설계를 전원 무결성(power integrity)이라는 일반적인 주제 속에 집어넣는다. 전원 무결성은 13장 "전원 분배 네트워크"에서 자세히 다루기로 하고 여기서는 PDN에서 인덕턴스가 수행하는 역할과 관련이 있는 몇 가지 측면을 소개한다.

전원 분배 네트워크의 목적은 각 칩의 전원 패드와 접지 패드에 일정한 전압을 전달하는 것이다. 장치 기술(device technology)에 따라 전달해주어야 하는 전압은 일반적으로 5 V~0.8 V이다. 대부분의 노이즈 버짓(budget)에서는 이 전압값에 5% 이하의 리플(ripple)을 할당한다. 전압 조정기(regulator)가 전압을 일정하게 유지해주지 않나요? 리플이 너무 높으면 더 큰 전압 조정기를 사용하면 되지 않을까요?

"컵과 입술 사이에는 많은 실수가 있다(there's many a slip twixt cup and lip)[2]"라는 속담이 이 문제를 압축해서 표현하고 있다. 예를 들어, 전압 조정기와 칩 사이에는 PDN을 이루고 있는 많은 인터커넥트 – 비아(via), 전원면과 접지면, 패키지 리드, 와이어 본드 등 – 가 있다. 칩으로 전달되는 전류가 변할 때[예: 프로세서의 제어명령(microcode)에 의해 더 많은 게이트나 더 적은 게이트에서 스위칭이 일어날 때, 또는 대부분의 게이트에서 스위칭이 일어나는 클록 에지에서] PDN 인터커넥트의 임피던스를 통과해 흐르는 변화하는 전류는 **레일 처짐**(rail droop) 또는 **레일 붕괴**(rail collapse)라고 하는 전압 강하를 일으킨다.

변화하는 전류로 인해 발생하는 전압 노이즈를 최소로 하기 위한 설계 목표는 PDN의 임피던스를 목표값 아래로 유지하는 것이다. 변화하는 전류가 있어도 임피던스를 충분히 낮게 유지할 수 있다면 이 임피던스 양단의 전압 변화를 5% 허용 리플 이하로 유지할 수 있다.

> **TIP**
> PDN의 임피던스를 낮게 유지하기 위해서 다음과 같은 두 가지 설계 방식을 적용한다. 첫째, 루프 인덕턴스가 낮은 디커플링 커패시터를 추가하여 낮은 주파수에서 임피던스를 낮게 유지한다. 둘째, 디커플링 커패시터와 칩 패드 사이의 루프 인덕턴스를 최소화하여 높은 주파수에서 임피던스를 낮게 유지한다.

실제로 얼마나 많은 디커플링 커패시턴스가 필요할까? 디커플링 커패시터가 어떤 정해진 시간(Δt) 동안, 흘러주어야 하는 모든 전하를 제공한다고 가정하고 이렇게 하는 데 필요한 총 커패시턴스의 양을 대략 추정할 수 있다.

2 (옮긴이) 즉 직역하면 '컵을 입술에 가져가는 사이에 실수는 얼마든지 일어날 수 있다'는 말이다. '어떤 결과가 확실해 보여도 상황이 여전히 바뀔 수 있다'는 의미로 주로 사용한다.

Δt 시간 동안 커패시터 C 양단의 전압 V는 칩을 통과해 흐르던 전하 Q가 ΔQ 만큼 감소하면서 ΔV 만큼 떨어지게 된다. 이 전압 강하 ΔV는 다음과 같이 계산할 수 있다.

$$\Delta V = \frac{\Delta Q}{C} \tag{6.17}$$

여기서

ΔV = 커패시터 양단의 전압 변화

ΔQ = 커패시터의 전하 감소

C = 커패시턴스

칩을 통과해 흐르는 전류 I의 크기는 얼마일까? 당연히 전류 I의 크기는 칩의 종류에 따라 크게 달라지며 칩을 통해 실행되는 명령(code)에 따라 많이 달라질 것이다. 그러나 칩의 전력 소모 P가 칩 양단의 V와 칩을 통해 흐르는 평균 전류 I와 관련이 있다고 가정하면 대략적인 추정치를 얻을 수 있다. 칩의 평균 전력 소모가 주어지면 칩을 통해 흐르는 평균 전류는 다음과 같다.

$$I = \frac{P}{V} \tag{6.18}$$

Δt 시간 동안 칩을 디커플링하는 하는 데 필요한 총 디커플링 양은 다음 식으로 주어진다.

$$\frac{P}{V} = \frac{\Delta Q}{\Delta t} = \frac{C\Delta V}{\Delta t} \tag{6.19}$$

이 관계식에서 커패시터가 디커플링을 하는 시간은 다음 식으로 구할 수 있다.

$$\Delta t = 0.05 \times C \times \frac{V^2}{P} \tag{6.20}$$

또는 주어진 시간 Δt 동안 디커플링을 하는 데 필요한 커패시턴스는 다음 식으로 구할 수 있다.

$$C = \frac{1}{0.05} \times \frac{P}{V^2} \times \Delta t \tag{6.21}$$

여기서

Δt = 커패시터에서 전하가 흐르는 시간(단위: sec)

0.05 = 전압 강하 허용률 5%

C = 디커플링 커패시터의 커패시턴스(단위: F)

V = 레일 전압(단위: V)

P = 칩의 전력 소모(단위: W)

예를 들어 칩 전력이 1 W(전원 전압 3.3 V, 허용 리플 5%로 동작하는 메모리칩이나 소형 ASIC의 전형적인 소모 전력임)일 때, 필요한 총 디커플링 커패시턴스의 양은 다음과 같다.

$$C = \frac{1}{0.05} \times \frac{1}{3.3^2} \times \Delta t = 2 \times \Delta t \tag{6.22}$$

예를 들어 전압 조정기가 10 μsec보다 짧은 시간 안에 전압 변화에 대응할 수 없는 경우, 디커플링을 위해 최소 2 × 10 μsec = 20 μF의 커패시턴스를 제공해야 한다. 커패시턴스가 이 값보다 작으면 커패시터의 전압 강하는 허용 리플 5%를 초과하게 된다.

그렇다면 20 μF 커패시터 하나로 필요한 모든 디커플링을 제공하면 어떨까? 이상적인 커패시터의 임피던스는 주파수가 증가함에 따라 감소한다. 어떤 주파수(예: 1 MHz 범위)에서 커패시터의 임피던스 값이 전압 조정기는 응답할 수 없을 만큼 충분히 낮은 경우, 언뜻 생각하면 이보다 더 높은 주파수에서는 커패시터가 훨씬 더 낮은 임피던스 값을 가져야 할 것 같다.

안타깝게도 실제 커패시터에서는 커패시터의 두 단자와 칩 패드 사이의 연결과 관련된 루프가 있다. 이 루프의 인덕턴스는 실제 커패시턴스 부품의 이상적인 커패시턴스와 직렬로 연결되므로 주파수가 증가함에 따라 실제 커패시터의 임피던스 값은 증가한다.

[그림 6-14]는 0603 디커플링 커패시터의 주파수에 따른 임피던스 변화를 측정한 그래프이다. 커패시터의 임피던스는 커패시터 부품의 두 단자 사이에서 측정한 루프 임피던스로, 여기서 루프는 커패시터 한쪽 단자에서 부품 아래의 평면을 거쳐 다시 커패시터의 다른 쪽 끝으로 가는 연결로 구성된다. 낮은 주파수 범위에서는 실제 커패시터의 임피던스가 이상적인 커패시터와 마찬가지로 주파수에 따라 감소한다. 그러나 주파수가 계속해서 증가하다 보면 실제 커패시터의 직렬 루프 인덕턴스가 임피던스를 지배하기 시작하는 지점에 도달한다. 이 주파수 지점을 자기 공진 주파수(self-resonant frequency)라고 한다. 자기 공진 주파수를 지나면서 실제 커패시터의 임피던스는 주파수에 따라 증가하기 시작한다. 자기 공진 주파수 이상에서 실제 커패시터의 임피던스는 커패시턴스와는 전혀 무관하며 오직 루프 인덕턴스와 관련이 있을 뿐이다. 따라서 더 높은 주파수에서 디커플링 커패시터의 임피던스를 줄이려면 커패시턴스를 늘리는 것이 아니라 관련 루프 인덕턴스를 줄여야 한다.

TIP

디커플링 커패시터의 주요 특징은 고주파에서의 임피던스가 등가 직렬 인덕턴스(equivalent series inductance, ESL)라고 하는 루프 인덕턴스에만 관련이 있다는 것이다. 고주파에서 디커플링 커패시터의 임피던스를 줄이는 것은 칩 패드에서 디커플링 커패시터에 이르는 전체 경로의 루프 인덕턴스를 줄이는 것과 관련이 있다.

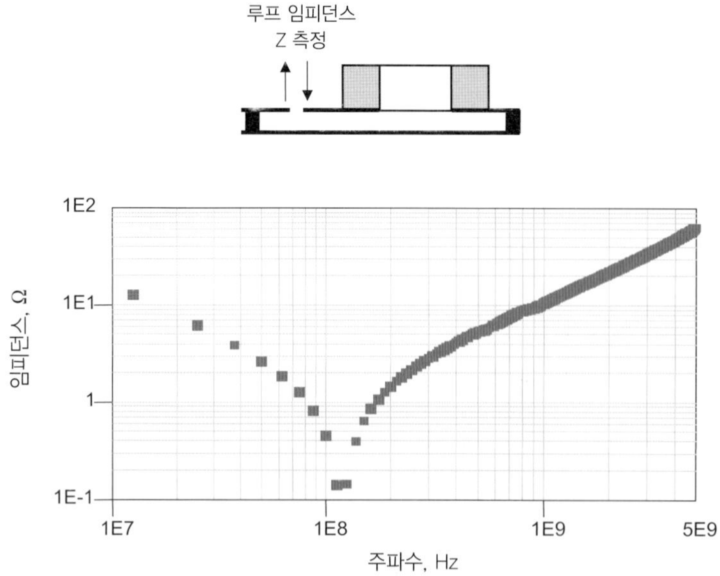

그림 6-14 상단 그림과 같이 구성된 전류 루프가 있는 1 nF 0603 디커플링 커패시터의 루프 임피던스 측정 결과. GigaTest Labs Probe Station으로 측정

[그림 6-15]는 커패시턴스 값이 서로 다른 여섯 개의 0603 디커플링 커패시터의 루프 임피던스를 측정한 결과이다. 저주파수 범위에서는 커패시터 여섯 개의 커패시턴스 값이 서로 다르므로 임피던스도 서로 다르다. 그러나 고주파수 범위에서는 여섯 개의 커패시터가 시험용 기판(test board)에 동일한 구조로 실장되므로 임피던스가 모두 동일하다.

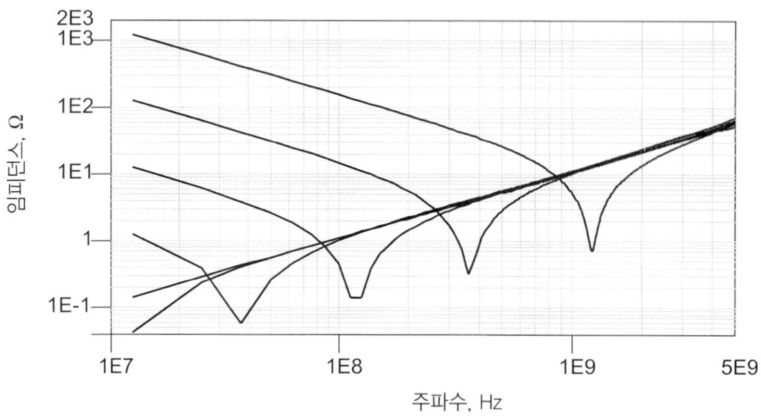

그림 6-15 커패시턴스 값이 10 pF~1 μF 사이에서 서로 다른 여섯 개의 0603 디커플링 커패시터의 루프 임피던스 측정 결과. 여섯 개 커패시터의 실장 구조는 모두 동일하다. GigaTest Labs Probe Station으로 측정

> **TIP**
> 고주파에서 디커플링 커패시터의 임피던스를 줄이는 유일한 방법은 루프 자기 인덕턴스를 줄이는 것이다.

디커플링 커패시터의 루프 인덕턴스를 줄이는 가장 좋은 방법은 다음과 같다.

- 전원면과 접지면을 기판 표면에 가깝게 배치하여 비아를 짧게 유지한다.
- 패키지 크기가 작은 커패시터를 사용한다.
- 커패시터 패드와 비아(전원면 연결 비아, 접지면 연결 비아) 사이의 연결을 아주 짧게 한다.
- 여러 커패시터를 병렬로 사용한다.

디커플링 커패시터 한 개를 기판에 실장하는 것과 관련된 루프 인덕턴스가 2 nH이고 최대 허용 인덕턴스가 0.1 nH일 때, 등가 루프 인덕턴스가 요구 조건을 충족하려면 최소 20개의 커패시터를 병렬로 연결해야 한다.

디커플링 커패시터에서 칩 패드로 가는 인터커넥트는 가장 낮은 루프 인덕턴스를 갖도록 설계되어야 한다. 짧은 표면 패드와 짧은 비아, 그리고 평면(전원면, 접지면)은 루프 인덕턴스가 가장 낮은 인터커넥트 구조이다.

6.10 평면의 정사각형당 루프 인덕턴스

[그림 6-16]을 보면 한 평면을 따라 흘러내려가서 다른 평면으로 되돌아가는 전류 경로가 있다. 이 두 평면 경로의 루프 인덕턴스는 각 평면 경로의 부분 자기 인덕턴스와 두 평면 경로 사이의 부분 상호 인덕턴스에 따라 달라진다. 평면이 넓을수록 전류 분포가 더 넓게 퍼지므로 각 평면의 부분 자기 인덕턴스가 낮아지고 그만큼 루프 인덕턴스가 낮아진다. 평면이 길수록 부분 자기 인덕턴스가 커지므로 루프 인덕턴스가 커진다. 두 평면이 서로 가까워질수록 상호 인덕턴스가 커지므로 루프 인덕턴스가 낮아진다.

폭 w가 간격 h보다 훨씬 큰($w \gg h$) 넓은 도체의 경우, 두 평면 사이의 루프 인덕턴스는 다음 근사식으로 주어진다.

$$L_{loop} = \mu_0 h \frac{Len}{w} \tag{6.23}$$

여기서

L_{loop} = 루프 인덕턴스(단위: pH)
μ_0 = 자유 공간의 투자율 = 32 pH/mil
h = 두 평면 사이의 간격(단위: mil)
Len = 평면의 길이(단위: mil)
w = 평면의 폭 (단위: mil)

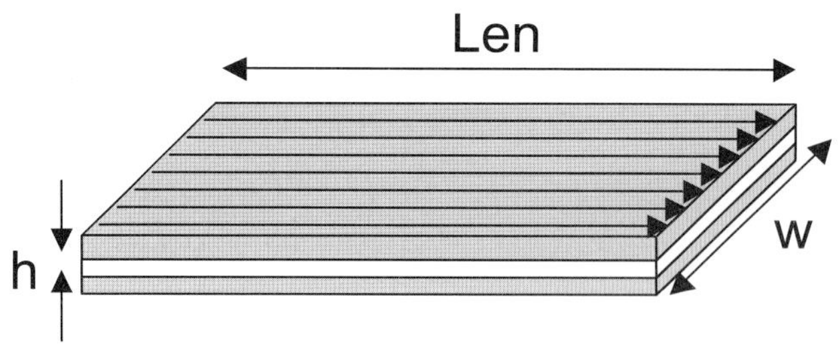

그림 6-16 두 평면으로 구성된 루프. 위쪽 평면에는 신호 전류가 면 전체에 퍼져 흐르고 아래쪽 평면에는 그 귀환 전류가 반대 방향으로 면 전체에 퍼져 흐른다.

이 근사식은 전류가 한쪽 모서리에서 다른 쪽 모서리로 균일하게 흐른다고 가정한다.

평면이 정사각형 모양이면 길이 Len은 폭 w와 같고 길이와 폭의 비는 사이즈에 관계없이 항상 1이다. 한 변이 100 mil인 정사각형 평면 두 개로 이루어진 구조의 루프 인덕턴스가 한 변이 1 inch인 정사각형 평면 두 개로 이루어진 구조의 인덕턴스와 똑같다는 것은 놀랍다. 정사각형 평면 두 개로 이루어진 모든 구조는 두 모서리 사이의 루프 인덕턴스가 동일하다. 이러한 특성 때문에 **정사각형당 루프 인덕턴스(loop inductance per square)**라는 용어가 종종 사용된다. 정사각형당 루프 인덕턴스를 줄여서 **정사각형당 인덕턴스(inductance per square)** 또는 **기판의 시트 인덕턴스(sheet inductance)**라고 부르기도 한다. 머리가 점점 더 복잡해지겠지만 정사각형당 루프 인덕턴스는 실제로 두 개의 정사각형 평면 구조에서 반대쪽 두 모서리가 서로 단락(short)될 때 앞쪽 두 모서리 사이의 루프 인덕턴스라는 것을 알게 되었다.

현재 대량 생산되고 있는 유전체의 두께 중에서 가장 얇은 것은 2 mil이다. 이 유전체의 윗면과 아랫면에 각각 부착된 정사각형 도체면의 정사각형당 루프 인덕턴스를 근사식을 사용하여 계산하면 $L_{loop} = 32\ pH/mil \times 2\ mil = 64\ pH$이다. 유전체 두께가 증가하면 정사각형당 루프 인덕턴스도 증가한다. 유전체 두께가 5 mil일 때는 정사각형당 루프 인덕턴스는 $L_{loop} = 32\ pH/mil \times 5\ mil = 160\ pH$가 된다.

인접한 두 평면 사이의 간격이 증가하면 부분 상호 인덕턴스가 감소하고, 한 평면에서 다른 평면 주위로 가는 자기장 선 고리가 많지 않아서 자기장 선 고리의 총 개수는 별로 상쇄되지 않는다. 유전체 두께가 클수록 두 도체 간격이 증가하여 루프 인덕턴스는 증가하고 레일 붕괴 노이즈도 증가한다. 이렇게 하면 PDN 노이즈가 커지고 접지 바운스 노이즈도 커진다. 접지 바운스 노이즈는 외부 케이블을 따라 공통 전류를 흐르게 만들어 EMI 문제를 일으킨다.

TIP

전원면과 접지면을 최대한 가깝게 배치하면 평면의 루프 인덕턴스가 감소하여 레일 붕괴, 평면의 접지 바운스 및 EMI가 감소한다.

6.11 평면과 비아 접촉의 루프 인덕턴스

전류는 평면의 한 모서리에서 다른 모서리로 흐르지 않는다. 개별 디커플링 커패시터와 패키지 리드 사이를 아래에 놓인 평면을 통해 연결하는 과정에서 실제 평면과의 연결은 점접촉(point contact)과 비슷하다. 앞에서 평면 구조를 설명할 때 전류는 평면을 따라 균일하게 퍼져 흐르는 것으로 가정했다. 그러나 실제로는 전류가 균일하지 않다. 점접촉으로 인해 전류가 흐르는 영역이 제한되면 루프 인덕턴스가 증가한다.

전류가 균일하다고 가정하는 유일한 이유는 이렇게 해야 간단한 근사식을 유도할 수 있고 이를 사용하여 루프 인덕턴스를 추정할 수 있기 때문이다. 답의 정확도와 답을 얻는 최소의 노력이라는 갈림길에서 최소의 노력이라는 길을 선택한 것이다. 실제로 접촉이 이루어진 방식대로 두 평면 사이의 루프 인덕턴스를 더욱 정확하게 추정하는 유일한 방법은 3D 전자기장 솔버를 사용하는 것이다.

이를 통해 두 평면과 각각 접촉된 점 사이의 두 평면의 루프 인덕턴스가 형상(기하학적 구조)에 의해 어떤 영향을 받는지를 어느 정도 이해할 수 있다. 3차원 전자기장 솔버를 사용하면 두 접촉 점 사이의 특정 전류 분포를 계산할 수 있고 이렇게 계산한 전류 분포로부터 루프 인덕턴스를 계산할 수 있다.

전자기장 솔버의 좋은 점은 정확도가 매우 우수하며, 좋은 근사식이 나와 있지 않은 실제 존재하는 여러 가지 효과들을 모두 다룰 수 있다는 것이다. 나쁜 점은 전자기장 솔버의 답은 일반화할 수 없다는 것이다. 다시 말해 한 번에 특정 문제 하나만 실행할 수 있다.

두 평면 사이의 루프 인덕턴스에 비아 접점이 어떤 영향을 주는지 살펴보기 위해 다음 두 가지 특수한 경우를 비교해보자(그림 6-17). 두 경우 모두 한 변의 길이가 1 inch인 정사각형 모양의 평면 두 개가 2 mil 간격으로 떨어져 있는 구조이다. 첫 번째 경우에는 상단 평면의 한쪽 모서리와 하단 평면의 같은 쪽 모서리가 각각 전류의 소스(source)와 싱크(sink)로 사용되었다. 상단 평면의 반대쪽 모서리와 하단 평면의 같은 쪽 모서리는 서로 연결되어 두 평면을 단락(short)시켰다.

두 번째 경우에는 두 개의 작은 비어 접점이 한쪽 끝에서 각각 전류 소스와 전류 싱크로 사용되었다. 반대쪽 끝에서는 두 개의 비어 접점이 두 평면을 단락시켰다. 접점은 지름이 10 mil이고 중심 간격이 25 mil인데, 이 치수는 실제 기판에서 한 쌍의 비아와 평면을 접촉할 때 사용하는 치수와 유사하다.

[그림 6-17]은 두 경우에 대해, 두 평면 중 한 평면의 전류 분포를 보여주고 있다. 모서리 접촉 방식을 사용하면 예상대로 전류 분포가 균일하다. 두 평면 사이의 루프 인덕턴스는 62 pH로 추출되었다. 동일한 구조를 위의 근사식으로 예측한 값은 64 pH였다. 따라서 이 특수한 경우에는 근사식의 정확도가 상당히 좋다는 것을 알 수 있다.

실제 기판처럼, 전류가 한 비아 접점에서 비아를 거쳐 기판을 따라 흘러 내려가 두 번째 비아 접점에서 하단 평면으로 옮겨 가고, 이어서 하단 평면을 따라 반대쪽으로 흐르다가 끝 비아(end via)를 통과해 상단 평면으로 옮겨가는 경우, 전자기장 솔버로 추출한 루프 인덕턴스는 252 pH이다. 이 값은 약 4배 증가한 수치이다. 평면 사이의 루프 인덕턴스가 증가한 까닭은 전류가 비아를 통해서만 위, 아래로 흐를 수밖에 없어서 전류 밀도가 더 높아졌기 때문이다.

전류가 흐르는 영역이 좁아질수록 부분 자기 인덕턴스와 루프 인덕턴스가 높아진다. 루프 인덕턴스의 이러한 증가를 확산 인덕턴스(spreading inductance)로 나타내기도 한다. 접촉 면적이 증가하면 전류 밀도가 감소하고 확산 인덕턴스가 감소한다.

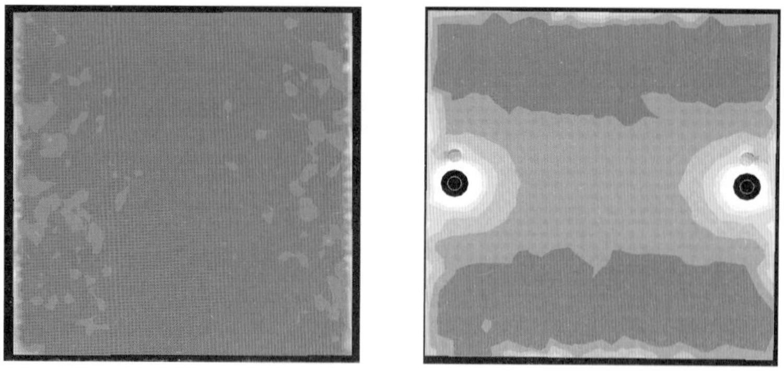

그림 6-17 두 개의 평면으로 구성된 구조에서 접촉 방식에 따른 상단 평면상의 전류 분포의 비교. (왼쪽) 모서리 접촉 방식. (오른쪽) 점 접촉 방식. 밝을수록 전류 밀도가 높다. 모서리 접촉 방식을 사용하면 전류 분포가 균일하다. 점접촉 방식을 사용하면 전류는 접점 근처로 밀집한다. 전류 밀도가 높을수록 인덕턴스가 높아진다. Charles Grasso 제공. 안소프트의 Q3D 전자기장 솔버로 시뮬레이션을 수행.

두 평면 사이의 루프 인덕턴스는 평면 사이의 간격에 비례하여 커진다. 확산 인덕턴스의 경우에도 마찬가지이다. 전원면과 접지면 사이의 유전체가 얇을수록 시트 인덕턴스와 확산 인덕턴스가 낮아진다. 마찬가지로 두 면 사이의 유전체가 두꺼우면 확산 인덕턴스가 커진다.

TIP

> 전원면과 접지면에 대한 비아 접점과 관련된 확산 인덕턴스는 일반적으로 그와 관련된 시트 루프 인덕턴스보다 크므로 평면의 루프 인덕턴스를 정확하게 추정하려면 확산 인덕턴스를 고려해야 한다.

여러 쌍의 비아로 많은 커패시터와 많은 패키지 리드를 연결하는 평면에 전류를 공급하는 경우, 전원면과 접지면 간격을 좁게 하면 모든 동시(simultaneous) dI/dt에 의해 발생하는 전압 강하를 최소화한다.

디커플링 커패시터와 관련된 평면의 루프 인덕턴스는 칩과 커패시터 사이의 거리보다는 확산 인덕턴스에 의해 더욱 큰 영향을 받는다. 기본적으로 디커플링 커패시터의 총 루프 인덕턴스는 칩과 떨어진 거리에 따라서 미약하게 달라진다. 그러나 커패시터가 칩에 가까울수록 주파수가 높은 전원 전류와 귀환 전류가 칩에 더욱 가깝게 흐르므로 귀환 평면의 접지 바운스 전압이 더 낮아질 것이다.

TIP

디커플링 커패시터를 고전력 칩에 가깝게 위치시키면 귀환면의 고주파 전류를 칩 근처로 집중시키고 기판의 I/O 영역에서 멀리 떨어뜨릴 수 있다. 이렇게 하면 외부 케이블을 따라 공통 전류를 흐르게 하고 EMI를 일으키는 접지 바운스 전압 노이즈를 최소로 할 수 있다.

6.12 클리어런스 홀이 있는 평면의 루프 인덕턴스

전자기장 솔버는 평면에 있는 비아 클리어런스 홀(via clearance hole)[3]이 두 평면 사이의 루프 인덕턴스에 미치는 영향을 탐색하는 데 유용한 도구이다. 비아 배열(via array)은 언제나 존재하기 마련이다. 클리어런스 홀은 BGA 패키지 아래, 커넥터 아래, 기판에서 밀도가 매우 높은 영역에 만들어진다.

종종 전원면과 접지면의 비아에는 클리어런스 홀이 있다. 이 홀이 평면의 루프 인덕턴스에 어떤 영향을 미칠까? 먼저 인덕턴스가 증가할 것으로 예상할 수 있다. 하지만 얼마나 증가할까? 패키지 아래에 다수의 클리어런스 홀이 뚫려 있으면 이른바 스위스 치즈 효과로 인해 평면의 인덕턴스가 매우 크게 증가한다는 말을 종종 듣는다. 그 정도를 정확하게 알 수 있는 유일한 방법은 수치를 입력하는 것, 다시 말해 전자기장 솔버를 사용하는 것이다.

한 변이 0.25 inch인 정사각형 평면 두 개가 2 mil 간격으로 떨어져 있는 구조를 생각해 보자(그림 6-18). 평면에 있는 클리어런스 홀의 영향을 살펴보기 위해 홀이 없을 때와 있을 때의 차이를 비교해본다. 평면의 양쪽 끝에는 각각 두 개의 비아 접점을 연결하였다. 평면의 한쪽 끝에 있는 두 개의 비아 접점은 두 평면을 단락시키고 있다. 평면의 반대쪽 끝에 있는 한 비아에 전류를 주입하면 나머지 비아에서 전류가 흘러나온다. 이러한 구성은 두 평면이 기판 맨 위층에 설치된 비아들을 통해 한쪽 끝은 디커플링 커패시터에 연결되어 있고 반대쪽 끝은 패키지의 전원 리드와 접지 리드에 연결된 실제 기판을 시뮬레이션한 것이다.

또 다른 한 쌍의 평면에는 클리어런스 홀의 영향을 살펴보기 위해 여러 개의 클리어런스 홀을 각 평면에 만들었다. 각 홀은 지름이 20 mil이고 인접한 홀 사이의 간격은 25 mil이다. 이 경우, 모든 홀에 의해 도체가 제거된 전체 개방 영역(open area)의 비율은 50%이다. 홀이 있고 없는 두 경우 각각에 대해 전류 분포를 계산하고 루프 인덕턴스를 3D 정전자기장 솔버(static field solver)로 추출했다. [그림 6-18]은 홀이 있는 경우와 없는 경우의 전류 분포를 보여주고 있다. 클리어런스 홀은 홀과 홀 사이의 좁은 통로로만 전류가 흐르도록 제한하므로 루프 인덕턴스는 증가할 것으로 예측된다.

전자기장 솔버로 루프 인덕턴스를 계산한 결과, 클리어린스 홀이 없는 경우에는 192 pH이고 홀이 밀집해 있는 경우에는 243 pH을 얻었다. 도체를 제거한 개방 면적이 50%일 때 루프 인덕턴스는 약 25% 증가한 것이다. 홀이 평면의 루프 인덕턴스를 증가시키기는 하지만 예측했

3 (옮긴이) 안티패드(anti-ad)라고도 함

던 것만큼 크게 증가시키지는 않는다는 것을 알 수 있다. 홀의 영향을 최소화하기 위해서는 홀을 가능한 한 작게 만드는 것이 중요하다. 물론 평면을 서로 가깝게 배치하면 클리어런스 홀이 있든 없든 두 평면의 루프 인덕턴스가 감소한다.

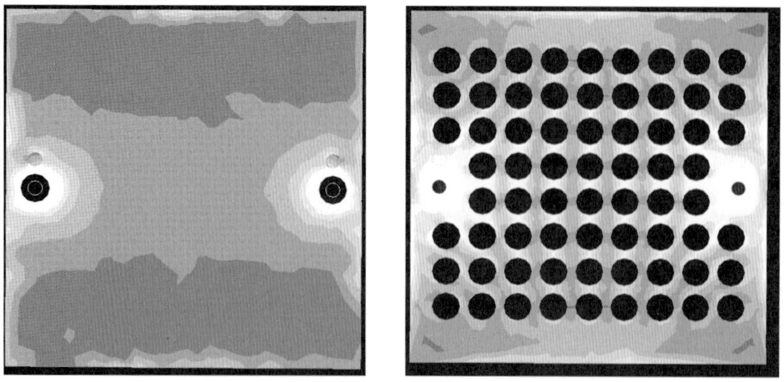

그림 6-18 점접촉으로 연결된 두 개의 평면으로 이루어진 구조에서 상단 평면상의 전류 분포의 비교. (왼쪽) 클리어런스 홀이 없는 평면. (오른쪽) 다수의 클리어런스 홀이 있는 평면. 전류는 두 개의 비어를 통해 공급. 밝을수록 전류 밀도가 높다. 홀은 전류가 흐르는 영역을 제한하여 루프 인덕턴스를 증가시킨다. Charles Grasso 제공. 안소프트의 Q3D 전자기장 솔버로 시뮬레이션을 수행

전원면과 접지면에 있는 클리어런스 홀은 루프 인덕턴스를 증가시키기는 하지만 증가율은 두 배보다는 훨씬 낮다는 것을 잘 알고 있어야 한다. 클리어런스 홀의 영향은 생각하는 것만큼 큰 재앙은 아니다.

> **TIP**
> 루프 인덕턴스를 최소로 낮춰주는 최상의 전원, 접지 인터커넥트는 가장 넓고 가장 간격이 좁은 평면이다. 전원면과 접지면 사이에 매우 얇은 유전체를 사용하면 벌크 디커플링 커패시터와 칩 패드 사이의 루프 인덕턴스를 줄일 수 있다. 이렇게 하면 레일 붕괴와 EMI가 감소한다.

상승 시간이 짧아지면 레일 붕괴와 EMI 모두 악화된다. 클록 주파수가 점점 더 높아지는 미래로 나아갈수록 전원 분배 네트워크에서 얇은 유전체는 점점 더 중요한 역할을 하게 될 것이다.

6.13 루프 상호 인덕턴스

서로 별개인 두 개의 전류 루프가 있을 때, 두 전류 루프 사이에는 상호 인덕턴스가 있다. 루프 상호 인덕턴스(loop mutual inductance)는 첫 번째 전류 루프에 흐르는 1 A 전류에 의해 발생한 자기장 선 고리 중에서 두 번째 전류 루프 주위를 완전히 둘러싸는 자기장 선의 고리 수이다.

첫 번째 전류 루프의 전류가 변하면 두 번째 전류 루프 주위의 자기장 선 고리 수가 변하게 되고, 이는 두 번째 전류 루프에 노이즈를 유도한다. 이때 유도되는 노이즈의 양은 다음과 같다.

$$V_{noise} = L_m \frac{dI}{dt} \tag{6.24}$$

여기서

V_{noise} = 비활성 루프에 유도되는 전압 노이즈

L_m = 두 루프 사이의 루프 상호 인덕턴스

dI/dt = 활성 루프에 흐르는 전류의 시간 변화율

비활성 루프(quiet loop)[4]의 노이즈는 활성 루프(active loop)[5]에 dI/dt가 있는 경우에만 발생하는데, dI/dt는 스위칭 전이(switching transition) 중에 생긴다. 이 때문에, 이러한 종류의 노이즈를 종종 스위칭 노이즈(switching noise), SSN(Simultaneous Switching Noise, 동시 스위칭 노이즈), 또는 델타 I 노이즈(delta I noise)라고 부른다.

TIP

스위칭 노이즈를 줄이는 가장 중요한 방법은 신호 경로 루프와 귀환 경로 루프 사이의 상호 인덕턴스를 줄이는 것이다. 이렇게 하려면 두 루프를 서로 멀리 떨어뜨려야 한다. 두 루프 사이의 상호 인덕턴스는 두 루프 각각의 자기 인덕턴스 중에서 더 작은 것보다 클 수 없으므로 두 루프의 상호 인덕턴스를 줄이는 또 다른 방법은 두 루프의 루프 자기 인덕턴스를 줄이는 것이다.

루프 상호 인덕턴스는 두 개의 균일한 전송 선로 사이에서 발생하는 크로스토크도 일으키는데 이에 대해서는 11장, "차동 쌍과 차동 임피던스"에서 설명한다.

6.14 다중 인덕터의 등가 인덕턴스

지금까지 양쪽 끝에 하나씩 모두 두 개의 단자가 있는 단일 인터커넥트 소자와 관련된 부분 인덕턴스를 살펴보고 이어서 두 개의 소자가 직렬로 연결된 루프 인덕턴스를 살펴보았다.

두 개의 개별 인터커넥트 소자를 연결하는 방식에 따라 두 가지 형태가 나온다. 하나는 직렬 구조이고, 또 하나는 병렬 구조이다. 이 두 가지 회로 구성 방식이 [그림 6-19]에 설명되어 있다.

어느 구성 방식에서든 두 소자를 조합하고 나면 두 개의 단자가 남게 되며 그 조합에 대한 등가 인덕턴스(equivalent inductance)를 구할 수 있다. 두 인덕터의 직렬 조합에 대한 등가 인덕턴스는 간단히 각 개별 인덕터의 부분 자기 인덕턴스의 합으로 생각하는 데 익숙하다. 하지만 두 개별 인덕터 사이의 상호 인덕턴스는 등가 인덕턴스에 아무런 영향을 주지 않을까?

4 (옮긴이) 의도하는 전류(신호 전류 또는 전원 전류)가 흐르고 있지 않은 루프

5 (옮긴이) 의도하는 전류(신호 전류 또는 전원 전류)가 흐르고 있는 루프

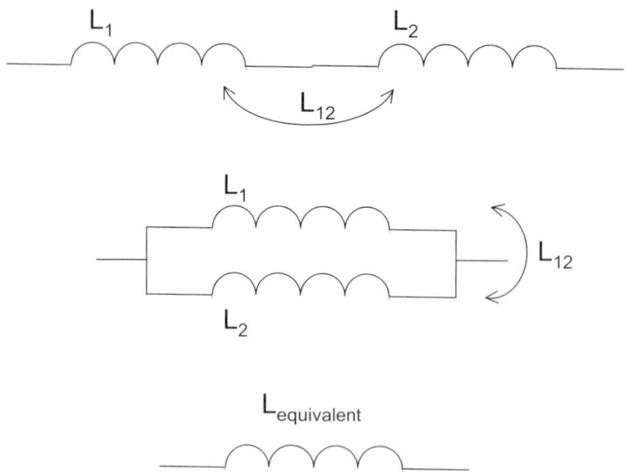

그림 6-19 개별 인덕터의 직렬연결 구성(상단)과 병렬연결 구성(중간)과 이들을 하나로 합성하여 나타낸 등가 인덕턴스(하단)

등가 인덕턴스를 구하는 데 인터커넥트 소자들 사이의 상호 인덕턴스를 포함하면 계산 과정이 복잡해진다. 먼저 각 소자의 총 인덕턴스에 각 소자 자신의 자기 인덕턴스가 기여하는 정도와 다른 소자의 상호 인덕턴스가 기여하는 정도를 각각 계산하여 두 계산 결과를 합해야 한다. 그런 다음 각 소자의 총 인덕턴스를 직렬 또는 병렬로 합성한다.

어느 구성이나 각 소자에 흐르는 전류가 같은 방향이기 때문에 모든 자기장 선 고리의 순환 방향은 같다. 따라서 두 소자 사이의 상호 부분 인덕턴스가 각 소자의 부분 자기 인덕턴스에 더해진다. 상호 부분 인덕턴스를 포함한 각 소자의 총 인덕턴스는 각 소자의 부분 자기 인덕턴스보다 커진다. 또한, 상호 부분 인덕턴스를 포함한 등가 인덕턴스는 포함하지 않은 경우의 등가 인덕턴스보다 커진다.

두 부분 인덕턴스를 직렬로 연결한 경우, 직렬 조합의 등가 부분 자기 인덕턴스는 다음과 같다.

$$L_{series} = L_1 + L_2 + 2L_{12} \tag{6.25}$$

두 부분 인덕턴스를 병렬로 연결한 경우, 병렬 조합의 등가 부분 자기 인덕턴스는 다음과 같다.

$$L_{parallel} = \frac{L_1 L_2 + L_{12}(L_1 + L_2) + L_{12}^2}{L_1 + L_2 + 2L_{12}} \tag{6.26}$$

여기서

L_{series} = 직렬 조합의 등가 부분 자기 인덕턴스

$L_{parallel}$ = 병렬 조합의 등가 부분 자기 인덕턴스

L_1 = 한 소자의 부분 자기 인덕턴스

L_2 = 다른 소자의 부분 자기 인덕턴스

L_{12} = 두 소자 사이의 부분 상호 인덕턴스

두 인덕터 사이의 부분 상호 인덕턴스가 0이면 각 인덕터의 인덕턴스는 부분 자기 인덕턴스와 같아지므로 식 (6.25)와 식 (6.26)은 우리에게 친숙한 직렬 합성 수식과 병렬 합성 수식으로 간단히 표시된다. 똑같은 인덕터 두 개의 직렬 조합의 등가 인덕턴스는 한 인덕터의 부분 자기 인덕턴스의 2배가 되고 병렬 조합의 등가 인덕턴스는 한 인덕터의 부분 자기 인덕턴스의 1/2배가 된다.

특히 두 인덕터의 부분 자기 인덕턴스가 동일한 경우, 두 인덕터의 직렬 조합의 등가 인덕턴스는 자기 인덕턴스와 상호 인덕턴스 합의 2배이다. 병렬 조합의 등가 인덕턴스는 다음과 같다.

$$L_{parallel} = \frac{1}{2}(L+M) \tag{6.27}$$

여기서

$L_{parallel}$ = 병렬 조합의 등가 부분 자기 인덕턴스

L = 어느 한 소자의 부분 자기 인덕턴스

M = 두 소자 사이의 부분 상호 인덕턴스

따라서 병렬로 연결된 두 전류 경로의 등가 인덕턴스를 줄이는 것이 목표일 때, 두 경로 사이의 상호 인덕턴스를 작게 유지할 수만 있으면 등가 인덕턴스를 줄일 수 있다.

6.15 인덕턴스 요약

모든 종류의 인덕턴스는 전류 1 A당 도체 주위의 자기장 선 고리 수와 직접적인 관련이 있다. 인덕턴스가 중요한 이유는 어떤 도체에 흐르는 전류가 변할 때 그 도체 양단에 유도되는 전압을 발생시키는 것이 바로 그 도체의 인덕턴스이기 때문이다. 하지만 단순히 "인덕턴스"라고만 표시하는 것에는 모호한 구석이 있다.

모호함을 없애려면 '자기' 인덕턴스, 또는 '상호' 인덕턴스와 같이 전류의 근원(source)을 명시해주어야 한다. 그런 다음 '루프' 인덕턴스, 또는 '부분' 인덕턴스와 같이 회로 전체를 고려하는지 회로의 어느 부분(조각, 구간)만을 고려하는지 명시해주어야 한다. 회로의 어느 부분 양단에 발생하는 전압 노이즈를 고려할 때는, 회로의 모든 부분에서 그 부분 주위로 오는 자기장 선 고리와 그 고리의 변화에 따라 전압 노이즈의 크기가 결정되므로 그 부분의 '총' 인덕턴스를 사용해야 한다. 마지막으로 패키지 안에서 사용되고 있는 다수의 병렬 리드 또는 다수의 병렬 비아와 같이 다수의 인덕턴스가 조합되어 있는 경우에는 '등가' 인덕턴스를 사용해야 한다.

혼란을 일으키는 가장 큰 원인은 인덕턴스라는 용어를 잘못 사용하는 데서 온다. 올바른 수식어를 앞에 붙이기만 하면 절대로 잘못될 일이 없다. 인덕턴스의 종류를 정리해서 나타내면 나음과 같다.

- **인덕턴스**(inductance): 어떤 도체를 통과하는 전류 1 A당 그 도체 주위의 자기장 선의 고리 수
- **자기 인덕턴스**(self-inductance): 자신의 도체를 통과하는 전류 1 A당 자신의 도체 주위의 자기장 선의 고리 수
- **상호 인덕턴스**(mutual inductance): 자신이 아닌 다른 도체를 통과하는 전류 1 A당 자신의 도체 주위의 자기장 선의 고리 수
- **루프 인덕턴스**(loop inductance): 어떤 완전한 전류 루프에 흐르는 전류 1 A당 그 전류 루프 주위의 자기장 선 고리의 총 개수
- **루프 자기 인덕턴스**(loop self-inductance): 자신의 완전한 루프에 흐르는 전류 1 A당 자신의 완전한 전류 루프 주위의 자기장 선 고리의 총 개수
- **루프 상호 인덕턴스**(loop mutual inductance): 자신이 아닌 다른 완전한 루프에 흐르는 전류 1 A당 자신의 완전한 전류 루프 주위의 자기장 선 고리의 총 개수
- **부분 인덕턴스**(partial inductance): 어떤 도체의 부분에 흐르는 전류 1 A당 그 도체 부분 주위의 자기장 선의 고리 수. 단, 전류가 흐르는 그 부분을 제외한 어디에도 다른 전류는 존재하지 않는 것으로 가정
- **부분 자기 인덕턴스**(partial self-inductance): 자신의 도체의 한 부분에 흐르는 전류 1 A당 자신의 도체의 그 부분 주위의 자기장 선의 고리 수. 단, 전류가 흐르는 그 부분을 제외한 어디에도 다른 전류는 존재하지 않는 것으로 가정
- **부분 상호 인덕턴스**(partial mutual inductance): 자신이 아닌 다른 도체의 한 부분에 흐르는 전류 1 A당 자신의 도체의 한 부분 주위의 자기장 선의 고리 수. 단, 전류가 흐르는 그 부분을 제외한 어디에도 다른 전류는 존재하지 않는 것으로 가정
- **유효 인덕턴스**(effective inductance), **알짜 인덕턴스**(net inductance), **총 인덕턴스**(total inductance): 루프의 모든 부분에서 전류에 의해 발생하는 자기장 선 고리의 존재를 전부 고려한, 루프 전류 1 A당 도체의 한 부분 주위의 자기장 선 고리의 총 개수
- **등가 인덕턴스**(equivalent inductance): 여러 인덕터의 직렬 조합 또는 병렬 조합을 하나의 자기 인덕턴스로 나타낸 것. 단 여러 인덕터 사이의 상호 인덕턴스의 영향이 포함되어야 함

6.16 전류 분포와 표피 깊이

지금까지는 도체의 저항과 인덕턴스를 계산할 때 전류가 도체의 단면 전체에 걸쳐 균일하게 분포한다고 가정했다. 이것은 DC 전류의 경우이며 시간에 따라 변하는 AC 전류의 경우에는 그렇지 않다. AC 전류는 근본적으로 다른 전류 분포를 가질 수 있으며, 이는 저항과 도체의 인덕턴스에 어느 정도 영향을 미칠 수 있다.

전류 분포는 전류 파형이 사인파로 나타나는 주파수 영역에서 계산하는 것이 가장 쉽다. 주파수 영역에서 계산하면 시간 영역보다 더 빠르게 답을 얻을 수 있다.

DC에서 도체 막대의 전류 분포는 막대 전체에 걸쳐 균일하다. 지금까지 자기장 선 고리를 계산할 때는 도체의 외부에서 도체 주위를 둘러싸는 자기장 선 고리만을 다루었다. 실제로는 [그림 6-20]에서 보듯이 도체 내부에도 어느 정도의 자기장 선 고리가 있다. 이 내부 자기장 선 고리도 자기 인덕턴스에 포함된다.

도체의 자기 인덕턴스에 기여하는 도체 내부의 자기장 선 고리와 도체 외부의 자기장 선 고리를 서로 구분하기 위해 자기 인덕턴스를 내부 자기 인덕턴스(internal self-inductance)와 외부 자기 인덕턴스(external self-inductance)로 나눈다.

내부 자기장 선 고리는 실제로 도체 금속을 마주 대하므로 금속의 영향을 받을 수 있는 유일한 자기장 선 고리이다. 원형 도선의 경우, 도선의 외부 자기장 선 고리는 도체를 마주 대하지 않으므로 주파수에 따라 절대 변하지 않을 것이다. 그러나 도선의 내부 자기장 선 고리는 도체를 마주 대하므로 도체 내부의 전류 분포가 주파수에 따라 달라짐에 따라 내부 자기장 선 고리도 달라질 수 있다.

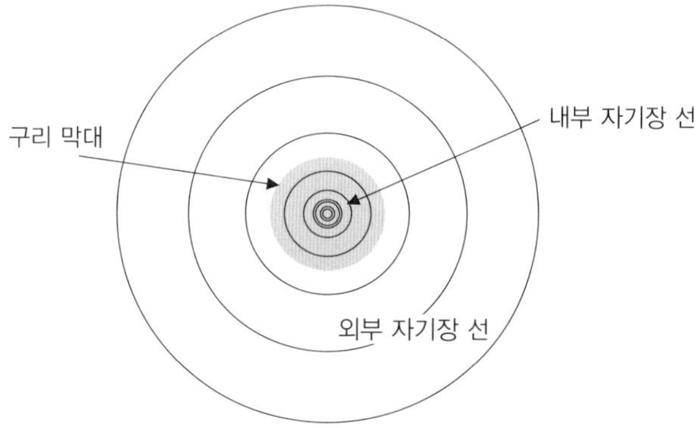

그림 6-20 DC 전류가 흐르는 원형 구리 막대에 발생하는 자기장 선 고리. 자기장 선 고리 중 일부는 구리 막대의 내부에 있고 일부는 구리 막대의 외부에 있다.

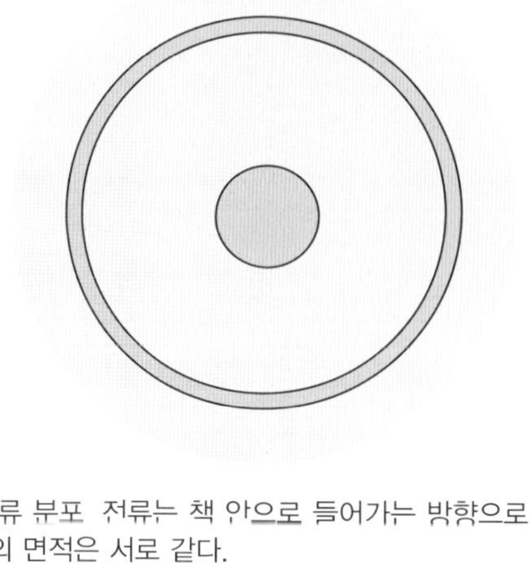

그림 6-21 원형 구리 막대의 전류 분포. 전류는 책 안으로 들어가는 방향으로 흐르는 것으로 가정한다. 그림에 진하게 표시된 원의 면적과 고리의 면적은 서로 같다.

[그림 6-21]에 진하게 표시된 작은 원과 고리는 면적이 서로 같다. 작은 원과 고리의 면적이 같으므로 작은 원과 고리가 전달하는 전류의 양은 같다. 그렇다면 원과 고리 중 어느 것의 주위를 둘러싸는 자기장 선 고리가 더 많을까?

원형 막대 외부 영역에 있는 자기장 선 고리는 작은 원과 고리를 모두 둘러싸고 있다. 따라서 작은 원과 고리를 둘러싸고 있는 자기장 선 고리 중 원형 막대 외부에 있는 자기장 선 고리의 수는 동일하다. 전류 외부에 있는 자기장 선의 고리 수는 그 자기장 선 고리로 둘러싸인 내부에 흐르는 전류의 총 양에 의해 결정된다. 자기장 선 고리는 반드시 전류를 둘러싸야 하므로 고리에 흐르는 전류에 의해 발생하는 자기장 선 고리는 전부 고리 외부에 존재하고 고리 내부에는 존재하지 않는다.

원형 막대의 중심에 있는 작은 원은 고리보다 원형 막대의 외벽까지의 거리가 더 멀기 때문에 고리보다 많은 내부 자기장 선 고리를 갖는다. 전류가 막대의 중심에 가까울수록 해당 전류 주위의 자기장 선 고리의 총 개수 더 많아진다.

TIP

막대의 중심에 가까운 전류는 전류 1 A당 더 많은 자기장 선 고리를 가지므로 이 전류는 중심에서 멀리 있는 전류 고리보다는 높은 자기 인덕턴스를 갖는다.

이제 AC 전류를 고려해보자. 전류는 사인파이다. 각 주파수 성분은 가장 낮은 임피던스 경로를 따라 이동한다. 인덕턴스가 가장 높은 전류 경로는 임피던스가 가장 높다. 사인파 주파수가 증가하면 인덕턴스가 더 높은 경로의 임피던스는 더 커진다. 주파수가 높을수록 전류는 인덕턴스가 더 낮은 경로를 선택하려는 경향이 커진다. 이 경로가 원형 막대에서는 막대의 외부 표면에 더 가까운 경로이다.

일반적으로 주파수가 높을수록 도체의 외부 표면으로 전류가 이동하려는 경향이 커진다. 주어진 주파수에서, 도체의 중앙에서 외부 표면으로 어떤 전류 분포가 형성된다. 이 전류 분포는 저항성 임피던스와 유도성 임피던스의 상대적인 양에 따라 달라진다. 전류 밀도가 높을수록 저항성 임피던스에서 발생하는 전압 강하가 커진다. 그러나 주파수가 높을수록 내부 경로와 외부 경로의 유도성 임피던스 차이가 더욱 커진다. 이 차이 때문에 주파수에 따라 전류 분포가 달라지는데, 주파수가 높을수록 전류는 외부 표면 근처의 얇은 층을 따라 흐르는 경향을 보인다.

TIP

막대를 통과하는 전류의 사인파 주파수가 증가하면 전류는 재분배되어 대부분의 전류는 임피던스가 가장 낮은 경로, 즉 도체 외부 표면을 향한다. 높은 주파수에서는 모든 전류가 도체 표면 근처의 얇은 영역을 따라 흐르는 것처럼 보인다.

도체에 흐르는 실제 전류 분포에 대한 좋은 근사식이 있는 몇 가지 간단한 기하학적인 구조가 있다. 그중 하나는 [그림 6-22]에 표시된 원통 구조이다. 그림에 표시되어 있듯이 각 주파수에서 전류 분포는 도체 중심에 가까울수록 지수함수 형태로 감소한다.

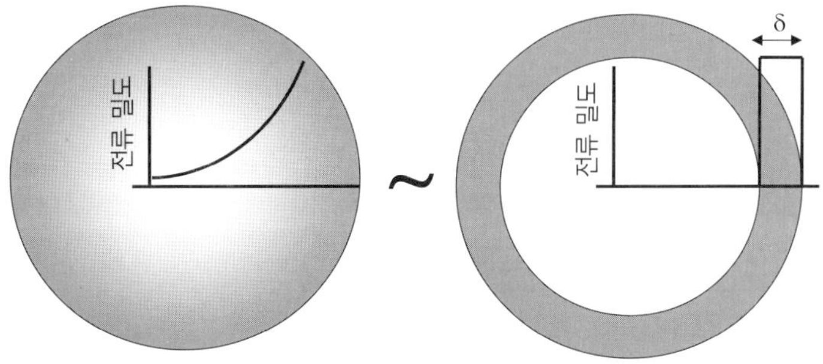

그림 6-22 (왼쪽) 어떤 주파수에서 구리 막대의 전류 분포. 외부 표면으로 갈수록 전류 밀도가 점점 높아지는 것을 보여준다. 진할수록 전류 밀도가 높다. (오른쪽) 표피 깊이에 해당하는 두께에 전체 전류가 균일한 전류 분포로 모여 흐르는 것으로 막대 전체에 퍼져 흐르는 실제 전류를 근사적으로 나타낼 수 있다.

이 구조에서 실제로 지수함수 형태의 전류 분포로 퍼져 흐르는 전류를, 외부 표면에서 일정한 거리(깊이) δ 안에 균일한 전류 분포로 모여 흐르는 전류로 근사적으로 나타낼 수 있다. 전류가 집중해 흐르는 이 등가 두께를 표피 깊이(skin depth)라고 하며 다음 식으로 주어진다. 표피 깊이는 주파수, 금속의 전도율, 금속의 투자율에 따라 달라진다.

$$\delta = \sqrt{\frac{1}{\sigma\pi\mu_0\mu_r f}} \tag{6.28}$$

여기서

δ = 표피 깊이(단위: m)

σ = 도체의 전도율(단위: S/m)

μ_0 = 자유 공간의 투자율, $4\pi \times 10^{-7}$ H/m

μ_r = 도체의 상대 투자율

f = 사인파 주파수(단위: Hz)

전도율이 5.6×10^7 S/m이고 상대 투자율이 1인 구리의 경우, 표피 깊이는 근사적으로 다음과 같다.

$$\delta = 66\sqrt{\frac{1}{f}}\ \mu m \tag{6.29}$$

여기서

δ = 표피 깊이(단위: μm)

f = 사인파 주파수(단위: MHz)

1 MHz에서 구리의 표피 깊이는 66 μm이다. [그림 6-23]에서 주파수에 따른 구리의 표피 깊이의 변화를 나타내었다. 비교를 위해 1 온스 구리와 1/2 온스 구리의 실제 두께를 그래프

에 함께 표시하였다. 그래프를 보면 1 온스 구리 트레이스의 경우, 전류의 사인파 주파수가 약 10 MHz보다 높으면 전류 분포는 기하학적 단면이 아니라 표피 깊이에 의해 결정된다는 것을 알 수 있다. 10 MHz 미만의 주파수에서는 전류 분포는 주파수와 상관없이 균일하다. 표피 깊이가 기하학적 단면보다 작을 때는 전류 분포, 저항, 루프 인덕턴스가 주파수에 따라 달라진다.

다음은 기억해두면 편리한 경험 규칙이다. 1 온스 구리 트레이스, 다시 말해 트레이스의 도체 두께가 34 μm인 기판의 경우, 10 MHz 이상의 사인파 전류는 트레이스 도체의 단면 전체를 사용하여 흐르지 않는다. 전류가 흐르는 데 사용되는 부분은 표피 깊이 효과에 의해 결정된다.

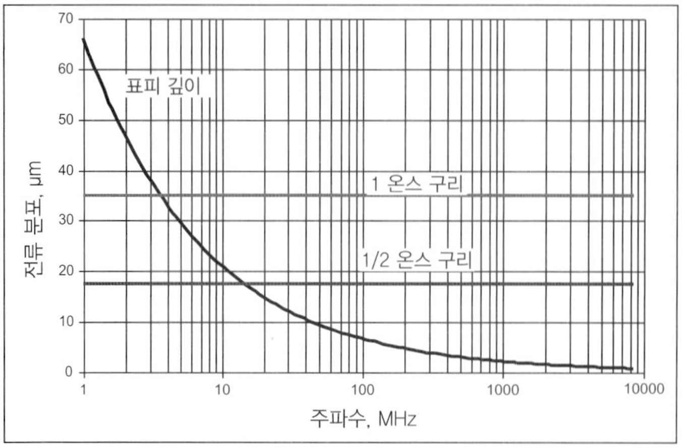

그림 6-23 주파수에 따른 구리의 표피 깊이의 변화. 비교를 위해 1 온스 구리와 1/2 온스 구리의 두께가 함께 표시되어 있다.

실제 인터커넥트에는 항상 신호 경로와 귀환 경로가 있다. 전류 루프가 신호 경로와 귀환 경로를 따라 전파되는 동안에 전류가 바라보는 임피던스에 영향을 미치는 것은 루프 자기 인덕턴스이다. 주파수가 증가하면 루프 자기 인덕턴스의 임피던스가 증가하고 두 도체의 전류는 가장 낮은 임피던스 경로, 다시 말해 가장 낮은 루프 자기 인덕턴스 경로를 따라서 흐르기 위해 재분배된다. 가장 낮은 루프 자기 인덕턴스를 따라가는 전류 분포는 무엇일까?

루프 자기 인덕턴스를 줄일 수 있는 방법에는 두 가지가 있다. 첫째, 각 도체 내에서 전류를 넓게 퍼져 흐르게 한다. 둘째, 귀환 전류가 신호 전류에 더욱 가까워지게 만든다. 이렇게 하면 첫째 방법에 의해 각 도체의 부분 자기 인덕턴스가 감소하고 둘째 방법에 의해 두 도체(신호 도체와 귀환 도체) 사이의 부분 상호 인덕턴스가 증가한다. 두 도체에서는 전류가 각 도체 내에서 넓게 퍼져 흐르고, 두 도체의 전류 분포가 재분배되어 두 도체에 흐르는 전류가 서로 더욱 가까워지는 두 가지 효과가 모두 발생한다. 각 도체에 형성되는 정확한 전류 분포는 다음 두 힘 중에서 어느 힘이 더 강력한가에 따라 결정된다. 각 도체 내부에서 전류는 부분 자기 인덕턴스를 줄이기 위해 넓게 퍼져 흐르기를 원한다. 동시에 신호 도체의 전류는 부분 상호 인덕턴스를 증가시키기 위해 귀환 경로의 전류에 최대한 가까워지기를 원한다. 전류를 넓게 퍼져 흐르게 하려는 힘과 두 전류를 가까워지게 하려는 힘 사이의 균형에 따라 정해지는 전류 분포는 2D 전자기장 솔버로만 정확하게 계산할 수 있다. [그림 6-24]는 지름이 20 mil(500 μm)인 한 쌍의 리본 와이어(ribbon wire)의 전류 분포를 시뮬레이션으로 구한 결과이다. 낮은 주파수에서는 기하학적 단면(도체 반지름)보다 표피 깊이가 크므로 각 도체에 흐르는 전류는 균일하게 분포한다. 100 kHz에서 구리의 표피 깊이는 약 10 mil(250 μm)로 도선의 반지름과 비슷하므로 전류 분포는 재분배되기 시작한다. 1 MHz에서 표피 깊이는 2.5 mil(66 μm)로 도선의 반지름에 비해 훨씬 작다. 전류 분포는 표피 깊이에 따라 달라진다. 주파수가 증가하면 전류가 루프 임피던스를 최소화하기 위해 재분배된다.

[그림 6-24]에는 1 온스 구리를 사용한 마이크로스트립의 전류 분포가 나타나 있다. 1 MHz에서 전류는 대체로 균일하게 분포된다. 10 MHz에서 전류 분포의 재분배가 일어나기 시작한다. 10 MHz 이상에서는 표피 깊이가 단면의 두께보다 훨씬 작으므로 표피 깊이가 전류 분포에 큰 영향을 준다. [그림 6-24]의 두 가지 예 모두에서 전류는 더 높은 주파수에서 재분배되어 임피던스를 최소화한다.

주파수가 증가해도 도체의 벌크 저항률은 변하지 않는다. 구리의 경우 벌크 저항률은 100 GHz를 넘어서야 변경되기 시작한다. 그러나 이보다 낮은 주파수에서도 표피 깊이 효과로 인해 전류가 더 얇은 단면을 통해 흐르면 인터커넥트의 저항이 증가한다.

> **TIP**
>
> 표피 깊이 영역에서 표피 깊이가 기하학적 단면보다 작을 때는 주파수가 증가함에 따라 전류가 흐르는 단면적은 주파수의 제곱근에 비례하여 감소한다. 이로 인해 선로의 길이당 저항은 주파수의 제곱근에 비례하여 증가한다.

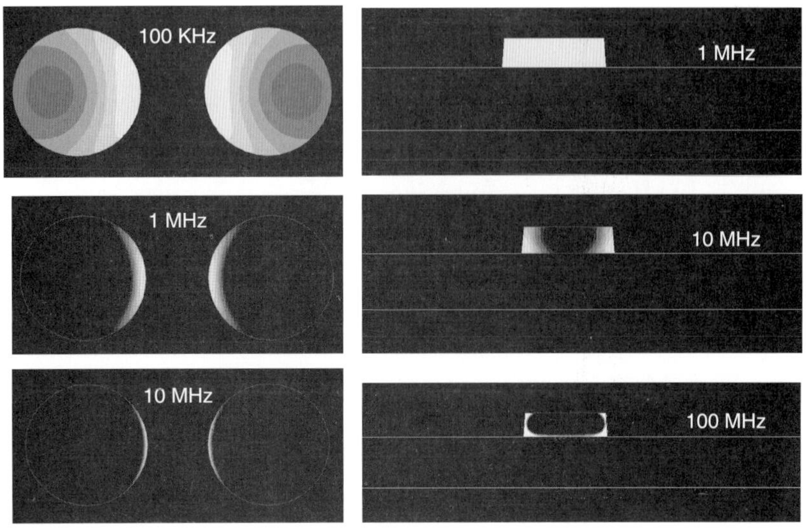

그림 6-24 세 가지 다른 주파수에서 1 온스 구리 마이크로스트립과 지름 20 mil 도선의 전류 분포. 주파수가 높을수록 전류는 도체의 표면 근처에 집중해서 흐른다. 밝을수록 전류 밀도가 높다. 안소프트의 2D Extractor로 시뮬레이션

1 온스 구리로 만든 폭이 5 mil인 간단한 마이크로스트립 트레이스를 생각해 보자. DC에서 신호 경로의 길이당 저항은 다음과 같다.

$$R_{DC} = \frac{\rho}{wt} \tag{6.30}$$

여기서

R_{DC} = DC 전류에 대한 길이당 저항

ρ = 구리의 벌크 저항률

w = 신호 트레이스의 폭

t = 신호 트레이스의 두께

약 10 MHz 이상의 주파수에서 전류가 흐르는 영역은 표피 깊이로 제한되고 저항은 주파수에 따라 달라진다. 10 MHz 이상의 주파수에서 전류가 흐르는 도체의 두께는 대략 표피 깊이이므로 전류가 한쪽 표면에만 흐른다고 가정할 때 고주파 저항은 실제로 다음과 같다.

$$R_{HF} = \frac{\rho}{w\delta} \tag{6.31}$$

여기서

R_{HF} = 고주파 전류에 대한 길이당 저항

ρ = 구리의 벌크 저항률

w = 신호 트레이스의 폭

δ = 고주파에서 구리의 표피 깊이

고주파 저항과 DC 저항의 비는 대략 $R_{HF}/R_{DC} = t/\delta$이다. 구리의 표피 깊이가 2 μm인 1 GHz에서 고주파 저항은 1 온스 구리의 저주파 저항보다 30 μm/2 μm = 15배 더 크다. 신호 트레이스의 직렬 저항은 주파수가 높아질수록 커진다.

[그림 6-25]는 두께가 25 mil인 22 게이지 구리 도선으로 만든 작은 루프의 저항을 측정한 결과를 보여주고 있다. 루프의 지름은 약 1 inch이다. 표피 깊이는 10 kHz에서 구리 도선의 두께와 비슷하다. 10 kHz보다 높은 주파수에서 저항은 주파수에 따라 대략 주파수의 제곱근에 비례해서 증가해야 한다.

주파수에 따른 전류 분포의 변화는 주파수에 따른 저항의 변화를 가져온다. 그리고 인덕턴스도 변할 것이다. 전류의 재분배는 루프 자기 인덕턴스를 감소시키기 위한 것이므로 루프 자기 인덕턴스는 주파수가 높아질수록 감소한다.

도선의 자기 인덕턴스는 외부 자기 인덕턴스와 내부 자기 인덕턴스로 구성된다. 전류가 도체 내에서 재분배되어도 외부 자기 인덕턴스는 변하지 않지만, 더 많은 전류가 도체 표면에 가깝게 이동하면 내부 자기 인덕턴스는 감소한다. 표피 깊이가 도선의 기하학적 두께와 비슷해지는 주파수보다 훨씬 더 높은 주파수에서는 전류 분포는 표피 깊이에 크게 좌우되어 도체 내부에 전류가 거의 없으므로 내부 자기 인덕턴스가 없을 것이다.

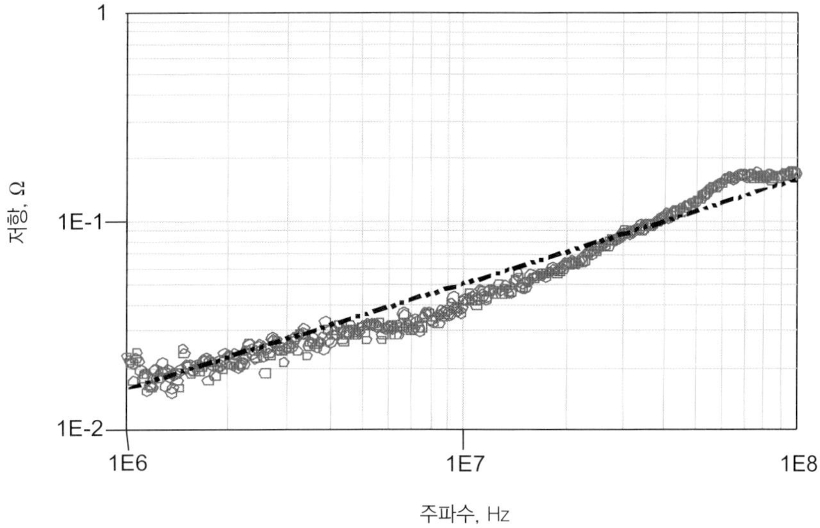

그림 6-25 22 게이지 구리 도선으로 만든 지름 1 inch 도선 루프의 직렬 저항. 직렬 저항이 주파수의 제곱근에 따라 증가하는 것을 보여주고 있다. 원은 직렬 저항의 측정 결과이고 직선은 주파수의 제곱근에 따라 증가하는 저항의 계산 결과이다.

도선의 자기 인덕턴스는 주파수에 따라 달라질 것으로 예측된다. 낮은 주파수에서 자기 인덕턴스는 $L_{internal} + L_{external}$이 된다. 높은 주파수에서는 자기 인덕턴스가 $L_{external}$이어야 한다. 자기 인덕턴스의 감소는 표피 깊이가 기하학적 두께와 비슷해지는 주파수에서 일어나기 시작한다. 주파수가 계속 증가하면 자기 인덕턴스는 계속 감소하다가 표피 깊이가 기하학적 두께에 비해 아주 작아지는 주파수를 넘어서면 더는 감소하지 않고 일정한 값을 유지한다.

정확한 전류 분포, 그리고 내부 자기 인덕턴스와 외부 자기 인덕턴스는 특히 직사각형 단면의 경우, 해석적으로 추정하기 어렵다. 그러나 2D 전자기장 솔버를 사용하여 매우 쉽게 계산할 수 있다.

[그림 6-26]은 전류가 스스로 재분배되면서 달라지는 마이크로스트립의 길이당 루프 자기 인덕턴스를 보여주고 있다. 이 결과는 표피 깊이 효과로 인해 저주파 자기 인덕턴스가 고주파 자기 인덕턴스보다 내부 자기 인덕턴스에 해당하는 양만큼 높다는 것을 보여준다. 약 100 MHz 이상에서는 전류가 도체의 표면 근처로 집중해 흐르므로 주파수가 더 높아져도 인덕턴스는 거의 일정하다.

TIP

예를 들어 마이크로스트립의 루프 자기 인덕턴스를 언급할 때, 모든 전류가 도체 표면에만 흐르는 것으로 간주할 수 있는 주파수를 자주 언급하게 된다. 이 주파수에서는 전류가 도체의 표면 가까이에만 흐르고 기하학적 두께에 의존하지 않는다.

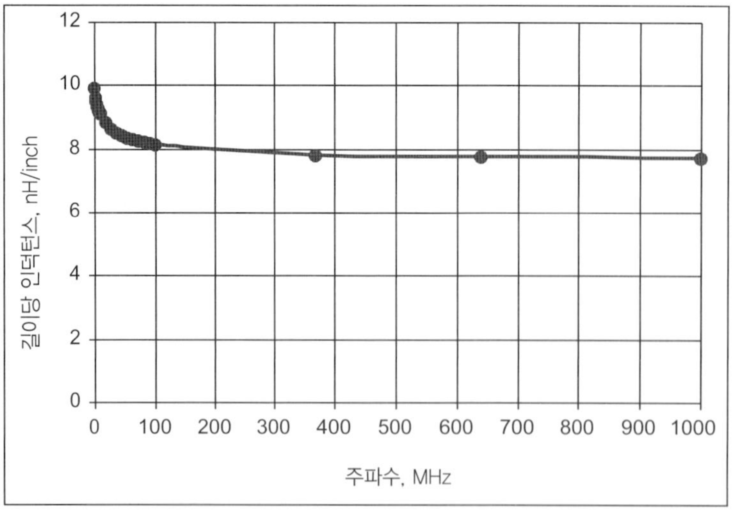

그림 6-26 표피 깊이 효과로 인해 전류가 재분배되면서 달라지는 마이크로스트립의 루프 자기 인덕턴스. 안소프트의 2D Extractor로 계산

6.17 고투자율 재료

몇 가지 특수 물질에 적용되는 표피 깊이에 영향을 미치는 중요한 항목이 있는데 바로 도체의 **투자율**(permeability)이다. 투자율은 도체가 자기장 선 고리와 상호 작용하는 방식을 나타낸다. 대부분의 금속은 투자율이 1이며 자기장 선 고리와 상호 작용하지 않는다.

그러나 투자율이 1보다 크면 금속의 자기장 선 고리의 수가 투자율이 1일 때보다 늘어난다. 투자율이 1이 아닌 금속은 철, 니켈, 코발트, 이렇게 세 개뿐이다. 이들은 강자성 금속이다. 이들 금속 또는 금속의 조합을 포함하는 대부분의 합금은 투자율이 1보다 훨씬 크다. 잘 알려진 물질 중에 페라이트가 있다. 페라이트는 철과 코발트를 포함하고 있으며 투자율이 1000 이상이다. 두 가지 중요한 인터커넥트 금속인 알로이 42(Alloy 42)와 코바(Kovar)는 강자성체이다. 이 두 금속의 투자율은 100~500이다. 이렇게 높은 투자율은 이러한 재료로 만들어진 인터커넥트의 저항과 인덕턴스의 주파수 의존성에 상당한 영향을 미칠 수 있다.

강자성 도선의 경우, DC에서는 도선의 자기 인덕턴스가 내부 자기 인덕턴스와 외부 자기 인덕턴스와 관련이 있다. 외부 자기 인덕턴스에 기여하는 모든 자기장 선 고리는 투자율이 1인 공기만 마주 대할 수 있다. 강자성 도선의 외부 자기 인덕턴스는 도선이 구리로 만들어진 경우와 정확히 동일하다. 결국, 도선에 흐르는 전류 1 A당 외부 자기장 선 고리의 수는 강자성 도선이나 구리 도선이나 같다.

그러나 강자성 도선의 내부 자기장 선 고리는 높은 투자율을 마주 대하게 되므로 자기장 선 고리의 수는 늘어나게 된다. 낮은 주파수에서는 강자성 도선의 인덕턴스가 높지만 약 1 MHz 이상에서는 모든 자기장 선 고리가 도선 외부에 있게 되므로 루프 자기 인덕턴스는 동일한 치수의 구리 도선과 비슷하다.

TIP

고속 신호가 강자성 도체에서 맞닥뜨리는 루프 인덕턴스는 구리로 만들어진 도체의 루프 인덕턴스와 비슷하다. 이는 표피 깊이가 아주 작아서 0에 가까워지면 루프 인덕턴스는 거의 외부 자기장 선 고리로만 이루어지기 때문이다.

강자성 도체의 표피 깊이는 높은 투자율로 인해 구리 도체보다 훨씬 작을 수 있다. 예를 들어 벌크 전도율이 약 1.4×10^7 S/m이고 투자율이 약 100인 니켈의 표피 깊이는 대략 다음과 같다.

$$\delta = 13\sqrt{\frac{1}{f\,[\mathrm{MHz}]}}\ \mu\mathrm{m} \tag{6.32}$$

동일한 주파수에서 니켈 도체에 흐르는 전류의 단면은 등가 구리 도체보다 훨씬 얇다. 또한 벌크 저항률도 더 높다. 이것은 직렬 저항이 훨씬 더 높다는 것을 의미한다. [그림 6-27]은 지름 1 inch인 루프를 각각 같은 굵기의 구리와 니켈로 하나씩 만든 다음, 두 루프의 직렬 저항을 측정하여 비교한 결과이다. 니켈 도선의 저항은 구리 도선보다 10배 이상 높으며 주파수의 제곱근에 따라 증가하고 있는 것을 확실히 보여주고 있다. 이는 표피 깊이에 의해 제한된 전류 분포의 특징이다. 이것이 코바 또는 알로이 42 리드의 고주파 저항이 비강자성 리드에 비해 매우 높을 수 있는 이유이다.

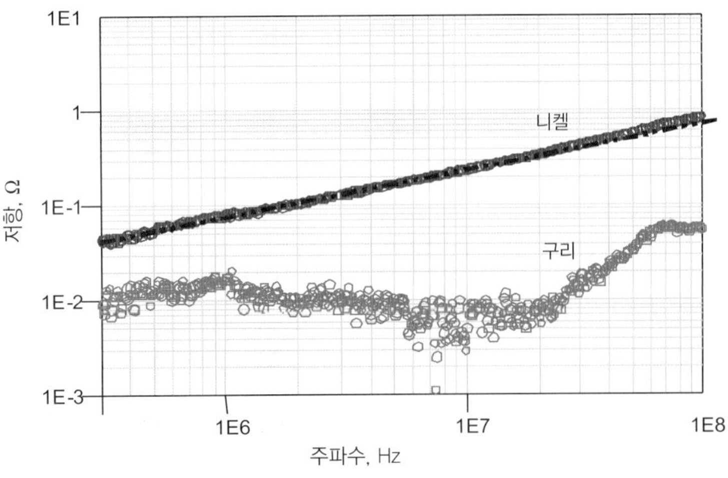

그림 6-27 굵기가 거의 같은 구리 도체와 니켈 도체로 각각 만든 지름 1 inch 루프 두 개의 저항 측정 결과. 표피 깊이 효과로 인해 니켈 도체에서 훨씬 더 높은 저항을 보여준다. 겹쳐진 검은색 직선으로 알 수 있듯이 저항은 주파수의 제곱근에 따라 증가한다. 측정 시 노이즈 플로어(noise floor)는 약 10 mΩ이었다.

이 때문에 고주파에서 저항을 제한하기 위해 알로이 42 리드에 은(silver)을 도금해주는 것이다. 외부 표면의 은도금이 고주파 전류가 잘 흐를 수 있는 비강자성 도체 경로를 제공한다. 가장 높은 주파수 성분은 더 큰 표피 깊이와 더 높은 전도성을 갖는 물질인 은을 마주하게 된다.

도체의 저항은 주파수에 따라 달라지는 전류 분포에 영향을 받으므로 임의의 모양을 하고 있는 도체의 정확한 저항을 계산하는 것은 어려울 수 있다. 우수한 2D 전자기장 솔버를 사용하면 주파수에 따라 변하는 전류 분포와 그에 따른 인덕턴스와 저항을 계산할 수 있다.

6.18 소용돌이 전류

앞서 설명한 바와 같이 두 개의 도체가 있을 때, 한 도체의 전류가 변화하면 주위의 상호 자기장 선 고리의 변화로 인해 두 번째 도체에 전압이 발생한다. 두 번째 도체에 유도된 이 전압은 두 번째 도체에 전류를 흐르게 만든다. 즉, 한 도체의 전류가 변화하면 두 번째 도체에 전류가 유도될 수 있다. 두 번째 도체에 유도된 전류를 **소용돌이 전류**(eddy currents)라고 한다.

소용돌이 전류가 도체의 부분 자기 인덕턴스와 전류 루프의 루프 자기 인덕턴스에 상당히 큰 영향을 미칠 수 있는 중요한 구조가 있다. 루프가 회로 기판의 도체면이나 금속 함체(enclosure)와 같은 큰 전도성 표면 근처에 위치할 때 이런 구조가 만들어진다.

간단한 예로 금속면 위의 원형 도선이 위치한 구조를 생각해 보자. 여기서 금속면은 어떤 임의의 도체일 수 있고 어떤 전압값을 가지고 있을 수도 있다는 점을 명심하는 것이 중요하다. 금속면의 전압이 얼마인지, 또는 금속면이 무엇에 연결되어 있는지는 중요하지 않다. 중요한 것은 금속면이 전도성이 있고 연속적이라는 것이다.

도선에 전류가 흐르면 일부 자기장 선 고리가 전도성 금속면을 통과한다. 도선과 금속면 사이에는 약간의 상호 인덕턴스가 존재할 것이다. 도선의 전류가 변하면 금속면을 통과하는 자기장 선 고리의 일부가 변하고 이에 따라 금속면에는 전압이 유도된다. 이 유도 전압이 금속면에 소용돌이 전류를 흐르게 한다. 이렇게 흐르는 소용돌이 전류는 그 자신의 자기장을 발생시킨다.

맥스웰 방정식을 풀면 소용돌이 전류에 의해 발생한 자기장 선 고리의 모양이, 금속면 아래(금속면 위의 실제 전류의 높이와 같은 깊이)에 위치하는 어떤 가상의 전류의 자기장 선과 똑같다는 것을 알 수 있다. 이것을 [그림 6-28]에 설명하였다. 이 가상의 전류를 **영상 전류**(image current)라고 한다. 영상 전류의 방향은 이를 유도한 실제 전류의 방향과 반대이다. 실제 전류와 유도된 소용돌이 전류가 만들어내는 알짜 자기장 선은, 금속면이 없을 때 실제 전류와 영상 전류가 함께 만들어내는 자기장 선과 동일하다. 실제 전류와 유도된 실제 소용돌이 전류의 조합이 만들어내는 실제 자기장 선 고리를 알아내기 위해 실제 금속면과 실제 소용돌이 전류를 버리고 이를 가상의 영상 전류로 대체할 수 있다. 실제 전류와 가상의 영상 전류가 함께 만들어내는 자기장 선 고리는 실제 전류와 실제 소용돌이 전류가 만들어내는 자기장 선 고리와 정확히 동일하다.

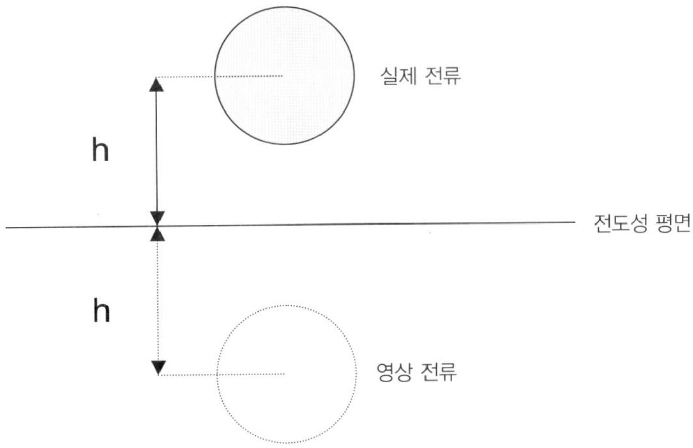

그림 6-28 영상 전류는 전도성 평면을 기준으로 실제 전류의 정반대에 위치한다.

영상 전류에서 전류의 크기는 실제 전류의 크기와 정확히 같지만 흐르는 방향은 반대이다. 영상 전류의 자기장 선 고리 중 일부는 실제 전류 주위까지 둘러싼다. 영상 전류의 방향이 실제 전류의 방향과 반대이므로 영상 전류의 자기장 선 고리는 실제 전류 주변의 자기장 선 고리에서 빼주어야 한다.

소용돌이 전류(영상 전류)의 상호 자기장 선 고리는 도선의 총 인덕턴스, 즉 도선의 부분 자기 인덕턴스를 감소시킨다. 전류 루프가 그 루프와는 어떤 전기적 접촉도 없는(floating, 플로팅) 전도성 평면의 표면 위쪽에 놓여 있는 경우, 단순히 그 평면의 존재만으로 평면에 소용돌이 전류가 유도되어 루프의 루프 인덕턴스를 감소시킨다. 도선이 평면에 가까울수록 영상 전류는 실제 전류에 더 가까워지고 그러면 영상 전류에서 발생하는 더 많은 상호 자기장 선 고리가 실제 전류의 자기장 선 고리를 상쇄하므로 실제 전류의 부분 자기 인덕턴스는 낮아진다. 실제 신호 전류 아래에 플로팅 평면이 가까이 놓여 있을수록 평면에 유도되는 소용돌이 전류는 커지고 신호 경로의 자기 인덕턴스는 더 크게 감소한다. [그림 6-29]는 신호 경로가 플로팅 평면에 근접할 때 그 평면에 흐르는 소용돌이 전류의 분포를 보여주고 있다.

그림 6-29 플로팅 도체면 근처에 위치한 원형 도체의 1 MHz에서의 전류 분포. 도체면에 유도된 소용돌이 전류를 볼 수 있다.

각각 신호 경로와 귀환 경로를 이루고 있는 두 개의 긴 직사각형 도체가 같은 평면에 놓여있는 구조는 어느 정도의 길이당 루프 자기 인덕턴스를 가지고 있다. 균일한 플로팅 도체면이 두 동일 평면 도체(coplanar conductor)에 근접하면 플로팅 도체면에 유도되는 소용돌이 전류의 자기장 선 고리로 인해 동일 평면 도체의 루프 자기 인덕턴스가 감소한다. 도체면이 두 동일 평면 도체에 가까울수록 루프 인덕턴스는 더욱 낮아진다. [그림 6-30]은 이 구조에 대해 길이당 루프 자기 인덕턴스의 감소를 보여주고 있다.

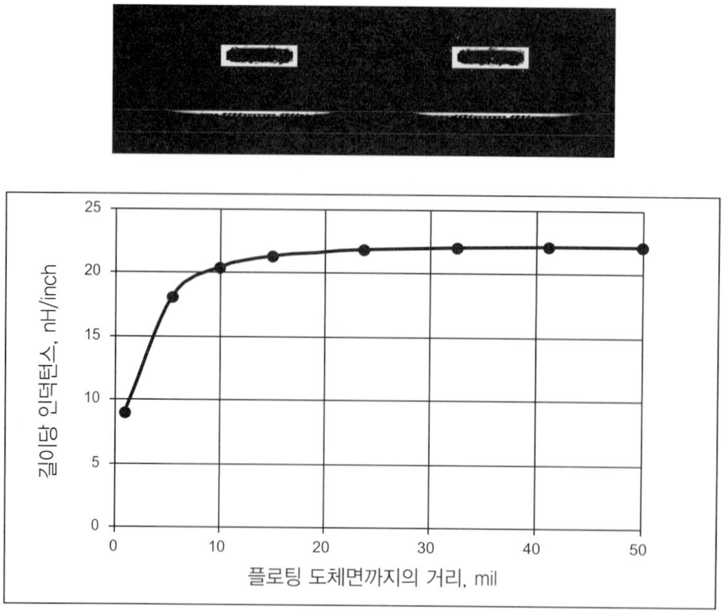

그림 6-30 (상단) 긴 직사각형 동일 평면 루프(coplanar loop)의 두 도체에 흐르는 전류 분포와 플로팅 도체면에 유도된 소용돌이 전류 분포. (하단) 두 동일 평면 도체와 플로팅 도체면 사이의 거리에 따른 길이당 루프 자기 인덕턴스의 변화. 안소프트의 2D Extractor로 계산

이 예에서 동일 평면 도체의 폭은 5 mil이고 동일 평면 도체와 도체면 사이의 간격은 10 mil이다. 두 동일 평면 도체의 바깥쪽 가장자리 사이의 간격은 20 mil이다. 대략적 경험 규칙에 따르면 플로팅 평면까지의 간격이 두 동일 평면 도체의 전체 폭보다 가까우면 유도되는 소용돌이 전류가 중요한 역할을 한다.

TIP

두 도체로 이루어진 전류 루프와 어떤 평면 도체 사이의 간격이 두 도체의 전체 폭보다 가까울 때 그 평면 도체에는 소용돌이 전류가 유도된다. 인접한 평면이 있으면 항상 인터커넥트의 루프 자기 인덕턴스가 감소한다.

6.19 핵심 요약

1. 인덕턴스는 신호 무결성의 모든 측면에 영향을 미치는 매우 중요한 항목이다.
2. 인덕턴스의 기본 정의는 도체를 통과하는 전류 1 A당 도체 주위의 자기장 선 고리의 수이다.
3. 모든 종류의 인덕턴스는 그 앞에 수식어가 있다. 이 수식어는 자기장 선 고리가 어떤 도체에서 발생하는지(자기 ~, 상호 ~), 자기장 선 고리를 전체 루프의 일부분에서 계산하는지 루프 전체에서 계산하는지(부분 ~, 루프 ~), 그리고 루프의 모든 자기장 선 고리를 전부 고려하는지(총 ~)를 분명하게 알려준다.
4. 인덕턴스가 중요한 유일한 이유는 유도 전압 때문이다. 도체 주위의 자기장 선 고리의 수가 변하면 도체 양단에는 전압이 유도된다. 유도 전압의 크기는 그 변화의 빠르기에 비례한다.
5. 접지 바운스는 귀환 경로의 총 인덕턴스와 귀환 경로를 통해 흐르는 dI/dt로 인해 접지 귀환 경로를 이루고 있는 다양한 부분에 유도되는 전압이다.
6. 접지 바운스를 감소시키기 위해서는 귀환 경로의 총 인덕턴스를 감소시키는 방법(폭이 넓은 도체 사용, 짧은 길이의 도체 사용, 신호 경로를 귀환 경로에 가능한 한 가깝게 배치)을 사용해야 한다.
7. 칩 패드에서 디커플링 커패시터까지의 루프 인덕턴스를 최소로 하면 레일 붕괴 노이즈를 가장 낮게 만들 수 있다. 인터커넥트의 루프 인덕턴스를 가장 낮게 하려면 두 개의 넓은 평면을 가능한 한 서로 가깝게 배치해야 한다.
8. 두 평면상에 여러 개의 비아 홀(via hole)이 있으면 이로 인해 두 평면의 루프 인덕턴스가 증가한다. 비아 홀의 클리어런스(clearance)에 의한 개방 영역이 대략 50%일 때 루프 인덕턴스는 약 25% 증가한다.
9. 전류의 사인파 성분의 주파수가 증가함에 따라 전류는 가장 낮은 임피던스 경로를 따라 흐르게 된다. 여기서 가장 낮은 임피던스 경로는 도체의 표면에 가까운 경로이다. 또한 신호 전류와 귀환 전류의 사이의 거리가 가장 가까운 경로이다. 따라서 인덕턴스는 주파수에 따라 약간 달라지는데 주파수가 높아질수록 감소한다. 저항은 인덕턴스보다 주파수에 따라 크게 달라지는데 주파수의 제곱근에 비례하여 증가한다.
10. 전류가 어떤 균일한 평면에 근접하면 그 평면이 플로팅 상태에 있어도 평면에 유도되는 소용돌이 전류로 인해 전류의 자기 인덕턴스가 감소한다.

복습 문제

다음 복습 문제 해답은 부록 D에 수록되어 있다.

6.1 인덕턴스란 무엇인가?

6.2 자기장 선을 계산하는 데 사용되는 단위는 무엇인가?

6.3 전류 주위에 발생하는 자기장 선의 세 가지 성질을 말하라.

6.4 전류가 흐르지 않을 때 도체 주위에 발생하는 자기장 선 고리의 수는 얼마나 되는가?

6.5 도선에 흐르는 전류가 증가하면 자기장 선 고리의 수는 어떻게 되는가?

6.6 도선에 흐르는 전류가 증가하면 도선의 인덕턴스는 어떻게 되는가?

6.7 자기 인덕턴스와 상호 인덕턴스의 차이점은 무엇인가?

6.8 두 도체 사이의 간격이 증가하면 상호 인덕턴스는 어떻게 되는가? 또 그 까닭은 무엇인가?

6.9 도체의 자기 인덕턴스에 영향을 미치는 두 가지 기하학적 특성은 무엇인가?

6.10 도체의 길이가 길어질수록 자기 인덕턴스가 증가하는 까닭은 무엇인가?

6.11 도체에 유도되는 전압에 영향을 미치는 것은 무엇인가?

6.12 부분 인덕턴스와 루프 인덕턴스의 차이점은 무엇인가?

6.13 한 도체의 총 인덕턴스를 구할 때, 다른 도체가 귀환 경로로 사용되는 경우에는 자기 인덕턴스에서 상호 인덕턴스를 빼는 이유는 무엇인가?

6.14 한 도체의 총 인덕턴스를 구할 때, 그 도체의 자기 인덕턴스에 상호 인덕턴스를 더하는 것은 어떤 경우인가?

6.15 전류 루프의 루프 인덕턴스를 증가시키는 세 가지 설계 특성은 무엇인가?

6.16 접지 바운스의 크기를 예측할 때는 어떤 유형의 인덕턴스를 계산해야 하는가?

6.17 리드 타입 패키지에서 접지 바운스를 줄이려면 어떤 리드를 귀환 리드로 선택해야 하는가?

6.18 커넥터의 전원 경로와 접지 경로에서 루프 인덕턴스를 줄이기 위해 전원 핀과 접지 핀을 선택할 때 고려해야 하는 두 가지 중요한 설계 특징은 무엇인가?

6.19 2 A의 전류가 흐르는 도체 주위를 개수가 24 Wb인 자기장 선 고리가 둘러싸고 있다. 전류가 6 A로 증가하면 자기장 고리의 개수는 어떻게 되는가?

6.20 0.1 A의 전류가 흐르는 도체 주위를 1 μWb의 자기장 선 고리가 둘러싸고 있다. 이 도체의 인덕턴스를 구하라.

6.21 어떤 도체에 흐르는 전류가 도체 주변에 100 μWb의 자기장 선 고리를 발생시키고 있다. 이 전류가 1 nsec 후에 흐름을 멈추고 0이 되었다. 1 nsec 동안 도체 양 끝 사이에 유도된 전압은 얼마인가?

6.22 어떤 패키지의 귀환 리드는 총 인덕턴스가 5 nH이다. 리드를 통해 20 mA의 전류가 흐르다가 1 nsec 동안에 흐름을 멈추고 0이 되었다. 리드에 유도되는 전압 노이즈는 얼마인가?

6.23 4개의 신호가 [문제 6.22]의 리드를 귀환 경로로 사용하는 경우, 발생하는 총 접지 바운스 노이즈는 얼마인가?

6.24 1 GHz에서 구리의 표피 깊이는 얼마인가?

6.25 어떤 회로 기판상의 구리로 만들어진 신호 트레이스에서 주파수가 1 GHz일 때 이 트레이스의 위쪽 표면과 아래쪽 표면을 통해서 전류가 흐르는 경우에 트레이스의 저항은, 직류 전류가 흐르는 경우의 저항에 견주어 얼마나 증가하는가?

6.26 [그림 6-26]의 시뮬레이션 결과를 참고로 하여 전류의 주파수가 직류에서 1 GHz로 증가할 때 인덕턴스의 감소율을 백분율로 구하라.

6.27 두 개의 루프 사이의 간격이 2배로 늘어나면 루프 사이의 상호 인덕턴스는 증가하는가, 아니면 감소하는가?

6.28 지름이 10 mil(=0.01 inch)인 도선으로 이루어진 원형 루프의 지름이 2 inch일 때 루프 인덕턴스는 얼마인가?

6.29 지름이 100 mil(=0.1 inch)인 막대 두 개가 1 inch 간격으로 떨어져 있을 때, 두 막대의 길이당 루프 인덕턴스는 얼마인가? 막대 한 개의 1 inch당 총 인덕턴스는 얼마인가?

6.30 4층 기판에서 전원면과 접지면 사이의 유전체 두께는 일반적으로 40 mil이다. 전원면과 접지면의 시트 인덕턴스는 얼마인가? 시트 인덕턴스의 값을 일반적인 디커플링 커패시터의 실장 인덕턴스(mounting inductance) 값인 2 nH와 비교하라.

[07] 전송선로의 물리적 기초

전송선로(transmission line)라는 용어는 자주 듣기도 하고 많이 사용하기도 한다. 그렇다면 전송선로란 실제로 무엇일까? 동축 케이블도 전송선로이고, 다층 PCB 기판에서 트레이스(trace)와 그 아래의 인접한 평면 도체도 전송선로이다.

TIP

기본적으로 전송선로는 길이를 갖는 임의의 두 도체로 구성된다. 이것이 전송선로를 만드는 데 필요한 전부이다.

앞으로 살펴보겠지만, 전송선로는 한 지점에서 다른 지점까지 신호를 전송하는 데 사용된다. [그림 7-1]은 모든 전송선로의 일반적인 특징을 보여준다. 두 도체를 구별하기 위해 한 도체를 신호 경로(signal path)라고 하고 다른 도체를 귀환 경로(return path)라고 한다.

전송선로는 이전 장에서 소개한 저항기, 커패시터, 인덕터의 세 가지 이상적인 회로 소자와는 매우 다른 새로운 회로 소자이다. 전송선로는 특성 임피던스와 시간 지연이라는 매우 중요한 두 가지 특성이 있다. 신호가 이상적인 전송선로와 상호 작용하는 방식은 저항기, 커패시터, 인덕터의 세 가지 이상적인 회로 소자와 상호 작용하는 방식과는 근본적으로 다르다.

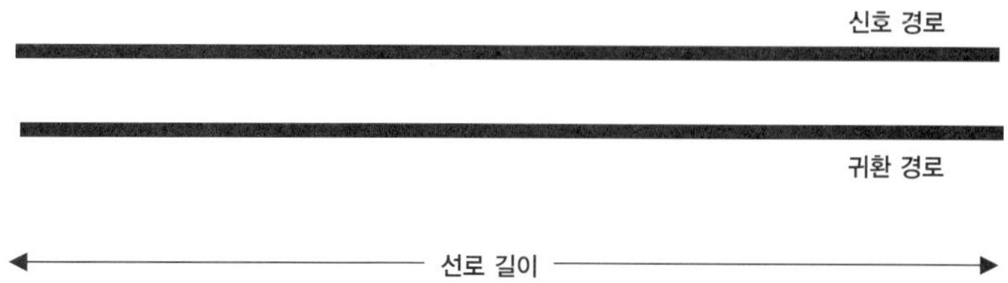

그림 7-1 전송선로는 길이가 있는 임의의 두 도체이다. 두 도체 중 한 도체를 신호 경로, 다른 도체를 귀환 경로라고 한다.

어떤 경우에는 단순히 회로 소자 모델인 인덕터(L)와 커패시터(C)의 조합으로 전송선로의 전기적 특성을 근사할 수 있지만, 이상적인 전송선로 모델을 이용할 경우, 실제 신호가 전달되는 인터커넥트에서의 측정값과 더 정확하게 일치하고 LC로 모델링한 경우의 근사식보다 훨씬 높은 주파수까지 정확한 결과를 얻을 수 있다. 이상적인 전송선로 회로 모델을 이용한다면 신호와 인터커넥트의 상호작용을 더욱 정확하게 설명할 수 있다.

7.1 접지라는 말은 잊어라

일반적으로 **접지**(ground)라는 용어는 회로의 다른 노드에 비해 전압이 가장 낮은 도체를 말할 때 사용된다. 상대적인 전압 차이만 측정되며, 접지 노드를 기준점으로 선택하면 회로의 다른 모든 노드의 전압은 상대적으로 높다. 접지로 표시된 이 도체는 회로에서 가장 낮은 전압이고 다른 모든 노드가 더 높은 전압에 있다는 것 외에는 특별한 것이 없다. 이러한 유형의 접지를 **회로 접지**(circuit ground)라고 한다.

회로 접지는 **섀시 접지**(chassis ground) 및 **대지 접지**(earth ground)와 구별된다. 섀시 접지는 특별한 도체이다. 제품의 금속 함체(enclosure)에 대한 연결을 말하며 이 도체는 특별한 특성이 있다.

대지 접지 또한 특별한 목적의 연결이다. 대지 접지에 연결된 도체는 최소 4 피트 깊이로 대지에 묻힌 구리 막대까지 최종 연결된다. 구리 막대를 접지로 설계하기 위해 많은 건축 법규는 구리 막대를 배치하는 방법에 대한 세부 사항을 명시하고 있다.

AC 전원 플러그의 접지 단자는 대지 접지에 연결되며 일반적으로 안전 예방 조치로 섀시 접지는 대지 접지에 연결된다. 이러한 조치는 예를 들면 UL(Underwriters Laboratory) 사양과 같은 규격에 따라 반드시 지켜져야 한다.

바이폴라 회로(bipolar circuit)[1]에서 접지 노드는 종종 $+V_{cc}$와 $-V_{cc}$ 사이의 중간 전압을 갖는 노드이다. 전송선로의 두 선로 중에서 신호 선로에 대응되는 다른 선로를 접지라고 부르는 경우가 너무 많은데 접지라는 용어를 사용하여 귀환 경로를 나타내는 것은 매우 좋지 않은 습관으로 피해야 한다.

> **TIP**
> 신호선로 외의 도체를 접지로 표현해도 문제가 없을 수 있지만 신호 무결성 설계 측면에서는 많은 문제가 생길 가능성이 있다. 따라서 접지 대신 귀환 경로라는 용어를 사용하는 것이 좋은 습관이다.

신호 무결성 설계에서 문제를 일으키는 가장 흔한 방식 중 하나는 접지라는 용어를 과도하게 사용하는 것이다. 신호 선로에 대응되는 다른 선로를 접지보다는 귀환 경로라고 부르는 습관을 들이는 것이 훨씬 좋다.

신호 무결성과 관련된 문제 대부분은 잘못 설계된 귀환 경로 때문이다. 신호 선로 외에 다른 경로가 신호 전류에 대한 귀환 경로가 되는 중요한 역할을 한다는 것을 항상 인식한다면 신

1 (옮긴이) + 값의 전원과 − 값의 전원을 모두 사용하는 회로

호 경로에 대해 고려하는 만큼 귀환 경로의 기하학적 구조를 설계하는 데 더 많은 주의를 기울일 것이다.

신호 선로에 대응되는 다른 경로를 단순히 접지로 분류할 때, 일반적으로 모든 전류가 접지로 흘러 들어간다고 생각한다. 귀환 전류가 접지로 들어간다고 할 때 똑같은 접지 연결이 있는 곳이면 같은 전류가 흐른다고 생각하는 것은 완전히 잘못된 것이다. 귀환 전류는 신호 전류와 가깝게 흐른다. 6장의 "인덕턴스의 물리적 기초"에서 보았듯이, 높은 주파수에서 신호 경로와 귀환 경로의 루프 인덕턴스는 최소화되는데, 이는 귀환 경로가 도체가 허용하는 한 신호 경로에 가깝게 분포한다는 것을 의미한다.

그림 7-2 접지라는 단어를 잊어버리면 많은 문제를 피할 수 있다.

또한 귀환 전류는 귀환하는 도체의 절대 전압 레벨과 상관없다. 따라서 실제 귀환 경로에 해당하는 도체는 실제로 V_{cc} 또는 V_{dd} 평면과 같은 전원면(voltage plane)일 수도 있다. 또 다른 경우에는 저전압 전원면(low-voltage plane)일 수도 있다. 회로도에서 접지 연결로 표시되는 것은 전송선로에서 전파되는 신호와 전혀 관련이 없다. [그림 7-2]에 나와 있는 것과 같이 접지를 귀환 경로라고 부르기 시작하면 신호 무결성 설계 문제가 줄어들 것이다.

7.2 신호

앞으로 자세히 살펴보겠지만, 신호는 전송선로를 따라 이동할 때 신호 경로와 귀환 경로를 동시에 사용한다. 신호가 인터커넥트와 어떻게 상호작용을 하느냐를 결정하는 데 있어서 두 개의 도체 모두 중요하다.

트위스티드 페어(twisted pair) 케이블과 같이 두 선로의 구조가 대칭적으로 같을 경우, 신호 경로나 귀환 경로를 선택할 때 어떤 것을 선택하든지 상관없다. 그러나 PCB 기판의 마이크로스트립과 같이 두 도체의 구조가 서로 다른 경우에는 일반적으로 좁은 도체를 신호 경로로, 넓은 평면을 귀환 경로로 사용한다.

전송선로 안으로 신호가 들어가면 이 신호는 전송선로를 구성하는 물질 내에서 빛의 속도로 선로를 따라 전파된다. 전송선로에서 신호가 출발한 후 선로를 따라 이동할 때 시간을 멈추고 신호를 측정한다면 그 신호는 항상 신호 경로와 귀환 경로의 인접한 두 점 간의 전압 차이이다. 이것이 [그림 7-3]에 설명되어 있다.

TIP

만약 신호가 바라보는 임피던스를 알고 있다면, 우리는 항상 신호 전압과 관련된 전류를 계산할 수 있다. 이러한 관점에서, 신호는 전압 또는 전류로도 잘 정의된다.

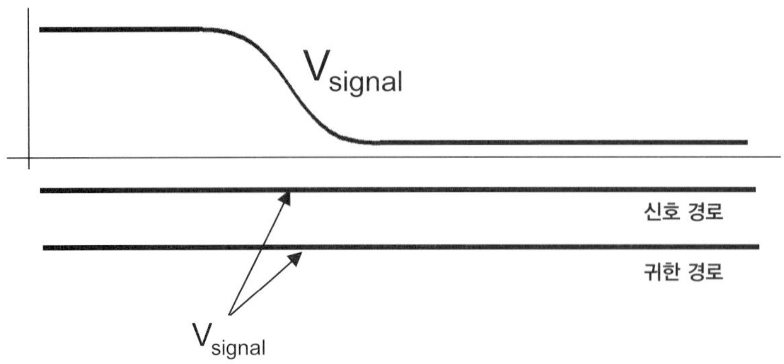

그림 7-3 시간이 멈춘 순간, 전송선로로 전파되는 신호의 모습. 신호란 신호 경로와 귀환 경로에 인접한 두 지점 간의 전압 차이이다.

오실로스코프로 측정하는 신호 선로 상의 전압과 전송선로로 전파되는 신호를 구별하는 것이 중요하다. 전파되는 신호는 전송선로를 따라 움직이고 있는 전압 패턴으로 동적(dynamic)이다.

신호가 전송선로의 어느 지점을 통과할 때 오실로스코프 프로브가 측정하는 전압은 신호와 같은 크기이다. 하지만, 만약 전송선로에서 반대 방향으로 전파되는 신호가 여러 개이면, 오실로스코프에서 측정하는 것으로는 이 신호들을 구분할 수 없다. 오실로스코프로 측정되는 전압은 전파되는 신호와 같지 않다.

이러한 일반적인 원칙들은 단일 종단 선로(single-ended line)나 차동 전송선로(differential transmission line)를 포함한 모든 전송선로에 적용된다.

7.3 균일 전송선로

전송선로는 기하학적 구조에 따라 분류될 수 있다. 길이에 따른 전송선로 단면의 균일성과 두 도체의 유사성이 전송선로의 전기적 특성을 결정하는 중요한 기하학적 구조의 특징이다.

동축 케이블과 같이 전송선로의 길이에 따라 단면의 모양이 같은 경우, 이를 **균일 전송선로**(uniform transmission line)라고 한다. 여러 가지 균일 전송선로의 예는 [그림 7-4]에 나타나 있다.

균일 전송선로는 제어된 임피던스 선로(controlled impedance line)라고도 하며 트윈 리드(twin lead), 마이크로스트립(microstrip), 스트립라인(stripline), 동일평면 선로(coplanar line)와 같은 다양한 전송선로가 여기에 속한다.

TIP

전송선로가 균일 전송선로이거나 제어된 임피던스 선로인 경우, 신호 반사가 최소화되고 신호 품질이 최적화된다. 모든 고속 인터커넥트는 균일 전송선로로 설계되어야 한다.

전송선로의 길이를 따라 어떤 기하학적 구조의 변화 또는 물질특성의 변화가 생길 때는 불균일 전송선로(nonuniform transmission line)가 된다. 예를 들어, 두 도선 사이의 간격이 일정하게 제어되지 않고 변동이 있는 경우 이 전송선로는 불균일 전송선로가 된다. DIP(dual in-line package) 또는 QFP(quad flat package) 패키지에 있는 한 쌍의 리드(lead)는 불균일 전송선로이다.

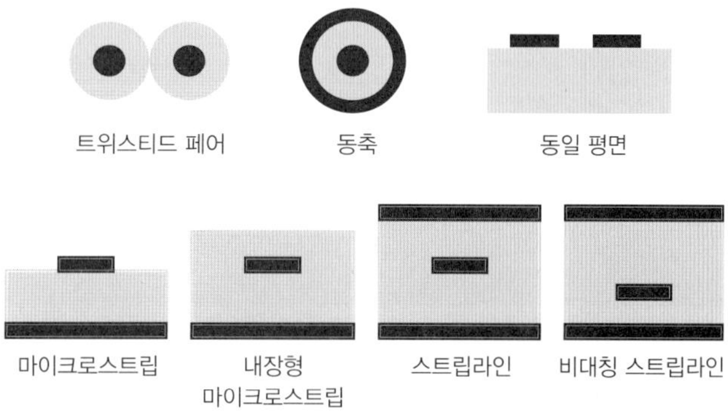

그림 7-4 인터커넥트로서 일반적으로 사용되는 균일 전송선로 단면의 예

커넥터에서의 인접한 트레이스들은 대부분 불균일 전송선로이다. 귀환 경로 평면이 없는 PCB 기판의 트레이스들 또한 대부분 불균일한 전송선로가 된다. 구조가 길이에 따라 균일하지 않은 전송선로는 신호 무결성 문제를 초래할 수 있으므로 길이가 아주 짧지 않은 한 피해야 한다.

TIP

최적화된 신호 무결성 설계의 목표 중 하나는 모든 인터커넥트를 균일 전송선로로 설계하고 모든 불균일 전송선로의 길이를 최소화하는 것이다.

전송선로에 영향을 미치는 기하학적 구조의 또 다른 특성은 두 도체의 유사성이다. 각 도체가 다른 도체와 같은 모양이고 같은 크기일 때 대칭성이 있으며, 이를 평형 선로(balanced line)라고 부른다. 하나의 트위스티드 페어(twisted pair)를 구성하는 두 도선은 서로 모양이 같아서 대칭이다. 동일 평면 선로는 기판의 같은 층에 동일한 두 개의 선로가 나란히 있으므로 균형이 맞춰진 평형 선로이다.

동축 케이블은 중심 도체가 외부 도체보다 훨씬 작아서 두 도체가 대칭이 아니므로 불평형 선로(unbalanced line)이다. 마이크로스트립 전송선로도 한 도체는 좁은 트레이스이고, 두 번째 도체는 넓은 트레이스이기 때문에 불평형 선로이며 스트립라인도 같은 이유로 불평형 선로이다.

TIP

일반적으로 대부분의 전송선로의 경우, 신호 품질과 크로스토크 효과는 신호선로와 귀환 경로 도체의 모양이 서로 대칭이냐 비대칭이냐에 따라서는 전혀 영향을 받지 않는다. 그러나 접지 바운스(ground bounce)와 EMI 문제는 귀환 경로의 기하학적 구조에 의해 크게 영향을 받는다.

구조적으로 균일하든 불균일하든, 평형이든 불평형이든 전송선로는 인터커넥트의 한쪽 끝에서 다른 쪽 끝으로 허용할 수 있는 왜곡 수준 내에서 신호를 전송하는 역할을 한다.

7.4 구리 속 전자의 속도

신호는 전송선로를 따라 얼마나 빨리 이동할까? 전송선로를 따라 이동하는 신호의 속도가 구리 도선 안에 있는 전자의 속도에 따라 결정된다고 생각하는 경우가 많다. 이러한 잘못된 생각 때문에, 인터커넥트의 저항을 줄이면 신호의 속도가 증가할 것으로 이해할 수도 있다. 실제로 일반적인 구리 도선에 있는 전자의 속도는 신호의 속도보다 약 100억 배 느리다.

구리 도선에서 전자의 속도는 쉽게 추정할 수 있다. 지름이 1 mm인 대략 18게이지(gauge)[2]의 원형 도선에 1 A의 전류가 흐른다고 가정하자. 초당 구리 도선 단면을 통과하는 전자의 수, 구리 도선의 전자 밀도, 그리고 구리 도선의 단면적을 기준으로 전자의 속도를 계산할 수 있다. 이는 [그림 7-5]에 나타나 있다. 도선에 흐르는 전류는 다음과 같이 계산할 수 있고, 전자의 속도도 구할 수 있다.

$$I = \frac{\Delta Q}{\Delta t} = \frac{q \times n \times A \times v \times \Delta t}{\Delta t} = q \times n \times A \times v \qquad (7.1)$$

$$v = \frac{I}{q \times n \times A} \qquad (7.2)$$

여기서

- I = 한 점을 지나는 전류(단위: A)
- ΔQ = 시간 간격 동안 흐르는 전하(단위: C)
- Δt = 시간 간격
- q = 전자 한 개의 전하 = 1.6×10^{-19} C
- n = 자유 전자 밀도(단위: 개/m^3)

2 (옮긴이) AWG(American Wire Gauge) 규격

A = 구리 도선의 단면적(단위: m^2)

v = 구리 도선에서 전자 속도(단위: m/sec)

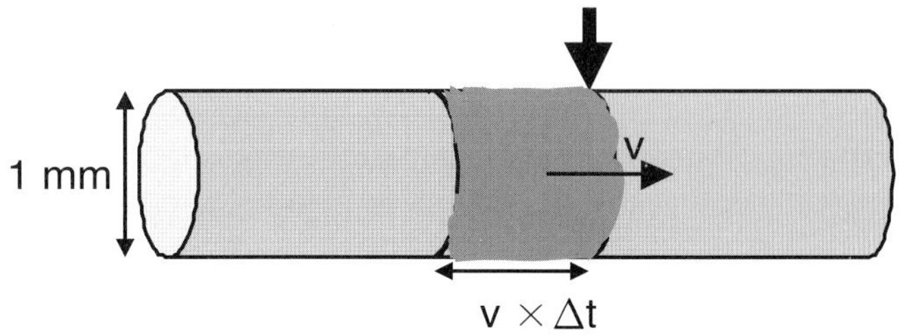

그림 7-5 구리 도선을 따라 이동하는 전자들. 초당 화살표를 따라 통과하는 개수는 전류이며 전자의 속도 및 밀도와 관련이 있다.

각각의 구리 원자는 저마다 자유 전자를 하나씩 가진다. 구리 원자들은 서로 약 1 nm 떨어져 있기 때문에 자유 전자의 밀도 n은 약 $10^{27}/m^3$이다.

지름이 1 mm인 구리 도선의 경우 단면적 A는 약 $10^{-6}\ m^2$이다. 이 값들을 이용해서 구리 도선에 흐르는 전류를 1 A라고 하면 구리 도선에서의 전자 속도를 대략 다음과 같이 추정할 수 있다.

$$v = \frac{I}{q \times n \times A} = \frac{1\ A}{10^{-19} \times 10^{27} \times 10^{-6}} = 10^{-2}\ m/sec = 1\ cm/sec \tag{7.3}$$

TIP

전자는 약 1 cm/sec의 속도로 이동한다. 이것은 개미가 땅 위에서 기어 다니는 것과 비슷한 속도이다.

이러한 간단한 분석을 통해, 구리 도선 안에서의 전자의 속도가 공기 중의 빛(전자파)의 속도에 비해 상당히 느리다는 것을 알 수 있다. 구리 도선 안에서의 전자의 속도는 사실상 신호의 속도와 아무런 관련이 없다. 뒤에 설명이 나오겠지만, 마찬가지로 도선의 저항은 전송선로에서 신호의 속도에 거의 영향을 주지 않는다. 인터커넥트의 저항이 신호 속도에 영향을 미치는 것은 극단적인 경우뿐이며, 그 경우에도 영향은 매우 적다. 저항이 작으면 신호가 빨라진다는 잘못된 생각을 바꾸어야 한다.

그렇다면 빠른 신호의 속도와 엄청나게 느린 전자의 속도를 어떻게 연결할 수 있는가? 전자가 한쪽 끝에서 다른 쪽 끝으로 가는 데 걸리는 시간보다 훨씬 짧은 시간에 어떻게 신호가 구리 도선의 한쪽 끝에서 다른 쪽 끝으로 전달되는 것인가? 답은 전자들 사이의 상호작용에 있다.

만약 우리가 구슬로 꽉 채워진 파이프를 가지고 한쪽 끝에 구슬을 밀어 넣는다면, 다른 쪽 끝에서 거의 순간적으로 구슬이 나온다. 구슬 사이의 상호작용(하나의 구슬이 다음 구슬에 미치는 힘)은 실제 구슬의 속도보다 훨씬 더 빨리 구슬에서 구슬로 전달된다.

열차가 건널목에 멈춰 섰다가 다시 출발할 때, 차량 사이의 연결 장치는 기관차가 몇 inch 앞으로 가는 속도보다 훨씬 더 빠르게 다음 열차로 순간적으로 힘을 전달한다. 같은 방식으로, 구리 도선의 한 전자가 소스(source)에 의해 흔들릴 때, 전자 사이의 전기장(electric field)을 통해 인접한 전자와의 상호작용이 변화한다. 이러한 전기장의 변화는 빛의 속도로 다음 전자로 전파된다.

구리 도선의 한쪽 끝에 있는 전자가 움직일 때, 전기장의 변화는 다음 전자로 전파되어 그 전자가 움직이고, 이것이 또 다음 전자에 전기장의 변화를 일으킨다. 이러한 현상은 마지막 전자가 다른 쪽 끝에 있는 전선 밖으로 이동할 때까지 구리 도선을 따라 계속 이어진다. 이 신호가 얼마나 빨리 전파되는지를 결정하는 것은 전자 자체의 속도가 아니라 상호작용의 속도, 즉 전자 사이에서 발생하는 전기장의 변화이다.

7.5 전송선로의 신호 속도

만약 전자의 속도가 아니라면 무엇이 신호의 속도를 결정할까?

TIP

신호의 속도는 도체를 둘러싼 물질, 그리고 신호와 관련된 변화하는 전기장 및 자기장이 전송선로 도체 주변 공간에 얼마나 빨리 축적되고 전파될 수 있는지에 따라 달라진다.

[그림 7-6]은 전송선로를 따라 전파되는 신호를 가장 간단하게 표현하고 있다. 결국 신호는 신호 경로와 귀환 경로 사이의 전파되는 전압 차이이다. 신호가 전파됨에 따라 두 도체 사이에 전압 차이가 발생하고 전압 차이와 함께 두 도체 사이에 전기장이 발생한다.

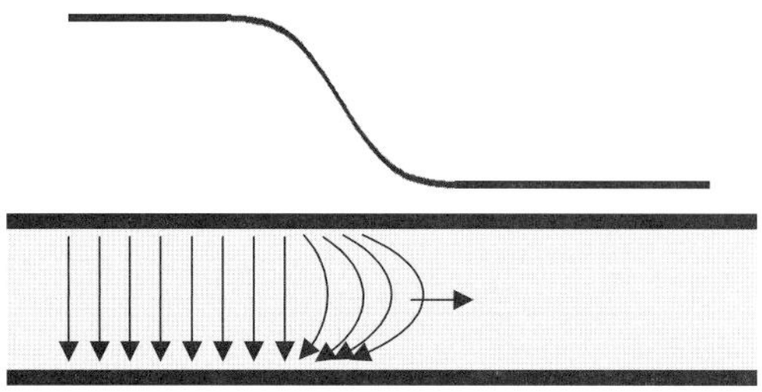

그림 7-6 신호가 선로를 따라 전파되면서 전송선로에 전기장이 형성된다. 신호의 속도는 변화하는 전기장과 자기장이 신호 및 귀환 경로 도체를 둘러싼 물질에서 얼마나 빠르게 축적되고 전파될 수 있는지에 따라 달라진다.

전압 외에 전류는 신호 경로 도체와 귀환 경로 도체에 흐르며 전하를 제공하고, 두 도체는 충전되어 전압 차이에 의해 전기장이 발생한다. 이때 도체를 통과하는 이 전류 루프는 자기장을 생성한다.

단순히 전송선로의 신호 경로와 귀환 경로에 배터리의 두 단자를 순간적으로 연결하는 것만으로도 전송선로에 신호를 보낼 수 있다. 순간적인 전압 변화는 급격한 전기장과 자기장의 변화를 일으킨다. 이러한 전자기장의 변화는 전송선로를 둘러싸고 있는 유전체 물질을 통해 전파되고 이때 전기장과 자기장은 물질 내에서 빛의 속도로 변화한다.

우리는 보통 빛을 우리가 볼 수 있는 전자기 방사라고 생각한다. 하지만 모든 변화하는 전자기장은 동일하며 맥스웰 방정식으로 정확하게 설명될 수 있다. 유일한 차이점은 파동의 주파수이다. 가시광선의 경우 주파수는 약 1,000,000 GHz이다. 반면 일반적으로 고속 디지털 제품에서 볼 수 있는 신호의 경우 주파수는 약 1~10 GHz 정도이다.

전기장과 자기장이 얼마나 빨리 형성될 수 있는지가 신호의 속도를 결정한다. 전기장과 자기장의 전파와 상호작용은 맥스웰 방정식에 의해 설명되는데, 만약 전기장과 자기장이 변화하면, 그때 만들어지는 장의 변화는 몇 가지 상수와 물질의 특성에 의해 결정되는 속도로 전파된다.

전자기장의 변화 속도는 다음 수식과 같다.

$$v = \frac{1}{\sqrt{\varepsilon_0 \varepsilon_r \mu_0 \mu_r}} \tag{7.4}$$

여기서

ε_0 = 자유공간의 유전율(permittivity) = 8.85×10^{-12} F/m
ε_r = 물질의 상대 유전율(relative permittivity)
μ_0 = 자유공간의 투자율(permeability) = $4\pi \times 10^{-7}$ H/m
μ_r = 물질의 상대 투자율(relative permeability)

위 식에 값을 대입하면 속도는 다음과 같이 계산할 수 있다.

$$v = \frac{2.99 \times 10^8}{\sqrt{\varepsilon_r \mu_r}} \text{ m/sec} = \frac{11.8}{\sqrt{\varepsilon_r \mu_r}} \text{ inch/nsec} \tag{7.5}$$

TIP

상대 유전율과 상대 투자율이 모두 1인 공기에서 빛의 속도는 약 12 inch/nsec이다. 이것은 알아두면 정말 좋은 경험 규칙이다.

거의 모든 인터커넥트 물질의 경우, 유전체의 상대 투자율 μ_r은 1이다. 강자성 물질을 포함하지 않는 모든 고분자(polymer) 물질은 상대 투자율이 1이므로 위 수식에서 μ_r은 생략할 수 있다.

이에 비해 물질의 상대 유전율 ε_r은 공기의 경우를 제외하고는 절대 1과 같거나 1보다 작지 않다. 실제 사용하는 인터커넥트 물질의 상대 유전율은 1보다 크다. 즉, 신호를 전달하는 인터커넥트 내에서 빛의 속도는 항상 12 inch/nsec 미만이며 대략 그 속도는 다음과 같이 간단한 수식으로 나타낼 수 있다.

$$v = \frac{12}{\sqrt{\varepsilon_r}} \text{ inch/nsec} \tag{7.6}$$

상대 유전율(relative permittivity)을 보통 간단히 유전 상수(dielectric constant)라고도 표현한다. 유전 상수는 절연체의 여러 특성을 규정짓는 전기적으로 중요한 특성이다. 대부분 고분자 물질의 경우 상대 유전율은 약 4 정도이고, 유리는 약 6, 세라믹의 경우는 약 10 정도이다.

일부 물질에서는 유전 상수가 주파수에 따라 달라질 수 있다. 다시 말해, 물질 내에서의 빛(전자파)의 속도는 주파수에 따라 달라질 수 있다. 이러한 특성을 분산(dispersion)이라고 하는데, 물질 내에서 주파수에 따라 빛의 속도가 달라지는 현상을 말한다. 일반적으로 유전 상수는 주파수가 높을수록 감소한다. 따라서 더 높은 주파수로 갈수록 물질 내의 빛의 속도는 증가한다. 하지만 실제 대부분의 응용 분야에서 분산은 매우 작으며 무시할 수 있다.

FR4와 같은 PCB에서 일반적으로 사용하는 물질의 유전 상수는 500 MHz에서 10 GHz까지 거의 변화하지 않으며 유리섬유에 대한 에폭시 수지의 비율에 따라 FR4의 유전 상수는 3.5 ~4.5 정도이다. 대부분의 전송선로에서 사용하는 인터커넥트 물질은 유전 상수가 약 4 내외이므로 대략 4 정도로 간단히 기억하면 좋다.

> **TIP**
> 유용한 경험 규칙으로서 대부분 인터커넥트에서 빛의 속도는 약 12 inch/nsec ÷ $\sqrt{4}$ = 6 inch/nsec이다. PCB 기판 인터커넥트에서 신호의 속도를 구할 때 신호가 약 6 inch/nsec로 이동한다고 가정할 수 있다.

5장 "커패시턴스의 물리적 기초"에서 알아보았듯이, 전자기장 선들의 일부가 기판 물질 속에 있고 나머지 전기장 선들이 기판 위의 공기 속에 있는 마이크로스트립과 같이 전자기장 선들이 둘 이상의 서로 다른 유전체에 분포하는 경우, 이들 유전체 조합의 유효 유전 상수(effective dielectric constant)가 신호 속도에 영향을 미친다. 전송선로의 단면에 존재하는 물질이 단일 물질이 아닌 불균질(inhomogeneous) 물질인 경우, 유효 유전 상수를 예측하는 유일한 방법은 2D 전자기장 솔버를 사용하는 것이다. 예를 들어 스트립라인의 경우 모든 장이 하나의 물질에 형성되기 때문에 유효 유전 상수는 전자기장이 형성되는 하나의 물질의 유전 상수이다.

전송선로 인터커넥트의 길이와 신호의 지연 시간(time delay) TD와의 관계는 다음 수식과 같다.

$$TD = \frac{Len}{v} \tag{7.7}$$

여기서

TD = 지연 시간(단위: nsec)

Len = 인터커넥트의 길이(단위: inch)

v = 신호의 속도(단위: inch/nsec)

예를 들어 FR4에서 신호가 6 inch 길이의 인터커넥트를 따라 이동하는 경우 신호의 지연 시간은 약 6 inch/(6 inch/nsec) = 1 nsec이다. 12 inch를 이동하는 데는 약 2 nsec가 걸린다.

배선 지연(wiring delay), 즉 인터커넥터의 inch당 지연 시간(단위: psec)도 유용한 척도이며 간단히 속도의 역수 1/v이다. FR4의 경우 배선 지연은 약 1/6 inch/nsec = 0.166 nsec/inch 또는 170 psec/inch이다. 이 결과는 FR4에서 전송선로를 따라 전파되는 신호의 inch당 지연 시간이다. 1 inch의 인터커넥트는 170 psec의 전파 지연을 일으킨다. 0.5 inch 정도인 볼 그리드 어레이(Ball Grid Array, BGA) 패키지 리드를 통한 신호의 총 지연은 170 psec/inch × 0.5 inch = 85 psec이다.

7.6 선행 에지의 공간적 범위

모든 디지털 신호에는 상승 시간(rise time, RT)이 있으며, 일반적으로 10%에서 90%까지의 전압 레벨에서 측정된다. 신호가 전송선로를 따라 이동할 때, 디지털 신호의 상승하는 선행 에지(leading edge)가 전송선로상에 펼쳐지면서 공간적 범위(spatial extent)를 갖는다. 만약 시간을 멈추고 신호가 전파될 때 전압 분포를 볼 수 있다면 [그림 7-7]과 같을 것이다.

전송선로에서 상승 시간의 길이(Len)는 신호의 속도와 상승 시간에 따라 달라지며 다음 수식과 같다.

$$\text{Len} = \text{RT} \times v \tag{7.8}$$

여기서

Len = 상승 시간의 공간적 범위(단위: inch)

RT = 신호의 상승 시간(단위: nsec)

v = 신호의 속도(단위: inch/nsec)

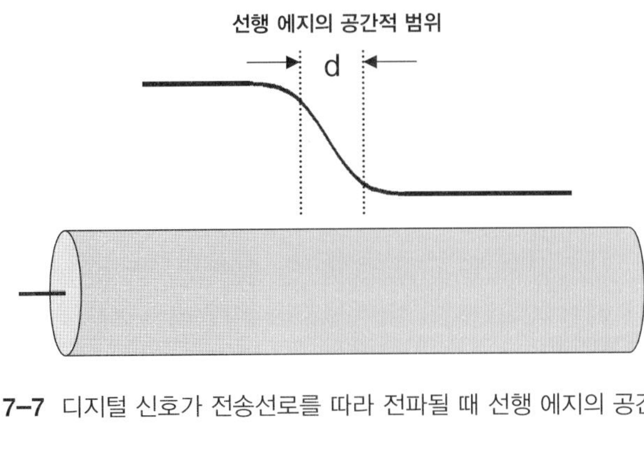

그림 7-7 디지털 신호가 전송선로를 따라 전파될 때 선행 에지의 공간적 범위

예를 들어 속도가 6 inch/nsec이고 상승 시간이 1 nsec인 경우 선행 에지의 공간적 범위는 1 nsec × 6 inch/nsec = 6 inch이다. 선행 에지가 회로 기판을 따라 이동할 때 실제로 6 inch 길이의 상승하는 전압 부분이 기판을 따라 이동한다. 상승 시간이 0.1 nsec인 선행 에지의 공간적 범위는 0.6 inch이다.

TIP

전송선로의 불완전성과 관련된 많은 신호 무결성 문제는 선행 에지의 공간적 범위와 비교할 때 전송선로의 불연속적인 부분의 상대적인 크기가 어느 정도인가에 따라 달라진다. 따라서 모든 신호에 대해 선행 에지의 공간적 범위를 알아두는 것이 좋다.

7.7 "신호가 되자"

신호가 전파될 때 신호의 관점에서 중요한 것은 신호 자신이 얼마나 빠르게 전송선로를 따라 이동하는지와 신호 자신이 이동할 때 바라보는 임피던스이다. 앞서 살펴본 바와 같이 속도는 유전체의 물질의 특성과 분포에 따라 달라진다. 신호가 전송선로를 따라 전파될 때 바라보는 임피던스를 구하기 위해 마이크로스트립 전송선로의 한쪽 끝에서 신호가 출발하는 경우를 살펴보자. 마이크로스트립 전송선로는 균일하지만 비대칭인 전송선로로서, 폭이 좁은 신호 선로와 넓은 귀환 경로를 가지고 있다.

앞으로 마이크로스트립 전송선로에서 살펴볼 내용은 다른 전송선로에도 동일하게 적용된다. 우리가 마치 신호가 되어 걸어가면서 신호가 바라보는 것을 관찰할 수 있도록 전송선로의 길이는 10 feet 길이로 가정한다. 우리가 신호가 되어 전송선로 위를 한 걸음씩 움직일 때마다 어떤 임피던스를 바라보게 될 것인가? 이 질문에 대한 답은, 전송선로에 신호를 구동하기 위해 우리가 전송선로를 따라 걸어가며 인가하는 1 V 전압과 우리 발에서 나오는 전류의 비율을 구하면 된다.

이 경우 전송선로 맨 앞의 두 도체 사이에 1 V 배터리를 연결하여 전송선로 속으로 신호를 보낼 수 있다. 신호를 전송선로로 막 전송한 초기 순간은 신호가 전송선로를 따라 멀리 이동하기에는 충분하지 않은 시간이다.

문제를 간단하게 하기 위해서 신호 경로와 귀환 경로 사이에 공기가 있어서 전파 속도가 nsec당 1 feet라고 가정하자. 첫 번째 1 nsec가 지났을 때, 신호가 멀리 가기에는 시간이 충분하지 않으므로 전송선로 맨 끝의 전압은 여전히 0 V이다. 전송선로의 맨 앞에서 첫 번째 1 feet 거리의 신호는 1 V이고 나머지 전송선로의 길이에 대해서는 0 V이다.

첫 번째 1 nsec 이후 시간을 정지시키고 전송선로의 전하를 살펴보면 [그림 7-8]과 같을 것이다. 처음 12 inch(1 feet) 길이의 신호 경로 도체와 귀환 경로 도체 사이에는 1 V의 차이가 있는데 이것이 바로 신호다. 신호 경로와 귀환 경로는 두 개의 분리된 도체이기 때문에 이 12 inch 영역의 도체 사이에 약간의 커패시턴스가 있다. 두 도체 사이에 1 V의 차이가 있다면 신호 도체에는 약간의 전하가 있어야 하며 귀환 경로 도체에도 같은 양의 반대 극성을 갖는 전하가 있어야 한다.

계속해서 다음 1 nsec 동안에 우리는 신호가 되어 12 inch 앞으로 더 걸어간다. 다시 시간을 멈춘다. 이제 총 2 feet의 전송선로가 충전된다. 두 번째 걸음을 함으로써 신호를 두 번째 1 feet 구간으로 가져오고 신호와 귀환 도체 사이에 전압 차이가 만들어졌다. 발걸음을 딛는 각 지점에는 두 번째 1 nsec 이전에는 없었던 전하가 생겼다.

전송선로를 따라 계속 걸어가면서 두 도체에 전압 차이를 만들며 충전한다. 각 nsec마다, 우리는 1 feet의 새로운 발걸음을 옮기며 전송선로를 충전한다. 발걸음을 내디딜 때마다 1 feet의 충전된 전송선로를 새로 만들게 된다.

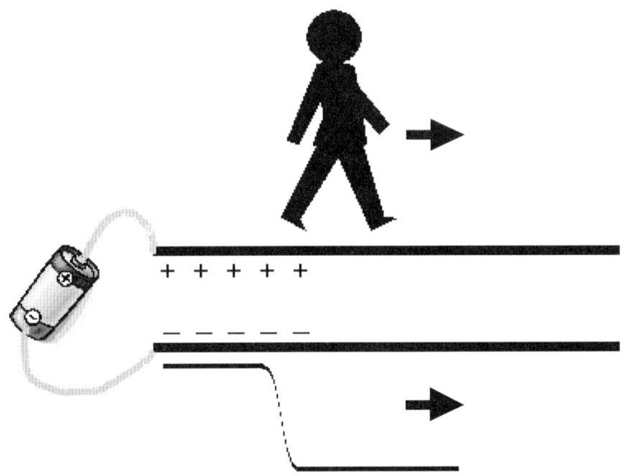

그림 7-8 1 V 신호가 1 nsec 동안 전파된 후 전송선로의 전하 분포. 이 순간에 우리(신호) 앞에는 전하가 없다.

1 feet의 각 발걸음에 해당하는 전송선로를 충전하기 위해 흐르는 전하는 발을 디디는 그 순간에 신호에서 나오고 근본적으로는 배터리에서 나온다. 신호가 전송선로를 따라 전파된다는 것은 결국 신호 경로와 귀환 경로 사이의 커패시턴스가 충전된다는 것을 의미한다. 이때 발걸음마다 얼마나 많은 전하가 전송선로로 흘러야 하는가? 다시 말해 신호가 전파될 때 전송선로에서 연속적으로 이어지는 각 영역을 충전하기 위해 흐르는 전류는 얼마일까?

전송선로의 단면이 균일하다면(즉, 길이당 커패시턴스가 같은 경우), 신호가 일정한 속도로 전송선로를 따라 이동할 때 각 발걸음마다 전송선로에 같은 양의 전하를 주입할 것이다. 각 발걸음은 같은 전압을 만들면서 같은 양의 커패시턴스를 충전한다. 각 발걸음의 시간이 동일하다면 신호는 전송선로를 충전하기 위해 단위 시간당 같은 양의 전하를 주입한다. 전송선로로 nsec마다 같은 양의 전하가 흐른다는 것은 우리 발에서 전송선로로 흐르는 전류가 일정하다는 것을 의미한다.

TIP

신호의 관점에서 볼 때, 우리는 1 ft/nsec의 속도로 전송선로를 걸어가면서 전송선로의 각 feet를 같은 시간 동안 충전하고 있다. 이때 우리의 발밑에서 전하가 나와 전송선로를 충전하게 된다. 같은 시간 간격으로 발에서 같은 양의 전하가 나온다는 것은 전송선로에 일정한 전류를 주입한다는 것을 의미한다.

전송선로를 충전하기 위해 발에서 나오는 전류에 영향을 미치는 것은 무엇일까? 우리가 일정한 속도로 전송선로를 따라 이동하면서 신호 경로의 폭을 넓히면 충전해야 하는 커패시턴스가 증가하고 다음 발걸음을 디디기 전까지 발에서 나와야 하는 전하량이 증가한다. 마찬가지로, 인터커넥트 길이당 커패시턴스가 어떤 이유에서 줄어든다면 발에서 나오는 전류는 줄어들게 된다. 같은 이유로 길이당 커패시턴스가 같다고 해도 속도가 증가하면 nsec당 더 많은 길이를 충전해야 하고 필요한 전류가 증가한다.

이런 방식으로 발에서 나오는 전류는 길이당 커패시턴스와 신호 속도에 따라 정비례한다는 것을 알 수 있다. 둘 중 하나라도 증가하면 각 발걸음마다 발 밖으로 나오는 전류는 증가한다. 둘 중 하나라도 감소하면 전송선로를 충전하기 위한 신호의 전류는 감소한다. 발에서 나오는 전류와 전송선로 특성 사이의 간단한 관계는 다음과 같이 도출할 수 있다.

$$I \sim v \times C_L \tag{7.9}$$

여기서

I = 발에서 나오는 전류

v = 충전하면서 전송선로를 이동하는 속도

C_L = 전송선로의 길이당 커패시턴스

우리가, 즉 신호가 전송선로를 따라 이동할 때, 우리는 계속해서 "전송선로의 임피던스가 얼마인가?"라고 물어볼 것이다. 임피던스의 기본적인 정의는 어떤 소자에 인가된 전압과 그 소자를 통과하는 전류의 비율이다. 따라서 우리는 전송선로를 따라 이동할 때 각 발걸음마다 '전송선로에 인가된 전압과 전송선로로 주입되는 전류의 비율은 얼마인가?'라는 질문을 끊임없이 하게 된다.

전파되는 신호의 전압은 인가된 신호 전압으로 고정된다. 반면 전송선로로 흘러들어가는 전류는 각 발걸음의 커패시턴스와 각 발걸음을 충전하는 데 걸리는 시간에 따라 달라진다. 신호의 속도가 일정하고 각 발걸음의 커패시턴스가 일정하다면, 우리의 발에 의해 전송선로에 주입되는 전류는 일정하고 신호가 보는 전송선로의 임피던스도 일정하다.

신호가 각 발걸음에서 보는 임피던스를 순시 임피던스(instantaneous impedance)라고 부른다. 만약 인터커넥트가 균일한 경우라면 모든 발걸음마다 순시 임피던스는 같다. 단면이 균일한 전송선로는 순시 임피던스가 전송선로의 모든 곳에서 같아지도록 제어되므로(controlled), 균일 전송선로(uniform transmission line)를 제어된 임피던스 전송선로(controlled impedance transmission line)라고 한다.

전송선로의 선로 폭이 어느 순간 갑자기 넓어진다고 가정하자. 그러면 각 발걸음의 커패시턴스가 더 커지고 각 발걸음에서 나오는 전류는 이 커패시턴스를 충전하기 위해 더 증가한다. 같은 전압에 대해서 전류가 높다는 것은 이 영역에서 전송선로의 임피던스가 낮다는 것을 의미한다. 따라서 전송선로의 이러한 부분에서 순시 임피던스는 낮아진다.

마찬가지로, 전송선로의 선로 폭이 갑자기 좁아지면 커패시턴스가 감소하고 충전에 필요한 전류가 감소하며 신호가 바라보는 순시 임피던스가 증가한다.

> **TIP**
> 신호가 전송선로를 따라 전파될 때 각 순간에 신호가 바라보는 임피던스를 전송선로의 순시 임피던스라고 부른다. 신호가 전송선로를 따라 전파될 때 신호는 인가된 전압과 전송선로를 충전하는 데 필요한 전류의 비율인 순시 임피던스를 계속해서 바라보며 다음 단계로 전파된다.

순시 임피던스는 물질 특성과 관련 있는 신호의 속도와 길이당 커패시턴스에 따라 달라진다. 균일 전송선로의 경우 단면 형상은 전송선로를 따라 일정하며 신호가 바라보는 순시 임피던스는 전송선로를 따라 일정하다. 앞으로 살펴보겠지만 신호가 전송선로와 상호작용하는 중요한 동작 중 하나는 신호가 전파되면서 순시 임피던스의 변화를 볼 때마다 신호 일부가 반사되고 일부는 계속 왜곡되는 것이다. 또한 무결성에 영향을 줄 수 있으므로 신호가 보는 순시 임피던스를 제어하는 것이 중요하다.

> **TIP**
> 반사 문제를 최소화하는 주요 방법은 전송선로의 구조를 일정하게 유지하여 신호가 바라보는 순시 임피던스를 일정하게 유지하는 것이다. 이것은 임피던스가 제어된 인터커넥트, 즉 전송선로의 길이를 따라 일정한 순시 임피던스를 갖는 전송선로를 의미한다.

7.8 전송선로의 순시 임피던스

지금까지 이 장에서 설명한 내용은 전송선로를 간단한 물리적 모델로 만들어서 정량화할 수 있다. 전송선로는 작은 커패시터의 배열로 모델링할 수 있는데, 이때 각 커패시터는 신호가 된 우리가 한 발걸음을 이동할 때의 거리에 해당하는 커패시턴스를 갖는다. 이 모델(공학적 통찰력을 제공하는 가장 간단한 모델)을 전송선로의 0차 모델이라고 부르기로 하자(그림 7-9 참조). 이 모델은 물리적 모델이지 등가 회로 모델은 아니다. 회로 모델에는 길이가 없다.

이 모델에서 각 발걸음의 길이는 Δx이다. 각 커패시터의 크기는 단위 길이당 커패시턴스 C_L에 각 발걸음의 길이를 곱한 값으로 다음 수식과 같다.

$$C = C_L \times \Delta x \tag{7.10}$$

우리는 이 모델을 사용하여 발에서 나오는 전류 I를 계산할 수 있다. 전류는 각 발걸음 사이의 시간 간격 동안 각 커패시터를 충전하기 위해 발에서 흘러나오는 전하이다. 각 커패시터를 충전하는 전하 Q는 인가된 전압 V와 커패시턴스 C의 곱이다. 한 발걸음마다 한 발걸음의 시간 동안 전하 Q를 전송선로에 충전한다.

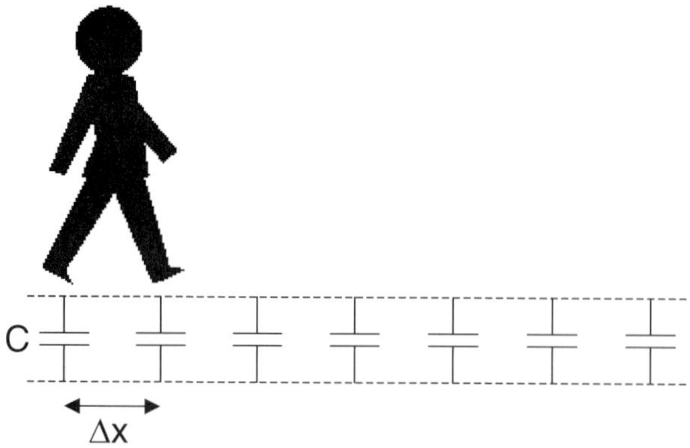

그림 7-9 커패시터 배열로 구성된 전송선로의 0차 모델. 한 발걸음마다 새로운 커패시터가 충전된다. 각 커패시터 사이의 간격은 한 발걸음의 거리이다.

발걸음 사이의 시간 간격인 Δt는 발걸음의 길이인 Δx를 전송선로에서 걸어가는 속도 v로 나눈 값이다. 물론 실제 신호가 전파될 때를 생각하면 각 발걸음의 거리는 정말 작지만, 발걸음 사이의 시간 간격도 같이 작아진다. 각 시간 간격당 흐르는 전하의 양은 일정한 값이며, 이는 신호가 전파될 때 전송선로로 흐르는 전류이다. 따라서 전류 I는 다음 수식과 같다.

$$I = \frac{Q}{\Delta t} = \frac{CV}{\left(\frac{\Delta x}{v}\right)} = \frac{C_L \Delta x v V}{\Delta x} = C_L v V \tag{7.11}$$

여기서

I = 신호의 전류

Q = 각 발걸음의 전하량

C = 각 발걸음에 해당하는 커패시턴스

Δt = 커패시터와 커패시터 사이의 시간 간격

C_L = 전송선로의 길이당 커패시턴스

Δx = 각 커패시터 사이 또는 각 발걸음 사이의 거리

v = 전송선로를 걸어가는 속도

V = 신호의 전압

위 수식을 살펴보면, 앞서 설명한 대로 우리 발에서 나와 전송선로로 들어가는 전류는 간단히 길이당 커패시턴스, 전파 속도, 신호의 전압과 관련이 있다는 것을 알 수 있다.

위 수식은 전송선로의 전류-전압(I-V) 동작을 정의하는 관계식이다. 전송선로의 어디에서나 신호의 순간적인 전류는 전압에 정비례한다. 인가되는 전압이 두 배가 되면 전송선로로

들어가는 전류도 두 배가 된다. 이것은 바로 저항기가 동작하는 방식과 같다. 전송선로를 따라 이동할 때 신호는 마치 저항 부하처럼 동작하는 순시 임피던스를 바라보게 된다.

이 관계식을 통해 신호가 전송선로를 따라 전파될 때 바라보는 순시 임피던스를 계산할 수 있다. 순시 임피던스는 장치에 인가된 전압과 장치를 통과하는 전류의 비율로서 다음 수식과 같다.

$$Z = \frac{V}{I} = \frac{V}{C_L vV} = \frac{1}{C_L v} = \frac{83\,\Omega}{C_L}\sqrt{\varepsilon_r} \tag{7.12}$$

여기서

Z = 전송선로의 순시 임피던스(단위: Ω)

C_L = 전송선로의 길이당 커패시턴스(단위: pF/inch)

v = 물질 내에서의 빛(전자파)의 속도

ε_r = 물질의 유전 상수

신호가 바라보는 순시 임피던스는 전송선로의 고유한 항목 두 가지에만 영향을 받는다. 전송선로의 순시 임피던스는 전송선로의 길이와는 상관이 없고 전송선로의 단면과 물질 특성에 따라 달라진다. 위 수식에서 이 두 항목이 일정하다면 신호는 전송선로를 따라 이동하면서 같은 값으로 일정한 순시 임피던스를 볼 수 있다. 물론 전송선로의 순시 임피던스를 측정하는 데 사용하는 단위는 다른 임피던스와 마찬가지로 Ω이다.

신호의 속도는 물질 특성에 따라 다르므로 전송선로의 길이당 커패시턴스를 순시 임피던스와 연관시킬 수 있다. 예를 들어, 유전 상수가 4이고 전송선로의 길이당 커패시턴스가 3.3 pF/inch인 경우 전송선로의 순시 임피던스는 다음과 같다.

$$Z = \frac{83}{C_L}\sqrt{\varepsilon_r} = \frac{83}{3.3}\sqrt{4} = 50\ \Omega \tag{7.13}$$

전송선로의 인덕턴스는 어떻게 된 걸까? 이 전송선로 모델에서 인덕턴스는 어디서 역할을 하는 걸까? 이 물음에 대한 답은 이 0차 모델은 전기적 모델이 아니라 물리적 모델이라는 것이다. 이 모델은 전송선로를 L과 C로 근사화하는 대신에 신호의 속도가 물질 내에서의 빛의 속도라는 점을 이용한 것이다.

실제로 신호의 속도는 부분적으로 신호 경로와 귀환 경로의 길이당 직렬 루프 인덕턴스에 의해 결정된다. 길이당 인덕턴스를 포함한 1차 등가 회로 모델을 사용하면 전송선로로 흐르는 전류와 전파 속도를 유도할 수 있지만, 이 모델은 수학적으로 더 복잡해진다.

전파 속도와 길이당 인덕턴스 사이의 관계를 고려해 보면 이 두 모델은 실제로 등가이다. 앞으로 보게 되겠지만, 길이당 커패시턴스와 길이당 인덕턴스가 결합하여 전파 지연에 직접적인 영향을 준다. 신호의 속도에는 도체의 인덕턴스에 대한 몇 가지 가정이 포함되어 있다.

7.9 특성 임피던스와 제어된 임피던스

단면이 균일한 전송선로의 경우, 우리(신호)가 전송선로를 따라 전파되면서 우리가 어느 곳을 선택하여 바라보든 같은 순시 임피던스를 볼 것이다. 전송선로를 특징짓는 하나의 순시 임피던스가 있는데, 이를 특성 임피던스(characteristic impedance)라는 특별한 이름으로 부른다.

> **TIP**
> 단면이 균일한 전송선로는 하나의 순시 임피던스를 갖는다. 이 일정한 순시 임피던스를 전송선로의 특성을 보여주는 임피던스 또는 전송선로의 특성 임피던스라고 한다.

전송선로의 고유 속성인 특성 임피던스를 구별해서 나타내기 위해, 특별한 기호 Z_0(Z에 아래 첨자 0을 추가)를 사용한다. 특성 임피던스의 단위는 Ω이다. 모든 균일 전송선로는 특성 임피던스를 갖고 있다. 특성 임피던스는 전송선로가 신호와 어떻게 상호작용을 하는지를 나타내는 가장 중요한 전기적 항목 중 하나이다.

> **TIP**
> 전송선로의 특성 임피던스는 신호가 전송선로를 따라 전파될 때 신호가 바라보는 순시 임피던스를 알려준다. 앞으로 살펴보겠지만, 이는 전송선로 회로의 신호 무결성에 영향을 미치는 주요 요인이다.

특성 임피던스는 수치상으로 전송선로의 순시 임피던스와 같으며 전송선로의 고유한 특성이다. 특성 임피던스는 유전 상수와 전송선로의 길이당 커패시턴스에 따라서만 영향을 받으며 전송선로의 길이와는 상관없다.

균일 전송선로의 특성 임피던스는 다음 수식과 같다.

$$Z_0 = \frac{83}{C_L}\sqrt{\varepsilon_r} \tag{7.14}$$

전송선로가 균일하면 하나의 순시 임피던스를 가지는데 이를 특성 임피던스라고 부른다. 전송선로의 균일성을 나타내는 한 가지는 순시 임피던스가 전송선로의 길이를 따라 얼마나 일정한가이다. 전송선로의 폭이 길이에 따라 변경되는 경우는 전체 전송선로에 대해 하나의 단일 순시 임피던스 값이 없다. 정의에 따라 불균일 전송선로에는 특성 임피던스가 없다. 단면이 균일하면 신호가 인터커넥트를 따라 전파될 때 신호가 바라보는 임피던스는 일정하며, 이를 가리켜 임피던스가 제어된다고 한다. 이러한 이유로, 균일한 단면의 전송선로를 제어된 임피던스 전송선로라고 부른다.

> **TIP**
> 순시 임피던스가 전송선로의 길이를 따라 일정한 전송선로를 제어된 임피던스 전송선로라고 부른다. 모든 인터커넥트를 동일한 특성 임피던스를 가진 제어된 임피던스 전송선로로 제작한 PCB를 제어된 임피던스 PCB라고 한다. PCB 사이즈가 약 6 inch 이상이고 클록 주파수가 100 MHz 이상인 모든 고속 디지털 제품은 제어된 임피던스 PCB로 제작된다.

전송선로의 구조와 물질 특성이 전송선로를 따라 일정할 때 전송선로의 순시 임피던스는 균일하며, 단 하나의 값으로 전송선로 임피던스를 완전하게 특징지을 수 있다.

제어된 임피던스를 갖는 전송선로는 거의 모든 균일한 단면으로 제작할 수 있다. 제어된 임피던스를 가질 수 있는 표준 단면의 형상이 많이 있으며, 이러한 형상의 유형에는 특별한 이름이 붙어있다. 예를 들어, 두 개의 둥근 도선을 서로 꼰 형태를 **트위스티드 페어**(twisted pair, 꼰 도선 쌍)이라고 한다. 중앙의 도체가 외부 도체로 둘러싸인 구조를 **동축**(coaxial 또는 coax) **전송선로**라고 한다. 넓은 평면 위쪽에 좁은 스트립(strip)의 신호 선로가 놓여 있는 구조를 **마이크로스트립**(microstrip)이라고 한다. 귀환 경로가 두 개의 넓은 평면이고 그 사이에 가는 좁은 스트립의 신호 선로가 놓여 있는 구조를 **스트립라인**(stripline)이라고 부른다. 제어된 임피던스 인터커넥트에 대한 유일한 요구조건은 단면이 일정해야 한다는 것이다.

길이당 커패시턴스와 특성 임피던스 사이의 관계를 통해 이제 직관적으로 커패시턴스와 특성 임피던스를 연관시킬 수 있다. 둘 중 하나를 증가시키면 다른 하나는 감소한다.

우리는 전송선로의 두 도체가 가지는 커패시턴스와 길이당 커패시턴스에 대해서는 직관적으로 상당히 잘 알고 있다. 두 개의 도체를 더 넓게 만들면 길이당 커패시턴스가 증가하고 특성 임피던스는 감소한다. 두 도체를 멀리 떨어뜨리면, 길이당 커패시턴스는 낮아지고 특성 임피던스는 높아진다.

FR4 기판을 이용하는 마이크로스트립 전송선로의 경우, 선로의 폭이 유전체 두께의 2배일 때 특성 임피던스는 약 50 Ω이 된다. 유전체의 두께를 늘리면 특성 임피던스는 어떻게 될까? 바로 답이 떠오르지 않을 수 있지만 우리는 전송선로의 특성 임피던스가 길이당 도체 사이의 커패시턴스에 반비례한다는 것을 안다. 따라서 [그림 7-10]에서 보듯이 두 도체 사이의 거리를 늘리면 커패시턴스는 줄어들고 특성 임피던스는 증가할 것이다. 또한 전송선로의 신호 선로의 폭을 늘리면 길이당 커패시턴스가 증가하고 특성 임피던스는 감소한다.

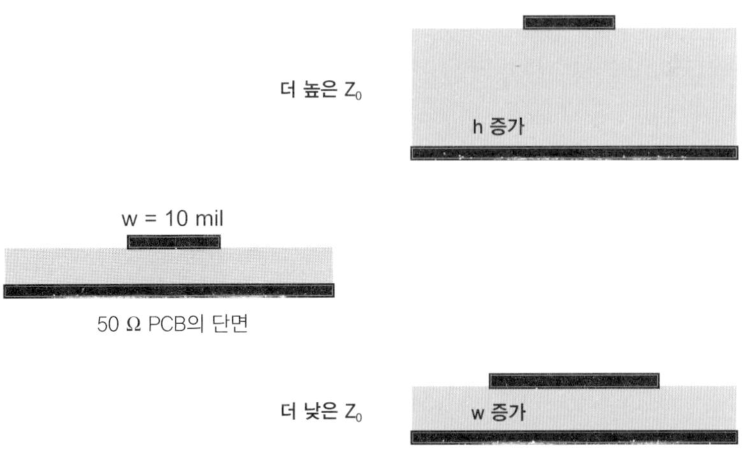

그림 7-10 선로의 폭이 증가하면 길이당 커패시턴스가 증가하고 특성 임피던스가 감소한다. 또한 유전체의 두께가 증가하면 커패시턴스가 감소하고 특성 임피던스는 증가한다.

일반적으로 얇은 유전체와 넓은 도체의 전송선로가 낮은 특성 임피던스를 갖는다. 예를 들어 다층 PCB에서 전원면과 접지면의 특성 임피던스는 낮은 특성 임피던스를 가지며 보통 1 Ω 미만이다. 반대로 두꺼운 유전체와 좁은 도체로 구성된 전송선로의 경우는 높은 특성 임피던스를 갖는다. 선로의 폭이 좁은 신호 선로의 경우 보통 60 Ω에서 90 Ω 정도의 높은 임피던스를 갖는다.

7.10 대표적인 특성 임피던스

지금까지 특정 인터커넥트의 임피던스를 위해 다양한 규격들이 만들어졌다. 그중 몇 가지가 [그림 7-11]에 나타나 있다. 가장 많이 사용하는 것 중의 하나가 RG58 규격이다. 보통 실험실에서 사용하는 거의 모든 범용 동축 케이블은 BNC 커넥터가 달려있는 RG58 규격의 케이블로 만들어진다. 이 규격에는 내부 도체와 외부 도체의 지름과 사용되는 유전체의 유전 상수가 정의되어 있다. 이 규격에 맞춰 제작되었을 때 특성 임피던스는 약 52 Ω 정도이다. 케이블의 옆면을 보면 "RG58"이라고 표시가 되어 있다.

다른 케이블 규격으로 RG174가 있는데, 알아두면 유용하다. RG174 케이블은 RG58보다 가늘고 훨씬 유연하다. 좁은 공간을 통해 케이블을 연결하거나 케이블이 받는 압력을 낮출 필요가 있을 때 RG174 케이블이 유용하다. 특성 임피던스는 50 Ω으로 명시되어 있다.

케이블 TV에 사용되는 동축 케이블의 경우는 75 Ω으로 규격화되어 있다. 따라서 50 Ω 케이블에 비해 길이당 커패시턴스가 작고 케이블의 지름도 더 굵다. 예를 들어, RG59 규격의 케이블은 RG58 규격의 케이블보다 더 굵다.

고속 직렬 링크, 소형 컴퓨터시스템 인터페이스(small computer system interface, SCSI), 그리고 통신 응용분야 등에서 주로 사용되는 트위스티드 페어 케이블은 18~26게이지 정도의 도선으로 제작된다. 보통 사용되는 두께의 절연체를 사용하였을 때 100~130 Ω 정도의 특성 임피던스를 갖는다. 이는 PCB 임피던스보다 높은 임피던스이지만 일반적인 PCB 선로의 차동 임피던스와는 잘 정합(matching)된다. 차동 임피던스는 11장 "차동 쌍과 차동 임피던스"에서 살펴본다.

RG174	RG58	RG59	RG62	TV 안테나	케이블 TV	트위스티드 페어
50 Ω	52 Ω	75 Ω	93 Ω	300 Ω	75 Ω	100–130 Ω

그림 7-11 대표적인 제어된 임피던스 인터커넥트와 규격에 명시된 특성 임피던스

자유 공간(free space)[3]에서의 특성 임피던스는 특별하고 근본적인 중요성을 갖고 있다. 앞서 설명한 것과 같이 전송선로를 통해서 전파되는 신호는 실제로는 전기장과 자기장으로, 이

3 (옮긴이) 자유공간이란 아무런 물질도 없는 공간(space that is free of matter)을 가리키는 용어이다. 자유공간은 전자기학에서 사용하는 추상적인 개념으로, 실제로 완벽한 자유공간인 매질은 존재하지 않는다. 그렇지만 공기(air)나 진공(vacuum)은 전자기적 특성이 자유공간과 거의 같으므로 근사적으로 자유공간으로 취급한다.

전기장과 자기장은 신호 경로 도체와 귀환 경로 도체 사이에 갇힌 상태로 이들 두 도체를 따라 유도(guide)된다.

전기장과 자기장을 유도하는 도체들이 없다면 이들 장은 자유 공간에서 파동으로 전파될 것이다. 이것이 곧 전기장과 자기장의 파동인 전자파이다. 전자파가 공간을 통해 전파될 때 전기장과 자기장은 임피던스를 바라보게 된다. 파동이 바라보는 임피던스는 두 가지 기본 상수인 자유 공간의 투자율과 자유 공간의 유전율과 관련이 있다.

$$Z_0 = \sqrt{\frac{\mu_0}{\varepsilon_0}} = 120\pi = 376.99 \sim 377\ \Omega \tag{7.15}$$

이 두 가지 상수의 조합이 바로 전파하는 파동이 바라보는 순시 임피던스이다. 이것을 **자유 공간의 특성 임피던스**(characteristic impedance of free space)라고 하며 약 377 Ω의 값을 갖는다. 이것은 근본적이고 중요한 수치이다. 안테나로부터 방사되는 에너지의 양은 안테나의 임피던스가 자유 공간의 특성 임피던스인 377 Ω에 정합될 때 최적화된다. 근본적인 의미를 가지는 특성 임피던스 값은 377 Ω 하나뿐이다. 다른 모든 임피던스는 임의의 값이다. 인터커넥트의 특성 임피던스는 제작이 가능한 조건 하에서 거의 모든 값이 될 수 있다.

그렇다면 50 Ω은 어떤 임피던스일까? 왜 50 Ω을 그렇게 일반적으로 많이 사용하는 것일까? 50 Ω의 특별한 점은 무엇일까? 50 Ω 임피던스는 무선 통신과 레이다 시스템이 중요해지면서 고성능 전송선로를 사용하기 위한 첫 번째 요구사항이 부과된 1930년대 초에 널리 사용되기 시작했다. 효율이 높지 않은 신호발생기에서 손실을 최소로 하여 무선 안테나로 무선 신호를 전송하기 위해 사용되었다.

9장 "손실 선로, 상승 시간 증가, 물질 특성"에 설명되어 있듯이, 동축 케이블의 감쇠는 내부 도체와 외부 도체의 직렬 저항을 특성 임피던스로 나눈 값과 관련이 있다. 케이블의 외부 지름이 고정된 경우, 가능한 한 가장 큰 지름의 케이블을 사용할 때 최소 감쇠를 얻을 수 있는 최적의 내부 반지름이 있다.

케이블의 내부 반지름이 너무 크면 저항이 낮아지지만 특성 임피던스도 낮아지고 감쇠는 높아진다. 또한 내부 도체의 지름이 너무 작으면 저항과 감쇠가 모두 높아진다. 내부 반지름의 최적값을 찾아보면 가장 낮은 감쇠 값을 갖는 경우가 50 Ω이다.

거의 100년 전에 50 Ω을 선택한 이유는 동축 케이블의 외부 지름이 고정된 경우에 동축 케이블의 감쇠를 최소화하기 위해서였다. 50 Ω 임피던스는 무선 및 레이다 시스템의 효율성 향상을 위해 표준으로 채택되었고, 쉽게 제작할 수 있었다. 표준으로 채택되면서 50 Ω 임피던스를 사용하는 시스템이 많아져 호환성이 향상되었다. 모든 시험 및 측정 시스템의 임피던스가 이 표준 50 Ω과 일치하면서 계측기 사이의 반사가 최소화되고 신호 품질이 최적화되었다.

FR4 기판에서는 신호 선로의 폭을 유전체 두께보다 2배 정도로 넓게 하면 50 Ω 마이크로스트립을 쉽게 제작할 수 있다. 50 Ω 근처의 다양한 특성 임피던스 값도 마이크로스트립으로 쉽게 제작할 수 있으므로 인쇄 회로 기판(PCB) 기술에 있어 최적의 임피던스이다.

고속 디지털 시스템에서는 몇 가지 장단점을 고려하여 전체 시스템의 최적 특성 임피던스를 결정한다. 이 중 일부는 [그림 7-12]에 나타나 있다. 시작은 50 Ω으로 하는 것이 좋다. 간격(pitch)이 같을 때 더 높은 특성 임피던스를 사용하면 더 많은 크로스토크가 발생하지만, 커넥터 또는 트위스티드 페어 케이블은 특성 임피던스가 높을수록 제작이 더 쉬우므로 비용이 적게 든다. 특성 임피던스가 낮으면 커넥터, 부품, 비아로 인해 발생하는 크로스토크가 작아지고 지연 시간 추가에 대한 민감도가 낮아지지만 종단 시 소비 전력이 더 높아질 수 있다. 이러한 점들은 고속 디지털 시스템 설계에 있어서 고려해야 할 중요한 사항이다.

항목	더 낮은 Z_0	더 높은 Z_0
기판 가격	더 좋음	더 나쁨
지연 시간 추가	더 좋음	더 나쁨
크로스토크	더 좋음	더 나쁨
감쇠	더 좋음	더 나쁨
커넥터 가격	더 나쁨	더 좋음
트위스티드 페어/케이블 가격	더 나쁨	더 좋음
드라이버 설계	더 나쁨	더 좋음
전력 소모	더 나쁨	더 좋음

그림 7-12 인터커넥트의 특성 임피던스 변화와 다양한 시스템 설계 항목 사이의 관계에서의 장단점. 성능과 비용 사이의 균형을 맞추는 최적의 특성 임피던스를 구하는 것은 어려운 과정이다. 대부분 시스템에서 50 Ω이 좋은 타협점이다.

모든 시스템에는 각 시스템에 맞는 최적의 특성 임피던스가 있다. 일반적으로 요구하는 최적값의 범위는 엄격하지 않으며 시스템 전체에서 같은 특성 임피던스를 사용하는 한 아주 정확하게 임피던스를 맞추는 것은 크게 중요하지 않다. 특별한 목적이나 이유가 없는 한 일반적으로 50 Ω이 사용된다. 램버스(Rambus) 메모리의 경우 타이밍이 매우 중요했기 때문에 시간 지연으로 인한 영향을 최소화하기 위해 28 Ω의 낮은 임피던스를 선택했다. 이러한 낮은 임피던스를 제조하려면 넓은 폭의 신호 선로가 필요하다. 하지만 램버스 모듈에서는 인터커넥트 밀도가 낮기 때문에 넓은 신호 선로 폭은 큰 문제가 아니었다.

7.11 전송선로의 특성 임피던스

만약 배터리가 전송선로의 한쪽 끝에 연결되었을 때 배터리는 어떤 임피던스를 바라보게 될까? 배터리가 전송선로에 연결되자마자 전압 신호는 전송선로의 순시 임피던스를 바라보게 되고, 신호는 전송선로를 따라 전파되기 시작한다. 신호가 계속해서 전파하는 동안에 신호가 바라보는 입력 임피던스는 순시 임피던스, 다시 말해 특성 임피던스와 같다.

따라서 신호가 전송선로를 따라 전파하는 동안에 배터리가 전송선로를 들여다 볼 때 보이는 임피던스는 전송선로의 순시 임피던스와 같다. 전송선로는 마치 저항기와 같으며 전송선로에 흐르는 전류는 인가된 전압과 정비례한다.

일정한 전압을 인가할 때 일정한 전류가 흐르는 회로 소자는 이상적인 저항기이다. 배터리 관점에서 보면, 배터리의 단자를 전송선로의 맨 앞단에 부착하여 신호가 전송선로를 따라 전파될 때 전송선로는 마치 저항기처럼 일정한 전류를 배터리로부터 인출한다. 따라서 배터리의 관점에서 보면 전송선로의 임피던스는 신호가 전파되는 동안에는 일정한 저항과 같다. 어쨌든 신호가 전송선로를 따라 아래로 전파되고 다시 전송선로를 따라 배터리로 돌아오기 전까지 배터리는 전송선로가 연결되었는지 저항기가 연결되었는지 구별할 방법이 없다.

TIP

지금까지 인터커넥트의 특성 임피던스에 대해서 알아보았다. 보통 특성 임피던스와 전송선로의 임피던스를 구분하지 않고 사용한다. 하지만 두 용어의 의미가 항상 같지는 않으며 그 차이를 강조하는 것이 중요하다.

케이블의 임피던스를 지칭하는 것은 어떤 의미인가? RG58 동축 케이블을 흔히 50 Ω 케이블이라고 한다. 이것은 실제 어떤 의미인가? 3 feet 길이의 RG58 케이블을 가지고 케이블의 맨 앞쪽에서 신호 경로와 귀환 경로 사이의 임피던스를 측정한다고 가정해보자. 어떤 임피던스를 측정할 것인가? 물론 저항계로 임피던스를 측정할 수 있다. [그림 7-13]에 표시된 것처럼 3 feet 전송선로의 맨 앞쪽에서 저항계의 두 단자를 중앙의 신호 선로와 외부 차폐 도체 사이에 연결하면 어떤 값이 측정되는가? 개방(open)인가, 단락(short)인가, 아니면 50 Ω 인가?

좀 더 구체적으로 알아보자. 디지털 멀티미터와 매우 빠르게 업데이트되는 액정 디스플레이(Liquid Crystal Display, LCD)를 사용하여 임피던스를 측정한다고 가정하자. 어떤 임피던스가 측정될 것인가?

물론, 우리가 충분히 오래 기다리면 짧은 길이의 케이블은 개방된 것처럼 보일 것이고, 임피던스 값은 무한대로 측정될 것이다. 이 짧은 케이블의 입력 임피던스가 무한대라면, 50 Ω 케이블은 어떤 의미인가? 특성 임피던스 속성은 어디에 있는 것일까?

이에 대해 더 자세히 알아보기 위해 극단적으로 긴 길이의 RG58 케이블을 생각해보자. 케이블의 길이가 지구에서 달까지 뻗어 있을 정도로 매우 길다고 가정해보자. 그러면 케이블의 길이는 약 240,000 mile이다. 우리가 학교에서 배운 것을 생각해보면, 진공 상태에서 빛(전자파)의 속도는 초당 186,000 mile 정도이며, RG58 케이블의 유전체에서는 초당 130,000 mile에 가깝다. 이 속도로 RG58 케이블의 한쪽 끝에서 다른 쪽 끝까지 가는 데 약 2초가 걸리고 다시 돌아오는 데 약 2초가 걸린다. 디지털 멀티미터를 이 긴 케이블의 맨 앞쪽에 연결하면 임피던스는 어떤 값으로 표시될 것인가? 디지털 멀티미터는 피시험 장치(device under test, DUT)에 1 V 소스를 연결하고 DUT에 인가된 전압과 DUT를 통해 흐르는 전류의 비율을 측정하여 저항값을 얻는다.

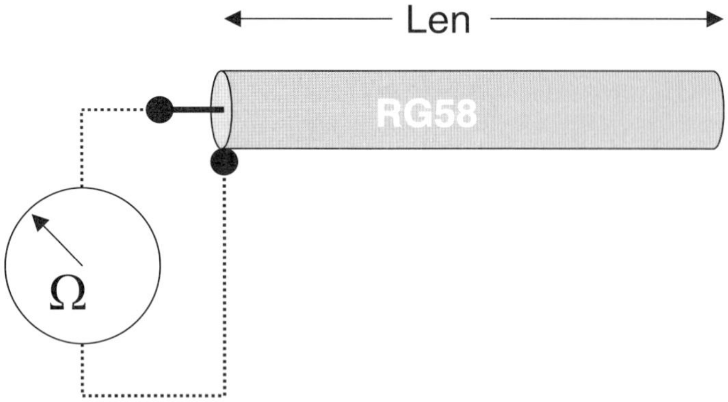

그림 7-13 저항계로 RG58 케이블의 입력 임피던스를 측정

신호의 왕복 시간인 4초보다 짧은 시간 안에 임피던스를 측정하는 경우는 배터리가 전송선로를 구동하는 상황과 정확히 일치한다. 신호가 인터커넥트의 맨 앞에서 맨 끝까지 전파되었다가 다시 맨 앞으로 돌아오는 데 걸리는 시간인 처음 4초 동안에 전송선로 맨 앞쪽으로 흘러 들어가는 전류는 신호가 케이블을 따라 앞으로 전파되면서 케이블의 연속적인 구간들을 충전하는 데 필요한 전류와 같은 일정한 양이다.

1 V 소스가 전송선로의 케이블의 맨 앞쪽을 들여다보는 임피던스인 "입력" 임피던스(input impedance)는 신호가 보는 순시 임피던스, 다시 말해 전송선로의 특성 임피던스와 동일하다. 실제로 1 V 소스는 왕복 시간, 즉 4초가 지나기 전까지는 전송선로에 끝이 있다는 사실을 알 수 없다. 따라서 처음 4초 동안 저항계로 측정되는 값은 전송선로의 특성 임피던스(이 경우 50 Ω)이다.

TIP

측정 시간이 신호의 왕복 전파 시간보다 짧을 경우, 저항계로 측정된 입력 임피던스는 전송선로의 특성 임피던스이다.

하지만 우리는 저항계를 연결한 상태에서 하루를 기다리면 결국 케이블의 입력 임피던스가 개방 상태로 측정된다는 것을 알고 있다. 이처럼 처음에는 50 Ω을 측정하지만 오랜 시간이 지나면 개방 상태를 측정하는 경우, 전송선로의 입력 임피던스는 얼마인가?

하나의 값으로 답을 말할 수는 없다. 임피던스는 시간에 따라 달라진다. 이 예는 전송선로의 입력 임피던스가 시간에 따라 달라지며, 신호의 왕복 전파 시간과 비교하여 언제 측정을 수행하는가에 따라서도 달라진다는 사실을 보여준다. 이것이 [그림 7-14]에 나타나 있다. 왕복 전파 시간 이전에 측정하는 경우, 전송선로의 맨 앞쪽을 들여다본 임피던스는 전송선로의 특성 임피던스이다. 왕복 전파 시간 이후에, 입력 임피던스는 전송선로의 맨 뒤쪽의 상태에 따라 무한대에서 0 Ω까지 어떤 값도 될 수가 있다.

케이블 또는 전송선로의 임피던스를 50 Ω이라고 하는 것은, 신호가 전송선로를 따라 전파하면서 바라보는 순시 임피던스가 50 Ω이라고 하는 것과 같다. 또는 전송선로의 특성 임피던스가 50 Ω이라는 의미이고 또 다른 의미로는 처음에 왕복 전파 시간에 비해 짧은 시간 동안에는 인터커넥트의 입력 임피던스가 50 Ω으로 보인다는 것이다.

이들 용어가 비슷하게 들리더라도 인터커넥트의 임피던스, 입력 임피던스, 순시 임피던스, 특성 임피던스 사이에는 중요한 차이가 있다. 단지 "임피던스"라고 말하는 것은 그 의미가 모호하다.

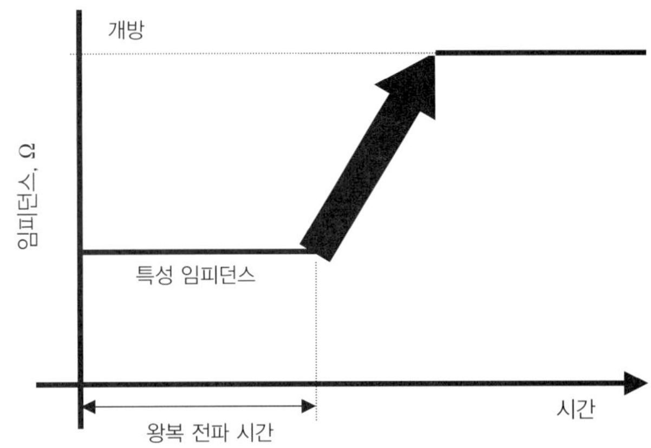

그림 7-14 전송선로를 들여다본 입력 임피던스는 시간에 따라 달라진다. 신호의 왕복 전파 시간 동안 측정된 입력 임피던스는 특성 임피던스이다. 충분히 오래 기다린 다음 측정한 입력 임피던스는 개방된 것과 같다.

TIP

인터커넥트의 입력 임피던스는 드라이버(driver)가 인터커넥트의 맨 앞쪽에 신호를 보낼 때 바라보는 임피던스이다. 입력 임피던스는 측정 시간에 따라 달라진다. 같은 전송선로라도 그 전송선로의 맨 끝이 어떻게 종단되는지, 전송선로의 길이는 얼마인지, 그리고 어느 시간에 바라보는지에 따라서 개방으로 측정될 수도, 단락으로 측정될 수도 있고, 그 사이의 어떤 값으로도 측정될 수 있다.

전송선로의 순시 임피던스는 신호가 전송선로를 따라 전파될 때 바라보는 임피던스이다. 전송선로의 단면이 균일한 경우라면 전송선로를 따라 순시 임피던스는 같을 것이다. 하지만, 예를 들어, 전송선로 끝에 불연속적인 부분이 있다면 순시 임피던스는 변할 것이다. 끝이 개방된 경우, 신호가 전송선로 끝에 도달할 때 신호는 무한대의 순시 임피던스를 바라볼 것이다. 만약 전송선로가 중간에 분기된다면 분기되는 지점에서 순시 임피던스는 감소할 것이다.

인터커넥트의 특성 임피던스는 균일 전송선로의 물리적 특성으로, 그 특성은 전송선로의 기하학적 구조와 물질 특성으로 규정된다. 이 값은 신호가 균일한 단면을 따라 전파될 때 볼 수 있는 하나의 순시 임피던스값과 같다. 전송선로가 균일하지 않으면 순시 임피던스가 변하므로 전송선로를 특징짓는 하나의 임피던스는 없다. 특성 임피던스는 균일 전송선로에만 적용된다.

신호 무결성 분야에서 일하는 사람들은 누구나 가끔은 신중하지 못하게 임피던스라는 용어를 그냥 사용한다. 따라서 이 세 가지 임피던스 중 어떤 임피던스를 말하는지 파악하기 위해 정확히 어떤 임피던스를 의미하는지 묻거나 사용 맥락을 살펴봐야 한다. 의미의 차이를 정확하게 알면 우리 모두 올바른 용어를 사용하고 모호함을 줄일 수 있다.

신호의 상승 시간이 인터커넥트의 왕복 전파 시간보다 짧을 때, 상승 에지 동안에 드라이버가 바라보는 인터커넥트의 입력 임피던스는 전송선로의 특성 임피던스와 같은 값이다. 따라서 전송선로의 맨 끝이 개방되어 있더라도 디지털 신호의 전이 시간(transition time) 동안 전송선로의 맨 앞은 특성 임피던스 값을 가진 저항기처럼 동작한다.

신호의 왕복 전파 시간은 물질의 유전 상수와 선로의 길이와 관련이 있다. 상승 시간이 nsec보다 짧은 대부분의 I/O 드라이버의 경우, 길이가 수 inch가 넘는 인터커넥트는 상승 시간에 비해 길게 보이므로 드라이버에서 디지털 신호가 전이하는 동안에 인터커넥트는 저항성 부하처럼 동작한다. 이것이 모든 인터커넥트의 전송선로 동작을 고려해야 하는 중요한 이유 중 하나이다.

TIP

고속 디지털 시스템에서는 수 inch보다 긴 인터커넥트는 드라이버가 볼 때 개방된 것처럼 동작하지 않는다. 다시 말해 상승 에지 또는 하강 에지의 전이 시간 동안에 인터커넥트는 저항기처럼 동작한다. 인터커넥트의 길이가 전송선로 동작을 보일 만큼 길면 드라이버가 바라보는 인터커넥트의 입력 임피던스는 시간에 따라 달라질 수 있다. 이러한 속성은 인터커넥트에서 전파되는 신호의 동작에 큰 영향을 미친다.

이 기준을 고려할 때, 고속 디지털 시스템에서 거의 모든 인터커넥트는 전송선로처럼 동작할 것이며, 이러한 특성이 신호 무결성에 가장 큰 영향을 줄 것이다. PCB 기판에 있는 3 inch 길이의 전송선로의 경우, 신호의 왕복 전파 시간은 약 1 nsec이다. 전송선로를 구동하는 집적 회로(IC)의 상승 시간이 1 nsec 미만인 경우, 상승 에지 또는 하강 에지 동안 전송선로의 맨 앞을 들여다본 임피던스는 전송선로의 특성 임피던스가 된다. 드라이버 IC는 저항으로 동작하는 임피던스를 보게 될 것이다. 상승 시간이 1 nsec보다 훨씬 길면 드라이버 IC가 바라보는 전송선로의 임피던스는 개방(즉 무한대)이 된다. 신호의 상승 시간이 이 두 가지 시간 사이에 있으면, 낮은 임피던스의 드라이버와 개방된 수신기 사이에서 신호의 에지가 왔다 갔다 반사되면서 드라이버는 매우 복잡하고 변화하는 임피던스를 보게 된다. 수신된 전압은 시뮬레이션 도구를 사용해야만 분석할 수 있다. 이들 시뮬레이션 도구는 8장 "전송선로와 반사 현상"에 설명되어 있다.

신호의 왕복 전파 시간은 전송선로에서 매우 중요한 변수이다. 왕복 전파 시간 동안에 드라이버는 전송선로가 저항으로 보일 것이다. [그림 7-15]는 공기($\varepsilon_r = 1$), FR4($\varepsilon_r = 4$), 세라믹($\varepsilon_r = 10$) 유전체 물질로 만들어진 다양한 길이의 전송선로에 대한 왕복 전파 시간을 보여준다. 클록 주파수가 200 MHz보다 높은 대부분 시스템에서 상승 시간은 0.5 nsec 미만이다.

이러한 시스템의 경우 약 1.5 inch보다 긴 모든 전송선로가 상승 시간 동안 저항으로 나타난다. 이는 거의 모든 고속 신호 드라이버가 상승 에지 또는 하강 에지의 전이 시간 동안 전송선로를 구동할 때 바라보는 입력 임피던스가 저항기처럼 동작하다는 것을 의미한다.

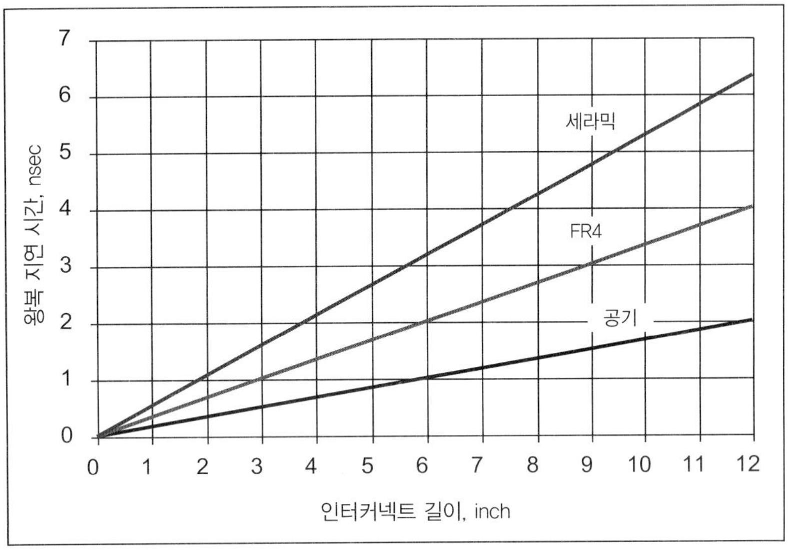

그림 7-15 신호의 왕복 전파 시간 동안 드라이버는 인터커넥트의 입력 임피던스를 선로의 특성 임피던스와 같은 값을 갖는 저항 부하로 보게 된다.

7.12 전송선로의 구동

고속 디지털 신호 드라이버가 전송선로 안으로 신호를 보낼 때 신호의 전이 시간 동안 전송선로의 입력 임피던스는 전송선로의 특성 임피던스와 값이 동일한 저항처럼 동작한다. 이 등가 회로 모델을 사용하여 드라이버와 전송선로로 이루어진 회로를 구성한 다음, 전송선로 안으로 들어가는 신호 전압을 계산할 수 있다. 등가 회로는 [그림 7-16]과 같다.

드라이버는 빠르게 스위칭하는 전압 소스와 소스 저항으로 모델링할 수 있다. 전압 소스는 트랜지스터 기술에 따라 명시되는 전압을 가진다. CMOS 장치의 경우 트랜지스터 기술에 따라 5 V에서 1.5 V까지 다양한 전압을 가진다. 오래된 CMOS 장치는 5 V를 사용하는 반면 PCI 및 일부 메모리 버스는 3.3 V를 사용한다. 가장 빠른 프로세서는, 출력 레일에는 2.4 V 또는 그 이하, 코어에는 1.5 V 또는 그 이하를 사용한다. 이러한 전압은 공급 전압으로, 장치가 개방 회로를 구동할 때의 출력 전압에 매우 가깝다.

소스 저항의 값도 장치 기술에 따라 달라지는데 일반적으로 5 Ω에서 60 Ω 사이이다. 드라이버가 갑자기 온(on)이 되면 소스 임피던스를 통해 어떤 양의 전류가 전송선로로 흐른다. 이때 신호가 드라이버의 핀을 통과해 드라이버 밖으로 나오기 전에 드라이버 게이트 내부에 전압 강하가 발생한다. 즉, 개방 회로를 구동할 때의 전압 전체가 드라이버의 출력 핀에 나타나지 않는다.

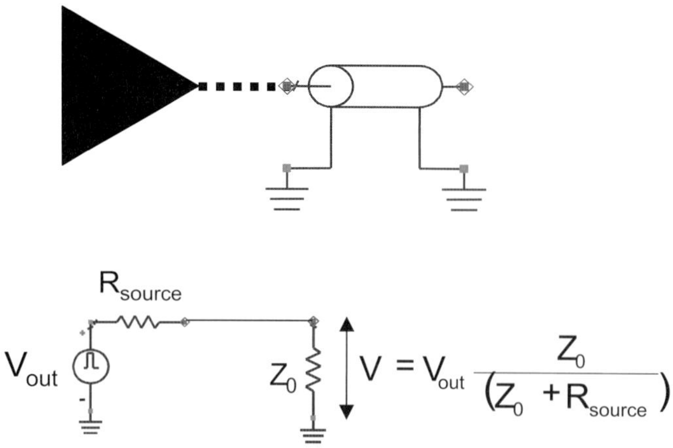

그림 7-16 (상단) 전송선로를 구동하는 드라이버 출력 게이트. (하단) 드라이버인 전압 소스, 드라이버 게이트 자체의 출력 소스 임피던스, 전송선로를 나타내는 저항기(전송선로의 왕복 전파 시간 동안 유효)로 이루어진 등가 회로 모델

전송선로 안으로 들어가는 신호의 실제 전압은 [그림 7-16]의 등가 회로 모델에서 전압 분배 법칙을 사용하여 계산할 수 있다. 신호에서 바라보면 소스 저항과 전송선로의 특성 임피던스로 이루어진 전압 분배 회로이다. 따라서 전송선로 안으로 실제 들어간 전압의 크기는 선로 임피던스와 소스 저항의 직렬 조합에 대한 선로 임피던스의 비율로 나타낼 수 있다. 이를 수식으로 나타내면 다음과 같다.

$$V_{launched} = V_{ouput}\left(\frac{Z_0}{R_{source} + Z_0}\right) \tag{7.16}$$

여기서

$V_{launched}$ = 전송선로 안으로 들어가는 전압

V_{output} = 개방 회로를 구동할 때 드라이버 전압

R_{source} = 드라이버의 출력 소스 임피던스

Z_0 = 전송선로의 특성 임피던스

소스 저항이 높으면 전송선로 안으로 들어가는 전압이 낮아지므로 일반적으로 좋지 않은 경우이다. [그림 7-17]은 전송선로의 특성 임피던스가 50 Ω일 때, 소스 전압을 기준으로 전송선로 안으로 실제 들어가는 전압의 백분율을 표시하고 있다. 출력 소스 임피던스가 특성 임피던스와 같은 50 Ω일 때, 개방 회로 전압의 절반만 실제로 전송선로 안으로 들어가는 것을 볼 수 있다. 출력이 3.3 V인 경우 전송선로 안으로 전달되는 신호는 1.65 V에 불과하다. 이 전압은 전송선로에 연결된 게이트를 안정적으로 트리거하기에는 충분하지 않을 수 있다. 반대로 드라이버의 출력 저항이 감소하면 전송선로 안으로 전달되는 신호 전압이 증가한다.

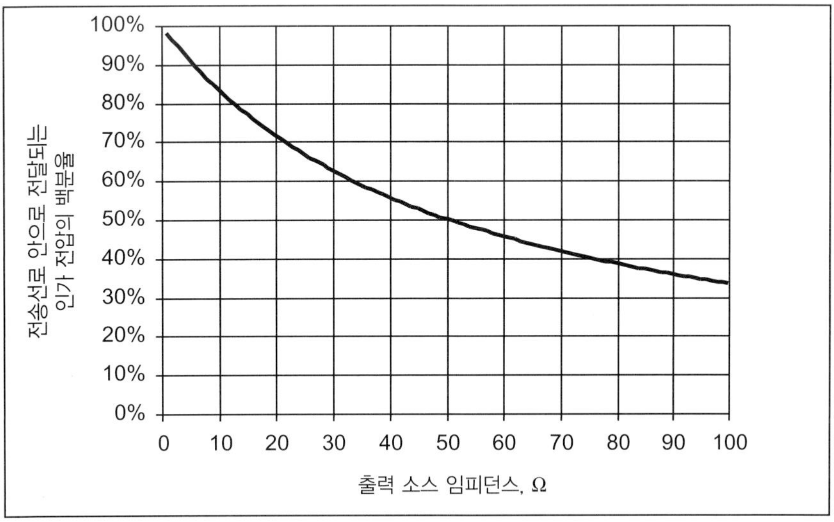

그림 7-17 드라이버의 출력 소스 임피던스에 따라 50 Ω 전송선로 안으로 들어가는 전압의 양이 달라진다.

> **TIP**
> 전송선로 안으로 처음에 들어가는 신호 전압이 소스 전압과 비슷한 크기가 되기 위해서는 드라이버의 출력 소스 저항이 전송선로의 특성 임피던스보다 훨씬 작아야 한다.

"전송선로를 구동"하기 위해서, 다시 말해 드라이버의 개방 회로 소스 전압에 가까운 크기의 전압을 전송선로 안으로 전달하기 위해서는, 전송선로의 특성 임피던스에 비해 매우 작은 드라이버의 출력 임피던스가 필요하다. 예를 들어 전송선로가 50 Ω인 경우, 10 Ω 미만의 소스 임피던스가 필요하다.

출력 임피던스가 10 Ω 이하로 매우 낮은 디바이스를 선로 드라이버(line driver)라고 부르는데, 이는 소스 전압의 대부분을 전송선로 안으로 주입할 수 있기 때문이다. 오래된 기술의 CMOS 장치는 출력 임피던스가 90 Ω에서 130 Ω 범위였기 때문에 선로를 구동할 수 없었다. 하지만 요즘 대부분의 인터커넥트는 전송선로처럼 동작하기 때문에, 최근의 고속 CMOS 장치는 모두 선로를 구동할 수 있어야 하므로 낮은 출력 임피던스를 갖는 게이트들로 설계되어야 한다.

7.13 귀환 경로

7장의 앞부분에서 전송선로의 두 번째 트레이스는 접지가 아니라 귀환 경로임을 강조했다. 모든 전류는 예외 없이 루프(loop)를 형성하며 순환한다는 사실을 항상 기억해야 한다.

> **TIP**
> 전류가 흐르는 루프는 항상 존재한다. 전류가 소스로부터 어디론가 나간다면 반드시 출발한 소스로 돌아와야 한다.

신호가 전파되는 전송선로에서 전류의 루프는 어디에 있는가? 매우 긴 마이크로스트립 전송선로가 있다고 가정해보자. 첫 번째 경우로 편도 지연 시간 TD가 1초가 되는 길이의 전송선로를 생각해보자. 그 길이는 지구에서 달까지의 거리와 비슷하다. 문제를 간단히 하기 위해 [그림 7-18]과 같이 전송선로의 끝을 단락시키고 전송선로 안으로 신호를 집어넣는다. 이 장에서 이미 이런 경우 인가된 전압과 전송선로의 특성 임피던스에 따라 정해지는 크기의 일정한 전류가 신호 경로로 흐른다는 것을 살펴보았다.

전류가 루프를 형성하면서 이동하여 소스로 돌아가야 한다면, 결국 전류는 전송선로의 맨 끝까지 이동한 후에 귀환 경로를 따라 흘러서 소스로 돌아갈 것으로 예상할 수 있다. 그런데 이 과정은 시간이 얼마나 걸릴까? 전송선로의 전류 흐름은 매우 미묘하다. 전류가 귀환 경로에서 빠져 나오는 것을 언제 볼 수 있을까? 가는 데 1초, 돌아오는 데 1초, 그래서 총 2초가 걸릴까? 만약 전송선로의 맨 끝이 실제로 개방되어 있다면 어떻게 될까? 신호 도체와 귀환 도체 사이에 절연 유전체 물질이 있는 경우, 전송선로의 맨 끝을 제외한 나머지 부분에서 어떻게 신호 도체에서 귀환 도체로 전류가 흘러갈 수 있을까?

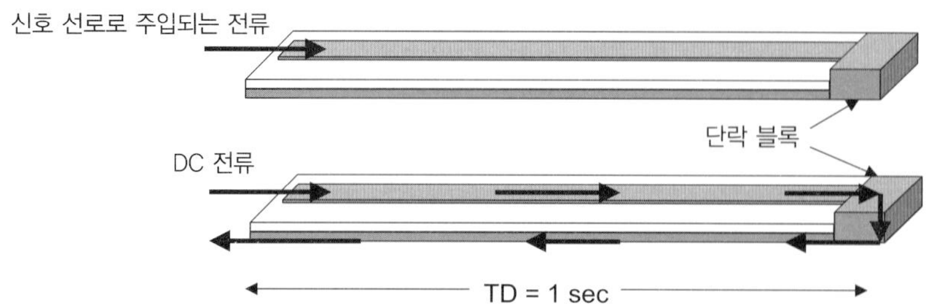

그림 7-18 전송선로의 신호 선로로 주입된 전류(상단)와 오랜 시간이 지난 후의 전류 분포(하단). 전류가 실제로 귀환 경로에서 빠져나가는 시점은 언제일까?

이에 대해 생각하는 가장 좋은 방법은 전송선로를 여러 개의 작은 커패시터의 배열로 나타내는 0차 모델로 돌아가는 것이다. 이는 [그림 7-19]에 나와 있다. 초기의 전류 흐름을 생각해보자. 신호가 전송선로 안으로 들어가면 첫 번째 커패시터를 만난다. 5장 "커패시턴스의 물리적 기초"에서 설명했듯이, 초기 커패시터의 전압이 일정하면 이 커패시터를 통해 전류가 흐르지 않는다. 전류가 커패시터를 통과해 흐르는 유일한 방법은 커패시터 양단의 전압이 변화하는 경우이다. 신호가 전송선로 속으로 들어가면 신호 경로 도체와 귀환 경로 도체 사이의 전압이 상승한다. 전이 시간 동안에 신호의 에지가 커패시터를 지나면서 첫 번째 커패시터 양단의 전압이 변하고 이 첫 번째 커패시터를 통해 전류가 흐른다. 커패시터를 충전하기 위해 신호 경로로 전류가 흘러 들어오면 커패시터를 통과한, 정확히 같은 양의 전류가 귀환 경로에서 흘러 나온다.

처음 1 psec 동안, 신호는 전송선로를 따라 앞쪽으로 그리 멀리 가지 않았기 때문에 전송선로의 나머지 부분이 개방되어 있는지, 단락되어 있는지, 또는 다른 임피던스가 존재하는지 알지 못한다. 귀환 경로를 통해 소스로 되돌아가는 전류는 전송선로에서 전압이 변화하는 부근의 영역(즉, 신호 에지가 있는 곳 근처)의 상태에 의해서만 결정된다.

소스에서 나온 전류는 신호 도체로 흘러 들어가고 이어서 변위 전류로서 신호 경로와 귀환 경로 사이의 커패시터를 통과한 다음 귀환 경로를 통해 다시 빠져나가 소스로 되돌아간다. 이것이 전류 루프이다. 전압이 변하는 에지가 전송선로를 따라 앞으로 전파해나가면 에지에 맞춰 변위 전류는 신호 경로와 귀한 경로 사이를 흐르므로 결국 이 전류 루프의 파선(파면, wavefront)이 전송선로를 따라 앞으로 전파된다.

이제 전송선로 모델을 확장하여 전체의 신호 경로와 귀환 경로 사이에 분산된 모든 커패시터를 포함해보자. 신호가 전송선로를 따라 전파되면 전류는 커패시턴스를 통해 귀환 경로 도체로 건너가 소스로 되돌아간다. 그러나 신호 경로에서 귀환 경로로 이어지는 이 변위 전류 루프는 신호 전압이 변화하는 곳에서만 두 경로 사이에 흐른다.

신호가 처음 선로 안으로 들어가고 수 nsec가 지나면 전송선로의 맨 앞쪽에서 가까운 지점은 신호 에지가 이미 지나갔으므로 전압은 일정해지며, 따라서 신호 경로와 귀환 경로 사이에는 더 이상 전류가 흐르지 않는다. 신호 도체로 흘러들어가는 전류와 귀환 도체에서 흘러나오는 전류는 일정하다. 마찬가지로, 신호 에지 앞에 있어서 아직 신호 에지가 도달하지 않은 전송선로 영역의 전압은 일정하고, 따라서 그 영역의 신호 경로와 귀환 경로 사이에는 전류가 흐르지 않는다. 신호의 에지가 있는 경우에만 전류가 분산 커패시턴스(distributed capacitance)를 통해 흐른다.

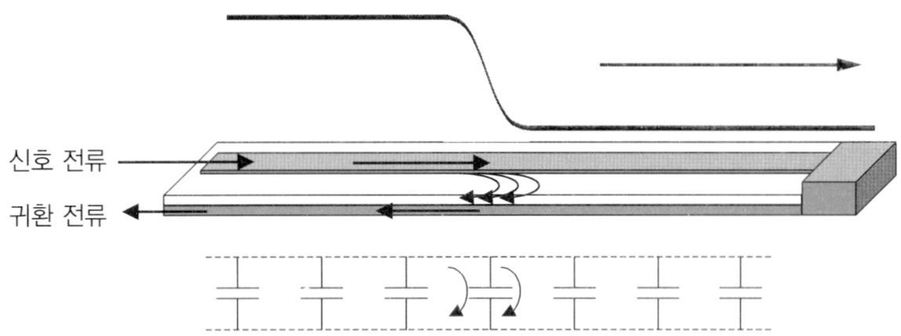

그림 7-19 신호 전류는 전송선로의 분산 커패시턴스를 통해 귀환 경로로 흐른다. 전류는 신호 도체와 귀환 도체 사이의 전압이 변할 때만(dV/dt가 0이 아닐 때만) 신호 도체에서 귀환 도체로 사이로 흐른다.

일단 신호가 전송선로 안으로 들어가면 신호의 파선은 빛의 속도로 전송선로를 따라 전파한다. 전류는 신호 선로를 따라 흐르다가 전송선로의 커패시턴스를 통과한 다음 루프를 형성하며 귀환 경로를 통해 다시 돌아간다. 이 전류 루프의 앞쪽, 다시 말해 루프의 파선은 전압의 에지와 일치하여 전송선로를 따라 앞으로 전파한다. 신호는 전압의 파선일 뿐만 아니라 전송선로를 따라 전파하는 전류 루프의 파선이기도 하다는 것을 알 수 있다. 신호가 바라보는 순시 임피던스는 신호 전압과 신호 전류의 비율이다.

전류 루프를 교란하는 모든 것은 신호를 교란하고 임피던스에 왜곡을 일으켜 신호 무결성을 손상시킨다. 양호한 신호 무결성을 유지하려면 전류 파선과 전압 파선을 모두 제어하는 것이 중요하다. 이렇게 하는 가장 중요한 방법은 신호가 바라보는 임피던스를 일정하게 유지하는 것이다.

TIP

신호 전류 경로 또는 귀환 전류 경로에 영향을 미치는 모든 것은 신호가 바라보는 임피던스에 영향을 미친다. 그렇기 때문에 귀환 경로는 그것이 PCB, 커넥터, IC 패키지 중 어느 곳에 있든지 신호 경로와 마찬가지로 신중하게 설계해야 한다.

귀한 경로가 PCB의 전원면 또는 접지면과 같이 평면일 때는 귀환 전류가 어디로 흐르는지 물어보는 것이 바람직하다. 평면에서 전류는 어떻게 분포할까? 정확한 분포는 주파수에 따라 달라지며 연필과 종이로 계산하기는 쉽지 않다. 이럴 때 2D 전자기장 솔버가 도움이 된다.

[그림 7-20]에 10 MHz와 100 MHz 사인파 전류에 대한 마이크로스트립과 스트립라인의 전류 분포의 예가 나와 있다. 여기서 두 가지 중요한 특징을 볼 수 있다. 첫째, 신호 전류는 신호 선로의 바깥쪽 가장자리를 따라서만 흐른다. 이것은 표피 깊이(skin depth) 때문이다. 둘째, 귀환 경로의 전류 분포는 신호 선로에 가까운 곳에 집중된다. 사인파 주파수가 높을수록 이 전류는 표면에 더 가깝게 분포한다.

주파수가 증가함에 따라 신호 경로의 전류와 귀환 경로의 전류는 가장 낮은 임피던스 경로를 따라 흐른다. 임피던스가 가장 낮은 경로란 곧 루프 인덕턴스가 가장 낮은 경로로, 이는 귀환 전류가 가능한 한 신호 전류에 가장 가까운 경로로 이동한다는 것을 의미한다. 주파수가 높을수록 귀환 전류는 신호 전류 바로 아래로 흐르는 경향이 더욱 커진다. 10 MHz 정도의 주파수에서도 귀환 전류는 신호 선로 바로 아래에 국한되어 흐른다.

일반적으로 약 100 kHz 이상의 주파수에서는 대부분의 귀환 전류가 신호 트레이스 바로 아래쪽에 흐른다. 신호 트레이스가 구불구불하거나 직각으로 구부러져도 평면에 흐르는 귀환 전류는 신호 트레이스 바로 아래쪽에서 신호 트레이스와 같은 경로를 따라간다. 이와 같은 경로로 귀환 전류가 흘러야 신호 경로와 귀환 경로의 루프 인덕턴스가 최소로 유지된다.

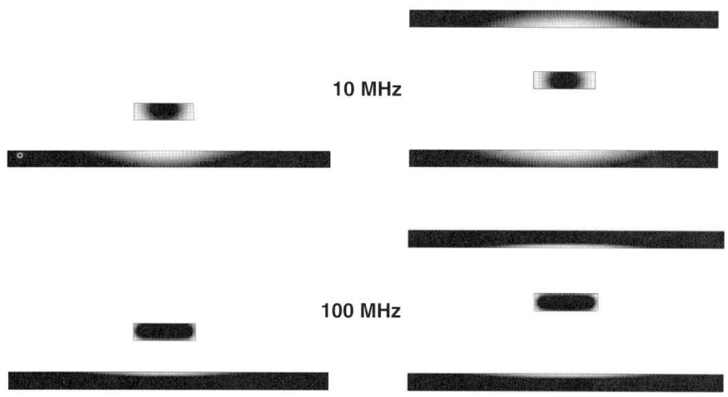

그림 7-20 10 MHz와 100 MHz에서 마이크로스트립과 스트립라인에 흐르는 신호 경로와 귀환 경로의 전류 분포. 두 경우 모두 선로 폭은 5 mm이고 1 oz 구리이다. 색상이 밝을수록 전류 밀도가 높다. Ansys의 2D Extractor로 시뮬레이션

TIP

귀환 경로상의 갈라진 틈(gap)과 같이, 귀환 전류가 신호 전류를 가깝게 따라가지 못하게 방해하는 요소들이 존재하면 루프 인덕턴스가 증가하고 신호가 바라보는 순시 임피던스가 증가하여 신호가 왜곡된다.

귀환 경로를 설계하는 것은 결국 신호 경로를 설계하는 것임을 알 수 있다. 기판에 신호 경로를 배선(routing)하면 귀환 전류 경로도 PCB에 같이 배선된다. 이 점은 회로 기판 배선에 있어서 매우 중요한 원리이다.

7.14 귀환 경로가 기준면을 변경하는 경우

케이블은 귀환 경로가 신호 경로에 인접하도록 특별히 설계된다. 동축 케이블과 트위스티드 페어(twisted pair) 케이블 모두 여기에 해당한다. 이 경우에는 귀환 경로를 알아보기 쉽다. PCB 기판에서 귀환 경로는 일반적으로 다층 기판에서와 같이 평면으로 설계된다. 마이크로스트립의 경우, 신호 경로 바로 아래에 평면이 하나만 있으므로 귀환 전류를 쉽게 식별할 수 있다. 하지만 신호 경로에 인접한 평면이 드라이버에 연결된 평면이 아니라면 어떻게 될까? [그림 7-21]과 같이 신호 경로와, 신호 경로에 인접한 평면이 아닌 또 다른 평면과의 사이에 신호가 인가되면 어떻게 될까? 이때 귀환 경로는 어떻게 될까?

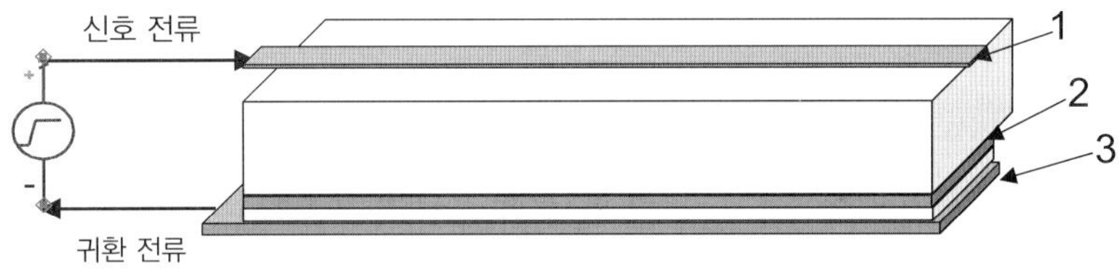

그림 7-21 신호 경로에 인접한 평면이 신호가 인가된 귀환 경로 평면이 아닌 경우. 귀환 전류의 분포는 어떻게 될까?

전류는 항상 신호-귀환 루프의 임피던스를 최소화하도록 분포한다. 전송선로가 시작되는 앞부분에서 귀환 경로는 맨 아래 3층 평면과 중간의 2층 평면을 거쳐 맨 위 1층 평면의 신호 경로와 연결된다.

이 구조에 흐르는 전류를 생각하는 한 가지 방법은 다음과 같다. 1층 신호 경로의 신호 전류는 아무 곳에도 연결되지 않은(floating, 플로팅) 2층 중간 평면의 상단 표면에 소용돌이 전류(eddy current)를 유도하고, 3층 평면의 귀환 전류는 2층 중간 평면의 하단 표면에 소용돌이 전류를 유도한다. 이렇게 유도된 두 개의 소용돌이 전류가 2층 중간 평면의 왼쪽 가장자리에서 연결되어 결국 전송선로에 주입되는 신호 전류가 귀환 전류로 되돌아온다. 전체적인 전류의 흐름이 [그림 7-22]에 나타나 있다.

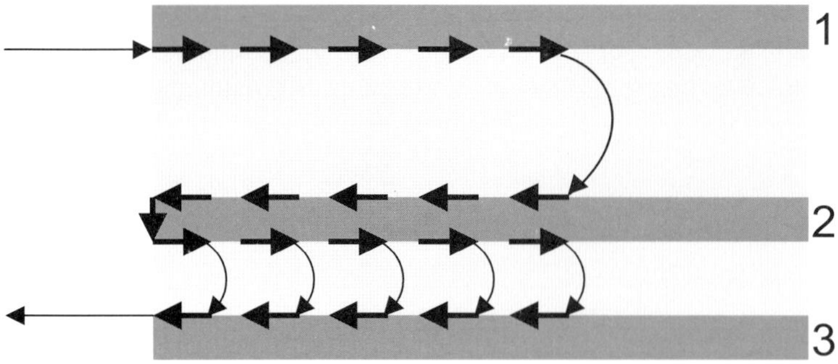

그림 7-22 인접 평면이 신호가 인가된 귀환 경로 평면이 아닌 경우 전류의 흐름을 옆에서 본 모습

평면의 정확한 전류 분포는 표피 깊이(skin depth) 효과에 의해 좌우되는데 표피 깊이는 주파수에 따라 달라진다. 일반적으로, 전류는 신호-귀환 경로의 총 루프 임피던스를 감소시키는 방식으로 각 평면에 분포된다. 이러한 전류 분포는 전자기장 솔버를 사용해야만 정확하게 계산할 수 있다. [그림 7-23]은 [그림 7-21]에 있는 PCB 구조의 끝에서 바라본 전류 분포를 시뮬레이션으로 계산한 결과이다. 여기서 각 평면을 이루고 있는 도체의 두께는 2 mil이고 주파수는 20 MHz이다.

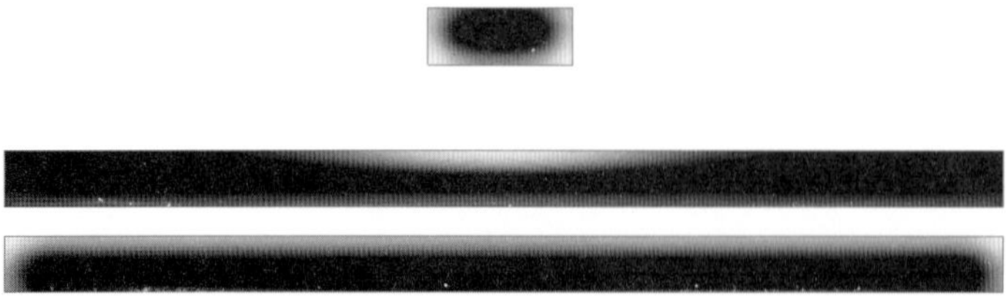

그림 7-23 세 개의 도체 중에서 중간에 있는 평면은 플로팅 상태일 때, 상단 트레이스와 하단 평면에 드라이버를 연결하여 신호를 구동하는 경우에 세 도체의 끝에서 본 전류 분포. 중간의 플로팅된 평면에는 상단 평면과 하단 평면에 흐르는 전류에 의해 유도된 소용돌이 전류가 발생한다. 색상이 밝을수록 전류 밀도가 높다. Ansys의 2D Extractor로 시뮬레이션

상단의 신호 트레이스와 하단 평면으로 이루어진 전송선로를 들여다볼 때 신호 드라이버는 어떤 입력 임피던스를 보게 될까? 플로팅된 평면을 사이에 두고 상단의 신호 트레이스와 하단의 귀환 경로로 신호를 구동하는 드라이버는 두 개의 전송선로가 직렬로 연결된 것을 보게 된다. 하나는 신호 선로와 2층 평면으로 구성된 전송선로이고 또 하나는 2층 평면과 3층 평면으로 구성된 전송선로이다. 이것이 [그림 7-24]에 설명되어 있다. 신호 드라이버가 바라보는 입력 직렬 임피던스는 다음과 같다.

$$Z_{input} = Z_{1-2} + Z_{2-3} \tag{7.17}$$

두 평면 사이의 임피던스 Z_{2-3}이 작을수록 드라이버가 바라보는 전송선로의 임피던스는 Z_{1-2}에 더 가까워진다.

따라서 신호 드라이버가 신호 트레이스와 하단의 평면에 연결되어 있더라도 드라이버가 바라보는 임피던스는 신호 경로와 가장 인접한 평면으로 형성된 전송선로의 임피던스에 의해 결정될 수 있다는 것을 알 수 있다. 이때 이 인접한 평면의 전압이 얼마이든 전송선로의 임피던스에는 아무런 영향을 주지 않는다. 이것은 놀라운 결과이다.

TIP

신호 드라이버가 다층 기판의 전송선로에서 보게 되는 임피던스는 실제로 어떤 평면이 드라이버의 귀환 경로에 연결되어 있는지에 상관없이 신호 선로와 가장 인접한 평면 사이의 임피던스에 의해 결정된다.

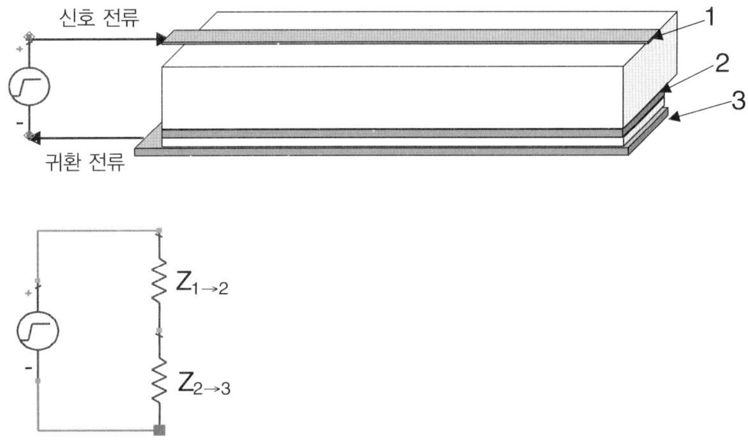

그림 7-24 (상단) 플로팅된 평면을 사이에 두고 전송선로를 구동하는 드라이버의 물리적 구성. (하단) 드라이버가 바라보는 임피던스는 신호 선로와 플로팅된 평면 사이의 임피던스와, 두 평면 사이의 임피던스의 합임을 보여주는 등가 회로 모델

신호 선로와 인접 평면 사이의 임피던스에 비해 두 평면 사이의 임피던스가 작을수록 드라이버가 바라보는 임피던스는 신호 선로와 인접한 평면 사이의 임피던스에 가깝다.

두 개의 길고 넓은 평면 사이의 특성 임피던스는 $h \ll w$인 조건에서 다음과 같이 구할 수 있다.

$$Z_0 = \frac{377\,\Omega}{\sqrt{\varepsilon_r}} \frac{h}{w} \tag{7.18}$$

여기서

Z_0 = 두 평면의 특성 임피던스

h = 두 평면 사이의 유전체의 두께

w = 평면의 폭

ε_r = 두 평면 사이 유전체의 유전 상수

예를 들어, 폭이 2 inch인 두 평면 사이의 간격이 10 mil이고 두 평면 사이의 유전체가 FR4일 때, 신호가 바라보는 두 평면 사이이 특성 임피던스는 약 $(377/2) \times (0.01/2) = 0.94\ \Omega$이다. 두 평면 사이의 간격이 2 mil인 경우 두 평면 사이의 임피던스는 $(377/2) \times (0.002/2) =$

0.19 Ω이 된다.

평면 사이의 임피던스가 50 Ω보다 훨씬 작을 때, 실제로 어떤 평면이 드라이버에 직접 연결되어 있는지는 중요하지 않으며 가장 인접한 평면이 임피던스를 결정할 가능성이 더 높다.

TIP

인접한 평면들 사이의 임피던스를 최소화하는 가장 중요한 방법은 평면들 사이에 가능한 한 얇은 유전체를 사용하는 것이다. 이렇게 하면 평면들 사이의 임피던스가 낮게 유지되고 평면들이 서로 강하게 결합된다.

TIP

평면들이 서로 강하게 결합되어 있고 이들 평면 사이의 임피던스가 낮을 때(레일 붕괴를 작게 해야 하므로), 드라이버가 실제로 어떤 평면에 연결되어 있는지는 중요하지 않다. 평면들 사이의 결합은 귀환 전류가 신호 전류에 최대한 근접할 수 있도록 낮은 임피던스 경로를 제공한다.

만약 신호 경로가 중간에서 층을 변경하면 어떻게 될까? 이 경우 귀환 전류는 신호 경로를 어떻게 따라갈까? [그림 7-25]는 신호 경로가 1층에서 시작하여 비아를 통해 4층으로 이동하는 4층 기판을 보여주고 있다. 기판의 앞쪽(왼쪽) 절반 부분에서 귀환 전류는 신호 경로 바로 아래에 있는 2층 평면상에 있어야 한다. 10 MHz 이상의 사인파 주파수 성분의 전류는 실제로 2층 평면의 상단 표면에 흐른다.

기판의 뒤쪽(오른쪽) 절반 부분에서 4층에 있는 신호 경로에 대해 귀환 전류는 어디에 있을까? 신호 경로가 있는 4층에 인접한 평면인 3층에 귀환 전류가 있어야 한다. 이 귀환 전류는 3층 평면의 하단 표면에 흐른다. 균일한 전송선로 영역에서 귀환 전류는 따라가기가 쉽다. 비아는 분명히 신호 전류가 1층에서 4층으로 가기 위해 통과하는 경로이다. 그렇다면 귀환 전류 경로는 어떻게 2층에서 3층으로 층을 바꿔 옮겨가는 것일까?

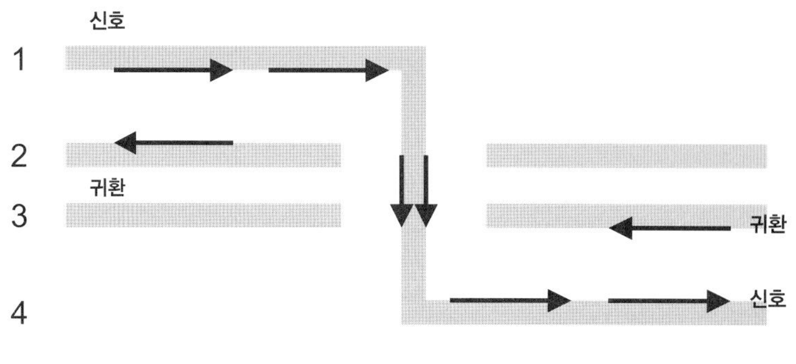

그림 7-25 신호 전류가 비아를 통해 1층에서 4층으로 이동하는 4층 기판의 단면도. 귀환 전류는 2층에서 3층으로 어떻게 층을 바꿔 옮겨갈까?

만약 2층 평면과 3층 평면이 같은 전위(potential)에 있고(즉, 전압이 서로 같고) 비아로 서로 연결되어 있는 경우, 귀환 전류는 두 평면상에서 이 낮은 임피던스 경로를 택할 것이다. 귀환 전류는 비아가 있는 중간에서 조금 구부러지기는 하지만 짧은 길이로 평면을 통과할 것이다. 이때 평면은 총 인덕턴스가 낮으므로 임피던스의 불연속(변화)이 크지 않을 것이다. 이것이 선호하는 다층 기판의 적층 구조이다. 비용 등의 다른 제약 조건이 없는 경우, 가장 가까운 기준면(reference plane)들을 같은 전압으로 유지하고 신호 비아에 가까운 곳에서 이들 기준면을 서로 단락시키는 것이 최적의 설계 규칙이다. 귀환 경로에서 발생하는 전압 강하를 줄이려면 항상 신호 비아에 인접한 귀환 비아를 추가하는 것을 고려해야 한다.

그러나 층의 총 개수를 최소로 하려면 전압이 서로 다른 인접한 층을 귀환 경로로 사용할 필요가 있다. 2층 평면이 5 V 평면이고 3층 평면이 0 V 평면이라면 두 평면 사이에는 DC 경로가 없다. 그렇다면 귀환 전류는 3층 평면에서 2층 평면으로 어떻게 흐를까?

이 경우 귀환 전류는 두 평면 사이의 분산 임피던스(distributed impedance)를 통해서만 흐를 수 있다. 귀환 전류는 클리어런스 홀 안쪽을 빙글 돌며 같은 평면에서 표면(표면의 상단과 하단)을 바꿔 흐른다. 그런 다음 귀환 전류는 두 평면의 내부 표면에 퍼져 흐르면서 평면과 평면 사이의 분산 임피던스를 통해 결합된다. 전류는 두 평면 사이의 유전체에서 빛의 속도로 퍼질 것이다. 이러한 귀환 경로의 전류 흐름이 [그림 7-26]에 나타나 있다. 두 개의 귀환 경로 평면은 전송선로를 형성하므로 귀환 전류가 바라보는 임피던스는 두 평면의 순시 임피던스가 된다.

TIP

귀환 전류가 서로 직접 연결되지 않은 두 평면을 옮겨가며 흐를 때 귀환 전류는 두 평면을 통해 결합하므로 귀환 전류는 두 평면으로 이루어진 전송선로의 순시 임피던스와 동일한 임피던스를 바라보게 된다.

귀환 전류는 이 임피던스를 통과해야 하므로 귀환 경로에 전압 강하가 발생한다. 이 귀환 경로의 전압 강하를 접지 바운스라고 부른다. 귀환 경로의 임피던스가 클수록 전압 강하가 커지며, 접지 바운스 노이즈가 더 크게 발생한다. 귀환 경로 역할을 하는 평면들을 변경하는 다른 모든 신호 선로들도 이 접지 바운스 전압 노이즈에 기여하고 다른 신호들에 의해 발생하는 접지 바운스 노이즈와 합쳐지게 된다.

TIP

귀환 경로를 설계할 때의 목표는 귀환 경로의 임피던스를 최소화하여 귀환 경로에서 발생하는 접지 바운스 노이즈를 최소화하는 것이다. 앞으로 살펴보겠지만, 이 목표를 구현하려면 두 귀환 평면 사이의 임피던스를 가능한 한 낮게 유지하는 것이 가장 중요하다. 이를 위해 일반적으로 두 귀환 평면을 인접한 층으로 구성하고 두 평면 사이의 유전체 두께를 가능한 한 얇게 해야 한다.

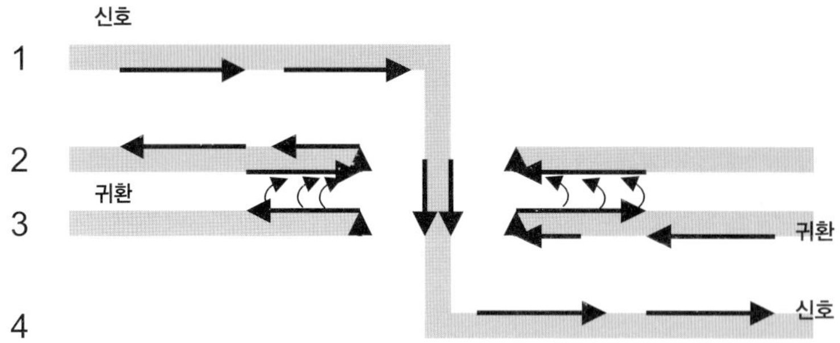

그림 7-26 귀환 전류는 2층 평면과 3층 평면 사이의 용량성 결합에 의해 2층에서 3층으로 층을 바꿔 옮겨간다.

귀환 전류가 신호 비아로부터 계속 확장되는 원을 그리며 두 귀환 경로 평면 사이로 퍼져감에 따라 귀환 전류가 바라보는 순시 임피던스는 계속해서 감소한다. 귀환 전류가 퍼져 흐르며 그리는 원의 반지름이 커질수록 신호가 보는 길이당 커패시턴스도 커진다. 이러한 현상은, 특수한 경우를 제외하고는 분석을 복잡하게 만들므로 일반적으로 전자기장 솔버가 필요하다.

그러나 우리는 간단한 모델을 구축하여 두 평면 사이의 순시 임피던스를 추정하고 적층 구조 설계를 최적화하고 이러한 형태에서 발생하는 접지 바운스를 최소화하는 방법을 파악할 수 있다.

신호가 두 평면 사이에서 방사형으로 바깥쪽으로 전파될 때 신호가 바라보는 순시 임피던스를 계산하려면 방사형 전송선로의 길이당 커패시턴스와 신호의 속도를 계산해야 한다. 신호가 바라보는 길이당 커패시턴스는 반지름의 변화량에 대한 커패시턴스의 변화량이다. 귀환 전류가 바라보는 총 커패시턴스는 다음과 같다.

$$C = \varepsilon_0 \varepsilon_r \frac{A}{h} \tag{7.19}$$

이때 평면상의 반지름이 r인 원형 전송선로의 면적은 다음과 같다.

$$A = \pi r^2 \tag{7.20}$$

위의 두 식을 결합하면 다음 수식에서 알 수 있듯이 거리 r에 따라 커패시턴스가 증가한다.

$$C = \varepsilon_0 \varepsilon_r \frac{A}{h} = \varepsilon_0 \varepsilon_r \frac{\pi r^2}{h} \tag{7.21}$$

여기서

C = 두 평면 사이의 결합 커패시턴스

ε_0 = 자유 공간의 유전율, 0.225 pF/inch

ε_r = 두 평면 사이 유전체의 유전 상수

A = 두 평면에서 귀환 전류가 겹치는 면적

h = 두 평면 사이의 간격

r = 결합하는 원의 증가하는 반지름(전자파의 속도로 퍼짐)

반지름의 증가량에 따른 커패시턴스의 증가량(즉, 길이당 커패시턴스)은 다음과 같다.

$$C_L = 2\pi \varepsilon_0 \varepsilon_r \frac{r}{h} \tag{7.22}$$

예상대로 귀환 전류가 비아에서 멀어질수록 길이당 커패시턴스는 증가한다. 이 귀환 전류가 바라보는 순시 임피던스는 다음과 같다.

$$Z = \frac{1}{vC_L} = \frac{\sqrt{\varepsilon_r}}{c} \times \frac{h}{2\pi r \varepsilon_0 \varepsilon_r} = \frac{377\,\Omega}{2\pi} \frac{h}{r\sqrt{\varepsilon_r}} = 60\,\Omega \frac{h}{r\sqrt{\varepsilon_r}} \tag{7.23}$$

여기서

Z = 귀환 전류가 두 평면 사이에서 바라보는 순시 임피던스

C_L = 두 평면 사이의 길이당 결합 커패시턴스

v = 유전체에서의 전자파의 속도

ε_0 = 자유 공간의 유전율, 0.225 pF/inch

ε_r = 두 평면 사이 유전체의 유전 상수

h = 두 평면 사이의 간격

r = 결합하는 원의 증가하는 반지름(전자파의 속도로 퍼짐)

c = 진공에서의 전자파의 속도

예를 들어, 두 평면 사이의 유전체 두께가 10 mil인 경우, 귀환 전류가 비아에서 1 inch 떨어져 있을 때 귀환 전류가 바라보는 임피던스는 $Z = 60 \times 0.01/(1 \times 2) = 0.3\ \Omega$이다. 그리고 이 임피던스는 귀환 전류가 바깥으로 계속 전파됨에 따라 더욱 작아진다. 따라서 비아에서 멀어질수록 귀환 전류가 보는 임피던스는 낮아지고 접지 바운스 전압도 낮아진다.

귀환 전류는 물질에서 전자파의 속도로 퍼져나가기 때문에 귀환 전류가 바라보는 임피던스(신호 전류와 직렬로 연결된 임피던스)를 시간과 연관시킬 수 있다. $r = v \times t$이므로 이를 식 (7.23)에 대입하면 임피던스는 다음과 같다.

$$Z = 60\,\Omega \frac{h}{r\sqrt{\varepsilon_r}} = 60\,\Omega \frac{h}{vt\sqrt{\varepsilon_r}} = 60\,\Omega \frac{h\sqrt{\varepsilon_r}}{ct\sqrt{\varepsilon_r}} = 5\,\Omega \frac{h}{t} \tag{7.24}$$

여기서

Z = 귀환 전류가 두 평면 사이에서 바라보는 순시 임피던스(단위: Ω)

v = 유전체에서의 전자파의 속도

ε_r = 두 평면 사이 유전체의 유전 상수

c = 진공에서의 전자파의 속도

h = 두 평면 사이의 간격(단위: inch)

t = 귀환 전류의 전파 시간(단위: nsec)

예를 들어, 두 평면 사이의 간격이 0.01 inch인 경우, 처음 0.1 nsec가 지난 후에 귀환 전류가 바라보는 임피던스는 Z = 5 × 0.01/0.1 = 0.5 Ω이다. 신호의 맨 처음 선행 에지는 최대 0.5 Ω의 초기 임피던스를 바라볼 것이다. 신호 전류가 처음 0.1 nsec동안 20 mA(50 Ω 임피던스에 1 V의 신호 전압이 인가된 경우에 해당)가 흐르는 경우, 스위칭 평면들(귀환 전류가 옮겨가는 두 귀환 평면) 양단에서의 접지 바운스 전압 강하는 20 mA × 0.5 Ω = 10 mV가 된다(스위칭 평면들은 신호 전압과 직렬로 연결되어 있으므로).

이 값은 1 V 신호와 비교하면 별로 커 보이지 않지만, 10개의 신호가 0.6 inch 이내의 거리에서 동시에 같은 두 기준면을 옮겨가며 전파한다고 하면 각각의 신호는 동일한 0.5 Ω의 임피던스를 바라보게 되므로 귀환 경로 임피던스를 통해 20 mA × 10 = 200 mA의 귀환 전류가 흐르게 된다. 그러면 200 mA × 0.5 Ω = 100 mV의 접지 바운스 전압 노이즈가 발생한다. 이 값은 1 V 신호 전압의 10%에 해당할 정도로 상당히 큰 값이다. 이 경로를 통과하는 모든 신호는 귀환 평면을 변경하지 않더라도 100 mV의 접지 바운스 노이즈를 보게 된다.

초기의 매우 짧은 시간에 상당한 전류가 흐르는 경우, 귀환 전류가 바라보는 초기 임피던스가 높을 수 있다. 이 짧은 초기 시간 동안 흐르는 모든 전류는 높은 임피던스를 보게 되고, 이로 인해 이 임피던스 양단에는 접지 바운스 전압이 발생한다. [그림 7-27]은 시간 경과에 따라 귀환 전류가 바라보는 임피던스의 변화를 보여준다. 이 그림에서 귀환 경로의 임피던스는 0.5 nsec 미만의 매우 빠른 상승 시간에 대해서만 의미 있는 크기를 가진다는 것을 알 수 있다.

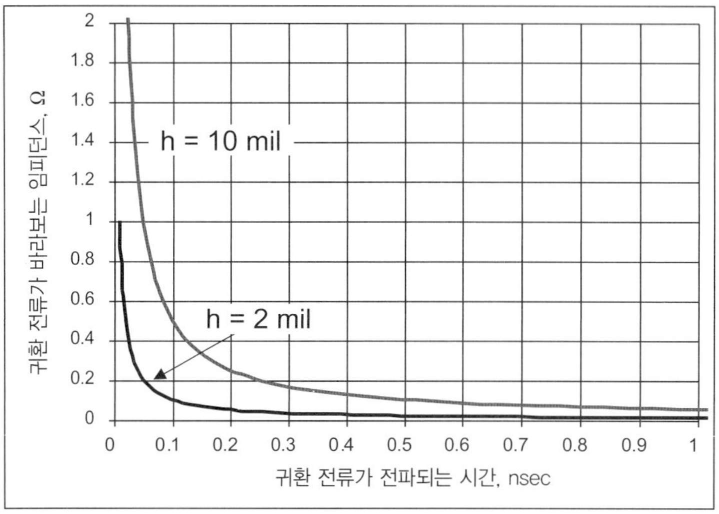

그림 7-27 신호가 비아를 통과할 때 귀환 전류가 바라보는 두 귀환 평면 사이의 임피던스. 두 평면의 간격은 각각 2 mil과 10 mil이다.

한 개의 신호 선로가 스위칭 평면들을 통과하는 경우에 귀환 경로의 임피던스가 크지 않도록(50 Ω의 약 5% 이하가 되도록) 해주어야 한다. 따라서 스위칭 평면들을 통과하는 신호 경로가 n개인 경우, 귀환 경로의 최대 허용 임피던스는 2.5 Ω/n이다.

> **TIP**
> 지금까지의 분석을 통해서 신호의 빠른 에지와 스위칭 기준면들을 동시에 통과하는 여러 신호로 인해 귀환 경로에 상당히 큰 접지 바운스 전압이 생성될 수 있음을 알 수 있다. 이 접지 바운스 전압을 최소화하는 유일한 방법은 귀환 경로의 임피던스를 낮추는 것이다.

다음과 같은 방법으로 귀환 경로의 임피던스를 낮출 수 있다.

1. 신호 경로가 층을 변경할 때 전압 레벨이 같은 평면들이 귀환 경로로서 인접해 있는지 확인한다. 또한 신호 비아에 가까운 위치에 스위칭 평면들 사이를 단락시키는 비아가 있는지 확인한다.
2. 서로 다른 DC 전압을 갖는 귀환 평면들인 경우, 평면들 사이의 간격을 가능한 한 가깝게 한다.
3. 귀환 경로의 임피던스가 높을 수 있는 신호의 초기 과도 상태 동안에 귀환 전류들이 서로 겹치지 않도록 인접한 스위칭 비아 사이의 간격을 띄워준다.

층을 바꿔 옮겨가는 귀환 전류가 있는 두 귀환 평면 사이에 디커플링 커패시터를 추가하는 것이 귀환 경로의 임피던스를 감소시키는 데 도움이 되는 경우도 있을 것이다. 추가된 개별 디커플링 커패시터는 귀환 전류가 한 귀환 평면에서 다른 귀환 평면으로 흐를 때 낮은 임피던스를 제공할 것으로 기대된다.

> **TIP**
> 디커플링 커패시터의 효과를 얻기 위해 실제 커패시터는 신호의 상승 시간의 주파수 성분의 대역폭에서 평면 사이의 임피던스를 50 Ω × 5% = 2.5 Ω 미만으로 유지해야 한다.

하지만 실제 커패시터는 약간의 루프 인덕턴스와 직렬 등가 저항을 가지고 있다. 따라서 개별 디커플링 커패시터 소자는 매우 짧은 상승 시간을 가진 신호에 대해서는 효과가 제한적이다. 오히려 평면에 의해 형성된 방사형 전송선로의 낮은 임피던스가 고주파 성분에 낮은 임피던스를 제공할 것이다.

자기 공진 주파수보다 높은 주파수에서 실제 커패시터의 임피던스를 결정하는 것은 커패시턴스가 아니라 등가 직렬 인덕턴스이다. [그림 7-28]은 루프 인덕턴스가 0.5 nH인 실제 1 nF 커패시터의 임피던스를 예측한 결과이다. 0.5 nH는 매우 낙관적인 루프 인덕턴스 값으로, 이 값은 다중 비아 인 패드(via in pad) 구성 또는 깍지형 커패시터(interdigitated capacitor, IDC)를 사용해야만 달성할 수 있는 수준이다.

커패시턴스가 1 nF인 이 실제 커패시터 소자는 최고 1 GHz까지의 신호 대역폭에 대해서만 귀환 경로에 낮은 임피던스를 제공한다. 높은 주파수 성분은 루프 인덕턴스에 더 민감하게 작용하므로 커패시턴스가 1 nF보다 높아지면 커패시터는 더 이상 낮은 임피던스를 제공하지 않는다.

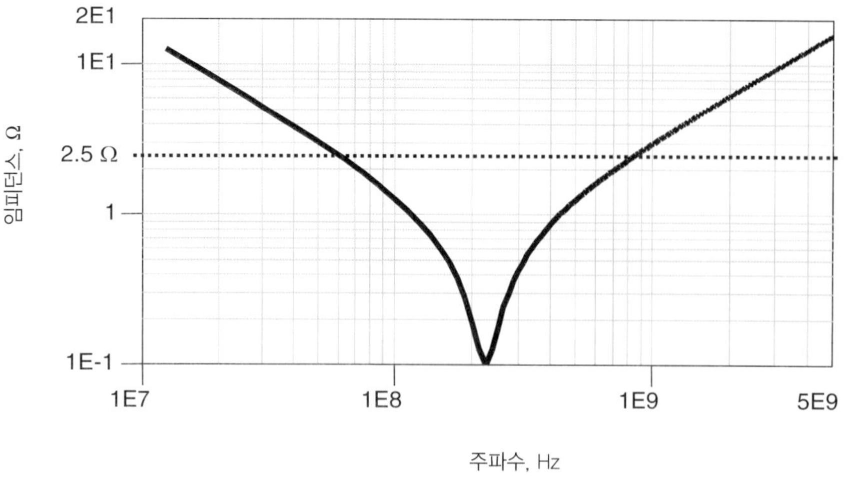

그림 7-28 커패시턴스가 1 nF이고 루프 인덕턴스는 0.5 nH에 불과한 커패시터의 임피던스

> **TIP**
> 개별 커패시터 소자를 사용하여 귀환 경로의 임피던스를 감소시킬 때는 1 nF 이상의 커패시턴스를 사용하는 것보다 직렬 인덕턴스를 낮게 유지하는 것이 훨씬 더 중요하다.

안타깝게도 커패시터가 잘 설계되어 루프 인덕턴스가 0.5 nH밖에 되지 않아도 1 GHz 이상의 주파수에서는 여전히 큰 임피던스를 가진다. 이 경우 귀환 경로 평면은 낮은 임피던스를 갖지 않고 접지 바운스가 문제가 될 수 있다.

> **TIP**
> 서로 다른 DC 전압을 갖는 평면들 사이의 커패시터는 스위칭 평면들에서 발생하는 접지 바운스를 관리하는 데 그다지 효과적이지 않다. 이 커패시터가 저주파 노이즈에 대해서는 추가 디커플링을 제공할 수는 있지만 상승 시간이 계속 짧아짐에 따라 접지 바운스 문제를 해결하지는 못할 것이다.

> **TIP**
> 다층 기판에서, 신호 경로가 전압 레벨이 서로 다른 귀환 평면 층을 변경해야 할 때, 이로 인해 발생하는 접지 바운스 전압을 최소화하는 유일한 방법은 귀환 평면들 사이에 가능한 한 얇은 유전체를 사용하는 것이다.

신호가 귀환 평면들을 변경하며 통과하고 인접한 두 평면에 의해 형성된 전송선로에 전류가 흐를 때 한 가지 문제가 추가로 발생한다. 이 전류의 흐름은 결국 어떻게 될까? 전류가 바깥쪽으로 전파하면서 결국은 기판의 가장자리에 부딪히게 된다. 신호 전류가 스위칭할 때 두 평면 사이에 주입된 전류는 기판 가장자리에서 반사되며 두 평면 사이에서 양쪽으로 왔다 갔다 출렁거리면서 두 평면 사이에 과도 전압을 발생시킨다.

두 평면 사이의 임피던스는 1 Ω보다 훨씬 낮으므로 발생하는 과도 전압은 작다. 그러나 여러 개의 신호들이 스위칭 평면들을 통과할 때 각 신호는 평면 사이에 어느 정도 노이즈를 주입한다. 이 노이즈는 스위칭 평면들을 통과하는 신호가 많을수록 더욱 커진다. 평면들 사이에 주입되는 전류는 신호 전압과 임피던스(약 50 Ω)에 의해 결정된다. 평면 사이에 발생하는 전압 노이즈는 신호 전류와 평면들의 임피던스에 따라 달라진다. 이 출렁거리는 전압을 최소화하기 위해서는 평면 사이의 유전체 두께를 얇게 유지하여 임피던스를 최소로 해야 한다.

귀환 경로의 스위칭 평면들을 통과하는 신호는 평면들 사이에 주입되는 고주파 노이즈의 주요 원인이다. 이 전압 노이즈는 출렁거리며 전원 분배 네트워크(power distribution network, PDN)의 노이즈에 기여한다. 노이즈를 낮게 유지해야 하는 시스템에서, 이러한 전압 노이즈는 RF 수신기, 아날로그-디지털 변환기의 입력, 기준 전압 회로와 같은 매우 민감한 선로에 크로스토크를 일으키는 주요 원인이 될 수 있다. 이러한 시스템에서 노이즈를 최소로 하려면 귀환 경로 평면의 전압, 귀환 비아, 인덕턴스가 낮은 디커플링 커패시터를 신중하게 선택하여 평면들 사이에 주입되는 귀환 전류를 최소화해야 한다.

기판의 양쪽 가장자리에서 반사되면서 인접한 평면 층 사이에서 양쪽으로 왔다 갔다 하며 출렁거리는 이 전압을 평면에서의 **공진**(resonance)이라고 부르기도 한다. 이러한 공진은 결국에는 도체와 유전체에서의 감쇠로 인해 소멸된다. 평면에서 일어나는 각각의 공진들은 저마다 신호가 기판(평면)의 치수를 왕복하는 데 걸리는 시간과 일치하는 주파수 성분들을 가진다. 한 모서리의 치수가 10~20 inch인 기판의 경우, 공진 주파수는 150~300 MHz 범위이다. 이 때문에 전압이 서로 다른 평면들 사이에 장착한 커패시터가 어느 정도 역할을 할 수 있다. 장착한 커패시터 소자의 낮은 루프 인덕턴스는 이 주파수 영역에서 낮은 임피던스를 제공하고 (기판의 공진 주파수 범위에서) 평면 사이의 임피던스를 낮게 유지하여 평면 사이의 전압을 낮게 유지하는 데 도움이 된다. 하지만 앞서 살펴본 바와 같이, 이 커패시터들은 신호가 매우 빠르게 전이하는 동안에 발생하는 과도 접지 바운스 전압에는 효과가 없다.

> **TIP**
>
> 특히 소형 다층 패키지에서 출렁거리는 공진 전압을 최소화하기 위해서는 귀환 전류가 전압이 서로 다른 평면들을 바꿔 옮겨가는 것을 피하는 것이 중요하다. 인접한 귀환 평면들은 DC 전압 레벨이 같아야 하며 신호 비아에 가깝게 귀환 비아를 배치하여 귀환 경로를 만들어야 한다. 이렇게 하면 평면 사이에 전류가 주입되는 것을 방지하고 평면 공진이 발생하는 것을 막을 수 있다.

이러한 문제들은 디지털 신호의 상승 시간이 짧아질수록, 특히 상승 시간이 100 psec 미만으로 짧아질수록 더욱 중요해진다.

7.15 전송선로의 1차 등가 회로 모델

이상적인 전송선루는 일정한 순시 임피던스와 시간 지연이라는 두 가지 특성을 갖고 있는 새로운 이상적 회로 소자이다. 이 이상적인 전송선로 모델은 전송선로의 특성이 하나의 점

(point)에 '집중되어(lumped)'있는 집중 모델(lumped model)이 아니고 전송선로 전체 길이에 걸쳐 '분산되어(distributed)'있다는 의미에서 분산 모델(distributed model)이다.

물리적으로, 제어된 임피던스 전송선로는 어느 정도 길이를 가지고 있는 두 개의 도체로 이루어져 있으며 전체 길이를 따라 두 도체의 단면이 균일하다. 7장의 앞부분에서는 전송선로를 일정한 간격으로 배치된 커패시터들의 집합으로 나타낸 0차 모델을 소개했다. 이러한 0차 모델은 등가 회로 모델이 아닌 물리적 모델이었다.

전송선로의 신호 경로 도체와 귀환 경로 도체를 여러 조각으로 나누고 각 조각을 루프 인덕턴스로 나타내면 실제 전송선로를 더욱 잘 근사화할 수 있다. [그림 7-29]에 나와 있듯이 전송선로를 나타내는 가장 간단한 등가 회로 모델은 여러 개의 작은 루프 인덕터와 작은 커패시터로 이루어져 있다. 여기서 C는 두 도체 조각 사이의 커패시턴스이고, L은 각 도체 조각의 루프 인덕턴스이다.

신호 경로의 각 부분은 그와 관련된 부분 자기 인덕턴스(partial self-inductance)를 가지며, 귀환 경로의 각 부분도 그와 관련된 부분 자기 인덕턴스를 가진다. 각각의 커패시터 사이에 있는 신호 경로 부분과 귀환 경로 부분 사이에는 부분 상호 인덕턴스(partial mutual inductance)가 있다. 마이크로스트립과 같은 불평형 전송선로의 경우, 신호 경로 부분의 부분 자기 인덕턴스와 귀환 경로 부분의 부분 자기 인덕턴스는 서로 다르다. 실제로, 신호 경로의 부분 자기 인덕턴스는 귀환 경로의 부분 자기 인덕턴스보다 10배 이상 클 수 있다.

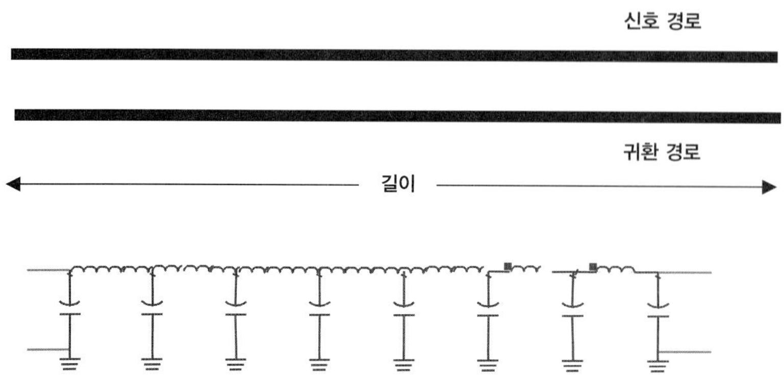

그림 7-29 (상단) 균일 전송선로의 물리적 구조. (하단) L과 C로 이루어진 전송선로의 1차 등가 회로 모델

그러나 신호가 전송선로를 따라 전파될 때 신호의 관점에서 보면, 신호 경로에서 귀환 경로로 전파하는 것은 전류 루프이다. 이런 의미에서, 신호 전류가 보는 것은 신호 경로 부분을 따라 내려가서 귀환 경로 부분을 통해 되돌아오는 루프 인덕턴스이다. 전송선로에서의 신호 전파와 대부분의 크로스토크 효과에 신호 경로와 귀환 경로의 부분 인덕턴스는 기여를 하지 않는다. 중요한 것은 루프 인덕턴스뿐이다. 이상적인 분산 전송선로를 LC 부분이 계속해서 이어진 모델로 근사화할 때, 이 모델에 나타낸 신호가 보는 인덕턴스는 실제로 루프 인덕턴스이다.

TIP

이 집중 회로 모델은 이상적인 전송선로에 대한 하나의 근사(approximation)라는 것을 명심해야 한다. 전송선로를 극단적으로 작은 조각으로 나누면 커패시터와 인덕터의 사이즈는 점점 작아지고 개수는 점점 증가하면서 이상적인 전송선로를 근사한 결과는 점점 더 좋아진다.

극단적으로, 각각의 커패시터와 인덕터가 사이즈는 무한히 작고 개수는 무한히 많은 경우, 길이당 균일한 커패시턴스 C_L과 길이당 균일한 루프 인덕턴스 L_L를 사용할 수 있다. C_L과 L_L을 종종 전송선로의 선로 파라미터(line parameter)라고 부른다. 선로의 길이 Len이 주어지면, 총 커패시턴스는 다음과 같이 계산할 수 있다.

$$C_{total} = C_L \times Len \tag{7.25}$$

또한 총 인덕턴스는 다음과 같이 계산할 수 있다.

$$L_{total} = L_L \times Len \tag{7.26}$$

여기서

C_L = 길이당 커패시턴스

L_L = 길이당 루프 인덕턴스

Len = 전송선로의 길이

이 LC 회로만 봐서는 신호가 어떻게 LC와 상호작용하는지 감을 잡기 어렵다. 언뜻 보면 신호의 발진과 공진이 많을 것으로 생각할 수도 있다. 하지만 각 소자의 크기가 무한히 작으면 어떻게 될까?

신호가 이 회로 모델과 어떻게 상호작용을 하는지 실제로 알 수 있는 유일한 방법은 회로 이론을 적용하여 이 LC 회로를 나타내는 미분 방정식을 푸는 것이다. 미분 방정식을 풀면 LC 회로를 따라 이동하는 신호가 각 노드에서 바라보는 일정한 순시 임피던스를 구할 수 있다. 이 일정한 순시 임피던스는 이상적인 분산 전송선로 소자에서의 순시 임피던스와 같다. 순시 임피던스는 수치적으로는 전송선로의 특성 임피던스이다. 또한, 신호가 LC 회로로 들어가는 시간과 LC 회로에서 나오는 시간 사이에는 유한한 값의 시간 지연이 있다.

회로 이론을 사용하면 특성 임피던스와 시간 지연이 선로 파라미터와 선로의 전체 길이에 따라 어떻게 달라지는지 다음 식으로 계산할 수 있다.

$$Z_0 = \sqrt{\frac{L_L}{C_L}} \tag{7.27}$$

$$TD = \sqrt{C_{total} L_{total}} = Len \times \sqrt{C_L L_L} = \frac{Len}{v} \tag{7.28}$$

$$v = \frac{Len}{TD} = \frac{1}{\sqrt{C_L L_L}} \tag{7.29}$$

여기서

Z_0 = 특성 임피던스(단위: Ω)

L_L = 전송선로의 길이당 루프 인덕턴스

C_L = 전송선로의 길이당 커패시턴스

TD = 전송선로의 시간 지연

L_{total} = 전송선로의 총 루프 인덕턴스

C_{total} = 전송선로의 총 커패시턴스

v = 전송선로에서 신호의 속도

전송선로를 따라 전파되는 신호의 유한한 속도를 언급하지 않고도 LC 회로의 전기적 특성으로부터 전송선로의 동작을 예측할 수 있다. 마찬가지로 회로 모델만 봐서는 알기 어렵지만, 회로 이론을 사용하여 회로를 따라 이동하는 신호가 각 노드에서 바라보는 일정한 임피던스를 예측할 수 있다.

이 1차 등가 회로 모델로 예측한 특성 임피던스와 시간 지연은 유한한 신호 속도와 커패시터들의 배열로 나타낸 0차 물리적 모델을 기반으로 유도한 값과 같아야 한다. 이 두 모델의 결과를 결합하면 매우 중요한 여러 가지 관계를 유도할 수 있다.

신호의 속도는 물질의 유전 상수와 길이당 커패시턴스 및 길이당 인덕턴스에 따라 달라지므로 길이당 커패시턴스와 길이당 인덕턴스의 관계를 다음과 같이 나타낼 수 있다.

$$v = \frac{c}{\sqrt{\varepsilon_r}} = \frac{1}{\sqrt{C_L L_L}} \tag{7.30}$$

$$L_L = 7\frac{\varepsilon_r}{C_L}\ \text{nH/inch} \tag{7.31}$$

$$C_L = 7\frac{\varepsilon_r}{L_L}\ \text{pF/inch} \tag{7.32}$$

특성 임피던스와 속도 사이의 관계로부터 다음과 같은 관계를 유도할 수 있다.

$$C_L = \frac{1}{vZ_0} = \frac{1}{cZ_0}\sqrt{\varepsilon_r} = \frac{83}{Z_0}\sqrt{\varepsilon_r}\ \text{pF/inch} \tag{7.33}$$

$$L_L = \frac{Z_0}{v} = 0.083Z_0\sqrt{\varepsilon_r}\ \text{nH/inch} \tag{7.34}$$

그리고 전송선로의 지연 시간과 특성 임피던스로부터 다음을 유도할 수 있다.

$$C_{total} = \frac{TD}{Z_0} \tag{7.35}$$

$$L_{total} = TD \times Z_0 \tag{7.36}$$

여기서

Z_0 = 특성 임피던스(단위: Ω)

L_L = 전송선로의 길이당 루프 인덕턴스(단위: nH/inch)

C_L = 전송선로의 길이당 커패시턴스(단위: pF/inch)

TD = 전송선로의 시간 지연(단위: nsec)

L_{total} = 전송선로의 총 루프 인덕턴스(단위: nH)

C_{total} = 전송선로의 총 커패시턴스(단위: pF)

v = 전송선로에서 신호의 속도(단위: inch/nsec)

예를 들어, 특성 임피던스가 50 Ω이고 유전 상수가 4인 전송선로는 $C_L = 83/50 \times 2 = 3.3$ pF/inch의 길이당 커패시턴스를 갖는다. 이것은 놀라운 결론이다.

TIP

유전 상수가 4인 모든 50 Ω 전송선로는 길이당 커패시턴스가 약 3.3 pF/inch로 동일하다. 이것은 기억해두면 매우 유용한 경험 규칙이다.

선로의 폭이 두 배가 되는 경우, 같은 특성 임피던스를 유지하기 위해서는 유전체 간격이 두 배가 되어 커패시턴스가 동일하게 유지되어야 한다. 길이가 0.5 inch이고 50 Ω의 제어된 임피던스 선로로 설계된 BGA 패키지의 인터커넥트는 3.3 pF/inch × 0.5 inch = 1.6 pF의 커패시턴스를 갖는다.

마찬가지로 FR4로 만든 50 Ω 선로의 길이당 인덕턴스는 $L_L = 0.083 \times 50 \times 2 = 8.3$ nH/inch이다.

TIP

유전 상수가 4인 모든 50 Ω 전송선로는 길이당 루프 인덕턴스는 약 8.3 nH/inch로 동일하다. 이것은 기억해두면 매우 유용한 경험 규칙이다.

전송선로의 지연 시간이 1 nsec이고 특성 임피던스가 50 Ω인 경우 전송선로의 총 커패시턴스는 C_{total} = 1 nsec/50 = 20 pF이다. 전송선로의 길이가 6 inch인 경우 이 20 pF의 커패시턴스는 6 inch에 걸쳐 분산되므로 길이당 커패시턴스는 20 pF/6 inch = 3.3 pF/inch이다. 같은 전송선로에서 신호 선로를 따라 내려가 귀환 경로를 통해 되돌아오는 총 루프 인덕턴스는 L_{total} = 1 nsec × 50 Ω = 50 nH이다. 이것이 길이 6 inch에 걸쳐 분산되므로 길이당 인덕턴스는 50 nH/6 inch = 8.3 nH/inch이다.

전송선로의 커패시턴스, 인덕턴스, 특성 임피던스, 유전 상수를 연관시키는 이러한 관계식들은 모든 전송선로에 적용된다. 이들 관계식은 단면의 형상에 대해서 어떠한 가정도 하지 않는다. 이들 관계식은 기존 근사식들이나 전자기장 솔버를 사용하여 이 네 개의 항목들을 추정하는 데 도움을 주는 매우 강력한 도구이다. 네 개 항목 중 두 개를 알면 나머지는 두 개는 언제든지 구할 수 있다.

이 전송선로 LC 모델로 실제 전송선로가 동작하는 방식을 설명하고 싶은 유혹을 받는다. 예를 들어 인덕턴스를 무시하면 실제 전송선로를 단지 약간의 커패시턴스로 간주할 수 있다. 그러면 드라이버의 출력 임피던스에 의해 전송선로가 구동될 때 전송선로의 RC 충전 시간을 볼 수 있지 않을까?

사실, 실제 전송선로는 단순히 하나의 커패시터 또는 하나의 인덕터가 아니라 분산형 LC 인터커넥트이다. 이 인터커넥트를 새로운 동작으로 바꾸어 놓는 것은 미세한 사이즈의 L과 C가 계속해서 이어지는 회로 구성이다. 인터커넥트로 들어오는 신호의 빠른 상승 에지는 인터커넥트 전체에 걸쳐 상승 시간을 유지한다.

신호의 빠른 에지는 전파되는 동안에 커패시턴스 C를 보지 못하므로 RC 충전을 할 필요가 없으며, 인덕턴스 L을 보지 못하므로 L/R만큼 상승 시간이 느려지지도 않는다. 그 대신, 신호는 어떤 상승 시간이라도 그대로 유지하게 해주는 순시 임피던스라는 완전히 새로운 특성을 본다. 신호의 에지가 바라볼 때 전송선로는 L이나 C처럼 보이지 않고 저항 소자처럼 보인다.

전송선로 인터커넥트에서 총 커패시턴스와 총 루프 인덕턴스를 계산할 수는 있지만, 전송선로를 단순히 하나의 C 또는 하나의 L로 생각하는 것은 잘못된 것이다. 무한히 많은 개수의 L과 C 소자가 끝없이 서로 연결되어 있으며, 이 두 소자는 똑같이 중요하다.

물론 이 집중 회로 LC 사다리 회로 모델은 하나의 근사일 뿐이다. 실제 전송선로를 LC 사다리 회로 모델의 관점에서 생각하는 대신, 공학적 직관을 살려 완전히 새로운 이상적인 회로 소자의 하나로 간주하도록 한다. 여기서 이 소자는 일단 신호가 소자로 들어오면 그 신호는 자신의 상승 시간을 그대로 유지하면서 순시 임피던스를 바라보게 해준다.

7.16 근사식을 이용한 특성 임피던스의 계산

어떤 특정한 특성 임피던스 값을 가지는 전송선로를 설계하는 것은 실제로 선로의 폭, 유전체의 두께, 그리고 유전 상수를 선택하는 문제이다. 전송선로의 길이와 도체 주변 물질의 유전 상수를 알고 있고 특성 임피던스를 계산할 수 있다면, 앞에서 설명한 관계식들을 이용하여 다른 모든 파라미터를 계산할 수 있다.

물론 전송선로 단면 구조의 유형에 따라 기하학적 특징과 특성 임피던스 사이의 관계는 모두 다르다. 일반적으로 기하학적 구조로부터 특성 임피던스를 계산하는 데 사용하는 분석 방법에는 다음 세 가지가 있다.

1. 경험 규칙
2. 근사식
3. 2D 전자기장 솔버

가장 중요한 두 가지 경험 규칙은 FR4로 제작된 마이크로스트립과 스트립라인의 특성 임피던스와 관련이 있다. [그림 7-30]을 보면 50 Ω 전송선로의 단면이 나와 있다.

> **TIP**
> 좋은 경험 규칙으로, FR4로 만든 50 Ω 마이크로스트립은 선로 폭이 유전체 두께의 두 배이다. 50 Ω 스트립라인은 두 평면 사이의 총 유전체 두께가 선로 폭의 두 배이다.

정확한 수식이 있는 단면 구조는 동축 케이블, 쌍둥이 원형 도선, 평면 위의 원형 도선, 이렇게 세 가지뿐이다(그림 7-31 참조).

나머지 모든 수식은 근사식이다. 동축 케이블에서 특성 임피던스와 기하학적 구조 사이의 관계는 다음과 같다.

$$Z_0 = \frac{377\,\Omega}{2\pi\sqrt{\varepsilon_r}}\ln\left(\frac{b}{a}\right) = \frac{60\,\Omega}{\sqrt{\varepsilon_r}}\ln\left(\frac{b}{a}\right) \quad (7.37)$$

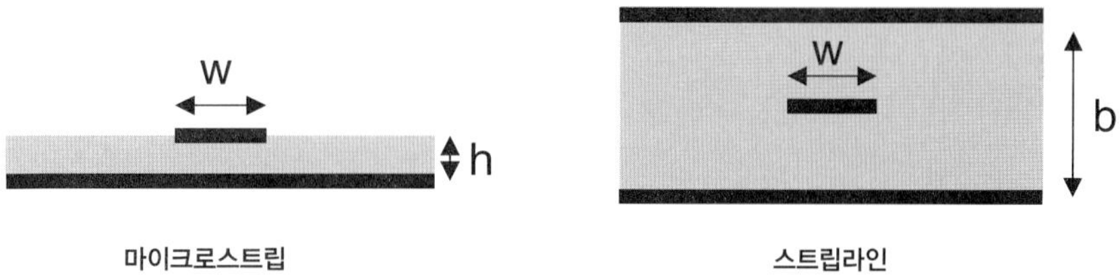

그림 7-30 FR4로 만든 50 Ω 전송선로의 단면. (왼쪽) w = 2 × h인 50 Ω 마이크로스트립. (오른쪽) b = 2 × w인 50 Ω 스트립라인

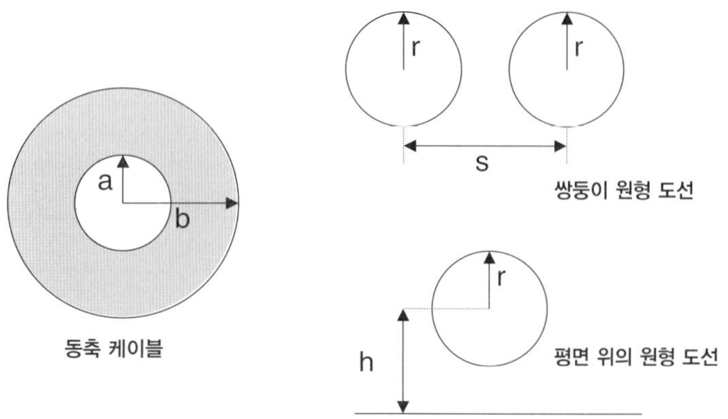

그림 7-31 특성 임피던스를 나타내는 정확한 수식이 있는 세 개의 단면 구조. 나머지 모든 단면 구조에 대한 특성 임피던스 수식은 근사식이다.

평행한 원형 도선의 특성 임피던스는 다음과 같다.

$$Z_0 = \frac{120\,\Omega}{\sqrt{\varepsilon}} \ln\left(\frac{s}{2r} + \sqrt{\left(\frac{s}{2r}\right)^2 - 1}\right) \tag{7.38}$$

평면 위에 놓인 원형 도선의 특성 임피던스는 다음과 같다.

$$Z_0 = \frac{60\,\Omega}{\sqrt{\varepsilon_r}} \ln\left(\frac{h}{r} + \sqrt{\left(\frac{h}{r}\right)^2 - 1}\right) \tag{7.39}$$

여기서

Z_0 = 특성 임피던스(단위: Ω)
a = 동축 케이블의 내부 반지름(단위: inch)
b = 동축 케이블의 외부 반지름(단위: inch)
r = 원형 도선의 반지름(단위: inch)
s = 두 원형 도선의 중심 사이의 거리(단위: inch)
h = 평면에서 원형 도선의 중심까지의 높이(단위: inch)
ε_r = 물질의 유전 상수

위의 수식들은 유전체 물질이 전기장이 있는 모든 공간을 완전하고 균일하게 채운다고 가정할 때 성립한다. 그렇지 않은 경우, 도체를 따라 전송되는 신호의 속도에 영향을 미치는 유효 유전 상수는 서로 다른 유전체 물질의 복잡한 조합에 따라 달라진다. 정확한 유효 유전 상수의 값은 대부분 전자기장 솔버를 통해서만 계산할 수 있다.

[그림 7-31]의 구조에서 유전체 물질의 분포가 균일한 경우에는 위의 수식들은 정확하기 때문에 2D 전자기장 솔버의 분석 결과를 보정하는 데 유용하게 사용할 수 있다.

TIP

극히 일부의 예외를 제외하면 기하학적 구조를 기반으로 특성 임피던스를 계산하는 데 사용되는 거의 모든 방정식은 근사식이다. 만약 근사 방정식을 사용한 계산값의 오차가 5% 이상이면 설계 시간과 비용이 과도하게 증가하여 문제가 발생할 수 있다. 따라서 전송 선로 설계를 최종 승인하는 데 근사식을 사용해서는 안 된다. 정확도가 중요한 경우에는 검증된 2D 전자기장 솔버를 사용해야 한다.

근사식의 가치는 기하학적 구조를 나타내는 항목들 사이의 관계를 보여주고 스프레드시트에서 민감도 분석을 하는 데 사용할 수 있다는 점이다. IPC에서 권장하는 근사식으로 마이크로스트립의 특성 임피던스를 계산하는 데 가장 널리 사용되는 수식은 다음과 같다.

$$Z_0 = \frac{87\,\Omega}{\sqrt{1.41 + \varepsilon_r}} \ln\left(\frac{5.98h}{0.8w + t}\right) \tag{7.40}$$

스트립라인의 경우, IPC에서 권장하는 근사식은 다음과 같다.

$$Z_0 = \frac{60\,\Omega}{\sqrt{\varepsilon_r}} \ln\left(\frac{2b+t}{0.8w+t}\right) \tag{7.41}$$

여기서

Z_0 = 특성 임피던스(단위: Ω)

h = 평면에서 신호 트레이스까지의 유전체 두께(단위: mil)

w = 신호 트레이스의 폭(단위: mil)

b = 평면과 평면 사이의 간격(단위: mil)

t = 도체의 두께(단위: mil)

ε_r = 물질의 유전 상수

트레이스 도체의 두께 t의 영향을 무시하면, 두 구조의 특성 임피던스는 모두 선로 폭에 대한 유전체 두께의 비율에만 의존한다. 이것은 매우 중요한 관계이다.

TIP

스트립라인과 마이크로스트립의 특성 임피던스는 기본적으로 선로 폭에 대한 유전체 두께의 비율에 따라 달라진다. 이 비율이 일정하면 특성 임피던스는 일정하다.

예를 들어, 선로 폭이 두 배가 되고 유전체 간격이 두 배가 되면, 특성 임피던스의 1차 근삿값은 변하지 않는다.

위의 두 방정식이 복잡해 보인다고 해서 그 계산 결과가 정확한 것은 아니다. 근사식의 정확도를 아는 유일한 방법은 검증된 2D 전자기장 솔버의 계산 결과와 비교하는 것이다.

7.17 2D 전자기장 솔버를 이용한 특성 임피던스의 계산

오차 10% 이내의 정확도가 필요하거나 트레이스의 두께, 솔더 마스크 적용, 트레이스 옆면의 모양 등에 의한 2차 효과(부차적 효과)가 우려되는 경우에 이러한 근사식들을 사용하는 것은 바람직하지 않다. 임피던스 계산을 수행하기 위해 모든 엔지니어에게 필요한 가장 중요한 도구는 2D 전자기장 솔버이다.

모든 2D 전자기장 솔버의 기본적인 가정은 전송선로의 길이에 따라 단면이 균일하다는 것이다. 즉, 전송선로의 길이를 따라 이동할 때 단면의 형상은 똑같이 유지된다. 이것이 단면이 균일하다는 제어된 임피던스 선로의 기본적인 정의이다. 이 경우에 전송선로를 나타내는 특성 임피던스는 단 하나뿐이다. 따라서 2D 전자기장 솔버는 균일 전송선로의 특성 임피던스를 정확하게 예측하는 데 적합한 도구이다. 이 도구에서 중요한 것은 2D 단면에 대한 정보이다.

정확도가 중요한 경우에는 항상 2D 전자기장 솔버를 사용해야 한다. 즉, 설계를 승인하고 하드웨어 제작에 전념하기 전에 PCB의 적층 구조를 2D 전자기장 솔버로 설계해야 한다. 하지만 예를 들어 제조 공차가 10%이면 예측의 정확도가 5%인들 무슨 소용이 있느냐는 주장이 제기될 수 있다.

정확도가 중요한 이유는 수율(yield) 때문이다. 예측하는 임피던스가 부정확하면 제조된 임피던스 분포의 중심 위치가 이동한다. 필요한 목표치에 분포의 중심을 더 잘 맞출수록 수율을 더 높일 수 있다. 1%의 오차만 있어도 분포가 중심에서 벗어나게 된다. 규격의 한계치에 가까운 모든 제품은 한계치 밖으로 이동하여 수율에 영향을 줄 가능성이 있다.

5장에서 살펴본 것과 같이 전자기장 솔버의 정확도는 오차 0.5%보다 더 좋을 수 있다. [그림 7-32]는 2D 전자기장 솔버를 사용하여 마이크로스트립의 특성 임피던스를 계산한 결과를 IPC 근사식을 기반으로 한 예측 결과와 비교한 것이다. [그림 7-32]의 그래프는 마이크로스트립의 선로 폭에 따른 특성 임피던스를 보여준다. 여기서 마이크로스트립은 유전 상수가 4이고 두께가 10 mil인 유전체와, 1/2 oz 구리 도체로 구성되어 있다. 특성 임피던스가 50 Ω에 가깝거나 그 이상이면 두 결과는 매우 일치함을 알 수 있다. 그러나 특성 임피던스가 낮은 경우, IPC 근사치는 최대 25%까지 차이가 날 수 있다.

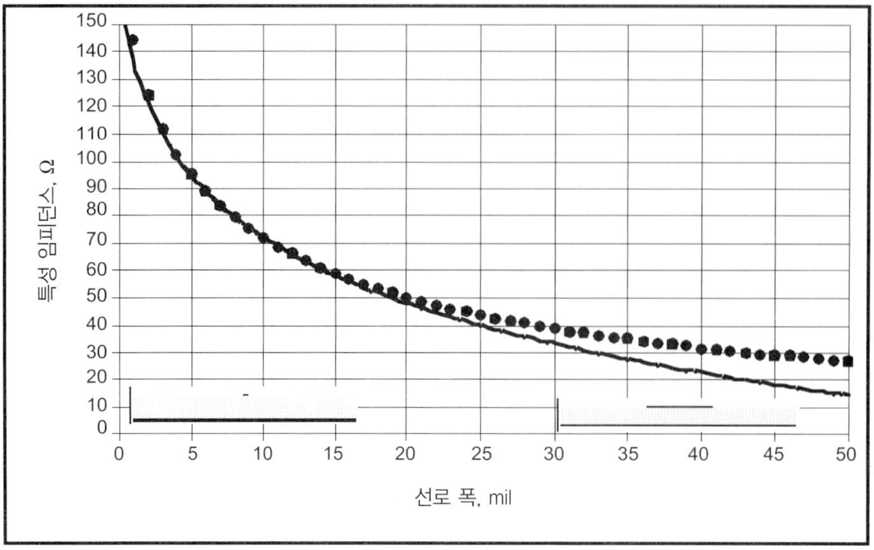

그림 7-32 10 mil 두께의 FR4 유전체와 1/2 oz 구리를 사용한 마이크로스트립에서 선로 폭에 따른 특성 임피던스의 변화. (원) 전자기장 솔버 계산 결과. (선) IPC 근사식 계산 결과. 전자기장 솔버로는 Ansoft 2D Extractor를 사용

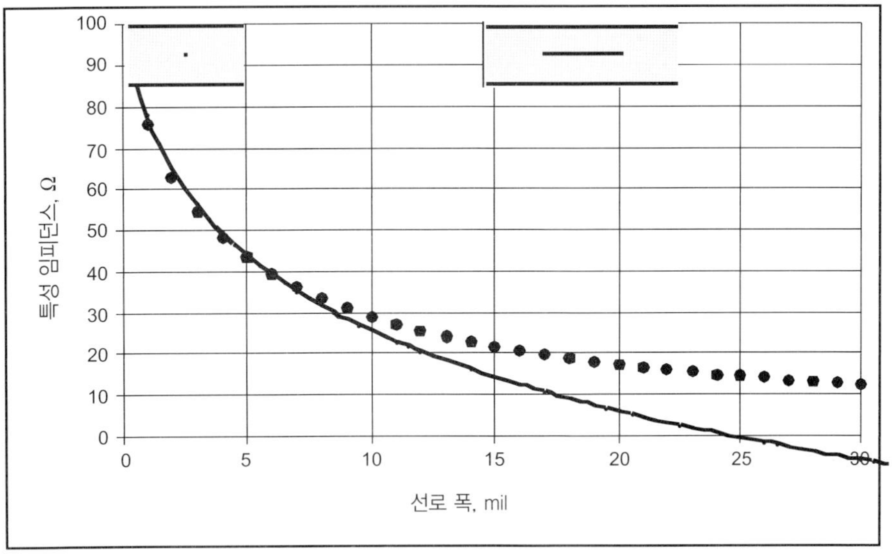

그림 7-33 10 mil 두께의 FR4 유전체와 1/2 oz 구리를 사용한 스트립라인에서 선로 폭에 따른 특성 임피던스의 변화. (원) 전자기장 솔버 계산 결과. (선) IPC 근사식 계산 결과. 전자기장 솔버로는 Ansoft 2D Extractor를 사용

스트립라인에 대해서 같은 비교를 한 결과가 [그림 7-33]에 나타나 있다. 50 Ω에 가까우면 두 결과가 매우 잘 일치하지만 낮은 임피던스의 경우, 근사식으로 예측한 결과는 25% 이상 차이가 날 수 있다. 따라서 정확도가 중요할 때는 근사식을 사용하면 안 된다.

2D 전자기장 솔버는 특성 임피던스에 대한 정확한 추정치를 제공할 뿐만 아니라 다음과 같은 2차 효과의 영향에 대한 통찰력도 제공할 수 있다.

- 귀환 경로의 폭
- 신호 트레이스의 도체 두께
- 표면 트레이스 위를 덮은 솔더 마스크
- 유효 유전 상수

귀환 경로의 폭은 특성 임피던스에 어떤 영향을 미칠까? '보가틴 규칙 9번'의 원리를 적용하면 귀환 경로의 폭이 좁으면 커패시턴스는 더 작고 특성 임피던스는 더 높아야 할 것으로 예상된다. 전자기장 솔버를 이용하면 귀환 경로가 얼마나 넓어야 더 이상 문제가 되지 않는지를 계산할 수 있다.

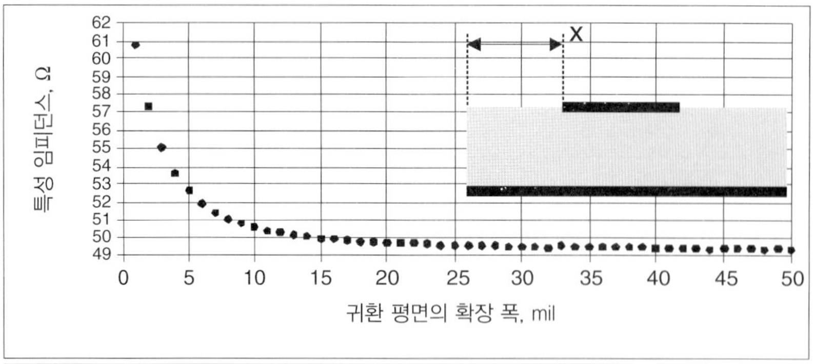

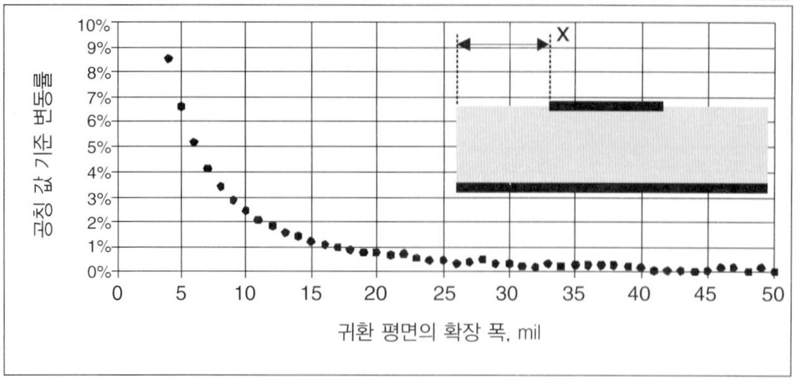

그림 7-34 (상단) 트레이스 폭이 10 mil, 유전체 두께가 5 mil인 마이크로스트립에서 귀환 경로 평면의 확장 폭에 따른 특성 임피던스의 변화. (하단) 공칭 값 기준 변동률. Ansoft 2D Extractor 전자기장 솔버 사용

[그림 7-34]는 유전 상수 4, 유전체 두께 5 mil, 트레이스 폭 10 mil, 트레이스 두께 0.7 mil(1/2 oz 구리에 해당)인 마이크로스트립의 특성 임피던스를 계산한 결과이다. 이 조건을 가진 마이크로스트립 전송선로의 특성 임피던스는 명목상으로 50 Ω이다. 이 조건에서 귀환 경로의 폭을 변화시켜가면서 특성 임피던스를 계산한 결과가 그래프에 표시되어 있다. 귀환 경로의 폭을 신호 트레이스의 양쪽 측면(가장자리)에서 15 mil보다 크게 확장하면 특성 임피던스는 귀환 경로의 폭이 무한히 큰 경우의 특성 임피던스(공칭 값 50 Ω)와 비교할 때 차이가 1% 미만이다. 트레이스 가장자리를 따라 분포하는 프린지 전기장은 유전체 두께에 비례하여 증가하므로 유전체 두께는 중요한 비례 인자이다. 귀환 경로의 폭이 신호 경로의 양쪽 측면에서 유전체 두께 h의 약 3배는 되어야 프린지 전기장을 모두 포함할 수 있다.

> **TIP**
> 대략적인 경험 규칙으로서, 귀환 경로가 무한히 넓을 때의 특성 임피던스 값과 차이가 1%를 넘지 않으려면 귀환 경로의 폭을 신호 선로의 양쪽 측면(가장자리)에서 유전체 두께의 3배 이상으로 확장해야 한다.

다시 '규칙 9번'을 적용하면, 트레이스의 두께가 증가함에 따라 트레이스의 측면에서 더 많은 프린지 전기장이 발생하므로 길이당 커패시턴스가 증가할 것으로 예상할 수 있다. 따라서 도체 두께가 증가함에 따라 특성 임피던스는 감소할 것이다.

2D 전자기장 솔버를 사용하여 트레이스 두께가 0.1 mil에서 3 mil로 변할 때 특성 임피던스를 계산할 수 있다. 계산 결과는 [그림 7-35]에 나타나 있다. 곡선의 각 점은 서로 다른 트레이스 두께에 대해 계산된 특성 임피던스이다. 확실히 금속 두께가 증가할수록 프린지 전기장에 의해 커패시턴스가 증가하고 특성 임피던스는 감소한다. 금속이 두꺼우면 신호 트레이스와 귀환 경로 사이의 커패시턴스가 높아지므로 특성 임피던스가 낮아진다. 그러나 계산 결과에서 알 수 있듯이, 트레이스의 두께는 특성 임피던스를 크게 변화시키는 주요 요인이 아닌 부수적 요인이다.

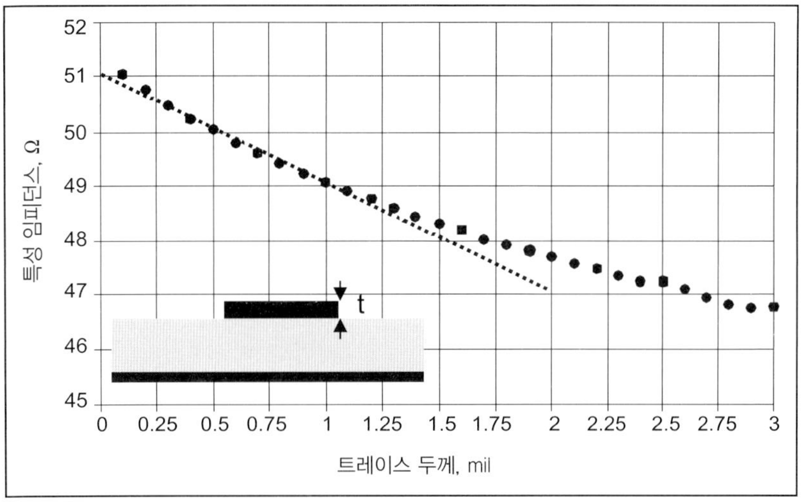

그림 7-35 트레이스의 두께가 변경될 때 50 Ω 마이크로스트립의 특성 임피던스 변화. 각 원은 계산된 결과이며, 점선은 2 Ω/mil의 변화율로 감소하는 직선이다. Ansoft 2D Extractor 전자기장 솔버를 사용

TIP

대략적인 경험 규칙으로서, 특성 임피던스는 신호 트레이스 두께가 1 mil 증가할 때 약 2 Ω 감소한다.

마이크로스트립 위에 얇은 솔더 마스크 코팅이 있는 경우, 프린지 전기장에 의해 커패시턴스가 증가하고 특성 임피던스가 감소해야 한다. [그림 7-35]에서 예로 든 마이크로스트립에서 두께가 0.1 mil로 아주 얇은 도체를 사용할 때, 유전 상수가 4인 솔더 마스크 코팅의 두께를 증가시키면서 특성 임피던스를 계산하였다. [그림 7-36]에서 알 수 있듯이 코팅 두께가 증가할수록 특성 임피던스는 감소한다. 얇은 코팅의 경우 감소율은 약 2 Ω/mil이다. 약 10 mil 이상의 코팅 두께에서는 모든 외부 프린지 전기장이 10 mil 두께의 코팅 내부에 포함되기 때문에 코팅 두께가 10 mil에서 더 증가해도 특성 임피던스는 더 이상 영향을 받지 않는다. 이것은 프린지 전기장이 트레이스 표면 위로 얼마나 멀리 뻗어 나가는지를 알 수 있는 척도이다.

물론 솔더 마스크의 두께는 일반적으로 0.5 mil에서 2 mil 정도이다. 이러한 일반적인 두께 범위의 솔더 마스크가 있으면 특성 임피던스를 2 Ω 정도 낮출 수 있는데 2 Ω은 상당한 양이다. 솔더 마스크를 사용할 때 목표 임피던스에 도달하려면 선로의 폭을 좁게 해서 솔더 마스크로 인해 낮아진 임피던스를 다시 원래의 목표 임피던스로 올려주어야 한다.

이 마지막 예는 특성 임피던스가 마이크로스트립의 트레이스 위에 있는 유전체의 분포에 따라 달라진다는 것을 보여준다. 물론 스트립라인에서는 모든 전기장이 유전체 안에 포함되므로 상부 평면 위의 솔더 마스크는 특성 임피던스에 영향을 주지 않는다.

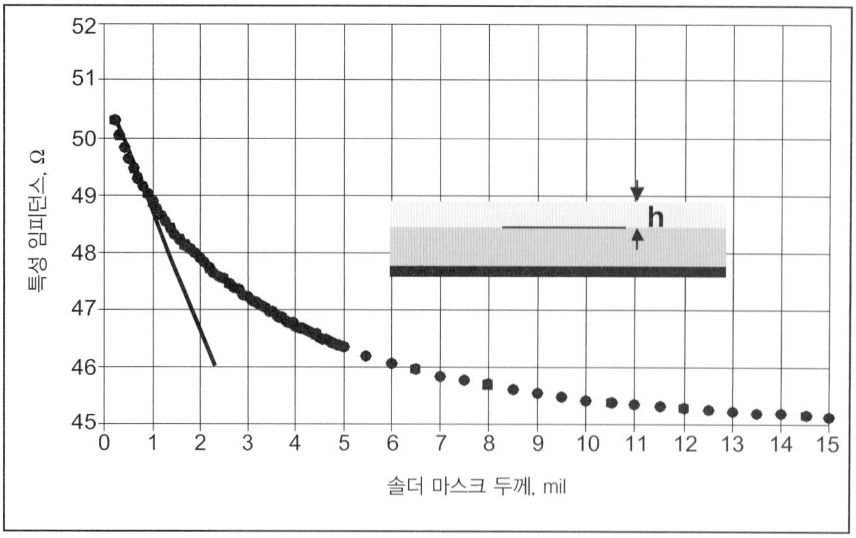

그림 7-36 50 Ω 마이크로스트립의 위에 유전 상수가 4인 솔더 마스크가 추가될 때 특성 임피던스의 변화. 각 원은 전자기장 솔버로 계산한 결과이고, 실선은 변화율이 2 Ω/mil인 직선이다. Ansoft 2D Extractor 전자기장 솔버를 사용

유전체의 분포가 균질하지 않은(inhomogeneous) 경우, 특성 임피던스가 영향을 받는다. 또한 전자기장이 바라보는 유효 유전 상수도 마찬가지로 유전체 분포의 영향을 받는다. 마이크로스트립에서 신호의 속도를 결정하는 유효 유전 상수는 유전체의 특정한 기하학적 구조에 따라 달라진다. 유효 유전 상수는 전자기장 솔버를 통해서만 정확하게 계산할 수 있는 것이 보통이다. 이에 대해서는 5장에서 자세히 설명한 바 있다.

7.18 n개의 LC 부분으로 이루어진 집중 회로 모델

이상적인 전송선로 회로 소자는 분산 소자로서, 실제 인터커넥터에서 측정되는 성능을 매우 정확하게 예측한다. [그림 7-37]은 주파수 영역에서 길이가 1 inch인 전송선로의 임피던스를 측정과 시뮬레이션으로 구한 결과를 비교하여 보여주고 있다. 측정 대역폭인 5 GHz까지 매우 잘 일치하는 것을 알 수 있다.

TIP

실제 인터커넥트의 동작은 이상적인 전송선로 모델의 특성과 높은 대역폭까지 일치한다. 이상적인 전송선로 모델은 실제 인터커넥트에 매우 적합한 모델이다.

LC 집중 회로를 조합하여 이 이상적인 모델을 근사화할 수 있다. 주어진 정확도 수준을 맞추려면 LC 회로를 몇 개나 사용해야 하는지 어떻게 알 수 있을까? LC 회로를 너무 적게 사용하면 어떻게 될까?

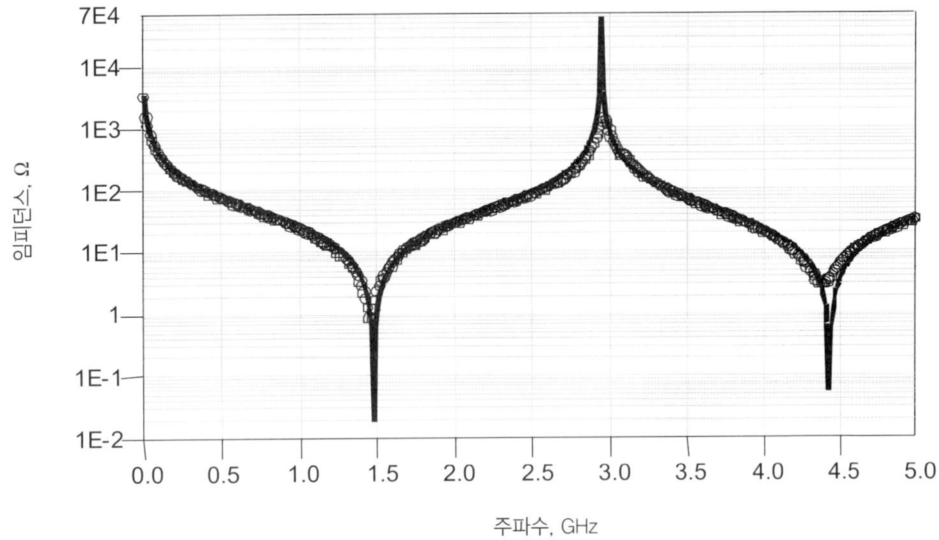

그림 7-37 길이가 1 inch인 50 Ω 전송선로의 임피던스 측정 결과(원)와 시뮬레이션 결과(선). 이 모델은 이상적인 무손실 전송선로이다. 측정 대역폭까지 매우 잘 일치한다.

이 질문은 SPICE와 같은 시뮬레이션 도구를 사용하여 답을 찾을 수 있다. 이를 위해 먼저 주파수 영역에서 전송선로의 맨 앞쪽을 바라볼 때의 임피던스를 구한 다음, 이 결과를 시간 영역에서 해석해보자.

주파수 영역에서, 맨 끝이 개방된 전송선로의 맨 앞쪽을 들여다볼 때 임피던스는 어떻게 되는지 질문할 수 있다. 이 예에서는 유전 상수가 4이고 길이가 6 inch인 50 Ω 전송선로를 사용한다. 이 경우, 전송선로의 지연 시간 TD는 1 nsec이다.

총 커패시턴스는 $C_{total} = TD/Z_0 = 1\ nsec/50\ \Omega = 20\ pF$이다. 총 루프 인덕턴스는 $L_{total} = Z_0 \times TD = 50\ \Omega \times 1\ nsec = 50\ nH$이다.

전송선로를 나타내는 가장 간단한 근사 모델은 L값이 전송선로의 총 인덕턴스와 같은 인덕터 한 개와, C값이 전송선로의 총 커패시턴스와 같은 커패시터 한 개로 이루어진 단일 LC 모델이다. 이것은 이상적인 전송선로를 나타내는 가장 간단한 집중 회로 모델이다.

[그림 7-38]은 이상적인 분산 전송선로에 대해 시뮬레이션으로 예측한 임피던스와 위의 C_{total}, L_{total} 값을 갖는 단일 LC 집중 회로 모델로 계산된 임피던스를 보여준다. 저주파 범위에서 단일 LC 집중 모델은 이상적 전송선로의 성능과 매우 잘 일치한다. 이 단일 LC 모델의 대역폭은 약 100 MHz로 제한된다. 이렇게 모델의 대역폭에 제한이 있는 것은 실제로 이상

적인 전송선로가 한 곳에 모든 커패시턴스를 가지고 있지 않기 때문이다. 이상적인 전송선로 모델은 총 커패시턴스가 전체 길이를 따라 분산되어 있고, 각 커패시터 사이에는 각 선로 부분의 길이와 관련된 루프 인덕턴스가 있다. 그러나 이 비교를 통해 알 수 있듯이 맨 끝이 개방된 전송선로는 저주파에서 이상적인 커패시터처럼 보인다.

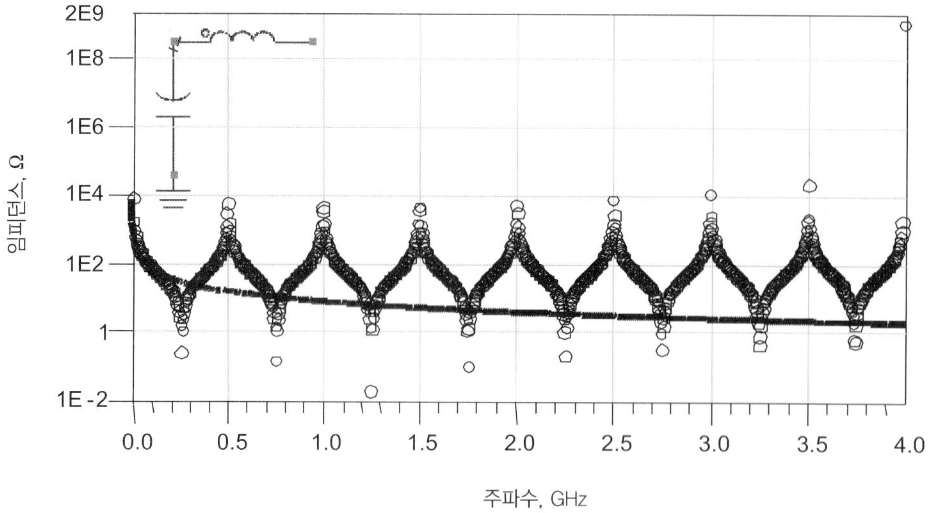

그림 7-38 (원) 이상적인 전송선로의 임피던스 시뮬레이션 결과. (선) 단일 LC 집중 회로 모델의 임피던스 시뮬레이션 결과. 약 100 MHz의 대역폭까지 두 결과가 매우 잘 일치한다.

이상적인 전송선로의 임피던스에서는 전송선로의 길이가 반(1/2) 파장의 정수배가 되는 주파수마다 공진 피크가 나타난다. 공진 피크가 나타나는 공진 주파수 f_{res}는 다음과 같다.

$$f_{res} = m \times \frac{f_0}{2} = m \times \frac{1}{2TD} \tag{7.42}$$

여기서

f_{res} = 임피던스에 피크가 나타나는 공진 주파수
m = 피크 번호, 또는 전송선로 길이에 들어가는 1/2 파장의 개수
TD = 전송선로의 지연 시간
f_0 = 전송선로의 길이와 파장이 같아지는 주파수

위 예에서, m = 1인 첫 번째 공진은 1 × 1 GHz/2 = 0.5 GHz에서 발생한다. 이때, 반 파장이 전송선로의 길이와 일치하며 TD는 1 nsec이다. m = 2에 해당하는 두 번째 공진은 2 × 1 GHz/2 = 1 GHz에서 발생한다. 이 경우에는 정확히 한 파장이 전송선로에 들어갈 것이다. 이러한 정재파 패턴은 [그림 7-39]에 나와 있다.

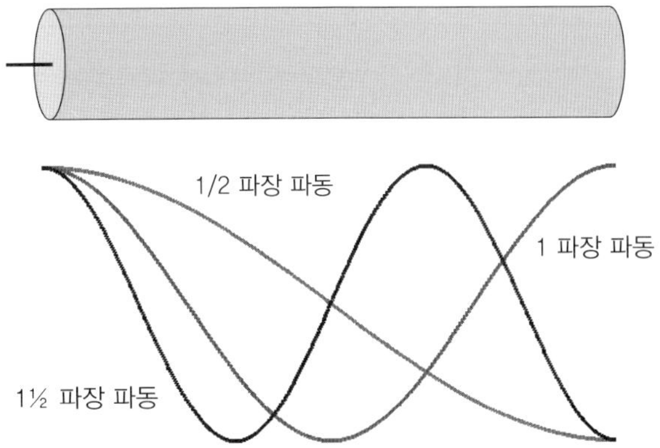

그림 7-39 전송선로의 전압 파동. 공진은 1/2 파장의 정수배가 전송선로 길이에 맞을 때마다 발생한다.

단일 LC 모델의 대역폭은 첫 번째 공진 주파수의 약 1/4인 최대 125 MHz이다. 전송선로를 더 많은 LC 부분으로 나누면 모델의 대역폭을 개선할 수 있다. 두 부분으로 나누면 각 부분은 동일한 LC 모델로 모델링할 수 있으며, 각각의 L과 C의 값은 $L_{total}/2$과 $C_{total}/2$이 된다. 이상적인 전송선로 모델과 비교한 이 2개 부분 LC 모델의 예측 임피던스는 [그림 7-40]에 나와 있다. 이 모델의 대역폭은 대략 첫 번째 공진 피크의 절반인 250 MHz이다.

전송선로의 전체 길이를 더 많은 LC 부분으로 분할하여 이 집중 회로 모델의 대역폭을 더 늘릴 수 있다. [그림 7-41]은 16개의 LC 부분을 사용하는 경우와 이상적인 전송선로의 비교를 보여준다. 각 L과 C는 $L_{total}/16$과 $C_{total}/16$이다. 부분의 개수를 늘리면 이상적인 전송선로의 임피던스 동작을 더 높은 대역폭까지 더욱 잘 근사화할 수 있다. 이 모델의 대역폭은 네 번째 공진 피크인 약 2 GHz까지이다.

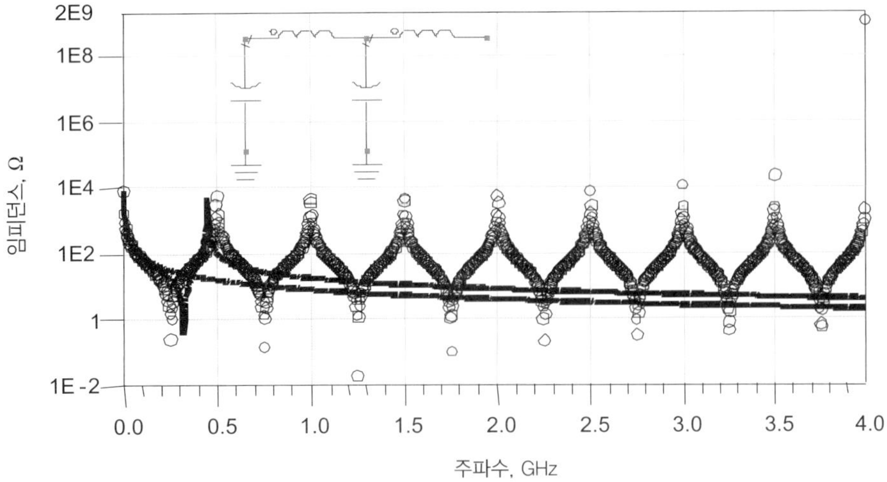

그림 7-40 (원) 이상적인 전송선로의 임피던스 시뮬레이션 결과. (선) 1개 LC 집중 회로 모델과 2개 LC 집중회로 모델의 임피던스 시뮬레이션 결과

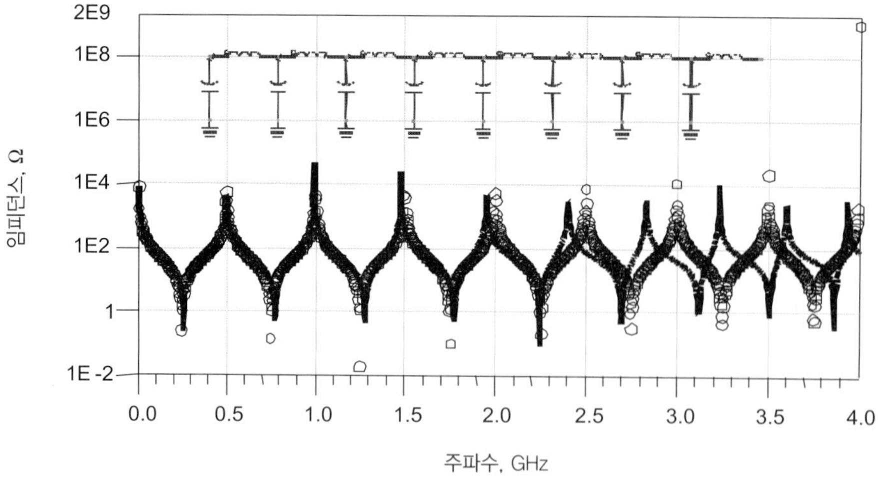

그림 7-41 (원) 이상적인 전송선로의 임피던스 시뮬레이션 결과. (선) 16개 LC 집중 회로 모델의 임피던스 시뮬레이션 결과

TIP

n개 부분 LC 회로는 이상적인 전송선로에 대한 하나의 근사이다. 개수 n이 많을수록 LC 회로의 대역폭이 높아진다.

이 이상적인 전송선로의 지연 시간을 기반으로 n개 부분으로 이루어진 집중 회로 모델의 대역폭을 추정할 수 있다. 이 마지막 예는 모델을 구성하는 LC 부분의 개수가 많을수록 대역폭이 증가한다는 것을 보여주고 있다. 1개의 LC 부분으로 된 모델의 대역폭은 첫 번째 공진 피크의 1/4까지이다. 2개의 LC 부분으로 이루어진 모델은 첫 번째 공진의 1/2까지, 16개로 이루어진 모델은 두 번째 공진 주파수까지 대역폭을 갖는다. 이상적인 전송선로 특성과 잘 일치하는 최고 주파수, 즉 모델의 대역폭은 다음 수식으로 일반화하여 나타낼 수 있다.

$$BW_{model} = \frac{n}{4} \times \frac{f_0}{2} \sim n \times \frac{f_0}{10} \tag{7.43}$$

$$n = 10 \times \frac{BW_{model}}{f_0} = 10 \times BW_{model} \times TD \tag{7.44}$$

여기서

BW_{model} = n개의 LC 회로로 이루어진 집중 회로 모델의 대역폭

n = 모델을 구성하는 LC 회로의 수

TD = 전송선로의 지연 시간

f_0 = 한 파장에 해당하는 공진 주파수 = 1/TD

위 수식에서 $n = 8 \times BW_{model} \times TD$ 대신 $n = 10 \times BW_{model} \times TD$를 사용하여 조금 더 보수적이고 기억하기 쉽게 근사화하였다.

TIP

이것은 명심해야 할 매우 중요한 경험 규칙으로 1/TD까지 일치하는 모델의 대역폭을 확보하려면 LC 구간이 10개 필요하다는 것을 알려준다. 또한, 이 대역폭은 전송선로의 한 파장에 해당하는 주파수이므로, 좋은 예측 결과를 얻기 위해서는 신호의 1/10 파장마다 하나의 LC 회로가 있어야 한다는 것을 알려준다.

예를 들어, 인터커넥트의 지연 시간이 TD = 1 nsec일 때, 대역폭이 5 GHz인 n개 부분 LC 모델을 원한다면 n = 10 × 5 GHz × 1 nsec = 50개 이상의 LC 부분이 필요하다. 이 경우 가장 높은 주파수인 5 GHz에서, 전송선로 전체에는 5 GHz × 1 nsec = 5개의 파장이 들어갈 것이다. 1개의 파장마다 10개의 LC 부분이 필요하므로, 좋은 예측 결과를 얻기 위해서는 5 × 10 = 50개의 LC 구간이 필요하다.

전송선로의 TD가 0.5 nsec이고 2 GHz의 대역폭이 필요한 경우, 필요한 LC 부분의 개수는 n = 10 × 2 GHz × 0.5 nsec = 10개이다.

또한 단일 LC 회로를 사용할 수 있는 최고 주파수를 계산할 수 있다. 다시 말해, 전송선로가 최고 어느 주파수까지 단순한 단일 LC 회로처럼 보이는지 구할 수 있다. 하나의 LC 부분의 대역폭은 다음과 같다.

$$BW = n \times \frac{1}{10 \times TD} = 1 \times \frac{1}{10 \times TD} = 0.1 \times \frac{1}{TD} \tag{7.45}$$

TD = 1 nsec인 전송선로의 경우, 이 전송선로를 나타내는 단일 LC 회로 모델의 대역폭은 0.1 × 1/1 nsec = 100 MHz이다. TD = 0.16 nsec(약 1 inch 길이)인 경우, 이 전송선로에 대한 단순한 단일 LC 모델의 대역폭은 0.1 × 1/0.16 nsec = 600 MHz이다. 전송선로의 지연 시간이 길어질수록 단순한 한 개의 LC 모델로 근사화할 수 있는 주파수가 낮아진다.

필요한 대역폭까지 전송선로를 모델링하는 데 필요한 LC 부분의 개수를 구할 때, 전송선로의 전체 길이에 들어갈 수 있는 신호의 가장 높은 주파수 성분의 파장 수를 구하고 여기에 신호의 가장 높은 주파수 성분의 파장당 필요한 LC 부분의 개수인 10을 곱하여 총 LC 구간의 개수를 계산한 바 있다.

상승 시간이 RT인 어떤 신호가 있을 때 그 신호와 관련된 대역폭(중요한 최고 사인파 수파수 성분)은 $BW_{sig} = 0.35/RT$이다. 만약 지연 시간이 TD인 전송선로를 n개 부분으로 이루어진 집중 회로 모델로 근사화하려면 모델의 대역폭 BW_{model}이 신호의 대역폭 BW_{sig}보다 큰지 확인해야 한다.

$$BW_{model} > BW_{sig} \tag{7.46}$$

$$n \times \frac{1}{10 \times TD} > \frac{0.35}{RT} \tag{7.47}$$

$$n > 3.5 \frac{TD}{RT} \tag{7.48}$$

여기서

BW_{sig} = 신호의 대역폭

BW_{model} = 모델의 대역폭

RT = 신호의 상승 시간

TD = 전송선로의 지연 시간

n = 정확한 모델이 되기 위한 LC 부분의 최소 개수

예를 들어, 상승 시간이 0.5 nsec이고 지연 시간이 1 nsec인 경우, 정확한 모델이 되기 위해서는 $n > 3.5 \times 1/0.5 = 7$개의 LC 부분이 필요하다.

신호의 상승 시간 RT가 모델링하려는 전송선로의 지연 시간 TD와 같을 때, 정확한 모델을 위해서는 최소 3.5개의 LC 부분이 필요하다. 이 경우 상승 시간의 공간적 범위는 전송선로의 길이이다. 이것은 다음 팁에서 설명하는 매우 중요한 경험 규칙을 제시한다.

TIP

n개의 LC 부분으로 구성된 모델로 인터커넥트를 정확하게 모델링하려면 선행 에지의 공간적 범위를 따라 최소 3.5개의 LC 부분이 있어야 한다. 이를 다르게 표현하면 선행 에지는 선행 에지의 1/3 마다 대략 하나의 LC 집중 회로 소자로 표현되는 인터커넥트와 상호 작용한다.

이 경험 규칙은 [그림 7-42]에 설명되어 있다. FR4에서 상승 시간이 1 nsec인 경우, 선행 에지의 공간적 범위는 6 inch이다. 이 경우 6 inch의 길이마다 3.5개의 LC 부분이 필요하다. 다시 말해 한 LC 부분당 길이는 약 1.7 inch이다. 이를 다음과 같이 일반화할 수 있다. 상승 시간이 RT이고, 신호의 속도가 v인 경우, 각 LC 부분의 길이는 $(RT \times v)/3.5$이다. 속도가 약 6 inch/nsec인 FR4에서, 상승 시간 RT(단위: nsec)에 필요한 각 LC 부분의 길이는 $1.7 \times RT$이다.

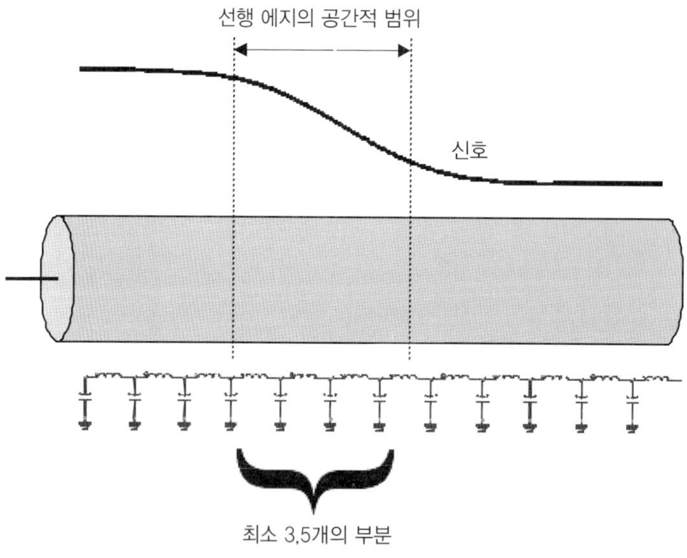

그림 7-42 일반적인 경험 규칙으로서, 신호 대역폭에서 인터커넥트를 정확하게 모델링하기 위해서는 상승 시간의 공간적 범위당 최소 3.5개의 LC 부분이 있어야 한다.

TIP

다음은 매우 강력한 경험 규칙이다. 주어진 상승 시간 RT(단위: nsec)에서 n개의 집중 회로 모델로, 필요한 대역폭을 얻기 위해서는 각 LC 부분의 길이(단위: inch)가 1.7 × RT보다 짧아야 한다.

상승 시간이 1 nsec인 경우, 각 단일 LC 부분의 길이는 1.7 inch 미만이어야 한다. 상승 시간이 0.5 nsec인 경우, 각 LC 부분의 길이는 0.5 × 1.7 = 0.85 inch를 초과하지 않아야 한다.

TIP

물론, 이상적인 분산 전송선로 모델은 저주파부터 고주파까지 균일한 인터커넥트를 나타내는 좋은 모델이다.

지금까지 신호 대역폭까지 충분한 정확도로 실제 전송선로를 모델링하는 데 필요한 LC 부분의 최소 개수를 알아보았다. 하지만 이 모델은 여전히 대역폭이 제한된 근사 모델이다. 그렇기 때문에 실제 전송선로를 나타내는 모델을 선택할 때 특성 임피던스와 지연 시간으로 정의되는 이상적인 전송선로 모델을 가장 먼저 선택해야 한다. 매우 드물지만 실제 전송선로를 모델링 할 때 L 값이나 C 값으로 표현해야 하는 경우에만 n개의 부분으로 이루어진 집중 회로 모델을 선택하여 사용해야 한다. 항상 이상적인 전송선로 모델을 우선적으로 사용해야 한다.

7.19 주파수에 따른 특성 임피던스의 변화

지금까지는 전송선로의 특성 임피던스가 주파수에 따라 일정하다고 가정해 왔다. 앞서 살펴본 바와 같이, 전송선로 맨 앞쪽을 들여다볼 때의 입력 임피던스는 주파수에 따라 크게 달라진다. 맨 끝이 개방된 전송선로의 입력 임피던스는 저주파에서는 커패시터처럼 보이고, 주파수가 높아질수록 임피던스는 높은 값에서 매우 낮은 값으로 떨어진다.

특성 임피던스는 주파수에 따라 달라질까? 이 절에서는 전송선로의 손실은 없다고 가정한다. 9장에서는 전송선로의 손실이 있는 경우를 살펴보는데 손실로 인해 특성 임피던스가 약간 달라지는 것을 알게 될 것이다.

앞서 살펴본 것처럼 이상적인 무손실 전송신로의 특성 임피던스는 다음과 같이 길이당 커패시턴스, 길이당 인덕턴스와 관련이 있다.

$$Z_0 = \sqrt{\frac{L_L}{C_L}} \tag{7.49}$$

인터커넥트의 유전 상수가 주파수에 상관없이 일정하다면, 길이당 커패시턴스도 일정하다. 대부분 물질에 대해서는 이러한 가정이 합리적이지만 몇몇 경우에는 유전 상수가 약간 변하기도 한다.

6장 "인덕턴스의 물리적 기초"에서 살펴본 바와 같이 전송선로의 길이당 루프 인덕턴스는 표피 깊이(skin depth) 효과로 인해 주파수에 따라 달라진다. 실제로 루프 인덕턴스는 저주파에서 더 높게 시작하여 전류가 외부 표면으로 분포됨에 따라 감소한다. 따라서 특성 임피던스는 저주파에서 높은 값으로 시작하여 주파수가 높아질수록 어떤 일정한 값이 될 때까지 계속해서 감소한다.

표피 깊이보다 훨씬 높은 주파수에서 모든 전류는 모든 도체의 외부 표면에 있게 되므로 이 지점보다 높은 주파수에서는 주파수에 따라 변하지 않아야 한다. 루프 인덕턴스는 일정해야 하고 특성 임피던스도 일정해야 한다. 1 oz 구리 도체에 대해 이 주파수를 추정할 수 있다. 구리의 표피 깊이는 10 MHz에서 약 20 μm이다. 1 oz 구리의 두께는 약 34 μm이다. 특성 임피던스는 약 1~10 MHz 사이에서 감소하기 시작하여 표피 깊이가 6 μm에 불과한 약 100 MHz에서 감소를 멈출 것으로 예상할 수 있다.

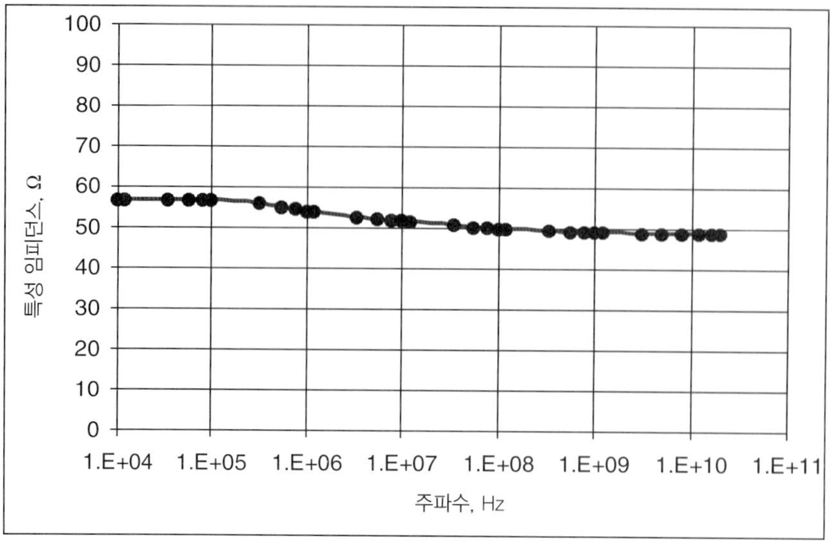

그림 7-43 FR4 위에 1 oz 구리 트레이스가 있는 50 Ω 전송선로에서 주파수에 따른 표피 효과로 인한 특성 임피던스의 변화. Ansoft의 2D Extractor로 시뮬레이션

2D 전자기장 솔버를 사용하여 1 oz 구리 트레이스가 있는 50 Ω 마이크로스트립의 특성 임피던스가 주파수에 따라 어떻게 달라지는지 계산할 수 있다. 그 결과는 [그림 7-43]에 나와 있다. 저주파에서는 특성 임피던스가 높고, 약 1 MHz에서 감소하기 시작하여 약 50 MHz까지 계속 감소한다. DC에서 고주파까지 총 감소량은 약 7 Ω로 15% 미만이다.

TIP

약 50 MHz 이상에서는 전송선로의 특성 임피던스가 주파수에 따라 일정하다. 이것은 "고주파" 특성 임피던스이며 일반적으로 고속 신호의 동작을 평가하는 데 사용되는 값이다.

7.20 핵심 요약

1. 전송선로는 균일한 단면을 갖는 인터커넥트의 모든 전기적 특성을 정확하게 설명하는 근본적으로 새로운 이상적인 회로 소자이다.
2. 접지라는 단어는 잊어버리고 귀환 경로를 생각하라.
3. 신호는 도체를 둘러싼 물질 안에서 빛(전자파)의 속도로 전송선로를 따라 전파된다. 신호의 속도는 절연체의 유전 상수에 따라 달라진다.
4. 전송선로의 특성 임피던스는 신호가 선로를 따라 전파될 때 바라보는 순시 임피던스를 나타낸다. 특성 임피던스는 전송선로의 길이와 상관없다.
5. 전송선로의 특성 임피던스는 길이당 커패시턴스와 신호의 속도에 반비례한다.
6. 전송선로의 맨 앞쪽을 들여다보는 입력 임피던스는 시간에 따라 변한다. 입력 임피던스는 처음에 신호의 왕복 전파 시간 동안에는 전송선로의 특성 임피던스와 같은 값이지만, 종단, 선로의 길이, 임피던스를 측정하는 시간에 따라 어떤 값이라도 될 수 있다.
7. 제어된 임피던스 기판은 모든 트레이스가 같은 특성 임피던스를 갖도록 제작된다. 이것은 신호 무결성을 확보하는 데 필수적이다.
8. 신호는 전송선로를 통해 전류 루프로서 전파된다. 이 전류 루프는 전류가 전송선로의 신호 경로를 따라 내려가 귀환 경로를 통해 돌아오면서 형성된다. 귀환 경로를 방해하는 모든 것은 귀환 경로의 임피던스를 증가시키고 접지 바운스 전압 노이즈를 발생시킨다.
9. 실제 전송선로는 n개의 LC 부분으로 이루어진 집중 회로 모델로 근사화할 수 있다. 필요한 대역폭이 높을수록 더 많은 개수의 LC 부분이 필요하다. 하지만 아무리 개수가 많은 모델이라도 항상 제한된 대역폭을 가진 근사 모델이다.
10. 정확도를 높이기 위해서는 상승 에지의 공간적 범위를 따라 최소 3.5개의 LC 부분이 있어야 한다.
11. 이상적인 전송선로 모델은 상승 시간과 인터커넥트 길이에 상관없이 항상 실제 인터커넥트를 나타내기 위해 우선적으로 선택해야 하는 좋은 모델이다. 이상적인 전송선로 모델은 항상 모든 모델 중 가장 높은 대역폭을 갖는다.

복습 문제

다음 복습 문제 해답은 부록 D에 수록되어 있다.

7.1 실제 전송선로란 무엇인가?

7.2 이상적인 전송선로 모델은 이상적인 R, L, C 모델과는 어떻게 다른가?

7.3 접지는 무엇이며 신호 무결성 부야에서 왜 혼란스러운 단어인가?

7.4 섀시 접지와 대지 접지 차이는 무엇인가?

7.5 선로의 전압과 선로의 신호는 어떠한 차이가 있는가?

7.6 균일 전송선로란 무엇이며, 왜 이것이 선호되는 인터커넥트 설계인가?

7.7 도선 속의 전자들은 얼마나 빠르게 이동하는가?

7.8 전도 전류, 분극 전류, 변위 전류의 차이는 무엇인가?

7.9 인터커넥트의 신호 속도에 대한 좋은 경험 규칙은 무엇인가?

7.10 FR4 기판으로 특성 임피던스가 50 Ω인 마이크로스트립을 만드는 데 필요한 선로 폭과 유전체 두께의 비율에 대한 좋은 경험 규칙은 무엇인가?

7.11 FR4 기판으로 특성 임피던스가 50 Ω인 스트립라인을 만드는 데 필요한 선로 폭과 유전체 두께의 비율에 대한 좋은 경험 규칙은 무엇인가?

7.12 유전 상수와 신호의 속도가 주파수에 따라 달라지는 현상을 무엇이라고 하는가?

7.13 전송선로의 특성 임피던스가 주파수에 따라 달라지는 두 가지 이유는 무엇인가?

7.14 전송선로의 순시 임피던스, 특성 임피던스, 입력 임피던스의 차이점은 무엇인가?

7.15 전송선로의 길이가 3배 증가하면 시간 지연에 어떤 영향을 미치는가?

7.16 FR4에서 전송선로의 배선 지연은 얼마인가?

7.17 전송선로의 선로 폭이 증가하면 순시 임피던스에 어떤 영향을 미치는가?

7.18 전송선로의 길이가 증가하면 선로 중앙의 순시 임피던스에 어떤 영향을 미치는가?

7.19 전송선로의 특성 임피던스가 길이당 커패시턴스에 반비례하는 이유는 무엇인가?

7.20 FR4에서 50 Ω 전송선로의 길이당 커패시턴스는 얼마인가? 또 임피던스가 두 배가 되면 이 길이당 커패시턴스는 어떻게 되는가?

7.21 FR4에서 50 Ω 전송선로의 길이당 인덕턴스는 얼마인가? 또 임피던스가 두 배가 되면 이 길이당 인덕턴스는 어떻게 되는가?

7.22 RG59 케이블과 RG58 케이블의 길이당 커패시턴스를 비교하라.

7.23 전송선로의 '임피던스'를 언급할 때 무엇을 의미하는가?

7.24 TDR은 nsec보다도 짧은 단위로 전송선로의 입력 임피던스를 측정할 수 있다. 50 Ω 전송선로의 길이(지연 시간)가 2 nsec이고 맨 끝이 개방되어 있을 때 TDR로 이 전송선로를 측정하면 어떤 결과가 나오는가? 5초 후에는 무엇이 측정되는가?

7.25 드라이버의 출력 저항이 10 Ω이고, 개방 회로 출력 전압이 1 V일 때, 65 Ω 전송선로에 인가되는 전압은 얼마인가?

7.26 신호가 귀환 경로 평면을 변경할 때 귀환 경로의 임피던스를 줄이기 위해 설계할 수

있는 세 가지 방법은 무엇인가?

7.27 최고 100 MHz까지의 인터커넥트를 나타내는 모델을 구축하기 위채 처음에 어떤 모델로 시작하면 좋은가? 이상적인 전송선로 모델인가 아니면 2개의 LC 부분으로 이루어진 회로 모델인가?

7.28 기판상의 인터커넥트 길이가 18 inch일 때, 이 전송선로의 시간 지연을 추정하라.

7.29 50 Ω 마이크로스트립의 선로 폭이 5 mil일 때, 대략적인 유전체 두께는 얼마인가?

7.30 50 Ω 스트립라인의 선로 폭이 5 mil일 때, 전송선로의 길이는 얼마인가?

[08]
전송선로와 반사 현상

임피던스 불연속으로 인한 반사와 왜곡은 잘못된 트리거링과 비트 에러(bit error)를 발생시킬 수 있다. 임피던스 변화로 인한 반사는 신호 왜곡과 신호 품질 저하의 주요 근본 원인이다.

어떤 경우에는 반사 현상으로 인해 링잉(ringing)이 발생한다. 언더슈트(undershoot)로 인해 신호 레벨이 떨어지면 노이즈 마진이 줄어들어 잘못된 트리거링을 유발할 수 있다. 또는 신호가 하강할 때, 링잉의 피크가 로우(low) 비트의 임계값(threshold)보다 커져서 잘못된 트리거링을 발생시킬 수 있다. [그림 8-1]에 임피던스 불연속으로 인해 짧은 길이의 전송선로 양쪽 끝에서 발생하는 반사 노이즈의 한 예가 나타나 있다.

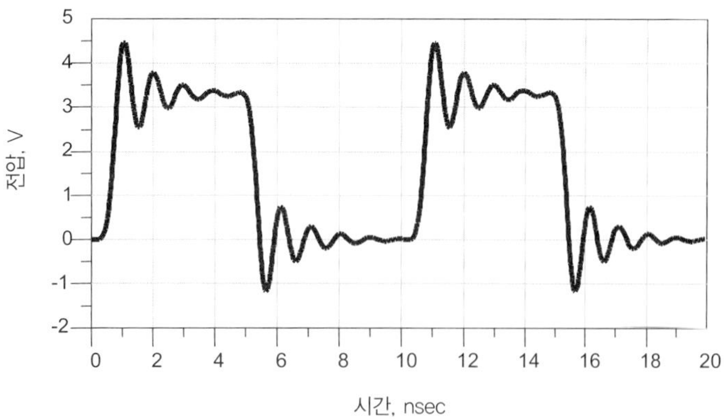

그림 8-1 1 inch 길이의 인터커넥트 수신단에서 임피던스 불일치와 전송선로 양쪽 끝에서의 다중 반사로 인해 발생한 링잉(ringing) 노이즈

반사는 신호가 바라보는 순시 임피던스가 바뀔 때마다 발생한다. 반사는 전송선로의 양쪽 끝이나 전송선로의 토폴로지가 바뀌는 선로의 모서리, 비아, 커넥터, 패키지, 그리고 선로가 분기되는 부분 등에서도 발생할 수 있다. 이러한 반사 현상의 원인을 이해하고 그 영향을 예측할 수 있는 도구를 갖추고 있다면 목표로 하는 시스템 성능을 확보할 수 있는 설계를 할 수 있다.

TIP

최적의 신호 품질을 위한 인터커넥트 설계의 목표는 신호가 바라보는 순시 임피던스를 가능한 한 일정하게 유지하는 것이다.

반사 노이즈를 줄이는 설계 방법은 첫째, 순시 임피던스를 일정하게 유지해야 한다. 따라서 제어된 임피던스 기판을 만드는 것이 점점 더 중요해지고 있다. 스터브(stub) 길이의 최소화, 분기(branch) 대신 데이지 체인(daisy chain) 사용, 점대점(point-to-point) 토폴로지 사용과 같은 다양한 설계지침은 모두 순시 임피던스를 일정하게 유지하는 방법이다.

둘째, 전송선로 종단 방법으로 전송선로 끝에서 임피던스 변화를 조절한다. 아무리 균일하게 전송선로를 만든다고 해도, 전송선로의 양쪽 끝에서 항상 조금이라도 변한다. 이로 인해 전송선로 양쪽 끝에서 반사된 신호가 전송선로를 따라 계속 왕복하면서 출렁거리는 노이즈가 발생된다. 이런 문제를 해결하는 것이 종단 방법이다.

셋째, 임피던스가 잘 제어되고 종단 처리가 잘 되어도 특정 라우팅(routing, 배선) 토폴로지는 반사에 영향을 줄 수 있다. 신호 선로가 두 개로 분기되는 지점에서는 임피던스 불연속이 발생한다. 분기나 스터브가 없는 직선형 라우팅 토폴로지를 유지하는 것은 임피던스 변화와 반사 노이즈를 최소화하는 중요한 설계 방법이다.

8.1 임피던스가 변하는 위치에서의 반사 현상

신호가 전송선로를 따라 전파될 때, 신호는 이동하는 순간마다 순시 임피던스를 바라본다. 인터커넥트가 제어된 임피던스 선로인 경우, 매 순간 순시 임피던스는 일정하며 전송선로의 특성 임피던스와 같다. 하지만 신호가 이동할 때 어떤 이유로든 순시 임피던스가 변경되면 신호의 일부는 반대 방향으로 반사되고 나머지 일부는 다른 진폭으로 계속 앞으로 나아간다. 순시 임피던스가 변화하는 모든 곳(위치)을 임피던스 불연속(impedance discontinuity) 또는 줄여서 불연속(discontinuity)이라고 부른다.

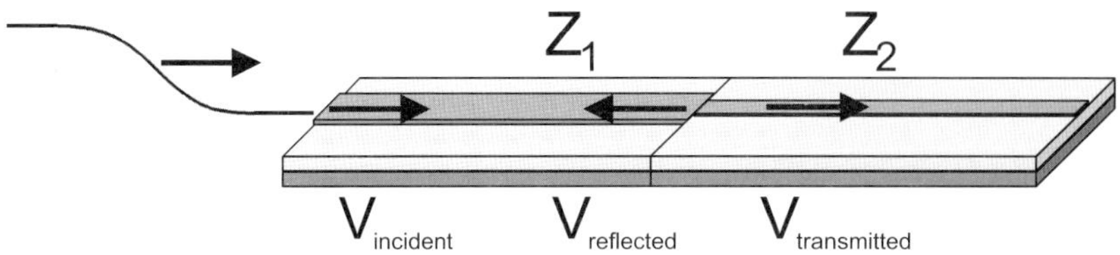

그림 8-2 신호가 순시 임피던스의 변화를 바라볼 때마다 약간의 반사 신호가 발생하고 전달 신호는 왜곡된다.

반사되는 신호의 양은 [그림 8-2]에서 보듯이 순시 임피던스 변화의 크기에 따라 달라진다. 첫 번째 구간의 순시 임피던스가 Z_1이고, 두 번째 구간의 순시 임피던스가 Z_2라면, 입사되는 신호에 대한 반사 신호의 크기는 다음과 같이 주어진다.

$$\frac{V_{reflected}}{V_{incident}} = \frac{Z_2 - Z_1}{Z_2 + Z_1} = \rho \quad (8.1)$$

여기서

$V_{reflected}$ = 반사 전압

$V_{incident}$ = 입사 전압

Z_1 = 처음에 신호가 있는 구간의 순시 임피던스

Z_2 = 신호가 들어가는 구간의 순시 임피던스

ρ = 반사 계수

두 구간의 임피던스 차이가 클수록 반사되는 신호의 크기가 커진다. 예를 들어, 1 V 신호가 50 Ω 특성 임피던스 전송선로에서 이동하는 경우 신호가 바라보는 순시 임피던스는 50 Ω이다. 이 신호가 순시 임피던스가 75 Ω으로 변화하는 영역에 도달하면 반사 계수는 (75 − 50) /(75 + 50) = 0.2 = 20%가 되므로 반사되는 전압의 크기는 20% × 1 V = 0.2 V가 된다.

임피던스가 변하는 경계에 도달하는 파형의 모든 부분은 정확하게 20%가 반사된다. 이때 파형이 반사되는 비율은 파형의 모양에 따라서는 달라지지 않는다. 시간 영역에서 반사되는 파형은 날카로운 에지, 경사진 에지, 또는 가우스 에지(Gaussian edge)일 수도 있다. 마찬가지로 모든 파형이 사인파인 주파수 영역에서는 각 사인파가 반사되며, 식 (8.1)로 반사된 사인파의 진폭과 위상을 계산할 수 있다.

반사되는 신호는 반사 계수 ρ[그리스 문자 로(rho)]로 알 수 있다. 반사 계수(reflection coefficient)는 입사 전압에 대한 반사 전압의 비율이다.

TIP

반사 계수에 대해 기억해야 할 가장 중요한 점은 두 번째 임피던스에서 첫 번째 임피던스를 뺀 값을 이들의 합으로 나눈 것과 같다는 것이다. 여기서 빼는 순서는 반사 계수의 부호를 결정하므로 특히 중요하다.

인터커넥트의 신호를 고려할 때는 인터커넥트에서의 신호의 이동 방향을 추적하는 것이 매우 중요하다. 신호가 전송선로를 따라 이동하다가 임피던스 불연속에 도달하면 그곳에서 또 하나의 파형이 발생한다. 이 두 번째 파형은 소스를 향해 다시 이동하는데 이동 과정에서 첫 번째 파형에 중첩된다. 이 두 번째 파동의 진폭은 입사 전압과 ρ의 곱이다.

8.2 신호가 반사되는 이유

반사 계수(reflection coefficient)는 임피던스가 변하는 곳에서 소스로 다시 반사되는 전압의 비율을 나타낸다. 또한, 임피던스가 변하는 구간의 경계를 통과해 그 구간 안으로 전달되는 입사 전압의 비율을 설명하는 전달 계수(transmission coefficient)가 있다. 순시 임피던스가 변할 때마다 반사되는 신호의 이러한 특성은 신호 전파와 관련된 모든 신호 품질 문제의 원인이다.

이러한 기본 특성으로 인해 발생하는 신호 무결성 문제를 최소화하려면 모든 고속 회로 기판에 대해 다음과 같은 네 가지 중요한 설계 특징을 구현해야 한다.

1. 제어된 임피던스 인터커넥트를 사용한다.
2. 전송선로의 양쪽 끝에 적어도 하나는 종단 처리를 해준다.
3. 여러 개의 분기로 인한 영향을 최소화하는 라우팅 토폴로지를 사용한다.
4. 기하학적 구조의 불연속을 최소화한다.

신호의 반사를 유발하는 원인은 무엇인가? 순시 임피던스가 변할 때 신호가 반사되는 이유는 무엇인가? 반사 신호는 두 가지 중요한 경계 조건을 충족하면서 발생한다.

서로 다른 순시 임피던스를 갖는 '영역 1'과 '영역 2'를 생각해보자. 신호가 두 영역의 경계에 도달한 순간, 신호 경로 도체와 귀환 경로 도체 사이에는 하나의 전압이 존재하고 이 두 경로 도체를 흐르는 어떤 전류 루프가 존재한다. 이 경계면의 전압과 전류를 '영역 1'에서 바라보든, 관점을 바꿔서 '영역 2'에서 바라보든 보이는 전압과 전류는 서로 같아야 한다. 경계에서 전압의 불연속이 있어서는 안 된다. 전압 불연속이 있다면 경계에 무한히 큰 전기장이 발생하기 때문이다. 마찬가지로 경계에서 전류의 불연속이 있다는 것은 경계에 전하가 축적된다는 것을 의미하기 때문에 경계에서 전류의 불연속이 있어서는 안 된다.

경계에서 무한히 짧은 거리에 사이에 전압 차이가 존재하면 무한히 큰 전기장이 발생한다. 이 전기장은 우주 전체를 폭파할 수 있다. 경계로 들어오는 전류와 경계에서 나가는 전류의 합이 0이 아니라면 아무것도 없는 곳에 전하가 축적된다는 것을 의미한다. 이 경우 충분한 시간이 흐르기만 하면 우주가 폭발할 수 있을 만큼 많은 전하가 축적될 수 있다. 결국 반사 전압은 우주의 파괴를 막기 위해 발생한다고 말할 수 있다.

소스로 향하는 반사 전압이 없고 경계 양쪽에서 동일한 전압과 전류를 유지하면 $V_1 = V_2$와 $I_1 = I_2$의 두 가지 조건을 갖게 된다. 그런데 $I_1 = V_1/Z_1$이고 $I_2 = V_2/Z_2$이므로 두 영역의 임피던스 Z_1과 Z_2가 같아야 이 두 가지 조건을 모두 충족한다.

우주의 조화를 유지하기 위해, 말 그대로, 우주가 폭발하는 것을 막기 위해 첫 번째 영역에 신호의 소스로 반사되는 새로운 전압이 발생한다. 반사되는 신호의 유일한 목적은 입사 신호와 전달 신호 사이에 존재하는 전류와 전압을 불일치를 맞춰주는 것이다. [그림 8-3]은 경계에서 발생하는 현상을 보여준다.

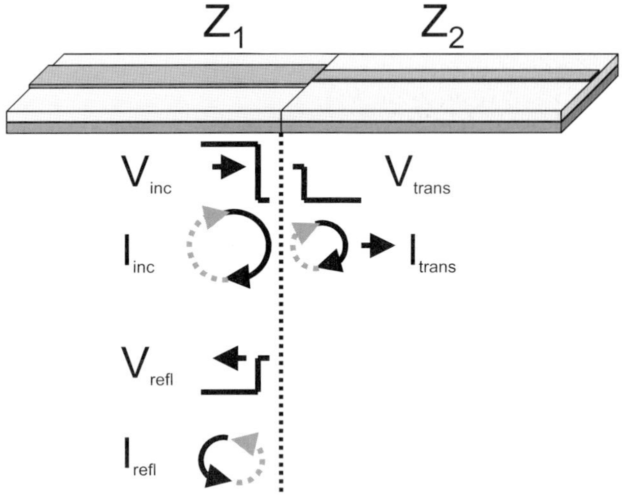

그림 8-3 입사 신호가 경계를 통과할 때 경계 양쪽의 전압과 전류 루프가 서로 일치하도록 반사 전압과 반사 전류가 발생한다.

입사 전압 V_{inc}는 경계를 향해 이동하는 반면, 전달 전압인 V_{trans}는 경계에서 멀어진다. 입사된 신호가 경계를 통과할 때 경계에서는 새로운 전압이 발생한다. 이 새로운 신호는 소스로 반사되어 '영역 1'에서만 이동한다. '영역 1'의 임의의 지점에서, 신호 도체와 귀환 도체 사이의 총 전압은 서로 반대 방향으로 이동하는 두 전압 – 입사 신호 전압과 반사 신호 전압 – 의 합이다.

경계 양쪽에서 두 전압이 동일하려면 다음과 같은 조건이 필요하다.

$$V_{inc} + V_{refl} = V_{trans} \tag{8.2}$$

전류에 대한 조건은 좀 더 미묘하다. 입사된 신호가 경계를 통과할 때 경계에서는 새로운 전류 루프가 발생한다. 이 새로운 전류 루프는 소스로 반사되어 '영역 1'에서 이동하는데 이 반사 전류의 순환 방향은 입사 전류의 순환 방향과 반대이다. 경계에서 입사 전류 루프의 순환 방향이 시계 방향이면 반사 전류 루프의 순환 방향은 반시계 방향이다. 시계 방향을 +로 정하면 '영역 1'의 경계에서 전류의 합은 $I_{inc} - I_{refl}$이다. '영역 2'에 흐르는 전달 전류 루프 I_{trans}의 순환 방향은 시계 방향이다. 경계 양쪽에서 두 전류가 동일하려면 다음 조건을 충족해야 한다.

$$I_{inc} - I_{refl} = I_{trans} \tag{8.3}$$

마지막 조건은 각 영역의 전압과 전류의 비율이 각 영역의 임피던스라는 것이다.

$$\frac{V_{inc}}{I_{inc}} = Z_1 \tag{8.4}$$

$$\frac{V_{refl}}{I_{refl}} = Z_1 \tag{8.5}$$

$$\frac{V_{trans}}{I_{trans}} = Z_2 \tag{8.6}$$

이 마지막 관계식을 사용하여 전류의 조건을 다음과 같이 다시 쓸 수 있다.

$$\frac{V_{inc}}{Z_1} - \frac{V_{refl}}{Z_1} = \frac{V_{trans}}{Z_2} \tag{8.7}$$

이를 정리하면 다음과 같다.

$$\frac{V_{inc}}{Z_1} - \frac{V_{refl}}{Z_1} = \frac{V_{inc} + V_{refl}}{Z_2} \tag{8.8}$$

$$V_{inc}\left(\frac{Z_2 - Z_1}{Z_2 Z_1}\right) = V_{refl}\left(\frac{Z_2 + Z_1}{Z_2 Z_1}\right) \tag{8.9}$$

$$\frac{V_{refl}}{V_{inc}} = \frac{Z_2 - Z_1}{Z_2 + Z_1} = \rho \tag{8.10}$$

위 수식은 반사 계수의 정의이다. 같은 방식으로 다음과 같이 전달 계수를 유도할 수 있다.

$$t = \frac{V_{trans}}{V_{inc}} = \frac{2 \times Z_2}{Z_2 + Z_1} \tag{8.11}$$

동역학적으로, 무엇이 실제로 반사 전압을 발생시키는가? 아무도 모른다. 알 수 있는 것은 반사 신호가 발생하면 경계의 한쪽 편의 전압을 다른 쪽 편의 전압과 일치시킬 수 있다는 사실뿐이다. 전압은 경계를 따라 연속된다. 마찬가지로, 전류 루프는 경계 양쪽에서 정확히 같다. 전류도 경계를 따라 연속이며 우주는 균형을 이루고 있다.

8.3 저항 부하로부터의 반사

전송선로의 종단 처리에 대해 고려해야 할 세 가지 중요한 특수 경우가 있다. 모든 경우에서 전송선로의 특성 임피던스는 50 Ω이며 신호는 소스에서 이 전송선로를 따라 이동하여 특정한 종단 임피던스를 갖는 전송선로의 끝에 도달한다고 하자.

TIP

시간 영역에서 신호는 순시 임피던스에 민감하다는 것을 기억해야 한다. 임피던스가 달라지는 두 번째 영역이 전송선로일 필요는 없다. 저항기, 커패시터, 인덕터, 또는 이들 소자의 조합과 같이 특정한 임피던스를 갖는 개별 소자일 수도 있다.

첫 번째로, 신호가 맨 끝에 아무런 종단 처리가 없는 개방된 전송선로에 도달하는 경우처럼 '영역 2'의 임피던스가 개방인 경우, 전송선로 맨 끝의 순시 임피던스는 무한대(∞)이다. 반사 계수는 (∞ − 50)/(∞ + 50) = 1이다. 즉, 입사파와 동일한 크기의 파동이 개방된 위치에서 발생하여 입사파의 방향과 반대인 소스 방향으로 이동한다.

개방된 전송선로의 맨 끝에 나타나는 총 전압은 두 파동의 중첩으로 볼 수 있다. 첫 번째 파동은 1 V의 진폭을 가진 입사파로 개방된 끝을 향해 이동한다. 두 번째 파동인 반사파는 입사파와 같은 1 V의 진폭으로 반대 방향으로 이동한다. 전송선로의 맨 끝에서 전압을 측정한다면 이 두 파동 전압의 합인 2 V가 측정된다. 이것이 [그림 8-4]에 설명되어 있다.

> **TIP**
>
> 흔히 신호가 개방된 전송선로의 맨 끝에 도달하면 신호는 두 배가 된다고 말한다. 엄밀히 말해 이것은 사실이지만 실제로 일어나고 있는 현상은 다르다. 끝이 개방된 경우, 서로 반대 방향으로 전파하는 두 신호의 합인 총 전압은 입사 전압의 두 배이다. 하지만 이것을 단순히 입사파가 두 배로 증가한 것으로 생각한다면 잘못된 직관을 갖는 것이다. 전송선로 맨 끝의 전압은 입사파 신호와 반사파 신호의 합으로 생각하는 것이 좋다.

두 번째 특별한 경우는 전송선로의 맨 끝이 귀환 경로로 단락되는 경우이다. 이 경우 맨 끝의 임피던스는 0 Ω이다. 반사 계수는 (0 − 50)/(0 + 50) = −1이므로 1 V 신호가 전송선로의 맨 끝에 도달하면 반사로 인해 −1 V 신호가 발생한다. 이 두 번째 파동은 전송선로를 따라 소스로 다시 전파한다.

맨 끝의 단락된 불연속에서 측정되는 전압은 입사 신호와 반사 신호의 합이 되므로 1 V + (−1 V) = 0 V이다. 전송선로 맨 끝이 단락되어 있다면 정의에 따라 단락(0 Ω) 양단에는 전압을 가질 수 없으므로 이 결과는 이론에 정확히 들어맞는다. 이제 단락된 전송선로의 끝에서 전압이 0 V인 이유는 소스에서 전송선로를 따라 이동하는 파형과 소스를 향해 반대 방향으로 이동하는 파형의 합이 0이기 때문이다.

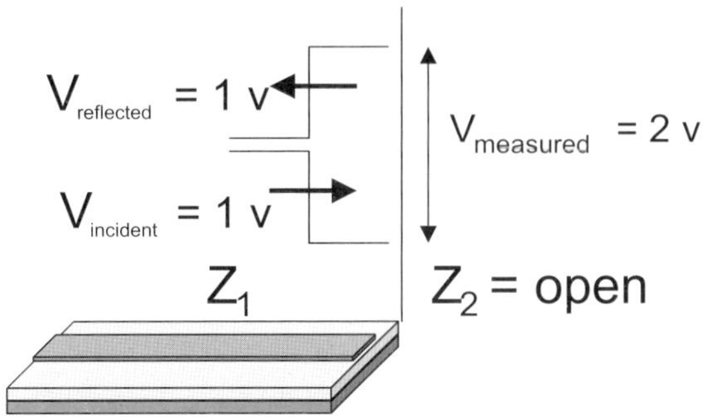

그림 8-4 두 번째 임피던스가 개방일 때 반사 계수는 1이다. 개방된 위치에서는 서로 반대 방향으로 이동하는 두 개의 파동이 중첩된다.

세 번째 중요한 경우는 전송선로 맨 끝의 임피던스가 전송선로의 특성 임피던스와 일치하는 경우이다. 이 경우는 전송선로 끝에 50 Ω 저항기가 달린 것과 같다. 이때 반사 계수는

(50 − 50)/(50 + 50) = 0이므로 전송선로 끝에서 반사되는 전압은 없다. 50 Ω 종단 저항기 양단에 나타나는 전압은 입사파의 전압뿐이다.

신호가 바라보는 순시 임피던스가 변하지 않으면 반사는 발생하지 않는다. 50 Ω 저항기를 맨 끝에 장착하여 종단 임피던스를 전송선로의 특성 임피던스에 정합(matching)하면 반사를 0으로 없앨 수 있다.

전송선로의 맨 끝에 어떤 저항 부하가 연결되어 있다면 신호가 바라보는 순시 임피던스는 0과 무한대 사이의 값일 것이다. 따라서 반사 계수는 −1과 +1 사이가 된다. [그림 8−5]는 50 Ω 전송선로에서 종단 저항과 반사 계수 사이의 관계를 보여준다.

두 번째 임피던스가 첫 번째 임피던스보다 작으면 반사 계수는 −값이 된다. 따라서 종단 위치에서 반사되는 전압도 −값이 된다. 이 −값을 가진 전압 파동은 다시 소스를 향해 전파한다.

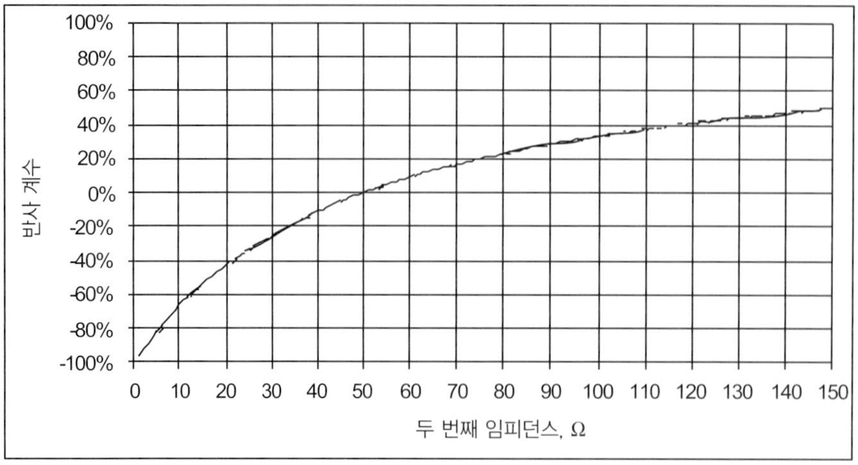

그림 8–5 첫 번째 임피던스가 50 Ω일 때 두 번째 영역의 임피던스에 따른 반사 계수의 변화

> **TIP**
> 두 번째 영역의 임피던스가 첫 번째 영역의 임피던스보다 작은 경우에는 반사계수는 음수가 되므로 총 전압은 입사 전압에서 반사 전압을 뺀 값이 된다. 따라서 저항기 양단에서 측정되는 전압은 항상 입사 전압보다 작아진다.

예를 들어 전송선로의 특성 임피던스가 50 Ω이고 종단이 25 Ω인 경우, 반사 계수는 (25 − 50)/(25 + 50) = −1/3이다. 1 V가 종단에 도착하면 −0.33 V가 소스로 반사된다. 따라서 종단에 나타나는 실제 전압은 이 두 파형의 합인 1 V + (−0.33 V) = 0.67 V이다.

[그림 8−6]은 1 V 입사 전압과 50 Ω 전송선로의 경우에 종단 양단에 나타나는 측정전압을 보여준다. 종단 임피던스가 0 Ω에서 개방(∞ Ω)까지 증가하면 종단 양단의 측정전압은 0 V에서 2 V까지 증가한다.

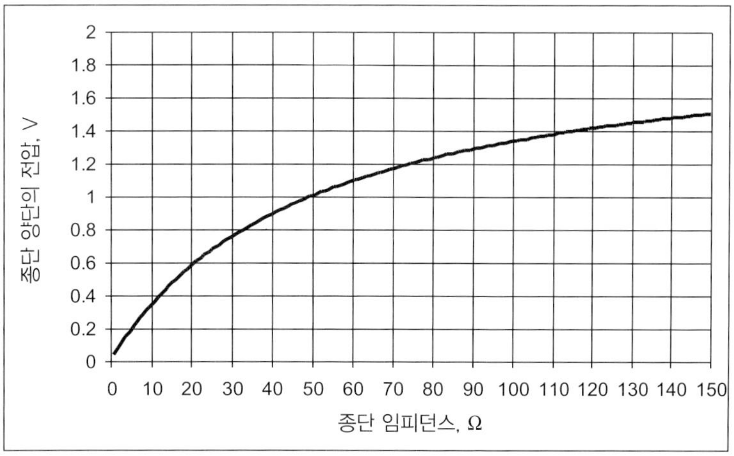

그림 8-6 1 V 입사 신호에 대한 종단 양단의 전압. 종단 양단의 전압은 입사파와 반사파의 합이다.

8.4 소스 임피던스

신호가 전송선로 안으로 들어가 전파될 때 항상 어떤 값의 소스의 임피던스가 존재한다. 전형적인 CMOS 장치의 경우 소스 임피던스는 약 5 Ω에서 20 Ω 정도이다. 이전 세대의 TTL(transistor-transistor logic) 게이트의 경우, 이 값은 최대 100 Ω 정도까지 높을 수 있다. 소스 임피던스는 전송선로로 안으로 전달되는 초기 전압과 다중 반사(multiple reflections) 모두에 큰 영향을 준다.

반사파가 소스에 도달하면 반사파가 드라이버의 바로 앞에서 바라보는 순시 임피던스는 소스의 출력 저항이다. 이 소스 출력 임피던스의 값은 전송선로의 끝에서 반사된 파형이 드라이버에서 어떻게 다시 반사되는지를 결정한다.

SPICE 또는 IBIS 기반의 드라이버 모델이 있으면 몇 가지 간단한 시뮬레이션으로 드라이버의 출력 임피던스를 추정할 수 있다. 드라이버의 등가 회로 모델은 [그림 8-7]에 표시된 것처럼 이상적인 전압 소스 V_o와 직렬로 연결된 저항기 R_s로 구성된 것으로 가정한다. 드라이버가 높은 임피던스 값의 R_t를 구동하는 경우에는 이상적인 소스의 출력 전압 V_o를 추출할 수 있다. 드라이버 출력에 10 Ω처럼 낮은 임피던스 값의 R_t를 연결하고 이 종단 저항에서 출력 전압 V_t를 측정하면 다음과 같이 내부 소스 저항 R_s를 구할 수 있다.

$$R_s = R_t\left(\frac{V_o}{V_t} - 1\right) \tag{8.12}$$

여기서

R_s = 드라이버의 소스 저항

R_t = 출력에 연결된 종단 저항

V_o = 드라이버의 개방 회로 출력 전압

V_t = 종단 저항기 양단의 전압

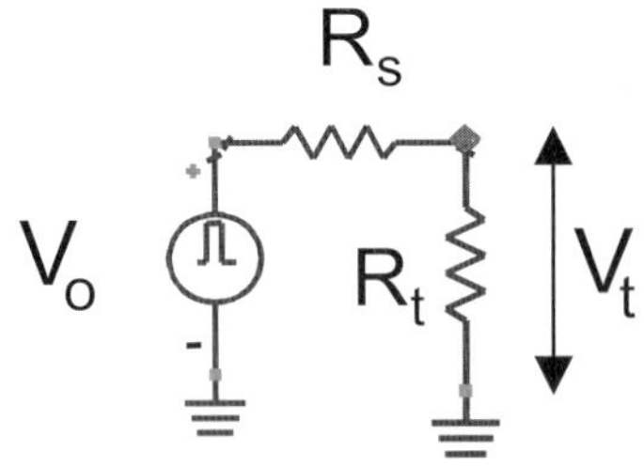

그림 8-7 종단 저항기가 연결된 단순하고 함축적인 출력 드라이버 모델

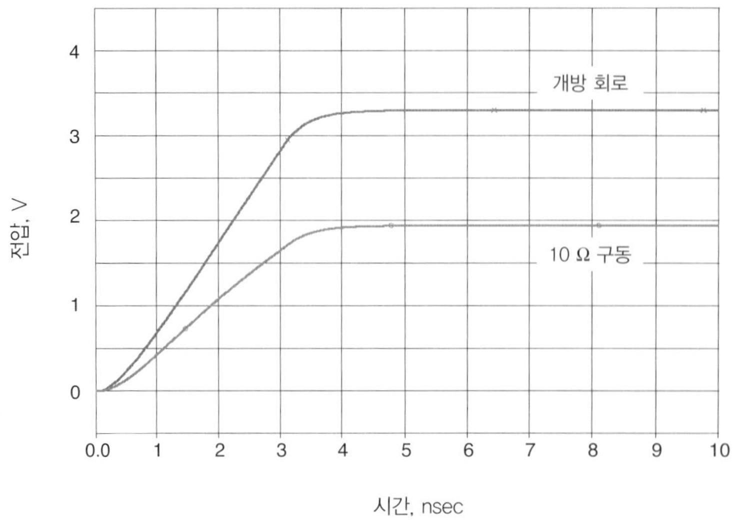

그림 8-8 CMOS 드라이버의 출력 단자에 10 kΩ 저항기와 10 Ω의 저항기를 각각 연결한 후 시뮬레이션한 CMOS 드라이버의 출력 전압. 두 전압 레벨로부터 드라이버의 소스 임피던스를 계산할 수 있다. 전형적인 CMOS IBIS 드라이버 모델에 대한 시뮬레이션으로서 HyperLynx 시뮬레이터를 사용

소스 저항을 계산하기 위해 매우 높은 저항이 연결된 경우(예: 10 kΩ)와 낮은 임피던스가 연결된 경우(예: 10 Ω)의 두 가지 경우에 대해 드라이버의 출력 전압을 시뮬레이션한다. 전형적인 CMOS 드라이버에 대한 동작 모델을 사용하여 시뮬레이션한 전압의 예가 [그림 8-8]에 나와 있다. 10 kΩ이 연결되었을 때의 개방 회로 전압은 3.3 V이고, 10 Ω 저항이 연결되었을 때의 전압은 1.9 V이다. 식 (8.12)로 출력 임피던스를 계산하면 10 Ω × (3.3 V/1.9 V − 1) = 7.4 Ω이다.

또 다른 방법으로는 종단 저항을 연결한 다음, 종단 저항 값을 변화시켜가면서 드라이버의 출력 전압이 저항이 연결되지 않았을 때의 출력 전압의 정확히 1/2이 되는 종단 저항값을 찾는 것이다. 이렇게 찾은 종단 저항이 바로 출력 소스 임피던스와 같다.

8.5 바운스 다이어그램

제7장 "전송선로의 물리적 기초"에서 살펴본 바와 같이 전송선로 안으로 들어가는 실제 전압, 즉 전송선로를 따라 전파되는 초기 전압은 드라이버의 소스 전압과 소스 임피던스, 전송선로의 입력 임피던스로 구성된 전압 분배기 회로로 결정된다.

전송선로의 지연 시간인 TD, 신호가 전파되는 각 영역의 임피던스, 드라이버의 초기 전압을 알면 모든 경계에서 발생하는 반사를 모두 계산할 수 있고 어떤 시간에서든 측정되는 전압을 모두 예측할 수 있다.

예를 들어, 맨 끝이 개방된 전송선로를 구동하는 드라이버의 소스 전압이 1 V이고 소스 임피던스가 10 Ω일 때 1 nsec 길이의 50 Ω 전송선로 안으로 들어가는 실제 전압은 1 V × 50/(10 + 50) = 0.83 V가 된다. 이 0.83 V의 신호는 전송선로를 따라 전파하는 초기 전압이 된다.

전송선로의 맨 끝이 개방되어 있다고 가정하자. 그러면 0.83 V 신호가 1 nsec 후에 선로의 끝에 도달하고 반사에 의해 +0.83 V 신호가 발생하여 소스로 다시 이동한다. 개방된 전송선로 끝에서 측정된 총 전압은 두 파동의 합인 0.83 V + 0.83 V = 1.66 V가 된다.

0.83 V 반사파가 1 nsec 후에 소스 끝에 도달하면 임피던스 불연속을 바라보게 된다. 이때 소스에서의 반사 계수는 (10 − 50)/(10 + 50) = −0.67이다. 드라이버에 입사한 0.83 V의 전압으로부터 0.83 V × (−0.67) = −0.56 V가 전송선로 맨 끝으로 다시 반사된다. 물론 −0.56 V의 이 새로운 파동은 전송선로 맨 끝에서 다시 반사된다. 맨 끝에서 반사된 전압은 −0.56 V이다. 이제 개방된 전송선로의 맨 끝에서 4개의 파동이 동시에 측정된다. 첫 번째 반사에서 2×0.83 V = 1.66 V, 두 번째 반사에서 2 × −0.56 V = −1.12 V이므로 총 전압은 1.66 V + (−1.12 V) = 0.54 V이다.

역방향으로 전파하는 −0.56 V의 파동은 소스 임피던스에 부딪혀 다시 반사된다. 이때 반사 전압은 +0.38 V이다. 이제 선로의 맨 끝에는 앞서 두 번의 반사로 인한 0.54 V와 새로운 입사파 0.38 V와 새로운 반사파 0.38 V가 동시에 있으므로 총 전압은 0.54 V + 0.38 V + 0.38 V = 1.30 V가 된다. 이렇게 다중 반사를 추적하는 것은 어렵지 않지만 계산하는 데 시간이 오래 걸린다. 단순하고 사용하기 쉬운 시뮬레이션 도구가 사용되기 이전에는 이러한 다중 반사를 [그림 8-9]와 같이 바운스 다이어그램(bounce diagram) 또는 격자 다이어그램(lattice diagram)을 작성하여 계산하였다.

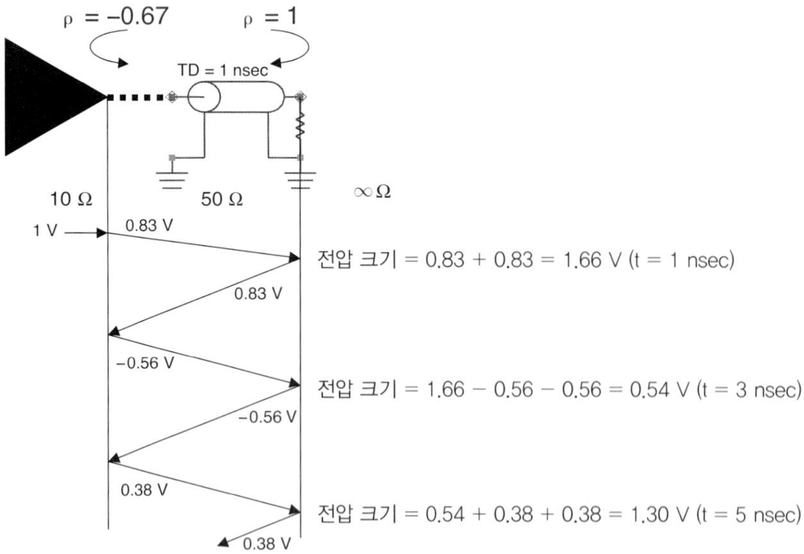

그림 8-9 격자 다이어그램, 다른 말로 바운스 다이어그램은 전송선로 맨 끝의 수신기에서 다중 반사와 시간에 따라 변하는 전압을 추적하는 데 사용된다.

소스 임피던스가 전송선로의 특성 임피던스보다 작으면 소스 끝에서 반사 계수는 부호가 −가 된다. 전송선로에서 발생하는 링잉(ringing) 현상은 바로 이 때문이다. [그림 8-10]은 신호의 상승 시간이 전송선로의 시간 지연보다 매우 짧은 경우, 위에서 든 예와 같은 조건의 전송선로 끝에서 측정된 전압 파형을 보여준다. 이 분석은 SPICE 시뮬레이터를 사용하여 모든 다중 반사와 임피던스 불연속성을 고려하여 전송선로 맨 끝의 파형을 예측한 것이다.

이 결과로부터 두 가지 중요한 특징을 알 수 있다. 첫째, 전송선로 맨 끝의 전압은 최종적으로 1 V, 즉 소스 전압에 가까워진다. 이는 전송선로 끝이 개방되어 있고 개방된 끝에서는 소스 전압이 측정되기 때문이다.

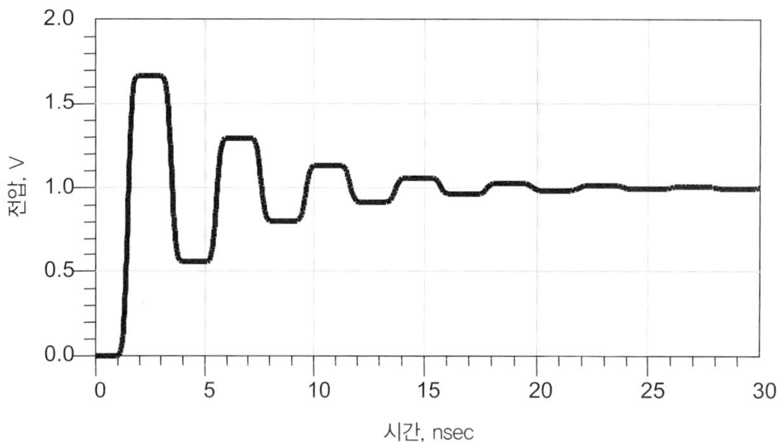

그림 8-10 전송선로 맨 끝에서 측정되는 링잉 전압. SPICE로 시뮬레이션을 수행

두 번째 중요한 특징은 개방된 위치의 실제 전압이 소스에서 나오는 전압을 초과한다는 것이다. 소스 전압은 1 V에 불과하지만, 전송선로 맨 끝에서는 1.66 V까지 측정될 수 있다. 이렇게 더 높은 전압이 어떻게 발생한 것일까? 더 높은 전압은 전송선로 구조에서 발생하는 공진의 특징이다. 보존되는 것은 전압이 아니라 에너지라는 사실을 기억해야 한다.

8.6 반사파 시뮬레이션

위에서 정의한 반사 계수를 사용하여 임의의 임피던스로부터 반사되는 신호를 계산할 수 있다. 종단 임피던스가 저항 소자인 경우, 임피던스는 일정하고 반사 전압을 쉽게 계산할 수 있다. 종단이 더 복잡한 임피던스(예: 용량성 종단 또는 유도성 종단 또는 이 둘의 조합)를 갖는 경우, 입사 파형의 변화에 따라 반사 계수가 어떻게 변화하는지 손으로 계산하기에는 어렵고 시간이 오래 걸린다. 다행히 간단하고 사용하기 쉬운 회로 시뮬레이션 도구가 있어서 이러한 계산을 훨씬 쉽게 할 수 있다.

SPICE 또는 다른 회로 시뮬레이터를 사용하여 임의의 임피던스와 임의의 파형에 대해서 반사 계수와 이로 인한 반사 파형을 계산할 수 있다. 시뮬레이션 도구로 소스 모델을 생성하고 여기에 이상적인 전송선로와 종단을 연결한 다음, 시뮬레이션을 실행하면 입사 파형이 끝에 도달하는 과정에서 다양한 불연속에서 반사되어 종단과 다른 노드 양단에 나타나는 전압을 계산할 수 있다.

소스 임피던스, 전송선로의 특성 임피던스, 시간 지연, 전송선로 양 끝의 종단 등의 조건에 대해서 다양한 조합이 가능하다. 시뮬레이션 도구를 사용하면 이러한 조건들을 쉽게 변경해 가며 영향을 분석할 수 있다. [그림 8-11]은 신호의 상승 시간이 0.1 nsec에서 1 nsec로 증가하고 소스의 종단 저항이 0 Ω에서 90 Ω으로 변할 때 시뮬레이션으로 구한 종단 양단의 전압을 보여준다.

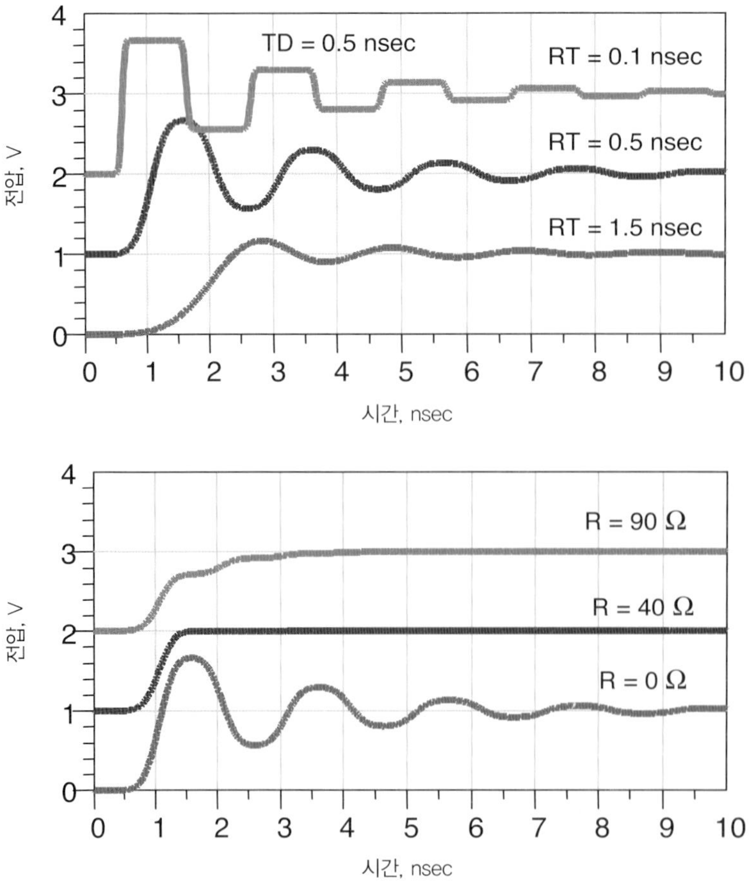

그림 8-11 SPICE로 가능한 다양한 시뮬레이션의 예. (상단) 10 Ω 드라이버와 50 Ω 특성 임피던스 선로에서 신호의 상승 시간에 따른 선로 맨 끝에서의 전압 변화. (하단) 직렬 소스 종단 저항이 변할 때 선로 맨 끝에서의 전압 변화

8.7 TDR을 이용한 반사 측정

전송선로 회로와 관련된 파형을 시뮬레이션하는 것 외에도 일반적으로 시간 영역 반사계(time-domain reflectometer, TDR)라고 하는 특수한 계측기를 사용하여 물리적 인터커넥트에서 반사된 파형을 측정할 수 있다. 이 계측기는 자체 전압 소스가 없는 수동 인터커넥트를 특성화할 때 적절하게 사용할 수 있다. 물론 능동 회로에서 실제 전압을 측정할 때는 높은 임피던스의 능동 프로브(active probe)를 갖춘 고속 오실로스코프가 가장 좋은 계측기이다.

TDR은 일반적으로 35~150 psec 사이의 짧은 상승 시간을 갖는 계단 모양의 스텝 에지(step edge)를 생성하고 계측기의 내부에서 전압을 측정한다. [그림 8-12]는 TDR 내부의 동작을 개략적으로 나타내는 회로도이다. TDR 안에는 빠른 스텝 파형 발생기와 매우 빠른 샘플링 오실로스코프가 함께 들어있다는 것을 알아둘 필요가 있다.

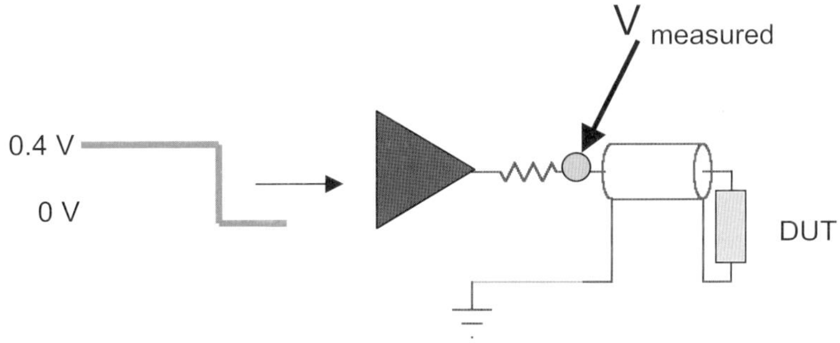

그림 8-12 TDR 내부의 회로도. 매우 빠른 펄스 발생기는 빠르게 상승하는 전압 펄스를 발생시킨다. 발생한 펄스는 정밀 50 Ω 저항기와 직렬로 연결된 짧은 길이의 50 Ω 동축 케이블을 통과하여 DUT가 연결될 전면 패널로 이동한다. 내부 지점의 총 전압은 매우 빠른 샘플링 오실로스코프로 측정되어 전면의 화면에 표시된다.

전압 소스는 진폭이 약 400 mV인 계단 파형을 생성하는 매우 빠른 신호 발생기이다. 전압 소스 바로 다음에는 50 Ω으로 교정된 저항기가 있다. 이 저항기로 인해 TDR의 소스 임피던스는 정확히 50 Ω이 된다. 저항기 다음에는 고속 샘플링 증폭기가 있는데 바로 이 위치에서 실제 전압이 측정된다. 또한 이 위치에 짧은 길이의 동축 케이블이 연결되어 신호를 전면 패널에 달린 SMA 커넥터로 전달한다. 이 커넥터에 DUT가 연결된다. 소스에서 발생한 신호가 DUT로 들어가고 DUT에서 반사되는 전압이 샘플링 지점에서 측정된다.

스텝 신호가 생성되기 전에 내부 지점에서 측정된 전압은 0 V가 된다. 전압이 실제로 측정되는 곳에서 스텝 신호는 전압 분배 회로를 마주치게 된다. 전압 분배 회로에서 첫 번째 저항기는 TDR 내부의 교정 저항기이다. 두 번째 저항기는 TDR 내부의 전송선로이다. 400 mV의 스텝 파형이 교정 저항기에 도달하면 측정 지점에서 측정되는 실제 전압은 전압 분배 회로를 통과한 후의 전압이 된다.

따라서 측정된 전압은 400 mV × 50 Ω/(50 Ω + 50 Ω) = 200 mV이다. 이 전압이 맨 처음에 측정되는 전압이며 빠른 샘플링 스코프에 의해 화면에 표시된다. 이 200 mV 신호는 내부 동축 케이블을 통해 DUT로 계속 이동한다.

DUT가 50 Ω 종단이면 반사 신호는 없으므로 샘플링 지점에 존재하는 전압은 순방향으로 이동하는 200 mV의 파동뿐이다. DUT가 개방 상태인 경우에는 DUT에서 반사되는 신호는 +200 mV이다. TDR에서 신호가 출발한 후 얼마 지나지 않아 이 200 mV의 반사파 신호가 샘플링 지점으로 되돌아온다. TDR 내부의 샘플링 지점에서 측정되어 표시되는 전압은 200 mV의 입사파와 200 mV의 반사파가 더해져 총 400 mV가 된다.

DUT가 단락되면 DUT에서 반사된 신호는 −200 mV가 된다. 샘플링 회로에서는 처음에는 200 mV의 입사파 전압이 측정되지만 잠시 후 반사된 −200 mV 신호가 소스로 돌아온다. 따라서 이 시점에서 샘플링 회로에서 측정되는 전압은 200 mV 입사파와 −200 mV 반사파가 더해진 0 V이다. 이 경우에 측정된 TDR 파형이 [그림 8-13]에 나와 있다.

TIP

TDR은 계측기의 전면에 있는 SMA 커넥터에 연결된 인터커넥트에서 반사되는 전압을 측정하고, 신호가 인터커넥트를 따라 전파되면서 마주치는 모든 임피던스 불연속 지점에서 반사되면서 전압이 시간에 따라 어떻게 변화하는지 측정한다.

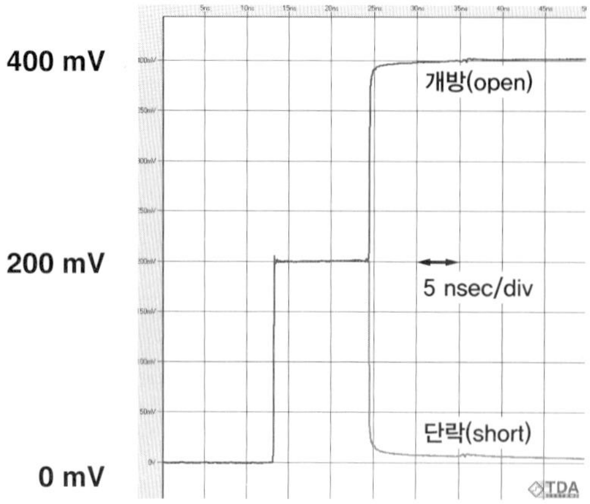

그림 8-13 DUT가 개방 상태, 단락 상태인 경우에 각각 측정된 TDR 응답. Agilent 86100 DCA로 측정, TDA Systems의 IConnect 소프트웨어로 표시

전송된 신호가 DUT를 따라 계속 진행하는 동안에 순시 임피던스가 변하는 다른 영역이 있으면 그곳에서 새로운 반사 전압이 발생한다. 이 반사 전압은 다시 내부 측정 지점까지 이동하여 화면에 표시된다. 이러한 의미에서 TDR은 신호가 마주치는 순시 임피던스의 변화를 표시하고 동시에 그 변화를 맞닥뜨린 시점도 함께 표시한다.

입사 신호는 인터커넥트를 따라 이동해야 하고 반사된 신호는 인터커넥트를 따라 다시 TDR 내부의 측정 지점으로 돌아가야 하므로 TDR 전면의 화면에 나타나는 측정된 시간 지연은 실제 임피던스 불연속 지점에 대한 왕복 지연 시간이다.

예를 들어 DUT가 길이가 4 inch인 50 Ω 균일 전송선로인 DUT인 경우, 임피던스가 정확히 50 Ω은 아니므로 DUT 입구에서 초기에 작은 반사 전압을 볼 수 있고, 그 후에 입사 신호가 전송선로의 개방된 맨 끝에 도달하고 여기서 반사된 신호가 내부 측정 지점으로 되돌아가면 더 큰 반사 신호를 볼 수 있다. 이 시간 지연은 전송선로의 왕복 시간 지연이다. 전송선로가 50 Ω이 아닌 경우 선로의 양쪽 끝에서 다중 반사가 발생하고 TDR은 내부 측정 지점으로 되돌아가는 모든 전압 파형의 중첩을 표시한다. [그림 8-14]는 끝이 개방된 50 Ω 전송선로와 15 Ω 전송선로의 TDR 응답 예이다.

원리를 이해하고 시뮬레이션 도구와 측정 도구를 활용하면 신호가 맞닥뜨릴 수 있는 많은 중요한 임피던스 불연속을 분석할 수 있다. 이러한 분석을 통해서 신호 무결성에 중요한 유형의 임피던스 불연속은 신중하게 설계하여 이러한 불연속이 생기지 않도록 해야 하고 중요하지 않은 유형의 임피던스 불연속은 무시할 수 있다는 것을 알게 된다.

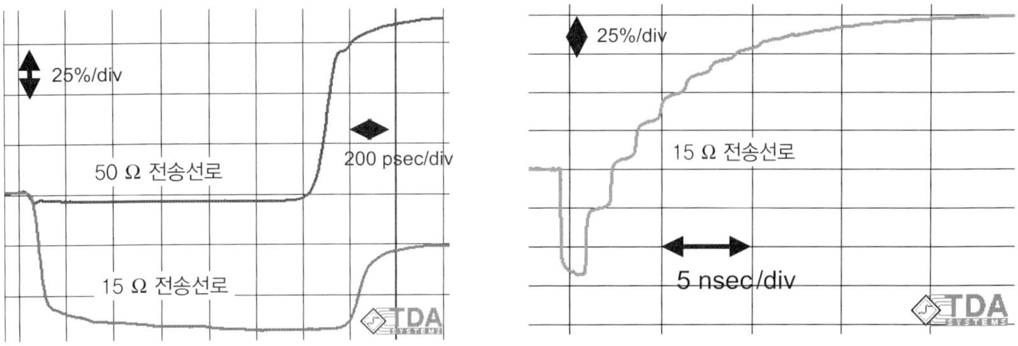

그림 8-14 맨 끝이 개방된 4 inch 길이의 전송선로의 TDR 응답 측정 결과. 전송선로의 특성 임피던스는 50 Ω과 15 Ω의 두 가지이다. (왼쪽) 시간축 설정: 200 psec/div. (오른쪽) 15 Ω 전송선로에서 발생한 반사 파형. 확장 시간축 설정: 5 nsec/div. Agilent 86100 DCA와 GigaTest Labs Probe Station으로 측정, TDA Systems IConnect로 표시

> **TIP**
> 어떤 효과는 중요해서 관리해야 하고 또 어떤 효과는 중요하지 않아서 무시해도 되는지 파악하기 위해서는 공학적인 방법을 사용하고 '수치'로 나타내야 한다.

8.8 전송선로와 의도하지 않은 불연속

신호가 임피던스 변화를 바라볼 때마다 신호는 반사가 된다. 반사는 신호 품질에 심각한 영향을 미칠 수 있다. 임피던스 불연속이 신호에 미치는 영향과 이로 인한 문제를 해결해줄 설계 대안의 효과를 예측하는 것은 신호 무결성 설계의 중요한 부분이다.

회로 기판이 제어된 임피던스 인터커넥트로 잘 설계되었더라도 다음과 같은 요소들로 인해 전파하는 신호가 임피던스 불연속을 만날 기회는 여전히 존재한다.

- 전송선로의 양쪽 끝
- 패키지 리드
- 입력 게이트 커패시턴스
- 다층 기판에서 신호 층 사이의 비아
- 신호 선로의 모서리
- 스터브(stub)
- 분기(branch)
- 시험용 패드(test pad)
- 틈(gap)이 있는 귀환 경로
- 여러 개의 비아가 모여있는 영역에서의 협착(neck down)
- 교차하는 신호 선로(crossover)

이러한 효과를 모델링할 때, 의도하지 않은 불연속을 전기적으로 나타내는 데 사용할 수 있는 세 가지 등가 회로 모델이 있다. 이 세 가지는 이상적인 커패시터, 이상적인 인덕터, 짧은 길이의 이상적인 전송선로(직렬 또는 병렬) 모델이다. 이들 등가 회로 모델이 [그림 8-15]에 나와 있다. 이러한 회로 소자들은 전송선로의 양쪽 끝이나 중간에 나타날 수 있다.

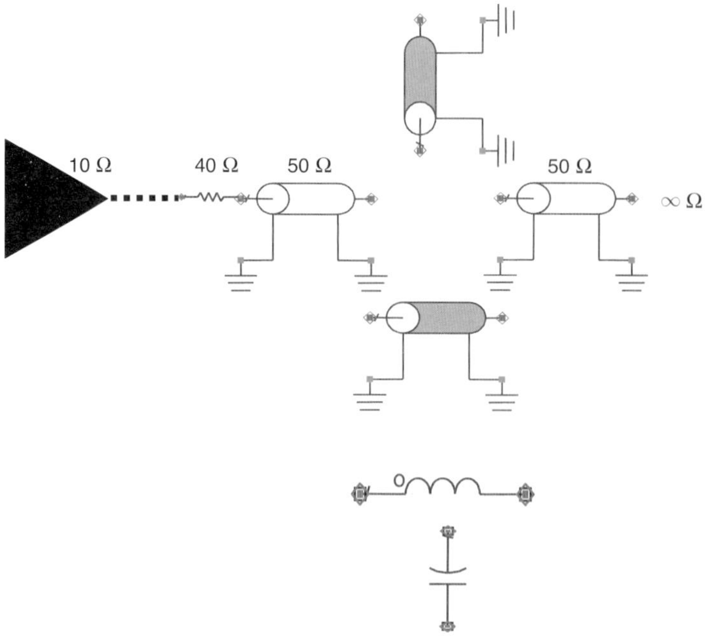

그림 8-15 임피던스 불연속을 나타내는 데 사용되는 세 가지 등가 회로 모델: 짧은 전송선로(직렬 또는 병렬), 병렬 커패시터, 직렬 인덕터

불연속으로 인한 신호의 왜곡에 가장 큰 영향을 미치는 두 가지 요소는 신호의 상승 시간과 불연속의 사이즈(size)이다. 인덕터와 커패시터의 순시 임피던스는 전류 또는 전압이 변하는 순간 변화율과 C 값 또는 L 값에 따라 달라진다.

신호가 소자를 통과할 때 전류와 전압의 기울기는 시간에 따라 변하고 소자의 임피던스도 시간에 따라 변한다. 이는 반사 계수가 시간에 따라, 그리고 상승 시간과 하강 시간의 특정한 특성에 따라 변경된다는 것을 의미한다. 신호의 상승 시간에 따라 피크 반사 전압의 크기가 변화한다.

일반적으로, 불연속의 영향은 드라이버의 임피던스와 다중 반사에 영향을 미치는 처음에 있는 전송선로의 특성 임피던스로 인해 더욱 복잡해진다.

TIP

불연속을 만들어내는 물리적 구조를 등가 회로 모델로 변환하고 시뮬레이션을 수행해야만 이러한 요소들과 불연속 자체로 인한 영향을 완전히 고려할 수 있다. 경험 규칙을 사용한 추정은 단지 공학적 통찰력을 제공하고 어떤 경우에 문제가 발생할 가능성이 있는지에 대한 대략적인 지침만 제공할 수 있다.

임피던스 불연속으로 인해 신호는 반사되고 왜곡될 수 있다. 반사가 전혀 없는 인터커넥트를 설계하는 것은 불가능하다. 어느 정도의 노이즈까지는 괜찮고 어느 정도의 노이즈는 문제가 될까? 이는 노이즈의 노이즈 버짓(noise budget)과 각 노이즈 소스에 할당된 노이즈 전압 크기에 따라 크게 달라진다.

TIP

별도로 명시되지 않는 한, 경험 규칙에 따라 반사 노이즈의 크기는 전압 진폭의 10% 미만으로 유지되어야 한다. 예를 들어 3.3 V 신호의 경우, 허용 노이즈의 크기는 330 mV이다. 일부 노이즈 버짓은 더욱 보수적이어서 반사 노이즈를 5% 이하로 제한하기도 한다. 일반적으로 노이즈 버짓을 엄격하게 할수록 비용이 더 많이 든다. 종종 어느 한 소스에 할당된 노이즈는 해결하는 데 비용이 적게 들기 때문에 더욱 엄격해지는 반면, 다른 소스의 경우에는 해결하는 데 비용이 많이 들기 때문에 느슨해질 수 있다. 대략적인 경험 규칙으로서 반사 노이즈가 신호 스윙(signal swing)의 10%에 근접하거나 초과할 경우 문제의 발생을 우려해야 한다. 일부 설계에서는 5% 미만의 노이즈도 너무 클 수 있다.

몇 가지 간단한 사례를 평가함으로써, 어떤 물리적 요인들이 신호 왜곡에 영향을 미치는지, 그리고 이들 요인이 문제가 되기 전에 어떻게 설계를 통해 해결할 수 있는지를 알아낼 수 있다. 궁극적으로, 설계가 허용 가능한지 아닌지에 대한 최종 평가는 시뮬레이션을 통해 결정해야 한다. 이러한 이유로 신호 무결성에 관련된 모든 실무 엔지니어가 특정 사례를 평가할 수 있는 시뮬레이션 도구에 손쉽게 접근하여 활용하는 것이 매우 중요하다.

8.9 종단이 필요한 경우

가장 간단한 전송선로 회로는 [그림 8-16]에서 보듯이 선로의 맨 앞에 송신 드라이버가 있고, 짧은 길이의 제어된 임피던스 선로가 있으며, 선로의 맨 끝에 수신기가 있다. 앞에서 살펴본 것처럼 신호는 맨 끝에 있는 개방된 높은 임피던스와 앞쪽 끝에 있는 드라이버의 낮은 임피던스 사이에서 반사될 것이다. 선로가 길면, 이러한 다중 반사는 링잉(ringing)이라고 하는 신호 품질 문제를 일으킬 것이다. 하지만 선로가 충분히 짧은 경우에는 반사가 일어나기는 하지만 반사는 상승 또는 하강 에지에 묻혀서 문제를 일으키지 않을 수 있다. [그림 8-16]은 시간 지연이 상승 시간의 20%에서 30%로, 그리고 40%로 증가할 때 수신 파형이 어떻게 변화하는지를 보여준다.

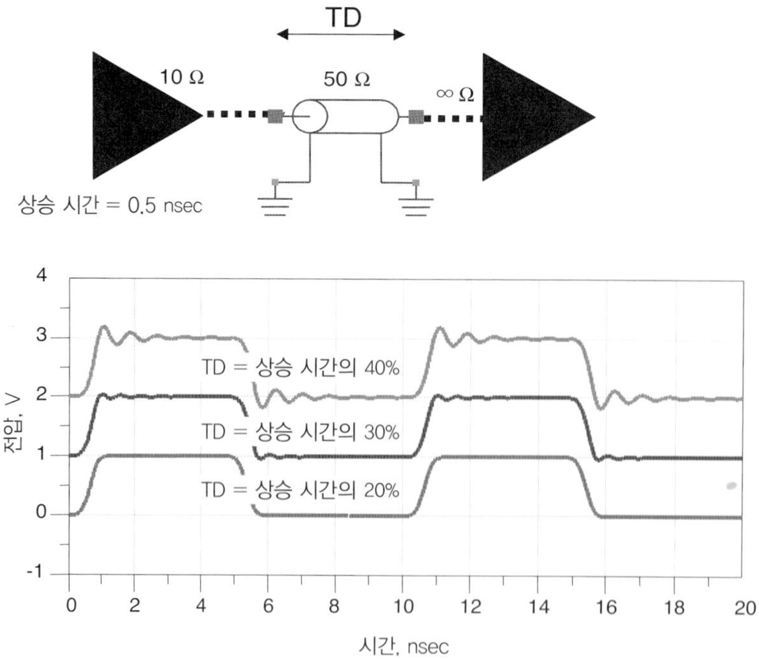

그림 8-16 전송선로의 길이가 상승 시간의 20%, 30%, 40%로 변경될 때 종단되지 않은 전송선로의 끝에서 측정한 100 MHz 클록 신호. 전송선로의 시간 지연이 상승 시간의 20%보다 큰 경우 링잉 노이즈가 문제를 일으킬 수 있다.

인터커넥트의 TD가 0.1 nsec일 때, 신호가 반사되어 다시 돌아오는 왕복 시간인 0.2 nsec마다 반사된 신호는 계속해서 되돌아온다. 이 왕복 시간이 신호의 상승 시간보다 짧으면 다중 반사된 신호는 상승 시간에 묻혀서 거의 식별되지 않으므로 잠재적인 문제가 되지 않는다. [그림 8-16]에서 대략적인 추정으로 TD가 상승 시간의 20% 미만일 때 다중 반사는 거의 보이지 않고 TD가 상승 시간의 20% 이상일 때 링잉이 상당한 역할을 하기 시작한다.

TIP

대략적인 경험 규칙으로 TD가 상승 시간의 20%보다 클 때 종단되지 않은 전송선로로 인한 링잉 노이즈에 대해 우려해야 한다. 전송선로의 TD가 상승 시간의 20%보다 크면 링잉이 문제를 일으킬 수 있으므로 반드시 대책을 세워야 한다. 그렇지 않으면 신호 무결성 문제가 발생할 수 있다. TD가 상승 시간의 20%보다 작으면 링잉 노이즈는 문제가 되지 않을 수 있으며, 전송선로를 종단해줄 필요가 없을 수 있다.

예를 들어, 상승 시간이 1 nsec인 경우, 종단하지 않고 사용될 수 있는 전송선로의 최대 TD는 약 20% × 1 nsec = 0.2 nsec이다. FR4 기판에서 신호의 속도는 약 6 inch/nsec이므로, 종단되지 않은 전송선로의 최대 물리적 길이는 대략 6 inch/nsec × 0.2 nsec = 1.2 inch이다.

이 예로부터 종단되지 않은 전송선로에서 신호 무결성 문제를 일으키지 않는 대략적인 최대 길이는 다음과 같은 매우 유용한 경험 규칙으로 나타낼 수 있다.

$$\text{Len}_{\text{max}}[\text{inch}] < \text{RT}[\text{nsec}] \tag{8.13}$$

여기서

Len_{max} = 종단되지 않는 전송선로의 최대 길이(단위: inch)

RT = 상승 시간(단위: nsec)

TIP

위 수식은 매우 유용하고 기억하기 쉬운 결과이다. 대략적인 경험 규칙으로서, 종단되지 않은 전송선로의 최대 길이(inch)는 상승 시간(nsec)과 같다.

상승 시간이 1 nsec이면, 종단되지 않은 전송선로의 최대 길이는 약 1 inch이고 상승 시간이 0.1 nsec이면, 종단되지 않은 전송선로의 최대 길이는 0.1 inch이다. 앞으로 살펴보겠지만 이러한 간단한 수식이 링잉 노이즈가 중요한 문제가 될 것인지 아닌지를 판단하는 데 가장 중요한 일반적인 경험 규칙이다. 이 경험 규칙으로부터 왜 신호 무결성이 최근에 중요한 문제가 되고 있고 이전 세대 기술에서는 이 문제를 피할 수 있었는지를 알 수 있다.

클록 주파수가 10 MHz이었을 때 주기는 100 nsec이었고 상승 시간은 약 10 nsec이었다. 종단되지 않은 전송선로의 최대 길이는 10 inch 정도가 되었을 것이다. 이 정도의 길이면 전형적인 마더보드상의 거의 모든 신호 트레이스보다 길다. 10 MHz 정도의 클록을 사용하던 시절에는 인터커넥트가 전송선로처럼 동작했지만, 반사로 인한 노이즈가 문제를 일으키지 않았고, 인터커넥트는 신호에 대해 '투명'했다. 임피던스 정합, 종단, 전송선로 효과에 대해 걱정할 필요가 없었다.

그러나 오늘날 제품의 폼 팩터(form factor)는 그대로 유지되고 있고 인터커넥트의 길이도 그대로 유지되고 있지만 신호의 상승 시간은 짧아지고 있다. 따라서 클록의 주파수가 높아지고 상승 시간이 짧아져서 기판상의 거의 모든 인터커넥트의 길이가 종단하지 않았을 때 반사 노이즈가 문제가 되지 않는 최대 길이보다 더 길어질 수밖에 없으므로 종단 처리가 중요해진다.

최근에는 신호의 상승 시간이 0.1 nsec 미만으로 짧아지고 있으므로 링잉 노이즈가 문제를 일으키지 않는 종단되지 않은 전송선로의 최대 길이는 약 0.1 inch이다. 거의 모든 인터커넥트가 이 길이보다 길다. 따라서 현재와 미래 세대의 모든 제품에서 종단 설계는 필수이다.

8.10 점대점 토폴로지에 대한 가장 일반적인 종단 방법

링잉의 원인이 소스가 연결되는 전송선로 맨 앞과 종단이 연결되는 전송선로 맨 끝, 이렇게 두 지점의 임피던스 불연속으로 인해 반사 신호가 전송선로의 두 지점 사이를 왕복하는 다중 반사 현상인 것을 확인했다. 따라서 적어도 한쪽 끝에서 반사를 제거하면 링잉 노이즈를 최소화할 수 있다.

TIP

반사를 최소화하기 위해 전송선로의 한쪽 또는 양쪽 끝에 연결되는 임피던스를 설계하는 것을 선로의 종단(termination)이라고 한다. 일반적으로, 최적의 위치에서 하나 이상의 저항기를 추가한다.

하나의 드라이버가 하나의 수신기를 구동하는 경우를 **점대점 토폴로지**(point-to-point topology)라고 부른다. [그림 8-17]은 점대점 토폴로지를 종단하는 네 가지 기술을 보여준다. 가장 일반적인 방법은 드라이버에 직렬로 저항기를 연결하는 것이다. 이것을 소스-직렬 종단이라고 부른다. 종단 저항기와 드라이버의 소스 임피던스의 합이 전송선로의 특성 임피던스와 같아지게 해야 한다.

드라이버의 소스 임피던스가 10 Ω이고 전송선로의 특성 임피던스가 50 Ω이라면, 종단 저항기는 약 40 Ω이어야 한다. 이 종단 저항기가 있는 상태에서 드라이버에서 나오는 1 V 신호는 50 Ω의 총 저항과 50 Ω의 전송선로로 구성된 전압 분배 회로와 마주친다. 이 경우, 0.5 V가 전송선로 안으로 들어간다.

언뜻 보기에 소스 전압이 절반으로 줄면 트리거링에 영향을 주기에는 충분하지 않은 것처럼 보일 수 있다. 그러나 이 0.5 V 신호가 전송선로의 개방된 맨 끝에 도달하면 임피던스 불연속을 만난다. 개방된 곳에서 반사 계수는 1이므로 0.5 V 입사 신호는 0.5 V의 진폭으로 다시 소스로 반사된다. 따라서 개방된 선로 끝에서의 총 전압은 0.5 V인 입사 전압과 0.5 V인 반사 전압의 합인 1 V가 된다.

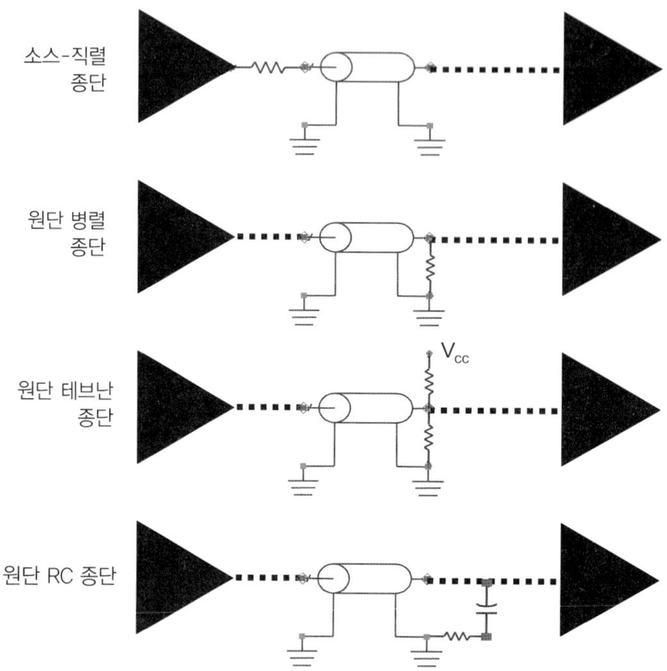

그림 8-17 점대점 토폴로지에 대한 네 가지 일반적인 종단 방법. 가장 일반적으로 사용되는 방법이 맨 위에 있는 소스-직렬 종단이다.

0.5 V의 반사된 신호는 소스로 다시 돌아간다. 반사 신호가 직렬 종단 저항기에 도달하면 소스를 들여다보는 임피던스는 추가된 직렬 저항기의 40 Ω과 소스의 10 Ω의 합인 50 Ω이다. 이때 반사 신호는 50 Ω의 전송선로에 있으므로 임피던스 변화를 마주치지 않으며 반사는 발생하지 않는다. 따라서 반사 신호는 또다시 반사되지 않고 종단 저항기와 소스 저항기에 흡수된다.

전송선로의 맨 끝에는 링잉 노이즈 없이 1 V 신호만 나타날 것이다. [그림 8-18]은 드라이버 쪽에 40 Ω 소스-직렬 종단 저항기가 있는 경우와 없는 경우에 전송선로 맨 끝(원단)의 수신기 입력단에서의 파형을 보여준다.

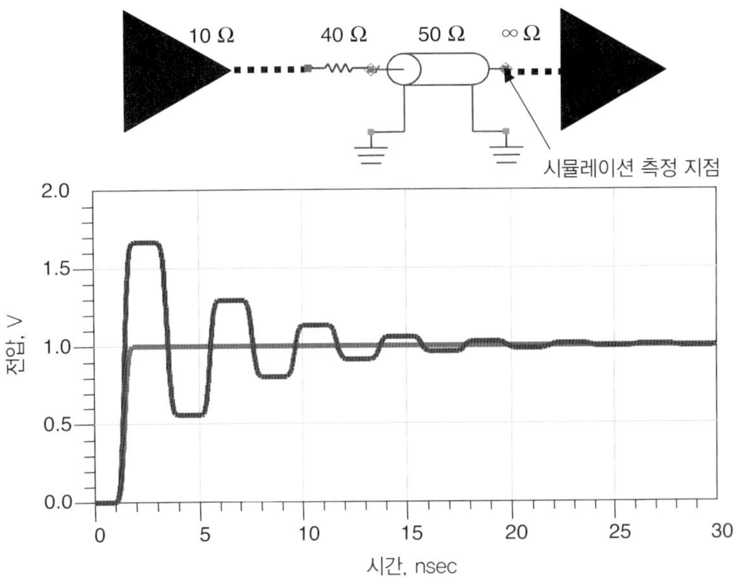

그림 8-18 소스-직렬 종단 저항기가 있는 경우와 없는 경우 전송선로의 맨 끝(원단)에 도달한 빠른 에지를 가진 전압 신호

> **TIP**
> 반사의 원인을 이해하면 한쪽 끝에서 반사를 제거하고 링잉 노이즈을 방지하는 해결책을 설계할 수 있다. 그렇게 할 때 결과적으로 나타나는 파형은 매우 깨끗하고 신호 품질 문제가 없다.

소스-직렬 종단 저항기 바로 다음에서 측정되는 초기 전압은 전송선로 안으로 들어가 전달되는 입사 전압으로, 그 크기는 소스 전압의 약 절반이다. 소스 끝에서 보면, 총 전압이 전체 전압 스윙까지 올라가려면 반사파가 올 때까지 기다려야 한다.

신호가 반사되어 다시 돌아오는 왕복 전파 시간 동안에 직렬 저항기와 전송선로 사이인 소스 끝에서 전압을 살펴보면 중간에 단층이 하나 생긴다. 상승 시간보다 전송선로의 왕복 시간 지연이 길수록 이 중간 단층 전압이 더 오래 지속된다. 이는 소스-직렬 종단 처리된 전송선로의 기본 특성이다. 소스 끝에서 측정된 전압의 예가 [그림 8-19]에 나타나 있다.

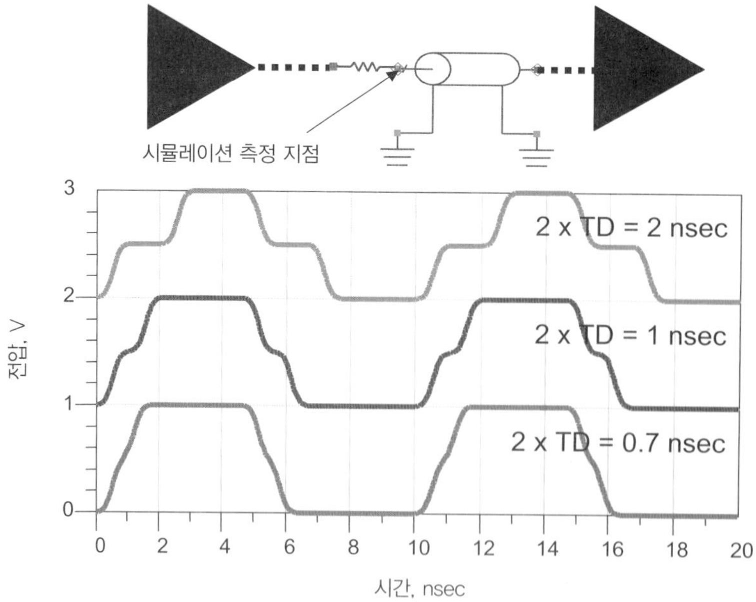

그림 8-19 소스-직렬 저항기가 있을 때 선로의 길이를 변화시켜가며 전송선로의 소스 쪽 끝에서 측정한 100 MHz 클록 신호. 신호의 상승 시간은 0.5 nsec이다.

소스 근처에 이러한 중간 단층이 있는 신호를 볼 수 있는 다른 수신기가 없는 한, 이로 인한 문제는 발생하지 않는다. 하지만 소스 근처에 다른 장치가 연결된 경우, 이 중간 단층이 있는 신호는 문제를 일으킬 수 있으므로 다른 토폴로지와 종단 처리 방식이 필요할 수 있다.

다음 예에서는, 항상 소스 임피던스가 처음에 있는 전송선로의 50 Ω 특성 임피던스와 정합되어 있다고 가정한다.

8.11 짧은 직렬 전송선로에서의 반사

기판에서 신호 트레이스가 여러 개의 비아들이 모여있는 영역을 통과하거나 혼잡한 영역 주위를 지나가야 할 때는 트레이스 폭을 좁아지게 하는 경우가 많다. 전송선로의 선로 폭이 짧은 구간에서 달라지면 특성 임피던스가 변한다. 일반적으로 선로 폭이 좁아지면 특성 임피던스는 증가한다. 임피던스가 얼마나 변하고 임피던스가 변한 선로의 길이가 어느 정도가 되면 문제를 일으키기 시작할까?

선로 폭이 달라진 짧은 전송선로 구간의 영향은 불연속 구간의 시간 지연(TD), 불연속 구간의 특성 임피던스(Z_0), 신호의 상승 시간(RT)이라는 세 가지 특징에 따라 결정된다. 상승 시간보다 시간 지연이 길면(즉, 불연속 구간의 길이가 전기적으로 길면), 반사된 전압은 포화된다. 반사 계수의 최댓값은 불연속 구간의 맨 앞쪽에서의 반사와 관련이 있다.

$$\rho = \frac{Z_2 - Z_1}{Z_2 + Z_1} \tag{8.14}$$

예를 들어, 선로 폭이 좁아져서 임피던스가 50 Ω에서 75 Ω으로 변한 경우, 반사 계수는 0.2이다. 전기적으로 긴 전송선로 불연속 구간에서 반사되는 신호와 이를 통과해서 전달되는 신호의 몇 가지 예를 [그림 8-20]에 나타내었다.

이 임피던스 불연속은 신호가 전송선로를 따라 앞, 뒤로 왕복하게 만들어 반사 노이즈를 발생시킨다. 이러한 이유로 하나의 균일한 특성 임피던스를 갖도록 인터커넥트를 설계하는 것이 매우 중요하다. 반사 노이즈를 전압 스윙의 5% 미만으로 유지하려고 하면 특성 임피던스 변화를 10% 미만으로 유지해야 한다. 이것이 기판에서 임피던스 제어를 위한 일반적인 사양이 ±10%인 이유이다.

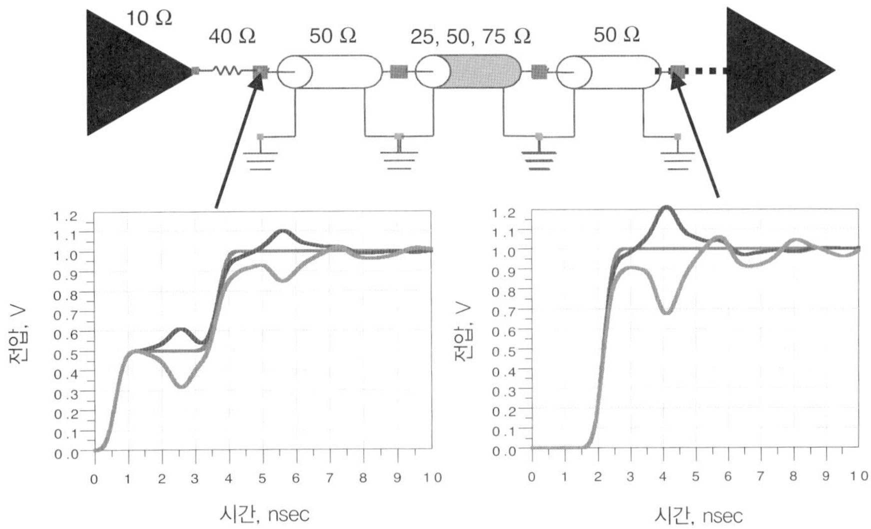

그림 8-20 전기적으로 길고 균일한 불연속을 가진 전송선로 회로에서 불연속 임피던스의 변화(20 Ω, 50 Ω, 75 Ω)에 따른 반사 신호와 전달 신호의 변화

임피던스가 불연속인 첫 번째 경계에서와 두 번째 경계에서의 반사 계수는 Z_1과 Z_2가 서로 바뀌기 때문에 반사 계수의 크기는 서로 같지만 부호는 반대가 된다는 것에 유의하라. 불연속 구간의 길이를 짧게 유지할 수 있다면, 양쪽 끝에서의 반사는 상쇄될 수 있으므로 신호 품질에 미치는 영향을 무시할 수 있다. [그림 8-21]은 25 Ω인 짧은 길이의 불연속 구간에서 반사된 신호와 이를 통과해 전달된 신호를 보여준다. 불연속 구간의 TD가 상승 시간의 20%보다 짧으면, 불연속 구간은 문제를 일으키지 않을 수 있다. 이러한 내용은 앞서 언급했던 일반적인 경험 규칙 – 임피던스 불연속에 대해 허용할 수 있는 전송선로의 최대 길이를 구하는 수식 – 과 같다.

$$Len_{max}[inch] < RT[nsec] \tag{8.15}$$

여기서

Len_{max} = 임피던스 불연속 전송선로의 최대 길이(단위: inch)

RT = 상승 시간(단위: nsec)

예를 들어, 상승 시간이 0.5 nsec일 때 선로 폭이 좁아진 구간이 0.5 inch보다 짧으면 문제를 일으키지 않을 것이다.

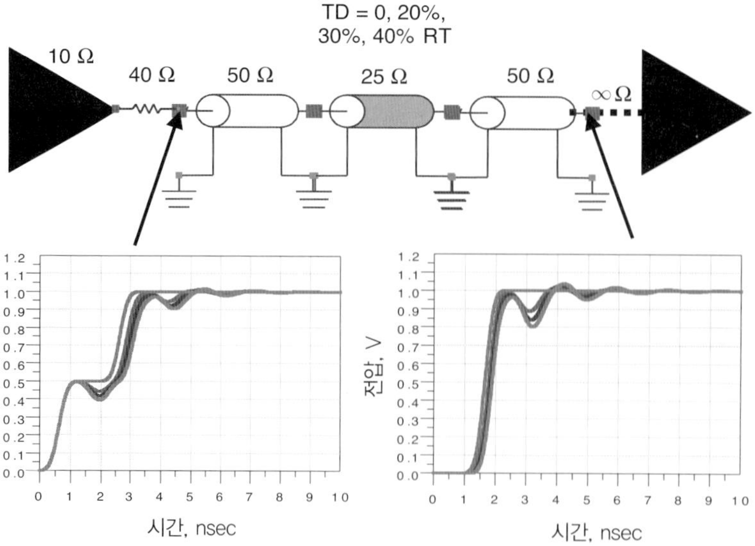

그림 8-21 전기적으로 짧고 균일한 불연속을 가진 전송선로 회로에서 불연속 구간의 시간 지연이 상승 시간의 0%에서 40%로 증가함에 따른 반사 신호와 전달 신호의 변화

불연속 구간의 TD를 상승 시간의 20%보다 짧게 유지할 수 있으면 불연속의 영향은 무시할 수 있다. 이것은 불연속 구간의 길이(inch)가 신호의 상승 시간(nsec)보다 작아야 한다는 경험 규칙과 같다.

8.12 짧은 스터브가 달린 전송선로에서의 반사

신호가 여러 개의 팬아웃(fanout)에 도달할 수 있도록 균일 전송선로에 여러 개의 분기(branch)를 추가하는 경우가 종종 있다. 짧은 길이의 전송선로로 만든 분기를 스터브(stub)라고 한다. BGA 패키지에서는 본딩 패드(bonding pad)들을 금도금하기 위해 모든 핀을 버스화하여 연결하고 제조 과정에서 끊어내는데 이때 짧은 스터브들이 만들어져 각각의 신호선에 부착된다.

스터브의 영향은 많은 반사를 고려해야 하므로 분석하기 복잡하다. 드라이버에서 출발한 신호는 전송선로를 따라 이동하다가 분기 지점을 만나게 된다. 분기 지점에는 두 개의 전송선로가 병렬로 연결되어 있으므로 신호는 낮은 임피던스를 보게 된다. 따라서 이 분기 지점에서 – 부호의 반사 신호가 발생하여 소스로 향해 이동한다. 그리고 반사되고 남은 신호의 일부는 분기된 스터브와 원래의 전송선로를 따라 나뉘어 계속 이동한다. 스터브로 향한 신호가 스터브의 끝에 도달하면 다시 분기점으로 반사되므로 스터브 양쪽을 왔다 갔다 할 것이다. 동시에 분기점에서는 스터브에서 오는 신호의 일부가 소스로 되돌아가고 또 일부는 원래의 전송선로 맨 끝을 향해 갈 것이다. 각각의 경계는 반사되는 지점의 역할을 한다.

스터브가 신호 품질에 미치는 영향을 평가하는 유일한 실질적인 방법은 SPICE 또는 동작 시뮬레이터를 사용하는 것이다. 스터브가 신호 품질에 미치는 영향을 결정하는 두 가지 중요한 요소는 신호의 상승 시간과 스터브의 길이이다. 이 예에서는 스터브가 전송선로의 중간에 위치하며, 전송선로와 같은 특성 임피던스를 갖는다고 가정한다. [그림 8-22]는 스터브의 길이가 상승 시간의 20%에서 60%로 증가함에 따라 변화하는 반사 신호와 전달 신호를 시뮬레이션으로 구한 결과를 보여준다.

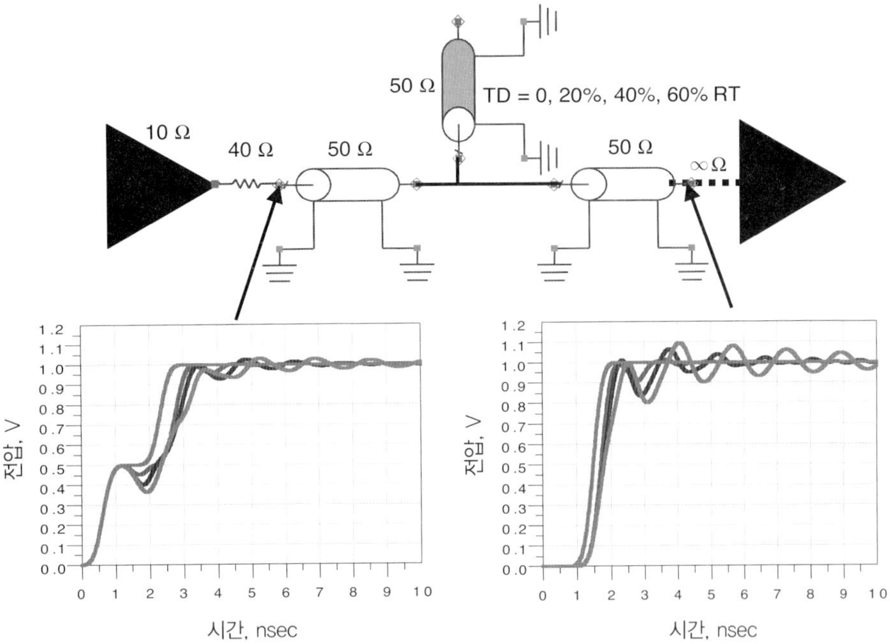

그림 8-22 중간에 짧은 스터브가 있는 전송선로 회로에서 스터브의 시간 지연이 상승 시간의 20%에서 60%로 증가할 때, 반사 신호와 전달 신호

> **TIP**
> 대략적인 경험 규칙으로서, 스터브의 길이가 상승 시간이 갖는 공간적 범위의 20%보다 짧게 유지된다면, 스터브의 영향은 문제가 되지 않을 수 있다. 마찬가지로 스터브의 길이가 상승 시간의 20%보다 길면, 신호에 중요한 영향을 미칠 수 있으므로 시뮬레이션을 통해 그것이 허용될 수준인지를 평가해야 한다.

예를 들어, 드라이버의 상승 시간이 1 nsec인 경우, 0.2 nsec보다 짧은 시간 지연을 갖는 스터브는 허용될 수 있다. 이때 스터브의 길이는 약 1 inch이다. 다시 한번 이를 나타내는 경험 규칙을 써보면 다음과 같다.

$$\text{Len}_{\text{stub-max}}[\text{inch}] < \text{RT}[\text{nsec}] \tag{8.16}$$

여기서

$L_{stub-max}$ = 허용 가능한 최대 스터브 길이(단위: inch)

RT = 신호의 상승 시간(단위: nsec)

이것은 간단하고 기억하기 쉬운 경험 규칙이다. 예를 들어, 1 nsec 상승 시간을 갖는 신호에 대해서는 스터브를 1 inch보다 짧게 유지해야 하고 상승 시간이 0.5 nsec이면, 스터브를 0.5 inch보다 짧게 유지해야 한다. 상승 시간이 짧아질수록 신호 무결성에 영향을 주지 않을 정도로 스터브를 짧게 설계하기가 더욱 어려워진다는 것은 분명하다.

BGA 패키지에서는 제조 과정에서 도금 스터브(plating stub)를 피할 수 없는 경우가 많다. 이러한 스터브의 길이는 통상적으로 0.25 inch 미만이다. 신호의 상승 시간이 0.25 nsec보다 길면 이러한 도금 스터브는 문제를 일으키지 않을 수 있지만, 상승 시간이 0.25 nsec 미만으로 짧아지면 분명히 문제를 일으킬 것이고, 도금 스터브 없이 제조되는 패키지의 경우에는 추가 비용을 반드시 지불해야 할 것이다.

8.13 용량성 종단에서의 반사

신호를 수신하는 실제 수신기 IC들은 일반적으로 약 2 pF 정도의 입력 게이트 커패시턴스를 가진다. 또한 수신 IC 패키지에 있는 신호 리드(lead)는 귀환 경로와의 사이에 약 1 pF의 커패시턴스를 가질 수 있다. 전송선로의 맨 끝에 3개의 메모리 장치가 연결되어 있다면, 전송선로의 끝에 최대 10 pF 정도의 부하가 연결된 것으로 볼 수 있다.

신호가 전송선로를 따라 이동하다가 맨 끝에 있는 이상적인 커패시터에 도달할 때, 반사 계수를 결정하는 실제 순시 임피던스는 시간에 따라 달라진다. 결국, 시간 영역에서 커패시터의 임피던스는 다음과 같다.

$$Z = \frac{V}{C\frac{dV}{dt}} \tag{8.17}$$

여기서

Z = 커패시터의 순시 임피던스

C = 커패시터의 커패시턴스

V = 신호의 순시 전압

상승 시간이 커패시터 충전 시간보다 짧으면, 초기에는 전압이 매우 빠르게 상승하고 임피던스는 낮아진다. 그러나 커패시터가 충전되면서 dV/dt는 느려진다. 커패시터가 충전되는 동안에 커패시터 양단 전압이 변하는 속도는 느려지므로 커패시터의 임피던스는 급격하게 증가한다. 충분히 오랜 시간이 지나면, 커패시터는 완전히 충전되고, 커패시터의 임피던스는 개방된 경우와 같다.

이러한 현상은 반사 계수가 시간에 따라 변한다는 것을 의미한다. 커패시터에 도달한 신호는 초기에는 0으로 급격하게 떨어졌다가 이후 무한대로 올라가 개방된 것과 같은 임피던스를 바라본다. 정확한 동작은 전송선로의 특성 임피던스(Z_0), 커패시터의 커패시턴스, 신호의 상승 시간에 따라 달라진다. 2 pF, 5 pF, 10 pF 커패시턴스에 대한 반사 전압과 전달 전압을 시뮬레이션으로 구한 결과가 [그림 8-23]에 나타나 있다.

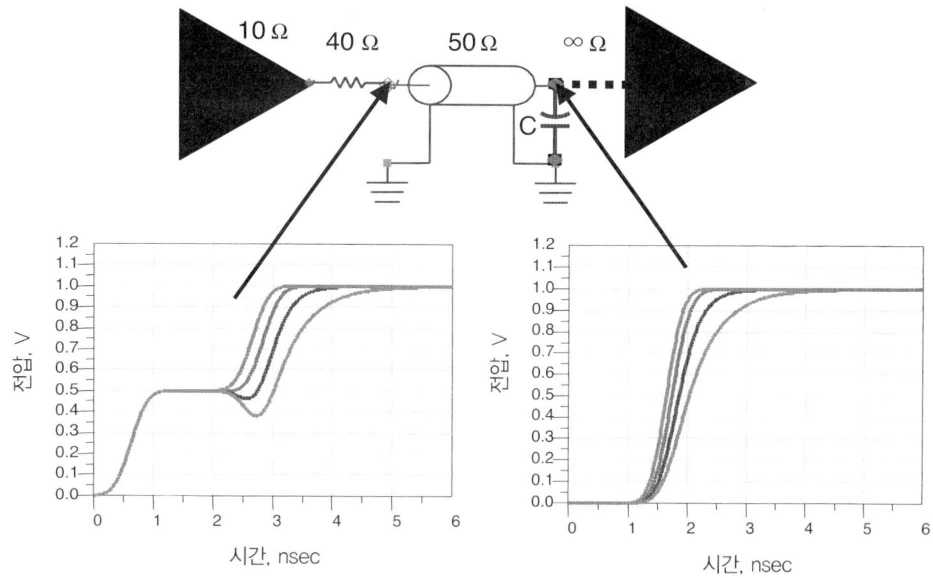

그림 8-23 맨 끝에 용량성 부하가 연결된 전송선로 회로의 반사 신호와 전달 신호. 신호의 상승 시간은 0.5 nsec이고 용량성 부하의 커패시턴스는 각각 0 pF, 2 pF, 5 pF, 10 pF이다.

전달되는 전압 패턴의 장기적 응답을 살펴보면 저항기를 거쳐 커패시터를 충전하는 경우와 유사하다. 커패시터는 상승 시간을 필터링하고 수신기에서 신호를 지연시키는 '지연 추가기(delay adder)'의 역할을 한다. 이러한 현상은 시정수(time constant)의 지수 함수에 따라 전압이 증가하는 RC 회로의 충전 동작과 매우 유사하므로, 다음과 같이 중간 구간(즉 지연 추가기)을 통과하는 스텝 신호의 새로운 상승 시간과 지연 시간의 증가를 추정할 수 있다.

$$\tau_e = R \times C \tag{8.18}$$

이 시정수는 전압이 최종 전압의 63%인 (1−1/e)까지 상승하는 데 걸리는 시간이다. 10−90 상승 시간과 RC 시정수의 관계는 다음과 같다.

$$\tau_{10-90} = 2.2 \times \tau_e = 2.2 \times R \times C \tag{8.19}$$

전송선로의 맨 끝에 용량성 부하가 있으면 전압이 RC 회로 동작으로 충전되는 것처럼 보인다. C는 용량성 부하의 커패시턴스이고 R은 전송선로의 특성 임피던스인 Z_0이다. RC 충전이 전달 신호의 상승 시간에 가장 큰 영향을 주는 경우, 전달 신호의 10−90 상승 시간은 대략 다음과 같다.

$$\tau_{10-90} = 2.2 \times Z_0 \times C \tag{8.20}$$

예를 들어, 전송선로의 특성 임피던스가 50 Ω이고 커패시턴스가 10 pF인 경우, 10–90 충전 시간은 2.2 × 50 Ω × 10 pF = 1.1 nsec가 된다. 이 1.1 nsec 충전 시간보다 초기 신호 상승 시간이 짧으면, 선로 끝의 용량성 부하가 수신기에서의 상승 시간을 결정한다. 신호의 초기 상승 시간이 10–90 충전 시간보다 길면, 선로 끝의 용량성 부하는 상승 시간에 지연을 추가시키는데, 추가되는 지연 시간은 대략 10–90 상승 시간과 같다.

TIP

전송선로의 특성 임피던스와 수신기 입력이 가진 전형적인 용량성 부하에 기반을 둔 10–90 RC 상승 시간을 항상 고려해주어야 한다. 10–90 상승 시간이 초기 신호의 상승 시간과 비슷할 때, 전송선로의 맨 끝에 있는 용량성 부하가 타이밍에 영향을 미친다.

일반적인 경우, 커패시턴스는 2 pF이고 특성 임피던스는 50 Ω이다. 이 경우, 10–90 상승 시간은 약 2.2 × 50 × 2 = 0.2 nsec이다. 상승 시간이 1 nsec일 때, 여기에 추가되는 0.2 nsec의 시간 지연은 거의 식별되지 않으므로 중요하지 않을 수 있다. 그러나 상승 시간이 0.1 nsec일 때, 0.2 nsec의 RC 지연은 상당한 시간 지연을 추가한다. 전송선로의 맨 끝에서 여러 개의 부하를 구동하는 경우, 모든 타이밍 분석에 RC 시간 지연을 포함하는 것이 중요하다.

수신기의 IBIS 모델에서, 입력 게이트 커패시턴스를 나타내는 항목은 C_comp이다. 이 항목에 의해 IBIS 모델로 회로를 시뮬레이션할 때 게이트 커패시턴스의 영향이 자동으로 포함된다. 수신기에 ESD 보호용 다이오드가 있는 경우, 이 커패시턴스 값은 5~8 pF까지 높아질 수 있다. 일반적으로는 2~3 pF 정도로 낮게 유지될 수 있다.

8.14 트레이스 중간에 있는 용량성 부하로 인한 반사

시험용 패드(test pad), 비아, 패키지 리드뿐만 아니라 트레이스 중간에 연결된 작은 스터브도 커패시터로 작동한다. [그림 8–24]는 트레이스 중간에 커패시터를 추가할 때의 반사 전압과 전달 전압을 보여준다. 커패시터는 초기에는 낮은 임피던스를 가지므로 소스로 반사되는 신호는 약간 음(–)의 방향으로 내려갔다가 올라오는 딥(dip)이 있는 파형이 된다. 트레이스의 앞쪽 끝 근처에 수신기가 연결되어 있으면 이러한 파형의 에지는 단조증가하지 않고 중간에서 올라갔다 내려갔다 하므로 문제를 일으킬 수 있다.

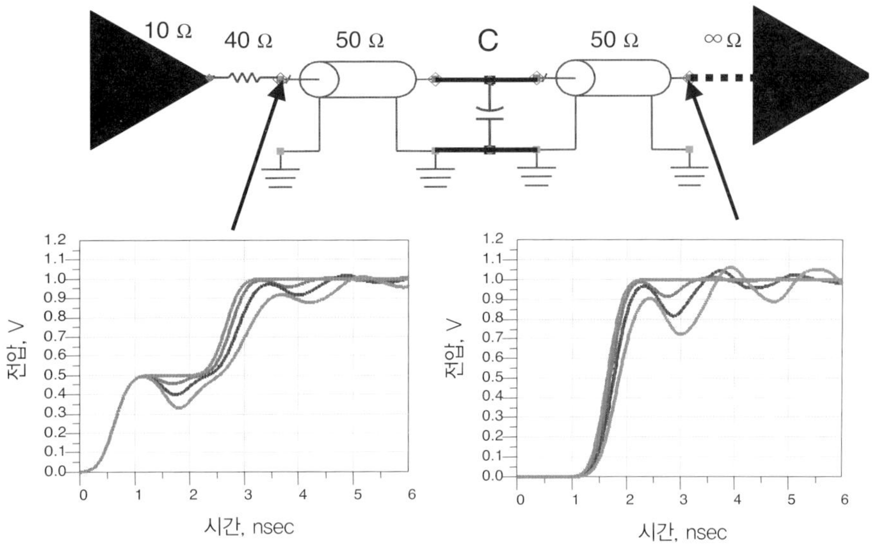

그림 8-24 중간에 작은 용량성 불연속이 있는 전송선로 회로에서 상승 시간이 0.5 nsec이고 커패시턴스가 각각 0 pF, 2 pF, 5 pF, 10 pF일 때 반사 신호와 전달 신호

첫 번째로 전송선로와 커패시터를 통과하여 수신기로 전달된 신호는 처음에는 큰 영향을 받지 않을 수 있지만 신호가 전송선로의 맨 끝에서 반사된 후에는 다시 소스를 향해 되돌아간다. 그때 다시 커패시터를 마주치게 되고 여기서 반사된 음(−)의 부호를 가진 신호의 일부는 수신기가 있는 전송선로의 맨 끝으로 이동한다. 수신기로 되돌아오는 반사 신호는 음(−)의 전압이므로 수신된 신호를 아래로 끌어내려 언더슈트가 생기게 한다.

전송선로 중간에 있는 이상적인 커패시터의 영향은 신호의 상승 시간과 커패시턴스 값에 따라 달라진다. 커패시턴스가 클수록 임피던스는 낮아지고 음(−)의 반사 전압이 커지므로 수신기에서는 더 큰 언더슈트가 발생한다. 마찬가지로 상승 시간이 짧을수록 커패시터의 임피던스가 낮아지므로 언더슈트가 커진다. 특정 상승 시간 RT를 충족하는 최대 허용 커패시턴스를 C_{max}라고 할 때, 이 특정 RT보다 상승 시간이 짧아지면 최대 허용 커패시턴스도 줄여야 한다. 즉 RT/C_{max}의 비율이 어떤 정해진 값보다 커야 허용 가능하다.

이 상승시간과 커패시턴스의 비율의 단위는 Ω으로 임피던스의 단위와 같다. 그렇다면 이 비율은 어떤 임피던스일까? 시간 영역에서 커패시터의 임피던스는 다음과 같다.

$$Z_{cap} = \frac{V}{C\frac{dV}{dt}} \tag{8.21}$$

신호가 상승 시간이 RT인 선형 램프(ramp) 파형인 경우, dV/dt는 V/RT이므로 커패시터의 임피던스는 다음과 같다.

$$Z_{cap} = \frac{V}{C\frac{dV}{dt}} = \frac{V}{C\frac{V}{RT}} = \frac{RT}{C} \tag{8.22}$$

여기서

Z_{cap} = 커패시터의 임피던스(단위: Ω)

C = 불연속 구간의 커패시턴스(단위: nF)

RT = 신호의 상승 시간(단위: nsec)

따라서 상승 시간이라는 시간 간격 동안에는 신호 경로와 귀환 경로 사이의 커패시터를 두 경로 사이에 임피던스 Z_{cap}이 병렬로 연결된 것으로 취급할 수 있다. 전송선로의 두 도선 사이에 병렬로 연결된 이 임피던스는 반사를 일으킨다([그림 8-25] 참조). 이 병렬 임피던스가 심각한 문제를 일으키지 않으려면 전송선로의 특성 임피던스에 비해 커야 한다. 다시 말해, $Z_{cap} \gg Z_0$인 조건을 충족하여야 하는데 $Z_{cap} > 5 \times Z_0$ 정도를 시작점으로 삼을 수 있다. 이 경우, 커패시턴스와 상승 시간에 대한 한계는 다음과 같다.

$$Z_{cap} > 5 \times Z_0 \tag{8.23}$$

$$\frac{RT}{C_{max}} > 5 \times Z_0 \tag{8.24}$$

$$C_{max} < \frac{RT}{5 \times Z_0} \tag{8.25}$$

여기서

Z_{cap} = 상승 시간 동안 커패시터의 임피던스(단위: Ω)

Z_0 = 전송선로의 특성 임피던스(단위: Ω)

RT = 상승 시간(단위: nsec)

C_{max} = 반사 노이즈가 문제가 되지 않는 최대 허용 커패시턴스(단위: nF)

예를 들어 특성 임피던스가 50 Ω인 경우, 최대 허용 커패시턴스는 다음과 같다.

$$C_{max}[pF] < \frac{RT[psec]}{5 \times 50} = 4 \times RT[nsec] \tag{8.26}$$

여기서

RT = 상승 시간

C_{max} = 반사 노이즈가 문제가 되지 않는 최대 허용 커패시턴스(단위: pF)

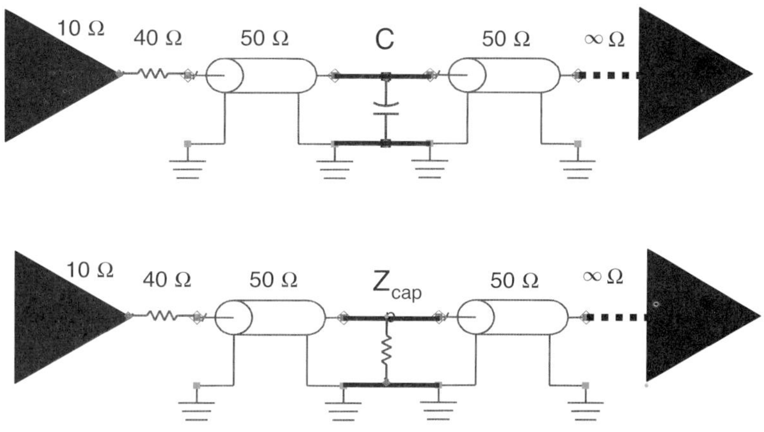

그림 8-25 에지가 통과하는 시간 간격 동안에는 전송선로 중간의 용량성 불연속을 병렬 임피던스로 나타낼 수 있다.

> **TIP**
>
> 식 (8.26)으로부터 매우 간단한 경험 규칙을 만들 수 있다. 용량성 불연속이 과도한 언더슈트(undershoot) 노이즈를 발생시키지 않도록 하려면 커패시턴스를 상승 시간의 4배 미만으로 유지해야 한다. 이때 커패시턴스와 상승 시간의 단위는 각각 pF과 nsec이다.

상승 시간이 1 nsec이면 최대 허용 커패시턴스는 4 pF이 된다. 상승 시간이 0.25 nsec일 경우라면, 언더슈트가 문제가 되지 않는 최대 허용 용량성 불연속은 $0.25 \times 4 = 1$ pF이 된다. 마찬가지로, 용량성 불연속이 2 pF이면 반사 노이즈 문제를 피할 수 있는 가장 짧은 상승 시간은 2 pF/4 = 0.5 nsec가 된다.

이 대략적인 한계로부터 어떤 시스템의 상승 시간이 1 nsec이면 약 4 pF 정도의 용량성 불연속에 의한 문제는 피할 수 있음을 알 수 있다. 마찬가지로 용량성 불연속이 2 pF인 경우, 상승 시간이 0.5 nsec보다 길면 용량성 불연속으로 인한 문제를 피할 수 있다. 그러나 상승 시간이 0.2 nsec라면 문제가 있을 수 있으므로 하드웨어 제작에 들어가기 전에 성능을 시뮬레이션하는 것이 중요하다. 커넥터나 설계를 변경하는 것을 고려해 볼 필요가 있다.

8.15 용량성 시간 지연 추가

용량성 부하는 근본적으로 수신기에서 언더슈트 노이즈를 발생시킨다. 용량성 불연속은 좀 더 미묘한 또 다른 영향을 미치는데, 바로 전송선로의 맨 끝에 신호가 도달하는 시간을 지연시킨다. 전송선로와 결합하는 커패시터는 RC 필터의 역할을 한다. 이로 인해 전달된 신호의 10–90 상승 시간이 증가하고 신호가 50% 전압 임곗값(threshold)을 통과하는 시간이 증가한다. 전달된 신호의 10–90 상승 시간은 대략 다음과 같다.

$$RT_{10-90} = 2.2 \times RC = 2.2 \times \frac{1}{2} Z_0 C \sim Z_0 C \tag{8.27}$$

50% 지점에 대한 지연 시간의 증가를 지연 추가(delay adder)라고 하며, 대략 다음과 같다.

$$\Delta TD = RC = \frac{1}{2} Z_0 C \tag{8.28}$$

여기서

RT_{10-90} = 10%에서 90%까지의 상승 시간(단위: nsec)

ΔTD = 50% 임곗값에 대한 시간 지연 증가(단위: nsec)

Z_0 = 선로의 특성 임피던스(단위: Ω)

C = 용량성 불연속(단위: nF)

전송선로의 앞쪽 절반은 커패시터를 충전하고 뒤쪽 절반은 커패시터를 방전하므로 유효 임피던스는 전송선로의 특성 임피던스의 절반이다.

예를 들어, 50 Ω 선로에서, 2 pF의 불연속에 의한 전달 신호의 10-90 상승 시간 증가는 약 50 × 2 pF = 100 psec이다. 50% 임곗값 지연 추가는 약 0.5 × 50 × 2 pF = 50 psec이다. [그림 8-26]은 세 가지 서로 다른 용량성 불연속에 대해 50% 임곗값에 도달하는 수신 신호의 상승 시간과 지연을 시뮬레이션으로 구한 결과를 보여준다. 2 pF, 5 pF, 10 pF의 커패시터 값에 의한 지연 추가는 각각 50 psec, 125 psec, 250 psec로 계산된다. 이 추정치는 실제 시뮬레이션으로 구한 값과 매우 유사하다.

시험용 패드, 커넥터 패드, 비아 홀에 의해 생겨나는 용량성 불연속을 1 pF 미만으로 유지하기는 매우 어렵다. 모든 1 pF 패드는 약 0.5 × 50 × 1 pF = 25 psec의 지연을 추가하고 신호의 상승 시간을 증가시킨다. 신호의 상승 시간이 50 psec 정도로 빠른 OC-48 이상의 데이터 전송 속도를 사용하는 고속 직렬 링크에서, 모든 비아 패드 또는 커넥터는 25 psec의 지연을 추가하고 신호의 상승 시간을 50 psec만큼 증가시킬 가능성이 있다. 비아 하나는 상승 시간을 쉽게 두 배로 증가시킬 수 있어 중대한 타이밍 문제를 일으킨다.

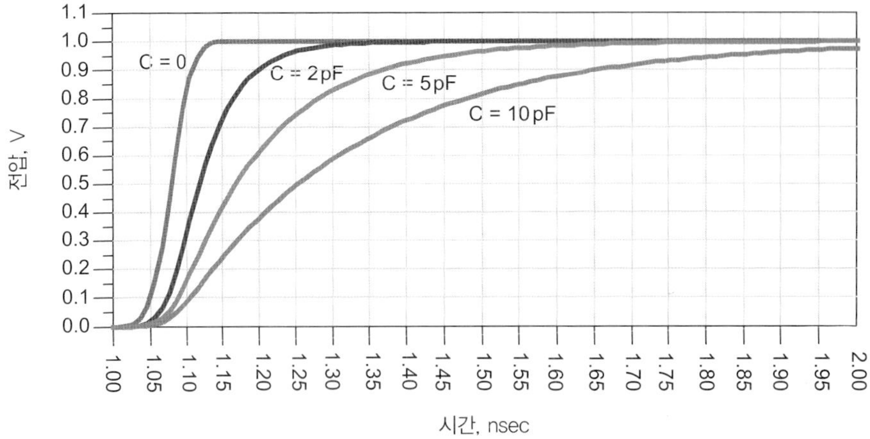

그림 8-26 신호의 상승 시간이 50 psec일 때 50 Ω 트레이스의 중간에 위치한 용량성 불연속의 값에 따른 수신기에서의 지연 시간 변화. 간단한 경험 규칙에 근거한 지연 추가 추정치는 각각 50 psec, 125 psec, 250 psec이다.

지연 추가의 영향을 최소화하는 한 가지 방법은 낮은 특성 임피던스를 사용하는 것이다. 특성 임피던스가 낮을수록 동일한 용량성 불연속에 의한 지연 추가가 감소한다.

8.16 모서리와 비아의 영향

신호가 균일 인터커넥트를 따라 이동하면 전달 신호의 반사와 왜곡이 없다. 하지만 균일 인터커넥트가 90° 각도로 꺾이면, 임피던스 변화가 생기고 신호의 반사와 왜곡이 발생한다. 균일 트레이스의 90° 모서리는 임피던스 불연속이 되어 신호 품질에 영향을 미친다는 것은 분명한 사실이다. [그림 8-27]은 가까운 거리에서 90°로 두 번 꺾인 임피던스 불연속에서 반사되는 상승 시간이 50 psec인 신호의 TDR 응답을 측정한 결과이다. 이 결과는 쉽게 측정할 수 있다.

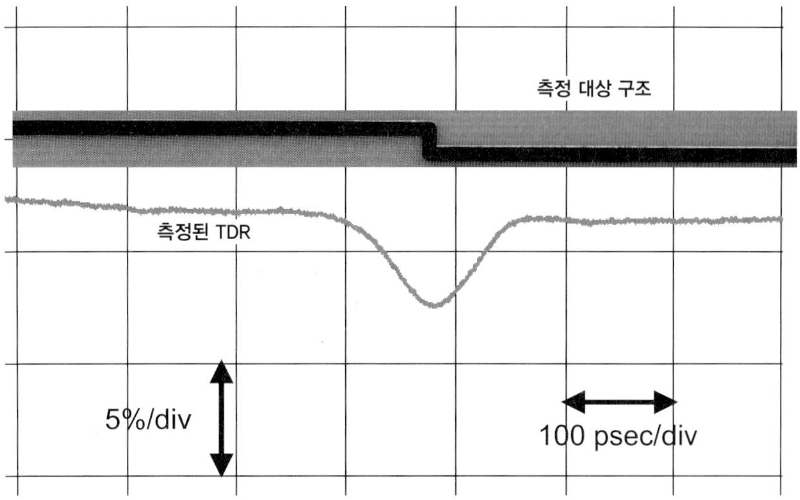

그림 8-27 폭이 65 mil인 균일한 50 Ω 선로에 두 개의 90° 모서리가 근접해 있는 경우의 TDR 응답 측정 결과. 소스 신호의 상승 시간은 약 50 psec이다. Agilent DCA 86100와 GigaTest Labs Probe Station으로 측정

90°로 한 번 꺾이는 선로를 45°로 두 번 꺾이게 설계하면 이러한 임피던스 불연속 효과가 감소하고, 일정한 폭으로 둥글게 구부러지게 하면 모서리에서의 반사가 훨씬 더 줄어든다. 하지만 모서리로 인한 왜곡이 문제가 될까? 선로 모서리에서 발생하는 불연속의 크기가 우려할 만큼 큰 것일까? 어떤 경우에 모서리에서 발생하는 불연속이 문제를 일으킬 수 있을까? 이 질문에 대한 답을 얻을 수 있는 유일한 방법은 수치로 나타내는 것이며 이를 위해서는 선로의 모서리가 신호 무결성에 영향을 미치는 근본 원인을 이해해야 한다.

트레이스가 90°로 꺾이면 전자는 꺾어진 부분 주위에서 가속되어 과도한 방사와 왜곡을 유발한다고 생각하기도 한다. 7장에서 살펴보았듯이, 도선 내의 전자들은 실제로 약 1 cm/sec의 느린 속도로 움직인다. 실제로, 꺾인 모서리의 존재는 전자의 속도에 전혀 영향을 미치지 않는다. 모서리의 뾰족한 지점에 높은 전기장이 있는 것은 사실이지만 이는 DC 효과이며 바깥쪽 가장자리의 급격한 방향전환에 기인한다. 이러한 높은 직류 장(field)은 필라멘트의 성장(filament growth)을 가져오고 장기적으로 신뢰성 문제를 일으킬 수 있지만 신호 품질에는 영향을 미치지 않는다.

TIP

모서리가 신호 전달에 미치는 영향은 바로 구부러진 부분에서 선로 폭이 더 넓어지기 때문이다. 이 넓어진 폭은 용량성 불연속과 같은 역할을 한다. 이 용량성 불연속으로 인해 신호가 반사되고, 전달된 신호에 추가로 시간 지연이 발생한다.

트레이스가 일정한 폭을 유지하면서 회전한다면, 선로의 폭은 변하지 않으며 신호는 회전하는 동안에 모든 지점에서 같은 순시 임피던스를 마주치게 되므로 반사가 발생하지 않는다. 트레이스가 90°로 꺾이면서 모서리에서 추가되는 도체의 면적을 대략 추정할 수 있다. [그림 8-28]은 모서리에서 추가되는 부분을 나타낸 것이다. 추가되는 부분은 정사각형 하나보다 작은데, 대략 정사각형 도체의 절반 정도이다.

모서리의 커패시턴스는 정사각형의 커패시턴스와 트레이스의 길이당 커패시턴스로 추정할 수 있다.

$$C_{corner} = 0.5 \times C_{sq} = 0.5 \times C_L \times w \tag{8.29}$$

선로의 길이당 커패시턴스는 선로의 특성 임피던스와 관련이 있다.

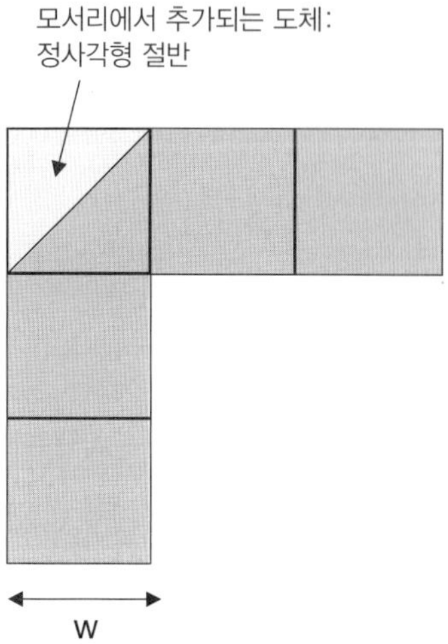

그림 8-28 모서리에서 추가되는 도체를 대략적으로 추정하면 정사각형의 절반이다.

$$C_L = \frac{83}{Z_0}\sqrt{\varepsilon_r} \tag{8.30}$$

모서리의 커패시턴스 값은 대략 다음과 같다.

$$C_{corner} = 0.5 \times C_L \times w = 0.5 \times w \times \frac{83}{Z_0}\sqrt{\varepsilon_r} \sim \frac{40}{Z_0} \times \sqrt{\varepsilon_r} \times w \quad (8.31)$$

여기서

C_{corner} = 모서리당 커패시턴스(단위: pF)
C_L = 길이당 커패시턴스(단위: pF/inch)
w = 선로 폭(단위: inch)
Z_0 = 선로의 특성 임피던스(단위: Ω)
ε_r = 유전체의 유전 상수

예를 들어, 위에서 측정한 0.065 inch 폭의 트레이스에서, 두 개의 90° 모서리 각각의 커패시턴스는 약 40/50 × 2 × 0.065 = 0.1 pF = 100 fF이다. 위의 예에서는 가까운 곳에 두 개의 모서리가 있으므로, 불연속 구간의 총 커패시턴스는 약 200 fF로 추정된다. 측정된 TDR 응답을 사용하여, 이들 불연속에 의해 추가되는 커패시턴스를 추정할 수 있다. [그림 8-29]는 중앙에 200 fF의 커패시턴스를 갖는 균일한 선로에 대한 측정 결과와 시뮬레이션 결과를 비교한 것이다. 두 결과가 잘 일치하는 것을 볼 때, 모서리에 의해 생긴 불연속을 200 fF 커패시터로 모델링할 수 있음을 알 수 있다. 이 결과는 위에서 다룬 단순 모델의 수식으로 구한 200 fF의 커패시턴스 값과 매우 가깝다.

TIP

모서리의 커패시턴스 추정치는 단순하고 기억하기 쉬운 경험 규칙으로 일반화할 수 있다. 50 Ω 전송선로에서 모서리와 관련된 커패시턴스는 선로 폭의 2배와 같다. 여기서 커패시턴스의 단위는 fF이고 선로 폭의 단위는 mil이다.

50 Ω 임피던스를 유지하면서 선로 폭이 좁아지면, 모서리의 커패시턴스는 감소하므로 모서리의 영향은 줄어든다. 고밀도 회로 기판에서 전형적인 신호 선로의 폭은 5 mil인데, 이 경우 모서리의 커패시턴스는 약 10 fF이다. 10 fF 커패시터로 인한 반사 노이즈는 약 0.010 pF/4~3 psec의 상승 시간에 대해서는 중요한다. 10 fF 커패시턴스로 인한 지연 시간 추가는 약 0.5 × 50 × 0.01 pF = 0.25 psec이다. 이러한 결과를 볼 때 폭이 5 mil인 선로에서 모서리의 커패시턴스가 신호 무결성에 크게 영향을 줄 가능성은 거의 없다.

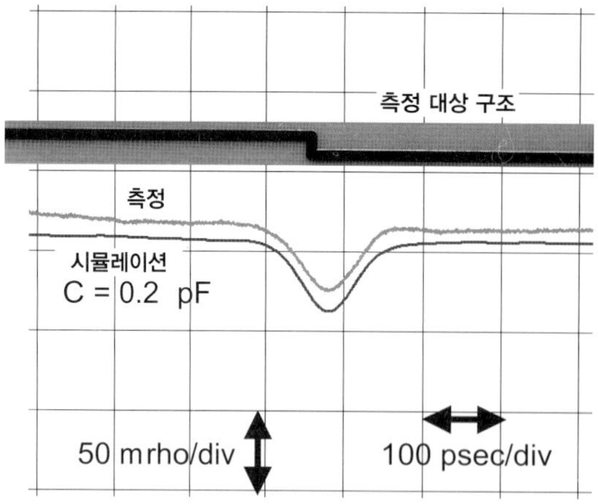

그림 8-29 폭이 65 mil인 균일한 50 Ω 선로에 두 개의 90° 모서리가 근접해 있는 경우의 TDR 응답 측정 결과. 소스 신호의 상승 시간은 약 50 psec이다. 0.2 pF의 커패시턴스에 대한 시뮬레이션 응답은 잘 구별할 수 있도록 약간 아래로 이동하였다. Agilent DCA 86100와 GigaTest Labs Probe Station으로 측정하고 TDA Systems IConnect 소프트웨어로 시뮬레이션

비아(via)를 사용하여 신호 선로를 시험 위치(test point)에 연결하거나, 기판상의 인접한 층에 배선된 신호 선로들을 비아를 사용하여 연결할 때, 비아의 배럴(barrel, 원통 기둥)은 기판의 여러 평면 사이에서 추가적인 커패시턴스를 가질 수 있다. 따라서 중간에 남아있는 잔류 비아 스터브(residual via stub)는 신호가 볼 때 용량성 부하와 같다. 비아 스터브의 커패시턴스는 배럴 사이즈, 클리어런스 홀, 기판 상단과 하단의 패드 사이즈, 스터브의 길이에 따라 크게 달라진다. 이들로 인해 추가되는 잔류 커패시턴스는 0.1 pF에서 1 pF 이상까지 다양하다. 신호 선로에 연결되는 모든 비아들은 용량성 불연속처럼 보일 수 있으며, 균일한 고속 직렬 연결 선로에서 이러한 불연속은 선로의 신호 품질에 가장 큰 제한 요소가 될 수 있다.

비아의 잔류 커패시턴스는 간단한 근사식으로 추정할 수 있다. 특별한 조치를 취하지 않는 한, 다양한 평면을 통과하는 귀환 경로를 포함한 비아의 유효 특성 임피던스는 50 Ω보다 낮아서 대략 35 Ω 정도이다. 50 Ω 선로의 커패시턴스는 1 inch당 3.3 pF이다. 비아 스터브의 커패시턴스는 대략 1 inch당 5 pF이며, 1 mil당으로는 5 fF이다. 이러한 대략적인 경험 규칙으로 비아 스터브의 커패시턴스 부하를 추정할 수 있다.

예를 들어, 두꺼운 기판에서 20 mil 길이의 비아 스터브는 20 mil × 5 fF/mil = 100 fF의 커패시턴스를 가진다. 100 mil 길이의 비아 스터브는 100 mil × 5 fF/mil = 500 fF = 0.5 pF의 커패시턴스를 가진다.

[그림 8-30]은 10층 기판에서 15 inch 길이의 선로 중간에 한 개의 스루홀 비아(through-hole via)가 있는 경우와 없는 경우에 균일 선로의 TDR 응답을 측정한 결과를 보여준다. 선로의 임피던스는 약 58 Ω이며 선로 폭은 8 mil이다. 신호의 상승 시간은 약 50 psec이다. 이 트레이스에서 SMA 커넥터의 비아와 선로 중간의 스루홀 비아와 관련된 커패시턴스는 약 0.4 pF이다. 두 비아 사이의 반사 전압 차이는 신호가 기판의 중간으로 전파되고 그곳에서 다시 반

사되어 돌아오는 동안 생기는 유전체 손실로 인한 신호의 상승 시간 열화(degradation) 때문이다. 선로를 따라 변화하는 반사 전압은 제조 공정 변동에 의한 임피던스 변화를 나타내는 척도이다.

이 특정 조건의 비아는 약 0.4 pF의 커패시턴스로 근사화할 수 있다. 이 단일 비아에 의한 지연 시간 추가는 약 0.5 × 50 × 0.4 pF = 10 psec로 예상할 수 있다. [그림 8-31]에 나타난 전달 신호로부터 비아가 있는 신호를 통해 이동한 신호는 비아가 없는 같은 선로를 통해 이동한 신호에 비해 지연 시간이 9 psec 증가했다는 것을 알 수 있다. 이 값은 간단한 경험 규칙으로 계산한 추정치에 매우 가깝다.

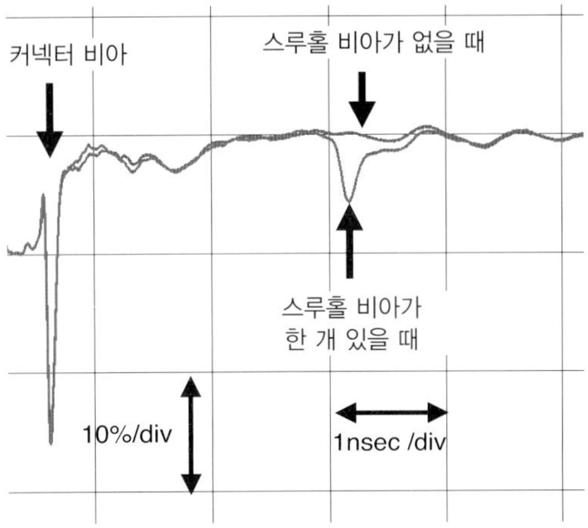

그림 8-30 균일한 전송선로 중간에 용량성 불연속을 생성하는 스루홀 비아가 있을 때와 없을 때, 균일 전송선로의 TDR 응답을 측정한 결과. 전송선로 맨 앞쪽에 있는 커넥터 비아도 용량성 불연속이다. 샘플 제공: UltraCAD의 Doug Brooks, Agilent DCA 86100, GigaTest Labs Probe Station, TDA Systems IConnect 소프트웨어로 측정

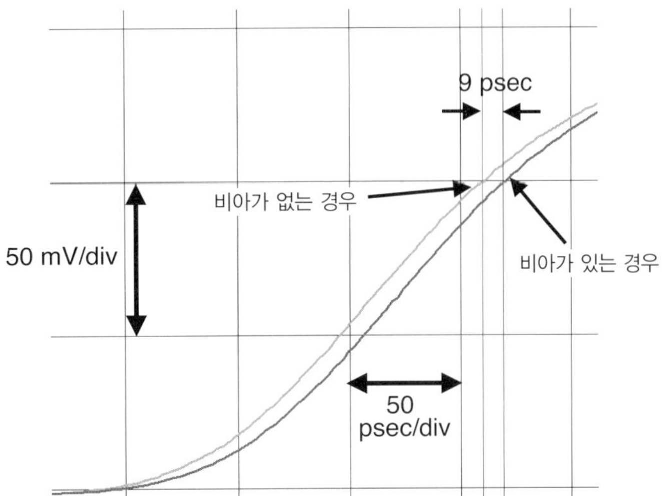

그림 8-31 15 inch 길이의 균일 전송선로 중간에 9 psec의 시간 지연을 주는 스루홀 비어가 한 개 있을 때와 없을 때 전달 신호를 측정한 결과. 샘플 제공: UltraCAD의 Doug Brooks, Agilent DCA 86100, GigaTest Labs Probe Station, TDA Systems IConnect 소프트웨어로 측정

8.17 부하 장착 전송선로

전송선로에 하나의 작은 용량성 부하가 있으면 신호는 왜곡되고 상승 시간은 느려진다. 각각의 개별 커패시턴스는 신호가 그 근처에서 바라보는 임피던스를 낮추는 작용을 한다. 선로상에 여러 개의 용량성 부하가 분산되어 있고[예를 들어, 버스(bus)에서 1.2 inch 간격으로 배치된 2 pF의 커넥터 스터브, 또는 메모리 버스에서 0.8 inch 간격으로 배치된 3 pF의 패키지 커패시턴스와 입력 게이트 커패시턴스], 이들의 간격이 상승 시간의 공간적 범위와 비교하여 짧으면, 각각의 용량성 불연속에 의해 반사되는 신호는 크기가 작아서 노이즈로 나타나지 않을 수 있다. 이 경우, 선로의 특성 임피던스가 감소된 것처럼 보인다. 용량성 부하가 균일하게 분포된 전송선로를 부하 장착 선로(장하 선로, loaded line)라고 한다.

각각의 불연속은 임피던스가 더 낮은 영역으로 보인다. 커패시턴스들 사이의 시간 지연에 비해 상승 시간이 짧을 때, 각각의 불연속은 신호에 대해 개별 불연속으로 작용한다. 하지만 커패시턴스들 사이의 시간 지연에 비해 상승 시간이 길 때는 낮은 임피던스 영역들이 겹쳐져 전송선로의 평균 임피던스는 더욱 낮게 보인다.

세 개의 서로 다른 상승 시간에 대해서 부하 장착 전송선로에서 반사되는 신호의 예가 [그림 8-32]에 나타나 있다. 이 예에서는 50 Ω 전송선로에 총 5개의 3 pF 커패시터 부하가 1 inch 간격으로 분포되어 있다. 선로의 마지막 10 inch에는 부하가 달려있지 않다. 각 커패시터는 약 $2.2 \times 0.5 \times 50\ \Omega \times 3\ \text{pF} = 150\ \text{psec}$의 고유한 10–90 상승 시간을 갖는다. [그림 8-32]의 첫 번째 예에서 초기 상승 시간은 50 psec이지만, 첫 번째 커패시터에서 상승 시간이 150 psec로 증가하고 이후 각 커패시터를 지날 때마다 더욱 증가한다.

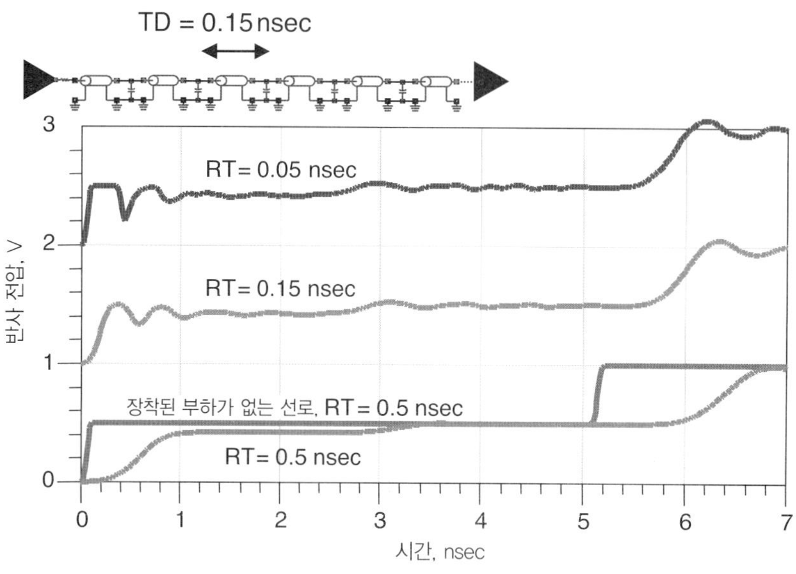

그림 8-32 3 pF 커패시터 사이의 시간 지연이 0.15 nsec인 부하 장착 선로에서의 반사 신호. 상승 시간이 증가함에 따라 각 커패시터에 의해 발생하는 반사 노이즈는 잘 나타나지 않는다.

처음 몇 개의 커패시터는 신호의 관점에서 불연속으로 보이지만 이후의 커패시터는 전달되는 신호의 긴 상승 시간으로 인해 더 이상 불연속으로 보이지 않는다. 신호의 상승 시간이 용량성 불연속 사이의 시간 지연에 비해 길면 균일하게 분산된 용량성 부하는 선로의 특성 임피던스를 낮아져 보이게 한다. 이러한 부하 장착 선로에서는 추가된 기판의 특성에 의해 선로의 길이당 커패시턴스가 증가한 것과 같다. 길이당 커패시턴스가 높을수록 특성 임피던스는 낮아지고 시간 지연은 길어진다.

장착된 부하가 없는 균일 전송선로에서, 특성 임피던스와 시간 지연은 다음과 같이 길이당 커패시턴스와 길이당 인덕턴스에 따라 결정된다.

$$Z_0 = \sqrt{\frac{L_L}{C_{0L}}} \tag{8.32}$$

$$TD_0 = Len\sqrt{L_L C_{0L}} \tag{8.33}$$

여기서

Z_0 = 장착된 부하가 없는 전송선로의 특성 임피던스(단위: Ω)

L_L = 전송선로의 길이당 인덕턴스(단위: pH/inch)

C_{0L} = 장착된 부하가 없는 전송선로의 길이당 커패시턴스(단위: pF/inch)

Len = 전송선로의 길이(단위: inch)

TD_0 = 장착된 부하가 없는 전송선로의 시간 지연(단위: psec)

커패시턴스가 C_1인 용량성 부하가 d_1 간격으로 균일하게 분산되어 있을 때, 전송선로의 길이당 분산 커패시턴스는 C_{0L}에서 $(C_{0L} + C_1/d_1)$으로 증가한다. 이렇게 되면 선로의 특성 임피던스와 시간 지연은 다음과 같이 변화한다.

$$Z_{Load0} = \sqrt{\frac{L_L}{C_{0L} + \frac{C_1}{d_1}}} = Z_0\sqrt{\frac{C_{0L}}{C_{0L} + \frac{C_1}{d_1}}} = Z_0\sqrt{\frac{1}{1 + \frac{C_1}{C_{0L} d_1}}} \tag{8.34}$$

$$TD_{Load} = Len\sqrt{L_L\left(C_{0L} + \frac{C_1}{d_1}\right)} = TD_0\sqrt{1 + \frac{C_1}{C_{0L} d_1}} \tag{8.35}$$

여기서

Z_0 = 장착된 부하가 없는 전송선로의 특성 임피던스(단위: Ω)

Z_{Load0} = 부하장착 전송선로의 특성 임피던스(단위: Ω)

L_L = 전송선로의 길이당 인덕턴스(단위: pH/inch)

C_{0L} = 장착된 부하가 없는 전송선로의 길이당 커패시턴스(단위: pF/inch)

C_1 = 각 개별 커패시터의 커패시턴스(단위: pF)

d_1 = 각 개별 커패시터 사이의 거리(단위: inch)

Len = 전송선로의 길이(단위: inch)

TD_0 = 장착된 부하가 없는 전송선로의 시간 지연(단위: psec)

TD_{Load} = 부하장착 전송선로의 시간 지연(단위: psec)

50 Ω 선로에서 길이당 커패시턴스는 약 3.4 pF/inch이다. 추가된 분산 용량성 부하가 이와 비슷하면 특성 임피던스와 시간 지연이 크게 달라질 수 있다. 예를 들어, 멀티드롭 버스(multidrop bus)에서 메모리 뱅크(memory bank)의 입력 게이트 커패시턴스인 3 pF 부하가 1 inch 간격으로 분산되어 있는 경우, 길이당 추가되는 부하 커패시턴스는 3 pF/inch이다. 이 경우, 특성 임피던스는 $0.73 \times Z_0$으로 감소하고, 시간 지연은 $1.37 \times TD_0$로 증가한다.

선로의 특성 임피던스가 낮아지기 때문에, 종단 저항도 작아져야 한다. 다른 방법으로는 분산된 용량성 부하들이 위치한 영역에서는 선로의 폭을 줄여서 부하가 없을 때의 임피던스를 높일 수 있다. 이렇게 한 상태에서 부하들이 연결되면 선로의 임피던스는 목푯값에 가까워진다.

이와 같이 선로에 추가된 개별 커패시턴스가 특성 임피던스를 낮추고 시간 지연을 증가시키는 효과는 비아 내부에서도 동일하게 발생한다.

패드 스택(pad stack)에서 각 층에 있는 비기능 패드(nonfunctional pad)[1]들, 또는 각 층의 전원면이나 접지면들의 클리어런스 홀들을 통과하는 비아 배럴의 추가 커패시턴스는 개별 커패시터의 커패시턴스가 추가된 것처럼 보일 것이다. 이는 비아의 임피던스를 더욱 낮추고 비아의 길이와 기판의 유전 상수 Dk에 따른 시간 지연을 예상보다 더욱 길어지게 하는 데 기여한다.

이는 4 정도인 기판 물질의 유전 상수에 비해 유효 유전 상수가 8~15 정도로 더 높아진 것과 같다. 이러한 유효 유전 상수의 증가는 기판 평면에 대한 비아 배럴의 높은 커패시턴스가 개별 커패시터 부하처럼 추가되기 때문이다.

8.18 유도성 불연속에서의 반사

전송선로에 추가되는 거의 모든 직렬 연결은 직렬 루프 인덕턴스를 가진다. 다층기판에서 신호 층을 바꾸는 데 사용되는 모든 비아, 직렬 종단 저항기, 커넥터, 모든 설계 변경 와이어(engineering change wire)는 어느 정도 추가 루프 인덕턴스를 가진다. 신호는 이 루프 인덕턴스를 전송선로에 추가된 임피던스 불연속으로 바라본다.

임피던스 불연속이 신호 경로에 있는 경우, 루프 인덕턴스의 대부분을 차지하는 것은 신호 경로의 부분 자기 인덕턴스(partial self-inductance)이지만, 귀환 경로와의 부분 상호 인덕턴

1 (옮긴이) 기판상의 패드 중에서 자신이 있는 층의 트레이스와 연결되지 않은 패드

스(partial mutual inductance)도 일부 존재한다. 임피던스 불연속이 귀환 경로에 있는 경우, 귀환 경로의 부분 자기 인덕턴스가 루프 인덕턴스를 지배한다. 두 경우 모두, 신호는 신호 선로와 귀환 경로 사이에서 전류 루프를 형성하며 전송선로를 따라 전파하기 때문에 신호가 민감한 것은 루프 인덕턴스이다.

높은 직렬 루프 인덕턴스는 빠른 상승 시간의 입사파 신호에게는 처음에 높은 임피던스처럼 보일 것이다. 따라서 양(+)의 부호를 갖는 반사가 발생하여 소스로 향한다. [그림 8-33]은 귀환 경로에 작은 틈(gap)이 있을 때, 틈 위를 가로질러 이동하는 균일 전송선로에서 측정된 반사 신호를 보여준다.

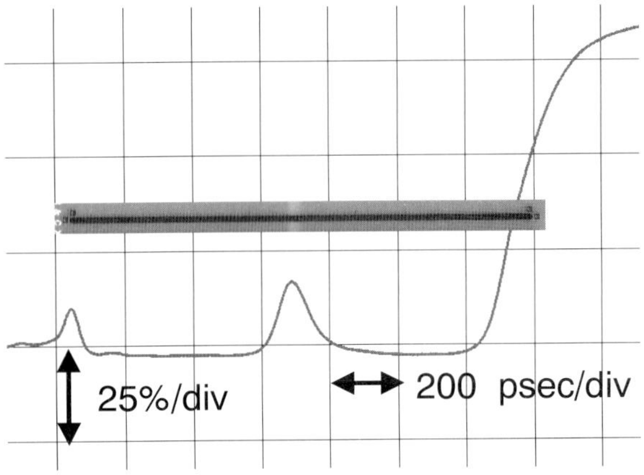

그림 8-33 귀환 경로의 중간에 있는 틈(gap)에 의해 생겨난 유도성 불연속을 가진 균일 전송선로에서 측정된 TDR 반사 신호. 상승 시간은 약 50 psec이다. Agilent DCA 86100과 GigaTest Labs Probe Station으로 측정하고 TDA Systems Iconnect 소프트웨어로 분석

[그림 8-34]는 서로 다른 유도성 불연속 값에 따른 소스에서의 신호와 수신기에서의 신호의 변화를 보여주고 있다. 소스 앞쪽의 신호는 올라갔다가 다시 내려가는 비단조성(non-monotonicity)을 보인다. 신호는 일정한 상승 속도로 단조롭게 증가하고 있지 않다. 이러한 특징은 그 자체로 신호 무결성 문제를 일으키지 않을 수 있다. 하지만 소스 앞쪽 가까이에 수신기가 위치해 있을 때 50% 지점을 지나서 증가하다가 50% 이하로 떨어지는 신호를 수신하면 잘못 트리거가 될 수 있다.

신호의 초기에는 상승 에지나 하강 에지에 왜곡이 발생해도 데이터 신호의 셋업 시간(setup time)과 홀드 시간(hold time) 밖에서 발생한다면 수신기에 비트 에러가 발생하지 않을 수 있다. 그러나 클록 신호의 경우에는 에지가 왜곡되면 타이밍 에러가 발생할 수 있으며, 이로 인해 비트 에러가 발생할 수 있다.

비단조 동작은 가능한 한 피해야 한다. 전송선로의 맨 끝에서 전달 신호에는 오버슈트와 시간 지연 추가가 나타난다.

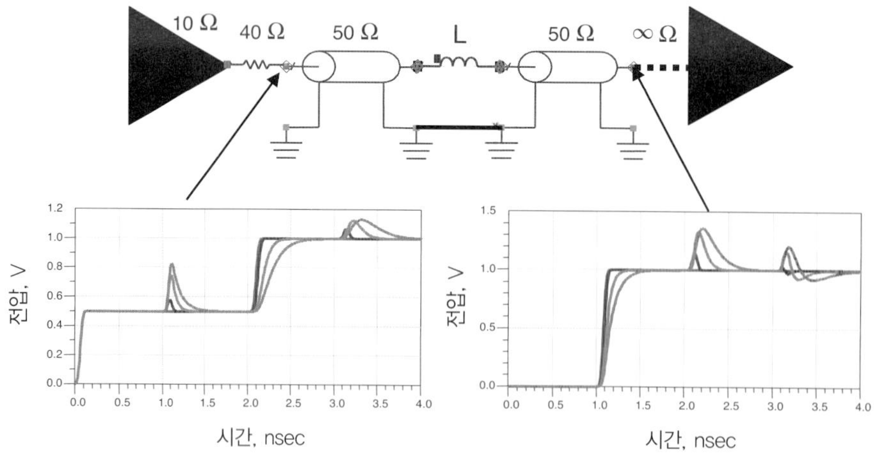

그림 8-34 상승 시간이 50 psec인 신호가 유도성 불연속을 만날 때 소스에서의 신호와 수신기에서의 신호. 유도성 불연속의 값은 L = 0 nH, 1 nH, 5 nH, 10 nH이다.

일반적으로 회로에서 허용할 수 있는 최대 인덕턴스는 노이즈 마진과 그 밖의 회로의 여러 가지 특징에 따라 달라진다. 따라서 허용 가능한 인덕턴스를 구하기 위해서는 각각의 경우를 시뮬레이션해야 한다. 그러나 시뮬레이션을 하지 않고 얼마만큼의 인덕턴스이면 너무 큰지 대략적으로 판단하기 위해, 개별 인덕터가 갖는 직렬 임피던스 불연속이 선로의 특성 임피던스의 20% 이상으로 증가하는 경우를 한계로 삼을 수 있다. 이 한계 조건에서 반사 신호는 신호 스윙의 약 10%가 되는데, 이것이 일반적으로 반사 노이즈에 할당된 최대 허용 노이즈이다.

인덕터의 임피던스가 특성 임피던스에 비해 작고 상승 시간이 선형 램프(ramp)인 경우, 상승 시간이 인덕터를 통과하는 동안 인덕터의 임피던스를 다음과 같이 근사화할 수 있다.

$$Z_{inductor} = \frac{V}{I} = \frac{L\frac{dI}{dt}}{I} = \frac{L}{RT} \tag{8.36}$$

여기서

$Z_{inductor}$ = 인덕터의 임피던스(단위: Ω)

L = 인덕턴스(단위: nH)

RT = 신호의 상승 시간(단위: nsec)

최대 허용 유도성 불연속 추정치는 인덕터의 임피던스를 전송선로 특성 임피던스의 20% 미만으로 유지하는 것으로 설정할 수 있다.

$$Z_{inductor} < 0.2 \times Z_0 \tag{8.37}$$

$$\frac{L_{max}}{RT} < 0.2 \times Z_0 \tag{8.38}$$

$$L_{max} < 0.2 \times Z_0 \times RT \tag{8.39}$$

여기서

L_{max} = 최대 허용 직렬 인덕턴스(단위: nH)

Z_0 = 전송선로의 특성 임피던스(단위: Ω)

RT = 신호의 상승 시간(단위: nsec)

예를 들어, 선로의 특성 임피던스가 50 Ω이고 상승 시간이 1 nsec인 경우, 허용할 수 있는 최대 직렬 인덕턴스는 L_{max} = 0.2 × 50 × 1 nsec = 10 nH이다.

TIP

다음과 같은 간단한 경험 규칙을 생각해 보자. 대략적인 근사치로서, 50 Ω 선로에서 허용할 수 있는 최대 초과 루프 인덕턴스(nH)는 상승 시간(nsec)의 10배이다. 마찬가지로, 불연속으로 인해 루프 인덕턴스가 발생하는 경우, 반사 노이즈가 노이즈 버짓을 초과하지 않는 범위에서 허용할 수 있는 최단 상승 시간(nsec)은 L/10이다. 이때 인덕턴스 L의 단위는 nH이다.

커넥터에서 루프 인덕턴스가 5 nH인 경우, 해당 커넥터에 대해 사용할 수 있는 최단 상승 시간은 약 5 nH/10 = 0.5 nsec 정도일 수 있다. 신호의 상승 시간이 0.1 nsec이면, 모든 유도성 불연속은 10 × RT = 10 × 0.1 = 1 nH 미만으로 유지되어야 한다.

이 추정치를 바탕으로 축방향 리드(axial lead) 타입의 저항기와 표면실장용(SMT) 종단 저항기에 대해 사용 가능한 상승 시간을 구할 수 있다. 축방향 리드 저항기에서의 직렬 루프 인덕턴스는 약 10 nH이고 SMT 저항기에서는 약 2 nH이다.

TIP

반사 노이즈로 인해 문제가 발생하지 않는 조건에서 축방향 리드 저항기에 대해 사용할 수 있는 최단 상승 시간은 약 10 nH/10 = 1 nsec이고, SMT 저항기의 경우 약 2 nH/10 = 0.2 nsec이다.

상승 시간이 nsec 이하인 경우, 축방향 리드 타입의 저항기는 적합한 부품이 아니므로 피해야 한다. 상승 시간이 100 psec에 가까워짐에 따라, SMT 타입의 저항기를 사용하여 가능한 가장 낮은 루프 인덕턴스를 갖도록 설계하는 것이 점점 더 중요해질 것이다. 고성능 SMT 저항기를 사용할 때 가장 중요한 설계 요소는 짧은 길이와 가능한 한 표면에 가까운 귀환 평면이다. 또한 기판이나 패키지 내에 통합된 저항기는 2 nH보다 상당히 낮은 루프 인덕턴스를 가질 수 있고 이것이 필요할 수 있다.

유도성 불연속은 반사 노이즈와 시간 지연 추가에 기여한다. 상승 시간이 매우 짧고 전달 신호의 상승 시간이 직렬 인덕터에 의해 가장 크게 영향을 받는 경우, 전달 신호의 10–90 상승 시간은 대략 다음과 같다.

$$TD_{10-90} = 2.2 \times \frac{L}{2Z_0} = \frac{L}{Z_0} \tag{8.40}$$

$$TD_{adder} = 0.5 \times \frac{L}{Z_0} \tag{8.41}$$

여기서

TD_{10-90} = 전달 신호의 상승 시간(단위: nsec)

L = 불연속의 직렬 루프 인덕턴스(단위: nH)

Z_0 = 선로의 특성 임피던스(단위: Ω)

TD_{adder} = 50% 지점에서 시간 지연 추가(단위: nsec)

예를 들어, 10 nH의 불연속은 10-90 상승 시간을 약 10/50 = 0.2 nsec로 증가시킨다. 중간 지점에 추가되는 시간 지연은 이 값의 대략 절반인 0.1 nsec이다. [그림 8-35]는 불연속이 각각 1 nH, 5 nH, 10 nH이고 상승 시간이 50 psec일 때 수신 신호의 시간 지연 추가를 시뮬레이션으로 구한 결과이다.

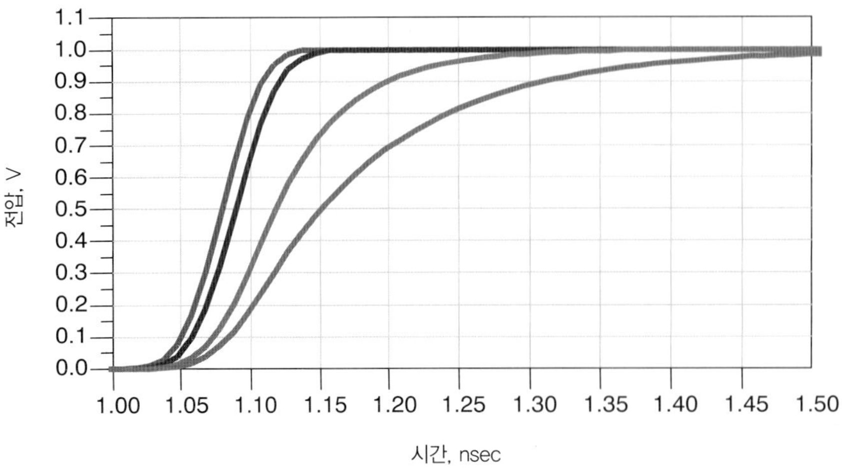

그림 8-35 상승 시간이 50 psec이고 유도성 불연속이 0 nH, 1 nH, 5 nH, 10 nH일 때 수신 신호에 추가된 시간 지연. 추가된 시간 지연 추정치는 0 psec, 10 psec, 50 psec, 100 psec이다.

8.19 임피던스 불연속의 보상

특정 커넥터가 이미 설계된 경우와 같이 회로에서 직렬 루프 인덕턴스를 갖는 것이 불가피한 경우가 있다. 직렬 루프 인덕턴스를 그대로 두면 과도한 반사 노이즈가 발생할 수 있다. 이러한 노이즈 중 일부를 제거하기 위해 보상(compensation)이라는 기법이 사용된다.

이 기법은 신호를 속여서 큰 유도성 불연속을 보지 못하게 하고 그 대신 선로의 특성 임피던스와 일치하는 전송선로의 부분을 보게 하는 것이다. 이상적인 전송선로는 한 개의 LC 회로로 이루어진 1차 등가 회로로 근사화할 수 있다. 이 경우 임의의 선로 부분의 특성 임피던스는 다음과 같다.

$$Z_0 = \sqrt{\frac{L_L}{C_L}} = \sqrt{\frac{L}{C}} \tag{8.42}$$

여기서

Z_0 = 선로의 특성 임피던스(단위: Ω)

L_L = 선로의 길이당 인덕턴스(단위: nH/inch)

L = 임의의 선로 부분의 총 인덕턴스(단위: nH)

C_L = 선로의 길이당 커패시턴스(단위: nF/inch)

C = 임의의 선로 부분의 총 커패시턴스(단위: nF)

[그림 8-36]과 같이 유도성 불연속 양쪽에 작은 커패시터를 추가하여 유도성 불연속을 전송선로의 한 부분으로 바꿀 수 있다. 이 경우에 신호가 바라보는 인덕터의 특성 임피던스는 다음과 같다.

$$Z_1 = \sqrt{\frac{L_1}{C_1}} \tag{8.43}$$

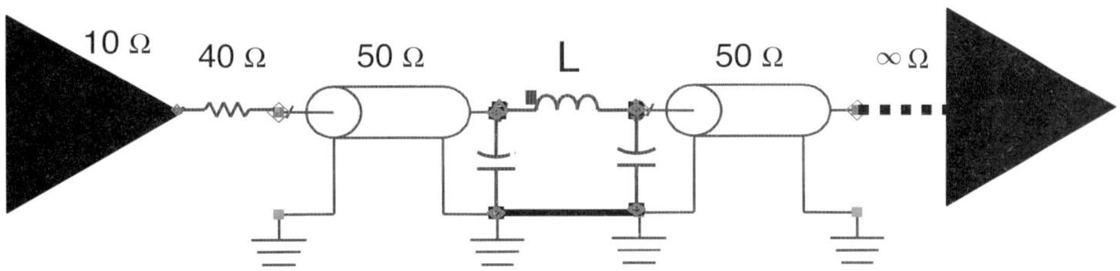

그림 8-36 유도성 불연속에 대한 보상 회로. 유도성 불연속이 50 Ω 전송선로의 한 부분처럼 보이도록 양쪽에 충분한 커패시터를 추가한다.

반사 노이즈를 최소화하려면 겉으로 보이는 커넥터의 특성 임피던스 Z_1이 나머지 회로의 특성 임피던스 Z_0와 같아지게 하는 커패시터의 값을 찾아야 한다. 위의 수식을 이용하여 추가할 커패시터는 다음과 같이 구할 수 있다.

$$C_1 = \frac{L_1}{Z_0^2} \tag{8.44}$$

여기서

C_1 = 추가할 총 보상 커패시턴스(단위: nF)

L_1 = 불연속의 인덕턴스(단위: nH)

Z_0 = 선로의 특성 임피던스(단위: Ω)

예를 들어, 커넥터의 인덕턴스가 10 nH이고 선로의 특성 임피던스가 50 Ω이라면 추가할 총 보상 커패시턴스는 $10/50^2 = 0.004$ nF = 4 pF이 된다. 최적의 보상을 위해서는 4 pF 커패시턴스를 인덕터의 양쪽에 각각 2 pF씩 분배해야 한다.

[그림 8-37]은 커넥터가 없는 경우, 보상하지 않은 커넥터, 보상한 커넥터의 경우, 이렇게 세 가지에 대해 반사 신호와 전달 신호를 나타낸다. 시스템의 상승 시간에 따라 반사 노이즈가 75% 이상 감소하는 경우가 있다.

이 기법은 비아, 저항기와 같은 모든 유도성 불연속에도 적용된다. 패드에서의 커패시턴스와 직렬 인덕턴스의 상대적인 크기에 따라, 실제 불연속은 용량성 또는 유도성으로 보일 수 있다.

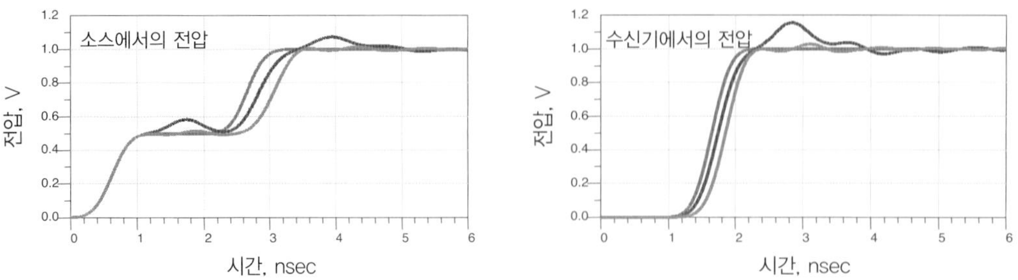

그림 8-37 10 nH의 유도성 불연속과 0.5 nsec의 상승 시간에 대한 소스 신호와 수신 신호. 커넥터가 없는 경우, 커넥터는 있지만 보상이 없는 경우, 커넥터의 인덕턴스를 보상하기 위해 인덕터의 양쪽에 각각 2 pF의 커패시터를 추가한 경우의 시뮬레이션 결과이다.

> **TIP**
> 인터커넥트를 설계하는 데 있어서의 목표는 패드와 다른 요소들을 설계하여 구조가 균일한 전송선로의 한 부분처럼 보이도록 하는 것이다. 이러한 방식으로, 커넥터와 같은 유도성 불연속을 거의 사라지게 만들 수 있다.

8.20 핵심 요약

1. 신호가 바라보는 순시 임피던스가 변하는 곳은 어디든지 반사가 발생하고 전달 신호는 왜곡된다. 이것이 단일 넷(net)과 관련한 신호 품질 문제의 주요 원인이다.
2. 대략적인 경험 규칙으로서, 상승 시간(nsec)보다 더 긴 길이(inch)의 전송선로는 과도한 링잉 노이즈를 방지하기 위해 종단 처리가 필요하다.
3. 소스-직렬 종단은 점대점 연결에 사용하는 가장 일반적인 종단 방식이다. 저항과 소스 임피던스의 합이 선로의 특성 임피던스와 일치하도록 직렬 저항기가 추가되어야 한다.
4. SPICE 또는 다른 회로 시뮬레이터는 신호 무결성과 관련된 모든 엔지니어에게 필수적이다. 많은 시뮬레이터들은 저렴하고 사용하기 쉽다. 이러한 도구들을 사용하여 많은 임피던스 불연속들에 의해 발생하는 모든 다중 반사를 시뮬레이션할 수 있다.
5. 대략적인 경험 규칙으로서, 반사 노이즈를 5% 이하로 유지하기 위해 선로의 특성 임피던스의 변화를 10% 이하로 유지해야 한다.

6. 대략적인 경험 규칙으로서, 짧은 전송선로 불연속의 길이를 신호의 상승 시간(nsec)보다 짧은 길이(inch)로 유지할 수 있다면, 불연속에 의한 반사는 문제를 일으키지 않을 수 있다.
7. 대략적인 경험 규칙으로서, 짧은 스터브의 길이(inch)를 신호의 상승 시간(nsec)보다 짧게 유지할 수 있다면, 스터브에 의한 반사는 문제를 일으키지 않을 수 있다.
8. 선로의 맨 끝에 있는 용량성 부하는 시간 지연을 추가하지만 신호 품질 노이즈는 발생시키지 않는다.
9. 대략적인 경험 규칙으로서, 선로 중간에 용량성 불연속이 있을 때, 커패시턴스(pF)가 상승 시간(nsec)의 4배보다 크면 이 불연속에 의해 과도한 반사 노이즈가 발생한다.
10. 선로 중간의 용량성 불연속성으로 인해 추가되는 시간 지연(psec)은 커패시턴스(pF)의 약 25배이다.
11. 선로가 90°로 꺾여서 생기는 모서리는 선로 폭(mil)의 약 2배에 해당하는 커패시턴스(fF)를 발생시킨다.
12. 용량성 부하가 균일한 간격으로 분포된 전송선로는 유효 특성 임피던스가 낮아진다.
13. 허용할 수 있는 유도성 불연속의 크기(nH)는 신호 상승 시간(nsec)의 약 10배이다.
14. 인덕터(유도성 불연속)의 양쪽에 커패시턴스를 추가하면 신호는 이 부분을 균일 전송선로의 한 부분으로 보게 되므로 유도성 불연속으로 인한 영향을 최소화될 수 있다. 이러한 방식으로 비아를 고속 신호에게는 거의 보이지 않도록 설계할 수 있다.

복습 문제

8.1 반사를 일으키는 유일한 원인은 무엇인가?

8.2 반사 계수의 크기에 영향을 미치는 두 가지 특징은 무엇인가?

8.3 반사 계수의 부호에 영향을 미치는 요소는 무엇인가?

8.4 경계 양쪽에서 만족해야 하는 두 가지 경계 조건은 무엇인가?

8.5 송신기에서 볼 때, 불연속에서 반사되는 신호는 얼마나 오래 지속되는가?

8.6 50 Ω 선로에서 반사된 신호가 75 Ω의 전송선로를 만날 때와 75 Ω 저항기를 만날 때 반사계수는 어떻게 달라지는가?

8.7 신호가 50 Ω 선로의 맨 끝까지 이동하여 수신기의 높은 임피던스와 직렬로 연결된 30 Ω 저항기를 만나는 경우, 수신기에 연결된 30 Ω의 직렬 저항기가 미치는 영향은 무엇인가?

8.8 소스 직렬 저항을 사용하여 양방향 버스를 어떻게 종단시킬 수 있는가? 소스 저항기는 어디에 위치해야 하는가?

8.9 TDR 화면에 실제로 표시되는 측정값은 무엇인가?

8.10 TDR 화면에 표시되는 측정값으로부터 신호가 바라보는 순시 임피던스를 어떻게 구할 수 있는가?

8.11 드라이버에서 무부하 전압이 1 V이다. 출력 핀과 접지 사이에 50 Ω 저항기를 연결할 때 전압이 0.8 V라면 출력 임피던스는 얼마인가?

8.12 용량성 불연속에서의 TDR 응답은 어떤 형태이며 그런 형태가 나오는 이유는 무엇인가?

8.13 유도성 불연속에서의 TDR 응답은 어떤 형태이며 그런 형태가 나오는 이유는 무엇인가?

8.14 드라이버의 출력 임피던스가 35 Ω일 때, 50 Ω 선로에 연결하려면 몇 Ω의 소스 직렬 저항기를 사용해야 하는가? 또 65 Ω 선로에서는 몇 Ω의 소스 직렬 저항기를 사용해야 하는가?

8.15 균일 전송선로 중간에 낮은 임피던스의 짧은 전송선로가 있는 경우와 작은 커패시터가 있는 경우를 TDR을 사용하여 어떻게 구별할 수 있는가?

8.16 TDR 응답을 보고 실제로 긴 75 Ω 선로와 짧은 75 Ω 선로에 75 Ω 저항기가 연결된 것을 어떻게 구별할 수 있는가?

8.17 40 Ω 임피던스를 통해 오는 신호가 80 Ω 임피던스를 만날 때 반사계수와 전달 계수는 어떻게 되는가?

8.18 80 Ω 임피던스를 통해 오는 신호가 40 Ω 임피던스를 만날 때 반사계수와 전달 계수는 어떻게 되는가?

8.19 1 V의 무부하 출력 전압과 10 Ω 출력 저항을 가진 드라이버가 있다. 연결된 전송선로는 50 Ω이며, 선로의 맨 끝이 종단되어 있다. 선로를 종단하기 위해 어떤 값의 저항기를 사용해야 하는가? 맨 끝에 있는 저항이 V_{ss}에 연결되어 있을 때 수신기에서 하이 레벨(high level) 전압과 로우 레벨(low level) 전압은 얼마인가?

8.20 맨 끝의 저항기가 V_{cc}(1 V)에 연결된 경우에 대해 위 19번 문제를 다시 풀어라.

8.21 맨 끝의 저항기가 V_{cc}의 1/2[이를 종단 전압(terminating voltage) V_{tt}라고 함]에 연결된 경우에 대해 위 19번 문제를 다시 풀어라.

8.22 신호의 상승 시간이 3 nsec일 때, 맨 끝을 종단하지 않고 사용할 수 있는 선로의 길이는 얼마인가?

8.23 짧은 전송선로 구조의 불연속인 경우, 그 길이가 점점 짧아질 때 불연속에서 반사되는 전압의 크기는 어떻게 되는가? 어떤 길이에서 불연속이 '투명'해 보이게 되는가?

8.24 비아의 각 층에 있는 비기능 캡처 패드(nonfunctional capture pad)로 인한 용량성 부하에 의해 비아는 전기적으로 더 길어 보일 것인가, 아니면 짧아 보일 것인가?

8.25 1 Ω 출력 임피던스를 갖는 소스에서 나오는 1 V 신호가 0.1 nsec 상승 시간과 50% 듀티 사이클을 가지고 12 inch 길이의 50 Ω 전송선로로 출발한다고 가정해 보자. 단일 50 Ω 종단 저항기를 통해 귀환 경로와 연결될 때 이 저항기의 평균 소비 전력은 얼마인가?

8.26 맨 끝에 연결된 저항기가 접지가 아닌 V_{cc} 전압의 1/2로 종단되면 평균 소비 전력은 어떻게 되는가?

8.27 위 26번 문제에서, 선로를 종단시키는 데 49 Ω 소스 직렬 저항기를 사용한다고 가정하자. 소스 저항기의 소비 전력은 맨 끝 종단과 비교해서 더 큰가, 더 작은가, 아니면 같은가?

[09] 손실이 있는 전송선로, 상승 시간 증가, 물질 특성

에지가 매우 빠른 신호가 실제 전송선로를 통과하면 상승 시간이 더 길어진다. 예를 들어, FR4에서 36 inch 길이의 50 Ω 백플레인 선로를 통해 상승 시간이 50 psec인 신호를 전송할 때 측정된 응답은 [그림 9-1]과 같다. 상승 시간은 거의 1 nsec로 증가하였다. 이러한 상승 시간 증가는 전송선로에서의 손실로 인한 것으로 부호 간 간섭(inter-symbol interference, ISI)을 일으키고 아이 다이어그램(eye diagram)의 붕괴를 일으키는 근본 원인이다.

전송선로의 손실은 고속 직렬 링크와 기가비트 이더넷과 같이 1 GHz보다 높은 클록을 가진 신호가 10 inch 이상의 거리에 전송될 때 발생하는 가장 중요한 신호 무결성 문제이다.

> **TIP**
> 실제 전송선로를 따라 신호가 전파할 때 상승 시간이 증가하는 이유는 신호의 고주파 성분이 저주파보다 더 많이 감쇠되기 때문이다.

주파수 의존적 손실을 분석하는 가장 간단한 방법은 주파수 영역에서 살펴보는 것이다. 하지만 손실이 있는 전송선로에 의해 발생하는 문제는 시간 영역에서 나타나므로 궁극적으로 손실에 의한 신호의 최종 응답은 시간 영역에서 분석해야 한다. 이 장에서는 먼저 주파수 영역에서 손실 메커니즘을 이해한 다음, 시간 영역으로 전환하여 손실이 신호 무결성 응답에 미치는 영향을 평가한다.

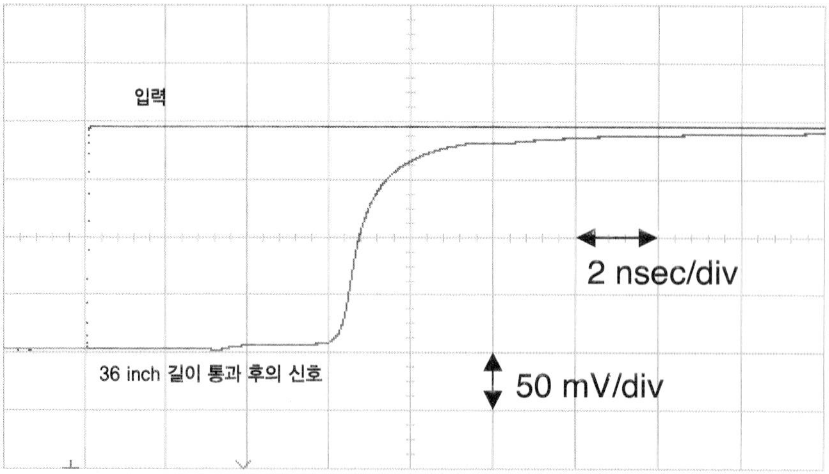

그림 9-1 신호가 36 inch 길이의 50 Ω 선로를 통과하는 경우에 측정된 입력 신호와 출력 신호. 선로에 들어가는 신호의 상승 시간은 50 psec이지만 선로에서 나오는 신호의 상승 시간은 1 nsec이다.

9.1 왜 손실이 있는 전송선로가 문제인가?

손실이 주파수에 따라 달라지지 않아서 저주파 성분이 고주파 성분과 똑같이 감쇠된다면 전체 신호 파형에서 진폭은 균일하게 감소하지만 상승 시간은 달라지지 않고 똑같이 유지될 것이다. 이것이 [그림 9-2]에 설명되어 있다. 이러한 일정한 감쇠 효과는 수신기에서 약간의 이득(gain)으로 보상할 수 있다. 따라서 상승 시간, 타이밍, 지터는 일정한 감쇠에 의해서는 영향을 받지 않고 그대로 유지된다.

상승 시간 증가, ISI, 아이 다이어그램의 붕괴, 결정론적 지터(deterministic jitter)를 일으키는 것은 단순히 손실이 아니라 주파수 의존적인 손실이다.

신호가 실제 손실이 있는 전송선로를 따라 전파됨에 따라 더 높은 주파수 성분들의 진폭이 감소하고, 저주파 성분들은 거의 동일하게 유지된다. 이러한 선택적 감쇠 때문에 신호의 대역폭이 감소한다. 신호의 대역폭이 감소함에 따라 신호의 상승 시간이 증가한다. 특히 상승 시간 증가를 유발하는 것은 손실의 주파수 의존성이다.

증가한 상승 시간이 한 비트에 대한 주기 또는 단위 간격(unit interval, UI)에 비해 작다면 비트 패턴은 매우 일정하고 이전 비트와는 무관할 것이다. 한 비트 사이클이 끝날 때쯤이면 신호는 안정화되어 최종 전압에 도달할 것이다. 이 경우, 데이터 스트림에서 한 비트에 대한 전압 파형은 이전 비트가 하이(high)였든지 로우(low)였든지, 또 얼마나 오랫동안 하이였든지 로우였든지에 상관이 없다. 이 경우, ISI는 발생하지 않는다.

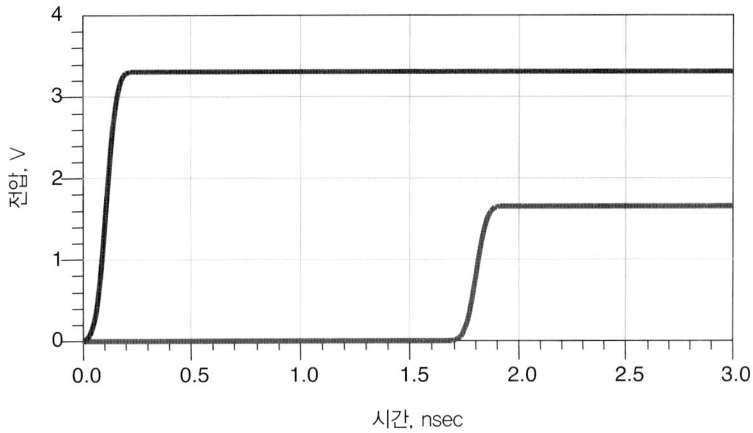

그림 9-2 주파수에 무관한 손실이 있을 때 100 psec 상승 시간 신호의 신호 전파를 시뮬레이션한 결과. 신호의 크기만 영향을 받는다.

그러나 손실로 인해 수신된 신호의 상승 시간이 크게 증가하여 단위 간격과 비슷해지면, 어느 한 비트의 실제 전압 레벨은 신호가 이전에 얼마나 오랫동안 하이를 유지했느냐 또는 로우를 유지했느냐에 따라 달라진다. 이전 비트 패턴이 오랫동안 하이였고 신호가 한 비트 동안 하강했다가 위로 상승했다면, 로우 레벨의 전압이 가장 낮은 전압까지 하강할 시간이 없을 것이다. 따라서 단일 비트가 가지는 정확한 전압 레벨은 이전 비트 패턴에 따라 달라질 것이다. 이를 부호 간 간섭(ISI)이라고 하며 [그림 9-3]에 나타나 있다.

주파수 의존적 손실과 상승 시간 증가로 인해 발생하는 가장 중요한 문제는 ISI이다. 비트 패턴의 정확한 파형은 지나간 이전 비트들에 따라 달라진다. 이는 수신기가 로우 레벨과 하이 레벨의 신호를 구별하는 데 상당한 영향을 미쳐 비트 에러율(bit error rate)을 증가시킨다.

> **TIP**
>
> 또한 신호가 스위칭 임계 전압에 도달하는 시간은 이전 데이터 패턴에 따라 달라지므로 ISI는 지터의 중요한 원인이다. 비트 주기에 비해 상승 시간이 짧으면 ISI는 발생하지 않는다.

수신기에서의 고속 직렬 링크의 신호 품질을 나타내는 일반적인 지표 중 하나는 아이 다이어그램이다. 가능한 모든 비트 스트림(bit stream) 패턴을 나타내는 의사 랜덤 비트 스트림(pseudorandom bit stream)은 트리거 지점으로 기준 클록을 사용하여 시뮬레이션되거나 측정된다. 수신된 비트 스트림에서 추출된 각각의 사이클을 클록과 동기화하여 이전 사이에 겹치는 방식으로 수백 개의 사이클을 중첩한다. 이렇게 중첩된 파형들은 마치 사람이 눈을 뜬 모습처럼 보이기 때문에 아이 다이어그램이라고 부른다.

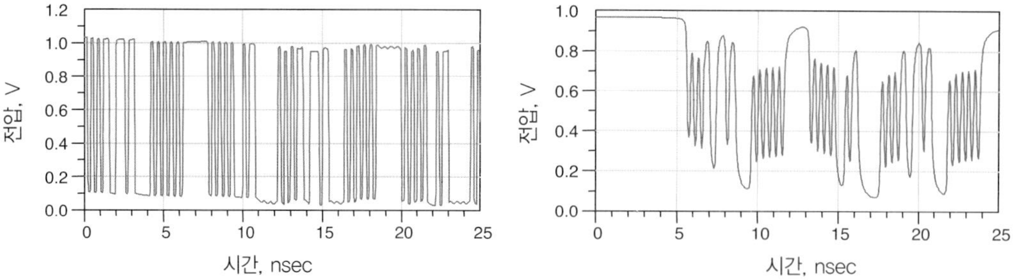

그림 9-3 5 Gbps 의사 랜덤 비트 스트림. (왼쪽) 상승 시간이 비트 주기보다 훨씬 짧을 때의 비트 패턴. (오른쪽) 상승 시간이 비트 패턴과 비슷하여 패턴에 따라 변하는 전압 레벨, 다시 말해 부호 간 간섭을 일으킬 때의 비트 패턴

아이 다이어그램에서 눈이 닫히는 정도는 비트 에러율을 평가하는 척도이다. 유효한 1 비트란 수신된 전압 레벨이 하이가 되는 데 필요한 최소 전압보다 높은 것을 의미하며 유효한 0 비트란 수신된 전압 레벨이 로우가 되는 데 필요한 최대 전압보다 낮은 것을 의미한다. 또한 이들 전압 레벨이 설정 시간(setup time)과 유지 시간(hold time) 내에서 측정되는 것을 의미한다. 이 두 조건은 유효한 신호를 수직과 수평으로 정의하는데 이러한 레벨들을 허용 마스크(acceptance mask)라고 부른다. 각 비트의 전압이 마스크 밖에 있다면, 데이터는 올바르게 판독된다.

수신기에서 전압이 마스크 안으로 들어오면, 데이터를 올바르게 읽어 들이지 못해 비트 에러가 발생할 가능성이 크다. 아이 다이어그램의 눈이 커지면 낮은 비트 에러율을 의미한다. 눈이 마스크를 점점 침범하면서 눈이 많이 닫히는 것은 더욱 높은 비트 에러율을 의미한다.

눈 열림(eye opening)의 정도를 구분하게 해주는 신호 교차 영역의 수평 폭이 지터를 평가하는 척도이다. 눈 열림의 정도를 통해 주파수 의존적 손실의 직접적인 결과인 ISI의 발생을 간접적으로 알 수 있다. [그림 9-4]는 손실이 있는 경우와 없는 경우에 동일한 5 Gbps 파형에 대한 아이 다이어그램을 보여준다.

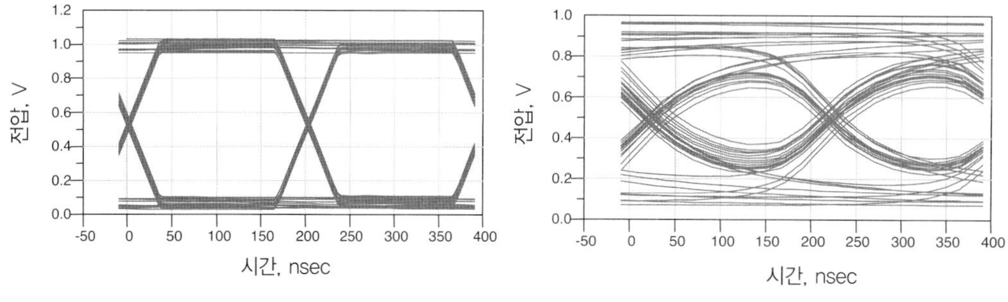

그림 9-4 5 Gbps 의사 랜덤 비트 스트림의 아이 다이어그램. (왼쪽) 손실이 거의 없는 경우. (오른쪽) 손실이 클 때 동일한 비트 패턴에 대해 아이 다이어그램의 붕괴를 보여주고 있다. 교차 영역이 넓어진 것은 지터의 증가를 나타낸다.

9.2 전송선로의 손실

전송선로에 대한 1차 근사 모델은 n개의 LC 모델이다. 이러한 근사 모델을 종종 무손실 모델(lossless model)이라고 한다. 이 모델은 전송선로의 두 가지 중요한 특징인 특성 임피던스와 시간 지연을 나타내지만 신호가 전파되면서 발생하는 전압 손실을 나타내는 메커니즘은 제공하지 않는다.

수신되는 파형을 정확하게 예측하려면 이 모델에 손실을 추가해야 한다. 신호가 전송선로를 따라 수신기까지 전파될 때 다음 다섯 가지 방식으로 에너지 손실이 일어난다.

1. 방사 손실(radiative loss)
2. 인접한 트레이스로의 결합(coupling to adjacent traces)
3. 임피던스 부정합(impdeance mismatch)
4. 도체 손실(conductor loss)
5. 유전체 손실(dielectric loss)

이러한 손실 메커니즘은 수신 신호를 감소시키거나 수신 신호에 영향을 미친다. 이러한 손실이 일어나는 과정들은 각각 다른 근본 원인을 가지고 있으므로 이들을 "감쇠(attenuation)"라는 일반적인 범주로 한데 묶어서 다루는 것은 좋지 않다. 우리가 1장 "신호 무결성 – 우리의 미래"에서 강조했듯이 문제를 해결하는 가장 빠른 방법은 먼저 문제의 근본 원인을 파악하는 것이다. 만약 우리가 이 다섯 가지 과정을 감쇠로 묶으면, 이들의 전혀 다른 근본 원인과 설계 대책의 중요성을 잃게 된다. 따라서 감쇠의 범주에는 도체 손실과 유전체 손실만을 포함시키기로 한다. 이 두 가지 손실은 신호가 전송선로의 물질에 에너지를 잃어서 신호 에너지를 전송선로의 발열로 변환시키는 메커니즘이다.

전자파장해(EMI) 측면에서는 방사 손실이 중요하지만, 일반적으로 방사로 손실되는 에너지의 양은 다른 손실 과정과 비교할 때 매우 적으며 이 손실 메커니즘은 수신 신호에는 아무런 영향을 미치지 않는다.

인접 트레이스로의 결합은 중요하며 상승 시간의 열화(degradation)를 일으킬 수 있다. 이 효과는 매우 정확히게 모델링할 수 있고 신호가 동작하고 있는 활성 선로(active line)와 신호가 동작하고 있지 않은 비활성 선로(quiet line) 모두에서 결과 파형을 예측할 수 있다. 강하게 결합한 전송선로에서, 어느 한 트레이스에 있는 신호는 인접 선로에 결합된 에너지에 의해 영향을 받으므로 성능과 전송되는 신호를 정확하게 예측하기 위해서는 이러한 상황이 중요 넷(critical net)의 시뮬레이션에서 반드시 포함되어야 한다. 이 주제는 10장 "전송선로의 크로스토크"에서 다룬다.

TIP

> 임피던스 불연속은 전송되는 신호를 왜곡하는 데 큰 영향을 미칠 수 있다. 이는 수신된 신호의 상승 시간을 증가시키는 직접적인 원인이 된다. 손실이 없는 선로라도 임피던스 불연속에 의해 상승 시간이 증가할 것이다. 따라서 시뮬레이션을 통해 신호 품질을 정확하게 예측하기 위해서는 전송선로, 비아, 커넥터에 대한 정확한 모델을 갖추는 것이 매우 중요하다. 고속 인터커넥트 설계에서 불연속을 최소화하는 것이 중요한 이유도 바로 이 때문이다.

고주파 성분의 제거로 인해 상승 시간이 증가하는 경우, 고주파 성분은 어디로 갔을까? 어쨌든 용량성 불연속이나 유도성 불연속은 그 자체로 에너지를 흡수하지 않는다. 하지만 고주파 성분은 소스로 다시 반사되어 최종적으로 임의의 종단 저항기나 드라이버의 소스 임피던스에서 흡수되고 소모된다.

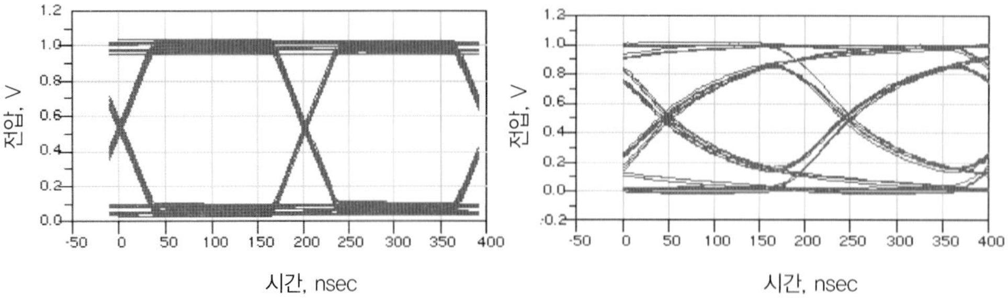

그림 9-5 5 Gbps 의사 랜덤 비트 스트림의 아이 다이어그램. (왼쪽) 손실이 거의 없는 경우. (오른쪽) 동일한 비트 패턴에 대해 손실은 없지만 4개의 스루홀 비아에 의한 4 pF의 용량성 불연속이 있는 경우

[그림 9-5]는 1 pF의 커패시턴스를 갖는 비아 패드 4개가 서로 연결되어 있어서 총 4 pF의 용량성 부하로 작용하고 있는 짧고 이상적인 무손실 전송선로를 통해 위에서 예로 든 5 Gbps 신호가 전송되는 경우의 아이 다이어그램이다. 예상되는 50% 지점 상승 시간 증가는 약 $1/2 \times 50 \times 4$ pF = 100 psec로, 이 값은 비트 주기의 절반과 같다. 임피던스 불연속과 이것이 상승 시간 증가에 미치는 영향은 8장 "전송선로와 반사 현상"에서 다루고 있다.

다섯 가지 손실 메커니즘 중에서 마지막 두 손실 메커니즘은 다른 모델에서는 고려하지 않는 전송선로 감쇠의 주요 원인을 나타낸다. 도체 손실은 신호 경로와 귀환 경로를 이루고 있는 모든 도체에서 손실되는 에너지를 말한다. 이 손실은 근본적으로 도체의 직렬 저항으로 인해 발생한다. 유전체 손실은 특정 물질의 특성, 즉 물질의 손실계수(dissipation factor)로 인해 유전체에서 손실되는 에너지를 말한다.

TIP

> 일반적으로, FR4 기판에서 폭이 8 mil인 전형적인 50 Ω 전송선로에서는 1 GHz 이상의 주파수에서 유전체 손실이 도체의 손실보다 크다. 클록 주파수가 2.5 Gbps 이상인 고속 직렬 링크들의 경우, 유전체 손실이 지배적이다. 이것이 바로 적층 물질(laminate material)들의 손실계수가 매우 중요한 특성인 이유이다.

TIP

전송선로에서의 감쇠를 고려할 때, 감쇠를 결합(coupling)으로 인한 에너지 손실이나 반사로 인한 에너지 손실과 한데 묶어서는 안 된다. 이 두 가지 손실 과정들은 인접 채널과의 크로스토크와 전송선로에서의 임피던스 불연속으로 인한 신호 품질을 분석할 때 포함된다. 감쇠는 새로 추가되는 별개의 메커니즘이다.

9.3 손실의 원인: 도체의 저항과 표피 깊이

신호가 신호 경로와 귀환 경로를 따라 전파될 때 신호가 바라보는 직렬 저항은 도체의 벌크 저항률과 전류가 전파하는 단면의 면적과 관련이 있다. 직류에서는 신호 도체의 전류 분포가 균일하며 저항은 다음 식으로 표시된다.

$$R = \rho \frac{Len}{w \times t} \tag{9.1}$$

여기서

R = 선로의 저항(단위: Ω)

ρ = 도체의 벌크 저항률(단위: Ω · inch)

Len = 선로의 길이(단위: inch)

w = 선로 폭(단위: inch)

t = 도체 두께(단위: inch)

귀환 경로가 평면이면 DC 전류 분포는 단면 전체를 통해 고르게 퍼지므로 귀환 경로의 저항은 신호 경로의 저항보다 훨씬 작아서 무시할 수 있다.

두께가 1.4 mil인 구리(1 oz 구리)로 이루어진 폭 5 mil, 길이 1 inch인 트레이스의 경우, DC에서 신호 경로의 저항은 $R = 0.72 \times 10^{-6}\ \Omega \cdot \text{inch} \times 1\ \text{inch}/(0.005 \times 0.0014) = 0.1\ \Omega$이다.

구리를 비롯한 거의 모든 금속의 벌크 저항률은 100 GHz에 가까운 주파수까지는 주파수에 상관없이 일정하다. 따라서 언뜻 보기에는 트레이스의 저항이 주파수에 따라 일정할 것이라고 예상할 수 있다. 하지만 이것은 이상적인 저항기의 특성이다. 그러나 6장에서 설명한 것처럼, 전류는 표피 깊이 효과로 인해 높은 주파수에서 스스로 재분포한다.

고주파에서 구리 도체의 전체 단면 중에서 실제 전류가 흐르는 단면은 대략 표피 깊이 δ와 같은 두께이다.

$$\delta = 2.1\sqrt{\frac{1}{f}} \tag{9.2}$$

여기서

δ = 표피 깊이(단위: μm)

f = 사인파의 주파수(단위: GHz)

예를 들어 구리로 만든 마이크로스트립 신호 경로의 경우, 1 GHz에서 전류는 트레이스의 양쪽 면에서 약 2.1 μm 두께의 층에 집중된다. 10 MHz, 또는 0.01 GHz에서 전류는 약 21 μm 두께의 층에 집중된다. 이 값은 대략적인 근사치이다. 신호 경로와 귀환 경로 모두에서의 실제 전류 분포는 2D 전자기장 솔버로 계산할 수 있다. 10 MHz에서 사인파에 대한 마이크로스트립과 스트립라인에서의 전류 분포의 예가 [그림 9-6]에 나타나 있다.

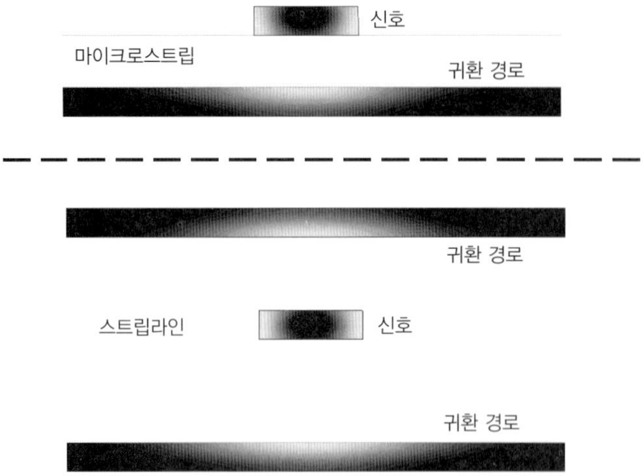

그림 9-6 1 oz 구리로 만든 50 Ω 전송선로에 흐르는 전류 분포. 10 MHz의 주파수에서 표피 깊이 효과로 인한 전류의 재분포를 보여준다. (상단) 마이크로스트립. (하단) 스트립라인. 색상이 밝을수록 전류 밀도가 높다. Ansoft사의 2D Extracter로 시뮬레이션

두께가 35 μm인 1 oz 구리의 경우, 약 10 MHz 이상의 주파수에서는 표피 깊이가 도체의 두께보다 작아진다. 전류는 가장 낮은 임피던스의 경로, 특히 높은 주파수에서는 가장 낮은 루프 인덕턴스의 경로를 찾아 흐르는 속성을 가지고 있으므로 이에 따라 전류의 분포가 결정된다. 이러한 전류의 속성은 두 가지 경향으로 나타난다. 신호 도체와 귀환 도체에 각각 흐르는 전류는 각 도체의 부분 자기 인덕턴스(partial self-inductance)를 최소화하기 위해 가능한 한 멀리 퍼지기를 원한다. 이와 동시에, 반대 방향으로 흐르는 두 도체의 전류는 두 전류 사이의 부분 상호 인덕턴스(partial mutual inductance)를 최대화하기 위해 가능한 한 두 전류가 서로 가까워질 수 있도록 이동한다.

TIP

따라서 대부분의 PCB 인터커넥트에서 신호의 중요한 주파수 성분들에 대한 전류 분포는 항상 표피 깊이로 제한되며, 10 MHz 이상의 주파수 성분들에 대한 저항은 주파수에 따라 변화한다.

신호의 저항은 전류를 전달하는 도체의 실제 단면적에 따라 달라진다. 전류의 주파수가 높을수록 전류는 도체의 더욱 얇은 단면을 사용하게 되므로 저항은 주파수에 따라 증가한다. 표피 깊이가 주파수에 따라 달라진다는 것은 저항도 주파수에 따라 달라진다는 것을 의미한다. 구리를 비롯한 대부분의 도체의 저항률은 주파수에 따라 매우 일정하다는 사실에 주의

해야 한다. 변화하고 있는 것은 전류가 흐르는 단면이다. 약 10 MHz 이상에서는 신호 경로의 길이당 저항이 주파수에 따라 변화한다.

표피 깊이에 따라 전류가 흐르는 단면의 면적이 제한되는 상황에서 전류가 도체의 하반부에만 흐르는 경우에 도체의 저항은 다음과 같이 근사화할 수 있다.

$$R = \rho \frac{Len}{w \times \delta} \tag{9.3}$$

여기서

- R = 선로의 저항(단위: Ω)
- ρ = 도체의 벌크 저항률(단위: Ω · inch)
- Len = 선로의 길이(단위: inch)
- w = 선로의 폭(단위: inch)
- δ = 표피 깊이(단위: inch)

[그림 9-6]에서 볼 수 있듯이 마이크로스트립의 경우에도 전류는 신호 도체의 하반부를 넘어 그 위쪽에도 전류가 흐른다. 신호 도체의 상반부에도 상당한 전류가 흐른다. 이 두 영역은 병렬로 연결되어 있다. 신호 도체의 상반부와 하반부의 저항을 각각 R이라고 하면 신호 경로에서 두 병렬 경로의 저항은 0.5 × R로 근사화할 수 있다. 마이크로스트립 신호 경로의 전류 분포와 스트립라인의 신호 경로의 전류 분포는 매우 유사하다.

표피 깊이 효과는 전류가 가장 낮은 임피던스 경로를 찾아 흐르는 속성에 따라 나타난다. 높은 주파수에서 임피던스는 루프 인덕턴스에 의해 결정되므로 전류가 가장 낮은 루프 인덕턴스를 따라 흐를 때 나타나는 것이 표피 깊이 효과이다. 귀환 경로의 전류도 같은 메커니즘에 의해 주파수에 따라 재분포하면서 달라진다. DC에서, 귀환 전류는 귀환 평면 전체에 걸쳐 고르게 분포한다. 하지만 전류가 흐르는 단면이 표피 깊이로 제한되는 조건이 되면, 귀환 경로의 전류 분포는 루프 인덕턴스를 최소화하기 위해 신호 경로에 가까운 표면 근처에 집중된다.

일차적으로 근사하면 마이크로스트립에서는 [그림 9-6]에서 볼 수 있듯이 귀환 경로에서의 전류 분포 폭은 신호 경로에서의 전류 분포 폭의 약 3배이다. 귀환 경로의 저항은 신호 경로의 저항과 직렬로 연결되어 있다. 약 10 MHz 이상의 주파수에서 전송선로의 총 직렬 저항은 0.5R + 0.3R = 0.8R로 예측할 수 있다. 마이크로스트립에서 전송 선로의 총 저항은 대략 다음과 같다.

$$R = 0.8 \times \rho \frac{Len}{w \times \delta} \tag{9.4}$$

여기서

R = 선로의 저항(단위: Ω)

ρ = 도체의 벌크 저항률(단위: Ω · inch)

Len = 선로의 길이(단위: inch)

w = 선로의 폭(단위: inch)

δ = 도체의 표피 깊이(단위: inch)

0.8 = 신호 경로와 귀환 경로의 특정 전류 분포로 인한 인수

[그림 9-7]은 이 단순한 1차 모델로 예측한 결과를 각 주파수에서의 정확한 전류 분포를 계산하는 2D 전자기장 솔버의 결과와 비교한 것이다. 저주파 영역과 표피 깊이로 제한되는 주파수 영역에서 단순한 모델의 예측 결과가 잘 일치하는 것을 알 수 있다. 스트립라인의 길이당 총 저항은 약간 더 낮게 나타나는데 이를 그림에서 함께 비교하였다.

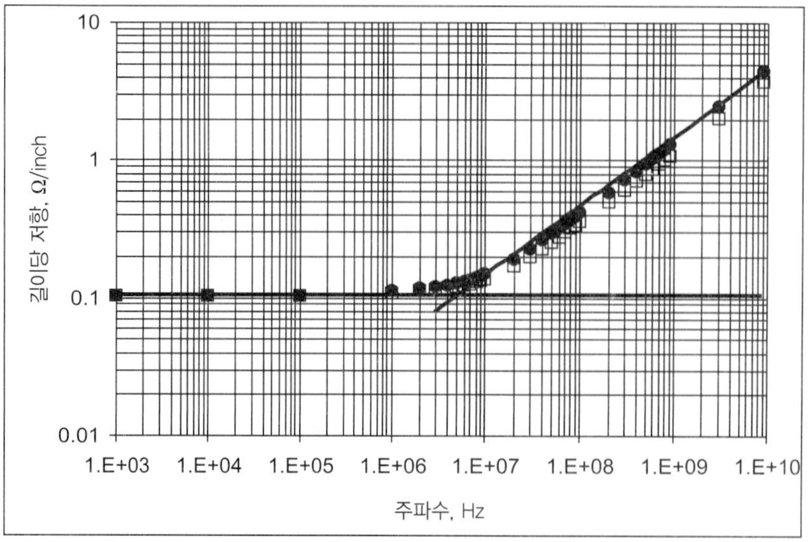

그림 9-7 폭이 5 mil인 50 Ω 마이크로스트립과 스트립라인의 주파수에 따른 저항의 변화. 전자기장 솔버로 계산한 결과와 단순한 근사식으로 계산한 결과를 비교하였다. 원(●)은 마이크로스트립이고 사각형(□)은 스트립라인에 대해 Ansoft사의 2D Extractor 전자기장 솔버로 계산한 결과이다. 직선은 DC 저항과 표피 깊이 제한을 고려한 저항을 사용한 단순한 1차 모델로 계산한 결과이다.

지금까지 주파수가 증가함에 따라 전송선로에서 도체의 직렬 저항이 증가한다는 것을 살펴보았다. 이 장의 뒷부분에서는 주파수에 따라 변화하는 저항이 손실에 미치는 영향에 대해 다룬다.

9.4 손실의 원인: 유전체

공기를 유전체로 사용하는 이상적인 커패시터는 직류 저항이 무한대이다. 따라서 이상적인 커패시터에 직류 전압을 인가하면 커패시터에는 전류가 흐르지 않는다. 그러나 전압 $V = V_0\sin(\omega t)$의 사인파를 이상적인 커패시터에 인가하면 커패시터를 통해 커패시턴스와 주

파수에 의해 정해지는 진폭을 갖는 코사인파가 흐른다. 이상적인 커패시터를 통과하는 전류는 다음과 같다.

$$I = C_0 \frac{dV}{dt} = C_0 \omega V_0 \cos(\omega t) \tag{9.5}$$

여기서

I = 커패시터를 통과해 흐르는 전류

C_0 = 커패시터의 커패시턴스

ω = 각주파수(단위: radian/sec)

V_0 = 커패시터 양단에 인가되는 전압 사인파의 진폭

이상적인 커패시터에는 손실 메커니즘이 없다. 커패시터를 통해 흐르는 전류는 전압 사인파와 정확히 90°만큼 위상이 어긋난다. 이상적인 커패시터 내부에 유전 상수가 ε_r인 절연체를 채우면 커패시턴스는 $C = \varepsilon_r \times C_0$로 증가한다.

TIP

커패시터 내부를 이상적인 무손실 유전체로 채우면, 이상적인 커패시터를 통과하는 전류는 유전 상수에 정비례하여 증가한다. 모든 전류는 전압과 정확히 90°만큼 위상이 어긋나고, 물질에서 어떤 전력도 소모되지 않으며, 유전체 손실이 없다.

그러나 실제 유전체 물질은 어느 정도 저항을 갖고 있다. 실제 물질을 커패시터의 두 평판 사이에 놓고 두 평판 사이에 직류 전압을 인가하면 약간의 직류 전류가 물질을 통과해 흐른다. 이것을 보통 누설 전류(leakage current)라고 부른다. 이것은 이상적인 저항기로 모델링할 수 있다. 신호 도체와 귀환 도체 사이의 물질로 인한 누설 저항(leakage resistance)은 평행판 근사식을 사용하여 다음과 같이 근사화할 수 있다.

$$R_{leakage} = \rho \frac{h}{Len \times w} = \frac{1}{\sigma} \frac{h}{Len \times w} \tag{9.6}$$

이러한 누설 저항을 통하여 흐르는 누설 전류의 양은 다음과 같다.

$$I_{leakage} = \frac{V}{R_{leakage}} = V \frac{1}{\rho} \frac{Len \times w}{h} = V\sigma \frac{Len \times w}{h} \tag{9.7}$$

여기서

$I_{leakage}$ = 유전체를 통과해 흐르는 누설 전류

V = 인가된 DC 전압

$R_{leakage}$ = 유전체와 관련된 누설 저항

ρ = 유전체의 벌크 누설 저항률

σ = 유전체의 벌크 누설 전도율($\rho = 1/\sigma$)

Len = 전송선로의 길이

w = 신호 경로의 선로 폭

h = 신호 경로와 귀환 경로 사이의 유전체 두께

누설 전류는 저항을 통과하기 때문에 전압과 위상이 같다. 이 전류는 물질 내에서 전력을 소모하여 손실에 기여한다. 저항기 양단에 일정한 전압이 인가될 때 저항기에서 소모되는 전력은 다음과 같다.

$$P = \frac{V^2}{R} \sim \frac{1}{\rho} = \sigma \tag{9.8}$$

여기서

P = 전력 소모(단위: W)

V = 저항기 양단의 전압(단위: V)

R = 저항(단위: Ω)

σ = 물질의 전도율

대부분의 유전체의 경우, 벌크 저항률은 보통 10^{12} Ω·cm로 매우 높아서 폭 w~2 × h, 길이 10 inch의 전형적인 50 Ω 전송선로를 통한 누설 저항은 매우 높다(10^{11} Ω 정도). 따라서 이 저항을 통해 발생하는 DC 전력 손실은 아주 작아서 1 nW 미만이다.

그러나 대부분의 물질의 경우, 물질의 벌크 누설 저항률(bulk leakage resistivity)은 주파수에 따라 달라지는데, 주파수가 높아질수록 작아진다. 이렇게 되는 것은 누설 전류의 원천에 기인한다.

유전체를 통해 누설 전류가 흐르는 메커니즘에는 두 가지가 있다. 첫 번째는 이온의 이동이다. 이것이 직류 전류를 흐르게 하는 주된 메커니즘이다. 대부분 절연체에서 직류 전류가 아주 적게 흐르는 이유는 움직일 수 있는 전하 캐리어(대부분의 절연체의 경우에는 이온)의 밀도가 매우 낮아, 이동도(mobility)가 낮기 때문이다. 이에 비해, 금속 내의 자유 전자는 밀도가 높고 이동도 또한 매우 높다.

유전체를 통해 전류가 흐르는 두 번째 메커니즘은 물질 내의 영구 전기 쌍극자(permanent electric dipole)의 재정렬(reorientation) 현상이다. 커패시터 양단에 전압이 가해지면 전기장이 생성된다. 이 전기장은 유전체 물질 내에서 임의 방향으로 놓여있는 쌍극자를 전기장에 맞추어 정렬되게 한다. 전기장이 가해지는 초기에 쌍극자의 음극이 커패시터의 양극 단자를 향해 움직이고 쌍극자의 양극이 커패시터의 음극 단자를 향해 움직이는 것이 유전체 물질을 통과하는 과도 전류처럼 보인다. 이러한 현상이 [그림 9-8]에 설명되어 있다.

물론 전하는 이동하고 쌍극자는 아주 짧은 시간 동안에 아주 짧은 거리에서 회전한다. 인가된 전압이 사인파인 경우, 쌍극자는 사인파의 극성 변화에 맞추어 앞뒤로 회전한다. 이러한 움직임에 의해 교류 전류가 발생한다. 사인파의 주파수가 높을수록 전하들은 앞뒤로 더 빠르게 회전하고 전류의 크기는 커진다. 전류가 클수록 그 주파수에서의 벌크 저항률은 낮아진다. 물질의 저항률은 주파수가 증가함에 따라 감소한다.

물질의 전도율은 정확히 저항률의 역수로 $\sigma = 1/\rho$이다. 벌크 저항률이 전류 흐름에 저항하는 물질의 능력과 관련이 있는 것처럼 벌크 전도율(bulk conductivity)은 물질의 전류 전도 능력과 관련이 있다. 물질의 전도율이 높을수록 물질이 더 잘 전도된다는 것을 의미한다.

유전체의 벌크 저항률은 주파수에 따라 감소하며 벌크 전도율은 주파수에 따라 증가한다. 쌍극자의 움직임이 외부에서 인가된 전기장을 따라 동일한 전기장에 대해 동일한 거리를 이동할 수 있다면, 쌍극자가 생성하는 전류와 물질의 벌크 전도율은 주파수에 따라 선형적으로 증가한다.

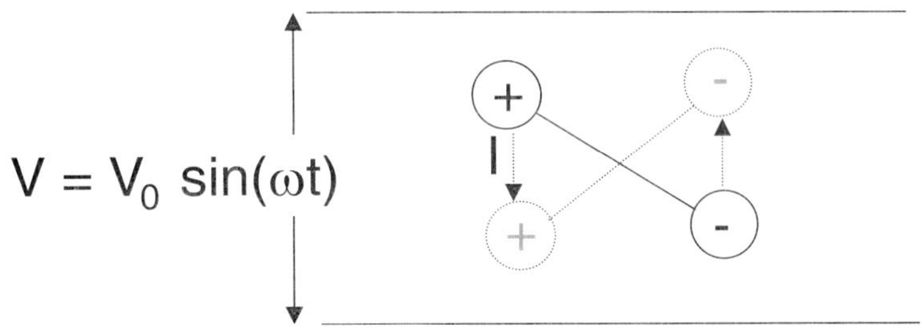

그림 9-8 외부 전기장이 변할 때 유전체에서 영구 쌍극자의 방향이 바뀌는 것이 실제로 유전체를 통과하는 교류 전류이다.

대부분의 유전체는 다음과 같은 방식으로 동작한다. 전도율은 DC에서 특정 주파수까지는 일정하게 유지하고, 그 주파수를 넘어서면 주파수에 비례하여 계속 증가한다. [그림 9-9]는 전도율이 변화하기 시작하는 전이 주파수가 약 10 Hz인 FR4 물질의 벌크 전도율을 보여준다.

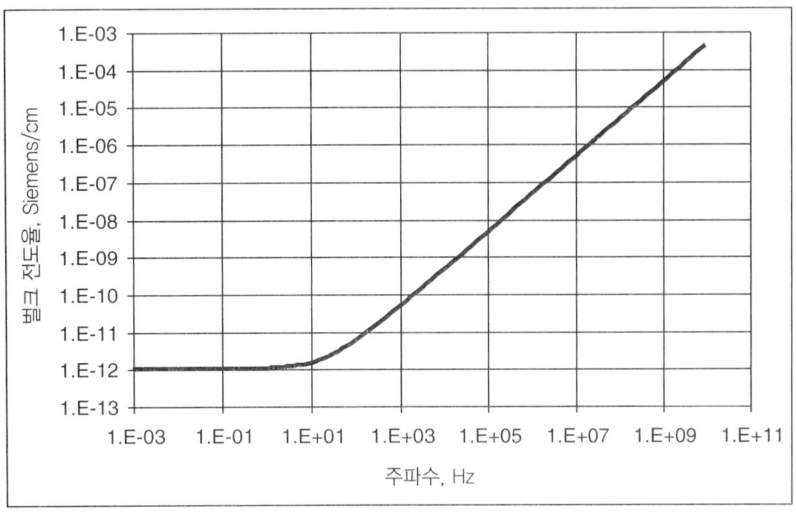

그림 9-9 DC 누설 전류 및 AC 쌍극자 운동에 따른 FR4 물질의 벌크 전도율에 대한 시뮬레이션 결과

전이 주파수 이상의 주파수에서는 쌍극자의 운동이 중요한 역할을 하며, 주파수가 증가함에 따라 실제 커패시터를 통과하는 누설 전류가 매우 클 수 있다. 이 전류는 전압과 위상이 같아서 저항기를 통과해 흐르는 전류처럼 보일 것이다. 주파수가 높아질수록 누설 저항이 감소하고 소모되는 전력은 증가하여 유전체에 열이 발생한다.

> **TIP**
> 쌍극자의 회전은 실제로 전기 에너지를 기계적 에너지로 변환한다. 쌍극자가 움직이면서 이웃하는 쌍극자와 나머지 고분자 골격(polymer backbone)과 마찰을 일으키면 물질이 아주 약간 가열된다.

일반적인 경우에는 흡수되는 실제 열에너지가 너무 작아서 온도 상승은 무시할 수 있다. 앞에서 예로 든 길이 10 inch의 50 Ω 마이크로스트립의 경우, 1 GHz에서도 유전체의 누설 저항은 1 kΩ 미만이며 소모되는 전력은 10 mW 미만이다. 그러나 모든 유전체 손실이 이 정도는 아니다. 주목할 만한 예외가 전자레인지(microwave oven)이다. 2.45 GHz의 주파수로 방사되는 마이크로파의 전기 에너지는 물 분자에 의해 강하게 흡수되어 물 분자를 회전시키는 기계 에너지와 마찰로 인한 열 에너지로 변환된다.

전송선로에서, 유전체의 쌍극자는 신호로부터 에너지를 흡수하므로 선로의 맨 끝에 도착하는 신호는 작아진다. 이러한 손실은 기판을 많이 가열하기에는 충분한 에너지가 아니지만 상승 시간 열화를 일으키기에는 충분하다. 주파수가 높을수록 AC 누설 전도율이 높아지고 유전체에서의 전력 손실도 높아진다.

9.5 손실 계수

저주파에서는 유전체 물질의 누설 저항이 일정하며, 물질의 전기적 특성을 나타내기 위해 벌크 전도율이 사용된다. 이러한 벌크 전도율은 물질 내 이온의 밀도와 이동도와 관련이 있다.

고주파에서는 쌍극자의 움직임이 증가하기 때문에 주파수에 따라 전도율이 증가한다. 회전할 수 있는 쌍극자가 물질에 많을수록 벌크 전도율이 높아진다. 쌍극자가 인가된 전기장에 반응하여 더 멀리 움직일 수 있을수록 전도율은 높아진다. 물질의 쌍극자의 양을 나타내는 이 새로운 물질 특성을 표현하기 위해서는 새로운 전기적 특성을 도입해야 한다. 쌍극자 운동과 관련된 이 새로운 물질 특성을 물질의 손실계수(dissipation factor)라고 한다. 손실계수는 다음 식에서 보듯이 전도율과 관련이 있다.

$$\sigma = 2\pi f \times \varepsilon_0 \varepsilon_r \times \tan(\delta) \tag{9.9}$$

여기서

σ = 유전체의 벌크 교류 전도율

f = 사인파 주파수(단위: Hz)

ε_0 = 자유공간의 유전율, 8.85×10^{-14} F/cm

ε_r = 유전 상수(단위 없음)
tan(δ) = 물질의 손실계수(단위 없음)

손실계수는 일반적으로 손실 각도 δ의 탄젠트인 tan(δ)로 표기하며 줄여서 Df라고 쓰기도 한다. 손실계수는 물질 내부의 쌍극자 수와 쌍극자가 인가된 전기장에 대해 얼마나 멀리 떨어져 회전할 수 있는가를 나타내는 척도이다.

$$\tan(\delta) \sim n \times p \times \theta_{max} \tag{9.10}$$

여기서

tan(δ) = 손실계수, Df
n = 유전체 내 쌍극자 개수 밀도(number density)
p = 쌍극자 모멘트, 각 쌍극자의 전하와 전하 사이 거리의 척도
θ_{max} = 인가된 전기장에 대해 쌍극자가 회전하는 각도

주파수가 증가함에 따라 쌍극자들은 같은 거리를 이동하지만 더욱 빠르게 이동하므로 전류가 증가하고 전도율이 증가한다. 이러한 이유로 수식에서 전도율이 주파수 항에 비례하는 것으로 나타난다.

손실계수는 각도 δ의 탄젠트 값으로 정의되는데 똑같이 그리스 문자 δ를 사용하여 나타내는 표피 깊이 항목과는 전혀 관련이 없다. 우연히도 두 항목 모두 전송선로에서 서로 다른 손실과 관련하여 사용되고 있다. 이들 두 항목을 혼동하지 말아야 한다.

실제 물질에서 쌍극자는 모든 인가 주파수에 대해 동일하게 움직일 수 없다. 주파수에 따른 쌍극자 운동의 이러한 미세한 이차적인 변화는 주파수에 따른 θ_{max}의 변화로 나타낼 수 있다. 이로 인해 손실계수는 주파수에 따라 약간 달라진다. 인가된 전기장에 대해서 쌍극자가 움직이는 능력은 쌍극자가 고분자 골격 사슬(polymer-backbone chain)에 어떻게 부착되어 있는지와 근처에 있는 다른 분자들의 역학적 공진(mechanical resonance)에 크게 의존한다. 충분히 높은 주파수에서 쌍극자는 낮은 주파수에서만큼 빠르게 반응할 수 없으므로 높은 주파수에서는 손실계수가 감소할 것으로 예상할 수 있다.

고분자 사슬의 기계적 특성을 분석하기 위해 손실계수와 유전 상수를 모두 사용하는 경우의 주파수 의존성에 초점을 맞춘 연구 분야로 유전체 분광학(dielectric spectroscopy)이 있다. 손실계수와 그 주파수 의존성을 살펴보는 것은 고분자의 경화도(degree of cure)를 평가하는 것이기도 하다. 고분자가 강하게 가교결합(cross-linked)되어 있을수록 쌍극자가 더 단단하게 붙잡고 있어서 손실계수가 더 낮아진다.

물질(유전체)	ε_r	tan(δ)	상대 가격
FR4	4.0 - 4.7	0.02	1
DriClad(IBM)	4.1	0.011	1.2
GETek	3.6 - 4.2	0.013	1.4
BT	4.1	0.013	1.5
Polyimide/glass	4.3	0.014	2.5
CyanateEster	3.8	0.009	3.5
NelcoN6000SI	3.36	0.003	3.5
RogersRF35	3.5	0.0018	5

그림 9-10 널리 사용되는 몇 가지 인터커넥트 유전체의 손실계수와 유전 상수

대략적인 경험 규칙으로, 쌍극자가 고분자에 의해 더 단단하게 고정될수록 유전 상수는 더 낮아지고 손실계수도 더 낮아진다. 가장 낮은 유전 상수를 갖는 고분자(예: 테플론, 실리콘 고무, 폴리에틸렌)는 모두 매우 낮은 손실계수를 가지고 있다. [그림 9-10]에는 널리 사용되는 몇 가지 인터커넥트 유전체의 손실계수와 유전 상수가 나와 있다.

대부분의 인터커넥트 물질에서, 물질의 손실계수는 주파수에 따라 대부분 일정하다. 종종 주파수에 따른 작은 변화는 무시하고 손실을 정확하게 예측하는 데 일정한 값을 사용할 수 있다. 그러나 라미네이트(laminate) 물질의 제조 과정에서의 차이로 인해 로트(lot)마다, 기판마다, 심지어는 같은 기판에서도 손실계수가 달라질 수 있다. 물질이 습한 공기로부터 수분을 흡수하는 경우, 흡수된 물 분자의 밀도가 높을수록 손실계수가 증가한다. 폴리이미드(Polyimide) 또는 켑톤 플렉스 필름(Kepton flex film)에서 습도는 손실계수를 두 배 이상 증가시킬 수 있다.

TIP

유전체 물질의 전기적 특성을 완전히 나타내기 위해서는 두 가지 물질 항목이 필요하다. 물질의 유전 상수는 물질이 커패시턴스를 증가시키는 방식과 물질 내에서 빛(전자파)의 속도를 줄이는 방식을 나타낸다. 손실계수는 쌍극자의 수와 그 운동을 나타내고 전도율이 주파수에 비례하여 얼마나 증가하는지를 나타내는 척도이다. 두 항목 모두 주파수에 따라 미세하게 달라질 수 있으며 로트마다 기판마다 다를 수 있다.

두 항목 모두 전기적 성능에 영향을 미치기 때문에 성능을 정확하게 예측하기 위해서는 이러한 물질 특성이 주파수에 따라 어떻게 달라지고 기판마다 어떻게 달라지는지 파악하는 것이 중요하다. 물질 특성에 불확실성이 있으면 회로 성능에도 불확실성이 있다. 이러한 물질 특성을 고주파수에서 측정하기 위한 몇 가지 기법이 이 장의 뒷부분에 나와 있다.

9.6 손실계수의 진정한 의미

손실계수와 같은 항목을 tan(δ)로 나타내는 것은 약간 혼란스럽다. 왜 손실계수를 각도의 탄젠트 값으로 나타낼까? 각도는 어떤 각도를 말하는 것인가? 실제로 각도가 무엇을 가리키는지는 중요하지 않으므로 고민하지 않아도 된다. 지금 이 정도로 충분하다면 이번 절의 내용은 건너뛰어도 좋다. 그러나 물질의 본질적인 동작이 궁금하고 이를 이해하고 싶다면 계속 읽어보기 바란다.

TIP

tan(δ)라는 항목을 사용하여 손실 선로를 설명할 때, 이 항목이 어떻게 생겨났고 이 항목에 들어있는 각도 δ가 무엇인지는 중요하지 않다. 이것은 단순히 물질에서 자유롭게 움직이는 쌍극자의 개수와 이들 쌍극자가 주파수에 따라 얼마나 멀리 움직일 수 있는지와 관련된 물질 특성이다.

손실의 원인에 대한 기본 메커니즘을 조사하고 손실계수를 제어하기 위해 물질을 설계하는 방법을 알아내려면 손실계수의 실제 근원을 더 깊이 살펴보는 것이 중요하다.

유전체 물질에는 두 가지 중요한 전기적 물질 특성이 있다. 첫 번째 특성으로, 5장에서 소개한 유전 상수는 전기장에서 쌍극자가 어떻게 다시 정렬하여 커패시턴스를 증가시키는지를 나타낸다. 이 항목은 물질이 커패시터의 두 전극 사이의 커패시턴스를 얼마나 증가시키고 전자파의 속도를 얼마나 감소시키는지를 나타낸다. 그러나 유전 상수는 물질의 손실에 대해서는 아무것도 알려주지 않는다.

두 번째 새로운 물질 특성 항목인 손실계수는 쌍극자가 앞뒤로 왔다 갔다 하면서 인가된 전압 사인파와 같은 위상으로 흐르는 전류에 대해 저항으로서 기여하는 방식을 나타내는 데 필요하다.

그러나 이 두 항목은 모두 쌍극자의 수가 얼마나 되는지, 쌍극자가 얼마나 큰지, 그리고 쌍극자가 어떻게 움직일 수 있는지와 관련이 있다. 사인파 전압이 물질에 인가될 때 주파수 영역에서 보면, 한 항목은 인가된 전기장과 위상이 어긋난 쌍극자의 움직임과 관련되어 커패시턴스 증가에 기여하는 반면에 다른 항목은 인가된 전압과 위상이 같은 쌍극자의 움직임과 관련되어 손실에 기여한다.

사인파 전압이 인가된 실제 커패시터를 통과하는 전류는 두 가지 성분으로 설명할 수 있다. 한 전류 성분은 인가된 전압 파형과 위상이 정확히 90° 차이가 나며 무손실 커패시터를 통과하는 것으로 간주할 수 있는 전류에 기여한다. 다른 전류 성분은 인가된 전압 파형과 위상이 정확히 같으며 이상적인 저항기를 통과하는 전류로 간주할 수 있고 손실에 기여한다.

전압과 위상이 같은 전류 성분과, 위상차가 90°인 전류 성분을 모두 나타내기 위해 복소수에 기초하여 수식으로 표현한다. 이러한 복소수 표현 방식은 사인파 전압과 전류를 사용하기 때문에 본질적으로 주파수 영역의 개념이다. 복소수 표현 방식을 활용하기 위해 유전 상수를 복소수로 변환한다. 인가되는 전압을 복소수 형식으로 나타내면 다음과 같다.

$$V = V_0 \exp(i\omega t) \tag{9.11}$$

커패시터를 통과하는 전류는 다음과 같이 커패시턴스와 관련이 있다.

$$I = C\frac{dV}{dt} \tag{9.12}$$

복소수 형식을 사용하면 주파수 영역에서 커패시터를 통과하는 전류를 다음과 같이 쓸 수 있다.

$$I = C\frac{dV}{dt} = i\omega CV \tag{9.13}$$

이 관계식은 이상적인 무손실 커패시터를 통하는 전류는 인가 전압과 위상이 어긋난다는 것을 나타낸다. 물리학에서 사용하는 "i", 또는 전기·전자공학에서 사용하는 "j"는 전류와 전압 사이에 90°의 위상 차이가 있다는 것을 의미한다.

내부가 비어있을 때 커패시턴스가 C_0인 이상적인 커패시터가 유전 상수가 ε_r인 물질로 채워지면 이상적인 커패시터를 통과하는 전류는 다음과 같다.

$$I = C\frac{dV}{dt} i\omega\varepsilon_r C_0 V \tag{9.14}$$

첫 번째로 이 두 가지 물질 특성(즉, 전압과 위상이 어긋나는 전류에 영향을 주는 유전 상수, 전압과 위상이 같은 전류에 영향을 주는 손실계수)을 나타내기 위해, 유전 상수의 정의를 바꿔 본다. 유전 상수 ε_r이 실수 하나만을 가지면 식 (9.14)로부터 전류 I는 i 항을 가지므로 전압과 위상이 다른 전류 하나만이 생성된다. 유전 상수 ε_r을 복소수로 만들면, 복소 유전 상수의 실수부는 여전히 전압과 위상이 다른 전류와 관련이 있지만, 복소 유전 상수의 허수부는 전압의 일부를 전압과 위상이 같은 전류로 변환하는데 이 전류는 손실과 관련이 있다.

두 번째로 처리해야 할 것은 다음과 같다. 새로운 복소 유전 상수를 a + ib와 같이 실수 항과 허수 항으로 나타내고 여기에 식 (9.14)에 들어있는 i 항을 곱하면 b 항의 앞에 있는 i는 i^2이 되어 −1로 변환된다. 그러면 전류 I의 실수부는 음의 부호를 가지므로 전압과 180° 위상이 어긋나게 된다. 전류 I의 실수부를 전압과 정확히 같은 위상이 되게 하려면 복소 유전 상수의 허수부를 음수로 정의하면 된다. 따라서 복소 유전 상수를 다음과 같은 형태로 정의한다.

$$\varepsilon_r = \varepsilon_r' - i\varepsilon_r'' \tag{9.15}$$

여기서

ε_r = 복소 유전 상수

ε_r' = 복소 유전 상수의 실수부

ε_r'' = 복소 유전 상수의 허수부

복소수 형식으로 나타낼 때 전류의 실수부가 양수가 되어 전압과 정확히 위상이 같아지도록 복소 유전 상수의 정의에서 허수부에 마이너스 부호를 도입한 것이다. 새로운 복소 유전 상수의 실수부는 실제로 지금까지 간단히 유전 상수라고 부르던 것이다.

> **TIP**
>
> 이제 통상적으로 유전 상수라고 부르는 것이 실제로는 복소 유전 상수의 실수부라는 것을 알 수 있다. 복소 유전 상수의 허수부는 전압과 위상이 같은 전류를 생성하며 손실과 관련된 항목이다.

이 새로운 정의를 이용하면 손실이 있는 이상적인 커패시터를 통과하는 전류는 다음과 같다.

$$I = i\omega\varepsilon_r C_0 V = i\omega(\varepsilon_r' - i\varepsilon_r'')C_0 V = i\omega\varepsilon_r' C_0 V + \omega\varepsilon_r'' C_0 V \tag{9.16}$$

여기서

- I = 주파수 영역에서 손실이 있는 이상적인 커패시터를 통과하는 전류
- ω = 각주파수 = $2\pi \times f$
- C_0 = 내부 공간이 비어 있는(공기로 채워진) 커패시터의 커패시턴스
- V = 인가된 사인파 전압, $V = V_0 \exp(i\omega t)$
- ε_r = 복소 유전 상수
- ε_r' = 복소 유전 상수의 실수부
- ε_r'' = 복소 유전 상수의 허수부

유전 상수를 복소수로 변환하면 전압과 같은 위상의 전류와 다른 위상의 전류 사이의 관계가 간결해진다. 복소수 표기법을 사용하여 실제 커패시터를 통과해 흐르는 전류를 일반화할 수 있다. 조금 혼란스러운 점은 전압과 위상이 90° 차이가 나는, 우리에게 익숙한 용량성 전류에 기여하는 전류의 허수 부분이 복소 유전 상수의 실수부와 관련되어 있다는 것이다. 전압과 위상이 같고 저항기처럼 동작하며 손실에 기여하는 전류의 실수 부분은 복소 유전 상수의 허수부와 관련이 있다.

유전 상수는 복소수로서 실수부와 허수부를 가지고 있다. [그림 9-11]과 같이 이 복소수를 복소 평면에서 벡터로 나타낼 수 있다. 실수축과 벡터 사이의 각도를 손실 각도(loss angle) δ라고 한다. 앞에서 언급한 바와 같이 손실 각도를 표시하는 데 사용하는 그리스 문자 δ는 안타깝게도 표피 깊이를 표시하는 데 사용하는 기호 δ와 동일하다. 하지만 이 두 항목은 전혀 다르며 서로 관련이 없다. 손실 각도는 유전체 물질과 관련이 있고 표피 깊이는 도체 특성과 관련이 있다.

손실 각도의 탄젠트는 복소 유전 상수의 실수부에 대한 허수부의 비율이다.

$$\tan(\delta) = \frac{\varepsilon_r''}{\varepsilon_r'} \tag{9.17}$$

이 식을 다음과 같이 나타낼 수 있다.

$$\varepsilon_r'' = \varepsilon_r' \times \tan(\delta) = \varepsilon_r' \times \mathrm{Df} \tag{9.18}$$

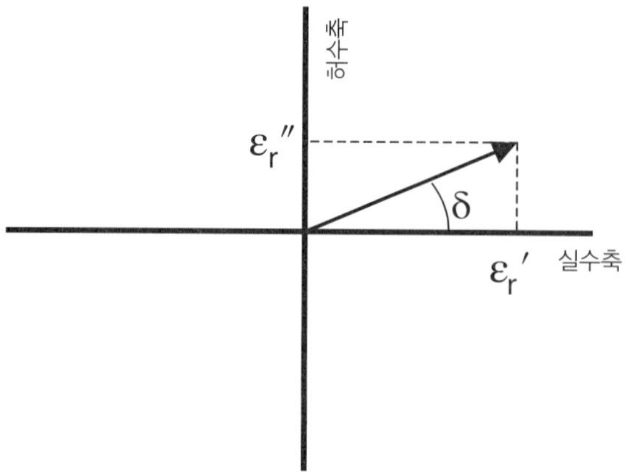

그림 9-11 복소평면에 나타낸 복소 유전 상수. 유전 상수 벡터가 실수축과 이루는 각도를 손실 각도 δ라고 한다.

복소 유전 상수의 허수부를 직접 사용하는 대신 손실 각도의 탄젠트인 tan(δ)를 사용하는 것이 일반적이다. tan(δ)를 Df라고 부르기도 한다. 이렇게 복소 유전 상수의 실수부와 tan(δ), 그리고 이들의 주파수 의존성으로 절연 물질(유전체)의 중요한 전기적 특성을 완벽하게 설명한다. 또한 습관적으로 복소 유전 상수의 실수부를 부를 때 실수부라는 언급 없이 간단히 유전 상수라고 부른다.

위의 관계로부터 전송선로의 AC 누설 저항을 다음과 같이 복소 유전 상수의 허수부와 손실 계수를 사용하여 나타낼 수 있다.

$$R_{\mathrm{leakage}} = \frac{V}{\mathrm{Real}(I)} = \frac{V}{\omega\varepsilon_r'' C_0 V} = \frac{1}{\omega\varepsilon_r'' C_0} = \frac{1}{\omega\varepsilon_r' \tan(\delta) C_0} = \frac{1}{\omega \tan(\delta) C} \tag{9.19}$$

도체의 모든 기하학적 구성에서, 도체 사이의 커패시턴스에 영향을 미치는 기하학적 특징은 저항에도 영향을 준다. 이때 커패시턴스에 미치는 영향과 저항에 미치는 영향은 서로 반대이다. 이러한 영향은 평행판(parallel plate) 구성에서 가장 쉽게 볼 수 있다. 저항과 커패시턴스는 다음 식으로 각각 주어진다.

$$C = \varepsilon_0 \varepsilon_r' \frac{A}{h} \tag{9.20}$$

$$\frac{A}{h} = \frac{C}{\varepsilon_0 \varepsilon_r'} \tag{9.21}$$

$$R = \frac{1}{\sigma}\frac{h}{A} = \frac{1}{\sigma}\frac{\varepsilon_0 \varepsilon_r'}{C} \tag{9.22}$$

도체 사이의 저항에 대한 두 개의 식, 식 (9.19)와 식 (9.22)를 결합하면 물질의 벌크 AC 전도율과 손실계수의 관계를 다음과 같이 유도할 수 있다.

$$\sigma = \varepsilon_0 \varepsilon_r{}' \omega \tan(\delta) \tag{9.23}$$

여기서

σ = 유전체의 벌크 AC 전도율

ε_0 = 자유공간의 유전율 = 8.85×10^{-14} F/cm

$\varepsilon_r{}'$ = 복소 유전 상수의 실수부

$\varepsilon_r{}''$ = 복소 유전 상수의 허수부

$\tan(\delta)$ = 유전체의 손실계수

δ = 유전체의 손실 각도

R = 도체 사이의 AC 누설 저항

C = 도체 사이의 커패시턴스

h = 도체 사이의 유전체 두께

A = 도체의 면적

ω = 각주파수 = $2 \times \pi \times f$, f = 사인파 주파수

> **TIP**
>
> 손실계수의 주파수 의존성이 약하기는 하지만 유전체의 벌크 교류 전도율은 ω 항으로 인해 주파수에 따라 선형적으로 증가한다는 것을 다시 한번 알 수 있다. 마찬가지로 누설 저항에 의해 소모되는 전력은 벌크 AC 전도율에 비례하므로 전력 소모도 주파수에 따라 선형적으로 증가한다. 이러한 특성이 손실이 있는 전송선로에서 발생하는 주요 신호 무결성 문제의 근본적인 원인이다.

9.7 손실이 있는 전송선로의 모델링

전송선로에서 신호를 감쇠시키는 두 가지 손실 요인은 신호 경로 도체와 귀환 경로 도체를 통한 직렬 저항과 손실이 있는 유전체 물질을 통한 병렬 저항이다. 이 두 저항의 저항값은 모두 주파수에 따라 달라진다.

이상적인 저항기의 저항값은 주파수에 따라 일정하다는 사실을 잘 알아두는 것이 중요하다. 이상적인 손실 전송선로 모델에서 손실을 나타내는 데 사용되는 두 개의 저항이 단순한 이상적인 저항기보다 더욱 복잡하다는 것은 이미 앞에서 살펴보았다. 직렬 저항은 표피 깊이 효과로 인해 주파수의 제곱근에 따라 증가한다. 병렬 저항은 물질의 손실계수와 쌍극자 분자의 회전으로 인해 주파수에 따라 감소한다.

7장에서는 새로운 이상적인 회로 소자인 이상적인 분산 전송선로를 소개하였다. 이 전송선로 모델은 특성 임피던스와 시간 지연으로 정의되었다. 이 모델은 전체 길이에 걸쳐 전송선로의 특성이 고르게 분산되어 있다. 이상적인 손실 분산 전송선로 모델은 이러한 무손실 모

델에 손실과 관련된 두 가지 소자-즉 주파수의 제곱근에 따라 증가하는 직렬 저항과 주파수에 반비례하여 감소하는 병렬 저항-를 추가한다. 이 모델은 많은 시뮬레이터에서 사용되는 새로운 이상적인 손실 전송선로의 기본적인 모델이다. 특성 임피던스와 시간 지연 외에 추가로 지정되는 두 가지 요소는 손실계수와 다음과 같은 형태로 주어지는 길이당 저항 R_L이다.

$$R_L = R_{DC} + R_{AC}\sqrt{f} \tag{9.24}$$

여기서

R_L = 도체의 길이당 저항

R_{DC} = DC에서 길이당 저항

R_{AC} = $\sqrt{f}$에 비례하는 길이당 저항 계수

이상적인 손실 선로의 동작에 대한 통찰력을 얻기 위해 전송선로를 n개의 LC 회로 부분으로 근사화한 다음, 여기에 손실 항을 추가하여 회로 모델의 동작을 살펴볼 수 있다.

7장에서 이상적인 분산 무손실 전송선로 모델은 병렬 C와 직렬 L로 구성된 집중 회로 모델 부분들로 구성된 등가 회로 모델로 근사화될 수 있다는 것을 알았다. 이 모델은 전송선로의 1차 모델, n개 집중 회로 모델 또는 무손실 전송선로 모델이라고도 한다. 이 모델의 일부가 [그림 9-12]에 나와 있다.

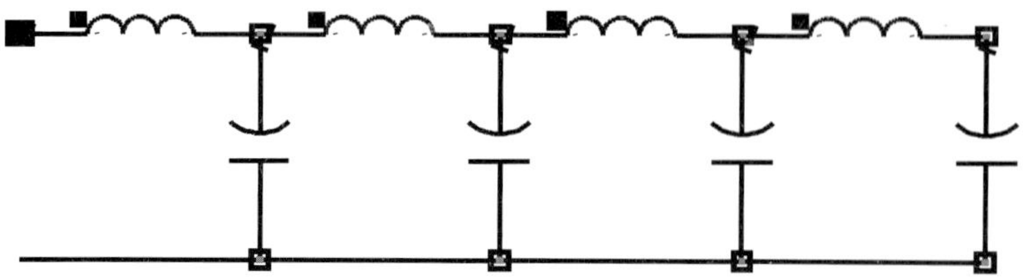

그림 9-12 n개 LC 모델을 이루고 있는 4개의 LC 부분은 이상적인 무손실 분산 전송선로의 근사 모델이다.

이러한 모델은 근사 모델이다. 그러나 충분한 개수의 LC 부분을 사용하면 매우 높은 대역폭에 대해 매우 정확한 근사 모델이 될 수 있다. 시간 지연 TD에 대해 대역폭 BW를 달성하는 데 필요한 최소 LC 부분의 개수는 다음과 같다.

$$n = 10 \times BW \times TD \tag{9.25}$$

여기서

n = 정확한 LC 모델을 위한 LC 부분의 개수

BW = 모델의 대역폭(단위: GHz)

TD = 근사화하는 전송선로의 시간 지연(단위: nsec)

예를 들어 모델에 필요한 대역폭이 2 GHz이고 선로의 시간 지연이 1 nsec (물리적으로 약 6 inch의 길이에 해당)인 경우, 정확한 모델이 되는 데 필요한 최소 구간 수는 $n \sim 10 \times 2 \times 1 = 20$이다.

그러나 이 이상적인 무손실 모델의 한계는 이것이 여전히 무손실 모델이라는 점이다. 이 1차 등가 회로 모델을 기반으로 각 LC 부분에 직렬 저항과 병렬 저항을 추가하여 손실을 고려하는 모델로 수정할 수 있다. 이상적인 손실 전송선로에 대한 n개 부분 집중 회로 근사 모델의 각 부분에는 다음과 같은 4개의 항목이 포함되어 있다.

C = 커패시턴스
L = 루프 자기 인덕턴스
R_{series} = 도체의 직렬 저항
R_{shunt} = 유전체 손실 병렬(shunt, 션트) 저항

전송선로의 길이를 두 배로 늘리면 총 C는 두 배, 총 L은 두 배, 총 R_{series}는 두 배가 되지만 R_{shunt}는 절반으로 줄어든다. 선로의 길이를 두 배로 늘리면 AC 누설 전류가 흐를 수 있는 영역(면적)이 더 넓어지므로 병렬 저항이 감소한다.

이러한 이유로 유전체 누설 저항을 설명할 때 저항보다는 유전체 누설 저항의 컨덕턴스(conductance)를 사용하는 것이 일반적이다. 문자 G로 표시되는 컨덕턴스는 G = 1/R로 정의된다. 저항을 기준으로 컨덕턴스는 다음과 같다.

$$R_{leakage} = \frac{1}{\omega \tan(\delta) C} \tag{9.26}$$

$$G = \frac{1}{R_{leakage}} = \omega \tan(\delta) C \tag{9.27}$$

전송선로의 길이가 두 배가 되면 병렬 저항은 절반으로 줄어들지만, 컨덕턴스는 두 배가 된다. G를 사용하여 손실을 나타낼 때도 주파수에 따라 저항값이 감소하는 저항기로 손실을 모델링한다. 단지 손실을 나타내는 데 G 파라미터를 사용할 뿐이다. 병렬 저항 대신 컨덕턴스를 사용하면 손실 전송선로를 나타내는 네 가지 항목이 모두 길이에 비례한다. 이때 각 항목의 값은 통상적으로 단위 길이당 값으로 표현한다. 이 네 가지 항목을 전송선로의 선로 파라미터(line parameter)라고 한다.

R_L = 도체의 길이당 직렬 저항
C_L = 길이당 커패시턴스
L_L = 길이당 직렬 루프 인덕턴스
G_L = 유전체의 길이당 병렬(shunt) 컨덕턴스

이 이상적인 2차 n개 부분 집중 회로 모델을 사용하여 이상적인 손실 전송선로를 근사화할 수 있다. 이 모델 또한 실제 전송선로를 근사적으로 나타내는 모델이다. 등가 n개 부분 RLGC 전송선로 모델의 예가 [그림 9-13]에 나와 있다.

사용하는 RLGC 부분의 개수는 선로의 길이와 모델의 대역폭에 따라 달라진다. 필요한 최소 부분 개수는 7장의 n개 부분 LC 회로와 마찬가지로 약 10 × BW × TD이다.

이 등가 회로 모델에 회로 이론을 적용하여 전기적 특성을 예측할 수 있다. 회로 이론을 적용하면 두 개의 결합된 2차 미분 방정식을 얻을 수 있는데 이 두 결합 미분 방정식은 복소수를 포함하고 저항값이 주파수에 따라 달라지기 때문에 해를 구하기가 쉽지 않다. 이 미분 방정식은 주파수 영역에서 푸는 것이 더 쉽다. 신호는 사인파 형태의 전압이고 임피던스로부터 사인파 형태의 전류를 계산할 수 있다고 가정하고 여기서는 결과만 설명하기로 한다.

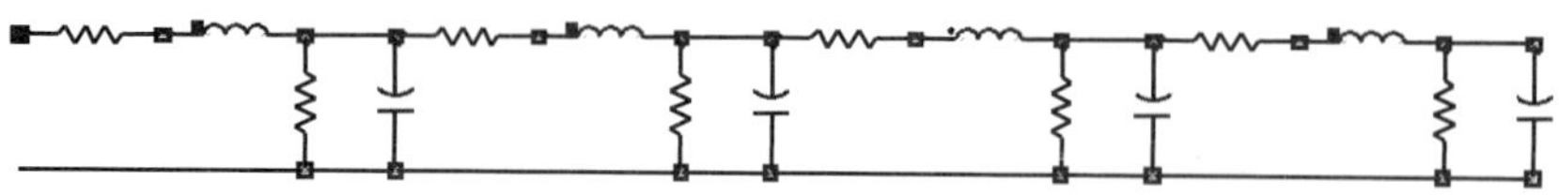

그림 9-13 이상적인 손실 전송선로를 나타내는 n개 부분 RLGC 모델의 4개 부분. 이 모델은 이상적인 분산 손실 전송선로에 대한 근사 모델이다.

무손실 선로에서는 저항과 컨덕턴스가 0이다. 이 무손실 회로 모델을 사용하여 인터커넥트가 왜곡 없이 신호를 전파하는 것을 예측할 수 있다. 경로를 따라 전파하는 신호가 각각의 순간에 바라보는 순시 임피던스는 선로의 특성 임피던스와 같다.

$$Z_0 = \sqrt{\frac{L_L}{C_L}} \tag{9.28}$$

신호의 속도는 다음과 같다.

$$v = \frac{1}{\sqrt{C_L \times L_L}} \tag{9.29}$$

여기서

Z_0 = 특성 임피던스

v = 신호의 속도

C_L = 길이당 커패시턴스

L_L = 길이당 인덕턴스

이 모델에서는 이상적인 L, C, Z_0 항목과 시간 지연이 모두 주파수에 따라 일정하다. 이 네 개의 항목들만 있으면 이상적인 무손실 전송선로를 정의할 수 있다. 선로의 한쪽 끝에서 들어가는 신호는 진폭의 변화 없이 다른 쪽 끝으로 빠져나간다. 임피던스 변화로 인한 반사를 제외하면 사인파에 미치는 유일한 영향은 전송선로에서의 위상 변화이다.

그러나 R과 G 항목이 모델에 추가되면 이상적인 손실 전송선로의 동작은 이상적인 무손실 전송선로와 약간 달라진다. 미분 방정식을 풀면 결과는 상당히 복잡해진다. 주파수 영역에서의 미분 방정식의 해는 C_L, L_L, R_L 또는 G_L이 주파수에 따라 어떻게 변하는지에 대한 가정을 하지 않는다. 각각의 주파수에서 이들은 변할 수도 있고, 일정할 수도 있다.

최종적으로 구한 미분 방정식의 해로부터 다음과 같은 세 가지 중요한 특징을 알 수 있다.

1. 특성 임피던스는 주파수에 따라 다르며 복소수이다.
2. 사인파 신호의 속도는 주파수에 따라 달라진다.
3. 사인파 진폭이 선로를 따라 전파될 때 감쇠를 나타내는 새로운 항목이 도입된다. 이 감쇠도 주파수에 따라 달라진다.

중간 과정을 생략하면, 특성 임피던스, 속도, 길이당 감쇠의 정확한 값은 각각 다음과 같다.

$$Z_0 = \sqrt{\frac{R_L + i\omega L_L}{G_L + i\omega C_L}} \tag{9.30}$$

$$v = \frac{\omega}{\sqrt{\frac{1}{2}\left[\sqrt{\left(R_L^2 + \omega^2 L_L^2\right)\left(G_L^2 + \omega^2 C_L^2\right)} + \omega^2 L_L C_L - R_L G_L\right]}} \tag{9.31}$$

$$\alpha_n = \sqrt{\frac{1}{2}\left[\sqrt{\left(R_L^2 + \omega^2 L_L^2\right)\left(G_L^2 + \omega^2 C_L^2\right)} - \omega^2 L_L C_L + R_L G_L\right]} \tag{9.32}$$

여기서

Z_0 = 특성 임피던스

v = 신호의 속도

α_n = 진폭의 길이당 감쇠(단위: neper/length)

ω = 사인파의 각주파수(단위: radian/sec)

R_L = 도체의 길이당 직렬 저항

C_L = 길이당 커패시턴스

L_L = 길이당 직렬 루프 인덕턴스

G_L = 유전체의 길이당 병렬 컨덕턴스

위 수식은 상당히 복잡하며 스프레드시트로 계산할 수는 있지만 수식에서 유용한 공학적 통찰력을 얻기는 어렵다. 수식을 단순화하려면 가정이 필요하다. 일반적으로 선로에 손실이 있지만 그다지 크지 않은 것으로 가정하는데 이를 저손실 근사라고 한다. 저손실 근사에서는 직렬 저항이 $R_L \ll \omega L_L$이고 컨덕턴스는 $G_L \ll \omega C_L$이라고 가정한다.

이 근사에서는 도체의 직렬 저항과 관련된 임피던스가 루프 인덕턴스와 관련된 직렬 임피던스에 비해 작다고 가정한다. 마찬가지로, 유전체의 누설 저항을 통해 흐르는 션트(shunt, 병렬) 전류가 신호 경로와 귀환 경로 사이의 커패시턴스를 통한 션트 전류에 비해 작다고 가정한다.

1 oz 구리 트레이스의 경우 약 10 MHz 이상에서 직렬 저항은 주파수의 제곱근에 따라 증가하고 ωL_L은 주파수에 따라 선형적으로 증가한다. 따라서 어떤 특정 주파수에서는 이러한 가정으로 단순화한 근사식의 정확도가 좋으며 여기서 주파수가 높아질수록 정확도는 더욱 좋아진다.

1 oz 구리 트레이스의 길이당 DC 저항은 다음과 같다.

$$R_L = \frac{0.5}{w} \tag{9.33}$$

여기서

- R_L = 도체의 길이당 직렬 저항(단위: Ω/inch)
- w = 선로의 폭(단위: mil)

10 MHz 이상에서는 전류가 더 얇은 단면으로 흐르므로 1 oz 구리의 두께인 34 μm 대신 표피 깊이가 전류 분포의 두께를 결정한다. 구리의 표피 깊이는 다음과 같다.

$$\delta = 66\sqrt{\frac{1}{f}} \tag{9.34}$$

여기서

- δ = 표피 깊이(단위: μm)
- f = 사인파의 주파수(단위: MHz)

10 MHz 이상에서 1 oz 구리 트레이스의 길이당 AC 저항은 대략 다음과 같다.

$$R_L = \frac{0.5t}{w\delta} = \frac{0.5\times 34}{w\times 66}\sqrt{f} = \frac{0.25}{w}\sqrt{\frac{\omega}{2\pi\times 10^6}} = \frac{1\times 10^{-4}}{w}\sqrt{\omega} \tag{9.35}$$

여기서

- R_L = 도체의 길이당 직렬 저항(단위: Ω/inch)
- δ = 표피 깊이(단위: μm)
- t = 도체의 두께(단위: μm), 1 oz 구리의 경우 = 34 μm
- w = 선로의 폭(단위: mil)
- f = 사인파 성분의 주파수(단위: MHz)
- ω = 사인파 성분의 각주파수(단위: radian/sec)

길이당 인덕턴스는 50 Ω 선로의 경우 약 9 nH/inch이다. 저손실 조건에서는 $\omega L_L \gg R_L$이므로 다음과 같이 저손실 전송선로로 가정할 수 있는 주파수 범위를 유도할 수 있다.

$$\omega \times 9 \times 10^{-9} \gg \frac{1 \times 10^{-4}}{w}\sqrt{\omega} \tag{9.36}$$

$$\omega \gg \left(\frac{1}{w}\right)^2 \left(\frac{1 \times 10^{-4}}{9 \times 10^{-9}}\right)^2 \sim \frac{1 \times 10^8}{w^2} \tag{9.37}$$

$$f = \frac{\omega}{2\pi} \gg \frac{1 \times 10^8}{2\pi w^2} \sim \frac{2 \times 10^7}{w^2} \tag{9.38}$$

여기서

- R_L = 도체의 길이당 직렬 저항(단위: Ω/inch)
- ω = 저손실로 가정할 수 있는 조건에서의 사인파 성분의 각주파수(단위: radian/sec)
- f = 저손실로 가정할 수 있는 조건에서의 사인파 성분의 주파수(단위: Hz)
- w = 선로의 폭(단위: mil)

> **TIP**
>
> 이는 놀라운 결과이다. 결론적으로 선로 폭이 3 mil보다 넓은 경우, 2 MHz 이상의 사인파 주파수 성분에 대해서는 선로를 저손실로 가정할 수 있다. 저손실로 가정할 수 있는 주파수 영역에서는 직렬 저항의 임피던스는 직렬 인덕턴스의 리액턴스보다 훨씬 작다. 선로 폭이 3 mil보다 넓은 경우, 이보다 더 낮은 주파수부터 저손실로 가정할 수 있다. 손실이 매우 큰 주파수 영역은 실제로 표피 깊이가 중요한 역할을 하는 주파수보다 더 낮은 저주파 영역이다.

컨덕턴스는 주파수에 따라 대략 선형적으로 증가하고, 커패시턴스는 주파수에 따라 대략 일정하다. 저손실로 가정할 수 있는 경우에는 $G_L \ll \omega C_L$이다. 이때 $\tan(\delta) \ll 1$이다. 거의 모든 인터커넥트 물질의 손실계수는 0.02 미만으로 거의 모든 인터커넥트는 항상 저손실 조건을 충족하고 있다.

> **TIP**
>
> 폭이 3 mil 이상인 트레이스로 이루어진 회로 기판 인터커넥트를 저손실로 가정할 수 있는 주파수 영역은 대부분의 중요한 주파수 성분을 포함하고 있는, 2 MHz 이상의 주파수 범위이다.

결론적으로 저손실 근사식은 고속 디지털 응용 분야의 관심 주파수 영역에서 매우 좋은 근사 수식이다.

9.8 손실이 있는 전송선로의 특성 임피던스

이상적인 손실 전송선로에서 특성 임피던스는 주파수에 따라 달라지며 복소수로 표시된다. 특성 임피던스는 다음 식으로 같이 주어진다.

$$Z_0 = \sqrt{\frac{R_L + \omega L_L}{G_L + \omega C_L}} \tag{9.39}$$

특성 임피던스의 실수부와 허수부는 복잡한 풀이 과정을 거치면 다음과 같이 정리된다.

$$\mathrm{Re}(Z_0) = \frac{1}{\sqrt{G_L^2 + \omega^2 C_L^2}} \sqrt{\frac{1}{2}\left[\sqrt{(R_L^2+\omega^2 L_L^2)(G_L^2+\omega^2 C_L^2)} + \omega^2 L_L C_L + R_L G_L\right]} \tag{9.40}$$

$$\mathrm{Imag}(Z_0) = \frac{1}{\sqrt{G_L^2 + \omega^2 C_L^2}} \sqrt{\frac{1}{2}\left[\sqrt{(R_L^2+\omega^2 L_L^2)(G_L^2+\omega^2 C_L^2)} - \omega^2 L_L C_L + R_L G_L\right]} \tag{9.41}$$

여기서

$\mathrm{Re}(Z_0)$ = 특성 임피던스의 실수부
$\mathrm{Imag}(Z_0)$ = 특성 임피던스의 허수부
R_L = 도체의 길이당 직렬 저항
C_L = 길이당 커패시턴스
L_L = 길이당 직렬 루프 인덕턴스
G_L = 유전체의 길이당 병렬 컨덕턴스
ω = 각주파수

저손실 영역에서 특성 임피던스는 다음과 같다.

$$\mathrm{Re}(Z_0) = \sqrt{\frac{L_L}{C_L}} \tag{9.42}$$

$$\mathrm{Imag}(Z_0) = 0 \tag{9.43}$$

특성 임피던스에 대한 저손실 근사식은 무손실 특성 임피던스에 대한 근사식과 정확히 일치한다. 특성 임피던스는 R^2과 ω^2L^2, G^2과 ω^2C^2의 상대적인 크기에 따라 달라진다. 저손실로 가정할 수 있는 주파수는 선로 폭이 3 mil인 전송선로의 경우 약 2 MHz이다. 이 경계 주파수보다 10배 이상의 주파수에서는 저손실 근사식의 오차는 1% 미만인 것으로 나타났다.

특성 임피던스의 크기를 손실의 영향을 대략적으로 평가하는 척도로 삼을 수 있다. 특성 임피던스의 크기는 다음과 같다.

$$\mathrm{Mag}(Z_0) = \sqrt{\mathrm{Re}(Z_0)^2 + \mathrm{Imag}(Z_0)^2} \tag{9.44}$$

[그림 9-14]는 위의 정확한 수식을 사용하여 FR4 기판에서 폭이 3 mil인 50 Ω 마이크로스트립의 복소 특성 임피던스 크기를 그래프로 표시한 결과이다. 이 결과에는 도체 손실과 유전체 손실이 포함되어 있다. 약 10 MHz 이상의 주파수에서는 복소 특성 임피던스가 무손실을 가정한 임피던스 값에 매우 가깝다는 것을 알 수 있다. 이 전이 주파수는 선로 폭이 넓고 손실이 적은 선로일수록 더 낮은 주파수 쪽으로 이동한다.

TIP

저손실로 가정할 수 있는 주파수 영역에서 특성 임피던스는 손실에 의한 영향을 받지 않는다.

앞에서 설명한 것처럼 표피 깊이 효과로 인해 인덕턴스는 주파수에 따라 어느 정도 달라질 수 있다. 약 100 MHz 이상에서는 표피 깊이가 기하학적 두께보다 훨씬 얇으며, 인덕턴스는 이 주파수 이상에서 일정하다. 복소 유전 상수의 실수 부분이 주파수에 따라 변하기 때문에 커패시턴스도 주파수에 따라 약간 변할 수 있다. 이러한 특성 때문에 특성 임피던스도 약간의 주파수 의존성을 가질 수 있다. 하지만 실제 인터커넥트에서는 이러한 효과로 인한 영향이 크게 나타나지는 않는다.

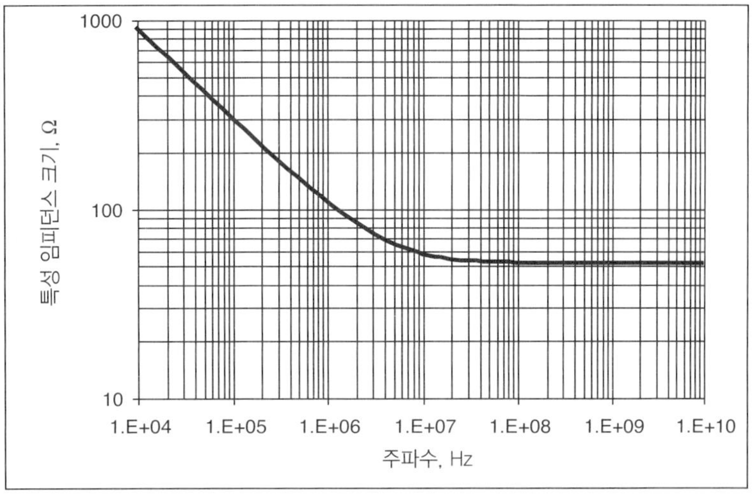

그림 9-14 FR4 기판에서 손실이 있는 50 Ω 마이크로스트립의 복소 특성 임피던스 크기는 약 10 MHz 이상에서 무손실 임피던스에 매우 가깝다는 것을 보여준다. 따라서 저손실 영역은 10 MHz 이상이다.

9.9 손실이 있는 전송선로에서 신호의 속도

손실이 있는 전송선로의 회로 모델에 대한 미분 방정식의 해를 구하면 사인파의 속도는 다음 식에서 보듯이 매우 복잡하게 나타난다.

$$v = \frac{\omega}{\sqrt{\frac{1}{2}\left[\sqrt{\left(R_L^2+\omega^2 L_L^2\right)\left(G_L^2+\omega^2 C_L^2\right)}+\omega^2 L_L C_L - R_L G_L\right]}} \tag{9.45}$$

저항의 임피던스가 인덕턴스의 리액턴스보다 훨씬 작고 손실계수가 0.1보다 훨씬 작은 저손실 영역에서 속도는 다음과 같이 근사적으로 나타낼 수 있다.

$$v = \frac{1}{\sqrt{L_L C_L}} \tag{9.46}$$

이 결과는 무손실 전송선로에서의 속도와 일치한다.

TIP

결론적으로 저손실 영역에서는 신호의 속도가 손실의 영향을 받지 않는다.

속도의 정확한 수식을 사용하여 속도가 얼마나 일정한지, 또 어느 범위에서 속도가 주파수에 따라 달라지는지 알아볼 수 있다. 주파수에 따라 속도가 달라지는 효과(현상)를 분산(dispersion)이라고 하는데, 이 경우에 분산은 손실로 인해 발생한다. [그림 9-15]는 유전체 손실과 도체 손실을 모두 포함할 때 FR4 기판에서 최악의 경우인 폭이 3 mil인 50 Ω 마이크로스트립의 주파수에 따른 신호의 속도 변화를 보여준다.

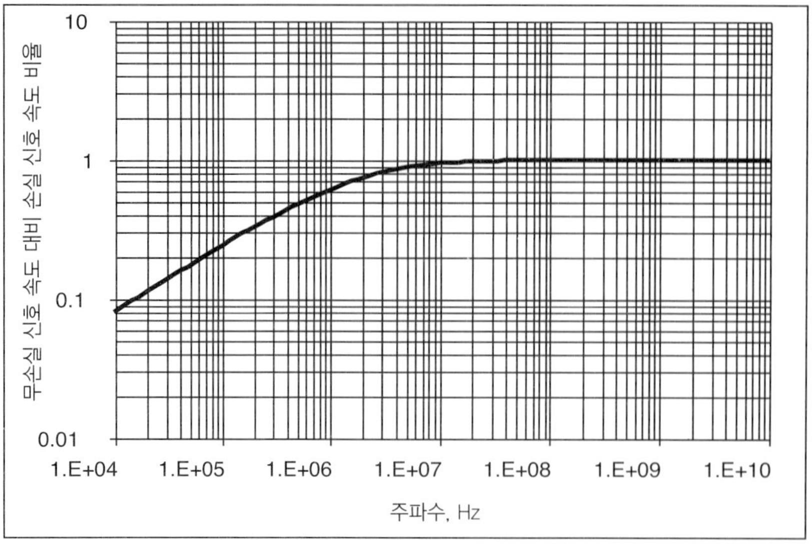

그림 9-15 FR4 기판에서 폭이 3mil인 50 Ω 마이크로스트립의 손실로 인한 분산. 손실이 있을 때의 속도와 무손실일 때 속도의 비율을 그래프로 나타냄.

손실로 인한 영향은 높은 주파수보다 낮은 주파수를 더 느리게 만든다. 낮은 주파수에서는 직렬 저항 임피던스가 루프 인덕턴스의 직렬 임피던스보다 더 크다. 또한 선로의 손실이 더 커지고 신호의 속도가 느려진다. 속도가 주파수에 따라 달라지는 것을 분산(dispersion)이라고 한다. 이는 주파수에 따라 변하는 유전 상수와 손실이라는 물질 특성과 관련한 두 가지 메커니즘으로 인해 발생한다.

분산으로 인해 높은 주파수의 성분이 저주파 성분보다 빠르게 이동하게 된다. 시간 영역에서는 빠른 에지가 먼저 도착하고 천천히 상승하는 신호가 뒤따르므로 상승 시간이 실제로 증가한다. 그러나 상승 시간 변화가 눈에 뜨일 만큼 손실의 영향이 큰 경우에는 일반적으로 분산으로 인한 영향보다 감쇠로 인한 영향이 훨씬 더 크다.

TIP

FR4 기판에서 최악의 경우인 폭이 3 mil인 전송선로에 대해 저손실 영역은 약 10 MHz 이상이다. 이 영역에서 속도는 주파수와 무관하며 손실로 인한 분산은 무시할 수 있다.

분산은 반사로 인해 발생할 수도 있다. 반사로 인해 신호가 전송선로를 따라 왔다 갔다 하다 보면 신호의 일부가 지연된 신호 부분과 겹칠 수 있다. 이로 인해 일부 주파수에서 비정상적인 위상 천이(phase shift)가 발생하며, 이는 시간 지연과 신호 속도의 작은 변화로 나타난다. 이것을 비정상 위상 천이(anomalous phase shift) 또는 비정상 분산(anomalous dispersion)이라고도 한다.

9.10 감쇠와 dB

선로의 손실이 신호에 미치는 가장 큰 영향은 신호가 선로 길이를 따라 전파하면서 진폭이 감소하는 것이다. 진폭이 V_{in}인 사인파 전압 신호가 전송선로에 유입되면 신호가 선로를 따라 이동하면서 진폭이 줄어든다. [그림 9-16]은 시간을 멈추고 선로상에 존재하는 사인파 신호를 본다고 가정할 때 나타나는 파형으로 선로상의 각각의 위치에서 사인파의 크기가 표시되어 있다. 이 공간 파형은 40 inch 길이의 마이크로스트립 트레이스에 주파수가 1 GHz인 사인파가 분포해있는 모습이다. 트레이스의 폭은 10 mil이고 특성 임피던스는 50 Ω이다.

진폭은 거리에 따라 선형적으로 감소하지 않고 지수함수적으로 감소한다. 이러한 감소는 e를 밑으로 하거나 10을 밑으로 하는 지수로 표현할 수 있다. e를 밑으로 하면 출력 신호는 다음 수식으로 나타낼 수 있다.

$$V(d) = V_{in}\exp(-A_n) = V_{in}\exp(-d \times \alpha_n) \tag{9.47}$$

여기서

$V(d)$ = 위치 d에서 선로의 전압

d = 선로에서의 위치(단위: inch)

V_{in} = 입력 전압 파형의 진폭

A_n = 총 감쇠(단위: neper)

α_n = 길이당 감쇠(단위: neper/inch)

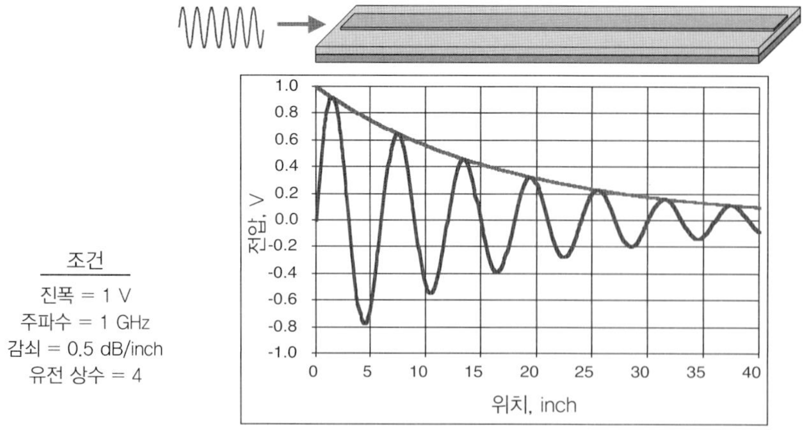

그림 9-16 FR4 기판에서 폭이 10 mil인 50 Ω 전송선로에 나타나는 1 GHz 사인파 신호의 진폭

e를 밑으로 사용할 때 감쇠(attenuation)의 단위는 무차원이지만, 1614년에 밑이 e인 지수를 처음 발표해 이를 도입하는 데 기여한 스코틀랜드 출신의 네이피어(John Napier)의 이름을 따서 네퍼(neper)라는 단위를 쓴다. Napier의 철자가 조금 혼란스러울 수 있다. 일반적으로 사용되는 napier, naper, neper 모두 같은 단위를 나타내며 그의 이름에서 유래된 것이다. 실제 차원은 없는 것이지만 밑 e를 사용한 감쇠임을 상기시키기 위해 neper라는 단위를 사용한다.

예를 들어, 감쇠가 1 neper인 경우, 최종 진폭은 입력 진폭의 exp(−1) = 0.037 = 37%가 된다. 감쇠가 2 neper인 경우, 출력 진폭은 입력 전압의 exp(−2) = 0.013 = 13%가 된다.

마찬가지로 입력 진폭과 출력 진폭이 주어지면 감쇠는 다음 수식에서 구할 수 있다.

$$A_n = -\ln\left(\frac{V(d)}{V_{in}}\right) \tag{9.48}$$

위 수식에서 부호에는 약간 애매한 구석이 있다. 모든 수동 인터커넥트에서는 이득이 전혀 없다. 출력 전압은 항상 입력 전압보다 작다. 지수가 0이면 출력 진폭은 입력 진폭과 정확히 동일하다. 진폭을 줄이는 유일한 방법은 음의 지수를 갖는 것이다. 마이너스 부호를 지수에 분명하게 표시해주어야 하는가, 아니면 감쇠라는 용어 속에 마이너스 부호가 들어가 있는 것으로 해야 하는가? 이 두 가지 방법 모두 일반적으로 사용된다. 감쇠를 말할 때 '감쇠 −2 neper'라고 쓰기도 하고 '감쇠 2 neper'이라고도 쓰기도 한다. 어느 경우나 수치 앞에 '감쇠'라는 단어를 붙이기 때문에 모호함은 없다.

보통은 감쇠를 0보다 큰 양수로 간주한다. 이 경우에는 마이너스 부호를 지수에 수치와 함께 넣어 주어야 한다.

밑으로 e보다 10을 사용하여 감쇠를 나타내는 것이 더 일반적이다. 이 경우, 출력 진폭의 수식은 다음과 같다.

$$V(d) = V_{in}10^{-\frac{A_{dB}}{20}} = V_{in}10^{\left(-d\times\frac{\alpha_{dB}}{20}\right)} \tag{9.49}$$

여기서

$V(d)$ = 위치 d에서 선로의 전압
d = 선로에서의 위치(단위: inch)
V_{in} = 입력 전압 파형의 진폭
A_{dB} = 총 감쇠(단위: dB)
α_{dB} = 길이당 감쇠(단위: dB/inch)
20 = dB를 진폭으로 변환하는 인수, 아래에 설명이 되어 있다

TIP

감쇠를 나타내는 데 사용되는 단위는 데시벨(dB)이다. dB 단위는 공학 전반에 걸쳐 사용되며 어디서 사용하든지 혼란을 일으킨다. 이 단위의 기원을 이해하면 혼란을 없애는 데 도움이 된다.

데시벨은 100여 년 전 알렉산더 그레이엄 벨(Alexander Graham Bell)에 의해 만들어졌다. 그는 청각 문제가 있는 어린이를 연구하고 치료하면서 의사로서의 경력을 시작했다. 청력 손실 정도를 정량화하기 위해 그는 표준화된 소리 강도 기준을 개발하고 개인의 청각 능력을 정량화했다. 그는 소리의 크기가 소리의 세기가 아니라 세기의 로그에 따라 달라진다는 것을 발견했다. 그는 가장 조용한 속삭임을 0 단위로 나타내고 통증을 유발하는 소리를 10 단위로 나타내는 음량의 척도를 개발했다.

다른 모든 소리는 실제 측정된 전력 레벨의 로그 비율로 이 척도에 분포되었다. 예를 들어 음량(loudness)이 1에서 2로 증가하면 음량이 두 배로 증가한 것으로 인식된다. 그러나 소리의 실제 전력 레벨은 $10^2/10^1$ = 10배만큼 증가한 것으로 측정되었다. 벨은 인지된 음량 변화의 품질이 전력 레벨 변화가 아니라 전력 레벨 변화의 로그에 비례하는 단위에 따라 달라진다는 사실을 밝혀냈다.

그가 만든 음량 척도의 단위를 벨(Bell)이라고 불렀다. 0 벨은 들을 수 있는 가장 조용한 속삭임에 해당하는 소리 레벨이다. 그다음의 각 소리 레벨에 대해 이후 귀에 들어오는 실제 전력 밀도가 정량화되었다. 약 2 kHz의 최고 감도에서 인지할 수 있는 가장 조용한 소리 레벨이 척도의 시작인 0 벨이다. 이는 10^{-12} W/m^{2}의 전력 밀도에 해당한다. 통증을 느끼는 역치(pain threshold)에 해당하는 가장 큰 소리인 10 벨의 경우, 전력 밀도는 10^{-2} W/m^{2}이다.

인지된 음량의 벨(Bell) 척도가 널리 받아들여짐에 따라 Bell에서 마지막 L이 삭제되어 인지된 음량의 벨(Bel) 척도가 되었다. 시간이 지남에 따라 감지되는 음량의 큰 범위를 고려하면 0 Bel에서 10 Bel까지의 척도 범위가 너무 좁다는 사실이 밝혀졌다. 따라서 음량을 벨(Bel) 단위로 측정하는 대신에 데시벨(deciBel) 단위로 변경하였다. 여기서 벨(Bel) 앞에 붙은 "데시(deci)"는 1/10을 의미한다. 이렇게 되면 인지된 음량 크기는 이제 속삭임에 해당하는 최저

점은 0 데시벨(decibel, b는 소문자로 표기함)로 시작하여 통증이 시작되는 음량은 100 데시벨이 된다. 데시벨은 보통 dB로 줄여서 사용한다.

TIP

오랜 세월에 걸쳐 데시벨 척도는 음량 외에 다른 용도로도 채택되어왔지만 모든 경우에 데시벨은 두 전력의 비율에 대한 로그라는 정의는 변함없이 유지해왔다. 데시벨 척도의 가장 중요한 성질은 항상 두 전력의 비율에 대한 로그를 나타낸다는 것이다.

거의 모든 공학 응용 분야에서 두 전력 P_1과 P_0의 비율에 대한 로그도 Bel로 측정된다. 즉, 비율(Bel) = $\log(P_1/P_0)$이다. 1 Bel = 10 decibel이므로 dB 단위로 비율을 구하는 식은 다음과 같다.

$$\text{비율(dB)} = 10 \times \log \frac{P_1}{P_0} \tag{9.50}$$

예를 들어, 전력이 1000배 증가하면 Bel 단위의 증가량은 log(1000) = 3 Bel이다. dB 단위로 환산하면 10 × 3 Bel = 30 dB이다. 출력 전력이 입력 전력의 1%로 줄어들면 감쇠는 $\log(10^{-2}) = -2$ Bel 또는 10 × −2 Bel = −20 dB이다.

전력 레벨이 임의의 비율로 변화하는 경우, 그 변화 비율을 dB로 나타내려면 로그값을 계산해야 하므로 계산기가 필요하다. 전력이 두 배로 증가하면 dB의 변화는 10 × log(2) = 10 × 0.3 = 3 dB이다. 전력 레벨이 두 배로 증가한 것을 나타낼 때 "3 dB 변화"라는 표현을 자주 사용한다. 전력이 50% 감소하는 경우에 dB 변화는 10 × log(0.5) = −3 dB가 된다.

dB 단위의 비율로부터 실제 전력 레벨의 비율을 구할 때는 다음 식을 사용한다.

$$\text{비율} = \frac{P_1}{P_0} = 10^{\frac{\text{비율(dB)}}{10}} \tag{9.51}$$

먼저 10의 지수에 들어있는 dB 단위 비율을 Bel 단위 비율로 변환한다. 이 값이 밑수 10의 지수이다. 예를 들어, dB 단위의 비율이 60이면 전력 레벨의 비율은 $10^{60/10} = 10^6 =$ 1,000,000이다. dB 값이 −3 dB인 경우, 전력 레벨의 비율은 $10^{-3/10} = 10^{-0.3} = 0.5$ 또는 50%이다.

dB 단위에 대해서는 다음 세 가지 규칙을 항상 염두에 두는 것이 중요하다.

1. dB 단위는 항상 두 전력 비율의 로그 또는 두 에너지 비율의 로그를 나타낸다.
2. dB 단위의 전력 비율을 실제 전력 비율로 변환할 때 밑수 10의 지수는 dB/10이다.
3. dB 단위의 전력 비율을 실제 전력 비율로 변환할 때는 10의 거듭제곱이 사용된다.

전력이 아닌 두 양의 비율을 측정할 때는 전력과의 차이를 고려해야 한다. 두 전압의 비율 r을 측정할 때(예: V_1과 V_0의 비율), r = $\log(V_1/V_0)$이며 단위는 없다. 그러나 이 두 전압의 비율을 dB 단위로 측정할 수는 없는데 이는 dB 단위가 두 전력의 비율 또는 에너지의 비율을 나타내기 때문이다. 전압은 에너지가 아니고 진폭이다.

두 전력의 비율을 구하는 식 $r_{dB} = 10 \times \log(P_1/P_0)$를 두 전압을 사용하여 나타낼 수 있다. 전력 레벨은 전압 레벨과 어떤 관련이 있을까? 전압 파형의 에너지는 전압 파형의 진폭 제곱에 비례한다. 즉 $P \sim V^2$이다.

다음 식에서 보듯이 dB 단위의 전압 비율은 실제로 전압과 관련된 전력 비율이다.

$$r_{dB} = 10 \times \log\left(\frac{P_1}{P_0}\right) = 10 \times \log\left(\frac{V_1^2}{V_0^2}\right) = 10 \times 2\log\left(\frac{V_1}{V_0}\right) = 20\log\left(\frac{V_1}{V_0}\right) \tag{9.52}$$

TIP

두 진폭의 비율을 dB 단위로 측정할 때마다 관련 전력의 비율에 로그를 취하여 계산한다. 이는 전압 비율의 로그에 20을 곱한 것과 같다.

예를 들어, 전압이 1 V에서 10 V로 변한 경우에 변화 비율을 dB 단위로 측정하면 $20 \times \log(10/1) = 20$ dB이다. 전압은 1 V에서 10 V로 10배 증가했지만 1 V와 10 V에 해당하는 전력은 100배 증가했다. 전력 레벨이 100배 증가한 것은 20 dB의 변화에 해당한다.

dB는 항상 전력 변화를 나타내는 척도이다. 진폭이 원래 크기의 절반, 즉 50%로 감소하면 초기 전압값에 대한 최종 전압값의 비율은 dB로 $20 \times \log(0.5) = 20 \times -0.3 = -6$ dB이다. 전압이 50% 감소하면 신호의 전력도 $(50\%)^2$, 즉 25%로 감소해야 한다. 두 전력의 비율이 25%인 경우, dB 단위로는 $10 \times \log(0.25) = 10 \times -0.6 = -6$ dB이다.

TIP

에너지나 전력에 대해 dB 값을 계산할 때는 로그에 10을 곱한다. 그러나 진폭에 대해서는 로그에 20을 곱한다. 진폭은 전압, 전류, 또는 임피던스에 해당하는 양이다.

dB 단위의 비율로부터 전압의 실제 비율을 구할 때는 다음 식을 사용한다.

$$\text{비율} = \frac{V_1}{V_0} = 10^{\frac{\text{비율(dB)}}{20}} \tag{9.53}$$

예를 들어 dB 단위의 비율이 20 dB인 경우, 실제 진폭 비율은 $10^{20/20} = 10^1 = 10$이다. dB 단위 비율이 −40 dB인 경우, 실제 전압 비율은 $10^{-40/20} = 10^{-2} = 0.01$이다. dB 단위 비율이 음수이면 최종값이 항상 초기값보다 작다는 의미이다. [그림 9-17]에 전압 비율과 전력 비율과 dB 값에 대한 몇 가지 예가 수록되어 있다.

전압 비율	전력 비율	dB
100	10,000	40
10	100	20
2	4	6
1.4	2	3
1	1	0
0.7	0.5	−3
0.5	0.25	−6
0.1	0.01	−20
0.01	0.0001	−40

그림 9-17 전압 비율과 그에 해당하는 전력 비율과 dB 값

9.11 손실이 있는 전송선로의 감쇠

사인파 신호가 전송선로를 따라 전파하면서 전압의 진폭은 지수함수적으로 감소한다. 반면에 dB 단위로 측정되는 총 감쇠는 길이에 따라 선형적으로 증가한다. FR4 기판에서 1 GHz 신호의 일반적인 감쇠는 0.1 dB/inch 정도이다. 1 inch 길이를 전파할 때의 감쇠는 0.1 dB이고 신호 진폭은 $V_{out}/V_{in} = 10^{-0.1/20} = 99\%$로 줄어든다. 10 inch 길이를 전파할 때의 감쇠는 0.1 dB/inch × 10 inch = 1 dB이고 진폭은 $V_{out}/V_{in} = 10^{-1/20} = 89\%$로 감소한다.

감쇠(attenuation)는 손실이 있는 전송선로의 특수한 특성을 나타내는 새로운 항목이다. 이는 손실 RLGC 회로 모델에 대한 2차 선형 미분 방정식 해로부터 직접 얻은 결과이다. 일반적으로 길이당 감쇠는 α_n으로 표시하며 단위는 neper/length이다. 길이당 감쇠 α_n은 다음 식으로 주어진다.

$$\alpha_n = \sqrt{\frac{1}{2}\left[\sqrt{\left(R_L^2 + \omega^2 L_L^2\right)\left(G_L^2 + \omega^2 C_L^2\right)} - \omega^2 L_L C_L + R_L G_L\right]} \tag{9.54}$$

저손실을 가정하면 위 수식은 아래와 같은 근사식으로 나타낼 수 있다.

$$\alpha_n = \frac{1}{2}\left(\frac{R_L}{Z_0} + G_L Z_0\right) \tag{9.55}$$

neper 단위로 측정한 두 전압 비율을 dB 단위로 간단히 변환할 수 있다. r_n이 neper 단위로 측정한 두 전압 비율이고 r_{dB}가 같은 전압 비율을 dB 단위로 측정한 것이라면 두 전압 비율은 서로 같으므로 다음과 같이 쓸 수 있다.

$$10^{\frac{r_{dB}}{20}} = e^{r_n} \tag{9.56}$$

$$r_{dB} = r_n \times 20 \log e = 8.68 \times r_n \tag{9.57}$$

이 변환을 사용하면 전송선로 길이당 감쇠(단위: dB/length)는 다음과 같다.

$$\alpha_{dB} = 8.68\alpha_n = 8.68 \times \frac{1}{2}\left(\frac{R_L}{Z_0} + G_L Z_0\right) = 4.34\left(\frac{R_L}{Z_0} + G_L Z_0\right) \tag{9.58}$$

여기서

α_n = 진폭의 감쇠(단위: neper/length)

α_{dB} = 감쇠(단위: dB/length)

R_L = 도체의 길이당 직렬 저항

C_L = 길이당 커패시턴스

L_L = 길이당 직렬 루프 인덕턴스

G_L = 유전체의 길이당 병렬 컨덕턴스

Z_0 = 전송선로의 특성 임피던스(단위: Ω)

놀랍게도 위 수식이 나타내는 주파수 영역에서의 감쇠는 주파수에 따라 달라지지 않는다.

TIP

도체의 길이당 직렬 저항이 주파수에 따라 일정하고 길이당 유전체의 컨덕턴스가 주파수에 따라 일정하다면 전송선로의 감쇠는 주파수에 따라 일정하다. 따라서 모든 주파수에서 같은 양의 손실이 발생한다.

모든 주파수의 신호는 전송선로를 통해 전파될 때 정확히 동일한 취급을 받는다. 신호가 전송선로를 통해 전파하면서 신호의 진폭은 감소하지만 모든 주파수는 동일한 감쇠를 가지므로 신호 스펙트럼의 모양은 보존된다. 상승 시간은 변경되지 않고 결과적으로 선로에서 나오는 상승 시간은 처음 선로로 출발할 때의 상승 시간과 같다.

그러나 앞서 살펴본 것처럼 일반적인 유전체 기판상의 실제 손실이 있는 전송선로는 이렇게 동작하지 않는다. 실제 세계에서는 매우 좋은 정확도로 길이당 저항이 표피 깊이로 인해 주파수의 제곱근에 따라 증가하고, 길이당 컨덕턴스는 유전체의 손실계수로 인해 주파수에 따라 선형적으로 증가한다. 이는 감쇠가 주파수에 따라 증가한다는 것을 의미한다. 높은 주파수의 사인파는 낮은 주파수의 사인파보다 더 많이 감쇠된다. 이는 손실이 있는 선로로 신호가 전파할 때 신호의 대역폭을 줄이는 근본적인 원인이다.

길이당 감쇠는 두 가지 부분으로 이루어져 있다. 첫 번째 부분은 도체에서 발생하는 감쇠이다. 도체 손실만으로 인한 감쇠는 다음과 같다.

$$\alpha_{cond} = 4.34\left(\frac{R_L}{Z_0}\right) \tag{9.59}$$

감쇠의 두 번째 부분은 유전체 물질의 손실과 관련이 있다.

$$\alpha_{diel} = 4.34(G_L Z_0) \tag{9.60}$$

총 감쇠는 이 두 항목의 합으로서 다음과 같다.

$$\alpha_{dB} = \alpha_{cond} + \alpha_{diel} \tag{9.61}$$

여기서

α_{cond} = 도체의 손실만으로 인한 길이당 감쇠(단위: dB/length)

α_{diel} = 유전체의 손실만으로 인한 길이당 감쇠(단위: dB/length)

α_{dB} = 총 감쇠(단위: dB/length)

R_L = 도체의 길이당 직렬 저항

C_L = 길이당 커패시턴스

L_L = 길이당 직렬 루프 인덕턴스

G_L = 유전체의 길이당 병렬 컨덕턴스

Z_0 = 전송선로의 특성 임피던스(단위: Ω)

표피 깊이가 손실에 영향을 주는 주파수 영역에서, 귀환 경로에 있는 약간의 저항을 무시할 때 스트립라인의 길이당 저항은 이 장 앞부분의 식 (9.35)와 같다. 여기서 주파수의 단위는 MHz이다.

$$R_L = \frac{0.5t}{w\delta} = \frac{0.5 \times 34}{w \times 66}\sqrt{f} \tag{9.62}$$

또는 주파수의 단위로 GHz 단위를 사용하면 다음과 같다.

$$R_L = \frac{0.5t}{w\delta} = \frac{0.5 \times 34}{w \times 66}\sqrt{1000}\sqrt{f} = \frac{8.14}{w}\sqrt{f} \tag{9.63}$$

여기서

R_L = 스트립라인에서 도체의 길이당 직렬 저항(단위: Ω/inch)

δ = 표피 깊이(단위: μm)

t = 선로의 두께(단위: μm), 1 oz 구리의 경우 = 34 μm

w = 선로의 폭(단위: mil)

f = 사인파 성분의 주파수(단위: GHz)

선로의 양쪽 표면에 동일한 전류가 흐른다고 가정하여 위 수식에서 0.5배를 하였다.

이들 결과를 종합하면 도체에 의한 스트립라인의 감쇠는 대략 다음과 같다.

$$\alpha_{cond} = 4.34\left(\frac{R_L}{Z_0}\right) = 4.34 \times \frac{1}{Z_0} \times \frac{8.14}{w}\sqrt{f} = \frac{36}{wZ_0}\sqrt{f} \tag{9.64}$$

스트립라인 전송선로 전체 길이에 대한 도체의 총 감쇠는 다음과 같다.

$$A_{cond} = Len \times \alpha_{cond} = Len\frac{36}{wZ_0}\sqrt{f} \tag{9.65}$$

여기서

- R_L = 스트립라인에서 도체의 길이당 직렬 저항(단위: Ω/inch)
- w = 선로의 폭(단위: mil)
- f = 사인파 성분의 주파수(단위: GHz)
- Z_0 = 전송선로의 특성 임피던스(단위: Ω)
- A_{cond} = 도체의 손실만으로 인한 총 감쇠(단위: dB)
- Len = 전송선로의 길이(단위: inch)

예를 들어, 1 GHz 주파수에서 선로 폭이 10 mil인 50 Ω 스트립라인의 길이당 감쇠는 도체 손실만으로 α_{cond} = 36/(10 × 50) × 1 = 0.07 dB/inch가 된다. 선로의 길이가 36 inch(백플레인의 전형적인 선로 길이임)인 경우, 선로의 한쪽 끝에서 다른 쪽 끝까지의 총 감쇠는 0.07 dB/inch × 36 inch = 2.5 dB이다. 입력 전압에 대한 출력 전압의 비율 $V_{out}/V_{in} = 10^{-2.5/20}$ = 0.75 = 75%이다. 즉, 1 GHz 주파수 성분의 경우에는 도체 손실만으로 인해 선로의 맨 끝에서 진폭의 75%만 남게 된다. 이보다 더 높은 고주파 성분은 훨씬 더 감쇠된다. 물론 이것은 근사치이다. 정확한 전류의 분포와 주파수에 따른 전류 분포의 변화를 계산할 수 있는 2D 전자기장 솔버를 사용하면 더욱 정확한 값을 얻을 수 있다.

[그림 9-18]에 선로 폭이 10 mil인 50 Ω 마이크로스트립의 경우에 대해 2D 전자기장 솔버를 사용하여 계산한 감쇠와 근사식으로 계산한 도체 손실에 의한 감쇠 추정치를 비교하였다. 결과를 보면 근사식으로 계산한 값이 합리적인 추정치임을 알 수 있다.

이러한 추정치는 구리 선로의 표면이 매끄럽다고 가정한다는 점에 유의해야 한다. 표면 거칠기(surface roughness)가 표피 깊이와 비슷할 때는 해당 표면의 직렬 저항이 증가하며 표면이 매끄러운 구리의 직렬 저항보다 두 배 이상 클 수 있다. 구리의 전형적인 표면 거칠기는 2 μm 정도인데, 이 경우에 약 5 GHz 이상의 주파수에서 구리 표면의 직렬 저항은 두 배가 된다. 대부분의 구리 포일(foil)은 한 면은 거칠고 다른 면은 매끄러우므로 도체의 직렬 저항은 한 면에서만 두 배가 된다. 따라서 표면 거칠기의 영향으로 인해 매끄러운 구리의 경우, 위의 추정치보다 직렬 저항이 35%만큼 증가할 수 있다.

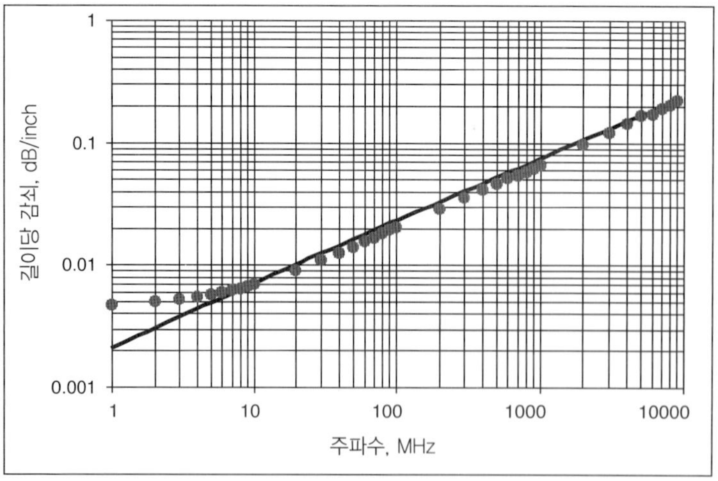

그림 9-18 도체 손실만 있고 유전체 손실은 없다고 가정할 때, 선로 폭이 10 mil인 50 Ω 마이크로스트립의 길이당 감쇠. (실선) 단순한 근사 모델 계산 결과. (원) Ansoft사의 SI2D 전자기장 솔버를 사용한 시뮬레이션 결과

앞서 살펴본 바와 같이 모든 구조에 대해 길이당 컨덕턴스는 다음과 같이 길이당 커패시턴스와 관련이 있다.

$$G_L = \omega \tan(\delta) C_L \tag{9.66}$$

마찬가지로 모든 구조에 대해 특성 임피던스는 다음과 같이 커패시턴스와 관련이 있다.

$$Z_0 = \frac{\sqrt{\varepsilon_r}}{cC_L} \tag{9.67}$$

이 두 관계로부터 유전체 물질의 길이당 감쇠를 다음과 같이 다시 정리할 수 있다.

$$\alpha_{diel} = 4.34(G_L Z_0) = 4.34\left(\omega \tan(\delta) C_L\right)\left(\frac{\sqrt{\varepsilon_r}}{cC_L}\right) = \frac{4.34}{c}\omega \tan(\delta)\sqrt{\varepsilon_r} \tag{9.68}$$

여기서

α_{diel} = 유전체의 손실만으로 인한 길이당 감쇠(단위: dB/length)

G_L = 유전체의 길이당 컨덕턴스

ω = 각주파수(단위: radian/sec)

$\tan(\delta)$ = 손실계수

C_L = 길이당 커패시턴스

Z_0 = 특성 임피던스

ε_r = 복소 유전 상수의 실수부

c = 진공에서 빛(전자파)의 속도

빛의 속도에 inch/nsec 단위를 사용하고 주파수에 GHz 단위를 사용하면 유전체의 길이당 감쇠는 다음과 같다.

$$\alpha_{diel} = 2.3f\tan(\delta)\sqrt{\varepsilon_r} \tag{9.69}$$

여기서

α_{diel} = 유전체의 손실만으로 인한 길이당 감쇠(단위: dB/inch)
f = 사인파 성분의 주파수(단위: GHz)
tan(δ) = 손실계수
ε_r = 복소 유전 상수의 실수부

감쇠가 기하학적 구조와 무관하다는 점은 흥미롭다. 예를 들어 선로 폭이 증가하면 커패시턴스가 증가하므로 컨덕턴스는 증가하지만 특성 임피던스는 감소한다. 따라서 이 두 항목의 곱은 항상 똑같이 유지된다.

TIP

유전체로 인한 감쇠는 물질의 손실계수에 의해서만 결정된다. 유전체로 인한 감쇠는 전송선로의 기하학적 구조에 따라 달라지지 않고 전적으로 물질 특성에 따라 결정된다.

이는 근사적으로 성립하는 관계가 아니다. 병렬 컨덕턴스에 영향을 미치는 모든 기하학적 항목이 특성 임피던스에는 반대로 영향을 미치기 때문에 컨덕턴스와 특성 임피던스의 곱은 항상 기하학적 구조와 상관없이 일정하다.

FR4의 유전 상수는 약 4.3이고 손실계수는 약 0.02이다. 1 GHz에서 FR4를 사용하는 전송선로의 길이당 감쇠는 약 2.3 × 1 × 0.02 × 2.1 = 0.1 dB/inch이다. 이 값을 앞서 살펴본 10 mil 폭의 50 Ω 선로에서 도체에 의한 inch당 감쇠 0.07 dB/inch와 비교해 볼 수 있다.

이 비교 결과는 다음의 매우 중요한 경험 규칙의 바탕이 된다. FR4 유형 기판의 유전체 손실은 약 0.1 dB/inch/GHz이다. 이 값은 선로의 임피던스나 기하학적 특징과는 무관하며 물질 특성에만 관련이 있다. 이 간단한 경험 규칙을 통해 채널에서 예상되는 손실을 빠르게 계산할 수 있다. 그러나 여기에는 유전체 손실만 포함된다. 폭이 좁은 선로의 경우 도체의 손실도 이것과 동일한 양의 손실을 유발할 수 있다. 일반적인 채널의 감쇠는 대략 0.1~0.2 dB/inch/GHz이다.

1 GHz에서는 유전체의 감쇠가 도체의 감쇠보다 약간 더 크다. 주파수가 더욱 높아지면 유전체의 감쇠가 도체의 감쇠보다 더욱 빠르게 커진다. 이는 유전체 손실이 1 GHz에서 지배적이라면 더욱 높은 주파수에서는 유전체 손실이 도체 손실보다 더 중요해진다는 것을 의미한다. 다시 말해 반대로 더 높은 주파수에서는 도체의 손실이 덜 중요해진다.

유전체에 의한 감쇠는 도체에 의한 감쇠보다 주파수에 따라 더 빠르게 증가한다. 어떤 특정 주파수 이상이 되면 유전체에 의한 감쇠가 도체에 의한 감쇠보다 커진다. [그림 9-19]는

FR4 기판에서 폭이 8 mil인 50 Ω 트레이스의 길이당 감쇠를 보여주는 그래프이다. 그래프에서 도체 손실, 유전체 손실, 그리고 이 두 손실의 합인 총 감쇠를 비교할 수 있다. 폭이 8mil보다 넓은 50 Ω 선로의 경우 유전체 손실과 도체 손실이 같아지는 전이 주파수는 1 GHz 미만이다. 1 GHz 이상에서는 유전체의 손실이 지배적이다. 선로 폭이 8 mil보다 좁아지면 전이 주파수는 1 GHz 이상이 된다.

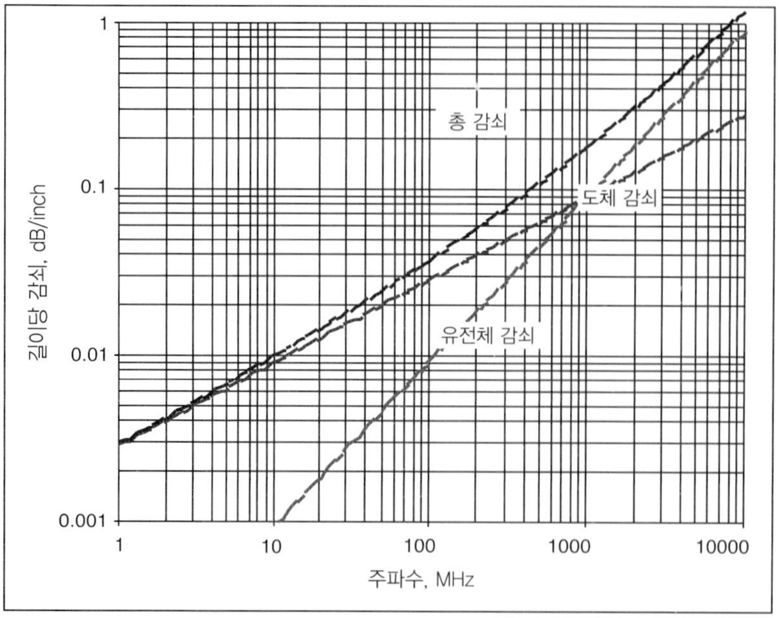

그림 9-19 선로 폭이 8 mil인 50 Ω 마이크로스트립의 inch당 감쇠. 도체 감쇠, 유전체 감쇠, 총 감쇠를 각각 그래프로 나타내었다. FR4를 사용한 이 구조에서는 1 GHz 이상의 주파수에서 유전체 손실이 도체의 손실보다 더 커진다.

전송선로의 손실을 언급할 때 산업계에서는 많은 항목들이 사용되고 있다. 하지만 안타깝게도 각각의 항목들은 서로 다른 양을 가리키지만 같은 의미로 사용되고 있다.

다음은 사용되는 몇 가지 항목들과 그 항목의 실제 정의이다.

- 손실(loss): 손실이 있는 선로의 모든 측면을 가리키는 일반적인 용어이다.
- 감쇠(attenuation): 이것은 선로의 총 감쇠를 나타내는 특정한 척도로, 전송된 신호의 전력 감소(dB 단위로 표시) 또는 진폭 감소[전송된 신호의 백분율(%)로 표시]를 측정한 값이다. dB 단위로 측정할 경우, 신호의 총 감쇠는 선로 길이에 따라 선형적으로 증가한다. 출력에서 % 전압으로 측정하면 선로 길이가 증가함에 따라 지수함수적으로 감소한다.
- 길이당 감쇠(attenuation per length): 이는 dB 단위로 측정한 전력의 총 감쇠를 선로의 길이로 정규화한 값이며, 전송선로의 선로 파라미터가 일정하다면 변하지 않는다. 길이당 감쇠는 고유한 특성으로서 인터커넥트의 길이에 따라 변하지 않는다.

- 손실계수(dissipation factor): 모든 유전체의 고유한 물질 특성으로서, 쌍극자의 수, 그리고 AC 전기장에서 쌍극자가 얼마나 멀리 이동할 수 있는지를 나타내는 척도이다. 손실계수는 유전체 손실에 기여하는 물질 특성으로, 주파수에 따라 약간 달라질 수 있다.
- 손실 각도(loss angle): 복소 평면에서 복소 유전 상수 벡터와 실수 축 사이의 각도이다.
- tan(δ): 손실 각도의 탄젠트로 복소 유전 상수에서 실수부에 대한 허수부의 비율을 나타낸다. 손실계수라고도 한다.
- 복소 유전 상수의 실수부: 복소 유전 상수의 실수부는 유전체가 두 도체 사이의 커패시턴스를 얼마나 증가시키는지, 물질에서 빛(전자파)의 속도를 얼마나 느리게 하는지와 관련된 용어이다. 이는 물질의 고유한 특성이다.
- 복소 유전 상수의 허수부: 복소 유전 상수의 허수부는 쌍극자 운동으로 인해 유전체가 전기장에서 에너지를 얼마나 흡수하는지와 관련된 용어이다. 이는 쌍극자의 수와 쌍극자의 운동 방식과 관련된 물질의 고유한 특성이다.
- 유전 상수(dielectric constant): 유전 상수는 일반적으로 복소 유전 상수의 실수부로서, 유전체가 두 도체 사이의 커패시턴스를 얼마나 증가시키는지와 관련이 있다.
- 복소 유전 상수(complex dielectric constant): 이는 전기장이 물질과 상호 작용하는 방식을 나타내는 물질의 고유한 특성이다. 복소 유전 상수의 실수부는 물질이 커패시턴스에 얼마나 영향을 미치는지 나타내고 허수부는 물질이 병렬(션트) 누설 저항에 얼마나 영향을 미치는지를 설명한다.

전송선로의 손실을 언급할 때 언급하는 용어를 구별하는 것이 중요하다. 실제 감쇠는 주파수에 따라 달라진다. 그러나 물질의 손실계수 또는 물질의 기타 특성은 일반적으로 주파수에 따라 조금씩 천천히 변화한다. 물론 이를 알 수 있는 유일한 방법은 실제 물질을 측정하는 것이다.

9.12 주파수 영역에서 손실 전송선로의 측정된 특성

이 절에서 설명하는 손실 전송선로의 이상적인 모델은 다음과 같은 세 가지 특성을 갖는다.

1. 주파수에 따라 일정한 특성 임피던스
2. 주파수에 따라 일정한 속도
3. 주파수의 제곱근에 비례하는 항목과 주파수에 비례하는 또 다른 항목을 갖는 감쇠

여기서는 유전 상수와 손실계수가 주파수에 따라 일정하다고 가정한다. 이 가정은 항상 성립하는 것은 아니지만 대부분의 물질의 경우에는 이렇게 가정해도 좋은 근사 결과를 얻을 수 있다. 주파수에 따라 변화하는 물질 특성을 갖는 실제 재료의 경우에도 일반적으로 주파수에 따라 매우 느리게 변하므로 넓은 주파수 범위에서 일정한 것으로 간주할 수 있다. 물질 특성이 어떻게 변화하는지 알 수 있는 유일한 방법은 측정하는 것이다.

안타깝게도 물질 특성을 아는 것이 중요한 GHz 범위의 주파수에서는 손실계수를 측정하는 장비가 없다. 물질의 샘플을 테스트용 설비(test fixture)에 넣고 여러 주파수에서 손실계수를 읽을 수 없다. 그 대신, 유전체 기판 샘플에서 고유한 물질 특성을 추출하려면 약간 더 복잡한 방법을 사용해야 한다.

첫 번째 단계는 유전체 기판으로 전송선로(가급적이면 스트립라인 구조로)를 만들어 신호 경로 주위의 모든 곳에 균일한 유전체가 있도록 하는 것이다. 전송선로를 측정하기 위해서는 양쪽 끝에 비아가 필요하다. 마이크로 프로브(microprobe)를 사용하면 프로브의 영향을 최소화하면서 사인파 전압의 동작을 측정할 수 있다.

벡터 네트워크 분석기(vector network analyzer, VNA)를 사용하여 사인파를 전송하고 사인파가 전송선로에 의해 어떻게 반사되고 전달되는지 측정할 수 있다. 입사 사인파에 대한 반사 사인파의 비율을 반사 손실(return loss)이라고 하며 간단히 S_{11}으로 표시한다. 입사 사인파에 대한 전달 사인파의 비율을 삽입 손실(insertion loss)이라고 하며 간단히 S_{21}으로 표시한다. S_{11}과 S_{21}과 같은 S 파라미터 항목은 12장 "신호 무결성 분야를 위한 S 파라미터"에서 살펴본다.

모든 주파수에서 이 두 항목은 사인파가 전송선로와 상호 작용하는 방식을 완벽하게 설명한다. 각 주파수에서 S 파라미터 또는 산란 계수(scattering parameter)라고 부르는 S_{11}과 S_{21}은 입사 사인파의 진폭 및 위상과 비교하여 반사 사인파의 진폭 및 위상과 전달 사인파의 진폭 및 위상을 각각 나타낸다. 이 S 파라미터 정의에 대한 또 다른 제한 조건은 전송선로 앞쪽 끝에 50 Ω 소스를 연결하고 전송선로 뒤쪽 끝에 50 Ω 부하를 연결한 상태에서 반사 사인파와 전달 사인파를 측정해야 한다는 것이다.

전송선로의 특성 임피던스가 50 Ω과 다르면 상당한 반사가 발생하고, 선로의 길이와 임피던스 불연속으로 인해 사인파들이 공진을 찾기 때문에 S 파라미터에 주기적인 패턴이 나타난다. 그러나 선로의 특성 임피던스를 알고 선로 양 끝에 연결되는 비아 또는 커넥터 모델을 알고 있으면 이러한 모든 효과를 설명할 수 있다.

4 inch 길이의 50 Ω 전송선로에서 실제로 측정한 삽입 손실이 [그림 9-20]에 나와 있다. 전달된 신호 S_{21}(dB)은 예상대로 주파수가 증가함에 따라 감소한다. 이 예에서 전송선로는 50 Ω에 가깝고 비아는 8 GHz 이상이 될 때까지 눈에 띄는 영향을 미치지 않는다. 측정된 삽입 손실은 감쇠의 대략적인 근사치이다. S_{21}을 dB로 표시하면 단순한 근사 모델에서 예상한 대로 감쇠의 기울기가 거의 일정하게 나타나는 것을 볼 수 있다.

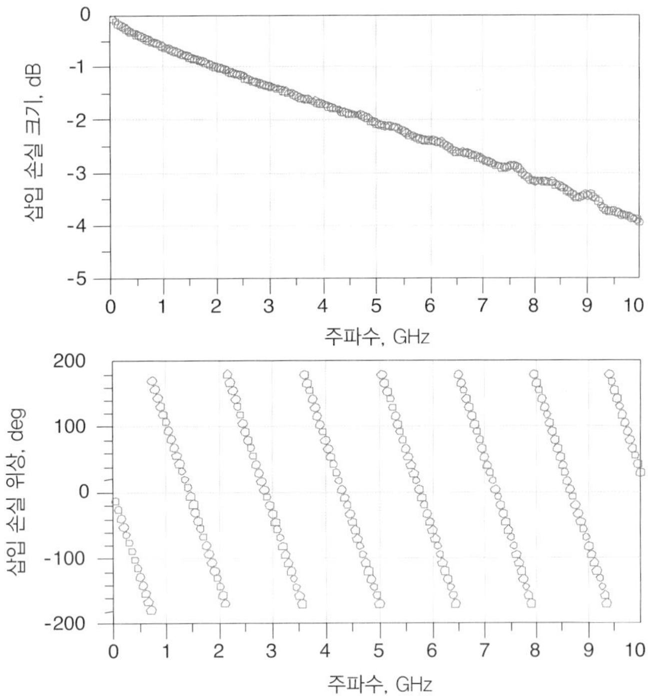

그림 9-20 FR4 기판으로 만든 4 inch 길이의 50 Ω 스트립라인의 삽입 손실 측정 결과. GigaTest Labs Probe Station으로 측정

비아가 없는 완벽한 임피던스 정합이 이루어진 전송선로의 경우, S_{21}은 정확히 주파수에 따른 감쇠를 나타내는 척도가 된다. 그러나 실제로는 이렇게 설계하기가 거의 불가능하므로 비아를 포함하는 전송선로 테스트 구조에 대한 회로 모델을 기반으로 S_{21}을 해석해야 한다.

전송선로의 양 끝에 있는 비아의 전기적 영향을 설명하기 위해 이를 C-L-C 토폴로지를 가진 간단한 파이(pi) 회로로 모델링할 수 있다. 실제 전송선로의 테스트 구조는 [그림 9-21]에 표시된 이상적인 회로 모델로 모델링할 수 있다. 이 모델은 다음과 같은 단 8개의 파라미터로 완전히 정의할 수 있다.

C_{via1} = 비아의 첫 번째 부분의 커패시턴스

L_{via} = 비아와 관련된 루프 인덕턴스

C_{via2} = 비아의 두 번째 부분의 커패시턴스

Z_0 = 무손실 특성 임피던스

ε_r = 복소 유전 상수의 실수부, 주파수에 따라 일정하다고 가정

Len = 전송선로의 길이(이 경우 자로 측정한 값은 4 inch)

tan(δ) = 기판의 손실계수(주파수에 따라 일정하다고 가정)

$\alpha_{cond}/f^{0.5}$ = 도체 손실과 관련된 항목으로 주파수의 제곱근으로 정규화함

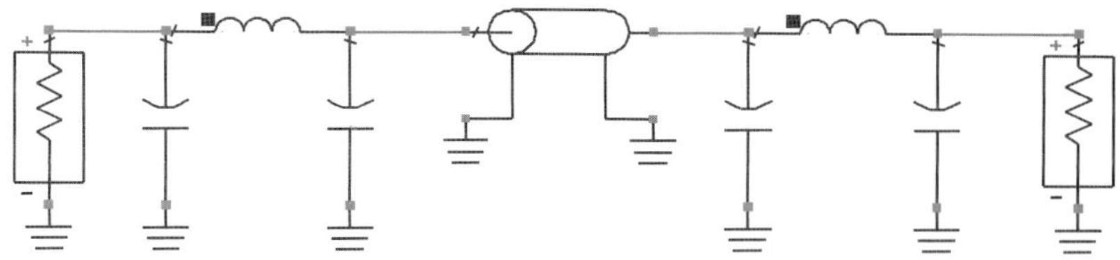

그림 9-21 4 inch 길이의 이상적인 손실 전송선로를 모델링하기 위한 회로 토폴로지. 전송선로 양 끝에는 비아와 VNA 포트가 연결되어 있다.

이 모델의 각 파라미터 값을 알고 있다면 삽입 손실을 시뮬레이션할 수 있다. 올바른 토폴로지를 갖고 있고 각 파라미터 값을 알고 있다면 측정된 삽입 손실과 시뮬레이션 된 삽입 손실이 매우 잘 일치할 것이다.

측정 결과와 일치하도록 시뮬레이션을 통해 최적화를 수행한 결과, 이 특정 전송선로에 대한 8개 파라미터의 최적값은 각각 다음과 같았다.

$C_{via1} = 0.025\ pF$

$L_{via} = 0.211\ nH$

$C_{via2} = 0.125\ pF$

$Z_0 = 51.2\ \Omega$

$\varepsilon_r = 4.05$

$Len = 4\ inch$

$\tan(\delta) = 0.015$

$\alpha_{cond}/f^{0.5} = 3\ dB/m/\sqrt{f}$

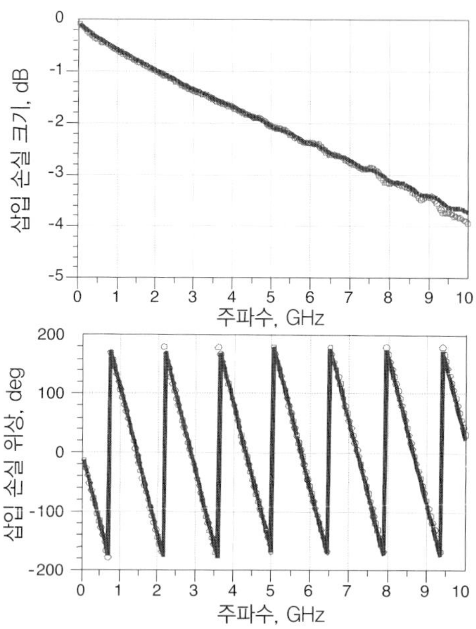

그림 9-22 FR4로 만든 4 inch 길이의 50 Ω 전송선로에 대한 삽입 손실 측정 결과와 시뮬레이션 결과의 비교

[그림 9-22]는 이상적인 회로 모델과 전체 측정 대역폭에 걸쳐 일정한 파라미터 값들을 사용하여 시뮬레이션한 삽입 손실과 실제 측정한 삽입 손실을 비교한 것이다.

간단한 이상적인 회로 모델을 기반으로 시뮬레이션한 삽입 손실과 실제 측정한 삽입 손실은 매우 잘 일치한다. 이를 통해 회로 모델의 토폴로지와 파라미터 값들이 양호하다는 확신을 가질 수 있으며 유전 상수는 4.05이고 손실계수는 0.015라는 결론을 내릴 수 있다. 10 GHz의 전체 측정 대역폭에 걸쳐 이 두 가지 항목의 값이 모두 변하지 않고 일정하다는 가정이 측정된 데이터와 비교해 볼 때 잘 들어맞는다는 것을 알 수 있다.

[그림 9-23]에서는 동일한 샘플에 대해 측정 대역폭을 최대 20 GHz까지 확장한 것이다. 유전 상수와 손실계수가 주파수에 무관하게 일정하다고 가정할 때 최대 약 14 GHz까지 측정한 응답과 예측한 응답은 매우 잘 일치한다. 하지만 이 주파수 이상에서는 라미네이트(유전체)의 실제 손실계수가 증가하고 유전 상수는 아주 약간 감소하는 것처럼 보인다. 이 측정 결과를 통해 주파수에 따라 물질 특성이 일정하다는 가정의 한계를 확인할 수 있다. 이 FR4 샘플의 경우 약 14 GHz까지는 물질 특성이 일정하다는 가정이 잘 맞는다.

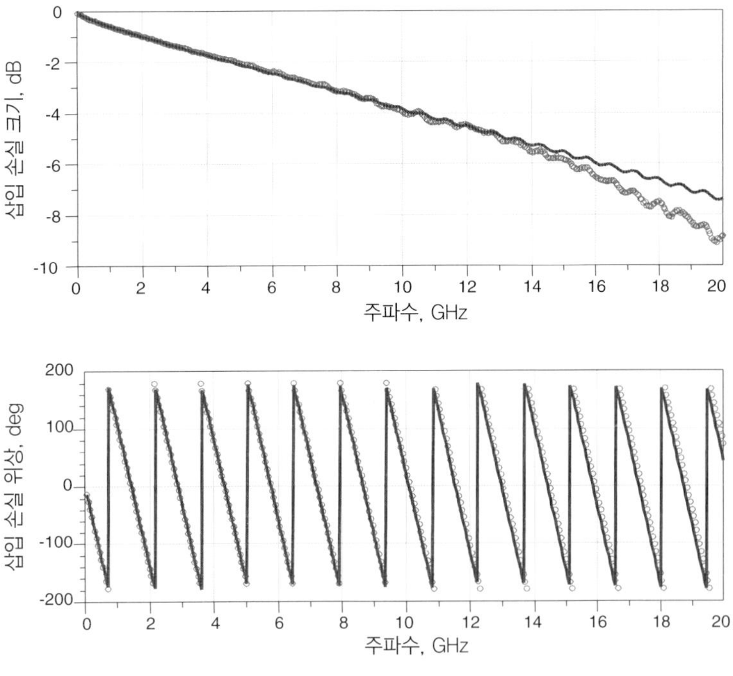

그림 9-23 최대 20 GHz까지 확장한 삽입 손실 측정 결과와 시뮬레이션 결과. 모델의 대역폭은 14 GHz로 나타났다. 이 주파수 이상에서는 실제 손실계수가 주파수에 따라 증가하는 것으로 보인다.

TIP

측정한 삽입 손실과 간단한 이상적인 손실 전송선로 모델로 시뮬레이션한 결과가 잘 일치한다는 사실은 이 간단한 모델을 사용하여 실제 손실 전송선로의 고주파 특성을 나타낼 수 있다는 것을 뒷받침한다. 한 가지 주의해야 할 사항은 다양한 물질이 조합되어 있는 경우에는 특정한 물질 특성들을 측정하는 것이 중요하다는 것이다.

9.13 인터커넥트의 대역폭

이상적인 사각파의 스펙트럼에서 저주파 성분보다 고주파 성분을 우선적으로 감쇠시키면 전송된 신호의 대역폭(중요한 최고 사인파 주파수)이 감소한다. 파가 전파되는 시간이 길어질수록 고주파 성분이 더 많이 감쇠되고 대역폭은 더 낮아진다.

중요한 최고 사인파 주파수로 정의되는 대역폭의 개념은 본질적으로 대략적인 근사치일 뿐이다. 앞에서 언급했듯이 문제가 대역폭에 너무 민감하여 대역폭의 값을 오차 20% 이내로 정확히 아는 것이 중요한 경우에는 대역폭이라는 항목을 사용해서는 안 된다. 그보다는 신호의 전체 스펙트럼과 전체 주파수 범위에 걸쳐 인터커넥트의 실제 삽입 손실 특성이나 반사 손실 특성을 사용해야 한다. 그러나 대역폭의 개념은 직관력을 키워주고 인터커넥트의 일반적인 동작에 대한 통찰력을 제공해주는 데 매우 유용하다.

인터커넥트의 대역폭과 전송선로의 손실 사이에는 간단하고 기본적인 연관성이 있다. 선로가 길수록 고주파 손실이 커지고 선로의 대역폭이 낮아진다. 인터커넥트의 손실 제한 대역폭을 추정할 수 있으면 어느 정도의 감쇠까지 허용 가능한지, 어떤 물질 특성이 허용 가능한지에 대한 성능 요구 조건을 설정할 수 있다.

2장에서 살펴본 것처럼 신호의 대역폭은 이상적인 사각파 진폭과 비교하여 진폭이 −3 dB 미만인 가장 높은 주파수이다. 전송선로를 따라 이동한 거리 Len에서 감쇠가 −3 dB이 되는 주파수, 다시 말해 Len에서 신호의 대역폭이 되는 주파수를 계산할 수 있다. 이 주파수가 전송선로의 고유 3 dB 대역폭 BW_{TL}이다.

유전체 손실이 도체의 손실보다 훨씬 큰 주파수 영역에 있다고 가정하면 도체의 손실을 무시할 수 있으므로 주파수 f와 인터커넥트 길이 Len에서의 총 감쇠는 다음과 같다.

$$A_{dB} = \alpha_{diel} \times Len = 2.3f \times \tan(\delta)\sqrt{\varepsilon_r} \times Len \tag{9.70}$$

여기서

A_{dB} = 총 감쇠(단위: dB)

α_{diel} = 유전체의 길이당 감쇠(단위: dB/inch)

ε_r = 복소 유전 상수의 실수부

Len = 전송선로의 길이(단위: inch)

f = 사인파 성분의 주파수(단위: GHz)

tan(δ) = 물질의 손실계수

전송선로의 고유 3 dB 대역폭인 BW_{TL}은 감쇠가 정확히 3 dB인 주파수와 일치한다. 위 식에서 주파수 f를 BW_{TL}로 대체하고 감쇠 A_{dB}를 3 dB로 대체하면 3 dB 대역폭 BW_{TL}과 인터커넥트 길이 Len 사이의 관계를 다음과 같이 구할 수 있다.

$$BW_{TL} = \frac{3dB}{2.3 \times \tan(\delta) \times \sqrt{\varepsilon_r}} \times \frac{1}{Len} = \frac{1.3}{\tan(\delta) \times \sqrt{\varepsilon_r}} \times \frac{1}{Len} \tag{9.71}$$

여기서

BW_{TL} = 길이 d(단위: inch)인 인터커넥트의 고유 3 dB 대역폭(단위: GHz)

ε_r = 복소 유전 상수의 실수부

Len = 전송선로의 길이(단위: inch)

tan(δ) = 물질의 손실계수

이 식으로부터 인터커넥트의 길이가 길어질수록 대역폭은 낮아지고 감쇠가 3 dB로 증가하는 주파수가 낮아지는 것을 알 수 있다. 마찬가지로, 손실계수의 값이 높을수록 인터커넥트의 대역폭은 낮아진다.

이상적인 사각파의 상승 시간은 0이고 스펙트럼의 대역폭은 무한하다. 대역폭을 줄이기 위해 스펙트럼에 어떤 조치를 취하면 상승 시간이 증가한다. 그 결과, 상승 시간 RT는 다음과 같다.

$$RT = \frac{0.35}{BW} \tag{9.72}$$

여기서

RT = 상승 시간(단위: nsec)

BW = 대역폭(단위: GHz)

손실이 있는 인터커넥트에서 물질의 손실계수에 의해 제한되는 고유 대역폭이 주어지면 전송선로를 따라 전파한 이후의 사각파의 상승 시간을 계산할 수 있다.

$$RT_{TL} = 0.35 \times \frac{\tan(\delta) \times \sqrt{\varepsilon_r}}{1.3} \times Len = 0.27 \times \tan(\delta) \times \sqrt{\varepsilon_r} \times Len \tag{9.73}$$

여기서

RT_{TL} = 전송선로의 고유 상승 시간(단위: nsec)

ε_r = 복소 유전 상수의 실수부

Len = 전송선로의 길이(단위: inch)

f = 사인파 성분의 주파수(단위: GHz)

tan(δ) = 물질의 손실계수

예를 들어, FR4를 사용하고 손실계수가 0.02이며 길이가 1 inch인 전송선로는 약 0.27 × 0.02 × 2 × 1 = 10 psec의 고유 인터커넥트 상승 시간을 갖는다. 길이가 10 inch인 경우, 고유 인터커넥트 상승 시간은 약 100 psec이다. 상승 시간이 1 psec인 신호가 이 전송선로로

보내져 10 inch를 이동하면 모든 고주파 성분이 유전체에 흡수되어 열로 변환되기 때문에 상승 시간이 약 100 psec로 증가한다.

TIP

대략적인 경험 규칙으로, FR4 전송선로를 따라 전파하는 신호의 상승 시간은 이동 거리에 따라 약 10 psec/inch의 비율로 증가한다.

신호가 선로를 따라 전파함에 따라 신호의 실제 상승 시간은 점점 더 길어진다. 이 고유 인터커넥트 상승 시간은 선로의 길이와 기판의 손실계수에 의해 결정되며 인터커넥트가 지원하는 가장 짧은 상승 시간이다. [그림 9-24]에는 다양한 유전체 물질에 대한 고유 인터커넥트 상승 시간이 수록되어 있다. 표시된 것처럼 상승 시간의 범위는 FR4의 경우 10 psec/inch부터 일부 테플론 기반 기판의 경우 1 psec/inch 미만까지 다양하다.

물질(유전체)	ε_r	tan(δ)	고유 상승 시간, psec/inch
FR4	4.0 – 4.7	0.02	10
DriClad(IBM)	4.1	0.011	5.4
GETek	3.6 – 4.2	0.013	7
BT	4.1	0.013	7
Polyimide/glass	4.3	0.014	8
CyanateEster	3.8	0.009	4.7
NelcoN6000SI	3.36	0.003	1.5
RogersRF35	3.5	0.0018	0.9

그림 9-24 대역폭이 유전체 손실에 의해서만 제한된다고 가정할 때 다양한 유전체 물질에 대한 인터커넥트의 고유 상승 시간

이 예에서는 선로가 충분히 넓어서 유전체 손실이 감쇠를 가장 크게 제한하는 것으로 가정한다. 물론 선로가 매우 좁은 경우, 특히 저손실 물질인 경우에는 인터커넥트의 고유 상승 시간은 유전체 손실만을 기준으로 한 추정치보다 커진다.

입력되는 신호의 상승 시간이 1 psec가 아니라 인터커넥트의 고유 상승 시간과 비슷할 정도로 긴 값인 RT_{in}인 경우, 출력되는 상승 시간인 RT_{out}은 다음과 같이 고유 인터커넥트 상승 시간과 관련이 있다.

$$RT_{out} = \sqrt{RT_{in}^2 + RT_{TL}^2} \tag{9.74}$$

여기서

RT_{out} = 인터커넥트에서 나오는 신호의 상승 시간

RT_{in} = 인터커넥트로 들어가는 신호의 상승 시간

RT_{TL} = 고유 인터커넥트 상승 시간

이는 상승 에지가 가우스(Gaussian) 모양이라고 가정할 때 대략적인 근사치일 뿐이다. 예를 들어, [그림 9-25]는 길이가 18 inch인 FR4 전송선로에 입력되는 상승 시간 약 41 psec의 신호를 보여준다. 고유 인터커넥트 상승 시간은 RT_{TL} = 10 psec/inch × 18 inch = 180 psec이다. 출력 상승 시간은 다음과 같이 예상할 수 있다.

$$RT_{out} = \sqrt{41^2 + 180^2} = 185 \text{ psec} \tag{9.75}$$

실제로 측정된 상승 시간은 약 150 psec로 이 추정치에 가깝다. 인터커넥트의 고유 상승 시간이 입력 상승 시간보다 훨씬 작은 경우, 출력 상승 시간은 거의 동일하며 변경되지 않는다. 입력 상승 시간에 대한 출력 상승 시간의 상대적 변화는 다음과 같다.

$$\frac{RT_{out}}{RT_{in}} = \sqrt{1 + \left(\frac{RT_{TL}}{RT_{in}}\right)^2} \tag{9.76}$$

출력 상승 시간을 25% 늘리려면 고유 상승 시간이 입력 상승 시간의 약 50% 이상이어야 한다.

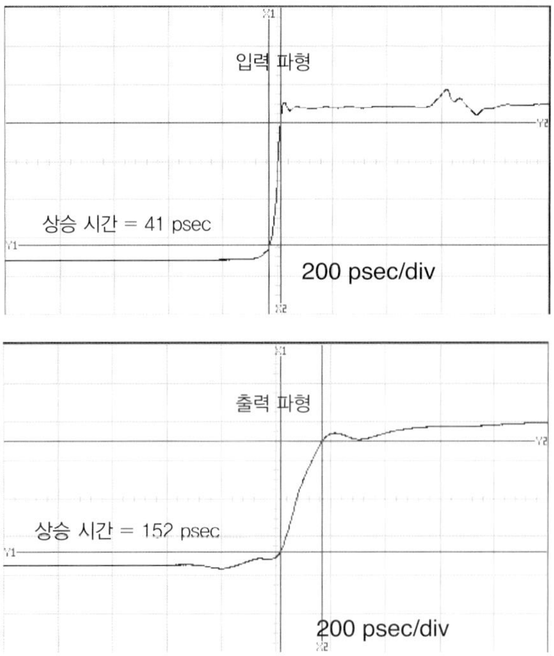

그림 9-25 약 50 Ω의 특성 임피던스를 갖는 길이 18 inch의 FR4 트레이스를 통해 측정된 상승 시간의 증가. Agilent 54120 TDR로 측정

TIP

이는 손실이 있는 전송선로가 신호의 상승 시간을 약 25% 이상 크게 증가시키지 않으려면 고유 인터커넥트 상승 시간이 입력 상승 시간의 50% 미만이어야 함을 의미한다. 신호의 초기 상승 시간이 100 psec인 경우 고유 인터커넥트 상승 시간은 50 psec 미만이어야 한다. 이보다 길면 출력 상승 시간이 크게 늘어나게 된다.

고유 상승 시간 증가가 약 10 psec/inch 또는 0.01 nsec/inch인 FR4에서 상승 시간과 손실 영향이 중요하게 되는 인터커넥트 길이와 관련하여 다음과 같은 간단한 경험 규칙이 있다.

$$RT_{TL} > 0.5 \times RT_{signal} \tag{9.77}$$

$$0.01 \times Len > 0.5 \times RT_{signal} \tag{9.78}$$

$$Len > 50 \times RT_{signal} \tag{9.79}$$

여기서

RT_{TL} = 고유 인터커넥트 상승 시간(단위: nsec/inch)

RT_{signal} = 신호의 상승 시간(단위: nsec)

Len = 손실 효과가 중요하게 되는 인터커넥트의 길이(단위: inch)

예를 들어, 상승 시간이 1 nsec일 때 전송선로의 길이가 50 inch보다 긴 경우에는 손실 효과로 인해 상승 시간이 증가하여 잠재적으로 ISI 문제가 발생할 수 있다. 길이가 50 inch보다 짧은 경우, FR4의 손실 효과는 문제가 되지 않을 수 있다. 그러나 상승 시간이 0.1 nsec로 빨라진다면 5 inch보다 긴 전송선로에서도 손실 효과로 인한 문제가 발생할 수 있다.

이러한 이유로 치수가 12 inch 정도이고 상승 시간이 일반적으로 1 nsec 정도인 대부분의 마더보드에서는 손실로 인한 문제가 발생하지 않는다. 그러나 길이가 36 inch를 초과하고 상승 시간이 0.1 nsec 미만인 백플레인에서는 손실 효과가 성능을 지배할 수 있는 경우가 많다.

TIP

이는 손실 전송선로에 대해 언제 고민해야 하는지 간단한 경험 규칙을 제시한다. FR4에서 선로의 길이(inch)가 상승 시간(nsec)에 50을 곱한 값보다 크면 손실 효과가 상당한 영향을 미칠 수 있다.

물론 이 분석은 대략적인 근사치일 뿐이다. 앞서 출력 신호를 설명하는 데 10-90 상승 시간을 사용할 수 있다고 가정한 바 있다. 하지만 실세로는 파형의 고주파 성분이 점차 감소하고 전송된 신호의 실제 스펙트럼이 변화되기 때문에 신호는 복잡한 방식으로 왜곡된다.

손실이 있는 전송선로를 통한 상승 시간 증가를 설명하는 이 간단한 경험 규칙은 선로의 손실 특성이 신호 품질에 영향을 미치기 시작하는 시점을 추정하는 방법으로만 사용할 수 있다. 이 시점에서 실제 파형과 신호 품질 영향을 정확하게 예측하려면 손실 전송선로에 대해 시간 영역에서 과도 해석 시뮬레이션을 수행해야 한다.

9.14 손실 전송선로의 시간 영역 동작

고주파 성분이 저주파 성분보다 더 많이 감쇠되면 신호가 전파함에 따라 상승 시간이 증가한다. 상승 시간은 일반적으로 에지가 최종 전압의 10%에서 90%로 전이되는 시간으로 정의된다. 여기서는 신호의 에지 형태를 중간 영역에 가장 빠른 경사를 가진 가우스 모양으로 가정한다. 이러한 가우스 파형의 경우, 10-90 상승 시간은 타당한 수치라고 볼 수 있다.

그러나 손실이 있는 선로의 감쇠 특성으로 인해 상승 시간은 왜곡되고 파형은 단순한 가우스 에지가 아니다. 파형의 초기 부분은 더 빠르며 상승 에지에 긴 꼬리가 있다(뒷부분이 길게 늘어진다). 상승 시간을 나타내는 데 10-90 상승시간과 같이 하나의 수치를 사용하면 신호가 트리거 임곗값(trigger threshold)과 관련된 레벨에 도달한 시점을 잘못 파악할 수 있다. 따라서 손실이 있는 경우, 상승 시간은 의미가 적은 경험 규칙에 지나지 않는다.

[그림 9-26]은 손실계수가 약 0.01인 FR4에서 15 inch 길이의 손실 전송선로를 통해 측정된 입력 파형과 출력 파형의 예를 보여준다. 출력으로 나오는 상승 에지 파형은 완벽한 가우스 파형이 아니다.

주파수 영역에서 실제 손실 전송선로를 측정한 S 파라미터를 이상적인 손실 전송선로 모델의 예측 결과와 비교해보면, 정확한 물질 특성을 사용한다면 단순하고 이상적인 모델은 적어도 10 GHz를 넘는 주파수까지 매우 잘 작동할 수 있다는 것이 분명하다.

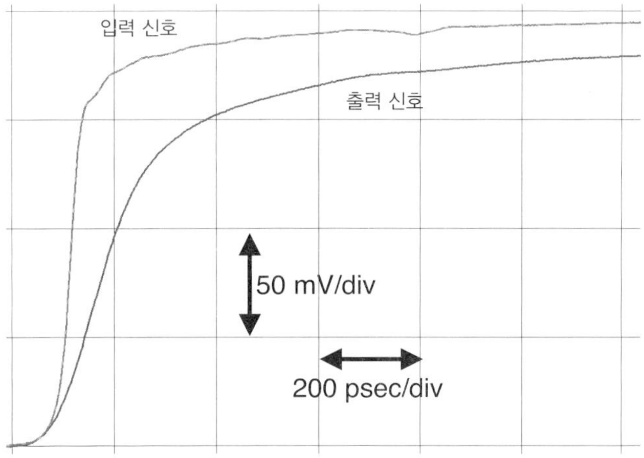

그림 9-26 약 50 Ω의 특성 임피던스를 갖는 15 inch 길이의 FR4 선로를 통해 측정된 상승 시간의 증가. Doug Brooks로부터 제공. Agilent 86100과 GigaTest Labs 프로브 스테이션으로 측정하고 TDA Systems IConnect로 분석

이 이상적인 손실 전송선로 모델은 실제 전송선로의 시간 영역 동작을 예측하는 데에도 좋은 모델이 될 수 있다. 이 이상적인 손실 전송선로 모델의 기본은 직렬 저항이 주파수의 제곱근에 비례하고 병렬(션트) 컨덕턴스가 주파수에 비례한다는 것이다. 이것이 대부분의 실제 손실 선로가 동작하는 방식이다.

그러나 이것은 이상적인 저항기가 동작하는 방식이 아니다. 이상적인 저항기 소자는 주파수에 따라 일정하다. 이상적인 저항기 모델로 직렬 저항과 병렬 컨덕턴스를 나타내는 시간 영역 시뮬레이터를 사용하면 손실 선로의 효과를 정확하게 시뮬레이션할 수 없다. 저항이 주파수에 따라 일정하면 감쇠도 주파수에 따라 일정하므로 상승 시간이 증가하지 않는다. 출력 신호의 진폭이 약간 작아지지만 출력 상승 시간은 입력 상승 시간과 동일하게 나타난다.

TIP

주파수에 따라 일정한 저항값을 갖는 저항기 모델만 있는 시뮬레이터는 성능에 미치는 가장 중요한 영향을 놓치기 때문에 손실이 있는 전송선로에 대한 시뮬레이터로서는 쓸모가 없다.

주파수에 따라 값이 달라지는 저항과 컨덕턴스를 갖는 이상적인 손실 전송선로 모델을 갖춘 시뮬레이터를 사용하면 시간에 따른 파형의 변화를 살펴볼 수 있다. 손실 전송선로 시뮬레이터를 사용한 과도 해석 사례가 [그림 9-27]에 나와 있다.

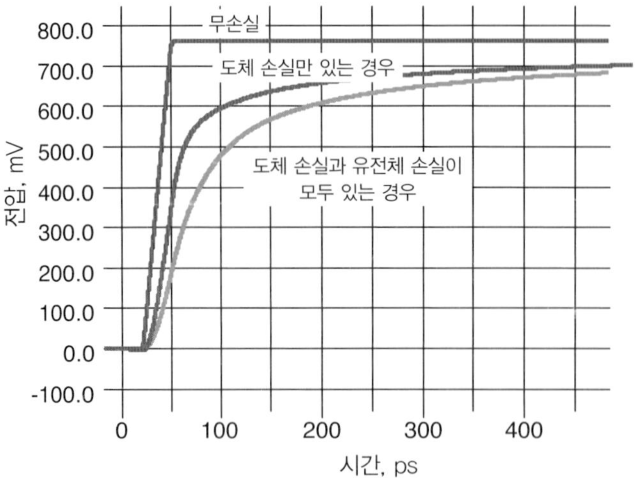

그림 9-27 트레이스 폭이 8 mil이고 길이가 30 inch인 전송선로에서 입력 신호의 상승 시간이 약 50 psec일 때의 출력 파형. 손실이 없는 경우, 트레이스에 의한 도체 손실만 있는 경우, 도체 손실과 손실계수가 0.02인 유전체 손실이 모두 있는 경우를 함께 표시하였다. Mentor Graphics HyperLynx로 시뮬레이션

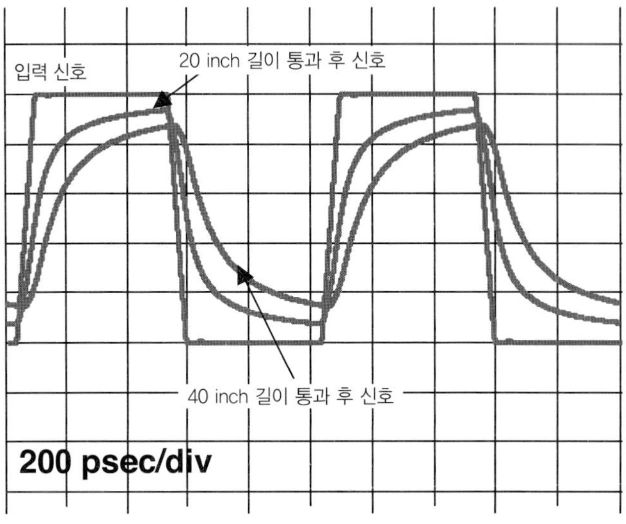

그림 9-28 FR4 유전체로 만든 트레이스 폭이 8 mil인 50 Ω 전송선로에서 1 Gbps 입력 신호에 대한 출력 파형. 전송선로의 길이가 각각 20 inch와 40 inch일 때의 출력 파형을 손실이 없을 때의 출력 파형과 함께 나타내었다. Mentor Graphics HyperLynx를 사용하여 시뮬레이션

[그림 9-28]은 1 GHz 클록이 길이가 각각 20 inch와 40 inch인 인터커넥터를 통과할 때, 인터커넥트의 맨 끝에 나타나는 출력 신호를 시뮬레이션으로 구한 결과이다. 인터커넥트에 손실이 있을 때의 신호 파형과 손실이 없을 때의 파형을 비교해볼 수 있다.

손실이 있는 전송선로의 영향을 평가하는 가장 효과적인 방법은 전송된 신호를 아이 다이어그램으로 표시하는 것이다. 아이 다이어그램은 모든 비트 조합에 대해 각각의 비트 패턴을 식별할 수 있는 정도를 보여준다. 의사 랜덤 비트 패턴(pseudo-random bit pattern)을 합성하여 인터커넥트를 통해 전송된 신호를 시뮬레이션한다. 각각의 비트는 클록에 동기화되면서 이전 비트와 중첩된다. ISI가 없으면 아이 패턴의 눈은 완벽하게 열리게 된다. 즉, 이전 패턴이 무엇이었든 각 비트는 똑같아 보이고 이전 비트와 동일하다. 아이 다이어그램은 단지 하나의 사이클처럼 보인다.

손실과 비아의 용량성 불연속 등의 영향에 의해 발생하는 ISI로 인해 아이 다이어그램의 눈이 닫히게 된다. 아이 다이어그램의 눈이 수신기의 노이즈 마진보다 더 많이 닫히면 비트 에러율(bit error rate)이 증가하고 오동작이 발생할 수 있다.

[그림 9-29]는 FR4 기판에서 50 Ω의 임피던스와 36 inch 길이를 갖는 백플레인 선로에 대해 손실이나 불연속이 없는 경우와 도체의 저항 손실, 유전체 손실, 0.5 pF의 비아가 양쪽 끝에 있는 경우의 아이 다이어그램을 시뮬레이션으로 구한 결과이다. 이 예에서 선로의 폭은 4 mil이다. 시뮬레이션에서 사용한 소스의 비트 주기는 200 psec로, 5 Gbps의 비트 전송률에 해당한다.

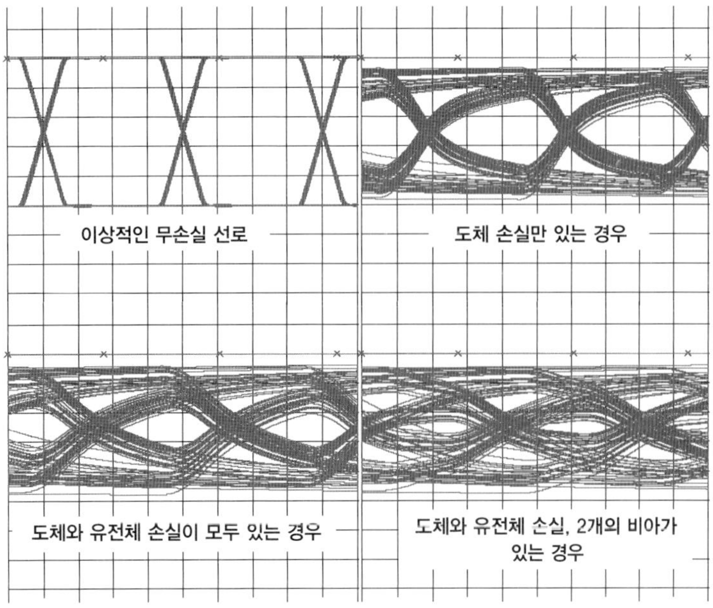

그림 9-29 36 inch 길이, 50 Ω FR4 백플레인 선로의 출력에서 전송된 신호를 시뮬레이션 한 결과로서 도체의 손실, 유전체의 손실 및 2개의 비아 효과가 모두 추가되있다. Mentor Graphics HyperLynx를 사용하여 시뮬레이션을 수행하였다.

손실과 비아로 인한 용량성 부하를 모두 포함한 맨 마지막 시뮬레이션 결과를 보면 아이 다이어그램의 눈은 상당히 닫혀 있어서 이 비트 전송률에서는 사용할 수 없다. 허용 가능한 성능을 얻으려면 전송선로를 개선하거나 아이 다이어그램에서 눈이 열린 부분을 넓히기 위한 신호 처리 기술을 사용해야 한다.

9.15 전송선로의 아이 다이어그램 개선

아이 다이어그램의 품질에 영향을 미치는 기판 설계 요소로는 다음 세 가지가 있다.

1. 비아 스터브의 불연속
2. 도체 손실
3. 유전체 손실

상승 시간 증가가 문제인 경우, 다음과 같은 기판 수준의 특징들이 성능에 영향을 미친다.

첫 번째 단계는 블라인드 비아(blind via)와 매설 비아(buried via)를 사용하거나 긴 스터브를 백드릴링하여 층 전이를 제한하는 방법으로 비아에 형성되는 스터브의 길이를 최소화하는 것이다. 두 번째 단계는 캡처 패드의 크기를 줄이고 안티패드 클리어런스 홀의 사이즈를 늘려 비아 임피던스를 50 Ω에 가깝게 맞추는 것이다. 이렇게 하면 상승 시간의 증가를 최소로 할 수 있다.

TIP

일반적으로 비아에 가장 큰 영향을 미치는 것은 비아 스터브이다. 스터브의 길이를 10 mil 미만으로 줄이면 비아는 최대 10 GHz까지 매우 투명하게 보일 수 있다. 이렇게 하고 나서 비아를 50 Ω에 맞추는 것을 고려해야 한다.

전송선로에서 도체 손실로 인한 감쇠에 가장 큰 영향을 미치는 항목은 신호 트레이스의 선로 폭이다. 단 여기서는 선로의 임피던스를 정해진 목푯값으로 유지하기 위해 선로 폭에 맞춰 유전체 두께를 조정하는 것으로 가정한다. 선로 폭이 넓을수록 도체의 손실이 감소한다. 선로 폭이 증가하면 임피던스 정합을 위해 유전체 두께도 같이 증가해야 한다. 실제 상황에서는 이렇게 하는 것이 불가능할 때도 있으므로 사용할 수 있는 최대 선로 폭에는 제한이 있다.

관심 대역폭에 따라서는 유전체의 손실이 지배적일 수도 있는데, 이 경우에는 선로를 넓게 만들어도 영향이 거의 없다. [그림 9-30]은 FR4 유전체를 사용하는 50 Ω 선로의 선로 폭이 길이당 감쇠에 미치는 영향을 보여준다. 감쇠를 줄이는 것이 중요한 경우 첫 번째 목표는 폭이 넓은 선로를 사용하고 가능하면 5 mil 미만의 선로 폭은 피하는 것이다. 그러나 선로 폭을 10 mil보다 넓게 만들어도 FR4의 유전체 손실로 인해 감쇠가 크게 줄어들지 않는다.

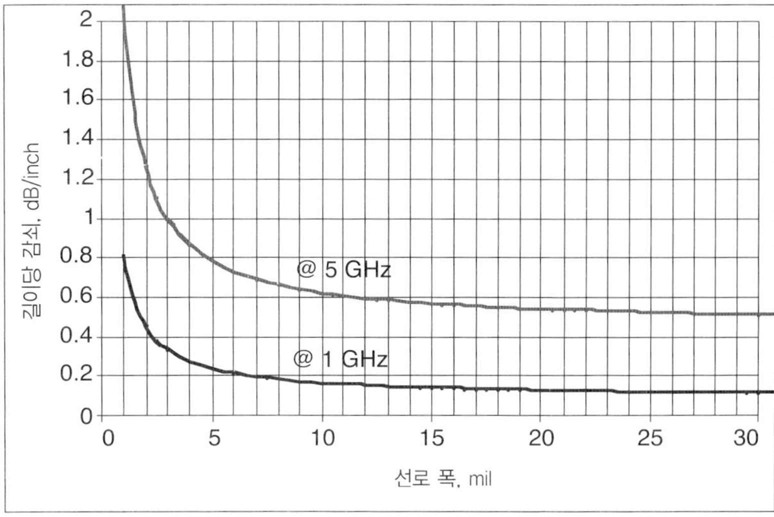

그림 9-30 임피던스를 일정하게 유지하기 위해 유전체 두께도 증가한다고 가정할 때 선로 폭의 증가에 따른 FR4에서 50 Ω 선로의 길이당 총 감쇠의 변화

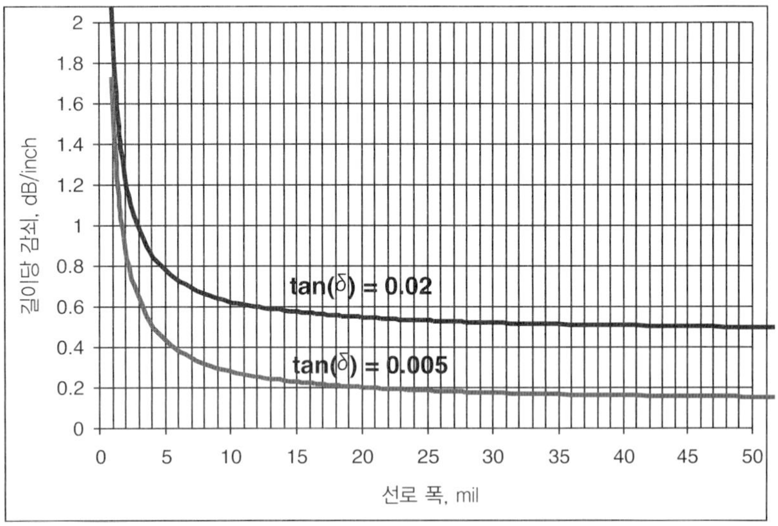

그림 9-31 손실계수가 다른 두 가지 물질에 대해 5 GHz에서 선로 폭의 증가에 따른 50 Ω 선로의 길이당 총 감쇠

TIP

이는 FR4 유전체를 사용한 선로인 경우, 최소 감쇠를 위한 최적의 선폭은 약 5~10 mil임을 나타낸다.

비아가 최적화되고 선폭이 10 mil로 유지되는 경우 조정해야 할 유일한 다른 항목은 기판 물질의 손실계수이다. [그림 9-31]은 손실계수가 서로 다른 두 가지 물질에 대해 5 GHz에서의 감쇠 곡선을 보여준다. 두 감쇠 곡선은 유사하며 손실계수가 낮을수록 항상 감쇠가 낮아진다는 것을 알 수 있다. 그러나 다시 말하지만 저손실 유전체 물질인 경우라도 선로 폭을 늘려서 감쇠를 줄이는 것에는 한계가 있다. 선로 폭이 20 mil을 훨씬 초과하면 감쇠는 기판의 유전체 물질에 의해 좌우된다. 이것이 바로 인터커넥트의 고속 신호에 대한 성능을 예측할 때 물질 특성과 관련한 값을 정확하게 아는 것이 중요한 이유이다.

9.16 어느 정도의 감쇠가 문제인가?

채널에서 감쇠가 얼마나 큰지 추정하는 방법에는 여러 가지가 있다. 감쇠는 주파수에 따라 달라지므로 어느 한 주파수를 기준으로 선택해야 한다. 보통은 데이터 패턴의 기본 클록 주파수인 나이퀴스트 주파수가 기준이 된다. 나이퀴스트 주파수는 데이터 속도의 1/2이다. 예를 들어, 데이터 속도가 2 Gbps일 때 나이퀴스트 주파수는 1 GHz이다. 가장 중요한 주파수 성분은 나이퀴스트 주파수인 1차 고조파이다. 손실이 있는 채널에서 나이퀴스트는 신호의 가장 높은 사인파 주파수 성분이다. 결국 나이퀴스트 주파수에서 감쇠가 무엇이든 다음 주파수 성분인 3차 고조파는 그 3배의 감쇠를 갖게 된다. 1차 고조파 진폭이 아주 작다면 3차 고조파는 고려할 필요도 없다.

나이퀴스트 주파수에서 총 감쇠가 약 10 dB 정도일 때, 아이 다이어그램에 나타나는 눈은 대부분의 마스크 사양을 통과하지 못할 정도로 충분히 닫히게 된다. 이것은 허용 가능한 최대 감쇠에 대한 좋은 경험 규칙이다. 예를 들어, 인터커넥트의 길이가 20 inch이고, 감쇠가 0.2 dB/inch/GHz인 매우 손실이 큰 채널인 경우, 이 채널을 통해 전송할 수 있는 최대 나이퀴스트 주파수는 10 dB/(20 inch × 0.2 dB/inch/GHz) = 2.5 GHz이다. 이는 5 Gbps의 데이터 속도에 해당한다. 이것은 손실이 있는 채널의 상당한 제약 사항으로, 1 Gbps 이상의 데이터 전송 속도에서 손실이 매우 중요한 이유가 된다.

물리적 설계와 물질 선택을 통해 감쇠를 줄이기 위한 모든 작업이 완료된 다음에는 채널이 지원하는 데이터 속도를 높이기 위한 또 다른 접근 방식이 있다. 인터커넥트를 통해 짧은 상승 시간을 갖는 스텝 신호(step signal, 계단형 신호)를 보내면 인터커넥트를 통과해서 나올 때 이 신호는 왜곡된다. 손실로 인해 상승 시간이 증가하며 상승 시간이 단위 시간 간격(UI)과 비슷해지면 ISI가 발생하여 아이 다이어그램에서 눈이 닫힌다.

왜곡 정도를 예측할 수 있다면 신호를 미리 변형시켜서 인터커넥트를 따라 전파된 후 신호가 빠르게 상승하는 전압 스텝 파형에 가까워지도록 할 수 있다. 파형을 변형시키는 방법에는 세 가지가 있다. 우리는 이 세 가지 방법을 모두 이퀄라이제이션(equalization, 등화)이라는 주제로 분류한다. 인터커넥트에서 고주파 신호 성분은 저주파 신호 성분보다 더 많이 감쇠된다. 따라서 짧은 상승 시간을 갖는 신호의 진폭이 1/f에 따라 감소하므로 스펙트럼이 왜곡된다. 이때 저주파를 차단하고 고주파를 통과시키는 고역 통과 필터를 추가하면 인터커넥트의 감쇠와 필터의 감쇠와의 곱이 대역폭 전체에서 같아져 손실이 주파수에 따라 변하지 않고 일정하게 된다.

저주파 성분을 필터링하여 감쇠된 고주파 성분과 일치시키는 것을 일컬어 연속 시간 선형 이퀄라이저(continuous-time linear equalizer, CTLE)를 사용하여 채널을 이퀄라이징(equalizing)한다고 한다. 필터에 이득(gain)을 추가하고 고주파 성분의 강도(strength)를 높이는 것을 능동 CTLE라고 한다. CTLE 필터는 나이퀴스트 주파수에서의 감쇠가 15 dB 정도로 높은 경우에는 아이 다이어그램의 닫힌 눈을 복구할 수 있다.

두 번째 접근 방식에서는 송신기의 초기 신호에 고주파 성분을 추가하여 에지가 맨 끝에 도달할 때까지 추가한 고주파 성분이 저주파 성분에 맞춰 다시 감쇠되도록 한다. 이를 피드 포워드 이퀄라이제이션(feed-forward equalization, FFE)이라고 한다. 초기 비트에 인접한 단 하나의 비트에만 영향을 주는 방식으로 수행되는 경우를 프리엠퍼시스(pre-emphsis) 또는 디엠퍼시스(de-emphasis)라고 하는데, 이는 FFE의 특수한 경우이다.

세 번째 기법은 수신기에서 위와 같은 방식의 작업을 수행하는 것이다. 이를 판정 귀환 이퀄라이제이션(decision-feedback equalization, DFE)이라고 한다.

CTLE, FFE 및 DFE 기법을 조합하면 나이퀴스트 주파수에서의 최대 25~35 dB의 총 감쇠까지 아이 다이어그램의 닫힌 눈을 복구할 수 있다. 문제는 감쇠가 너무 크고 수신된 신호가 너무 작다는 것이 아니라 신호가 주파수에 따라 달라진다는 것이다. 나이퀴스트 주파수에서의 감쇠가 35 dB인 경우, 이는 연속된 1과 0이 많은 데이터 패턴에 해당하는 일부 저주파 성분의 신호 강도가 나이퀴스트 주파수에서 신호의 30배가 된다는 것을 의미한다. 이로 인해 엄청난 양의 신호 왜곡이 발생한다.

이퀄라이제이션 기법을 사용하려면 인터커넥트의 왜곡을 예측하고 재현할 수 있어야 한다. 이는 유전체 기판의 물질 특성을 알고 있는 경우에만 가능하다. 이퀄라이제이션 기법은 손실이 있는 인터커넥트를 보정하는 강력한 기술이며 모든 고성능 고속 직렬 링크에서 사용된다.

9.17 핵심 요약

1. 손실 전송선로로 인해 발생하는 근본적인 문제는 상승 시간 증가이다. 상승 시간 증가로 인해 부호 간 간섭(inter-symbol interference, ISI)이라는 패턴 의존적 노이즈가 발생한다.
2. 회로 기판 인터커넥트의 주파수에 따라 변하는 손실은 도체 손실과 유전체 손실로 인해 발생한다.
3. 신호가 손실이 많은 선로를 따라 전파할 때 높은 주파수가 낮은 주파수보다 더 많이 감쇠되기 때문에 신호의 상승 시간이 늘어난다. 이로 인해 전파하는 신호의 대역폭이 감소한다.
4. 약 1 GHz에서 선로 폭이 약 8 mil인 경우, 도체 손실과 유전체 손실이 총 감쇠에 기여하는 정도는 비슷하다. 더 높은 주파수에서는 유전체 손실이 주파수에 비례하는 방식으로 증가하는 반면, 도체의 손실은 주파수의 제곱근에 비례하는 방식으로 증가한다.

5. 선로의 특성 임피던스와 신호의 속도는 단지 수 MHz보다 높은 주파수에서는 손실에 의해 영향을 받지 않는다.
6. 1 GHz 이상의 주파수에서는 유전체 손실이 지배적이며, 유전체의 손실계수는 물질의 손실 작용을 나타내는 가장 중요한 항목이다. 더 좋은 물질일수록 손실계수는 더 낮다. 손실계수가 약 0.02인 FR4는 손실 측면에서 좋지 않은 물질이다.
7. 전송선로의 손실 작용은 주파수의 제곱근에 비례하는 길이당 저항과, 주파수에 비례하는 병렬(션트) 컨덕턴스를 사용하는 손실 전송선로 모델을 통해 매우 정확하게 예측할 수 있다. 이 모델은 ISI를 설명한다.
8. 물질 손실 외에도 비아 스터브와 같은 임피던스 불연속은 상승 시간을 증가시키고 ISI 발생에 영향을 줄 수 있다. 비아의 주요 영향은 비아의 관통 부분이 아니라 비아 스터브에서 발생한다. 비아 스터브를 제거하면 비아의 영향이 거의 사라질 수 있다.
9. 대략적인 경험 규칙으로서, FR4의 유전체 손실은 신호의 이동 거리 inch당 약 10 psec 만큼 상승 시간을 증가시킨다. 따라서 10 inch만큼 이동하면 신호의 상승 시간이 100 psec까지 늘어난다.
10. 대략적인 경험 규칙으로서, 나이퀴스트 주파수에서 채널의 최대 허용 감쇠는 등화 없이는 약 10 dB 정도이다. CTLE를 사용하면 복구할 수 있는 최대 허용 감쇠는 약 15 dB 이다. CTLE, FFE, DFE를 사용하면 나이퀴스트 주파수에서 최대 허용 감쇠는 35 dB 까지 높아질 수 있다.

복습 문제

9.1 주파수에 따라 감쇠 상수가 −20 dB로 일정한 전송선로를 따라 전파하는 신호에는 어떤 일이 발생하는가?

9.2 ISI는 무엇이며, 이를 발생시킬 수 있는 두 가지 주요 원인은 무엇인가?

9.3 채널을 통해 수신기에 도달한 신호의 상승 시간이 단위 간격보다 여전히 매우 짧은 경우, 채널의 손실이 미치는 영향은 무엇인가?

9.4 주파수 의존적 손실이 수신기에 도달하는 신호에 미치는 주요 영향은 무엇인가?

9.5 FR4로 제작된 백플레인 채널보다 손실이 훨씬 낮을 것으로 예상되는 인터커넥트의 예를 들라.

9.6 수평 방향에서 아이 다이어그램의 눈이 붕괴하는 것을 무엇이라고 부르는가?

9.7 스트립라인의 감쇠 항목에 방사 손실이 포함되지 않는 이유는 무엇인가?

9.8 문제를 효율적으로 해결하기 위해 알아야 할 가장 중요한 요소는 무엇인가?

9.9 반사가 어떻게 ISI를 일으키는가?

9.10 불연속은 신호의 상승 시간을 어떻게 증가시키는가?

9.11 표피 깊이 효과의 원인은 무엇인가?

9.12 유전체 손실의 원인은 무엇인가?

9.13 유전체에서 주파수에 따라 누설 전류가 증가하는 이유는 무엇인가?

9.14 유전 상수, 손실 계수, 그리고 손실 각도의 차이는 무엇인가?

9.15 이상적인 손실이 없는 커패시터 양단에 사인파 전압을 인가할 때, 전압과 전류 사이의 위상은 어떻게 되는가? 소비되는 전력은 얼마인가?

9.16 이상적인 저항기 양단에 사인파 전압을 인가할 때, 전압과 전류 사이의 위상은 어떻게 되는가? 소비되는 전력은 얼마인가?

9.17 FR4로 채워진 커패시터에서, Df = 0.02인 경우, 커패시터를 통과하는 실수 전류와 허수 전류의 비율은 얼마인가? 커패시터에서 저장된 에너지와 주기당 손실되는 에너지의 비율은 얼마인가?

9.18 n개 부분 손실 전송선로 모델을 사용하여 2 nsec 길이의 전송선로를 10 GHz 대역폭까지 정확하게 예측하려면 n을 몇 개로 해야 하는가?

9.19 선로 폭이 각각 5 mil과 10 mil인 50 Ω 선로에서, 1 GHz와 5 GHz에서 도체 손실만으로 인해 발생하는 inch당 감쇠는 얼마인가?

9.20 5 Gbps 신호의 나이퀴스트 주파수에서 폭이 5 mil인 트레이스에 대해 FR4 채널의 inch당 감쇠는 얼마인가? 또 도체 손실과 유전체 손실 중 어느 쪽이 더 큰가?

9.21 1 GHz에서 구리의 표피 깊이는 얼마인가? 또 10 GHz에서는 얼마인가?

9.22 신호의 데이터 전송 속도가 5 Gbps인 경우, 단위 간격(unit interval, UI)은 얼마인가? 신호의 상승 시간이 25 psec라면 ISI가 발생할 것으로 예상되는가?

9.23 1/2 oz 구리로 만든 선로 폭 5 mil의 신호 선로가 있다. DC와 1 GHz에서의 신호 선로의 길이당 저항은 얼마인가? 단 신호 선로의 상단과 하단에 모두 전류가 흐르는 것으로 가정한다.

9.24 FR4에서 선로 폭이 3 mil인 손실이 있는 인터커넥트의 경우, 어느 주파수를 기준으로 이 인터커넥트가 저손실 전송선로와 고손실 전송선로로 구분되는가?

9.25 손실이 특성 임피던스에 미치는 영향은 무엇인가? 이 영향은 고손실 영역과 저손실 영역에서는 각각 어떻게 되는가?

9.26 손실이 신호의 속도에 미치는 영향은 무엇인가? 이 영향은 높은 손실 영역과 낮은 손실 영역에시는 각각 어떠한가?

9.27 손실이 전송선로의 특성에 미치는 가장 큰 영향은 무엇인가?

9.28 두 신호의 비율이 −20 dB, −30 dB, −40 dB일 때 두 진폭 비율을 각각 구하라.

9.29 두 진폭 비율이 50%, 5%, 1%일 때, dB 단위로는 얼마인가?

9.30 전송선로의 선로 폭은 일정하게 유지되고 특성 임피던스가 감소하면 도체 손실은 어떻게 되는가? 선로 폭을 일정하게 유지하면서 임피던스를 줄이려면 어떻게 해야 하는가? 어떤 인터커넥트 구조에서 이런 상황이 발생할 수 있는가?

9.31 유전체 손실로 인한 길이당 GHz당 감쇠는 물질 특성에 따라 달라진다. 이 때문에 유전체 손실을 물질의 특성을 평가하는 성능 지표(figure of merit, FoM)로 삼는다. FR4와 Megtron 6의 FoM은 각각 얼마인가? 또 다른 유전체 물질을 선택하고 데이터시트로부터 FoM을 계산하라.

9.32 몇몇 손실 선로 시뮬레이터는 이상적인 직렬 저항기와 이상적인 병렬(션트) 저항기로 구성된 모델을 사용한다. 이러한 모델의 문제점은 무엇인가?

9.33 나이퀴스트 주파수에서의 감쇠가 대략 어느 정도이면 수신기에서의 아이 다이어그램의 눈이 너무 많이 닫히는가? 5 Gbps 신호의 경우, 이퀄라이저 없이 사용할 수 있는 FR4 인터커넥트의 최대 길이는 얼마인가? 또 10 Gbps 인터커넥트의 경우에는 얼마인가?

[10] 전송선로의 크로스토크

크로스토크(crosstalk)는 신호 무결성 문제의 여섯 가지 유형 중 하나이다. 원치 않는 노이즈가 한 넷(net)에서 인접한 넷으로 전달되는 현상이며, 쌍을 이루는 모든 넷 사이에서 발생한다. 하나의 넷은 신호 경로와 귀환 경로를 모두 포함하며 시스템 내에서 하나 이상의 노드를 연결한다. 일반적으로 노이즈의 원천이 되는 넷을 활성(active) 넷 또는 공격자(aggressor) 넷이라고 하며, 노이즈가 발생되는 넷을 비활성(quite) 넷 또는 피해자(victim) 넷이라고 부른다.

TIP

크로스토크는 임의의 한 넷의 신호 및 귀환 경로와 다른 넷의 신호 및 귀환 경로 사이에 발생한다. 신호 경로만이 아니라, 전체 신호-귀환 경로가 이루는 루프가 중요하다.

단일 종단(single-ended) 디지털 신호 시스템의 경우, 노이즈 마진은 일반적으로 전체 신호 전압 스윙의 약 15%인데 이 값은 제품군에 따라 다를 수 있다. 일반적으로 15% 중 대략 1/3, 즉 신호 스윙의 약 5% 정도의 크로스토크가 발생한다. 만약 신호 스윙이 3.3 V일 경우 일반적으로 예상되는 최대 크로스토크는 약 160 mV이다. 이 값은 허용 가능한 최대 크로스토크 노이즈 분석 시 유용한 초깃값이다. 그러나 통상적으로 기판 내 선로에서 발생하는 노이즈의 크기는 종종 5%보다 크다는 것이 문제이다. 이 때문에 패키지, 커넥터, 기판 레벨 인터커넥트 설계에서 크로스토크를 최소화하기 위해 크로스토크의 크기를 예측하고 과도하게 발생한 노이즈 소스를 특정하여, 크로스토크를 적극적으로 줄이는 작업이 중요하다. 신호의 상승 시간이 짧아지면서 문제의 원인과 크로스토크가 작은 인터커넥트를 설계하는 방법을 이해하는 것이 점점 더 중요해지고 있다.

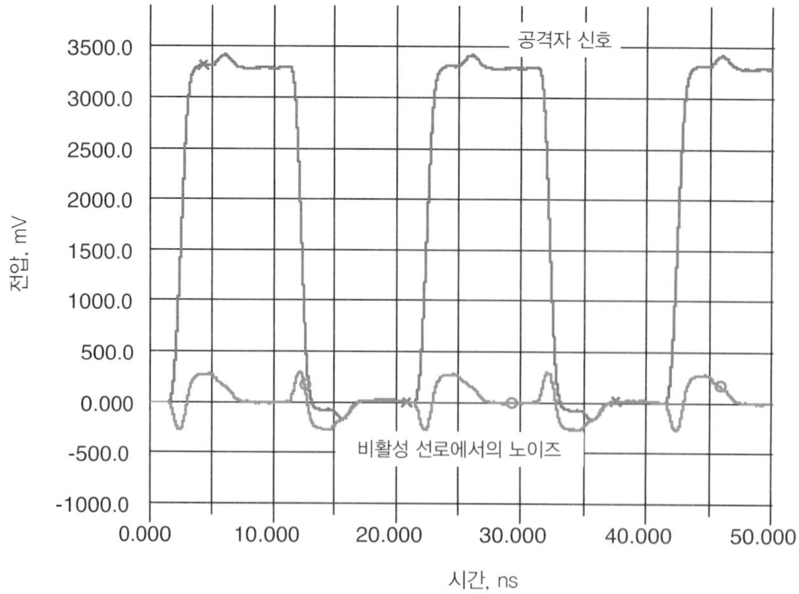

그림 10-1 비활성 선로 옆에 공격자 선로가 나란히 놓여 있을 때, 비활성 선로에 발생한 크로스토크. 두 선로 모두 소스-직렬 종단된 50 Ω의 FR4 마이크로스트립이며, 선로의 폭은 10 mil이고 두 선로 사이의 간격은 10 mil이다. Mentor Graphics HyperLynx로 시뮬레이션

[그림 10-1]은 비활성 선로 옆에 나란히 놓인 공격자 넷이 3.3 V 크기의 신호를 가질 때, 비활성 넷의 수신기에서의 노이즈를 보여주는 그림이다. 이 예에서, 수신기에서의 노이즈는 300 mV 이상이다.

아날로그나 RF 소자들을 포함하는 혼성 신호 시스템에서는, 민감한 선로에서 허용 가능한 노이즈는 신호 스윙의 5%보다 훨씬 낮을 수 있다. 경우에 따라서는 허용 가능 노이즈가 신호 스윙보다 −100 dB 아래, 다시 말해 신호 스윙의 0.001%까지 낮을 수 있다. 크로스토크를 줄이기 위한 설계 규칙을 평가할 때 첫 번째 단계는, 허용 가능한 사양(specification)을 설정하는 것이다. 일반적으로 허용 가능한 크로스토크가 낮을수록 인터커넥트의 밀도가 낮아지고 시스템의 잠재적 비용이 증가한다. 허용 가능한 최대 결합 노이즈를 5% 이하로 낮출 것을 권장하는 과도한 요구조건에는 주의를 기울여야 한다. 이러한 요구조건이 거저 충족되지는 않으므로 실제로 그렇게 낮은 크로스토크가 필요한지 반드시 검증해야 한다.

10.1 중첩 원리

중첩(superposition)은 신호 무결성에 있어서 중요한 원리로, 특히 크로스토크를 다룰 때 필수적이다. 중첩 원리는 선형적(linear)이며 수동적(passive)인 시스템에 적용되는데 인터커넥트가 이러한 시스템에 속한다. 이는 기본적으로 같은 넷(net) 위의 여러 신호들은 상호작용을 하지 않으며 완전히 독립적이라는 것을 의미한다. 활성 넷에서 비활성 넷으로 전달될 수 있는 전압의 크기는 비활성 넷에 이미 존재하는 전압과는 완전히 독립적이다(무관하다).

TIP

비활성 선로로 결합된 노이즈는 동시에 존재할 수 있는 어떤 신호와도 독립적이다.

비활성 선로의 전압 레벨이 0 V일 때, 3.3 V 드라이버로부터 발생하는 노이즈가 150 mV라고 가정하자. 비활성 선로가 드라이버에 의해 3.3 V 레벨로 직접 구동되고 있는 경우에도 비활성 선로에서는 마찬가지로 150 mV의 노이즈가 발생한다. 비활성 선로에 나타나는 총 전압은 이미 선로에 존재하는 신호들과, 결합된 노이즈의 합(sum)이 된다. 두 개의 활성 넷이 동일한 비활성 선로에 노이즈를 결합시키는 경우, 비활성 선로에 나타나는 노이즈의 양은 두 노이즈 소스의 합이 된다. 물론, 두 활성 선로의 전압 패턴에 따라 결합되는 시점은 다를 수 있다.

비활성 선로에 결합된 노이즈를 알고 있는 경우, 중첩 원리에 따라 결합된 노이즈에 이미 존재하고 있는 신호들을 더하여 비활성 선로의 총 전압을 구할 수 있다.

일단 노이즈가 비활성 선로에 결합되고 나면 신호와 같은 행동을 보인다. 비활성 선로의 어느 위치에서라도 노이즈가 발생하면, 그 노이즈는 즉시 전파되면서 신호와 보는 것과 동일한 선로의 임피던스를 보게 되며, 비활성 선로에 임피던스 불연속이 존재하는 경우에는 이로 인한 반사와 왜곡을 겪게 된다.

TIP

비활성 선로상의 노이즈 전압은 신호 전압과 정확히 동일하게 행동한다. 일단 비활성 선로에 노이즈가 발생하면, 그 노이즈는 신호처럼 전파되고 임피던스 불연속이 존재하는 위치에서 반사된다.

비활성 선로의 양 옆에 활성 선로가 하나씩 있고, 각각의 활성 선로가 비활성 선로에 동일한 양의 노이즈를 결합시키는 경우, 한 쌍의 선로 간의 최대 허용 노이즈는 $1/2 \times 5\% = 2.5\%$이다. 버스 형태의 구조에서는 최악 경우(worst-case)의 인접 트레이스의 총 개수를 계산하여 최악 경우의 결합 노이즈를 구해야 한다. 이것이 두 개의 트레이스 사이에서 허용되는 노이즈 레벨의 한계를 결정한다.

10.2 결합 현상의 원리: 커패시턴스와 인덕턴스

신호가 전송선로를 따라 전파될 때 신호 경로와 귀환 경로 사이에는 전기장 선이 존재하고, 신호 경로 도체와 귀환 경로 도체 주위에는 자기장 선 고리가 형성된다. 이들 전기장과 자기장은 신호 경로와 귀환 경로 사이의 아주 가까운 공간에만 국한되지 않고 주변의 공간에 퍼져있다. 이렇게 퍼져있는 전자기장을 프린지 전자기장(fringe field)이라고 부른다.

TIP

대략적인 경험 규칙으로서, FR4로 만든 50 Ω 마이크로스트립에서 프린지 전기장이 기여하는 커패시턴스 값은 신호 선로 바로 아래의 전기장이 기인하는 커패시턴스 값과 거의 동일하다.

물론, 도체로부터 멀어질수록 프린지 전자기장은 매우 빠르게 감소한다. [그림 10-2]는 신호 경로와 귀환 경로 사이의 프린지 전기장을 보여준다. 프린지 전기장이, 멀리 떨어져 있거나 가까이 놓여 있는 다른 넷(도체)과 어떻게 상호작용하는지 보여주고 있다.

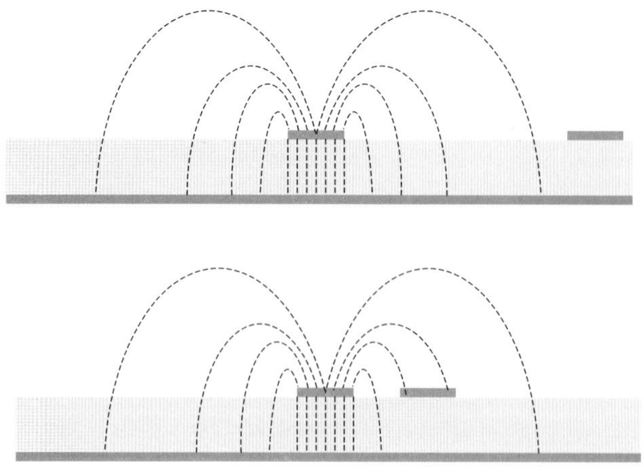

그림 10-2 신호 선로 근처의 프린지 전기장. 다른 트레이스가 멀리 떨어져 있을 때는 프린지 전기장이 트레이스에 결합되지 않아서 크로스토크가 없다. 다른 트레이스가 프린지 전기장 가까이에 위치해 있을 때는 과도한 결합과 크로스토크가 발생할 수 있다.

다른 넷으로부터 발생한 큰 프린지 전자기장이 존재하는 영역에 또 하나의 신호 경로와 그의 귀환 경로를 배선(routing)하는 경우, 프린지 전자기장에 의해 배선된 신호 트레이스에는 노이즈가 결합될 수 있다. 다만 활성 선로에 존재하는 신호의 전압과 전류가 시간에 따라 변화하는 경우에만 비활성 선로에서 노이즈가 발생한다. 이는 시간에 따라 변화하는 전기장과 자기장에 의해 각각 변위 전류와 유도 전류가 발생하기 때문이다.

크로스토크를 줄이기 위한 인터커넥트를 설계한다는 것은 두 개의 신호 및 귀환 경로 쌍 사이에 프린지 전기장과 프린지 자기장의 결합을 줄이는 것을 목표로 삼는다는 것이다. 이는 일반적으로 다음 두 가지 방법으로 달성된다. 첫째, 두 신호 선로 사이의 간격을 늘림으로써 가능하다. 둘째, 귀환면을 신호 선로에 더 가깝게 위치시킴으로서 가능하다. 이렇게 하면 신호 선로의 프린지 전자기장 선들은 자신의 귀환면에 더 가깝게 결합되므로 인접한 신호 선로로 누설되는 양이 줄어든다.

TIP

결국, 크로스토크를 발생시키는 것은 프린지 전자기장이다. 크로스토크를 최소화하는 중요한 방법은 넷 간의 간격을 충분히 벌려서 프린지 전자기장의 결합을 수용 가능한 수준으로 감소시키는 것이다. 또 다른 설계 방식은 귀환면(return plane)을 신호 선로에 더 가깝게 배치하여 프린지 전자기장이 신호 선로 주변에 더 많이 집중되도록 하는 것이다.

실제 결합 메커니즘은 전기장과 자기장에 의해 발생하지만, 상호 커패시터와 상호 인덕터 회로 소자를 사용하여 이러한 결합을 근사화할 수 있다.

시스템 내의 모든 두 넷 사이에는 프린지 전자기장으로부터 발생하는 커패시턴스 결합과 인덕턴스 결합의 조합이 항상 존재한다. 이러한 결합 커패시턴스(coupling capacitance)와 결합 인덕턴스(coupling inductance)를 각각 상호 커패시턴스(mutual capacitance)와 상호 인덕턴스(mutual inductance)라고 부른다. 인접한 두 개의 신호 및 귀환 경로 트레이스를 더 멀리 떨어뜨려 놓으면 상호 커패시턴스와 상호 인덕턴스 값은 감소할 것이다.

기하학적 구조에 기반하여 크로스토크를 예측하는 것은 설계가 성능 사양을 얼마나 잘 충족하는지 평가하는 데 있어 중요한 단계이다. 이를 위해 인터커넥트의 기하학적 구조를 이와 등가인 상호 커패시턴스와 상호 인덕턴스로 변환할 수 있어야 하고 이 두 항목이 결합 노이즈에 어떻게 기여하는지 연관시킬 수 있어야 한다.

상호 커패시턴스와 상호 인덕턴스는 모두 크로스토크에서 중요한 역할을 하지만, 다음 두 가지 상황을 고려해야 한다. 회로 기판에 설계된 대부분의 결합 전송선로의 경우처럼 귀환 경로가 넓고 균일한 평면인 경우, 용량성 결합 전류와 유도성 결합 전류의 크기는 서로 비슷하므로 크로스토크의 정확한 양을 예측하려면 이 둘 모두를 고려해야 한다. 이는 회로 기판에 버스 구조의 일부로 설계된 전송선로에서 발생하는 크로스토크의 유형으로, 이 노이즈에는 특유의 특징(profile, 프로파일)이 있다.

귀환 경로가 넓고 균일한 평면이 아니라 패키지의 단일 리드나 커넥터의 단일 핀일 경우에도 여전히 용량성 결합과 유도성 결합이 존재한다. 하지만 이 경우에는 유도성 결합 전류가 용량성 결합 전류보다 훨씬 크므로 노이즈의 특성은 유도성 결합 전류에 의해 더 크게 영향을 받는다. 비활성 넷에서의 노이즈는 활성 넷의 전류 변화(dI/dt)에 의해 발생하는데, 이 변화는 주로 드라이버가 스위칭할 때 신호의 상승 에지와 하강 에지에서 나타난다. 이런 이유로 이런 유형의 노이즈를 '스위칭 노이즈(switching noise)'라고 부른다.

이러한 두 가지 극단적인 상황은 각각 별도로 고려되어야 한다.

10.3 전송선로에서의 크로스토크: NEXT와 FEXT

[그림 10-3]에 나와 있는 구성으로 두 인접한 전송선로 사이의 노이즈를 측정할 수 있다. 선로의 앞쪽 끝에 신호를 주입하고 뒤쪽 끝은 종단(termination)을 해주어 선로 끝에서 반사가 일어나는 것을 막는다. 전압 노이즈는 인접한 비활성 선로의 양쪽 끝에서 각각 측정한다. 노이즈 전압을 측정하기 위해 비활성 선로의 양 끝에 고속 스코프의 두 입력 채널을 각각 연결하면, 비활성 선로의 양 끝은 이 입력 채널의 임피던스로 실제로 종단된다. [그림 10-4]는 빠른 상승 에지에 의해 구동되는 활성 신호 선로에 인접한 비활성 선로에서 측정된 전압 노이즈를 보여준다. 이 경우, 두 개의 50 Ω 마이크로스트립 전송선로는 길이가 약 4 inch이며 두 선로의 간격은 각 선로의 폭과 거의 같다. 각 선로의 끝은 50 Ω으로 종단되어 있으므로 반사는 무시할 수 있다.

비활성 선로 양쪽 끝에서 각각 측정된 노이즈 전압은 서로 전혀 다른 패턴을 보여준다. 이 양쪽 끝을 구별하기 위해, 소스에 가까운 끝을 '근단(near-end)'으로 표시하고, 소스에서 먼 끝을 '원단(far-end)'으로 표시한다. 이 근단과 원단은 신호가 전파되는 방향에 따라 정의되기도 한다. 원단은 신호 전파 방향을 따라 전진하는 방향에 위치하며, 근단은 신호 전파 방향과 반대 방향에 위치한다.

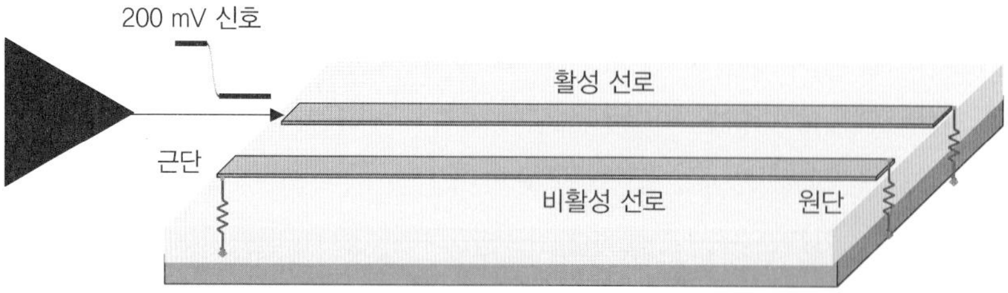

그림 10-3 활성 넷과 비활성 넷 사이의 크로스토크를 측정하기 위한 구성. 비활성 선로의 근단과 원단의 전압을 관측한다.

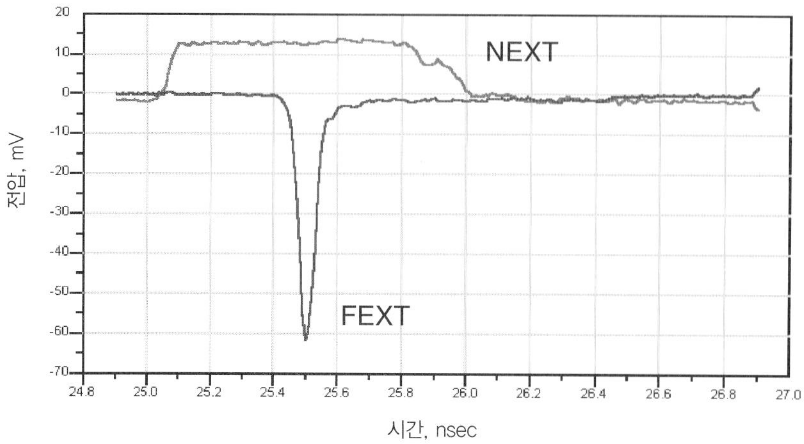

그림 10-4 활성 선로가 진폭 200 mV, 상승시간 50 psec의 신호로 구동될 때, 비활성 선로의 양쪽 끝에서 측정된 노이즈. Agilent DCA TDR과 GigaTest Labs Probe Station을 사용하여 측정

선로의 끝이 종단되어 다중 반사의 영향을 받지 않는 경우, 근단(near end)과 원단(far end)에서 관측되는 노이즈 패턴은 특정한 형태를 가진다. 근단 노이즈는 일정한 값까지 빠르게 상승하고 이 값을 결합 길이(coupling length)에 해당하는 지연 시간의 두 배 동안 유지한 다음 하강한다. 이렇게 일정한 포화 상태의 근단 노이즈 양을 근단 **크로스토크(NEXT)** 계수라고 하는데, 이 계수는 근단 노이즈 전압과 인가된 신호 전압의 비율로 정의된다. [그림 10-4]의 예에서 활성 선로에 인가된 신호 전압이 200 mV이고 근단에서 측정된 노이즈 전압이 13 mV이므로 NEXT 계수는 13 mV/200 mV = 6.5%가 된다.

NEXT 값은 선로의 종단이 정합되어 있고 결합 길이가 충분히 길어서 근단 노이즈 값이 일정하게 유지되는 특수한 경우에 한해 정의된다. 선로 끝의 종단 처리가 달라지더라도 비활성 선로에 결합되는 노이즈 자체는 변하지 않는다. 그러나 선로의 종단이 정합되어 있지 않으면 인가 신호와 반대 방향으로 진행하는 노이즈가 선로의 끝에 도달할 때 반사된다. 종단이 선로의 특성 임피던스와 정합되어 있는 경우, NEXT는 선로에서 발생하는 노이즈를 나타내는 척도가 된다. 일단 이 값을 알면 종단이 달라진 경우에 이 값이 어떻게 달라질지 쉽게 추정할 수 있다.

물론 NEXT의 값은 트레이스 사이의 간격에 따라 달라진다. 안타깝게도 NEXT를 감소시키는 방법은 트레이스들을 서로 더 멀리 떨어뜨려 놓거나 귀환면을 신호 트레이스에 더 가까이 위치시키는 것 말고는 없다.

원단에서 발생하는 크로스토크는 근단에서 발생하는 크로스토크와 매우 다른 특징을 가지고 있다. 신호가 활성 선로에 들어온 때부터 한 단위의 전파 시간(time of flight)이 경과하기 전까지 원단 노이즈는 발생하지 않는다. 원단 노이즈는 한 단위의 전파 시간이 지난 직후 급격히 발생하여 짧은 시간 동안 지속된다. 이 펄스의 폭은 신호의 상승 시간에 의해 결정되며, 펄스의 피크 전압을 원단 크로스토크(far-end cross talk)라고 표시한다. [그림 10-4]의 예에서 원단 크로스토크 전압은 약 60 mV이다. FEXT 계수는 원단 노이즈 피크 전압과 활성 선로에 인가된 신호 전압의 비율로 정의된다. 따라서 신호 전압이 200 mV일 때 FEXT 계수는 60 mV /200 mV = 30%이다. 이것은 상당히 큰 노이즈이다.

종단이 정합되지 않아서 반사가 노이즈의 크기에 영향을 주는 경우에도 원단 크로스토크를 다루지만 그 크기는 더 이상 FEXT와 관련이 없다. FEXT 계수는 종단이 정합된 특정한 상황에서 정의되기 때문이다.

TIP

FEXT를 감소시키는 네 가지 요소: 귀환면을 신호 트레이스에 가깝게 배치하기, 결합 길이 줄이기, 상승 시간 늘리기, 신호 트레이스 사이의 간격 늘리기

10.4 크로스토크 모델링

크로스토크에 기여하는 결합(coupling)을 나타내는 한 가지 방법은 결합 선로(coupled line)의 등가 회로 모델을 이용하는 것이다. 등가 회로 모델을 사용하면 특정한 기하학적 구조와 종단을 고려한 시뮬레이션이 가능하며 이를 통해 전압 파형을 예측할 수 있다. 일반적으로 전송선로의 결합을 모델링하는 데에는 두 가지 모델이 사용된다.

두 선로에 대한 이상적인 분산 결합 전송선로 모델은 차동 쌍(differential pair)을 형성한다. 이 모델에서 결합을 나타내는 항목은 홀수 모드 임피던스(odd-mode impedance), 짝수 모드 임피던스(even-mode impedance), 홀수 모드 시간 지연(odd-mode time delay), 짝수 모드 시간 지연(even-mode time delay)이다. 이 네 가지 항목으로 전송선로에서의 결합 현상을 모두 나타낼 수 있다. SPICE 엔진과 같은 많은 시뮬레이션 엔진, 특히 2D 전자기장 솔버가 통합

된 엔진은 이러한 유형의 모델을 사용한다. 이 모델의 대역폭은 이상적인 무손실 전송선로의 대역폭만큼 높다. 이 모델은 차동 쌍과 동일한 모델로서, 11장 "차동 쌍과 차동 임피던스"에서 자세히 다룬다.

결합 현상을 나타내는 데 널리 사용되는 또 다른 모델로 n개 부분 집중 회로로 구성된 근사 모델을 들 수 있다. 이 모델에서 두 전송선로는 각각 n개 부분 집중 회로 모델로 표현되고, 두 선로 사이의 결합은 상호 커패시터와 상호 인덕터 소자로 표현된다. 한 부분의 등가 회로 모델은 [그림 10-5]에 나와 있다.

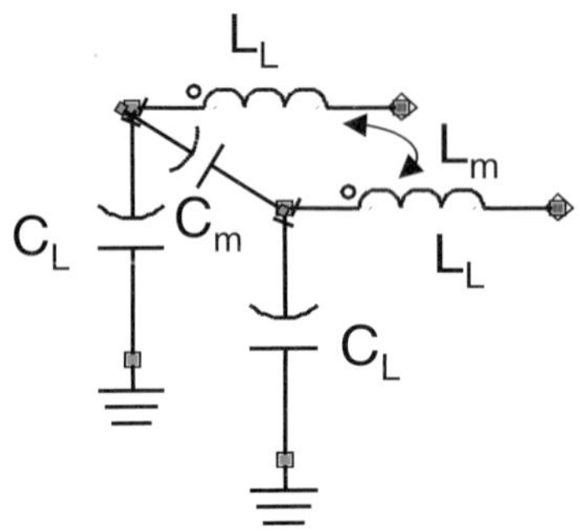

그림 10-5 n개 부분으로 이루어진 결합 전송선로 모델을 구성하는 한 부분의 등가회로 모델

신호 경로와 귀환 경로 사이의 실제 커패시턴스와 루프 인덕턴스, 그리고 상호 커패시턴스와 상호 인덕턴스 값들은 전송선로의 전체 길이에 걸쳐 균일하게 분포되어 있다. 균일 결합 전송선로의 경우, 길이당 값을 이용하여 전송선로의 결합을 나타낼 수 있다. 곧 살펴보겠지만 이들 값은 행렬로 표현할 수 있으며 결합 전송선로의 개수에 따라 이 행렬을 확장하고 조정할 수 있다. 일부 시뮬레이터에서는 실제 시뮬레이션 엔진이 정확한 분산 전송선로 모델을 사용함에도 불구하고, 이 행렬 표현이 커플링을 나타내는 기초가 된다.

작은 크기의 개별 집중 소자를 길이에 따라 주기적으로 배치하여 이러한 분산 회로의 동작을 근사화할 수 있다. 이 개별 집중 소자들을 더 작게 만들수록 근사 모델의 정확도는 더 증가한다. 7장 "전송선로의 물리적 기초"에서 살펴보았듯이, 분산 회로의 동작을 근사화하는 데 필요한 부분의 개수는 요구되는 대역폭과 지연 시간에 따라 결정되며, 그 최소 개수는 다음과 같다.

$$n > 10 \times BW \times TD \tag{10.1}$$

여기서

n = 정확한 모델 구현을 위한 집중 소자 부분의 최소 개수

BW = 모델의 요구 대역폭(단위: GHz)

TD = 각 전송선로의 시간 지연(단위: nsec)

결합 전송선로는 두 개의 독립적인 n개 부분 집중 회로 모델로 나타낼 수 있다. 두 선로의 구조가 대칭인 경우, 각 부분의 L 값과 C 값은 서로 동일하다. 이 집중 모델에 결합 특성을 추가해야 한다. 각 부분에서 결합 커패시턴스는 두 신호 경로 사이의 상호 커패시터로 모델링할 수 있으며 결합 인덕턴스는 n개 부분 모델 내의 각 루프 인덕터 사이의 상호 인덕터로 모델링할 수 있다.

각각의 단일 종단 전송선로는 길이당 커패시턴스 C_L과 길이당 루프 자기 인덕턴스 L_L로 나타낸다. 결합(coupling)은 길이당 상호 커패시턴스 C_{ML}과 길이당 루프 상호 인덕턴스 L_{ML}로 나타낸다. 한 쌍의 균일 전송선로에서는 상호 커패시턴스와 상호 인덕턴스가 두 선로 전체에 균일하게 분산되어 있다.

TIP

결합된 두 개의 전송선로에 관한 모든 특성은 이 네 가지의 선로 파라미터로 나타낼 수 있다. 두 개보다 많은 전송선로가 결합된 경우에는 복잡도만 증가할 뿐 이를 그대로 확장하여 나타낼 수 있다. 전송선로의 각 부분 쌍 사이에는 상호 커패시터가 있고, 신호 루프와 귀환 루프의 각 부분 쌍 사이에는 상호 인덕터가 있다.

각 상호 커패시터와 루프 상호 인덕터의 값은 길이에 비례한다. 이들 값은 길이당 상호 커패시턴스와 상호 인덕턴스 값을 참조하여 나타낸다. 이러한 상호 커패시터와 상호 인덕터에 대한 정보는 행렬을 기반으로 한 표현 방식을 사용하면 정확하게 확인할 수 있다.

10.5 SPICE 커패시턴스 행렬

여러 개의 전송선로가 모여 있는 경우, 각 신호 경로에 인덱스 번호를 붙일 수 있다. 선로가 다섯 개 있다면 1에서 5까지 번호를 붙인다. 귀환 경로는 관례에 따라 도체 0으로 표시한다. 다섯 개의 신호선과 한 개의 공통 귀환 경로로 이루어진 구조의 단면이 [그림 10-6]에 표시되어 있다. 먼저 커패시터 소자들을 살펴본다. 이 장의 뒷부분에서는 인덕터 소자들에 대해서 살펴보기로 한다.

이 구조에서 모든 도체 쌍 사이에는 커패시턴스가 존재한다. 따라서 각각의 신호 선로와 귀환 경로와 사이에는 커패시터가 있고, 모든 신호 선로 쌍 사이에는 결합 커패시터가 있다. 모든 도체 쌍 사이의 커패시터를 놓치지 않고 고려하기 위해 각 커패시터를 인덱스 번호에 따라 다음과 같이 이름을 지정한다. 도체 1과 2 사이의 커패시턴스는 C_{12}로 표시하고, 2와 4 사이의 커패시턴스는 C_{24}로 표시한다. 신호 선로와 귀환 경로 사이의 커패시턴스는 C_{10} 또는 C_{30}으로도 표시할 수 있다.

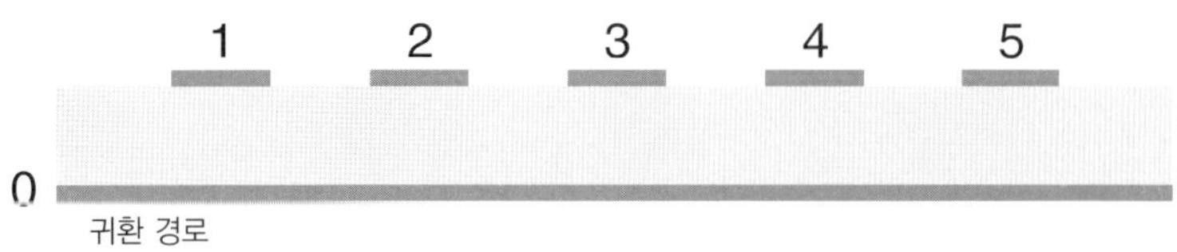

그림 10-6 다섯 개의 결합 전송선로로 이루어진 구조의 단면도. 각 도체에 인덱스 번호가 부여되어 있다.

행렬 표현 방식을 사용하면 여러 개의 신호 경로와 귀환 경로 사이의 많은 커패시턴스를 더욱 효율적으로 식별할 수 있는데 이를 위해 신호 경로와 귀환 경로 사이의 커패시턴스를 나타내는 이름을 다음과 같이 변경한다. 행렬의 대각선 원소로 신호 선로와 귀환 경로 사이의 커패시턴스를 나타내기 위해 신호 선로 1과 귀환 경로 사이의 커패시턴스의 이름 C_{10}를 C_{11}으로 바꾼다. 같은 방식으로 나머지 신호 선로들과 귀환 경로 사이의 커패시터의 이름을 각각 C_{22}, C_{33}, C_{44}, C_{55}로 변경한다. 이렇게 하면 각 도체 쌍 사이의 커패시턴스를 나타내는 5 × 5 커패시터 행렬을 만들 수 있다. [그림 10-6]에 있는 결합 선로 구조의 등가 회로와 커패시턴스 값의 행렬이 [그림 10-7]에 나와 있다.

행렬 안에는 C_{14}와 C_{41}로 표시된 원소가 있는데, 이 두 원소는 동일한 커패시터 값이다. 행렬에는 원소가 두 개(C_{14}와 C_{41})이지만 등가 회로 모델에는 이 커패시터가 하나(C_{14} 또는 C_{41})만 있다.

TIP

커패시터 행렬에서 대각선 원소는 신호 경로와 귀환 경로 사이의 커패시턴스를 나타낸다. 비대각선 원소는 결합 커패시턴스(상호 커패시턴스)를 나타낸다. 균일 전송선로의 경우, 행렬의 각 원소는 길이당 커패시턴스이며 보통 pF/inch 단위로 표시된다.

행렬은 모든 커패시터 값들을 빠짐없이 확인할 수 있는 편리하고 간편하며 간결한 방법이다. 이 행렬은 다른 행렬들과 구별하기 위해 종종 SPICE 커패시턴스 행렬이라고 불린다. 이 행렬에는 이 장의 앞부분에서 살펴본 SPICE 등가 회로 모델의 파라미터 값들이 저장된다. 각 행렬 원소는 결합 전송선로들을 나타내는 완전한 회로 모델 안에 존재하는 모든 커패시터의 값을 각각 나타낸다.

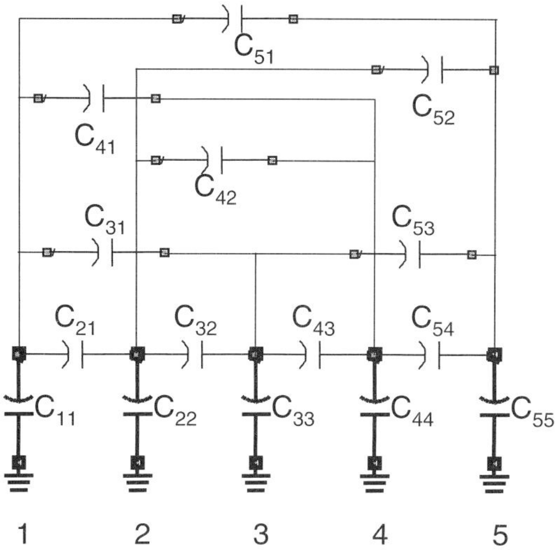

C_{11}	C_{12}	C_{13}	C_{14}	C_{15}
C_{21}	C_{22}	C_{23}	C_{24}	C_{25}
C_{31}	C_{32}	C_{33}	C_{34}	C_{35}
C_{41}	C_{42}	C_{43}	C_{44}	C_{45}
C_{51}	C_{52}	C_{53}	C_{54}	C_{55}

그림 10-7 다섯 개의 결합된 전송선로에 대한 등가 커패시턴스 모델과 이에 해당하는 커패시턴스 파라미터 값의 행렬

행렬의 각 원소는 길이당 커패시턴스로 나타낸다. 실제 전송선로의 근사 모델을 만들기 위해, 먼저 집중 회로 모델에서 필요한 부분의 개수 n을 (10 × BW × TD)보다 큰 값으로 설정해야 한다. 각 부분의 길이는 전송선로의 길이를 필요한 부분의 개수로 나눈 Len/n으로 계산할 수 있다. 각 부분의 커패시터의 값은 길이당 커패시턴스의 행렬 원소와 각 부분의 길이를 곱한 것이다. 예를 들어, 각 부분의 결합 커패시턴스는 C_{21} × Len/n으로 계산된다.

각 커패시터 행렬 원소의 실제 값은 계산이나 측정을 통해 구할 수 있다. 정확도가 높은 근사식은 찾기 어렵다. 근사식보다는 몇 가지 간단한 경험 규칙을 사용할 수 있다. 더욱 정확한 결합 커패시턴스 값이 필요한 경우에는 2D 전자기장 솔버를 사용해야 한다. 많은 전자기장 솔버 도구가 상업적으로 판매되고 있으며, 이 도구들은 사용하기 쉽고 일반적으로 매우 정확하다. 2D 전자기장 솔버로 계산된 다섯 개의 마이크로스트립 도체에 대한 SPICE 커패시턴스 행렬의 예가 [그림 10-8]에 나와 있다.

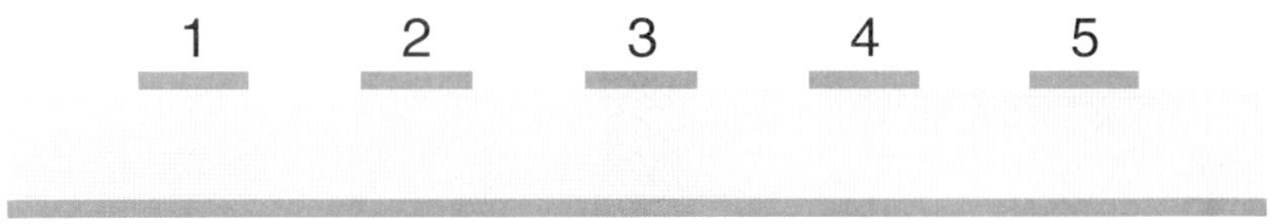

2.812	0.151	0.016	0.008	0.005
0.151	2.682	0.149	0.016	0.008
0.016	0.149	2.675	0.149	0.017
0.008	0.016	0.149	2.684	0.151
0.005	0.008	0.017	0.151	2.813

그림 10-8 각 선로의 폭이 5 mil이고 선로 간격이 5 mil인 다섯 개의 결합된 전송선로 구조와 해당 구조의 SPICE 커패시턴스 행렬(단위: pF/inch). Ansoft SI2D 전자기장 솔버로 계산

커패시턴스 행렬 원소의 값들과 그 값들이 얼마나 급격히 줄어드는지 실제로 수치만으로는 파악하기 어려울 때, 행렬을 [그림 10-9]와 같이 3D로 표현할 수 있다. 수직축은 행렬 원소들의 커패시턴스의 크기를 나타낸다. 한눈에 보아도 모든 대각선 원소들은 거의 비슷한 값을 가지고 있고, 비대각선 요소들은 매우 급속히 감소하는 것이 명확하게 확인된다.

이 예에서 도체들은 50 Ω 마이크로스트립으로 선로 폭은 5 mil이며 5 mil 간격으로 가능한 한 서로 가까이 배치되어 있다. 도체 1과 도체 3 사이의 결합은 도체 1과 도체 2 사이의 결합과 비교하면 무시할 수 있을 만큼 작다는 것을 확인할 수 있다. 트레이스들이 서로 더 멀리 떨어질수록 비대각선 원소들의 값은 더욱 급격히 줄어든다. 이것은 간격에 따라 프린지 전기장이 얼마나 빨리 감소하는지를 직접적으로 보여준다.

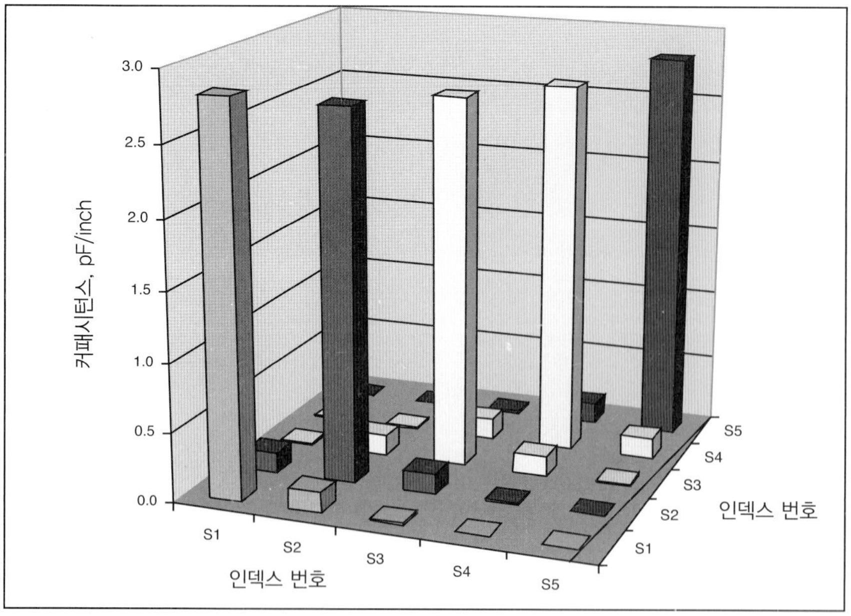

그림 10-9 SPICE 커패시턴스 행렬의 3D 그래프. 행렬에서 비대각선 원소들이 얼마나 빨리 감소하는지를 잘 보여준다.

SPICE 커패시턴스 행렬에서는 각 원소가 등가 회로 모델에 나타나는 회로 소자의 파라미터 값이라는 점을 염두에 두어야 한다. 각 원소의 값은 두 도체 사이의 용량성 결합량을 직접 나타내는 값이다. 이 값은 예를 들어, 주어진 dV/dt에 대해 각 도체 쌍 사이에 흐르는 용량성 결합 전류를 직접적으로 결정한다. 행렬 원소의 값이 클수록 용량성 결합도 커지고, 도체 사이에 프린지 전기장도 더 많이 발생한다.

TIP

결합 전송선로에서는 비대각선 원소의 크기를 대각선 원소와 항상 비교해야 한다. 여기서 든 예와 같이 선로 폭과 동일한 간격(제조할 수 있는 가장 타이트한 간격)으로 결합된 5개의 50 Ω 선로로 이루어진 구조의 경우, 인접한 트레이스 사이의 상대적 결합은 대략 5% 정도이다. 한 트레이스와 중간에 트레이스 하나를 두고 서로 떨어져 있는 트레이스 사이의 결합은 0.6% 미만까지 줄어든다. 이러한 값들은 대략적인 경험 규칙으로서 기억해두면 유용하다.

트레이스의 물리적인 구성은 파라미터 값에 영향을 줄 수 있지만, 주어진 트레이스의 구성에 대해서는 그 트레이스의 기하학적 구조가 달라져도 회로 모델 자체는 바뀌지 않는다. 당연히 트레이스들을 서로 더 멀리 떨어뜨려 배치하면 파라미터 값은 감소한다.

한 선로의 선로 폭을 변경하면, 일차적으로 해당 선로의 대각선 원소와 그 선로와 양옆에 인접한 선로 사이의 결합에 영향을 준다. 하지만 그 양옆에 있는 선로들 사이의 결합에도 이차적 또는 삼차적으로 영향을 줄 수 있다. 이러한 영향을 정확히 알 수 있는 유일한 방법은 2D 전자기장 솔버에 수치를 입력하는 것이다.

10.6 맥스웰 커패시턴스 행렬과 2D 필드 솔버

안타깝게도 커패시턴스 행렬은 한 가지만 있는 것이 아니므로 혼동을 일으킬 수 있다. 이 장의 앞부분에서는 SPICE 커패시턴스 행렬을 소개하였다. 이 행렬의 원소들은 결합 선로의 등가 회로 모델의 파라미터 값들을 나타내었다. 이 절에서는 전자기장 솔버로 계산하여 얻을 수 있는 커패시턴스 행렬을 소개한다. 이 행렬을 **맥스웰 커패시턴스 행렬**(Maxwell capacitance matrix)이라고 한다. 이 두 행렬 모두를 커패시턴스 행렬이라고 부르지만, 그 정의는 서로 다르다.

전자기장 솔버는 기본적으로 특정 경계 조건에 대해 하나 이상의 맥스웰의 방정식을 푸는 도구이다. 여러 개의 도체로 이루어진 회로 구성에 대해 전기장으로부터 모든 파라미터 값이 계산된다. 여러 개의 도체 구조에 존재하는 커패시턴스를 계산하기 위해서는 라플라스 방정식(Laplace's equation)을 풀어야 한다. 라플라스 방정식을 미분 형식으로 다음과 같이 간단히 나타낼 수 있다.

$$\nabla^2 V = 0 \tag{10.2}$$

도체와 유전체 물질의 특정 기하학적 경계 조건에 대해 이 미분 방정식을 풀 수 있다. 이 방정식을 풀면 공간의 모든 지점에서 전기장을 계산할 수 있다.

[그림 10-10]과 같이 여섯 개의 도체로 구성된 구조가 있다고 가정하자. 도체 0은 접지 기준으로 정의되며 항상 0 V의 전위를 가진다. 각 도체 사이의 커패시턴스를 계산하려면, 다음과 같은 여섯 단계를 거쳐야 한다.

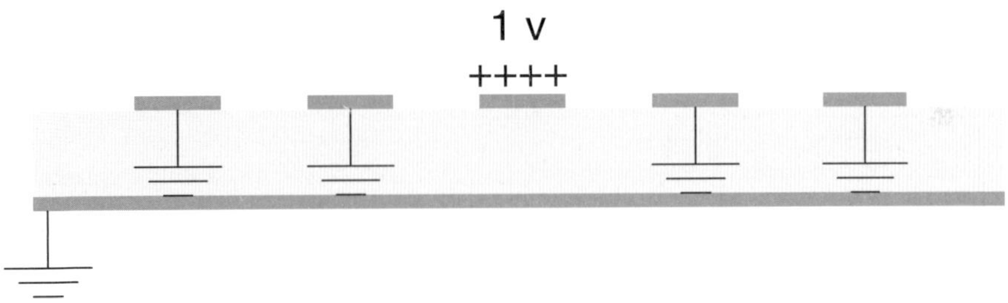

그림 10-10 라플라스 방정식 기반의 2D 전자기장 솔버를 사용하여 여러 개의 전송선로로 이루어진 구조의 커패시턴스 행렬을 계산하기 위한 도체 설정

1. 도체 k에 1 V의 전위를 설정하고, 나머지 도체들의 전위는 모두 0 V로 한다.
2. 이러한 경계 조건에 대해 라플라스의 방정식을 풀어서 공간의 모든 지점에서 전위를 구한다.
3. 전위를 구하고 나면 다음 식으로 각 도체의 표면에서 전기장을 계산한다.

$$E = -\nabla V \tag{10.3}$$

4. 각 도체 표면의 전기장을 적분하여 다음 식으로 각 도체의 총 전하량을 계산한다.

$$Q_j = \oint_j E \bullet da_j \tag{10.4}$$

5. 각 도체의 총 전하량으로부터 맥스웰 커패시턴스 행렬의 정의에 따라 다음 식으로 커패시턴스를 계산한다.

$$C_{jk} = \frac{Q_j}{V_k} \tag{10.5}$$

6. 도체를 바꾸어가며 각 도체에 차례로 1 V의 전위를 설정하고 이상의 과정을 반복한다.

맥스웰 커패시턴스 행렬 원소의 정의는 SPICE 커패시턴스 행렬의 원소와 다르다. SPICE 행렬의 원소들은 해당하는 등가 회로 모델의 파라미터 값으로, 각 원소의 값은 두 도체 사이에 주어지는 dV/dt에 대해 두 도체 사이에 흐르는 용량성 결합 전류의 양을 직접적으로 나타낸다.

그러나 맥스웰 커패시턴스 행렬의 원소들은 다음 관계식에 따라 정의된다.

$$C_{jk} = \frac{Q_j}{V_k} \tag{10.6}$$

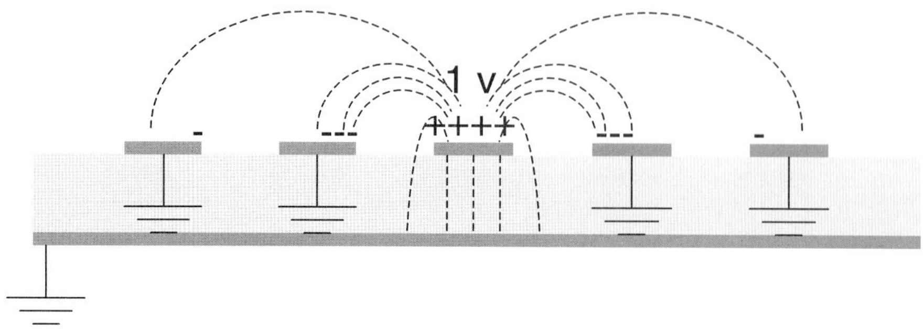

그림 10-11 도체 3을 1 V로 설정하고 나머지 도체는 모두 접지 전위로 설정한 경우, 다섯 개 도체의 전하 분포

두 도체 사이의 각 맥스웰 커패시턴스 행렬의 원소는 한 도체가 1 V 전위에 있고 나머지 모든 도체가 접지된 상태에서, 그 한 도체에 얼마나 많은 과잉 전하(excess charge)가 존재하는지를 나타낸다. 이것은 매우 특수한 조건이므로 이로 인해 많은 혼란이 발생한다.

도체 3에 1 V 전위를 인가하고 다른 모든 도체를 0 V 전위로 둔다고(즉 접지 도체와 연결한다고) 가정하자. 도체 3의 전위를 접지를 기준으로 1 V로 올리기 위해서는 도체 3에 약간의 양(+) 전하를 추가해야 한다. 이 양전하는 다른 모든 주변에 있는 다른 모든 도체에 있는 약간의 음(−) 전하를 끌어당기게 된다. 이 음전하는 각각의 다른 모든 도체와 연결된 접지 도체로부터 공급된다. 각각의 다른 도체에서 얼마나 많은 음전하가 도체 3에 끌어당겨지는지가, 각 도체와 1 V가 인가된 도체 3과의 용량성 결합 정도를 나타내는 척도이다. 이러한 전하 분포가 [그림 10-11]에 설명되어 있다.

맥스웰 커패시턴스 행렬의 정의에 따라, 대각선 원소로 표시되는 도체 3과 기준 접지 사이의 커패시턴스는 도체 3의 전하 Q_3과 전압 $V_3 = 1$ V의 비율로 계산된다. 이 값은 다른 모든 도체가 접지와 연결된 상황에서 도체 3에 존재하는 전하를 나타낸다. 이러한 커패시턴스를 종종 도체 3의 장하 커패시턴스(loaded capacitance)라고 한다.

$$C_{33} = \frac{Q_3}{V_3} = C_{loaded} \tag{10.7}$$

장하 커패시턴스는 항상 SPICE 대각선 커패시턴스보다 크다.

도체 3에 양전하가 있어서 1 V의 전위로 올라가면 주위의 다른 모든 도체에는 음전하가 유도된다. 다른 모든 도체들은 접지 전위에 있지만 전위가 1 V인 도체와의 결합으로 인해 약간의 알짜 음전하를 가지게 된다.

TIP

맥스웰 커패시턴스 행렬의 대각선 원소는 각 도체의 장하 커패시턴스(loaded capacitance)이다. 이것은 단지 접지 기준인 귀환 경로에 대한 커패시턴스가 아니다. 이것은 귀환 경로에 대한 커패시턴스와 접지에 연결된 다른 모든 도체에 대한 커패시턴스를 모두 포함하는 커패시턴스이다. 이것은 단지 귀환 경로와의 결합만 포함하고 다른 모든 도체와의 결합은 포함하지 않는 SPICE 커패시턴스 행렬의 대각선 원소와는 다르다.

맥스웰 커패시턴스 행렬의 정의로부터, 도체 3과 도체 2에 사이의 비대각선 행렬 원소는 다음과 같다.

$$C_{23} = \frac{Q_2}{V_3} \tag{10.8}$$

TIP

도체 2에 유도된 전하가 음전하이고 다른 모든 도체에 유도된 전하도 음전하이므로, 맥스웰 커패시턴스 행렬의 모든 비대각선 원소는 전부 음수가 되어야 한다.

음(−)의 부호는 도체 3에 1 V 전압이 인가될 때 도체 2에 음전하가 유도된다는 것을 의미한다.

[그림 10-12]에는 다섯 개의 마이크로스트립 트레이스로 이루어진 구조에 대한 맥스웰 커패시턴스 행렬의 예가 나와 있다. 언뜻 보기에는 음수로 표시된 커패시턴스 값이 이상하게 생각될 수 있다. 음(−)의 커패시턴스는 도대체 무엇을 의미하는 것일까? 인덕턴스를 나타내는 것일까? 사실, 이 음수 값은 SPICE 커패시턴스 값이 아니라 맥스웰 커패시턴스 값이기 때문에 나타난 것이다. 다시 말해, 맥스웰 커패시턴스 행렬 원소의 정의는 SPICE 원소와는 다르다.

대부분의 상용 전자기장 솔버는 일반적으로 맥스웰 커패시턴스 값의 형태로 결과를 출력한다. 이렇게 된 것은 코드를 작성한 소프트웨어 개발자가 최종 사용자의 의도와 목적을 제대로 이해하지 못했고 대부분의 신호 무결성 엔지니어는 SPICE 커패시턴스 행렬 원소를 알고 싶어 한다는 것을 깨닫지 못했기 때문이다. 맥스웰 커패시턴스 행렬 자체가 잘못된 것이 아니라 다만 이 행렬이 엔지니어가 원하는 첫 번째 선택이 아닐 뿐이다.

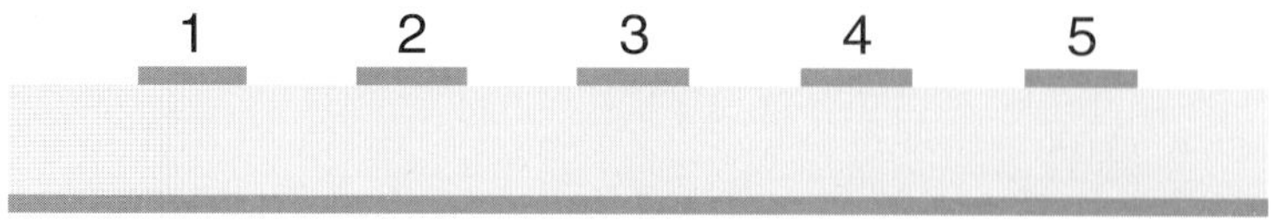

2.992	-0.151	-0.016	-0.008	-0.005
-0.151	3.005	-0.149	-0.016	-0.008
-0.016	-0.149	3.006	-0.149	-0.017
-0.008	-0.016	-0.149	3.007	-0.151
-0.005	-0.008	-0.017	-0.151	2.994

그림 10-12 가까운 간격으로 놓여 있는 다섯 개의 50 Ω 전송선로의 맥스웰 커패시턴스 행렬(단위는 pF/inch). Ansoft사의 SI2D 전자기장 솔버로 계산

SPICE 커패시턴스 행렬과 맥스웰 커패시턴스 행렬 사이의 변환은 생각보다 매우 간단하다. 비대각선 원소들은 단지 부호만 반대일 뿐 값은 거의 동일하다.

$$C_{ij}(\text{SPICE}) = -C_{ij}(\text{Maxwell}) \tag{10.9}$$

비대각선 원소들은 두 도체를 서로 결합하는 전기장 선의 수와 관련이 있다. 또한 두 도체 사이에 주어진 전압 변화율(dV/dt)에 의해 두 도체 사이에 흐르는 용량성 결합 전류와 직접적인 관련이 있다.

그러나 대각선 원소들은 좀 더 복잡하다. 맥스웰 행렬의 대각선 원소들은 각 도체의 장하 커패시턴스를 나타내는 반면에 SPICE 행렬의 대각선 원소는 오직 대각선 도체와 귀환 경로 사이의 커패시턴스만을 나타낸다. SPICE 대각선 원소는 신호 선로와 귀환 경로 사이를 서로 결합하는 전기장 선만을 계산한다. 이러한 두 행렬의 비교를 기반으로 SPICE 행렬과 맥스웰 행렬의 대각선 원소는 다음 식으로 변환할 수 있다.

$$C_{jj}(\text{Maxwell}) = \sum_i C_{ij}(\text{SPICE}) \tag{10.10}$$

$$C_{jj}(\text{SPICE}) = \sum_i C_{ij}(\text{Maxwell}) \tag{10.11}$$

전자기장 솔버가 계산한 행렬이 어떤 유형인지 확인하는 가장 간단한 방법은 음(−)의 부호를 찾는 것이다. 수치 앞에 붙은 음의 부호는 수치의 정확도를 나타내는 것이 아니라 맥스웰 커패시턴스 행렬임을 알려준다.

두 행렬 모두에서 비대각선 원소들은 신호 선로 사이의 결합과 도체들을 결합하는 프린지 전기장의 세기를 직접적으로 나타낸다. 선로 사이의 간격이 클수록 프린지 전기장 선의 수가 줄어들고 결합이 감소한다. 두 행렬 모두에서 두 트레이스 사이에 어떤 도체가 실제로 존재하면 그 도체는 두 트레이스 사이의 전기장 선에 영향을 주고, 이것은 행렬 원소의 값에 반영된다.

각 행렬 원소는 다른 도체의 존재 여부에 따라 달라진다. 예를 들어 두 개의 도체 선로와 이 두 선로의 귀환 경로에 대해, 도체 선로 1의 대각선 SPICE 커패시턴스 원소인 C_{11}은 선로에 인접한 다른 도체의 위치에 따라 달라진다. C_{11}은 도체 선로 1과 와 귀환 경로 사이의 커패시턴스를 나타낸다. 인접한 도체 선로 2를 도체 선로 1에 가깝게 가져오면 도체 선로 1과 귀환 경로 사이의 프린지 전기장 선들의 일부를 인접한 도체 선로 2가 가로채 가기 시작하므로 C_{11}이 감소한다. 이 현상이 [그림 10−13]에 설명되어 있다.

두 도체 선로 사이의 간격이 대략 선로 폭의 두 배 이상이거나 유전체 두께의 네 배 이상인 경우, 인접한 도체 선로의 존재는 SPICE 커패시턴스 행렬의 대각선 원소에 거의 영향을 미치지 않는다.

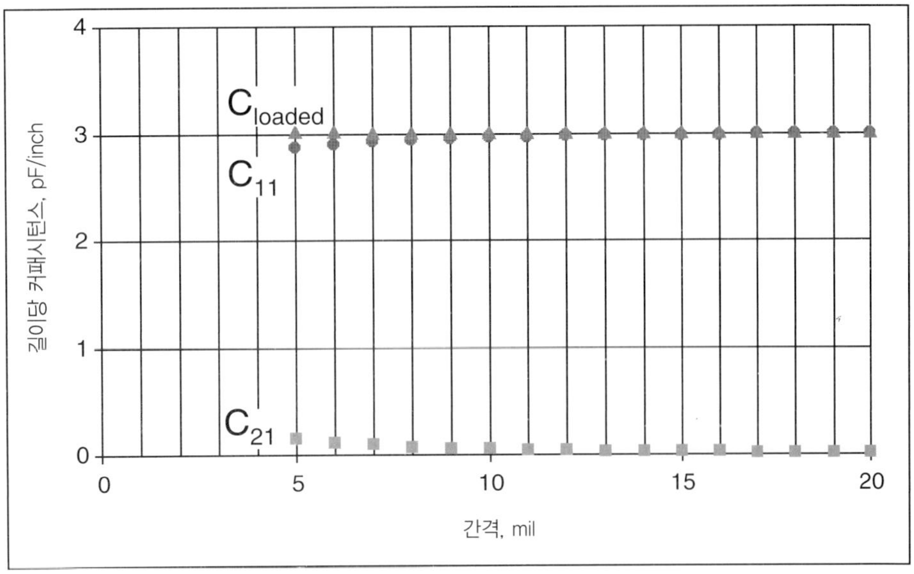

그림 10−13 선로 폭이 5 mil인 두 개의 50 Ω 전송선로 사이의 간격에 따른 SPICE 커패시턴스 행렬의 대각선 원소와 비대각선 원소와 도체 1의 장하 커패시턴스의 변화. Ansoft사의 SI2D 전자기장 솔버로 계산

선로 1의 장하 커패시턴스(loaded capacitance)는 신호 선로와 다른 모든 도체 사이의 프린지 전기장을 나타내므로 인접한 트레이스가 가까워져도 크게 변하지 않는다. 선로 1의 전기장 선 중에서 귀환 경로로 가지 못하고 선로 2가 가로챈 일부 전기장 선은 선로 1과 2 사이의 새로운 전기장이 된다.

비대각선 원소는 다른 도체의 존재 여부와 기하학적 구조에 따라 달라진다. 두 도체 사이의 간격이 증가하면 비대각선 원소의 값은 줄어든다. 또한 두 도체 사이에 다른 도체가 추가되면, 이 새로운 도체는 원래의 두 도체 사이의 전기장 선의 일부를 가로채므로 비대각선 SPICE 커패시턴스 원소의 값이 감소한다.

[그림 10-14]에서는 두 개의 선로에 대한 세 가지 기하학적 구성 방식과 각각에 해당하는 SPICE 커패시턴스 행렬 원소를 계산한 결과를 보여주고 있다. 여기서 선로의 폭은 5 mil이고 선로의 특성 임피던스는 50 Ω이다.

TIP

두 도체 선로의 간격이 5 mil일 때, 결합 커패시턴스는 0.155 pF/inch로, 이 값은 대각선 원소인 2.8 pF/inch의 약 5%에 해당한다. 간격이 세 배로 증가하여 15 mil이 되면, 용량성 결합은 0.024 pF/inch로 줄어드는데, 이 값은 대각선 원소의 0.9%에 해당한다. 이 공간에 선로 폭이 5 mil인 트레이스가 추가되면 트레이스 양쪽의 두 도체 사이의 결합 커패시턴스는 0.016 pF/inch로 더욱 줄어드는데, 이 값은 대각선 원소의 0.6%에 해당한다.

두 신호 선로 사이에 도체를 추가하면 두 선로 사이의 결합 커패시턴스가 감소한다. 이것은 이 장의 뒷부분에서 자세히 다룰 보호 트레이스(guard trace) 사용의 기초이다. 물론 여기서는 용량성 결합만을 고려했는데 실제로는 유도성 결합도 함께 고려해야 한다.

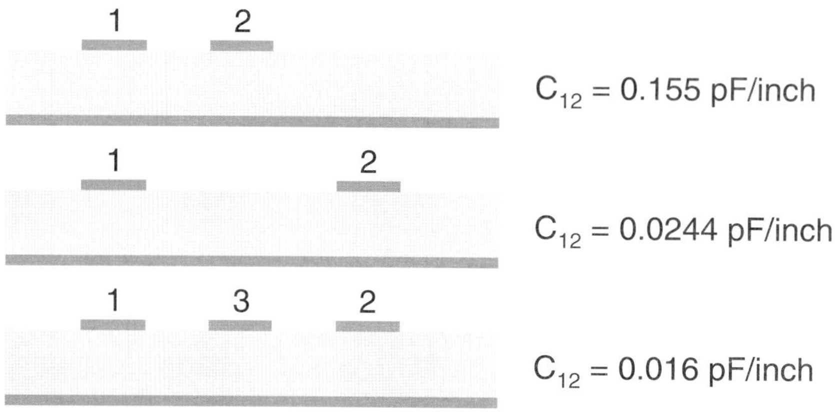

그림 10-14 세 가지 기하학적 구조와 그에 따른 두 신호 선로 사이의 결합 커패시턴스. 두 도체 사이에 다른 도체가 존재하면 두 도체 사이의 용량성 결합이 약 35%만큼 감소한다.

10.7 인덕턴스 행렬

여러 개의 도체로 이루어진 신호 경로와 귀환 경로 구조의 모든 커패시터 값을 저장하는 데 행렬이 사용되는 것처럼, 여러 개의 도체로 이루어진 구조와 관련된 루프 자기 인덕턴스와 루프 상호 인덕턴스의 값을 저장하는 데도 행렬이 사용된다는 사실을 명심해야 한다. 여기서 행렬의 인덕턴스 원소는 루프 인덕턴스라는 것을 잘 알아두어야 한다. 신호가 전송선로를 따라 전파할 때 전류 루프는 신호 경로를 따라 이동하고 즉시 귀환 경로를 통해 돌아온다. 이 전류 루프는 신호가 전이하는 에지 바로 근처에서 루프 인덕턴스를 관측한다. 물론 루프 자기 인덕턴스는 신호 경로와 귀환 경로의 부분 자기 인덕턴스와 두 경로 사이의 상호 인덕턴스와 다음 식으로 주어지는 관계를 가지고 있다.

$$L_{loop} = L_{self\text{-}signal} + L_{self\text{-}return} - 2 \times L_{mutual} \tag{10.12}$$

여기서

L_{loop} = 전송선로의 길이당 루프 인덕턴스

$L_{self-signal}$ = 신호 경로의 길이당 부분 자기 인덕턴스

$L_{self-return}$ = 귀환 경로의 길이당 부분 자기 인덕턴스

L_{mutual} = 신호 경로와 귀환 경로 사이의 길이당 부분 상호 인덕턴스

인덕턴스 행렬에서 대각선 원소들은 각각의 신호 경로와 귀환 경로의 루프 자기 인덕턴스를 나타낸다. 비대각선 원소들은 각각의 신호 경로와 귀환 경로 쌍 사이의 루프 상호 인덕턴스를 나타낸다. 이들 값의 단위는 길이당 인덕턴스로 일반적으로 nH/inch이다.

예를 들어, 앞에서 예로 든 다섯 개의 마이크로스트립 트레이스의 인덕턴스 행렬이 [그림 10-15]에 나와 있다. 이 행렬을 3D로 나타내면 인덕턴스의 기본 특성을 알 수 있다. 대각선 원소(즉, 각 도체와 그 귀환 경로의 루프 자기 인덕턴스)들은 기본적으로 모두 동일하다. 비대각선 원소(즉, 루프 상호 인덕턴스)들은 신호 쌍들이 멀리 떨어져 있을수록 급격히 감소한다.

커패시턴스 행렬과 인덕턴스 행렬에는 여러 개의 전송선로 사이의 결합에 대한 모든 정보가 포함되어 있다. 이들 행렬의 값으로부터 두 개 이상의 전송선로 사이에서 발생하는 모든 유형의 크로스토크를 계산할 수 있다. 또한 결합된 트레이스들의 동작을 시뮬레이션하는 데 사용할 수 있는 SPICE 등가 회로 모델을 만들 수 있다.

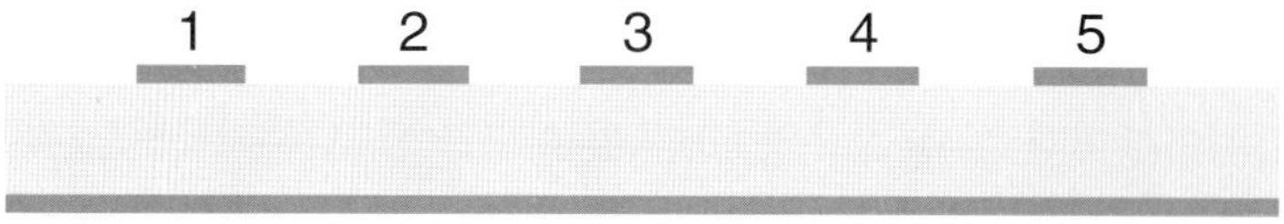

7.517	1.012	0.292	0.137	0.088
1.012	7.464	0.996	0.287	0.138
0.292	0.996	7.456	0.995	0.296
0.137	0.287	0.995	7.454	1.008
0.088	0.138	0.296	1.008	7.496

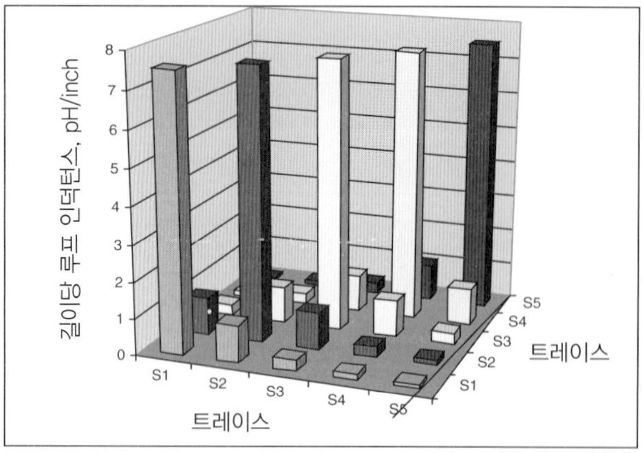

그림 10-15 각각 50 Ω의 특성 임피던스, 5 mil의 선로 폭과 선로 사이의 간격을 가지는 다섯 개의 전송선로에 대한 인덕턴스 행렬 원소의 값. Ansoft SI2D 전자기장 솔버를 이용하여 각 원소의 값을 추출

TIP

커패시턴스 행렬과 인덕턴스 행렬에는 여러 개의 전송선로 사이에서 발생하는 결합에 대한 모든 기본정보가 포함되어 있다.

10.8 균일 전송선로에서의 크로스토크와 포화 길이

두 개의 전송선로가 결합된 경우, C 행렬과 L 행렬은 간단한 2 × 2 행렬이다. 비대각선 원소들은 상호 커패시턴스와 상호 인덕턴스의 값을 나타낸다. 비활성 선로에서의 노이즈 발생과 근단 크로스토크와 원단 크로스토크의 특성을 가장 쉽게 이해하는 방법은 자신이 직접 신호가 되어 선로를 따라 걸어가며 한 발씩 발걸음을 옮길 때마다 노이즈가 어떻게 결합되어 넘어가는지 관찰하는 것이다.

두 개의 50 Ω 마이크로스트립 전송선로 사이에서 발생하는 결합이 선로 길이에 따라 분산되어 있다고 가정하자. 이 두 전송선로의 맨 끝은 특성 임피던스 값과 동일한 50 Ω 저항으로 종단하여 반사에 의한 영향을 제거한다. 이러한 전송선로 구조의 등가 회로 모델이 [그림

10–16]에 나와 있다.

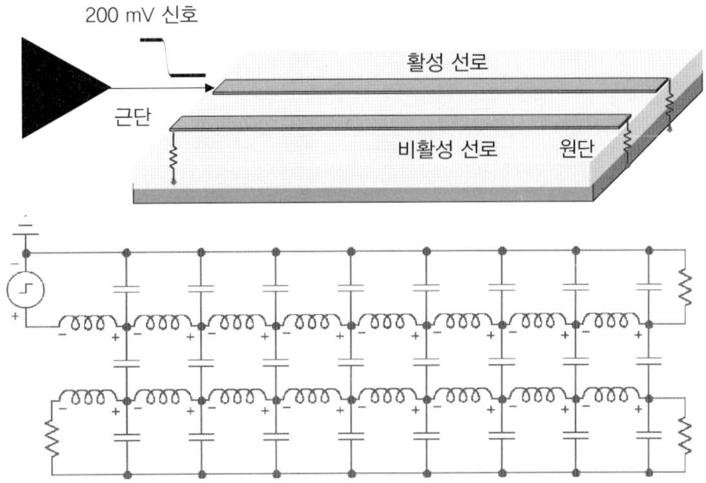

그림 10–16 (상단) 강하게 결합된 한 쌍의 전송선로. (하단) n개 부분 집중 회로 근사 모델을 사용하여 나타낸 등가회로 모델

신호가 활성 선로를 따라 전파되면 비활성 선로에 연결된 상호 커패시터와 상호 인덕터를 마주치게 된다. 활성 선로에서 비활성 선로로 노이즈 전류가 흐르는 유일한 방법은 바로 이러한 소자들을 통과하는 것뿐이며, 전류가 상호 커패시터를 통해 흐르거나 전압이 상호 인덕터에 유도되는 유일한 방법은 전압이나 전류가 시간에 따라 변화하는 경우뿐이다. 이 내용이 [그림 10–17]에 설명되어 있다. 만약 선행 에지(leading edge)를 상승시간이 RT인 선형 램프(ramp, 경사 파형)로 근사화하면, 노이즈는 대략 V/RT와 I/RT에 비례한다.

TIP

신호가 활성 선로를 따라 전파될 때, 활성 선로에서 비활성 선로로 결합된 노이즈 전류가 흐르는 유일한 지점은 신호의 에지가 있는 특정 영역, 다시 말해 시간에 따라 변하는 전압 또는 전류가 있는(dV/dt 또는 dI/dt가 0이 아닌) 영역이다. 이 영역을 제외한 비활성 선로의 모든 지점에서는 전압과 전류가 일정하므로 결합 노이즈 전류는 흐르지 않는다.

신호의 에지는 선로를 따라 이동하는 전류 소스(current source)의 역할을 한다. 어느 순간에 상호 커패시터를 통해 흐르는 총 전류는 다음과 같다.

$$I_C = C_m \frac{dV}{dt} \tag{10.13}$$

여기서

I_C = 활성 선로에서 비활성 선로로 흐르는 용량성 결합 노이즈 전류

V = 신호 전압

RT = 신호의 10–90 상승 시간

C_m = 신호 상승 시간의 공간적 길이를 따라 결합되는 상호 커패시턴스

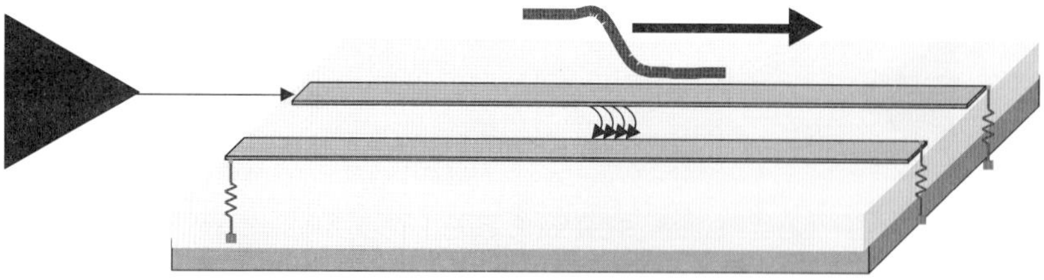

그림 10-17 활성 선로에서 비활성 선로로 결합 노이즈가 흐르는 유일한 영역은 전압과 전류가 변하는 부분인 신호 파면(파선, wavefront)이다.

결합되는 총 커패시턴스는 신호 전압이 변하는 상승 시간의 공간적 범위(길이)에 걸쳐 존재하는 커패시턴스이다.

$$C_m = C_{mL} \times \Delta x = C_{mL} \times v \times RT \tag{10.14}$$

여기서

C_m = 신호 상승 시간의 공간적 길이에 걸쳐 존재하는 결합 상호 커패시턴스

C_{mL} = 길이당 상호 커패시턴스(C_{12})

Δx = 활성 선로를 따라 신호가 전파할 때 선행 에지의 공간적 범위(길이)

v = 신호의 전파 속도

RT = 신호의 상승 시간

비활성 선로로 주입되는 총 순시 용량성 결합 전류는 다음과 같다.

$$I_C = C_{mL} \times v \times RT \times \frac{V}{RT} = C_{mL} \times v \times V \tag{10.15}$$

여기서

I_C = 활성 선로에서 비활성 선로로 흐르는 용량성 결합 노이즈 전류

C_{mL} = 길이당 상호 커패시턴스(C_{12})

v = 신호의 전파 속도

RT = 신호의 상승 시간

V = 신호 전압

활성 선로로부터 비활성 선로로 주입되는 용량성 결합 전류는 활성 선로에서 신호의 에지가 존재하는 곳으로만 국한된다. 따라서 이곳에서만 활성 선로로부터 비활성 선로로 전류가 흐른다. 주목할 점은 결합 노이즈 전류의 총량은 상승 시간에 무관하다는 사실이다. 상승 시간이 더 빠를수록 dV/dt가 커지므로 용량성 결합 전류의 총량이 더 많을 것으로 예상하게 된다. 하지만 상승 시간이 더 빠를수록 dV/dt가 0이 아닌 결합 선로의 영역(길이)이 줄어들므로 결합이 이루어지는 데 필요한 커패시턴스가 줄어든다. 따라서 용량성 결합 전류는 길이

당 상호 커패시턴스에만 의존한다.

용량성 결합 전류를 분석할 때와 마찬가지 방식을 사용하면 비활성 선로의 상호 인덕터에 유도되는 순시 전압은 다음과 같다.

$$V_L = L_m \frac{dI}{dt} = L_{mL} \times v \times RT \times \frac{I}{RT} = L_{mL} \times v \times I \qquad (10.16)$$

여기서

V_L = 활성 선로에서 비활성 선로로 전달되는 유도성 결합 노이즈 전압

I = 활성 선로의 신호 전류

L_{mL} = 길이당 상호 인덕턴스(L_{12})

v = 신호의 전파 속도

RT = 신호의 상승 시간

여기서도 활성 선로에서 신호 전압이 변화하는 부분에서만 유도 결합 노이즈가 비활성 선로로 전달됨을 확인할 수 있다. 또한, 비활성 선로에서 발생하는 노이즈 전압 크기는 신호의 상승 시간에 의존하지 않고 오직 길이당 상호 인덕턴스에만 의존한다.

이제 비활성 선로로 결합되는 노이즈의 네 가지 중요한 특성을 알 수 있다.

1. 순시 결합 전압 노이즈와 전류 노이즈의 크기는 신호 강도에 의해 결정된다. 신호 전압과 신호 전류가 클수록 순시 결합 노이즈의 양이 커진다.
2. 순시 결합 전압 노이즈와 전류 노이즈의 양은 길이당 결합량－즉 길이당 상호 커패시턴스와 길이당 상호 인덕턴스－에 의해 결정된다. 도체들이 서로 근접하여 길이당 결합량이 증가하면, 순시 결합 노이즈도 증가한다.
3. 신호의 전파 속도가 빠를수록 총 순시 결합 전류의 크기가 커진다. 이는 전파 속도가 빠를수록 상승 시간 동안 신호가 전파하는 공간 범위가 길어져 어느 한 순간에 결합이 이루어지는 영역이 길어지기 때문이다. 신호의 전파 속도가 증가하면, 전류가 흐르는 결합 구간의 길이가 증가하므로 총 결합 커패시턴스 또는 총 결합 인덕턴스가 증가한다.
4. 주목할 점은, 신호의 상승 시간이 총 순시 결합 노이즈 전류와 결합 노이즈 전압에 영향을 미치지 않는다는 사실이다. 상승 시간이 짧을수록 개별 상호 C 소자 또는 L 소자를 통한 결합 노이즈가 증가한다. 하지만 상승 시간이 짧을수록 신호 에지가 전파할 수 있는 공간적 범위(길이)가 짧아지기 때문에, 어느 순간에 결합되는 총 상호 C와 상호 L이 줄어든다.

여기서 마지막 특성은 결합 영역의 길이가 신호의 상승 시간에 해당하는 공간적 길이의 절반보다 길다는 가정에 기반을 두고 있다. 이것은 근단 노이즈의 가장 혼란스럽고 미묘한 측면이다.

신호의 상승 시간에 비해 결합 영역의 전파 지연(TD)이 매우 긴 한 쌍의 결합 선로를 생각해 보자. 신호가 드라이버에서 나와 결합 영역으로 들어가면, 공격자 선로와 피해자 선로 사이에 흐르는 결합 노이즈의 양이 증가하기 시작하며 이는 근단 노이즈의 증가로 나타난다. 신호의 상승 에지가 계속해서 결합 영역으로 진입하는 동안에는 근단 노이즈는 계속해서 증가한다. 근단 노이즈는 신호의 상승 시간에 해당하는 시간 동안에는 증가하다가 이 시간이 지나면 근단 노이즈는 최댓값에 도달하여 '포화' 상태에 이른다.

마침내 신호의 선행 에지가 결합 영역에서 완전히 벗어나게 되면, 공격자 선로에서 피해자 선로로 흐르는 결합 전류는 감소하기 시작한다. 물론, 상승 에지의 시작이 결합 영역을 통과하는 데에 걸리는 시간은 그 결합 영역의 전파 지연(TD)만큼의 시간이다. 결합 전류가 감소하기 시작하면, 선로의 원단에서 이 감소한 전류가 근단으로 다시 돌아와 감소된 근단 노이즈로 기록되기까지 추가로 TD만큼의 시간이 소요된다. 따라서 근단 노이즈는 근단 노이즈가 처음 시작된 시점부터 2 × TD 만큼의 시간 후에 감소하기 시작한다.

두 전송선로 간의 결합 전파 지연(TD)이 감소하다보면 근단 노이즈가 나타나기 시작한 시점부터 최댓값에 도달한 시점까지의 시간에 해당하는 상승시간이, 신호가 결합 영역에 진입한 후 근단 노이즈가 감소하기 시작할 때까지의 시간인 2 × TD과 같아지는 시점이 생긴다. 즉 이러한 상황이 일어나는 조건은 '상승시간 = 2 × TD이다. 이것은 결합길이가 근단 노이즈가 포화 상태에 도달하는 데 충분한 길이가 될 조건을 나타낸다.

신호의 상승 시간이 2 × TD이면 결합 선로의 근단 노이즈는 포화 상태에 도달한다. 이 조건은 전파 지연(TD)이 상승 시간의 절반, 다시 말해 결합 영역의 길이가 상승 에지의 공간적 범위의 절반인 경우이다. 이 길이를 '포화 길이(saturation length)'라고 한다. 포화 길이 Len_{sat}는 다음 식으로 나타낼 수 있다.

$$Len_{sat} = \frac{1}{2} \times RT \times v \sim RT \times 3 \frac{\text{inch}}{\text{nano second}} \qquad (10.17)$$

여기서

Len_{sat} = 근단 크로스토크에 대한 포화 길이(단위: inch)

RT = 신호의 상승 시간(단위: nsec)

v = 활성 선로 신호의 전파 속도(단위: inch/nsec)

FR4 기판으로 제작된 전송선로에서 신호의 상승 시간이 1 nsec이고 신호의 전파 속도가 약 6 inch/nsec인 경우, 포화 길이는 1/2 nsec × 6 inch/nsec = 3 inch이다. 상승 시간이 100 psec인 경우, 포화 길이는 0.3 inch에 불과하다. 짧은 상승 시간의 경우, 일반적으로 포화 길이는 전형적인 인터커넥트 길이보다 짧으며 근단 노이즈는 결합 길이와는 무관하게 된다. 포화 길이에 대한 내용은 [그림 10-18]에서 설명되어 있다.

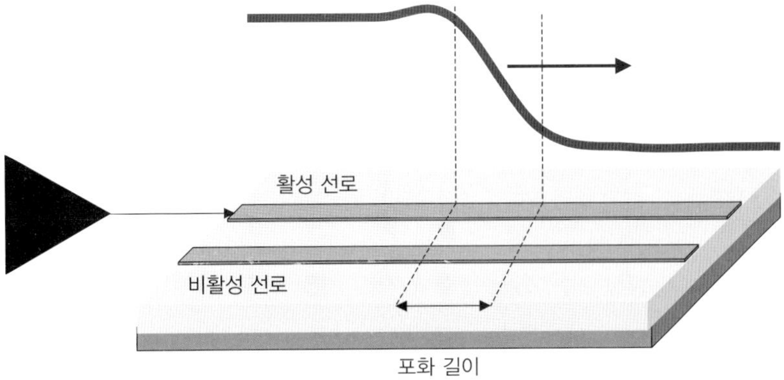

그림 10-18 포화 길이는 신호의 선행 에지의 상승시간 동안의 전파 길이의 절반에 해당한다. 결합 영역의 길이가 포화 길이보다 길 경우, 비활성 선로에서 근단 노이즈 양은 상승 시간과 결합 길이에 영향을 받지 않는다.

일단 노이즈 전류가 활성 선로에서 비활성 선로로 전달되면, 전달된 노이즈 전류는 비활성 선로를 따라 전파되어 근단 노이즈와 원단 노이즈로 나타난다. 노이즈 전류가 비활성 선로로 계속해서 일정하게 전달되는 경우에도 비활성 선로에서의 전파 특성에 따라 이 분산 전류 소스(distributed-current source)는 근단과 원단에서 서로 매우 다른 형태로 나타난다. 근단 노이즈와 원단 노이즈의 독특한 특징(signature)을 세부적으로 이해하기 위해, 먼저 근단과 원단에서 각각의 분산 용량성 결합 전류가 어떤 방식으로 동작하는지 살펴보고, 이어서 각각의 분산 유도성 결합 전류가 어떤 방식으로 더해지는지 살펴보기로 한다.

10.9 용량성 결합 전류

[그림 10-19]는 상호 커패시턴스 소자만을 사용하여 다시 그린 결합 선로의 등가 회로 모델을 보여준다. 이 예에서는 결합 길이가 포화 길이보다 길다고 가정한다. 상승 에지는 활성 선로를 따라 움직이는 전류 소스로 작용한다. 전류는 dV/dt가 존재하는 경우에만 상호 커패시터를 통과해 흐르므로, 비활성 선로로 용량성 결합 전류가 흘러들어가는 것은 오직 상승 에지에서만 가능하다.

이 전류가 비활성 선로에 나타나면 어느 방향으로 흐르게 될까? 노이즈 전류가 흐르는 방향을 결정하는 가장 큰 요인은 노이즈 전류가 바라보는 임피던스이다. 비활성 선로에 도달한 노이즈 전류가 비활성 선로의 왼쪽(근단) 방향과 오른쪽(원단) 방향을 바라보면, 두 방향 모두에서 동일한 50 Ω의 임피던스를 보게 된다. 따라서 노이즈 전류는 순방향(forward, 원단 방향)과 역방향(backward, 근단 방향)으로 나뉘어 모두 흐르게 된다.

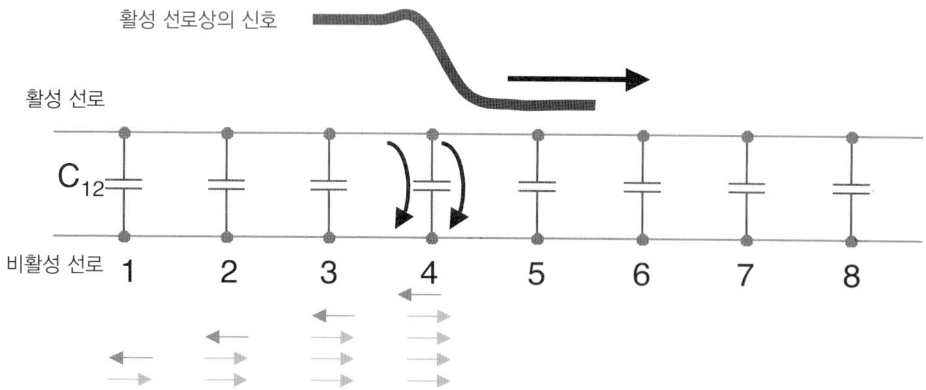

그림 10-19 결합 선로의 등가회로 모델. 결합 커패시턴스, 결합 전류, 신호 에지의 공간적 범위가 표시되어 있다.

> **TIP**
> 비활성 선로에서 용량성 결합 전류의 루프 방향은 신호 경로에서 귀환 경로를 향한다. 비활성 선로의 신호 경로와 귀환 경로 사이에 발생한 양(+)의 전압은 비활성 선로의 양쪽 방향으로 전파된다.

신호가 처음에 드라이버에서 나오면 비활성 선로에는 어느 정도 크기의 용량성 결합 전류가 발생한다. 이 중 절반은 근단을 향해 역방향으로 흐르고, 나머지 절반은 원단을 향해 순방향으로 흐른다. 비활성 선로의 근단에 연결된 종단 저항을 통과하는 전류는 양(+)의 방향, 즉 신호 경로에서 귀환 경로로 흐른다. 이 전류는 0에서 시작하여 드라이버에서 신호의 상승 에지가 나오면서 상승한다. 신호 에지가 선로를 따라 이동함에 따라 역방향으로 흐르는 용량성 결합 노이즈 전류는 일정한 비율로 근단을 향해 계속해서 흐른다. 이것은 마치 활성 선로의 신호가 비활성 선로의 근단을 향해 역방향으로 계속해서 일정한 양의 전류를 흘려주는 것과 같다.

신호의 상승 시간에 해당하는 시간이 지나면 근단에 나타나는 전류는 최댓값에 도달한다. 활성 선로에서 상승 에지의 시작 부분이 결합 영역을 통과하여 원단의 종단 저항기에 도달하면, 결합 노이즈 전류는 감소하기 시작하여 신호의 상승 시간에 해당하는 시간이 지나면 0이 된다. 그러나 비활성 선로에는 아직 근단에 도달하지 않은 역방향으로 흐르는 전류가 남아 있다. 이 전류는 결합 영역의 전파 지연인 TD에 해당하는 추가 시간 동안 근단을 향해 역방향으로 계속 흐른다.

근단에 흐르는 용량성 결합 전류의 특징은 신호의 상승 시간 동안 일정한 값까지 상승하고, '2 × TD-상승 시간' 동안 일정한 값을 유지한 후, 다시 상승 시간 동안 0으로 떨어지는 독특한 파형을 하고 있다는 것이다. 이 파형을 [그림 10-20]에 나타내었다.

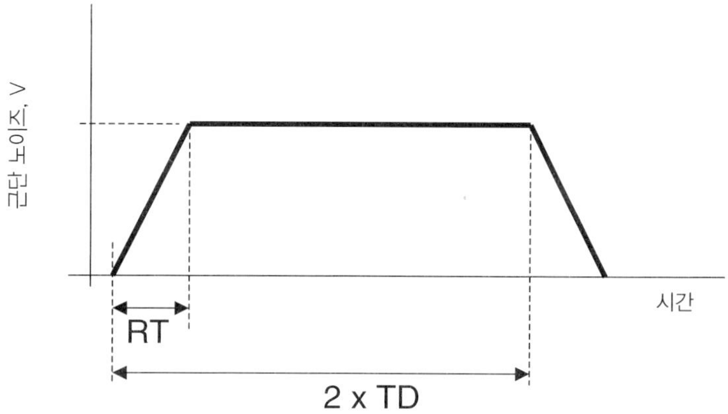

그림 10-20 비활성 선로의 근단에 연결된 종단 저항기를 통해 흐르는 용량성 결합 전류의 전형적인 파형

근단에서 포화 용량성 결합 전류의 크기는 다음과 같다.

$$I_C = \frac{1}{2} \times \frac{1}{2} \times C_{mL} \times v \times V = \frac{1}{4} \times C_{mL} \times v \times V \tag{10.18}$$

여기서

I_C = 비활성 선로의 근단에서 포화 용량성 결합 노이즈 전류
C_{mL} = 길이당 상호 커패시턴스(C_{12})
v = 신호 전파 속도
V = 신호 전압
1/2 인수 = 전류의 절반은 근단으로, 나머지 절반은 원단으로 진행하는 것을 의미
1/2 인수 = 노이즈 전류가 2 × TD 동안 퍼져 역방향으로 흐르는 것을 반영

수식에서 두 번째 1/2 인수는 전류 소스는 순방향으로 이동하는 반면에 근단을 향해 흐르는 용량성 결합 전류 부분은 역방향으로 이동한다는 사실에 기인한다. 결합이 이루어지는 짧은 시간 간격마다 어떤 총량의 전하가 비활성 선로로 전달되어 역방향으로 이동한다. 하지만 이동하는 공간적 범위는 양방향으로 확장된다. 총 전류는 단위 시간당 어느 한 지점을 통과하는 전하의 양인데, 이 경우에는 총 전류가 단위 시간의 두 배에 걸쳐 퍼져 역방향으로 흐른다.

용량성 결합 노이즈 전류의 절반은 근단을 향해 역방향으로 흐르는 반면에 이 노이즈 전류의 나머지 절반은 순방향으로 이동한다. 비활성 선로에서 순방향으로 이동하는 노이즈 전류는 활성 선로의 신호 에지가 원단으로 이동하는 속도와 정확히 같은 속도로 원단을 향해 움직인다. 이 절반의 노이즈 전류가 경로를 따라 진행하는 단계마다 이미 순방향으로 이동하고 있는 노이즈 전류에 계속 추가된다. 마치 눈덩이가 언덕을 내려가며 점점 커지는 것처럼 순방향으로 움직이는 용량성 결합 노이즈 전류는 경로를 따라 한 단계 한 단계 나아갈 때마다 점점 커진다.

원단에서는 신호 에지가 원단에 도달하기 전까지는 전류가 존재하지 않는다. 활성 선로에서 신호가 원단에 도달하는 것과 동시에 비활성 선로에서 순방향으로 움직이는 용량성 결합 전류도 원단에 도달한다. 이렇게 비활성 선로의 원단에 도달한 용량성 결합 전류는 신호 경로에서 귀환 경로를 통해 흐른다. 이 전류는 비활성 선로의 원단에 연결된 종단 저항기를 통과해 흐르면서 종단 저항기 양단에 양(+)의 방향으로 노이즈 전압을 발생시킨다.

비활성 회로에 전달되는 용량성 결합 전류는 dV/dt에 비례하므로 실제 노이즈의 모양은 신호 에지를 미분한 형태로 나타나는데, 이 노이즈 전류는 원단 방향으로 이동한다. 신호 에지의 모양이 선형 램프(linear ramp) 파형이라면 용량성 결합 노이즈 전류는 신호의 상승 시간과 동일한 시간 동안 지속되는 짧은 직사각형의 펄스 형태가 된다. 비활성 선로의 근단에 유도되는 용량성 노이즈 전압 파형이 [그림 10-21]에 나와 있다.

활성 선로에서 비활성 선로로 넘어가 결합되는 전류의 총량은 이 좁은 폭의 펄스에 집중된다. 종단 저항기를 통과해 흐르는 펄스 전류의 크기는 다음과 같이 계산된다.

$$I_C = \frac{1}{2} \times C_{mL} \times Len \times \frac{V}{RT} \tag{10.19}$$

여기서

I_C = 활성 선로에서 비활성 선로로 전달되는 총 용량성 결합 노이즈
1/2 인수 = 원단으로 진행하는 용량성 결합 전류의 비율
C_{mL} = 길이당 상호 커패시턴스(C_{12})
RT = 신호의 상승 시간
V = 신호 전압

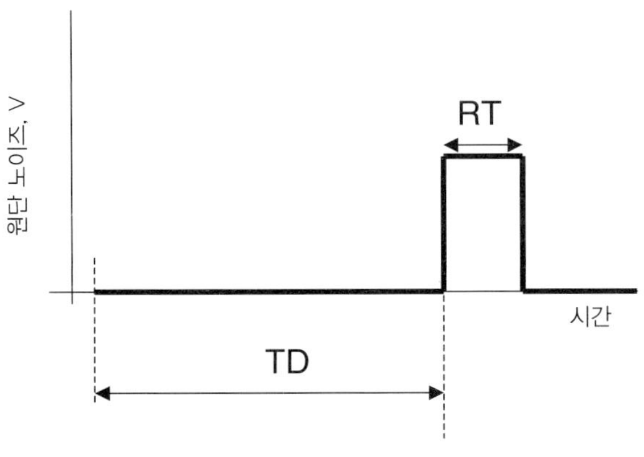

그림 10-21 비활성 선로의 원단에 연결된 종단 저항기 양단에 발생하는 용량성 결합 전압의 전형적인 파형

> **TIP**
> 원단에서의 용량성 결합 전류의 크기는 길이당 상호 커패시턴스와 선로 쌍의 결합 길이에 정비례하며, 상승 시간에는 반비례한다. 상승 시간이 짧을수록 원단 노이즈가 증가한다.

역방향으로 전파되는 노이즈와는 달리, 원단으로 전파되는 노이즈 전압은 결합 영역의 길이에 비례하고 신호의 상승 시간에 반비례한다. 순방향으로 전파하는 용량성 결합 전류의 방향은 신호 선로에서 귀환 경로로 흐르므로 원단에 연결된 종단 저항기 양단에는 양(+)의 전압이 발생한다.

10.10 유도성 결합 전류

유도성 결합 전류는 용량성 결합 전류와 유사한 방식으로 동작한다. 활성 선로에 흐르는 신호 전류의 변화율 dI/dt는 상호 인덕터를 통해 비활성 선로에 노이즈 전압을 유도한다. 비활성 선로에 유도된 노이즈 전압은 임피던스를 보게 되고 그와 관련한 전류를 발생시킨다.

활성 선로의 시간에 따라 변하는 전류는 신호 경로에서 귀환 경로로 흐르며 선로를 따라 전파된다. 신호의 전파 방향이 왼쪽에서 오른쪽이라면, 신호-귀환 경로 루프인 전류 루프는 시계 방향으로 형성된다. 이 방향은 활성 선로에서 시간에 따라 증가하는 전류인 dI/dt의 방향이기도 하다. 이 변화하는 전류 루프는 결국 비활성 선로에 전류 루프를 유도한다. 그렇다면 비활성 선로에 유도되는 이 전류 루프의 방향은 어떤 방향일까? 신호 전류 루프와 같은 방향인 시계 방향일까, 아니면 그 반대인 반시계 방향일까?

유도되는 전류 루프의 방향은 맥스웰 방정식의 결과에 따라 정해진다. 유도 전류의 방향을 결정하기 위해 분석을 해나가는 것은 지루한 과정이다. 하지만 렌츠의 법칙(Lentz' law)에 따라 비활성 선로에서의 유도 전류 루프의 방향은 이 유도 전류를 발생시키는 활성 선로에서의 전류 루프의 방향과 반대가 된다. 이것을 기억하면 유도 전류 루프의 방향을 쉽게 알아낼 수 있다.

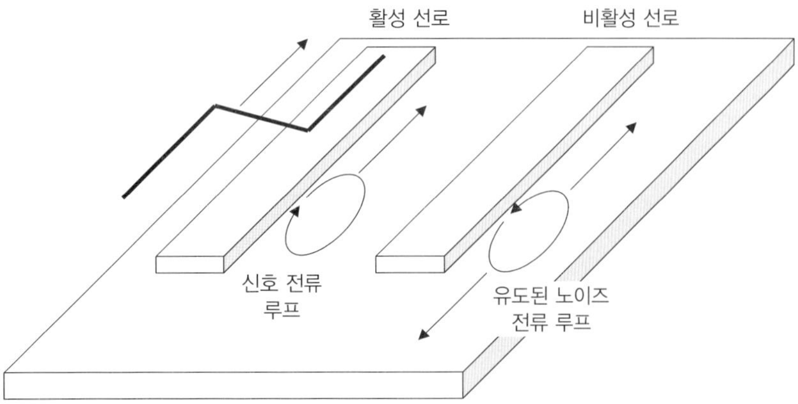

그림 10-22 활성 선로의 dI/dt는 비활성 선로에 전압을 유도하고, 유도된 전압은 비활성 선로에 dI/dt를 발생시킨다. 전류 루프의 절반씩이 비활성 선로의 양쪽 방향으로 각각 전파된다.

[그림 10-22]에 나타나 있듯이 활성 선로에서 신호 에지가 위치한 지점을 바로 마주 보는 비활성 선로의 지점에 유도된 전류 루프의 방향은 시계 방향으로 순환하는 신호 전류 루프의

방향과 반대인 반시계 방향으로 순환한다.

비활성 선로에 반시계 방향으로 생성된 전류 루프는 어느 방향으로 전파될까? 전류 루프는 비활성 선로의 양쪽 방향에서 동일한 임피던스를 바라보기 때문에, 전류는 두 방향으로 동일하게 전파된다. 이는 상당히 미묘하고 혼란스러울 수 있다. 비활성 선로에 유도된 전류 루프의 절반은 근단 방향을 향해 역방향으로 전파되고 나머지 절반은 원단 방향을 향해 순방향으로 전파된다.

TIP

역방향으로 이동하는 반시계 방향의 전류 루프는 신호 경로에서 귀환 경로로 흐른다. 이 전류 방향은 용량성 결합 전류가 흐르는 방향과 동일하다. 근단에서는 용량성 결합 노이즈 전류와 유도성 결합 노이즈 전류가 더해진다.

TIP

비활성 선로에서 순방향으로 이동하는 반시계 방향 전류 루프는 귀환 경로에서 신호 경로로 흐른다. 따라서 용량성 결합 전류와 유도성 결합 전류는 서로 반대 방향으로 순환한다. 이 두 전류가 비활성 선로의 원단에 연결된 종단 저항기에 도달하면, 종단 저항기를 통해 흐르는 알짜 전류는 용량성 결합 전류와 유도성 결합 전류의 차이가 된다.

역방향으로 이동하는 유도성 결합 노이즈 전류는 용량성 결합 노이즈 전류와 정확하게 동일한 특성을 가진다. 이 전류는 처음에 0에서 시작하여 드라이버에서 신호가 나오면서 상승한다. 신호의 상승 시간에 해당하는 시간이 지나면 역방향으로 흐르는 전류는 일정한 값에 도달하고 이후 그 값을 유지한다. 신호 에지는 유도성 결합 전류를 발생시키는 전류 소스의 역할을 하는데, 신호 에지가 전체 결합 길이를 따라 전파하면서 비활성 선로로 일정한 전류를 전달한다.

신호의 상승 에지가 활성 선로의 원단에 연결된 종단 저항기에 도달한 이후에도, 비활성 선로에서 여전히 역방향으로 흐르는 유도성 결합 노이즈 전류가 존재한다. 이 전류 모두가 최종적으로 비활성 선로의 근단까지 모두 되돌아가려면 전파 지연(TD)만큼의 시간이 추가로 필요하다. 역방향 노이즈 전류와 순방향 노이즈 전류의 흐름이 [그림 10-23]에 나타나 있다.

순방향으로 이동하는 경우, 유도성 결합 노이즈는 활성 선로의 신호 에지와 동일한 속도로 이동한다. 이렇게 결합 구간을 따라 한 단계 한 단계 진행할 때마다 유도성 결합 노이즈 전류가 점점 더 증가한다. 따라서 원단에서 유도성 결합 노이즈는 길이에 따라 커진다. 원단에서 유도성 결합 전류 파형의 모양은 신호의 dI/dt에 정비례하므로 신호의 상승 에지 파형을 미분한 형태이다.

원단에서 유도성 결합 전류는 반시계 방향으로 순환하므로 귀환 경로에서 신호 경로를 향해 흐른다. 이 방향은 용량성 결합 전류의 방향과는 반대이므로 원단에서는 용량성 결합 노이즈와 유도성 결합 노이즈는 서로 반대 방향이 된다. 실제로 알짜 원단 노이즈는 이 두 결합 노이즈의 차이이다.

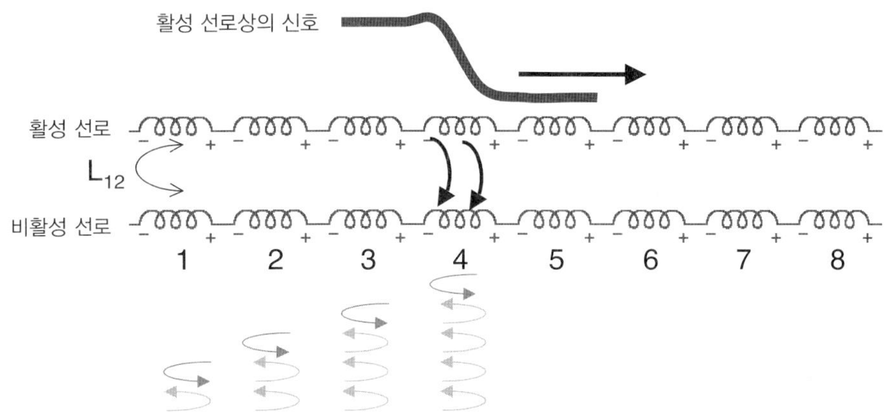

그림 10-23 활성 트레이스를 따라 신호가 전파함에 따라 비활성 트레이스로 결합되는 유도 전류 루프는 순방향과 역방향으로 전파한다.

10.11 근단 크로스토크

근단 노이즈 전압은 근단에 연결된 종단 저항기를 통과하는 알짜 결합 전류에 의해 발생한다. 근단 노이즈 전압의 전형적인 파형의 특징을 [그림 10-24]에서 확인할 수 있다. 근단 노이즈에는 다음 네 가지 중요한 특징이 있다.

1. 결합 길이가 포화 길이보다 길면 노이즈 전압은 일정한 값에 도달한다. 이 최대 전압 레벨의 크기를 근단 크로스토크(NEXT) 값으로 정의하는데 일반적으로 근단 노이즈 전압과 활성 선로의 신호 크기의 비(ratio)로 표시한다. 활성 선로의 신호 전압이 V_a이고 비활성 선로의 근단에서 최대 역방향 전압이 V_b인 경우, 근단 크로스토크는 NEXT $= V_b/V_a$이다. 이 비를 근단 크로스토크 계수(near-end cross-talk coefficient) k_b라고 정의하기도 한다. 즉 $k_b = V_b/V_a$이다.
2. 결합 길이가 포화 길이보다 짧으면, 노이즈 전압은 NEXT보다 작은 값에서 최대가 된다. 이 최댓값이 실제 노이즈 전압 레벨로서, NEXT 값에 실제 결합 길이와 포화 길이의 비율이 곱해진 값이 된다. 예를 들어, 신호의 상승 시간이 FR4에서 2 nsec – 다시 말해 포화 길이가 6 inch – 이고 결합 길이가 4 inch인 경우, 근단 노이즈는 V_b/V_a = NEXT × 4 inch/6 inch = NEXT × 0.66가 된다. [그림 10-25]는 결합 길이가 포화 길이의 20%에서 2배까지 변할 때 발생하는 근단 노이즈 예를 보여준다.
3. 근단 노이즈가 지속되는 총 시간은 2 × TD이다. 결합 영역의 시간 지연이 1 nsec이면, 근단 노이즈는 2 nsec 동안 지속된다.
4. 근단 노이즈는 신호의 상승 시간에 해당하는 시간이 경과하면 최댓값에 도달한다.

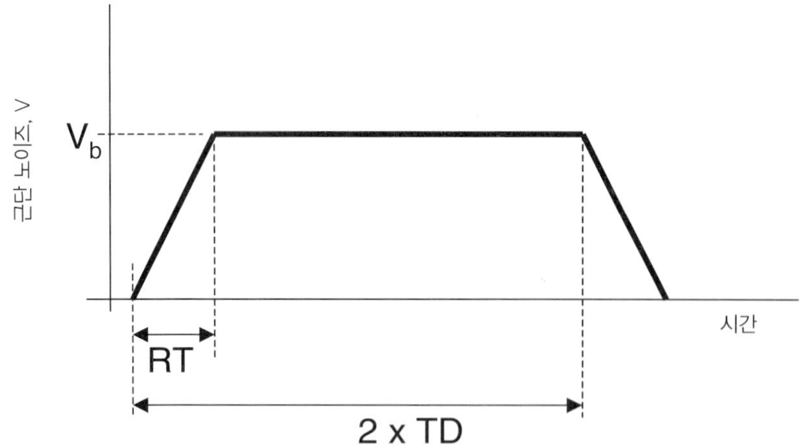

그림 10-24 신호 에지가 선형 램프 파형일 때 나타나는 근단 크로스토크 전압 파형의 형태

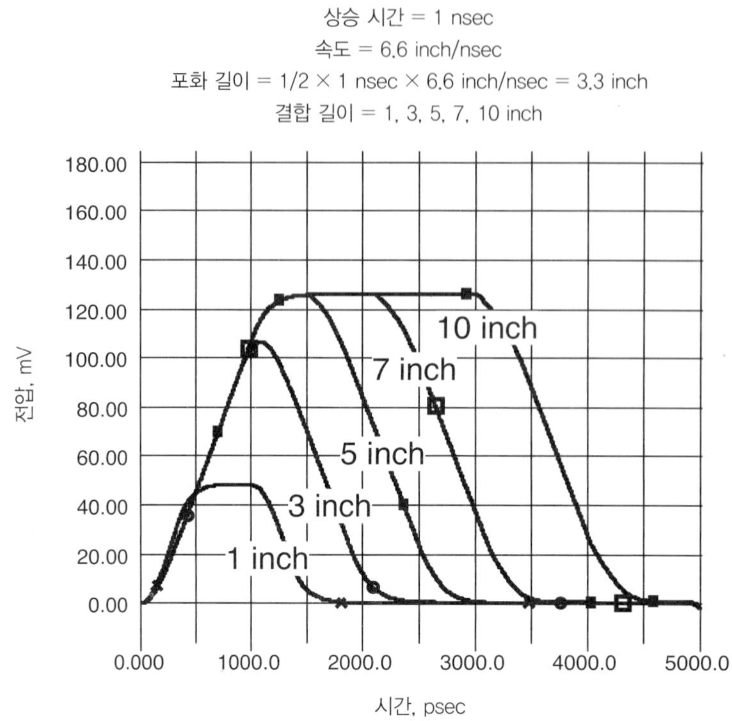

그림 10-25 결합 길이가 포화 길이의 20%에서 2배로 변화할 때 발생하는 근단 크로스토크 전압. 신호의 상승 시간은 1 nsec, 전파 속도는 6.6 inch/nsec, 포화 길이는 0.5 nsec × 6.6 inch/nsec = 3.3 inch이다. Mentor Graphics HyperLynx로 시뮬레이션

NEXT의 크기는 다음 식으로 주어진다. 식에서 알 수 있듯이 상호 커패시턴스와 상호 인덕턴스에 따라 달라진다.

$$\mathrm{NEXT} = \frac{V_b}{V_a} = k_b = \frac{1}{4}\left(\frac{C_{mL}}{C_L} + \frac{L_{mL}}{L_L}\right) \tag{10.20}$$

여기서

NEXT = 근단 크로스토크 계수

V_b = 비활성 선로의 역방향 전압 노이즈

V_a = 활성 선로의 신호 전압

k_b = 역방향 계수

C_{mL} = 길이당 상호 커패시턴스(C_{12})(단위: pF/inch)

C_L = 신호 선로의 길이당 커패시턴스(C_{11})(단위: pF/inch)

L_{mL} = 길이당 상호 인덕턴스(L_{12})(단위: nH/inch)

L_L = 신호 선로의 길이당 인덕턴스(L_{11})(단위: nH/inch)

두 개의 전송선로가 서로 가까워질수록 상호 커패시턴스와 상호 인덕턴스는 증가하므로 근단 크로스토크(NEXT)가 증가한다.

행렬의 원소와 역방향 크로스토크 계수를 계산하는 가장 실질적인 방법은 2D 전자기장 솔버를 사용하는 것이다. [그림 10-26]은 한 쌍의 마이크로스트립과 한 쌍의 스트립라인, 이렇게 두 가지 구조에 대해 근단 크로스토크 계수 k_b를 계산한 결과이다. 두 구조 모두 선로의 특성 임피던스는 50 Ω이고, 트레이스의 폭은 5 mil이다. 각 구조에서 두 트레이스 사이의 간격은 4 mil에서 50 mil까지 변화한다. 이 분석 결과로부터 확실히 알 수 있는 사실은, 간격이 10 mil 이상이면 스트립라인 구조의 근단 크로스토크가 마이크로스트립 구조보다 더 적다는 것이다.

대략적인 경험적인 규칙으로, 노이즈 버짓(noise budget)에 배정된 최대 허용 크로스토크는 신호 스윙의 약 5% 정도이다. 비활성 선로가 버스의 일부를 구성하고 있는 경우, 어느 한 비활성 선로에서의 근단 노이즈는 두 배까지 나타날 수 있다. 이는 비활성 선로의 양쪽 옆에 인접한 두 트레이스와 이들보다 더 멀리 떨어져 있는 트레이스에 의해 해당 비활성 선로에 발생하는 노이즈들이 모두 합쳐지기 때문이다. 근단 노이즈에 대한 설계 규칙을 추정하려면 인접한 두 트레이스 사이의 근단 노이즈가 5% ÷ 2~2% 미만이 되도록 두 트레이스 사이의 간격이 충분히 커야 한다.

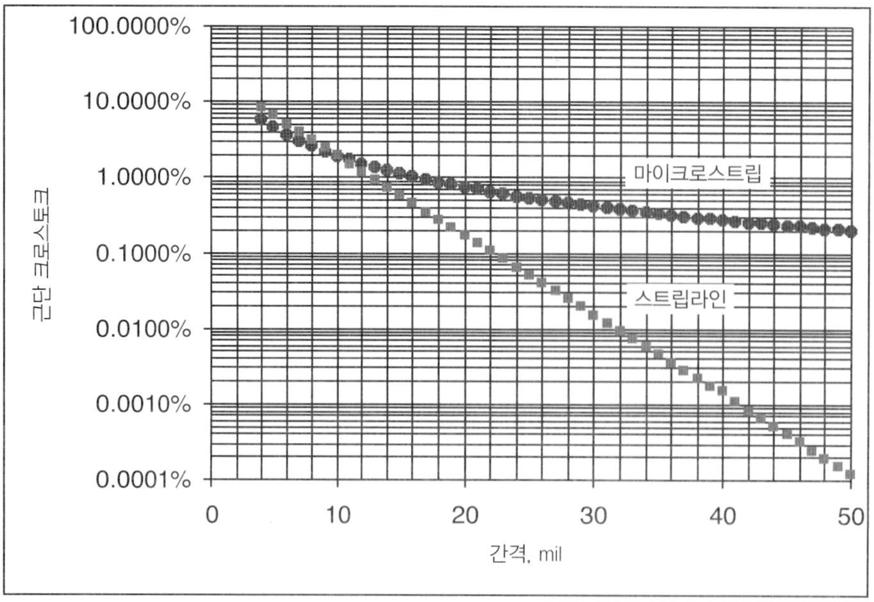

그림 10-26 한 쌍의 마이크로스트립 트레이스와 한 쌍의 스트립라인 트레이스(유전체는 FR4, 특성 임피던스는 50 Ω, 트레이스 폭은 5 mil)에 대해 트레이스 간격의 증가에 따른 근단 크로스토크 계수의 변화를 계산한 결과. Ansoft SI2D 전자기장 솔버를 이용하여 계산

TIP

마이크로스트립과 스트립라인의 트레이스의 폭이 5 mil일 때 2% 미만의 근단 노이즈를 발생시키는 최소 트레이스 간격은 대략 10 mil이다. 이는 허용 가능한 노이즈에 대한 좋은 경험 규칙이다. 즉 신호 트레이스 사이의 간격은 적어도 트레이스 폭의 두 배 이상이어야 한다.

인접한 신호 선로 사이의 간격이 선로 폭보다 두 배 이상 크면, 최대 근단 노이즈는 2% 미만이 된다. 하나의 피해자 선로 양쪽 옆에 여러 개의 공격자 선로가 있는 최악의 상황에서도, 피해자 선로에 전달되는 최대 근단 노이즈는 5% 미만이 된다. 이 정도의 근단 노이즈는 대부분의 전형적인 노이즈 버짓 이내이다.

[그림 10-26]의 결과에서 또 다른 두 가지 경험 규칙을 도출할 수 있다. 이 규칙들은 유전상수가 4인 FR4로 만든 50 Ω 선로라는 특수한 경우에 적용된다. 근단 크로스토크는 선로의 폭과 간격의 비율에 비례한다. 물론 중요한 것은 유전체의 두께이지만, 특정한 선로 폭과 50 Ω의 특성 임피던스에 의해서 유전체의 두께는 특정한 값이 된다. 선로의 가장자리로부터 어느 정도 범위까지 프린지 전기장이 분포하는지를 실제로 결정하는 것은 유전체 두께이지만 기판상의 트레이스에서 알 수 있는 것은 트레이스 폭이며 이를 사용하여 간격을 추정할 수 있다.

[그림 10-27]에 마이크로스트립과 스트립라인에서 트레이스 간격이 1 × w, 2 × w, 3 × w일 때의 발생하는 결합을 나타내었다. 이들 값은 기억해두면 유용하다.

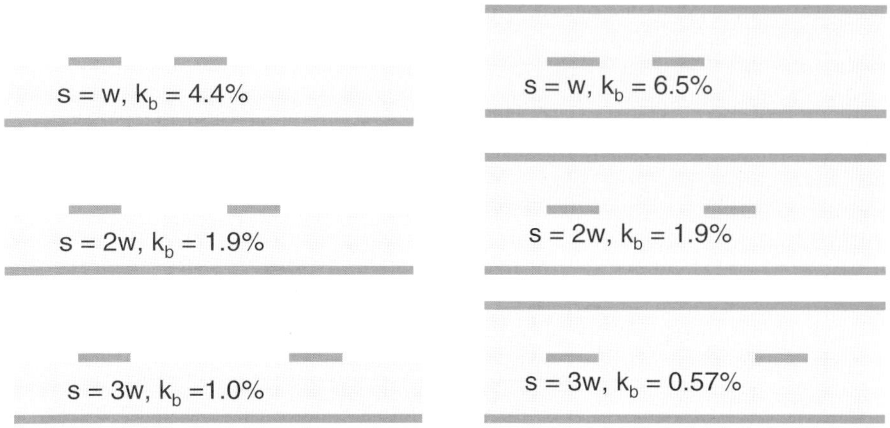

그림 10-27 몇 가지 특정한 트레이스 간격에 따른 마이크로스트립과 스트립라인의 근단 크로스토크 계수. 이 결과는 기억해두면 유용한 경험 규칙이다.

10.12 원단 크로스토크

원단 노이즈의 전압은 원단에 연결된 종단 저항기를 통과해 흐르는 알짜 결합 전류와 관련이 있다. 결국 이 전압은 비활성 선로를 따라 순방향으로 전파하는 전압이다. 이 파형의 전형적인 형태가 [그림 10-28]에 나타나 있다. 원단 노이즈는 다음 네 가지 중요한 특징을 보인다.

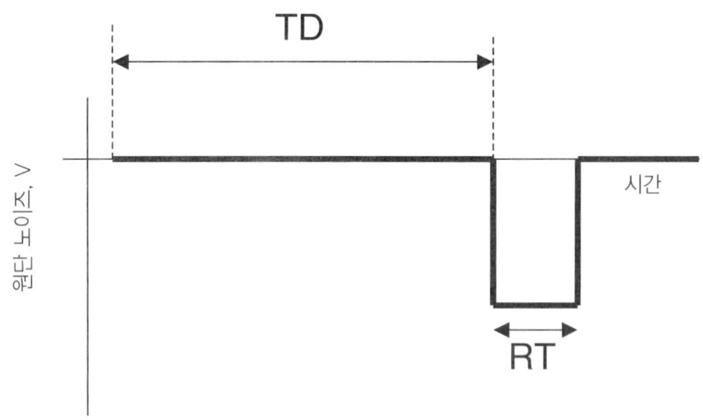

그림 10-28 신호 에지가 선형 램프 파형일 때 원단 크로스토크 전압의 전형적인 파형

1. 신호가 인가된 후 TD까지는 노이즈가 나타나지 않는다. 노이즈는 신호와 동일한 속도로 비활성 선로의 끝까지 이동해야 한다.
2. 원단 노이즈 파형은 신호 에지의 미분으로 나타나는 펄스이다. 결합 전류는 dV/dt와 dI/dt에 의해 발생하며 이렇게 발생한 노이즈 펄스는 공격자 선로를 따라 이동하는 신호와 일치하여 비활성 선로 따라 순방향으로 진행한다. 펄스의 폭은 신호의 상승 시간이다. [그림 10-29]는 상승 시간이 서로 다른 신호로 인해 발생한 원난 노이즈를 보여준다. 상승 시간이 감소하면 원단 노이즈의 펄스 폭이 감소하고 최댓값이 증가한다.

3. 원단 노이즈의 최댓값은 결합 길이에 비례한다. 결합 길이가 증가하면 최댓값이 증가한다.
4. FEXT 계수는 원단 노이즈의 최대 전압 V_f와 활성 신호 전압 V_a의 비율로 정의된다 (FEXT = V_f/V_a). 이 노이즈 값은 결합 선로의 단면 구조에 따른 고유한 항목들과 구조와는 별개인 두 가지 항목(결합 길이와 상승 시간)에 비례한다. FEXT는 다음 식으로 주어진다.

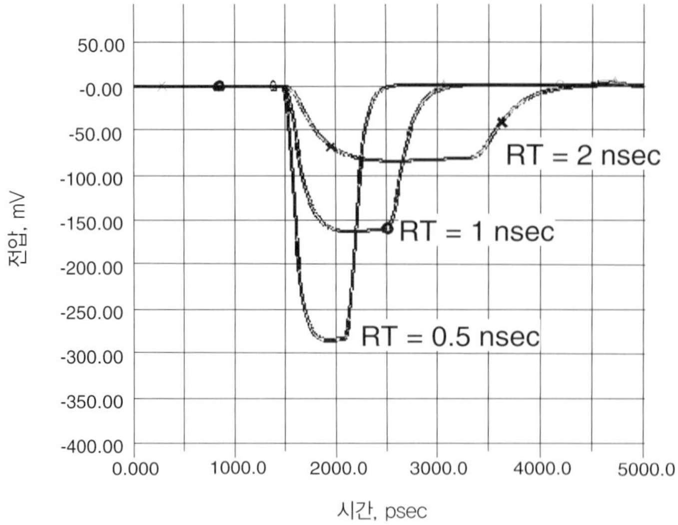

그림 10-29 FR4로 만든 두 개의 50 Ω 마이크로스트립 트레이스 사이에서 상승 시간에 따른 원단 노이즈의 변화. 트레이스 폭은 5 mil, 트레이스 사이의 간격은 5 mil, 결합 길이는 10 inch이다. Mentor Graphics HyperLynx로 시뮬레이션

$$\mathrm{FEXT} = \frac{V_f}{V_a} = \frac{\mathrm{Len}}{\mathrm{RT}} \times k_f = \frac{\mathrm{Len}}{\mathrm{RT}} \times \frac{1}{2v} \times \left(\frac{C_{mL}}{C_L} - \frac{L_{mL}}{L_L} \right) \tag{10.21}$$

$$k_f = \frac{1}{2v} \times \left(\frac{C_{mL}}{C_L} - \frac{L_{mL}}{L_L} \right) \tag{10.22}$$

여기서

FEXT = 원단 크로스토크 계수

V_f = 비활성 선로의 원단 노이즈 전압

V_a = 신호 전압

Len = 두 선로 사이 결합 영역의 길이

k_f = 결합 선로의 구조에 따른 원단 결합 계수

C_{mL} = 길이당 상호 커패시턴스(C_{12})(단위: pF/inch)

C_L = 신호 선로의 길이당 커패시턴스(C_{11})(단위: pF/inch)

L_{mL} = 길이당 상호 인덕턴스(L_{12})(단위: nH/inch)

L_L = 신호 선로의 길이당 인덕턴스(L_{11})(단위: nH/inch)

원단 결합 계수 k_f는 선로의 고유한 특성, 즉 상대 용량성 결합과 상대 유도성 결합, 신호의 전파 속도에만 의존한다. 이는 결합 영역의 길이나 신호의 상승 시간에는 영향을 받지 않는다. 그렇다면 이 k_f라는 항목은 실제로 무엇을 의미하는 것일까? k_f의 역수인 $1/k_f$의 단위를 살펴보면 속도의 단위인 inch/nsec이다. 이것은 과연 어떤 속도를 나타내는 것일까?

11장에 설명되어 있듯이 $1/k_f$는 실제로 홀수 모드 신호와 짝수 모드 신호 사이의 속도 차이와 관련이 있다. 원단 노이즈를 다른 관점에서 살펴보면, 홀수 모드의 속도가 짝수 모드와 다른 속도를 가질 때 원단 노이즈가 발생한다는 것이다. 유전체 물질의 분포가 균일하면, 유효 유전 상수는 전압 패턴에는 영향을 받지 않으며, 홀수 모드와 짝수 모드는 모두 동일한 속도로 이동한다. 이 경우에는 원단 크로스토크는 발생하지 않는다.

TIP

모든 도체를 둘러싸고 있는 유전체 물질의 분포가 균일하고(uniform) 균질한(homogeneous) 경우—예를 들어, 마이크로스트립 구조에서 두 개의 결합된 트레이스가 유전체로 완전히 둘러싸인 경우, 스트립라인 구조에서 두 개의 결합된 트레이스의 경우—에, 상대 용량성 결합은 상대 유도성 결합과 정확히 동일하다. 이런 구성에서는 원단 크로스토크가 발생하지 않는다.

유전체 물질의 분포에 비균질성이 존재하면 신호 선로와 귀환 경로 사이의 특정 전압 패턴에 따라 전기장은 다른 유효 유전 상수를 바라보게 되어 상대 용량성 결합과 상대 유도성 결합 사이에 차이가 생긴다. 이로 인해 원단 노이즈가 발생한다.

결합된 한 쌍의 선로에서 이들 선로 도체를 둘러싼 모든 공간이 공기로 채워져 있고, 주변에 다른 유전체가 없다면, 상대 용량성 결합과 상대 유도성 결합은 서로 동일하며 원단 결합 계수 k_f는 0이 된다.

도체를 둘러싼 모든 공간이 유전 상수가 ε_r인 물질로 채워져 있으면, 자기장은 유전체 물질과 전혀 상호 작용하지 않으므로 상대 유도성 결합은 변하지 않는다.

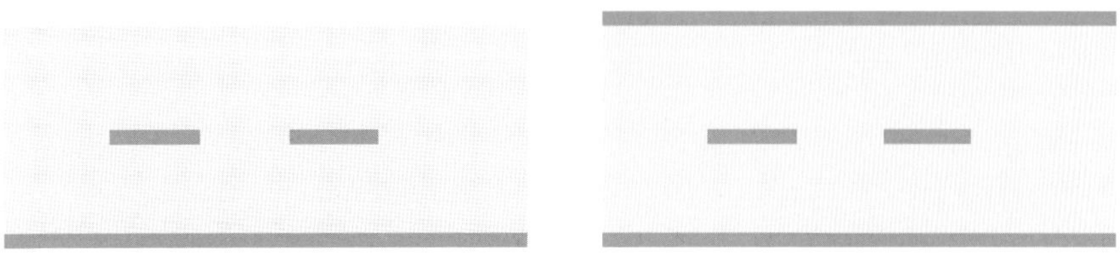

그림 10-30 균일한 유전체로 이루어진 원단 크로스토크가 없는 두 가지 구조: 완전 내장형 마이크로스트립과 스트립라인

용량성 결합은 유전 상수에 비례하여 증가한다. 귀환 경로에 대한 커패시턴스도 유전 상수에 비례하여 증가한다. 이때 증가 비율은 항상 동일하게 유지되므로 원단 크로스토크는 발생하지 않는다. [그림 10-30]에는 원단 크로스토크가 발생하지 않는 완전 내장형 마이크로

스트립 구조의 예가 나와 있다.

내장형 마이크로스트립 선로 위의 유전체를 제거하는 경우, 인덕턴스는 유전체에는 전혀 영향을 받지 않으므로 상대 유도 결합은 전혀 변하지 않는다. 반면에 커패시턴스는 유전체의 분포에 영향을 받는다. [그림 10-31]은 트레이스 위의 유전체 두께가 감소함에 따라 커패시턴스가 어떻게 변하는지 보여준다. 트레이스 위의 유전체 두께가 감소함에 따라 귀환 경로에 대한 커패시턴스가 줄어들지만, 두 신호 트레이스 사이의 결합 커패시턴스는 이보다 훨씬 더 크게 감소한다. 이 결합 커패시턴스 C_{mL}은 두 신호 트레이스를 서로 결합하는 전기장이 가장 강한 부분인 두 트레이스 사이에 존재하는 물질의 유전 상수에 크게 의존한다. 따라서 트레이스 위의 유전체를 제거하면 결합 커패시턴스가 급격히 감소한다.

완전 내장형 마이크로스트립 구조의 경우, 상대 결합 커패시턴스는 상대 결합 인덕턴스와 동일하다. 반면에 트레이스 위에 유전체가 없는 기본형 마이크로스트립의 경우, 상대 결합 커패시턴스는 완전 내장형 마이크로스트립의 경우에 비해 실제로 감소한다.

TIP

결합 커패시턴스를 감소시켜도 원단 노이즈가 증가하는 경우가 있다.

k_f 항목 대신에 다음 식과 같이 차원이 없는 $v \times k_f$ 항목을 사용하는 경우도 종종 있다.

$$v \times k_f = \frac{1}{2} \times \left(\frac{C_{mL}}{C_L} - \frac{L_{mL}}{L_L} \right) \tag{10.23}$$

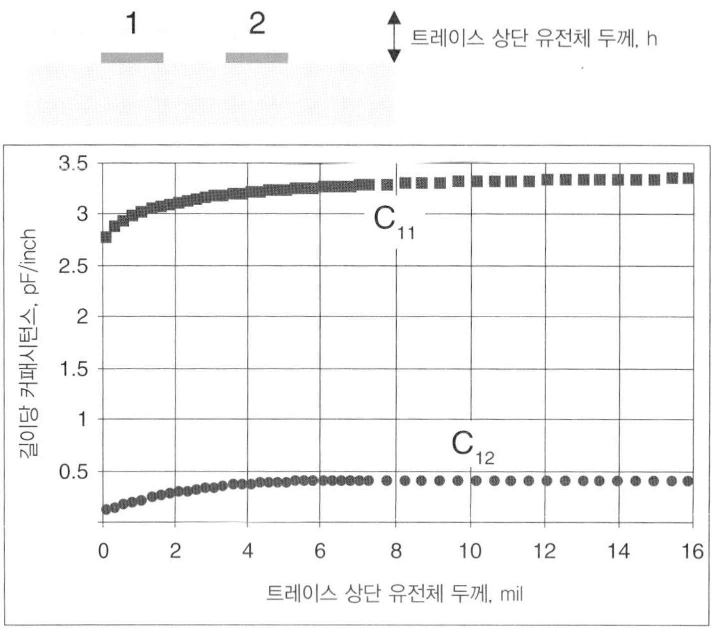

그림 10-31 트레이스 위의 유전체 두께 증가에 따른 C_{11}과 C_{12}의 변화. 커패시턴스 행렬의 대각선 원소는 약간 증가하지만 비대각선 원소는 훨씬 많이 증가한다. Ansoft's SI2D 전자기장 솔버로 계산

이 v × k_f 항목을 이용하면 FEXT는 다음과 같이 쓸 수 있다.

$$\text{FEXT} = \frac{V_f}{V_a} = \frac{\text{Len}}{\text{RT} \times v} \times v \times k_f = \frac{\text{TD}}{\text{RT}} \times v \times k_f \tag{10.24}$$

v × k_f라는 항목은 결합 선로 구조의 고유한 특성으로 결합 선로의 단면 구조에만 의존한다. 이 항목은 결합 영역의 시간 지연이 상승 시간과 같을 때(결합 영역이 상승 시간의 공간적 범위와 같을 때), 즉 TD = RT일 때 발생하는 원단 노이즈의 크기를 나타내는 척도이다. v × k_f = 5%인 경우, TD = RT일 때 비활성 선로에는 5%의 원단 크로스토크가 발생한다. 결합 길이가 두 배로 늘어나면, 원단 노이즈 역시 두 배로 증가하여 10%가 된다.

[그림 10-32]는 트레이스 폭이 5 mil인 두 개의 50 Ω FR4 마이크로스트립 트레이스에서 트레이스 간격에 따른 v × k_f 값의 변화를 보여준다. 이 곡선을 바탕으로, 원단 노이즈를 추정할 수 있는 간단한 경험 규칙을 만들어낼 수 있다. 트레이스의 폭과 간격이 같을 경우, v × k_f 값은 약 4%로 계산된다. 예를 들어 상승 시간이 1 nsec, 결합 길이가 6 inch, TD = 1 nsec인 경우, 단 한 개의 인접한 공격자 선로에 의해 피해자 선로에 발생하는 원단 노이즈는 v × k_f × TD/RT = 4% × 1 = 4%가 된다.

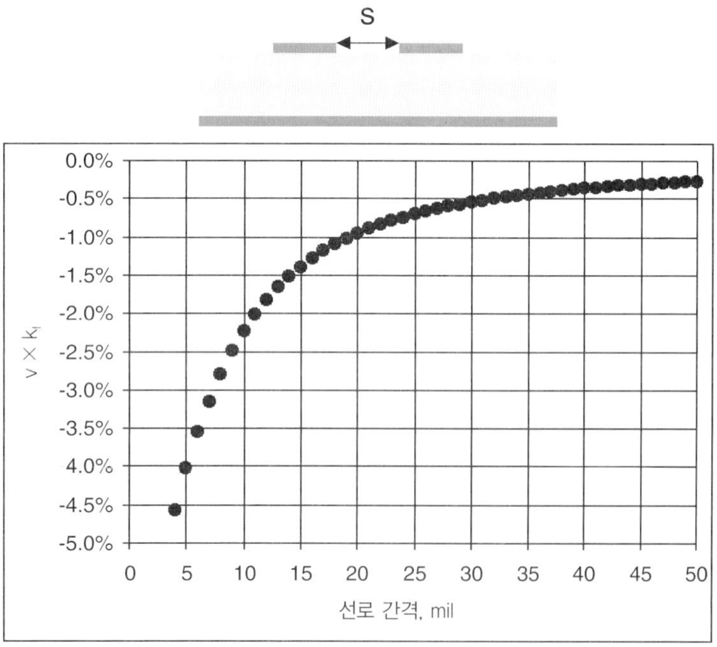

그림 10-32 50 Ω FR4 마이크로스트립 구조에서, 트레이스 폭이 5 mil일 때 두 개의 트레이스 사이의 간격에 따른 v × k_f 값의 변화. Ansoft SI2D로 시뮬레이션

TIP

좋은 경험 규칙으로, FR4로 만든 두 개의 50 Ω 마이크로스트립 선로에서, 제작 가능한 최소 간격-즉 선로의 폭과 동일한 간격-을 사용하면 원단 크로스토크 노이즈는 약 4% × TD/RT가 된다.

결합 길이가 증가하면 원단 노이즈 전압이 증가한다. 상승 시간이 감소하면 원단 노이즈가 증가한다. 신호 선로 양쪽에 공격자 선로가 존재하는 경우, 두 활성 선로는 피해자 선로에 각각 동일한 양의 원단 노이즈를 발생시킨다. 선로 폭이 5 mil이고 간격이 5 mil인 경우, TD = RT일 때 비활성 선로에서 원단 노이즈는 8%가 된다.

일반적으로 회로 기판상의 표면 트레이스의 길이는 한 제품세대에서 다음 세대로 이동할 때 크게 줄어들지 않으며, 결합 지연 시간도 거의 비슷하게 유지된다. 하지만 각 제품세대에 따라 신호의 상승 시간은 일반적으로 감소한다. 이것이 바로 원단 노이즈가 점점 더 문제가 되는 이유이다.

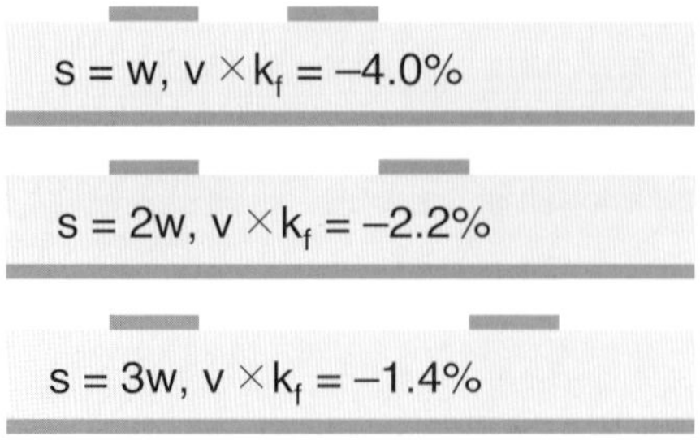

그림 10-33 FR4로 만든 한 쌍의 50 Ω 결합 마이크로스트립 구조에서, 선로 사이의 간격과 원단 크로스토크 사이의 관계를 추정하는 데 사용하는 간단한 경험 규칙

> **TIP**
> 상승 시간이 줄어들면 원단 노이즈가 증가한다. 6 inch 길이의 두 개의 결합 트레이스의 간격을 제작 가능한 최소 간격으로 한 경우, 신호의 상승 시간이 1 nsec 이하이면 이로 인한 원단 노이즈는 노이즈 버짓의 허용 범위를 쉽게 초과할 수 있다.

원단 노이즈를 감소시키는 중요한 방법 중 하나는 인접한 신호 경로 사이의 간격을 늘리는 것이다. [그림 10-33]에는 FR4로 만든 두 개의 결합 50 Ω 마이크로스트립 전송선로에서, 세 가지 다른 간격에 대한 $v \times k_f$ 값이 나와 있다. 선로 폭과 유전체 두께 비율에 비례하여 커패시턴스 행렬과 인덕턴스 행렬의 원소가 증가하므로 이 그림의 예에서 구한 결과는 50 Ω으로 설계된 선로 폭을 가진 모든 선로에서 원단 크로스토크의 양을 추정하는 데 유용하다.

10.13 원단 크로스토크 줄이기

원단 노이즈를 줄이는 데 사용되는 네 가지 지침은 다음과 같다.

1. 신호 트레이스 사이의 간격을 증가시킨다. 간격을 1 × w에서 3 × w로 늘리면 원단 노이즈는 65%만큼 감소한다. 물론, 이렇게 하면 인터커넥트의 밀도 또한 줄어들어 기판 제작비용이 증가한다.
2. 결합 길이를 줄인다. 원단 노이즈의 크기는 결합 길이에 비례한다. 제작 가능한 가장 좁은 간격(즉, 선로 폭과 동일)인 경우, $v \times k_f$는 4%까지 커질 수 있지만, 결합 길이를

아주 짧게 유지하면 원단 노이즈의 크기를 작게 유지할 수 있다. 예를 들어, 상승 시간이 0.5 nsec 이고 결합 길이의 시간 지연인 TD가 0.1 nsec 이하이면, 원단 노이즈는 4% × 0.1 nsec/0.5 nsec = 0.8% 이하로 유지할 수 있다. TD = 0.1 nsec의 지연 시간은 약 0.6 inch의 결합 길이에 해당한다. 예를 들어, BGA 또는 커넥터 아래처럼 선로들이 서로 강하게 결합된 영역이라도 결합 길이를 짧게 유지할 수 있으면 허용될 수 있다. 이와 관련하여 레이아웃 툴의 제약조건 파일(constraint file)에서 '평행 배선 길이(co-parallel run length)'라는 항목을 설정할 수 있다.

3. 기판상의 표면 선로 상단에 유전체 물질을 추가한다. 표면 트레이스가 꼭 필요하지만 결합 길이를 줄일 수 없는 경우, 트레이스 상단에 유전체 코팅을 추가하면 원단 노이즈를 줄일 수 있다. 유전체 물질을 추가하는 방법의 예로 두꺼운 트레이스 위에 솔더 마스크(solder mask)을 추가하는 것을 들 수 있다. [그림 10-34]는 상단 유전체 코팅의 두께에 따른 v × k_f 값의 변화를 보여준다. 여기서 유전체의 유전 상수는 FR4와 동일한 4이고 트레이스 사이의 간격은 트레이스의 폭과 같다고 가정한다. 트레이스 위에 유전체를 추가하면 근단 노이즈는 증가하고 선로의 특성 임피던스는 감소한다. 코팅을 추가할 때는 이 점을 반드시 고려해야 한다.

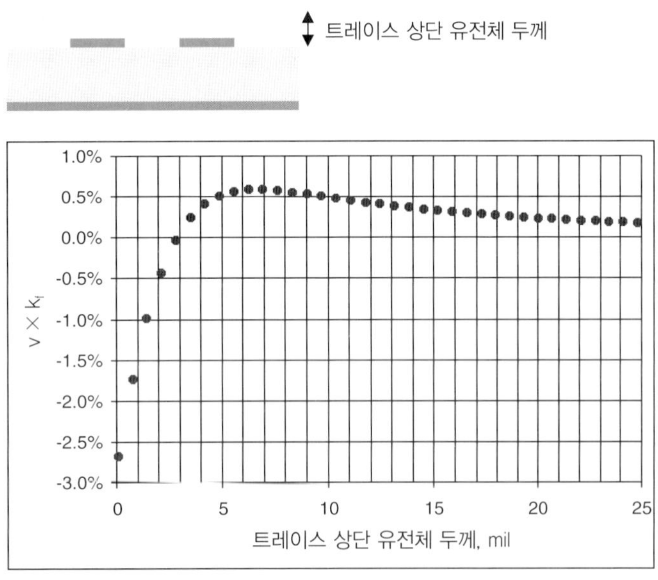

그림 10-34 신호 선로 상단의 코팅 두께에 따른 v × k_f의 변화. 강하게 결합된 두 개의 50 Ω 마이크로스트립 트레이스로 이루어진 이 버스에서 트레이스의 폭과 간격은 각각 5 mil이고 유전체는 FR4이다. 상단 코팅 물질은 기판의 유전체와 동일하다고 가정한다. Ansoft의 SI2D로 시뮬레이션

코팅 두께가 증가하면 처음에는 원단 노이즈가 감소하며 실제로 0을 통과한다. 그런 다음 양(+)의 값이 되어 증가하다가 다시 줄어들어 결국에는 0에 가까워진다. 완전 내장형 마이크로스트립에서는 선로를 둘러싼 유전체가 균질하므로 원단 노이즈는 없다. 이렇게 되려면 유전체 두께는 선로 폭의 약 5배가 되어야 한다. 이런 복잡한 동작은 트

레이스와 트레이스 사이 및 트레이스와 귀환면 사이의 프린지 전기장의 정확한 형태와, 이 프린지 전기장이 코팅 두께가 증가함에 따라 유전체 물질로 침투하는 방식에 기인한다.

표면 트레이스의 원단 노이즈가 정확히 0이 되는 코팅 두께의 값을 찾을 수 있다. [그림 10-34]의 경우에는 코팅 두께가 트레이스와 귀환 경로 사이의 유전체 두께와 동일한 약 3 mil일 때 원단 노이즈가 0이 된다.

> **TIP**
> 일반적으로, 최적의 코팅 두께는 모든 기하학적 특징들과 유전 상수에 따라 결정된다. 솔더 마스크 코팅을 아주 얇게 해도 원단 노이즈를 약간 감소시키는 이점을 얻을 수 있다.

4. 민감한 선로는 스트립라인 구조로 배선한다. 스트립라인 단면구조처럼 유전체 내부층에 위치한 결합 선로들은 매우 작은 원단 노이즈를 가진다. 선로에서 원단 노이즈가 문제가 되는 경우에 이를 최소화하는 가장 확실한 방법은 민감한 선로를 스트립라인으로 배선하는 것이다.

   실제로는 스트립라인에서도 완벽하게 균질한 유전체 재료를 사용하는 것은 불가능한 것이 보통이다. 코어(core)와 프리프레그(prepreg) 물질의 조합으로 인해 유전 상수에는 항상 어느 정도의 변동이 발생한다. 일반적으로 프리프레그는 수지(resin)가 풍부하여, 코어 라미네이트(laminate)보다 유전 상수가 낮다. 이로 인해 유전체의 분포가 불균질해지고 어느 정도의 원단 노이즈가 발생한다.

원단 노이즈는 마이크로스트립 선로에서 노이즈의 주요 원인이 될 수 있다. 마이크로스트립 선로는 표면 트레이스이다. 트레이스 사이의 간격이 트레이스 폭과 동일하고, 상승 시간이 1 nsec인 경우, 결합 길이가 6 inch를 넘는 긴 결합 길이를 가진 버스의 여러 선로들 중에서 중앙에 위치한 피해자 선로에서의 원단 노이즈는 8% 이상이 된다. 상승 시간이 짧아지거나 결합 길이가 증가하면 원단 크로스토크는 증가한다. 이 때문에 많은 신호 선로들이 마이크로스트립 구조로 배선된 저가형 기판에서는 원단 노이즈가 가장 큰 문제가 되는 경우가 흔하다.

마이크로스트립 트레이스를 사용할 때에는 반드시 원단 노이즈가 과도하게 커질 가능성에 대해 주의를 기울여야 하며 원단 노이즈가 문제가 되지 않을 것이라는 확신을 갖기 위해 예상되는 원단 노이즈를 추정해야 한다. 문제가 될 가능성이 있다면, 트레이스 사이의 배선 간격을 늘리고, 결합 길이를 줄이고, 솔더 마스크를 더 많이 추가하거나, 긴 선로는 스트립라인으로 배선해야 한다.

10.14 크로스토크의 시뮬레이션

두 개의 균일한 전송선로에서 각 선로의 양단이 완벽한 정합으로 종단되어 있는 특수한 경우에 한하여, 선로의 단면 구조와 물질 특성이 주어질 때 근단 전압 노이즈와 원단 전압 노이즈의 추정치를 계산할 수 있다. 2D 전자기장 솔버를 사용하면 k_b와 NEXT를 계산할 수 있다. 또한 2D 전자기장 솔버로 k_f를 계산하고, 결합 길이의 TD와 상승 시간으로부터 FEXT를 구할 수 있다.

그러나 종단이 달라지거나, 결합 길이가 더 큰 회로의 일부분을 이루고 있는 경우에는 어떻게 될까? 이에 대한 답을 얻기 위해서는 결합 전송선로 모델을 포함하는 회로 시뮬레이터가 필요하다. 길이당 상호 커패시턴스와 길이당 상호 인덕턴스를 알고 있는 경우에는 n개 부분 결합 전송선로 모델을 만들 수 있다. 이 모델에 충분한 개수의 부분을 사용하면 임의의 종단 방식에 대해 시뮬레이션을 수행할 수 있다. n개 부분 집중 회로 모델을 사용하는 데 있어 어려운 점은 모델의 복잡도와 계산 시간이다.

예를 들어, 지연 시간이 1 nsec, 즉 인터커넥트의 길이가 6 inch이고 필요한 모델 대역폭이 1 GHz인 경우, 결합 모델에 필요한 집중회로 부분의 개수는 총 10 × 1 GHz × 1 nsec = 10개이다. 인터커넥터의 길이가 더 긴 경우에는 더 많은 개수의 부분이 필요하다.

어떤 유형의 시뮬레이터는 이상적인 분산 결합 전송선로 모델을 사용하여 결합 전송선로를 시뮬레이션한다. 이러한 시뮬레이터에는 2D 전자기장 솔버가 통합되어 있어서 단면의 기하학적 구조를 입력하면 자동으로 분산 결합 모델을 만들어낸다. 이상적인 분산 결합 전송선로는 이상적인 차동 쌍(ideal differential pair)이라고도 하는데, 이에 대해서는 11장에서 자세히 다룬다.

TIP

2D 전자기장 솔버가 통합되어 있는 시뮬레이터는 전송선로의 단면 정보로부터 임의의 드라이버, 부하, 종단을 가진 결합 전송선로 회로에 대한 분산 결합 전송선로 모델을 자동으로 생성하여 시뮬레이션을 수행할 수 있다. 이런 시뮬레이션 도구들은 실제 시스템에서 결합 노이즈의 성능을 예측하는 데 매우 강력한 능력을 발휘한다.

[그림 10-35]는 활성 선로에 낮은 임피던스를 가진 드라이버가 있고 활성 선로와 비활성 선로의 양쪽 끝 모두에 종단 저항기가 연결되어 있는 이상적인 경우에 대해 근단 노이즈와 원단 노이즈를 예측한 결과이다. 이 경우에 결합 선로는 두 개의 50 Ω 마이크로스트립 트레이스가 밀접하게 결합된 구조로서 트레이스 폭은 5 mil이고 트레이스 사이의 간격은 5 mil이다.

소스-직렬 종단이 사용되는 경우에는 결과가 좀 더 복잡해진다. [그림 10-36]에서 소스-직렬 종단 방식을 사용한 회로를 볼 수 있다. 이 경우에는 비활성 선로의 원단에서의 노이즈가 중요한데, 그 이유는 노이즈에 영향을 받는 수신기가 연결되는 위치가 바로 원단이기 때문이다. 수신기가 연결되는 비활성 선로의 원단에 발생하는 실제 노이즈의 형태는 복잡하고 미묘하다.

처음에 비활성 선로의 수신기 끝에 발생하는 노이즈는 활성 신호에 의한 원단 노이즈로서, 이 노이즈는 상당히 큰 음(−)의 스파이크 형태이다. 하지만 활성 선로의 신호는 활성 선로의 수신기 개방단(open end)에서 반사되어 다시 활성 선로의 소스로 돌아간다. 반사 신호가 소스로 다시 이동하는 동안에는 비활성 선로의 수신기는 이제 반사된 신호파의 역방향 끝이 된다. 그 결과, 비활성 선로의 수신기에는 역방향 노이즈가 발생한다. 비활성 선로의 수신기는 비활성 선로의 원단에 위치해 있지만, 활성 선로의 신호 반사 때문에 원단 노이즈와 근단 노이즈를 모두 보게 된다.

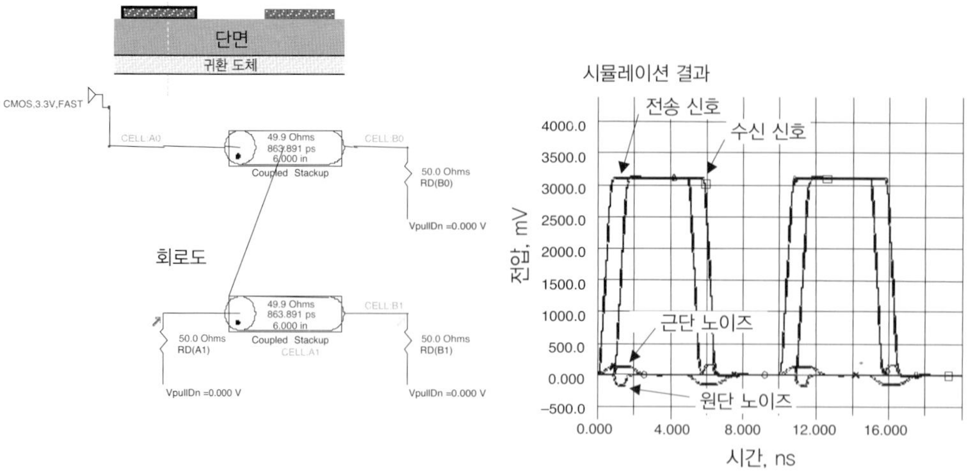

그림 10-35 결합 전송선로 회로의 활성 선로와 비활성 신호에서의 전압 파형. 두 개의 마이크로스트립 트레이스로 이루어진 결합 선로의 단면과 드라이버와 종단 저항기가 있는 결합 선로의 회로도를 볼 수 있다. Mentor Graphics HyperLynx로 시뮬레이션

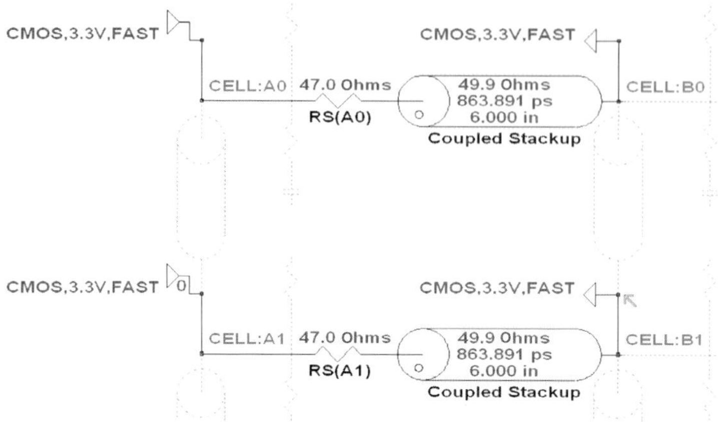

그림 10-36 Mentor Graphics HyperLynx로 작성한 소스-직렬 종단 방식을 사용한 결합 선로의 회로도

비활성 선로의 수신기에 나타나는 근단 노이즈를 예측한 결과는 이상적인 NEXT와 대체로 일치한다. [그림 10-37]은 이 소스-직렬-종단 방식에 대해 비활성 선로의 수신기에서의 노이즈를 비활성 선로의 이상적인 NEXT와 FEXT와 비교한 결과이다. 이 결과는 NEXT와 FEXT라는 항목이 비활성 선로에서 예상되는 노이즈를 나타내는 좋은 지표임을 보여준다. 물론, 패키지 모델과 개별 종단 부품과 관련된 기생성분은 실제 수신된 노이즈를 이상적인

NEXT와 FEXT보다 복잡하게 만든다. 어떤 시뮬레이터는 이러한 세부 사항을 자동으로 고려할 것이다.

그러나 이것은 단 하나의 공격자 선로가 피해자 선로에 노이즈를 전달하는 경우이다. 버스에서는 여러 개의 트레이스가 피해자 트레이스에 노이즈를 전달하므로 각 공격자 선로는 피해자 선로에 노이즈를 추가할 수 있다. 피해자 선로 양쪽에 있는 선로 중의 몇 개를 공격자 선로로 포함시켜야 할까? 이를 알 수 있는 유일한 방법을 계산을 통해 수치를 넣어주는 것뿐이다.

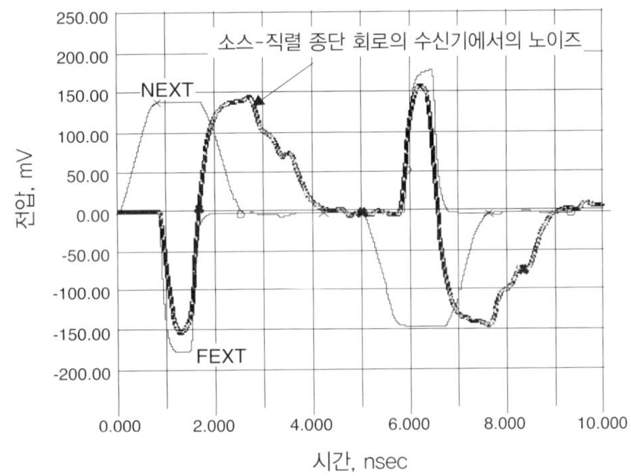

그림 10-37 소스-직렬 종단을 가진 한 쌍의 선로 중 비활성 선로의 수신기 노이즈와, 원단이 종단된 회로의 NEXT와 FEXT를 비교한 결과. Mentor Graphics HyperLynx로 시뮬레이션

[그림 10-38]에 설정된 버스 회로를 보면 한 개의 피해자 선로와 그 양쪽에 각각 다섯 개씩 총 열 개의 공격자 선로가 들어있다. 각 선로는 소스-직렬 종단과 원단의 수신기로 구성되어 있다. 이 예에서는 50 Ω 스트립라인 구조에서 각 트레이스의 폭을 5 mil, 트레이스 사이의 간격을 5 mil로 하는 공격적인 설계 규칙을 사용한다. 이 전송선로에서 신호의 속도는 약 6 inch/nsec이고 신호의 상승 시간은 1 nsec이며 클록 주파수는 100 MHz이다. 포화 길이는 1/2 nsec × 6 inch/nsec = 3 inch이다. 트레이스의 길이로는 10 inch를 사용하므로 근단 노이즈는 포화된다. 따라서 이 조건은 최악의 상황을 나타낸다.

이 스트립라인에서는 원단 노이즈는 발생하지 않는다. 하지만, 공격자 선로의 원단에서 반사되는 신호는 진행 방향이 바뀌므로 피해자 선로의 원단에서 역방향 노이즈가 나타난다. 각 공격자 선로에서 신호 크기는 3.3 V이다.

[그림 10-39]는 피해자 선로의 수신기에 나타나는 노이즈를 시뮬레이션으로 구한 결과이다. 피해자 선로에 인접한 공격자 선로 중 하나에서만 신호가 스위칭을 할 때 비활성 선로에서의 노이즈는 195mV이다. 이 노이즈는 신호의 약 6%로, 타당한 노이즈 버짓 값이 되기에는 그 자체로 너무 큰 수치이다. 이러한 기하학적 구조는 실제로 최악의 경우이나,

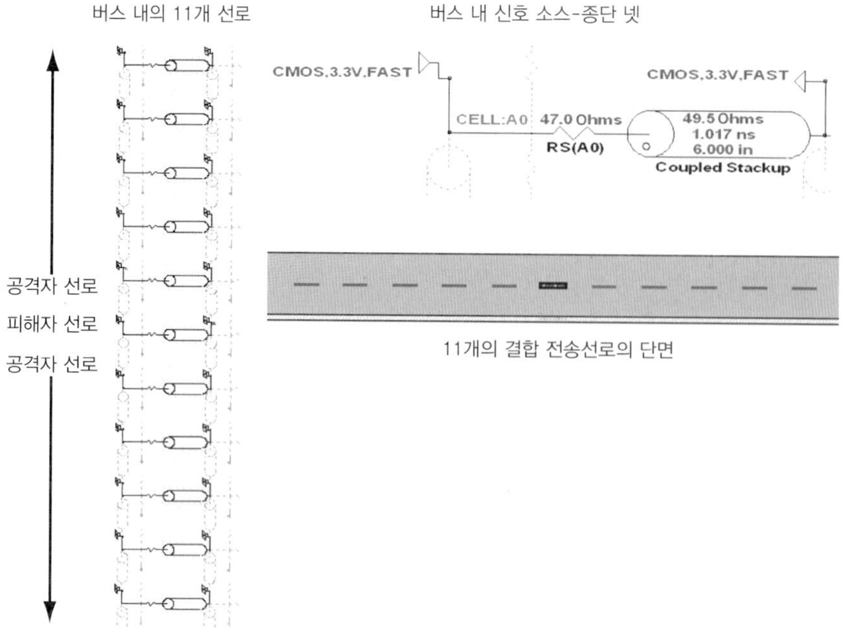

그림 10-38 피해자 선로 양쪽에 각각 다섯 개의 공격자 선로가 있는 경우에 피해자 선로에서의 노이즈를 시뮬레이션하는 데 사용되는 회로도. 각 선로는 FR4로 만든 50 Ω 스트립라인 구조의 트레이스로 소스-직렬 종단이 되어있다. 각 트레이스의 폭은 5 mil, 트레이스 사이의 간격은 5 mil, 트레이스의 길이는 10 inch이다. Mentor Graphics HyperLynx로 시뮬레이션

피해자 선로에 인접한 또 하나의 공격자 선로에서 추가로 신호가 스위칭을 하면 비활성 선로에서의 노이즈는 대략 두 배인 390 mV가 된다. 이 값은 피해자 선로의 양쪽에 인접한 두 개의 공격자 선로로부터 결합된 것으로 신호의 12%에 해당하는 전압 노이즈이다. 당연히 두 개의 공격자 선로로부터 피해자 선로로 각각 결합되는 노이즈의 양은 동일하며 이렇게 결합된 두 노이즈는 피해자 선로에서 더해진다.

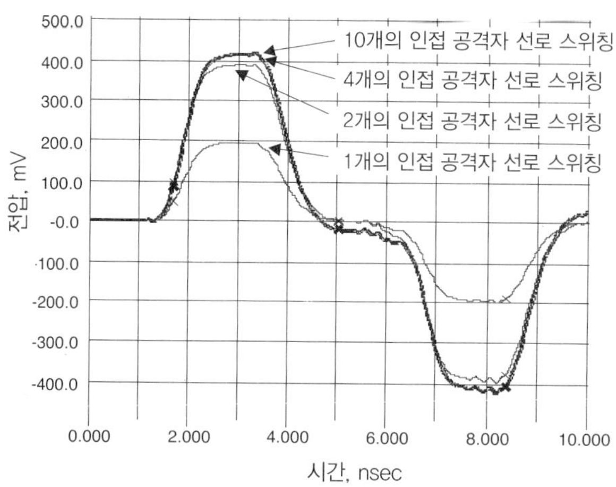

그림 10-39 1개, 2개, 4개, 10개의 공격자 선로에서 신호가 스위칭을 할 때 피해자 선로의 수신기에 나타나는 노이즈. 수신기에 발생한 노이즈의 대부분은 가장 가까운 두 개의 공격자로부터 결합된 것임을 알 수 있다. Mentor Graphics HyperLynx로 시뮬레이션

스트립라인에서는 선로 사이의 간격이 커질수록 결합 노이즈는 급격히 줄어든다. 따라서 피해자 선로에 가장 인접한 양쪽의 두 공격자 선로 바로 다음에 있는 두 개의 공격자 선로들로부터 결합되는 노이즈는 매우 작을 것으로 예상할 수 있다. 피해자 선로로부터 가장 가까운 네 개의 공격자 선로에서 신호가 스위칭을 하면 피해자 선로의 수신기에서 노이즈는 410 mV, 즉 12.4%가 된다. 끝으로 최악의 경우는 모든 공격자 선로에서 신호가 스위칭이 일어날 때이다. 이 경우에도 노이즈는 여전히 410 mV로, 가장 가까운 네 개의 공격자 선로에서만 스위칭이 일어날 때의 노이즈와 차이가 없다.

버스 구조에서 최악의 경우 노이즈(worst-case noise)는 기본 NEXT 노이즈 레벨의 약 2.1배라는 것을 알 수 있다. 인접한 두 개의 트레이스의 스위칭만을 고려해도 최악의 경우에 발생할 수 있는 전체 노이즈의 약 95%를 포함할 수 있다. 양쪽에서 두 개의 인접한 공격자 선로의 스위칭을 추가로 고려하면 결합 노이즈의 100%를 포함할 수 있다.

> **TIP**
>
> 일반적으로 대부분의 시스템 수준 시뮬레이션에서는 크로스토크를 분석할 때 피해자 선로의 양쪽에 인접한 트레이스에서 결합되는 노이즈만을 사용해도 충분하다. 이들 노이즈가 강하게 결합된 버스에서 발생하는 크로스토크의 95%를 차지한다.

이 예에서는 매우 공격적인 설계 규칙이 사용되었다. 그 결과 발생한 12%에 달하는 크로스토크는 타당한 노이즈 버짓을 크게 초과한다. 이 예에서 사용한 선로 간격 대신, 선로의 간격을 선로 폭의 두 배로 하면 가장 인접한 트레이스 한 개만 스위칭을 할 때의 노이즈는 1.5%로 감소한다. 가장 인접한 두 개의 트레이스가 스위칭을 할 때 노이즈는 3%가 된다. 가장 가까운 네 개의 공격자 선로가 스위칭을 하는 경우에도 비활성 선로의 수신기에 나타나는 결합 노이즈는 여전히 3%에 불과하다. 심지어 10개의 트레이스 모두가 스위칭을 해도 노이즈의 크기는 영향을 받지 않는다. [그림 10-40]은 5 mil의 선로 폭과 10 mil의 선로 간격을 사용하는 실용적인 설계 규칙을 적용한 경우에 대해, 앞서 공격적인 설계 규칙을 적용한 경우와 동일한 시뮬레이션을 수행한 결과이다.

최악의 경우 분석을 하는 데는 피해자 선로의 양쪽에 인접한 트레이스만을 고려해도 충분하다.

> **TIP**
>
> 가장 공격적인 설계 규칙을 사용할 때(즉, 선로 간격을 선로 폭과 같게 할 때), 버스를 구성하고 있는 여러 개의 선로 중에서 한 개의 피해자 선로에서 발생하는 노이즈의 95% 이상은 그 피해자 선로 양쪽에 있는 가장 가까운 두 개의 공격자 선로부터의 결합에 의한 것이다. 보수적인 설계 규칙을 사용하고 선로 간격을 선로 폭의 두 배로 한 경우, 버스로부터 발생하는 거의 모든 노이즈는 피해자 선로 양쪽에서 가장 인접한 공격자 선로부터의 결합에 의한 것이다.

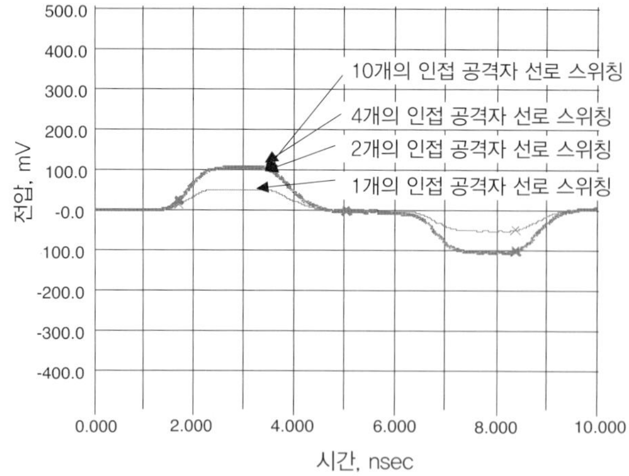

그림 10-40 트레이스 폭이 5 mil이고 트레이스 간격이 10 mil인 11개의 FR4 50 Ω 스트립라인 트레이스로 구성된 버스에서 중앙에 위치한 트레이스의 수신기에 발생하는 노이즈. 활성 트레이스의 수를 1개, 2개, 4개, 10개로 변경하며 노이즈를 비교한다. Mentor Graphics HyperLynx로 시뮬레이션

[그림 10-40]의 결과는 길고 평행한 신호 버스 구조에 대해 적절한 간격을 정하는 설계 규칙을 수립할 때, 예상되는 최악의 경우 노이즈는 기본 NEXT 값의 대략 2.1배 정도가 될 수 있음을 시사한다. 노이즈 버짓이 어떤 피해자 넷의 크로스토크에 전압 스윙의 5%를 배정한 경우, 인접한 넷 사이에서 허용해야 하는 실제 NEXT의 양은 5%를 2.1로 나눈 값인 약 2%가 된다. 마이크로스트립이나 스트립라인 트레이스에서 허용 가능한 가장 가까운 간격을 설정할 때 이 NEXT 값을 설계 목표로 삼을 수 있다.

10.15 보호 트레이스

크로스토크를 줄이는 한 가지 방법은 트레이스 사이의 간격을 더욱 멀리 떨어뜨리는 것이다. 선로의 간격을 선로 폭의 두 배로 유지하면 최악의 경우 크로스토크는 5% 미만으로 감소한다. 몇 가지 경우, 특히 혼성 신호(mixed signal)의 경우에는 크로스토크를 5%보다 훨씬 적게 유지하는 것이 중요하다. 예를 들어, 민감한 RF 수신기는 디지털 신호로부터 최대 −100 dB의 격리(isolation)가 필요할 수 있다. 민감한 비활성 선로에 나타나는 −100 dB의 노이즈 레벨은 활성 신호의 0.001% 미만을 의미한다.

보호 트레이스(guard trace)를 사용하면 크로스토크를 크게 줄일 수 있다는 말을 종종 들을 수 있다. 실제로 그럴 수 있지만 이는 올바른 설계와 구성이 이루어진 경우에만 가능하다. 두 개의 트레이스를 격리시키는 훨씬 더 효과적인 방법은 각 트레이스의 귀환면을 따로 만들어 별도의 층에 배치하는 것이다. 이 방법은 어떠한 배선 방법보다도 더 큰 격리 효과를 제공한다. 그러나 만약 공격자 선로와 피해자 선로를 동일한 신호 층에 서로 인접하게 배선을 해야 하는 상황이라면, 특정 조건에서 크로스토크를 제어하는 대안으로 보호 트레이스를 사용할 수 있다.

보호 트레이스는 보호하려는 피해자 선로와 공격자 선로 사이에 배치하는 별도의 트레이스이다. 보호 트레이스의 기하학적 구조의 예가 [그림 10-41]에 나타나 있다. 보호 트레이스는 선로 간격에 대한 제작 설계 규칙에 맞추어 신호 선로 사이에 들어갈 수 있을 만큼의 폭을 가져야 한다. 보호 트레이스는 마이크로스트립과 스트립라인 구조에서 모두 사용할 수 있다. 마이크로스트립에서 보호 트레이스의 가치는 그리 크지 않은데, 간단한 예를 들어 그 이유를 설명할 수 있다.

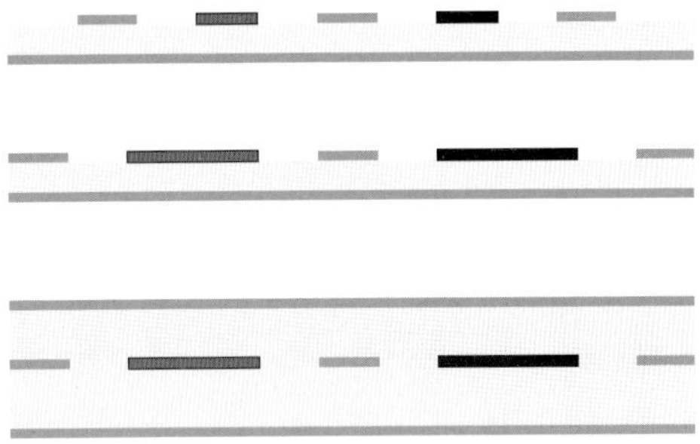

그림 10-41 신호 트레이스들 사이에 보호 트레이스를 배치한 선로의 단면 구조. 보호 트레이스는 더 진하게 음영 처리가 되어 있고, 다른 모든 트레이스는 신호 트레이스이다.

트레이스 설계 규칙-즉 트레이스 사이의 최소 허용 간격은 트레이스 폭과 같다-을 고수한다면, 보호 트레이스를 추가하기 전에 공격자 트레이스와 피해자 트레이스 사이에 보호 트레이스를 넣을 수 있도록 두 트레이스 사이의 간격을 트레이스 폭의 세 배로 늘려야 한다. 이런 구조로 하면 피해자 선로에 발생하는 최악의 경우 노이즈는 항상 2% 미만이다. 마이크로스트립 구조에서 보호 트레이스를 추가하여 얻을 수 있는 이점은 다음 세 가지 경우를 비교하여 평가할 수 있다:

1. 가까운 간격으로 배치된 두 개의 마이크로스트립 선로: 트레이스 간격 5 mil, 트레이스 폭 5 mil
2. 보호 트레이스가 들어갈 수 있도록 트레이스 간격을 15 mil로 늘린 경우
3. 15 mil로 늘어난 트레이스 간격 사이에 보호 트레이스를 추가한 경우

이 세 가지 예가 [그림 10-42]에 나와 있다.

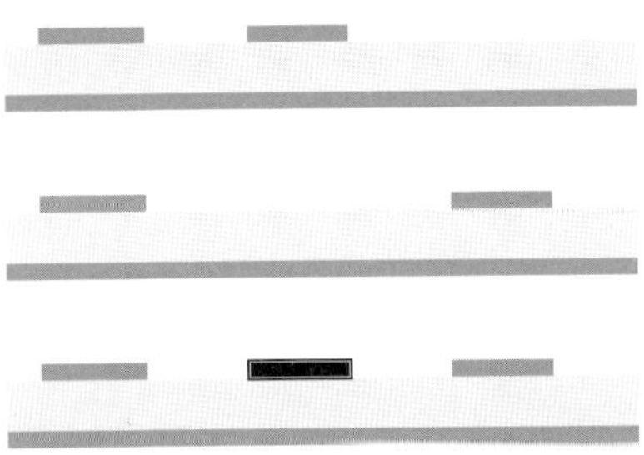

그림 10-42 피해자 선로의 수신기에 나타나는 노이즈를 평가하는 데 사용되는 세 가지 마이크로스트립 구조

추가로, 보호 트레이스의 맨 끝을 처리하는 여러 가지 종단 방식에 대해서도 평가할 수 있다. 맨 끝을 개방(open) 상태로 두어야 할까, 정합해주어야 할까, 아니면 단락(short)시켜야 할까?

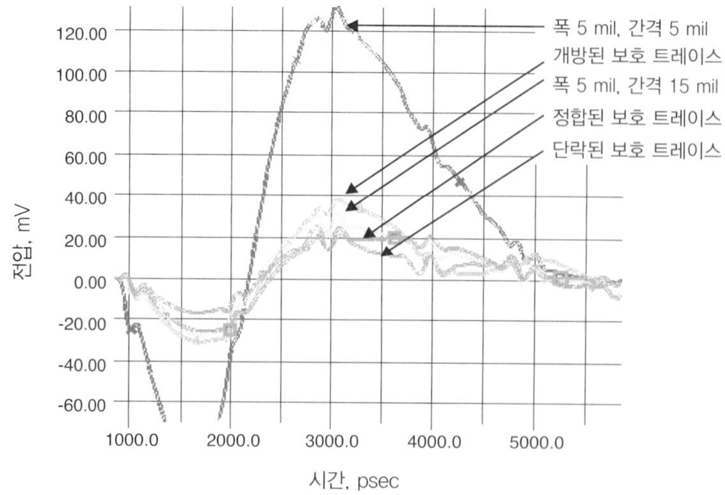

그림 10-43 세 가지 보호 트레이스 상태-개방, 단락, 종단(정합)-일 때 피해자 선로의 수신기에 나타나는 노이즈 전압. Mentor Graphics HyperLynx로 시뮬레이션

[그림 10-43]은 이러한 여러 가지 종단 방식에 따라 비활성 선로의 맨 끝에 연결된 수신기에 나타나는 최대 노이즈를 비교한 것이다. 수신기에 나타나는 노이즈는 활성 선로상의 신호 반사, 비활성 선로상의 근단 노이즈와 원단 노이즈, 그리고 이들의 반사가 모두 합쳐진 결과이다. 이러한 일차 효과와 함께 패키지와 저항기 소자의 기생성분에 의해 발생하는 이차 효과도 결합된다.

트레이스가 서로 가까이 있을 때 최대 노이즈는 130 mV, 즉 약 4%이다. 트레이스 사이에 보호 트레이스가 들어갈 수 있을 만큼 트레이스를 충분히 떨어뜨려 놓으면, 노이즈는 39 mV, 즉 1.2%로 감소한다. 이 노이즈 크기는 거의 1/4로 낮아진 수치로 아주 드문 상황을 제외하고는 대부분의 경우에 충분히 낮은 크로스토크이다. 보호 트레이스를 끼워 넣어도 종단이 개방되어서 플로팅 상태에 있으면 비활성 선로에서의 노이즈는 오히려 약간 증가하는 것을 볼 수 있다.

그러나 보호 트레이스를 양쪽 끝에서 50 Ω 저항으로 종단하면, 비활성 선로에서의 노이즈는 약 25 mV, 즉 0.75%로 줄어든다. 보호 트레이스를 양쪽 끝에서 단락시키면, 비활성 선로에서의 노이즈는 약 22 mV, 즉 0.66%로 줄어든다.

TIP

선로 간격을 늘리는 것이 가장 효과적이다. 이렇게 하면 노이즈가 1/4로 줄어든다. 여기에 보호 트레이스를 추가하고 양쪽 끝을 단락시키면 노이즈는 추가로 1/2만큼 더 감소한다. 보호 트레이스의 양쪽 끝을 개방시키면 오히려 크로스토크는 증가한다.

TIP

보호 트레이스는 공격자 선로와 피해자 선로 사이의 전기장 선과 자기장 선에 영향을 미쳐서 커패시턴스 행렬의 원소와 인덕턴스 행렬 원소를 항상 감소시킨다.

보호 트레이스에 의한 비대각선 행렬 원소의 크기 감소는 오직 기하학적 구조와 관련이 있으며 보호 트레이스가 귀환 경로에 전기적으로 연결되는 방식과는 무관하다. 이는 보호 트레이스가 항상 유용하다는 것을 의미한다. 그러나 보호 트레이스는 또 하나의 신호 선로의 역할도 할 수 있다. 공격자 선로로부터 보호 트레이스로 노이즈가 결합될 수 있으며 이렇게 보호 트레이스로 결합된 노이즈는 다시 비활성 선로로 결합될 수 있다. 보호 트레이스상에 얼마만큼의 노이즈가 발생하는가는 보호 트레이스의 종단 방식에 따라 달라진다.

보호 트레이스의 양쪽 끝이 개방되어 있으면, 보호 트레이스에는 최대 노이즈가 발생한다. 보호 트레이스의 양쪽 끝이 50 Ω으로 종단되면, 더 적은 노이즈가 발생한다. [그림 10-44]는 앞서 살펴본 것과 같은 조건(선로 폭이 5 mil이고 선로 간격이 5 mil, 50 Ω 마이크로스트립, 소스-직렬 종단을 사용한 활성 선로에서 신호의 크기는 3.3 V이고 신호의 주파수는 100 MHz)에서 보호 트레이스의 원단에서 발생하는 노이즈를 보여준다. 보호 트레이스의 양쪽 끝이 개방되어 있으면 보호 트레이스상에 더 많은 노이즈가 발생한다는 것이 분명히 나타나있다. 이렇게 큰 노이즈는 비활성 선로로 더 많은 노이즈를 추가로 결합시키므로, 양쪽 끝이 개방된 보호 트레이스는 오히려 없을 때보다 피해자 선로에 더 많은 노이즈를 발생시킬 수 있다.

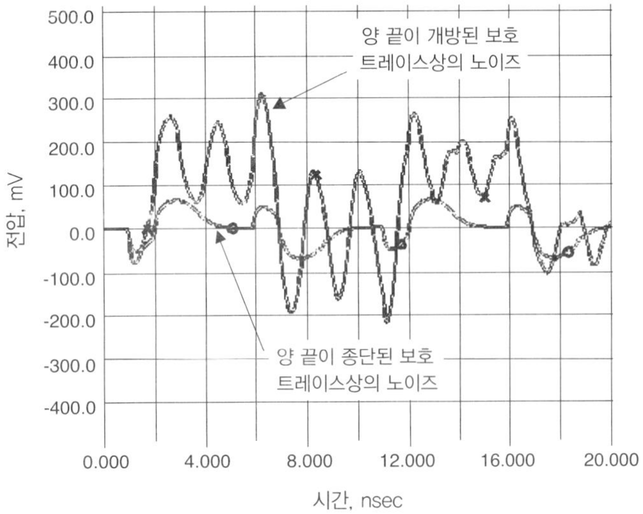

그림 10-44 보호 트레이스의 끝이 개방된 경우와 종단(정합)된 경우에 보호 트레이스에 발생하는 노이즈. 이 노이즈가 비활성 선로로 전달된다. Mentor Graphics HyperLynx로 시뮬레이션

보호 트레이스로부터 가장 큰 이득을 얻는 경우는 보호 트레이스의 양쪽 끝이 단락되어 있을 때이다. 신호가 공격자 선로를 따라 진행함에 따라 노이즈는 보호 트레이스로 결합된다. 보호 트레이스에서 역방향으로 진행하는 노이즈가 근단의 단락에 부딪히면 −1의 반사 계수

로 반사된다. 즉, 보호 트레이스에서 역방향으로 이동하는 근단 노이즈의 대부분은 보호 트레이스에서 순방향으로 이동하는 음(−)으로 반사된 노이즈와 서로 일치하게 만나서 상쇄된다.

TIP
보호 트레이스의 끝을 단락시키면 보호 트레이스를 따라 나타나는 근단 노이즈가 제거된다.

보호 트레이스에는 여전히 순방향으로 진행하는 원단 노이즈가 쌓이게 된다. 이 노이즈는 보호 트레이스의 단락된 원단에 도달할 때까지 계속 증가한다. 원단에 도달한 노이즈는 −1의 반사 계수로 반사되어 다시 역방향으로 진행한다. 보호 트레이스의 원단 지점에서 알짜 노이즈는 0이 된다. 원단이 단락되어 있으므로 그 지점에서 노이즈는 0이 될 수밖에 없다. 그러나 반사된 원단 노이즈는 계속해서 보호 트레이스의 근단을 향해 역방향으로 진행한다. 보호 트레이스의 양 끝을 모두 단락시키기만 하면 보호 트레이스의 원단 노이즈는 양 끝 사이에서 계속 반사되어 보호해야 할 피해자 선로에 잠재적인 노이즈 소스로 작용한다. 보호 트레이스에 손실이 없는 경우, 원단 노이즈는 보호 트레이스를 계속해서 왔다 갔다 하면서 항상 피해자 선로로 노이즈를 결합시키는 낮은 레벨의 노이즈 소스로 작용한다.

TIP
보호 트레이스에서 발생하는 원단 노이즈의 양을 최소화하기 위해, 보호 트레이스의 길이를 따라 단락 비아(shorting via)를 분산하여 배치할 수 있다. 이 비아들은 공격자 선로에서 피해자 선로로 직접 결합되는 노이즈에는 영향을 미치지 않고, 보호 트레이스에서 발생하는 노이즈 전압만 억제한다.

보호 트레이스의 단락 비아 사이의 간격은 두 가지 방식으로 보호 트레이스에서 발생하는 전압 노이즈의 양에 영향을 미친다. 보호 트레이스의 원단 노이즈는 비아 사이의 영역에서만 축적된다. 비아 사이의 간격이 가까울수록 보호 트레이스에 축적될 수 있는 최대 원단 노이즈 전압이 낮아진다. 또한 비아가 많을수록 보호 트레이스의 원단 노이즈가 감소하는데 이는 피해자 선로로 결합될 수 있는 노이즈가 감소한다는 것을 의미한다.

[그림 10−45]는 보호 트레이스가 사이에 들어 있는 두 마이크로스트립 트레이스(길이 10 inch)에서, 단락 비아의 개수에 따른 피해자 선로에 결합된 노이즈의 변화를 비교한 것이다. 첫 번째는 보호 트레이스의 양 끝에 각각 한 개의 짧은 비아가 있는 경우이고 두 번째는 보호 트레이스를 따라 1 inch 간격으로 총 11개의 단락 비아가 있는 경우이다.

피해자 선로에서 초기에 발생하는 노이즈는 단락 비아의 개수와 상관없이 동일한데, 이 노이즈는 공격자 선로와 피해자 선로 사이에 직접 결합된 노이즈이기 때문이다. 이 초기 결합 노이즈의 양은 보호 트레이스의 존재로 인해 행렬 원소의 크기가 감소되는 것과 관련이 있다. 여러 비아를 추가하면 보호 트레이스상에 노이즈가 쌓이는 것을 제한하므로 비아가 없을 때 쌓이는 이 노이즈가 피해자 선로로 결합될 가능성을 제거한다.

여러 개의 단락 비아의 두 번째 역할은 원단 노이즈를 음(−)으로 반사시켜 입사하는 원단 노이즈를 상쇄하는 것이다. 하지만 상쇄는 입사하는 원단 노이즈와 그 원단 노이즈의 반사가 겹치는 경우에만 일어난다. 단락 비아 사이의 간격이 원단 노이즈의 폭, 다시 말해 상승 시간보다 길면 이 효과는 발생하지 않는다.

TIP

대략적인 경험 법칙으로, 단락 비아는 신호의 상승 시간에 해당하는 공간적 범위 내에 최소 세 개를 보호 트레이스를 따라 분산 배치해야 한다. 이렇게 하면 원단 노이즈와 그 원단 노이즈의 음의 반사가 확실히 겹쳐지므로 보호 트레이스에서 노이즈 전압이 제거된다.

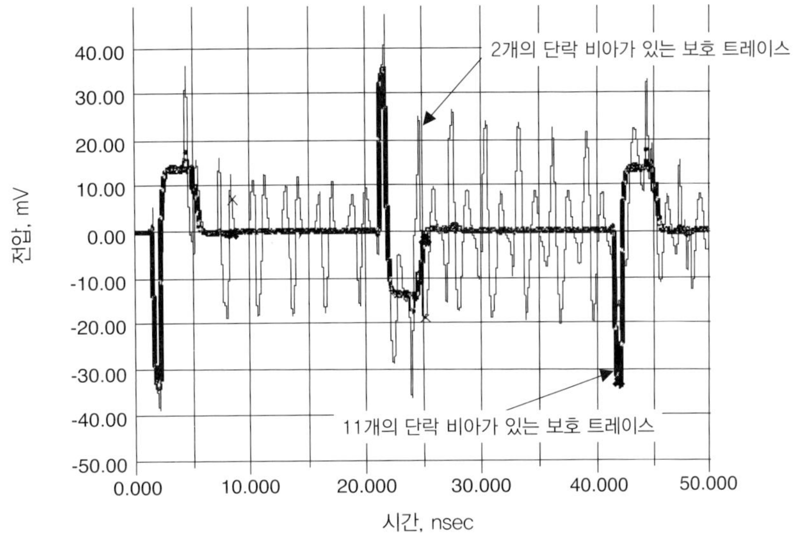

그림 10-45 2개의 단락 비아와 11개의 단락 비아가 있는 보호 트레이스를 사용할 때, 피해자 선로에 발생하는 노이즈의 비교. 신호는 3.3 V이고, 상승 시간은 0.7 nsec이며, 클록 주파수는 25 MHz이다. 보호 트레이스의 양 끝에 하나씩 총 2개의 단락 비아가 있는 경우에 이 보호 트레이스의 노이즈 감쇠 효과를 살펴보면 피해자 선로에서의 최대 노이즈는 35 mV로 3.3 V의 1%이다. Mentor Graphics HyperLynx로 시뮬레이션

상승 시간이 1 nsec인 경우, 이에 해당하는 공간적 범위는 1 nsec × 6 inch/nsec = 6 inch이므로 단락 비아 사이의 간격은 6 inch/3 = 2 inch이어야 한다. 상승 시간이 [그림 10-45]의 예와 같이 0.7 nsec인 경우, 공간 범위는 6 inch/nsec × 0.7 nsec = 4.2 inch이고, 단락 비아 사이의 최적 간격은 4.2 inch/3 = 1.4 inch이다. [그림 10-45]의 예에서는 비아를 1 inch마다 배치하였는데 비아를 서로 더 가깝게 배치해도 피해자 선로로 결합된 노이즈에는 영향을 미치지 않을 것이다.

물론, 신호 상승 시간이 짧을수록, 최적의 격리를 위해서는 단락 비아의 간격이 더 가까워져야 한다. 비아의 비용과 추가해야 할 비아 개수의 사이에서 항상 타협점이 존재한다. 이것이 문제가 되는 것은 높은 격리도가 필요한 경우이다. 실제로 단락 비아의 수가 증가해도 피해자 선로에 결합하는 노이즈에 미치는 영향은 매우 작다.

하지만 높은 격리도가 중요한 상황이라면, 스트립라인 구조인 경우에 비활성 선로로 결합되는 노이즈가 훨씬 적으므로 반드시 스트립라인을 사용해야 한다. 스트립라인 구조에서는 원

단 노이즈가 훨씬 적고, 보호 트레이스를 따라 분산 배치하는 단락 비아의 필요성도 크게 감소한다.

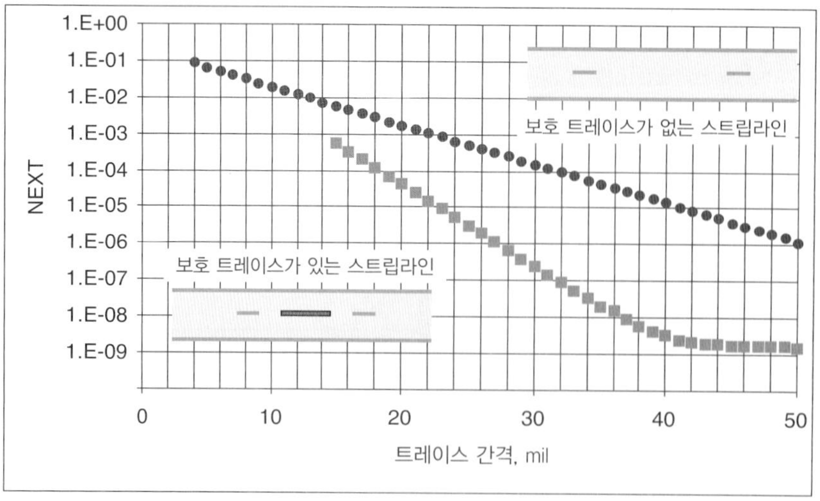

그림 10-46 보호 트레이스의 유무에 따른 한 쌍의 스트립라인 사이의 근단 크로스토크. 신호 선로의 폭은 5 mil이고, 각 선로는 FR4에서 50 Ω이다. 보호 트레이스의 폭은 신호 트레이스 간격이 5 mil을 유지하도록 신호 선로 간격이 증가함에 따라 같이 증가한다. 근단 노이즈가 약 10^{-9}의 크기에서 평탄해지는 것은 시뮬레이터의 수치적 노이즈 플로어(noise floor) 때문이다. Ansoft의 SI2D로 시뮬레이션

스트립라인 구조에서 보호 트레이스는 격리도를 높이는 데 매우 효과적일 수 있다. [그림 10-46]은 한 쌍의 50 Ω 스트립라인에서 공격자 선로와 피해자 선로 사이의 근단 크로스토크를 계산한 결과로, 공격자 선로와 피해자 선로 사이에 보호 트레이스가 있는 경우와 없는 경우를 비교하고 있다. 이 예에서는 두 선로 사이의 간격을 증가시키고 증가한 만큼 보호 트레이스의 폭을 넓게 만들어 트레이스 사이의 간격을 최소 5 mil로 유지하는 설계 규칙을 따랐다. 스트립라인 구성에서 보호 트레이스는 보호 트레이스가 없는 구조에 비해 상당한 양의 격리 효과를 제공한다. 스트립라인에서 넓은 폭의 보호 트레이스를 사용하면 −160 dB의 큰 격리도를 달성할 수 있다. 활성 선로와 공격자 선로 사이의 간격이 30 mil일 경우, 보호 트레이스는 격리도를 거의 세 자릿수(1000배)나 줄일 수 있다.

보호 트레이스는 전기장만 차폐하는 것이 아니다. 보호 트레이스에 인접한 활성 선로의 신호 전류로 인해 보호 트레이스에는 유도 전류가 발생한다. [그림 10-47]은 트레이스의 폭과 간격이 모두 5 mil인 활성 트레이스, 보호 트레이스, 비활성 트레이스에 흐르는 전류 분포를 보여준다. 전류는 활성 트레이스에만 흘려보내지만 보호 트레이스에는 귀환면의 전류 밀도와 비슷한 수준의 유도 전류가 존재한다.

이 유도된 전류의 방향은 활성 선로의 전류와 반대 방향이다. 보호 트레이스에서 유도 전류에 의해 발생하는 자기장은 비활성 선로의 위치에서 활성 선로로부터 발생하는 자기장을 상쇄하는 역할을 한다. 여러 개의 도체로 이루어진 구조에서 한 개 또는 그 이상의 도체가 보호 트

레이스로 사용되는 경우, 2D 전자기장 솔버를 이용하여 새로운 커패시턴스 행렬과 인덕턴스 행렬의 원소를 계산하면 이러한 전기장 차폐와 자기장 차폐 효과를 완벽하게 설명할 수 있다.

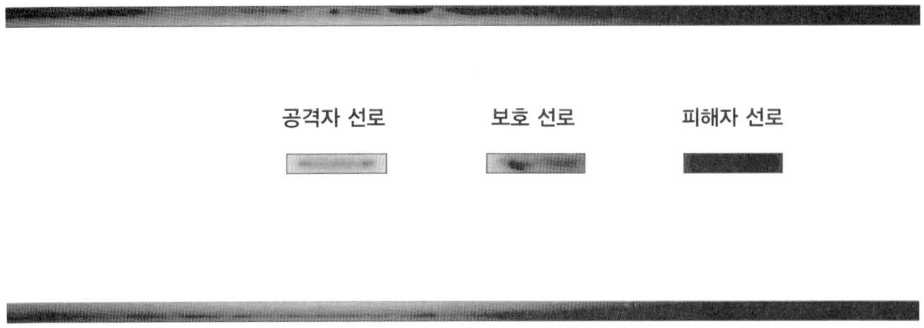

그림 10-47 공격자 선로에 100 MHz 신호가 인가되고 있고 보호 트레이스가 귀환 경로와 단락된 경우, 각 도체에서의 전류 분포. 색상이 밝을수록 전류 밀도가 높다. 명암의 정도는 로그 스케일이다. Ansoft의 SI2D로 시뮬레이션

10.16 크로스토크와 유전율

근단 노이즈는 상대 용량성 결합과 상대 유도성 결합의 합, $C_{12}/C_{11} + L_{12}/L_{11}$과 관련이 있다. 물론, 유도성 결합은 도체 주변의 유전체 물질에는 전혀 영향을 받지 않는다.

모든 곳에서 유전 상수가 균일한 50 Ω 스트립라인 구조에서 모든 주변 물질의 유전 상수가 감소하면 신호 경로와 귀환 경로 사이의 커패시턴스인 C_{11}은 줄어든다. 하지만, 두 신호 선로 사이의 프린지 전기장 커패시턴스인 C_{12}도 같은 양만큼 감소한다. 따라서 스트립라인에서 크로스토크에는 변화가 없다.

그러나 모든 주변 물질의 유전 상수가 감소하면, 특성 임피던스는 50 Ω에서 증가한다. 이를 50 Ω으로 되돌리기 위한 한 가지 방법은 유전체의 두께를 줄이는 것이다. 50 Ω이 되도록 유전체의 두께를 줄이면 프린지 전기장은 귀환면에 더 많이 결합되고 인접한 트레이스로는 더 적게 결합되므로 크로스토크는 감소한다.

TIP

매우 미묘한 방식으로, 유전 상수가 낮아지면 크로스토크는 감소한다. 하지만 이러한 감소는 간접적으로만 이루어진다. 유전 상수가 낮을수록 동일한 목표 임피던스에 대해 신호 경로와 귀환 경로 사이의 간격이 가까워져야 하며, 이는 크로스토크를 감소시키는 결과를 가져온다.

[그림 10-48]은 두 가지 서로 다른 유전 상수에 대해 선로 폭이 5 mil인 스트립라인 트레이스의 특성 임피던스를 보여준다. 제품에서 FR4와 같이 유전 상수가 4.5인 기판을 사용하다가 폴리이미드(Polyimide)와 같이 유전 상수가 3.5인 기판으로 바꿀 때 50 Ω을 유지하기 위해서는 두 귀환면 사이의 간격이 14 mil에서 11.4 mil로 감소해야 한다. 폭이 5 mil인 트레이스 사이의 간격을 5 mil로 유지하면 근단 크로스토크는 7.5%에서 5.2%로 감소한다. 이 수

치는 근단 크로스토크가 약 30% 감소한 것이다.

TIP

유전 상수가 낮은 물질을 사용하면, 동일한 배선 간격을 유지하면서 크로스토크를 줄일 수 있거나 동일한 크로스토크 특성을 유지하면서 배선 간격을 줄일 수 있다. 이렇게 되면 크로스토크 설계 규칙에 따라 제한되기는 하지만 기판이 더 작아질 수 있다.

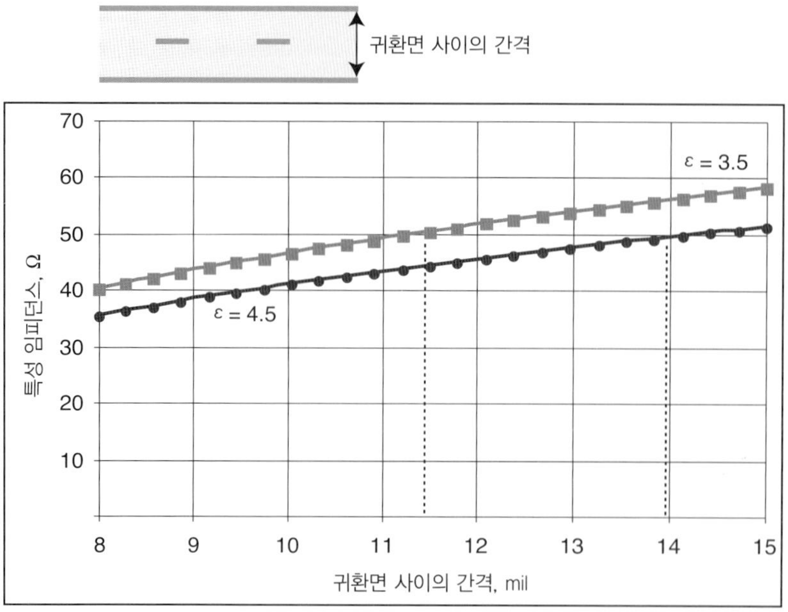

그림 10-48 두 가지 종류의 유전체를 사용할 때, 트레이스 폭이 5 mil인 스트립라인 선로에서 두 귀환면 사이의 간격에 따른 특성 임피던스의 변화. 유전 상수가 낮을수록 동일한 특성 임피던스에 대해 두 귀환면 사이의 간격이 감소하므로 크로스토크가 감소한다. Ansoft의 SI2D로 시뮬레이션

10.17 크로스토크와 타이밍

신호 선로의 시간 지연 TD는 인터커넥트의 길이와 선로에서의 신호 속도에 따라 달라진다. 신호 속도는 주변 물질의 유전 상수에 따라 달라진다. 원칙적으로 인접한 공격자 선로로부터 피해자 선로로 결합되는 크로스토크는 피해자 선로의 시간 지연에 영향을 미치지 않아야 한다. 인접한 트레이스상의 신호가 어떻게 피해자 선로의 신호 속도에 영향을 줄 수 있겠는가?

TIP

스트립라인에서는 인접한 공격자 선로로부터 피해자 선로로 전달되는 크로스토크가 피해자 선로의 시간 지연에 영향을 미치지 않는다. 피해자 선로의 신호 속도는 인접한 공격자 선로의 신호와는 완전히 무관하며, 크로스토크가 타이밍에 미치는 영향은 없다.

그러나 마이크로스트립 트레이스에서는 크로스토크와 타이밍 사이에 미묘한 상호작용이 있다. 이는 유전체 물질의 비대칭성과 공격자 선로상의 데이터 패턴에 따라 나타나는 신호 선로 사이의 서로 다른 프린지 전기장, 이 두 가지가 결합하여 발생한다.

서로 가깝게 위치한 세 개의 마이크로스트립 신호 선로를 생각해보자. 각 선로의 폭은 5 mil이고 선로 사이의 간격은 5 mil이며 선로의 길이는 10 inch이다. 양쪽 바깥에 있는 두 선로는 공격자 선로이고 가운데 선로는 피해자 선로이다. 활성 선로에 신호가 없을 때 피해자 선로의 시간 지연은 약 1.6 nsec이다. 이를 [그림 10-49]에 나타내었다.

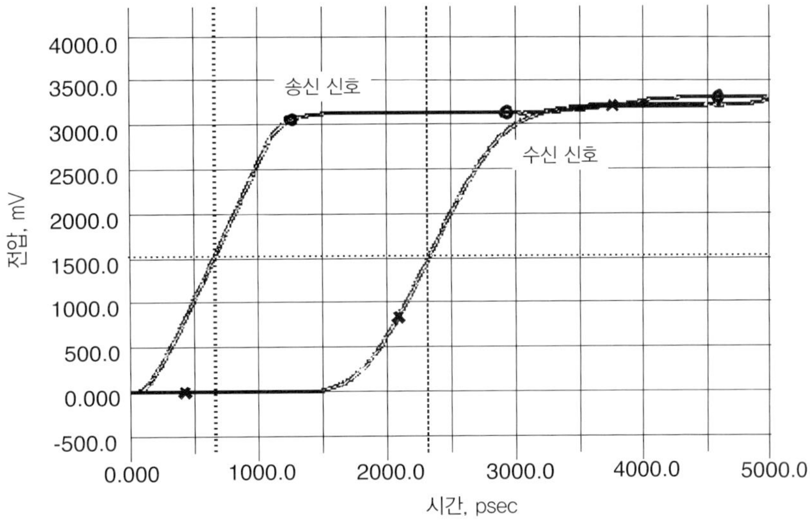

그림 10-49 두 공격자 선로에 신호가 없을 때, 피해자 선로의 드라이버에서 발생한 신호가 피해자 선로의 수신기에 도달하는 데 걸리는 시간 지연은 1.6 nsec이다. Mentor Graphics HyperLynx로 시뮬레이션

TIP

피해자 선로에서 신호의 시간 지연은 공격자 선로의 전압 패턴에 따라 달라진다. 공격자 선로가 피해자 선로와 반대 극성으로 스위칭을 하면 시간 지연은 감소한다. 반면에 공격자 선로가 피해자 선로와 동일한 신호로 스위칭을 하면 피해자 선로의 시간 지연은 증가한다.

공격자 선로의 전압 패턴과 피해자 선로의 신호 시간 지연 사이의 관계는 [그림 10-50]에 나와 있고 시뮬레이션 결과는 [그림 10-51]에서 확인할 수 있다. 공격자 선로에 신호가 없을 때, 피해자 선로의 신호 전압에서 나오는 전기장 선이 바라보는 것은 선로 위의 공기(air) 물질과 유전체 물질의 유전 상수의 조합이다. 이 두 물질의 조합으로 결정되는 유효 유전 상수가 신호의 속도를 결정한다.

공격자 선로의 신호가 피해자 선로의 신호와 반대로 스위칭을 할 때, 피해자 선로와 공격자 선로 사이에는 큰 전기장이 형성되고, 이런 전기장 선의 대부분은 유전 상수가 낮은 공기 중에 놓여있게 된다. 이렇게 되면 피해자 선로의 신호가 바라보는 유효 유전 상수는 공기의 비율이 더 크기 때문에, 공격자 선로들에 신호가 없는 경우에 비해 감소한다. 유효 유전 상수가 낮을수록 피해자 선로 상의 신호 속도는 더 빨라지고 시간 지연은 짧아진다. 이를 [그림

10-52]에서 확인할 수 있다.

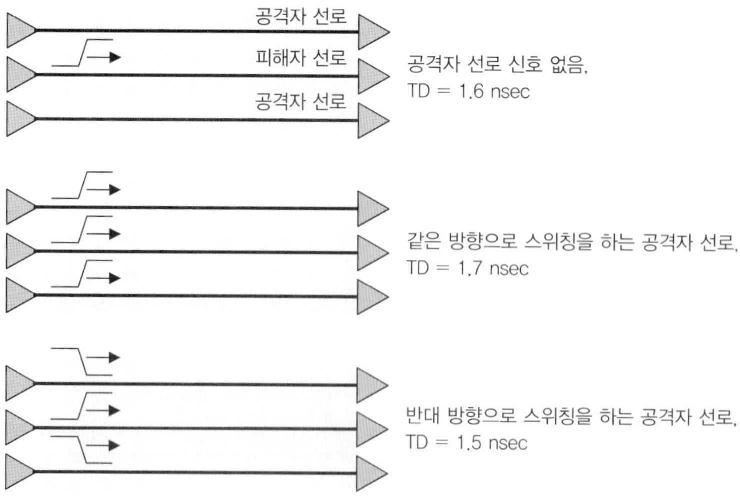

그림 10-50 피해자 선로와 공격자 선로의 신호에 대한 세 가지 구성. 공격자 선로의 전압 패턴이 피해자 선로의 시간 지연에 영향을 미친다.

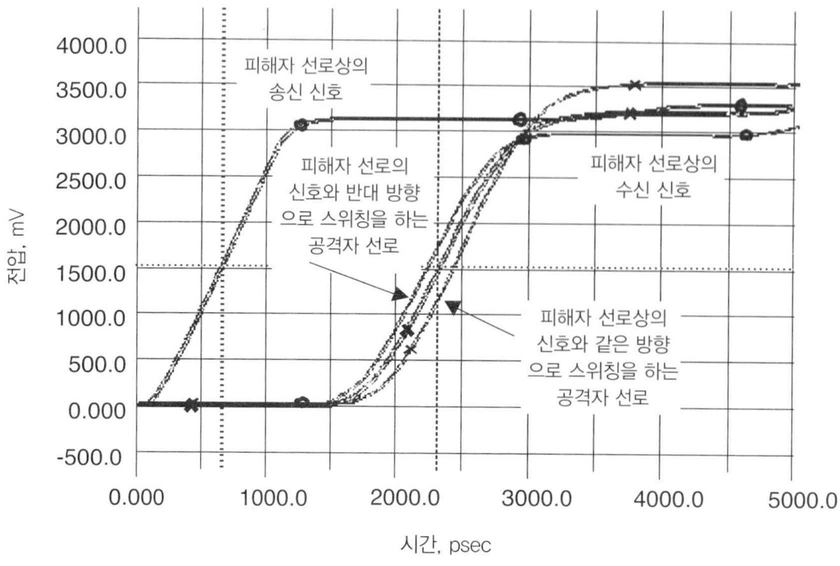

그림 10-51 공격자 선로가 피해자 선로의 신호와 같은 방향 또는 반대 방향으로 스위칭을 할 때 피해자 선로에서의 수신 신호. Mentor Graphics HyperLynx로 시뮬레이션

공격자 선로의 신호가 피해자 선로의 신호와 같은 방향으로 스위칭을 하면 각 트레이스는 동일한 전위(전압)를 가지므로 공기 중에는 전기장 선이 거의 없고 대부분의 전기장 선은 유전체 물질 내에 놓여있게 된다. 피해자 선로의 신호가 바라보는 유효 유전 상수는 대부분 유전체 물질에 의해 좌우되므로 결국 더 높은 값이 된다. 따라서 공격자 선로가 피해자 선로와 동일한 방향으로 스위칭을 할 때, 피해자 선로의 신호에 대한 유효 유전 상수는 증가하고,

이에 따라 신호의 전파 속도는 감소하고 시간 지연은 증가한다.

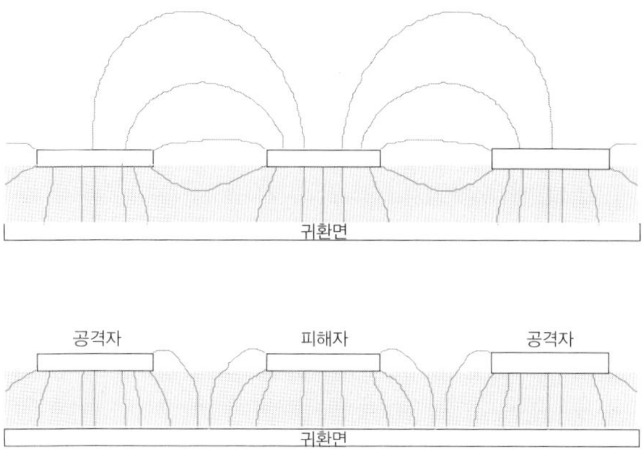

그림 10-52 공격자 선로와 피해자 선로가 서로 같은 방향 또는 반대 방향으로 스위칭을 할 때 선로 주변의 전기장 분포. Mentor Graphics HyperLynx로 시뮬레이션

공격자 선로가 피해자 선로와 반대로 스위칭을 하면 신호의 전파 속도가 증가하고 시간 지연이 감소한다. 반대로 공격자 선로가 피해자 선로와 동일한 전압 패턴으로 스위칭을 하는 경우에는 피해자 선로에서 신호의 전파 속도는 감소하고 시간 지연은 증가한다.

이렇게 크로스토크가 시간 지연에 영향을 미치는 것은 매우 강하게 결합된 마이크로스트립 선로와 같이 선로 사이에 프린지 전기장이 상당히 많이 겹치는 경우에만 발생한다. 선로가 서로 충분히 멀리 떨어져 있어서 크로스토크 전압이 문제가 되지 않는 경우, 프린지 전기장은 겹치지 않으며 피해자 선로의 시간 지연은 다른 선로의 스위칭 방식과는 무관하다. 이 효과는 분산 결합 전송선로 모델을 사용하여 시뮬레이션을 할 때 완전히 고려할 수 있다.

10.18 스위칭 노이즈

지금까지는 회로 기판상의 대부분의 전송선로와 같이 귀환 경로가 넓고 연속인 평면 구조인 경우의 크로스토크에 대해 다루어 왔다. 이런 환경에서는 근단 노이즈와 원단 노이즈, 그리고 모든 결합은 인접한 신호 선로 사이에서 발생하고, 멀리 떨어진 트레이스에서는 결합이 거의 발생하지 않는다.

귀환 경로가 균일한 평면이 아닌 경우, 유도성 결합은 용량성 결합보다 훨씬 크게 증가하며 노이즈는 대부분 루프 상호 인덕턴스에 의해 발생한다. 이런 현상은 주로 패키지, 커넥터, 또는 갭(gap, 좁은 틈)으로 인해 귀환 경로가 차단된 기판의 특정 영역 등과 같이 인터커넥트의 좁은 국부적 영역에서 발생한다.

루프 상호 인덕턴스의 영향이 지배적이고 그 현상이 좁은 영역에서 발생하는 경우, 상호 인덕턴스를 한 개의 집중 상호 인덕터로 모델링할 수 있다. 상호 인덕턴스에 의해 비활성 선로에서 발생하는 노이즈는 활성 선로에서 전류의 변화 dI/dt가 있을 때, 즉 에지가 스위칭을 할 때만 나타난다. 이러한 이유로, 상호 인덕턴스가 우세할 때 발생하는 노이즈를 스위칭 노이즈(switching noise), dI/dt 노이즈, 델타 I 노이즈(delta I noise)라고 부르기도 한다. 앞서 설명한 바와 같이 접지 바운스(ground bounce)는 루프 상호 인덕턴스가 공통 귀환 리드의 총 인덕턴스에 의해 지배되는 특수한 경우에 발생하는 스위칭 노이즈의 한 형태이다. 따라서 공유되는 귀환 경로가 있는 경우에는 반드시 접지 바운스가 발생한다. 앞서 언급한 바와 같이 접지 바운스를 감소시키는 방법에는 다음 세 가지 방법이 있다.

1. 귀환 경로의 수를 늘려 각 귀환 경로의 전류 변화율 dI/dt를 줄인다.
2. 귀환 경로의 폭을 넓히고 길이를 줄여, 부분 자기 인덕턴스를 최소화한다.
3. 각 신호 경로를 귀환 경로에 가까이 배치하여 귀환 경로와의 부분 상호 인덕턴스를 증가시킨다.

TIP

그러나 공유되는 귀환 경로가 없더라도 상호 인덕턴스가 우세한 상황에서는 두 개 이상의 신호/귀환 경로 루프 사이에 여전히 크로스토크가 발생할 수 있다. 커넥터나 패키지에서의 루프 상호 인덕턴스는 종종 그들의 고속 성능을 제한하는 요소가 될 수 있다.

간단한 모델을 사용하여 두 개의 신호/귀환 경로 루프 사이에 존재하는 루프 상호 인덕턴스가 얼마나 큰지 추정해 볼 수 있다. 신호가 커넥터의 한 쌍의 핀(활성 경로)을 통과할 때, 바로 파면에서 루프 전류에 급격한 변화가 생긴다. 이 변화하는 전류는 두 루프 간의 상호 인덕턴스를 통해 인접한 비활성 루프에 전압 노이즈를 발생시킨다.

비활성 루프에 유도되는 전압 노이즈는 근사적으로 다음과 같이 쓸 수 있다.

$$V_n = L_m \frac{dI_a}{dt} = L_m \frac{V_a}{RT \times Z_0} \quad (10.25)$$

여기서

V_n = 비활성 루프의 전압 노이즈
L_m = 활성 루프와 비활성 루프 사이의 루프 상호 인덕턴스
I_a = 활성 루프의 전류
Z_0 = 활성 루프와 비활성 루프에서 신호가 바라보는 특성 임피던스
V_a = 활성 루프의 신호 전압
RT = 신호의 상승 시간[즉, 전류가 온(on)이 되는 데 걸리는 시간]

커넥터나 패키지 설계에 의해 실제로 영향을 받는 유일한 항목은 루프 사이의 루프 상호 인덕턴스뿐이다. 일반적으로 신호가 바라보는 임피던스–일반적으로 50 Ω 정도–는 상승 시간과 신호 전압과 마찬가지로 시스템 사양의 일부이다.

허용 가능한 스위칭 노이즈의 크기는 노이즈 버짓에 할당된 노이즈에 따라 달라진다. 커넥터나 IC 패키지의 선정을 담당하는 엔지니어의 협상 능력에 달려있지만 스위칭 노이즈는 대

체로 신호 스윙의 약 5~10% 이하를 유지해야 할 것이다.

> **TIP**
> 상호 인덕턴스가 충분히 낮은 커넥터나 패키지를 찾는 것이 얼마나 어려운지 알고 있는 협상능력이 뛰어난 신호 무결성 엔지니어는 허용 상호 인덕턴스 사양으로 더 높은 값을 요구할 것이다. 그러면 시스템의 다른 부분에서는 더 엄격한 사양을 필요로 하게 될 것이다.

최대 허용 스위칭 노이즈가 명시되어 있으면, 활성 넷과 비활성 넷 사이의 최대 허용 루프 상호 인덕턴스를 정의할 수 있다. 최대 허용 루프 상호 인덕턴스 값은 다음과 같다.

$$L_m = \frac{V_n}{V_a}(RT \times Z_0) \tag{10.26}$$

여기서

L_m = 활성 루프와 비활성 루프 사이의 루프 상호 인덕턴스
V_n = 비활성 루프의 전압 노이즈
V_a = 활성 루프의 신호 전압
RT = 신호의 상승 시간[즉, 전류가 온(on)이 되는 데 걸리는 시간]
Z_0 = 활성 루프와 비활성 루프에서 신호가 바라보는 특성 임피던스

예를 들어, 다음 값으로 시작해보자.

V_n/V_a = 5%
Z_0 = 50 Ω
RT = 1 nsec

이 예에서 최대 허용 루프 상호 인덕턴스는 2.5 nH이다. 상승 시간이 짧아지면 dI/dt에 의해 더 많은 스위칭 노이즈가 발생하며, 이를 줄이기 위해서는 루프 상호 인덕턴스를 줄여야 한다.

> **TIP**
> 이를 통해 다음과 같은 간단한 경험 규칙을 도출할 수 있다. 두 개의 신호-귀환 경로 사이에서 스위칭 노이즈를 허용 가능한 수준으로 유지하려면, 두 개의 신호-귀환 경로 사이의 루프 상호 인덕턴스는 L_m < 2.5 nH × RT가 되어야 한다. 여기서 RT 단위는 nsec이다.

상승 시간이 0.5 nsec인 경우, 최대 허용 루프 상호 인덕턴스는 1.2 nH가 된다. 상승 시간이 짧아지면 최대 허용 상호 인덕턴스도 감소한다. 이로 인해 커넥터와 패키지 설계가 더욱 어려워진다. 루프 상호 인덕턴스를 감소시키는 세 가지 기본적인 기하학적 특징은 다음과 같다.

1. **루프 길이**: 루프 상호 인덕턴스에 가장 큰 영향을 미치는 항목은 루프의 길이이다. 루프의 길이를 줄이면 상호 인덕턴스가 감소한다. 이 때문에 칩 스케일 패키지처럼 패키지와 커넥터를 가능한 한 짧게 만드는 것이다.

2. **루프 사이 간격**: 간격을 늘리면 루프 상호 인덕턴스가 감소한다. 그러나 신호 경로와 귀환 경로 쌍을 멀리 떨어뜨려 배치하는 데에는 실질적인 한계가 있다.
3. **각 루프의 신호 경로와 귀환 경로 사이의 근접도**: 루프 상호 인덕턴스는 두 루프의 루프 자기 인덕턴스와 관련이 있다. 어느 한 루프의 자기 인덕턴스를 줄이면 두 루프 사이의 상호 인덕턴스도 줄어든다. 신호를 한 루프의 귀환 경로에 더 가깝게 가져가면 임피던스가 감소한다. 일반적으로, 임피던스가 낮은 신호 경로에서는 스위칭 노이즈가 감소한다. 물론 너무 낮은 값을 사용하면 임피던스 불연속과 관련된 새로운 문제들이 발생할 수 있다.

이 분석은 스위칭 노이즈가 두 개의 인접한 신호 경로 사이에서만 발생한다고 가정하였다. 그러나 두 개의 공격자 선로와 하나의 피해자 선로 사이에 상당한 결합이 있는 경우, 피해자 선로의 총 스위칭 노이즈를 동일하게 유지하려면 각 쌍의 공격자-피해자 선로의 상호 인덕턴스를 절반으로 줄여야 한다. 동일한 피해자 선로에 결합하는 공격자 선로가 많을수록 허용 가능한 루프 상호 인덕턴스는 낮아져야 한다.

패키지나 커넥터의 신호 쌍 사이의 루프 상호 인덕턴스가 얼마인지 알고 있다면, 식 (10.26)의 근사식을 사용하여 사용 가능한 최단 상승 시간 또는 사용 가능한 최고 클록 주파수를 곧바로 추정할 수 있다. 예를 들어, 루프 상호 인덕턴스가 2.5 nH일 때 스위칭 노이즈가 5%를 초과하지 않으려면, 두 개의 신호-귀환 경로 사이에만 결합이 있는 경우에 최단 상승 시간은 1 nsec가 된다.

TIP

이것은 간단한 경험 규칙을 제시한다. 스위칭 노이즈에 의해 제한되는 사용 가능한 최단 상승 시간은 $RT > L_m/2.5\ nH$이다. 사용 가능한 최고 클록 주파수는 대략 $10 \times 1/RT = 250\ MHz/L_m$이다. 여기서 클록 주기는 $10 \times RT$라고 가정한다.

예를 들어, 한 쌍의 신호 경로 사이의 루프 상호 인덕턴스가 1 nH인 경우, 최고 동작 클록 주파수는 250 MHz 정도이다. 물론 피해자 선로에 결합할 수 있는 공격자 쌍이 5개이고 각 쌍의 루프 상호 인덕턴스가 모두 1 nH인 경우, 최고 동작 클록 주파수는 250 MHz/5 = 50 MHz로 감소한다. 따라서 신호 경로 사이에 1 nH의 전형적인 루프 상호 인덕턴스를 가진 리드가 달린 패키지들은 최대 클록 동작 주파수가 50 MHz 범위이다.

10.19 크로스토크를 줄이는 방법 요약

크로스토크는 완전히 제거할 수 없으며 감소시킬 수 있을 뿐이다. 크로스토크를 줄이는 일반적인 설계 특징들은 다음과 같다.

1. 신호 트레이스의 간격을 증가시킨다.
2. 귀환 경로로 평면을 사용한다.

3. 결합 길이를 짧게 유지한다.
4. 스트립라인 층에 배선을 한다.
5. 신호 트레이스의 특성 임피던스를 낮춘다.
6. 유전 상수가 낮은 유전체 기판을 사용한다.
7. 패키지와 커넥터에서 귀환 핀을 공유하지 않는다.
8. 두 신호 선로 사이에서 높은 격리도가 중요한 경우, 두 신호 선로를 다른 층에 있는 별개의 귀환면 위에 배선한다.
9. 보호 트레이스는 마이크로스트립 구조에서는 큰 효과를 얻기 어려우므로 스트립라인 구조에서 보호 트레이스를 사용하되 양쪽 끝과 전체 길이을 따라 단락 비아를 추가한다.

TIP

아쉽지만 크로스토크를 줄이는 방법은 불가피하게 시스템 비용을 증가시킨다. 따라서 예상되는 크로스토크를 정확히 예측하여 최저 비용으로 허용 가능한 크로스토크를 달성하기 위한 트레이드오프(trade-off)를 설정하는 것이 중요하다. .

균일 전송선로에서의 크로스토크는 회로 시뮬레이터가 통합된 2D 전자기장 솔버를 사용하여 분석하는 것이 적절하다. 불균일 전송선로 부분에 대해서는, 단일 집중 부분(single lumped section)으로 근사화할 수 있는 경우에는 정적(static) 3D 전자기장 솔버가, 전기적으로 긴 경우에는 전파(full wave) 3D 전자기장 솔버가 적합한 도구이다. 이러한 예측 도구를 사용하면 특정한 특징을 구현하는 데 소요될 것으로 예상되는 비용을 평가할 수 있다.

10.20 핵심 요약

1. 크로스토크는 두 개 이상의 신호–귀환 루프 사이의 용량성 결합 및 유도성 결합과 관련이 있다. 크로스토크는 문제를 일으킬 정도로 충분히 클 수 있다.
2. 인접한 신호 선로 사이의 크로스토크가 가장 낮은 경우는 귀환 경로가 넓은 평면일 때이다. 이 경우에는 용량성 결합이 유도성 결합과 비슷하므로 이 두 가지 항목을 모두 고려해야 한다.
3. 크로스토크는 주로 프린지 전자기장의 결합으로 인해 발생한다. 따라서 크로스토크를 줄이는 가장 중요한 방법은 신호 경로 사이의 간격을 더 멀리 떨어지게 하는 것이다.
4. 신호 경로에 인접해 있는 비활성 선로에서는 근단 노이즈와 원단 노이즈의 파형이 서로 다르게 나타난다. 근단 노이즈는 용량성 결합 전류와 유도성 결합 전류의 합과 관련이 있고 원단 노이즈는 용량성 결합 전류와 유도성 결합 전류의 차와 관련이 있다.
5. 버스에서 최악의 경우 결합 조건에서 근단 노이즈를 5% 이하로 유지하려면 선로 사이의 간격을 적어도 선로 폭의 두 배 이상으로 해주어야 한다.
6. 결합 길이가 상승 시간의 공간적 범위의 절반과 같을 때 때 근단 노이즈는 최댓값에 도달한다.

7. 원단 노이즈는 결합 길이의 지연 시간과 상승 시간의 비율에 비례한다. 선로 사이의 간격이 선로 폭과 같은 두 개의 마이크로스트립 트레이스의 경우, 결합 길이의 지연 시간이 상승 시간과 같으면 원단 노이즈는 4%가 된다.
8. 강하게 결합된 버스에서는 피해자 선로 양쪽의 가장 가까운 공격자 선로만 고려하면 결합 노이즈의 95%를 설명할 수 있다.
9. 스트립라인에는 원단 크로스토크가 발생하지 않는다.
10. 신호 선로 사이에 높은 격리가 필요한 경우에는 신호 선로를 다른 층에 있는 별개의 귀환 평면 위에 배선해야 한다. 같은 층에 인접하게 배선해야 하는 경우에는 보호 트레이스를 갖춘 스트립라인을 사용한다. 이렇게 하면 −160 dB 이상의 격리도를 얻을 수 있다. 단, 비아를 통해 신호가 기준 층(reference layer)을 변경할 때는 접지 바운스 크로스토크에 주의해야 한다.
11. 일부 패키지와 커넥터에서는 상호 인덕턴스가 결합 노이즈를 지배한다. 상승 시간이 짧아지면 신호-귀환 경로 루프 사이에서 허용 가능한 최대 상호 인덕턴스 값도 낮아져야 한다. 이렇게 되면 고성능 부품을 설계하기가 더욱 어려워진다.

복습 문제

10.1 대부분의 일반적인 디지털 시스템에서, 피해자 선로의 크로스토크가 어느 정도면 과도하다고 할 수 있는가?

10.2 신호 스윙이 5 V인 경우, 허용 가능한 크로스토크는 몇 mV인가?

10.3 신호 스윙이 1.2 V인 경우, 허용 가능한 크로스토크는 몇 mV인가?

10.4 크로스토크의 근본 원인은 무엇인가?

10.5 중첩 원리는 무엇이며, 이 원리가 크로스토크 분석에 어떻게 도움을 주는가?

10.6 혼성 신호 시스템에서 필요한 격리도는 얼마인가?

10.7 크로스토크의 두 가지 근본적인 원인은 무엇인가?

10.8 결합(coupling) 현상을 나타내는 등가 회로 모델에 포함되는 소자는 무엇인가?

10.9 신호의 상승 시간이 0.5 nsec이고, 결합 길이가 12 inch인 경우, n개 부분 LC 모델에 필요한 부분의 수는 몇 개인가?

10.10 프린지 전기장과 자기장의 범위를 줄이는 두 가지 방법은 무엇인가?

10.11 활성 선로와 비활성 선로 사이에 전달되는 총 전류가 신호의 상승 시간과 무관한 이유는 무엇인가?

10.12 근단 노이즈의 특징(signature)은 무엇인가?

10.13 마이크로스트립에서 원단 노이즈의 특징은 무엇인가?

10.14 스트립라인에서 원단 노이즈의 특징은 무엇인가?

10.15 강하게 결합된 스트립라인 쌍의 전형적인 근단 크로스토크 계수는 얼마인가?

10.16 두 개의 결합된 마이크로스트립에서 비활성 선로의 원단이 개방되어 있을 때, 비활성 선로의 근단에서 노이즈 특징은 무엇인가?

10.17 활성 선로에서 신호가 상승 에지일 때, 근단 노이즈는 양의 방향이다. 활성 신호가 하강 에지일 때 노이즈 특징은 무엇인가? 활성 선로의 신호가 사각파일 때 노이즈 특징은 무엇인가?

10.18 맥스웰 커패시턴스 행렬의 비대각선 원소들이 음수인 이유는 무엇인가?

10.19 신호의 상승 시간이 0.2 nsec일 때, FR4 인터커넥트에서 근단 크로스토크의 포화 길이는 얼마인가?

10.20 스트립라인에서 용량성 결합 전류와 유도성 결합 전류 중에서 어느 것이 근단 크로스토크를 더 많이 발생시키는가?

10.21 근단 노이즈는 길이와 상승 시간에 따라 어떻게 변하는가?

10.22 마이크로스트립에서 원단 크로스토크는 길이와 상승 시간에 따라 어떻게 변하는가?

10.23 스트립라인에서 원단 노이즈가 없는 이유는 무엇인가?

10.24 근단 크로스토크를 줄이기 위해 조정할 수 있는 세 가지 설계 특징은 무엇인가?

10.25 원단 크로스토크를 줄이기 위해 조정할 수 있는 세 가지 설계 특징은 무엇인가?

10.26 낮은 유전 상수가 크로스토크를 줄이는 이유는 무엇인가?

10.27 두 신호선 사이에 보호 트레이스를 추가하는 경우, 신호선들을 얼마나 멀리 떨어뜨려야 하는가? 트레이스들이 서로 떨어져 있을 때 보호 트레이스를 추가하지 않으면 근단 크로스토크는 어떻게 되는가? 이보다 낮은 크로스토크가 필요한 응용 분야는 무엇인가?

10.28 정말로 높은 격리가 필요한 경우, 보호 트레이스를 사용할 때 가장 높은 격리를 제공하는 구조는 무엇인가? 보호 트레이스는 어떻게 종단 처리를 해야 하는가?

10.29 접지 바운스의 근본 원인은 무엇인가?

10.30 접지 바운스를 줄이기 위한 세 가지 설계 특징을 말하라.

[11] 차동 쌍과 차동 임피던스

차동 쌍(differential pair)은 서로 결합되어 있는 두 개의 전송선로를 말한다. 전송선로 쌍을 사용하는 진정한 가치는 차동 쌍 자체의 특성을 활용하는 것보다는 차동 쌍을 사용하여 차동 신호방식(differential signaling)이라는 특성을 활용하는 데 있다.

차동 신호방식은 두 개의 출력 드라이버를 사용해 두 개의 개별적인 전송선로를 따로따로 구동한다. 한 선로는 한 비트를 전달하고 다른 선로는 그 비트의 보수(complement)를 전달한다. 측정되는 신호는 이 두 선로 사이의 차이이다. 이 차이가 실제 정보를 전달한다.

차동 신호방식은 단일 종단 신호방식(single-ended signaling)에 비해 다음과 같은 여러 가지 장점이 있다.

- 출력 드라이버의 전류 변화율 dI/dt가 단일 종단 드라이버보다 크게 감소하므로 접지 바운스(ground bounce), 레일 붕괴(rail collapse), 잠재적인 전자파장해(EMI)를 줄일 수 있다.
- 수신기의 차동 증폭기는 단일 종단 증폭기보다 더 높은 이득(gain)을 가질 수 있다.
- 강하게 결합된 차동 쌍을 통한 차동 신호의 전파는, 쌍을 이루는 두 전송선로가 공유하는 귀환 경로의 크로스토크와 불연속에 대한 내성이 더욱 강하다.
- 차동 신호를 커넥터나 패키지를 통해 전송하면 접지 바운스와 스위칭 노이즈에 대한 취약성이 줄어든다.
- 차동 신호를 장거리에 걸쳐 전송하는 데 저렴한 트위스티드 페어(twisted-pair, 꼰 도선 쌍) 케이블을 사용할 수 있다.

차동 신호의 가장 큰 문제점은 전자파장해(EMI)를 발생시킬 수 있다는 점이다. 차동 신호가 제대로 평형(balance)[1]을 이루고 있지 않거나 필터링이 되지 않은 상황에서 공통 신호 성분

1 (옮긴이) 평형(balance)이란 차동 쌍을 이루는 두 전송선로에서 공통 귀환면을 기준으로 두 신호 선로가 물리적 구조는 물론 전기적 특성까지 서로 동일한 상태를 말한다.

(common signal component)이 존재하면 외부의 트위스티드 페어 케이블을 따라 전송되는 실제 차동 신호가 EMI 문제를 일으킬 수 있다.

두 번째 단점은 차동 신호를 전송하는 데 단일 종단 신호를 전송하는 경우보다 두 배 많은 신호 선로가 필요하다는 것이다. 세 번째 단점은 차동 쌍에 대해서 새롭게 이해해야 할 원리와 중요한 설계 지침이 많이 있다는 것이다. 직관적인 이해가 어려운 차동 쌍의 효과들로 인해, 산업계에는 차동 쌍이 설계를 불필요하게 복잡하게 만들고 혼란을 일으킨다는 등 많은 오해가 있었다.

10년 전에는 제작된 회로 기판 중 50% 이하가 제어된 임피던스 인터커넥트를 가졌다. 지금은 이 수치가 90% 이상으로 증가했다. 현재 제작된 기판 중 50% 이하에서 차동 쌍을 사용하고 있지만, 앞으로 몇 년 안에는 이 비율이 90%를 넘을 수도 있다.

11.1 차동 신호 전송방식

차동 신호는 SCSI(Small Computer System Interface, 소형 컴퓨터 시스템 인터페이스) 버스, 이더넷(Ethernet), USB, 그리고 OC-48, OC-192, OC-768과 같은 다양한 통신 OC(Optical Carrier, 광 캐리어) 프로토콜, 모든 고속 직렬 프로토콜에 광범위하게 사용되고 있다. 특히 인기 있는 신호 방식은 LVDS(Low Voltage Differential Signal, 저전압 차동 신호)이다.

신호 전압을 살펴볼 때는 전압을 측정하는 위치를 정확히 파악하는 것이 중요하다. 드라이버가 전송선로에 신호를 구동하면 전송선로에는 신호가 존재하게 되는데, 이 신호는 신호 도체와 귀환 경로 도체 사이의 전압으로 측정된다. 이 신호를 일반적으로 단일 종단 전송선로 신호라고 부른다. 차동 쌍을 두 개의 드라이버가 구동하면, 두 전송선로에 각각 존재하는 단일 종단 신호(single-ended signal) 이외에도 두 신호 선로 사이에는 전압 차이가 존재한다. 이 전압 차이가 바로 차동 신호(differential signal)이다. [그림 11-1]은 차동 쌍에서 이 두 종류의 신호가 측정되는 방식을 보여주고 있다.

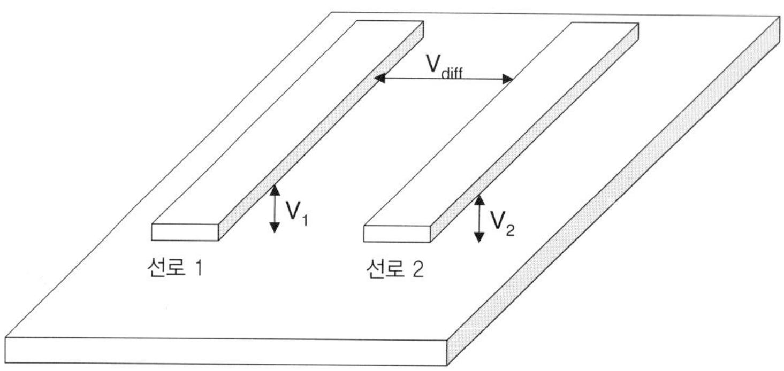

그림 11-1 단일 종단 신호는 신호 도체와 귀환 도체 사이에서 측정된다. 차동 신호는 차동 쌍을 구성하는 두 신호 선로 사이에서 측정된다.

LVDS에서는 한 비트의 정보를 구동하기 위해 두 개의 출력 핀이 사용된다. 두 핀에서 나오는 신호는 모두 1.125 V에서 1.375 V 사이의 전압 스윙을 가진다. 각 신호는 저마다 별도의 전송선로를 구동한다. 각 전송선로의 신호 경로와 귀환 경로 사이의 단일 종단 전압은 [그림 11-2]에 나와 있다.

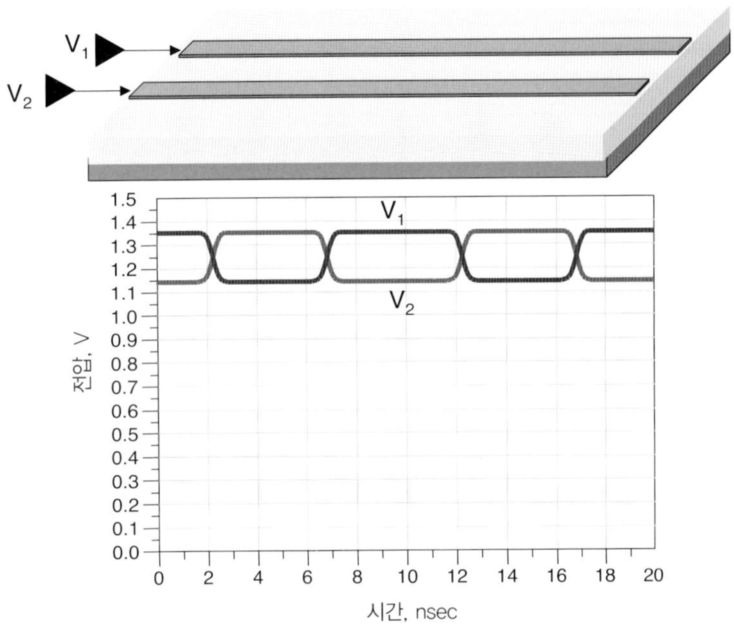

그림 11-2 대표적인 차동 신호방식인 LVDS의 신호 파형

수신기 끝에서 1번 선로의 신호 선로와 귀환 경로 사이에서 측정한 전압은 V_1이고, 2번 선로의 신호 선로와 귀환 경로 사이에서 측정한 전압은 V_2이다. 차동 전압은 두 선로에 나타나는 전압의 차이로, 다음 식으로 정의된다.

$$V_{diff} = V_1 - V_2 \tag{11.1}$$

여기서

V_{diff} = 차동 신호

V_1 = 귀환 경로에 대한 1번 선로의 신호

V_2 = 귀환 경로에 대한 2번 선로의 신호

정보를 전달할 목적으로 전송하는 차동 신호(differential signal) 외에 어느 정도의 공통 신호(common signal)가 존재할 수 있다. 공통 신호는 두 선로에 나타나는 전압의 평균으로, 다음 식으로 정의된다.

$$V_{comm} = \frac{1}{2}(V_1 + V_2) \tag{11.2}$$

여기서

V_{comm} = 공통 신호

V_1 = 귀환 경로에 대한 1번 선로의 신호

V_2 = 귀환 경로에 대한 2번 선로의 신호

TIP

이러한 차동 신호와 공통 신호의 정의는 모든 신호에 보편적으로 적용된다. 임의의 신호가 두 개의 전송선로에 발생하면 항상 공통 신호 성분과 차동 신호 성분의 조합으로 완전하고 유일하게 나타낼 수 있다.

공통 신호와 차동 신호가 주어지면 귀환면에 대한 각 선로의 단일 종단 전압은 다음 식으로 구할 수 있다.

$$V_1 = V_{comm} + \frac{1}{2} V_{diff} \tag{11.3}$$

$$V_2 = V_{comm} - \frac{1}{2} V_{diff} \tag{11.4}$$

여기서

V_{comm} = 공통 신호

V_{diff} = 차동 신호

V_1 = 귀환 경로에 대한 1번 선로의 신호

V_2 = 귀환 경로에 대한 2번 선로의 신호

LVDS에서는 차동 신호 성분과 공통 신호 성분이 모두 존재한다. 이 두 신호 성분이 [그림 11-3]에 표시되어 있다. 차동 신호는 −0.25 V에서 +0.25 V 사이에서 스윙을 한다. 차동 신호는 0.5 V의 전압 변화를 가지면서 전송선로를 통해 전파된다. 차동 신호의 크기는 일반적으로 피크대 피크 값으로 나타낸다.

공통 신호 성분도 있다. 평균값인 공통 신호 성분은 1.25 V로 차동 신호 성분보다 2배 이상 크다.

TIP

LVDS는 차동 신호라고 부르지만 매우 크고 일정한 공통 신호 성분을 가지고 있다.

LVDS를 차동 신호라고 부르지만 사실 그것은 정확하지 않다. LVDS는 차동 성분을 가지지만, 매우 큰 공통 성분도 함께 가지고 있다. 따라서 LVDS는 순수한 차동 신호가 아니다. 이상적 조건에서 공통 신호는 일정하다. 일반적으로 공통 신호에는 정보가 들어있지 않으며 신호 무결성이나 시스템의 성능에는 영향을 미치지 않는다.

하지만 앞으로 보게 되겠지만 아쉽게도 인터커넥트의 물리적 설계에 아주 작은 변화만 있어도 공통 신호 성분에 변화가 생길 수 있다. 이 변화하는 공통 신호 성분은 다음과 같은 두 가지 중요한 문제를 일으킬 수 있다.

1. 공통 신호의 값이 너무 커지면, 차동 수신기의 입력 증폭기가 포화되어 차동 신호를 정확하게 인식하지 못할 수 있다.
2. 변화하는 공통 신호가 어떻게 해서 트위스티드 페어 케이블에 들어가면 과도한 전자파장해(EMI)를 발생시킬 수 있다.

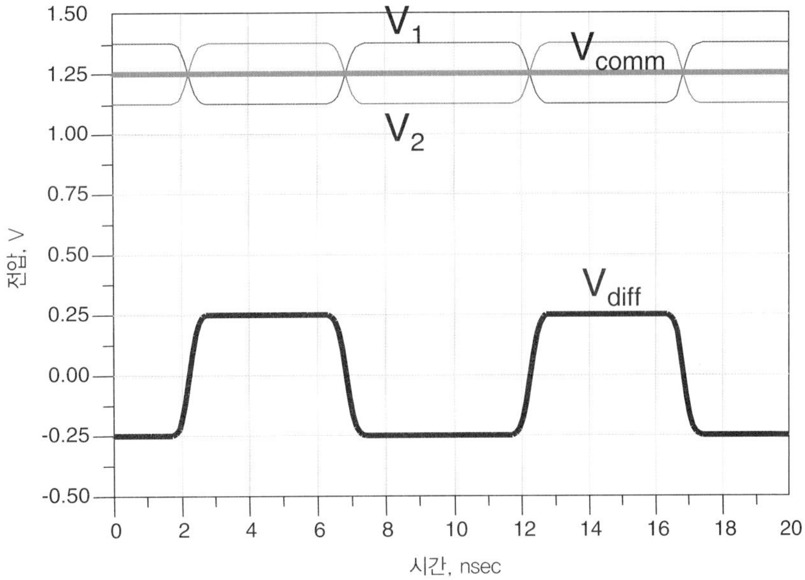

그림 11-3 LVDS의 공통 신호 성분과 차동 신호 성분. 이론적으로 일정하고 큰 공통 신호 성분이 있다는 것을 주목하라.

> **TIP**
>
> '차동(differential)'과 '공통(common)'이라는 용어는 항상 신호의 특성만을 나타내며 절대로 차동 전송선로 쌍 자체의 특성을 나타내지 않는다. 이 용어의 잘못된 사용은 산업계에서 혼란을 일으키는 주요 원인 중 하나이다.

11.2 차동 쌍

차동 쌍을 구성하는 데 필요한 것은 두 개의 전송선로뿐이다. 여기서 단순한 단일 종단 전송선로라도 차동 쌍을 구성하는 전송선로가 되기에 충분하다. 이 두 전송선로를 합쳐서 **차동 쌍**이라 부른다. 원칙적으로 어떠한 두 개의 전송선로라도 차동 쌍을 형성할 수 있다.

단일 종단 전송선로가 다양한 단면을 가질 수 있는 것처럼, 차동 쌍 전송선로 역시 여러 가지 형태의 단면을 가질 수 있다. [그림 11-4]는 가장 널리 사용되는 형태의 단면들을 보여준다.

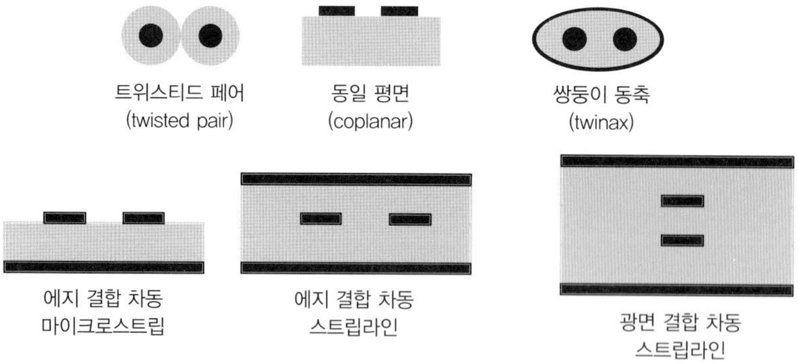

그림 11-4 차동 쌍 전송을 위해 가장 널리 사용되는 단면 예시들

원칙적으로 어떠한 두 개의 전송선로도 차동 쌍을 형성할 수 있지만, 광대역 차동 신호를 전송하는 성능을 최적화하기 위해서 차동 쌍을 구성하는 전송선로는 다음의 다섯 가지 특성을 갖추어야 한다.

1. 차동 쌍에서 가장 중요한 특성은 전체 길이에 걸쳐 일정한 단면을 가지고, 차동 신호에 일정한 임피던스를 제공하는 것이다. 이렇게 하면 차동 신호의 반사와 왜곡을 최소화할 수 있다.
2. 두 번째로 중요한 특성은 각 선로의 시간 지연이 일치하여 차동 신호의 에지가 급격하고 명확해야 한다는 것이다. 두 선로 사이의 시간 지연 차이, 즉 스큐(skew)는 차동 신호의 왜곡을 초래하며, 차동 신호의 일부를 공통 신호로 변환한다.
3. 두 전송선로는 완벽하게 같아야 한다. 두 선로의 폭과 유전체 간격이 서로 같아야 하는데, 이 특성을 두 선로 사이의 대칭성(symmetry)이라고 한다. 어느 한 선로에만 시험용 패드(test pad)가 있거나, 한 선로는 폭이 좁아지는 부분이 있지만 다른 선로는 없는 등 어떤 비대칭도 차동 신호를 공통 신호로 변환한다.
4. 한 쌍의 선로는 길이가 서로 같아야 한다. 두 선로의 전체 길이가 서로 정확히 같아야 지연 시간을 동일하게 유지하고 왜곡을 최소화할 수 있다.
5. 두 선로 사이에 결합이 필수적이지는 않지만, 결합이 없으면 노이즈에 대한 내성이 크다는 차동 쌍의 강점이 대부분 사라질 수 있다. 두 신호 선로 사이에 결합이 있으면 차동 쌍은 단일 종단 전송선로보다 다른 활성 넷으로부터 전달되는 접지 바운스 노이즈에 더 강하다. 결합이 클수록 차동 신호는 불연속과 결함에 더 강하다.

[그림 11-5]는 차동 전송선로 쌍에서 전파하는 차동 신호의 예를 보여준다. 이 예에서 한 선로의 신호는 0 V에서 1 V로 전이하고, 다른 선로의 신호는 1 V에서 0 V로 전이하고 있다. 이 두 신호가 한 쌍을 이루어 전송선로를 따라 전파되면서 각 선로에는 그림에 표시된 전압 분포가 나타난다.

물론 이 한 쌍의 신호를 차동 신호라고 부르지만, 실제로는 순수한 차동 신호가 아니라 0.5 V의 큰 공통 신호 성분을 포함하고 있다. 그러나 이 공통 신호는 변화 없이 일정하므로 이를 무시하고 차동 성분에만 집중할 것이다.

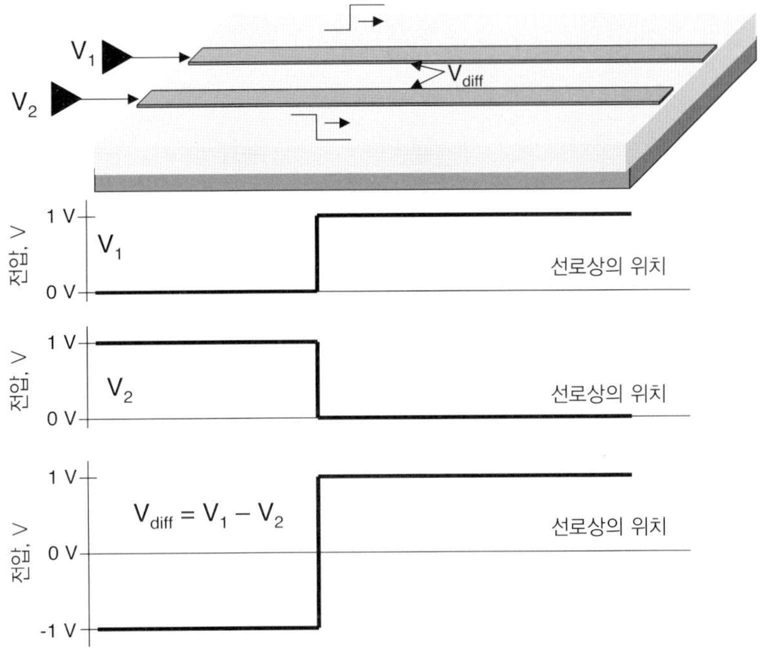

그림 11-5 각 선로를 따라 전파하는 신호와 두 선로 사이에서 차동 신호를 갖는 차동 쌍

각 전송선로의 전압 V_1과 V_2가 주어지면 차동 전압은 $V_{diff} = V_1 - V_2$의 정의에 따라 쉽게 계산할 수 있다. 차동 쌍을 따라 전파되는 순수한 차동 신호 성분이 그림에 표시되어 있다. 각 단일 종단 전송선로에서 신호가 0 V에서 1 V로 전이하고 있는 경우, 차동 신호는 2 V의 전이 폭으로 스윙을 하며 인터커넥트를 따라 전파된다. 이와 동시에 선로 전체를 따라 공통 신호 성분인 $1/2 \times (V_1 + V_2) = 0.5$ V의 일정한 전압이 존재한다.

> **TIP**
> 차동 쌍의 가장 중요한 전기적 특징은 차동 신호가 바라보는 임피던스이다. 이 임피던스를 차동 임피던스(differential impedance)라고 한다.

11.3 결합이 없는 경우의 차동 임피던스

차동 신호가 바라보는 임피던스, 즉 차동 임피던스는 차동 신호의 전압을 차동 신호의 전류로 나눈 비율이다. 이 정의는 차동 임피던스 계산의 기초이다. 차동 임피던스를 이해하기 어렵게 만드는 부분은 차동 신호의 전압과 전류를 정확하게 알아내는 것이다.

분석하기 가장 간단한 상황은 차동 쌍을 이루는 두 선로 사이에 결합이 없는 경우이다. 이 경우에서 차동 임피던스를 구해본 다음, 결합이 있을 때 그 결합이 차동 임피던스에 어떤 영향을 주는지 살펴볼 것이다.

결합을 최소화하기 위해, 두 전송선로가 서로 멀리 떨어져 있다고 가정한다. 즉, 두 전송선로의 간격이 선로 폭의 두 배 이상 떨어져 있어 서로 상호작용을 거의 하지 않으며 각 전송선로의 단일 종단 특성 임피던스는 $Z_0 = 50\ \Omega$으로 가정한다. 한 신호 트레이스로 들어가서 귀환 경로로 나오는 전류는 다음과 같다.

$$I_{one} = \frac{V_{one}}{Z_0} \tag{11.5}$$

여기서

I_{one} = 신호 선로에 들어가서 귀환 경로로 나오는 전류

V_{one} = 신호 선로와 그 귀환 경로 사이의 전압

Z_0 = 신호 선로의 단일 종단 특성 임피던스

예를 들어, 한 선로에 0 V에서 1 V로 변하는 신호가 인가되고 동시에 다른 선로에 1 V에서 0 V로 변하는 신호가 인가되면, 각 선로에는 전류 루프가 발생한다. 첫 번째 선로에는 $I = 1\ V/50\ \Omega = 20\ mA$의 전류가 신호 도체를 따라 흘러 내려가서 귀환 경로를 통해 흘러나온다. 두 번째 선로에도 20 mA의 전류 루프가 생기지만, 여기서는 이 전류가 귀환 도체로 흘러들어가서 신호 도체로 올라가 흐르다가 신호 도체 밖으로 흘러나온다.

선로를 따라 전파되는 차동 신호 전이(transition)가 두 신호 선로 도체 사이의 차동 신호이다. 이 차동 신호의 스윙은 각 선로의 전압의 두 배인 $2 \times V_{one}$이다. 따라서 이 예에서는 한 쌍의 신호 선로를 따라 2 V의 폭으로 전이하는 차동 신호가 전파한다. 이와 동시에 두 개의 신호 선로 도체를 보면 한 신호 도체로 들어가 다른 신호 도체로 나오는 20 mA의 전류 루프가 있는 것으로 볼 수 있다.

임피던스의 정의에 따르면 차동 신호가 바라보는 임피던스는 다음과 같다.

$$Z_{diff} = \frac{V_{diff}}{I_{one}} = \frac{2 \times V_{one}}{I_{one}} = 2 \times \frac{V_{one}}{I_{one}} = 2 \times Z_0 \tag{11.6}$$

여기서

Z_{diff} = 차동 신호가 바라보는 임피던스인 차동 임피던스

V_{diff} = 차동 신호의 전이 전압 폭

I_{one} = 한 신호 선로로 들어가서 귀환 경로로 나오는 전류

V_{one} = 신호 선로와 그 귀환 경로 사이의 전압

Z_0 = 신호 선로의 단일 종단 특성 임피던스

차동 임피던스는 각 선로의 단일 종단 특성 임피던스의 두 배가 된다. 이렇게 되는 이유는 두 선로 사이의 전압은 어느 한 선로와 그 귀환 경로 사이의 전압의 두 배이고, 한 신호 선로로 들어가서 다른 신호 선로로 나오는 전류는 동일하기 때문이다. 두 선로의 단일 종단 임피

던스가 각각 50 Ω인 경우, 이 두 선로의 차동 임피던스는 2 × 50 Ω = 100 Ω이 된다.

차동 신호가 차동 쌍을 따라 전파되어 수신기가 있는 끝에 도달하면, 차동 신호가 바라보는 그 끝의 임피던스는 매우 높으므로 차동 신호는 소스로 다시 반사된다. 이러한 반사가 차동 쌍의 양 끝에서 되풀이해서 일어나면 신호 품질 노이즈 문제를 일으킨다. [그림 11-6]은 차동 쌍의 끝에 나타나는 차동 신호를 시뮬레이션으로 구한 예이다. 차동 신호 파형에 나타나는 링잉(ringing)은 드라이버의 낮은 임피던스와 선로 끝의 높은 임피던스 사이에서 차동 신호가 여러 번 반사되어 발생한 것이다.

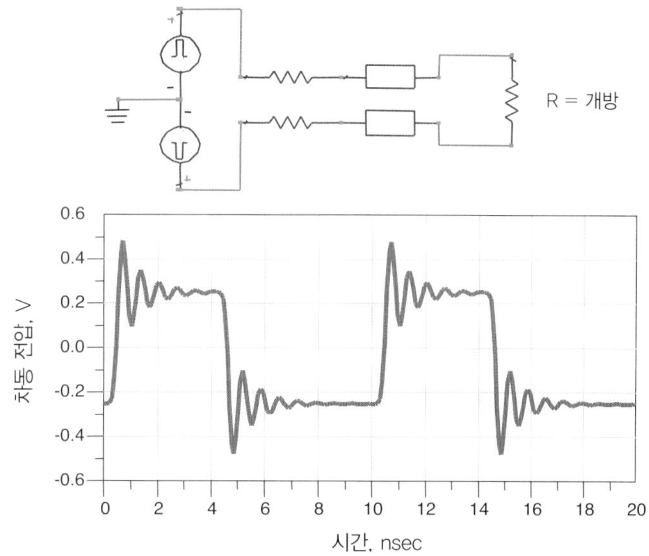

그림 11-6 차동 회로에 연결된 인터커넥트가 종단되지 않고 개방되어 있을 때 차동 쌍의 원단에 수신된 신호. 이 차동 쌍에는 결합이 없다. Agilent ADS로 시뮬레이션

반사를 제어하는 한 방법은 차동 신호가 바라보는 임피던스와 일치하는 종단 저항기를 차동 선로 쌍의 끝에 추가하는 것이이다. 이때 종단 저항기의 저항값은 $R_{term} = Z_{diff} = 2 \times Z_0$이어야 한다. 차동 신호가 선로 끝에 연결된 종단 저항기를 만나면, 차동 쌍을 따라가며 보았던 임피던스와 동일한 임피던스를 보게 되므로 반사가 일어나지 않는다. [그림 11-7]은 두 신호 선로 사이에 100 Ω의 차동 종단 저항기가 연결된 상태에서 시뮬레이션으로 구한 수신 차동 신호를 보여준다.

차동 임피던스는 직렬로 연결된 두 개의 단일 종단 선로의 등가 임피던스로 생각할 수도 있다. 이를 [그림 11-8]에 나타내었다. 각 드라이버가 선로의 앞쪽을 들여다보면 각 드라이버가 바라보는 순시 임피던스는 선로의 특성 임피던스인 Z_0이다. 두 신호 선로 사이의 순시 임피던스는 각 선로의 신호 선로와 귀환 경로 사이의 임피던스가 서로 직렬로 연결된 것과 같다. 두 신호 선로의 등가 임피던스, 다시 말해 차동 임피던스는 각 선로의 임피던스의 직렬 조합이다.

$$Z_{diff} = Z_0 + Z_0 = 2 \times Z_0 \tag{11.7}$$

여기서

Z_{diff} = 두 신호 선로 사이의 등가 임피던스인 차동 임피던스

Z_0 = 각 선로의 신호 선로와 귀환 경로 사이의 임피던스

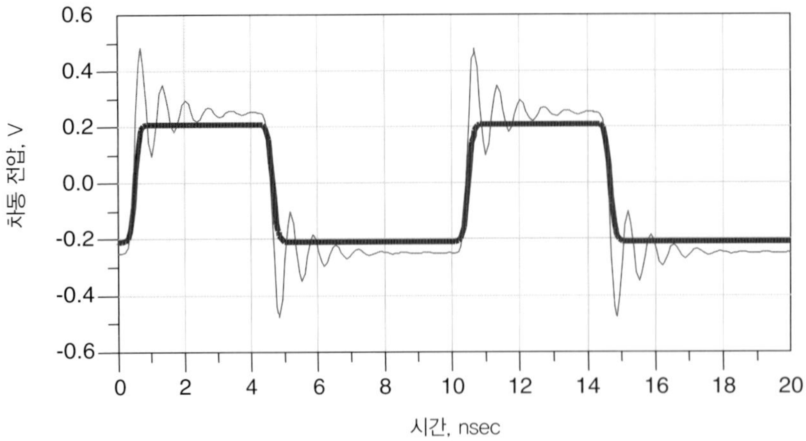

그림 11-7 인터커넥트가 종단되어 있을 때 차동 쌍의 원단에 수신된 차동 신호. 이 차동 쌍에는 결합이 없다. Agilent ADS로 시뮬레이션

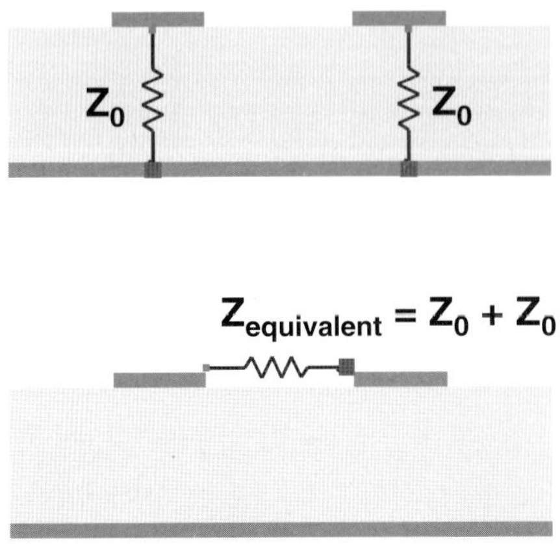

그림 11-8 차동 쌍에서 각 선로의 신호 선로와 귀환 경로 사이의 임피던스(상단)와 두 신호 선로 사이의 등가 임피던스(하단)

신경을 써야 할 것이 결합이 없는 전송선로의 차동 임피던스뿐이라면 필요한 것은 모두 다루었다. 이 경우 차동 쌍의 차동 임피던스는 항상 각 드라이버가 바라보는 각 선로의 단일 종단 임피던스의 두 배이다. 그러나 실제 세계에서는 두 가지 중요한 요소가 현실을 복잡하게 만든다. 첫째는 두 선로 사이의 결합으로 인한 영향이고, 둘째는 공통 신호의 역할, 발생, 제어이다.

11.4 결합의 영향

두 개의 스트립라인 트레이스가 점점 더 가까워지면, 각 트레이스의 프린지 전기장과 자기장이 서로 겹쳐지고 트레이스 사이의 결합이 증가하게 된다. 결합은 길이당 상호 커패시턴스 C_{12}와 길이당 상호 인덕턴스 L_{12}로 나타낼 수 있다. (별도로 언급하지 않는 한, 커패시턴스 행렬 원소는 항상 SPICE 커패시턴스 행렬 원소이며 맥스웰 커패시턴스 행렬 원소가 아니다. 이들 항목에 대해서는 10장 "전송선로의 크로스토크"에서 소개하였다.)

두 트레이스가 서로 가까이 접근하면 C_{11}과 C_{12}가 모두 변화한다. 신호 선로 1과 그 귀환 경로 사이의 일부 프린지 전기장을 인접한 트레이스가 가로채므로 C_{11}은 감소하는 반면에 C_{12}는 증가한다. 그러나 선로 1의 장하 커패시턴스(loaded capacitance)인 $C_L = C_{11} + C_{12}$는 그다지 많이 변하지 않는다. [그림 11-9]는 두 개의 스트립라인 트레이스의 등가 커패시턴스 회로와, 트레이스 간격에 따른 C_{11}, C_{12}, 그리고 C_L의 변화를 보여준다. 이 예에서 두 스트립라인 트레이스의 유전체는 FR4이고 트레이스 폭은 5 mil, 특성 임피던스는 50 Ω이다.

TIP

유의할 점은, 커패시턴스 행렬 원소와 인덕턴스 행렬 원소로 나타내는 결합은 도체에 인가하는 전압과는 상관이 없다는 것이다. 이는 전적으로 도체 집합의 구조와 물질 특성과 관련이 있다.

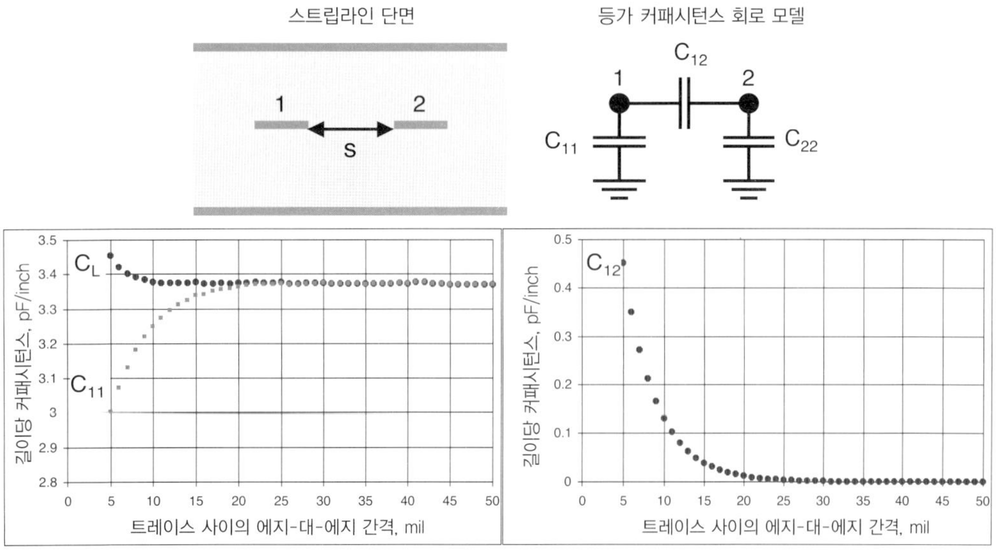

그림 11-9 트레이스 간격에 따른 길이당 장하 커패시턴스(C_L)와 길이당 SPICE 대각선 커패시턴스(C_{11})의 변화. 결합 커패시턴스(C_{12})의 변화도 함께 나타나 있다. Ansoft의 SI2D로 시뮬레이션

두 트레이스가 서로 가까워지면 L_{11}과 L_{12}가 모두 변화한다. 인접한 트레이스에서 발생하는 소용돌이 전류(eddy current)로 인해 L_{11}은 아주 조금(트레이스 간격이 최소일 때 1% 미만) 감소하는 반면에 L_{12}는 증가한다. 이는 [그림 11-10]에서 확인할 수 있다.

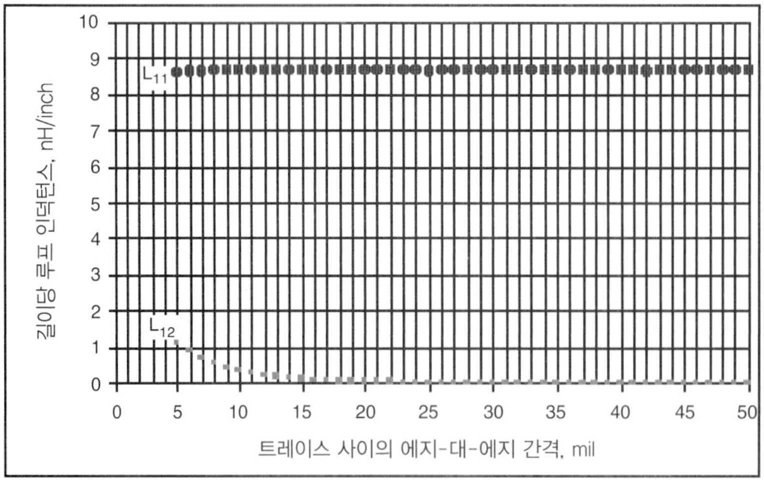

그림 11-10 트레이스 간격에 따른 길이당 루프 자기 인덕턴스(L_{11})와 길이당 루프 상호 인덕턴스(L_{12})의 변화. Ansoft의 SI2D로 시뮬레이션

두 트레이스가 가까워질수록 결합이 증가한다. 그러나 간격이 선로 폭과 동일한 최소 간격에서조차 상대 결합 C_{12}/C_L 또는 L_{12}/L_{11}의 최댓값은 15% 이하이다. 트레이스 간격이 트레이스 폭 5 mil의 3배인 15 mil 이상이면 상대 결합은 무시할 수 있는 수준인 1%로 떨어진다. [그림 11-11]은 트레이스 간격에 따른 상대 용량성 결합과 상대 유도성 결합의 변화를 보여준다.

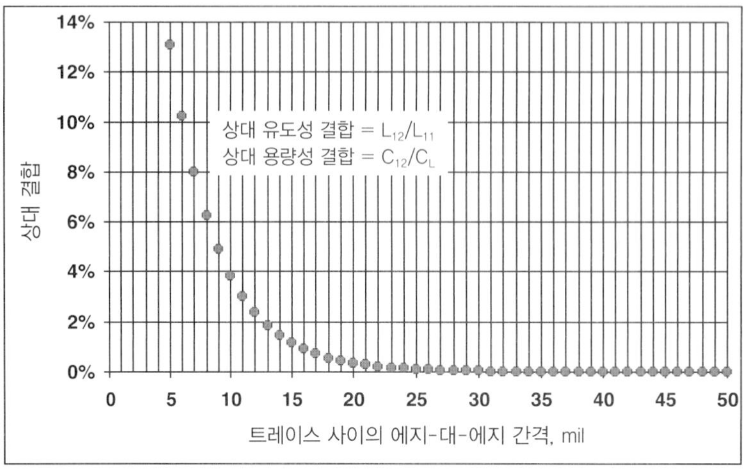

그림 11-11 FR4에서 트레이스 폭이 5 mil이고 특성 임피던스가 50 Ω인 두 개의 스트립라인 트레이스 사이의 간격에 따른 상대 결합 커패시턴스와 상대 결합 인덕턴스의 변화. 스트립라인과 같이 균질한 유전체 구조에서 상대 결합 커패시턴스와 상대 결합 인덕턴스는 동일하다. Ansoft의 SI2D로 시뮬레이션

두 선로가 서로 멀리 떨어져 있을 때, 첫 번째 선로의 특성 임피던스는 두 번째 선로와는 전혀 관련이 없다. 다음 식에서 보듯이 특성 임피던스는 C_{11}에 반비례한다.

$$Z_0 \sim \frac{1}{C_{11}} \tag{11.8}$$

여기서

Z_0 = 선로의 특성 임피던스

C_{11} = 신호 선로와 귀환 경로 사이의 커패시턴스

두 선로가 서로 가까워질 때, 첫 번째 선로(선로 1)의 특성 임피던스는 두 번째 선로(선로 2)에 의해 영향을 받는다. 이를 '근접 효과(proximity effect)'라고 한다. 선로 2가 귀환 경로에 연결되어 있고(즉 선로 2에는 0 V가 인가되고) 선로 1만 구동되는 경우, 선로 1의 임피던스는 선로 1의 커패시턴스는 물론 선로 1과 선로 2 사이의 커패시턴스까지 포함하는 선로 1의 장하 커패시턴스에 따라 달라진다. 구동되는 선로의 특성 임피던스는 구동되는 부분의 길이당 커패시턴스와 관련이 있다.

$$Z_0 \sim \frac{1}{C_{11}+C_{12}} = \frac{1}{C_L} \tag{11.9}$$

여기서

Z_0 = 선로의 특성 임피던스

C_{11} = 신호 선로와 귀환 경로 사이의 길이당 커패시턴스

C_{12} = 두 인접한 신호 선로 사이의 길이당 커패시턴스

C_L = 한 선로의 길이당 장하 커패시턴스

두 트레이스가 서로 가까워질수록, 선로 1의 단일 종단 임피던스는 감소하지만 그 감소량은 미미하다(1% 미만). [그림 11-12]는 두 트레이스가 가까워질 때 선로 1의 단일 종단 특성 임피던스가 어떻게 변하는지 보여준다. 선로 2가 0 V로 고정되어 있을 때 두 트레이스가 서로 가까워져도 단일 종단 특성 임피던스는 거의 변하지 않는다.

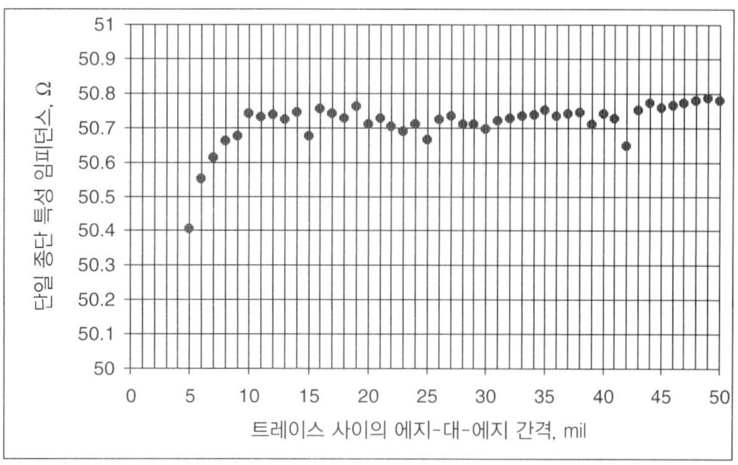

그림 11-12 선로 2가 귀환 경로에 단락되어 있을 때 트레이스 간격에 따른 선로 1의 단일 종단 특성 임피던스 변화. 두 트레이스 FR4를 사용한 50 Ω 스트립라인으로 폭은 5 mil이다. 0.05 Ω 정도의 작은 변동은 시뮬레이션 도구의 수치 노이즈 때문이다. Ansoft의 SI2D로 시뮬레이션

이번에는 선로 2도 구동되는 경우를 가정해보자. 이때 선로 2의 신호는 선로 1의 신호와 반대라고 가정하면 선로 1의 신호가 0 V에서 1 V로 증가할 때 선로 2의 신호는 같은 시간 동안에 0 V에서 −1 V로 떨어진다. 선로 1의 드라이버가 작동을 시작하면, 이는 선로 1과 귀환 경로 사이의 dV_{11}/dt로 인해 C_{11} 커패시턴스를 통해 전류가 구동된다. 또한 선로 1과 선로 2 사이의 전압 변화 dV_{12}/dt로 인해 선로 1에서 선로 2로 전류가 흐르게 된다. 선로 1과 선로 2 사이의 전압은 선로 1과 그 귀환 경로 사이의 전압 변화의 두 배이다($V_{12} = 2 \times V_{11}$).

한 신호 선로로 흘러 들어가는 전류는 다음 식으로 주어진다.

$$I_{one} = v \times RT \times \left(C_{11} \frac{dV_{11}}{dt} + C_{12} \frac{dV_{12}}{dt} \right) \sim C_{11} V_{one} + 2C_{12} V_{one} = V_{one} \left(C_L + C_{12} \right) \qquad (11.10)$$

여기서

I_{one} = 한 선로로 들어가는 전류
v = 신호 선로를 따라 이동하는 신호의 전파 속도
C_{11} = 신호 선로와 귀환 선로 사이의 길이당 커패시턴스
V_{11} = 신호 선로와 귀환 선로 사이의 전압
C_{12} = 두 신호 선로 사이의 길이당 커패시턴스
V_{12} = 두 신호 선로 사이의 전압
V_{one} = 신호 선로와 귀환 경로 사이의 전압 변화
RT = 신호의 상승 시간

두 선로가 서로 반대 방향으로 전이하는 신호에 의해 구동되므로 드라이버로부터 선로 1로 들어가서 귀환 경로로 나가는 전류는 단일 종단 선로의 높은 커패시턴스를 구동하기 위해 증가한다.

TIP

동일한 인가 전압에 대해 전류가 증가하면, 드라이버가 바라보는 입력 임피던스는 감소한다. 따라서 선로 2가 반대 방향으로 전이하는 신호로 구동되는 선로의 특성 임피던스는 감소한다.

첫 번째 선로(선로 1)의 신호와 똑같은 신호로 두 번째 선로(선로 2)를 구동한다고 가정하자. 이 경우 두 신호 선로 사이에는 전압 차이가 없고 선로 1의 드라이버는 커패시턴스 C_{11}만을 보게 되므로 선로 1이 구동하는 커패시턴스가 줄어든다. 따라서 선로 1과 동일한 전압으로 두 번째 선로를 구동하면 선로 1로 들어가는 전류는 다음과 같다.

$$I_{one} = v \times RT \times \left(C_{11} \frac{dV_{11}}{dt} \right) \sim C_{11} V_{one} = V_{one} \left(C_L - C_{12} \right) \qquad (11.11)$$

여기서

I_{one} = 한 선로로 들어가는 전류

v = 신호 선로를 따라 이동하는 신호의 전파 속도
C_{11} = 신호 선로와 귀환 선로 사이의 길이당 커패시턴스
V_{11} = 신호 선로와 귀환 선로 사이의 전압
C_{12} = 두 신호 선로 사이의 길이당 커패시턴스
V_{one} = 신호 선로와 귀환 경로 사이의 전압 변화
RT = 신호의 상승 시간

한 선로의 특성 임피던스는 다른 선로가 근접해 있는 경우에는 고유한 값이 아니라는 것을 알 수 있다. 이 값은 다른 선로가 어떻게 구동되는지에 따라 달라진다. 인접한 두 번째 선로가 접지로 고정된 경우, 임피던스는 결합이 없는 단일 종단 임피던스에 가까운 값이 된다. 두 번째 선로가 첫 번째 선로와 반대 방향으로 스위칭을 하게 되면, 첫 번째 선로의 임피던스는 낮아진다. 반면에 두 번째 선로가 첫 번째 선로와 동일하게 스위칭을 한다면, 첫 번째 선로의 임피던스는 높아진다. [그림 11-13]은 이 세 가지 경우에 대해 첫 번째 선로의 특성 임피던스가 어떻게 변하는지 보여준다.

이 결과는 매우 중요하다. 단일 종단 신호만을 다룰 때는, 전송선로를 나타내는 임피던스가 하나뿐이었다. 하지만 한 선로가 다른 선로와 쌍을 이루고 있고 그 선로와의 결합이 있는 경우에는 이제 세 가지 서로 다른 임피던스를 사용하여 선로의 특성을 나타낼 수 있다. 따라서 한 쌍의 전송선로의 "임피던스"를 언급할 때는 세 가지 임피던스 중에서 어떤 것인지 나타낼 수 있도록 임피던스에 새로운 이름을 붙여야 한다. 이 장의 뒷부분에서는 홀수 모드 임피던스와 짝수 모드 임피던스라는 용어를 사용하여 차동 쌍의 특성을 모호함이 없이 명확하게 설명한다.

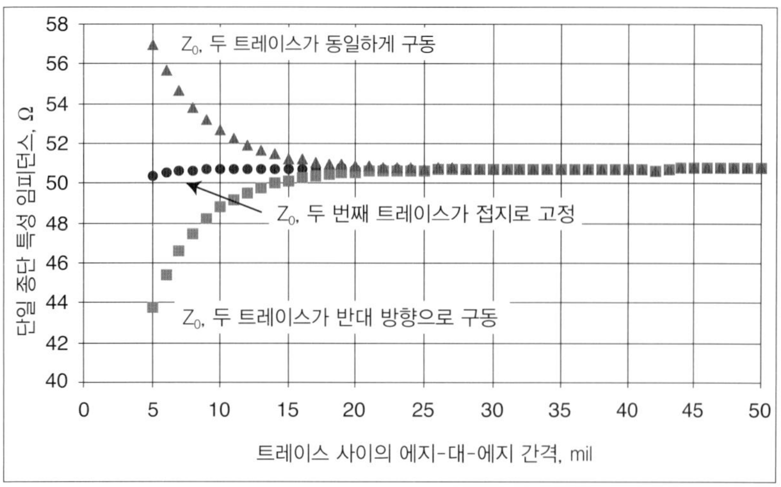

그림 11-13 두 번째 선로의 세 가지 조건-접지로 고정, 첫 번째 선로(선로 1)와 반대 방향으로 스위칭, 동일하게 스위칭-에 대해, 선로 간격에 따른 선로 1의 특성 임피던스의 변화. 트레이스는 FR4로 만든 폭이 5 mil인 50 Ω 스트립라인으로 가정, Ansoft의 SI2D로 시뮬레이션

TIP

트레이스 사이의 간격이 트레이스의 폭의 세 배보다 가까우면 첫 번째 트레이스의 특성 임피던스는 인접한 트레이스의 존재에 의해 영향을 받는다. 이때 인접한 트레이스가 얼마나 가까운지는 물론이고 트레이스가 어떤 신호로 구동되는지도 고려해야 한다.

차동 신호는 두 선로 각각에서 반대 방향으로 신호를 구동한다. 앞서 살펴본 바와 같이 한 쌍의 선로가 차동 신호로 구동되면, 두 선로 사이의 결합으로 인해 각 선로의 임피던스가 감소한다.

차동 신호가 차동 쌍을 따라 이동할 때, 차동 신호가 바라보는 임피던스는 각 선로의 신호 선로와 그 귀환 경로 사이의 임피던스의 직렬 조합이다. 결합이 있는 선로 쌍의 차동 임피던스는 각 선로의 특성 임피던스의 두 배라는 사실에는 변함이 없지만 각 선로의 특성 임피던스 자체가 결합으로 인해 감소한다.

[그림 11-14]는 선로 사이의 간격에 따라 차동 임피던스가 어떻게 변하는지를 보여준다. 결합된 스트립라인 트레이스의 간격이 실제로 제작 가능한 최소 간격(즉, 선로 폭과 동일한 간격)일 때, 이 트레이스 쌍의 차동 임피던스는 트레이스 간격이 트레이스 폭의 세 배만큼 떨어져 있어서 결합이 없는 경우보다 약 12%만 감소한다는 것을 알 수 있다.

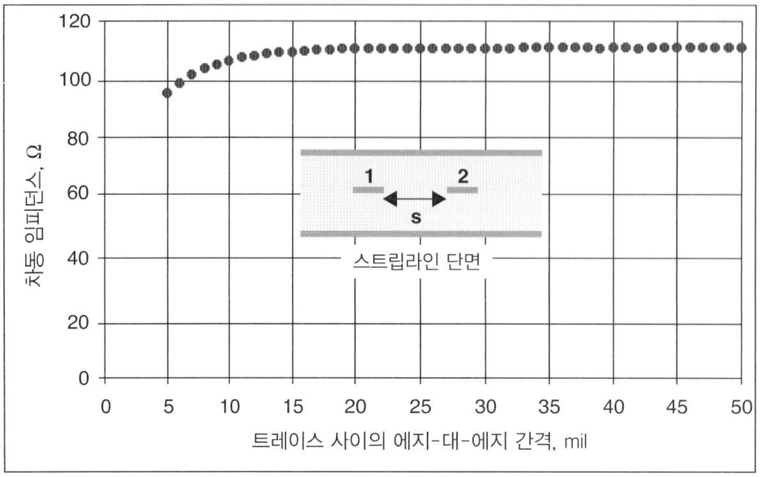

그림 11-14 FR4로 만든 50 Ω 스트립라인 트레이스 쌍에 대해 트레이스 폭이 5 mil일 때 트레이스 간격에 따른 차동 임피던스 변화. Ansoft의 SI2D로 시뮬레이션

11.5 차동 임피던스 계산

앞서 결합이 차동 임피던스에 미치는 영향을 분석한 결과 최대 12%로 나타났다. 트레이스들이 서로 가까워져 결합이 영향을 미치기 시작하면서 나타나는 차동 임피던스의 감소를 분석하여 정량화하는 과정은 복잡하다. 이러한 분석에 사용되는 접근 방법에는 다음 다섯 가지가 있다.

1. 근사식을 이용한 직접적인 결과 사용
2. 전자기장 솔버를 이용한 직접적인 결과 사용
3. 모드에 기반한 분석 사용
4. 커패시턴스 행렬과 인덕턴스 행렬에 기반한 분석 사용
5. 특성 임피던스 행렬에 기반한 분석 사용

에지 결합 마이크로스트립 또는 에지 결합 스트립라인의 차동 임피던스를 계산하는 데 유용한 상당히 정확한 근사식이 있다. 이 근사식은 제임스 미어스(James Mears)가 National Semiconductor Application Note(AN-905)에서 처음 제시한 것이다. 이 근사식은 측정된 데이터의 경험적 적합(empirical fitting) 방법에 기반하여 나온 것이다.

FR4 물질을 사용한 에지 결합 마이크로스트립의 경우, 차동 임피던스는 다음 근사식으로 구할 수 있다.

$$Z_{diff} = 2 \times Z_0 \left[1 - 0.48 \exp\left(-0.96 \frac{s}{h} \right) \right] \tag{11.12}$$

여기서

Z_{diff} = 차동 임피던스(단위: Ω)

Z_0 = 결합이 없는 선로 구조의 단일 종단 특성 임피던스

s = 트레이스 사이의 에지-대-에지 간격(단위: mil)

h = 신호 트레이스와 귀환면 사이의 유전체 두께

FR4 물질을 사용한 에지 결합 스트립라인의 경우, 차동 임피던스는 다음 근사식으로 구할 수 있다.

$$Z_{diff} = 2 \times Z_0 \left[1 - 0.37 \exp\left(-2.9 \frac{s}{b} \right) \right] \tag{11.13}$$

여기서

Z_{diff} = 차동 임피던스(단위: Ω)

Z_0 = 결합이 없는 선로 구조의 단일 종단 특성 임피던스

s = 트레이스 사이의 에지-대-에지 간격(단위: mil)

b = 평면 사이의 전체 유전체 두께

이들 근사식으로 계산한 차동 임피던스 값과 정확한 전자기장 솔버로 예측한 차동 임피던스 값을 비교하면 근사식이 얼마나 정확한지 평가할 수 있다. [그림 11-15]에서는 에지 결합 마이크로스트립과 에지 결합 스트립라인으로 이루어진 세 가지 단면 구조에 대해 근사식과 전자기장 솔버의 계산 결과를 비교하고 있다. 각각의 경우에, 전자기장 솔버와 근사식을 사용하여 단일 종단 특성 임피던스를 계산한 결과를 보면 근사식이 결합으로 인한 차동 임피

던스의 작은 변화를 예측한다는 것을 알 수 있다. 특성 임피던스에 대한 정확한 시작 값이 주어지면 근사식의 정확도는 1%에서 10% 사이이다.

한 쌍의 선로에서 각 선로의 단일 종단 특성 임피던스를 더욱 정확하게 예측할 수 있는 도구는 2차원 전자기장 솔버이다. 2차원 전자기장 솔버는 입력으로 단면의 기하학적 구조와 물질 특성에 대한 정보를 필요로 한다. 이 솔버는 출력으로 한 쌍의 선로와 관련된 차동 임피던스를 비롯한 여러 항목의 수치를 제공한다.

전자기장 솔버 사용의 장점은 몇몇 전자기장 솔버는 다양한 기하학적 조건에서 1% 이상의 높은 정확도를 제공할 수 있다는 것이다. 이들 도구는 선로 폭, 유전체 두께, 간격과 같은 일차 효과뿐만 아니라, 선로 두께, 트레이스 모양, 불균질한 유전체 분포 등의 이차 효과까지 고려한다.

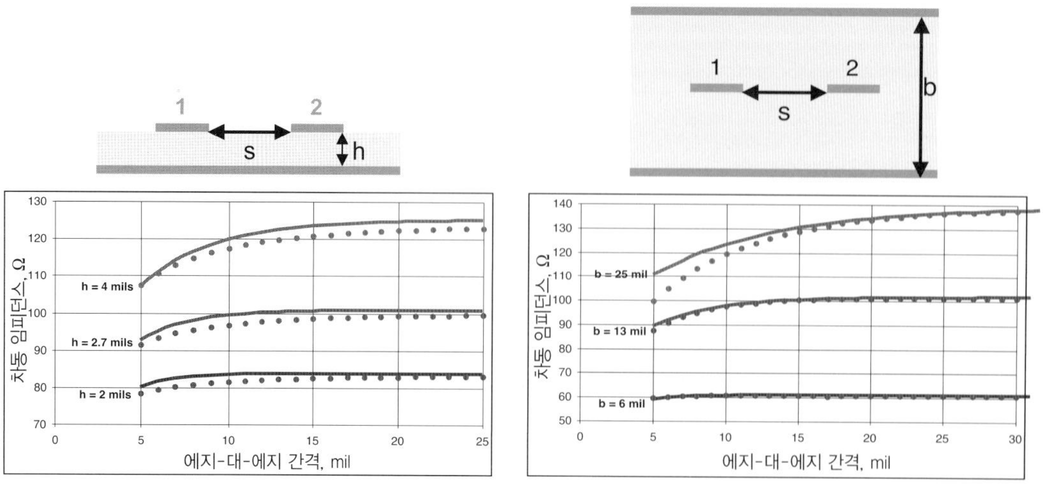

그림 11-15 차동 임피던스 근사식의 계산 결과와 2차원 전자기장 솔버의 시뮬레이션 결과 비교. 각 경우에서 선로 폭은 5 mil이며, 유전체 물질은 FR4이다. 실선은 근사식 계산 결과이고 점선은 Ansoft의 SI2D시뮬레이션 결과이다.

TIP

회로 기판 제작을 위한 최종 도면 승인과 같이 정확도가 중요한 경우에는 검증된 2차원 전자기장 솔버만을 사용해야 한다. 최종 설계를 승인하는 데 절대로 근사식을 사용해서는 안 된다.

차동 임피던스라는 항목만으로는 공통 신호, 종단, 크로스토크의 동작을 설명하기에는 부족하다. 따라서 다음 절에서는 홀수 모드와 짝수 모드라는 개념과 이들이 차동 임피던스 및 공통 임피던스와 어떻게 관련되는지 소개한다. 이를 바탕으로 차동 신호와 공통 신호에 대한 종단 방법을 평가한다.

마지막으로 커패시턴스 행렬, 인덕턴스 행렬, 특성 임피던스 행렬이라는 항목의 관점으로 두 개의 결합된 전송선로를 나타내고 이를 통해 홀수 모드 임피던스와 짝수 모드 임피던스,

그리고 차동 임피던스와 공통 임피던스를 계산하는 방법을 설명한다. 이것은 가장 기본적인 방법으로 n개의 서로 다른 결합 선로로 일반화할 수 있다. 본질적으로 이것은 대부분의 전자기장 솔버와 시뮬레이션 도구에서 실질적으로 수행하고 있는 작업과 동일하다.

다음 절에서는 차동 쌍의 전류 분포를 살펴보고 전류 분포의 변화가 차동 임피던스에 미치는 영향을 살펴본다.

11.6 차동 쌍에서의 귀환 전류 분포

두 개의 에지-결합 마이크로스트립 전송선로 사이의 간격이 선로 폭의 세 배 이상이면 신호 선로 사이의 결합은 아주 작다. 이 상황에서 예상할 수 있듯이 차동 신호로 두 선로를 구동하면, 각 신호 선로에는 약간의 전류가 흐르며, 귀환면에는 각 신호 선로와 동일한 양의 전류가 반대 방향으로 흐른다. 두께가 1.4 mil인 마이크로스트립 도체, 다시 말해 1 oz의 구리 도체에 100 MHz의 차동 신호를 구동할 때의 전류 분포의 예가 [그림 11-16]에 나와 있다.

신호 선로 1의 전류가 책 안으로 들어가는 방향으로 흐른다고 가정하자. 그러면 신호 선로 1 아래의 귀환면에 흐르는 귀환 전류는 책 밖으로 나온다. 마찬가지로 신호 선로 2에 흐르는 전류는 책 밖으로 나오며, 신호 선로 2 아래의 귀환면에 흐르는 귀환 전류는 책 안으로 들어간다. 귀환면에 흐르는 귀환 전류 분포는 신호 선로 바로 아랫부분 근처로 국한된다. 차동 신호로 구동될 때 귀환면에 흐르는 두 귀환 전류 분포는 거의 겹치지 않는다.

두 개의 신호 트레이스에 흐르는 전류에만 주목하여 살펴보자. 그러면 한 신호 트레이스로 흘러 들어간 전류가 다른 트레이스에서 그대로 흘러 나오는 것처럼 보인다. 즉 한 신호 트레이스에 흐르는 차동 신호 전류의 귀환 전류가 다른 신호 트레이스에 의해 전달된다고 생각할 수 있다. 한 신호 트레이스에 흘러 들어간 전류와 동일한 양의 전류가 다른 신호 트레이스에서 흘러 나오는 것은 맞지만 그것이 완전한 사실을 말해주지는 않는다.

차동 트레이스 쌍 사이의 간격이 넓으므로 차동 신호로 두 트레이스를 구동할 때 귀환면에서 귀환 전류가 서로 겹치지 않는다. 귀환 평면으로 들어가는 알짜 전류가 0인 것은 사실이지만 각 신호 선로 아래의 평면에는 분명히 국부적인 전류 분포가 여전히 존재한다. 이러한 전류 분포를 왜곡하거나 변경하는 모든 요소는 차동 트레이스 쌍의 차동 임피던스를 달라지게 만든다.

그림 11-16 트레이스 폭이 5 mil이고 트레이스 간격이 15 mil인 50 Ω 마이크로스트립 전송선로 쌍에 흐르는 전류 분포(주파수는 100 MHz). 색상이 밝을수록 전류 밀도가 높다. 귀환 평면의 전류 분포를 더 명확히 보여주기 위해 귀환 평면의 전류 밀도의 크기를 신호 트레이스의 전류 밀도 크기보다 10배 높게 설정하였다. Ansoft의 SI2D로 시뮬레이션

결국, 귀환 평면의 존재가 두 트레이스 각각의 단일 종단 임피던스를 정의한다. 트레이스와 귀환 평면 사이의 간격을 늘리면 트레이스의 단일 종단 임피던스가 증가하므로 차동 임피던스가 달라진다.

두 트레이스 사이의 간격이 트레이스 폭과 같아지도록 극단적으로 가깝게 두 신호 트레이스를 배치해도 귀환 평면에서 두 귀환 전류가 겹치는 정도는 매우 미미하다. 트레이스 간격에 따른 전류 분포의 차이를 [그림 11-17]에 비교하여 나타내었다.

> **TIP**
> 신호 선로와 귀환 평면 사이의 결합이 차동 쌍에서 인접한 두 신호 선로 사이의 결합보다 훨씬 강할 경우, 평면에는 분리된 별개의 귀환 전류가 분포하며 이 귀환 전류 분포에서 겹치는 부분은 거의 없다. 이 전류 분포들은 선로 쌍의 차동 임피던스에 큰 영향을 미친다. 이들 전류 분포를 방해하면 차동 임피던스에 변화가 생긴다.

공통 귀환 도체를 공유하는 두 개의 단일 종단 전송선로에서 이 귀환 도체가 신호 도체에서 충분히 멀리 이동하면, 귀환 도체에서 두 신호 각각의 귀환 전류의 분포는 완전히 겹쳐져 서로 상쇄된다. 이렇게 되면 귀환 도체의 존재는 차동 임피던스를 결정하는 데 아무런 역할도 하지 않는다. 이러한 특수한 상황에서는 한 선로의 귀환 전류가 다른 선로에 의해 전달되는 것은 틀림없는 사실이다.

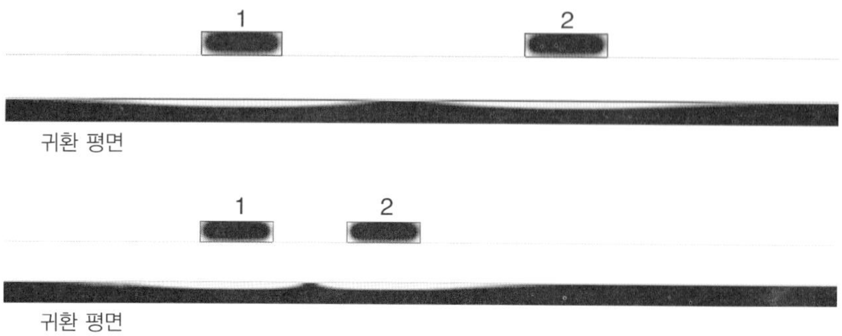

그림 11-17 트레이스 폭이 5 mil이고 트레이스 간격이 15 mil인 50 Ω 마이크로스트립 전송선로 쌍(상단)과 트레이스 폭이 5 mil이고 트레이스 간격이 5 mil인 50 Ω 마이크로스트립 전송선로 쌍(하단)에 흐르는 전류 분포(주파수는 100 MHz). 색상이 밝을수록 전류 밀도가 높다. 귀환 평면의 전류 분포를 더 명확히 보여주기 위해 귀환 평면의 전류 밀도의 크기를 신호 트레이스의 전류 밀도 크기보다 10배 높게 설정하였다. Ansoft의 SI2D로 시뮬레이션

다음 세 가지 경우를 주의하여 살펴야 한다.

1. 귀환 평면이 멀리 떨어져 있는 에지 결합 마이크로스트립(edge-coupled microstrip)
2. 트위스티드 페어 케이블(twisted-pair cable)
3. 귀환 평면이 멀리 떨어져 있는 광면 결합 스트립라인(broadside-coupled stripline)

에지 결합 마이크로스트립에서, 두 신호 트레이스 사이의 결합은 신호 트레이스 사이의 간격이 제작할 수 있는 가장 가까운 간격인 트레이스 폭과 같을 때 가장 크다. [그림 11-17]에서 볼 수 있듯이, 약 50 Ω의 선로가 가장 가까운 간격으로 근접하면, 귀환 평면에는 상당히

큰 귀환 전류 분포가 발생하므로 귀환 평면의 존재가 차동 임피던스에 영향을 미친다. 귀환 평면이 더 멀리 이동하면 두 선로 각각의 단일 종단 임피던스가 증가하므로 차동 임피던스 역시 증가한다. 하지만 귀환 평면을 더 멀리 이동할수록 차동 신호의 귀환 전류는 멀어진 평면에서 점점 더 많이 겹치게 된다.

두 선로의 귀환 전류가 서로 너무 많이 겹치면 상쇄되어 귀환 평면에는 전류가 없어지고 귀환 평면은 차동 임피던스에 영향을 미치지 않게 된다. 이 내용을 [그림 11-18]에서 확인할 수 있다. 그래프를 보면 단일 종단 임피던스는 점점 증가하지만 차동 임피던스는 대략 140 Ω에서 최고에 도달한 후 더는 증가하지 않는다. 이 현상은 두 선로의 귀환 전류가 완전히 겹칠 때 발생하는데 이때 선로와 귀환 평면 사이의 거리는 약 15 mil로 나타난다.

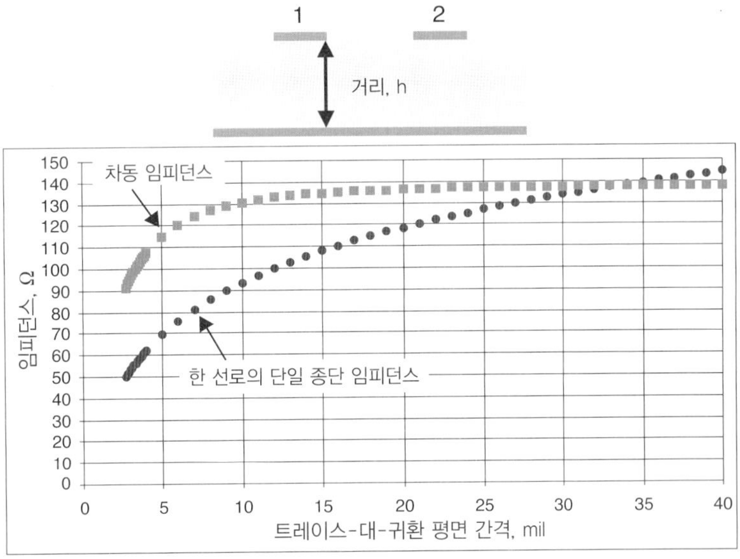

그림 11-18 트레이스 폭이 5 mil인 에지 결합 마이크로스트립 쌍에서, 트레이스와 귀환 평면 사이의 간격에 따른 단일 종단 임피던스와 차동 임피던스의 변화. Ansoft의 SI2D로 시뮬레이션

TIP

대략적인 경험 규칙으로, 신호 도체에서 귀환 평면까지의 거리가 두 신호 도체의 바깥쪽 에지 사이의 전체 폭과 같거나 더 크면 귀환 경로의 전류 분포가 완전히 겹쳐 상쇄되므로 귀환 경로의 존재가 선로 쌍의 차동 임피던스에 영향을 미치지 않는다. 이 경우에는 선로 쌍에서 한 신호 도체의 귀환 전류가 실제로 다른 선로 도체에 의해 전달되는 것이 사실이다.

결국, 에지 결합 마이크로스트립 전송선로에서 귀환 평면이 매우 멀리 떨어져 있으면 이는 실제로 단일 종단 신호를 전달하는 동일 평면(coplanar) 전송선로와 같다고 볼 수 있다. 각 경우에 신호는 두 신호선 사이의 전압이다. 따라서 단일 종단 신호가 바라보는 임피던스는 차동 신호가 바라보는 임피던스와 동일하다. 두꺼운 유전체의 한쪽 면에 배치된 동일 평면 선로의 단일 종단 특성 임피던스는 귀환 평면이 매우 멀리 있는 에지 결합 쌍의 차동 임피던스와 동일하다.

차폐된 트위스티드 페어(shielded twisted pair)에서 각 신호 선로의 귀환 경로는 차폐 도체이다. 트위스티드 페어의 두 도선 사이의 간격은 도선을 감싸는 절연체의 두께에 따라 결정되는데, 일부 케이블에서는 두 도선의 중앙에서 중앙까지의 간격이 25 mil이고 도선의 지름은 16 mil, 즉 26-게이지(gauge)이다. 두 도선과 차폐 도체까지의 간격에 따른 차동 임피던스의 변화를 파악하기 위해서는 2D 전자기장 솔버가 필요하다.

트위스티드 페어의 두 도선 중에서 한 도선을 단일 종단으로 구동하고 차폐를 귀환 도체로 사용하면, 신호 전류는 도선을 따라 흐르고 그 귀환 전류는 외부의 차폐 도체를 따라 거의 대칭적으로 흐른다. 마찬가지로 트위스티드 페어의 나머지 한 도선을 단일 종단으로 구동하면 그 귀환 전류도 거의 동일한 분포로 외부 차폐 도체를 따라 흐른다. 따라서 두 도선이 모두 차폐 중앙에 위치해 있고 차동 신호로 구동될 때는, 귀환 전류의 분포가 차폐 도체 내에서 반대 방향으로 흐르며 서로 겹치므로 차폐 도체에는 남아 있는 전류 분포가 없다. 이 경우는 차폐는 두 도선의 차동 임피던스에 영향을 주지 않으므로 제거할 수 있다.

차폐가 도선에 매우 가까우면 두 선의 위치가 차폐의 중심축에서 벗어나 있으므로 차폐에 흐르는 전류 분포가 약간 달라진다. 따라서 트위스티드 페어의 차동 임피던스가 차폐의 위치에 따라 약간 달라진다. 차폐가 도선에서 충분히 멀리 떨어져 있으면 거의 대칭으로 분포하는 귀환 전류가 서로 겹쳐서 상쇄되므로 차폐의 위치는 차동 임피던스에 영향을 미치지 않는다. [그림 11-19]는 차폐의 반지름에 따른 차동 임피던스의 변화를 보여준다. 차폐의 반지름이 도선 간격의 약 두 배이면 귀환 전류는 대부분 겹쳐서 차동 임피던스는 차폐의 위치와는 상관이 없다.

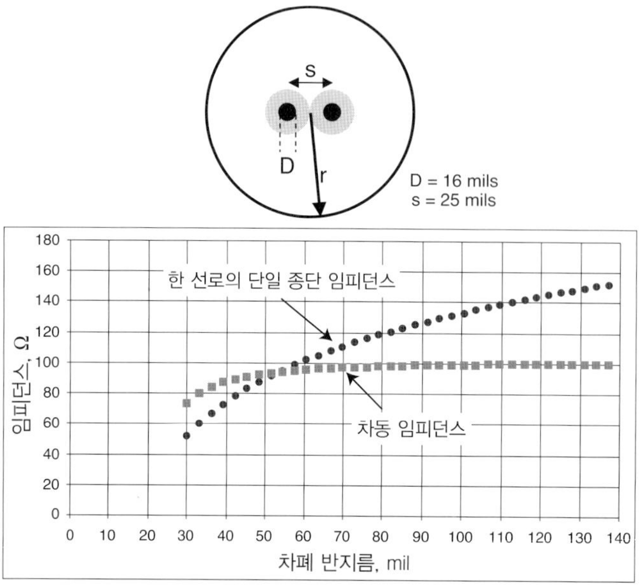

그림 11-19 트위스티드 페어에서 차폐 반지름에 따른 한 도선의 단일 종단 임피던스와 두 도선의 차동 임피던스의 변화. 차폐 반지름이 트위스티드 페어의 두 도선의 중심 사이 간격의 약 두 배 이상이면 차폐의 귀환 전류가 서로 겹쳐 상쇄되므로 차폐의 존재는 차동 임피던스에 영향을 주지 않는다. Ansoft의 SI2D로 시뮬레이션

반지름이 큰 차폐가 있는 차동 쌍의 차동 임피던스는 차폐가 없는 차동 쌍의 차동 임피던스와 정확히 동일하다. 반지름이 큰 차폐는 차동 임피던스에는 전혀 영향을 주지 않지만 공통 전류의 귀환 경로를 제공하는 데 매우 중요한 역할을 하여 방사성 방출을 줄인다.

광면 결합 스트립라인에서도 동일한 효과가 발생한다. 스트립라인의 두 기준 평면이 서로 가까이 있으면 두 전송선로가 차동 신호로 구동될 때 두 기준 평면에는 서로 다른 귀환 전류가 상당한 크기로 분포하므로 기준 평면의 존재가 차동 임피던스에 영향을 미친다. 두 기준 평면 사이의 거리가 증가할수록, 각 평면에 분포하는 각 선로의 귀환 전류 분포가 거의 같아져서 서로 상쇄되므로 기준 평면의 영향은 무시할 수 있다.

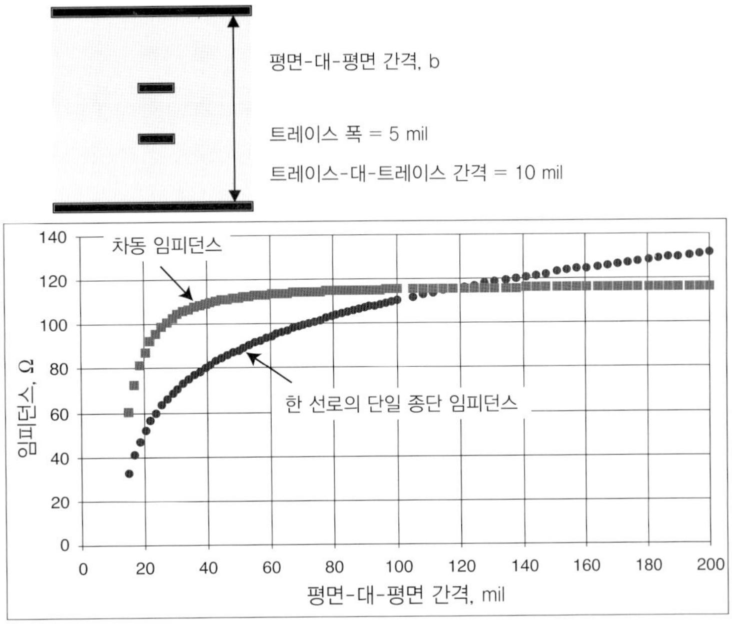

그림 11-20 광면 결합 스트립라인에서 두 기준 평면 사이의 간격에 따른 한 트레이스의 단일 종단 임피던스와 두 트레이스의 차동 임피던스의 변화. Ansoft의 SI2D로 시뮬레이션

[그림 11-20]은 기준 평면 사이의 간격에 따른 차동 임피던스의 변화를 보여준다. 여기서 트레이스의 폭은 5 mil이며, 두 트레이스 사이의 간격은 10 mil이다. 차동 임피던스가 100 Ω인 차동 쌍의 전형적인 적층 구조에서 평면 간격은 약 25 mil이다. 트레이스와 가까운 기준 평면 사이의 거리가 트레이스 간격의 두 배인 20 mil보다 크고 두 평면 사이의 간격이 50 mil 이상이면 차동 임피던스는 기준 평면의 영향을 받지 않는다.

이 세 가지 예는 차동 쌍의 중요한 원리를 잘 보여준다. 한 신호 트레이스와 귀환 평면 사이의 결합이 두 신호 트레이스 사이의 연결보다 강하면 귀환 평면에 상당한 귀환 전류가 발생하므로 평면의 존재가 차동 임피던스를 결정하는 데 매우 중요한 역할을 한다.

두 트레이스 사이의 결합이 각 트레이스와 귀환 평면 사이의 결합보다 훨씬 강하면 귀환 평면에서 귀환 전류가 많이 겹치므로 대부분 상쇄된다. 이런 상황에서는 귀환 평면은 아무런 역할을 하지 않으므로 차동 신호에 영향을 미치지 않는다. 따라서 평면을 제거해도 차동 임피던스에 영향을 주지 않는다. 이 경우 첫 번째 선로의 귀환 전류가 두 번째 선로를 통해 흐르는 것은 틀림없는 사실이다.

TIP

대략적인 경험 규칙으로, 두 트레이스 사이의 결합이 각 트레이스와 귀환 평면 사이의 결합보다 커지려면 트레이스와 가까운 평면까지의 거리가 신호 트레이스 사이 간격의 약 두 배가 되어야 한다.

대다수의 기판 수준 인터커넥트에서, 신호 트레이스와 평면 사이의 결합은 두 신호 트레이스 사이의 결합보다 훨씬 크므로 평면에 흐르는 귀환 전류가 매우 중요하다. 기판 수준 인터커넥트에서는 일반적으로 한 트레이스의 귀환 전류가 다른 트레이스로 전달된다는 것은 사실이 아니다. 그러나 어떤 이유로[예를 들어, 귀환 평면에 갈라진 틈(gap)과 같은 불연속에 의해] 귀환 경로가 사라지면 이제 트레이스 사이의 결합이 지배적이 되며, 이러한 불연속이 존재하는 영역에서는 한 선로의 귀환 전류가 다른 선로에 의해 전달되는 것이 사실일 수 있다. 귀환 경로에 불연속이 있는 경우, 귀환 경로 불연속 영역에서 선로 쌍 사이의 강한 결합을 이용하면 차동 임피던스의 변화를 최소화할 수 있다. 이 주제에 대해서는 이 장의 뒷부분에서 다룬다.

커넥터에서는 트레이스와 트레이스 사이의 결합이 트레이스와 귀환 핀 사이의 결합보다 강한 것이 일반적이므로 한 핀의 귀환 전류가 다른 핀에 의해 전달되는 것이 사실이다. 이를 정확히 확인하는 유일한 방법은 전자기장 솔버 도구를 사용하는 것이다.

11.7 홀수 모드와 짝수 모드

마이크로스트립 차동 쌍과 같은 차동 쌍의 맨 앞에는 어떤 전압이든 인가할 수 있다. 선로 1에 0 V에서 1 V로 전이하는 신호를, 선로 2에 0 V로 일정한 신호를 보내면 선로를 따라 신호가 이동함에 따라 선로상의 신호는 실제로 달라진다. 선로 1과 선로 2 사이에는 원단 크로스토크가 발생하여 선로 2에는 노이즈가 발생하고 노이즈가 쌓임에 따라 선로 1의 신호는 감소한다.

[그림 11-21]은 신호가 전파됨에 따라 두 선로에서 전압이 변화하는 모습을 보여준다. 차동 쌍에 주입한 전압 패턴은 선로를 따라 전파되면서 변화한다. 일반적으로 한 쌍의 전송선로에 주입된 임의의 전압 패턴은 선로를 따라 전파되면서 변화한다.

그러나 에지 결합 마이크로스트립 차동 쌍의 경우에는, 왜곡 없이 전파되는 두 가지 특수한 전압 패턴을 차동 쌍에 주입할 수 있다. 첫 번째 패턴은 두 선로에 각각 동일한 신호, 예를 들어 전압이 0 V에서 1 V로 전이하는 신호를 똑같이 인가하는 경우이다.

이 경우에는 신호 선로 사이에 dV/dt가 없으므로 용량성 결합 전류가 발생하지 않는다. 또한 각 선로에서 dI/dt가 동일하므로 한 선로로 전달되는 유도성 결합 전류는 다른 선로로 전달되는 유도성 결합 전류와 동일하다. 한 선로가 다른 선로에 미치는 작용은 그 반대로도 동일하게 일어난다. 결과적으로 이 특수한 전압 패턴이 선로를 따라 전파될 때, 두 선로의 전압 패턴은 정확히 같은 모양으로 유지된다.

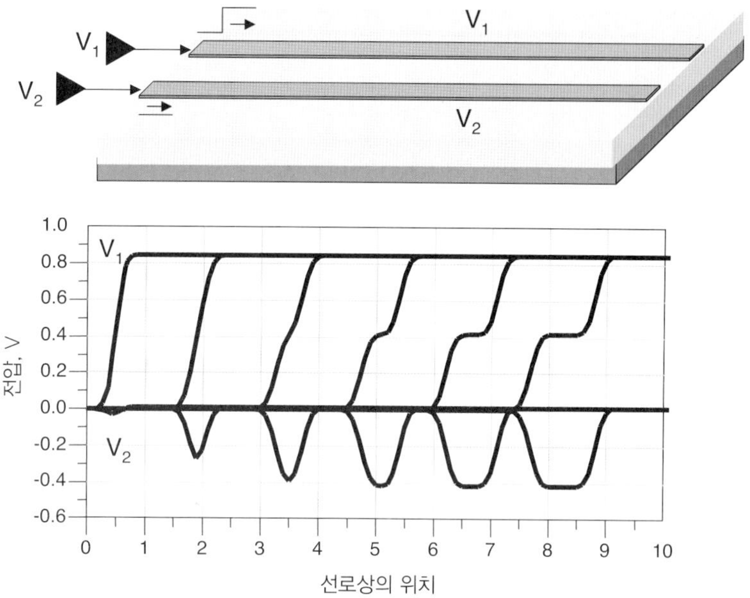

그림 11-21 에지 결합 마이크로스트립에서 한 선로는 0 V에서 1 V로 전이하는 전압으로 구동되고 다른 선로는 0 V(접지)로 고정되었을 때 두 선로상의 전압 패턴. Agilent의 ADS로 시뮬레이션

차동 쌍을 통해 변화(왜곡) 없이 전파되는 두 번째 특수한 전압 패턴은 두 선로에 각각 반대로 전이되는 신호를 인가하는 경우이다. 예를 들어 한 선로에는 0 V에서 1 V로 전이하는 신호를, 다른 선로에는 0 V에서 −1 V로 전이하는 신호를 인가한다.

선로 1의 신호는 선로 2에 음의 방향으로 변하는 펄스 형태의 원단 노이즈를 발생시킨다. 이렇게 되면 신호가 전파되면서 선로 1의 전압이 점점 줄어든다. 그러나 선로 2의 신호는 선로 1에 양의 방향으로 변하는 펄스 노이즈를 발생시킨다. 이렇게 선로 1에 발생한 양의 펄스 노이즈 크기는, 선로 2에 노이즈를 발생시키느라 줄어든 선로 1의 신호 크기와 정확히 일치한다. 그 결과, 차동 쌍의 전압 패턴은 왜곡 없이 선로를 따라 전파된다. [그림 11-22]는 이러한 두 가지 패턴이 두 신호 선로에 인가될 때, 두 신호 선로를 따라 전파하는 전압 패턴을 보여준다.

차동 쌍을 따라 왜곡 없이 전파되는 이 두 가지 특수한 전압 패턴이 곧 차동 쌍에 인가하는 두 가지 특수한 상태이다. 이 특수한 상태를 쌍의 모드(mode of the pair)라고 한다.

차동 쌍이 이러한 두 가지 모드 중 하나로 여기(excitation, 활성화)되면 신호는 왜곡 없이 선로를 따라 전파하는 특수한 특성을 갖게 된다. 두 가지 모드를 구분하기 위해 두 선로가 각각 동일한 전압으로 구동되는 상태를 **짝수 모드**(even mode), 서로 반대 방향의 전압으로 구동되는 상태를 **홀수 모드**(odd mode)라고 한다.

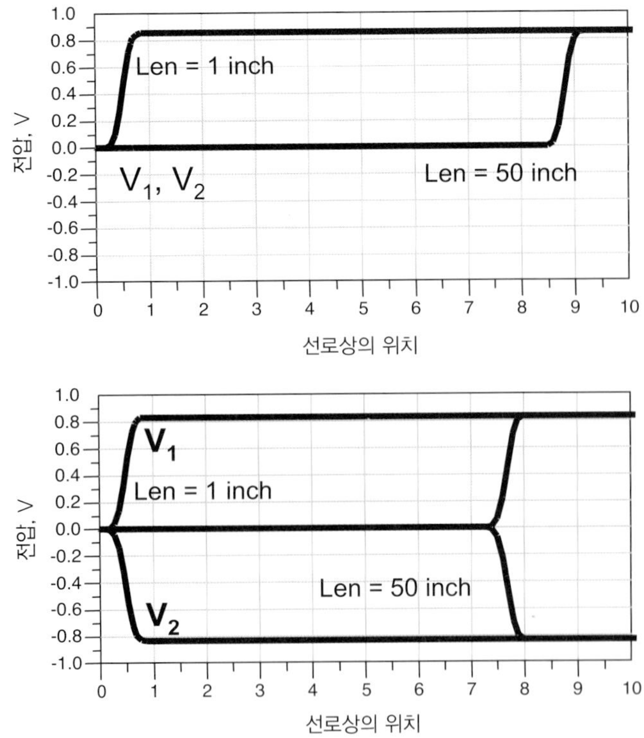

그림 11-22 에지 결합 마이크로스트립에서 두 선로가 홀수 모드와 짝수 모드로 구동될 때 두 선로상의 전압 패턴. 선로로 들어가는 전압 패턴과 50 inch 떨어진 곳에서 나오는 전압 패턴이 동일하다. Agilent의 ADS로 시뮬레이션

> **TIP**
>
> 모드는 한 쌍의 선로에 대한 특수한 여기(excitation) 상태를 말한다. 차동 전송선로 쌍을 이 특수한 상태로 여기하면 신호는 차동 전송선로 쌍을 따라 왜곡 없이 전파된다. 두 개의 신호 선로로 구성된 차동 쌍에서는 두 가지 특수한 상태, 즉 모드만 존재한다. 세 개의 신호 도체로 구성된 결합 선로에서는 총 세 가지 모드가 존재한다. 마찬가지로 네 개의 신호 도체와 이들의 공통 귀환 경로로 구성된 경우에는 전압 패턴이 왜곡 없이 전파되는 네 가지 특수한 전압 상태가 있다.

모드는 차동 쌍 구조의 본질적인 특성이다. 물론 어떤 전압 패턴도 한 쌍의 선로에 인가할 수 있다. 하지만 인가된 전압 패턴이 어떤 특수한 상태와 일치하면 선로를 따라 전파되는 전압 신호는 특수한 특성을 갖는다. 이 특수한 전압 패턴을 정의하는 데 사용되는 것이 차동 쌍의 모드이다.

차동 쌍을 구성하는 두 도체가 구조가 동일하고 선로 폭과 유전체 두께가 동일한 경우, 홀수 모드와 짝수 모드를 여기하는 전압 패턴은 두 선로 모두에 동일한 전압을 발생시키는 전압 패턴과 두 선로에 각각 반대 방향의 전압을 발생시키는 전압 패턴에 해당한다. 차동 쌍을 구성하는 두 도체가 대칭이 아닌 경우, 홀수 모드와 짝수 모드의 전압 패턴은 그렇게 간단하지 않다. 이 경우, 특수한 홀수 모드와 짝수 모드 전압 패턴을 정확히 알아내는 유일한 방법은

2D 전자기장 솔버를 사용하는 것이다. [그림 11-23]은 한 쌍의 대칭 선로에 대한 홀수 모드와 짝수 모드의 전기장 패턴을 보여준다.

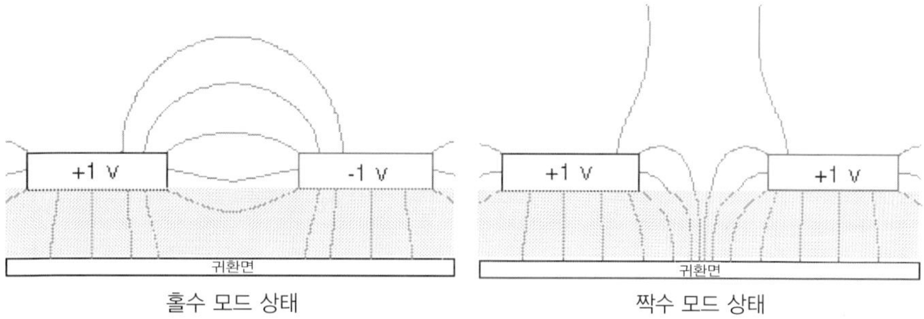

그림 11-23 대칭 구조로 된 마이크로스트립의 홀수 모드와 짝수 모드 상태의 전기장 분포. Mentor Graphics HyperLynx로 계산

한 쌍의 선로의 그 쌍의 구조에 따라 여기될 수 있는 특수하고 고유한 상태를 가리키는 모드와, 어떤 값도 될 수 있는 인가 전압을 구분하는 것이 중요하다. 차동 쌍에는 어떤 전압 패턴도 인가할 수 있다. 즉 차동 쌍의 각 신호 경로와 귀환 경로에 함수 발생기를 연결하기만 하면 된다.

대칭 구조로 된 에지 결합 마이크로스트립 차동 쌍에서는 공통 성분은 없고 차동 성분만을 가진 순수한 차동 신호 전압을 인가하여 홀수 모드 상태를 여기할 수 있다. 마찬가지로 차동 쌍에 차동 성분은 없고 공통 성분만을 가진 순수한 공통 신호 전압을 인가하여 짝수 모드 상태를 여기할 수 있다.

TIP

대칭 구조로 된 에지 결합 마이크로스트립 차동 쌍에서 차동 신호는 홀수 모드로 신호를 구동하고 공통 신호는 짝수 모드로 신호를 구동한다. 홀수 모드와 짝수 모드는 차동 선로 쌍의 특수한 고유 상태를 가리킨다. 차동과 공통이란 용어는 차동 선로 쌍에 인가되는 특정한 신호를 가리킨다. 차동 임피던스에 대한 혼란의 90%는 이들 용어를 잘못 사용해서 발생한다는 점에 유의해야 한다.

홀수 모드와 **짝수 모드**라는 용어를 도입하면 대칭 구조인 차동 쌍의 특수한 특성을 명확하게 분류할 수 있다. 예를 들어, 앞에서 살펴본 바와 같이 한 선로에서 신호가 바라보는 임피던스는 인접한 선로의 근접 정도와 그 선로의 전압 패턴에 따라 달라진다. 이제 서로 다른 경우를 구분하는 방법이 있다. 한 쌍의 선로가 홀수 모드 상태로 구동될 때 한 선로의 임피던스를 **홀수 모드 임피던스**(odd-mode impedance)라고 하고, 짝수 모드 상태로 구동될 때 한 선로의 임피던스를 **짝수 모드 임피던스**(even-mode impedance)라고 한다.

홀수 모드를 차동 모드라고 잘못 표기하는 경우가 많다. 홀수 모드를 차동 모드와 같은 것으로 간주하면, 홀수 모드 임피던스와 차동 모드 임피던스를 혼동하기 쉬울 것이다. 홀수 모드와 차동 모드가 같은 모드라면, 왜 홀수 모드 임피던스와 차동 모드 임피던스 사이에 차이가 있을까?

사실, 차동 모드라는 것은 존재하지 않으므로, 차동 모드 임피던스라는 것 또한 존재하지 않는다. [그림 11-24]는 차동 모드라는 용어를 사용하지 않아야 홀수 모드 임피던스와 차동 임피던스 사이의 혼동을 피할 수 있음을 강조하고 있다. 홀수 모드와 차동 모드는 전혀 다른 양으로, 홀수 모드 임피던스, 차동 신호, 차동 임피던스가 있을 뿐이다.

TIP

홀수 모드 임피던스는 한 쌍의 선로가 홀수 모드로 구동될 때 한 선로의 임피던스이다. 차동 임피던스는 차동 신호가 차동 쌍을 통해 전파될 때 차동 신호가 바라보는 임피던스이다.

그림 11-24 차동 모드라는 것은 존재하지 않는다. 이 단어 자체를 잊어버리면, 차동 임피던스와 홀수 모드 임피던스를 혼동할 일이 없을 것이다.

11.8 차동 임피던스와 홀수 모드 임피던스

앞서 살펴본 바와 같이 차동 신호가 바라보는 차동 임피던스는 각 선로에서 귀환 경로까지의 임피던스의 직렬 조합이다. 선로 사이의 결합이 없는 경우, 차동 임피던스는 간단히 한 선로의 특성 임피던스의 두 배이다. 선로들이 서로 충분히 근접하여 결합이 중요해지면, 각 선로의 특성 임피던스가 달라진다.

차동 신호가 차동 쌍에 인가되면, 차동 쌍이 홀수 모드 상태로 여기된다. 차동 쌍이 홀수 모드로 구동될 때, 정의에 따라 한 선로의 특성 임피던스를 홀수 모드 특성 임피던스라고 한다. [그림 11-25]에 표시된 것처럼 차동 임피던스는 홀수 모드 임피던스의 두 배가 된다. 따라서 차동 임피던스를 수식으로 쓰면 다음과 같다.

$$Z_{diff} = 2 \times Z_{odd} \tag{11.14}$$

여기서

Z_{diff} = 차동 임피던스

Z_{odd} = 차동 선로 쌍이 홀수 모드로 구동될 때, 한 선로의 특성 임피던스

TIP

차동 임피던스를 계산하거나 측정하는 방법은 먼저 선로의 홀수 모드 임피던스를 계산하거나 측정한 다음 2배를 하는 것이다.

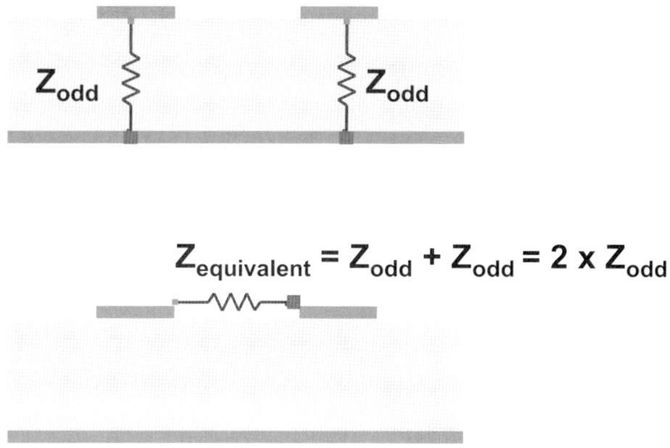

그림 11-25 차동 쌍이 차동 신호로 여기될 때 각 선로와 그 귀환 경로 사이의 임피던스가 홀수 모드 임피던스이다. 차동 임피던스는 두 신호 선로 사이의 등가 임피던스이다.

홀수 모드 임피던스와 차동 임피던스는 직접적인 관련이 있지만 동일하지는 않다. 차동 임피던스란 차동 신호가 바라보는 임피던스이며, 홀수 모드 임피던스는 차동 쌍이 홀수 모드로 구동될 때 한 선로 임피던스이다.

11.9 공통 임피던스와 짝수 모드 임피던스

차동 신호가 차동 선로 쌍을 따라 전파하면서 바라보는 임피던스를 나타내는 것과 마찬가지 방식으로 공통 신호가 차동 선로 쌍을 따라 전파하면서 바라보는 임피던스도 나타낼 수 있다. 공통 신호(common signal)란 신호 선로 사이의 평균 전압이다. 순수한 공통 신호는 차동 신호가 0인 경우이다. 이것은 두 선로 사이에 전압 차이가 없고 두 선로가 각각 동일한 신호 전압을 가지는 것을 뜻한다.

공통 신호는 짝수 모드 상태로 차동 쌍을 구동한다. 공통 신호가 선로를 따라 전파될 때, 각각의 선로의 특성 임피던스는 정의에 따라 짝수 모드 임피던스가 된다. [그림 11-26]에서 볼 수 있듯이, 공통 신호는 병렬로 연결된 두 선로를 바라본다.

공통 신호가 바라보는 임피던스는 각 선로의 특성 임피던스의 병렬 조합이다. 두 짝수 모드 임피던스의 병렬 조합은 다음과 같다.

$$Z_{comm} = Z_{equiv} = \frac{Z_{even} \times Z_{even}}{Z_{even} + Z_{even}} = \frac{1}{2} Z_{even} \quad (11.15)$$

여기서

Z_{comm} = 공통 임피던스

Z_{even} = 차동 선로 쌍이 짝수 모드로 구동될 때, 한 선로의 특성 임피던스

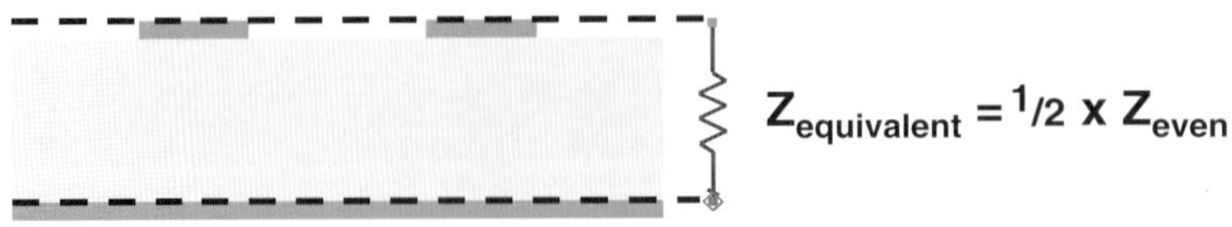

그림 11-26 차동 선로 쌍이 공통 신호로 여기될 때 각 선로와 그 귀환 경로 사이의 임피던스가 짝수 모드 임피던스이다. 공통 임피던스는 두 신호 선로와 귀환 평면 사이의 등가 임피던스이다.

공통 신호가 바라보는 임피던스는 일반적으로 낮은 임피던스이다. 이는 각 신호 선로와 귀환 경로에는 동일한 전압, 즉 공통 신호가 인가되지만, 한 쌍의 선로로 들어가서 귀환 경로로 나오는 전류가 어느 한 선로로 들어가는 전류의 두 배이기 때문이다. 어떤 신호의 전압은 같지만 전류는 두 배이면 임피던스는 절반이 된다.

> **TIP**
> 차동 쌍을 구성하는 두 개의 50 Ω 전송선로 사이에 결합이 없는 경우, 홀수 모드 임피던스와 짝수 모드 임피던스는 50 Ω으로 동일하다. 차동 임피던스는 2 × 50 Ω = 100 Ω이며, 공통 임피던스는 1/2 × 50 Ω = 25 Ω이다.

선로 사이에 결합이 발생하면 각 선로의 홀수 모드 임피던스는 감소하고, 짝수 모드 임피던스는 증가한다. 따라서 차동 임피던스가 감소하고 공통 임피던스는 증가한다. 차동 임피던스와 공통 임피던스를 정확히 계산하는 가장 정확한 방법은 전자기장 솔버를 사용하여 먼저 홀수 모드 임피던스와 짝수 모드 임피던스를 계산하는 것이다.

[그림 11-27]은 FR4 기판에서 트레이스 폭이 5 mil이고 결합이 없는 단일 종단 특성 임피던스가 50 Ω인 에지 결합 마이크로스트립에 대해, 전자기장 솔버로 계산한 전체 임피던스 세트를 보여준다. 트레이스 사이의 간격이 좁아질수록 결합이 증가하므로 홀수 모드 임피던스가 감소하여 차동 임피던스도 감소한다. 반면에 짝수 모드 임피던스는 증가하여 공통 임피던스도 증가한다. [그림 11-27]에서 알 수 있듯이, 트레이스 사이의 간격이 제작 가능한 최소 간격(즉 가장 강한 결합)인 경우에도 차동 임피던스와 공통 임피던스는 결합의 영향을 아주 조금만 받는다. 가장 강한 결합에 의해 마이크로스트립 또는 스트립라인의 차동 임피던스는 단지 10%만 감소한다.

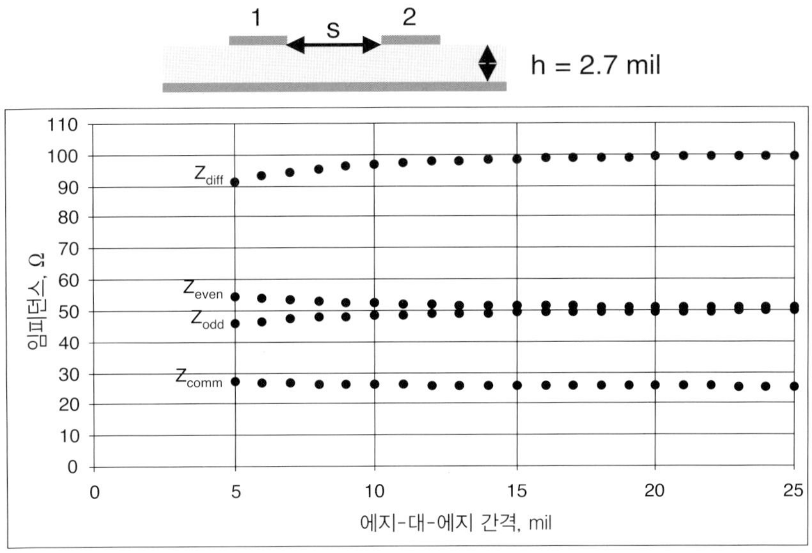

그림 11-27 FR4 기판에서 트레이스 폭이 5 mil이고 특성 임피던스가 50 Ω일 때, 트레이스 간격에 따른 한 쌍의 에지 결합 마이크로스트립 트레이스의 모든 임피던스의 변화. Ansoft의 SI2D로 시뮬레이션

대부분의 PCB 기판에서 마이크로스트립 트레이스 상단 표면에는 솔더 마스크 층이 놓여 있다. 이 솔더 마스크 층은 홀수 모드 임피던스뿐만 아니라 단일 종단 임피던스에도 영향을 미친다. [그림 11-28]은 강하게 결합된 마이크로스트립 차동 쌍의 임피던스가 솔더 마스크의 두께에 따라 어떻게 변하는지 보여준다. 홀수 모드에서는 트레이스 사이의 전기장이 강하므로 솔더 마스크의 존재는 다른 유형의 임피던스보다 홀수 모드 임피던스에 더욱 큰 영향을 미친다.

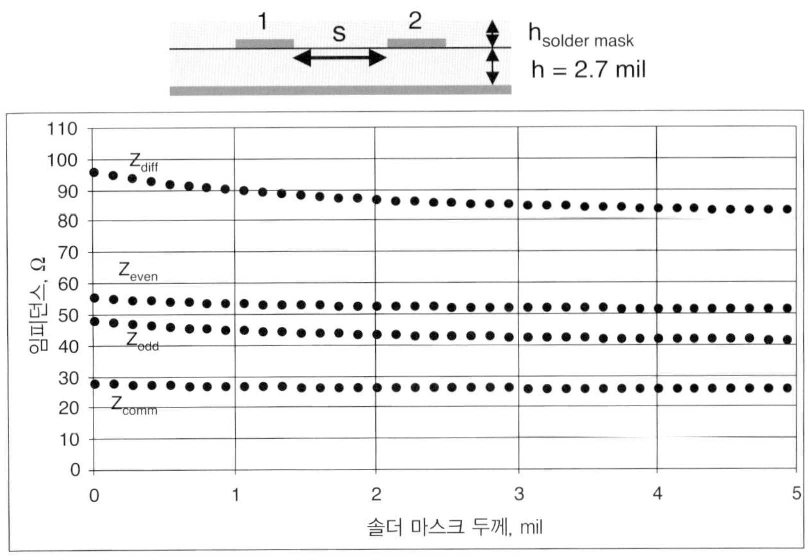

그림 11-28 FR4에서 트레이스 폭이 5 mil이고 트레이스 간격이 5 mil인 가장 강한 결합이 있는 차동 쌍에 대해 표면 트레이스의 상단에 놓여 있는 솔더 마스크 두께에 따른 모든 임피던스의 변화. Ansoft의 SI2D로 시뮬레이션

이 때문에 표면 트레이스의 차동 임피던스를 설계할 때 솔더 마스크의 존재를 고려하는 것이 매우 중요하다. 실제로 이 효과로 인해 제작한 트레이스 쌍의 차동 임피던스가 설계한 값에서 최대 10%까지 벗어날 수 있다.

11.10 차동 및 공통 신호와 홀수 및 짝수 모드 전압 성분

'차동(differential)'과 '공통(common)'이라는 용어는 선로에 가해지는 신호를 의미한다. 임의의 신호는 차동 성분과 공통 성분으로 구성되는데 이 중 차동 성분은 각 신호 선로의 전압 사이의 차이이고, 공통 성분은 각 신호 선로의 전압의 평균이다.

대칭 구조로 된 차동 쌍에서, 차동 신호는 차동 쌍의 홀수 모드로 이동하며 공통 신호는 차동 쌍의 짝수 모드로 이동한다. 임의의 신호를 나타내는 데도 홀수와 짝수라는 용어를 사용할 수 있다. 짝수 모드로 전파되는 인가 신호의 전압 성분 V_{even}은 그 신호의 공통 성분이며, 홀수 모드로 전파되는 인가 신호의 전압 성분 V_{odd}는 그 신호의 차동 성분이다. 이들 성분을 수식으로 나타내면 다음과 같다.

$$V_{odd} = V_{diff} = V_1 - V_2 \tag{11.16}$$

$$V_{even} = V_{comm} = \frac{1}{2} \times (V_1 + V_2) \tag{11.17}$$

마찬가지로, 차동 쌍을 따라 전파되는 임의의 신호를 홀수 모드로 전파되는 신호 성분과 짝수 모드로 각각 전파되는 신호 성분의 조합으로 다음과 같이 나타낼 수 있다.

$$V_1 = V_{even} + \frac{1}{2} V_{odd} \tag{11.18}$$

$$V_2 = V_{even} - \frac{1}{2} V_{odd} \tag{11.19}$$

여기서

V_{even} = 짝수 모드로 전파되는 전압 성분
V_{odd} = 홀수 모드로 전파되는 전압 성분
V_1 = 공통 귀환 경로를 기준으로 하는 선로 1의 신호
V_2 = 공통 귀환 경로를 기준으로 하는 선로 2의 신호

예를 들어, 차동 쌍에서 한 단일 종단 선로에 0 V에서 1 V로 전이하는 신호가 인가되고, 다른 단일 종단 선로는 0 V로 고정된 경우, 짝수 모드로 전파되는 전압 성분은 $V_{even} = 0.5 \times (1\ V + 0\ V) = 0.5\ V$가 되고 홀수 모드로 전파되는 전압 성분은 $V_{odd} = 1\ V - 0\ V = 1\ V$가 된다. 차동 쌍에서 0.5 V의 신호는 짝수 모드로 선로를 따라 전파되면서 각 선로의 짝수 모드 특성 임피던스를 바라본다. 이와 동시에 1 V의 신호는 홀수 모드로 선로를 따라 전파되면서 각

선로의 홀수 모드 특성 임피던스를 바라본다. 이 신호의 홀수 모드 성분과 짝수 모드 성분을 [그림 11-29]에서 설명하고 있다.

인가된 어떤 전압이라도 짝수 모드 전압 성분과 홀수 모드 전압 성분의 조합으로 표현할 수 있다. 홀수 모드로 이동하는 전압 성분은 짝수 모드로 이동하는 전압 성분과 완전히 독립적이다. 이들 두 성분은 독립적으로 전파되며 상호작용을 하지 않는다. 각 신호 성분은 선로를 따라 전파하면서 서로 다른 신호 선로와 귀환 경로 사이의 임피던스를 바라본다. 그리고 각 신호 성분은 서로 다른 속도로 전파될 수 있다.

위의 예에서는 에지 결합 마이크로스트립을 사용하여 다양한 모드를 설명하였다. 도체를 완전히 둘러싸고 있는 유전체 물질이 모든 곳에서 균일하고 균질하면 차동 쌍을 따라 각 모드로 전파되는 고유한 전압 패턴은 더 이상 존재하지 않는다. 차동 쌍에 가해지는 모든 전압 패턴은 왜곡 없이 전파된다. 결국, 스트립라인 구조와 같이 선로를 둘러싸는 유전체가 균질한 경우에는 원단 크로스토크가 발생하지 않으며, 두 선로의 맨 앞에서 보낸 모든 신호는 선로를 따라서 왜곡 없이 전파된다. 그러나 관행에 따라 대칭 구조로 된 모든 차동 쌍에 대해 계속해서 위의 전압 패턴을 사용하여 홀수 모드와 짝수 모드를 정의한다.

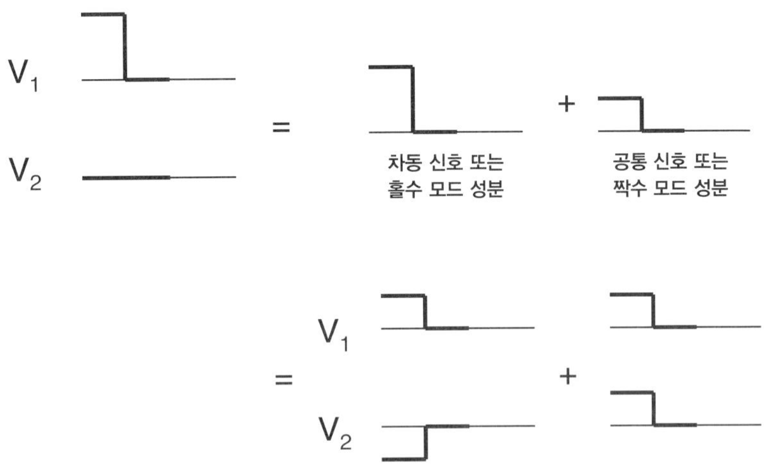

그림 11-29 차동 쌍에서의 동일한 신호에 대한 세 가지 표현 방식: 각 선로의 전압, 차동 신호와 공통 신호의 조합, 홀수 모드와 짝수 모드로 전파하는 성분의 조합

11.11 각 모드의 전파 속도와 원단 크로스토크

에지 결합 마이크로스트립에서는 홀수 모드 신호와 짝수 모드 신호가 서로 다른 속도로 전파되므로 신호를 홀수 모드 성분과 짝수 모드 성분으로 나타내는 것이 특히 중요하다.

전송선로를 따라 전파하는 신호의 속도는 그 신호의 전기장이 바라보는 물질의 유효 유전상수에 따라 달라진다. 유효 유전 상수가 높을수록 속도는 느려지므로 해당 모드로 전파되는 신호의 시간 지연이 길어진다. 스트립라인에서는 도체를 둘러싸는 유전체가 물질이 균일하므로, 전기장은 전압 패턴과 무관하게 항상 유전체의 유전 상수와 동일한 유효 유전 상수를 바라본다. 따라서 스트립라인에서는 홀수 모드와 짝수 모드의 속도는 같다.

그러나 마이크로스트립 구조에서 전기장의 일부는 유전체 물질에 분포하고 나머지 일부는 공기 중에 분포하므로 전기장은 유전체의 유전 상수와 공기의 유전 상수가 합성된 유효 유전 상수를 바라보게 된다. 전기장 분포의 정확한 패턴과 전기장이 유전체 물질 내에 어떻게 분포하는가에 따라 유효 유전 상수의 값과 신호의 실제 속도가 결정된다. 홀수 모드에서 전기장은 유전체 물질보다는 공기 중에 더 많이 분포하고 짝수 모드에서는 공기 중보다 유전체 안에 더 많이 분포한다. 따라서 홀수 모드 신호는 유효 유전 상수가 조금 더 낮아서 짝수 모드 신호보다 더 빠른 속도로 전파된다.

[그림 11-30]은 대칭 구조의 마이크로스트립 차동 쌍과 스트립라인 차동 쌍에서의 홀수 모드와 짝수 모드의 전기장 패턴을 보여준다. 스트립라인에서 전기장은 모든 모드에서 유전체 물질의 유전 상수만을 바라본다. 균질한 유전체를 가진 모든 인터커넥트에서는 모드들 사이에 속도 차이가 없다.

에지 결합 마이크로스트립에서 차동 신호는 홀수 모드로 전파되므로 짝수 모드를 구동하는 공통 신호보다 빠르게 이동한다. [그림 11-31]은 차동 신호와 공통 신호의 서로 다른 속도를 보여준다. 트레이스 사이의 간격이 증가할수록, 결합 정도는 감소하고 홀수 모드와 짝수 모드의 전기장 분포는 서로 같아진다. 각 모드의 전기장 분포에 차이가 없으면 각 모드의 유효 유전 상수와 속도도 서로 동일하다.

이 예에서 가장 가까운 간격에서 홀수 모드 속도는 7.4 inch/nsec이고, 짝수 모드의 속도는 6.8 inch/nsec이다. 차동 성분만을 가진 신호를 선로로 보내면 이 신호는 7.4 inch/nsec의 속도로 왜곡 없이 선로를 따라 전파된다. 순수한 공통 신호를 선로로 보내면 이 신호는 선로를 따라 6.8 inch/nsec의 속도로 왜곡 없이 전파된다.

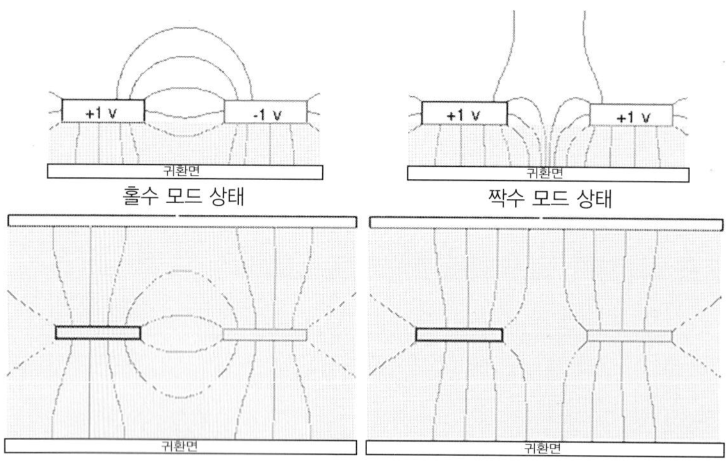

그림 11-30 마이크로스트립과 스트립라인에서 유전체 분포와 홀수 모드 및 짝수 모드의 전기장 분포 비교. Mentor Graphics HyperLynx로 시뮬레이션

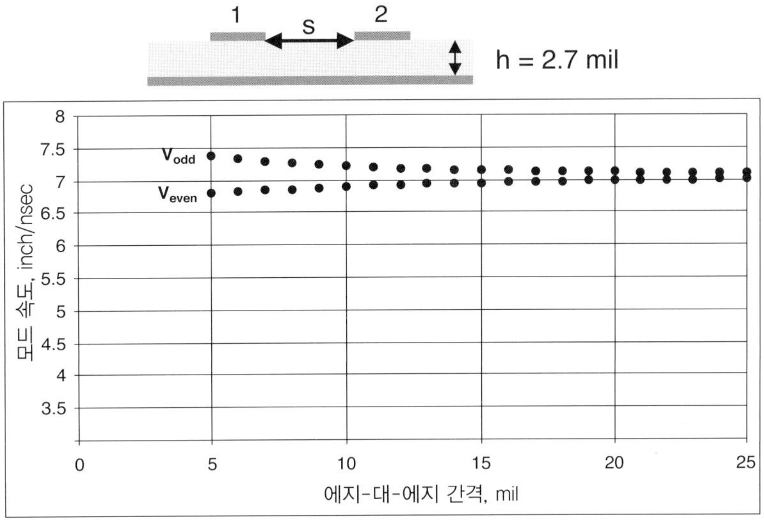

그림 11-31 FR4 기판에서 트레이스 폭이 5 mil이고 특성 임피던스가 50 Ω인 에지 결합 마이크로스트립 선로에서 홀수 모드와 짝수 모드의 속도

길이가 10 inch인 인터커넥트의 경우, 홀수 모드로 전파되는 신호의 시간 지연은 TD_{odd} = 10 inch/7.4 inch/nsec = 1.35 nsec이고 짝수 모드 신호의 시간 지연은 TD_{even} = 10 inch/6.8 inch/nsec = 1.47 nsec이다.

TIP

120 psec의 차이가 별로 크지 않은 것처럼 보일 수 있지만, 짝수 모드와 홀수 모드로 전파되는 신호 사이의 이 작은 시간 지연 차이는 단일 종단 결합 전송선로에서 원단 크로스토크를 발생시키는 원인이 된다.

순수한 차동 신호만으로 또는 순수한 공통 신호만으로 차동 쌍을 구동하는 대신에, 차동 신호 성분과 공통 신호 성분을 모두 가진 신호로 차동 쌍을 구동하면 각각의 신호 성분은 서로 다른 속도로 독립적으로 선로를 따라 전파된다. 처음에는 두 신호 성분이 같은 위치에서 출발하지만, 선로를 따라 전파함에 따라 더 빠른 신호 성분－일반적으로 차동 신호 성분－이 더 빠르게 이동한다. 따라서 차동 신호 성분의 파면과 공통의 신호 성분의 파면은 서로 분리된다. 차동 쌍을 따라 어느 위치에서든 각 선로의 실제 전압은 차동 신호 성분과 공통 신호 성분의 합이 된다. 신호가 계속 진행함에 따라 두 선로의 전압 분포도 변화한다.

차동 쌍의 한 선로에는 0 V에서 1 V로 전이하는 전압을 보내고 다른 선로는 0 V를 유지한다고 가정해보자. 이 상황은 선로 1로 단일 종단 신호를 보내고 선로 2를 0 V로 고정하는 것과 같다. 이때 선로 1은 공격자 선로가 되고 선로 2는 피해자 선로가 된다.

두 선로에 나타나는 전압 분포는, 홀수 모드로 전파하는 차동 신호와 짝수 모드로 전파하는 공통 신호의 합으로 나타낼 수 있다. 선로 1에서 0.5 V이고 선로 2에서 0.5 V인 공통 신호와, 선로 1에서 0.5 V이고 선로 2에서 −0.5 V인 차동 신호의 합은 차동 쌍에 원래 신호와 같은 신호를 보낸 결과를 낳게 된다. 이것이 [그림 11-32]에 나타나 있다.

스트립라인과 같이 균질한 유전체 구조에서는 홀수 모드 신호와 짝수 모드 신호가 같은 속도로 전파된다. 따라서 이 두 모드의 신호는 동시에 선로의 맨 끝에 도달한다. 이 두 모드의 신호를 다시 합치면 원래의 파형이 바뀌지 않고 그대로 다시 나타나는데 이러한 상황에서는 원단 크로스토크가 발생하지 않는다.

마이크로스트립 구조의 차동 쌍에서는 차동 신호 성분이 공통 신호 성분보다 더 빠르게 이동한다. 이 두 개의 독립적인 전압 성분이 차동 쌍을 따라 전파됨에 따라 각 신호 성분들의 선행 에지가 분리된다. 차동 성분의 선행 에지는 공통 성분의 선행 에지가 선로 2의 원단에 도달하기 전에 선로 2의 원단에 먼저 도달한다.

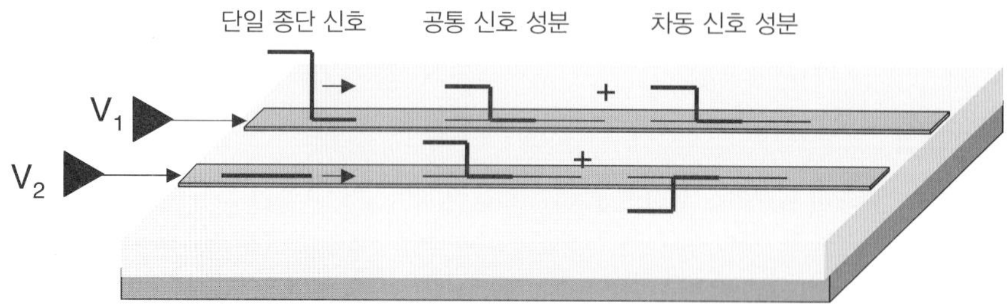

그림 11-32 차동 쌍의 공격자 선로와 피해자 선로에서의 신호를 공통 신호 성분과 차동 신호 성분의 합으로 나타낼 수 있다.

선로 2의 원단에 수신되는 신호는 −0.5 V 차동 신호 성분과 이보다 시간 지연된 0.5 V 공통 신호 성분을 합친 것이다. 이 두 성분의 합은 선로 2의 원단에서 과도적이기는 하지만 0이 아닌 알짜 전압을 형성한다. 이 과도 전압이 원단 노이즈이다.

> **TIP**
>
> 한 쌍의 결합 전송선로에서 발생하는 원단 노이즈는 용량성 결합 전류와 유도성 결합 전류의 차이로 인해, 또는 시간 지연의 차이가 있는 차동 성분과 공통 성분의 합으로 인해 발생하는 것으로 간주할 수 있다. 이 두 가지 관점은 완전히 동등하다.

차동 쌍에 인가된 차동 신호 성분과 공통 신호 성분의 선행 에지가 선형 램프 파형인 경우, 두 성분 사이의 시간 지연으로 인해 발생하는 원단 노이즈를 추정할 수 있다. 이 추정 방법이 [그림 11-33]에 나와 있다. 여기서 선로 2의 전압은 공통 성분과 차동 성분의 합으로 알 수 있다. 선로 2의 알짜 전압은 정확히 이 두 성분의 합이다. 차동 신호와 공통 신호의 크기는 선로 1 전압의 정확히 절반, 즉 $1/2 \times V_1$이다. 홀수 모드로 전파되는 차동 성분의 원단 도착 시간과 짝수 모드로 전파되는 공통 성분의 원단 도착 시간 사이의 시간 지연은 다음과 같다.

$$\Delta T = \frac{\mathrm{Len}}{v_{\mathrm{even}}} - \frac{\mathrm{Len}}{v_{\mathrm{odd}}} \tag{11.20}$$

두 성분 사이의 시간 지연에 의해 원단에 발생하는 과도 신호의 초기 부분은 상승 시간의 선행 에지이다. 시간 지연만큼의 시간이 지나면 원단 전압은 최댓값에 도달한다. 이 최댓값은 상승 시간에서 시간 지연이 차지하는 부분과 관련이 있다.

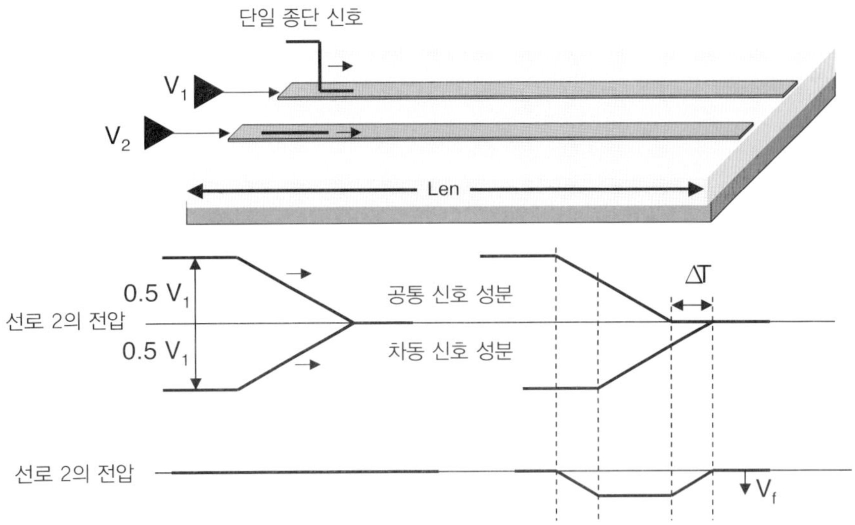

그림 11-33 선로 2의 신호는 차동 신호 성분과 공통 신호 성분을 가진다. 차동 신호 성분은 공통 신호 성분보다 선로 2의 끝에 먼저 도달하여, 선로 2에 과도 알짜 신호를 발생시킨다.

$$V_f = -\frac{1}{2}V_1 \times \frac{\Delta T}{RT} = -\frac{1}{2}V_1 \frac{Len}{RT}\left(\frac{1}{v_{even}} - \frac{1}{v_{odd}}\right) = \frac{1}{2}V_1 \frac{Len}{RT}\left(\frac{1}{v_{odd}} - \frac{1}{v_{even}}\right) \quad (11.21)$$

여기서

V_f = 선로 2(피해자 선로)의 원단 전압 피크

V_1 = 선로 1(공격자 선로)의 전압

Len = 결합 영역의 길이

ΔT = 차동 신호와 공통 신호의 시간 지연 차이

RT = 신호의 상승 시간

v_{even} = 짝수 모드로 전파하는 신호의 속도

v_{odd} = 홀수 모드로 전파하는 신호의 속도

원단 노이즈는 홀수 모드 속도와 짝수 모드 속도 사이의 차이로 해석할 수 있다. 차동 쌍이 균질한 유전체를 가지며 두 모드의 속도에 차이가 없으면 원단 노이즈는 발생하지 않는다. 트레이스 위에 공기가 있어서 홀수 모드의 유효 유전 상수가 짝수 모드의 유효 유전 상수보다 낮으면 홀수 모드의 속도가 짝수 모드의 속도보다 더 빠르다. 따라서 차동 신호 성분은 공통 신호 성분보다 먼저 선로 2의 끝에 도착한다. 선로 2의 차동 신호 성분은 음수이므로 선로 2의 과도 전압은 음수가 된다.

원단에서 차동 신호와 공통 신호 사이의 시간 지연이 상승 시간보다 짧으면 결합 길이에 비례하여 원단 노이즈가 음수로 증가한다. 그러나 두 신호 사이의 시간 지연이 상승 시간보다 길면 원단 노이즈의 크기는 음수로 증가하다가 $-0.5V_1$에서 포화된다.

원단 노이즈의 포화 길이는 $V_f = 0.5V_1$일 때이다. 이 값을 식 (11.21)에 대입하면 다음 식을 얻는다.

$$\text{Len}_{sat} = -\frac{\text{RT}}{\frac{1}{v_{odd}} - \frac{1}{v_{even}}} \tag{11.22}$$

여기서

Len_{sat} = 원단 노이즈가 포화되는 결합 길이

RT = 신호의 상승 시간

v_{even} = 짝수 모드로 전파하는 신호의 속도

v_{odd} = 홀수 모드로 전파하는 신호의 속도

예를 들어, 가장 강하게 결합된 마이크로스트립 쌍에서 상승 시간이 1 nsec일 때, 원단 노이즈의 포화 길이는 다음과 같다.

$$\text{Len}_{sat} = -\frac{1\,\text{ns}}{\frac{1}{7.4\frac{\text{in}}{\text{ns}}} - \frac{1}{6.8\frac{\text{in}}{\text{ns}}}} = -\frac{1\,\text{ns}}{0.135\frac{\text{ns}}{\text{in}} - 0.147\frac{\text{ns}}{\text{in}}} = 83\,\text{in} \tag{11.23}$$

홀수 모드의 속도와 짝수 모드의 속도 사이의 차이가 작을수록 포화 길이는 커진다. 물론 원단 노이즈가 포화되기 훨씬 전에 원단 노이즈의 크기가 적정한 노이즈 마진을 초과할 정도로 커질 수 있다.

11.12 이상적인 결합 전송선로 모델과 이상적인 차동 쌍

한 쌍의 결합 전송선로는 두 선로 사이에 결합이 있어서 크로스토크를 발생시키는 두 개의 단일 종단 전송선로로 보거나, 홀수 모드 및 짝수 모드의 특성 임피던스와 속도를 가진 차동 쌍으로 볼 수 있다. 이 두 관점은 동등하며 독립적이다.

10장에서는 한 쌍의 결합 전송선로에서 근단(또는 역방향) 노이즈 V_b와 원단(또는 순방향) 노이즈 V_f가 다음과 같이 서로 관련되어 있음을 살펴보았다.

$$V_b = V_a k_b \tag{11.24}$$

$$V_f = V_a \frac{\text{Len}}{\text{RT}} k_f \tag{11.25}$$

여기서

V_b = 역방향 노이즈
V_f = 원단 노이즈
V_a = 활성 선로의 전압
k_b = 역방향 크로스토크 계수
k_f = 순방향 크로스토크 계수
Len = 결합 영역의 길이
RT = 신호의 상승 시간

차동 선로 쌍의 관점을 사용하면 크로스토크 계수는 다음과 같다.

$$k_b = \frac{1}{2}\frac{Z_{even} - Z_{odd}}{Z_{even} + Z_{odd}} \tag{11.26}$$

$$k_f = \frac{1}{2}\left(\frac{1}{v_{odd}} - \frac{1}{v_{even}}\right) \tag{11.27}$$

근단 노이즈는 홀수 모드와 짝수 모드의 특성 임피던스 차이를 직접적으로 나타내는 척도이다. 트레이스들이 서로 멀리 떨어져 있을수록 홀수 모드 임피던스와 짝수 모드 임피던스 사이의 차이가 작아지고, 결합이 줄어든다. 트레이스들이 서로 매우 멀리 떨어져 있으면 트레이스 사이에는 상호 작용이 없고, 한 선로의 특성 임피던스는 다른 선로상의 신호와는 상관이 없다. 이 경우 홀수 모드 임피던스와 짝수 모드 임피던스는 동일하며 근단 크로스토크 계수는 0이다.

TIP

이러한 관계에 근거하여 한 쌍의 결합 선로를 차동 쌍으로 모델링할 수 있다. 이상적인 분산 차동 쌍을 새로운 이상적인 모델의 하나로 이상적 회로 소자 집합에 추가할 수 있다. 이 모델은 차동 쌍이나 한 쌍의 독립적인 결합 전송선로의 동작을 모델링할 수 있다.

이상적인 단일 종단 전송선로를 특성 임피던스와 시간 지연이라는 두 개의 파라미터로 정의하듯이, 이상적인 차동 쌍을 다음 네 가지 파라미터로 정의할 수 있다.

1. 홀수 모드 특성 임피던스
2. 짝수 모드 특성 임피던스
3. 홀수 모드 시간 지연
4. 짝수 모드 시간 지연

이 네 개의 항목들은 근단 크로스토크와 원단 크로스토크를 발생시키는 결합 효과를 완전히 반영할 수 있다. 이것은 회로 시뮬레이터나 동작 시뮬레이터에서 사용하는 대부분의 이상적인 회로 모델의 기반이다.

전송선로가 스트립라인인 경우, 홀수 모드와 짝수 모드의 속도와 지연 시간이 서로 같으므로 결합 스트립라인 전송선로를 나타내는 데는 세 가지 파라미터만으로 충분하다.

일반적으로 차동 쌍을 나타내는 이 네 가지 파라미터 값은 2D 전자기장 솔버로 구할 수 있다.

11.13 짝수 모드 임피던스와 홀수 모드 임피던스의 측정

시간 영역 반사계(Time Dmain Reflectometer, TDR)는 단일 종단 전송선로의 단일 종단 특성 임피던스를 측정하는 데 사용된다. TDR은 전송선로 안으로 전압 스텝(step, 계단) 신호를 보내고 반사되는 전압을 측정한다. 이 반사 전압의 크기는 신호가 TDR에서 나와 50 Ω 저항기를 거쳐 여기에 연결된 케이블을 지나 전송선로의 전면으로 이동할 때 맞닥뜨리는 순시 임피던스 변화에 따라 달라진다. 전송선로가 균일한 선로인 경우, 신호가 맞닥뜨리는 순시 임피던스는 그 선로의 특성 임피던스이다. 이때 반사 전압은 다음 식으로 주어진다.

$$\rho = \frac{V_{reflected}}{V_{incident}} = \frac{Z_0 - 50\,\Omega}{Z_0 + 50\,\Omega} \tag{11.28}$$

여기서

ρ = 반사 계수

$V_{reflected}$ = TDR로 측정되는 반사 전압

$V_{incident}$ = TDR에 의해 선로 안으로 들어가는 전압

Z_0 = 선로의 특성 임피던스

50 Ω = TDR과 케이블 시스템의 출력 임피던스

입사 전압을 알고 반사 전압을 측정하면 선로의 특성 임피던스는 다음 식을 사용하여 계산할 수 있다.

$$Z_0 = 50\,\Omega \frac{1+\rho}{1-\rho} \tag{11.29}$$

이것이 단일 종단 전송선로의 특성 임피던스를 측정하는 방법이다.

차동 쌍의 홀수 모드 임피던스 또는 짝수 모드 임피던스를 측정하려면, 차동 쌍을 홀수 모드 또는 짝수 모드로 구동하면서 차동 쌍을 구성하는 한 선로의 특성 임피던스를 측정해야 한다.

차동 쌍을 홀수 모드로 구동하려면 차동 쌍에 순수한 차동 신호를 인가해야 한다. 그러고 나서 두 선로 중 어느 한 선로의 특성 임피던스를 측정하면 홀수 모드 임피던스가 된다. 선로의 홀수 모드 특성 임피던스를 측정하기 위해서는 예를 들어 테스트하려는 차동 쌍 중의 한 선로의 신호 경로와 귀환 경로 사이에 0 V에서 +200 mV로 전이하는 신호를 인가하는 경우에 나머지 선로에는 0 V에서 −200 mV로 반대 방향으로 전이하는 신호를 인가해야 한다. 마찬가지로, 선로의 짝수 모드 특성 임피던스 측정을 위해서는 두 선로 모두에 0 V에서

+200 mV로 전이하는 신호를 인가해야 한다.

이를 위해서는 두 개의 신호 발생기를 갖춘 특수한 TDR을 사용해야 한다. 이 계측기를 차동 TDR(Differential TDR, DTDR)이라고 한다. [그림 11-34]는 차동 TDR을 차동 신호 출력과 공통 신호 출력으로 각각 설정했을 때, 차동 TDR의 두 채널이 어떻게 구동되는지 보여주기 위해 차동 TDR의 두 채널 출력에 개방(open)된 차동 쌍이 연결된 상태에서 측정한 전압 파형이다.

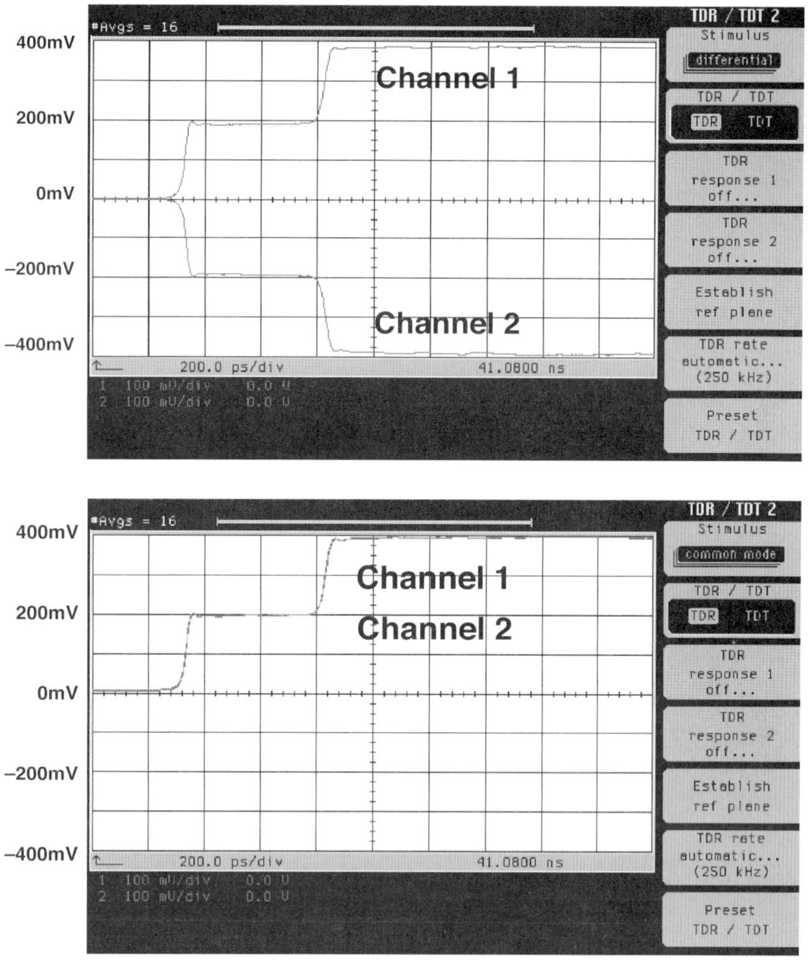

그림 11-34 차동 TDR의 두 채널에 개방된 차동 쌍을 연결하고 이를 차동 신호(상단)와 공통 신호(하단)로 구동할 때, 차동 TDR의 두 채널에서 측정된 전압. DTDR 플러그인(plug-in)을 갖춘 Agilent 86100 DCA로 측정

DTDR를 사용하면, 두 채널 모두에서 반사 전압을 측정할 수 있으므로 차동 쌍의 두 선로에 대해 각각 홀수 모드 임피던스와 짝수 모드 임피던스를 측정할 수 있다. [그림 11-35]에서는 차동 쌍을 구성하는 두 선로가 강하게 결합되어 있을 때 한 선로의 홀수 모드 임피던스와 짝수 모드 특성 임피던스를 측정한 결과이다. 이 예에서 한 선로의 홀수 모드 임피던스는 39 Ω으로 측정되고 같은 선로의 짝수 모드 임피던스는 50 Ω으로 측정되었다.

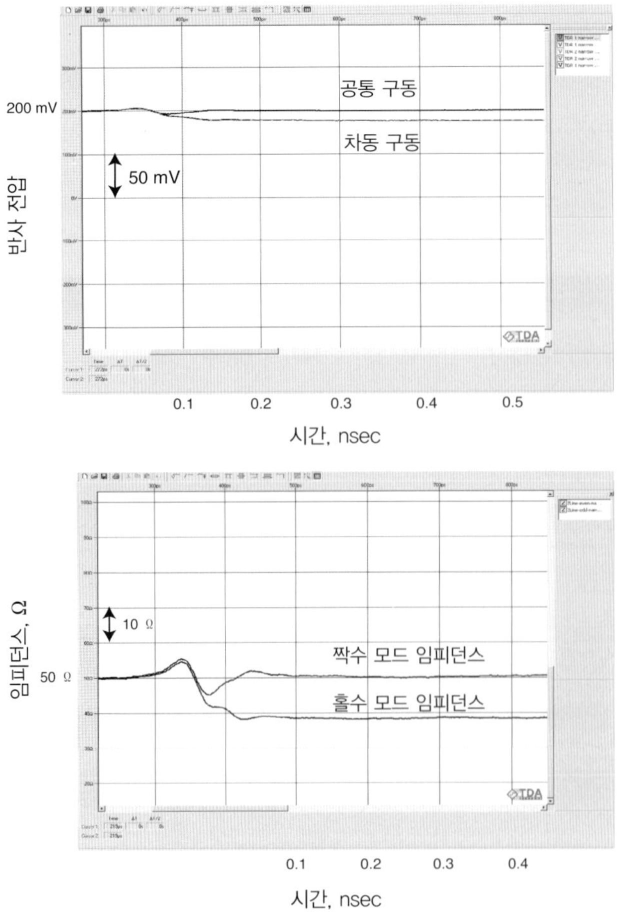

그림 11-35 차동 TDR의 출력이 차동 신호와 공통 신호일 때 차동 TDR의 한 채널에서 각각 측정된 전압(상단). 이 측정 전압으로부터 짝수 모드 임피던스(공통 구동)와 홀수 모드(차동 구동) 임피던스가 계산된다. 홀수 모드 임피던스는 39 Ω이고 짝수 모드 특성 임피던스는 50 Ω이다. DTDR 플러그인 및 TDA Systems IConnect 소프트웨어를 갖춘 Agilent 86100 DCA와 GigaTest Labs Probe Station으로 측정

11.14 차동 신호와 공통 신호의 종단

차동 신호가 차동 쌍의 개방된 끝에 도달하면 높은 임피던스를 보게 되므로 이곳에서 반사된다. 차동 쌍의 끝에서 발생하는 반사를 제대로 관리하지 않으면 노이즈 마진을 초과하는 큰 노이즈가 발생할 수 있다. 이러한 반사를 줄이는 데 일반적으로 사용되는 방법은 차동 쌍의 끝에서 차동 신호가 바라보는 임피던스가 차동 임피던스와 동일한 값이 되게 하는 것이다.

예를 들어, 차동 쌍 선로의 차동 임피던스가 100 Ω으로 설계된 경우, [그림 11-36]에 표시된 것처럼, 선로의 맨 끝에 있는 저항기의 값은 100 Ω이어야 한다. 이 저항기는 차동 신호가 100 Ω의 임피던스를 볼 수 있도록 두 신호 선로의 맨 끝 양단에 배치해야 한다. 차동 신호는 이 한 개의 저항기로 종단하면 된다. 그렇다면 공통 신호는 어떻게 종단해야 될까?

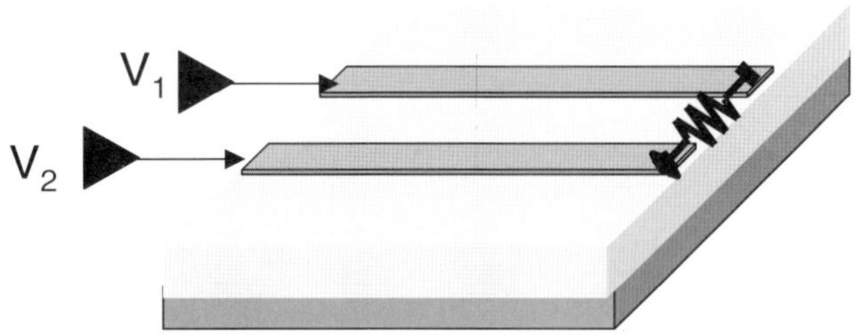

그림 11-36 차동 쌍의 원단에 차동 임피던스와 같은 저항값을 가진 단일 저항기로 차동 신호를 종단하는 방법

> **TIP**
> LVDS 전압 레벨의 경우에 공통 신호 성분이 매우 높은 것은 사실이지만, 이 공통 전압은 드라이버가 스위칭 중일 때도 일정하므로 수신기에서 차동 신호 측정에 영향을 미치지 않을 수 있다.

차동 쌍을 따라 이동하는 모든 과도 공통 신호는 두 선로의 원단에서 높은 임피던스를 마주치게 되어 소스 방향으로 다시 반사된다. 두 신호 선로 끝 양단에 100 Ω 저항기가 있어도, 두 신호 선로 사이에 전위차가 없는 공통 신호는 이 저항기를 인식하지 못한다. 소스를 향해 반사된 공통 신호는 드라이버의 임피던스에 따라 다시 반사된다. 이런 식으로 공통 신호는 차동 선로의 양쪽 끝을 오가며 링잉 노이즈를 발생시킨다.

공통 신호를 종단하는 것이 중요할까? 회로에 있는 장치가 공통 신호에 민감한 경우에는 공통 신호의 품질을 관리하는 것이 중요하다. 차동 선로 쌍에 비대칭이 있어서 차동 신호 중 일부가 공통 신호로 변환되고, 그 공통 신호가 선로 양쪽을 오가다가 비대칭을 다시 마주치면 그중 일부가 다시 차동 신호로 변환되어 차동 노이즈를 발생시킬 수 있다.

> **TIP**
> 공통 신호를 종단한다고 해서 공통 신호가 제거되는 것은 아니며, 단지 반사로 인해 공통 신호가 선로 양쪽을 오가는 것을 방지할 뿐이다. 공통 신호가 EMI의 원인이 되는 경우, 공통 신호를 종단하면 EMI를 약간 줄이는 데 도움이 되는 것은 사실이지만 공통 신호의 근본 원인을 제거하는 설계를 하는 것이 여전히 중요하다.

공통 신호를 종단하는 한 가지 방법은 각 신호 선로의 끝과 그 귀환 경로 사이에 저항기를 연결하는 것이다. 두 개의 선로에 각각 하나씩 연결된 저항기 두 개의 병렬 조합은 공통 신호가 바라보는 임피던스와 일치해야 한다. 두 선로 사이에 결합이 없고 공통 임피던스가 25 Ω인 경우, 각 저항기의 값은 50 Ω이 되고 병렬 임피던스는 25 Ω이 된다. 이 내용을 [그림 11-37]에서 확인할 수 있다.

이 종단 방법을 사용하면 공통 신호가 종단되고 차동 신호도 종단된다. 그러나 두 선로가 강하게 결합되어 있고 짝수 모드 임피던스가 25 Ω일 때 두 개의 50 Ω 저항기를 사용하면 공통 임피던스는 종단할 수 있지만 차동 임피던스는 종단되지 않는다.

이 종단 방식에서 차동 신호가 바라보는 등가 저항은 두 저항기의 직렬 조합인 $4 \times Z_{comm}$이다. 이 값은 $Z_{even} = Z_{odd}$일 때만 차동 임피던스 값과 같아진다. 두 선로 사이의 결합이 증가할수록 공통 임피던스는 증가하고 차동 임피던스는 감소한다.

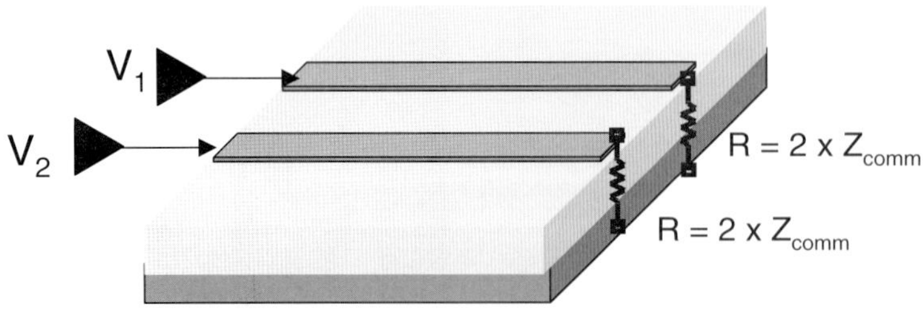

그림 11-37 차동 쌍의 원단에서 두 개의 저항기로 종단하는 방법. 각 저항기의 값은 차동 쌍의 공통 임피던스의 두 배이다.

공통 신호와 차동 신호를 동시에 종단하는 것이 중요한 경우에는 특수한 종단 기법을 사용해야 한다. 이 기법은 세 개의 저항기를 사용하여 "파이(pi, π)" 및 "티(tee, T)"의 두 가지 형태로 구현할 수 있다. "파이" 구조와 "티" 구조는 [그림 11-38]에 나와 있다.

파이 구조에서 저항기들의 값은 공통 신호는 공통 임피던스에 해당하는 등가 저항을 보도록 설계하고 차동 신호는 차동 임피던스에 해당하는 등가 저항을 보도록 설계하여 계산할 수 있다. 공통 신호가 바라보는 등가 저항은 두 개의 R_2 저항기의 병렬 조합이다.

$$R_{equiv} = \frac{1}{2} R_2 = Z_{comm} = \frac{1}{2} Z_{even} \tag{11.30}$$

여기서

R_{equiv} = 공통 신호가 바라보는 등가 저항

R_2 = 저항기 R_2의 저항값

Z_{comm} = 차동 쌍에서 공통 신호가 바라보는 임피던스

Z_{even} = 차동 쌍의 짝수 모드 특성 임피던스

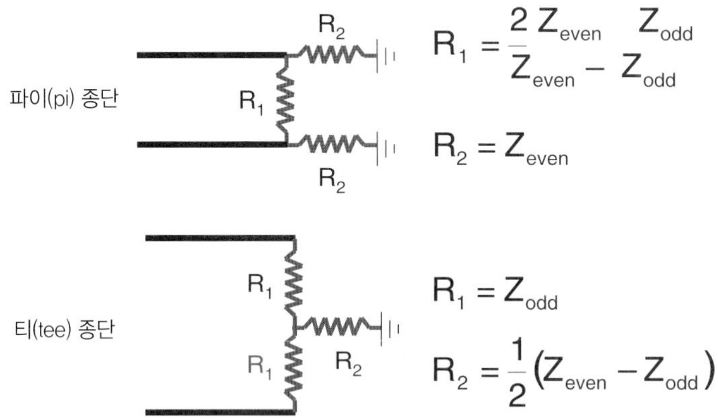

그림 11-38 차동 쌍에서 공통 신호와 차동 신호를 동시에 종단할 수 있는 파이 종단 구조와 티 종단 구조

이 조건에 따라 $R_2 = Z_{even}$이 된다.

차동 신호가 바라보는 등가 저항은 두 R_2 저항기의 직렬 조합과 R_1 저항기의 병렬 조합이다.

$$R_{equiv} = \frac{R_1 \times 2R_2}{R_1 + 2R_2} = Z_{diff} = 2 \times Z_{odd} \tag{11.31}$$

여기서

R_{equiv} = 차동 신호가 바라보는 등가 저항
R_1 = 저항기 R_1의 저항값
R_2 = 저항기 R_2의 저항값
Z_{diff} = 차동 쌍에서 차동 신호가 바라보는 임피던스
Z_{odd} = 차동 쌍의 홀수 모드 특성 임피던스

$R_2 = Z_{even}$이므로, R_1 값은 다음과 같이 계산할 수 있다.

$$R_1 = \frac{2Z_{even}Z_{odd}}{Z_{even} - Z_{odd}} \tag{11.32}$$

결합이 거의 없고 $Z_{even} \sim Z_{odd} \sim Z_0$인 경우, $R_2 = Z_0$이고 R_1 = 개방(open)이다. 결국, 결합이 거의 없는 경우, 이 파이 종단 방식은 단순히 각 선로의 특성 임피던스와 동일한 값을 갖는 저항기로 원단을 종단하는 것이 된다. 결합이 증가하면 짝수 모드 특성 임피던스가 증가하는데, 이 경우 귀환 경로에 연결된 종단 저항기 R_2의 값이 증가하여 짝수 모드 특성 임피던스와 같아진다. 결합이 증가하면 차동 신호가 바라보는 임피던스는 낮아지는데, 이 경우 두 신호 선로 사이의 션트 저항기 R_1의 값이 개방(무한대)에서 감소하므로 차동 신호가 바라보는 임피던스도 감소하여 낮아진 차동 임피던스와 같아진다.

강하게 결합된 어떤 전형적인 차동 쌍에서 홀수 모드 임피던스는 50 Ω이고 짝수 모드 임피던스는 55 Ω이라고 하자. 이 경우, 파이 종단 방식을 적용하면, 두 신호 선로 사이 저항기의 값은 R_1 = 1.1 kΩ이고 각 선로와 귀환 경로 사이 저항기의 값은 R_2 = 55 Ω이다. 이 종단 저항기의 조합은 100 Ω의 차동 임피던스와 27.5 Ω의 공통 임피던스를 동시에 종단한다.

티 구조에서 차동 신호는 R_1 저항기 두 개의 직렬 조합에 해당하는 등가 저항을 바라본다.

$$R_{equiv} = Z_{diff} = 2R_1 = 2Z_{odd} \tag{11.33}$$

여기서

R_{equiv} = 차동 신호가 바라보는 등가 저항
R_1 = 저항기 R_1의 저항값
Z_{diff} = 차동 쌍에서 차동 신호가 바라보는 임피던스
Z_{odd} = 차동 쌍의 홀수 모드 특성 임피던스

이 식에서 $R_1 = Z_{odd}$가 된다.

공통 신호가 바라보는 등가 저항은 두 R_1 저항기의 병렬 조합과 R_2 저항기의 직렬 조합이다.

$$R_{equiv} = Z_{comm} = \frac{1}{2}R_1 + R_2 = \frac{1}{2}Z_{even} \tag{11.34}$$

R_2 값은 다음 식으로 구할 수 있다.

$$R_2 = \frac{1}{2}(Z_{even} - Z_{odd}) \tag{11.35}$$

티 종단 구조에서 결합이 거의 없는 경우, $Z_{even} \sim Z_{odd} \sim Z_0$이므로 종단은 단순히 두 신호 선로 사이에 홀수 모드 특성 임피던스와 같은 저항값을 갖는 R_1 저항기 두 개가 직렬로 연결된 것이 된다. 그리고 두 R_1 저항기가 서로 접속된 중앙은 접지와 단락(short)된다. 따라서 결합이 없는 경우에 티 종단은 결합이 없는 경우의 파이 종단과 같아진다. 결합이 증가할수록 차동 임피던스는 감소하는데, 이 경우 R_1 값이 감소하여 차동 임피던스와 같아진다. 결합이 증가할수록 공통 임피던스는 증가하므로 이를 보정하기 위해 R_2 값이 증가한다.

홀수 모드 임피던스가 50 Ω이고 짝수 모드 임피던스가 55 Ω인 경우, 티 종단에서는 두 신호 선로 사이에 50 Ω 저항기 두 개를 직렬로 연결하고, 두 저항기의 중앙과 귀환 경로 사이에는 2.5 Ω 저항기를 연결한다.

파이 종단 또는 티 종단 방식을 구현할 때 가장 중요한 고려사항은 드라이버의 DC 부하 구동 능력이다. 파이 종단과 티 종단 모두에는 짝수 모드 임피던스 값과 비슷한 정도의 저항이 신호 선로와 귀환 경로 사이에 존재한다. 짝수 모드 임피던스가 낮을수록 드라이버는 더 많은 전류를 흘려주어야 한다. 일반적인 차동 드라이버에서는 전위가 낮은 지점에 연결된 낮은 DC 저항을 처리하지 못할 수 있으므로 공통 신호를 종단하는 것은 실용적이지 않을 수 있다. 오히려 처음부터 공통 신호의 생성을 최소화하여 차동 신호만을 종단하는 데 주의를 기울여야 한다.

차동 신호와 공통 신호를 모두 종단하는 또 다른 방법은 DC 차단 커패시터와 함께 티 구조를 사용하는 것이다. 이 회로 구조는 [그림 11-39]에 나와 있다. 이 구조에서 저항기의 값은 티 구조와 같고, 커패시터의 값은 공통 신호가 바라보는 시정수(time constant)가 신호의 최저 주파수 성분보다 길도록 선택한다. 이렇게 하면 신호의 최저 주파수 성분에서 커패시터의 임피던스가 저항기들의 임피던스보다 낮아진다. 다음 식을 사용하여 처음에 커패시터 값의 일차 추정치를 선택할 수 있다.

$$RC = 100 \times RT \tag{11.36}$$

$$C = \frac{100 \times RT}{Z_{comm}} \tag{11.37}$$

여기서

R = 공통 신호가 바라보는 등가 저항

C = 차단 커패시터의 커패시턴스

RT = 신호의 상승 시간

Z_{comm} = 차동 쌍에서 공통 신호가 바라보는 임피던스

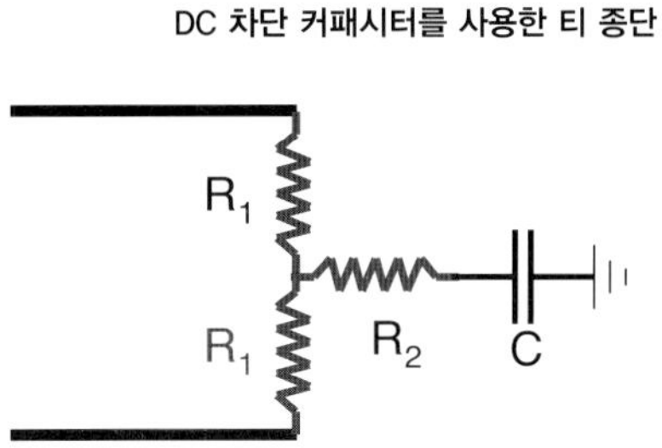

$$R_1 = Z_{odd}$$

$$R_2 = \frac{1}{2}(Z_{even} - Z_{odd})$$

$$C = \frac{100\,RT}{Z_{comm}}$$

그림 11-39 공통 신호를 종단하면서 드라이버에서의 DC 전류 인출을 최소화하기 위해 DC 차단 커패시터를 사용한 티 종단 구조

예를 들어, 공통 임피던스가 약 25 Ω이고 상승 시간이 0.1 nsec인 경우, 차단 커패시터는 약 10 nsec/25 Ω, 즉 0.4 nF이 되어야 한다. 물론, RC 종단을 적용할 때는 반드시 시뮬레이션을 수행하여 커패시터의 최적값을 검증해야 한다.

또 다른 종단은 각 신호 선로를 별도의 V_{tt} 전압 공급기에 V_{tt} 종단(termination)을 사용하여 종단을 하는 것으로 온-다이(on-die) 종단에 적합하다. 50 Ω 선로인 경우, 이것은 V_{tt} 전압 공급기에 50 Ω 저항기를 연결하는 것을 의미한다. 이렇게 하면 각 선로는 사실상 단일 종단 전송선로처럼 종단된다.

두 신호 선로 사이에 결합이 없는 경우, 이 방법은 차동 신호와 공통 신호를 모두 종단하는데 이때 접지에 연결된 종단에서 전력의 절반이 소비된다. 결합이 증가하고 차동 임피던스가 100 Ω으로 유지되면 차동 신호는 종단되고 공통 신호도 대부분 종단된다. 완벽한 종단은 아니지만 약 90%까지는 정합할 수 있다.

이 방식의 장점은 우수한 차동 신호 종단, 적절한 공통 신호의 종단, 양호한 전력 소비를 제공하고 온-다이 종단이 가능하다는 것이다.

11.15 차동 신호에서 공통 신호로의 변환

차동 신호 방식에서 정보 데이터는 차동 신호에 의해 전달된다. 따라서 차동 신호의 신호 품질을 유지하는 것이 중요하다. 이를 위해 다음 지침을 따라야 한다.

- 제어된 차동 임피던스 선로를 사용한다.

- 차동 쌍의 불연속을 최소화한다.
- 원단에서 차동 신호를 종단한다.

선로 자체의 비대칭과 드라이버 사이의 스큐로 인해 차동 신호의 왜곡이 추가로 발생할 수 있다.

TIP

비대칭과 스큐로 인한 왜곡은 선로 사이의 결합 정도와는 완전히 무관하다. 따라서 결합이 없거나 가장 강한 결합이 있는 마이크로스트립과 스트립라인 구조의 차동 쌍에서 모두 발생할 수 있다.

두 차동 드라이버의 전이 사이에 스큐가 있으면 차동 신호가 왜곡된다. [그림 11-40]은 드라이버 사이의 스큐가 상승 시간의 20%에서 두 배까지 증가할 때 나타나는 차동 신호의 에지를 보여준다. 대부분의 고속 직렬 링크는 채널에서 선로-대-선로 스큐(line-to-line skew)가 단위 간격(unit interval, UI)의 20%보다 작아야 한다고 명시하고 있다. 이러한 선로-대-선로 스큐는 신호 에지에 직접적인 영향을 미치고 아이 다이어그램에서 눈의 수평 개방을 감소시킨다.

예를 들어, 5 Gbps 신호에서 UI는 200 psec이고, UI의 20%인 40 psec를 허용 가능한 최대 선로-대-선로 스큐라고 하자. 전형적인 신호의 속도인 6 inch/nsec를 가정하면 차동 쌍을 이루는 두 선로 사이의 최대 길이 차이는 0.04 nsec × 6 inch/nsec = 240 mil이 될 수 있다.

선로-대-선로 스큐가 신호의 상승 시간보다 길면, 이 스큐는 중요해지며 차동 신호의 상승 에지와 하강 에지가 왜곡된다.

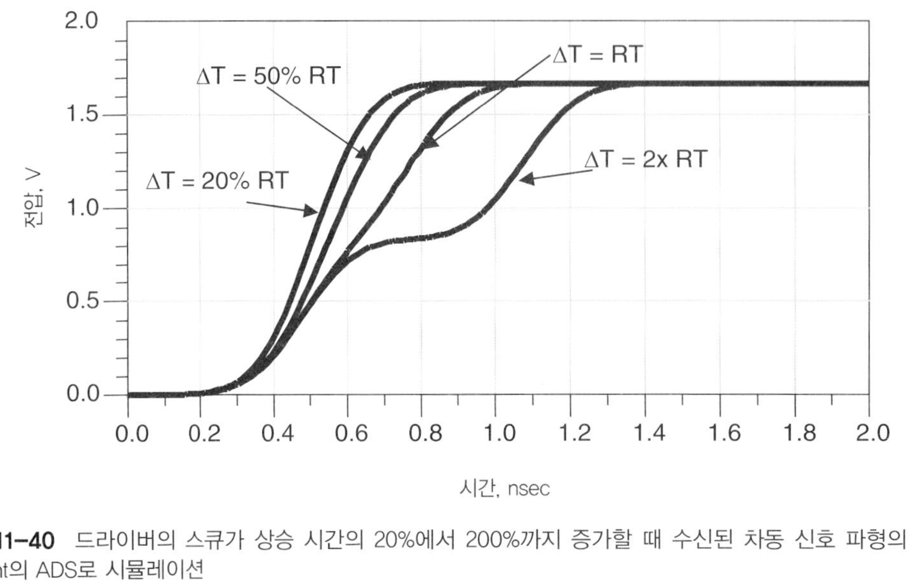

그림 11-40 드라이버의 스큐가 상승 시간의 20%에서 200%까지 증가할 때 수신된 차동 신호 파형의 변화. Agilent의 ADS로 시뮬레이션

최대 선로-대-선로 스큐를 20% 이하로 유지하려면, UI는 다음 조건을 만족해야 한다.

$$\Delta L = 0.2 \times UI \times v = 0.2 \times \frac{v}{BR} \tag{11.38}$$

여기서

ΔL = 스큐를 UI의 20% 미만으로 유지하기 위한 경로 사이의 최대 길이 차이

UI = 단위 간격

BR = 비트 레이트(bit rate)

v = 차동 신호의 속도

신호의 속도가 약 6 inch/nsec이고 UI가 1 nsec인 경우, 차동 쌍에서 허용되는 최대 길이 차이는 0.2 × 6 inch/nsec × 1 nsec = 1.2 inch이다. 이는 비교적 쉽게 달성할 수 있다.

UI가 100 psec라면, 두 선로의 길이 차이는 120 mil 이내가 되도록 정확히 설계되어야 한다. 선로 길이 차이에 할당된 허용 범위, 즉 스큐 버짓(skew budget)이 감소함에 따라 선로들의 길이를 맞추는 것이 점점 더 중요해지고 있다.

다른 다양한 비대칭 요인으로부터 차동 신호의 왜곡이 발생할 수 있다. 일반적으로, 차동 쌍에서 어느 한 선로에만 영향을 미치고 다른 선로에는 영향을 미치지 않는 요소가 있는 경우, 차동 신호가 왜곡된다. 예를 들어, 두 트레이스 중 한 트레이스에만 테스트 패드(test pad)가 있어서 용량성 부하가 발생하고 다른 트레이스에는 테스트 패드가 없는 경우, 차동 신호는 왜곡된다. [그림 11-41]은 이처럼 차동 쌍에서 한 선로의 끝에만 용량성 부하가 있는 경우에 차동 쌍의 끝에 나타나는 차동 신호를 시뮬레이션으로 구한 결과이다.

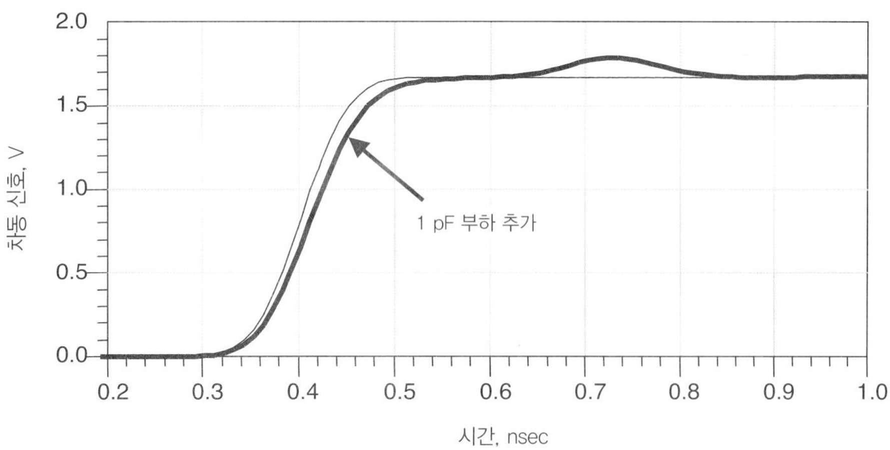

그림 11-41 차동 쌍의 한 선로에는 1 pF의 용량성 부하가 있고 다른 선로에는 없을 때 수신된 차동 신호 파형. 상승 시간은 100 psec이다. Agilent의 ADS로 시뮬레이션

스큐와 왜곡으로 인한 또 다른 영향이 있다. 비대칭이 있으면 차동 신호의 일부가 공통 신호로 변환될 수 있다. 일반적으로 드라이버와 수신기가 공통 신호에 민감하지 않은 경우, 발생하는 공통 신호의 양은 그다지 중요하지 않을 수 있다. 어쨌든 차동 수신기들은 일반적으로

우수한 공통 모드 제거비(Common-Mode Rejection Ratio, CMRR)를 가지고 있기 때문이다. 하지만, 예를 들어 트위스티드 페어를 따라 공통 신호가 제품의 외부로 유출되면, EMI를 크게 발생시킬 수 있다. 의도적이든 아니든 제품 케이스에 구멍이 뚫려 있거나 케이블이 연결된 경우, 제품 외부로 나갈 수 있는 공통 신호를 최소화하는 것이 중요하다.

TIP

어떤 비대칭 요소든 차동 신호를 공통 신호로 변환환다. 비대칭 요소로는 크로스토크, 드라이버 스큐, 선로의 길이 스큐, 비대칭적 부하가 모두 포함된다. 스큐를 최소화해야 하는 가장 중요한 이유는 차동 신호가 공통 신호로 변환되는 것을 최소화해야 하기 때문이다.

차동 신호의 품질에는 영향을 미치지 않는 작은 스큐가 공통 신호에는 상당한 영향을 미칠 수 있다. [그림 11-42]는 상승 시간의 20%에 해당하는 스큐가 있는 경우, 차동 신호만 종단될 때 두 신호 선로 각각의 전압, 차동 신호, 공통 신호를 보여준다. 차동 신호는 원단에 연결된 저항기에 의해 종단되지만 공통 신호는 원단에서 개방(open)을 보게 되므로 원단에서 반사되어 소스로 이동하고 소스에서는 소스의 낮은 임피던스로 인해 다시 반사된다. 이러한 반사가 계속되면서 공통 신호에 링잉 노이즈가 발생한다.

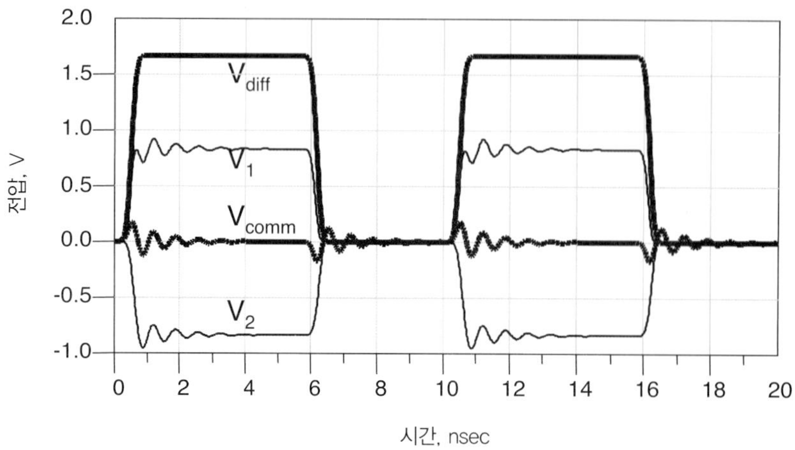

그림 11-42 차동 종단 저항기가 있는 차동 쌍의 원단에서 두 신호 선로 각각의 전압, 차동 신호 전압, 공통 신호 전압. 드라이버 스큐는 신호의 상승 시간의 20%에 불과함. 각 신호 선로의 전압이 왜곡되어도 차동 신호의 품질은 양호하다는 점에 주목하라. Agilent의 ADS로 시뮬레이션

공통 신호와 차동 신호가 모두 종단되어도 어떤 비대칭으로 인해 발생하는 공통 신호는 여전히 존재한다. [그림 11-43]은 티 종단 회로가 연결된 원단에서의 전압을 보여준다. 여기서 차동 신호와 공통 신호는 원단의 티 종단 회로에 의해 동시에 종단된다. 그림을 보면 링잉 노이즈는 없지만, 공통 신호는 여전히 존재한다. 이 공통 신호가 제품 케이스 외부로 나오면 신호가 EMI를 발생시킨다.

두 신호 선로 사이의 스큐가 증가할수록, 공통 신호가 종단된 경우에도 공통 신호의 크기는 증가한다. [그림 11-44]는 스큐가 상승 시간의 20%, 50%, 100%, 200%일 때, 각 스큐에 의해 발생한 공통 신호의 변화를 비교하여 보여준다.

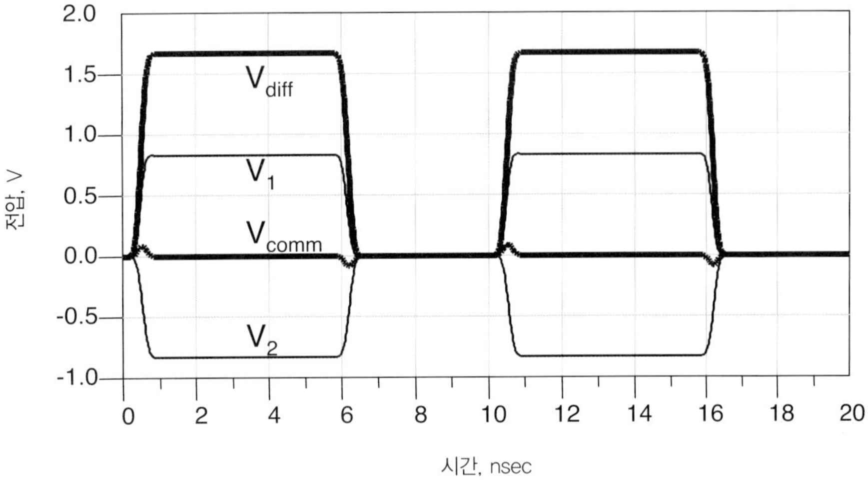

그림 11-43 스큐가 상승 시간 20%일 때, 차동 신호 종단과 공통 신호 종단이 있는 원단에서 두 신호 선로 각각의 전압, 차동 신호 전압, 공통 신호 전압. Agilent의 ADS로 시뮬레이션

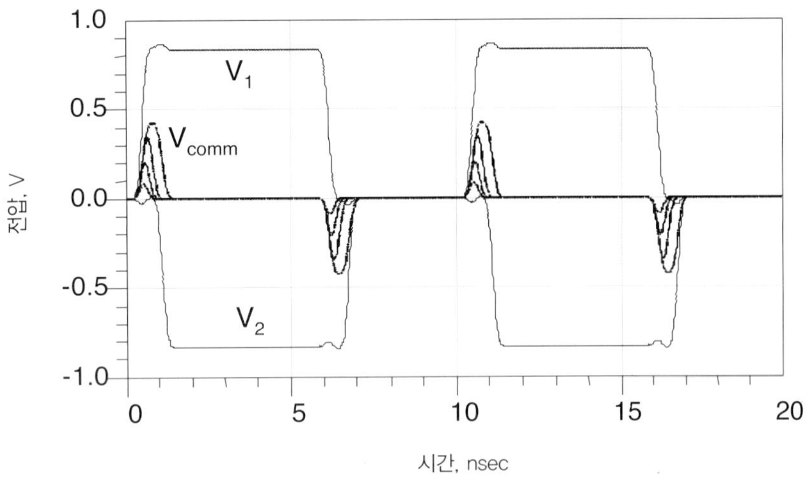

그림 11-44 공통 신호가 종단된 경우, 스큐가 상승 시간의 20%, 50%, 100%, 200%일 때 각 스큐에 의해 발생한 공통 신호. Agilent의 ADS로 시뮬레이션

> **TIP**
>
> 드라이버에서의 아주 작은 스큐도 큰 공통 신호를 발생시킬 수 있다. 이 때문에 차동 선로 쌍에서 모든 비대칭을 최소화하는 것이 중요하다.

공통 신호의 생성을 최소화하려면 신호 경로를 가능한 한 대칭으로 유지하도록 주의를 기울여야 한다. 결함(불완전)을 모델링하여 이것이 공통 신호를 얼마나 발생시키는지 예상해야 한다. 이렇게 하면 발생할 가능성이 있는 전자파장해(EMI) 문제의 심각성을 어느 정도 예측할 수 있다.

11.16 전자파장해(EMI)와 공통 신호

CAT-5 케이블과 같은 차폐되지 않은 트위스티드 페어 케이블(unshielded twisted-pair cable)이 회로 기판의 차동 선로 쌍에 연결된 경우, 차동 신호뿐만 아니라 공통 신호도 케이블로 전송될 수 있다. 차동 신호는 정보 데이터를 전달하는 의도된 신호이다. 트위스티드 페어 케이블은 차동 신호에서 발생하는 전자기 에너지(전자파)를 잘 방사하지 않는다. 그러나 케이블에 흐르는 모든 공통 전류는 전자기 에너지를 잘 방사하여 EMI를 발생시킨다.

트위스티드 페어에 공통 전류가 흐르는 경우, 그 공통 신호의 귀환 경로는 어디에 있을까? 차동 신호가 발생하는 회로 기판에서, 공통 신호는 기판의 귀환면을 따라 돌아온다. 회로 기판에서 트위스티드 페어로 신호를 보낼 때, 회로 기판의 귀환면과의 트위스티드 페어 사이에 직접적인 연결은 존재하지 않는다.

이렇게 해도 차동 신호의 전송에는 문제가 되지 않는다. 회로 기판 인터커넥트의 차동 임피던스가 트위스티드 페어의 차동 임피던스와 일치하도록 설계하는 것이 가능하다. 따라서 차동 신호가 기판에서 트위스티드 페어로 전달될 때 차동 신호는 임피던스 불연속을 마주치지 않는다.

TIP

차폐되지 않은 트위스티드 페어에서 공통 신호의 귀환 경로는 문자 그대로의 접지(ground), 바닥(floor), 또는 근처에 있는 다른 도체이다. 트위스티드 페어의 신호 선로와 가장 가까운 전도성 표면과의 결합은 인접한 신호 선로 사이의 결합보다 약한 것이 보통이므로, 공통 임피던스는 일반적으로 상당히 높아서 수백 Ω 정도이다.

기판에서 공통 신호가 바라보는 임피던스와 트위스티드 페어에서 공통 신호가 바라보는 임피던스 사이에는 큰 차이가 있을 수 있다. 두 공통 귀환 경로 사이의 연결은 전류가 흐를 수 있는 모든 경로를 통해 형성된다. 고주파에서 귀환 경로는 일반적으로 회로 기판의 접지, 함체(enclosure)의 섀시, 바닥, 그리고 분산된 부유 커패시턴스(stray capacitance)로 이루어진다. 1 pF의 작은 부유 커패시턴스도 1 GHz에서 약 160 Ω의 임피던스를 가진다. 이 임피던스 값은 주파수가 높아질수록 더욱 낮아지는데, 단지 1 pF의 부유 커패시턴스만으로도 이런 상황이 일어난다.

공통 신호가 트위스티드 페어를 따라 전파됨에 따라, 공통 신호의 귀환 전류는 트위스티드 페어와 인접한 도체 사이의 부유 커패시턴스에 의해 그 인접한 도체로 계속해서 결합된다. 이 현상이 [그림 11-45]에 설명되어 있다.

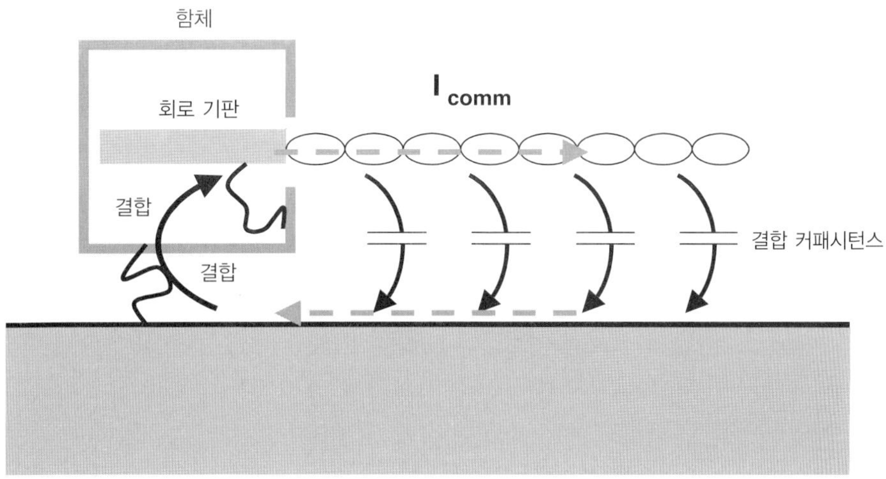

그림 11-45 트위스티드 페어 케이블이 회로 기판에 연결되어 있을 때 공통 전류 경로가 나타나 있다. 고주파 공통 신호 성분은 일반적으로 부유 커패시턴스를 통해 귀환 경로로 흐른다.

트위스티드 페어 케이블에 흐르는 공통 전류의 양은 케이블 안으로 전달되는 공통 신호 전압과 그 공통 신호가 케이블 내에서 바라보는 임피던스에 따라 달라진다.

$$I_{comm} = \frac{V_{comm}}{Z_{comm}} \tag{11.39}$$

이 공통 전류는 방사된다. 어떤 인증 시험에 실패하게 만드는 공통 전류의 양은 해당 시험의 사양(spec), 케이블의 길이, 주파수에 따라 달라진다. 대략적인 경험 규칙으로, 길이가 1 m인 외부 케이블에 주파수가 100 MHz인 공통 전류 3 μA가 흐르면 FCC B급(Class B) 인증 시험을 통과하지 못한다. 3 μA이면 아주 작은 양의 공통 전류인데도 말이다.

어떤 제품에서 방출되는 방사 전기장 강도가 EMI 인증 규정의 허용기준을 초과하면, 해당 제품은 인증을 받지 못하고 이로 인해 제품의 출시 일정이 지연될 수 있다. 대부분 국가에서는 해당 국가의 인증 규정을 통과하지 않은 제품을 수익을 목적으로 판매하는 것은 불법이다. 미국의 경우, 연방통신위원회(FCC)는 제품을 두 가지 범주로 구분하고 각각의 범주에 대해 방사 전기장 허용기준을 명시하고 있다. A급(Class A) 제품은 산업 또는 제조 환경에서 사용되는 제품이고 B급(Class B) 제품은 가정 또는 사무실 환경에서 사용되는 제품이다. B급 제품에 대한 요건은 A급 제품에 대한 요건보다 엄격해서 허용되는 방사성 방출을 더 낮은 수준으로 제한한다.

주파수[MHz]	μV/m
30–88	100
88–216	150
216–960	200
> 960	500

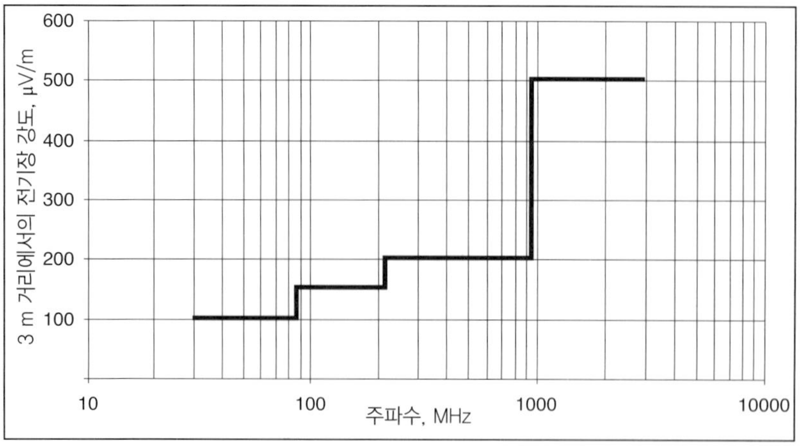

그림 11–46 3 m의 거리에서 최대 전기장 강도 허용기준(FCC B급 인증)

전기장 강도(electric field strength)는 명시된 주파수에서 V/m의 단위로 측정된다. B급 인증에서는 제품에서 3 m 떨어진 지점에서 방사되는 전기장 강도의 최댓값을 측정한다. 최대 허용 전기장 강도는 주파수 범위에 따라 다른데 이를 [그림 11–46]에 표와 그래프로 나타내었다. 참고로 100 MHz에서 3 m의 거리에서 최대로 허용되는 전기장 강도는 150 μV/m이다.

트위스티드 페어 케이블의 공통 신호에서 방사되는 전기장 강도를 추정해보자. 이를 위해 트위스티드 페어를 전기 모노폴 안테나(monopole antenna)로 근사화한다. 원거리장(far field)은 방사 파장의 약 1/6보다 멀리 떨어진 거리이다. 3 m의 거리는 16 MHz 이상인 주파수에 대해서는 원거리장에 해당한다. 모노폴 안테나에서 방사되는 원거리 전기장 강도는 다음과 같다.

$$E = 4\pi 10^{-7} \times f \times I_{comm} \times \frac{Len}{R} \tag{11.40}$$

여기서

I_{comm} = 트위스티드 페어에 흐르는 공통 전류(단위: A)

V_{comm} = 트위스티드 페어 안으로 전달된 공통 신호

Z_{comm} = 공통 신호 임피던스

E = 도선에서 거리 R 만큼 떨어진 지점의 전기장 강도(단위: V/m)

f = 공통 전류 성분의 사인파 주파수(단위: Hz)

Len = 방사를 일으키는 트위스티드 페어의 도선 길이(단위: m)

R = 도선에서 전기장이 측정되는 지점까지의 거리(단위: m)

예를 들어 트위스티드 페어에서 공통 신호가 100 mV이고 공통 신호가 바라보는 임피던스가 200 Ω인 경우, 공통 전류는 0.1 V/200 Ω = 0.5 mA이다. 트위스티드 페어의 길이가 1 m이고, 전기장 강도를 측정하는 지점까지의 거리가 3 m로 FCC B급 시험 조건에 해당할 때, 100 MHz에서의 방사 전기장 강도는 다음과 같다.

$$E = 4\pi 10^{-7} \times 10^{8} \times 5 \times 10^{-4} \times \frac{1}{3} \approx 20000\ \mu V/m \tag{11.41}$$

차폐되지 않은 트위스티드 페어에서 쉽게 발생할 수 있는 공통 전류로 인한 방사 전기장 강도는 FCC B급 인증 허용기준보다 100배 이상 크다.

TIP

아주 작은 양의 공통 전류라도 차폐되지 않은 트위스티드 페어 케이블에 유입되면 EMI 인증 시험에 불합격될 수 있다. 약 3 μA 보다 큰 공통 전류는 FCC B급 인증을 통과하지 못한다.

트위스티드 페어 케이블에 흐르는 공통 전류에 의해 발생하는 방사성 방출을 줄이는 데 일반적으로 사용하는 세 가지 방법은 다음과 같다.

1. 차동 쌍의 비대칭과 드라이버의 스큐를 최소화하여 차동 신호가 공통 신호로 변환되는 것을 최소화한다. 이렇게 하면 소스에서 문제가 최소화된다.
2. 차폐된 트위스티드 페어를 사용하여 트위스티드 페어에 흐르는 공통 전류의 귀환 경로가 차폐 도체를 따라 전달되도록 한다. 차폐된 케이블을 사용하면 귀환 경로가 신호 경로에 더 가까워지므로 공통 임피던스가 낮아지고 공통 전류의 양이 증가할 수 있다. 차폐된 케이블의 차폐 도체가 섀시에 연결된 경우, 공통 신호의 귀환 전류는 차폐 도체의 내부로 흐를 수 있게 된다. 즉, 트위스티드 페어의 두 신호선으로 나가는 공통 전류가 차폐 도체의 내부로 돌아오는 동축(ocax) 구조가 형성된다. 이 구조에서는 외부로 나가는 전기장이나 자기장이 없으므로 공통 전류에 의한 방사는 없다. 단, 이를 위해서는 차폐 도체와 섀시 사이를 낮은 인덕턴스로 연결해주어야 한다. 이렇게 해야 공통 귀환 전류가 차폐 도체에 흐를 때 동축 분포를 유지할 수 있다.
3. 공통 초크(common choke)를 추가하여 공통 전류 경로의 임피던스를 증가시킨다. 공통 초크에는 두 가지 형태가 있다. 주변기기에서 사용하는 거의 모든 케이블을 보면, 페라이트 물질로 이루어진 원통 형태의 공통 초크가 케이블을 외부에서 감싸고 있다. 케이블 주위에 페라이트를 설치한 모습이 [그림 11-47]에 나와 있다. 페라이트의 높은 투자율로 인해 페라이트를 통과하는 알짜 전류의 인덕턴스와 임피던스가 증가한다. 또한 이더넷 링크에서 사용되는 많은 RJ45 커넥터에는 공통 모드 페라이트 초크가 내장되어 있다.

차동 신호가 페라이트를 통과해 흐르면 페라이트 내부에 발생하는 알짜 자기장은 없다. 차동 쌍을 구성하는 두 선로에 흐르는 차동 신호 전류는 크기는 서로 동일하고 방향은 반대이므로 두 선로의 외부에 발생하는 자기장과 전기장은 대부분 서로 상쇄된다. 두 선로에 같은 방향으로 흐르는 공통 신호 전류와 외부에 흐르는 그 귀환 전류에 의해 발생하는 자기장 선고리(magnetic field–line loop)는 선로 주위의 페라이트를 통과하므로 공통 신호는 높은 임피던스를 보게 된다. 케이블의 외부의 페라이트는 공통 신호가 바라보는 임피던스를 증가시키므로 공통 전류는 감소하고 따라서 방사성 방출도 감소한다. 이런 유형의 페라이트 초크는 트위스티드 페어 케이블이든 차폐된 케이블이든 상관없이 모든 케이블의 외부에 설치하여 사용할 수 있다.

두 번째 유형의 공통 신호 초크는 주로 트위스티드 페어 케이블에 유용하며 커넥터에 내장되어 있는 경우가 많다. 초크가 내장된 커넥터를 "마그네틱(magnetic)"이라고 부르기도 한다. 이 초크의 목적은 공통 신호가 바라보는 임피던스를 크게 증가시키되, 차동 신호가 보는 임피던스에는 영향을 주지 않는 것이다. 공통 신호의 임피던스를 크게 증가시키기 위해 트위스티드 페어 와이어를 코일 형태로 감고 경우에 따라서는 페라이트 코어를 함께 사용한다.

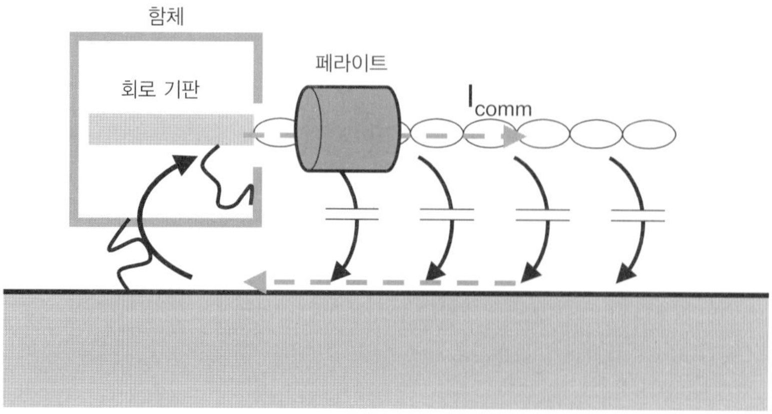

그림 11-47 페라이트는 차동 전류 주위를 둘러싸고 있다. 또한 페라이트는 공통 신호 경로는 둘러싸고 있지만 공통 귀환 경로는 둘러싸고 있지 않다.

트위스티드 페어를 따라 흐르는 모든 공통 전류는 코일 형태의 구조와 투자율이 높은 페라이트 코어로 인해 큰 인덕턴스를 바라보게 된다. 그러나 트위스티드 페어를 따라 흐르는 차동 전류는 트위스티드 페어 외부에 자기장 선을 거의 발생하지 않으므로 차동 전류는 코일 구조와 페라이트가 보이지 않는다. 다시 말해 차동 신호는 코일 구조와 페라이트에 의한 영향을 거의 받지 않는다.

트위스티드 페어 코일을 커넥터 내부에 만들어 넣을 수 있다. 이더넷 케이블과 함께 사용되는 많은 RJ-45 커넥터에는 이러한 공통 신호 초크가 내장되어 있다.

TIP

공통 신호가 바라보는 공통 임피던스가 높을수록 트위스티드 페어 케이블로 흘러 들어가는 공통 전류를 99% 이상, 즉 −40 dB까지 줄일 수 있다. 이는 회로 기판 내의 비대칭으로 인해 발생하는 공통 전류로 인한 방사성 방출을 최소화하는 데 꼭 필요하다.

11.17 차동 선로의 크로스토크

단일 종단 전송선로를 차동 쌍에 가까이 가져가면 활성 단일 종단 선로에서 신호 전압의 일부가 차동 쌍의 두 선로로 결합된다. 이 상황이 [그림 11-48]에 나타나 있다. 차동 쌍의 두 선로로 각각 결합된 노이즈는 크기만 다를 뿐 극성은 동일하다.

차동 쌍의 두 선로 중에서 활성 단일 종단 선로에 더 가까운 선로에서는 더 먼 선로에서보다 더 많은 노이즈가 발생한다. 차동 쌍이 더 강하게 결합될수록 차동 쌍의 두 선로에 발생하는 노이즈는 더 같아지므로 차동 노이즈는 감소한다.

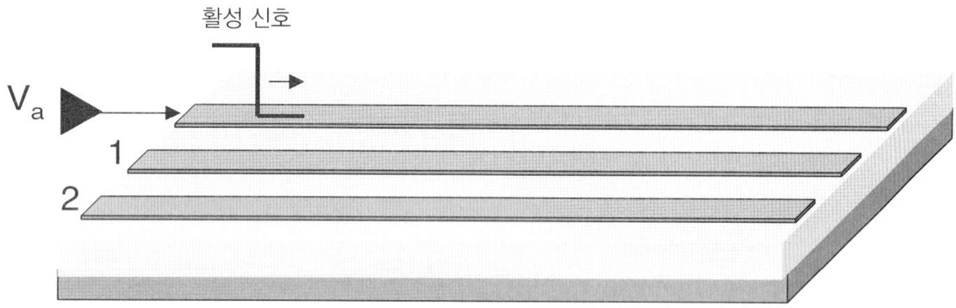

그림 11-48 단일 종단 신호에 의해 차동 쌍에 발생하는 크로스토크

> **TIP**
>
> 일반적으로 차동 쌍의 두 선로에 각각 노이즈가 더욱 동일하게 결합되도록 배치하면 차동 노이즈가 더욱 감소한다. 이러한 배치란 일반적으로 강하게 결합된 차동 쌍과 공격자 선로 사이의 간격이 멀리 떨어져 있는 구성을 의미한다.

[그림 11-49]는 마이크로스트립으로 구성된 차동 쌍에 발생한 수신기의 차동 노이즈이다. 여기서 차동 쌍의 원단은 차동 종단되어 있고 근단은 전형적인 드라이버의 낮은 임피던스를 가진다.

이 구성에서 공격자 선로는 가장 가까운 피해자 선로와 선로 폭과 같은 거리를 두고 떨어져 있다. 피해자 선로인 차동 쌍의 두 가지 결합 강도에 따른 노이즈 변화를 비교하였다. 강하게 결합된 경우 차동 쌍의 선로 사이의 간격은 선로 폭과 같고, 약하게 결합된 경우 선로 사이의 간격은 선로 폭의 두 배이다. 차동 쌍을 구성하는 두 선로 중에서, 공격자 선로로부터 멀리 떨어져 있는 선로에는 가까운 선로보다 결합되는 노이즈가 약간 적다. 차동 노이즈는 두 선로의 노이즈 레벨의 차이로 계산되는데, 이 예에서 약하게 결합된 피해자 차동 쌍에는 차동 노이즈가 약 1.3% 발생하는 반면, 강하게 결합된 피해자 차동 쌍에는 이 값은 절반만 발생한다. 차동 쌍의 선로 사이의 결합을 강하게 하면 차동 노이즈를 약 50%까지 줄일 수 있다.

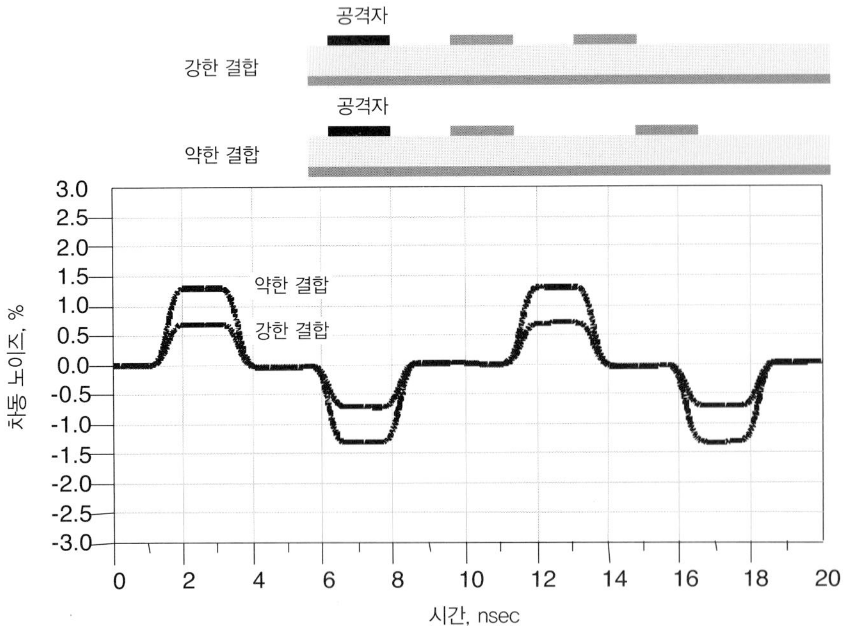

그림 11-49 근접한 단일 종단 공격자 선로에 의해 차동 선로 쌍에 발생하는 차동 노이즈

활성 선로에 의해 차동 선로에 발생하는 차동 노이즈는 최악의 경우에도 1.3%에 지나지 않지만 경우에 따라서는 이 정도 크기의 노이즈도 문제가 될 수 있다. 공격자 선로의 신호 레벨이 3.3 V인 경우, 차동 쌍에서의 차동 노이즈는 40 mV까지 커질 수 있다. 피해자 선로의 맞은편에 또 다른 활성 선로가 존재하여 첫 번째 공격자 선로와 반대 방향으로 스위칭을 하는 경우, 두 활성 선로로부터 피해자 선로로 결합되는 차동 노이즈가 피해자 선로에서 합쳐진다. 이렇게 되면 피해자 선로의 노이즈는 최대 80 mV가 될 수 있는데, 이 값은 몇몇 저전압 차동 신호(LVDS)에 할당된 노이즈 버짓에 가깝다.

피해자 차동 선로 쌍에 발생하는 공통 노이즈는 두 선로에 각각 발생하는 노이즈의 평균 전압이다. [그림 11-50]은 차동 쌍의 두 가지 결합 정도에 대해 각각의 공통 노이즈를 보여준다. 공통 노이즈의 경우에는 차동 쌍 사이의 결합 정도가 바뀌어도 크게 영향을 받지 않는다. 결합이 강한 경우(선로 간격이 선로 폭과 같을 때) 공통 노이즈는 약 2.1%이다. 반면에 결합이 약한 경우(선로 간격이 선로 폭의 두 배일 때) 공통 노이즈는 약 1.5%로 감소한다.

결합이 강할수록 차동 노이즈는 줄어들지만 공통 노이즈는 증가한다. 크로스토크는 차동 쌍에 공통 전류를 발생시키는 대표적인 요인 중 하나다. 차동 쌍 구조 자체를 완벽한 대칭을 이루도록 설계한 경우에도 크로스토크로 인해 차동 쌍에는 공통 전압이 발생할 수 있다. 따라서 외부에 연결된 트위스티드 페어 케이블에는 공통 신호를 제거하는 초크를 항상 설치하는 것이 중요하다.

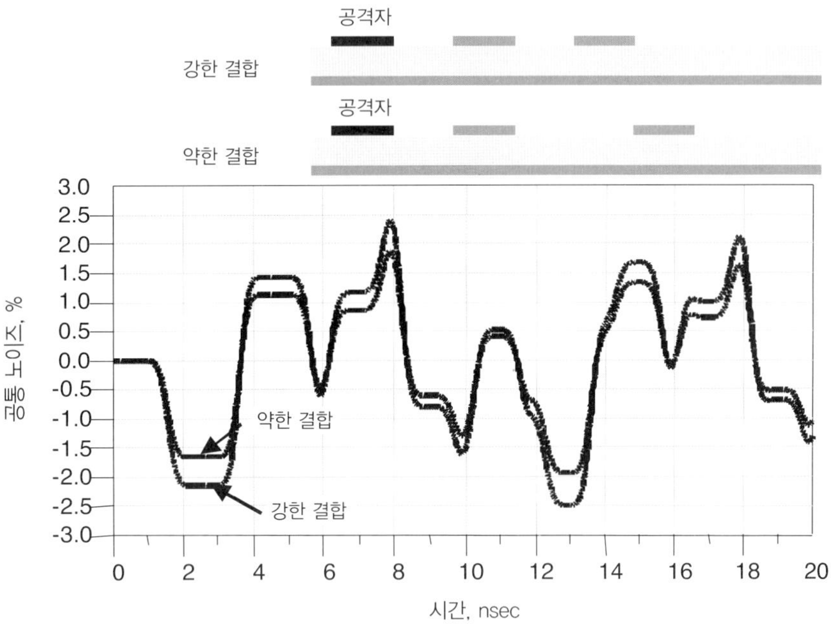

그림 11-50 차동 쌍에 인접한 단일 종단 공격자 선로에 의해 차동 쌍에 발생한 공통 노이즈. 링잉과 왜곡은 공통 신호가 종단되지 않아서 발생한 것이다.

> **TIP**
>
> 앞서 살펴본 내용을 종합하여 단일 종단 공격자 선로에 의해 차동 선로 쌍에 발생하는 차동 노이즈를 최소화하려면, 차동 쌍의 두 선로 사이의 결합을 가능한 한 강하게 해야 한다는 일반적인 규칙을 세울 수 있다. 물론, 공격자 선로에서 피해자 차동 쌍으로 결합되는 노이즈를 최소화하기 위해 공격자 선로와 피해자 차동 쌍 사이의 간격도 가능한 한 넓어야 한다. 결합을 강하게 해도 크로스토크는 완전히 제거되지 않으며 몇몇 경우에서만 줄어든다.

두 개의 차동 쌍 사이의 차동 노이즈 결합은 단일 종단 선로와 한 개의 차동 쌍에 발생하는 차동 노이즈 결합보다는 약간 작다. [그림 11-51]은 두 개의 차동 쌍 사이에서 발생하는 차동 노이즈와 공통 노이즈를 나타낸다. 이 예에서 두 개의 차동 쌍 사이의 에지 간격은 선로 폭과 동일하다. 피해자 차동 쌍의 결합이 강한 경우와 약한 경우의 차이는 그다지 크지 않다. 대략적인 추정치로, 차동 노이즈는 1% 미만이고, 공통 노이즈는 공격자 차동 쌍의 차동 신호의 2% 미만이다.

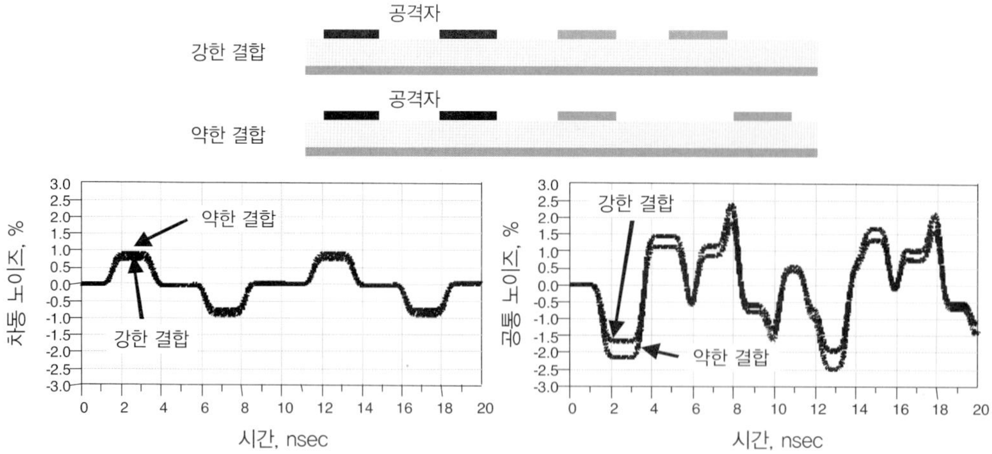

그림 11-51 피해 선로 차동 쌍 선로 간 강한 결합 및 약한 결합의 경우, 공격 선로 역시 차동 쌍일 때 피해 선로 차동 쌍에서의 차동 노이즈(왼쪽) 및 공통 노이즈(오른쪽)

일반적으로 차동 쌍, 그중에서도 스트립라인 구조의 차동 쌍의 결합 정도는 다른 트레이스로부터 결합되어 발생하는 차동 크로스토크에 작은 영향만을 미친다. 커넥터나 리드가 달린 패키지처럼 인접한 귀환 평면이 없는 경우에만 강한 결합이 크로스토크를 줄이는 데 큰 영향을 미친다.

11.18 귀환 경로를 가로지르는 갭

귀환 경로의 갭(gap, 갈라진 틈)은 기판의 한 영역을 다른 영역과 격리하는 데 자주 사용된다. 또한 갭은 전원면(power plane)을 기준층(reference layer)으로 사용하거나 분할 전원층(split powr layer)을 사용할 때도 나타난다. 귀환면에 뚫려있는 다수의 클리어런스 홀(clearance hole)이 과하게 에칭되어 겹치게 되는 경우처럼 의도하지 않게 귀환 경로에 갭이 생기는 경우도 있다. 이 경우에 많은 수의 비아가 한데 모여 있는 영역을 통과하는 모든 신호 선로는 갭이 있는 귀환 경로를 마주하게 된다.

단일 종단 신호가 폭이 넓은 갭을 마주치는 경우, 이 갭은 큰 값을 갖는 유도성 불연속으로 동작하여 재앙을 일으킬 수 있다. [그림 11-52]는 양쪽 끝이 종단된 균일한 50 Ω 선로에서 귀환 경로에 1 inch 폭의 갭이 있고 그 위를 단일 종단 신호가 지나는 경우에 반사 신호와 원단에 전달된 신호를 시뮬레이션으로 구한 결과이다. 갭이 만드는 직렬 유도성 불연속에 의해 100 psec의 초기 상승 시간이 크게 증가한다.

경우에 따라서는 인덕턴스가 낮은 커패시터를 사용해 갭의 양쪽에서 갭을 가로질러 연결하여 귀환 경로를 제공할 수 있다. 하지만 이렇게 해도 양호한 고주파 성능을 얻기는 어렵다.

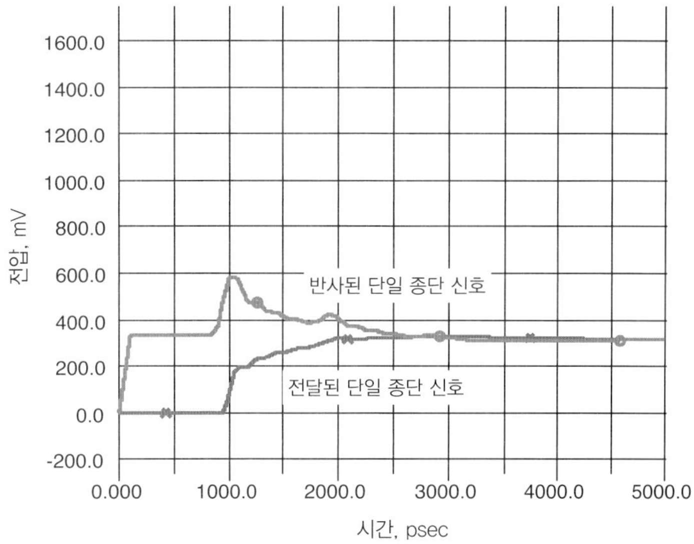

그림 11-52 귀환 경로 중간에 폭이 1 inch인 갭이 있는 50 Ω 전송선로에 상승 시간이 100 psec인 신호를 전송한 경우, 반사 신호와 전달 신호. Mentor Graphics HyperLynx로 시뮬레이션

갭을 가로질러 신호를 전송하면서도 허용 가능한 성능을 유지할 수 있는 또 다른 방법은 차동 쌍을 사용하는 것이다. [그림 11-53]은 신호가 처음에는 기판의 한 영역에서 에지 결합 마이크로스트립 차동 쌍으로 전송되다가 귀환 평면이 멀리 떨어져 있는 중간 영역을 지난 다음에 다시 에지 결합 마이크로스트립으로 전송되는 전형적인 구조를 보여준다.

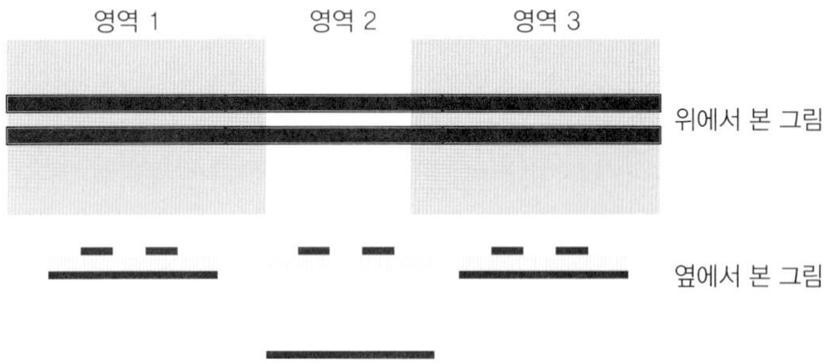

그림 11-53 회로 기판의 영역 2는 귀환 경로에 갭이 있는 영역이다. 이 영역은 귀환 경로가 매우 멀리 있는 마이크로스트립 전송선로로 모델링할 수 있다.

영역 1과 영역 3에서, 차동 쌍의 차동 임피던스는 약 90 Ω이며 중간 영역(영역 2)에서는 귀환 경로가 제거되어 있다. 영역 2에서는 두 트레이스의 폭과 간격이 모두 5 mil이며 두 트레이스 아래에는 두께가 2.7 mil인 유전체가 있지만 유전체 하단에 다른 도체가 없기 때문에 차동 임피던스는 약 160 Ω이다. 귀환면이 두 트레이스가 차지하고 범위(전체 폭) 이상으로 멀리 떨어져 있으면 차동 임피던스는 귀환면의 위치와 무관하며 마치 없는 것과 같다. 이 기법을 사용하면 불연속에 대한 회로 모델을 구축하고 불연속이 차동 신호 품질에 미치는 영향을 탐색할 수 있다. [그림 11-54]는 [그림 11-53]과 동일한 갭 구조를 차동 신호가 통과하는 경우에 나타나는 반사된 차동 신호와 전달된 차동 신호를 시뮬레이션으로 구한 결과이다. 이 경우에 전달된 차동 신호에서 상승 시간은 변하지 않는다.

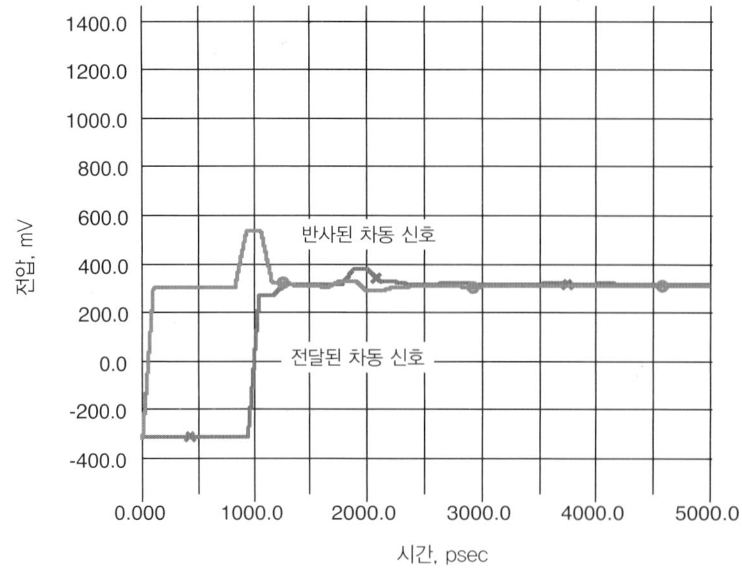

그림 11-54 상승 시간이 100 psec인 차동 신호가 귀환 평면에 있는 1 inch 폭의 갭을 가로질러 전송될 때 나타나는 반사된 차동 신호와 전달된 차동 신호. 전달된 차동 신호는 갭에 의해 거의 왜곡되지 않는다. Mentor Graphics HyperLynx로 시뮬레이션

> **TIP**
> 강하게 결합된 차동 쌍을 사용하는 것은 제대로 된 귀환면이 없는 영역에서 높은 대역폭을 갖는 신호를 전송하는 한 가지 방법이다.

갭이 있는 영역의 차동 임피던스 160 Ω는 다른 두 영역의 인터커넥트의 차동 임피던스 90 Ω보다 높기는 하지만 그래도 균일 전송선로이다. 이러한 차동 임피던스의 차이는 신호 품질의 저하를 일으킬 것이다. 하지만 이보다 더 중요한 문제는 단일 종단 신호가 귀환 경로의 갭 구조를 지나갈 때 귀환 전류가 갭의 공통 인덕턴스를 보게 되므로 접지 바운스(ground bounce)가 발생한다는 것이다. 그러나 차동 신호의 경우에는 서로 반대 방향으로 흐르는 두 귀환 전류가 공통 인덕턴스에서 겹쳐지므로 대부분 상쇄된다. 차동 신호의 경우에는 갭을 가로지르는 알짜 귀환 전류가 거의 없기 때문에, 단일 종단 신호에 비해 접지 바운스가 훨씬 적다.

11.19 강한 결합과 약한 결합

차동 쌍은 선로 사이의 결합이 강하든 약하든 관계없이 차동 임피던스가 동일하기만 하면 차동 신호를 전송할 수 있다. 물론, 목표 차동 임피던스(target differential impedance)에 맞추어 제작하기 위해서는 단면 구조와 적층 구조에서의 결합을 고려해야 한다. 정확한 2D 전자기장 솔버 도구를 사용하면 원하는 목표 차동 임피던스와 결합 수준에 맞추어 적층 구조를 쉽게 설계할 수 있다.

다시 말해 차동 신호 관점에서 볼 때, 차동 임피던스가 일정하기만 하다면 결합의 정도는 중요하지 않다. 차동 쌍의 차동 임피던스를 100 Ω으로 항상 유지하도록 선로의 폭을 조정하기만 하면 차동 쌍을 구성하는 두 선로의 간격이 넓어졌다 좁아졌다 할 수 있다.

강하게 결합된 차동 쌍을 사용할 때의 가장 중요한 장점은 차동 쌍을 결합이 강한 인터커넥트로 구현하므로 인터커넥트 밀도가 높아진다는 것이다. 이렇게 되면 기판의 층의 개수가 적어지고 기판의 사이즈가 작아지므로 제작 비용을 줄일 수 있다. 다른 중요한 고려사항이 없다면, 가장 낮은 비용으로 기판을 제작할 수 있도록 항상 강하게 결합된 차동 쌍을 최우선으로 선택해야 한다.

경우에 따라서는 강하게 결합된 선로 쌍에 발생하는 차동 크로스토크가 약하게 결합된 선로 쌍에 발생하는 것보다 약간 작게 발생할 수 있다. 그러나 항상 그런 것은 아니므로, 그때그때마다 개별적으로 고려해주어야 한다.

강하게 결합된 차동 쌍의 또 다른 장점은 신호가 귀환 경로의 결함(불완전)에 강한 내성을 가지고 있다는 것이다. 일반적으로 트위스티드 페어 케이블, 리본 케이블, 커넥터, 몇몇 IC 패키지의 상황처럼 도중에 귀환면이 중단되는 경우마다 항상 강한 결합을 사용해야 한다. 이런 이유로 항상 강한 결합을 최우선으로 선택해야 한다. 그렇지만 모든 설계에서 강한 결합이 최선의 선택은 아닐 수 있다.

약하게 결합된 100 Ω의 차동 쌍의 선로 폭과 강하게 결합된 100 Ω의 차동 쌍의 선로 폭을 비교해보면, 강하게 결합된 선로의 폭은 100 Ω을 유지하기 약 30% 만큼 감소해야 한다. 따라서 임피던스가 동일한 조건에서, 약하게 결합된 쌍의 직렬 저항성 손실이 강하게 결합된 쌍보다 약 30% 더 낮게 발생함을 알 수 있다. 신호의 손실이 중요한 경우, 이는 약하게 결합된 쌍을 사용하는 중요한 이유가 될 수 있다. 특히 10 Gbps 이상의 대역에서는 손실이 가장 중요한 성능 항목이므로, 이 경우에는 가장 넓은 선로 폭으로 가장 낮은 신호 손실을 가능하게 해주는 약하게 결합된 차동 쌍을 최우선으로 선택해야 한다.

약하게 결합된 선로를 사용하는 가장 큰 장점은 더 넓은 선로 폭을 사용할 수 있다는 것이다. 강하게 결합된 차동 쌍을 시작점으로 삼아 다른 모든 항목들은 동일하게 유지하면서 트레이스 사이의 간격을 줄여나가면 차동 쌍의 차동 임피던스는 감소한다. 목표 임피던스를 달성하려면 선로의 폭을 좁게 만들어야 하는데 이렇게 하면 선로의 저항은 더 높아진다.

TIP

비용이 중요한 상황에서는, 강하게 결합된 차동 쌍을 사용해야 한다. 손실이 중요한 상황에서는 약하게 결합된 차동 쌍을 사용해야 한다.

11.20 커패시턴스 행렬 원소와 인덕턴스 행렬 원소로부터 홀수 모드와 짝수 모드 계산하기

단일 종단 전송선로의 1차 모델은 n개 부분 집중 회로 모델이다. 이 모델은 길이당 커패시턴스와 길이당 루프 인덕턴스로 표현된다. 단일 종단 전송선로의 특성 임피던스와 시간 지연은 다음 식으로 주어진다.

$$Z_0 = \sqrt{\frac{L_L}{C_L}} \tag{11.42}$$

$$TD = \sqrt{L_L C_L} \tag{11.43}$$

여기서

Z_0 = 선로의 단일 종단 특성 임피던스

L_L = 선로의 길이당 루프 인덕턴스

C_L = 선로의 길이당 커패시턴스

TD = 선로의 시간 지연

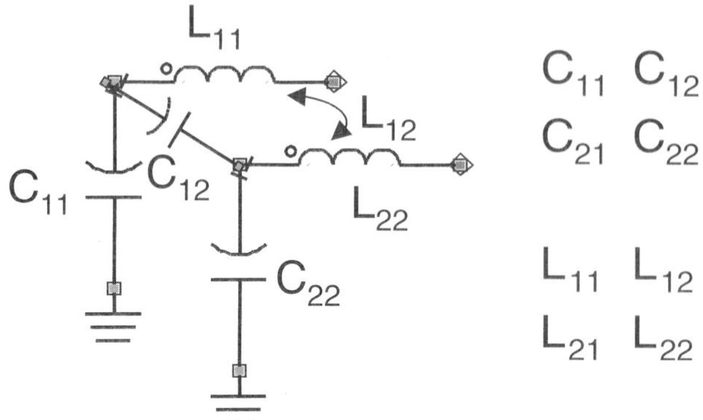

그림 11-55 한 쌍의 결합 전송선로를 나타내는 n개 부분 집중 회로 모델의 한 부분. SPICE 커패시턴스 행렬과 루프 인덕턴스 행렬로 이 모델을 구성하는 모든 소자를 나타낸다.

이 모델을 확장하면 두 선로 사이의 결합까지 고려할 수 있다. [그림 11-55]에서는 두 개의 결합 전송선로를 나타내는 등가 회로 모델의 한 부분을 보여준다. 이 모델에서 모든 커패시터 소자들은 SPICE 커패시턴스 행렬로 나타내고, 모든 인덕턴스 소자들은 루프 인덕턴스 행렬로 나타낸다. 물론 C 행렬과 L 행렬의 원소들의 값들은 2D 전자기장 솔버 도구를 사용하여 차동 쌍의 적층 구조에서 직접 구할 수 있다. 이렇게 구한 행렬 원소의 값들을 기반으로 짝수 모드와 홀수 모드의 특성 임피던스 값을 구할 수 있다.

이 선로 쌍이 홀수 모드로 구동될 때, 한 선로의 임피던스가 홀수 모드 특성 임피던스이다. 한 선로의 등가 커패시턴스는 다음과 같다.

$$C_{odd} = C_{11} + 2C_{12} = C_{load} + C_{12} \tag{11.44}$$

여기서

C_{odd} = 선로 쌍이 홀수 모드로 구동될 때 한 선로의 신호 경로와 귀환 경로 사이의 길이당 커패시턴스

C_{11} = SPICE 커패시턴스 행렬의 대각선 원소

C_{12} = SPICE 커패시턴스 행렬의 비대각선 원소

C_{load} = 신호 선로의 장하 커패시턴스 = $C_{11} + C_{12}$

홀수 모드에서, 전송선로 1의 전류는 트레이스 1의 신호 선로로 들어가서 그 귀환 경로로 돌아 나온다. 동시에 전송선로 2의 전류는 트레이스 2의 신호 선로에서 나와 그 귀환 경로로 들어간다. 이런 구성에서는 전송선로 1의 주위에는 전송선로 2의 신호에 의해 발생한 상호 자기장 선이 존재하는데 이 상호 자기장 선의 방향은 전송선로 1의 신호에 의해 발생한 자기장 선의 방향과는 반대이다. 따라서 선로 2의 전류로 인해 선로 1의 등가 루프 인덕턴스가 감소한다. 선로 쌍이 홀수 모드로 구동될 때 선로 1의 등가 루프 인덕턴스는 다음과 같다.

$$L_{odd} = L_{11} - L_{12} \tag{11.45}$$

여기서

L_{odd} = 선로 쌍이 홀수 모드로 구동될 때 한 선로의 신호 경로와 귀환 경로 사이의 길이당 루프 인덕턴스

L_{11} = 루프 인덕턴스 행렬의 대각선 원소

L_{12} = 루프 인덕턴스 행렬의 비대각선 원소

선로 쌍의 선로 1을 살펴보면 선로 사이의 결합이 증가함에 따라 커패시턴스는 증가하고 루프 인덕턴스는 감소하는 것을 확인할 수 있다. 이 두 항목으로부터 홀수 모드의 특성 임피던스와 지연 시간을 다음 식으로 계산할 수 있다.

$$Z_{odd} = \sqrt{\frac{L_{odd}}{C_{odd}}} = \sqrt{\frac{L_{11} - L_{12}}{C_{load} + C_{12}}} \tag{11.46}$$

$$TD_{odd} = \sqrt{L_{odd}C_{odd}} = \sqrt{(L_{11} - L_{12})(C_{load} + C_{12})} \tag{11.47}$$

쌍이 짝수 모드로 구동될 때, 선로 1의 신호 트레이스와 선로 2의 신호 트레이스에 동일한 전압이 인가되므로 두 선로의 트레이스 사이에는 서로 결합되는 전기장 선이 없다. 따라서 선로 1의 신호 트레이스와 귀환 경로 사이의 커패시턴스는 감소한다. 선로 쌍이 짝수 모드로 구동될 때 길이당 커패시턴스는 다음과 같다.

$$C_{even} = C_{11} = C_{load} - C_{12} \tag{11.48}$$

여기서

C_{even} = 선로 쌍이 짝수 모드로 구동될 때 한 선로의 신호 경로와 귀환 경로 사이의 길이당 커패시턴스

C_{11} = SPICE 커패시턴스 행렬의 대각선 원소

C_{12} = SPICE 커패시턴스 행렬의 비대각선 원소

C_{load} = 신호 선로의 장하 커패시턴스 = $C_{11} + C_{12}$

짝수 모드로 구동될 때, 선로 1의 전류는 신호 선로 1로 들어가서 그 귀환 경로로 돌아 나온다. 동시에 선로 2의 전류도 신호 선로 2로 들어가서 그 귀환 경로로 돌아 나온다. 선로 2의 상호 자기장 선은 선로 1의 자기장 선과 동일한 방향이다. 따라서 짝수 모드로 구동될 때 선로 1의 등가 루프 인덕턴스는 다음과 같다.

$$L_{even} = L_{11} + L_{12} \tag{11.49}$$

여기서

L_{even} = 선로 쌍이 짝수 모드로 구동될 때 한 선로의 신호 경로와 귀환 경로 사이의 길이당 루프 인덕턴스

L_{11} = 루프 인덕턴스 행렬의 대각선 원소

L_{12} = 루프 인덕턴스 행렬의 비대각선 원소

선로 쌍이 짝수 모드로 구동될 때, 선로 1의 앞쪽에서 바라본 선로 1의 길이당 커패시턴스와 길이당 루프 인덕턴스로부터 다음과 같이 짝수 모드의 특성 임피던스와 시간 지연을 계산할 수 있다.

$$Z_{even} = \sqrt{\frac{L_{even}}{C_{even}}} = \sqrt{\frac{L_{11} + L_{12}}{C_{load} - C_{12}}} \tag{11.50}$$

$$TD_{even} = \sqrt{L_{even} C_{even}} = \sqrt{(L_{11} + L_{12})(C_{load} - C_{12})} \tag{11.51}$$

모든 전자기장 솔버는 커패시턴스 행렬 원소와 인덕턴스의 행렬 원소를 기반으로 하는 이러한 관계식을 사용하여 실제 차동 쌍의 결합 정도와 적층 구조에서 이루어지는 모든 전송에 대해 홀수 모드와 짝수 모드의 특성 임피던스와 시간 지연을 계산한다. 이러한 의미에서 커패시턴스 행렬과 인덕턴스 행렬의 원소들은 한 쌍의 결합 전송선로의 전기적 특성을 완전히 나타낸다. 이는 결합을 나타내는 비대각선 원소인 C_{12}와 L_{12}가 각 모드의 특성 임피던스와 시간 지연에 미치는 근본적인 영향을 알려준다. 결합이 증가하면 비대각선 원소가 증가하고 홀수 모드 임피던스는 감소하며 짝수 모드 임피던스는 증가한다.

11.21 특성 임피던스 행렬

두 개 이상의 결합 전송선로를 나타내는 또 다른 방법은 임피던스 행렬을 사용하는 것이다. 이 방법은 정의에 사용하는 행렬의 종류만 다를 뿐 커패시턴스 행렬과 인덕턴스 행렬을 사용하는 방법과 마찬가지로 기본적인 방법이다. 이 방법에서는 차동 쌍을 구성하는 두 선로의 전류와 전압 사이의 관계를 나타내는 임피던스 행렬을 정의한다. 이제부터 하게 되는 분석은 두 개의 결합 선로에 대한 임피던스 행렬을 보여주지만, 이를 n개의 결합 선로로 확장하여 일반화할 수 있다. 이는 적층 구조, 물질의 분포, 대칭과 같은 특징과 관계없이 적용된다. 이들 특징의 차이에 따라 파라미터 값은 달라질 수 있지만, 전체적인 접근 방식은 동일하다.

[그림 11-56]에는 두 개의 전송선로가 나타나 있다. 어느 한 선로로 들어오는 임의의 신호는 각 선로 사이의 전압과, 각 신호 선로로 들어와 그 귀환 경로로 나오는 전류로 나타낼 수 있다. 두 선로 사이에 결합이 없는 경우, 각 선로의 전압은 다른 선로에 영향을 받지 않는다. 이 경우 각 선로의 전압은 다음 식으로 주어진다.

$$V_1 = Z_1 I_1 \tag{11.52}$$

$$V_2 = Z_2 I_2 \tag{11.53}$$

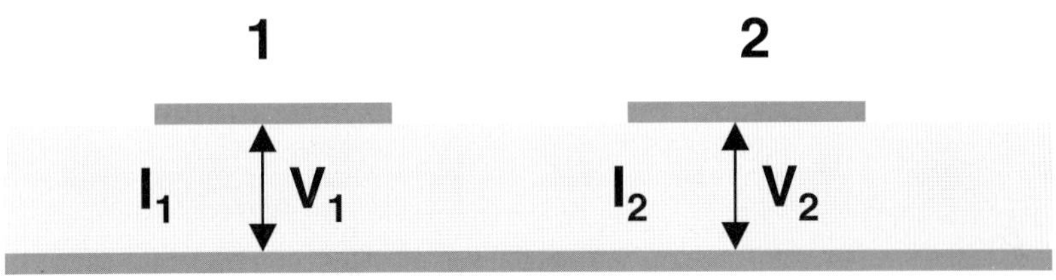

그림 11-56 두 개의 전송선로에 각 신호 선로로 들어가서 귀환 경로로 돌아 나오는 전압과 전류가 표시되어 있다.

그러나 선로 사이에 어느 정도의 결합이 있는 경우, 크로스토크에 의해 한 선로의 전압이 다른 선로의 전류로부터 영향을 받는다. 이러한 결합을 임피던스 행렬로 나타낼 수 있다. 행렬의 각 원소는 한 선로의 전류가 다른 선로의 전압에 미치는 영향을 나타낸다. 임피던스 행렬을 사용하면 선로 1과 선로 2의 전압은 다음과 같이 쓸 수 있다.

$$V_1 = Z_{11} I_1 + Z_{12} I_2 \tag{11.54}$$

$$V_2 = Z_{21} I_1 + Z_{22} I_2 \tag{11.55}$$

임피던스 행렬의 대각선 원소는 다른 선로에 전류가 흐르지 않을 때 각 선로의 임피던스를 나타낸다. 물론 결합이 없으면 대각선 원소는 각 선로의 특성 임피던스로 바뀐다.

임피던스 행렬의 비대각선 원소는 결합의 양을 나타내지만, 직관적인 방식은 아니다. 예를 들어 임피던스 행렬의 비대각선 원소 Z_{12}는 선로 1과 선로 2 사이의 실제 임피던스가 아니다. 정확히 말하면 선로 2에 전류가 흐를 때 선로 1에서 발생하는 전압을 나타낸다. 이런 의미에서 비대각선 원소 Z_{12}는 실제로 상호 임피던스(mutual impedance)이다.

$$Z_{12} = \frac{V_1}{I_2} \tag{11.56}$$

$$Z_{21} = \frac{V_2}{I_1} \tag{11.57}$$

결합이 거의 없는 경우, 한 선로에 전류가 흐르더라도 다른 선로에 전압은 거의 발생하지 않으므로 두 선로 사이의 비대각선 원소의 값이 거의 0에 가깝다. 대각선 원소의 값에 비해 비대각선 원소의 값이 작을수록 결합은 작아진다.

이 내용을 바탕으로 특성 임피던스 행렬을 사용하여 홀수 모드 임피던스와 짝수 모드 임피던스를 구할 수 있다. 두 선로에 순수한 차동 신호를 인가하면 홀수 모드가 구동된다. 홀수 모드에서는 한 선로의 전류가 다른 선로의 전류와 크기는 같고 반대 방향으로 흐르므로 $I_1 = -I_2$이다. 이 정의에 따라 선로 1의 전압은 다음과 같다.

$$V_1 = Z_{11}I_1 - Z_{12}I_1 = I_1(Z_{11} - Z_{12}) \tag{11.58}$$

이 식으로부터 선로 1의 홀수 모드 임피던스를 계산할 수 있다.

$$Z_{odd1} = \frac{V_1}{I_1} = Z_{11} - Z_{12} \tag{11.59}$$

마찬가지로, 짝수 모드에서는 각 선로에 흐르는 전류가 동일하므로 $I_1 = I_2$이다. 이 정의에 따라 짝수 모드에서 선로 1의 전압은 다음과 같다.

$$V_1 = Z_{11}I_1 + Z_{12}I_1 = I_1(Z_{11} + Z_{12}) \tag{11.60}$$

이 식으로부터 선로 1의 짝수 모드 임피던스를 계산할 수 있다.

$$Z_{even1} = \frac{V_1}{I_1} = Z_{11} + Z_{12} \tag{11.61}$$

같은 방식으로 선로 2의 홀수 모드 임피던스와 짝수 모드 임피던스를 구할 수 있다. 이 정의에서, 한 선로의 홀수 모드 임피던스는 임피던스 행렬의 대각선 원소와 비대각선 원소 사이의 차이이다. 결합이 강할수록 비대각선 원소의 값은 커지고 차동 임피던스는 작아진다. 한 선로의 짝수 모드 임피던스는 임피던스 행렬의 대각선 원소와 비대각선 원소의 합이다. 결합이 강할수록 비대각선 원소의 값은 커지고 짝수 모드 임피던스도 커진다.

대부분의 2D 전자기장 솔버는 홀수 모드 임피던스와 짝수 모드 임피던스, 커패시턴스 행렬과 인덕턴스 행렬, 그리고 임피던스 행렬을 계산할 수 있다.

신호의 관점에서 중요한 것은 차동 임피던스와 공통 임피던스뿐이며, 이 두 임피던스는 다음 세 가지 방식으로 나타낼 수 있다.

1. 홀수 모드 임피던스와 짝수 모드 임피던스
2. 커패시턴스 행렬 원소와 인덕턴스 행렬 원소
3. 임피던스 행렬 원소

11.22 핵심 요약

1. 차동 쌍이란 두 개의 전송선로이다.
2. 차동 신호는 단일 종단 신호에 비해 레일 붕괴(rail collapse) 감소, EMI 감소, 노이즈 내성 향상, 감쇠에 대한 민감성 감소 등 신호 무결성과 관련하여 여러 가지 장점이 있다.
3. 차동 쌍의 모든 신호는 차동 신호 성분과 공통 신호 성분으로 나타낼 수 있다. 각 성분은 차동 쌍을 따라 전파하면서 서로 다른 임피던스를 바라본다.
4. 차동 임피던스란 차동 신호가 바라보는 임피던스이다.
5. 모드는 차동 선로 쌍이 동작하는 특수한 상태이다. 모드를 여기시키는 전압 패턴은 선로를 따라 왜곡 없이 전파된다.
6. 차동 쌍은 홀수 모드 임피던스와 짝수 모드 임피던스, 홀수 모드 시간 지연과 짝수 모드 시간 지연으로 완전하고 완벽하게 나타낼 수 있다.
7. 홀수 모드 임피던스는 홀수 모드로 구동될 때 한 선로의 임피던스이다.
8. '차동 모드'라는 단어는 잊어버려라. 존재하는 것은 홀수 모드, 차동 신호, 차동 임피던스뿐이다.
9. 차동 쌍에서 선로 사이의 결합이 강하면 차동 임피던스는 감소한다.
10. 차동 임피던스 또는 공통 임피던스를 계산하는 신뢰할 수 있는 유일한 방법은 2D 전자기장 솔버를 사용하는 것이다.
11. 차동 쌍의 결합이 강할수록 차동 쌍으로 결합되는 차동 크로스토크가 감소하고 차동 신호가 귀환면의 갭을 가로지를 때 차동 신호가 바라보는 불연속이 최소화된다.
12. EMI를 일으키는 가장 흔한 원인 중의 하나는 외부의 트위스티드 페어 케이블로 들어오는 공통 신호이다. 이를 줄이는 방법은 차동 쌍의 두 선로 사이의 비대칭을 최소화하고 외부 케이블에 공통 신호 초크를 추가하는 것이다.
13. 차동 쌍의 동작에 대한 모든 기본 정보는 차동 임피던스와 공통 임피던스에 포함되어 있다. 이들 임피던스는 짝수 모드와 홀수 모드, 커패시턴스 행렬과 인덕턴스 행렬, 또는 임피던스 행렬을 이용하여 근본적으로 설명할 수 있다.

복습 문제

11.1 차동 쌍이란 무엇인가?

11.2 차동 신호 방식이란 무엇인가?

11.3 단일 종단 신호 방식과 비교할 때 차동 신호 방식의 세 가지 장점은 무엇인가?

11.4 차동 신호 방식이 접지 바운스를 줄이는 이유는 무엇인가?

11.5 차동 쌍에 대해 배우기 전에 가졌던 두 가지 오해를 나열하라.

11.6 LVDS 신호에서 전압 스윙의 범위를 말하라. 또 차동 신호 스윙의 범위를 말하라.

11.7 두 개의 단일 종단 신호를 차동 쌍으로 하여 전송하려고 한다. 한 선로에는 0 V에서 1 V로 스윙을 하는 신호를 보내고 다른 선로에는 1 V에서 0 V로 스윙을 하는 신호를 보낸다. 이 두 신호는 차동 신호인가? 차동 신호 성분과 공통 신호 성분은 무엇인가?

11.8 노이즈에 강한 내성을 가진 차동 쌍의 네 가지 핵심 특징을 나열하라.

11.9 차동 임피던스는 무엇을 가리키는가? 이것은 각 선로의 특성 임피던스와 어떻게 다른가?

11.10 두 개의 결합되지 않은 전송선로의 단일 종단 특성 임피던스가 45 Ω일 때, 이 쌍에서 전파되는 차동 신호가 바라보는 임피던스는 얼마인가? 또 공통 신호가 바라보는 임피던스는 얼마인가?

11.11 회로 기판에서 마주보는 양쪽 모서리를 따라 하나씩 배치한 두 개의 신호 선로로 차동 쌍을 구성할 수 있을까? 이 경우에 있을 수 있는 세 가지 단점은 무엇인가?

11.12 차동 쌍을 이루는 두 선로가 서로 가까워질 때, 차동 임피던스가 감소하는 이유는 무엇인가?

11.13 차동 쌍을 이루는 두 선로가 서로 가까워질 때, 공통 임피던스가 증가하는 이유는 무엇인가?

11.14 차동 쌍의 차동 임피던스를 계산하는 가장 효과적인 방법은 무엇인가? 그 이유도 함께 설명하라.

11.15 차동 모드 임피던스와 공통 모드 임피던스라는 용어를 사용하는 것이 바람직하지 못한 이유는 무엇인가?

11.16 홀수 모드 임피던스는 무엇이며, 차동 임피던스와 어떻게 다른가?

11.17 짝수 모드 임피던스는 무엇이며, 공통 임피던스와 어떻게 다른가?

11.18 차동 쌍을 이루는 두 선로가 결합되지 않고 각 선로의 단일 종단 임피던스가 50 Ω일 때, 차동 임피던스와 공통 임피던스는 얼마인가? 두 선로가 서로 가까워지면 각각의 임피던스는 어떻게 되는가?

11.19 차동 쌍을 이루는 두 선로가 결합되지 않고 각 선로의 단일 종단 임피던스가 37.5 Ω 일 때, 홀수 모드 임피던스와 짝수 모드 임피던스는 얼마인가?

11.20 강하게 결합된 차동 쌍의 차동 임피던스가 100 Ω인 경우, 공통 임피던스는 25 Ω보다 높은가, 낮은가, 같은가?

11.21 강하게 결합된 차동 마이크로스트립 쌍에서 대부분의 귀환 전류는 어디에 있는가?

11.22 차동 쌍을 이루는 한 선로의 귀환 전류가 다른 선로에 의해 전달되는 인터커넥트의 구조 세 가지를 나열하라.

11.23 스트립라인에서 두 선로가 서로 가까워질 때, 차동 신호의 속도는 공통 신호의 속도에 비해 빠른가, 느린가, 같은가? 마이크로스트립에서는 어떻게 달라지는가?

11.24 광면 결합 스트립라인에서 완벽하게 대칭인 차동 쌍을 설계하기 어려운 이유는 무엇인가?

11.25 마이크로스트립 차동 쌍에서 두 선로가 서로 가까워지면 길이당 홀수 모드 루프 인덕턴스는 어떻게 되는가? 길이당 짝수 모드 루프 인덕턴스는 어떻게 되는가? 스트립라인에서는 어떻게 달라지는가?

11.26 100 Ω 차동 쌍의 두 선로 끝을 100 Ω 차동 저항기만 사용하여 종단하면 이 차동 쌍의 두 선로 끝에서 공통 신호는 어떻게 되는가?

11.27 차동 쌍의 두 선로를 개별적으로 온-다이 V_{tt} 종단을 하는 것이 효과적인 종단 전략인 이유는 무엇인가? 각 저항기가 50 Ω이고 차동 임피던스가 100 Ω인 경우, 두 선로가 강하게 결합되어 있을 때 공통 신호의 최악의 반사계수는 어떻게 되는가?

[12]
신호 무결성 응용을 위한 S 파라미터

신호 대역폭이 1 GHz를 넘어서면서 신호 무결성 분야에서 새로운 혁명이 시작되었다. 이미 레이다(radar)와 통신의 RF 분야에서는 50년 넘게 이 주파수 범위 이상의 주파수를 다루어 왔다. GHz 범위의 신호 무결성 영역에 진입한 많은 엔지니어는 RF 분야나 마이크로파 분야 출신으로 이들이 이 분야에서 흔히 사용되는 많은 분석 기법을 가져온 것은 당연한 일이다.

이러한 분석 기법의 하나가 S 파라미터를 사용하는 것이다.

TIP

S 파라미터는 원래 주파수 영역에서 시작된 기법이지만, 몇 가지 기본 원리와 표현 형식은 시간 영역에서도 적용할 수 있다. S 파라미터는 모든 인터커넥트의 동작을 나타내는 새로운 범용 표준이 되었다.

12.1 S 파라미터, 새로운 범용 지표

신호 무결성 분야에서 S 파라미터는 모든 '선형(linear), 수동(passive) 인터커넥트'의 전반적인 동작을 나타내는 방법으로 사용할 수 있으므로 **동작 모델**(behavioral model)이라는 새 이름이 붙어있다. 단, 일부 페라이트는 여기서 언급하는 인터커넥트에서 제외된다.

일반적으로 신호는 자극으로서 인터커넥트에 입사하고 인터커넥트의 동작은 응답 신호를 발생시킨다. 파형의 자극(stimulus)과 응답(response) 사이에 감추어져 있는 것이 인터커넥트의 동작 모델이다.

[그림 12-1]에 표시된 것과 같은 모든 종류의 인터커넥트의 전기적 동작은 S 파라미터로 나타낼 수 있다. 다음은 이러한 인터커넥트에 속하는 것들이다.

- 저항기
- 커패시터
- 회로기판 트레이스

- 회로기판 평면
- 백플레인
- 커넥터
- 패키지
- 소켓
- 케이블

그래서 S 파라미터는 인터커넥트의 동작을 나타내는 강력한 표현 형식이 되었고 앞으로도 계속해서 그렇게 널리 사용될 것이다.

그림 12-1 여기에서 볼 수 있는 모든 수동, 선형 인터커넥트의 전기적 동작은 S 파라미터의 표현 형식으로 나타낼 수 있다.

12.2 S 파라미터란 무엇인가?

기본적으로 동작 모델은 인터커넥트가 정밀 입사 파형과 어떤 방식으로 상호 작용하는지 나타낸다. 정밀 파형이란 주파수 영역에서는 당연히 사인파이다. 그러나 시간 영역에서는 정밀 파형이 스텝 에지(step edge) 또는 임펄스 파형(impulse waveform)이 될 수 있다. 파형이 잘 특성화되어 있다면, 그 파형은 인터커넥트나 시험 대상 장치(device under test, DUT)의 동작 모델을 만드는 데 활용할 수 있다.

사인파가 DUT와 상호 작용하는 주파수 영역에서 동작 모델은 S 파라미터로 나타낸다. 시간 영역에서도 S 파라미터의 표현 형식을 사용하지만, 결과는 다르게 해석된다.

> **TIP**
>
> 기본적으로 S 파라미터는 사인파와 같은 정밀 파형이 인터커넥트의 끝에서 어떻게 산란되는지 설명한다. S 파라미터는 산란 파라미터(scattering parameter)의 줄임말이다.

어떤 파형이 인터커넥트에 입사하면 그 파형은 인터커넥트에서 뒤로 산란되거나 인터커넥트의 다른 연결구조 안으로 산란될 수 있다. 이 내용이 [그림 12-2]에 나타나 있다.

역사적인 이유로 파형이 상호 작용하는 방식을 언급할 때 "산란(scatter)"이라는 용어를 사용한다. 입사 신호는 DUT의 앞쪽에서 "산란"되어 소스 안으로 다시 들어갈 수 있고, 다른 연결구조 안으로 "산란"되어 들어갈 수 있다. 여기서 S 파라미터의 'S'는 산란(scattering)을 나타낸다.

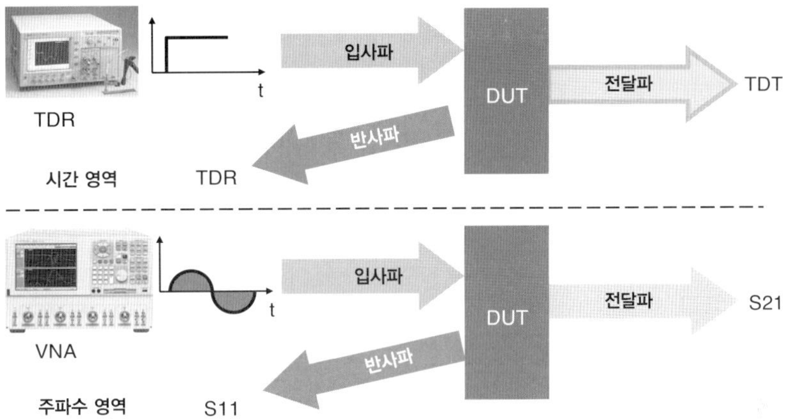

그림 12-2 S 파라미터는 정밀 파형이 인터커넥트나 시험 대상 장치(DUT)로부터 어떻게 산란되는지 나타내는 표현 형식이다.

또한 소스로 다시 산란되는 파는 반사파(reflected wave)라 하고, 장치를 통과해 산란되는 파는 전달파(transmitted wave)라고 한다. 시간 영역에서 산란 파형을 측정하는 경우, 입사 파형은 일반적으로 스텝 에지이며, 이 경우 반사파를 시간 영역 반사(time-domain reflection, TDR) 응답이라고 한다. TDR 응답을 측정하는 데 사용하는 계측기를 시간 영역 반사계(time-domain reflectometer, TDR)라고 한다. 전달파는 시간 영역 전달(time-domain transmitted, TDT)파이다.

주파수 영역에서 사인파의 반사 응답과 전달 응답을 측정하는 데 사용하는 기기는 벡터 네트워크 분석기(Vector Network Analyzer, VNA)이다. 여기서 '벡터'는 사인파의 진폭과 위상 둘 다 측정한다는 사실을 의미한다. 측정된 한 쌍의 크기와 위상은 복소평면에서 하나의 벡터이다. 스칼라 네트워크 분석기는 사인파의 진폭만을 측정하고, 위상은 측정하지 않는다.

주파수 영역에서의 반사파와 전달파는 S 파라미터에서 S11, S21으로 표시하는데 이를 각각 반사 손실(return loss), 삽입 손실(insertion loss)이라고 한다.

[그림 12-3]에서 볼 수 있듯이 정밀 파형이 인터커넥트와 상호 작용하는 방식을 설명하는 이 표현 형식은 측정 결과나 시뮬레이션 결과에도 적용할 수 있다. 시간 영역에서 수행하든 주파수 영역에서 수행하든 모든 전자기 시뮬레이션은 S 파라미터 표현 형식을 사용한다.

TIP

S 파라미터는 협대역 반송파를 다루는 RF 영역에서 개발된 표현 형식으로 현재는 신호 무결성 분야에서 인터커넥트의 광대역, 고주파 동작을 나타내는 사실상의 표준 형식으로 자리 잡았다.

무엇에서 나온 S 파라미터 값이든 이 값은 전기 신호가 인터커넥트와 상호 작용할 때 전기 신호가 동작하는 방식을 설명한다. 이 동작 모델을 통해, 임의의 신호가 인터커넥트와 상호 작용하는 방식을 예측할 수 있으며 이 동작을 통해 아이 다이어그램(eye diagram)과 같은 출력 파형을 예측할 수 있다. 이처럼 동작 모델을 사용하여 시스템의 응답을 예측하는 과정을 **에뮬레이션**(emulation) 또는 **시뮬레이션**(simulation)이라고 한다.

S 파라미터에는 임피던스 프로파일(impedance profile), 크로스토크의 양, 차동 신호의 감쇄 등 인터커넥트의 일부 특성을 설명하는 풍부한 정보가 들어있다.

올바른 소프트웨어 도구를 사용하면 인터커넥트의 동작 측정값을 사용하여 커넥터, 비아, 전체 백플레인 등의 인터커넥트를 회로 구조 기반 모델로 만들 수 있다. 물리적 특징을 전기적 성능과 일치시키는 정확한 회로 모델이 있으면 이 모델을 "해킹"하여 인터커넥트의 성능을 제한하는 물리적 특징을 파악하고 설계를 개선하는 방법을 제시할 수 있다. 이 과정을 흔히 '인터커넥트 해킹'이라고 한다.

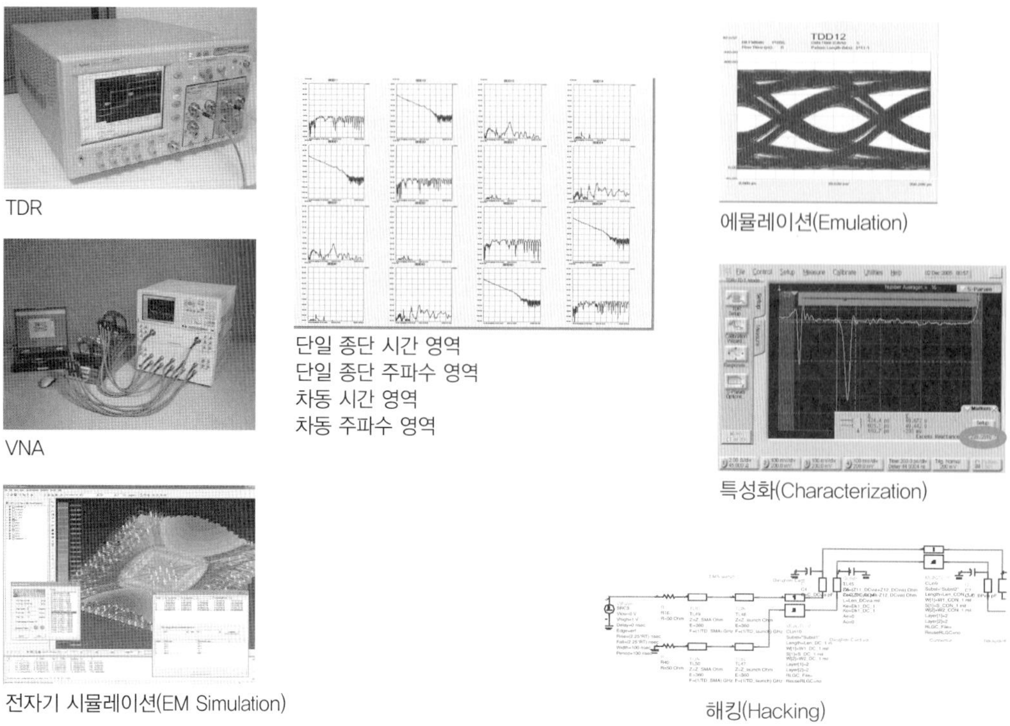

그림 12-3 어떤 장치의 동작 모델이든, 그 모델을 사용하여 시스템 성능을 시뮬레이션하고 인터커넥트를 특성화하고, 인터커넥트의 성능 한계를 해킹할 수 있다.

12.3 S 파라미터 표현 형식의 기초

S 파라미터는 인터커넥트가 입사 신호에 영향을 미치는 방식을 나타낸다. 시험 대상 장치(DUT)에서 신호가 들어오고 나가는 끝 지점을 나타내는 데 포트(port)라는 용어를 사용한다.

포트를 통해 DUT와 신호 경로가 연결되고 DUT와 귀환 경로가 연결된다. 쉽게 말해 DUT에 달린 '소형 동축 커넥터'가 포트이다.

특별히 명시되지 않으면 DUT로 가는 연결 내부에서 신호가 바라보는 임피던스는 50 Ω이다. 원칙적으로 포트의 임피던스는 어떤 값으로든 만들 수 있다.

TIP

S 파라미터는 그 자체로 혼동하기 쉬운데 포트 임피던스를 임의로 변경하면 더욱 그렇다. 변경해야 할 특별한 이유가 없으면 포트 임피던스는 50 Ω으로 유지해야 한다.

각각의 S 파라미터는 DUT의 특정 포트로 입사하는 사인파에 대한 DUT의 특정 포트에서 산란되는 사인파의 비율이다.

모든 선형, 수동 소자의 경우에는 산란된 사인파의 주파수는 입사된 사인파의 주파수와 동일하다. 산란된 사인파에서 바뀔 수 있는 것은 사인파의 진폭과 위상, 이렇게 두 개뿐이다.

사인파가 들어가는 입력 포트와 나오는 출력 포트를 추적하기 위해 포트에 순서대로 인덱스 번호를 붙이고, S 파라미터에서 이 인덱스 번호를 사용한다.

각 S 파라미터는 출력 사인파와 입력 사인파의 비(ratio)이다.

$$S = \frac{\text{출력 사인파}}{\text{입력 사인파}} \tag{12.1}$$

두 사인파의 비는 실제로 크기(magnitude)와 위상차(phase difference), 이렇게 두 가지 양을 나타낸다. 크기는 출력 사인파의 진폭과 입력 사인파의 진폭의 비이다. 위상차는 출력 사인파의 위상과 입력 사인파의 위상 사이의 차이를 나타낸다. S 파라미터의 크기를 다음 식에서 보듯이 두 진폭의 비로 정의된다.

$$\text{크기}(S) = \frac{\text{진폭(출력 사인파)}}{\text{진폭(입력 사인파)}} \tag{12.2}$$

각 S 파라미터의 크기는 0에서 1 사이의 숫자로 표시되지만 dB 단위로 나타내는 경우가 많다. 11장에서 다루었듯이 dB는 항상 두 전력의 비를 나타낸다. S 파라미터는 두 전압 진폭의 비이므로 S 파라미터의 크기를 dB 값으로 나타낼 때는 다음 식에서 보듯이 20이라는 인수를 곱해주어야 한다.

$$S_{dB} = 20 \times \log(S_{mag}) \tag{12.3}$$

여기서

S_{dB} = S 파라미터의 크기(단위: dB)

S_{mag} = S 파라미터의 크기(숫자로 표시)

S 파라미터의 위상은 다음 식에서 보듯이 출력 사인파의 위상에서 입력 사인파의 위상을 뺀 위상 차이이다.

$$위상(S) = 위상(출력\ 사인파) - 위상(입력\ 사인파) \tag{12.4}$$

앞으로 보겠지만 반사 S 파라미터 또는 전달 S 파라미터의 위상을 구하는 경우, S 파라미터의 위상의 정의 식에서 파형의 순서가 중요하다. 출력 사인파의 위상이 늦어지면 S 파라미터의 위상 값은 음수가 된다.

> **TIP**
> DUT의 포트 지정은 원칙적으로는 아무렇게나 해도 된다. 이를 위한 산업 표준 규칙은 없지만 어쨌든 반드시 지정을 해주어야 한다. 인덱스 번호를 사용하여 각각의 S 파라미터에 이름을 붙이는 경우, 인덱스 번호를 바꾸면 특정 S 파라미터의 의미가 달라진다.

여러 개의 차동 채널로 이루어진 다중 결합 전송선로의 경우, 업계 표준으로 채택해도 될 만큼 편리하고 확장성이 좋은 포트 지정 규칙이 있는데 이를 [그림 12-4]에 표시하였다.

전송선로의 왼쪽 끝은 홀수로 포트 번호를 지정하고 전송선로의 오른쪽 끝은 그다음 차례의 짝수로 포트 번호를 지정한다. 이렇게 하면 배열된 결합 선로의 개수가 증가할 때, 이 규칙에 따라 인덱스 번호를 계속 추가할 수 있다. 이는 매우 편리한 포트 지정 방식이다. S 파라미터 자체가 혼동하기 쉬운데 포트 지정으로 인해 혼동을 가중시키면 안 된다.

> **TIP**
> 여러 전송선로에 포트를 지정할 때는 포트 1과 포트 2가 서로 연결되고, 포트 3이 포트 1과 인접하고, 포트 4는 포트 3과 서로 연결되는 방식을 채택하는 것이 좋다. 전송선로의 개수가 늘어나는 경우에도 이 방식으로 확장해 나가면 된다.

그림 12-4 다중 전송선로 인터커넥트에 대해 권장하는 포트 지정 방식. 전송선로의 개수가 늘어나는 경우, 이 방식을 반복하면 된다.

각 S 파라미터가 나타내는 포트 조합을 구분하기 위해 두 개의 인덱스 숫자를 사용한다. 첫 번째 숫자는 출력 포트 번호를, 두 번째는 숫자는 입력 포트 번호를 나타낸다.

예를 들어, 포트 1로 들어가서 포트 2에서 나오는 사인파에 대한 S 파라미터는 S21이다. 이 표현 방식은 예상과는 반대일 수 있다. 논리적으로는 첫 번째 숫자를 입력 포트 번호로, 두 번째 숫자를 출력 포트 번호로 사용하는 것이 맞을 수도 있다. 하지만 S 파라미터의 수학적 표현 방식에서는 이와 반대의 규칙을 채택하고 있다. 이런 방식은 S 파라미터가 가진 진짜 능력인 행렬 수학과 관련이 있다. 이러한 표기법을 사용하면 S 파라미터 행렬 S_{kj}는 자극(입력)

전압 벡터 배열(array)인 벡터 a_j를 응답(출력) 전압 벡터 배열인 벡터 b_k로 변환할 수 있다.

$$b_k = S_{kj} \times a_j \tag{12.5}$$

이러한 표시 방식을 사용하면 각 포트로 들어오고 나가는 사인파의 변화를 서로 다른 인덱스 숫자를 가진 S 파라미터로 정의할 수 있다. 각 S 파라미터 원소의 정의는 다음과 같다.

$$S_{kj} = \frac{\text{포트 k에서 나오는 사인파}}{\text{포트 j로 들어가는 사인파}} \tag{12.6}$$

이 기본적인 정의는 DUT의 내부가 어떤 구조로 되어있는 상관없이 적용된다. 예를 들어 [그림 12-5]에 표시된 것처럼, 포트 1로 들어가서 포트 1로 나오는 신호는 S11로 표시한다. 포트 1로 들어가서 포트 2로 나오는 신호는 S21로 표시한다. 마찬가지로 포트 2로 들어가서 포트 1로 나오는 신호는 S12로 표시한다.

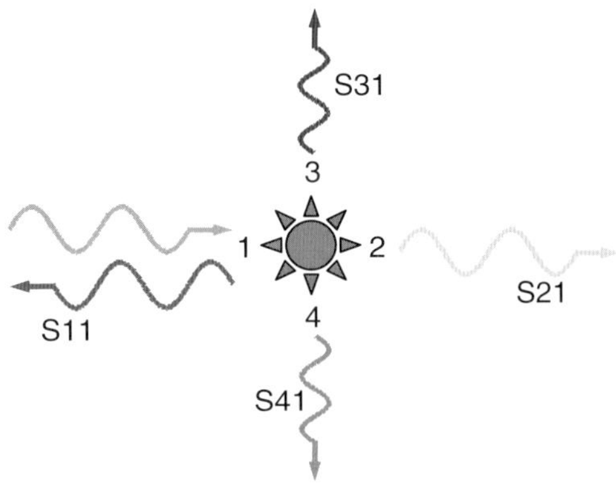

그림 12-5 각 S 파라미터의 인덱스 표기법 정의

12.4 S 파라미터 행렬 원소

DUT에 포트가 하나만 있는 경우, S 파라미터는 S11으로 표시되는 것 하나뿐이다. S11이라는 하나의 원소는 여러 주파수 값에 대해 측정한 다수의 데이터 값과 관련되어 있을 수 있다. 어느 한 주파수에서 S11 값은 복소수이므로 실제로는 두 개의 숫자가 된다. 이 두 숫자는 크기와 위상을 나타내거나 실수 성분과 허수 성분을 나타낼 수 있다. 이러한 한 개의 S 파라미터 값은 극좌표나 직각좌표에 한 점으로 표시할 수 있다.

S11은 여러 주파수 값에 따라 서로 다른 값을 가질 수 있다. S11의 주파수에 따른 동작 특성을 나타내기 위해, 주파수마다 S11의 크기와 위상을 점으로 찍어 그래프로 그릴 수 있다. [그림 12-6]은 원단이 개방된 짧은 길이의 전송선로의 S11을 측정한 결과를 그래프로 그린 것이다.

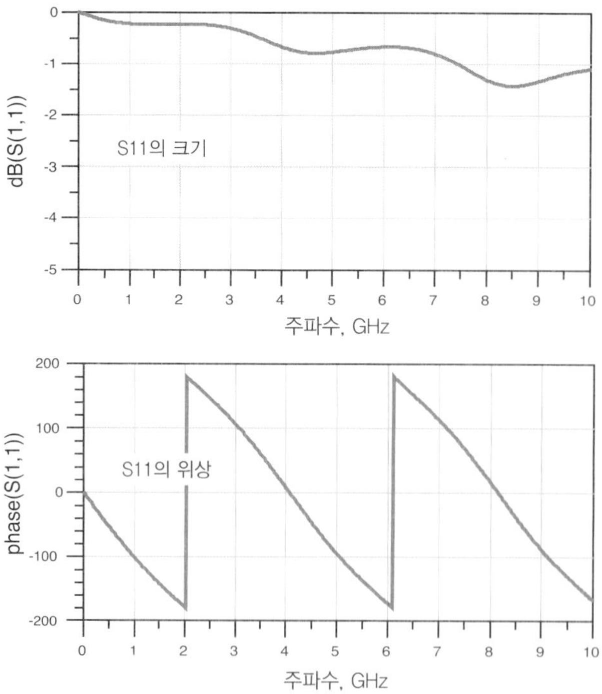

그림 12-6 원단이 개방된 전송선로에 대해 측정한 S11의 크기(상단)와 위상(하단). 포트 1에 신호 경로와 귀환 경로를 모두 연결하였다. Agilent N5230 VNA로 측정하고 Agilent의 ADS로 그래프를 그렸다.

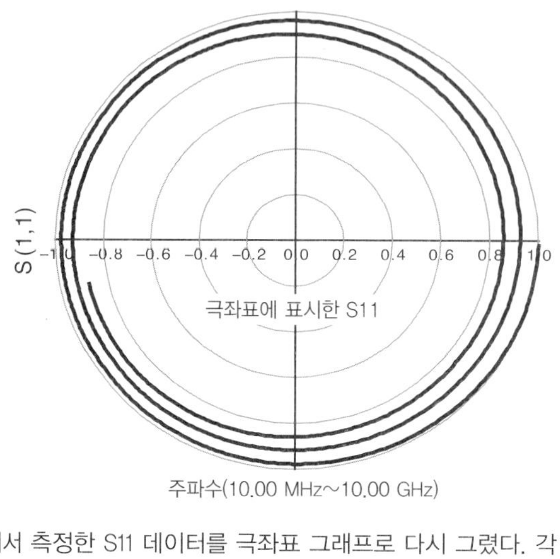

그림 12-7 [그림 12-6]에서 측정한 S11 데이터를 극좌표 그래프로 다시 그렸다. 각 데이터 점의 반지름 길이는 S11의 크기이고 각도는 S11의 위상이다.

S11 값을 극좌표 그래프로 나타낼 수도 있다. 여기서 각 점의 반지름 길이는 S11의 크기이고 실수 축에서 각 점까지의 각도는 S11의 위상이다. 여기서 각도의 양(+)의 방향은 항상 반시계방향이다. [그림 12-7]은 [그림 12-6]에서 측정한 S11 데이터를 극좌표 그래프로 나타낸 것이다.

[그림 12-6]의 그래프와 [그림 12-7]의 그래프는 표시 방식에 따라 다르게 표시된 것일 뿐 동일한 정보를 담고 있다. 극좌표 그래프로 나타내는 경우 마커(marker)를 사용하지 않으면 각 점의 주파수 값을 확인하기 어렵다.

포트가 2개인 2 포트 장치는 4개의 S 파라미터를 가진다. 포트 1로 들어가서 포트 1에서 나오는 신호가 있을 수 있고 포트 1로 들어가서 포트 2에서 나오는 신호가 있을 수 있다. 포트 2로 들어가는 신호도 마찬가지로 포트 1에서 나올 수 있고 포트 2에서 나올 수 있다. 2 포트 장치와 관련된 S 파라미터는 다음과 같이 간단한 행렬로 나타낼 수 있다.

$$\begin{matrix} S11 & S12 \\ S21 & S22 \end{matrix} \tag{12.7}$$

일반적으로 인터커넥트를 양쪽 끝에서 바라볼 때 물리적으로 대칭이 아닌 경우, S11과 S22는 같지 않다. 그러나 모든 선형, 수동 장치의 경우, 항상 S21 = S12이다. 따라서 4개의 원소를 가진 S 파라미터 행렬에 존재하는 유일한(unique) 항은 3개이다. [그림 12-8]은 한 개의 스트립라인 전송선로의 2 포트 S 파라미터를 측정한 예이다.

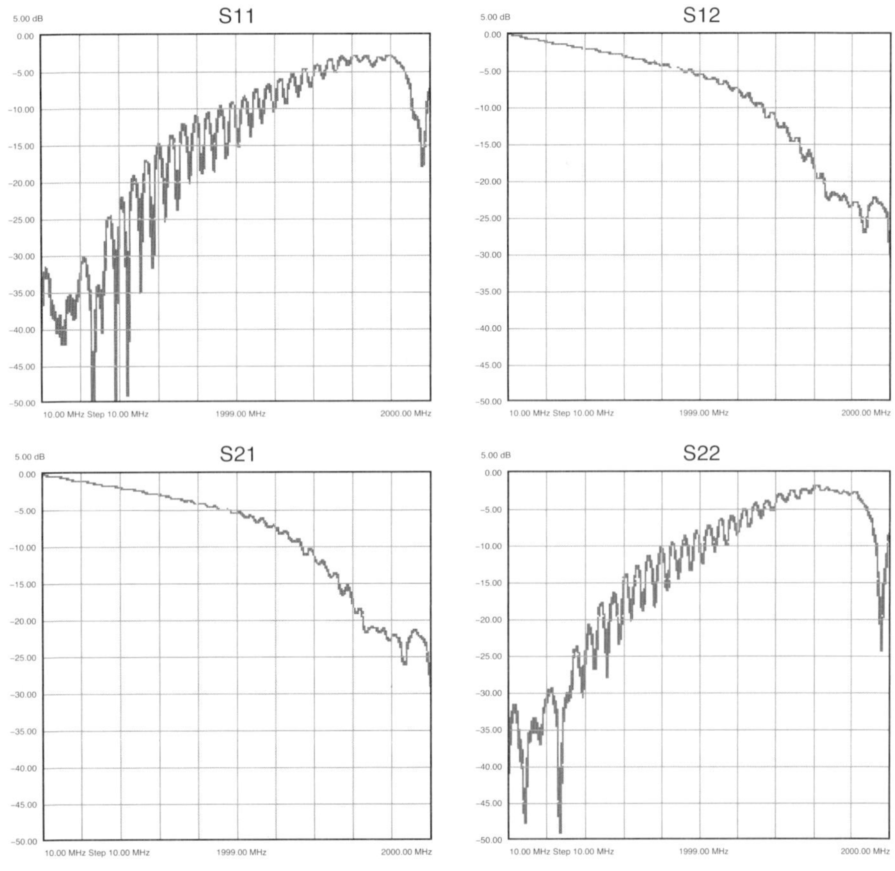

그림 12-8 10 MHz~20 GHz의 주파수 영역에서, 길이가 5 inch인 50 Ω 스트립라인 전송선로의 2 포트 S 파라미터 측정 결과. 여기에는 크기 값만 표시되어 있다. 네 개의 행렬 원소마다 주파수에 대한 위상값도 있지만, 그래프로 그리지 않았다. Agilent N5230 VNA로 측정하고 Agilent의 PLTS로 그래프를 그렸다.

이 예는 S 파라미터라는 표현 방식이 가진 능력을 잘 보여준다. S 파라미터 행렬처럼 간단한 항목으로 엄청난 양의 데이터를 표시할 수 있다. 2 × 2 행렬의 세 가지 유일한 원소는 각각 10 MHz에서 20 GHz까지의 주파수 범위에서, 10 MHz 간격으로 측정한 크기와 위상을 갖고 있다. 이는 총 2000 × 2 × 3 = 12,000개의 특정하고 유일한 데이터 점으로서, S 파라미터 행렬 원소에 의해 모두 깔끔하고 편리하게 분류된다.

이 표현 방식은 원소의 수를 제한 없이 포함하도록 확장할 수 있다. 예를 들어 포트의 수가 12개인 경우, 총 144개의 S 파라미터 원소가 있다. 그러나 모든 원소가 유일한 것은 아니다. 임의의 인터커넥트의 S 파라미터 행렬에서, 대각선 원소는 유일하며 비대각선 원소의 아래쪽 절반 부분도 유일하다. 따라서 총 78개의 유일한 원소가 있다.

일반적으로, 유일한 S 파라미터 원소의 개수는 다음과 같다.

$$N_{unique} = \frac{n(n+1)}{2} \tag{12.8}$$

여기서

Nu_{nique} = 유일한 S 파라미터 원소의 개수

n = 포트 개수

이 예에서는 포트의 개수가 12개이므로 총 (12 × 13)/2 = 78개의 유일한 원소가 있다. 각 원소에는 크기 데이터 세트와 위상 데이터 세트, 이렇게 두 가지 데이터 세트가 있다. 이 경우 총 156개의 서로 다른 그래프가 만들어진다. 그래프마다 1000개의 주파수 값이 포함되어 있으면 총 156,000개의 유일한 데이터 점이 존재한다.

TIP

데이터의 양이 이렇게 방대한 경우에는 데이터를 정확히 추적할 수 있는 간단한 표시 방식을 갖추는 것이 아주 중요하다.

S 파라미터에는 실제로 두 가지 주요 측면이 있다. 첫 번째이자 가장 중요한 것은 S 파라미터 행렬 원소에 담겨있는 분석 정보이다. 그러나 S 파라미터 값을 극좌표나 직각좌표에서 그래프로 그렸을 때 나타나는 패턴에서 읽을 수 있는 정보도 있다. 숙련된 눈으로 보면 그래프의 패턴만 봐도 인터커넥트의 중요한 특성을 파악할 수 있다.

S 파라미터 행렬 원소와 그 안에 들어있는 데이터는 실제로 인터커넥트의 정확한 동작을 명확하게 보여준다. 인터커넥트의 동작에 대해 알고 싶었던 모든 것은 S 파라미터 행렬 원소에 담겨있다. 위 예에서 각 S 파라미터 행렬 원소는 12 포트 장치에 대해 서로 다른 이야기를 들려준다. 이들 행렬 원소에 들어있는 분석 정보는 다양한 시뮬레이션 도구에서 직접 사용할 수 있다.

12.5 반사 손실과 삽입 손실 소개

2 포트가 장치에는 S11, S22, S21의 세 가지 유일한 S 파라미터가 있다. 이 행렬 원소에는 저마다 주파수에 따라 변하는 복소수 값이 들어있다.

S11은 반사 계수(reflection coefficient)라고도 한다. S21은 전달 계수(transmission coefficient)라고도 한다.

역사적인 이유로 dB 단위로 나타낸 S11의 크기의 절댓값을 반사 손실(return loss)이라고 하고, dB 단위로 나타낸 S21의 크기의 절댓값을 삽입 손실(insertion loss)이라고 한다. 예를 들어 S11 = −40 dB이면 반사 손실은 40 dB이다. S21 = −15 dB이면 삽입 손실은 15 dB이다.

반사 손실과 삽입 손실이란 용어의 역사적 기원은 오늘날의 VNA가 등장하기 이전에 이들 항목을 측정했던 방식에 근거를 두고 있다. 과거에는 2 포트 픽스처(fixture, 고정장치)를 사용했다. 이 픽스처는 DUT를 삽입할 수 있도록 중간 부분을 분리(개방)할 수 있는 구조로 되어있다. 두 포트 사이에 DUT 없이 픽스처가 스루(through) 연결인 상태에서 포트 2에 수신되는 신호를 측정한다. 그다음에 픽스처를 분리하여 그 사이에 DUT를 삽입하고 포트 2에 수신되는 신호를 측정한다. 스루 연결일 때 측정된 기준값에 대해 DUT가 삽입되었을 때 측정된 손실, 다시 말해 DUT가 삽입되어 전송 신호에 생긴 손실을 삽입 손실이라고 불렀다.

삽입 손실이 크다는 것은 포트 2에 훨씬 적은 신호가 도달하고 인터커넥트가 그다지 투명하지 않다는 것을 의미한다. 삽입 손실은 결국 '손실'이므로, 이 값이 클수록 DUT를 삽입할 때 더 많은 손실이 발생하고 더 적게 통과한다.

반사 손실을 측정할 때는 먼저 픽스처를 개방하여 포트 1이 개방(open) 상태인지 확인한다. 개방된 포트 1에서 반사된 신호가 기준이 된다. 개방된 픽스처에 DUT를 삽입하여 포트 1과 포트 2가 연결되었을 때 다시 포트 1에서 반사된 신호를 측정한다. 이렇게 측정한 반사 신호를 개방일 때 측정한 반사 신호와 비교한 것이 반사 손실이다.

DUT와 픽스처가 서로 잘 정합될수록 기준인 개방과 비교하여 더 적게 반사되므로 반사 신호에 생긴 손실이 커진다. 큰 반사 손실은 양호한 정합(match)을 의미한다. 작은 반사 손실은 신호가 많이 반사되며 50 Ω 포트와의 임피던스 부정합이 매우 커서 DUT가 개방(open)이나 단락(short)처럼 보인다는 것을 의미한다.

이러한 용어는 VNA가 등장하기 훨씬 전에 도입되었음에도 S11과 S21을 언급할 때 여전히 사용되고 있어서 많은 혼란을 일으킨다. 업계의 많은 사람이 S11 대신에 반사 손실을, S21 대신에 삽입 손실을 사용하는 나쁜 습관이 몸에 배어 있다. 이는 매우 편리하기는 하지만 엄밀하게 말하면 정확하지 않다.

예를 들어 삽입 손실이 증가하여 수신 신호가 줄어들면, 전달 계수도 감소하고 S21이 감소한다. S21 값은 음(−)으로 더 큰 dB 값이 된다. 삽입 손실이 증가한다고 말할 때, 이는 전달 계수가 감소한다는 의미인가, 아니면 증가한다는 의미인가? 반사 손실도 마찬가지이다. 반사 손실이 크다는 것은 반사되는 신호가 매우 작고, DUT가 픽스처와 양호하게 정합되어있다는 것을 의미한다. 반사 손실이 증가한다면, 이것은 반사 계수가 증가한다는 의미인가, 아니면 감소한다는 의미인가?

업계 일부에서는 반사 손실과 삽입 손실의 정의를 변경하여 이들이 의미하는 것이 dB 단위의 S11과 S21의 크기가 나타내는 것과 정확하게 같아지도록 해야 한다고 주장한다. 이렇게 하면 모호함을 제거할 수 있을 것이다. 정의를 바꾸면 반사 손실이 크다는 것은 반사 계수가 크고 S11이 크며 더 많은 신호가 반사된다는 것을 의미하게 된다. 삽입 손실이 작다는 것은 전달 계수가 작고 S21이 작으며 더 적은 신호가 전달된다는 것을 의미한다. 이것은 역사적으로는 틀리지만 기술적으로는 정확하므로 이 방법을 사용하면 S 파라미터와 관련된 혼란을 크게 줄인다. 혼란스러운 측면이 많다는 점을 고려할 때 이는 괜찮은 생각이다.

TIP

이 책에서는 삽입 손실은 S21과 같고, 반사 손실은 S11과 같다는 점점 널리 받아들여지고 있는 정의를 따르고 있다. 이렇게 하면 혼란의 요인 하나가 제거되지만 또 다른 혼란의 원인이 생긴다.

TIP

S11을 반사 계수로, S21을 전달 계수로 부르는 것은 언제나 혼란의 여지 없이 확실하다. 인터커넥트가 투명할수록 반사 계수는 작고 전달 계수는 크다. 이는 역사적으로는 맞는 반사 손실과 삽입 손실의 의미와 정확히 반대이다.

인터커넥트가 한쪽 끝에서 다른 쪽 끝까지 대칭인 경우, 반사 손실인 S11과 S22는 동일하다. 하지만 비대칭인 2 포트 인터커넥트의 경우, S11과 S22는 서로 다르다.

일반적으로, 인터커넥트 선로의 반사 손실과 삽입 손실을 손으로 직접 계산하는 것은 복잡하다. 이들 손실은 인터커넥트를 구성하는 각 전송선로 부분의 임피던스 프로파일, 시간 지연, 사인파의 주파수에 따라 달라진다.

주파수 영역에서 사인파에 대한 모든 응답은 정상 상태(steady state)에서 수행된다. 오랫동안 일정하게 유지되는 사인파에 대한 총 반사 응답 또는 총 전달 응답이 관찰된다. 이것은 주파수 영역과 시간 영역 사이의 중요한 차이이다.

시간 영역에서는, 전송선로에 의해 반사되거나 전송선로를 통해 전달된 순시 전압을 관찰할 수 있다. 반사 응답인 TDR 응답은 반사가 일어난 시점과 반사가 일어났을 때 여기 파형의 에지가 어느 위치에 있었는지를 확인하여 인터커넥트의 임피던스 프로파일의 공간적 분포를 만들어낼 수 있다. 물론 첫 번째 반사 후에 반사된 신호를 후처리(post processing)해야만 임피던스 프로파일을 정확히 분석할 수 있지만, 정확도가 좋은 일차 추정치는 항상 TDR 응답에서 직접 읽을 수 있다.

주파수 영역에서는 공간 정보가 주파수 영역 데이터 전체에 섞여 있어서 직접 표시되지 않는다. [그림 12-9]에서 보듯이 길이를 따라 많은 임피던스의 불연속이 있는 인터커넥트를 생각해보자.

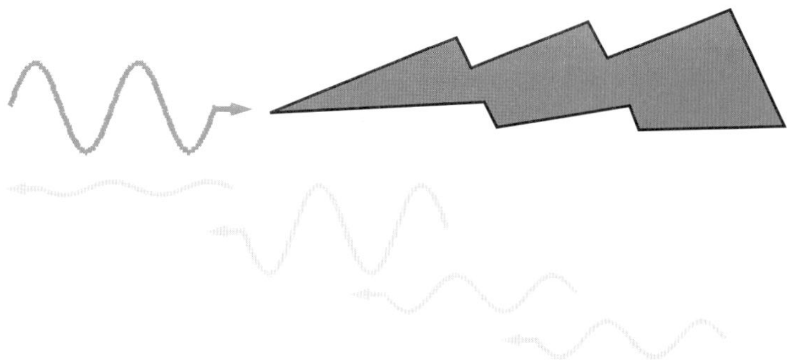

그림 12-9 형태가 불규칙한 인터커넥트에서 길이를 따라 존재하는 임의의 임피던스 불연속은 저마다 다른 크기와 위상을 가지는 반사된 사인파를 입력 포트로 되돌려 보낸다.

입사 사인파가 각각의 불연속을 만날 때마다 반사가 일어난다. 반사된 사인파는 다시 입력 포트를 향한다. 반사파 중 일부는 불연속들 사이에서 여러 번 반사되어 흡수되거나 또는 결국 입력 포트나 출력 포트에 도달하여 측정된다. 예를 들어 포트 1에서 측정되는 반사 신호는 가능한 모든 불연속에서 반사된 모든 사인파의 조합이다.

길이가 1 m인 인터커넥트의 경우, 반사 신호가 인터커넥트를 따라 내려갔다가 다시 올라오는 데 걸리는 전형적인 시간은 약 6 nsec이다. VNA가 주파수 하나를 측정하는 걸리는 전형적인 시간인 1 msec 동안 사인파는 100,000번 이상의 반사를 완료할 수 있다.

TIP

임의의 단일 주파수에서 반사된 신호 또는 전달된 신호는 정상 상태 값(steady-state value)이다. 이는 모든 서로 다른 임피던스 경계에서 발생할 수 있는 모든 반사의 조합을 나타낸다. 이는 시간 영역에서의 동작과는 아주 다르다.

포트에 입사하는 주파수가 1 msec의 측정 시간 또는 시뮬레이션 시간 동안 변하지 않고 일정하면, 모든 불연속에서 반사되는 모든 파의 주파수는 정확히 모두 동일한 주파수가 된다. 그러나 인터커넥트를 통과하여 각 포트에서 나오는 신호들은 저마다 진폭과 위상이 달라진다.

[그림 12-10]에 표시된 것처럼 각 포트에서는 주파수는 모두 동일하지만 진폭과 위상은 서로 다른 수많은 사인파들이 나온다. 놀랍게도 주파수는 모두 같지만 이러한 임의의 진폭과 위상을 가진 수많은 사인파들을 모두 더하면 또 다른 사인파를 얻는다.

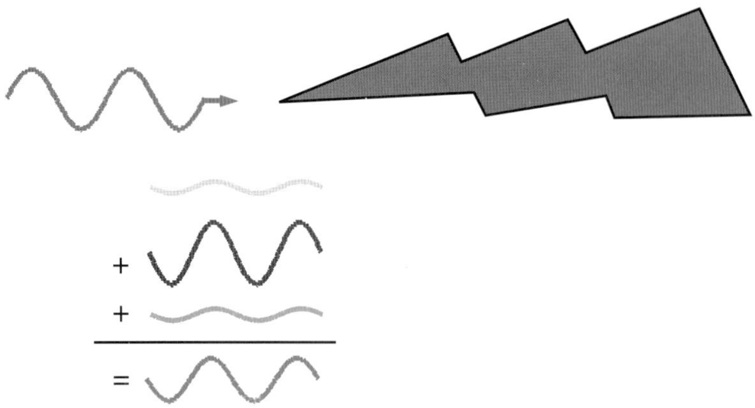

그림 12-10 주파수는 모두 같지만 진폭과 위상이 다른 많은 사인파의 합은 또 다른 사인파가 된다.

사인파가 여러 포트 중 한 포트에 입사하면, 그 결과로 나머지 포트에서 나오는 신호나 그 포트에서 다시 나오는 신호도 주파수는 정확히 같지만 진폭과 위상이 다른 사인파이다. 이것이 바로 S 파라미터에 포착되는 것이다. 안타깝게도 몇 가지 특수한 경우를 제외하고는 S 파라미터의 동작은 임피던스 프로파일과 사인파의 주파수에 따라 복잡하게 변한다. 따라서 측정된 S 파라미터의 크기와 위상만으로 이를 만들어 낸 개별 사인파 성분을 역으로 추출해 내기는 어렵다.

일반적으로 몇 가지 간단한 경우를 제외하면 인터커넥트의 S 파라미터를 연필과 종이를 사용하여 손으로 계산하는 것은 불가능하다. 반드시 시뮬레이터를 사용해야 한다. 임의의 구조의 S 파라미터를 시뮬레이션할 수 있는 정교한 상용 시뮬레이터가 많이 나와 있지만 모든 SPICE 시뮬레이터는 [그림 12-11]에 나와 있는 것처럼 간단한 회로 모델을 사용하여 임의의 구조의 반사 손실과 삽입 손실을 계산할 수 있다. 불연속이 몇 개 있는 인터커넥트의 S 파라미터를 계산한 예도 함께 나와 있다.

임의의 모든 인터커넥트를 시뮬레이션할 수 있지만 S 파라미터에는 인터커넥트의 특정한 특징을 나타내는 몇 가지 중요한 패턴이 있다. 이런 패턴 중 일부를 알아보는 방법을 학습하면 S 파라미터로부터 인터커넥트에 대한 중요한 정보를 곧바로 파악할 수 있다.

특히 중요한 패턴은 **투명한 인터커넥트**의 패턴이다. 반사 손실과 삽입 손실 패턴을 보고 인터커넥트의 품질을 '양호' 또는 '불량'으로 곧바로 나타낼 수 있다. 여기서 '양호'는 인터커넥트가 신호에 투명하다(transparent)는 의미이고 '불량'은 투명하지 않다는 것을 것을 의미한다.

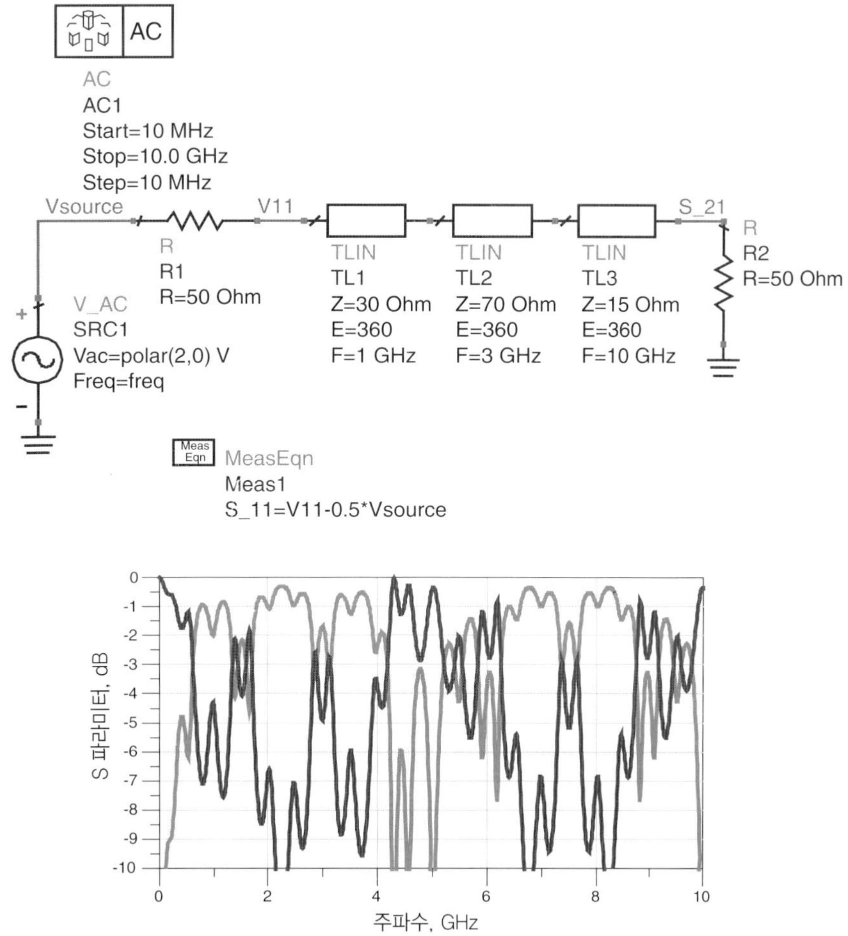

그림 12-11 두 포트 사이의 임의의 인터커넥트 회로에 대해 S11과 S21을 계산하기 위한 SPICE 회로. Agilent의 ADS SPICE 버전으로 회로를 구성하고 시뮬레이션

12.6 투명한 인터커넥트

투명한 인터커넥트(transparent interconnect)의 세 가지 중요한 특징은 다음과 같다.

1. 인터커넥트의 전체 길이를 따라 순시 임피던스는 인터커넥트가 들어가 있는 환경의 임피던스와 일치한다.
2. 인터커넥트를 통한 손실이 적어서 대부분의 신호가 잘 전달된다.
3. 인접한 트레이스에 대한 결합이 무시할 수 있을 정도로 작다.

이 세 가지 특징은 포트 1과 포트 2로 표시한 두 개의 포트가 인터커넥트의 양쪽 끝에 달려 있는 경우, 반사 신호와 전달 신호, 다시 말해 S11과 S21에서 한 눈에 명확하게 드러난다.

거의 투명한 인터커넥트의 포트 구성과 반사 손실 및 삽입 손실을 측정한 결과를 [그림 12-12]에서 확인할 수 있다.

인터커넥트 전체의 임피던스가 포트의 임피던스와 거의 정합되면 입사 신호가 거의 반사되지 않으므로 S11이 감소한다. 이를 dB 단위로 나타내면 반사 손실이 작을수록 dB 값은 음(−)으로 더 큰 값이 된다. S11을 측정할 때 포트 2의 50 Ω 임피던스는 인터커넥트를 실제로 종단시킨다.

물론 실제로 넓은 주파수 대역폭 전체에서 50 Ω에 완벽하게 정합시키는 것은 어렵다. 일반적으로 인터커넥트의 반사 계수의 측정값은 주파수가 높아질수록 증가하는데, 이를 dB 단위로 나타내면 [그림 12−12]에서 보듯이 주파수가 높아질수록 음의 dB 값이 작아지는 것으로 나타난다.

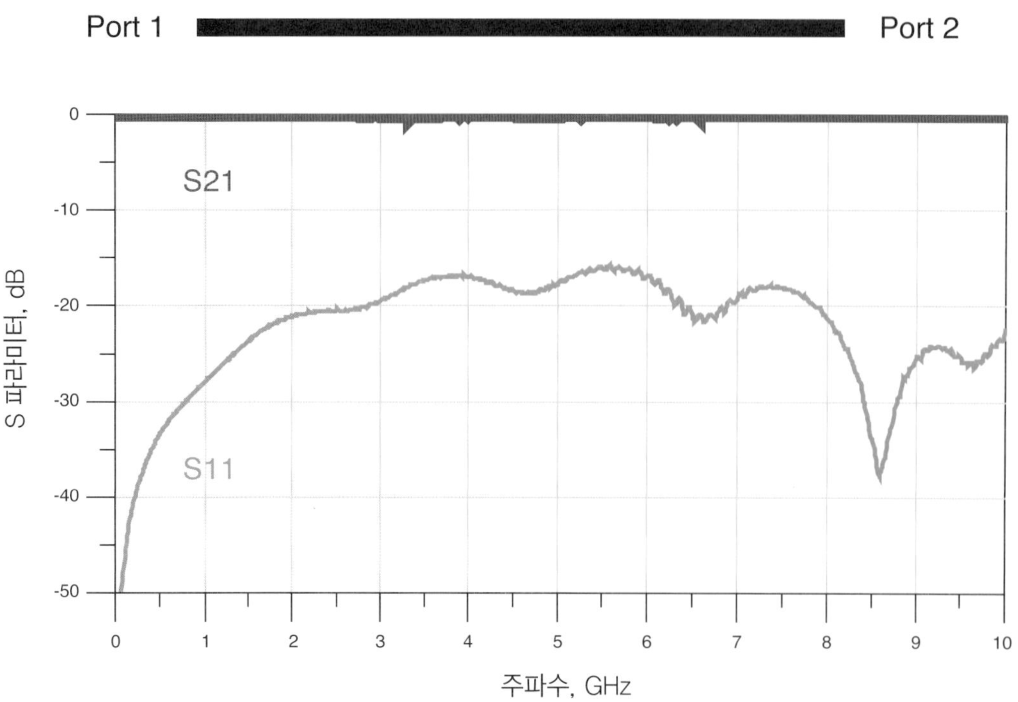

그림 12−12 거의 투명한 인터커넥트의 반사 손실과 삽입 손실 측정 결과. Agilent N5230 VNA로 측정하고 Agilent의 ADS로 그래프를 작성

> **TIP**
>
> 투명한 인터커넥트의 반사 계수는 매우 작고 이를 dB 단위로 나타내면 음(−)으로 큰 값이 된다. 다시 말해 S11은 작고 반사 손실은 크다. 현대적 표현을 사용하면 반사 손실이 작다고 할 수 있다.

인터커넥트의 품질이 불량하고 포트 임피던스와의 부정합이 클수록 반사 손실은 0 dB에 가까워진다. 0 dB는 100% 반사에 해당한다.

삽입 손실은 장치를 통과해 포트 2로 전달되는 신호를 나타내는 척도이다. 임피던스 부정합이 클수록 전달되는 신호는 줄어든다. 그러나 임피던스 정합이 양호하면 삽입 손실은 거의 0 dB에 가깝고 임피던스의 변동에 민감하지 않다.

반사 계수와 전달 계수의 관계에는 특정한 연관성이 있다. S 파라미터는 전압의 비라는 것을 항상 명심해야 한다. 전압 보존 법칙은 없지만 에너지 보존 법칙은 있다.

인터커넥트가 손실이 적고 인접한 트레이스와 결합이 없으며 방사성 방출이 없는 경우, 인터커넥트로 들어오는 에너지는 반사된 에너지와 전달된 에너지의 합과 같아야 한다.

사인파의 에너지는 그 진폭의 제곱에 비례한다. 인터커넥트에 대해 에너지의 보존 법칙을 다음 식으로 쓸 수 있다.

$$1 = \mathrm{S11}^2 + \mathrm{S21}^2 \tag{12.9}$$

반사 손실이 주어지면 삽입 손실은 다음 식으로 구할 수 있다.

$$\mathrm{S21} = \sqrt{1 - \mathrm{S11}^2} \tag{12.10}$$

예를 들어, 인터커넥트를 따라 대부분의 지점에서 임피던스는 50 Ω을 유지하지만 특정 지점에서 임피던스가 60 Ω일 때 최악의 경우 반사 손실을 계산하면 다음과 같다.

$$\mathrm{S11} = \frac{(60-50)}{(60+50)} = \frac{10}{110} = 0.091 = -21\,\mathrm{dB} \tag{12.11}$$

반사 손실로부터 삽입 손실은 다음과 같이 구할 수 있다.

$$\mathrm{S21} = \sqrt{1 - 0.091^2} = \sqrt{0.992} = 0.996 = -0.04\,\mathrm{dB} \tag{12.12}$$

반사 손실이 −20 dB로 높더라도, 삽입 손실에 미치는 영향은 매우 작아서 0 dB에서 거의 벗어나지 않는다. [그림 12-13]은 다양한 범위의 반사 손실 값에 대해, 반사 손실과 삽입 손실 사이의 관계를 보여준다.

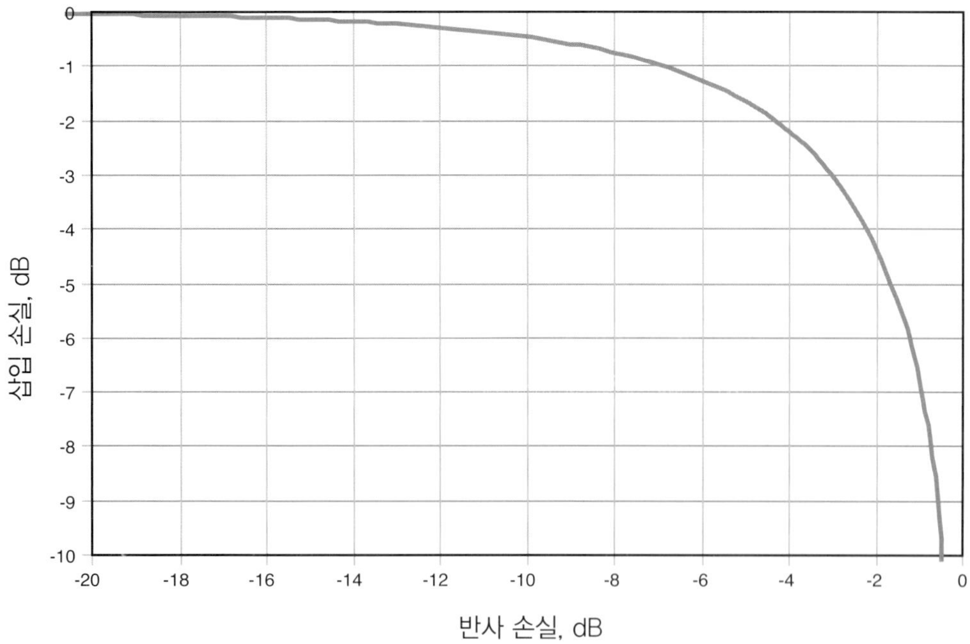

그림 12-13 다양한 반사 손실 값에 대해, 반사 손실과 삽입 손실 사이의 관계. 인터커넥트에 손실이 없는 경우, 삽입 손실에 0.5 dB 이상의 영향을 주려면 반사 손실이 −10 dB 이상이어야 한다.

TIP

반사 손실이 −10 dB보다 커야 삽입 손실에 알아볼 수 있을 만큼의 변화가 생긴다.

12.7 포트 임피던스의 변화

산업계 표준 포트 임피던스는 50 Ω이다. 그러나 원칙적으로는 어떤 값으로도 만들 수 있다. 포트 임피던스가 달라지면 반사 손실과 삽입 손실의 동작이 달라진다. 전체적으로는 포트 임피던스 값이 인터커넥트의 특성 임피던스와의 차이가 커질수록 반사 손실이 증가한다. 이러한 단순한 변화 패턴 외에도 반사 손실과 삽입 손실의 구체적인 값들은 포트 임피던스에 따라 복잡하게 변화한다.

한 포트 임피던스에 대한 S 파라미터가 주어지면 다른 포트 임피던스에 대한 S 파라미터를 행렬 수학을 사용하여 계산할 수 있다. 이 S 파라미터는 SPICE 회로 시뮬레이션을 사용하여 직접 계산할 수도 있다.

TIP

인터커넥트의 S 파라미터를 나타낼 때 포트 임피던스를 장치의 임피던스와 정합시킬 필요는 없다. 그러나 특별한 이유가 없다면 항상 50 Ω을 사용해야 한다.

포트 임피던스와 관계없이 S 파라미터의 각 원소에 대한 해석적 분석은 동일하게 잘 수행될 수 있다. 포트 임피던스를 50 Ω에서 다른 값으로 변경하는 가장 현실적인 이유는, 계측기의 화면을 보면서 50 Ω이 아닌 환경에서의 장치 품질을 정성적으로 평가할 수 있기 때문이다.

케이블 TV 응용분야에 사용되는 커넥터나 케이블과 같이 장치가 50 Ω이 아닌 75 Ω 환경에 맞춰 설계된 경우에는 50 Ω 포트 임피던스로 측정한 반사 손실은 "불량"으로 나타난다.

인터커넥트 종단의 임피던스 부정합에 의한 반사로 인해 반사 손실에는 리플(ripple)이 발생한다. 과도한 반사 손실은 삽입 손실에 리플이 나타나게 한다. 숙련된 엔지니어의 눈에도 이러한 동작은 복잡하게 보여서 임피던스가 50 Ω에서 크게 벗어났다는 사실 외에는 해석하기가 어려울 것이다.

그러나 응용 분야의 환경이 75 Ω인 경우에는 75 Ω 인터커넥트를 사용하는 것은 문제가 없다. 포트 임피던스를 응용 분야의 임피던스인 75 Ω으로 변경하면 이 환경에서 장치의 동작을 계측기 앞면의 화면에서 직접 눈으로 평가할 수 있다.

50 Ω 커넥터가 부착된 75 Ω 전송선로의 반사 손실과 삽입 손실을 각각 50 Ω과 75 Ω의 포트 임피던스에 대해 측정한 예가 [그림 12-14]에 나타나 있다.

75 Ω 환경에서는 1 GHz 이하의 낮은 주파수에서 75 Ω 케이블이 거의 "투명"하게 보인다. 1 GHz 이상에서는 커넥터가 전체 동작을 지배하며, 포트 임피던스와 관계없이 인터커넥트는 그다지 "투명"하지 않다. 측정된 S 파라미터 응답에 포함되어 있는 동작 모델은 포트 임피던스에 상관없이 동일하다. 동일한 동작 모델이 다른 포트 임피던스에 대해 다시 표시될 뿐이다.

S 파라미터는 포트 임피던스에 모호함이 없어도 충분히 혼란스럽다. 물론 S 파라미터가 업계 표준인 터치스톤(touchstone) 파일 형식으로 저장될 때는, 해당 데이터를 얻는 데 기준이 되는 각 포트의 포트 임피던스가 파일 상단에 명확하게 표시된다. 하나의 터치스톤 파일로부터 모든 포트 임피던스에 대한 S 파라미터를 쉽게 계산할 수 있다.

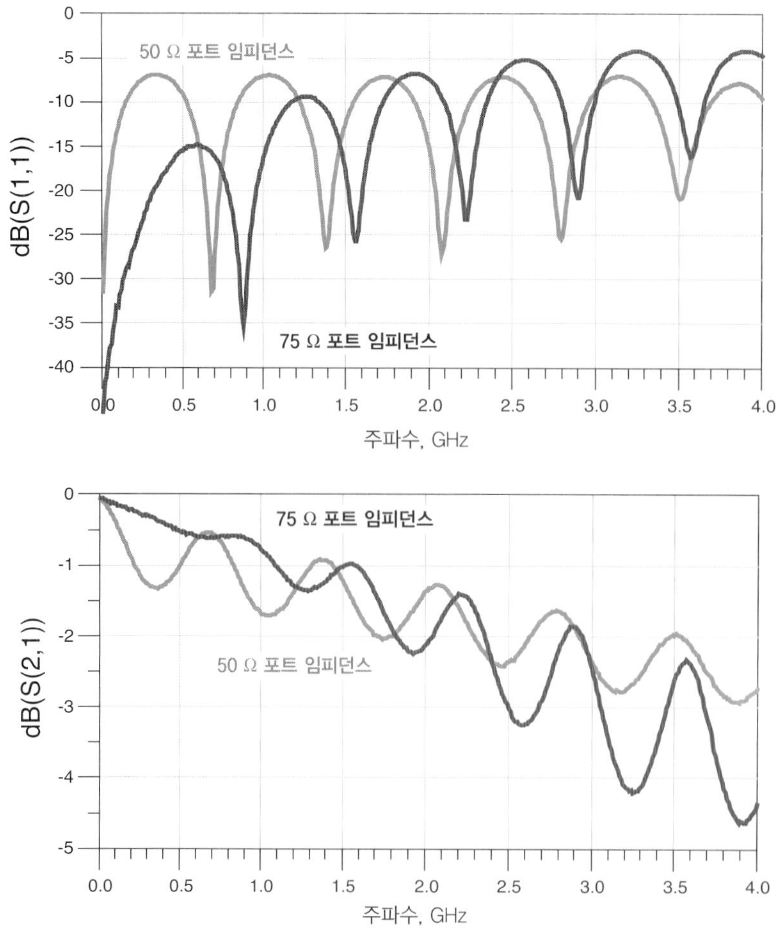

그림 12-14 50 Ω과 75 Ω의 포트 임피던스를 사용하여 50 Ω 커넥터가 부착된 75 Ω 전송선로의 반사 손실과 삽입 손실의 측정 결과. Agilent N5230 VNA로 측정하고 Agilent의 ADS로 그래프를 그렸다.

12.8 균일한 50 Ω 전송선로에서 S21의 위상

평가하기 가장 간단한 인터커넥트는 선로의 임피던스가 50 Ω이어서 50 Ω의 포트 임피던스에 정합되어 있는 경우이다. 이 경우에는 반사가 없으며 S11의 크기는 0이다. dB 단위로 나타내면 음(−)으로 무한대 dB가 되는데 계측기나 시뮬레이터에서는 자체 노이즈 플로어(noise floor, 바닥 노이즈)에 의에 제한되므로 약 −100 dB 정도가 된다.

이 경우에는 모든 사인파가 100% 전달되므로 S21은 모든 주파수에서 1이고 dB 단위로는 0 dB가 된다. S21의 위상은 전송선로의 시간 지연과 주파수에 따라 달라진다. 위상의 동작은 S 파라미터의 가장 미묘한 측면 중 하나이다.

S 파라미터의 정의는 포트에서 나오는 사인파와 포트로 들어가는 사인파의 비이다.

S21은 포트 2에서 나오는 사인파와 포트 1로 들어가는 사인파의 비이다. 이 비로부터 다음 두 가지 항을 얻을 수 있다.

$$\text{크기(S21)} = \frac{\text{포트2에서 나오는 사인파 진폭}}{\text{포트1로 들어가는 사인파 진폭}} \tag{12.13}$$

$$\text{위상(S21)} = \text{위상(포트 2에서 나오는 사인파)} - \text{위상(포트 1로 들어가는 사인파)} \tag{12.14}$$

포트 1로 사인파를 보내면 시간 지연 TD가 지난 다음에 포트 2에서 신호가 나온다. 사인파가 포트 1에 들어갈 때 사인파의 위상이 0 deg이면 포트 2에서 나올 때 사인파의 위상도 0 deg가 된다. 위상이 0 deg인 사인파가 단지 전송선로의 한쪽 끝에서 다른 쪽 끝으로 전달되었을 뿐이다.

하지만 [그림 12-15]에서 보듯이 포트 2에서 나오는 사인파의 위상과 포트 1로 들어가는 사인파의 위상을 비교해 보면, 같은 순간에 두 개의 위상이 존재한다.

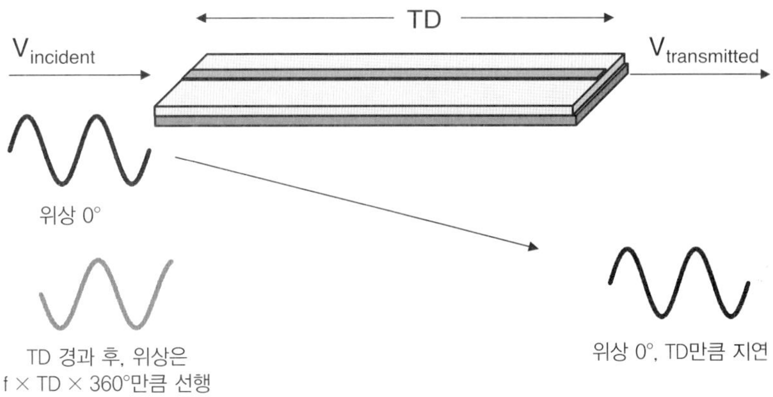

그림 12-15 전송선로를 통해 사인파가 전달되는 동안 입사 사인파의 위상이 선행하기 때문에 S21의 위상은 음(–)의 값이 된다.

포트 2에서 위상이 0 deg인 사인파가 나오는 것을 보자마자 곧바로 포트 1로 들어가는 파의 위상을 보면 사인파가 TD nsec 전에 전송선로로 들어왔던 순간의 위상인 0 deg를 보는 것이 아니라 지금 포트 1로 들어오는 사인파의 현재 위상을 보고 있는 것이다.

0 deg 위상의 사인파가 전송선로를 따라 전파되는 동안, 포트 1로 들어오는 사인파의 위상은 선행하였다. 사인파가 포트 2에 도착하는 시점에 포트 1로 들어오는 사인파의 위상은 이제 f × TD × 360 deg이다.

S21의 위상은 포트 2에서 나오는 위상에서 포트 1로 들어가는 위상을 뺀 차이이다. 포트 2에서 나오는 위상이 0 deg일 때 포트 1로 지금 들어가는 위상은 f × TD × 360 deg만큼 선행했다. 따라서 S21의 위상은 다음과 같이 계산할 수 있다.

$$\text{위상(S21)} = 0 - f \times TD \times 360\ \text{deg} \tag{12.15}$$

여기서

f = 포트 1로 들어가는 사인파의 주파수

TD = 전송선로의 시간 지연

> **TIP**
> S21의 위상은 처음에 음(−)으로 시작하여 주파수가 높아질수록 음(−)으로 더욱 커진다. 이것은 S 파라미터의 가장 특이하고 혼란스러운 측면이다. 신호가 전송선로를 통과하는 동안에 S21의 위상은 점점 더 음(−)으로 커진다.

이러한 동작은 두 가지 특징에 기반을 두고 있다. 첫째, S21의 위상은 정의에 따라 포트 2에서 나오는 사인파의 위상에서 포트 1로 들어가는 사인파의 위상을 뺀 것이다. 따라서 S21의 위상은 항상 음수이며 주파수가 증가함에 따라 점점 더 큰 음수가 된다. [그림 12-16]은 스트립라인 전송선로에 대해 S21의 위상을 측정한 예이다.

저주파에서 S21의 위상은 거의 0 deg에 가깝게 시작된다. TD가 저주파 신호의 한 사이클에 비해 작으면 신호가 인터커넥트를 통과하는 시간 동안 위상은 그렇게 많이 선행하지 않는다. 주파수가 증가함에 따라 인터커넥트를 통과하는 시간 동안 사인파가 선행하는 사이클 수가 증가한다. S21의 위상은 입사 위상과 부호가 반대이므로, 입사 위상이 선행함에 따라 S21의 위상은 점점 더 음(−)으로 커진다.

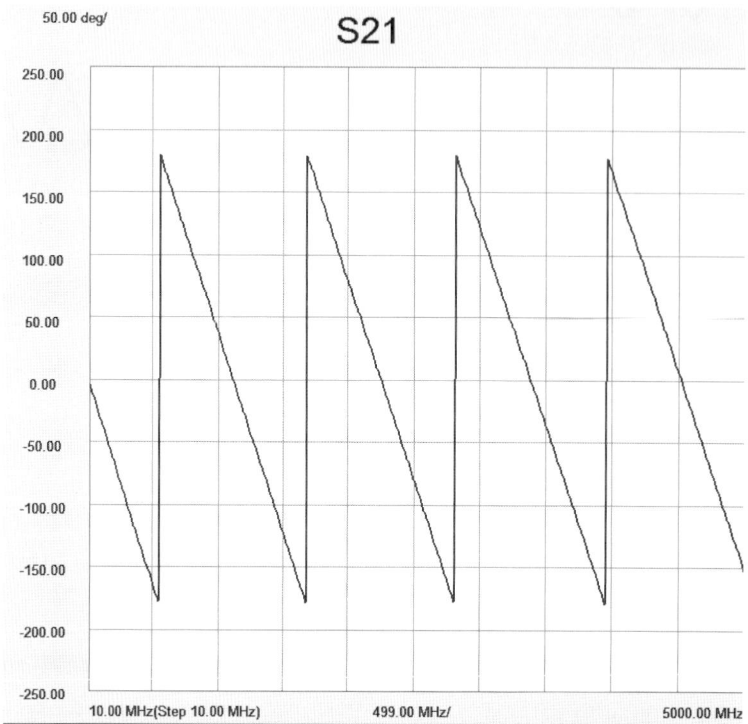

그림 12-16 10 MHz에서 5 GHz까지의 주파수 범위에서 길이가 5 inch인 균일한 50 Ω 스트립라인에 대해 측정한 S21의 위상. Agilent N5230 VNA로 측정하고 Agilent의 PLTS로 그래프를 그렸다.

일반적으로 −180 deg에서 +180 deg까지의 범위에서 위상을 계산한다. 위상이 감소하다가 −180 deg에 도달하면 +180 deg로 다시 설정되고 감소가 계속된다. 이 과정이 계속되면서 S21의 위상은 [그림 12−16]과 같은 전형적인 톱니 모양 패턴으로 나타난다.

12.9 균일 전송선로의 S21의 크기

삽입 손실의 크기는 인터커넥트를 통해 에너지가 전달되는 것을 방해하는 모든 과정을 나타내는 척도이다. 인터커넥트로 들어가는 에너지의 양은 인터커넥트에서 나오는 에너지의 양과 같아야 한다. 인터커넥트에서 에너지가 나오는 방법에는 다음 다섯 가지가 있다.

1. 방사성 방출
2. 인터커넥트에서 열(heat)로 바뀌는 손실
3. 인접한 트레이스로 결합되는 에너지
4. 소스로 다시 반사되는 에너지
5. 포트 2로 전달되어 S21으로 측정되는 에너지

대부분의 응용 분야에서 방사로 인한 손실이 S21에 미치는 영향은 무시할 수 있을 정도로 작다. 방사성 방출은 FCC 인증 시험을 통과하지 못하게 만드는 중요한 원인이지만, 일반적으로 방사되는 에너지의 양은 신호의 극히 일부분에 불과하므로 S21에서 이를 감지하기는 어렵다.

인터커넥트에서 열로 바뀌는 손실은 도체 손실(conductor loss)과 유전체 손실(dielectric loss)로 인해 발생한다. 11장에서 살펴본 것처럼 이 두 가지 효과는 주파수에 따라 계속해서 증가한다. S21에 영향을 미치는 다른 모든 메커니즘을 제거한 경우, dB 단위로 측정하는 삽입 손실은 선로에서의 감쇠를 나타내는 직접적인 척도이며 주파수가 증가함에 따라 음(−)으로 계속해서 증가한다. [그림 12−17]은 길이가 5 inch인 스트립라인 전송선로의 삽입 손실을 측정한 예를 보여준다.

감쇠의 부호에는 종종 모호한 부분이 있다. 일반적으로 감쇠를 나타낼 때는 감쇠가 클수록 더 큰 숫자가 되어야 하므로 감쇠의 부호를 양(+)으로 선택한다. 이 표시 방식에서는 감쇠(attenuation)가 전달 계수(transmission coefficient)와 동일하지 않다. 이 두 항목 사이에는 부호 차이가 있다. 유일한 에너지 손실 메커니즘이 감쇠로 인한 것이라면 역사적 용어인 '삽입 손실(insertion loss)'은 '감쇠(attenuation)'와 동일하다.

전달 계수는 감쇠와 부호가 반대이다. 감쇠를 삽입 손실로 나타내고 dB 단위로 측정하는 경우에는 절대적으로 일관성을 유지하여 삽입 손실의 부호가 항상 음(−)의 부호가 되도록 하는 것이 매우 중요하다.

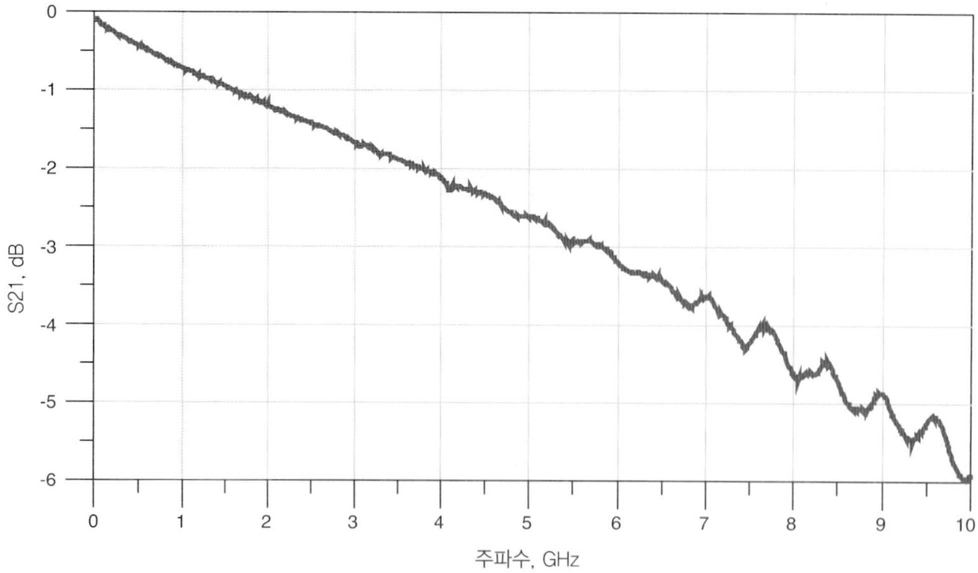

그림 12-17 길이가 5 inch인 스트립라인의 삽입 손실 측정 결과. Agilent N5230 VNA로 측정하고 Agilent ADS로 그래프를 그렸다.

TIP

삽입 손실은 도체 손실과 유전체 손실로 인한 감쇠를 나타내는 직접적인 척도이다. 9장에서 설명한 바와 같이 전송선로의 도체 특성과 유전체 특성을 알면 삽입 손실은 쉽게 계산할 수 있다.

열로 바뀌는 손실로 인한 삽입 손실은 다음과 같다.

$$S21 = -(A_{diel} + A_{cond}) \tag{12.16}$$

여기서

S21 = 삽입 손실(단위: dB)

A_{diel} = 유전체 손실로 인한 감쇠(단위: dB)

A_{cond} = 도체 손실로 인한 감쇠(단위: dB)

전송선로에 임피던스 불연속이 없고 도체 손실이 유전체 손실보다 작을 때, 삽입 손실은 다음 식에서 보듯이 손실 계수(dissipation factor)의 직접적인 척도이다.

$$S21 = -2.3 \times f \times Df \times \sqrt{Dk} \times Len \tag{12.17}$$

여기서

S21 = 삽입 손실(단위: dB)

f = 주파수(단위: GHz)

Df = 손실 계수

Dk = 유전 상수

Len = 인터커넥트 길이(단위: inch)

삽입 손실을 dB 단위로 측정한 결과로부터 유전체 기판 물질의 손실 계수를 다음 식을 사용하여 곧바로 알아낼 수 있다.

$$Df = \frac{-S21[dB]}{2.3 \times \sqrt{Dk} \times Len \times f} \tag{12.18}$$

여기서

S21 = 삽입 손실(단위: dB)

f = 주파수(단위: GHz)

Df = 손실 계수

Dk = 유전 상수

Len = 인터커넥트 길이(단위: inch)

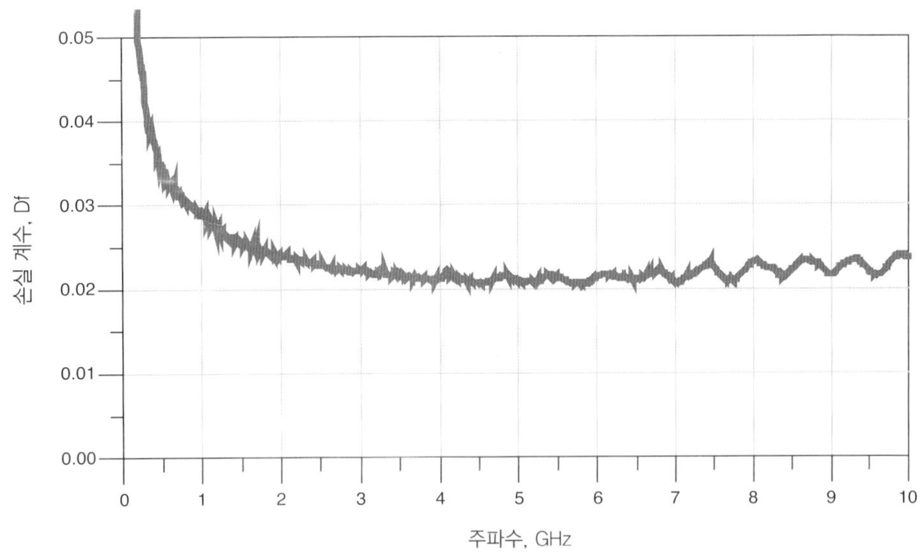

그림 12-18 FR4 스트립라인의 삽입 손실 측정 결과로부터 계산한 손실 계수. 손실 계수 값은 대략 0.022 근처이다. 손실 계수 값이 저주파에서 더 높은 것은 도체 손실이 고려되지 않았기 때문이다. Agilent N5230 VNA로 측정하고 Agilent ADS로 그래프를 그렸다.

유전 상수가 대부분의 FR4 물질의 전형적인 유전 상수와 같은 4일 때 삽입 손실은 근사적으로 −5 × Df dB/inch/GHz이다. [그림 12-18]은 [그림 12-17]에서 측정한 스트립라인의 삽입 손실에 5를 곱하고 이어서 길이와 주파수를 곱하여 손실 계수를 계산한 결과를 바로 그래프로 그린 것이다.

저주파에서는 도체 손실이 손실의 중요한 원인이 될 수 있지만 여기서 살펴본 간단한 분석에서는 고려하지 않았다. 위의 근사식을 사용하고 모든 감쇠를 유전체 손실로 가정하여 구한 손실

계수는 실제보다 더 높게 나오므로 도체 손실이 보상될 수 있다. 높은 주파수에서는 일반적으로 커넥터나 비아로 인해 발생하는 임피던스의 불연속이 삽입 손실에 리플을 발생시킨다.

길이당 삽입 손실의 기울기는 인터커넥트의 손실 계수를 대략적으로 나타내기는 하지만 어쨌든 이것은 대략적인 지표일 뿐이다. 실제로는 선로의 임피던스 불연속과 커넥터의 임피던스 불연속, 그리고 도체 손실에 의한 감쇠로 인해 삽입 손실의 해석이 복잡해진다. 일반적으로 손실 계수를 정확하게 측정하기 위해서는 이러한 특징들을 반드시 고려해야 한다.

그러나 삽입 손실의 동작은 물질의 손실 계수를 나타내는 좋은 지표이다. [그림 12-19]는 길이가 약 36 inch인 두 개의 50 Ω 전송선로의 삽입 손실 측정 결과이다. 한 전송선로는 테플론 기판으로 만든 것이고 다른 하나는 유전체 손실이 매우 큰 FR5 기판으로 만든 것이다. FR5 기판의 기울기가 더 가파른 것은 손실 계수가 그만큼 더 높다는 것을 나타낸다.

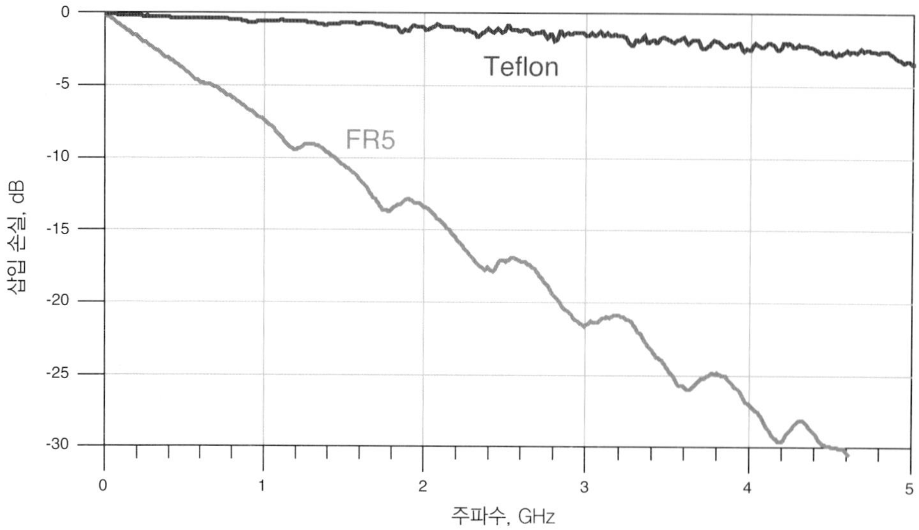

그림 12-19 FR5 기판과 Teflon 기판을 사용한 전송선로의 삽입 손실 측정 결과 비교. 기판 유전체 물질의 손실 계수가 삽입 손실에 미치는 영향을 보여준다. 각 선로는 50 Ω 마이크로스트립이며 길이는 36 inch이다. Agilent N5230 VNA로 측정하고 Agilent ADS로 그래프를 그렸다.

주파수의 함수로 삽입 손실을 그래프를 그리면 삽입 손실은 주파수에 따라 계속해서 크기가 감소하는 것을 보여준다. 동시에, 위상은 음(−)의 방향으로 일정한 속도로 증가하며 나아간다. S21을 극좌표에 표시하면 [그림 12-20]에 보이는 것처럼 나선 형태를 그리게 된다.

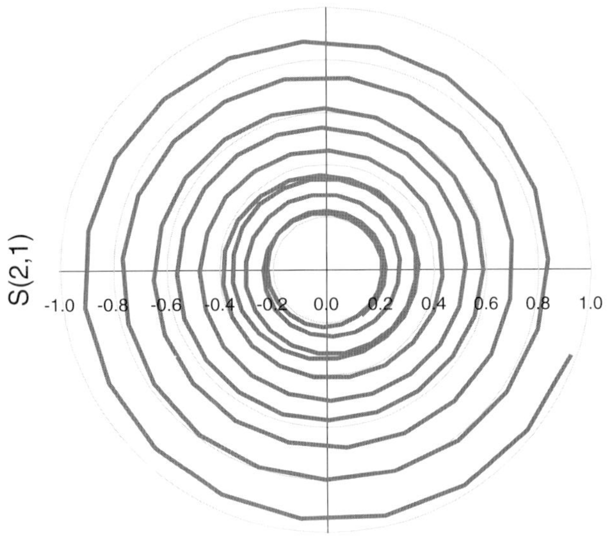

그림 12-20 [그림 12-19]의 길이가 36 inch인 FR5 마이크로스트립의 삽입 손실 측정 결과를 극좌표에 표시한 그래프. 주파수 범위는 10 MHz에서 2 GHz까지이며, 10 MHz 간격으로 측정되었다. Agilent N5230 VNA로 측정하였으며 Agilent ADS로 그래프를 그렸다.

가장 낮은 주파수에서 S21의 크기가 가장 크고 S21의 위상은 0에 가깝다. 주파수가 증가함에 따라 S21은 점점 더 낮은 진폭으로 시계 방향으로 회전한다. 진폭이 점점 감소하므로 중앙을 향해 나선을 그리며 이동한다.

균일 전송선로의 삽입 손실을 보여주는 나선형 패턴이나 끝이 개방된 전송선로의 반사 손실을 보여주는 나선형 패턴은 주파수에 따라 선로의 손실이 증가하는 경우에 나타난다. 주파수에 따라 손실이 증가하는 현상은 도체 손실과 유전체 손실의 전형적인 특징이다.

12.10 다른 전송선로와의 결합

한 선로에서 인접한 선로로 결합되는 크로스토크 노이즈를 인접한 선로에서 측정하지 않아도 선로에는 여전히 크로스토크가 발생하는데 이것이 S 파라미터에 미치는 영향은 S11과 S21 크기의 감소이다. 가장 간단한 예로 인접한 두 개의 균일 마이크로스트립 선로가 강하게 결합되어 있는 경우를 들 수 있다.

홀로 떨어져 있는 마이크로스트립 선로의 삽입 손실은 유전체 손실과 도체 손실에 의해 주파수에 따라 계속해서 감소한다. 인접한 두 마이크로스트립 선로가 가까워지면, 신호가 인가된 구동 마이크로스트립에서 신호의 일부가 인접한 선로로 결합되어 인접한 선로에는 근단 크로스토크와 원단 크로스토크가 발생한다. 마이크로스트립에서는 근단 노이즈보다 원단 노이즈가 훨씬 더 클 수 있다.

인접한 마이크로스트립의 양쪽 끝이 50 Ω으로 종단된 경우, 크로스토크는 모두 종단에서 흡수되어 인접한 마이크로스트립 선로에서 반사는 일어나지 않는다.

주파수가 증가하면 원단 크로스토크가 증가하고, 더 많은 신호가 구동 선로에서 인접한 선로로 결합되어 구동 선로의 S21이 감소한다. 선로에서의 감쇠로 인한 S21의 감소 외에도 이처럼 크로스토크에 의한 S21의 감소도 발생한다. 두 트레이스가 서로 가까워져서 결합이 증가하면 활성 선로에서 비활성 선로로 더 많은 에너지가 흐르므로 결국 활성 선로의 S21이 감소한다 [그림 12-21]은 선로 사이의 간격이 감소하여 결합이 증가함에 따라 S21이 감소하는 것을 보여준다. 주파수에 따라서도 S21이 감소하는 것을 보여준다.

> **TIP**
> 다른 인터커넥트로 결합되는 신호의 양을 측정하지 않는 한, S21 응답만으로는 S21의 감소가 감쇠 때문인지, 아니면 다른 인터커넥트와의 결합 때문인지 구분하기 어렵다.

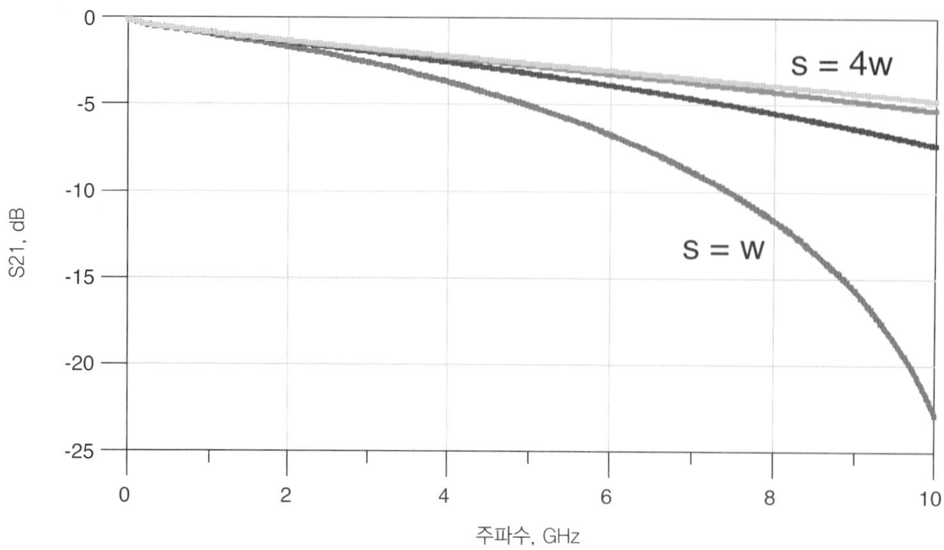

그림 12-21 마이크로스트립 쌍을 구성하는 한 선로의 삽입 손실. 결합이 증가함에 따라 다른 선로로 결합되는 에너지가 증가하므로 S21이 감소한다. 여기에 감쇠로 인한 S21의 감소가 더해지므로 S21은 더욱 감소한다. Agilent의 ADS로 시뮬레이션

앞서 소개한 표준 포트 지정 방식을 사용하여 인접한 두 개의 마이크로스트립 선로를 네 개의 포트로 나타낼 수 있다. 그러면 삽입 손실은 한 선로의 경우에는 S21이고 다른 선로는 S43이다. 근단 노이즈는 S31이고 원단 노이즈는 S41이다. [그림 12-22]에서 볼 수 있듯이 결합이 강해지면 S21 값이 내려가고, 이에 따라 원단 노이즈인 S41 값이 증가한다.

이 예에서 결합으로 인한 S21의 크기 감소는 주파수에 따라 증가했지만 비교적 느리게 변화했다. 종단 처리되지 않고 플로팅(개방)된 인터커넥트로 결합이 되는 경우, 그 플로팅 인터

커넥트의 Q 값은 매우 높을 수 있다. 플로팅 인터커넥트로 주입된 노이즈는 인터커넥트 양쪽 끝에서 반사될 때마다 조금씩 감쇠된다. 100번 정도 양쪽으로 반사되는 동안 노이즈는 결국 자체 손실로 인해 사라질 수 있다.

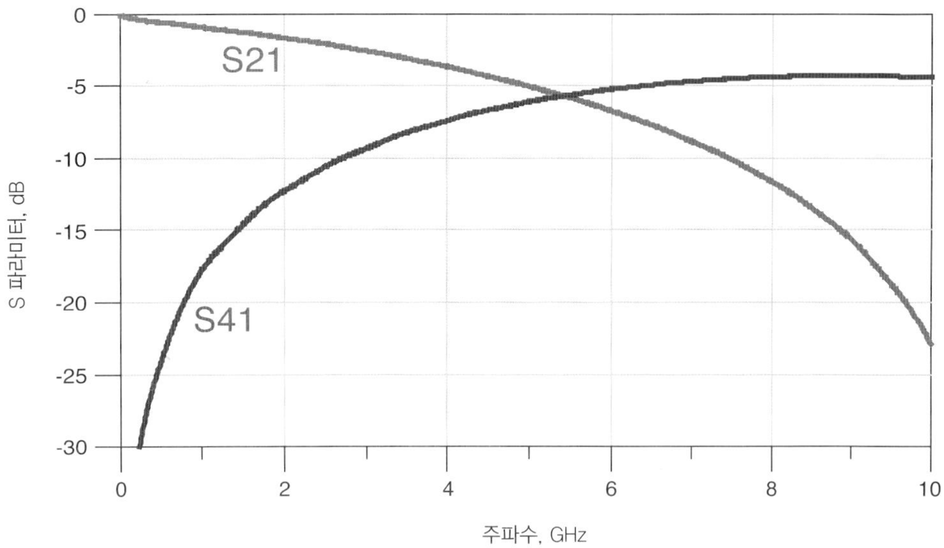

그림 12-22 마이크로스트립 쌍을 이루는 한 선로의 삽입 손실(S21)과 두 선로 사이의 원단 크로스토크 노이즈(S41). 원단 노이즈(S41)가 증가함에 따라 삽입 손실(S21)이 감소하는 것을 보여준다. Agilent ADS로 시뮬레이션

Q가 높은 공진기 특성을 가지는 선로로의 결합으로 인한 영향은 S21 또는 S11에서 매우 좁은 대역의 흡수(absorption)로 나타난다. [그림 12-23]은 [그림 12-22]의 예와 동일한 마이크로스트립 쌍에서 인접한 피해자 선로의 양 끝이 개방된 경우의 S21을 보여준다. 이 경우, 매우 좁은 대역의 주파수 공진이 발생하며, 이 매우 좁은 주파수 범위의 선로 공진 주파수에서 피해자 선로는 활성 선로의 에너지를 빨아들인다.

1 포트 구성에서 반사 손실을 측정할 때도 Q가 높은 공진기로의 결합 특성이 뚜렷하게 나타난다. 이론적으로는 한쪽 끝이 개방된 전송선로에서 S11의 크기는 1 또는 0 dB이어야 한다. 하지만 실제로 모든 인터커넥트에는 약간의 손실이 있으므로, S11은 항상 0 dB보다 작고 주파수가 증가함에 따라 계속 감소한다.

측정이 이루어지는 전송선로와 인접한 개방된 전송선로 사이에 결합이 있는 경우, 개방된 선로는 높은 Q 공진기 구조로 동작하므로 매우 좁은 대역의 흡수 특성을 보이게 될 것이다.

TIP

반사 손실이나 삽입 손실에서의 좁고 급격하게 내려갔다 올라오는 딥(dip)은 거의 항상 Q가 높은 공진 구조와의 결합을 나타낸다. 공진 구조가 복잡한 형태인 경우, 여러 개의 공진 주파수 모드가 발생하는데 이들 모드를 전파 전자기장 솔버(full-wave field solver) 없이 계산하기는 어렵다.

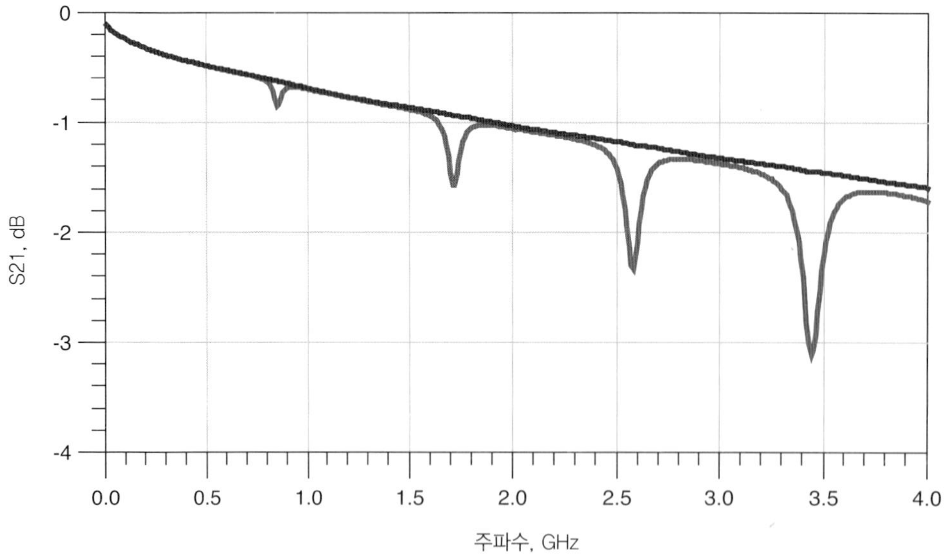

그림 12-23 인접한 플로팅(개방) 마이크로스트립 선로가 매우 멀리 떨어져 있을 때와 가까이 있을 때 마이크로스트립 선로의 삽입 손실. 가까이 있는 경우, 플로팅 선로의 높은 Q 공진 특성으로 인해 좁은 주파수 대역에서 에너지가 플로팅 선로로 결합된다. Agilent ADS로 시뮬레이션

인접한 전송선로가 한 개인 경우, 딥이 발생한 주파수는 비활성 선로의 공진 주파수이다. 공진 대역폭은 공진기의 Q와 관련이 있다. 정의에 따라 Q는 다음 식으로 주어진다.

$$Q = \frac{f_{res}}{FWHM} \tag{12.19}$$

여기서

Q = 공진의 양호도(quality factor)

f_{res} = 공진 주파수

FWHM = full width, half minimum(공진 딥에서 최솟값의 절반이 되는 두 주파수 사이의 폭)

Q가 높을수록 주파수 딥이 좁아진다. 딥의 깊이는 선로 사이의 결합이 얼마나 강한지와 관련이 있다. 결합이 클수록 딥은 더 깊어진다. 물론 딥이 깊어질수록 플로팅 선로로의 결합은 증가하는데, 일반적으로 플로팅 선로에서 댐핑(damping, 감쇠)이 증가하고 이로 인해 Q 값이 감소한다.

어떤 신호 선로와 결합하는 공진기 구조가 반드시 다른 균일 전송선로일 필요는 없으며, 두 개 또는 그 이상의 평면으로 이루어진 공동(cavity)이 될 수도 있다. 예를 들어 다층기판에서 어떤 신호가 한 층에서 다른 층으로 전이하면 그 신호의 귀환 평면도 변경된다. 이렇게 되면 귀환 평면을 바꾸며 흐르는 귀환 전류가 공동으로 결합되어 높은 Q의 공진 결합이 발생할 수 있다. [그림 12-24]는 4층 기판에서 이러한 층 전환이 일어나는 예를 보여준다.

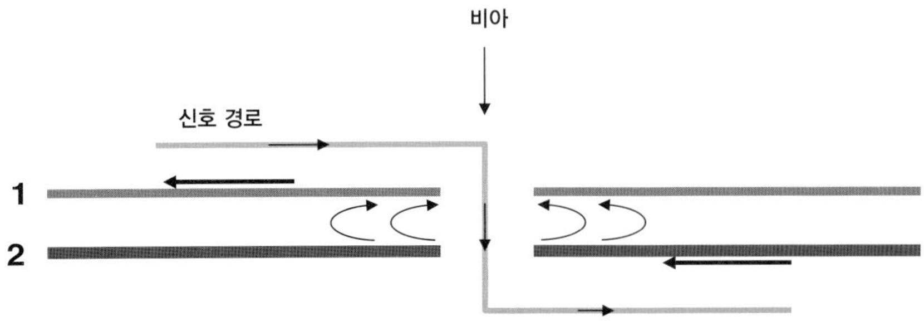

그림 12-24 신호는 두 개의 기준 평면, 층 1에서 층 2로 전이한다. 두 평면 사이에 흐르는 귀환 전류는 두 평면이 만드는 공동 공진기로 결합된다.

두 개의 평면으로 구성된 공동의 공진 주파수는 공동의 개방된 양쪽 끝 사이의 거리가 신호의 반파장의 정수배와 일치하는 주파수이다. 공진 주파수는 다음 식으로 주어진다.

$$f_{res} = n\frac{11.8}{\sqrt{Dk}}\frac{1}{2 \times Len} = n\frac{2.95\,GHz}{Len} \tag{12.20}$$

여기서

f_{res} = 공진 주파수(단위: GHz)

Dk = 공동 구조 내부를 채우고 있는 유전체 물질의 유전 상수 = 4

Len = 공동 구조의 모서리 길이(단위: inch)

n = 공진 모드의 차수

11.8 = 진공에서 전자파의 속도(단위: inch/nsec)

예를 들어 공동의 모서리 길이가 약 1 inch일 경우, 유전체가 FR4일 때 공진 주파수는 약 3 GHz에서 시작하며 고차 모드로 올라갈수록 증가한다. 실제 공동에서는 평면에 뚫린 구멍이나 갈라진 틈, 평면의 모양으로 인해 공진 주파수 스펙트럼은 더 복잡하게 나타날 수 있다.

일반적으로 사용되는 회로 기판 중에서 모서리의 길이가 10 inch 정도인 것은 쉽게 찾아볼 수 있는데, 이 경우 공진 주파수는 약 300 MHz에서 시작된다. 이 주파수 범위에서는 전원 평면과 접지 평면 사이의 디커플링 커패시터가 공진을 억제하거나 더 높은 주파수로 공진을 이동시킬 수 있기 때문에 공진이 명확하게 나타나지 않을 수 있다.

그러나 다층 패키지 구조에서는 모서리 길이가 1 inch 정도로, 첫 번째 공진이 GHz 영역에서 발생한다. 디커플링 커패시터는 1 GHz에서의 임피던스가 평면의 임피던스보다 높기 때문에 이러한 공진 모드를 효과적으로 억제하지 못한다. 이 경우, 신호 선로가 상단 층에서 하단 층으로 전이하면서 평면 공동 속을 통과하면 그 귀환 전류는 GHz 영역에서 공진을 발생시킨다.

이러한 공동 공진은 1 포트 네트워크 분석기를 사용하여 쉽게 측정될 수 있다. [그림 12-25]는 4층 BGA 안에 있는 여섯 개의 서로 다른 리드의 반사 손실을 측정한 결과를 보여준다.

각각의 경우, 신호 선로는 볼(ball) 끝에서 측정되는데 공동의 끝(BGA 내부의 다이가 연결되는 부분)은 개방 상태로 유지한다. 정상적이라면 반사 손실은 0 dB가 되어야 하지만, 공동의 공진주파수에서 상당한 양의 에너지가 흡수되므로 많은 딥이 나타난다.

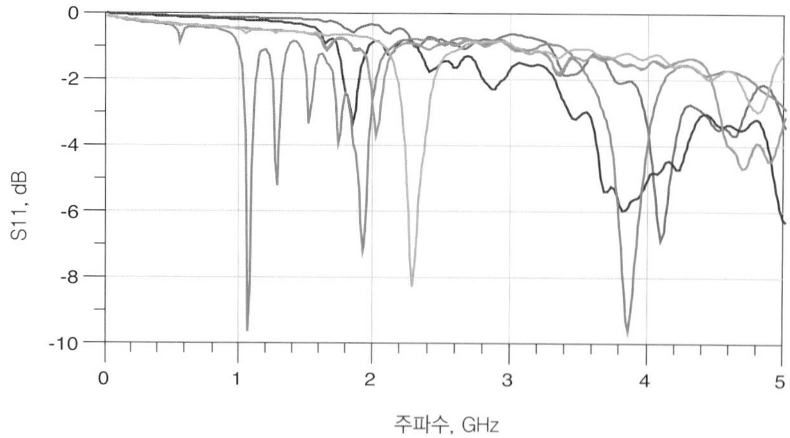

그림 12-25 BGA 패키지 안에 있는 여섯 개의 서로 다른 리드의 반사 손실 측정 결과, 각 리드의 끝은 개방 상태이다. 약 1 GHz에서 나타나기 시작하는 딥(dip)은 전원 평면과 접지 평면으로 형성된 공동과 인접한 신호 선로로의 결합에 의해 발생하는 공진으로 인해 나타난다. Agilent N5230 VNA로 측정하고 Agilent ADS로 그래프를 그렸다.

이 예에서 반사 손실은 기판의 유전체 손실로 인해 주파수가 증가함에 따라 0 dB에서 매우 느리게 감소한다. 약 1 GHz 이상에서는 매우 깊고 대역폭이 좁은 딥이 여러 개 발생하는데 이들은 패키지의 전원-접지 공동으로의 결합에 의한 흡수이다.

개방된 소스에서 반사로 인한 반사 손실이 −10 dB인 경우, 이는 왕복 전파 경로에서 생긴 것이기 때문에, 단방향 삽입 손실은 약 −5 dB일 것이다. 삽입 손실이 −5 dB인 경우, 이는 신호 진폭의 약 50%만이 통과한다는 의미이다. 이렇게 신호 강도가 크게 감소하면 신호 왜곡과 채널 사이의 과도한 크로스토크가 발생할 수 있다.

반사 손실은 실제로 패키지의 흡수 스펙트럼을 측정하는 것으로, 유기 분자의 적외선 흡수 스펙트럼을 측정하는 것과 유사하다. 적외선 분광법은 특정 원자 결합의 고유한 공진 모드를 식별해낸다. 같은 방식으로 Q가 높은 패키지 공진은 패키지나 부품의 특정 공진 모드를 찾아낸다.

선로의 에너지를 평면 공동이 흡수할 수 있는 것처럼 선로에 인접한 다른 트레이스도 공진 흡수 구조로 동작할 수 있다. 패키지의 공진 흡수는 종종 그 패키지의 최고 사용 주파수의 한계를 설정한다. 패키지 설계 목표 중 하나는, 이들 공진을 더 높은 주파수로 이동시키거나 공진 모드가 중요 신호 선로에 결합되는 것을 감소시키는 것이다. 이러한 목표를 달성하기 위한 방법은 다음과 같다.

- 다른 귀환 평면 사이에서 신호의 층간 전이를 하지 않는다.

- 각 신호 비아에 인접한 귀환 비아를 사용하여 공진을 억제한다.
- 낮은 인덕턴스를 갖는 디커플링 커패시터를 사용하여 공진을 억제한다.
- 패키지의 본체 사이즈를 매우 작게 만든다.

12.11 50 Ω이 아닌 전송선로의 삽입 손실

손실이 작고 한 선로에서 인접한 선로로의 결합이 작은 경우, 삽입 손실에 가장 큰 영향을 주는 메커니즘은 임피던스의 불연속으로 인한 반사이다. 임피던스 불연속이 생기는 가장 일반적인 원인은 전송선로의 임피던스가 포트 임피던스인 50 Ω과 다른 경우이다. 선로의 앞쪽 끝과 뒤쪽 끝에서의 임피던스 불일치(mismatch, 부정합)는 공진을 발생시키며 이로 인해 반사 손실과 삽입 손실에는 특정한 패턴이 나타난다.

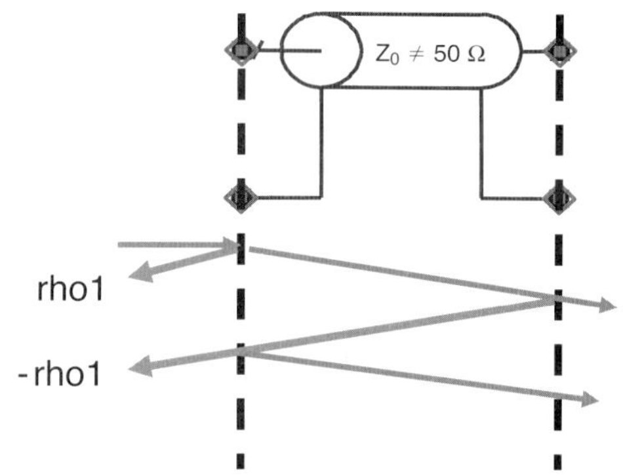

그림 12-26 50 Ω이 아닌 균일 전송선로에서 전송선로와 양쪽 포트 사이의 두 경계에서 발생하는 다중 반사

[그림 12-26]에 나와 있는 짧은 길이의 무손실 전송선로의 경우를 생각해 보자. 이 전송선로는 50 Ω이 아닌 특성 임피던스 Z_0와 시간 지연 TD를 갖는다. 포트 임피던스는 50 Ω이다. 포트 1로 들어온 입사 사인파는 전송선로의 맨 앞에 도달하면 포트 1과 전송선로 맨 앞 사이의 경계에서 반사되어 입사 사인파의 일부가 포트 1로 되돌아가서 반사 손실에 기여한다. 그러나 입사 사인파의 대부분은 전송선로를 통과해 포트 2로 계속 이동하다가 전송선로의 맨 끝과 포트 2 사이의 경계에서 반사된다.

신호가 포트 1에서 전송선로 안으로 들어갈 때, 포트 1과 전송선로 사이의 경계에서 신호의 반사 계수 rho_1은 다음과 같다.

$$rho_1 = \frac{Z_0 - 50\,\Omega}{Z_0 + 50\,\Omega} \tag{12.21}$$

전송선로 안으로 들어온 신호가 포트 2나 다시 포트 1에 도달할 때, 포트와 전송선로 사이의 경계에서 신호의 반사 계수 rho는 다음과 같다.

$$\text{rho} = \frac{50\,\Omega - Z_0}{Z_0 + 50\,\Omega} = -\text{rho}_1 \qquad (12.22)$$

여기서

rho_1 = 신호가 포트 1에서 전송선로로 들어갈 때 경계에서의 반사 계수

rho = 신호가 전송선로에서 포트 1 또는 포트 2로 들어갈 때 경계에서의 반사 계수

Z_0 = 전송선로의 특성 임피던스

첫 번째 경계에서 반사될 때 위상 변화가 어떻게 발생하든, 두 번째 경계에서 반사될 때 발생하는 위상 변화는 첫 번째 경계에서와 반대이다. 인터커넥트를 따라 내려갔다 되돌아오는 '왕복 전파 거리'를 진행할 때 생기는 위상 천이(phase shift)는 다음과 같다.

$$\text{Phase} = 2 \times \text{TD} \times \text{f} \times 360\ \text{deg} \qquad (12.23)$$

여기서

Phase = 반사파의 위상 천이(단위: deg)

TD = 전송선로의 편도 시간 지연

f = 사인파의 주파수

선로에서의 '왕복 전파 위상 천이'가 아주 작은 경우, 포트 1에서 선로로 들어갈 때 경계에서 반사된 신호는, 선로에서 포트 2로 들어갈 때 경계에서 반사된 신호와 크기는 거의 같지만 위상은 반대이다. 포트 2에서 반사된 신호가 포트 1을 향해 가면 맨 처음에 경계에서 반사되어 포트 1로 들어온 신호와 상쇄된다. 따라서 포트 1로 들어오는 알짜 반사 신호는 0이 된다.

TIP

저주파에서는 모든 무손실 인터커넥트의 반사 손실은 매우 큰 음(−)의 dB 값에서 시작한다.

포트 2에서 반사되어 포트 1로 가는 신호가 없으면 모든 신호는 포트 2로 전달되어야 한다. 따라서 모든 무손실 인터커넥트의 삽입 손실은 0 dB에서 시작된다.

이는 포트 2로 되돌아오는 두 번째 반사 신호가 포트 2로 들어온 첫 번째 신호와 위상이 서로 같아서 두 신호가 더해지기 때문이다.

TIP

저주파에서는 모든 무손실 인터커넥트의 삽입 손실은 항상 0 dB에서 시작한다.

신호의 주파수가 증가하여 전달된 신호의 왕복 전파 위상 천이가 정확히 한 사이클의 절반이 되었다고 가정하자. 이 주파수에서 앞쪽 경계에서 반사되어 포트 1로 향하는 반사 신호와, 뒤쪽 경계에서 반사되어 포트 1로 향하는 반사 신호는 위상이 정확하게 일치하게 된다.

이 두 반사 신호는 같은 위상으로 더해지므로 반사 손실은 최대가 된다. 따라서 반사 손실은 다음과 같다.

$$S11 \sim 2 \times rho_1 \tag{12.24}$$

S11이 최대가 되면 삽입 손실은 최소가 된다. 왕복 전파 위상 천이가 180 deg일 때, 앞쪽 경계에서 반사되어 포트 2로 다시 향하는 두 번째 반사 신호는 포트 2로 향하는 첫 번째 신호와 위상이 180 deg 차이가 나므로 부분적으로 상쇄된다.

여기서 주파수가 계속 증가하면 왕복 위상은 0 deg와 180 deg 사이를 순환하며 변하고 이에 따라 반사 손실과 삽입 손실도 최솟값과 최댓값 사이를 순환하며 변한다.

왕복 전파 위상이 360 deg의 배수, 즉, 위상 = n × 360 deg일 때 반사 손실에서는 딥(dip)이 발생하고 삽입 손실에서는 피크(peak)가 발생한다. 딥과 피크가 발생하는 조건은 다음과 같다.

$$n \times 360 = 2 \times TD \times f \times 360 \text{ deg} \tag{12.25}$$

$$f = \frac{n}{2} \times \frac{1}{TD} \tag{12.26}$$

시간 지연 TD가 길수록 180 deg의 위상 천이가 생기는 주파수 간격은 좁아진다. TD가 0.5 nsec와 0.1 nsec일 때 두 개의 30 Ω 전송선로의 반사 손실과 삽입 손실을 비교한 결과가 [그림 12-27]에 나와 있다. 딥 사이의 주파수 간격은 TD가 0.5 nsec와 0.1 nsec일 때 각각 1 GHz와 5 GHz가 되어야 한다.

반사 손실이나 삽입 손실에서 리플 사이의 주파수 간격을 보면 전송선로 인터커넥트상에 존재하는 불연속 사이의 실제 길이를 알 수 있다. 인터커넥트의 TD는 대략적으로 다음과 같다.

$$TD = \frac{1}{2 \times \Delta f} \tag{12.27}$$

여기서

TD = 인터커넥트의 시간 지연

Δf = 반사 손실에서 딥 사이의 주파수 간격 또는 삽입 손실에서 피크 사이의 주파수 간격

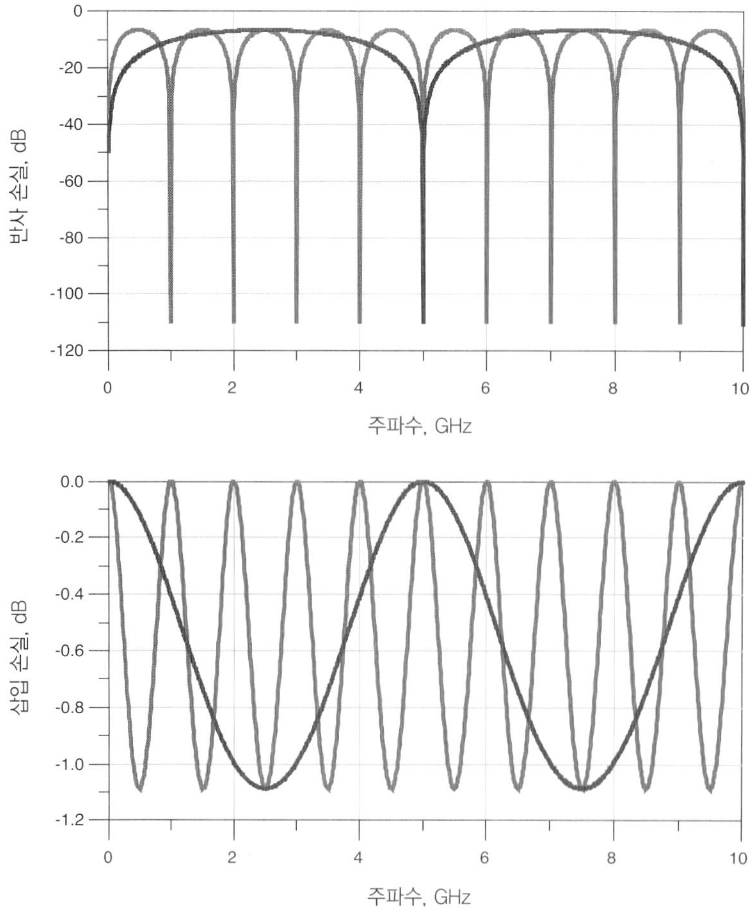

그림 12-27 TD가 0.5 nsec와 0.1 nsec일 때 두 개의 30 Ω, 무손실 균일 전송선로의 반사 손실과 삽입 손실. 시간 지연이 길수록 공진 주파수 사이의 간격이 짧아진다. Agilent의 ADS로 시뮬레이션

예를 들어, [그림 12-27]의 상단에 있는 반사 손실 그래프를 보면 한 전송선로에서 딥 사이의 주파수 간격은 1 GHz이다. 이 값으로부터 인터커넥트의 시간 지연을 계산하면 $1/(2 \times 1) = 0.5$ nsec이 된다.

TIP

인터커넥트를 투명하게 만드는 가장 좋은 방법은 우선 인터커넥트의 임피던스를 50 Ω으로 맞추는 것이다. 임피던스를 50 Ω으로 만들 수 없는 경우, 그다음으로 중요한 설계 지침은 인터커넥트의 길이를 짧게 하는 것이다.

반도체 패키지와 회로 기판 사이의 인터포저(interposer)들은 투명하도록 설계된다. 인터포저의 임피던스가 50 Ω과 차이가 크게 나는 경우, 인터포저를 투명하게 만들기 위한 설계 지침은 길이를 짧게 유지하는 것이다. 이것을 충족하는 조건은 다음과 같다.

$$2 \times \text{TD} \times \text{f} \times 360 \text{ deg} \ll 360 \text{ deg} \qquad (12.28)$$

인터커넥트의 배선 지연 시간이 약 170 psec/inch인 경우, 투명한 인터포저의 최대 길이는 다음과 같이 계산할 수 있다.

$$2 \times \text{Len} \times 170 \text{ psec/inch} \times f_{max} \ll 1 \tag{12.29}$$

$$\text{Len} \ll \frac{3}{f_{max}} \quad \text{그리고} \quad f_{max} \ll \frac{3}{\text{Len}} \tag{12.30}$$

만약 ≪의 조건을 10배로 설정하면 대략적인 경험 규칙을 다음과 같이 표현할 수 있다.

$$\text{Len} < \frac{0.3}{f_{max}} \quad \text{그리고} \quad f_{max} < \frac{0.3}{\text{Len}} \tag{12.31}$$

여기서

Len = 인터포저의 길이(단위: inch)

f_{max} = 투명한 인터커넥트의 최대 사용 가능 주파수(단위: GHz)

예를 들어 동작 주파수가 1 GHz인 경우, 인터포저나 커넥터의 길이가 약 0.3 inch보다 짧아야만 투명한 특성을 유지할 수 있다. 마찬가지로, 길이가 10 mil인 인터포저는 특별한 설계 조건이 없어도 30 GHz의 주파수 범위까지 사용할 수 있다.

[그림 12-28]은 두께가 약 10 mil이고 대역폭이 30 GHz인 Paricon사의 인터포저이다.

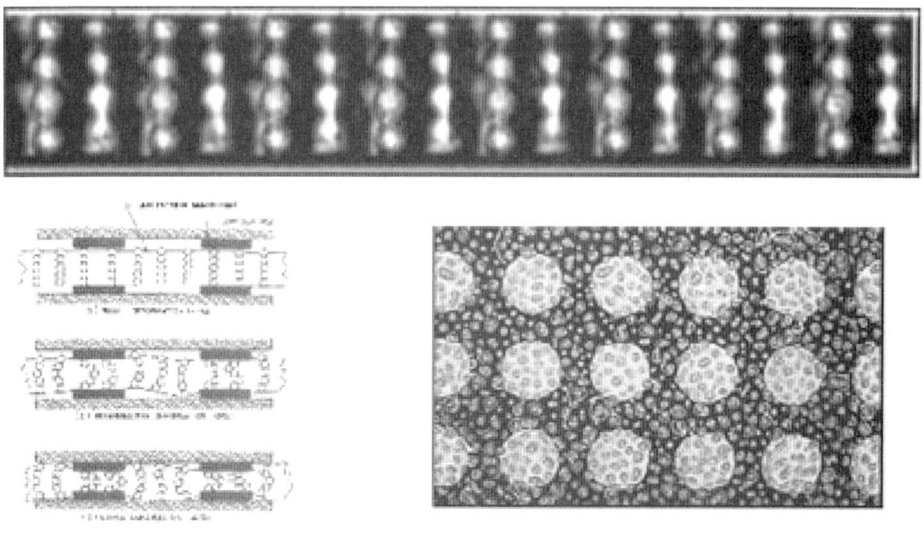

그림 12-28 두께가 약 10 mil이고 대역폭이 30 GHz 이상인 Paricon사의 인터포저 단면

물론 50 Ω에 가까운 특성 임피던스 값을 갖는 제어 임피던스 경로로 인터커넥트를 잘 설계하면 대역폭은 훨씬 더욱 넓어지고 길이도 훨씬 더 길어질 수 있다.

12.12 S 파라미터의 데이터 마이닝

포트 지정에 따라 S 파라미터 원소의 해석이 달라진다. 예를 들어, 어떤 반도체 패키지에는 12개의 트레이스가 있고 각 트레이스의 한쪽 끝은 포트에 연결되어 있으며 반대쪽 끝은 개방되어 있을 수 있다. 또는 어떤 기판상에 팬아웃(fanout)이 11인 넷(net)이 있고 그 넷의 끝에는 포트가 연결되어 있을 수도 있다. 또는 [그림 12-29]와 같이 여섯 개의 서로 다른 직선 형태의 인터커넥트를 나란히 배치하고 인덱스 번호를 붙여 포트를 지정할 수 있다. 이 여섯 개의 서로 다른 전송선로들을 쌍으로 묶어 세 개의 서로 다른 차동 채널을 만들 수 있다.

장치의 정확한 내부 연결은 각 S 파라미터의 해석하는 방법에 영향을 미친다. 가장 평범한 경우로 [그림 12-29]와 같이 여섯 개의 서로 다른 스루 연결(through connection)을 들 수 있다. 이 연결에는 총 12개의 포트가 있고, 그림에 표시된 것과 같이 포트에 번호를 붙여 포트를 지정한다. 포트 지정이 바뀌면, 각각의 S 파라미터에 대한 해석도 달라진다는 것을 잊지 말아야 한다.

그림 12-29 세 개의 차동 채널로 이루어진 12 포트 장치의 포트 번호 지정. 귀환 경로는 표시되어 있지 않지만 포트에 연결되어 있는 것으로 가정한다.

12개의 포트가 있는 이 장치에는 총 78개의 유일한 S 파라미터 원소가 있다. 각 원소는 크기와 위상을 가지며 이들의 값은 주파수에 따라 달라진다.

S 파라미터의 대각선 원소들은 각 전송선로의 반사 손실로, 이는 인터커넥트에서 임피던스 변화에 대한 정보를 가지고 있다. 모든 선로가 동일하고 대칭이면 대각선 원소들은 모두 동일하다.

각 전송선로를 통해 직접 전달되는 스루 신호(through signal)와 관련된 여섯 개의 삽입 손실 S21, S43, S65, S87, S10,9, S12,11은 손실, 임피던스 불연속, 심지어 스터브로 인한 공진에 대한 정보를 가지고 있다. 나머지 모든 S 파라미터 원소들은 크로스토크에 대한 정보가 들어있는 결합 항들을 나타낸다. 예를 들어 S51은 포트 5에서 나오는 사인파와 포트 1로 들어가는 사인파의 비로, 중간에 한 선로를 두고 떨어져 있는 두 선로 사이의 근단 크로스토크와 관련이 있다. 그리고 S61은 중간에 한 선로 두고 떨어진 두 선로 사이의 원단 크로스토크에 관한 정보를 제공한다.

물론 첫 번째 선로와 그에 인접한 각 신호 선로 사이의 근단 노이즈는 첫 번째 선로와의 간격이 멀어질수록 감소한다. [그림 12-30]은 [그림 12-29]의 구성에서 첫 번째 선로에 의해, 나머지 인접한 다섯 개의 선로에서 발생하는 근단 노이즈를 시뮬레이션으로 구한 결과이다. 각 선로는 폭이 5 mil이고 길이는 10 inch이며 7 mil의 간격으로 배치되어 있다.

첫 번째 선로에 바로 인접한 선로의 근단 노이즈인 S31는 −25 dB이지만, 가장 멀리 떨어진 선로의 근단 노이즈인 S11,1은 −55 dB 미만이다.

TIP

S 파라미터에는 인터커넥트의 전기적 동작에 관한 모든 것이 포함되어 있다.

지금까지 포트로 들어오는 신호는 모두 단일 종단 사인파 신호였다. 이와 다른 두 가지 유형의 신호는 자극-반응의 동작을 설명하는 다른 방법을 제공하며 종종 인터커넥트의 동작에 깊은 통찰력을 줄 수 있다. 어떤 질문인가에 따라 이러한 다른 유형들이 더욱 빠르게 올바른 답을 찾을 수 있는 경로를 제공할 수 있다.

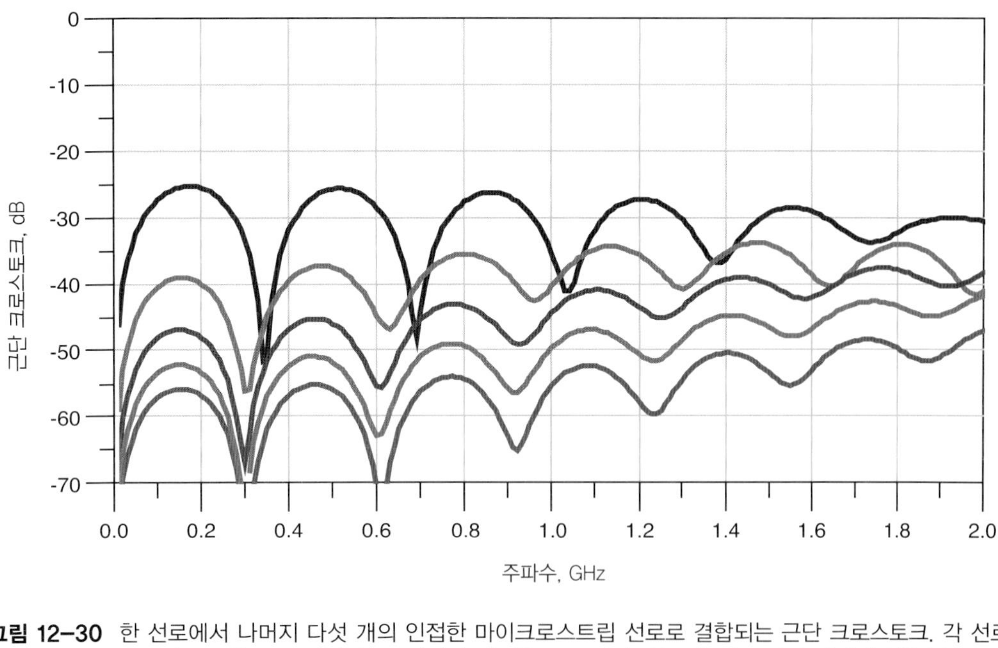

그림 12-30 한 선로에서 나머지 다섯 개의 인접한 마이크로스트립 선로로 결합되는 근단 크로스토크. 각 선로는 길이가 10 inch이고 폭은 5 mil이며 선로 사이의 간격은 7 mil이다. 선로가 서로 멀리 떨어져 있을수록 근단 크로스토크가 낮아진다. Agilent의 ADS로 시뮬레이션

S 파라미터의 다른 두 가지 유형은 차동과 시간 영역이다.

12.13 단일 종단 S 파라미터와 차동 S 파라미터

인접한 두 개의 결합된 전송선로는 두 가지 동등한 방식으로 나타낼 수 있다. 먼저, 두 선로는 각자 독립적인 특성을 가진 두 개의 독립적인 전송선로이다. 두 선로에 12.3절과 12.12절에서 제안한 포트 지정 방식을 적용하여 포트 1에서 포트 2로 직접 통과하고 포트 3에서 포트 4로 직접 통과하는 경우에 각 전송선로는 반사 원소인 S11과 S33, 전달 원소인 S21과 S43을 가진다.

또한 두 선로 사이에는 크로스토크가 발생하는데 근단 크로스토크는 S31과 S42이고 원단 크로스토크는 S41과 S32이다. 근단 노이즈와 원단 노이즈의 특징은 선로 사이의 간격과 결합 길이, 그리고 선로 구조가 스트립라인인지 마이크로스트립인지에 따라 달라진다. 이 두 전송선로의 모든 전기적 특성은 주파수 범위에 걸쳐 이 10개의 유일한 S 파라미터로 완전히 나타낼 수 있다.

다음으로 두 선로는 하나의 차동 쌍으로도 나타낼 수 있다. 두 선로에 대해 어떤 가정도 할 필요가 없으며, 차동 쌍으로 나타내는 것이 완전한 표현이다. 그러나 단일 차동 쌍을 나타낼 때 사용하는 단어와 설명하는 동작의 종류는 결합이 있는 두 개의 독립적인 단일 종단 전송선로에 대한 설명과 아주 다르다.

> **TIP**
> S 파라미터로 인터커넥트의 차동 특성을 나타내는 경우, 이를 차동 S 파라미터(differential S parameter), 또는 혼성 모드 S 파라미터(mixed-mode S parameter), 또는 평형 S 파라미터(balanced S parameter)라고 한다. 산업계에서는 이 용어들이 함께 쓰이고 있다. 선호되는 용어는 혼성 모드 S 파라미터이다.

혼성 모드 S 파라미터로 4 포트 인터커넥트를 나타내는 경우에는 차동 쌍의 관점을 사용한다. 이 경우에는 포트를 차동 포트(differential port)라고 한다. 차동 쌍이 하나이고 그 양쪽 끝에 차동 포트가 하나씩 있는 경우, 존재하는 신호의 종류는 차동 신호와 공통 신호뿐이다. 따라서 각각의 차동 포트로 들어가는 임의의 파형은 차동 신호와 공통 신호의 조합으로 나타낼 수 있다.

이 신호들을 종종 차동 모드 신호와 공통 모드 신호라고 부르지만, 이 용어를 사용하는 것은 바람직하지 않다. 모드라는 단어를 사용할 필요가 없기 때문이다. 자극(stimulus)으로서 인터커넥트로 들어오거나 응답(response)으로서 인터커넥트에서 나가는 신호는 차동 신호와 공통 신호이다. 차동 모드 신호라는 표현을 사용하면, 인터커넥트의 상태를 나타내는 용어인 짝수 모드와 홀수 모드와 혼동하기 쉽다. 이 주제에 대해서는 11장에서 자세히 다룬 바 있다.

> **TIP**
> 혼동을 피하기 위해, 차동 모드 신호와 공통 모드 신호라는 용어를 사용하지 않는 것이 좋다. 아예 사용할 필요가 없다. 혼성 모드 S 파라미터에 대한 혼동을 최소화하기 위해 신호를 항상 차동 신호 또는 공통 신호로 부르자.

차동 S 파라미터는 차동 신호와 공통 신호가 인터커넥트와 어떤 방식으로 상호 작용하는지 나타낸다. [그림 12-31]에 표시된 것처럼 차동 포트가 차동 쌍의 양쪽 끝에 하나씩 두 개만 있는 경우, 유일한 S 파라미터는 S11, S22, S21, 이렇게 인덱스 번호가 다른 세 가지뿐이다. 이 세 가지 차동 S 파라미터 원소로 신호가 차동 선로 쌍에 들어가고 나오는 방식을 나타낸다. 이 원소들은 기존 방식으로 정의된다. 각 원소는 어느 한 포트에서 나오는 포트와 어느 한 포트로 들어오는 사인파의 비(ratio)를 나타낸다. 각 차동 S 파라미터는 크기와 위상을 가진다.

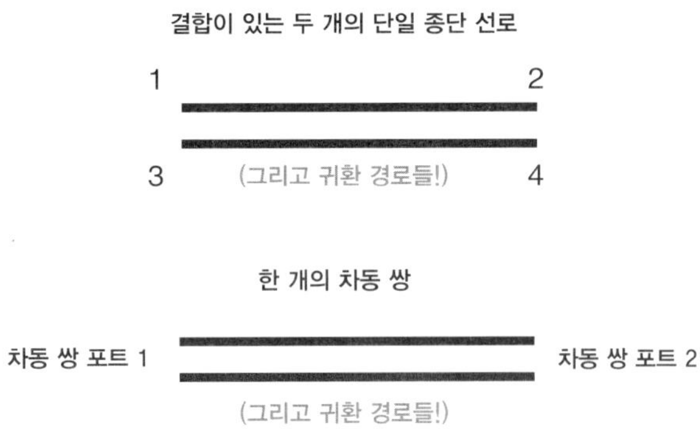

그림 12-31 동일한 두 개의 전송선로는, 결합이 있는 두 개의 단일 종단 선로로 나타내거나 한 개의 차동 선로로 나타낼 수 있다. 한 개의 차동 쌍에는 양쪽 끝에 하나씩 차동 포트가 있다.

그러나 차동 쌍의 어느 포트에 어떤 신호가 들어가고 나오는지 추적해야 한다. 차동 쌍에는 오직 차동 신호와 공통 신호만 존재한다. 이 두 종류의 신호는 다음 네 가지 방식으로 차동 쌍과 상호 작용한다:

1. 차동 신호가 포트에 들어가서 차동 신호로 나온다.
2. 공통 신호가 포트에 들어가서 공통 신호로 나온다.
3. 차동 신호가 포트에 들어가서 공통 신호로 나온다.
4. 공통 신호가 포트에 들어가서 차동 신호로 나온다.

단일 종단 S 파리미터에서 각 S 파라미터는 한 포트로 들어가는 단일 종단 사인파에 대한, 한 포트에서 나오는 사인파의 비율을 나타낸다. 차동 S 파라미터에서는 어떤 포트로 사인파가 들어가고 어떤 포트에서 사인파가 나오는지 뿐만 아니라, 사인파 신호가 어떤 유형인지를 나타내는 표시 방법이 필요하다.

여기서는 차동 신호를 나타내는 데 문자 D를, 공통 신호를 나타내는 데 문자 C를 사용한다. 들어오는 차동 신호와 나가는 차동 신호를 지정하는 데는 SDD를 사용한다. 들어오는 공통 신호와 나가는 공통신호를 나타내는 데는 SCC를 사용한다. 신호 유형의 순서는 역방향 규칙에 따라 나오는 포트 신호를 먼저 표기하고 그다음에 들어오는 포트 신호를 표기한다. 따라서 차동 신호가 들어오고 공통 신호가 나오는 경우에는 SCD를 사용한다. 그리고 공통 신호가 들어오고 차동 신호가 나가는 경우에는 SDC를 사용한다.

각각의 차동 S 파라미터에는 입력 포트와 출력 포트, 그리고 입력 신호와 출력 신호에 관한 정보가 반드시 포함되어야 한다. 규칙에 따라 신호 유형을 나타내는 문자를 먼저 표기하고 그 옆에 포트 번호를 붙인다. 예를 들어, SCD21은 포트 1로 들어오는 차동 신호에 대한 포트 2에서 나가는 공통 신호의 비율을 나타낸다.

단일 종단 S 파라미터의 포트 저항은 모두 50 Ω이다. 두 개의 포트가 차동 신호를 구동할 때는 출력이 직렬로 연결되므로 차동 신호에 대한 차동 포트 임피던스는 100 Ω이다.

두 개의 포트가 공통 신호를 구동할 때는 각 단일 종단 포트가 병렬로 연결되므로 공통 신호에 대한 공통 포트 임피던스는 병렬 조합인 25 Ω이다. 따라서 차동 신호가 차동 쌍 포트를 들여다보면 항상 100 Ω의 종단 임피던스를 바라보고 공통 신호가 차동 쌍 포트를 들여다보면 항상 25 Ω의 종단 임피던스를 바라본다.

혼성 모드 S 파라미터를 행렬로 표시할 때도 기존의 규칙을 따라 행렬을 사등분하여 순수한 차동 신호 동작은 왼쪽 상단에, 순수한 공통 신호 동작은 오른쪽 하단에 배치한다. 왼쪽 하단은 차동 신호에서 공통 신호로의 변환이고 오른쪽 상단은 공통 신호에서 차동 신호로의 변환이다. 이 표기법을 사용한 혼성 모드 행렬을 [그림 12-32]에서 볼 수 있다.

			자극(입력)			
			차동 신호		공통 신호	
			port 1	port 2	port 1	port 2
응답(출력)	차동 신호	port 1	SDD11	SDD12	SDC11	SDC12
		port 2	SDD21	SDD22	SDC21	SDC22
	공통 신호	port 1	SCD11	SCD12	SCC11	SCC12
		port 2	SCD21	SCD22	SCC21	SCC22

그림 12-32 혼성 모드 S 파라미터에 사용되는 행렬 원소 표시 방법. 혼성 모드 S 파라미터에서 사용하는 포트는 항상 차동 포트이다.

이 행렬의 원소 배치 위치를 그대로 따라서 16개의 혼성 모드 S 파라미터 측정 결과를 표시할 수 있다. 이 표시 방식을 사용하면 결과를 표시하기가 훨씬 쉽고 실수할 가능성이 줄어든다. [그림 12-33]은 백플레인에 있는 차동 채널에 대해 혼성 모드 S 파라미터, 다시 말해 차동 S 파라미터를 측정한 결과이다.

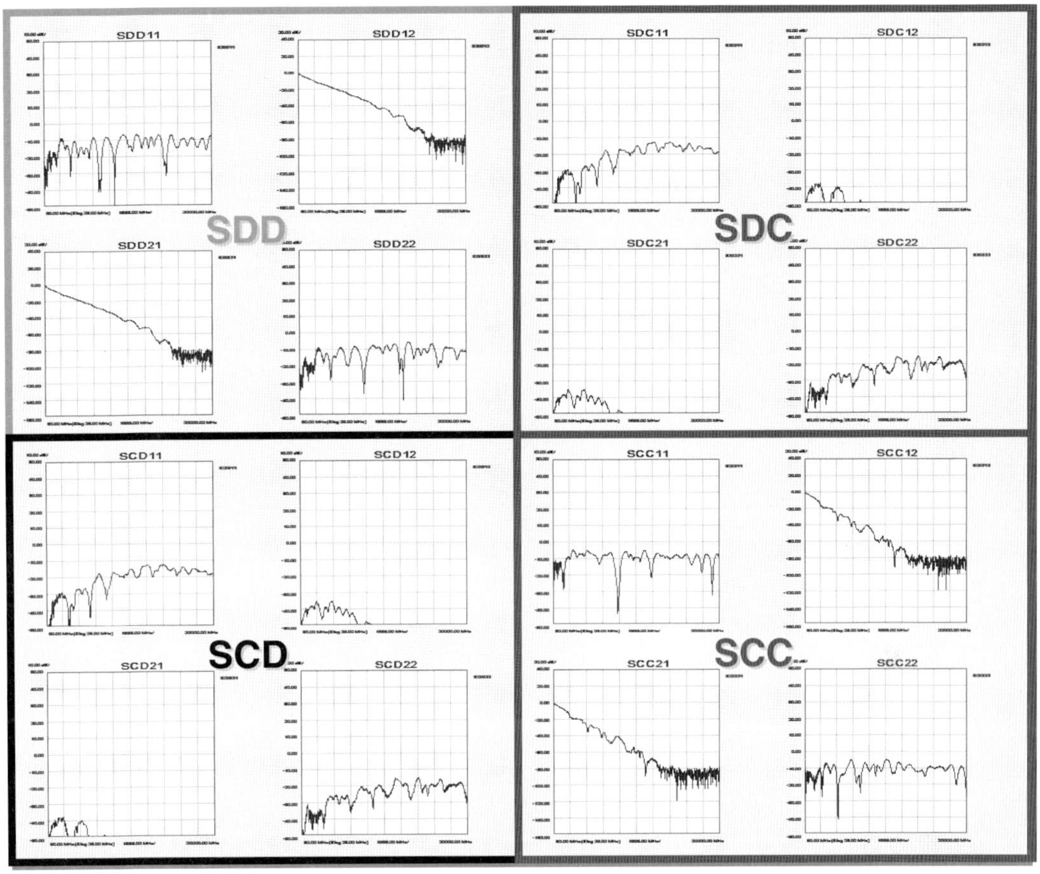

그림 12-33 백플레인에 있는 차동 채널의 혼성 모드 S 파라미터 측정 결과. S 파라미터 행렬 원소와 동일한 순서로 배치하였다. 각 원소의 크기만 표시하고 위상은 표시하지 않았다. Agilent N5230 VNA로 측정하고 Agilent의 PLTS로 그래프를 그렸다.

CC 항에는 인터커넥트에서 공통 신호가 어떻게 동작하는지에 대한 정보가 포함되어 있다. 반사된 공통 신호를 나타내는 SCC11에는 인터커넥트의 공통 임피던스에 관한 정보가 담겨 있다. SCC21은 공통 신호가 인터커넥트를 통해 어떻게 전달되는지를 나타낸다. 차동 쌍을 종합적으로 완전히 특성화하는 데는 CC 항들이 중요하지만, 대부분의 응용 분야에서 인터커넥트의 공통 신호 특성은 그다지 중요하지 않다.

12.14 차동 삽입 손실

DD 항에는 인터커넥트에서 차동 신호가 어떻게 처리되는지에 대한 정보가 포함되어 있다. 반사된 차동 신호를 나타내는 SDD11에는 인터커넥트의 차동 임피던스 프로파일에 관한 정보가 담겨있다. SDD21은 인터커넥트가 차동 신호를 얼마나 잘 전달하는지를 나타낸다.

TIP

대부분의 응용 분야에서 차동 쌍은 대부분 고속 직렬 링크에서 사용되므로 차동 S 파라미터에서 가장 중요한 원소는 차동 삽입 손실이다. 차동 S 파라미터에서 위상에는 차동 신호의 시간 지연과 분산(dispersion)에 대한 중요한 정보가 들어있고, 크기에는 손실과 기타 요인으로 인한 감쇠에 대한 정보가 들어있다.

[그림 12-34]에는 전형적인 백플레인 채널의 차동 삽입 손실 SDD21의 측정 결과가 나와 있다. 차동 삽입 손실에서는 도체 손실과 유전체 손실이 가장 큰 부분을 차지한다. 이들 손실로 인해 차동 삽입 손실은 일반적으로 주파수에 따라 계속해서 감소한다. FR4의 경우, 유전체 손실은 GHz당 inch당 약 −0.1 dB이다. 5 GHz에서 길이가 40 inch인 백플레인 채널의 차동 삽입 손실은 약 $-0.1 \times 40 \times 5 = -20$ dB로 [그림 12-34]에 표시한 그래프의 수치와 일치한다.

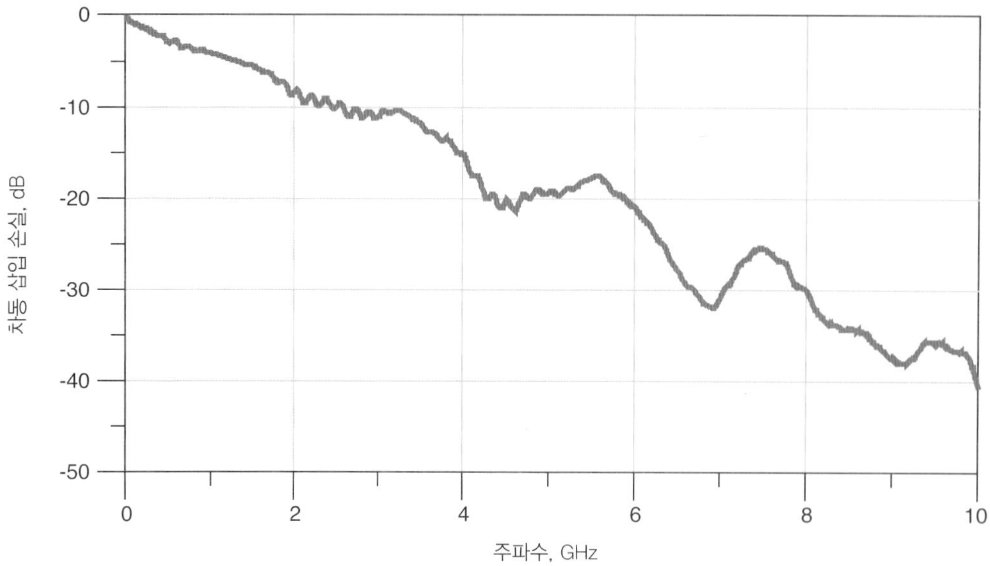

그림 12-34 백플레인 트레이스의 SDD21 측정 결과. 손실로 인해 주파수에 따라 삽입 손실은 일반적으로 감소한다. 그래프에 나타난 리플은 커넥터와 비아로 인한 임피던스의 불연속으로 인한 것이다.

도체 손실과 유전체 손실 다음으로 SDD21에 영향을 미치는 요인은 커넥터, 층 전환, 비아로 인한 임피던스 불연속이다. 이들 불연속에 의해 SDD21 그래프에는 약간의 리플이 발생한다. 경우에 따라서는 비아 스터브의 공진과 모드 변환이라는 두 가지 요인이 SDD21의 특성에 가장 큰 영향을 미치기도 한다.

그림 12-35 길이가 0.25 inch인 비아 스터브가 있는 백플레인 채널과 비아 스터브를 백드릴링으로 제거한 백플레인 채널의 차동 반사 손실 측정 결과. Agilent N5230 VNA로 측정하고 Agilent의 PLTS로 그래프를 그렸다. 데이터 제공: Molex Corporation

[그림 12-35]는 백플레인에 있는 두 개의 서로 다른 차동 채널의 차동 삽입 손실 SDD21을 측정한 결과이다. 한 채널에는 길이가 약 0.25 inch인 긴 비아 스터브가 있다. 다른 채널에서는 이 비아 스터브를 백드릴링(backdrilling)으로 제거하였다.

약 6 GHz 근처에서 나타나는 급격한 공진 딥은 1/4 파장 스터브 공진으로 인해 발생한 것으로, 이것은 고속 직렬 링크에서 사용 가능한 대역폭을 제한하는 주요 요인이다.

공진의 원인은 [그림 12-36]의 그림을 보면 아주 쉽게 이해할 수 있다. 이 그림에는 귀환 경로가 따로 표시되어 있지 않지만 그림에는 없는 인접한 층의 평면이 그 역할을 하고 있다.

신호가 비아를 따라 신호 층으로 흘러 내려가면 신호 층과 접속되는 지점에서 신호가 나누어진다. 신호의 일부는 신호 층의 트레이스를 따라 계속 진행하고, 신호의 나머지 부분은 개방된 비아 스터브의 끝을 향해 내려간다.

비아 스터브의 끝에 도달한 신호는 반사되어 신호 층과 접속되는 지점에서 또다시 나누어진다. 신호의 일부는 원래의 소스로 되돌아가고, 나머지 신호는 신호 층의 트레이스를 따라 진행하는데, 앞서 진행하고 있는 처음 신호와 방향은 같지만 위상은 차이가 있다.

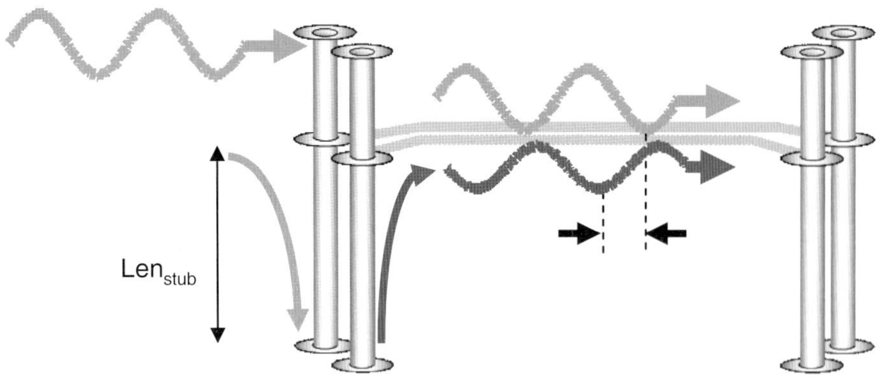

그림 12-36 비아 스터브의 끝에서 반사된 반사파가 입사파와 합쳐져 삽입 손실이 발생한다. 스터브의 길이가 파장의 1/4인 경우, 두 파는 180°의 위상 차이를 갖게 되어 상쇄된다.

반사파의 위상 천이는 스터브의 개방된 끝까지 내려갔다 다시 신호 층으로 올라오는 왕복 전파 경로에 해당한다. 이 왕복 전파 경로의 길이가 신호 파장의 절반일 때, 두 신호 성분-초기 신호와 반사 신호-은 위상이 180 deg 어긋나므로 가장 많이 상쇄된다. 최대 상쇄 조건, 즉 차동 삽입 손실에 딥이 생기는 조건은 스터브의 왕복 전파 시간 지연이 신호 사이클의 절반과 같아질 때이다. 이를 식으로 쓰면 다음과 같다.

$$2\frac{\mathrm{Len_{stub}}}{\mathrm{v}} = \frac{1}{2}\frac{1}{\mathrm{f_{res}}} \tag{12.32}$$

Dk = 4인 경우에 스터브의 공진 주파수는 다음과 같이 계산할 수 있다.

$$\mathrm{f_{res}} = \frac{1}{4}\frac{12\ \mathrm{inch/nsec}}{\sqrt{\mathrm{Dk}} \times \mathrm{Len_{stub}}} = \frac{1.5}{\mathrm{Len_{stub}}}\ \mathrm{GHz} \tag{12.33}$$

여기서

$\mathrm{Len_{stub}}$ = 스터브의 길이(단위: inch)

v = 신호의 속도(단위: inch/nsec)

$\mathrm{f_{res}}$ = 스터브의 공진 주파수(단위: GHz)

Dk = 스터브 주위의 유전체의 유전 상수 = 4

예를 들어, 스텁브의 길이가 0.25 inch이면 공진 주파수는 1.5 GHz/0.25 inch = 6 GHz로, 이 수치는 [그림 12-35]의 측정 결과와 매우 유사한다.

최대 상쇄와 최소 차동 삽입 손실 조건은 비아 스터브의 왕복 전파 길이가 신호 파장의 1/2과 같을 때, 다르게 표현하면 비아 스터브의 편도 전파 길이가 파장의 1/4과 같을 때이다. 이런 이유로 이 공진을 보통 1/4 파장 스터브 공진(quarter-wave stub resonance)이라고 부른다.

대략적인 설계 지침으로, 스터브에 의해 발생하는 큰 공진 흡수가 고속 신호에 영향을 주지 않으려면, 공진 주파수를 신호 대역폭의 최소 두 배인 주파수로 설정해야 한다. 채널이 짧고 채널 손실이 거의 없는 최악의 경우에 신호의 대역폭은 대략 나이퀴스트 주파수의 5차 고조파가 된다. 나이퀴스트 주파수는 비트 레이트(bit rate)의 절반이므로 신호 대역폭은 다음과 같다.

$$BW = 5 \times 0.5 \times BR = 2.5 \times BR \tag{12.34}$$

여기서

BW = 신호의 대역폭(단위: GHz)

BR = 비트 레이트(단위: Gbps)

비아 스터브의 허용 길이 조건은 다음과 같다.

$$f_{res} > 2 \times BW = 5 \times BR \tag{12.35}$$

$$\frac{1.5}{Len_{stub}} > 5 \times BR \tag{12.36}$$

$$Len_{stub} < \frac{300}{BR} \tag{12.37}$$

여기서

Len_{stub} = 허용 가능한 최대 스터브 길이(단위: mil)

BR = 비트 레이트(단위: Gbps)

TIP

예를 들어 스터브의 공진 주파수가 5 Gbps 신호의 나이퀴스트 주파수보다 훨씬 높아지도록 설계하려면, 채널에서 있는 모든 비아 스터브의 길이를 300/5 = 60 mil보다 짧게 만들어야 한다. 이 결과는 5 Gbps 신호에 허용되는 비아 스터브의 설계 범위를 규정한다.

비아 스터브의 길이는 더 얇은 기판들을 사용하여 층 전환이 상단의 몇 개 층 사이와 하단의 몇 개 층 사이에서만 이루어지도록 제한하거나, 긴 스터브를 백드릴링하거나, 블라인드 비아(blind via), 매립형 비아(buried via), 마이크로 비아(microvia)와 같은 대체 비아 기술을 사용하는 방식으로 조절할 수 있다.

12.15 모드 변환 항

차동 S 파라미터 행렬을 사등분하면 왼쪽 하단 사분면(SCD 사분면)의 원소들은 차동 신호가 공통 신호로 변환되는 방식에 대한 정보를 가지고 있고, 오른쪽 상단 사분면(SDC 사분면)의 원소들은 그 반대로 공통 신호가 차동 신호로 변환되는 방식에 대한 정보를 가지고 있어서 가장 이해하기 어렵다.

이 원소들은 인터커넥트를 '해킹'하여 인터커넥트 동작의 근본 원인들을 파악하는 경우에는 매우 중요하다. 한 개의 포트에 들어오는 신호를 차동 모드 신호라 부르는 것은 잘못된 것이지만 업계에서는 여전히 이 혼란스러운 '모드'라는 용어를 사용하고 있다. 왼쪽 하단 사분면과 오른쪽 상단 사분면은 한 신호 모드가 다른 신호 모드로 어떻게 변환되는지를 나타내기 때문에 **'모드 변환 사분면'**이라고 한다.

SCD 사분면은 차동 신호가 차동 쌍으로 들어가지만, 공통 신호로 나오는 방식을 나타낸다. 신호는 한 포트로 들어가서 다시 그 포트로 나오거나 다른 포트로 전달될 수 있다.

TIP

차동 쌍에서 한 선로와 다른 선로 사이의 비대칭만이 차동 신호의 일부를 공통 신호로 변환하거나, 그 반대로 변환한다. 완벽하게 대칭인 차동 쌍에서는 절대로 모드 변환이 일어나지 않는다. 불연속에 의해 한 선로에 발생하는 것이 다른 선로에도 똑같이 발생하면 불연속이 아무리 크더라도 모드 변환은 일어나지 않으며 SCD 항은 0이 된다.

차동 쌍을 구성하는 두 선로 사이에 비대칭이 있으면 어떤 비대칭이든 모드 변환을 일으킨다. 비대칭의 예로든 선로의 길이 차이, 두 선로 사이의 유전 상수의 국부적 변화, 두 선로 중 한 선로에만 있는 테스트 패드, 두 드라이버의의 상승 시간 차이, 두 채널 드라이버 사이의 스큐, 비아 집합 영역(via field)에서 클리어런스 홀의 변동, 선로 폭 차이 등을 들 수 있다. SCD11 항과 SCD21 항 사이의 신호 차이는 공통 신호가 얼마나 많은 공통 임피던스 불연속에 맞닥뜨려 원래 포트로 반사되어 되돌아가는지에 따라 달라진다.

차동 신호를 공통 신호로 변환시키는 비대칭은 공통 신호를 차동 신호로도 변환시킨다. 모드 변환은 고속 직렬 링크 응용 분야에서 사용하는 차동 쌍에 세 가지 문제를 일으킬 수 있다.

첫 번째 문제는 차동 신호의 모드 변환이 크게 이루어지면 차동 신호의 진폭이 줄어들 수 있다는 것이다. 이러한 진폭 감소는 비트 에러율을 증가시킬 수 있다. 차동 쌍을 이루는 두 선로 사이의 작은 길이 차이가 차동 신호에 미치는 영향을 [그림 12-37]의 예에서 확인할 수 있다.

모드 변환의 두 번째 문제는 차동 신호의 모드 변환으로 인해 발생한 공통 신호가 종단 처리되지 않은 차동 쌍의 끝에서 반사되어, 선로의 비대칭을 통과할 때마다 공통 신호의 일부가 다시 차동 신호로 다시 변환되며, 이 차동 신호는 데이터 스트림과 동기가 맞지 않아 원래의 차동 신호를 왜곡할 수 있다는 것이다. 이는 아이 다이어그램에서 눈의 붕괴를 가져오고 비트 에러율을 증가시킬 수 있다.

모드 변환에 의해 발생하는 공통 신호가 일으키는 세 번째 문제는 공통 신호가 장치에서 밖으로 빠져나와 장치에 연결된 차폐되지 않은 트위스티드 페어 케이블로 들어가서 케이블을 따라 전달되는 경우에 발생한다. 트위스티드 페어 케이블을 따라 전달되는 순수한 차동 신호는 EMI를 방사하지 않으므로 FCC나 다른 EMC 인증 시험을 통과하는 데 아무런 문제가 되지 않는다. 그러나 100 MHz 이상의 주파수에서 3 μA를 초과하는 공통 신호가 발생하여 장치에 연결된 1 m 길이의 트위스티드 페어 케이블을 따라 밖으로 나가면 트위스티드 페어 케이블을 따라 전달되는 공통 신호는 EMI를 방사하여 FCC 시험에 실패하게 만든다.

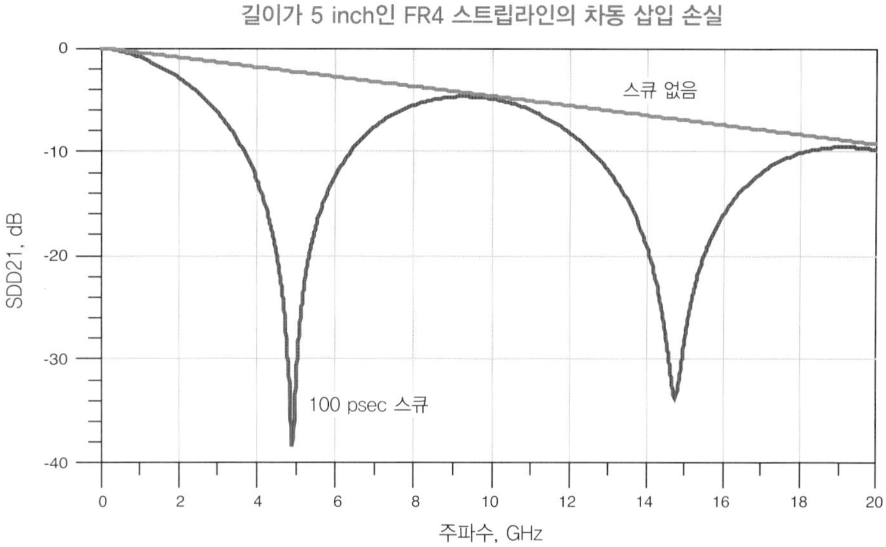

그림 12-37 균일한 차동 쌍에서 두 선로 사이에 스큐가 없을 때와 스큐가 100 psec(길이 스큐 0.6 inch)일 때, 차동 쌍의 차동 삽입 손실 비교. 스큐가 신호 사이클의 1/2일 때 차동 신호에 딥이 발생한다. Agilent의 ADS로 시뮬레이션

공통 임피던스가 300 Ω인 경우, 모드 변환에 의해 약 1 mV의 공통 신호가 발생하여 차폐되지 않은 외부 트위스티드 페어 케이블을 구동하면, 1 mV에 불과한 작은 크기만으로도 FCC 시험에 불합격이 될 수 있다. 차동 신호의 스윙 진폭에 따라 다르지만, 1 mV의 공통 신호 진폭은 1% 정도의 모드 변환에 해당한다.

[그림 12-38]은 백플레인에서 서로 인접하게 배선된 세 개의 서로 다른 차동 채널에서 측정한 모드 변환의 예를 보여준다. 각각의 경우에 변환된 공통 신호는 1 mV를 초과한다. 이 중 하나라도 차폐되지 않은 외부 트위스티드 페어 케이블로 빠져나가면 FCC 시험에 불합격이 될 것이다. 이 공통 신호가 장치 내부에 남아있으면 EMI에 기여하지는 않는다. 하지만 여전히 차동 신호를 왜곡시키는 문제를 일으킬 수 있다.

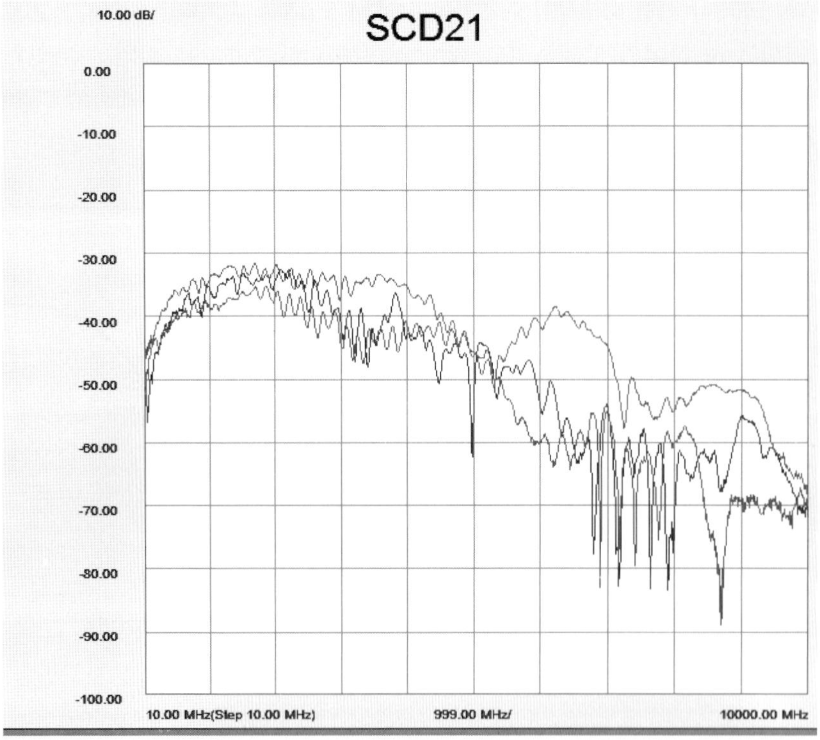

그림 12-38 백플레인에 있는 세 개의 서로 다른 채널에서 발생하는 전달 신호의 모드 변환인 SCD21 측정 결과. 최대 모드 변환은 약 −35 dB로, 약 1%를 약간 넘는 수치이다. 이 경우, 차동 신호가 100 mV이면 공통 신호는 1 mV를 초과한다. 이 공통 신호가 차폐되지 않은 트위스티드 페어에 전달되면 FCC 시험에 불합격할 것이다. Agilent N5230 VNA로 측정하고 Agilent의 PLTS로 그래프로 그렸다.

12.16 혼성 모드 S 파라미터로 변환하는 방법

거의 모든 계측기는 단일 종단 S 파라미터만을 측정한다. 측정된 단일 종단 S 파라미터를 혼성 모드 S 파라미터로 표현하기 위해서는 수학적 변환을 거쳐야 한다. 모든 선형, 수동 인터커넥트의 경우, 혼성 모드 S 파라미터는 단일 종단 S 파라미터들의 선형 조합으로 나타낼 수 있다.

10개의 유일한 단일 종단 S 파라미터를 10개의 유일한 차동 S 파라미터로 변환하기 위해서는 다소 복잡한 행렬 수학이 필요하지만 이를 구현하는 것은 매우 간단하다. 변환 방법은 다음의 간단한 행렬 방정식으로 나타낼 수 있다.

$$S_d = M^{-1} S_s M \tag{12.38}$$

여기서

S_d = 혼성 모드 S 파라미터 행렬(차동 S 파라미터 행렬)

M = 변환 행렬

S_s = 통상적으로 측정하는 단일 종단 S 파라미터

변환 행렬은 단일 종단 행렬 원소를 조합하여 혼성 모드 행렬을 만들어내는 방법과 관련이 있다. 이 장에서 설명한 대로 포트 지정이 1→2와 3→4인 경우, 변환 행렬은 다음과 같다.

$$M = \frac{1}{\sqrt{2}} \begin{bmatrix} 1 & 0 & -1 & 0 \\ 0 & 1 & 0 & -1 \\ 1 & 0 & 1 & 0 \\ 0 & 1 & 0 & 1 \end{bmatrix} \tag{12.39}$$

예를 들어, SDD11 성분은 다음 식으로 주어진다.

$$SDD11 = 0.5 \times (S11 + S33 - 2 \times S31) \tag{12.40}$$

그리고 SDD21 성분은 다음 식으로 주어진다.

$$SDD21 = 0.5 \times (S21 + S43 - S41 - S23) \tag{12.41}$$

이러한 행렬 조작을 통해 측정이나 시뮬레이션으로 얻은 단일 종단 S 파라미터 행렬을 가져와서 혼성 모드 원소(차동 원소)로 기계적으로 변환할 수 있다. 이것이 포트 지정이 중요한 또 다른 이유이다. 포트 지정을 제대로 해주지 않으면 변환 행렬이 달라진다.

12.17 시간 영역과 주파수 영역

선형, 수동 인터커넥트의 경우, 각각의 S 파라미터 원소에 들어있는 정보를 주파수 영역이나 시간 영역에서 모두 나타낼 수 있다. 주파수 영역 S 파라미터는 사인파 전압 파형이 인터커넥트에 의해 어떻게 처리되는지를 나타낸다. 각각의 주파수 성분들을 조합하면 어떤 시간 영역의 파형도 만들어 낼 수 있다.

선형 시스템에서는 주파수 성분 사이에 상호 작용이 없다. 각각의 주파수 성분이 인터커넥트와 어떻게 작용하는지 알고 있으면 이 주파수 성분들의 정확한 조합을 모두 더하여 시간 영역의 파형을 얻을 수 있다. 이 과정은 본질적으로 역 푸리에 변환(inverse Fourier transform)과 같다.

인터커넥트에 대한 유용한 정보를 곧바로 제공하는 시간 영역 파형으로서 일반적으로 사용되는 합성 파형은 스텝 응답(step response)와 임펄스 응답(impulse response)이다. 이 두 파형의 반사 동작과 전달 동작은 약간 다르게 해석된다.

스텝 응답은 TDR에서 사용되는 스텝 에지(step edge) 파형과 동일한 파형으로, 종종 TDR 응답이라고도 한다. 시간 영역에서 스텝 응답으로 나타나는 S11은 TDR 응답과 완전히 동일하며, 인터커넥트의 단일 종단 임피던스 프로파일에 대한 정보를 가지고 있다. 시간 영역에서

스텝 응답으로 나타나는 S21은 스텝 파형의 선행(상승) 에지와 후행(하강) 에지가 인터커넥트에 의해 어떻게 왜곡되는지에 대한 정보를 가지고 있다. 이러한 왜곡은 주로 인터커넥트에서의 손실에 의해 발생한다.

시간 영역에서 평가해야 할 응답이 여러 개 있는 경우, 보통은 각 행렬 원소에 대해 S 파라미터 표기법을 사용하여 관련된 포트를 나타내지만, 이 경우에는 문자 S 대신에 T를 사용한다. 예를 들어, T11은 TDR 응답을 나타내고, T21은 TDT 응답을 나타낸다.

> **TIP**
> 시간 영역과 주파수 영역은 같은 정보를 다른 형식으로 보여준다. 분명히 시각적으로 다르게 보이며 각 영역의 응답은 인터커넥트의 특성에 대한 감도(sensitivity)가 다르다. 질문의 종류에 따라 한 형식이 다른 형식보다 더욱 빠르게 원하는 답을 얻을 수 있다.

예를 들어, '선로의 특성 임피던스는 얼마인가?'라는 질문에는 T11 원소를 사용하면 가장 빠르게 답을 얻을 수 있다. '선로에서 손실이 얼마인가?'라는 질문에는 S21 원소로 가장 빠르게 답을 얻을 수 있다.

이 내용은 [그림 12-39]에서 확인할 수 있다. 그림의 그래프는 마이크로스트립 쌍을 구성하는 한 선로의 삽입 손실과 반사 손실을 각각 주파수 영역과 시간 영역에서 측정한 결과이다. 각 그래프에는 마이크로스트립 쌍이 강하게 결합된 경우와 약하게 결합된 경우가 함께 표시되어 있다.

> **TIP**
> 시간 영역과 주파수 영역의 정보 내용이 정확하게 동일하더라도, 계측기의 화면에 나타나는 정보는 다르다. 가장 빠르게 답을 얻으려면 시간 영역과 주파수 영역 사이에서, 단일 종단 영역과 차동 영역 사이에서 S 파라미터를 자유자재로 변환할 수 있는 능력을 갖추는 것이 중요하다.

인터커넥트의 임피던스 프로파일은 시간 영역에서 스텝 에지 형태의 S11을 해석하는 것이 주파수 영역보다 훨씬 쉽다. 마찬가지로 인터커넥트의 손실은 주파수 영역의 S21이 시간 영역의 스텝 응답보다 더 좋은 감도로 측정할 수 있다. 질문의 종류에 따라 두 영역 중 특정 원소가 다른 요소들보다 더 빠른 답을 제공할 수 있다. 이 때문에 모든 S 파라미터에서 유연하게 데이터 마이닝을 하는 것이 중요하다.

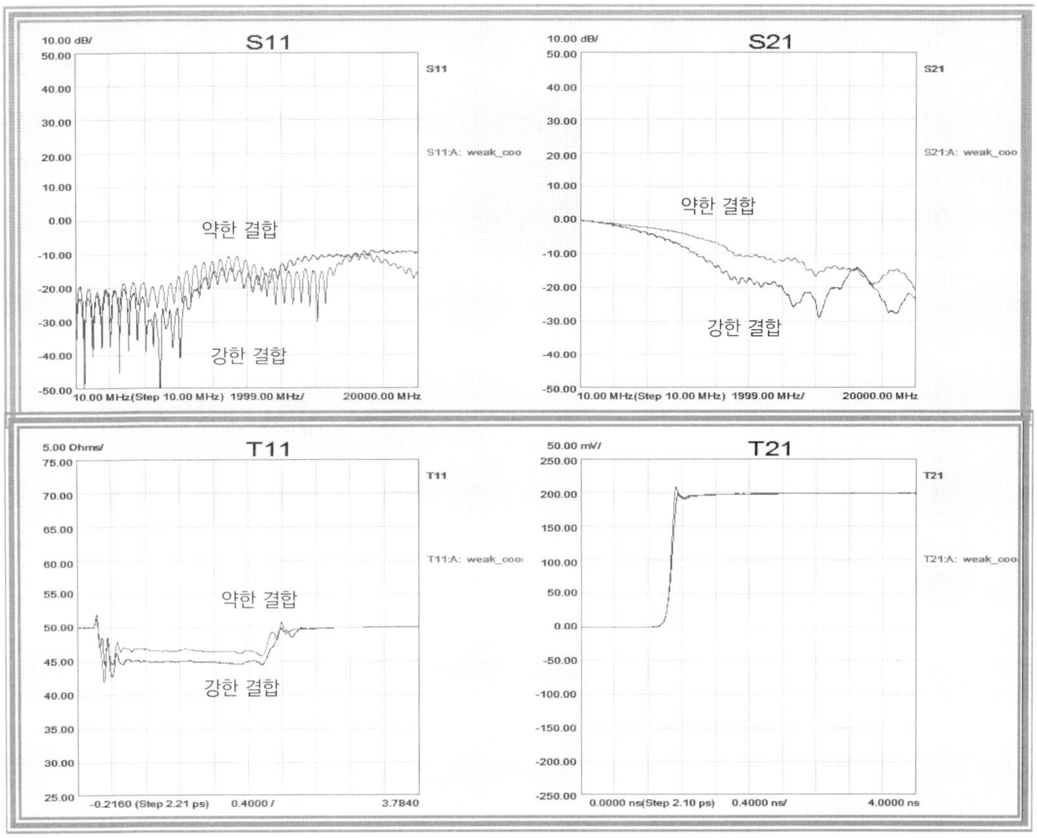

그림 12-39 마이크로스트립 쌍을 구성하는 한 선로의 단일 종단 반사 손실과 삽입 손실 측정 결과. 마이크로스트립 쌍이 강하게 결합된 경우와 약하게 결합된 경우를 비교하여 나타내었다. 동일한 측정 결과를 각각 주파수 영역과 시간 영역으로 나타내었다. Agilent N5230 VNA로 측정하고 Agilent PLTS로 그래프로 그렸다.

시간 영역의 임펄스 응답은 회로 시뮬레이터에서 S 파라미터를 동작 모델로 사용하거나 임의의 파형에 대한 인터커넥트의 응답을 시뮬레이션할 때 특히 유용하다.

임펄스 응답은 인터커넥트의 그린 함수(Green's function)라고도 한다. 이는 인터커넥트에서 작은 입사 전압이 어떻게 처리되는지 나타낸다. 인터커넥트가 임펄스 응답을 어떻게 처리하는지 알게 되면 시간 영역의 어떤 파형이라도 그 파형에 맞춰 크기를 조정한 연속적인 임펄스 응답의 조합으로 나타낼 수 있다. 컨볼루션 적분(convolution integral)을 사용하여 인터커넥트에서 각각의 연속적인 크기 조정 임펄스 응답이 처리된 결과를 결합하여 출력 파형을 얻을 수 있다.

이 기법을 사용하면 임의의 시간 영역 파형을 합성하고 이 파형과 임펄스 응답의 컨볼루션을 계산하여 출력 파형을 시뮬레이션할 수 있다. [그림 12-40]은 이 기법으로 인터커넥트의 아이 다이어그램을 시뮬레이션하는 과정을 보여주고 있다.

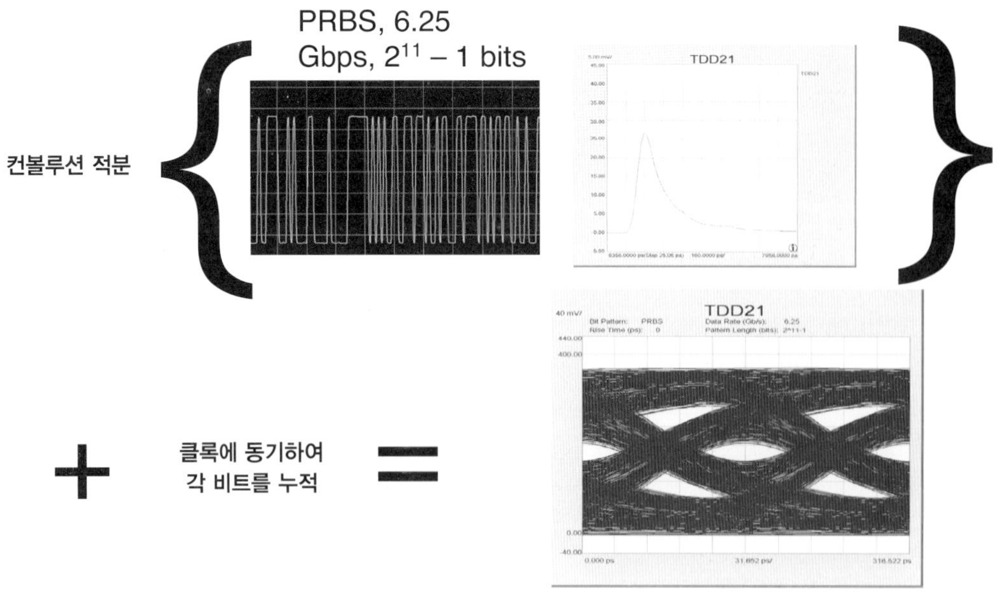

그림 12-40 임펄스 응답과 합성된 의사 랜덤 비트 시퀀스의 컨벌루션을 계산하고 각 비트를 클록에 동기하여 누적함으로써 인터커넥트의 아이 다이어그램을 시뮬레이션하는 과정. Agilent N5230 VNA로 측정하고 Agilent의 PLTS로 시뮬레이션하고 그래프로 그렸다.

주파수 영역의 SDD21 파형은 시간 영역의 임펄스 응답 파형으로 변환된다. 의사 랜덤 비트 시퀀스(pseudorandom bit sequence, PRBS)는 약간의 상승 시간을 가진 이상적인 사각파를 사용하여 합성한다. 이 시간 영역의 파형은 인터커넥트의 임펄스 응답과 함께 컨볼루션된다. 기본적으로 임펄스 응답은 인터커넥트에 의해 각 전압 점(point)이 어떻게 처리되는지 나타낸다. 컨볼루션 적분은 시간 영역 전압 파형을 따라 인터커넥트의 임펄스 응답을 이동하면서 각 전압 점과 임펄스 응답을 서로 곱하고 이렇게 해서 얻은 모든 시간 영역 응답을 더하는 계산이다. 컨볼루션 적분 결과로부터 합성된 PRBS 파형이 인터커넥트에 의해 어떻게 처리되는지 알 수 있다. 이것이 바로 출력 실시간 파형의 시뮬레이션이다. 이것은 인터커넥트의 동작 모델로 S 파라미터를 사용하는 예이다. 주파수 영역에서 측정한 성능을 사용하여 인터커넥트 내부의 동작에 대해 아는 것이 없어도 시간 영역에서 예상되는 성능을 시뮬레이션할 수 있다. 많은 상용 시뮬레이션 도구들은 이러한 시뮬레이션을 자동으로 수행한다.

단일 종단 측정 결과로부터 시뮬레이션한 실시간 차동 응답은 아이 다이어그램을 만들어내는 데 사용할 수 있다. 클록 파형으로 연속된 비트 한 개, 두 개, 또는 세 개를 잘라내고 실시간 응답으로 얻은 모든 비트를 무한히 겹쳐놓는다. 이렇게 겹쳐진 모든 가능한 비트 신호는 사람의 눈처럼 보이는데 이를 아이 다이어그램(eye diagram)이라고 한다. [그림 12-41]은 동일한 백플레인 채널을 통과할 때 나타나는 3.125 Gbps와 6.25 Gbps 직렬 신호에 대한 각각의 다이어그램을 보여준다.

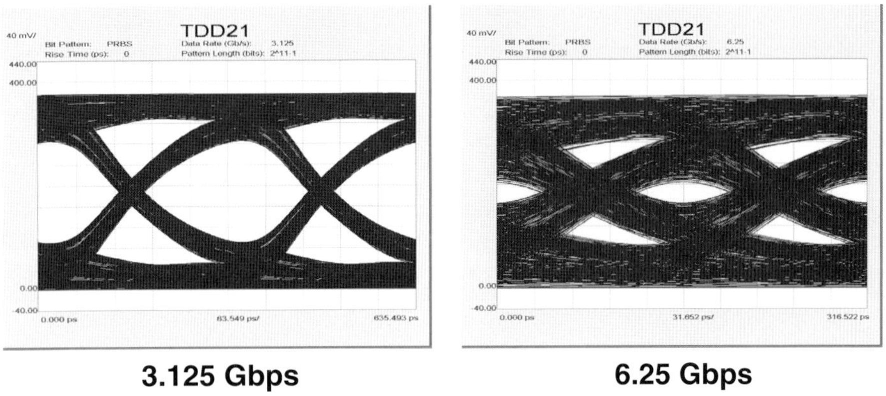

그림 12-41 측정된 S 파라미터를 기반으로 하여 두 가지 다른 비트 전송률에 대해 백플레인 채널의 아이 다이어그램을 시뮬레이션한 결과, Agilent N5230 VNA로 측정하고 Agilent의 PLTS로 시뮬레이션하고 그래프로 그렸다.

아이 다이어그램의 두 가지 중요한 특징은 수직 열림(vertical opening) 폭과 수평 열림(horizontal opening) 폭이다. 이 두 가지 특성으로 비트 에러율을 예측할 수 있다. 수직 열림은 눈의 붕괴(eye collapse)라고도 하며 수평 열림은 비트 주기에서 결정론적 지터(deterministic jitter) 성분을 뺀 값과 관련이 있다.

아이 다이어그램에서 교차점(crossover) 사이의 간격은 항상 단위 간격 비트 시간이다. 이 교차점의 폭은 지터를 나타내는 척도이다. 인터커넥트의 SDD21 응답 측정 결과에 나타나는 랜덤 지터는 측정 기기의 품질과 관련이 있지만 거의 항상 무시할 수 있는 수준이다. 시뮬레이션된 아이 다이어그램에서 모든 지터는 랜덤이 아니며 인터커넥트의 동작만으로 예측할 수 있다는 점에서 결정론적이다. 지터는 손실, 임피던스 불연속, 기타 요인으로 인해 발생한다.

서로 다른 비트 전송률을 가진 PRBS 파형을 합성하여 다수의 아이 다이어그램을 시뮬레이션으로 얻으면 인터커넥트의 성능 한계를 나타낼 수 있다.

12.18 핵심 요약

1. S 파라미터는 모든 인터커넥트의 성능을 나타내는 데 사용하는 보편적 방법으로, 신호 무결성 분야에서는 생소한 편이지만 업계 표준으로 빠르게 자리 잡고 있다.
2. 각 S 파라미터는 입력 사인파에 대한 출력 사인파의 비율로, 정의된 주파수 범위에서 사인파에 대해 인터커넥트가 어떻게 동작하는지 나타낸다.
3. S11과 S22와 같이 반사와 관련된 S 파라미터들은 인터커넥트의 임피던스 불연속에 대한 정보를 가지고 있다.
4. S21과 S43과 같이 전달과 관련된 S 파라미터들은 인터커넥트의 손실, 불연속, 다른 선로와의 결합에 대한 정보를 가지고 있다.
5. 나머지 S 파라미터 항들은 인터커넥트 사이의 크로스토크를 나타낸다.

6. 포트의 임피던스는 일반적으로 50 Ω이다. 특정 포트 임피던스에 대해 얻은 S 파라미터 응답은 다른 모든 포트 임피던스에 맞춰 변환할 수 있다. 하지만 특별한 이유가 없다면, 항상 50 Ω을 사용해야 한다.
7. 주파수 영역에서 얻은 단일 종단 S 파라미터는 차동 S 파라미터 또는 시간 영역으로 변환할 수 있다.
8. 주파수 영역에서 S 파라미터는 인터커넥트의 정상 상태 응답(steady-state response)을 전체적으로 통합하여 나타내는 척도이다. 시간 영역으로 변환된 S 파라미터는 인터커넥트의 특성에 대한 공간 정보를 제공할 수 있다.
9. 반사 손실이나 삽입 손실에 나타나는 좁은 폭의 딥(dip)은 Q가 높은 공진 구조로의 결합을 나타내는 지표이다.
10. 차동 삽입 손실은 차동 채널의 가장 중요한 특성을 나타낸다.
11. 모드 변환은 차동 S 파라미터 행렬 원소 중에서 SCD11과 SCD21로 설명된다. SCD11과 SCD21는 삽입 손실 감소의 근본 원인을 파악하는 데 유용하다.
12. 인터커넥트의 동작에 대해 알아야 하는 모든 것은 측정 또는 시뮬레이션으로 얻은 S 파라미터에 담겨있다.

복습 문제

12.1 기본적으로 S 파라미터는 실제로 무엇을 측정하는가?

12.2 인터커넥트 구조의 S 파라미터 모델을 다른 이름으로 무엇이라고 하는가?

12.3 주파수 영역에서 S 파라미터는 인터커넥트의 어떤 특성을 나타내는가?

12.4 인터커넥트의 S 파라미터 모델을 시간 영역에서 표시할 때 주파수 영역과는 무엇이 다른가?

12.5 인터커넥트의 S 파라미터 모델에서 데이터 마이닝을 할 수 있는 인터커넥트의 네 가지 특성을 나열하라.

12.6 50 Ω의 포트 임피던스를 사용하는 것의 중요성은 무엇인가?

12.7 S 파라미터를 비율 값에서 dB 값으로 변환할 때 왜 10 대신 20이라는 인수를 사용하는가?

12.8 인터커넥트의 임피던스에 가장 민감한 S 파라미터 행렬의 원소은 무엇인가?

12.9 인터커넥트에서 감쇠에 가장 민감한 S 파라미터 행렬의 원소는 무엇인가?

12.10 이상적인 투명한 인터커넥트의 S 파라미터 값은 무엇인가?

12.11 한 쌍의 전송선로의 포트를 지정할 때 권장되는 방식은 무엇인가?

12.12 두 전송선로 사이의 근단 크로스토크에 대한 정보를 포함하는 S 파라미터 행렬의 원소는 무엇인가?

12.13 두 전송선로 사이의 원단 크로스토크에 대한 정보를 포함하는 S 파라미터 행렬의 원소는 무엇인가?

12.14 4 포트 인터커넥트의 S 파라미터 모델을 측정하는 경우, 10 MHz에서 40 GHz까지의 범위에서 10 MHz 간격으로 측정하면 S 파라미터 모델에는 총 몇 개의 숫자가 들어 있는가?

12.15 역사적으로 정확한(통상적인) 반사 손실 정의를 사용하는 경우, 반사 손실이 증가하면 반사 계수는 어떻게 되는가? 이렇게 되면 더 투명한 인터커넥트가 되는가, 아니면 덜 투명한 인터커넥트가 되는가?

12.16 역사적으로 정확한(통상적인) 삽입 손실 정의를 사용하는 경우, 삽입 손실이 증가하면 전달 계수는 어떻게 되는가? 이렇게 되면 더 투명한 인터커넥트가 되는가, 아니면 덜 투명한 인터커넥트가 되는가?

12.17 50 Ω 포트 임피던스를 가진 케이블의 반사계수가 −35 dB의 피크 값을 가지는 경우, 케이블의 특성 임피던스를 추정하라. 포트 임피던스가 75 Ω으로 변경된다면, 피크 반사계수는 증가하는가, 감소하는가?

12.18 스루(through) 인터커넥트의 S 파라미터에 대한 가장 중요한 두 가지 일관성 시험으로서, 저주파에서 반사 손실과 삽입 손실은 얼마가 되어야 하는가? 인터커넥트의 임피던스가 증가하면 이 값은 어떻게 변하는가?

12.19 반사 계수에서 리플이 발생하는 원인은 무엇인가?

12.20 반사 계수의 크기가 얼마 이상이면 반사 손실 리플이 전달 계수에 나타나기 시작하는가?

12.21 S21의 위상이 음(−)의 방향으로 증가하는 이유는 무엇인가?

12.22 S21을 극좌표에 그래프로 그리는 경우, 주파수가 증가함에 따라 S21이 안쪽으로 말리는 나선형 곡선이 되는 이유는 무엇인가가?

12.23 일관성 시험으로서, 10 GHz에서 길이가 20 inch인 FR4 인터커넥트의 삽입 손실은 어느 정도가 될 것으로 예상하는가?

12.24 마이크로스트립 차동 쌍을 이루고 있는 한 선로의 S21에 특정 주파수에서 깊은 딥이 나타나는 이유는 무엇인가? 대답을 검증하기 위한 일관성 시험 방법을 말하라.

12.25 스루(through) 인터커넥트의 삽입 손실에 나타나는 날카롭고 좁은 딥을 발생시키는 가장 흔한 원인은 무엇인가?

12.26 차동 쌍에서 나타날 수 있는 신호의 두 가지 종류는 무엇인가?

12.27 차동 쌍에서 모드 변환을 일으키는 유일한 특징은 무엇인가? 모드 변환을 나타내는 강력한 혼성 모드 S 파라미터 행렬의 두 가지 원소는 무엇인가?

12.28 결합이 없는 차동 쌍에서, 차동 삽입 손실은 각 선로의 단일 종단 삽입 손실과 어떻게 다른가?

12.29 인터커넥트의 TDR 응답을 표시할 때, 어떤 S 파라미터가 표시되며 어떻게 해석해야 하는가?

12.30 스루 인터커넥트의 TDT 응답에는 어떤 정보가 포함되는가?

[13] 전원 분배 네트워크

전원 분배 네트워크(power distribution network, PDN)는 전원 공급 네트워크(power delivery network)라고도 하는데 전원 전류와 귀환 전류를 국부적으로 분배하는 전압 조정기 모듈(Voltage-Regulator Module, VRM)로부터 칩의 패드와 다이의 금속배선에 이르기까지의 모든 인터커넥트로 구성된다. 여기에는 VRM 자체, 벌크 디커플링 커패시터, 비아, 트레이스, 회로 기판의 전원면과 접지면, 기판에 추가로 장착된 커패시터, 패키지의 솔더 볼(solder ball) 또는 리드, 기판에 실장된 패키지 내의 인터커넥트, 와이어 본드 또는 C4 솔더 볼, 칩 자체의 인터커넥트가 포함된다.

PDN과 신호 경로 사이의 주요 차이점은 PDN에는 각 전압 레일이 하나의 넷(net)을 이루고 있다는 것이다. 이 넷은 물리적으로 전체 기판을 모두 포함할 수 있으며 많은 부품이 부착되어 있는 매우 큰 넷일 수 있다.

TIP

앞으로 보게 되겠지만 PDN은 생태계와 같다. PDN의 작은 부분 하나가 바뀌면 전체 시스템의 성능에 영향을 줄 수 있다. 이로 인해 일반화가 매우 어려워진다.

13.1 문제

[그림 13-1]은 앞 절에서 언급한 모든 인터커넥트가 있는 마더보드를 보여준다.

PDN의 첫 번째 역할이자 가장 중요한 역할은 칩의 패드에 공급되는 전압을 일정하게 유지하는 것이다. 일반적으로 5% 정도의 좁은 허용오차 범위 이내로 전압을 유지해야 한다. 이 전압은 DC에서 일반적으로 1 GHz 이상인 스위칭 전류의 대역폭까지 전압 범위(voltage limit) 내에서 안정적이어야 한다.

그림 13-1 PDN의 모든 인터커넥트를 보여주는 전형적인 마더보드의 예

> **TIP**
> PDN의 목적은 세 가지이다. 칩 패드 전체의 전압을 일정하게 유지하고 접지 바운스를 최소화하며 EMI 문제를 최소화한다.

대부분의 설계에서는 전원을 공급하는 데 사용하는 PDN 인터커넥트가 신호 선로의 귀환 전류를 전달하는 데도 함께 사용된다. PDN 인터커넥트의 두 번째 역할은 신호에 대해 낮은 임피던스 귀환 경로를 제공하는 것이다.

이렇게 하는 가장 쉬운 방법은 인터커넥트를 넓게 만들어서 귀환 전류가 원하는 만큼 퍼질 수 있도록 하고 신호 트레이스들을 물리적으로 분리하여 귀환 전류가 겹치지 않게 하는 것이다. 이러한 조건이 충족되지 않으면 귀환 전류는 넓게 퍼져 흐르지 못하고 다른 신호의 귀환 전류와 겹쳐 흐른다. 이렇게 되면 동시 스위칭 노이즈(Simultaneous Switching Noise, SSN), 줄여서 스위칭 노이즈(switching noise)라고 부르는 접지 바운스(ground bounce)가 발생한다.

마지막으로 PDN 인터커넥트는 일반적으로 기판에서 가장 큰 전도성 구조이고, 가장 큰 전류를 전달하며, 때로는 고주파 노이즈를 전달하기 때문에 대부분의 방사성 방출을 발생시켜 EMC 인증 시험에서의 실패를 초래할 가능성이 있다. 제대로 설계 제작된 경우에 PDN 인터커넥트는 많은 잠재적인 EMI 문제를 완화하고 EMC 인증 시험 실패를 방지하는 데 도움이 된다.

PDN을 제대로 설계하지 않으면 칩의 전압 레일에 과도한 노이즈가 발생한다. 이는 직접적으로 비트 에러를 유발하거나 칩의 클록 주파수를 충족시키지 못하고 타이밍 에러라는 결과를 낳을 수 있다.

[그림 13-2]는 프로세서 칩의 패드에서 발생하는 전압 노이즈의 예를 보여준다. 이 예에서 칩 코어에 전원을 공급하는 2.5 V 레일(이를 V_{dd}라고 함)을 살펴보면, 일부 패드에서 최대 125 mV까지 전압 노이즈가 발생한 것을 볼 수 있다. V_{dd} 전원 전압이 떨어짐에 따라 코어 게이트의 전파 지연이 증가하고 이로 인한 타이밍 문제들은 비트 에러를 유발할 수 있다.

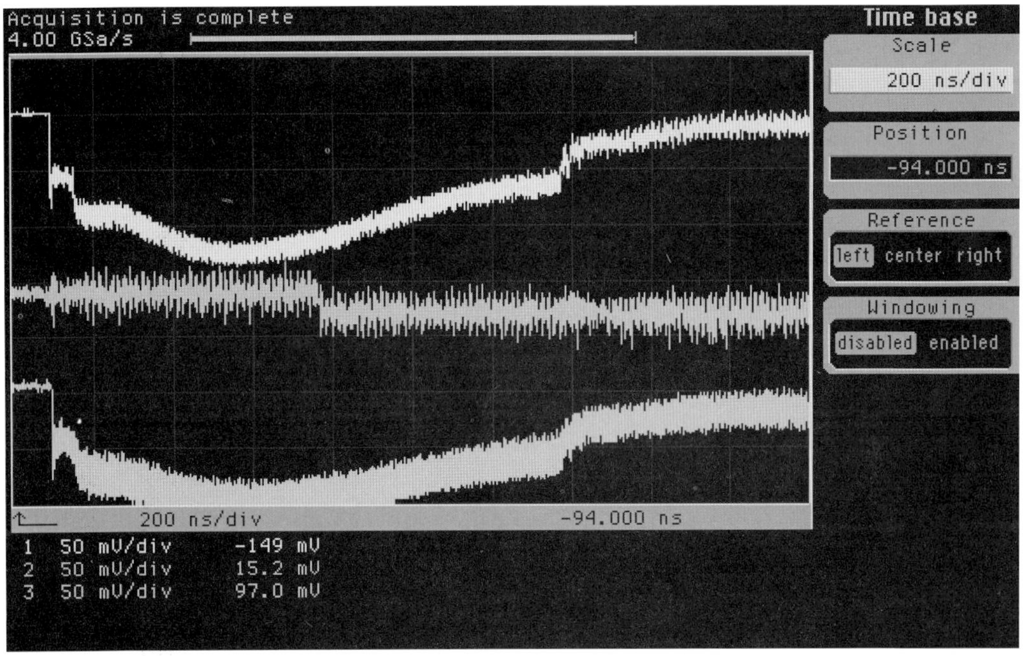

그림 13-2 프로세서 칩의 서로 다른 세 쌍의 V_{dd} 패드와 V_{ss} 패드 사이에서 측정한 전압으로 최대 125 mV의 전압 강하를 보여주고 있다. 초기에 보이는 계단 형태의 전압 강하는 프로세서가 대기상태(idle state, 유휴상태)에서 나올 때 발생한 것이다. 세 개의 트레이스는 다이(die)상에서 서로 다른 위치에 있다. 전원 파형의 정확한 모양은 프로세서에서 실행되는 마이크로코드(명령어)와 관련이 있다.

13.2 근본 원인

만약 문제가 칩 패드의 전원 공급 레일에서의 전압 강하(voltage drop)나 전압 처짐(voltage droop)이라고 하면, 더욱 안정적인 전압을 공급할 수 있는 "더욱 강력한" 조정기(regulator)를 사용하는 것은 어떨까? 추가로 비용을 지불하여 전압 안정도가 1%, 심지어 0.1%인 조정기를 사용하는 것은 어떨까? 이렇게 하면, 조정기에서 나오는 전압은 어떤 경우에도 절대적으로 안정적이지 않을까?

칩이 관심을 갖는 것은 칩 패드에서의 전압이다. 조정기 패드에서 칩 패드로 이어지는 PDN 인터커넥트에 전류 흐름이 없다면 이 경로에서는 전압 강하가 일어나지 않을 것이고, 일정한 조정기 전압은 칩 패드에 똑같은 일정한 레일 전압으로 나타날 것이다.

칩에 의해 인터커넥트에서 칩으로 일정한 DC 전류 인출(current draw)[1]이 이루어지는 경우, 이 DC 전류는 인터커넥트의 직렬 저항으로 인해 PDN 인터커넥트에서 전압 강하를 일으킨다. 이 전압 강하를 일반적으로 IR 강하(drop)라고 한다. 칩에서 나오는 전류[2]가 변동함에 따라 PDN의 전압 강하가 변동하고 칩 패드의 전압도 변동한다.

이제 PDN의 저항성(resistive) 임피던스뿐만 아니라 PDN 인터커넥트의 유도성(inductive) 특성과 용량성(capactive) 특성을 포함한 리액턴스 성분을 함께 고려해보자. 칩의 패드에서 바라본 PDN의 임피던스는 일반적으로 주파수의 함수인 복소 임피던스 Z(f)이다. 이것을 [그림 13-3]에 회로도로 나타내었다.

어떤 스펙트럼을 가진 변동하는 전류 I(f)가 PDN의 복소 임피던스를 통과하면 PDN에는 다음과 같이 전압 강하가 발생한다.

$$V(f) = I(f) \times Z(f) \tag{13.1}$$

여기서

V(f) = 주파수 함수인 전압 진폭

I(f) = 칩에 의해 전원에서 인출되는 전류 스펙트럼

Z(f) = 칩 패드에서 바라본 PDN의 임피던스 프로파일

PDN에서 발생하는 이러한 전압 강하로 인해, 칩에서 바라보는 전압은 조정기에서 나오는 일정한 전압이 아니라 변동하는 전압이 된다. 칩 패드의 전압 강하를 전압 노이즈[이를 리플(ripple)이라고 함]의 허용 한계보다 작게 유지하려면, 주어진 칩 전류 변동에 대해 PDN의 임피던스가 최대 허용 값보다 작아야 한다. 이 최대 허용 값을 목표 임피던스(target impedance)라고 한다. 이 내용을 수식으로 나타내면 다음과 같다.

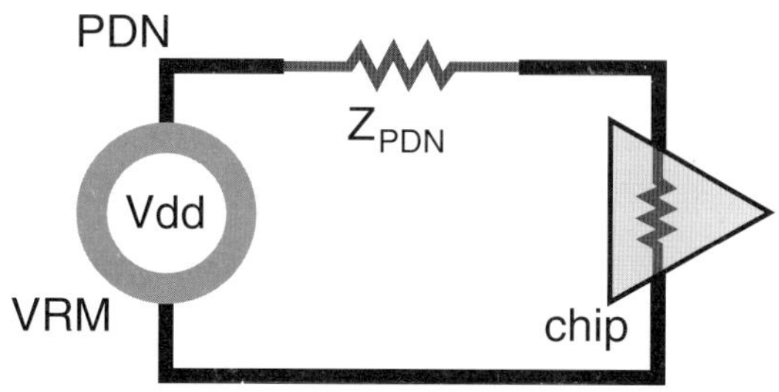

그림 13-3 VRM에서 PDN을 거쳐 칩 패드로 연결되는 구성을 나타내는 회로도. PDN의 임피던스로 인해 PDN 인터커넥트 양단에는 전압 강하가 발생한다.

1 (옮긴이) 전원에 어떤 장치가 연결되면 그 장치에 전류가 흐른다. 전원의 관점에서 보면 장치에 전류를 '공급'하는 것이지만 장치의 관점에서 보면 장치가 자신의 임피던스에 맞춰 필요한 전류를 전원에서 '끌어오는(draw)'것이다. 이 책에서는 current draw를 전원에서 '끌어서 빼낸다'는 뜻으로 '전류 인출' 또는 '인출 전류'라고 옮긴다. 관점에 따라 유입 전류(전류 유입), 소비 전류(전류 소비), 공급 전류(전류 공급), 요구 전류(전류 요구) 등으로 다양하게 해석할 수 있다.

2 (옮긴이) 칩이 전원으로부터 인출한 전류(current draw)는 칩으로 유입되고 칩을 거쳐 칩 밖으로 흘러나오는 전류가 된다.

$$V_{ripple} > V_{PDN} = I(f) \times Z_{PDN}(f) \tag{13.2}$$

$$Z_{target}(f) = Z_{PDN}(f) < \frac{V_{ripple}}{I(f)} \tag{13.3}$$

여기서

V_{ripple} = 칩의 전원 전압 노이즈 허용 한계(단위: V)

V_{PDN} = PDN 인터커넥트 양단의 전압 노이즈 강하(단위: V)

I(f) = 칩에 의해 인출되는 전류 스펙트럼(단위: A)

$Z_{PDN}(f)$ = 칩 패드에서 바라본 PDN의 임피던스 프로파일(단위: Ω)

Z_{target} = PDN의 최대 허용 임피던스(단위: Ω)

이 책에서 지금까지 여러 번 언급했듯이 신호 무결성 문제를 해결하는 가장 중요한 단계는 문제의 근본 원인을 파악하는 것이다. PDN 도체에서 레일 붕괴 또는 전압 노이즈가 발생하는 근본 원인은 PDN의 복소 임피던스를 통해 흐르는 칩의 과도 전류(transient current)에 의해 PDN 인터커넥트에서 발생하는 전압 강하이다.

TIP

칩의 전류 변동을 고려할 때, 칩의 패드 양단의 전압을 안정적으로 유지하려면 PDN의 임피던스를 목표 값 아래로 유지해야 한다. 이것이 PDN 설계에서 가장 기본이 되는 원칙이다.

13.3 PDN을 위한 가장 중요한 설계지침

PDN의 목적은 전원이 필요한 모든 능동 소자의 패드에 깨끗하고 안정적이며 낮은 노이즈의 전압을 전달하는 것이다. 이러한 성능 기준을 갖추기 위해서는 칩의 패드에서 바라본 PDN 임피던스가 DC에서 높은 주파수까지 목표 값 이하가 되도록 PDN 인터커넥트를 설계해야 한다. PDN의 목적을 달성하려면 일반적으로 세 가지 중요한 설계 원칙을 준수해야 한다. 가끔은 이러한 설계 원칙을 최대한으로 추구하는 것이 불가능할 수는 있지만, 현실적 제약이 궁극적인 목표로 나아가는 것을 방해하더라도 항상 나아갈 방향을 인식하는 것이 중요하다.

PDN 설계에서 가장 중요한 세 가지 지침은 다음과 같다.

1. 가능한 한 얇은 유전체를 사용하여 전원면과 접지면을 서로 인접한 층을 이루도록 하고, 이 전원면과 접지면 층을 가능한 한 기판 적층 구조의 상단 표면에 가깝게 배치한다.
2. 디커플링 커패시터 두 패드와 기판 내부 전원/접지면 공동(cavity)[3] 구조의 두 비아 사이에 가능한 한 짧고 넓은 표면 트레이스를 사용하고, 가장 낮은 루프 인덕턴스를 갖

3 (옮긴이) PCB 기판 내부에서 마주 보는 전원면 도체와 접지면 도체 내부에는 빈 공간, 즉 공동(空洞, cavity)이 형성된다. 이 구조를 전원/접지면 공동이라고 한다. 이 구조에서는 공진(resonance)이 발생하며 사각형 공동 공진기(rectangular cavity resonator) 이론으로 해석할 수 있다.

는 커패시터를 배치한다.

3. SPICE를 사용하여 임피던스 프로파일을 목표 임피던스보다 낮게 설정하기 위한 최적의 커패시터 개수와 커패시턴스 값을 선택하는 데 도움을 받는다.

안타깝게도 현실에서 이루어지는 실제 제품 설계에서는 전원면과 접지면을 인접한 층이나 기판 적층 구조의 상단 근처에 배치할 수 있는 여유가 항상 있는 것은 아니다. 전원면에 전압 레일이 여러 개 있을 수 있고, 많은 안티패드 클리어런스 홀(antipad clearance hole)이 있는 이상하고 불규칙한 형태가 될 수 있다.

필요하다고 생각한 만큼 커패시터를 사용할 수도 없고, 디커플링하려는 장치에 인접하게 커패시터를 배치하지 못할 수도 있다. 최선을 다하는 것도 중요하지만 제품을 제작하기 전에 "충분히 괜찮은지"를 아는 것은 여전히 중요하다. 10만 개의 장치를 이미 생산하고 있는 시점에서 그중 1%가 PDN의 과도한 노이즈로 제대로 동작하지 않는 문제를 발견하는 것은 최악의 상황이다. 문제를 발견해야 하는 시점은 가능한 한 설계 과정의 초기에 가까워야 하며, 문제를 알아낼 수 있는 유일한 방법은 설계 공간(design space, 설계 방향과 가능성)을 탐색할 수 있는 분석 도구를 사용하는 것이다.

> **TIP**
> 위의 세 가지 중요한 설계지침을 따르도록 노력하는 동시에 일반적인 조건과 최악의 조건에서 임피던스 프로파일과 전압 노이즈를 예측하기 위해 경험 규칙, 근사식, 수치 시뮬레이션 도구의 조합을 함께 사용하는 것이 필수적이다.

비용 효과가 높은 설계를 위해 따라야 할 가장 중요한 원칙은 가능한 한 설계 주기의 초기에 적절한 분석을 추가하는 것이다. 이렇게 하면 설계가 진행되는 동안에 예상치 못한 일이 일어나는 경우가 줄어들고 수용 가능한(만족할 만한) 성능을 발휘하며 처음부터 제대로 작동하는 제품을 최소 비용으로 개발할 수 있을 것이다.

13.4 목표 임피던스 설정은 어렵다

PDN을 설계하는 첫 번째 단계는 목표 임피던스를 설정하는 것이다. 이 일은 기판상의 모든 칩으로 가는 각각의 전압 레일에 대해 개별적으로, 그리고 독립적으로 수행되어야 한다. 어떤 설계에서는 10개 정도의 서로 다른 전압을 사용할 수도 있다. 이때 전압마다 칩의 특정 전류 스펙트럼으로 인해 주파수에 따라 목표 임피던스가 변할 수 있다.

어떤 한 레일상의 칩에서 흘러나오는 전류가 피크-대-피크 값(peak-to-peak value)이 1 A인 사인파라고 가정해 보자. 그러면 전류의 사인파 진폭은 0.5 A가 될 것이다. 칩에서 나오는 이 전류를 시간 영역과 주파수 영역에서 각각 나타내면 [그림 13-4]와 같다.

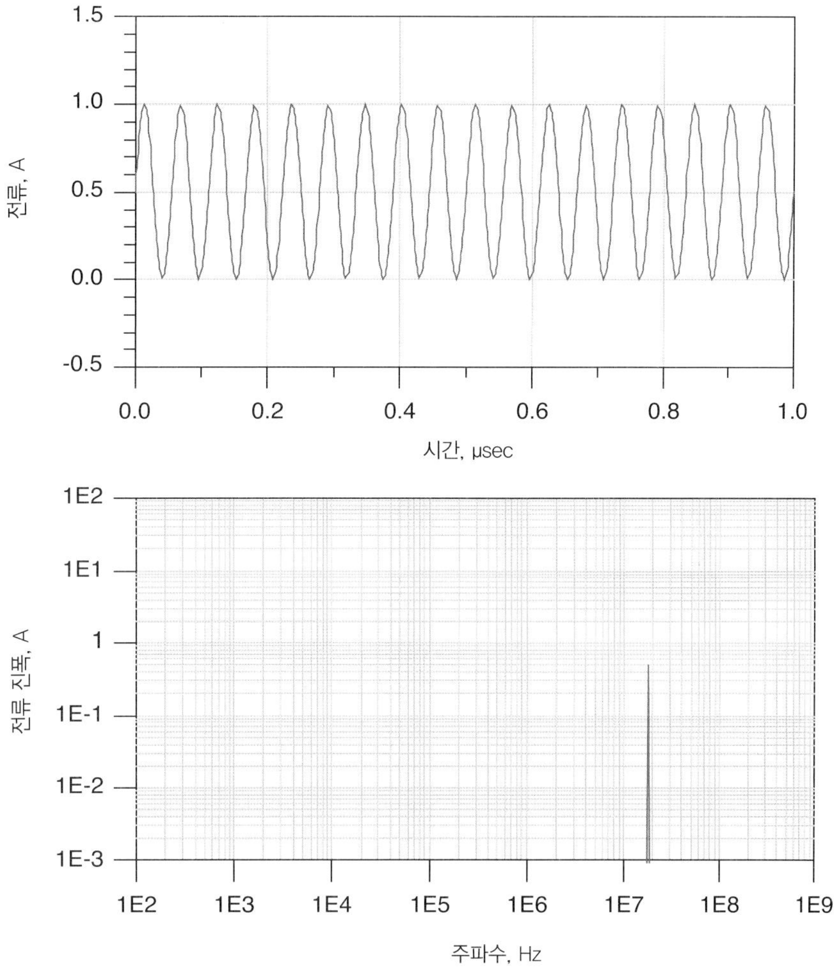

그림 13-4 칩에서 흘러나오는 사인파 전류의 시간 영역 파형(상단)과 주파수 영역 파형(하단)

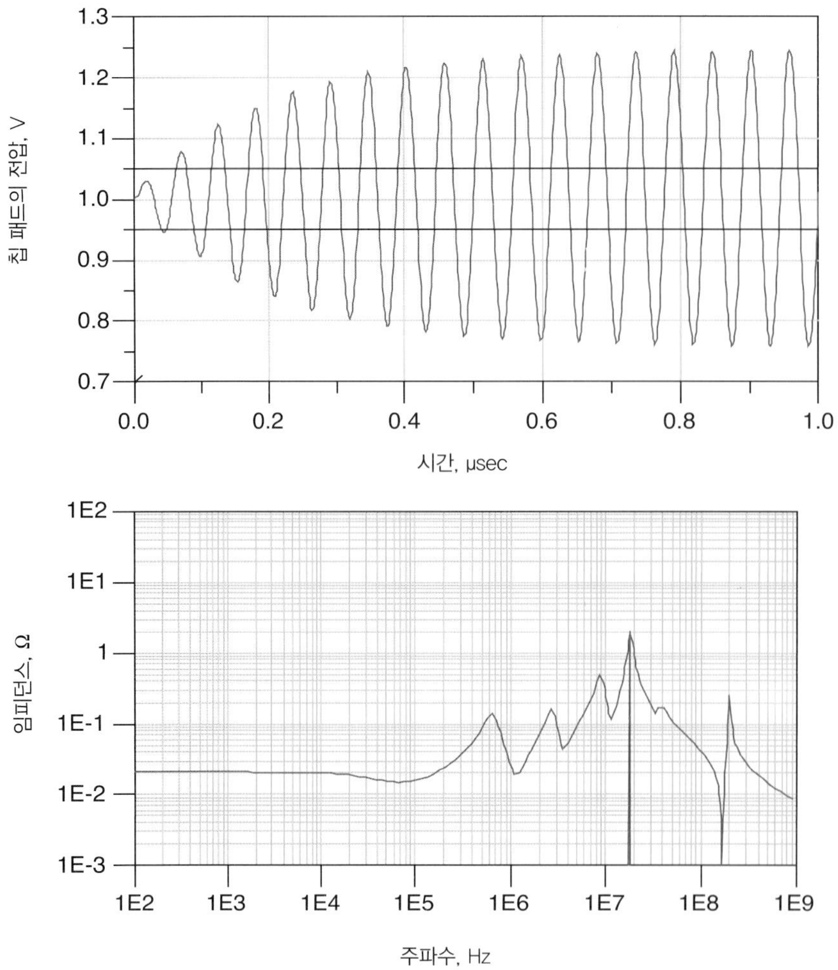

그림 13-5 시뮬레이션으로 얻은 PDN의 임피던스 프로파일(하단)을 통과해 사인파 전류가 흐를 때 칩 패드상에 발생한 전압 노이즈(상단). PDN의 임피던스 프로파일을 보면 약 20 MHz에서 나타난 PDN 임피던스 피크가 전류의 사인파 주파수 성분과 일치하고 있다.

이러한 전류의 주파수 성분이 PDN의 특정 임피던스 프로파일을 통해 흐르면 PDN에서 전압 노이즈가 발생한다. [그림 13-5]에는 전류의 주파수 성분을 가지고 있는 임피던스 프로파일과 이로 인해 칩 패드 양단에 발생한 시간 영역 전압 노이즈가 나타나 있다.

[그림 13-5]의 그래프에는 일반적인 ±5%의 리플 사양을 나타내는 기준선이 위쪽과 아래쪽에 표시되어 있다. 사인파 전류가 너무 큰 임피던스를 통과할 때 발생하는 전압은 이 기준선을 초과한다.

칩을 통과해 나오는 전류는 DC부터 클록 주파수 이상까지 거의 모든 주파수 성분을 가질 가능성이 있다. 따라서 칩에서 나오는 정확한 전류 스펙트럼을 모르면 칩을 통해 실행되는 모든 가능한 마이크로코드에 대해 피크 전류는 DC에서 신호 대역폭에 이르기까지 어느 주파수 성분도 가질 수 있다고 가정해야 한다.

드물지만 칩 프로세싱에서 인출 전류의 스펙트럼이 어떤 주파수 이상의 고주파에서 급격하게 떨어지는 것으로 알려진 경우, 전류 스펙트럼에 어떤 제약을 두는 것이 가능할 수 있다. 이 작업은 가능한 경우마다 항상 수행해야 한다.

칩에서 인출되는 전류가 순수한 사인파인 경우는 거의 없지만 전류에는 항상 사인파 주파수 성분들이 존재한다. 전류 스펙트럼의 진폭들은 저마다 완전히 독립적으로 PDN의 임피던스 프로파일과 상호작용하며, 그 결과 발생하는 각각의 전압파들은 서로 더해진다. 전류 피크들과 임피던스 피크들이 정확히 어떻게 겹쳐지는가에 따라 어떤 경우에는 전압파들이 더해져도 리플 사양을 충족할 수 있지만, 다른 경우에는 전압파가 더해지면 리플 사양을 초과할 수 있다.

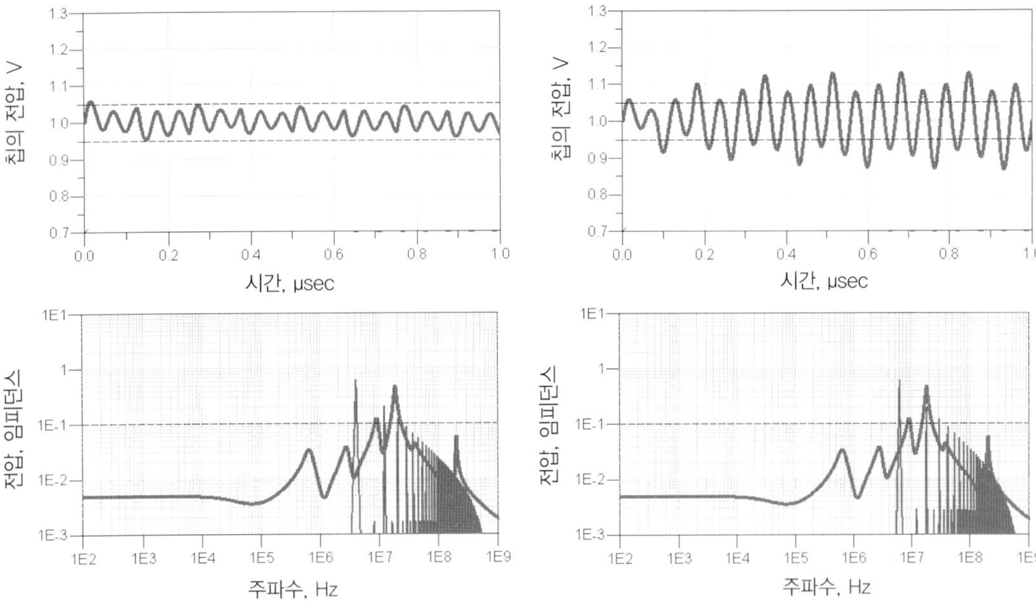

그림 13-6 변조 주파수가 약간 다른 두 개의 1 A 인출 전류에 의해 발생한 리플 노이즈의 비교. 오른쪽 스펙트럼을 보면 여러 전류 고조파 성분 중 하나가 PDN 임피던스 프로파일의 임피던스 피크와 정확히 겹친다.

[그림 13-6]은 변조 주파수(modulation frequency)가 약간 다른 두 개의 1 A 피크-대-피크 사각파 전류 인출의 예를 보여주고 있다. 사각파 전류는 사각파 주파수의 홀수 배가 되는 사인파 주파수 성분들을 가진다. 대략 5차 고조파 이상에서는 상승 시간에 따라 사인파 고조파의 진폭이 1/f보다 훨씬 빠른 비율로 떨어진다. 변조 주파수가 변경됨에 따라 고조파의 주파수 분포가 바뀌므로 PDN 임피던스 프로파일과 다르게 상호작용을 한다.

전류 변조에서의 아주 미세한 주파수 변화가 만족할 만한 성능이 나오게 할 수도 있고, 아니면 실패를 가져올 수도 있다. 안타깝게도 PDN을 설계하는 엔지니어는 칩의 전류 인출 스펙트럼을 거의 제어할 수 없다. 전류 인출 스펙트럼은 칩이 어떻게 동작하면서 어떤 작업을 수행하느냐에 따라 달라진다.

따라서 칩의 전류 인출에 대해 구체적인 최악의 경우(worst case) 스펙트럼과 관련한 정확한 정보가 없는 경우, 보수적인 설계에서는 DC에서 클록 주파수의 몇 배인 클록 대역폭 사이의 모든 주파수에서 발생할 수 있는 최악의 전류를 가정해야 한다.

실제로 PDN의 더 높은 주파수와 상호 작용하는 것은 피크 전류(peak current)가 아니라 최대 과도 전류(maximum transient current)이다. 칩에서 정상 상태(steady state)의 DC 전류 인출이 있으면 VRM의 감지 선로가 이를 보정하여 레일 전압을 지정된 전압값에 가깝게 유지되도록 한다. VRM의 응답 주파수보다 높은 주파수에서 전류가 DC 값에서 증가하거나 감소하는 경우, 이 전류는 PDN 임피던스와 상호작용을 한다.

PDN에 대한 최대 임피던스, 즉 목표 임피던스는 허용 가능한 리플 사양보다 낮은 전압 강하를 발생시키는 가장 큰 임피던스 값을 기준으로 설정한다. 이를 수식으로 나타내면 다음과 같다.

$$Z_{PDN} \times I_{transient} = V_{noise} < V_{dd} \times ripple\% \tag{13.4}$$

이 식을 다시 목표 임피던스에 대해 정리하면 다음과 같다.

$$Z_{target} < \frac{V_{dd} \times ripple\%}{I_{transient}} \tag{13.5}$$

여기서

V_{dd} = 특정 레일의 공급 전압

$I_{transient}$ = 최악의 과도 전류(worst-case transient current)

Z_{PDN} = 어떤 주파수에서의 PDN 임피던스

Z_{target} = PDN의 목표 임피던스, 또는 PDN의 최대 허용 임피던스

V_{noise} = PDN의 최악의 노이즈(worst-case noise)

ripple% = 리플 허용 비율, 이 예에서는 ±5%로 가정

TIP

최적의 PDN 임피던스는 목표 임피던스보다 낮아야 하지만 목표 임피던스보다 너무 낮아서도 안 된다.

PDN 임피던스가 모든 주파수에서 목표 임피던스보다 낮게 유지되면, PDN 임피던스에 흐르는 최악의 최대 과도 전류에 의해 PDN 임피던스 양단에 발생하는 최악의 전압 노이즈는 리플 사양보다 작다. PDN 임피던스가 목표 임피던스보다 훨씬 낮으면 PDN이 과도하게 설계되어서 필요 이상으로 비용이 많이 들었다는 것을 의미한다.

TIP

가능하면 목표 임피던스를 추정할 때 피크 과도 전류(peak transient current)를 사용해야 한다. 피크 과도 전류를 사용할 수 없을 때는 최대 전류 인출량(maximum current draw) 또는 칩의 전력 소비량(power consumption)으로부터 그 값을 대략적으로 추정할 수 있다.

최악의 과도 전류가 중요한 것은 사실이지만, 사양서(spec sheet)에 이 정보가 제공되는 경우는 거의 없다. 오히려 사양서에 나와있는 것은 레일당 최악의 피크 전류(worst-case peak current)이다. 어쨌든 이 값은 얼마나 큰 전압 조정기 모듈이 필요한지 추정하는 데 중요하다. 정격 전압에서 최대 전류 인출을 공급할 수 있어야 한다.

피크 전류는 대부분 DC 전류에 10%의 과도 전류가 실린 것일 수도 있고, 또는 매우 작은 DC 전류에 수 μsec 동안만 지속되는 큰 과도 전류가 실린 전류일 수도 있다. 각 응용 분야에서 칩의 동작에 대한 특별한 지식이 없으면 최악의 경우를 대비하여 보수적으로 설계해야 한다.

최대 전류의 몇 %가 과도 전류인가? 물론 칩의 기능에 따라 다르다. 응용 분야에 따라 과도 전류의 비율은 1%에서 99%까지 다양할 수 있다. 특별한 지식이 없어도 대략적이고 일반적인 경험 규칙으로 다음과 같이 과도 전류를 최대 전류의 50%로 추정할 수 있다.

$$I_{transient} \sim ½ \times I_{max} \tag{13.6}$$

여기서

$I_{transient}$ = 칩에서 흘러나오는 최악의 과도 전류

I_{max} = 칩에서 흘러나오는 최대 총 전류

피크 전류 대신에, 칩의 최악의 전력 소모는 패키지의 열 관리 방법을 설계할 때 중요한 정보이므로 항상 하나의 칩 사양으로 제공된다. 하지만 일반적으로 전압 레일마다 별도로 제공되지 않으므로 각 레일의 전력 소비에 대해 몇 가지 가정을 해야 한다.

전압 레일당 소비 전력을 고려하여 다음과 같이 칩의 피크 전류 인출량을 추정할 수 있다.

$$I_{peak} = \frac{P_{max}}{V_{dd}} \tag{13.7}$$

위 식으로부터 목표 임피던스를 계산하는 식을 다음과 같이 유도할 수 있다.

$$Z_{target}(f) < \frac{V_{dd} \times ripple\%}{I_{transient}} = 2\frac{V_{dd} \times ripple\% \times V_{dd}}{P_{max}} = 2\frac{ripple\% \times V_{dd}^2}{P_{max}} \tag{13.8}$$

여기서

I_{peak} = 최악의 피크 전류(단위: A)

P_{max} = 최악의 전력 소모(단위: W)

V_{dd} = 전압 레일(단위: V)

ripple% = 리플 사양(단위: %)

2 = 과도 전류는 피크 전류의 1/2이라는 관계식에서 나온 인수

예를 들어 리플 사양이 5%인 경우 목표 임피던스는 다음과 같다.

$$Z_{target}(f) = 0.1 \times \frac{V_{dd}^2}{P_{max}} \tag{13.9}$$

1 V 레일과 1 W 전력 소모 장치의 경우, 목표 임피던스를 계산하면 다음과 같이 약 0.1 Ω이 된다.

$$Z_{target}(f) < 0.1 \times \frac{1^2}{1} = 0.1\ \Omega \tag{13.10}$$

일부 칩 공급업체, 특히 FPGA 공급업체는 게이트 사용률(gate utilization)에 따라 특정 전압 레일의 전류 인출량을 간단히 추정할 수 있는 계산 도구를 제공한다. 이 도구를 사용하여 레일의 목표 임피던스 사양을 추정할 수 있다. 이 도구를 사용하여 Altera Stratix II GX FPGA를 분석한 결과를 [그림 13-7]에 표로 정리하여 나타내었다.

전원 레일	전압[V]	리플[%]	최대 전류[A]	과도 전류 진폭[A]	목표 임피던스 Z_{target}[Ω]
VCCT/R	1.2	2.5	1.2	0.6	0.05
VCCH	1.5	2	0.17	0.085	0.35
3.3 V 아날로그	3.3	3	0.274	0.137	0.72
VCCP	1.2	2	1.03	0.51	0.047

그림 13-7 Altera FPGA의 게이트 사용률에 따른 다양한 전압 레일의 목표 임피던스 계산 사례

마지막으로, 일반적으로 V_{cc} 레일 또는 V_{dd} 레일이라고 하는 I/O 전압 레일의 전류 요구조건은 스위칭하는 게이트 수를 기반으로 추정할 수 있다.

각 출력 게이트가 어떤 특정 임피던스를 가진 전송선로를 구동하는 경우, 왕복 시간 동안에 각 출력 게이트가 바라보는 부하는 전송선로의 특성 임피던스와 동일하다.

n개의 게이트를 동시에 스위칭하는 경우, 과도 전류 인출량은 다음과 같다.

$$I_{transient} = n\frac{V_{cc}}{Z_0} \tag{13.11}$$

V_{cc} 레일의 목표 임피던스는 다음과 같다.

$$Z_{target}(f) < 0.05 \times \frac{1}{n} Z_0 \tag{13.12}$$

여기서

$I_{transient}$ = 최악의 과도 전류

n = 동시에 스위칭할 수 있는 I/O 개수

V_{cc} = 전압 레일

Z_0 = 전송선로의 특성 임피던스

예를 들어 선로가 모두 50 Ω이고 동시에 32비트의 스위칭이 있는 경우 V_{cc} 레일의 목표 임피던스는 다음과 같다.

$$Z_{target}(f) < 0.05 \times \frac{1}{32} 50 = 0.08\ \Omega \tag{13.13}$$

피크 전류와 목표 임피던스가 설정되어 있어도 실행 중인 특정 마이크로코드나 응용 프로그램으로 인해 거의 모든 주파수에서 전류가 변동할 수 있다. 따라서 상반되는 정보가 있지 않은 한 목표 임피던스는 DC에서 매우 높은 주파수까지 일정한 값을 갖는 것으로 가정해야 한다.

TIP

PDN을 설계하는 목표는 PDN 인터커넥트의 임피던스를 매우 넓은 대역폭에서 목표 임피던스 값 아래로 유지하는 것이다. 목표 임피던스를 초과하는 PDN은 과도한 리플을 초래할 수 있다. 목표 임피던스보다 훨씬 낮은 PDN 임피던스는 과도하게 설계되므로 필요한 것보다 비용이 더 많이 들 수 있다.

임피던스 프로파일을 목표 값 이하로 유지하면 최악의 전압 레일 노이즈는 리플 사양보다 작아진다. 성공적인 임피던스 프로파일의 예가 [그림 13-8]에 나와 있다.

그러나 임피던스 프로파일에 목표 사양을 초과하는 피크가 있고, 이 피크 임피던스의 위치에 최악의 전류가 발생하여 겹쳐 놓이게 되면 리플 사양이 초과될 수 있다. 이 내용이 [그림 13-9]에 나와 있다. 이 예에서는 스텝 전류 변화가 피크 임피던스를 여기시켜서(excite) (즉 피크 임피던스를 통과해 흘러) 피크 주파수에서 링잉 특성이 나타난 것을 볼 수 있다.

PDN 임피던스 프로파일의 피크 임피던스는 주의해야 할 중요한 설계 특징이다. PDN 임피던스 설계의 많은 측면 중에서도 특히 커패시터 값의 선택은 PDN의 피크 임피던스를 줄이려는 의도로 이루어진다.

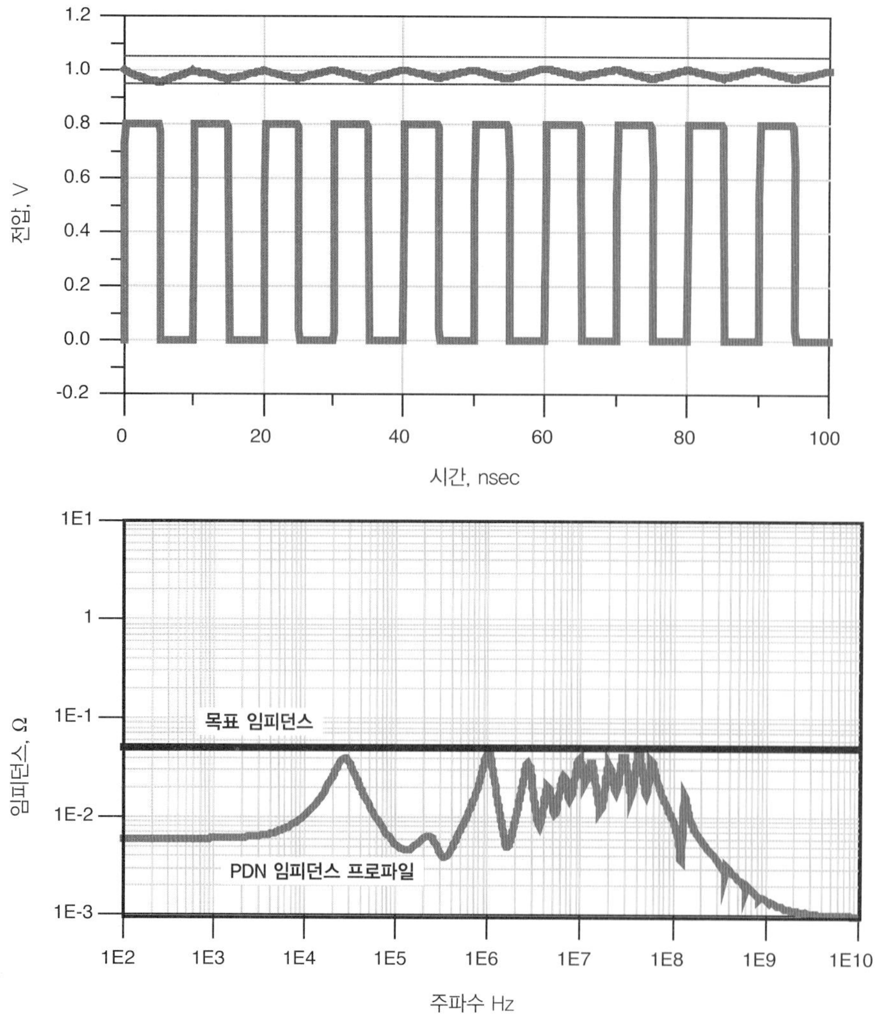

그림 13-8 임피던스 프로파일(하단)이 목표 임피던스보다 낮은 경우, 최악의 전압 노이즈(상단)는 리플 사양보다 낮다. 상단에서 사각파는 칩에 의한 전류 인출 파형이고 사각파 위쪽의 직선에 가까운 곡선은 공급 레일상의 전압이다.

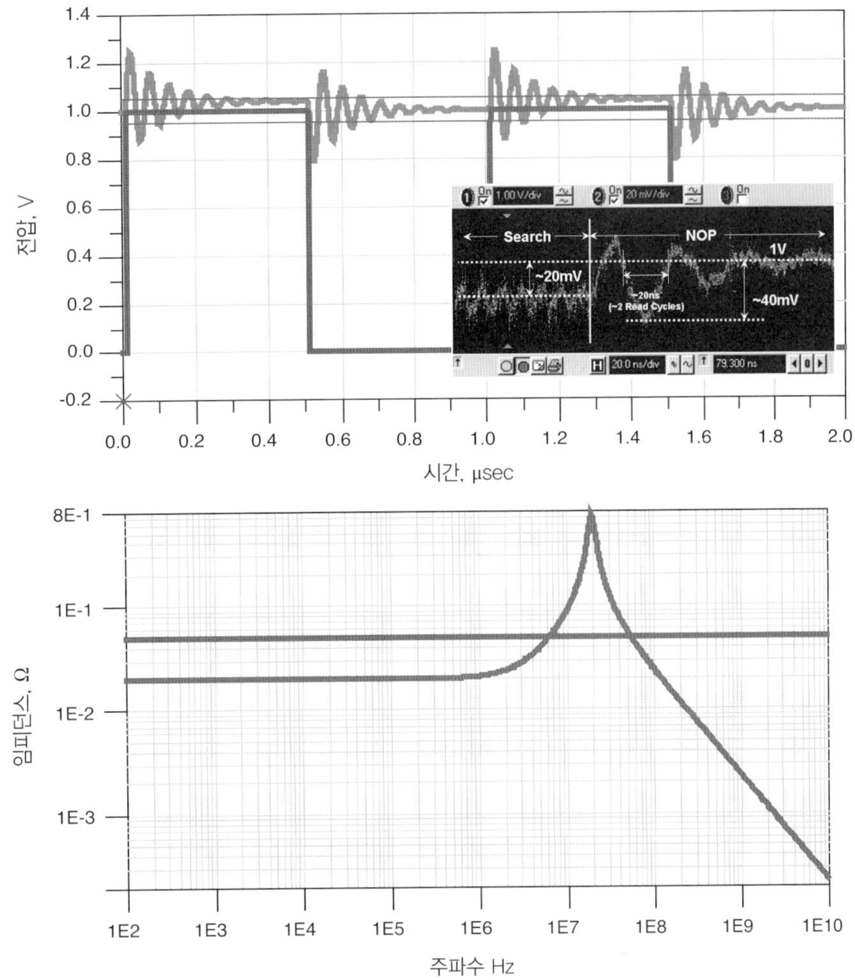

그림 13-9 임피던스가 목표 사양(하단)을 초과하고 전류의 피크 주파수가 임피던스 피크와 정확히 일치하면 초과 리플(상단)이 발생할 수 있다. 사각파는 칩에 의한 전류 인출 파형이다. 링잉 파형은 공급 레일상의 전압이다. 상단에 삽입된 그림은 PDN에서 측정된 전압 노이즈의 예로 임피던스 프로파일에 있는 피크의 전형적인 링잉 응답을 보여준다.

13.5 모든 제품은 고유한 PDN 요구조건을 갖는다

PDN 설계에서 혼란을 일으키는 가장 큰 원인 중 하나는 어느 한 제품의 PDN 설계 특징을 그대로 다른 제품으로 가져와 맹목적으로 적용하는 것이다.

TIP

신호 경로 설계에서는 어느 한 제품의 설계 규칙을 대역폭이 비슷한 다른 제품에 적용할 수 있다. 하지만 이와 달리 PDN의 동작은 모든 부품의 상호작용에 따라 달라지고 제품마다 목표와 제약 조건이 크게 달라진다.

PDN은 많은 수의 제각기 다른 넷이 아닌, 단 하나의 거대한 넷이다. 이들 다수의 개별 넷 사이에는 작은 양의 국부적인 결합이 존재한다. 이런 관점에서 보면 PDN 넷은 수많은 인터커넥트들로 이루어진 일종의 생태계(ecosystem)와 같다. 개별 요소들을 최적화하고 이를 기반으로 최적화된 설계를 제안하는 것이 가능하지만, 가장 비용대비 효과가 좋은 설계는 전체 주파수 범위에 걸쳐 모든 요소의 전체 생태(ecology)를 최적화하는 것을 기반으로 하는 것이다.

레일의 전압 레벨은 칩 유형과 기술 노드[4]에 따라 5 V에서 1 V 미만까지 다양할 수 있다. 리플 사양은 몇몇 장치에서는 10%까지 클 수 있고 위상 고정 루프(phase locked loop, PLL)의 전원 공급 장치 또는 아날로그-디지털 변환기(analog-to-digital converter, ADC)의 기준 전압 레일에서는 0.5%까지 낮을 수 있다.

칩에서의 전류 인출 값은 칩의 유형에 따라 다양한데 고성능 그래픽 칩과 프로세서의 경우는 200 A 이상이고 몇몇 저전력 마이크로 컨트롤러의 경우는 1 mA 이하로 낮다. 따라서 고성능 칩의 경우 목표 임피던스 값은 1 mΩ 미만에서 100 Ω 이상까지 다양할 수 있다. 따라서 최대와 최소 목표 임피던스 크기의 차이는 무려 다섯 자리(10^5배)나 된다.

어떤 설계에는 동일한 층을 공유하는 서로 다른 전압 레일이 10개나 되고 다른 설계에는 단 하나의 전원면과 접지면이 있을 수도 있다. 전원면과 접지면은 각각 면의 내부가 빈틈없이 채워진(solid) 도체 판일 수도 있고, 모양이 불규칙하거나 클리어런스 홀이 가득한 도체 판일 수도 있다.

TIP

이처럼 다양한 응용 분야와 기판 제약 조건들로 인해 어느 한 가지 방법이 모든 것에 잘 들어맞을 수는 없다. 따라서 각각의 설계는 맞춤형 설계가 되어야 한다.

한 설계의 특정한 특징을 무작정 다른 설계에 적용하는 것은 위험하다. 그러나 일반적인 전략을 따르면 허용 가능한 임피던스 프로파일에 도달할 수 있다.

13.6 PDN 엔지니어링

놀랍게도 PDN 인터커넥트와 같은 대단히 복잡한 구조를 주파수 영역에서 단 5개의 간단한 부분으로 분할할 수 있다. [그림 13-10]에 5개로 분할된 부분을 회로도로 나타내었다. 이 5개의 부분은 이들이 영향을 미칠 수 있는 주파수 범위에 따라 나누어진 것이다.

가장 낮은 주파수 범위에서는 칩이 PDN을 들여다볼 때 나타나는 임피던스를 VRM이 지배한다(임피던스에서 가장 큰 부분을 차지한다). 물론 인터커넥트의 직렬 저항이 VRM 임피던스보다 크면 이 직렬 저항이 PDN의 최저 임피던스 한계를 설정한다. VRM 성능은 DC에서

4 (옮긴이) 기술 노드(technology node)란 장비의 세대와 설비를 뜻하는 단어로, 오래전에는 게이트 길이(gate length)나 하프 피치(half pitch)를 의미했으나, 오늘날에 이르러서는 장비의 물리적인 특징보다는 개선된 공정을 뜻하는 말로 쓰인다(출처: WikiChip, https://en.wikichip.org/wiki/technology_node).

약 10 kHz까지 지배적이다.

그다음으로 높은 주파수 범위인 대략 10 kHz~100 kHz 범위에서는 벌크 디커플링 커패시터가 지배적이다. 이들 커패시터는 일반적으로 전해 커패시터(electrolytic capacitor)와 탄탈룸 커패시터(tantalum capacitor)로, VRM으로는 감당하지 못하는 낮은 임피던스를 제공한다.

최고 주파수 임피던스는 온-다이 커패시턴스(on-die capacitance)에 의해 정해진다. 최고 주파수 임피던스는 GHz 영역에서 칩이 바라보는 PDN의 유일한 특징이다. 일반적으로 온-다이 커패시턴스는 그와 관련된 루프 인덕턴스가 가장 낮으며 PDN의 모든 소자 중 최고 주파수에서 가장 낮은 임피던스를 제공한다.

TIP

모든 칩은 약간의 실장 인덕턴스를 가진 채 기판에 실장되어 다른 부품과 연결된다. 이때 실장 인덕턴스는 일반적으로 패키지, 보드 비아, 전원면-접지면 비아 접점의 확산 인덕턴스, 그리고 기판의 접지면에 의해 크게 영향을 받는다.

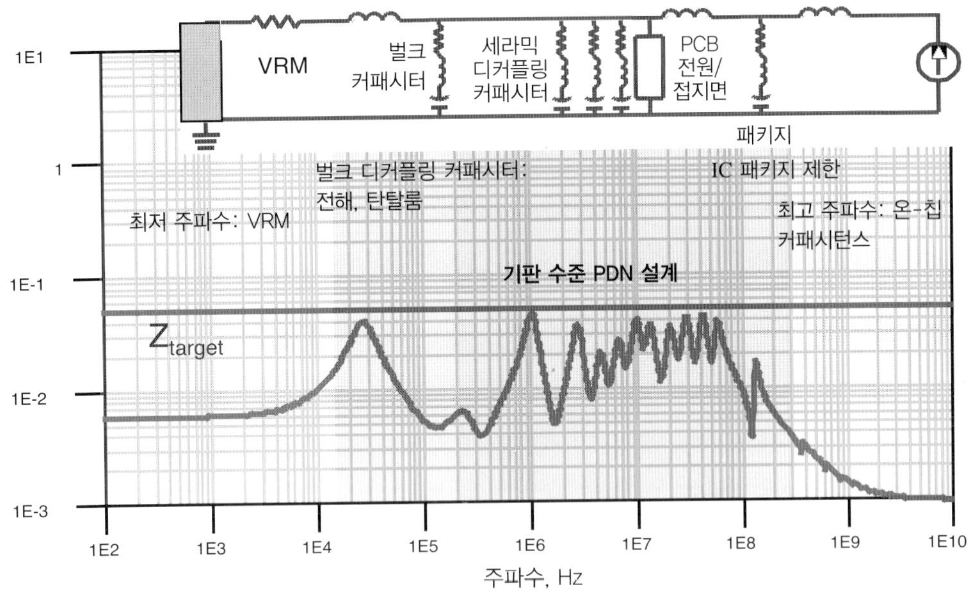

그림 13-10 영향을 미치는 주파수 범위에 따라 구분된 PDN의 5개 부분

패키지의 PDN 인터커넥트는 일반적으로 유도성이다. 따라서 고주파에서는 높은 임피던스 경로로 작용한다. 패키지가 실장된 기판이 완벽한 단락(short) 임피던스(0 Ω)로 설계된 경우에도 칩은 칩의 부착 인덕턴스와 패키지의 부착 인덕턴스를 통해 이 단락을 바라보므로 결과적으로 이들 인덕턴스로 정해지는 0 Ω이 아닌 어떤 임피던스를 보게 된다.

패키지 PDN의 직렬 인덕턴스는 항상 칩이 기판 수준(board level) PDN을 바라보는 최고 주파수를 제한한다. 이 최고 주파수는 기판 수준 PDN 설계에 대한 고주파 한계로 작용하며,

이 패키지 제한 주파수보다 높은 주파수에서 칩이 바라보는 임피던스는 온-다이 커패시턴스와 패키지의 커패시턴스에 의해 결정된다. 이러한 고주파 한계 주파수는 일반적으로 10 MHz ~100 MHz 범위에 있다. 이 주파수 이상에서 칩이 보는 임피던스는 모두 패키지와 칩에 관한 것이다.

> **TIP**
>
> 기판 수준 PDN 설계가 영향을 줄 수 있는 주파수 영역은 대략 100 kHz에서 최대 100 MHz 정도까지이다. 이 주파수 영역에서는 기판의 전원면과 접지면, 다층 세라믹 칩 커패시터(multilayer ceramic chip, MLCC)가 중요한 역할을 할 수 있다.

커패시터 종류 중에 칩 커패시터(chip capacitor)가 있다. 이 커패시터는 "칩(작은 조각)" 모양으로 되어 있어서 이런 이름으로 불린다. 칩 커패시터 중에서 0603 커패시터는 크기가 60 mil × 30 mil이고, 0402 커패시터는 크기는 40 mil × 20 mil이다. [그림 13-11]은 소형 메모리 기판 위에 있는 몇 개의 MLCC 커패시터를 확대한 사진이다.

그림 13-11 소형 메모리 기판에 실장된 전형적인 0402 MLCC 커패시터의 확대 사진

13.7 전압 조정기 모듈

저주파수 임피던스는 전압 조정기 모듈(voltage regulator module, VRM)에 의해 설정된다. VRM의 유형에 상관없이 모든 VRM은 출력 임피던스 프로파일을 가지고 있다. 이 프로파일은 2 포트 임피던스 분석기를 사용하여 쉽게 측정할 수 있다.

[그림 13-12]는 전형적인 VRM 임피던스 프로파일 측정 사례이다. 이 예에서는 VRM이 꺼져 있을 때(off)와 켜져 있는 상태(on)에서 조정기능을 제공할 때, VRM의 출력 리드를 들여다본 임피던스를 측정하였다. 그래프에는 비교를 위해 두 개 커패시터 모델로 계산한 임피던스를 함께 나타내었다.

그래프를 보면 조정기가 꺼져 있을 때 출력 리드에서 보이는 동작이 두 개 커패시터 모델로 예측한 것과 거의 정확하게 일치하고 있다. 여기서 두 개 커패시터 모델의 각 커패시터는

RLC 회로로 모델링을 하였다.

이러한 임피던스 동작 특성은 VRM과 관련된 두 개의 벌크 디커플링 커패시터의 임피던스 특성에 해당하는 것이다. 두 벌크 디커플링 커패시터 중에서 910 μF 커패시터는 전해 커패시터이고 34 μF 커패시터는 탄탈룸 커패시터이다. 이 임피던스 프로파일은 리드(lead)와 두 개의 커패시터로 이루어진 수동 회로의 임피던스 특성이다.

조정기가 켜지면 저주파수에서 출력 임피던스가 수천 분의 일로 떨어진다. 이것은 바로 조정기에 대해 기대하는 현상이다. 출력 전압은 전류 부하에 상관없이 일정하게 유지된다. 전류의 큰 변화에 대해 조정기는 전압의 작은 변화, 즉 낮은 임피던스로 반응을 한다. 그러나 실제 VRM의 동작에서는 이 낮은 임피던스 반응이 DC에서 kHz 범위까지만 유지된다.

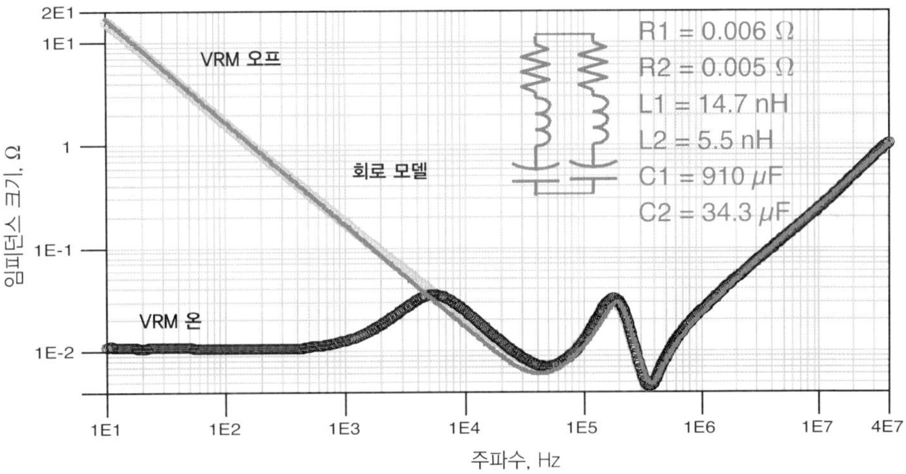

그림 13-12 VRM이 온(on)일 때와 오프(off)일 때, 임피던스 프로파일 측정 결과와 두 개의 커패시터 모델에 기반한 임피던스 프로파일 계산 결과. Ultimetrix 임피던스 분석기로 10 Hz~40 MHz에서 측정

그래프를 보면 임피던스는 대략 1 kHz 이상부터 증가하기 시작해서 벌크 커패시터의 임피던스와 같아지는 약 4 kHz까지 계속 증가한다. 주파수가 4 kHz를 넘어서면 조정기의 수동 커패시터 회로에 의해 임피던스는 낮아진다.

대략 1 kHz 이상의 주파수에서는 VRM의 출력 임피던스는 완전히 수동 커패시터에 의해 좌우되며 능동적인 조정이라는 역할을 전혀 하지 않는다. 조정기가 켜져 있든 꺼져 있든 임피던스는 동일하다.

하지만 이 말은 약간 과장된 것인데, 조정기가 켜지면 수동 회로의 커패시턴스와 상호작용을 하므로 실제로 조정기가 꺼졌을 때보다 임피던스가 더 높다.

TIP

대부분의 VRM 출력 임피던스는 kHz 영역까지는 낮다. 이 영역 이상의 주파수에서 임피던스를 낮추는 것은 조정기와 관련된 벌크 커패시터이다.

전해 커패시터 또는 탄탈룸 커패시터 유형으로 기판에 필요한 총 커패시턴스 양을 추정할 때는 VRM이 더는 낮은 임피던스를 유지할 수 없게 되는 주파수에서 목표 임피던스를 달성하는 조건을 기준으로 한다.

커패시턴스는 1 kHz에서 임피던스가 목표 임피던스보다 작도록 선택된다. 필요한 최소 커패시턴스는 다음 식으로 구할 수 있다.

$$C_{bulk} > \frac{1}{Z_{target} \times 2\pi \times 1\,kHz} = \frac{160\,\mu F}{Z_{target}} \tag{13.14}$$

여기서

C_{bulk} = 필요한 최소 벌크 커패시턴스(단위: μF)

Z_{target} = 목표 PDN 임피던스(단위: Ω)

1 kHz = VRM으로 더 이상 낮은 임피던스를 제공할 수 없는 주파수

예를 들어 목표 임피던스가 0.1 Ω인 경우, 필요한 최소 벌크 커패시턴스는 약 1,600 μF이다. 물론 이는 대략적인 추정치에 불과하지만 좋은 출발점으로 삼을 수 있다. 커패시턴스의 실제 목표 값을 설정할 때는 SPICE 시뮬레이션을 통해 VRM의 유효 인덕턴스와 커패시터의 커패시턴스의 상호작용을 고려해야 한다.

VRM의 저주파 모델은 전압 소스가 있는 간단한 RL 모델로 쉽게 근사화할 수 있다. VRM과 벌크 디커플링 커패시터의 등가 회로 모델은 [그림 13-13]에 나와 있다. 이 회로를 사용하여 저주파에서 임피던스를 목표 값 아래로 유지하는 데 필요한 최적의 커패시터 값을 구할 수 있다.

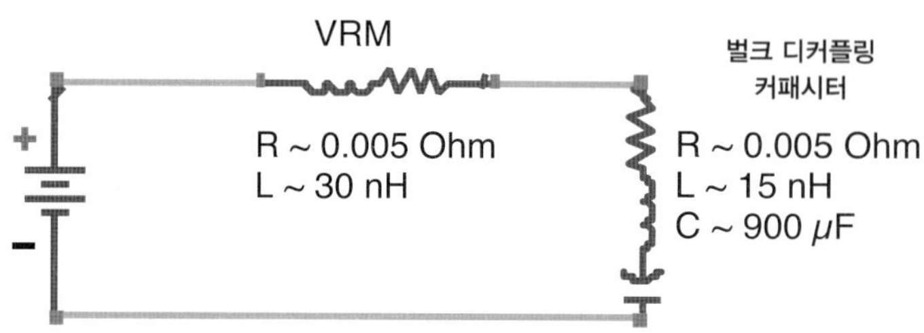

그림 13-13 VRM과 벌크 디커플링 커패시터의 전형적인 등가 회로 모델. 각 소자의 값이 함께 표시되어 있다.

13.8 SPICE를 이용한 임피던스 시뮬레이션

다양한 회로 모델의 임피던스 프로파일을 시뮬레이션하는 것은 PDN 설계에서 필수적이다. 다행히도 분석해야 하는 대부분의 간단한 회로는 인터넷에서 다운로드할 수 있는 QUCS와 같은 무료 버전의 SPICE로 시뮬레이션할 수 있다.

TIP

SPICE를 사용하여 임피던스 시뮬레이션을 수행하는 비법은 바로 SPICE 회로로 임피던스 분석기를 구축하는 것이다. SPICE에 들어있는 단일 소자인 정전류 AC 전류 소스로 이 작업을 수행할 수 있다.

SPICE의 정전류 사인파 소스는 진폭이 일정한 사인파 형태의 전류를 출력한다. 정전류 사인파 소스는 어떤 상황에서도 진폭이 달라지지 않는 사인파 전류를 출력해야 하므로 정전류 사인파 소스의 출력 전압은 상황에 따라 일정한 전류 진폭을 출력하는 데 필요한 전압이 된다. 정전류 사인파의 주파수는 주파수 영역 시뮬레이션의 주파수로 설정된다. SPICE 임피던스 분석기의 예를 [그림 13-14]에 나타내었다.

정전류 소스는 진폭 1 A, 위상 0 deg로 설정되어 있다. 정전류 소스 양단의 전압은 리드에 연결된 모든 것들의 임피던스에 따라 달라진다. 정전류 소스 양단에 발생하는 전압은 다음 식으로 주어진다.

$$V = I(f) \times Z(f) = 1 \times Z(f) = Z(f) \tag{13.15}$$

여기서

V = 정전류 소스 양단에 발생하는 전압(단위: V)
I(f) = 정전류 소스가 공급하는 전류로, 진폭이 1 A로 일정한 사인파(단위: A)
Z(f) = 정전류 소스 양단에 연결된 장치의 임피던스(단위: Ω)

전류의 진폭을 정확히 1 A로 설정하면 전류 소스 양단에 발생하는 전압의 값은 Ω 단위의 임피던스 값과 정확히 같아진다. 전류 소스 양단에 연결된 회로의 임피던스는 주파수에 따라 달라질 수 있다. 1 A의 일정한 진폭을 갖는 사인파가 흐를 때 발생하는 전압의 값은 임피던스의 값과 동일하다. 전압의 위상도 임피던스의 위상을 그대로 따른다.

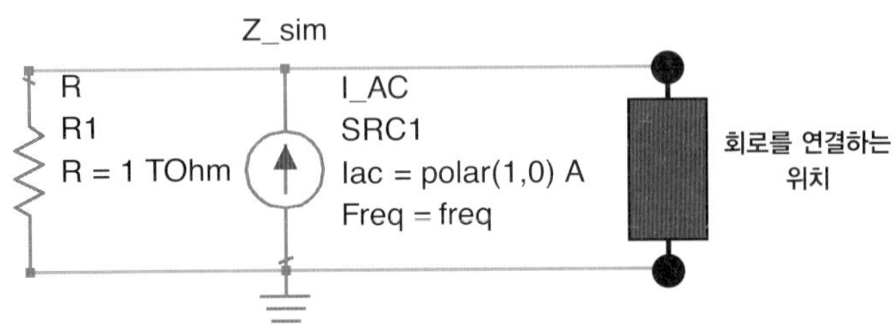

그림 13-14 정전류 AC 사인파 소스로 구성된 SPICE 임피던스 분석기

[그림 13-14]를 보면 1 TΩ의 큰 값의 션트(shunt, 병렬) 저항기가 전류 소스 양단에 연결되어 있다. 이 저항기는 SPICE가 에러로 인해 중단되는 것을 방지하기 위한 것이다. SPICE는 모든 노드에 대해 접지로 가는 DC 경로를 확인하려고 한다. 노드와 접지 사이에 저항기가 없어서 정전류 소스의 양단이 개방되면 양단의 전압이 무한대로 커져서 에러가 발생할 수 있다.

[그림 13-14]의 회로를 사용하면 모든 회로 모델의 임피던스를 시뮬레이션할 수 있다. 실제로 시뮬레이션으로 계산하는 것은 전류 소스 양단에 걸리는 전압이지만 이것은 회로의 임피던스와도 동일하다. [그림 13-12]에 표시된 VRM에 있는 두 커패시터 모델의 임피던스는 바로 이 SPICE 임피던스 분석기를 사용하여 시뮬레이션한 것이다.

13.9 온-다이 커패시턴스

가장 높은 주파수에서의 임피던스는 온-다이 디커플링 커패시턴스(on-die decoupling capacitance)에 의해 설정된다. 이 커패시턴스를 발생시키는 근원은 일반적으로 전원 레일과 접지 레일의 금속 배선(metallization) 사이의 커패시턴스, 모든 p 접합과 n 접합의 게이트 커패시턴스, 추가한 커패시턴스, 이렇게 세 가지이다.

가장 큰 부분을 차지하는 것은 다이(die)에 분산된 게이트 커패시턴스이다. [그림 13-15]는 전형적인 CMOS 회로를 보여주고 있다. 대부분의 칩에는 이러한 CMOS 회로가 수백만 개, 일부 칩에는 수십억 개가 들어있는데 매 순간 어떤 게이트는 켜지고 또 다른 게이트는 꺼진다.

즉, p 채널이든 n 채널이든 여러 게이트 중 하나의 게이트 커패시턴스는 다이의 전원 레일과 접지 레일 사이에 연결된다. 게이트와 관련된 면적당 커패시턴스는 다음과 같이 간단히 근사식으로 나타낼 수 있다.

$$\frac{C}{A} = \frac{8.85 \times 10^{-12} \frac{F}{m} \times Dk}{h} \tag{13.16}$$

여기서

C/A = 면적당 커패시턴스(단위: F/m^2)

Dk = 산화물의 유전 상수, SiO_2의 경우 약 3.9

h = 유전체 두께(단위: m)

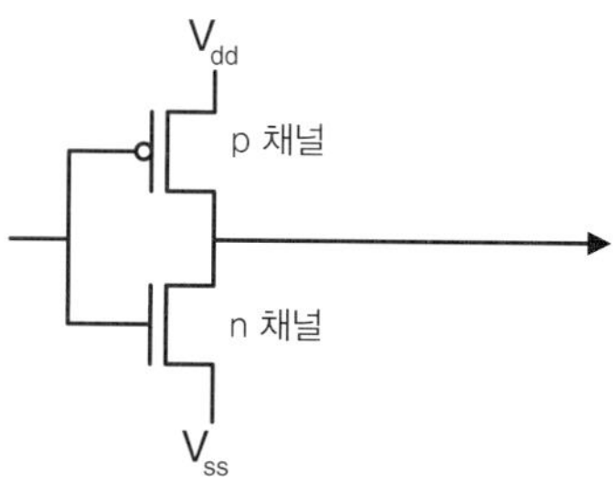

그림 13-15 칩의 트랜지스터를 나타내는 전형적인 CMOS 회로 모델

일반적으로 채널 길이가 짧을수록 게이트 산화물(gate oxide)은 얇아진다. 대략적인 경험 규칙에 따르면 게이트 산화물 두께는 채널 길이 100 nm당 약 2 nm이다. 그러나 채널 길이가 약 100 nm 미만일 때는 더 높은 누설 전류로 인해 두께 h의 증가율이 완만하지만 유전 상수

가 높은 이른바 "고유전상수(high Dk)"의 게이트 절연 물질을 사용하면 유전 상수가 증가한다. 이렇게 되면 채널 길이가 100 nm 미만인 경우에도 경험 규칙을 사용하여 정확도가 좋은 근사치를 얻을 수 있다.

채널 길이가 130 nm인 노드의 면적당 커패시턴스는 다음과 같다.

$$\frac{C}{A} = \frac{8.85\times10^{-12}\frac{F}{m}\times3.9}{0.02\times130\times10^{-9}} = \frac{8.85\times10^{-12}\frac{F}{m}\times3.9}{2.6\times10^{-9}} = 1.3\frac{\mu F}{cm^2} \tag{13.17}$$

물론 모든 다이가 게이트 영역인 것은 아니다. 다이 표면의 10%가 게이트 커패시턴스라고 가정하면 대략적인 경험 규칙을 사용하여 n 접합과 p 접합으로 인한 130 nm 기술 칩의 온-다이 디커플링 커패시턴스를 다음과 같이 계산할 수 있다.

$$\frac{C}{A} = 130\frac{nF}{cm^2} \tag{13.18}$$

기술 노드가 발전하고 채널 길이가 감소함에 따라, 면적당 게이트 커패시턴스는 증가하지만, 다이(die)상의 총 게이트 면적은 거의 그대로 유지될 것이다. 따라서 기술 노드의 발전에 따라 다이 표면적의 면적당 커패시턴스는 증가할 것이다.

65 nm 칩의 면적당 커패시턴스는 약 260 nF/cm^{2}이다. 이 추정치는 65 nm의 채널 길이에서 대량 생산 시 가장 큰 마스크 사이즈에 가까운 2 cm × 2 cm 크기의 다이의 경우, 온-다이 디커플링 커패시턴스가 1,000 nF을 쉽게 초과할 수 있음을 시사한다.

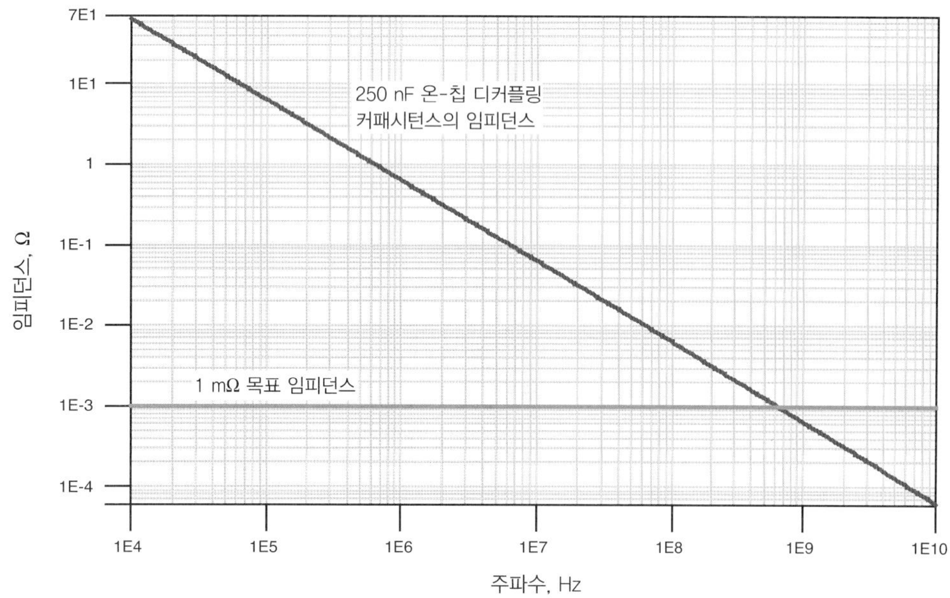

그림 13-16 사이즈가 65 nm × 1 cm인 전형적인 다이의 온-칩 디커플링 커패시턴스 250 nF이 제공하는 임피던스

많은 임베디드 프로세서의 전형적인 칩은 사이즈가 1 cm × 1 cm에 불과하지만 커패시턴스는 260 nF이나 된다. 다이의 게이트 사용률이 더 커지면 온-다이의 커패시턴스도 더 높아질 수 있다.

> **TIP**
> 고주파수에서 낮은 임피던스를 제공하는 것은 온-다이 커패시턴스이다.

250 nF 커패시턴스의 임피던스 프로파일이 [그림 13-16]에 나와 있다. 이 예에서 온-다이 커패시턴스는 800 MHz 이상의 주파수에서 1 mΩ 미만의 임피던스를 제공한다. 모든 고주파수 디커플링은 이러한 메커니즘에 의해 제공된다.

목표 임피던스가 10 mΩ인 경우, 온-다이 커패시턴스는 약 100 MHz 이상의 주파수에 대해 상당한 디커플링을 제공한다.

13.10 패키지 장벽

일반적으로 IC 패키지는 칩 패드와 회로 기판상의 패드 사이에 있다. 패키지 방식은 리드 프레임 기반 패키지(lead frame-based package)에서 소형 회로 기판 기반 패키지(miniature circuit board-based package), 최소형 패키지(minimalist package) 또는 칩 스케일 패키지(chip-scale package)에 이르기까지 다양하다.

전원/접지 분배 경로에서 패키지 리드의 루프 인덕턴스는 칩의 패드에서 회로 기판상의 패드 사이에 직렬 연결된다. 이 직렬 인덕턴스는 임피던스 장벽(impedance barrier)을 만든다. 인덕턴스의 임피던스는 다음 식으로 주어진다.

$$Z = 2\pi fL \tag{13.19}$$

여기서

- Z = 임피던스(단위: Ω)
- f = 주파수(단위: Hz)
- L = 인덕턴스(단위: H)

예를 들어 100 MHz에서 0.1 nH 인덕터의 임피던스는 약 0.06 Ω이다. 기판상의 PDN 임피던스를 완전 단락(short)으로 구현했더라도 칩은 패키지를 통해 100 MHz에서 0.06 Ω의 PDN 임피던스를 보게 된다. 이것이 온-다이 커패시턴스와 온-패키지 커패시턴스가 매우 중요한 이유이다.

저가(low cost) 패키지의 리드는 종종 스탬핑 리드 프레임(stamped lead frame, SLF)[5]이나 2층 인

---

5 (옮긴이) 스탬핑 방식(얇은 금속판에 도장을 찍듯이 압력을 가해 원하는 모양으로 절단하거나 성형하는 방식)으로 제작된 리드 프레임. 저렴한 제작 비용으로 대량 생산이 가능함.

쇄회로기판(PCB)으로 제작된다. 인접한 리드의 루프 인덕턴스는 1 inch당 20 nH이다. 패키지 리드의 길이가 0.25 inch일 때, 한 쌍의 전원/접지 리드의 루프 인덕턴스는 최대 5 nH가 될 수 있다. 칩 스케일 패키지의 경우, 리드 쌍 하나의 루프 인덕턴스는 2 nH 정도일 수 있다.

4개 층 이상을 가진 다층 BGA 패키지에서는 전용 전원면과 접지면이 자주 사용된다. 이 패키지에서는 총 경로 길이가 약 50 mil인 솔더 볼과 관련 패키지 비아에 의해 생기는 루프 인덕턴스가 크지 않아서 전원/접지 쌍당 1 nH 미만으로 감소시킬 수 있다.

소형 패키지에는 전원/접지 쌍이 몇 개만 있을 수 있다. 큰 BGA 패키지에는 수백 개의 전원/접지 쌍이 있을 수 있다. 이것은 유효 패키지 리드 인덕턴스가 1 nH에서 1 pH 정도까지 다양할 수 있음을 의미한다.

패키지 리드 외에도, 회로 기판에 대한 비아의 루프 인덕턴스와 전원면과 접지면으로 전류를 흐르게 하는 확산 인덕턴스도 있다. 패키지 리드 인덕턴스가 작으면 기판 비아 인덕턴스와 확산 인덕턴스가 칩에서 바라보는 루프 인덕턴스의 한계를 설정할 수 있다.

온-다이 커패시턴스의 상호작용이 패키지 인덕턴스에 추가되면 동작은 더욱 복잡해진다. [그림 13-17]은 PDN을 단락(short)시킨 기판을 칩이 들여다볼 때 나타나는 임피던스 프로파일이다. 임피던스 프로파일은 패키지 인덕턴스에 의해 제한된다.

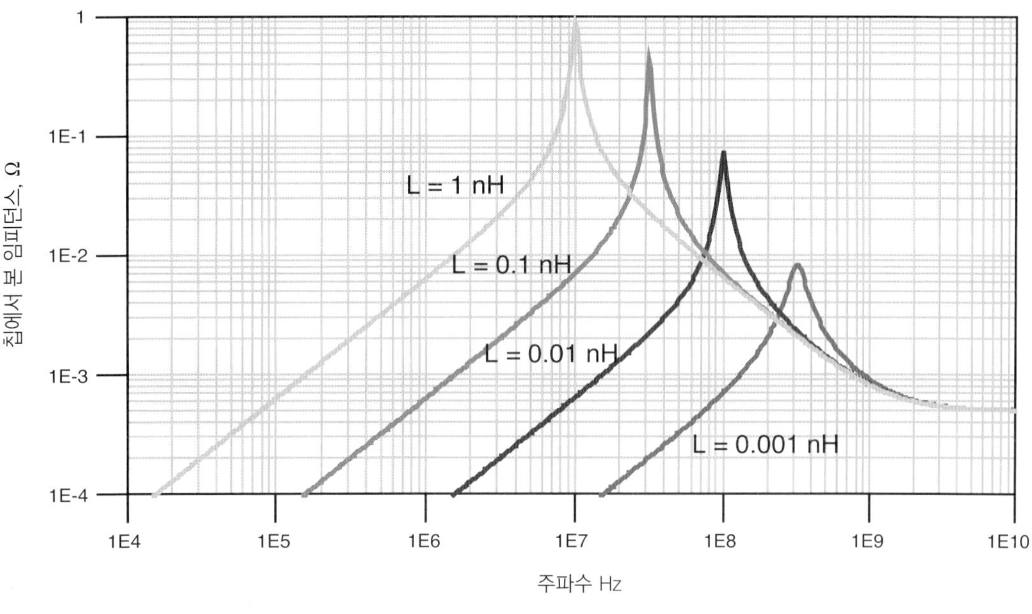

그림 13-17 다양한 패키지 리드 인덕턴스에 대해 기판이 완전 단락일 때 칩에서 바라본 임피던스

이는 기판 수준의 PDN이 무엇을 하든 칩에서 바라본 임피던스를 패키지 리드 임피던스 이하로 결코 감소시킬 수 없음을 시사한다. 패키지 등가 리드 인덕턴스가 0.1 nH일 때 기판은 10 MHz 이상의 주파수에서 칩이 바라보는 임피던스를 10 mΩ보다 낮아지게 하는 데 영향을 줄 수 없다.

물론 이 예에서는 패키지 인덕턴스와 온-다이 커패시턴스의 상호작용으로 인해 발생하는 큰 병렬 공진 임피던스 피크가 있다. 많은 경우에 온-패키지 디커플링 커패시터를 사용하여 이러한 피크를 억제할 수 있다.

[그림 13-18]은 패키지 리드 인덕턴스가 0.1 nH인 경우, ESL이 50 pH인 10개의 700 nF 커패시터를 패키지에 추가하여 임피던스 피크를 감소시킨 예이다.

TIP

기판 수준 PDN의 설계 목표를 설정할 때, 기판 수준 임피던스가 칩에 영향을 줄 수 있는 고주파 한계는 패키지 리드와 기판 비아와 확산 인덕턴스의 조합에 의한 임피던스가 목표 임피던스를 초과하는 주파수로 결정된다.

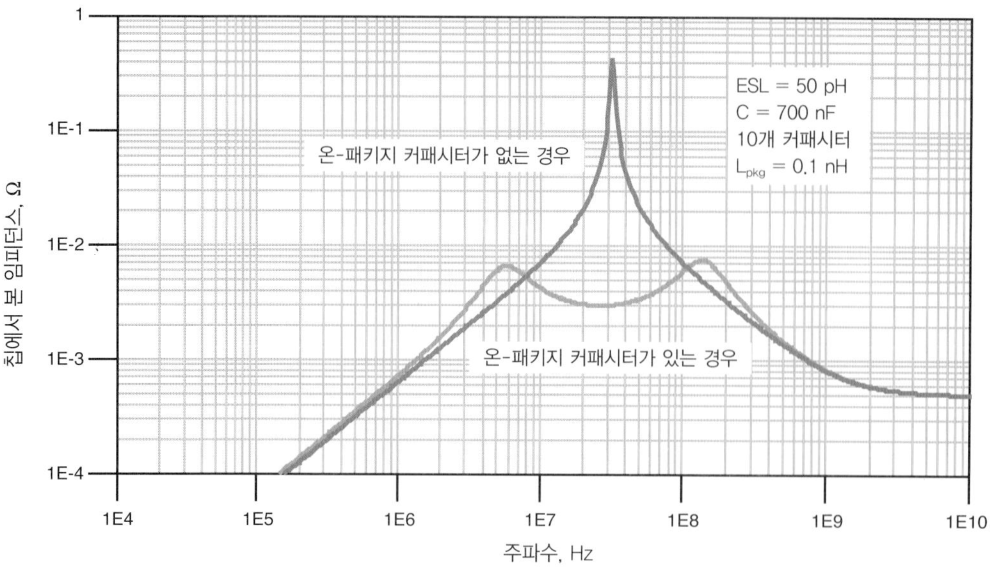

그림 13-18 기판 수준 임피던스가 완전 단락인 경우 칩에서 바라볼 때 나타나는, 패키지와 온-다이 커패시턴스 병렬 공진과, 이를 온-패키지 디커플링 커패시터를 이용하여 억제한 예

패키지 리드 인덕턴스, 최대 유효 주파수, 목표 임피던스 사이의 관계는 다음과 같다.

$$Z_{target} < 2\pi\, L_{pkg}\, f_{max} \tag{13.20}$$

여기서

Z_{target} = 목표 임피던스(단위: Ω)

L_{pkg} = 패키지의 모든 PDN 경로의 등가 리드 인덕턴스

f_{max} = 기판 수준 PDN에 대한 최고 유용(useful) 주파수

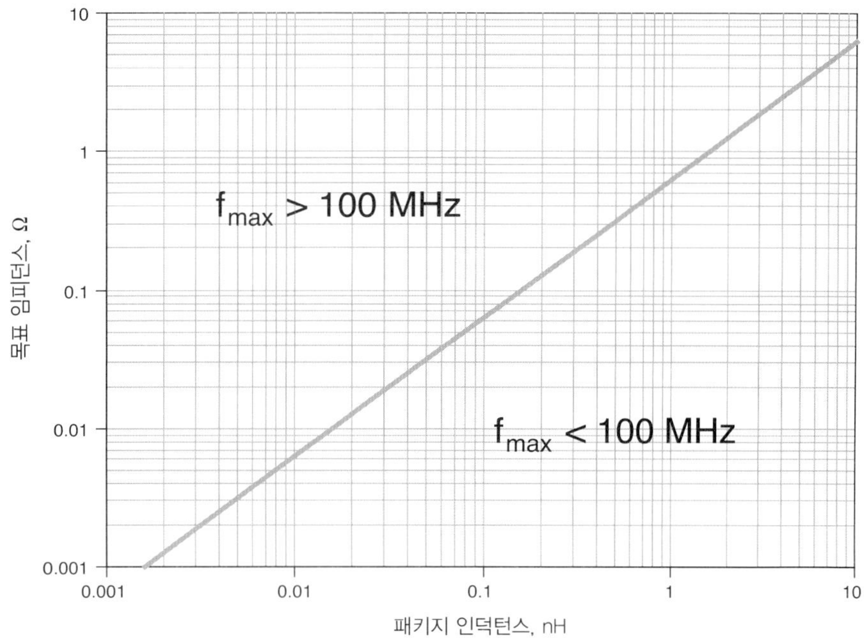

그림 13-19 기판 수준의 최고 주파수 한계가 100 MHz인 경우의 목표 임피던스와 패키지 리드 인덕턴스 조합의 그래프. 제품 설계가 직선 위쪽 영역에 있는 경우에는 100 MHz보다 높은 주파수에서 기판 수준 임피던스가 역할을 하고, 직선 아래 영역에 있는 경우에는 100 MHz보다 낮은 주파수에서 기판 수준 임피던스가 역할을 한다.

설계의 시작점으로서 [그림 13-19]는 100 MHz라는 특정한 최고 주파수에 대해 목표 임피던스와 패키지 인덕턴스의 그래프를 보여주고 있다. 예를 들어, 어떤 제품 설계의 목표 임피던스가 매우 낮고 패키지 리드 인덕턴스가 매우 높으면, 이 제품 설계는 그래프에서 직선 아래 영역으로 떨어진다. 이렇게 되면 기판이 역할을 하는(영향을 주는) 최고 주파수는 100 MHz 미만이다. 이 경우에는 패키지가 PDN의 성능을 심각하게 제한한다.

어떤 설계의 리드 인덕턴스가 매우 낮고 목표 임피던스가 높은 경우, 이 설계에서 기판이 여전히 역할을 하는 최고 주파수는 100 MHz 이상이다.

대략적인 경험 규칙에 따르면, 패키지 리드에 약 20 nH/inch의 루프 인덕턴스가 있고 CSP 패키지에 약 0.05 inch의 패키지 리드 길이가 있는 경우, 전원/접지 리드 쌍당 루프 인덕턴스는 약 1 nH이다. 10개의 전원/접지 핀 쌍이 병렬로 있는 경우, 등가 리드 인덕턴스는 약 0.1 nH이다. 이것은 10개의 PDN 리드 쌍이 들어있는 일반적인 패키지에서 일어나는 상황에 해당한다. 목표 임피던스가 약 0.06 Ω 미만이면 기판은 100 MHz 이상에서는 영향을 주지 못할 것이다.

일반화하기는 어렵지만, 이 책 전체를 통해 언급했듯이, 때로는 당장의 괜찮은 대답이 나중의 좋은 대답보다 나을 때가 있다. 일반적으로 패키지와 목표 임피던스의 조합은 기판 수준 임피던스가 약 100 MHz 이하에서 역할을 할 수 있게 제한한다. 이 때문에 상반되는 다른 정보가 없는 한, 기판 수준 PDN 설계 목표를 100 MHz 이하로 설정하는 것이 일반적이다.

고주파 한계를 더 높게 설정할 수 있지만, 고주파 설계 한계가 높을수록 이를 달성하는 데 훨씬 더 비용이 많이 들므로 이렇게 하는 것이 중요한 경우에만 수행해야 한다.

온-패키지 디커플링 커패시터가 제공되는 경우, 기판 수준 임피던스가 영향을 줄 수 있는 최대 주파수는 종종 100 MHz보다 낮다.

또한, 리드 인덕턴스는 칩의 PDN에서 나오는 고주파 노이즈를 기판으로 들어오지 못하도록 차단하는 필터 역할을 한다. 코어 게이트가 스위칭할 때 온-다이 커패시턴스에 의해 PDN 레일 전압이 낮게 유지된다. 결국, 칩의 PDN 패드에 과도한 노이즈가 발생하면 이는 칩 자체에 문제를 일으킨다. 칩 레일의 전압 노이즈는 기판에 도달하기 전에 리드 인덕턴스에 의해 추가로 필터링이 된다.

[그림 13-20]은 기판 수준 임피던스가 10 mΩ일 때, 다양한 패키지 리드 인덕턴스에 대해 칩 패드에서 기판으로 주입되는 노이즈 제거를 시뮬레이션으로 계산한 그래프이다.

목표 임피던스가 10 mΩ이고 패키지 리드 인덕턴스가 0.1 nH일 때 100 MHz에서 노이즈 억제는 약 0.1 또는 −20 dB이다. 따라서 온-칩 노이즈의 10% 미만이 보드에 결합한다. 패키지 리드 인덕턴스가 높을수록 기판으로 전달되는 온-칩 노이즈가 적다. 이것이 약 100 MHz 이상에서는 칩에서 기판 수준 PDN으로 전달되는 노이즈가 거의 없는 이유이다.

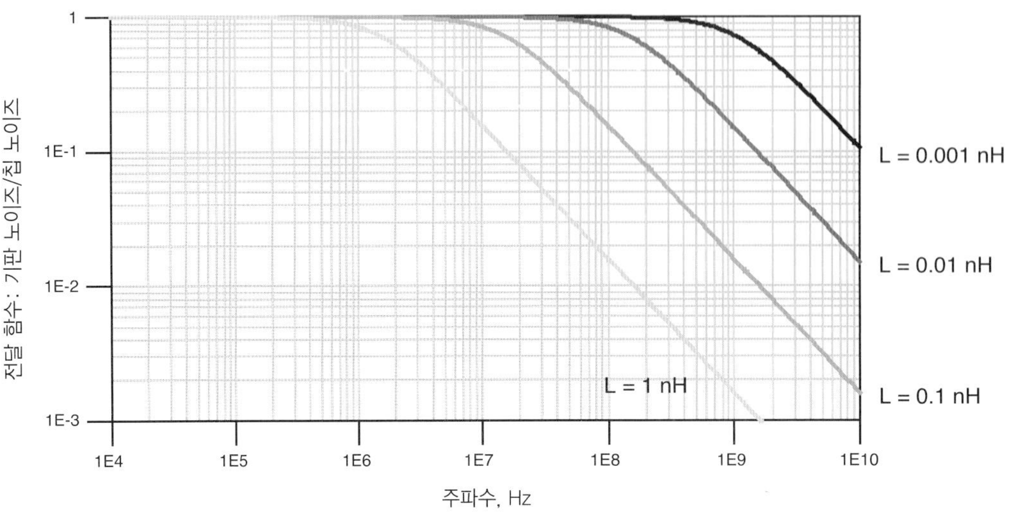

그림 13-20 다양한 패키지 리드 인덕턴스에 대해 칩 패드에서 기판으로 주입되는 상대적 노이즈. 단, 이 시뮬레이션 결과에서 기판 수준 임피던스는 10 mΩ 이하이다.

> **TIP**
> PDN 경로를 포함하여 완전한 패키지 모델이 없는 경우에는 패키지가 PDN 경로에 미치는 영향을 대략적으로만 추정할 수 있을 뿐, 그 이상의 작업을 수행하기는 어렵다.

13.11 디커플링 커패시터가 없는 PDN

낮은 주파수에서는 VRM과 벌크 디커플링 커패시터가 PDN에서 낮은 임피던스를 제공한다. 높은 주파수에서는 온-다이 커패시턴스와 온-패키지 커패시턴스가 PDN에서 낮은 임피던스를 제공한다. 일반적인 모델 파라미터 값을 사용하여 이 간단한 경우에 완전한 임피던스 프로파일이 어떻게 나타날지 알 수 있다.

[그림 13-21]은 추가된 디커플링 커패시터가 없는 기판의 전원면과 접지면에 대해 시뮬레이션으로 구한 임피던스 프로파일이다. 여기에는 벌크 디커플링 커패시터를 가진 간단한 VRM과 50 nF의 온-다이 커패시턴스가 포함되어 있다.

목표 임피던스가 1 Ω이라면, 이 기판은 디커플링 커패시터를 추가해주지 않아도 잘 작동할 것이다. 기판에 커패시터를 몇 개나 추가하든 어떤 값으로 추가하든 상관이 없다. PDN에 존재하는 노이즈는 여전히 허용 가능하다. 목표 값이 0.2 Ω으로 낮더라도 현재 스펙트럼에 5 MHz~20 MHz 범위에서 최악의 진폭 스파이크가 발생하지 않는 한 이 기판은 잘 작동할 수 있다.

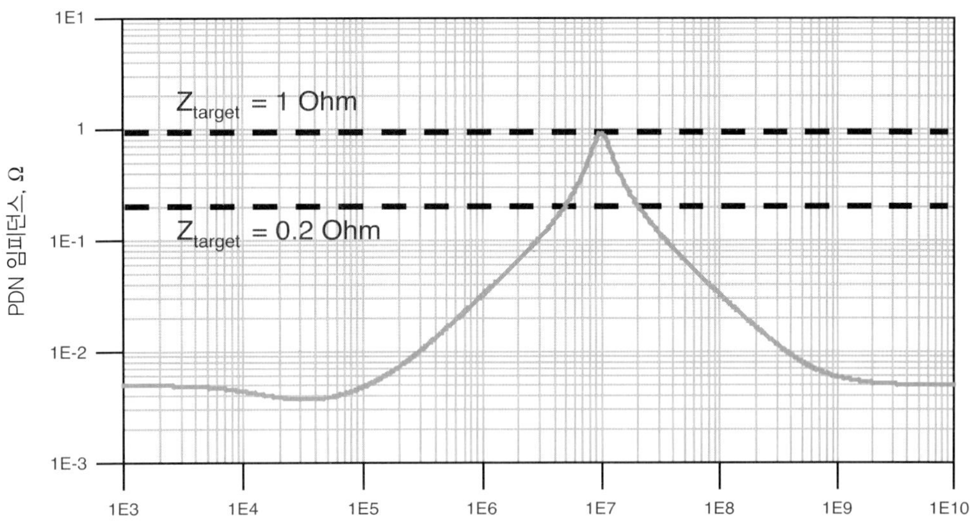

그림 13-21 온-다이 커패시턴스와 VRM만 있는 경우의 전형적인 임피던스 프로파일

많은 기판들이 기판 수준에서 무엇을 하든 잘 작동하는 이유는 온-다이 커패시턴스와 VRM의 일부인 큰 벌크 디커플링 커패시터 때문이다. 가끔 디커플링 커패시터를 기판에서 제거했는데도 잘 작동한다는 발표가 나오고 결국 디커플링 커패시터는 그다지 중요하지 않다는 근거 없는 속설이 시작되는 이유도 이 때문이다. 그러나 이러한 상황이 우리가 설계하는 특정 제품에 그대로 적용된다는 보장은 없다. 동일한 기판이라도 패키지가 다르면 전류 요구조건이 다르고 온-다이 커패시턴스도 다르므로 성능은 매우 다를 수 있다.

TIP

PDN 설계에 대해 확신을 하려면 기판 수준의 설계자는 패키지 모델, 온-다이 커패시턴스, 칩의 전류 스펙트럼에 대한 정보를 가지고 있어야 한다.

패키지 모델과 온-다이 커패시턴스와 함께 칩의 전류 스펙트럼이 중요하지만 대부분의 반도체 공급업체는 이러한 정보를 제공하지 않는다. 중요한 정보들이 전혀 없는 경우에도 기판 수준의 디커플링을 설계해야 한다. 그런 경우에는 기판 수준의 설계를 하는 데 바탕이 되는 몇 가지 합리적인 가정을 세우는 것이 중요하다.

TIP

기판 수준 설계에 대한 가장 대표적인 두 가지 가정은 패키지 리드 인덕턴스가 기판 수준 임피던스가 중요한 주파수를 100 MHz 이하로 제한한다는 것과, 최악의 칩의 전력 소모를 기반으로 전류 인출과 목표 임피던스를 추정할 수 있다는 것이다.

목표 임피던스가 1 Ω 이상인 경우, 기판 설계와 디커플링 커패시터가 그다지 중요한 역할을 하지 않을 수 있다. 그러나 1 Ω 미만의 목표 임피던스를 달성하려면 커패시터를 신중하게 선택하고 이들 커패시터를 기판에 통합하여 성능을 최적화해야 한다.

전원면과 접지면을 통해 VRM과 패키지 리드에 연결하는 디커플링 커패시터의 정확한 개수와 커패시턴스 값을 결정하고 이를 구현하면 PDN 임피던스를 mΩ 이하로 낮출 수 있다.

TIP

개별 커패시터의 동작, 커패시터의 조합, 커패시터가 전원면과 접지면과 상호작용을 하는 방식을 아는 것은 비용대비 효과가 가장 높은 PDN 설계를 하는 데 바탕이 된다.

13.12 MLCC 커패시터

이상적인 커패시터의 임피던스는 다음 식에서 알 수 있듯이 주파수의 증가에 반비례한다.

$$Z = \frac{1}{2\pi fC} \tag{13.21}$$

여기서

Z = 임피던스(단위: Ω)
f = 주파수(단위: Hz)
C = 커패시턴스(단위: F)

[그림 13-22]에는 네 개의 서로 다른 이상적인 커패시터의 임피던스 프로파일이 나와 있다. 이것이 커패시터의 동작이 맞는다면 왜 기판에 큰 커패시터를 단 한 개만 추가해서 더 높은 주파수에서 낮은 임피던스를 제공할 수 없는 걸까?

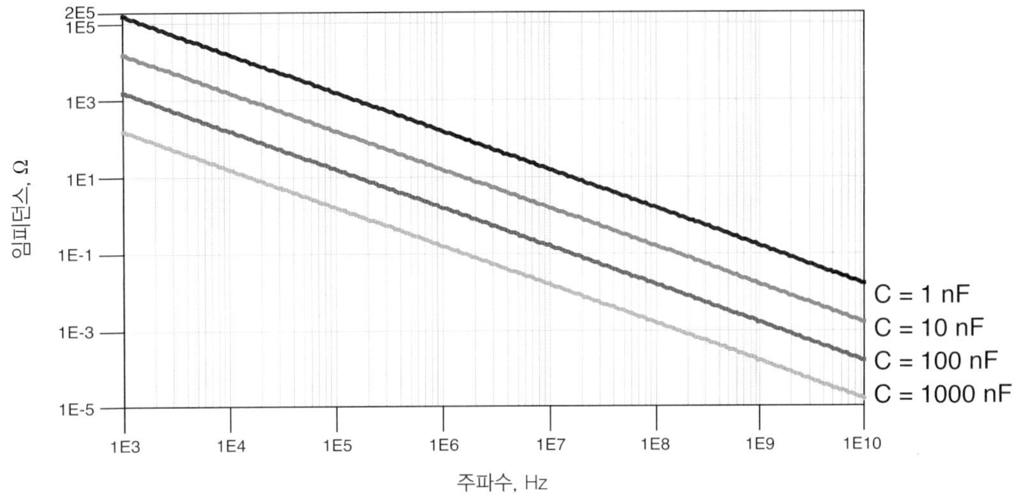

그림 13–22 이상적인 커패시터의 임피던스 프로파일

이 방법의 문제점은 실제 커패시터의 동작이 이상적인 커패시터의 동작과 완전히 같지 않다는 데 있다. 실제 0603 커패시터의 임피던스를 측정한 결과가 [그림 13–23]에 나와 있다. 이상적인 커패시터와 달리 실제 커패시터는 가장 낮은 임피던스에 도달한 다음부터 값이 증가하기 시작한다.

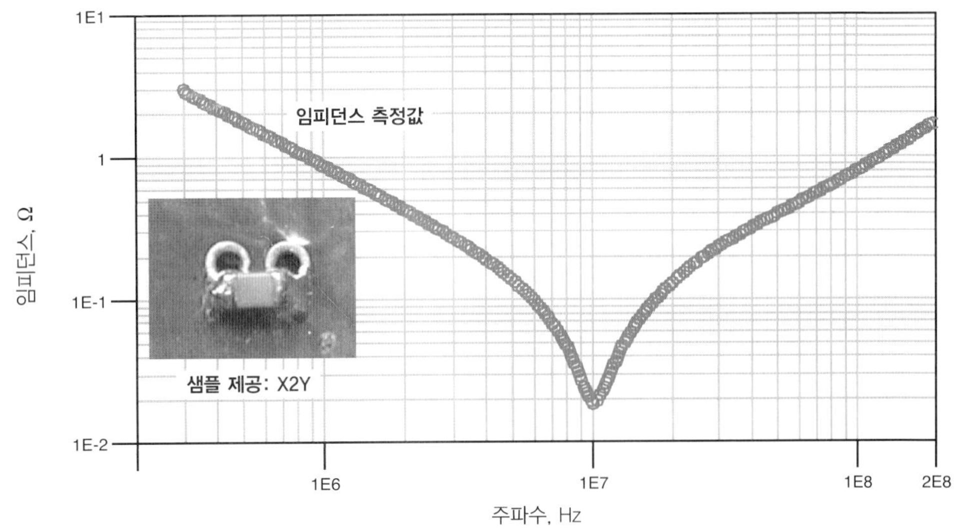

그림 13–23 시험 기판(test board)에 실장된 0603 커패시터(X2Y 타입)의 임피던스 프로파일 측정 결과

실제 커패시터는 간단한 RLC 회로 모델을 사용하여 매우 높은 주파수까지 동작을 정확하게 예측할 수 있다. 이상적인 RLC 회로의 임피던스를 시뮬레이션으로 계산한 결과는 측정된 커패시터의 성능과 매우 잘 일치한다. [그림 13–24]는 측정한 임피던스를 다음과 같은 소자의 파라미터 값으로 시뮬레이션한 임피던스와 비교한 것이다.

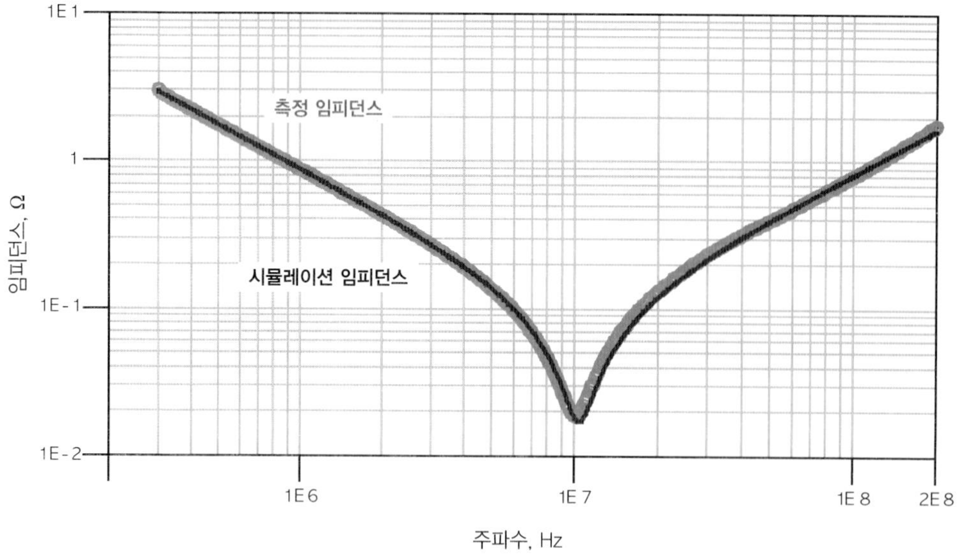

그림 13-24 0603 MLCC 커패시터의 측정 임피던스와 시뮬레이션 임피던스 비교

R = 0.017 Ω

C = 180 nF

L = 1.3 nH

이 모델에서 R, L, C 파라미터 값은 주파수에 따라 변하지 않는다. R, L, C 각각은 모두 이상적인 소자이다. 그러나 이들 이상적인 소자를 직렬로 연결한 결과로 나타나는 임피던스 프로파일은 커패시터의 실제 임피던스 측정 결과와 상당히 유사하다.

> **TIP**
>
> 이상적인 RLC 회로가 실제 커패시터의 동작과 일치한다는 사실은 1 GHz 이상의 매우 넓은 대역폭에서도 RLC 회로 모델을 사용하여 실제 커패시터를 모델링할 수 있게 해준다.

[그림 13-25]에서 볼 수 있듯이 RLC 모델의 전체 동작은 모델을 구성하는 각각의 단일 소자의 동작과는 다르다.

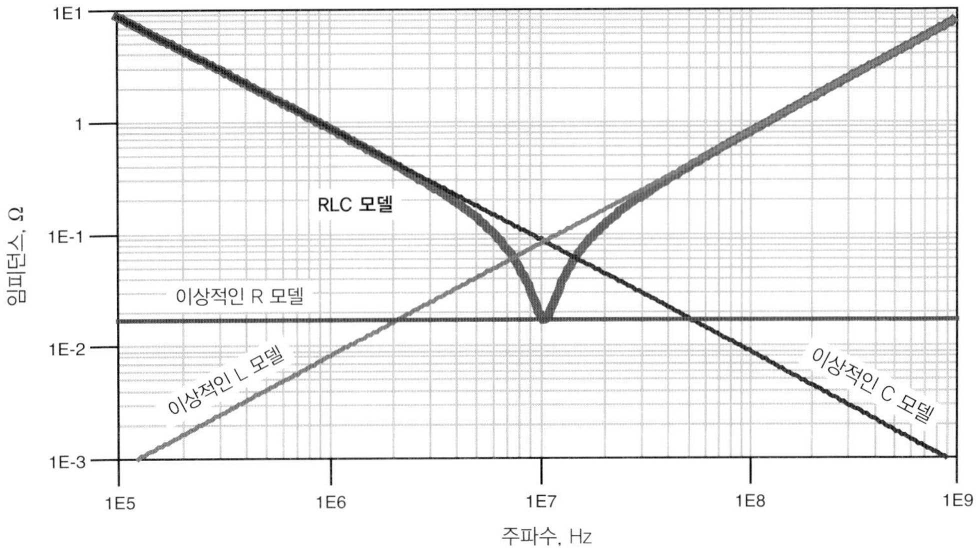

그림 13-25 RLC 모델의 임피던스 프로파일과 개별 R, L, C 소자의 임피던스 프로파일의 비교

낮은 주파수에서 RLC 회로의 임피던스는 이상적인 커패시턴스와 관련이 있다. 높은 주파수에서 RLC 회로의 임피던스는 이상적인 인덕턴스와 관련이 있다. RLC 회로의 가장 낮은 임피던스는 이상적인 저항에 의해 한계가 정해진다.

임피던스가 가장 낮은 주파수를 자기 공진 주파수(Self-Resonant Frequency, SRF)라고 하며 다음 식으로 주어진다.

$$f_{SFR} = \frac{1}{2\pi}\frac{1}{\sqrt{L \times C}} = \frac{159\ \text{MHz}}{\sqrt{L \times C}} \tag{13.22}$$

여기서

f_{SRF} = 자기 공진 주파수(단위: MHz)

L = 등가 직렬 인덕턴스(단위: nH)

C = 커패시턴스(단위: nF)

예를 들어, [그림 13-24]에서 예로 든 실제 커패시터의 경우, 자기 공진 주파수는 다음과 같이 추정할 수 있다.

$$f_{SFR} = \frac{159\ \text{MHz}}{\sqrt{1.3\ \text{nH} \times 180\ \text{nF}}} = 10.4\ \text{MHz} \tag{13.23}$$

이 값은 [그림 13-24]에 나타난 실제 커패시터의 SRF 측정 결과와 매우 유사하다.

SRF 근처에서는 RLC 회로의 임피던스 프로파일이 이상적인 L이나 C와 같지 않다. 임피던스 프로파일은 R 값에 따라 복잡한 방식으로 다르게 나타난다. 따라서 해석적 방법으로 간단히 추정하는 것은 어렵지만 무료 버전 SPICE를 사용하여 쉽게 시뮬레이션할 수 있다(www.beTheSignal.com 참조).

> **TIP**
> 자기 공진 주파수(SRF) 이상에서는 임피던스가 인덕턴스에 의해 지배된다. 높은 주파수에서 임피던스를 줄이는 것은 인덕턴스를 줄이는 것과 같다. 이것이 커패시터를 선택하고 선택한 커패시터를 기판에 통합하는 데 있어서 따라야 하는 가장 중요한 설계 항목이다.

> **TIP**
> 커패시터에 관한 생각을 바꿔야 한다. MLCC 커패시터는 커패시터가 아니라 DC를 차단하는 인덕터이다. 실제로 어떤 커패시터를 구현하는 것과 관련이 있는 모든 것은 그 커패시터의 커패시턴스에 대한 것이 아니라 그 커패시터와 관련된 인덕터를 실장하는 설계에 대한 것이다.

R은 커패시터를 구성하는 평판에 사용되는 금속배선(metallization)의 직렬 저항과 관련이 있다. C는 커패시터에 있는 층의 개수, 내부 평판의 면적, 평판 사이의 간격, 유전 상수에 따라 그 값이 정해진다.

13.13 등가 직렬 인덕턴스

커패시터의 L을 흔히 등가 직렬 인덕턴스(equivalent series inductance, ESL)라고 부르기도 한다. ESL은 커패시터 자체의 L에 관련된 것보다는 커패시터가 기판 또는 테스트 픽스처(test fixture, 시험용 설비)에 실장되는 방식에 관련된 것의 비중이 더 크다.

많은 커패시터 공급업체는 자신들의 커패시터 부품에 들어있는 "고유"의 인덕턴스 정보를 제공한다. 하지만 그들이 제공하는 인덕턴스는 전혀 쓸모가 없어서 실제 커패시터의 성능을 파악하는 데는 아무런 가치가 없다. 따라서 ESL이 커패시터의 실장 구조에 의해 어떻게 영향을 받는지 살펴보도록 하자.

어떤 커패시터들은 설계 특성상 동일한 실장 특징에 대해 더 낮은 ESL을 가질 수 있다. 다시 말해 커패시터의 고유 ESL이 더 낮아서가 아니라 설계 특징(design feature, 설계 구조, 모양 등)으로 인해 더 낮은 실장 인덕턴스를 가질 수 있는 것이다. 예를 들어, 깍지형 커패시터(interdigitated capacitor)의 일종인 X2Y 커패시터는 일반적인 실장 조건에서 0603보다 더 낮은 ESL을 가진다. [그림 13-26]은 동일한 기판상에 실장한 0603 커패시터와 X2Y 커패시터의 임피던스 프로파일 측정 결과를 비교한 것이다.

이 두 종류의 커패시터는 저주파 임피던스가 거의 같지만 고주파수 임피던스는 매우 다르다. 이런 결과가 나온 주된 이유는 네 개의 단자를 가진 단일 X2Y 커패시터가 사실상 병렬로 연결된 네 개의 개별 커패시터와 같다고 할 수 있기 때문이다. 루프 인덕턴스들이 병렬로 연결되면 전체 커패시터의 등가 루프 인덕턴스는 감소한다. 이것은 몇몇 설계에서는 상당한 이점이 될 수 있다.

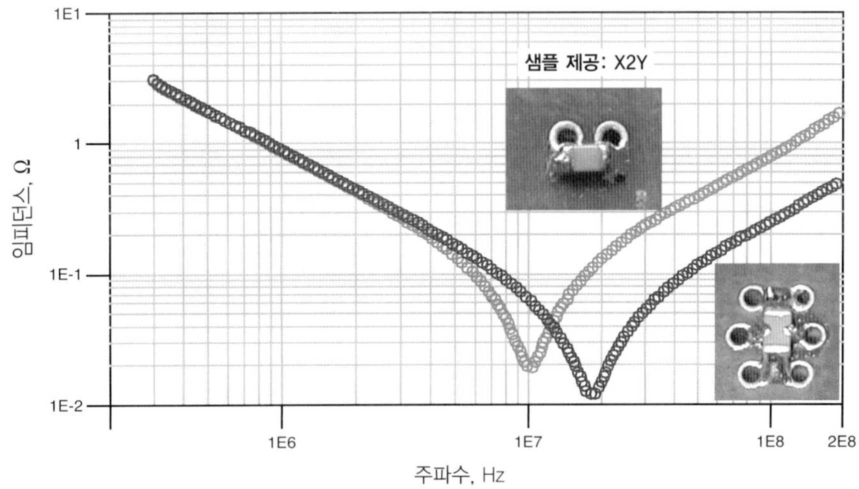

그림 13-26 동일한 기판에 실장한 기존의 0603 커패시터와 X2Y 깍지형 커패시터의 임피던스 프로파일 측정 결과. 그래프를 보면 저주파에서 이 두 종류의 커패시터는 정확히 동일한 커패시턴스 값을 갖지만 SRF가 서로 다른 것에서 알 수 있듯이 매우 다른 ESL 값을 갖는다.

BGA 패키지의 패드에서 커패시터로 가는 전원 전류와 귀환 전류의 전체 경로가 [그림 13-27]에 나와 있다. 커패시터의 ESL은 이 경로의 설계 특징과 직접적인 관련이 있다.

커패시터에서 커패시터의 ESL을 거쳐 패키지로 가는 경로를 다음과 같이 4개의 영역으로 나눌 수 있다.

1. 표면 트레이스와 전원/접지면 공동(cavity)의 상단의 루프 인덕턴스
2. 커패시터 패드에서 전원/접지면 공동의 상단으로 연결되는 두 비아의 루프 인덕턴스
3. 커패시터 비아에서 BGA의 비아로의 확산 인덕턴스
4. 패키지 하부의 공동에서 패키지의 리드 또는 솔더 볼까지의 루프 인덕턴스

TIP

가능한 한 가장 낮은 ESL을 설계하기 위해 각 영역마다 다른 설계 기법을 적용해야 한다.

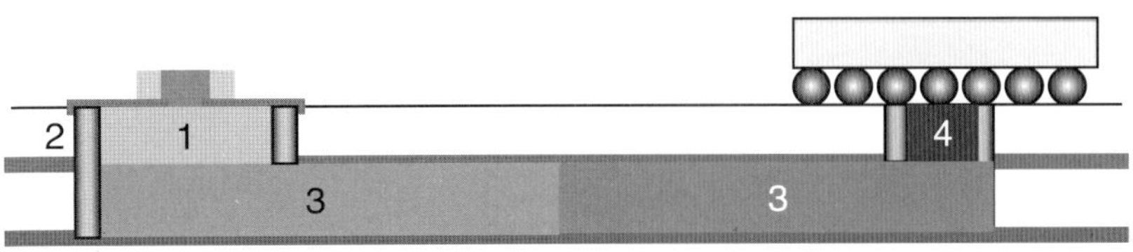

그림 13-27 커패시터와 관련된 ESL은 4개의 서로 다른 영역으로 나눌 수 있다.

기판에 몇 개의 커패시터만 사용되고 각 커패시터에서 패키지의 핀까지 전원면과 접지면 내에 흐르는 각 전류 분포가 서로 그다지 많이 겹치지 않는 경우, 각 커패시터의 ESL은 전체 경로의 루프 인덕턴스이다. 이러한 경우에 각각의 커패시터는 독립적으로 동작하며 간단한 SPICE 모델과 시뮬레이션을 사용하여 기판상에 있는 커패시터들의 병렬 조합의 임피던스

프로파일을 정확하게 시뮬레이션할 수 있다. 커패시터들은 서로 독립적이다.

그러나 커패시터가 기판의 한 영역에 모여 있거나 많은 커패시터가 패키지를 둘러싸고 있어서 전류 분포들이 서로 겹치는 경우에는 전원/접지 공동(power and ground cavity)의 확산 인덕턴스는 커패시터의 위치, 값, 패키지 핀의 위치의 복잡한 함수가 된다.

따라서 커패시터의 ESL을 실장 인덕턴스와 공동 내 확산 인덕턴스로 분리하는 것이 유용하다. 커패시터들이 상호작용을 하지 않는 경우, 공동 확산 인덕턴스는 실장 인덕턴스와 결합하여 전체 ESL을 이룬다. 커패시터의 확산 인덕턴스가 상호작용을 하는 경우에 패키지에서 바라보는 임피던스 프로파일을 정확하게 추정하는 정확한 방법은 3D 시뮬레이터를 사용하여 각 커패시터의 전류 분포를 고려하는 방법이 유일하다. 이러한 경우에 커패시터의 위치와 패키지 내의 전원 핀과 접지 핀의 위치가 중요하다.

TIP

실장 인덕턴스와 공동 확산 인덕턴스를 분리하는 것은 항상 좋은 관행이다. 필요할 경우 이 두 인덕턴스를 하나의 수치로 결합하여 ESL을 추정할 수 있다.

13.14 루프 인덕턴스 근사화

루프 인덕턴스를 나타내는 간단한 근사식이 있는 기하학적 구조는 다음 몇 가지에 불과하다.

- 모든 균일 전송선로
- 두 개의 둥근 막대
- 얇은 유전체를 사이에 두고 있는 한 쌍의 길고 넓은 도체
- 두 평판이 가장자리와 가장자리가 서로 연결된 특수한 경우
- 비아와 멀리 떨어진 고리(ring) 사이의 확산 인덕턴스
- 한 평면 내에 있는 두 비아 접점 사이의 확산 인덕턴스

신호 경로와 귀환 경로의 먼 쪽 끝이 단락되어 있다고 가정할 때, 모든 균일 전송선로의 루프 인덕턴스는 다음 식으로 주어진다.

$$L_{loop} = Z_0 \times TD = \frac{Z_0 \times Len}{v} \tag{13.24}$$

여기서

L_{loop} = 루프 인덕턴스(단위: nH)

Z_0 = 특성 임피던스(단위: Ω)

TD = 전송선로의 시간 지연(단위: nsec)

Len = 전송선로의 길이(단위: inch)

v = 물질 내에서의 전자파 속도(단위 inch/nsec)

선로의 특성 임피던스가 50 Ω인 경우(예를 들어, 두께가 5 mil인 FR4 유전체 위에 폭이 10 mil인 트레이스가 놓여 있는 마이크로스트립 선로), 루프 인덕턴스는 대략 다음과 같다.

$$L_{loop} = Z_0 \times TD = \frac{Z_0 \times Len}{v} = \frac{50 \times Len}{6} = 8.3\frac{nH}{in} \times Len \qquad (13.25)$$

표면 트레이스의 길이가 0.2 inch인 경우, 표면 트레이스의 루프 인덕턴스는 최대 1.7 nH까지 커질 수 있다.

식 (13.25)의 간단한 관계식은 균일 전송선로처럼 보이는 모든 구조에 대해 가능한 한 가장 낮은 루프 인덕턴스를 설계하는 데 사용되는 두 가지 중요한 설계지침을 제시한다.

- 특성 임피던스를 가능한 한 낮게 설계한다.
- 길이를 가능한 한 짧게 유지한다.

루프 인덕턴스를 나타내는 해석적 수식이 존재하는 특별한 구조로 [그림 13-28]에 나와 있는 두 개의 둥근 막대가 있다.

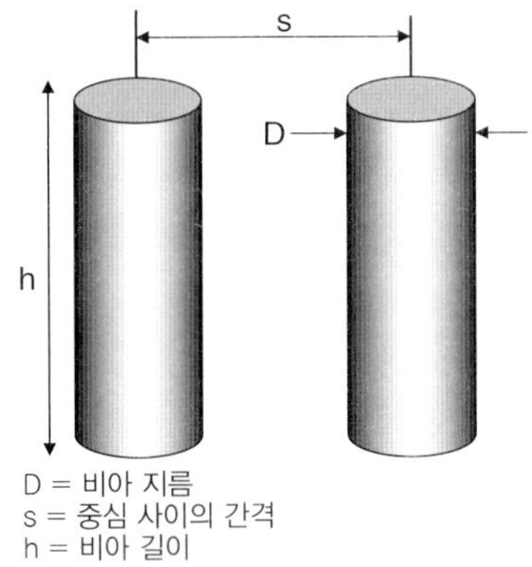

그림 13-28 두 개의 비아와 유사한, 두 개의 둥근 막대 구조

한 막대 끝에서 시작하여 그 막대를 따라 아래로 내려가고 다른 막대로 건너가서 그 막대를 가로질러 다시 처음 막대 위치로 되돌아오는 루프 인덕턴스는 [그림 13-28]에 표시한 구조 관련 세 가지 항목에 따라 달라진다. 길이가 증가하면 루프 인덕턴스는 증가한다. 두 막대가 서로 더 가까워지면 부분 상호 인덕턴스가 총 자기장 선의 일부를 상쇄하는 데 기여하므로 루프 인덕턴스가 감소한다. 막대의 지름이 증가하면 루프 인덕턴스는 감소한다.

두 막대의 루프 인덕턴스를 나타내는 해석적 근사식은 여러 개다. 그중에서 가장 간단한 근사식은 다음과 같다.

$$L_{loop} = 10 \times h \times \ln\left(\frac{2s}{D}\right) pH \qquad (13.26)$$

여기서

L_{loop} = 루프 인덕턴스(단위: pH)

h = 막대 길이(단위: mil)

s = 두 막대 중심 사이의 간격(단위: mil)

D = 각 막대의 지름(단위: mil)

예를 들어, 지름이 10 mil이고 길이가 100 mil인 두 개의 비아가 중심 사이의 간격 50 mil로 서로 떨어져서 기판 내부 전체를 통과하는 경우, 루프 인덕턴스는 대략 다음과 같다:

$$L_{loop} = 10 \times 100 \times \ln\left(\frac{2 \times 50}{10}\right) pH = 2300\ pH = 2.3\ nH \tag{13.27}$$

균일 전송선로 모델은 두 개의 막대에 대해 막대 길이와 상관없이 일정한 길이당 일정한 루프 인덕턴스를 제공한다. 지름 10 mil, 중심 사이 간격 50 mil인 막대 쌍의 길이당 루프 인덕턴스는 약 23 nH/inch 또는 23 pH/mil이다. 고밀도 BGA의 경우 중심 사이의 거리는 일반적으로 40 mil(= 1.016 mm)이다. 이 경우 길이당 루프 인덕턴스는 21 nH/inch 또는 21 pH/mil이다.

TIP

대략적인 경험 규칙으로, 한 쌍의 비아가 가지는 가장 대표적인 루프 인덕턴스 값 하나를 선택하고 싶다면 21 pH/mil이다. 이 값은 비아의 루프 인덕턴스 기여도를 나타내는 합리적인 추정치이다.

[그림 13-29]에 표시된 두 개의 평판 조각과 같이 루프를 구성하는 두 개의 기다란 도체가 넓고 가까운 간격으로 떨어져 있는 경우, 루프 인덕턴스는 다음과 같이 근사식으로 나타낼 수 있다.

$$L_{loop} = \left(32 \frac{pH}{mil} \times h\right) \times \frac{Len}{w}\ pH \tag{13.28}$$

여기서

L_{loop} = 두 평판 사이의 루프 인덕턴스(단위: pH)

Len = 평판의 길이(단위: inch)

w = 평판의 폭(단위: inch)

h = 두 평판 사이의 두께(단위: mil)

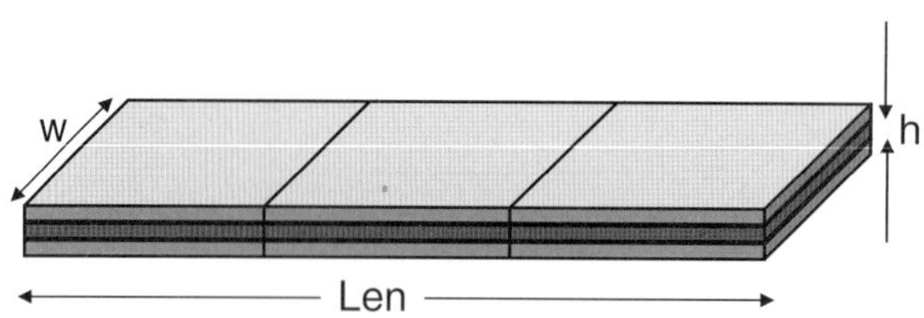

그림 13-29 두 평판 조각의 루프 인덕턴스를 나타내는 기하학적 구조

예를 들어, 평판의 길이가 2 inch이고 폭이 0.5 inch이며 두 평판 사이 간격이 4 mil인 경우, 루프 인덕턴스는 다음과 같다.

$$L_{loop} = \left(32\frac{pH}{mil} \times 4\right) \times \frac{2}{0.5} = 512\ pH \sim 0.5\ nH \tag{13.29}$$

트레이스의 길이가 폭과 같을 때 그 구조는 정사각형 모양이 되므로 Len/w의 비율은 항상 1이다. 식 (13.29)의 수식에서 앞에 괄호로 묶은 항이 정사각형 부분의 루프 인덕턴스를 나타낸다. 이를 **정사각형당 루프 인덕턴스**(loop inductance per square) 또는 **시트 인덕턴스**(sheet inductance)라고 하며 수식으로 쓰면 다음과 같다.

$$L_{square} = \left(32\frac{pH}{mil} \times h\right) \tag{13.30}$$

한 쌍의 평판의 정사각형 조각은 모두 같은 루프 인덕턴스를 갖는다. 두 평판 사이의 유전체가 얇을수록 시트 루프 인덕턴스는 낮아진다.

이 근사식은 전류가 균일한 시트를 따라 상단 트레이스를 따라 흘러가다 아래로 돌아 내려가 다시 하단 트레이스를 따라 흐를 때, 전류가 트레이스 시트 전체에 균일하게 퍼져 흐르는 것으로 가정한다. 평판의 접점들이 스트립(트레이스)의 가장자리(폭 방향 모서리) 전체를 따라 고르게 퍼져 있는 경우, 이 식은 좋은 근사식이다. 그러나 평판과의 접촉이 비아 접점으로 이루어진 경우, 전류는 균일하게 흐르지 않는다. 그 대신 전류는 소스(source)인 비아 접점에서 퍼져 나가고 싱크(sink)인 비어 접점으로 모여든다. 두 비아 접점 사이의 평판에서의 전류 흐름이 [그림 13-30]에 나와 있다.

평판에서의 확산 인덕턴스는 평판의 가장 중요한 특성으로 6장에서 자세히 다루고 있다. 평판과의 접촉이 평판의 가장자리가 아니라 비아로 이루어진 경우, 확산 인덕턴스는 평판의 시트 인덕턴스에 추가되어 루프 인덕턴스에 기여한다.

비아와 평면의 접촉 영역이 좁으므로 전류 밀도는 높아지고 국부적으로 루프 인덕턴스가 커진다. 일반적으로 확산 인덕턴스는 계산이 복잡하고 전류 흐름을 근사식으로 계산하기 어렵기 때문에 보통은 3D 전자기장 솔버가 필요하다.

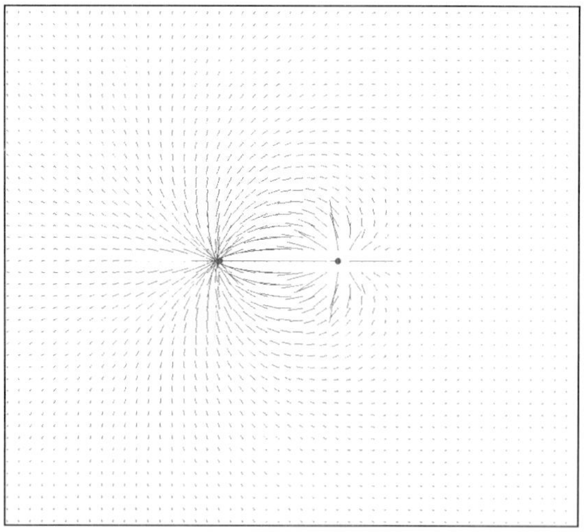

그림 13-30 상단 평면에서 소스 비아로부터 싱크 비아로 흐르는 전류 패턴. HyperLynx로 시뮬레이션

확산 인덕턴스를 나타내는 정확한 근사식이 존재하는 특수한 경우가 하나 있다. [그림 13-31]에 나와 있는 도넛 모양의 구조에서 전류는 내부 고리의 접점에서 외부 고리의 접점으로 상단 평판을 따라 퍼져 흐르다가 아래로 돌아 내려와 하단 평판을 따라 내부 고리의 접점으로 모여 들어온다.

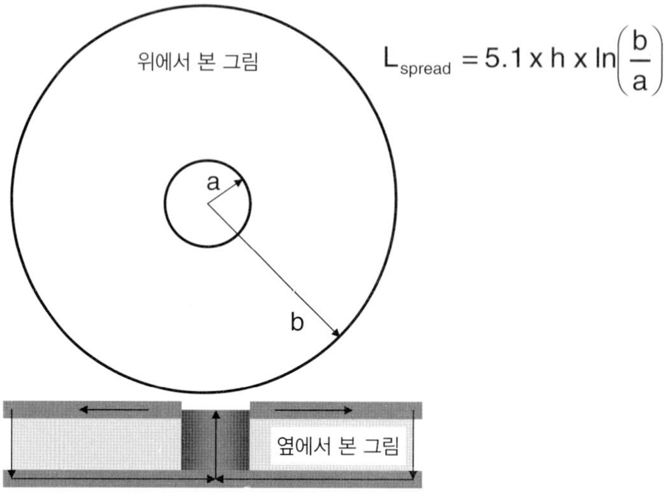

그림 13-31 상단 평면과 하단 평면이 각각 내부 고리와 외부 고리를 따라 접촉되어 있다. 확산 인덕턴스는 상단의 내부 고리의 가장자리 접점에서 반지름 방향으로 퍼져 외부 고리 가장자리 접점까지 흐르다가 가장자리 면을 따라 아래로 내려온 다음, 내부 고리의 가장자리 접점으로 반지름 방향으로 다시 모여 들어가는 루프 인덕턴스를 계산한 것이다.

이 구조에서 루프 확산 인덕턴스는 다음과 같다.

$$L_{spread} = 5.1 \times h \times \ln\left(\frac{b}{a}\right) \text{pH} \tag{13.31}$$

여기서

L_{spread} = 두 평판의 루프 확산 인덕턴스(단위: pH)

a = 내부 접촉 영역의 반지름(단위: inch)

b = 외부 접촉 영역의 반지름(단위: inch)

h = 두 평판 사이의 두께(단위 mil)

이 식에서는 전류가 중앙의 비아 접촉 영역에서 상단 평면으로 흐르다가 클리어런스 홀의 내부 가장자리 면을 따라 되돌아오고 있으며, 클리어런스 홀의 사이즈는 하단 평면에서 비아 접촉 지름보다 약간 크다고 가정한다. 예를 들어, 내부 접촉 영역의 반지름이 5 mil(즉 비아 지름이 10 mil)이고 외부 접촉 영역의 반지름이 1 inch일 때 두 평판 사이의 유전체 두께를 10 mil로 가정하면, 루프 확산 인덕턴스는 다음과 같다.

$$L_{spread} = 5.1 \times 10 \times \ln\left(\frac{1}{0.005}\right) = 270 \text{ pH} \tag{13.32}$$

식 (3.30)의 확산 인덕턴스 수식은 정사각형의 개수 n을

$$n = \frac{1}{2\pi} \ln\left(\frac{b}{a}\right) \tag{13.33}$$

로 정의하면 다음과 같이 시트 루프 인덕턴스의 수식과 같은 형태가 된다.

$$L_{spread} = \left(32 \frac{\text{pH}}{\text{mil}} \times h\right) \times n \text{ pH} \tag{13.34}$$

일반적으로, b/a는 대략 몇 백 정도이고, 정사각형의 수는 대략 몇 개 정도이다.

특히 기판 내부의 전원/섭지넌 쌍과 비아로 접촉된 커패시터에서 기판 표면의 BGA 핀으로 전류가 흐르는 경우에는 루프 인덕턴스를 계산하기가 더 복잡하다. 이 루프 확산 인덕턴스를 나타내는 정확한 해석적 수식은 없다. 그러나 몇 가지 가정을 하면 원형 접점이 있는 한 쌍의 전원/접지면에서 루프 인덕턴스를 나타내는 간단한 근사식을 얻을 수 있다.

[그림 13-32]는 한 쌍의 평면에서 간격 B만큼 떨어져 두 개의 비아 접점과, 두 접점 사이에서 평면을 따라 전류가 퍼져 나가고 모여 들어오는 모습을 보여주고 있다.

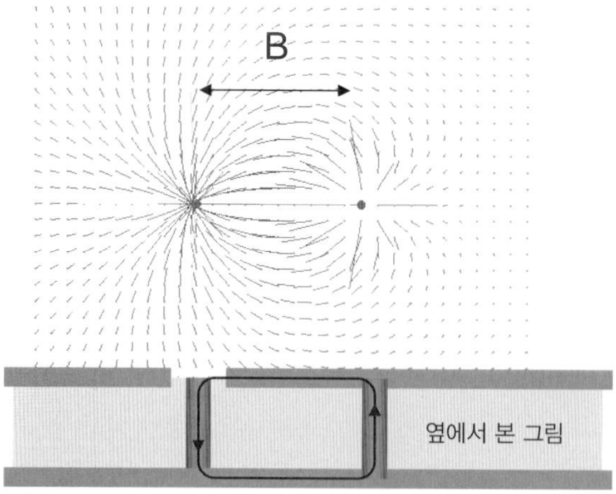

그림 13-32 한 쌍의 평판에서 한 비아 접점에서 다른 비아 접점으로 확산되는 전류. 두 접점 사이에 확산 루프 인덕턴스가 발생한다.

이 두 개의 비아 접점 사이의 확산 루프 인덕턴스는 다음과 같이 근사식으로 나타낼 수 있다.

$$L_{via-via} = 21 \times h \times \ln\left(\frac{B}{D}\right) pH \tag{13.35}$$

여기서

$L_{via-via}$ = 두 비아 접점 사이 평면의 루프 확산 인덕턴스(단위: pH)

h = 두 비아 사이의 유전체 두께(단위: mil)

B = 두 비아 중심 사이의 간격(단위: mil)

D = 비아의 지름(단위: mil)

예를 들어, 지름이 10 mil인 두 비아가 1 inch 간격으로 떨어져 있는 경우, h = 10 mil의 전원/접지면 쌍에서 두 비아 접점 사이 평면의 확산 인덕턴스는 다음과 같다.

$$L_{via-via} = 21 \times 10 \times \ln\left(\frac{1000}{10}\right) = 967 \text{ pH} \sim 1 \text{ nH} \tag{13.36}$$

비아 사이 평면의 확산 인덕턴스의 기여도는 최대 1 nH에 이를 수 있다. 유전체가 얇을수록 확산 인덕턴스는 줄어든다.

TIP

초박형 라미네이트의 낮은 확산 인덕턴스는 이 소재를 전원면과 접지면 사이의 유전체로 사용하는 경우에 기존의 FR4에 비해 성능 면에서 이점을 제공하는 실질적인 이유가 된다. 초박형 라미네이트로 인해 전원면과 접지면의 커패시턴스는 커지지만 온-다이 커패시턴스보다는 훨씬 작으므로 이 소재로 인한 커패시턴스의 증가는 성능에 거의 영향을 주지 못한다.

커패시터와 패키지 패드 사이의 연결을 공동(cavity) 두께가 4 mil이 아닌 1 mil이나 0.5 mil인 두 평면으로 배선할 수 있다면, 이 연결 경로의 확산 인덕턴스를 두께 4 mil일 때의 0.4 nH에서 두께 0.5 mil일 때의 0.05 nH로 낮출 수 있다. 전원면과 접지면에 사이에 0.5 mil 두께의 유전체를 사용한 기판의 사례가 [그림 13-33]에 나와 있다.

식 (13.35)의 근사식으로 예측한 결과를 3D 전자기장 솔버로 예측한 결과와 비교해 볼 수 있다. [그림 13-34]는 간격이 3 mil인 두 평면의 비아-대-비아 확산 인덕턴스를 각각 근사식과 HyperLynx PI 도구를 사용하여 시뮬레이션으로 구한 추정치를 보여주고 있다.

이러한 다양한 근사식을 사용하여 물리적 설계 특징들(design features)의 영향과 이에 따른 기판에 실장된 커패시터의 ESL을 대략적으로 추정할 수 있다. 이러한 근사식을 사용하여 설계 공간(방향과 가능성)을 탐색하고 어떤 설계지침을 따를지 결정할 수 있다.

TIP

각각의 설계는 개별 맞춤형이기 때문에 어느 한 사례의 결과를 구체적인 확인 없이 무작정 다른 사례에 적용할 때는 주의를 기울여야 한다.

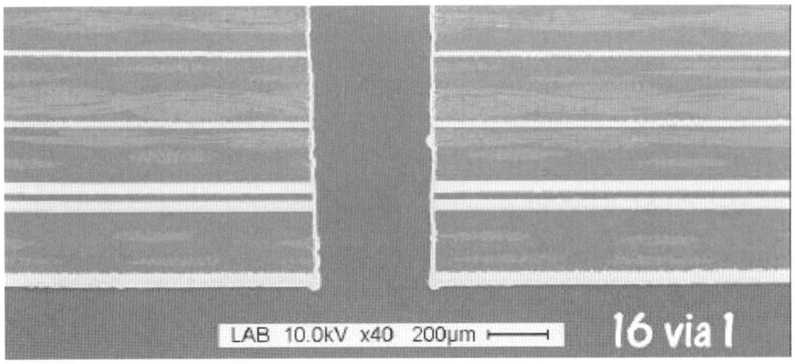

그림 13-33 전원면과 접지면 사이에 0.5 mil 두께의 DuPont Interra HK04 라미네이트가 있는 기판의 단면. 기판의 바닥면에 가까운 부분을 보여주고 있다.

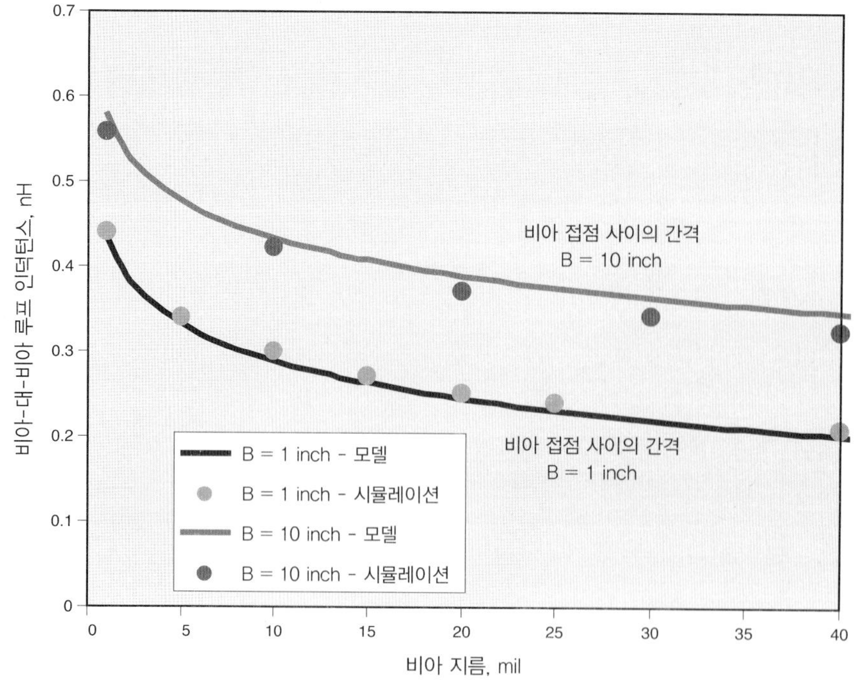

그림 13-34 간격이 3 mil인 전원/접지면 쌍의 비아-대-비아 루프 인덕턴스 비교. (실선) 근사식 계산 결과. (점) HyperLynx를 사용한 시뮬레이션 결과

13.15 커패시터 실장 최적화

루프 인덕턴스를 나타내는 유용한 세 가지 근사식을 [그림 13-35]에 정리하였다.

이들 근사식은 중요한 몇 가지 설계 트레이드오프를 설명한다. 커패시터의 패드에서 비아까지의 트레이스와 관련된 루프 인덕턴스를 줄이려면 다음과 같이 세 가지 설계 항목을 맞춰 주어야 한다.

1. 표면 트레이스에서 전원/접지면 공동의 상단까지의 깊이를 얇게 유지한다.
2. 넓은 표면 트레이스를 사용한다.
3. 표면 트레이스의 길이를 짧게 유지한다.

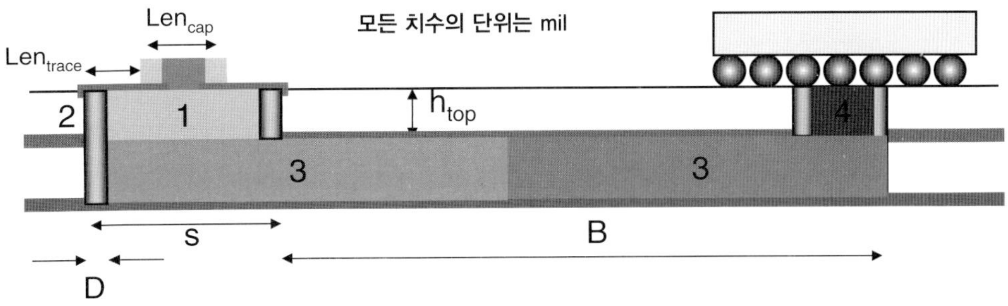

- 커패시터 트레이스 인덕턴스 $L_{trace} = 32 \times h_{top} \left(\frac{2 \times Len_{trace}}{w_{trace}} + \frac{Len_{cap}}{w_{cap}} \right) pH$
- 비아 쌍 루프 인덕턴스 $L_{vias} = 10 \times h_{top} \times \ln\left(\frac{2s}{D}\right) pH$
- 확산 인덕턴스 $L_{spread} = 21 \times h_{planes} \times \ln\left(\frac{B}{D}\right) pH$

그림 13-35 커패시터의 ESL을 추정하는 데 사용하는 세 가지 근사식

비아의 인덕턴스를 줄이기 위해서는 다음과 같이 세 가지 설계 항목을 맞춰주어야 한다.

1. 표면 트레이스에서 전원/접지 공동의 상단까지의 깊이를 얇게 유지한다.
2. 넓은 지름의 비아를 사용한다.
3. 비아 간격(pitch)을 가능한 한 가깝게 유지한다.

평판의 확산 루프 인덕턴스를 줄이기 위해서는 다음과 같이 세 가지 설계 항목을 맞춰주어야 한다.

1. 전원/접지면 공동의 유전체 두께를 얇게 유지한다.
2. 넓은 지름의 비아를 사용하거나 여러 개의 비아를 사용하여 공동에 접촉한다.
3. 커패시터를, 디커플링해주는 패키지 가까이에 배치한다. (이것의 영향은 약하다.)

이러한 항목들은 모두 잘 알아야 할 중요한 설계지침이지만 항목별로 중요도에는 차이가 있다.

> **TIP**
> 총 루프 인덕턴스에 더 큰 영향을 미치는 항목일수록 항상 더 먼저 최적화해야 한다.

총 루프 인덕턴스에 가장 큰 영향을 미치는 항목들은 다음과 같다.

1. 표면 트레이스에서 전원/접지면 공동의 상단까지의 깊이를 얇게 유지한다.
2. 전원/접지면 공동의 유전체 두께를 얇게 유지한다.
3. 넓은 표면 트레이스를 사용한다.
4. 표면 트레이스의 길이를 짧게 유지한다.

다른 설계 특성들은 이 네 가지 항목보다 중요성이 낮은 부차적 항목들로서 간혹 가장 중요하게 관심을 두어야 하는 사항을 놓치게 할 수 있다. 일반적으로 무엇이 중요한지 알아낼 수 있는 유일한 방법은 특정 경우들에 대해 수치를 입력하는 것이다.

이러한 근사식들을 스프레드시트에 통합하면 설계 공간을 쉽게 탐색할 수 있고 실제로 중요한 것과 그렇지 않은 것을 식별할 수 있다.

[그림 13-36]에서는 세 가지 사례를 살펴본다. 세 가지 사례 모두 0603 커패시터가 어느 정도 거리가 떨어져 있는 BGA 패키지의 전원 핀과 접지 핀 쌍에 전류를 공급한다. 비아의 지름은 13 mil이다. 여기서 추정하는 것은 다른 커패시터와 상호작용하지 않는 것으로 가정한 경우에 커패시터의 ESL이다. 사례 1은 분석의 시작점으로서, 길고 좁은 표면 트레이스가 연결된 경우이다. 총 ESL은 약 6.1 nH로 확인되었다.

사례 2의 경우, 표면 트레이스가 사례 1보다 짧아지고 넓어진다. 그 결과 ESL은 3.7 nH가 된다. 마지막으로 사례 3의 경우, 커패시터는 패키지에 더욱 가깝게 이동하고, 공동의 두께가 감소한다. 그 결과, 루프 인덕턴스는 1.8 nH로 감소한다.

TIP

이 세 가지 사례는 일반적인 경우에는 비아의 루프 인덕턴스를 무시할 수 있다는 것을 분명히 보여준다. 전형적인 경우에서는 대체로 특히 전원면과 접지면 사이의 간격이 두꺼운 경우에 확산 인덕턴스가 표면 트레이스 인덕턴스만큼 상당히 클 수 있다. 적층 구조를 신중하게 설계하면 2 nH 미만의 루프 인덕턴스를 어렵지 않게 달성할 수 있다.

놀랍게도, 기판 적층 구조는 두 가지 측면에서 커패시터의 ESL에 중요한 역할을 한다. 공동의 상단을 커패시터에 더 가깝게 이동하면 커패시터와 표면 트레이스의 루프 인덕턴스가 감소한다. 전원면과 접지면 사이 공동의 유전체 두께를 더 얇게 하면 확산 인덕턴스가 감소한다. 이 두 가지 설계 특징을 조정하면 ESL을 경우에 따라 6 nH에서 1 nH로 낮출 수 있다.

Copy 1 to 2

Copy 1 to 3

Copy 2 to 3

Display Image

사례 1	사례 2	사례 3	
60	60	60	커패시터 길이 - LEN_{cap}
30	30	30	커패시터 폭 - W_{cap}
100	50	50	트레이스 길이 - LEN_{trace}
10	20	20	트레이스 폭 - W_{trace}
10	10	10	상단 평면 높이 - h_{top}
13	13	23	비아 지름 - D_{via}
500	500	250	커패시터에서 패키지까지 거리 - $B_{cap2pkg}$
35	35	10	전원/접지면 높이 - h_{plane}
3.84	1.44	1.44	커패시터 실장 인덕턴스
0.0654	0.0642	0.0381	비아 쌍 루프 인덕턴스
2.173	2.173	0.3555	평면 확산 인덕턴스
6.0784	3.6772	1.8336	총 등가 직렬 인덕턴스

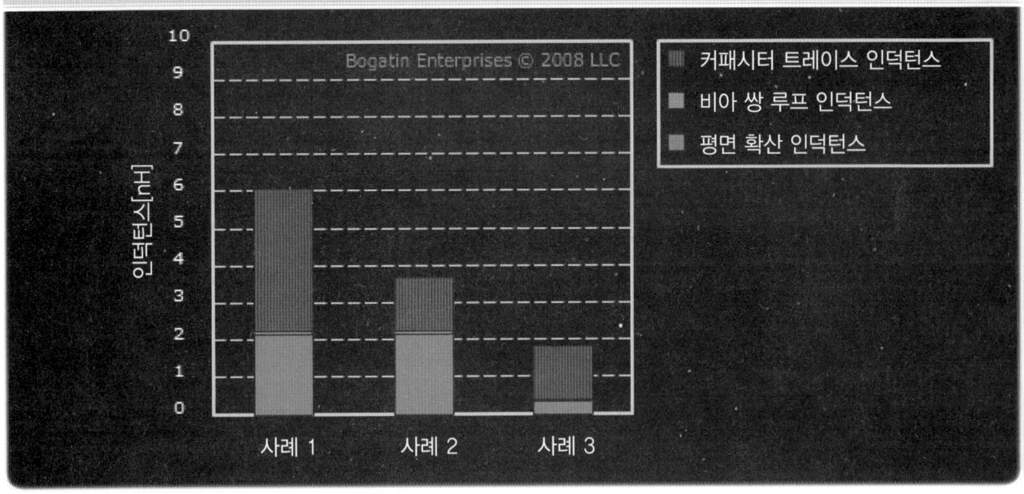

그림 13-36 www.beTheSignal.com의 온라인 도구를 사용하여 0603 커패시터에 대한 세 가지 전형적인 실장 구조를 분석한 결과

이 두 가지 설계 특징은 모두 일차적(직접적)이고 두께에 따라 선형적으로 변한다. 비아의 지름을 변경하고 커패시터를 BGA에 가깝게 이동하는 것은 로그 함수적으로 영향을 주므로 두께보다는 중요도가 낮다(이차적이거나 삼차적이다).

표면 트레이스도 길이를 줄이고 폭을 넓히면 ESL 값을 0.5 nH까지 낮출 수 있다. [그림 13-37]에 유사한 세 가지 사례가 나와 있다.

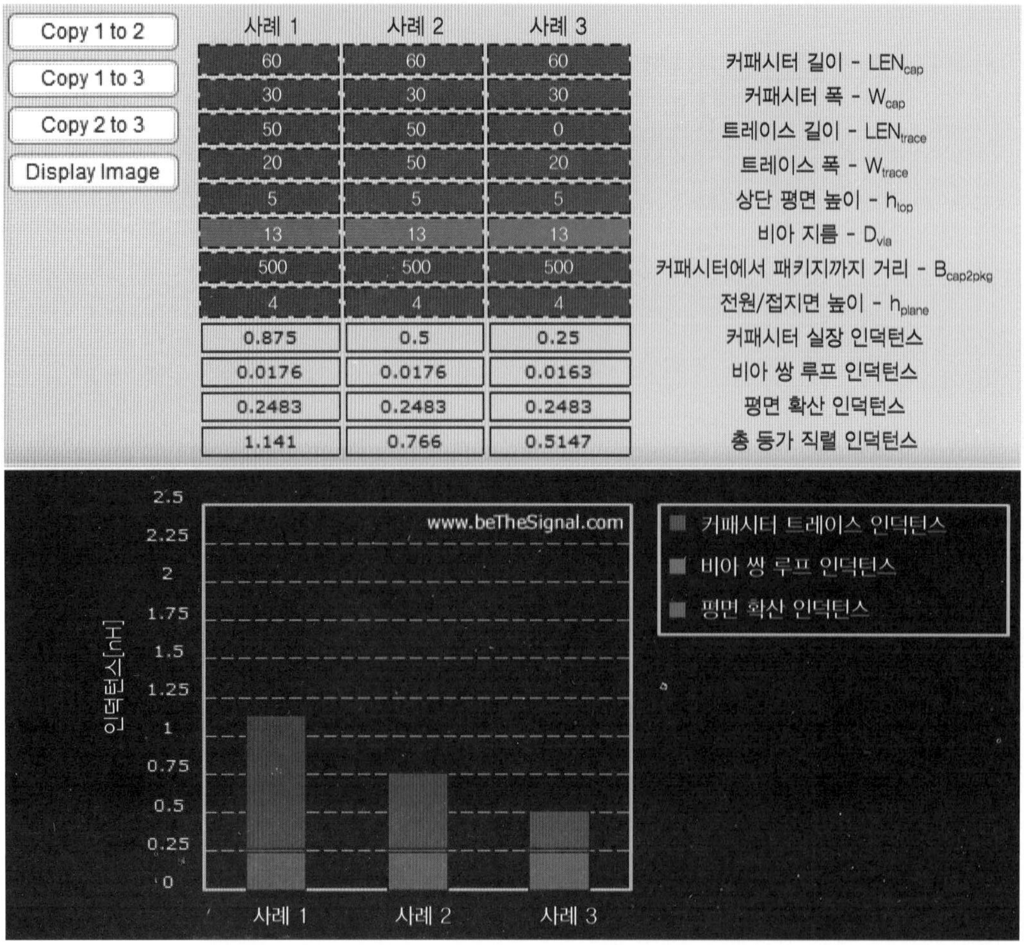

그림 13-37 www.beTheSignal.com의 온라인 도구를 사용하여 얇은 공동에 가깝게 위치한 세 가지 표면 트레이스를 분석한 결과. ESL은 0.5 nH까지 낮아졌다.

또한, 이 모델은 커패시터를 BGA 아래에 추가하는 것이 좋은지, 아니면 BGA와 동일한 표면에 추가하는 것이 더 나은지와 같은 설계상의 중요한 문제를 평가하는 데 사용될 수 있다. [그림 13-38]은 이러한 두 가지 선택사항을 보여주고 있다.

물론 신호 무결성과 관련한 모든 질문에 대한 가장 일반적인 대답은 "상황에 따라 다르다"이며, 확실한 답을 얻을 수 있는 유일한 방법은 수치를 입력하는 것이다.

커패시터를 배치하기에 적합한 위치는 루프 인덕턴스가 가장 낮은 곳이다. 전체 기판 두께가 얇으면 비아 루프 인덕턴스는 분명히 낮아진다. 공동이 표면에서 멀리 떨어져 있고 두꺼운 경우에는 상단에 위치한 커패시터의 루프 인덕턴스가 높아진다. 상단에 위치한 표면 커패시터가 하단에 위치한 표면 커패시터보다 훨씬 높은 루프 인덕턴스를 갖는 조합은 많이 찾을 수 있다.

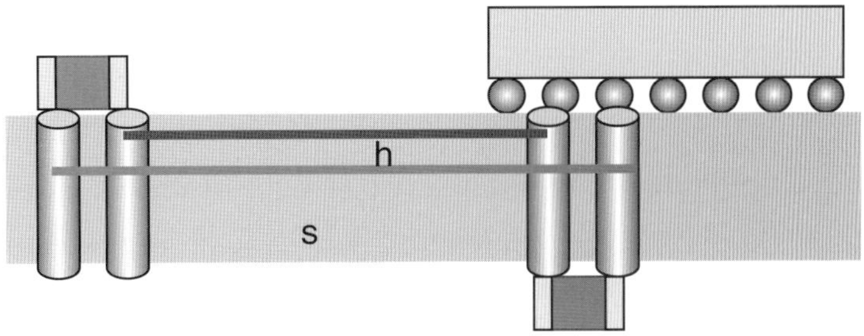

그림 13-38 커패시터는 어디에 배치해야 할까? BGA와 같은 표면 아니면 BGA 바로 아래?

그러나 기판이 두껍고 공동이 상단 표면 근처에 있고 공동 두께가 얇으면 하단에 위치한 커패시터가 더 높은 루프 인덕턴스를 갖는다. [그림 13-39]에 세 가지 경우를 정리하여 나타내었다. 커패시터를 하단에 배치하면 루프 인덕턴스가 2 nH 정도 된다는 것을 알 수 있다.

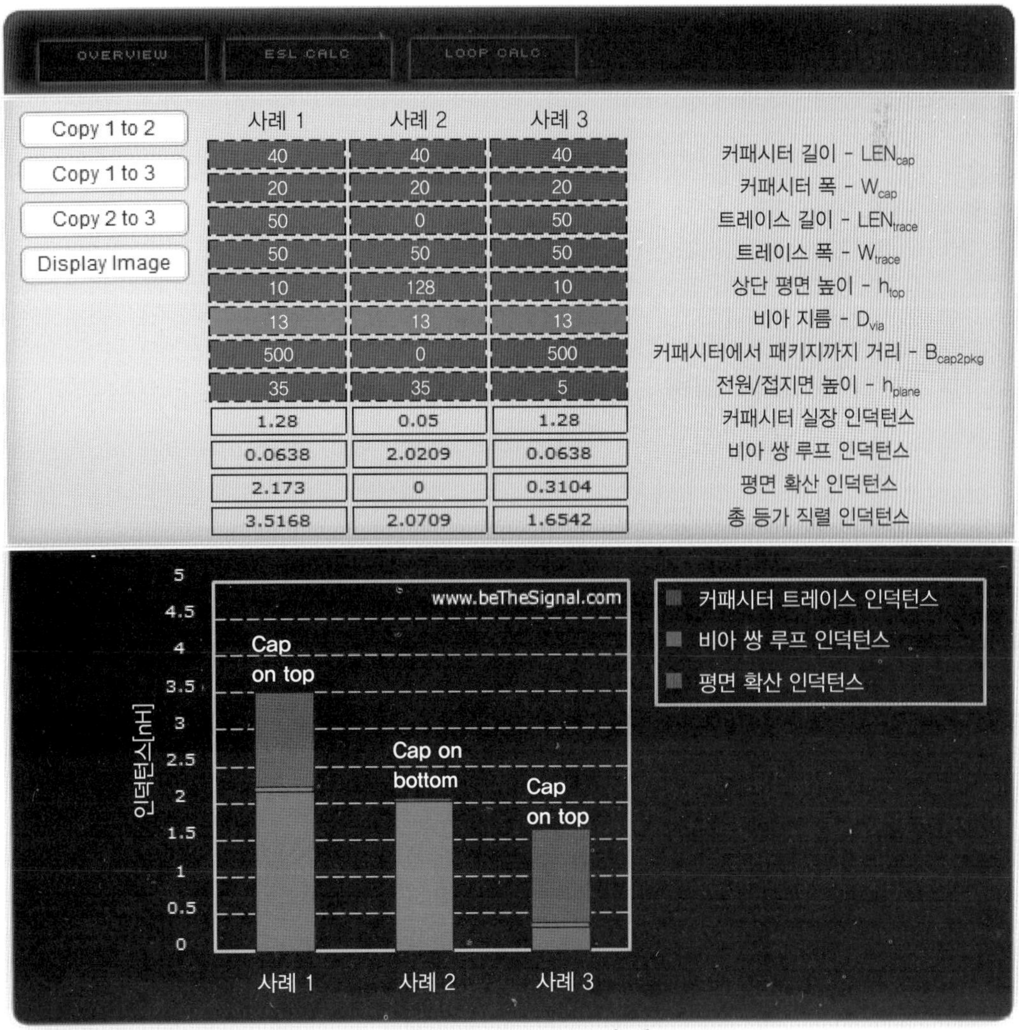

All dimensions in nHs and mils

그림 13-39 기판 상단과 하단에 위치한 커패시터 분석. www.beTheSignal.com의 온라인 도구를 사용

커패시터를 상단 표면에 배치하여 더 낮은 루프 인덕턴스를 얻을 수 있다면 그렇게 하는 것이 더 좋다. 그러나 일반적으로 두 가지 방법을 모두 사용할 수 있는 경우, 특히 많은 커패시터를 사용하여 낮은 임피던스를 구현해야 하는 응용 분야에서는 두 위치 모두를 사용해야 한다. 패키지 주변에 많은 커패시터를 배치하면, 각 커패시터의 전류들이 겹칠 수 있고 공동 확산 인덕턴스가 증가할 수 있다. 일부 커패시터들을 BGA 아래에 배치하면 공동 확산 인덕턴스의 증가를 최소로 할 수 있다.

TIP

짧고 넓은 표면 트레이스, 또는 비아-인-패드 기술(via-in-pad technology), 그리고 표면에 가까운 전원면과 접지면 사이의 얇은 유전체를 조합하면 0.5~2 nH의 전형적인 ESL 값을 얻을 수 있다. 극단적인 노력을 기울이고 깍지형 커패시터(interdigitated capacitor)를 사용하면 0.5 nH 미만의 루프 인덕턴스를 얻을 수 있다.

커패시터 실장 인덕턴스를 알고 있다면 설계 제약 조건을 기반으로 3D 전자기장 솔버를 사용하여 다수의 커패시터의 임피던스 프로파일을 예측할 수 있다. 적층 구조 변경이나 표면 실장 설계 변경으로 인해 실장 인덕턴스가 변경되면 루프 인덕턴스가 변경되고 다수의 커패시터의 임피던스 프로파일이 변경된다. 이것이 모든 PDN 설계가 맞춤형인 이유이다.

TIP

커패시터 조합의 PDN 임피던스 프로파일은 기판 적층 구조의 세부 사항, 커패시터 실장 구조와 기판상의 위치에 따라 크게 달라진다.

13.16 커패시터 병렬 결합

PDN 임피던스 프로파일을 설계하는 전략은 VRM과 벌크 커패시터가 더는 낮은 임피던스를 제공하지 않는 주파수에서 약 100 MHz의 주파수까지 피크 임피던스를 목표 값 아래로 유지하기 위해 적절한 커패시터의 개수와 커패시턴스 값을 선택하는 것이다.

여러 개의 동일한 커패시터가 병렬로 연결되면, 그 결과 얻어지는 임피던스는 RLC 회로의 동작과 일치하지만 각 R, L, C 회로 소자의 값들은 달라진다.

병렬로 연결된 n개의 커패시터의 등가 R, L, C는 다음과 같다.

$$C_n = nC \tag{13.37}$$

$$ESR_n = \frac{1}{n} ESR \tag{13.38}$$

$$ESL_n = \frac{1}{n} ESL \tag{13.39}$$

여기서

C_n = 병렬로 연결된 n개의 동일한 실제 커패시터의 등가 커패시턴스

C = 각 개별 커패시터의 커패시턴스

n = 병렬로 연결된 동일한 커패시터 개수

ESR_n = 병렬로 연결된 n개의 동일한 실제 커패시터의 등가 직렬 저항

ESR = 각 개별 커패시터의 등가 직렬 저항

ESL_n = 병렬로 연결된 n개의 동일한 실제 커패시터의 등가 직렬 인덕턴스

ESL = 각 개별 커패시터의 등가 직렬 인덕턴스

[그림 13-40]은 병렬로 연결된 여러 개의 동일한 커패시터의 임피던스 프로파일을 보여주고 있다. 커패시터의 개수가 늘어날수록 전체적인 RLC 프로파일의 형태는 동일하지만 모든 주파수에서 임피던스가 더 낮다. 여기서는 커패시터들이 서로 독립적이고 각 커패시터의 전류는 서로 겹치지 않는다고 가정하여 문제를 근사화하였다.

자기 공진 주파수(SRF)는 그대로 유지되면서 전체 임피던스 프로파일은 낮아진다. 병렬로 더 많이 연결해주는 것, 이것이 커패시터의 임피던스 프로파일을 줄이는 한 가지 방법이다.

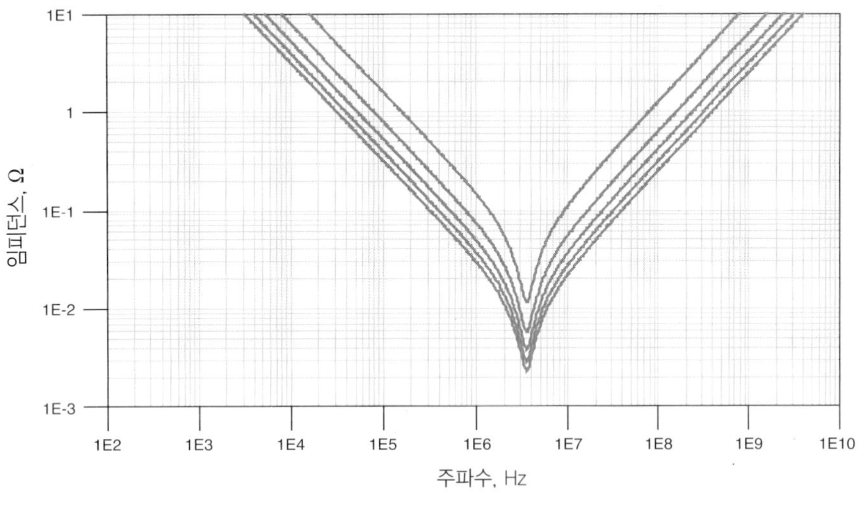

그림 13-40 병렬로 추가된 5개의 동일한 커패시터의 임피던스 프로파일. 커패시터가 추가될 때마다 모든 주파수에서 임피던스가 감소한다.

그러나 두 개의 커패시터가 커패시턴스나 ESL 값이 다른 경우에는 병렬로 추가할 때의 동작이 그렇게 간단하지 않다. [그림 13-41]은 ESL과 ESR은 동일하고 커패시턴스 값은 서로 다른 두 개의 커패시터의 임피던스 프로파일을 보여준다. 병렬로 연결된 두 개의 커패시터의 동작은 각 커패시터의 RLC 모델의 자기 공진 주파수에 해당하는 두 주파수에서 각각 동일한 낮은 임피던스 딥(dip, 움푹 파임)을 보인다. 큰 커패시터는 낮은 SRF를 갖고 작은 커패시터는 높은 SRF를 갖는다. 두 SRF는 이상적인 커패시터의 임피던스가 각 커패시터와 관련된 이상적인 인덕턴스의 임피던스와 일치할 때 각각 발생한다. 커패시터의 병렬 조합에서 나타

나는 두 SRF는 각 개별 커패시터의 SRF와 동일하다.

또한, 두 자기 공진 주파수 사이에는 **병렬 공진 피크**(parallel resonant peak)라는 새로운 특징이 하나 나타난다. 병렬 공진 피크는 **병렬 공진 주파수**(parallel resonant frequency, PRF)에서 발생한다.

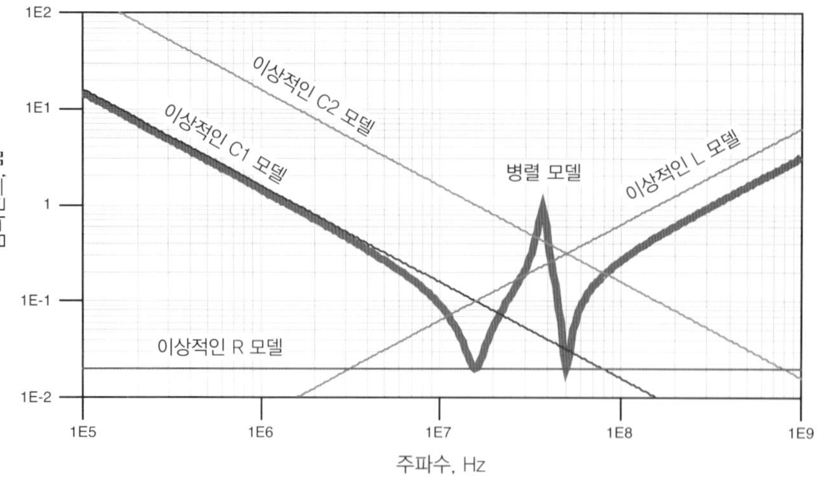

그림 13-41 병렬로 연결된 두 RLC 회로의 임피던스 프로파일. 두 RLC 회로는 R과 L 값은 같지만 C 값이 다르다. 두 개의 이상적인 커패시터의 임피던스와 두 실제 커패시터의 이상적인 L과 이상적인 R의 임피던스를 함께 나타내었다.

병렬 공진 주파수(PRF)의 값은 두 커패시터 중에서 큰 커패시터의 ESL, 작은 커패시터의 C, 그리고 두 커패시터 모두의 ESR에 따라 달라지므로 정확하게 계산하기가 어렵다. 두 커패시터의 SRF 값이 멀리 떨어져 있으면 PRF는 대략 다음 식으로 나타낼 수 있다.

$$\mathrm{PRF} \approx \frac{1}{2\pi}\frac{1}{\sqrt{C_2 \times \mathrm{ESL}_1}} = \frac{160\ \mathrm{MHz}}{\sqrt{C_2 \times \mathrm{ESL}_1}} \tag{13.40}$$

여기서

PRF = 병렬 공진 주파수(단위: MHz)

C_2 = 더 작은 커패시터의 커패시턴스(단위: nF)

ESL_1 = 더 큰 커패시터의 등가 직렬 인덕턴스(단위: nH)

예를 들어 ESL_1 = 2 nH이고 C_2 = 10 nF일 때 PRF는 다음과 같다.

$$\mathrm{PRF} \approx \frac{160\ \mathrm{MHz}}{\sqrt{10 \times 2}} = 36\ \mathrm{MHz} \tag{13.41}$$

그러나 SRF 값이 서로 10배 이내에 있을 때, 병렬 조합의 임피던스 프로파일은 이상적인 L의 임피던스 직선과는 일치하지 않고 아래로 어긋난다. PRF는 소자들의 더욱 복잡한 함수이며 SPICE 시뮬레이션을 사용하면 더욱 쉽게 계산할 수 있다.

> **TIP**
> PRF는 임피던스의 피크가 있는 위치를 나타내기 때문에 커패시터의 병렬 조합에서 가장 중요한 특징 중 하나이다. 커패시터를 적게 사용하면 항상 병렬 공진 임피던스가 PDN 성능을 제한하므로, 이 임피던스 피크가 낮아지도록 설계를 해야 한다.

PRF의 피크 임피던스는 다음 식을 사용하여 대략적으로 구할 수 있다.

$$Z_{peak} \sim \frac{L_1}{C_2}\left(\frac{1}{R_1+R_2}\right) \tag{13.42}$$

여기서

- Z_{peak} = PRF에서의 피크 임피던스(단위: Ω)
- L_1 = 더 큰 커패시터의 등가 직렬 인덕턴스
- C_2 = 더 작은 커패시터의 커패시턴스
- R_1 = 더 큰 커패시터의 등가 직렬 저항
- R_2 = 더 작은 커패시터의 등가 직렬 저항

이 식은 근사식이므로 두 커패시터의 SRF가 가까울수록 정확도가 떨어진다. 하지만 이 근사식은 피크 임피던스를 줄이는 중요한 설계 방법을 다음과 같이 알려준다.

- 더 큰 커패시터의 ESL을 줄인다.
- 더 작은 커패시터의 커패시턴스를 증가시킨다.
- 양쪽 커패시터의 ESR을 높인다.

> **TIP**
> 더 큰 ESR을 가진 커패시터[이를 제어된 저항 커패시터(controlled resistance capacitor)라고 함]를 사용해도 되는 경우라면 이를 고려해야 한다. 병렬로 연결된 모든 커패시터의 등가 ESR이 목표 임피던스 바로 아래에 있을 만큼만 낮은 ESR을 선택해야 한다.

커패시터의 ESR은 커패시터를 구성하는 평행 판(plate)의 구조와 층들 사이의 금속 배선(metallization)과 관련이 있다. 일반적으로 커패시턴스가 클수록 병렬로 연결된 판들이 많고 ESR은 낮다.

다양한 0402 커패시터의 사양을 살펴보면 커패시터 값과 커패시터의 직렬 저항 사이의 관계를 일반화하여 간단하게 나타낼 수 있다. [그림 13-42]는 AVX 데이터 시트(data sheet)에서 가져온 다양한 커패시터 값에 대한 ESR을 그래프로 나타낸 것이다.

데이터 시트에 명시된 ESR 값으로부터 ESR과 커패시터의 커패시턴스 사이의 간단한 경험적 관계식을 유도할 수 있다. 경험적 근사식은 다음과 같다.

$$ESR \approx \frac{180\ m\Omega}{2.5^{\log(C)}} \tag{13.43}$$

여기서

ESR = 커패시터의 등가 직렬 저항(단위: mΩ)

C = 커패시터의 커패시턴스(단위: nF)

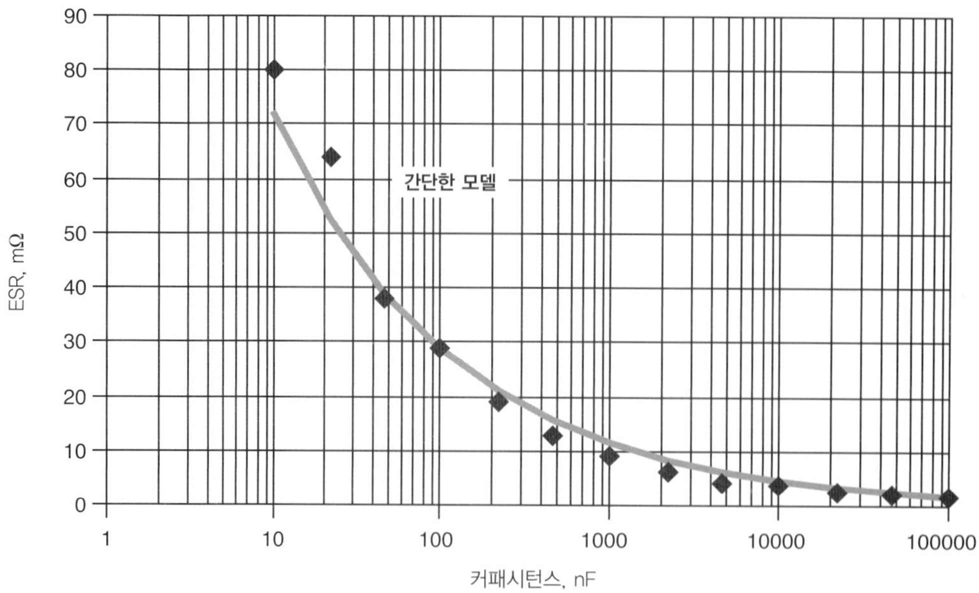

그림 13-42 커패시터의 AVX 데이터 시트에서 가져온 0402 커패시터의 ESR과 커패시턴스

[그림 13-42]의 그래프를 보면 이 간단한 근사모델이 명시된 ESR 값과 매우 잘 일치하고 있다.

따라서 더 작은 값의 커패시터들을 사용하면 더 높은 ESR과 더 낮은 병렬 공진 피크 높이를 선택할 수 있다는 것을 알 수 있다. 특히 여러 커패시터 중 하나가 전원/접지면 공동의 커패시턴스인 경우에 더욱 그렇다.

피크 임피던스 값을 감소시키기 위해 처리해야 하는 또 다른 중요한 설계 특징은 더 큰 커패시터의 ESL을 줄이거나 더 작은 커패시터의 커패시턴스를 크게 하는 것이다. [그림 13-43]은 더 큰 커패시터의 ESL을 10 nH에서 0.1 nH까지 차례로 변경할 때 피크 임피던스에 미치는 영향을 보여주고 있다.

이 예에서 더 큰 커패시터는 100 nF이며, 더 작은 커패시터는 10 nF이고 ESL은 3 nH이다. 더 큰 커패시터의 ESL이 10 nH에서 점점 감소함에 따라 PRF에서의 피크 임피던스는 더 큰 커패시터의 SRF가 더 작은 커패시터의 SRF와 일치할 때까지 감소한다. 두 SRF가 일치하면 피크는 생기지 않는다.

TIP ESL을 줄이는 것은 피크 임피던스를 줄이는 중요한 방법이다.

안타깝게도 회로 소자들 사이의 여러 가지 복잡한 상호작용 때문에, 다수 커패시터들 전체의 임피던스 프로파일의 특징을 간단하고 정확하게 분석하는 것은 불가능하다. 특히 더 많은 커패시터들이 추가될수록 더욱 그렇다. 따라서 이러한 경우를 분석할 때는 SPICE를 사용하는 것이 매우 중요하다. 다행히도 이런 유형의 분석을 일상적으로 수행할 수 있는 무료 버전의 SPICE를 인터넷에서 쉽게 구할 수 있다. beTheSignal.com 사이트를 방문하면 이런 도구들의 예를 찾아볼 수 있다.

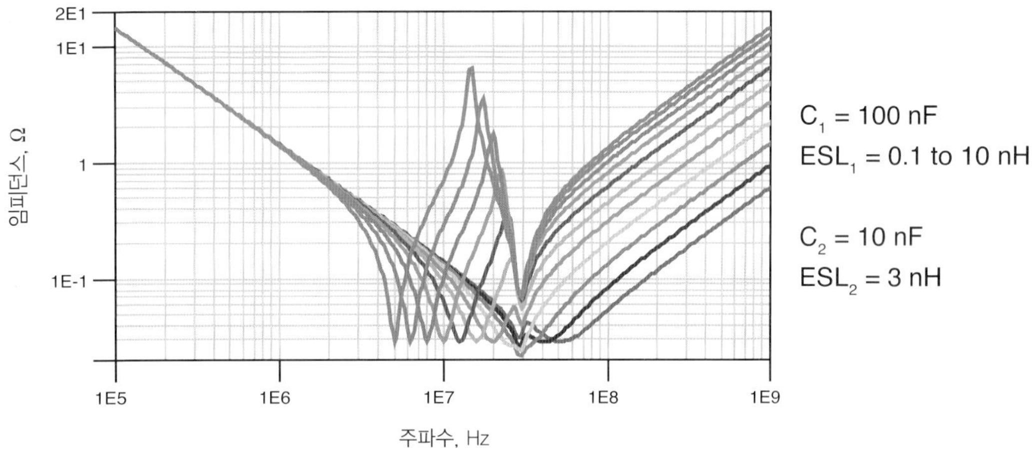

그림 13-43 병렬로 연결된 100 nF과 10 nF 커패시턴스의 임피던스 프로파일. 더 작은 커패시터의 ESL이 3 nH일 때 더 큰 커패시터의 ESL이 10 nH에서 0.1 nH로 점점 작아지면 피크 임피던스가 낮아진다.

커패시터의 ESL을 줄이는 방법 이외에 피크 임피던스 값을 낮출 수 있는 다른 방법이 있는데, 커패시터를 더 추가하는 것이다. 이때 추가하는 커패시터들은 커패시턴스 값이 같은 커패시터일 수도 있고 다른 커패시터일 수도 있는데 두 방식 모두 효과가 있다.

13.17 커패시터 추가를 통한 병렬 공진 피크 감소 설계

SRF가 서로 다른 두 개의 커패시터를 병렬로 연결하면 두 개의 자기 공진 딥(dip) 사이에 병렬 공진 피크 임피던스가 생긴다. 이들 두 SRF 사이에 위치한 SRF를 갖는 세 번째 커패시터를 추가하면 피크 임피던스를 줄일 수 있다. 이 세 번째 커패시터의 SRF의 최적 값은 얼마일까?

가장 낮은 피크 임피던스를 제공해주는 세 번째 커패시터의 최적 SRF 값은 세 커패시터 모두의 커패시턴스 값, ESL 값, ESR 값에 따라 달라진다. 따라서 SPICE 시뮬레이션을 하지 않고 이 값을 구하는 것은 어렵다. 이 값을 구하는 데 두 가지 간단한 알고리즘을 선택하여 사용할 수 있다. 첫째, 세 번째 커패시터의 SRF가 PRF와 일치하도록 세 번째 커패시터를 선택한다. 둘째, 세 번째 커패시터의 SRF가 기존 두 커패시터의 SRF 사이의 중간에 있도록 세 번째 커패시터를 선택한다. 어느 알고리즘을 선택할 것인가는 두 커패시터의 ESL 값, ESR 값, 그리고 두 커패시턴스 값이 서로 얼마나 차이가 나는가에 달려 있다. 10 nF 커패시터와 100 nF 커패시터, 이 두 커패시터 모두 ESL이 3 nH로 동일한 간단한 경우를 생각해 보자. 두 커패시터를 병렬로 결합하면 PRF는 21 MHz가 된다.

첫 번째 선택사항은 SRF가 21 MHz인 커패시터를 추가하는 것이다. 커패시턴스 값은 다음과 같다.

$$C_3 = \left(\frac{160}{f_{peak}}\right)^2 \frac{1}{ESL} = \left(\frac{160}{21}\right)^2 \frac{1}{3} = 19.3\ nF \tag{13.44}$$

여기서

C_3 = 추가하는 세 번째 커패시터의 커패시턴스(단위: nF)

ESL = 3 nH, 세 개의 커패시터 모두 동일하다고 가정

21 = PRF와 일치하는 SRF(단위: MHz)

두 번째 선택사항은 세 번째 커패시터의 SRF가 다른 두 커패시터의 SRF 사이의 중간(로그 스케일에 대해)에 위치하도록 세 번째 커패시터의 커패시턴스 값을 선택하는 것이다. ESL 값이 동일하기 때문에, 세 번째 커패시터의 커패시턴스 값은 다음 식에서 보듯이 다른 두 커패시터의 커패시턴스 값의 기하 평균(geometric mean)으로 선택한다.

$$C_3 = \sqrt{C_1 C_2} = \sqrt{100 \times 10} = 33\ nF \tag{13.45}$$

[그림 13-44]는 기존의 커패시터 두 개 조합과, 이 조합에 두 가지 선택사항을 기반으로 선택한 커패시턴스 값을 갖는 세 번째 커패시터를 추가한 커패시터 세 개 조합의 임피던스 프로파일을 보여준다.

이 예는 커패시터들의 ESL이 동일한 경우, 다른 두 커패시터 값의 기하 평균으로 세 번째 커패시터 값을 선택하면 가장 낮은 피크 임피던스를 설계할 수 있음을 보여준다. 이 때문에 데케이드 스케일(decade scale)[6]을 사용하여 커패시터 값을 선택하는 것이 권장된다. 세 커패시터 값들이 로그 스케일(log scale)로 균등한 간격으로 분포해 있으면 가장 낮은 피크 임피던스를 제공한다.

6 (옮긴이) 수치가 10배(decade) 증가할 때마다 한 눈금씩 증가하는 표시방법

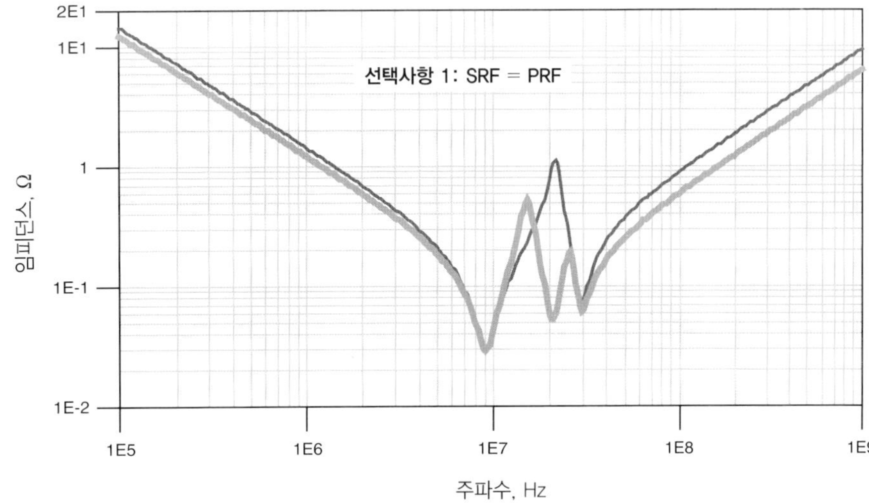

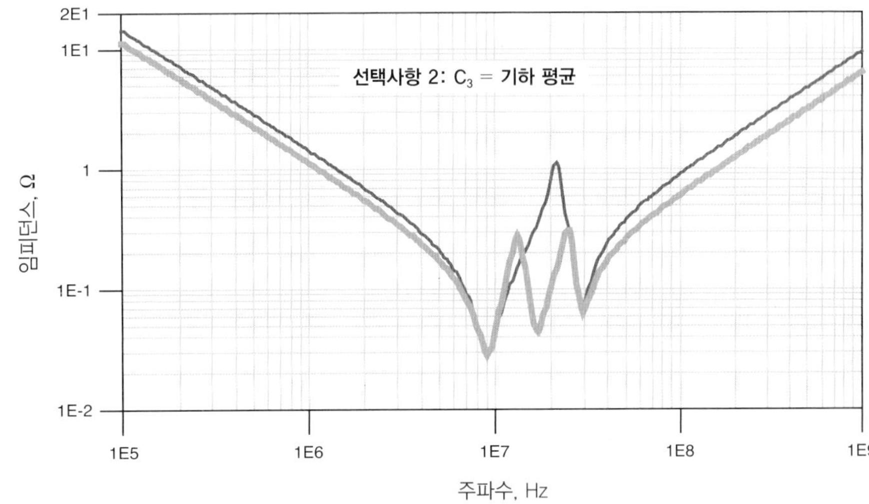

그림 13-44 세 번째 커패시터 값을 결정하는 데 사용하는 두 가지 선택사항의 비교. 가장 낮은 피크 임피던스를 제공하는 방식은 기하 평균을 사용하는 두 번째 선택사항이다.

ESL과 ESR 값이 주어진 경우에 피크 임피던스를 가장 낮아지게 하는 최적의 커패시터 값을 알 수 있는 유일한 방법은 SPICE 시뮬레이션이다. 두 커패시터의 SRF 값이 멀리 떨어져 있을 때는 PRF에 가까운 SRF를 가진 세 번째 커패시터를 사용하는 것이 더 나은 선택이 될 수 있다.

TIP

서로 다른 값의 커패시터들을 병렬로 연결할 때마다 항상 병렬 공진 피크가 발생한다. 이 병렬 공진 피크는 반드시 관리해주어야 한다. 이러한 병렬 공진 피크는 벌크 커패시터일 때는 저주파수에서, 전원/접지면 커패시턴스와 온-다이 커패시턴스일 때는 고주파수에서 발생할 것이다.

13.18 커패시터 값 선택

많은 기술 문서(application note)에서는 패키지의 전원/접지 핀당 3개의 커패시터를 추가하기만 하면 된다고 권장한다. 이들 기술 문서 중 절반은 3개의 커패시터를 모두 같은 값으로 사용하도록 권장하고 나머지 절반은 서로 다른 커패시터 값을 사용하도록 권장한다. 어느 쪽이 맞을까? 그것을 알아내는 유일한 방법은 수치를 넣어 구체적으로 확인하는 것이다.

[그림 13-45]는 3개의 커패시터가 1 μF으로 모두 동일한 경우, 그리고 1 μF, 0.1 μF, 0.01μF으로 모두 다른 경우, 이렇게 두 경우에 대해 세 커패시터 병렬 조합의 임피던스 프로파일을 비교한 것이다. 두 경우 모두 ESL은 3 nH의 동일한 값으로, ESR은 제조업체에서 명시한 값으로 선택하였다.

언뜻 보면, 같은 값을 가진 세 개의 커패시터가 가장 낮은 임피던스를 제공하지만, 100 MHz에서는 두 경우 모두 임피던스를 약 0.6 Ω의 동일한 값으로 제한하고 있다. 그러나 이러한 분석은 두 가지 중요한 효과를 무시하고 있는데, 그중 하나는 저주파 쪽에서 이들 커패시터와 VRM 및 벌크 커패시터와의 상호작용, 나머지 하나는 고주파 쪽에서 이들 커패시터와 기판의 전원/접지면과의 상호작용, 또는 온-다이 커패시턴스 및 패키지 리드 인덕턴스와의 상호작용이다.

세 개의 다른 커패시터 값을 사용해야 한다는 주장의 근거는 종종 특정 주파수 영역에서 매우 낮은 임피던스를 생성한다는 것이다. 이러한 주장 자체는 사실이지만, PDN에서 중요한 것은 임피던스 프로파일이 얼마나 낮은가가 아니라 얼마나 높은가 이므로 이 경우에는 적절하지 않다. 임피던스 프로파일의 피크는 실패(고장)를 유발하므로, PDN은 이를 처리하도록 설계되어야 한다.

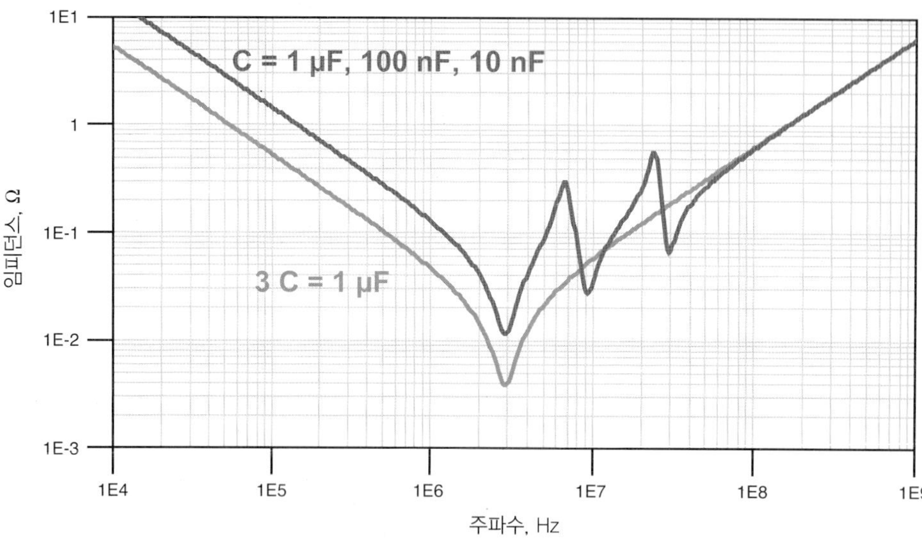

그림 13-45 3개의 커패시터가 각각 다른 값을 갖는 경우와 모두 같은 값을 갖는 경우의 임피던스 프로파일

TIP

커패시터의 자기 공진 주파수에서 발생하는 임피던스 프로파일의 딥은 중요하지 않다. 중요한 것은 임피던스 프로파일의 피크로 이것은 실패(고장)를 유발한다. 따라서 PDN은 피크를 제어하도록 설계되어야 한다.

이 두 가지 커패시터 조합, 벌크 디커플링 커패시터를 가진 VRM, 한 변이 5 inch이고 두께가 4 mil인 기판 평면이 모두 포함된 임피던스 프로파일이 [그림 13-46]에 나와 있다.

TIP

저주파수 대역에서는 벌크 커패시터와 소형 세라믹 커패시터의 상호작용으로 약 1 MHz에서 임피던스 피크가 발생한다. 피크 임피던스의 주된 원인은 벌크 커패시터의 인덕턴스와 MLCC 커패시터의 커패시턴스이다.

이 피크를 낮추는 중요한 방법은 벌크 커패시터의 인덕턴스를 줄이는 것이다. 이 예에서는 전해 커패시터의 전형적인 인덕턴스를 15 nH로 가정했다. 설계로는 이 값을 줄일 수 없을 때, 낮출 수 있는 한 가지 방법은 여러 개의 커패시터를 병렬로 추가하는 것이다. 이들 커패시터의 SRF가 대략 1 MHz인 피크 임피던스의 주파수보다 낮기만 하면 이들의 ESL이 전해 커패시터와 병렬로 연결되므로 피크 임피던스를 줄일 수 있다.

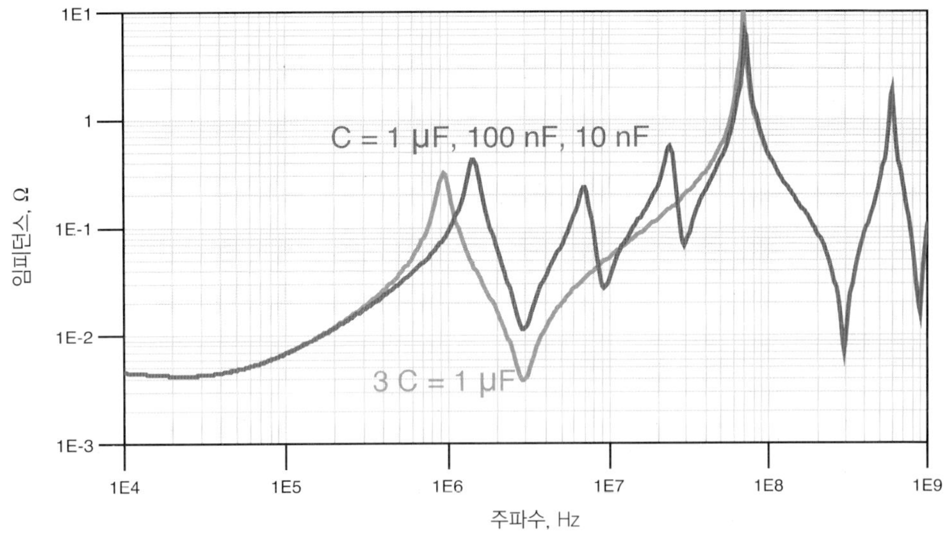

그림 13-46 커패시터의 두 가지 조합 모두에서, 경계에서 발생하는 병렬 공진에 의해 피크 임피던스가 나타난다.

필요한 최소 커패시턴스 값은 간단한 추정을 통해서 알아낼 수 있다. ESL이 5 nH 정도인 탄탈룸 커패시터를 사용한다고 가정할 때 SRF < 1 MHz의 조건을 만족하는 커패시턴스의 값은 다음과 같이 찾을 수 있다.

$$C_3 = \left(\frac{160}{f_{PRF}}\right)^2 \frac{1}{ESL} = \left(\frac{160}{1}\right)^2 \frac{1}{5} \sim 5\,\mu F \tag{13.46}$$

따라서 ESL이 5 nH보다 작으면서 커패시턴스 값이 5 μF 이상인 커패시터를 추가해주면 저주파에서 피크 임피던스를 줄일 수 있다. 중요한 것은 정확한 커패시턴스 값이 아니라 ESL 값이다.

10 μF 탄탈룸 커패시터를 추가한 새로운 임피던스 프로파일이 [그림 13-47]에 나와 있다. 고주파 임피던스 피크는 전원/접지면의 커패시턴스와 세라믹 커패시터의 상호작용에 의해 발생한다. 한 쌍의 전원/접지면의 커패시턴스는 다음과 같다:

$$C_{planes} = 0.225 \times Dk \frac{A}{h} \quad (13.47)$$

여기서

C_{planes} = 전원/접지면의 커패시턴스(단위: nF)

Dk = 라미네이트(유전체) 물질의 유전 상수, FR4의 경우 일반적으로 4

A = 전원면(또는 접지면)의 면적(단위: $inch^2$)

h = 유전체 두께(단위: mil)

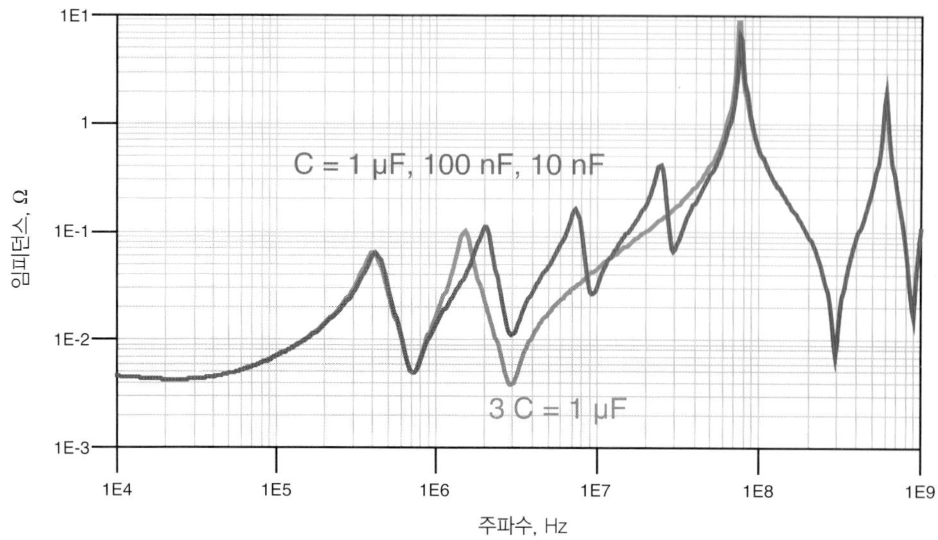

그림 13-47 ESL이 5 nH인 10 μF 벌크 디커플링 커패시터를 추가한 경우의 임피던스 프로파일. 저주파 대역에서 피크 임피던스가 0.1 Ω 이하로 감소한다.

예를 들어, A = 5 inch × 5 inch = 25 in^2, h = 4 mil, Dk = 4일 때, 전원/접지면의 커패시턴스는 다음과 같다.

$$C_{planes} = 0.225 \times 4 \frac{25}{4} = 5.6 \text{ nF} \quad (13.48)$$

예상되는 병렬 공진 주파수는 대략 다음과 같다.

$$f_{PRF} = \frac{160\ \text{MHz}}{\sqrt{\frac{1}{n}\text{ESL} \times C_{\text{planes}}}} = \frac{160\ \text{MHz}}{\sqrt{\frac{1}{3}3 \times 5.6}} = 67\ \text{MHz} \quad (13.49)$$

시뮬레이션에서 나온 PRF는 70 MHz이다

PRF에서의 피크 임피던스는 커패시터의 인덕턴스와 전원/접지면의 커패시턴스와 관련이 있다. 이 경우 커패시터 3개의 인덕턴스 값은 동일하며, 커패시턴스의 값과는 무관하다. 따라서 같은 값의 커패시터 3개를 사용하든 다른 값의 커패시터 3개를 사용하든 피크 임피던스는 정확히 동일하다.

이 피크 임피던스는 기판 수준에서 PDN 임피던스를 약 10 Ω으로 제한한다. 최악의 전류의 진폭이 70 MHz 근처에 있지 않으면 이 임피던스 피크는 문제가 되지 않을 수 있다. 그러나 10 Ω 미만의 목표 임피던스가 필요하다고 가정하고 PDN을 설계하는 경우라면 이 피크 임피던스를 낮추어야 한다.

100 MHz 미만의 주파수에서 피크 임피던스를 줄이는 방법에는 다음과 같은 여섯 가지가 있다.

1. 전원/접지면의 커패시턴스를 많이 증가시켜 SRF를 피크 임피던스가 더 작은 매우 낮은 주파수로 밀어낸다.
2. 전원/접지면의 커패시턴스를 줄여서 PRF가 100 MHz를 훨씬 초과하도록 한다.
3. 디커플링 커패시터의 인덕턴스를 줄인다.
4. 커패시터의 ESR을 높인다.
5. SRF가 PRF에 더 가깝도록 커패시터 값을 조정한다.
6. PRF에 가까운 SRF를 가지는 커패시터를 추가한다.

전원/접지면의 커패시턴스는 거의 조정할 수 없다. 어쩌다 보니 그 커패시턴스 값이 된 것이다. 모든 PDN 설계가 맞춤형인 이유 중 하나는 기판 크기와 적층 구조에 따라 전원/접지면의 커패시턴스가 달라지기 때문이다. 이런 식으로 커패시턴스가 달라지면 PRF도 넓은 범위의 주파수에 걸쳐 변동하게 된다.

> **TIP**
>
> 벌크 커패시터의 ESL을 줄이는 것은 항상 작업 목록의 맨 위에 있어야 한다. ESL을 줄이기 위해 항상 모든 방법을 적용해야 한다. 낮은 값의 커패시턴스를 갖는 커패시터를 선택하면 더 높은 ESR과 더 많은 감쇠를 제공할 수 있다.

커패시터를 단 3개만 사용하는 것으로 제한하는 경우, 세 커패시터 중 하나의 커패시턴스를 적절한 값으로 변경하여 해당 커패시터의 SRF를 전원/접지면의 PRF에 더 가까워지게 할 수 있다. 이렇게 하면 더 가까운 SRF과 더 높은 ESR에 의해 피크 임피던스가 감소하고 감쇠(damping)가 증가한다.

세 번째 커패시터인 C_3를 조정하여 SRF가 PRF에 가까워지게 해보자. 이 조건을 수식으로 나타내면 다음과 같다.

$$SRF = PRF = \frac{160\ \text{MHz}}{\sqrt{ESL \times C_3}} = \frac{160\ \text{MHz}}{\sqrt{\frac{1}{3}ESL \times C_{\text{planes}}}} \tag{13.50}$$

위 식은 다음과 같이 간단히 정리된다.

$$C_3 = \frac{1}{3}C_{\text{planes}} = \frac{1}{3}5.6\ \text{nF} = 1.9\ \text{nF} \tag{13.51}$$

[그림 13-48]은 VRM, 전원/접지면, 두 커패시터, 그리고 10 nF에서 2 nF로 값이 변경된 세 번째 커패시터 전체의 임피던스 프로파일을 보여준다.

TIP

커패시터 중 하나의 커패시턴스 값을 줄이면 임피던스 프로파일이 실제로 개선된다는 것은 직관에 어긋난다. 이 예에서는 커패시터 값을 최적화함으로써 피크 임피던스를 10 Ω에서 2.5 Ω으로 줄였다. 이렇게 되면 50~100 MHz 범위에서 PDN 노이즈가 4배 감소한다.

모두 같은 값을 가진 3개의 커패시터와 모두 다른 값을 가진 3개의 커패시터 중 어느 것이 더 좋을까? 3개의 커패시터 값을 아무렇게 선택하거나 무작정 1 μF, 0.1 μF, 0.01 μF의 값을 사용한다면 어떤 방법을 택하든 상관없을 것이다. 어떤 방법으로 하든 성공 확률과 실패 확률은 반반이다. 그러나 커패시터 값을 최적화하여 전원/접지면의 커패시턴스로 PRF에서의 피크 임피던스를 최소화할 수 있는 경우에는 서로 다른 값의 커패시터를 사용하여 피크 임피던스 프로파일을 더욱 낮출 수 있다.

이 예에서 3개의 커패시터를 사용하여 100 MHz 이하에서 얻을 수 있었던 최저 피크 임피던스는 세 커패시터의 값을 최적화하더라도 여전히 약 2 Ω이 한계이다. 커패시터를 추가로 더 사용하면 이 값을 더욱 크게 개선할 수 있다.

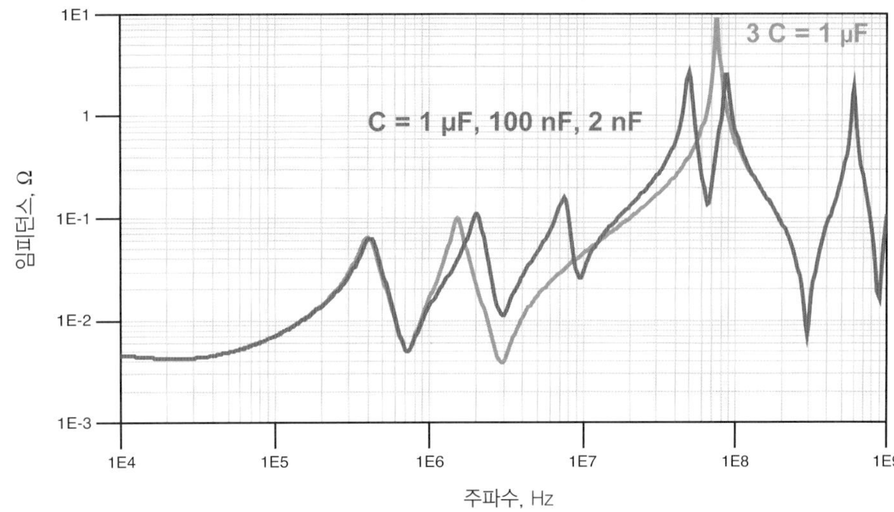

그림 13-48 10 nF 커패시터를 2 nF으로 변경하여 피크 임피던스를 낮춘 임피던스 프로파일

13.19 필요한 커패시터 개수 추정

더 자세한 정보가 없는 경우에는 기판 수준의 PDN 설계의 목표는 약 100 MHz까지, 다시 말해 칩에서 바라보는 임피던스가 패키지에 의해 제한되는 대략적인 주파수(더 낮은 주파수일 수 있음)까지 임피던스 피크를 목표 값 아래가 되도록 설계하는 것이다.

저주파 대역 끝에서는 벌크 커패시터의 개수와 커패시턴스 값을 조정하여 피크 임피던스를 목표 값 아래로 유지할 수 있다.

고주파 대역 끝에서 다수의 커패시터가 이론적으로 가질 수 있는 가장 낮은 최대 임피던스는 이들 커패시터와 등가 직렬 인덕턴스의 병렬 조합에 의해 설정된다. 가장 좋은 경우는 평판의 커패시턴스로 인한 병렬 공진이 없고 모든 인덕턴스가 병렬로 연결된 경우이다. 이 설계 조건을 수식으로 나타내면 다음과 같다.

$$F_{max}\text{에서} \quad Z_{capacitors} < Z_{target} \tag{13.52}$$

여기서

$Z_{capacitors}$ = 병렬로 연결된 커패시터의 임피던스(단위: Ω)

Z_{target} = 목표 임피던스(단위: Ω)

F_{max} = 기판 수준 임피던스가 역할을 할 수 있는 최고 주파수

고주파 대역 끝에 있는 커패시터의 임피던스가 모두 인덕턴스의 병렬 조합으로 인한 것이고 모두 동일한 ESL 값을 갖는 경우, 이 조건은 다음과 같이 바꾸어 나타낼 수 있다.

$$2\pi F_{max}\left(\frac{ESL}{n}\right) < Z_{target} \tag{13.53}$$

여기서

Z_{target} = 목표 임피던스(단위: Ω)

F_{max} = 기판 수준 임피던스가 역할을 할 수 있는 최고 주파수(단위: GHz)

ESL = 각 커패시터의 등가 직렬 인덕턴스(단위: nH)

n = 목표 임피던스를 충족하기 위해 필요한 병렬 커패시터 개수

이러한 임피던스 목표를 충족하기 위해 필요한 병렬 커패시터의 최소 개수는 이론적으로 다음과 같이 설정한다.

$$n > 2\pi F_{max}\left(\frac{ESL}{Z_{target}}\right) \tag{13.54}$$

예를 들어 목표 임피던스가 0.1 Ω이고 F_{max}가 100 MHz이고 각 커패시터에 2 nH의 ESL이 있는 경우에 필요한 이론적 최소 커패시터 개수는 다음과 같다.

$$n > 2\pi \times 0.1\left(\frac{2}{0.1}\right) = 13 \tag{13.55}$$

TIP

필요한 커패시터의 개수를 줄이려면 그 커패시터의 값과 상관없이 ESL을 줄여야 한다. 이것이 ESL이 중요한 수치인 이유이다.

[그림 13-49]는 ESL과 목표 임피던스에 따라 이론적 최소 커패시터 개수가 어떻게 달라지는지 보여준다. 목표 임피던스를 달성하는 데 필요한 최소 커패시터 개수는 어떤 설계가 얼마나 잘 최적화되었는지 평가하는 좋은 성능지표이다. 예를 들어 PDN이 V_{dd} 코어에 전원을 공급하지 않고 귀환 전류에 대해 낮은 임피던스를 제공하는 경우가 이에 해당된다. 병렬로 연결된 이 많은 커패시터들은 DC 차단을 하면서 동시에 전원면과 접지면의 임피던스를 줄이는 단락 인덕터의 역할을 한다.

앞 절의 예에서는 ESL이 3 nH인 커패시터 3개로 목표 임피던스 2 Ω을 달성했다. [그림 13-49]의 그래프에서 구해보면 사용할 수 있는 최소 개수는 이론적으로 1이다. 3개를 사용하는 것은 평면의 PRF를 복잡해지게 하므로 그다지 효율적이지 않다.

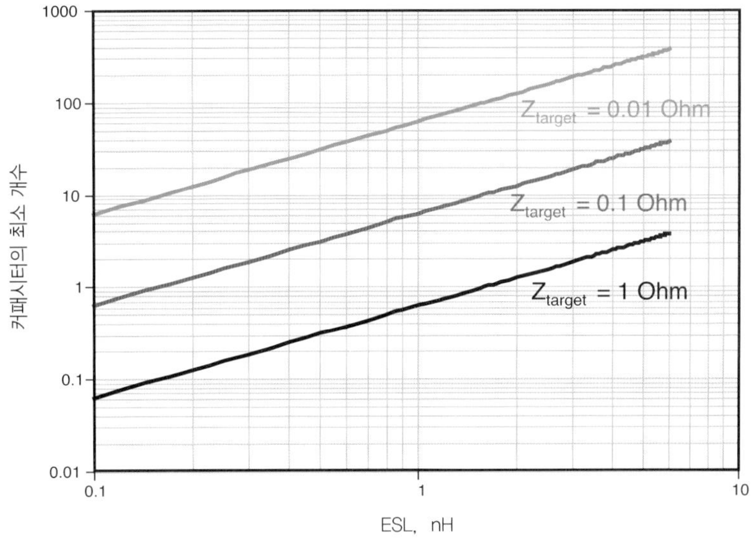

그림 13-49 ESL 값을 기준으로 100 MHz에서 목표 임피던스를 달성하는 데 필요한 최소 커패시터 개수

13.20 nH의 비용은 얼마인가?

소형 세라믹 디커플링 커패시터에 드는 비용은 거의 무시할 수 있다. 가장 큰 직접 비용은 이들 커패시터의 조립 작업이고 간접 비용에는 이들 커패시터로 인한 더 많은 비아 드릴 작업, 차지하는 표면 영역, 라우팅 채널의 차단 가능성, 기판 층의 수에 미치는 영향 등이 있다.

커패시터당 총 직접 재료비와 조립 비용을 대략 $0.01로 추정하면, nH의 가치를 추정할 수 있다. ESL에서 1 nH가 감소할 때마다 필요한 커패시터의 개수가 줄어들므로 직접적인 비용 절감 효과가 있다.

nH당 비용은 앞에 나온 식(13-54)의 필요한 이론적 최소 커패시터 수로부터 다음과 같이 유도된다.

$$\text{총비용} = \$0.01 \times n = \$0.01 \times 2\pi F_{max}\left(\frac{ESL}{Z_{target}}\right) \tag{13.56}$$

[그림 13-50]은 기판이 역할을 하는 최고 동작 주파수인 100 MHz에서 ESL 값과 목표 임피던스 값에 따라 커패시터에 드는 총비용을 보여주고 있다.

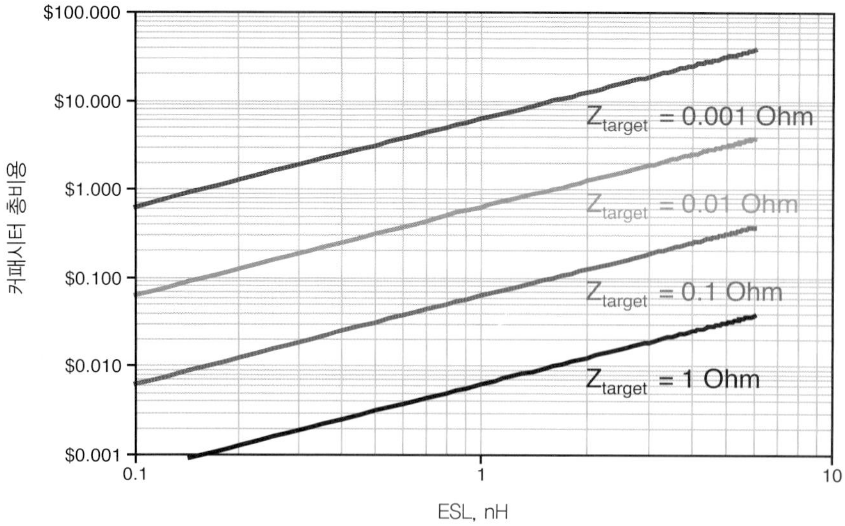

그림 13-50 커패시터당 비용을 $0.01로 가정할 때 ESL과 목표 임피던스에 따른 전체 커패시터의 총비용

nH당 비용은 다음 식으로부터 추정할 수 있다.

$$\frac{\text{총비용}}{\text{ESL}} = \frac{\$0.01 \times 2\pi F_{max}}{Z_{target}} = \frac{0.006}{Z_{target}} \frac{\$}{\text{nH}} \tag{13.57}$$

여기서

총비용/ESL = nH당 비용(단위: $/nH)

F_{max} = 기판 수준 임피던스가 역할을 할 수 있는 최고 주파수, 약 0.1 GHz로 가정(단위: GHz)

Z_{target} = 목표 임피던스(단위: Ω)

TIP

이는 간단한 결과이다. 목표 임피던스가 낮을수록 nH당 비용이 더 많이 들고 ESL 감소의 가치가 더 커진다는 것을 말해준다.

예를 들어, 목표 임피던스가 0.01 Ω인 경우 nH당 비용은 $0.6/nH이다. 실장 인덕턴스가 2 nH인 경우, 기판에서 커패시터의 총비용은 약 $1.20이다. 표면 트레이스를 변경하거나 전원/접지면 공동을 기판 표면에 더 가깝게 하는 것만으로 ESL을 2 nH에서 1 nH로 줄일 수 있다면 기판에 사용되는 커패시터 개수의 감소로 인한 비용 절감은 성능 저하 없이도 $0.60이 될 것이다. 만약 이 기판이 월 100만 개의 대량 생산 기판이라면 비용 절감액은 월 60만 달러, 연간으로는 720만 달러가 될 것이다.

전원/접지면 평면의 확산 인덕턴스의 기여도는 대략 다음과 같다.

$$L_{via-via} = 21 \times h \times \ln\left(\frac{B}{D}\right) \text{pH} \tag{13.58}$$

여기서

$L_{via-via}$ = 두 비아 접점 사이 평면의 루프 확산 인덕턴스(단위: pH)

h = 두 비아 사이의 유전체 두께(단위: mil)

B = 두 비아 중심 사이의 간격(단위: mil)

D = 비아의 지름(단위: mil)

전형적인 경우로, B = 1 inch이고 D = 10 mil일 때 평면의 확산 인덕턴스는 대략 다음과 같다.

$$L_{via-via} = 21 \times h \times \ln\left(\frac{1}{0.01}\right) \text{ pH} \sim 0.1 \times h \text{ nH} \tag{13.59}$$

통상적인 두께인 4 mil을 사용하면 확산 인덕턴스 기여도는 커패시터당 0.4 nH 정도이다. 두께가 0.5 mil인 DuPont Interra HK04 소재(물질)와 같이 초박형 라미네이트(유전체)를 사용하면 확산 인덕턴스는 0.05 nH 정도이다. 감소량은 약 0.35 nH로 이는 다음과 같은 잠재적인 비용 절감으로 이어진다.

$$\text{비용절감(Cost Reduction)} = \frac{0.006}{Z_{target}} \frac{\$}{\text{nH}} \times 0.35 \text{ nH} = \frac{\$0.002}{Z_{target}} \tag{13.60}$$

더 얇은 유전체를 사용할 때의 비용 절감 효과가 비용의 프리미엄(premium)보다 큰 경우, 더 비싼 초박형 라미네이트를 사용하는 것은 총 소유 비용(total cost of ownership)을 절감하는 것이 된다. 프리미엄은 기판의 제곱피트당 추가 가격으로 계산된다.

$$\text{비용절감(Cost Reduction)} > \text{프리미엄(Premium)} \times \text{면적(Area)} \tag{13.61}$$

$$\frac{\$0.002}{Z_{target}} > \text{프리미엄(Premium)} \times \text{면적(Area)} \tag{13.62}$$

$$\frac{\$0.002}{\text{프리미엄}} > Z_{target} \times \text{면적(Area)} \tag{13.63}$$

프리미엄이 제곱피트당 약 $3의 추가 비용인 경우, 얇은 라미네이트를 사용하여 총비용을 절감할 수 있는 조건은 다음과 같다.

$$\frac{\$0.002}{\$3} = \$0.0007 > Z_{target} \times \text{면적(Area)} \tag{13.64}$$

여기서

비용절감 = 불필요한 커패시터 개수 감소에 따른 비용 절감(단위: $)

Z_{target} = 목표 임피던스(단위: Ω)

프리미엄 = 기존 라미네이트 대신 얇은 라미네이트 사용으로 예상되는 제곱피트당 추가 비용(단위: $\$/ft^2$)

면적 = 특정 응용 분야에서 사용되는 기판 표면의 면적(단위: ft^2)

면적의 단위가 in^2일 때는 다음 식으로 쓸 수 있다.

$$\$0.1 > Z_{target} \times \text{면적(Area)} \tag{13.65}$$

따라서 기판 면적이 10 in^2인 경우 목표 임피던스가 0.01 Ω 미만이면 얇은 라미네이트로 비용을 절감할 수 있다는 것을 알 수 있다.

13.21 커패시터의 개수와 커패시터의 값 중 어느 쪽?

다수 커패시터 집합의 고주파수 임피던스에 가장 큰 영향을 주는 것은 커패시터의 인덕턴스의 병렬 조합과 관련이 있다. 하지만 기판 임피던스가 역할을 하는 최고 주파수 근처에 기판 전원/접지면의 커패시턴스와의 병렬 공진이 존재하면 커패시터의 임피던스 프로파일이 급격하게 증가한다. 이러한 상황에서는 커패시터 값들을 신중하게 선택하여 임피던스 프로파일을 "조각해서(깎고 다듬어서)" 병렬 공진을 보정해주면 다수 커패시터 집합의 임피던스를 낮출 수 있다.

[그림 13-51]에 아래와 같은 특수한 경우에 대해, 병렬 공진이 다수 커패시터 집합의 임피던스 프로파일에 미치는 영향을 나타내었다.

Z_{target} = 0.1 Ω
F_{max} = 0.1 GHz
ESL = 2 nH
n = 13, 커패시터 개수
A = 65 in^2와 6.5 in^2

이 경우, 0.1 GHz에서 0.1 Ω을 달성하는 데 필요한 이론적 최소 커패시터 개수는 다음과 같다.

$$n > 2\pi F_{max}\left(\frac{ESL}{Z_{target}}\right) = 2\pi 0.1\left(\frac{2}{0.1}\right) = 13 \tag{13.66}$$

PRF가 F_{max}에 가까워지면 커패시터와 전원/접지면의 커패시턴스의 임피던스 프로파일을 급격하게 증가시킨다. 증가율은 2배 또는 3배 이상일 수 있다.

그러나 예를 들어 전원/접지면의 면적을 줄여서 PRF를 더 높은 주파수로 설계할 수 있다면 병렬 공진은 F_{max} 근처의 커패시터 임피던스와 상호작용을 하지 않으며, 임피던스는 병렬로 연결된 n개의 인덕터의 이론적 임피던스에 가까운 값을 가질 수 있다. 이 경우 F_{max}에서 최소 개수의 커패시터로 목표 임피던스를 달성하는 것은 커패시터의 특정 값에는 상관이 없고, 커패시터의 개수와 ESL에 따라서 달라진다.

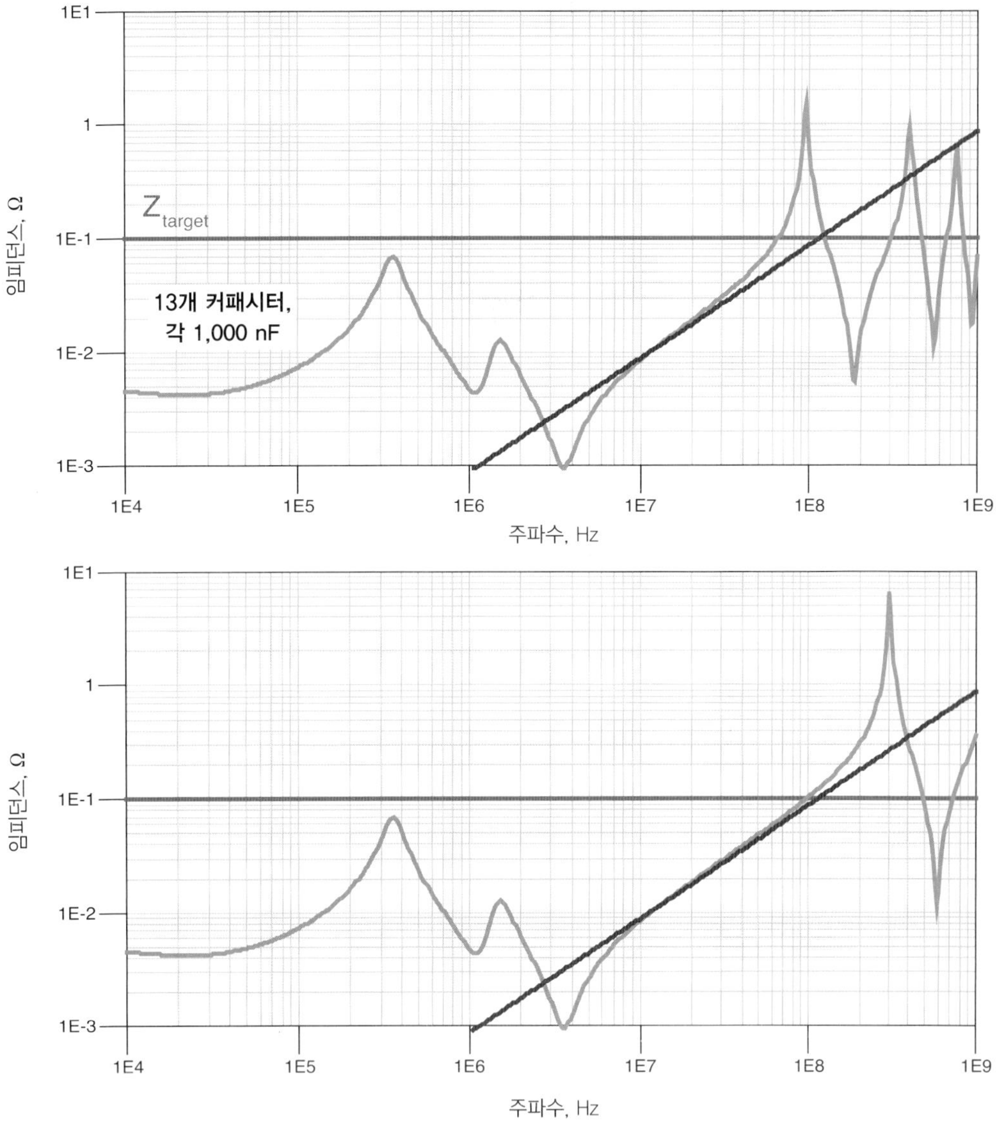

그림 13-51 고주파에서 면적이 65 in^2와 6.5 in^2인 기판 커패시턴스와 상호 작용하는 13개 커패시터 전체의 임피던스 프로파일. 비교를 위해 13개 커패시터 전체의 이상적인 인덕턴스의 임피던스를 함께 나타내었다. (상단) PRF = 100 MHz, (하단) PRF = 3 × 100 MHz

전원/접지면의 커패시턴스와 상호작용하는 커패시터의 인덕턴스에 대한 PRF는 다음과 같다.

$$PRF = \frac{160\ \text{MHz}}{\sqrt{\frac{1}{n}\left(ESL\ C_{planes}\right)}} = \sqrt{\frac{h}{\frac{1}{n}ESL \times A}}\,160\ \text{MHz} \tag{13.67}$$

여기서

PRF = 병렬 공진 주파수(단위: MHz)

n = 병렬 커패시터 개수

ESL = 각 커패시터의 등가 직렬 인덕턴스(단위: nH)

C_{planes} = 전원/접지면의 커패시턴스(단위: nF)

h = 전원/접지면 사이의 유전체 두께(단위: mil), Dk = 4로 가정

A = 전원면 또는 접지면의 면적(단위: $inch^2$)

목표는 최고 주파수를 초과하는 주파수로 PRF를 밀어 올릴 수 있는 조건을 설계하는 것이다. 이를 위해 우선적으로 다음과 같은 방법을 검토한다.

- 많은 커패시터 개수(n)
- 두꺼운 유전체(h)
- 작은 등가 직렬 인덕턴스(ESL)
- 작은 면적(A)

그러나 유전체 두께는 ESL에도 영향을 미친다. h를 증가시키면 ESL이 증가한다. 낮은 ESL의 중요성을 고려하면 일반적으로 얇은 h가 더 좋다. 커패시터의 임피던스와 상호작용을 하지 않도록 PRF를 충분히 높은 주파수로 밀어 넣으려면 최대 주파수보다 최소 3배 이상 높아야 한다.

앞에서 설명한 바와 같이 커패시터의 특정 값이 중요하지 않은 조건은 대략 다음과 같이 근사적으로 나타낼 수 있다.

$$\mathrm{PRF} > 3 \times F_{max}$$

$$\sqrt{\frac{h}{\frac{1}{n}\mathrm{ESL} \times A}}\,160\ \mathrm{MHz} > 3 \times F_{max} \tag{13.68}$$

또한 최대 주파수에서 목표 임피던스를 충족하도록 커패시터 개수를 조정하면 다음과 같은 조건이 추가된다.

$$Z_{target} = \frac{1}{n}\mathrm{ESL} \times 2\pi F_{max} \tag{13.69}$$

이 두 가지 관계식을 결합하여 F_{max}에서의 임피던스가 선택한 커패시터의 특정 값과는 무관한 조건을 다음과 같이 유도할 수 있다.

$$\frac{h}{Z_{target}A} > 56 \times F_{max} \tag{13.70}$$

여기서

n = 병렬 커패시터 개수

Z_{target} = 목표 임피던스(단위: Ω)
A = 전원면 또는 접지면의 면적(단위: $inch^2$)
F_{max} = 기판 수준 임피던스가 중요한 최고 주파수(단위: GHz)
ESL = 각 커패시터의 등가 직렬 인덕턴스(단위: nH)
h = 전원면과 접지면 사이의 유전체 두께(단위: mil), Dk = 4로 가정

통상적인 두께 h = 4 mil과 전형적인 F_{max} = 0.1 GHz인 경우, 이 조건은 다음과 같이 간단하게 표시된다.

$$Z_{target}A < 0.7 \tag{13.71}$$

여기서
Z_{target} = 목표 임피던스(단위: Ω)
A = 전원면 또는 접지면의 면적(단위: $inch^2$)

> **TIP**
> 이 식으로부터 커패시터의 값이 중요하지 않고 이론적으로 최소 개수의 커패시터를 사용할 수 있는 조건을 설계하려면 전원면의 면적을 최소로 유지하고 목표 임피던스를 낮게 유지해야 함을 알 수 있다.

일반적으로, 전원면과 접지면의 면적은 항상 기판의 면적보다 작다. 분할(split) 전원면을 사용하는 경우, 실제 기판 면적은 전원면보다 3배 이상 클 수 있다. 잘 설계하면, 전원면의 면적을 최소한으로 유지하면서 모든 커패시터들과 VRM의 연결을 지원할 수 있다. 신호 층(signal layer)상의 일부 영역을 구리로 채워 전원면을 만들어 놓기도 하는데 이 작은 전원면을 구리 웅덩이(copper puddle)라고 부르기도 한다.

> **TIP**
> 분할 전원/접지면을 사용할 때는 분할 평면 아래에서 신호 층이 교차하지(가로지르지) 않도록 하는 것이 항상 중요하다. 분할 평면 아래를 교차하는 신호 층은 전원면에 노이즈를 발생시키고 인접한 신호 선로 사이에 과도한 결합을 발생시킬 수 있다.

전용 전원면이 있는 많은 응용 분야에서는 전원면 면적과 기판 면적이 거의 같을 수 있다. 이 경우의 설계 공간(design space)을 [그림 13-52]에 나타내었다.

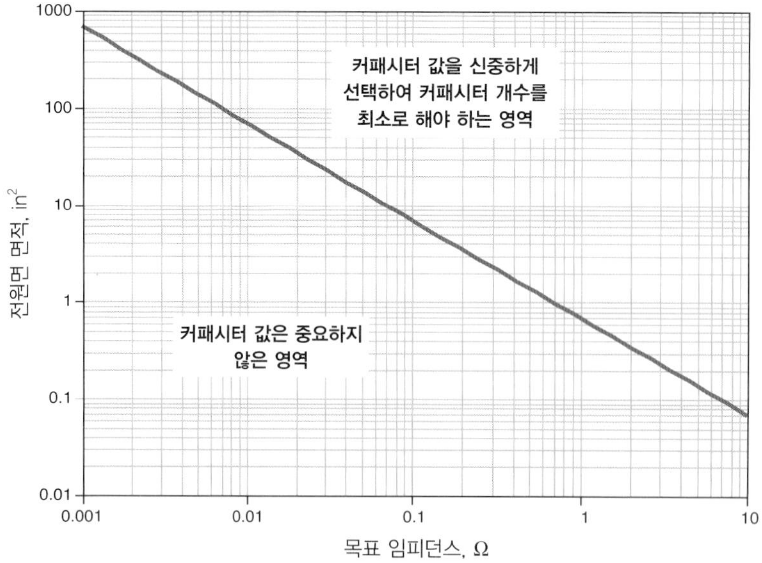

그림 13-52 유전체 두께가 4 mil인 특수한 경우, 선택된 커패시터 값이 중요한 경우와 중요하지 않은 경우의 설계 공간

유전체 두께가 4 mil로 주어진 경우, 목표 임피던스가 0.1 Ω이면 전원/접지 평면의 면적이 약 7 in^2 미만이기만 하면 커패시터 값의 선택은 중요하지 않다. 이들 커패시터 값은 모두 동일한 값일 수 있다.

그러나 평면 면적이 7 in^2보다 크면 기판의 커패시턴스는 PRF가 0.1 GHz에 가까워지도록 밀어내리고 커패시터들의 조합의 임피던스를 증가시킨다. 이 경우 최소 개수의 커패시터를 사용하기 위해서는 그 커패시터들의 값이 중요하며 임피던스 프로파일을 "조각하기" 위해서는 그 값들을 잘 선택해야 한다.

0.1 Ω보다 높고 평면의 면적이 7 in^2보다 큰 이러한 설계 공간에 많은 기판이 포함된다(해당된다). 이러한 상황에서 가장 적은 개수의 커패시터를 사용하여 최저 비용을 달성하려면 커패시터의 정확한 값을 신중하게 선택해야 한다. 커패시터의 값과 개수는 피크 임피던스가 목표 값 이하로 되는 주파수를 최고 주파수까지 끌어 올리도록 선택한다.

이 때문에 많은 일반적인 기판 응용 분야에서는 커패시터 값을 분산시켜 사용하는 것이 동일한 커패시턴스 값을 모두 사용하는 것보다 더 적은 수의 커패시터로 더 낮은 임피던스를 얻을 수 있다. 물론 최소 커패시터 개수는 올바른 커패시턴스 값의 분포를 사용하는 것을 전제로 한다.

평면 면적을 2 in^2 미만으로 작게 유지할 수 있다면 목표 임피던스가 0.3 Ω보다 작은 모든 설계에는 동일한 값의 커패시터로 최소 개수의 커패시터를 사용할 수 있다. 이것은 평면의 면적으로는 상당히 작아서 일반적이지 않다. 그러나 패키지는 이 정도 사이즈이다.

TIP

패키지는 작은 기판처럼 동작할 수 있다. 패키지에 충분한 커패시터를 추가하면 기판의 임피던스를 중요하지 않은 수준까지 줄일 수 있다.

온-패키지 디커플링 커패시턴스 값이 기판 수준의 요구사항을 모두 충족시키기에는 충분하지는 않은 경우, 패키지에 필요한 모든 커패시터를 패키지 대신 작은 크기의 인터포저를 사용하여 추가할 수 있다. 이러한 대안적 방식은 테라스피드 컨설팅 그룹(Teraspeed Consulting Group)에서 제공한다.

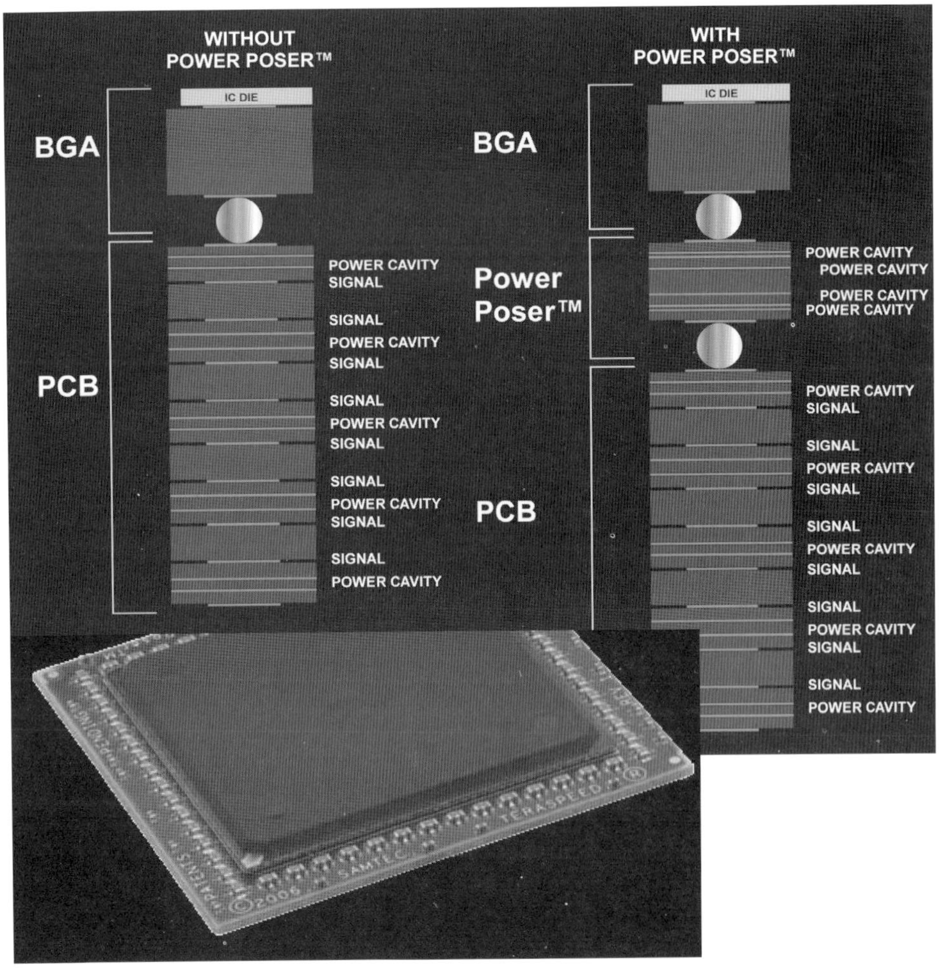

그림 13-53 기판 적층 구조에서의 파워포저(PowerPoser)의 역할과 파워포저에 실장된 FPGA 칩의 확대 사진

[그림 13-53]은 파워포저(PowerPoser)에서 제공하는 낮은 임피던스 전원 및 접지를 가진 작은 섬(island)의 예를 보여주고 있다. 이 작은 기판은 패키지 아래에 설치되며, 인덕턴스가 매우 낮은 디커플링 커패시터들이 장착된 여러 층의 얇은 라미네이트로 구성되어 있어서 낮은 주파수에서 매우 높은 주파수까지 임피던스를 목표 값 이하로 낮춘다.

인터포저를 사용하면 큰 면적으로 인한 비용상의 불이익 없이 표면 근처의 매우 얇은 유전체 층을 사용할 수 있으며 인덕턴스가 낮은 커패시터를 패키지 근처에 배치할 수 있다. 평면의 면적을 작게 유지할 수 있으므로 병렬 공진 주파수가 패키지 한계를 훨씬 넘어서고 모든 커패시터 값이 동일할 수 있다.

13.22 임피던스 프로파일 조정: 주파수 영역 목표 임피던스 방법(FDTIM)

PDN의 병렬 공진은 임피던스 피크를 일으키고 결국 PDN에서 실패(고장)의 원인이 된다. 이러한 병렬 공진은 어딘가에 있는 커패시터와 인덕터의 병렬 조합에 의해 발생한다.

V_{dd} 전원의 경우, 다이의 패드에서 바라본 커패시터는 온-다이 커패시턴스이고, 인덕터는 패키지 리드 인덕턴스이다. 이들에 의해 일어나는 병렬 공진은 과다한 V_{dd} 노이즈를 발생시킨다. 기판 수준에서 달성할 수 있는 최선은 평평한(flat) 임피던스 응답으로, 이러한 응답은 병렬 공진을 약화시킨다.

기판에서 볼 수 있는 전원면과 접지면 공동 구조의 임피던스는 신호-귀환 경로 노이즈, 그리고 전원/접지면에서 다른 구성요소(부품)로의 노이즈 결합에 중요하다. 이 노이즈는 전원/접지면 공동 PDN의 피크들과 관련이 있다. 이들 피크는 주로 공동 커패시턴스와 병렬로 연결된 모든 MLCC 커패시터의 등가 직렬 인덕턴스 사이의 병렬 공진으로 인해 발생한다.

이러한 PDN에 대한 해결책은 총 병렬 인덕턴스를 줄이고 모든 피크를 줄이는 것이다. 이 두 가지 문제는 크기가 큰 피크가 없고 평평한 PDN 프로파일을 설계함으로써 최소화할 수 있다.

커패시터의 값을 최적화하면 가장 적은 개수의 커패시터로 평평한 임피던스 프로파일을 설계할 수 있다. 이 설계 방법에서는 커패시턴스 값을 신중하게 선택하여 목표 임피던스를 달성하는 데 사용되는 커패시터의 개수를 최소화할 수 있다. 이 프로세스를 임피던스 프로파일을 '조각한다'고 말한다.

> **TIP**
> 어떤 경우에도 디커플링 커패시터로는 가능한 한 가장 낮은 ESL을 가진 것을 사용하는 것이 중요하다. 이렇게 하면 항상 가장 적은 개수의 커패시터와 가장 낮은 비용의 시스템을 보장할 수 있다.

필요한 커패시터의 정확한 개수와 최적화된 값은 다음 항목에 따라 달라진다.

- VRM과 관련된 벌크 디커플링 커패시터
- 기판의 커패시턴스
- 목표 임피던스
- 최고 주파수
- 각 커패시터의 ESL

이 항목들의 조합은 제품마다 매우 다르므로 모든 경우에 효과가 있는 특정한 커패시터 분포를 제공할 수는 없다. 그러나 그 방법론은 다른 많은 설계에 적용할 수 있다.

이 방법론은 래리 스미스(Larry Smith)가 썬마이크로시스템즈(Sun Microsystems)에 있는 동안 개발한 것으로 주파수 영역 목표 임피던스 방법(Frequency-Domain Target Impedance Method, FDTIM)이라고 불린다. 이 프로세스는 고주파에서 평면의 커패시터와 저주파에서 VRM과 관련된 벌크 커패시터와 함께 ESL 및 ESR을 포함한 커패시터 집합의 임피던스 프로파일을 시뮬레이션으로 구하여 활용한다.

커패시터 값은 공급업체에서 제공하는 값 중에서 선택한다. 모든 값이 다 가능한 것은 아니며, 보통은 1.0, 1.5, 2.2, 3.3, 4.7, 6.8의 10배수가 되는 수치로 제공된다. 커패시터 집합에 있는 각 커패시터의 ESL이 동일한 경우, 각 커패시터 값이 그 양쪽에 있는 커패시터의 기하 평균일 때 최소 병렬 공진 임피던스 피크가 발생한다.

최적의 분포는 예를 들어 1, 2.2, 4.7의 10배수가 되는 값을 사용하는 것이다. 쉽게 구할 수 있는 0402 커패시터의 최대 커패시턴스 값은 약 1 μF이다. 더 높은 값이 필요한 경우, 1206 커패시터는 100 μF까지 제공할 수 있다.

필요한 가장 낮은 값의 커패시터는 평면의 커패시턴스의 약 1/3이다. 예를 들어 면적이 40 in^2인 평면의 커패시턴스는 약 10 nF이다. 필요한 커패시터의 최소 커패시턴스는 약 2.2 nF이다.

선택 가능한 값은 1 μF에서 2.2 nF까지로 이 범위에서 선택할 수 있는 값은 다음과 같이 9가지이다.

1000 nF
470 nF
220 nF
100 nF
47 nF
22 nF
10 nF
4.7 nF
2.2 nF

일반적인 한 세트의 파라미터는 다음과 같다.

- 약 20 nF의 커패시턴스를 갖는 50 in^2의 기판 면적
- 0.1 Ω의 목표 임피던스
- 개별 커패시터마다 2 nH의 ESL
- 최고 주파수 0.1 GHz

이 예에서는 기판 면적이 50 in^2이고 목표 임피던스가 0.1 Ω이므로 [그림 3-52] 그래프의 위쪽 영역인, 커패시터 값이 중요한 경우의 설계 공간에 위치하게 된다. 물론 목표 임피던스가 충분히 낮거나 기판 커패시턴스가 충분히 작다면 어떤 값의 커패시터를 사용하든 상관이 없다. 커패시터 값들이 모두 1 μF가 될 수도 있다. 이 경우, 병렬 공진은 아무런 역할을 하지 못한다.

위 조건의 목표 값을 충족하는 데 필요한 이론적 최소 커패시터 수는 다음과 같다:

$$n > 2\pi F_{max}\left(\frac{ESL}{Z_{target}}\right) = 2\pi 0.1\left(\frac{2}{0.1}\right) = 13 \tag{13.72}$$

여기서

- n = 필요한 최소 커패시터 개수
- F_{max} = 기판 수준 임피던스에 대한 최고 주파수(단위: GHz)
- ESL = 실장 인덕턴스와 공동 확산 인덕턴스의 일부를 포함한 커패시터의 등가 직렬 인덕턴스(단위: nH)
- Z_{target} = 목표 임피던스(단위: Ω)

저주파 끝에서 시작하여, 가장 큰 커패시터 값을 선택하고 시뮬레이션을 한다. 그러고 나서 이들 커패시턴스 값을 갖는 커패시터를 각각 충분한 개수만큼 추가해가면서 피크 임피던스를 목표 값 아래로 낮춘다. 특히 커패시터 없이도 낮은 목표 임피던스에 도달할 수 있는 저주파 끝에서는 특정 커패시터 값들은 생략한다. 시뮬레이션에는 각각의 커패시터 값이 가지는 ESR이 사용된다.

[그림 13-54]는 총 14개의 커패시터를 사용하여 다음과 같이 커패시터 값을 선택한 경우의 임피던스 프로파일을 보여준다.

C	n
470 nF	1
100 nF	1
47 nF	1
22 nF	1
10 nF	3
4.7 nF	3
2.2 nF	4
총개수	14

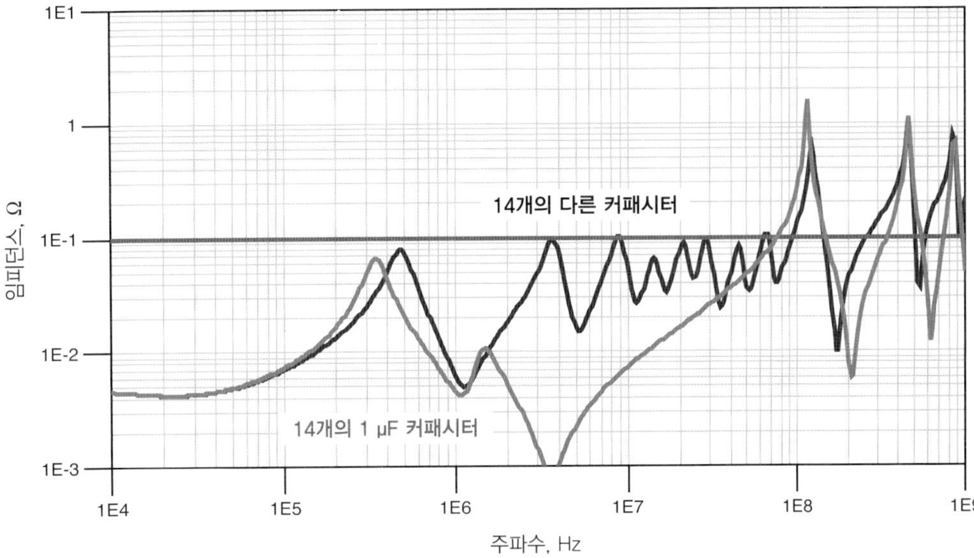

그림 13-54 14개 커패시터로 이루어진 두 가지 분포의 임피던스 프로파일. 한 분포는 14개 커패시터의 값이 모두 1 μF이다. 다른 분포는 프로파일을 '조각하기' 위해 다양한 커패시터의 값이 선택되었다. 100 MHz에서 '조각된' 프로파일은 목표 임피던스를 충족하지만 다른 분포는 충족하지 못한다.

[그림 13-54]에서 14개의 다양한 커패시터를 사용한 경우의 임피던스 프로파일은 100 MHz까지 목표 임피던스를 충족한다. 이는 이론적 커패시터의 최소 수인 13개에 가깝다. 그러나 커패시턴스 값이 모두 같은 14개의 커패시터를 사용하면 이렇게 낮은 임피던스를 달성할 수는 없다. 모두 동일한 값의 커패시터를 사용한다면 14개 이상이 필요할 것이다. 이것은 FDTIM을 사용하는 것만큼 비용이 저렴하지 않다.

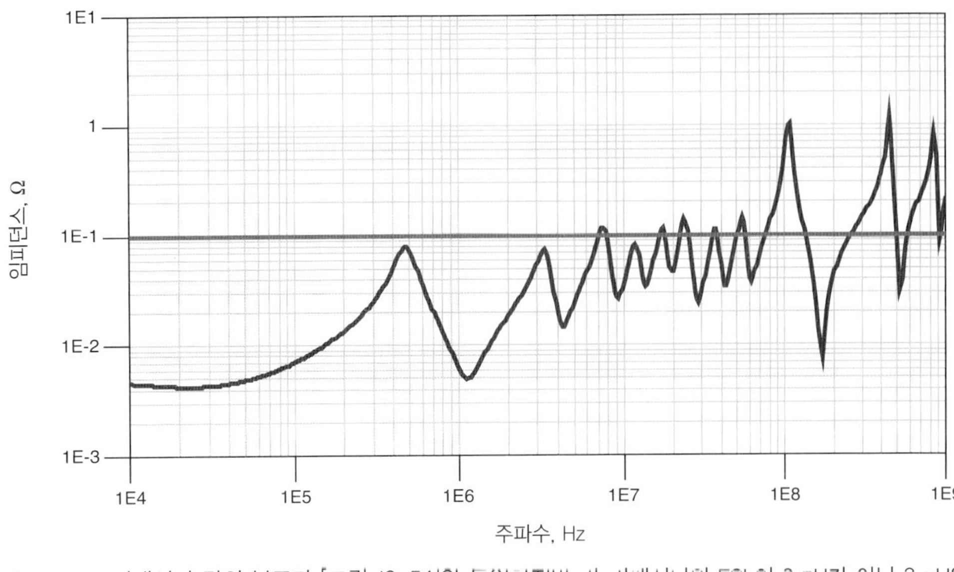

그림 13-55 커패시터 값의 분포가 [그림 13-54]와 동일하지만 각 커패시터의 ESL이 2 nH가 아닌 3 nH인 경우의 임피던스 프로파일

TIP

물론 이 특정한 문제의 처음 조건 중 하나라도 변경이 된 경우(예를 들어 실제 ESL이 2 nH가 아니라 3 nH인 경우), 이러한 조합은 더는 제대로 동작하지 않는다.

[그림 13-55]는 ESL이 3 nH인 커패시터의 임피던스 프로파일로, 여러 주파수에서 목표 임피던스를 초과하는 것을 보여주고 있다. 이것은 커패시터의 ESL를 줄이는 것의 얼마나 중요한지, 그리고 많은 시스템 파라미터가 임피던스 프로파일에 영향을 미칠 때, 특히 커패시터 선택이 미치는 영향이 상황에 따라 얼마나 달라지는지 보여주는 또 다른 예이다.

TIP

물론 적절한 커패시턴스 분포는 많이 있다. 그중에서 가장 비용대비 효과가 좋은 분포는 이론적 최소 수에 가까운 총 커패시터 개수를 사용하는 것이다.

0.05 Ω의 목표 임피던스에 대한 조정된 임피던스 프로파일의 다른 예가 [그림 13-56]에 나와 있다. 이 경우 ESL이 2 nH일 때 이론적 최소 개수는 26이다. 이 분포에서는 이론적 최소 개수보다 약간 많은 33개를 사용했다. 사용된 커패시터의 값과 개수는 다음과 같다.

C	n
1,000 nF	1
470 nF	1
220 nF	1
100 nF	1
47 nF	2
22 nF	3
10 nF	5
4.7 nF	6
2.2 nF	13
총개수	33

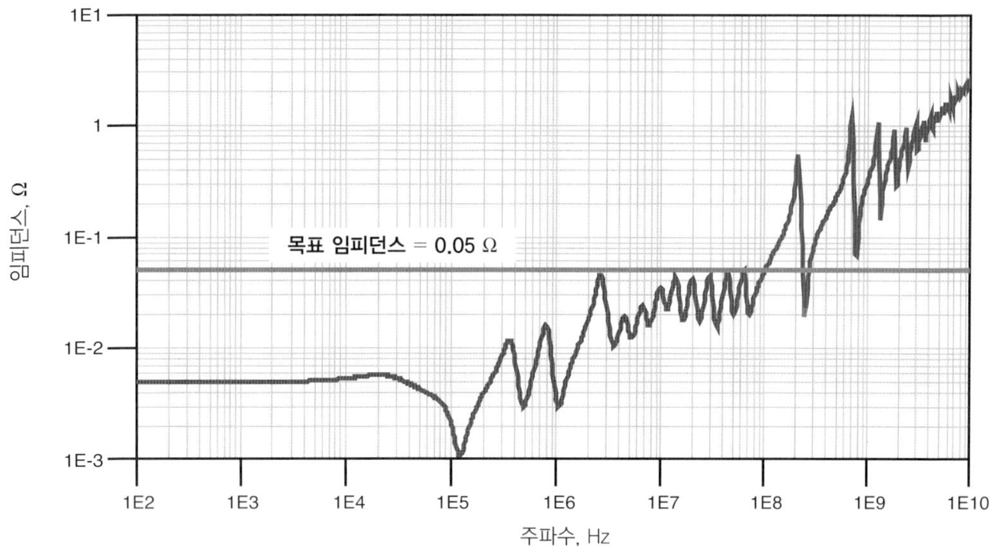

그림 13-56 33개의 커패시터를 사용한 조합의 임피던스 프로파일. 목표 임피던스는 0.05 Ω이다.

13.23 모든 pH가 중요한 경우

따라야 할 가장 중요한 네 가지 설계 "습관"은 다음과 같다.

1. 조립 설계 규칙(assembly design rule)을 그대로 따라서, 가능한 한 가장 짧고 넓은 표면 트레이스를 사용한다. 즉, 커패시터와 비아 사이에 가능한 한 적은 수의 표면 인터커넥트를 사용한다.
2. 커패시터를 패키지에 근접하게 배치한다(일부는 패키지 아래의 기판 하단상에, 일부는 패키지와 같은 층에 배치하여 주변의 모든 커패시터로 확산 인덕턴스를 포화시키지 않도록 한다).
3. 전원면과 접지면이 인접한 층에 있는 경우, 추가 비용이 들지 않는 한 가장 얇은 유전체를 사용한다. 공급업체에 따라 일반적으로 2.7~4 mil(68.58~101.6 μm)이다.
4. 가능하면 전원/접지면 공동을 기판 표면에 최대한 가깝게 배치한다.

이러한 습관을 지키지 않을 이유는 거의 없으며, 이 습관을 따르면 항상 ESL이 낮아진다.

ESL 감소에 따른 비용 영향(cost impact)은 다음과 같다.

$$\frac{총비용}{ESL} = \frac{0.006}{Z_{target}} \ \$/nH \qquad (13.73)$$

목표 임피던스가 0.1 Ω 이상이면 기판의 전압 레일당 $0.06/nH 미만이다. 일반적으로 낮은 인덕턴스 특성에 대해 추가 비용을 지불하는 것을 정당화하기에는 비용 절감의 가능성이 충분하지 않다. 그러나 목표 임피던스가 0.001 Ω이면 기판의 각 전압 레일에 대해 비용 절감 효과는 $6/nH이다. 1 pH가 감소할 때마다 0.5 센트의 비용이 절감된다.

TIP

각 커패시터의 실장 루프 인덕턴스가 낮을수록 고주파에서 낮은 목표 임피던스를 달성하는 데 필요한 커패시터의 개수가 줄어든다. 모든 디커플링 커패시터의 ESL을 줄이기 위해 모든 무료 선택사항을 사용해야 한다.

이 장의 앞에서 지적했듯이, 경우에 따라서는 전원면과 접지면 사이에 들어가는 더 얇은 유전체에 추가 비용을 지불하는 것이 확산 인덕턴스를 줄이는 데 드는 추가 비용만큼의 가치가 있다.

게다가 대체 커패시터 기술은 기존 커패시터보다 더 낮은 실장 ESL을 제공할 수 있다. 대부분의 커패시터는 단자가 축 방향을 따라 설계되어 있다. 커패시터 본체 사이즈에는 최소한 두 개의 정사각형이 들어간다. 비아-인-패드를 사용하더라도 여전히 두 개의 정사각형 표면 트레이스가 있다.

대체 설계는 커패시터의 긴 모서리를 따라 단자 패드가 있는 **역종횡비**(reverse aspect ratio) 커패시터를 사용한다. 이 커패시터는 보드에 실장할 때 0.5개의 정사각형이 들어가는 사이즈로 작게 구현할 수 있다. 이러한 커패시터의 예가 [그림 13-57]에 나와 있다.

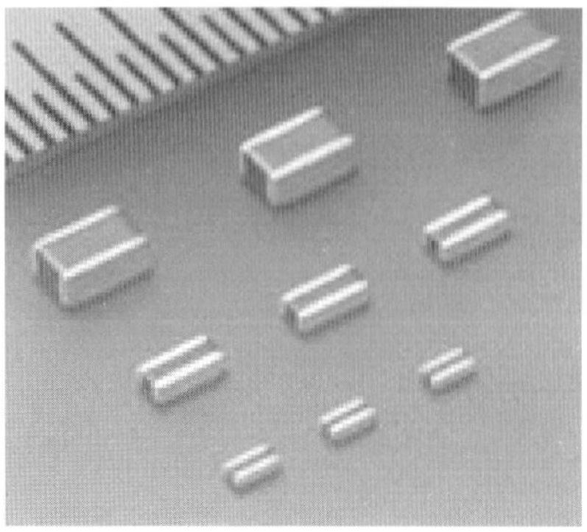

그림 13-57 커패시터 기술. (왼쪽) 기존 종횡비 커패시터로, 표면 트레이스 정사각형 최소 개수가 n = 2이다. (오른쪽) AVX에서 입수할 수 있는 역종횡비 커패시터로, 정사각형 최소 개수가 n = 0.5이다.

전원/접지면 공동까지의 기판 적층 구조의 깊이가 상단 표면 아래 5 mil인 경우, 표면 트레이스의 시트 인덕턴스는 약 32 pH/mil × 5 mil = 160 pH/sq가 된다. 비아-인-패드의 트레이스 루프 인덕턴스는 최상급 표준 커패시터의 경우, 약 160 pH/sq × 2 sq = 320 pH인 반면, 역종횡비 커패시터의 경우, 최상의 경우는 160 pH/sq × 0.5 sq = 80 pH까지 낮아질 수 있다. 이는 240 pH가 감소한 것이다.

깍지형 커패시터 기술(interdigitated capacitor)은 더 낮은 커패시턴스를 제공할 수 있다. 이 커패시터는 각 끝에 다수의 교차 단자(interleaved terminal)가 있는 다층 세라믹 커패시터로 구성된다. [그림 13-58]에 기존 MLCC 커패시터와 IDC 커패시터가 나와 있다.

출처: AVX

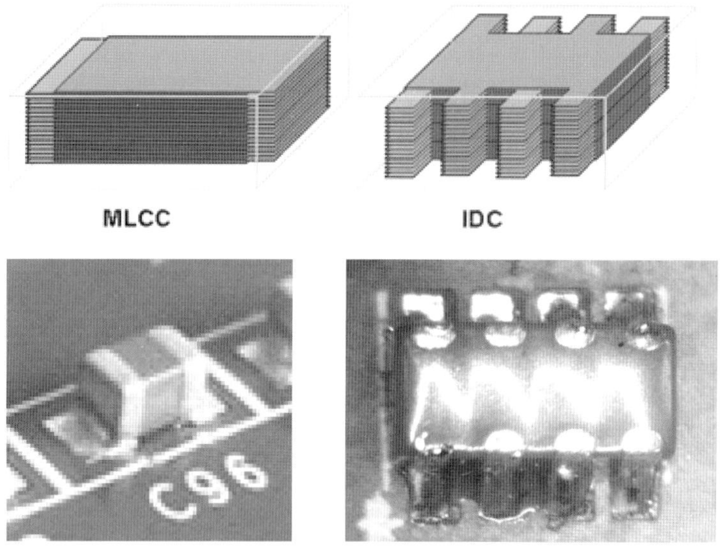

그림 13-58 기존 MLCC 커패시터와 깍지형 커패시터(IDC)의 비교

IDC는 사실상 병렬로 연결된 여러 개의 커패시터로, 각 전류 경로의 ESL이 병렬로 연결된다. 하나의 IDC에 있는 커패시터 4개의 등가 ESL은 어느 한 커패시터가 가진 ESL의 4분의 1이 된다. 또한, 인접한 커패시터 부분(segment)끼리는 전류의 흐름이 반대 방향이고 서로 가까이 놓여 있어서 각 커패시터의 유효 ESL은 더욱 줄어든다. IDC의 ESL은 기존 커패시터의 ESL의 20% 미만이다.

또 다른 유형의 IDC는 X2Y 감쇠기로 제공된다. X2Y 감쇠기는 서로 다른 4개의 전극 단자 각각에 교대로 평판이 나온 구조로 되어 있는 다층 세라믹 커패시터이다. 이러한 4단자 커패시터와 내부 구조가 [그림 13-59]에 나와 있다.

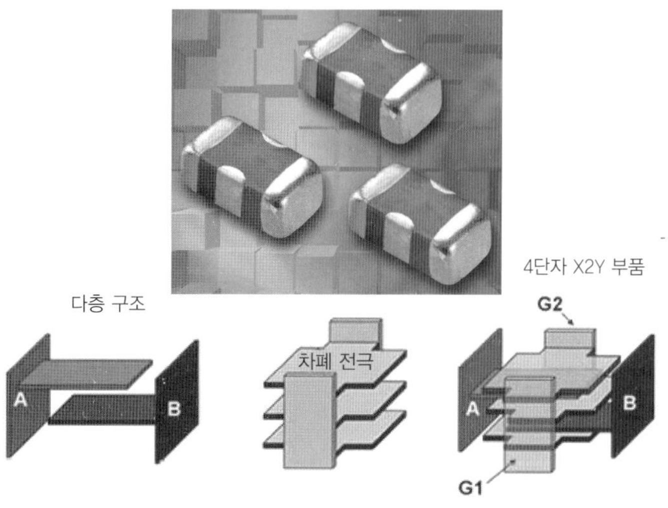

그림 13-59 실제 X2Y 커패시터와 내부 구조. X2Y 감쇠기 형태로 되어 있음

좌우의 A판과 B판은 모두 전원면에 병렬로 연결되어 있고, 중앙의 G1판과 G2판은 접지면에 병렬로 연결되어 있다. 이 구성에서 커패시터는 병렬로 연결된 4개의 커패시터처럼 동작하며 전류 흐름은 [그림 13-60]과 같다.

두 IDC 기술 모두 비슷한 성능상의 이점을 가지고 있지만 X2Y 커패시터의 장점은 기존의 스루홀(through-hole) 회로 기판 기술과 쉽게 통합할 수 있다는 것이다.

한 면에 4개의 단자가 있는 0805 IDC는 패드 사이에 중심 간격이 20 mil인 패드 풋프린트(pad footprint)를 가진다. 기존의 스루홀 기술을 사용해서는 회로 기판에 연결하기 어렵고 비아-인-패드가 필요하다. 이 장의 앞에서 설명한 것처럼 0805 X2Y 커패시터는 중심 사이 간격이 40 mil인 비아홀들을 사용할 수 있으며 기존의 스루홀 기술을 사용할 수 있으므로 폭이 5 mil인 여러 트랙에 사용할 수 있는 홀들을 통해 라우팅 채널을 남겨 둘 수 있다.

TIP

IDC, 최소 표면 트레이스 사이즈, 표면에 가까운 공동, 이렇게 세 가지를 조합하여 커패시터에서 패키지 핀까지 총 ESL을 250 pH 미만으로 할 수 있다.

그러나 표면의 트레이스가 길고 공동이 표면 근처에 있지 않은 경우, 아주 약간의 설계 변동만으로도 동일한 X2Y 커패시터는 필요한 값보다 3배 이상 큰 1 nH 이상의 ESL을 가질 수 있다. [그림 13-61]은 두 개의 X2Y 커패시터에서 측정된 임피던스 프로파일을 RLC 모델과 비교한 예이다.

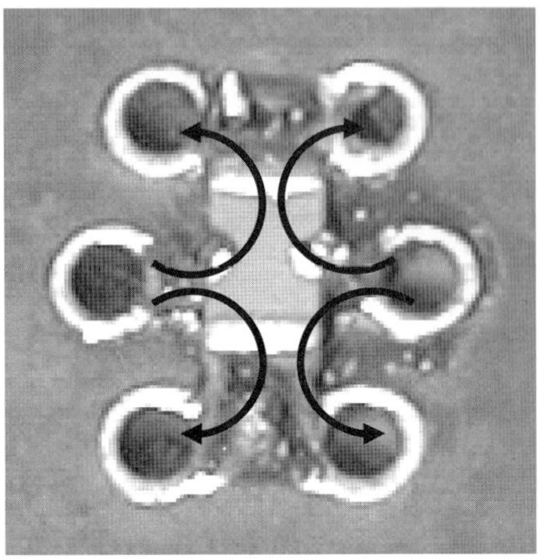

그림 13-60 회로 기판에 실장된 X2Y 커패시터. 상단과 하단의 단자는 전원에 연결되고 두 개의 중앙 단자는 접지에 연결된다. X2Y는 병렬로 연결된 4개의 커패시터처럼 동작한다.

각 커패시터의 RLC 모델에서 커패시턴스와 저항 값으로는 C = 180 nF과 R = 0.013 Ω이 동일하게 사용되었지만 인덕턴스 값으로는 서로 다른 두 개의 값을 사용하였다. 가장 좋은 경우에는 L = 260 pH가 가장 잘 맞았고 다른 경우에는 L = 900 pH가 가장 잘 맞았다. 200 MHz와 300 MHz 근처의 피크는 커패시터가 실장된 기판과의 병렬 공진으로 인해 발생한 것이다.

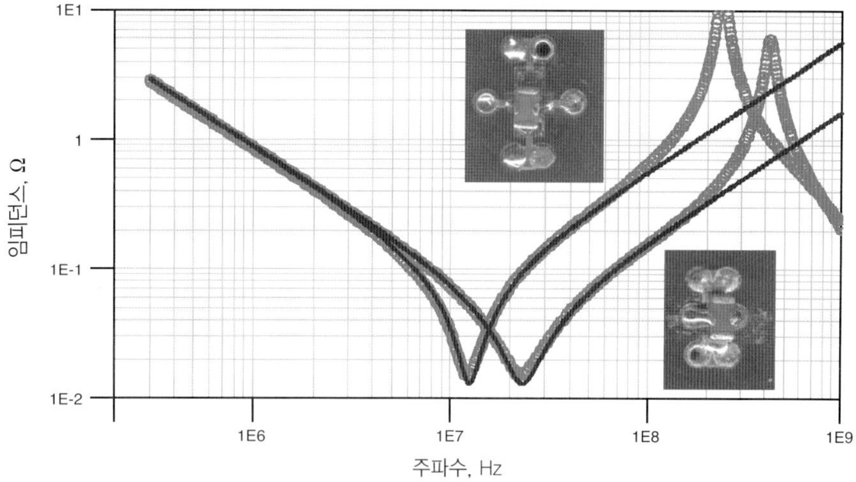

그림 13-61 시험 기판에 약간 다른 조건으로 실장된 두 개의 X2Y 커패시터에 대해 임피던스 프로파일을 측정한 결과. 비교를 위해 RLC 회로의 임피던스를 시뮬레이션한 결과를 함께 표시하였다. 삽입된 사진들은 측정에 사용된 커패시터를 보여주고 있다.

13.24 위치, 위치, 위치

커패시터의 ESL과 전원/접지면 커패시턴스의 병렬 공진 주파수보다 낮은 주파수에서, 전원/접지면은 집중 소자로서 다른 커패시터들과 상호작용을 한다. 그러나 전원/접지면의 가장자리 길이가 파장과 비슷하거나 파장의 몇 분의 일인 경우, 기판의 공진 동작(특성)이 임피던스 프로파일에 나타난다.

프로브 지점(probe point, 측정 위치)이 기판의 가장자리에 있을 때, 첫 번째 공진 주파수는 가장자리 길이가 1/2 파장이 되는 조건인

$$\text{Len} = \frac{1}{2}\lambda = \frac{1}{2\sqrt{\text{Dk}}}\frac{c}{f_{res}} = \frac{1}{2}\frac{v}{f_{res}} = \frac{3}{f_{res}} \tag{13.74}$$

로부터 다음 식으로 구할 수 있다.

$$f_{res} = \frac{3}{\text{Len}} \tag{13.75}$$

여기서

Len = 기판 가장자리의 길이(단위: inch)

λ = 첫 번째 공진이 나타나는 전자파의 파장(단위: inch)

Dk = 전원면과 접지면 사이 라미네이트(유전체)의 유전 상수

c = 공기 중 전자파의 속도, 12 inch/nsec

f_{res} = 공진 주파수(단위: GHz)

v = 물질 속의 전자파의 속도(FR4의 경우 v = 6 inch/nsec로 가정)

예를 들어, 기판의 한 변의 길이가 10 inch라면 첫 번째 공진은 약 300 MHz가 된다. 프로브 지점이 기판의 중앙에 있는 경우, 첫 번째 공진은 이 주파수의 두 배인 600 MHz가 된다.

[그림 13-62]는 중앙에서 측정한 10 inch × 10 inch 크기의 빈 기판(bare board, 베어 보드)의 시뮬레이션 임피던스 프로파일의 예로, 저주파에서의 용량성 동작, 자기 공진 주파수, 그리고 600 MHz에서 기판 공진의 시작을 보여준다.

기판은 공진 주파수보다 낮은 영역에서는 집중 소자인 커패시터로 표시된다. 간단한 SPICE 시뮬레이션은 기판의 커패시터의 임피던스 프로파일을 정확하게 반영하지만, 기판상의 커패시터 위치와 커패시터가 디커플링하는 장치(부품) 사이에서 커패시터가 바라보는 확산 인덕턴스는 위치에 따라 달라진다.

커패시터가 디커플링하는 패키지에서 멀리 떨어져 있을수록 확산 인덕턴스로 인해 총 ESL이 높아진다. 확산 인덕턴스가 커패시터의 실장 인덕턴스에 비해 작을 때는 커패시터의 위치는 중요하지 않다. 커패시터 위치를 변경하면 확산 인덕턴스가 변경되지만 이것이 커패시터의 총 ESL에 미치는 영향은 미미하다.

TIP

그러나 확산 인덕턴스가 전체 커패시터의 ESL의 상당 부분을 차지할 때는 커패시터의 위치가 커패시터의 ESL에 큰 영향을 미치므로 커패시터를 장치(부품)에 더 가깝게 이동시키는 것이 중요하다.

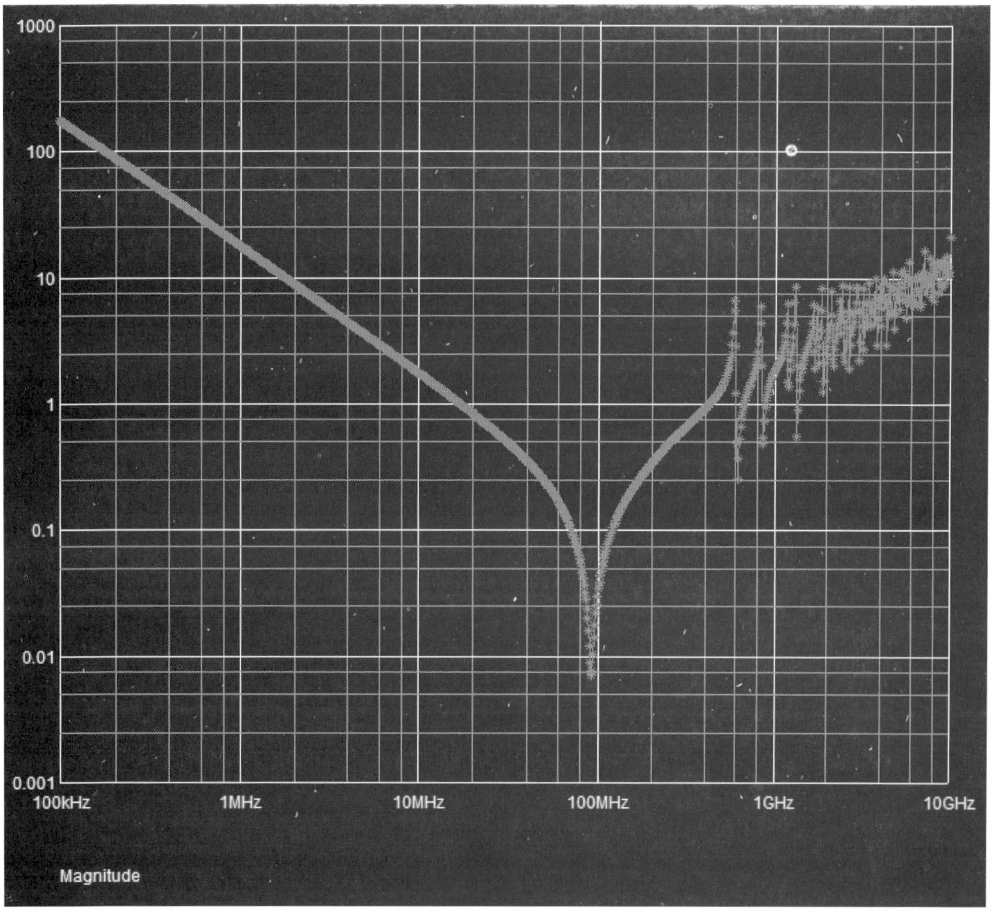

그림 13-62 600 MHz에서 기판 공진의 시작을 보여주는 빈 기판(bare board)의 임피던스 프로파일. HyperLynx 8.0으로 시뮬레이션

다음과 같이 커패시터 위치의 중요성 여부는 커패시터의 실장 인덕턴스와 확산 인덕턴스의 상대적인 크기에 따라 달라진다.

확산 인덕턴스 ~ 실장 인덕턴스: 위치가 중요하다.
확산 인덕턴스 ≪ 실장 인덕턴스: 위치는 중요하지 않다.

지름이 약 10 mil인 비아에서 1 inch만큼 떨어진 곳에 커패시터가 있는 경우, 확산 인덕턴스는 대략 다음과 같다.

$$L_{via-via} = 21 \times h \times \ln\left(\frac{B}{D}\right) pH = 21 \times h \times \ln\left(\frac{1}{0.01}\right) pH = 100 \times h\ pH \tag{13.76}$$

h가 얇으면 확산 인덕턴스는 작으며, 커패시터의 위치는 커패시터의 실장 인덕턴스가 매우 낮을 때만 중요하다.

h가 두꺼우면 확산 인덕턴스가 커진다. 커패시터의 실장 인덕턴스가 작을 때는 위치가 중요할 수 있다. 확산 인덕턴스 추정치는 근본적으로 대략적으로 근사한 값이므로 인덕턴스가 실장 인덕턴스와 서로 비슷하거나 크게 차이가 나지 않을 때는 3D 전자기장 솔버 도구를 사용하여 커패시터의 실장 위치가, 실장된 커패시터의 임피던스 프로파일에 미치는 영향을 추정하는 것이 적절하다.

[그림 13-63]은 두 가지 기판 구성의 임피던스 프로파일 사례를 보여주고 있다. 각각의 경우에 동일한 4개의 커패시터가 기판에 서로 가깝게 실장된다. 각각의 실장 인덕턴스는 5 nH이므로 4개의 인덕턴스는 1.25 nH의 등가 인덕턴스를 갖는다.

첫 번째 예에서 공동 두께는 30 mil이다. 확산 인덕턴스는 약 3 nH로, 커패시터 4개의 실장 인덕턴스에 비해 크다. 이 커패시터 4개가 패키지 핀에서 멀리 위치할 때와 가까이 위치할 때, 커패시터 4개의 임피던스 프로파일을 시뮬레이션하였다. 이때 두 위치의 임피던스 프로파일의 차이는 위치가 총 ESL에 미치는 영향을 보여준다.

두 번째 예에서 공동 두께는 4 mil이고 확산 인덕턴스는 0.4 nH 정도이다. 이 값은 커패시터 4개의 인덕턴스 1.25 nH에 비해 작다. 커패시터의 위치를 가까운 곳에서 먼 곳으로 변경해도 시뮬레이션 임피던스의 변화는 거의 없다. 확산 인덕턴스는 커패시터의 인덕턴스에 별로 기여하지 않으며 위치는 중요하지 않다.

각 커패시터에 대해 ESL이 0.25 nH 미만으로 최적화된 낮은 임피던스 설계에서는 확산 인덕턴스가 중요한 기여 요인이 될 수 있으므로 3D 전자기장 솔버를 사용하여 이를 고려해야 한다. 확산 인덕턴스는 커패시터의 위치와 패키지 핀의 위치에 따라 복잡한 방식으로 개별 커패시터의 인덕턴스에 대한 기여도를 증가시킨다. 이는 3D 전자기장 솔버를 사용해야만 분석할 수 있다.

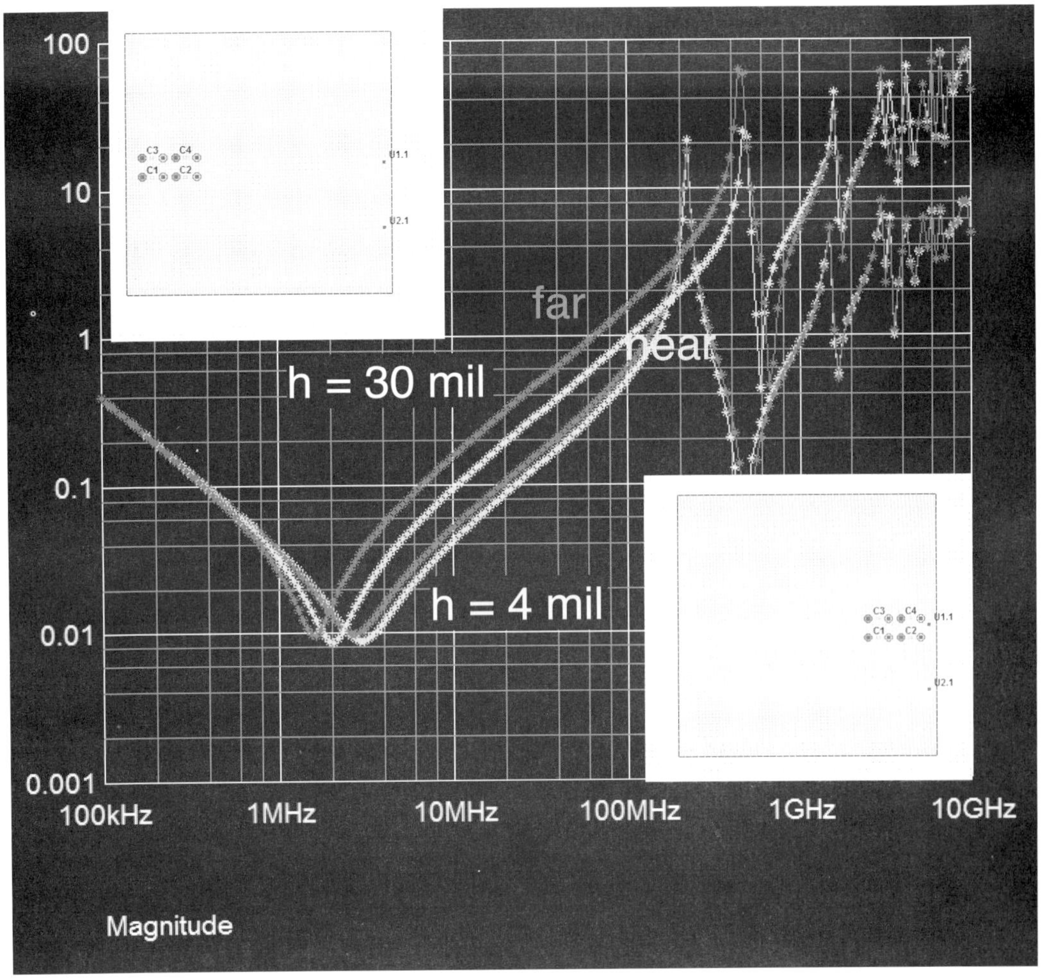

그림 13-63 4 mil 두께의 공동과 30 mil 두께의 공동에, 각각 커패시터 4개를 패키지 핀에서 가까운 곳과 먼 곳에 배치할 때, 공동에 실장된 커패시터 4개의 임피던스 프로파일을 시뮬레이션으로 구한 결과. HyperLynx 8.0을 사용하여 시뮬레이션

13.25 확산 인덕턴스가 한계인 경우

주어진 목표 임피던스와 최대 주파수에 대해, 커패시터와 평면 확산 인덕턴스를 포함하여 경로상에 있을 수 있는 총 최대 허용 직렬 인덕턴스는 다음 식으로 나타낼 수 있다.

$$L_{max} < \frac{Z_{target}}{2\pi F_{max}} \tag{13.77}$$

여기서

L_{max} = 최대 허용 직렬 인덕턴스(단위: nH)

F_{max} = 기판 수준 임피던스가 중요한 최고 주파수(단위: GHz)

예를 들어 목표 임피던스가 0.01 Ω이고 최고 주파수가 100 MHz인 경우, 인덕터의 임피던스가 모든 커패시터의 임피던스보다 커지기 직전의 인덕턴스인 최대 허용직렬 인덕턴스는 다음과 같다.

$$L_{max} < \frac{Z_{target}}{2\pi F_{max}} = \frac{0.01}{2\pi \times 0.1} = 0.016\ nH = 16\ pH \tag{13.78}$$

커패시터에 대해 총 직렬 인덕턴스가 16 pH를 초과하면 PDN 임피던스는 기판이 역할을 하는(영향을 주는) 최고 주파수에서 목표 임피던스보다 높아진다. 패키지에서 전원/접지면으로 연결되는 기판에 있는 비아와, 패키지 핀에서 커패시터로 연결되는 전원/접지면의 확산 인덕턴스가 이 인덕턴스의 큰 부분을 차지하면 확산 인덕턴스가 기판의 임피던스를 제한한다.

커패시터가 패키지 주변에 균일하게 분포되어 있고 전원 핀과 접지 핀도 패키지 둘레에 균일하게 분포된 경우, [그림 13-64]와 같이 전원/접지면의 확산 인덕턴스를 추정할 수 있다.

전원/접지면의 확산 인덕턴스는 대략 다음과 같다.

$$L_{spread} = 5.1 \times h \times \ln\left(\frac{b}{a}\right) pH \tag{13.79}$$

여기서

L_{spread} = 전원/접지면의 확산 인덕턴스(단위: pH)
h = 전원면과 접지면 사이의 유전체 두께(단위: mil)
b = 커패시터까지의 거리(단위: inch)
a = 패키지 내 전원/접지 핀의 반지름(단위: inch)

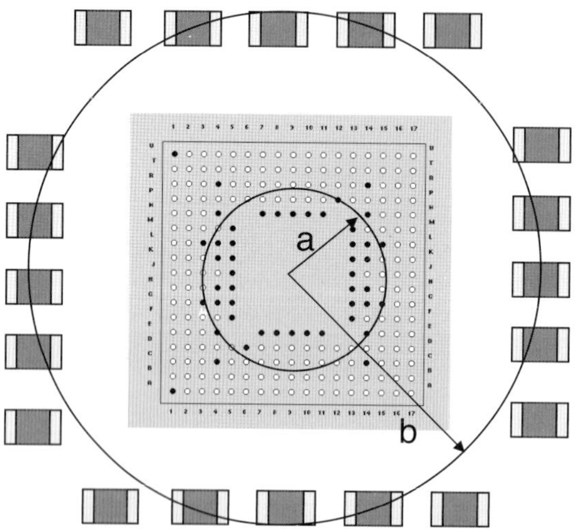

그림 13-64 다수 커패시터의 분포에서 패키지의 핀으로 전류가 흐를 때 최상의 전원/접지면 확산 인덕턴스 추정

예를 들어, h = 4 mil, b = 1 inch, a = 0.25 inch일 때, 확산 인덕턴스는 다음과 같다.

$$L_{spread} = 5.1 \times h \times \ln\left(\frac{b}{a}\right) = 5.1 \times h \times \ln\left(\frac{1}{0.25}\right) = 28\ pH \tag{13.80}$$

패키지 핀에서 기판에 있는 비아로 가는 경로의 등가 인덕턴스도 이 제한 인덕턴스에 추가될 수 있다. 전원/접지면 공동이 맨 위 표면보다 10 mil 아래에 있는 경우, 전원/접지 비아당 약 210 pH의 인덕턴스가 있다. 이 인덕턴스 값을 갖는 전원/접지 핀 쌍이 10개인 경우, 등가 비아 인덕턴스는 21 pH가 되는데 이는 확산 인덕턴스와 비슷한 값이다. 이 조합은 패키지 핀이 기판의 커패시터를 들여다볼 때 제한 인덕턴스를 거의 두 배로 만든다.

TIP

목표 임피던스가 0.05 Ω 미만인 경우, 기판에서 공동으로의 비아와 공동에서 커패시터로의 확산 인덕턴스는 다수 커패시터 집합의 임피던스를 쉽게 지배할 수 있다.

확산 인덕턴스의 근본 원인에 따라 인덕턴스를 줄이기 위해 조치할 수 있는 기판 수준의 설계 특성은 다음 몇 가지에 불과하다.

- 전원면과 접지면 사이에 얇은 유전체 층을 사용한다.
- 여러 평면을 병렬로 사용한다.
- 전원/접지면 공동을 기판 상단에 더욱 가깝게 이동한다.
- 커패시터를 패키지 둘레를 따라 커패시터들끼리 더 멀리 떨어뜨려 배치한다. 커패시터가 둘레를 따라 균일하게 분포되어 있으면 이 방법에는 한계가 있다.
- 일부 커패시터를 기판 하단의 패키지 아래에 실장한다.

다음과 같은 설계 특징들은 미리 계획하면 패키지 설계에 구현할 수 있다.

- 일부 커패시터를 패키지의 전원/접지 핀 고리(ring) 안에 실장한다.
- 패키지의 전원 핀과 접지 핀을 패키지 외부 둘레를 따라 퍼뜨린다.
- 패키지에 디커플링 커패시터를 추가한다.
- 더 많은 전원/접지 핀 쌍을 병렬로 사용한다.

[그림 13-65]는 전원/접지 패드의 고리 내부에 디커플링 커패시터가 들어올 수 있도록 패키지의 칩 부착 풋프린트를 조정하는 예를 보여준다.

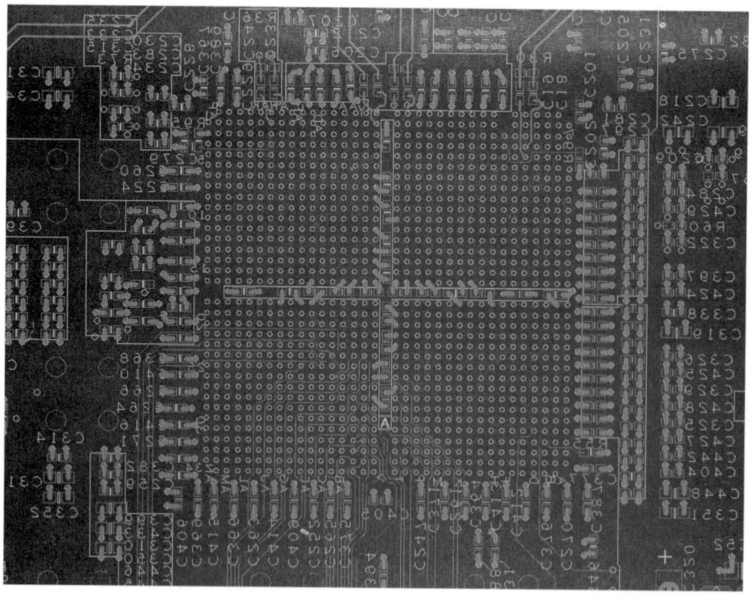

그림 13-65 BGA 풋프린트 내부와 주위를 따라 부착된 커패시터 패드를 보여주는 Altera Stratix II GX FPGA의 패키지 부착 풋프린트

확산 인덕턴스가 직렬 인덕턴스를 제한하는 경우, 가장 나쁜 조치는 커패시터를 한 부분에 모아 놓거나 전원 핀과 접지 핀을 패키지의 코어 영역에 모아 놓는 것이다.

커패시터 위치와 전원 핀 위치가 주어진 경우, 전원/접지면에서 전류 흐름의 3D 특성으로 인해 전원/접지면이 직렬 인덕턴스에 얼마나 기여하는지를 정확하게 추정할 수 있는 유일한 방법은 3D 전자기장 솔버를 사용하는 것이다.

13.26 칩 관점

이 장의 대부분은 기판에서 바라보는 임피던스 프로파일을 고려하였다. 일단 기판 수준 임피던스가 설계되면 이것은 칩-패키지 조합에 어떤 영향을 미칠까?

지금부터 살펴볼 예에서 사용하는 조건은 다음과 같다.

- 목표 임피던스: 0.01 Ω
- 최고 주파수 F_{max}: 100 MHz
- 기판 면적: 25 in^2
- 기판 두께 h: 4 mil
- 커패시터당 ESL: 1 nH
- 온-다이 커패시턴스: 250 nF

이 조합은 정확한 커패시터 값이 중요하지 않고 모두 같은 값이 될 수 있는 영역에 놓여 있다. 그러나 가능한 한 가장 낮은 값의 커패시터를 사용하여, 커패시터가 가능한 한 가장 높은

ESR을 가지고 병렬 공진의 감쇠에 기여하도록 해야 한다. 필요한 커패시터의 이론적 최소 수는 다음과 같다.

$$n > 2\pi F_{max}\left(\frac{ESL}{Z_{target}}\right) = 2\pi 0.1\left(\frac{1}{0.01}\right) = 63 \qquad (13.81)$$

패키지에 허용되는 최대 확산 인덕턴스는 다음과 같다.

$$L_{max} < \frac{Z_{target}}{2\pi F_{max}} = \frac{0.01}{2\pi \times 0.1} = 0.016\ nH = 16\ pH \qquad (13.82)$$

앞에서 살펴보았듯이, 기존의 BGA 패키지와 4 mil 두께의 층의 상단 표면에 커패시터를 배치하는 방식으로는 이 값을 달성하는 것이 불가능할 것이다. 커패시터를 BGA 아래에 부착해야 하고 라미네이트 두께를 줄이거나 기판에 여러 개의 평면을 추가해야 한다. 이러한 수정 조치가 충분히 낮은 확산 인덕턴스를 제공하는지는 여부는 3D 전자기장 해석기를 통해서만 확인할 수 있다.

이러한 수정 조치가 이루어질 때, 기판 수준 디커플링은 각각의 ESL이 1 nH 미만인 63개의 0402 1 μF 커패시터로 달성할 수 있다.

칩이 바라보는 임피던스 프로파일은 무엇일까? [그림 13-66]은 이러한 조건에서 기판 수준과 칩 수준의 임피던스 프로파일을 보여준다.

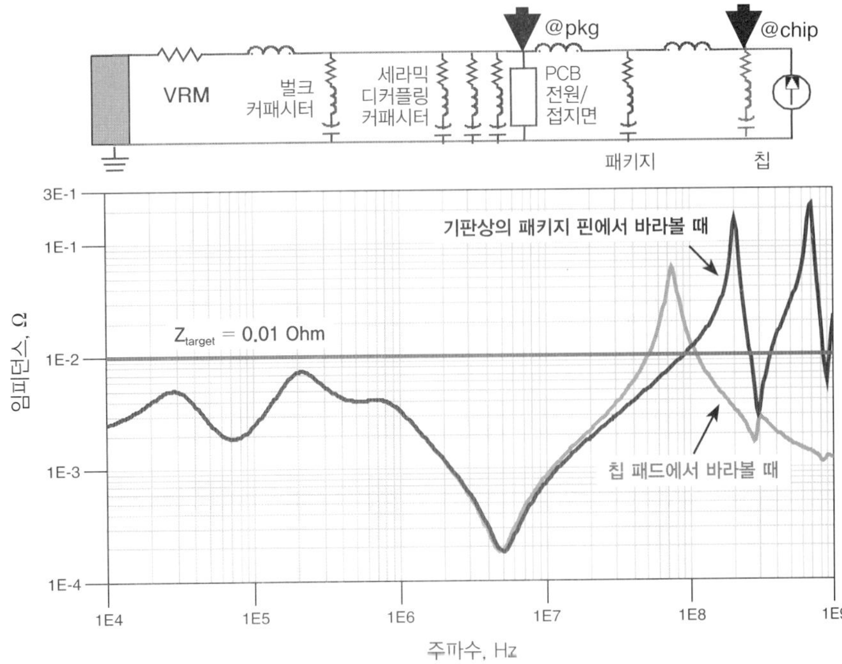

그림 13-66 기판상의 패키지 핀과 칩 패드에서 바라본 임피던스 프로파일

저주파 임피던스는 VRM과 벌크 디커플링 커패시터를 설계하여 최적화된다. 기판 임피던스는 최대 100 MHz까지 0.01 Ω 임피던스를 달성하기 위해 추가한 63개의 MLCC 커패시터에 의해 정해진다. 이는 최적화된 기판 수준의 PDN 설계에 대한 조건을 충족한다.

그러나 칩 패드에서 패키지를 통해 기판 내부를 바라보면 온-다이 커패시턴스와, 직렬로 연결된 패키지 핀 인덕턴스와 커패시터의 등가 인덕턴스가 병렬 공진을 일으켜 80 MHz 근처에서 큰 임피던스 피크가 발생한다. 다른 병렬 피크 임피던스와 마찬가지로 이 임피던스 피크는 주파수에 따라 임피던스가 아래로 낮아지는 커패시턴스와 위로 높아지는 인덕턴스로 구성된다. 피크 임피던스에 영향을 미치는 중요한 항목은 병렬 공진 회로의 등가 직렬 저항이다.

패키지와 온-다이 커패시터가 부착된 기판에서 평평한(flat) 임피던스 프로파일을 사용하는 중요한 원동력중 하나는 이것이 피크 높이를 감소시키는 감쇠 저항(damping resistance)으로 작용하기 때문이다. FDTIM을 사용하여 커패시터 값을 선택하면 평평한 임피던스 프로파일을 설계할 수 있다. 이 평평한 영역이 칩-패키지 병렬 공진보다 낮은 주파수까지 확장되면 다이상의 V_{dd} 패드에서 바라보는 피크가 감쇠된다. 이것이 감쇠 저항을 제공하는 유일한 방법은 아니지만 효과적인 한 가지 방법이 될 수 있다.

FDTIM을 사용하지 않고 모든 커패시터 값이 동일한 경우에도 커패시터의 ESR과, 직렬로 연결된 패키지 리드와 다이 자체의 직렬 저항의 병렬 조합으로 인해 약간의 감쇠 직렬 저항이 존재한다.

등가 직렬 저항이 낮으면 피크 임피던스가 높을 수 있다. 1 μF에 가까운 값을 가진 커패시터의 경우 ESR은 10 mΩ 정도이다. 이 커패시터 63개를 병렬로 연결하면 등가 저항은 목표 임피던스 수준보다 훨씬 낮은 약 0.2 mΩ으로 감소한다. 10 nF 커패시터를 사용하면 ESR은 각각 약 70 mΩ이고 총 직렬 저항은 약 1 mΩ이다. 이는 더 높은 값을 가진 커패시터를 모두 사용하는 것보다 낫지만 병렬 공진을 감쇠시키기에는 여전히 충분하지 않다. 패키지 트레이스의 직렬 저항은 1 mΩ 미만이 된다. 이로 인해 온-다이 금속 배선(metallization)에 의해 지배될 수 있는 직렬 저항이 발생한다.

TIP

온-다이 인터커넥트의 저항은 더 낮은 피크 임피던스를 설계하는 데 사용할 수 있는 중요한 항목이다.

[그림 13-67]은 다양한 온-다이 저항이 미칠 수 있는 영향을 보여준다. 저항은 1 mΩ에서 3 mΩ, 10 mΩ로 변화한다. 목표 임피던스 사양을 충족하려면 10 mΩ보다 낮아야 하지만 약간의 온-다이 저항은 좋은 결과를 가져다줄 수 있다.

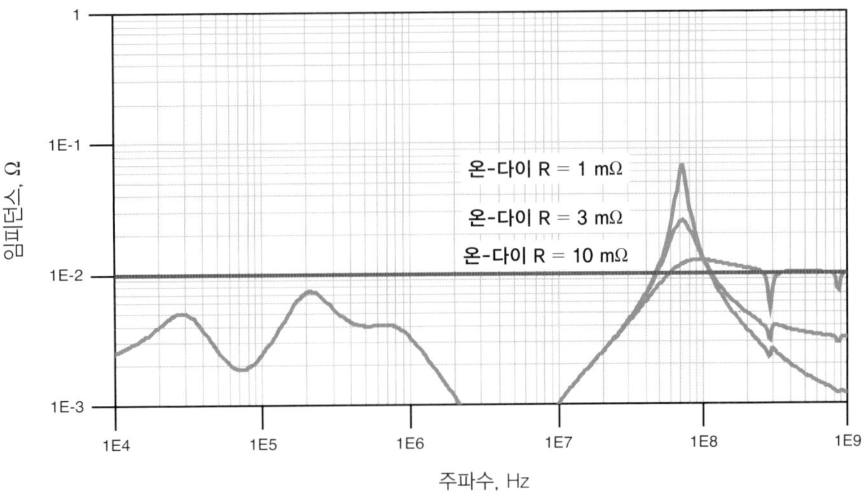

그림 13-67 PDN의 다양한 온-다이 직렬 저항이 칩에서 바라본 임피던스 프로파일에 미치는 영향

온-다이 저항이 최적화되어 있어도 병렬 공진에서 피크 임피던스는 여전히 목표 값보다 높을 수 있다. 이 경우에 온-패키지 디커플링 커패시터가 피크 임피던스를 억제하는 역할을 할 수 있다.

[그림 13-68]은 온-패키지 디커플링 커패시터 수가 0에서 10개로 증가할 때 칩이 PDN을 들여다보는 임피던스 프로파일에 미치는 영향을 보여준다. 각 커패시터의 ESL 값으로는 전형적인 IDC의 ESL 값인 0.1 nH을 사용한다.

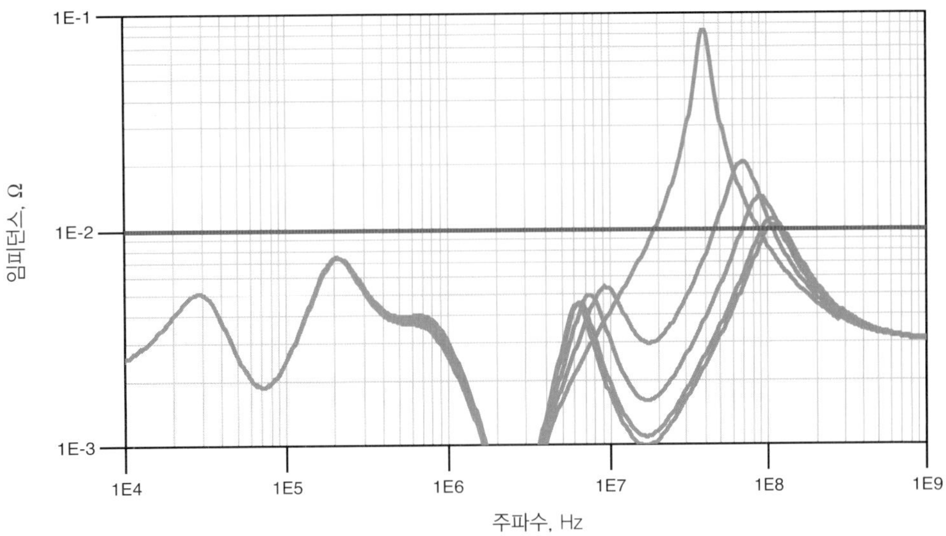

그림 13-68 온-패키지 디커플링 커패시터가 각각 3개, 6개, 8개, 10개의 추가될 때 칩에서 바라본 임피던스 프로파일

이 예에서 ESL이 각각 0.1 nH인 10개의 IDC를 패키지에 추가했을 때 칩에서 바라본 임피던스 프로파일은 [그림 13-69]와 같이 DC에서 매우 높은 대역폭까지 0.01 Ω의 목표 임피던스를 충족한다.

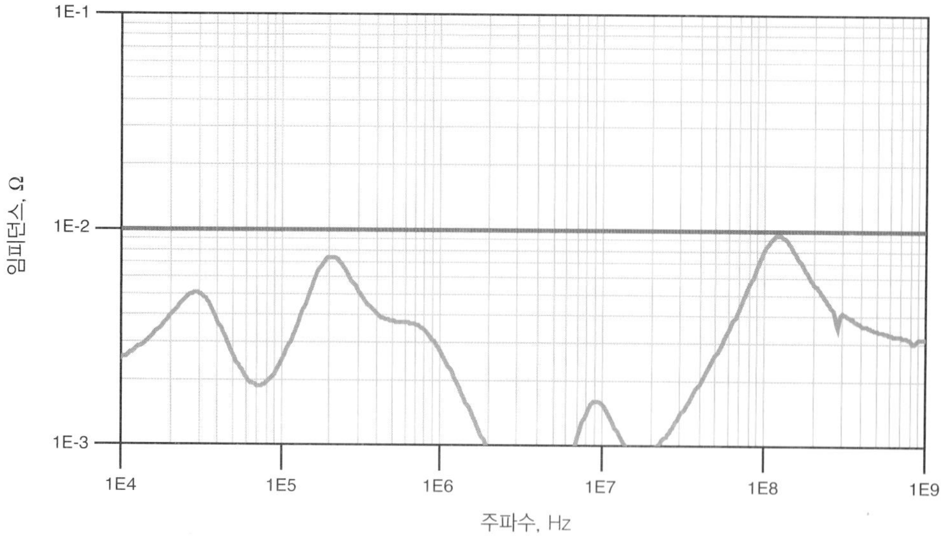

그림 13-69 칩 패드에서 바라본 임피던스 프로파일로 0.01 Ω의 목표 임피던스를 충족하고 있음

13.27 종합 정리

PDN의 가장 중요한 특성은 칩 패드 상의 전압 노이즈를 얼마나 낮게 유지하느냐이다. 이것은 근본적으로 칩의 전류 인출과 칩 패드에서 VRM까지의 임피던스 프로파일과 관련이 있다. 안타깝게도 이것은 종종 다음과 같이 기판 수준 설계자가 제어할 수 없는 요소에 따라 크게 달라진다.

- 칩 동작에 의해 인출되는 전류 스펙트럼
- 온-다이 커패시턴스
- 온-다이 저항
- 칩 부착 인덕턴스
- 패키지 부착 인덕턴스
- 온-패키지 디커플링 커패시터

고성능 프로세서, 서버, 그래픽 칩과 같이 목표 임피던스가 mΩ 범위에 있는 최고 성능의 시스템에서는 견고하고 비용 효율적인 설계를 위해 칩 특징, 패키지 특징, 보드 특징을 동시에 최적화하는 시스템 공동 설계를 하는 것이 매우 중요하다.

TIP

시스템 수준의 PDN 설계를 구현하는 기업이 가장 성공할 수 있다.

그러나 대부분의 설계에서 기판 수준 설계자가 칩이나 패키지에 대해 할 수 있는 일은 없다. 이는 반도체 공급업체에 의해 제한되는 영역이다. 계속해서 성능 한계를 뛰어넘고 기판 수준의 PDN 설계에 통합하는 데 필요한 칩과 패키지 모델을 공급업체에 요구하는 것은 항상 중요하지만, 필요한 모든 중요한 정보를 얻을 수 있는 경우는 거의 없다.

기판 수준 설계자는 "때로는 당장의 괜찮은 대답이 나중의 좋은 대답보다 낫다"는 지침을 따르고 합리적인 가정을 기반으로 기판 수준 PDN 설계를 해야 하는 상황에 직면하게 된다.

충분한 온-패키지 디커플링 커패시턴스가 제공되면 온-보드 디커플링에 대한 요구조건들을 크게 줄일 수 있다. 예를 들어, 앞의 예에서 10개의 온-패키지 디커플링 커패시턴스는 1/10 × 100 pH = 10 pH의 등가 인덕턴스를 제공한다. 이는 온-다이 커패시턴스와 상호작용하여 100 MHz 영역 이상에서 피크 임피던스를 목표 임피던스 미만으로 유지한다.

이러한 인덕턴스는 패키지와 기판 사이에서 칩 쪽의 인터커넥트상에 있다. 기판에서 등가 패키지 부착 인덕턴스는 클 수 있고 칩에서 바라보는 고주파 임피던스에 영향을 미치지 않을 수 있다. 실제로 이 인덕턴스는 0.1 nH까지 커질 수 있다. 이것이 [그림 13-70]에 나와 있다.

패키지 인덕턴스가 0.1 nH인 경우, 기판이 칩이 바라보는 임피던스에 영향을 줄 수 있는 최고 주파수는 다음과 같다.

$$F_{max} = \frac{Z_{target}}{2\pi L_{pkg}} = \frac{0.01}{2\pi \times 0.1} = 0.016\,\text{GHz} = 16\,\text{MHz} \qquad (13.83)$$

여기서

Z_{target} = 목표 임피던스(단위: Ω)

L_{pkg} = 회로 기판에 부착된 패키지의 인덕턴스(단위: nH)

F_{max} = 기판 수준 임피던스가 칩 패드 임피던스에 영향을 줄 수 있는 최고 주파수(단위: GHz)

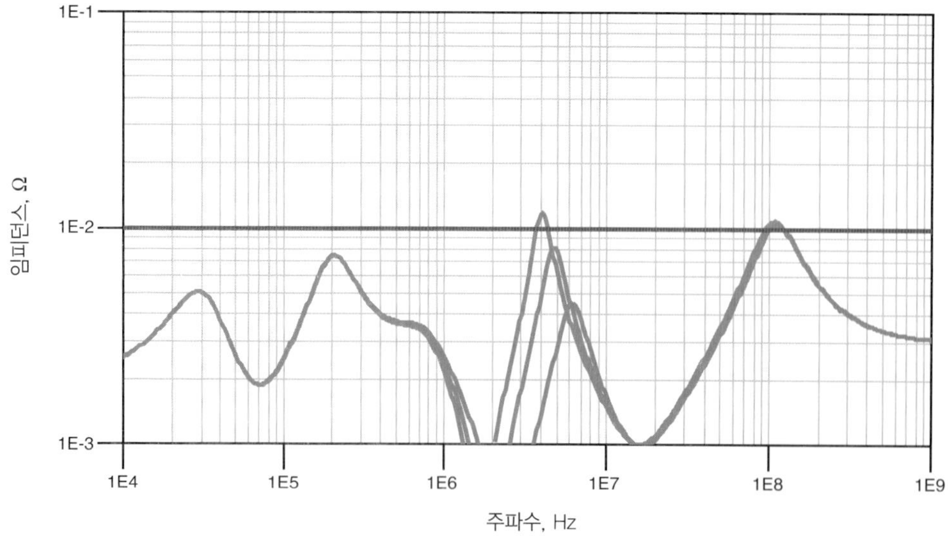

그림 13-70 고주파에서 낮은 임피던스를 제공하는 온-패키지 커패시터를 가진 패키지 내의 칩에서 바라본 임피던스 프로파일. 0.05 nH, 0.1 nH, 0.15 nH의 세 가지 패키지 부착 인덕턴스에 대해 시뮬레이션을 수행

패키지 수준 디커플링 커패시터와 더 높은 패키지 부착 인덕턴스를 사용하면 기판 수준 디커플링에 대한 요구조건이 감소할 수 있다. 최고 목표 임피던스가 더는 100 MHz가 아니라 16 MHz인 경우, 동일한 임피던스 레벨을 충족하는 데 필요한 커패시터의 수가 줄어든다. 물론 인터페이스에서 병렬 공진 피크 임피던스에 대해 동일한 주의사항을 고려해야 한다. [그림 13-71]은 패키지에 더 낮은 ESL 커패시터를 사용하면 필요한 기판 수준 커패시터를 63개에서 15개로 줄이면서도 여전히 목표 임피던스를 충족할 수 있음을 보여준다.

TIP

온-패키지 커패시터가 있는 경우, 기판 수준의 요구조건을 줄일 수 있다. 이 경우에도 커패시터의 선택은 커패시터 값이 아니라 커패시터가 제공하는 ESR과 ESL에 따라 결정된다.

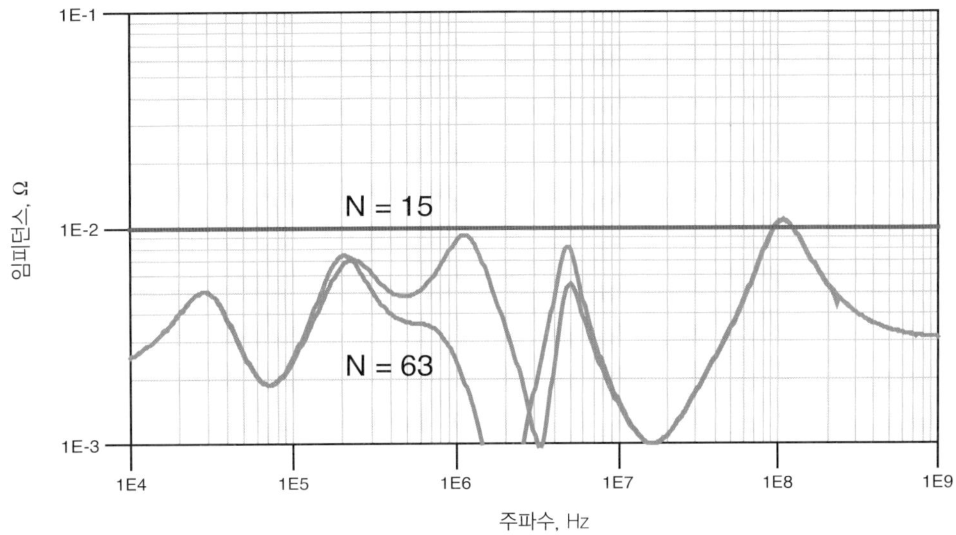

그림 13-71 온-패키지 커패시터를 가진 칩에서 바라본 임피던스 프로파일. 목표 임피던스를 유지하면서 기판 레벨 커패시터를 63개에서 15개로 줄인 경우의 임피던스 프로파일의 변화를 보여준다.

반도체 공급업체는 온-패키지 디커플링 커패시터를 통합할 때, 기판에 추가해야 하는 커패시터의 개수와 커패시턴스 값에 대해 권장하는 기판 수준 디커플링 요구조건을 명시하는 경우가 많다. 기판에 추가할 커패시터의 수는 커패시턴스가 아니라 ESL에 관한 것이기 때문에, 이것은 크게 유용한 정보는 아니다.

13.28 핵심 요약

1. PDN 설계는 혼란스럽고 모순되며 어렵고 복잡하다. 이것은 근본적으로 기판 설계자가 제어할 수 없고 문서로 표현할 수 없는 많은 특징의 복잡한 상호작용 때문이다.
2. PDN의 목적은 칩 패드에서 VRM까지 낮은 임피던스를 제공하는 것이다.
3. VRM과 벌크 디커플링 커패시터는 저주파에서 낮은 임피던스를 제공한다.
4. 루프 인덕턴스가 낮은 벌크 커패시터를 통합하기 위해 가능한 모든 작업을 수행해야 한다.
5. 칩과 패키지 설계는 100 MHz 이상 영역에서 임피던스에 가장 큰 영향을 미친다. 가장 중요한 설계지침은 온-다이 디커플링 커패시턴스를 더 많이 추가하고 칩 부착 인덕턴스를 낮게 유지하며 패키지에 인덕턴스가 낮은 디커플링 커패시터를 추가하는 것이다.
6. PDN 설계에서 가장 중요한 출발점은 목표 임피던스를 설정하는 것이다. 장치의 최악의 전력 소비를 기준으로 목표 임피던스의 근사치를 구할 수 있다.
7. 패키지 리드 인덕턴스와 전원/접지면 공동에 대한 회로 기판 비아는 기판 수준 임피던스의 고주파 설계를 근본적으로 제한한다.

8. 기판 수준에서는 커패시터에서 패키지로의 루프 인덕턴스를 줄이기 위해 가능한 모든 작업을 수행해야 한다.
9. 가장 중요한 설계지침은 얇은 유전체를 사용하여 전원면과 접지면을 서로 인접한 층으로 하여 기판 표면에 가깝게 배치하고, 커패시터와 이를 공동과 연결하는 비아 사이에 짧고 넓은 표면 트레이스를 사용하며, 커패시터를 상단 표면의 패키지에 근접하게 배치하고, 확산 인덕턴스가 포화된 경우에는 일부 커패시터를 기판 하단의 패키지 바로 아래에 배치하는 것이다.
10. 사용할 커패시터 개수에 영향을 미치는 가장 중요한 항목은 ESL과 기판 수준 디커플링의 최고 주파수이다.
11. 기판 전원면과 접지면의 커패시턴스가 낮은 주파수에서 디커플링 커패시터와 병렬 공진을 일으키는 경우, SPICE로 임피던스 프로파일을 시뮬레이션하여 값을 신중하게 선택하면 가장 적은 수의 커패시터를 사용할 수 있다.
12. 매우 낮은 임피던스 설계의 경우, 커패시터의 값은 ESL과 사용된 커패시터의 개수보다 중요하지 않다. 모두 동일한 값의 커패시터들이 잘 작동할 수 있다.
13. 병렬 공진 피크가 포함된 경우, 커패시턴스 값이 가장 낮은 커패시터가 가장 높은 ESR을 가지며 약간의 감쇠를 제공하여 피크 임피던스를 줄인다.
14. 매우 낮은 임피던스를 위해서는 온-패키지 커패시터가 필수적이다. 온-패키지 커패시터를 사용하면 온-보드 커패시터 요구조건을 줄일 수 있다.
15. 가장 낮은 임피던스의 PDN 설계의 경우, 칩, 패키지, 기판 수준의 PDN을 공동 설계하면 비용대비 효과가 가장 높은 해결방법을 제공할 수 있다.

복습 문제

13.1 전원 분배 네트워크(PDN)를 구성하는 다섯 가지 요소는 무엇인가?

13.2 PDN의 일부가 아닌 인터커넥트 구조의 예를 두 가지 들어라.

13.3 잘못 설계된 PDN에서 발생할 수 있는 세 가지 잠재적 문제는 무엇인가?

13.4 PDN에서 가장 중요한 설계 원리는 무엇인가?

13.5 목표 임피던스 선택에 영향을 미치는 성능 요소는 무엇인가?

13.6 PDN에서 가장 중요한 세 가지 설계지침은 무엇인가?

13.7 2 V 전원 레일의 리플 사양이 5%이고 이 전원 레일에서 인출되는 최대 과도 전류가 10 A일 때 목표 임피던스를 구하라.

13.8 목표 임피던스보다 훨씬 낮은 PDN 임피던스를 구현하는 경우의 단점은 무엇인가?

13.9 PDN을 주파수 영역에서 분석하는 것이 더 쉬운 이유는 무엇인가?

13.10 주파수 영역에서 PDN 임피던스의 다섯 가지 주파수 영역은 무엇이며, 이들 영역에 영향을 미치는 물리적 특징은 무엇인가?

13.11 PDN의 어떤 특징이 최고 주파수에서 낮은 임피던스를 제공하는가?

13.12 최고 주파수에서 임피던스를 줄이기 위해 조정해야 하는 유일한 설계 특징은 무엇이며, 이를 달성하기 어려운 이유는 무엇인가?

13.13 VRM의 특성을 나타내는 가장 중요한 세 가지 항목은 무엇인가?

13.14 임피던스 분석기 시뮬레이션을 가능하게 하는 핵심 SPICE 소자는 무엇인가?

13.15 패키지 리드 인덕턴스를 줄이는 것이 왜 그렇게 중요한가?

13.16 어떤 2층 BGA에는 한쪽 모서리에서 다른 쪽 모서리로 이어지는 리드가 있다. 인접한 전원 리드와 접지 리드의 길이가 모두 0.5 inch이고, 이 전원/접지 리드 쌍이 총 20개가 있을 때 PDN의 등가 패키지 리드 인덕턴스는 얼마인가?

13.17 가장 낮은 루프 인덕턴스를 가진 패키지 유형은 무엇인가? 패키지 리드 인덕턴스를 줄이기 위해서는 어떤 세 가지 패키지 특징을 설계해야 하는가?

13.18 기판에서 모든 디커플링 커패시터를 제거해도 제품이 여전히 작동하는 경우가 가끔 있는데 그 이유는 무엇인가? 이것은 좋은 테스트가 아닌 이유는 무엇인가?

13.19 MLCC 커패시터의 가장 중요한 세 가지 특성은 무엇이며, 각 항목에 영향을 미치는 물리적 특성은 무엇인가?

13.20 기판상의 PDN 구성요소에서 인덕턴스를 줄이는 것이 왜 그렇게 중요한가?

13.21 MLCC 커패시터의 실장 인덕턴스를 줄이기 위한 가장 중요한 세 가지 설계지침은 무엇인가?

13.22 전원/접지면 공동에서 확산 인덕턴스를 줄일 수 있는 세 가지 설계 특징은 무엇이고, 그중에서 가장 중요한 것은 무엇인가?

13.23 어떤 설계 특징의 조합에서 디커플링 커패시터의 위치가 중요하지 않은가? 어떤 경우에 디커플링 커패시터의 위치가 중요한가?

13.24 높은 주파수에서 기판에 있는 커패시터는 이상적인 커패시터처럼 작동하지 않는다. 실제 커패시터를 고려하는 더 효과적인 방법은 무엇인가?

13.25 커패시터에서 비아를 거쳐 공동으로 가는 어떤 기판 상의 표면 트레이스가 폭은 10 mil이고 길이는 30 mil이다. 공동의 상단은 표면보다 10 mil 아래에 있다. 0603 커패시터의 실장 인덕턴스는 얼마인가? 비아의 지름이 10 mil일 때 비아의 루프 인덕턴스는 얼마인가?

13.26 기판에 동일한 커패시터 10개를 추가하면 자기 공진 주파수는 어떻게 되는가? 변경

되는 특징은 무엇인가?

13.27 값이 서로 다른 두 개의 커패시터를 병렬로 추가하면 어떠한 새로운 임피던스 특징이 생기는가? 이 특징이 PDN 설계에 매우 중요한 이유는 무엇인가?

13.28 두 개의 커패시터 사이의 병렬 피크 임피던스를 줄이기 위한 세 가지 설계지침은 무엇인가?

13.29 커패시턴스의 값이 증가함에 따라 커패시터의 ESR은 어떻게 되는가?

13.30 목표 임피던스를 달성하는 데 필요한 커패시터 수를 줄이기 위해 조정해야 할 가장 중요한 설계 특징은 무엇인가?

13.31 PDN 임피던스 프로파일을 평평하게 설계하는 것의 한 가지 장점은 무엇인가?

13.32 FDTIM 프로세스는 무엇이고, 왜 강력한 기술인가?

[A]

신호 무결성 문제 최소화를 위한 102가지 일반 설계 지침

규칙을 맹목적으로 따라서는 안 된다. 항상 규칙의 목적을 이해하고 숫자를 입력하여 특정 설계에 대한 비용과 이익을 평가해야 한다.

0. 항상 가장 긴 상승 시간을 사용한다.

A.1 하나의 넷에서 신호 품질 문제 최소화

전략: 전체 경로에 걸쳐 신호가 바라보는 순시 임피던스를 일정하게 유지한다.

전술:

1. 제어된 임피던스 트레이스를 사용한다.

2. 이상적으로 모든 신호는 저전압 평면을 귀환 평면으로 사용해야 한다.

3. 서로 다른 전압 평면을 신호 귀환 평면으로 사용하는 경우, 이들 사이에는 강한 결합이 있어야 한다. 가능한 가장 얇은 유전체를 사용하고, 서로 다른 전압 평면 사이에 낮은 인덕턴스를 갖는 디커플링 커패시터를 여러 개 사용한다.

4. 2D 전자기장 솔버를 사용하여 목표 특성 임피던스에 대한 적층 구조 설계 규칙을 계산한다. 솔더 마스크와 트레이스 두께의 효과를 포함한다.

5. 단방향이든 양방향이든 점-대-점 토폴로지에 대해서는 직렬 종단을 사용한다.

6. 멀티 드롭 버스에서 버스의 양쪽 끝을 종단한다.

7. 스터브의 시간 지연을 가장 빠른 신호 상승 시간의 20% 미만으로 유지한다.

8. 종단 저항기를 가능한 한 패키지 패드에 가깝게 배치한다.

9. 10 fF의 커패시턴스가 신호 무결성에 중요한 영향을 미치지 않는 경우라면 트레이스의 90°로 꺾인 모서리에 대해 걱정하지 않아도 된다.

10. 각 신호 트레이스의 전체 경로를 따라가면서 해당 트레이스 경로 아래의 귀환 경로의 폭을 신호 트레이스의 폭과 최소한 같게 유지하거나 바람직하게는 신호 트레이스 폭

의 세 배 이상으로 넓게 유지한다.

11. 신호 트레이스는 귀환 경로의 불연속 위로 가로지르지 않고 불연속 주위를 돌아가도록 배선한다.
12. 신호 경로에는 설계 변경 와이어(engineering change wire)를 사용하지 않는다.
13. 모든 불균일 영역은 가능한 한 짧게 유지한다.
14. 시스템 상승 시간이 1 nsec 미만인 경우에는 축방향 리드 종단 저항기(axial-lead terminating resistor)를 사용하지 않는다. 최소 루프 인덕턴스를 위해 SMT 저항기를 사용하여 실장한다.
15. 상승 시간이 150 psec 미만인 경우에는 종단 SMT 저항기의 루프 인덕턴스를 최소화하기 위해 가능한 모든 조치를 취한다. 그렇지 않으면 온-다이 종단(On-Die Termination, ODT) 저항기 또는 집적 저항기(integrated resistor) 또는 내장 저항기(embedded resistor)의 사용을 고려해야 한다.
16. 비아는 일반적으로 용량성으로 보인다. 캡처 패드를 최소화하고 안티패드 클리어런스 지름을 늘리면 비아를 투명하게 보이게 하는 데 도움이 된다.
17. 일반적으로 더 높은 인덕턴스를 보상하기 위해 저가(low cost) 커넥터의 패드에 약간의 커패시턴스를 추가하는 것을 고려한다.
18. 모든 차동 쌍은 결합에 관계없이 일정한 차동 임피던스를 갖도록 배선한다.
19. 차동 쌍에서의 모든 비대칭을 피한다. 하나의 트레이스에 대해 작업한 모든 것은 다른 트레이스에도 똑같이 작업해야 한다.
20. 차동 쌍에서 두 트레이스 사이의 간격을 변경해야 하는 경우 차동 임피던스를 일정하게 유지하도록 트레이스 폭을 조정한다.
21. 차동 쌍의 한 트레이스에 지연 선로(delay line)를 추가해야 하는 경우, 트레이스의 시작 부분 근처에 지연 선로를 추가하고 그 영역에서 트레이스들이 결합되지 않도록 한다.
22. 차동 임피던스가 유지되는 한 차동 쌍에서 결합을 변경해도 괜찮다.
23. 가장 낮은 비용으로 가장 높은 인터커넥트 밀도를 달성하기 위해서는 일반적으로 가장 강하게 결합된 차동 쌍 트레이스로 배선해야 한다.
24. 배선 밀도, 총 기판 두께 제한, 엄격한 기판 두께 관리를 유지하는 팹 공급업체(fab vendor)의 능력을 고려하여 에지 결합 차동 쌍(edge-coupled differential pair)과 광면 결합 차동 쌍(broadside-coupled differential pair) 중 어떤 것을 선택할지 결정한다. 성능 측면에서는 동등할 수 있다.
25. 모든 기판 수준 차동 쌍의 경우, 상당한 귀환 전류가 귀환 평면에 흐르므로 귀환 평면에 어떤 불연속도 생기지 않도록 막아야 한다. 귀환 평면에 불연속이 있는 경우에는 차동 쌍의 두 선로가 각각 정확히 같은 영향을 받도록 작업을 해주어야 한다.
26. 수신기의 공통 모드 제거비(CMRR)가 좋지 않은 경우에만 공통 모드 신호를 종단하는 것에 대해 신경을 쓰면 된다. 공통 모드 신호를 종단한다고 해서 공통 신호가 제거되는 것은 아니며 단지 링잉을 최소화할 뿐이다.

27. 손실이 중요한 경우, 가능한 한 가장 넓은 신호 트레이스를 사용하고 폭이 5 mil 미만인 트레이스는 절대 사용하지 않는다.
28. 손실이 중요한 경우, 약하게 결합된 차동 쌍을 사용하면 동일한 유전체 두께에 대해 더 넓은 신호 선로를 사용할 수 있다.
29. 손실이 중요한 경우, 트레이스를 가능한 한 짧게 유지한다.
30. 손실이 중요한 경우, 모든 용량성 불연속을 최소화하기 위해 가능한 모든 조치를 취한다.
31. 손실이 중요한 경우, 신호 비아가 50 Ω 임피던스를 갖도록 설계한다. 이는 일반적으로 배럴 크기를 줄이고 캡처 패드 크기를 줄이며 안티패드 클리어런스 홀을 늘리기 위해 가능한 모든 조치를 취하는 것을 의미한다.
32. 손실이 중요한 경우, 가능한 한 가장 낮은 손실 계수를 갖는 유전체 기판을 사용한다.
33. 손실이 중요한 경우에 프리엠퍼시스(pre-emphasis)와 이퀄라이제이션(equalization)의 사용을 고려한다.

A.2 크로스토크 최소화

전략: 신호 경로와 귀환 경로 사이의 상호 커패시턴스와 상호 인덕턴스를 최소화한다.

전술:

34. 마이크로스트립 전송선로 또는 스트립라인 전송선로의 경우, 인접한 신호 경로 사이의 간격을 선로 폭의 두 배 이상으로 유지해야 한다. 프린지 전자기장의 범위를 결정하는 것은 실제로는 유전체 두께이지만, 선로의 임피던스 50 Ω이 유전체 두께에 대한 선로 폭의 비율을 정하므로 선로 폭을 기반으로 한 간격이 결국은 유전체 두께를 기반으로 한 간격이다.
35. 신호가 가로질러 지나갈 수 있는 귀환 경로의 불연속을 최소화한다.
36. 귀환 경로에 있는 갭(gap)을 반드시 가로질러 가야 한다면 차동 쌍만을 사용해야 한다. 서로 가깝게 배선된 단일 종단 신호들은 갭을 가로지르지 않아야 한다.
37. 표면 트레이스의 경우 결합된 길이를 가능한 짧게 유지하고 솔더 마스크를 가능한 한 많이 사용하여 원단 크로스토크를 최소화한다.
38. 원단 크로스토크가 문제가 되는 경우, 표면 트레이스 상단에 유전체 층을 추가하여 내장형 마이크로스트립(embedded microstrip)으로 만든다.
39. 원단 크로스토크가 문제가 될 수 있는 긴 결합 길이의 경우, 트레이스를 스트립라인으로 배선한다.
40. 결합 길이를 포화 길이보다 작게 유지할 수 없다면, 결합 길이를 변경해도 근단 크로스토크에는 영향이 없으므로 결합 길이를 줄이는 데 신경을 쓸 필요가 없다.
41. 정해진 목표 특성 임피던스에 대해 귀환 평면에 대한 유전체 간격을 최소로 유지할 수 있도록 가능한 한 가장 낮은 유전 상수를 갖는 기판을 사용한다.

42. 강하게 결합된 마이크로스트립 버스에서는 선로 간격을 선로 폭의 두 배 이상으로 유지하거나 타이밍에 민감한 선로를 스트립라인으로 배선하여 결정론적 지터(deterministic jitter)를 줄일 수 있다.
43. −60 dB를 초과하는 격리도가 필요한 경우 보호 트레이스가 있는 스트립라인을 사용한다.
44. 항상 2D 전자기장 솔버를 사용하여 보호 트레이스를 사용할 필요가 있는지 여부를 평가한다.
45. 보호 트레이스를 사용하는 경우, 공간에 맞춰 가능한 넓게 만들고 비아를 사용하여 트레이스 끝을 귀환 경로와 단락시킨다. 추가 비용이 들지 않고 작업하기 쉬운 경우에는 트레이스의 길이를 따라 적절한 간격으로 단락 비아를 추가한다. 추가하는 단락 비아들은 양쪽 끝에 있는 두 개의 단락 비아만큼 중요하지는 않다. 마이크로스트립에서 보호 트레이스는 큰 도움이 되지 않는다.
46. 패키지나 커넥터의 귀환 경로를 가능한 한 짧고 넓게 만들어 접지 바운스를 최소화한다.
47. 크기가 큰 패키지보다는 칩 스케일 패키지(chip-scale package, CSP)를 사용한다.
48. 전원 평면은 귀환 평판에 가능한 한 가깝게 배치하여 전원 귀환 경로에서 접지 바운스를 최소화한다.
49. 시스템의 임피던스와 정합을 유지하면서 신호 경로를 가능한 한 귀환 경로에 가깝게 배치하여 신호 귀환 경로의 접지 바운스를 최소화한다.
50. 커넥터와 패키지에서 공유 귀환 경로를 사용하지 않도록 한다.
51. 패키지나 커넥터에 리드를 할당할 때는 가장 짧은 리드는 접지 경로를 위해 확보해 놓고 전원 리드와 접지 리드를 신호 경로 사이에 균일한 간격으로 배치하거나 스위칭 전류가 많이 흐르는 신호 경로에 가장 가깝게 배치한다.
52. 연결되지 않은 모든 리드 또는 핀은 접지 귀환 연결로 지정해야 한다.
53. 각 저항기에 별도의 귀환 경로가 없는 경우에는 단일 인라인 패키지(Single Inline Package, SIP)형 저항기를 사용하지 않는다.
54. 필름을 검사하여 비아 지역의 안티패드가 겹치지 않는지, 전원면과 접지면에 있는 클리어런스 홀들 사이를 트레이스들이 제대로 지나가고 있는지 확인한다.
55. 신호가 귀환 평면들을 변경하면서 지나가는 경우, 이 귀환 평면들은 가능한 한 가까운 간격으로 놓여 있어야 한다. 귀환 경로의 임피던스를 최소화하기 위해 디커플링 커패시터를 사용하는 경우, 커패시턴스 값은 중요하지 않다. 루프 인덕턴스가 가장 낮아질 수 있도록 디커플링 커패시터를 선택하고 설계해야 한다.
56. 많은 신호 선로들이 귀환 평면들을 변경하면서 지나가는 경우, 신호 경로 비아를 모두 같은 장소에 모아 두지 말고 가능한 한 멀리 떨어뜨려 배치한다.
57. 신호가 귀환 평면들을 변경하면서 지나갈 때 이 평면들의 전압 레벨이 동일한 경우, 귀환 평면 사이의 비아를 신호 비아에 가능한 한 가깝게 배치한다.

A.3 레일 붕괴(rail collapse) 최소화

전략: 전원 분배 네트워크(PDN)의 임피던스를 최소화한다.

전술:

58. 전원 경로와 접지 경로 사이의 루프 인덕턴스를 최소화한다.

59. 가능한 한 가장 얇은 유전체를 사용하여 인접 층에 전원면과 접지면을 할당한다.

60. 전원면과 접지면 사이의 유전체로 가능한 한 가장 높은 유전 상수를 갖는 물질을 사용하여 전원면과 접지면 사이의 임피던스를 가장 낮아지게 한다.

61. 가능한 한 많은 전원면과 접지면 쌍을 병렬로 사용한다.

62. 같은 방향으로 나란히 흐르는 전류는 멀리 떨어뜨려 배선하고 반대 방향으로 나란히 흐르는 전류는 가깝게 배선한다.

63. 각 전원 비아를 접지 비아에 가능한 한 가깝게 배치한다. 전원 비아와 접지 비아 사이의 간격이 비아 길이보다 작지 않으면 결합이 발생하지 않으므로 가까이 배치한 효과가 없다.

64. 전원면과 접지면을 적층 구조의 표면에 가깝게 배치하고 이렇게 배치한 전원면과 접지면에 디커플링 커패시터를 실장한다.

65. 동일한 전원 패드 또는 접지 패드에 여러 개의 비아를 사용하되, 이 비아들을 가능한 한 멀리 떨어뜨려 놓는다.

66. 비아를 전원면 또는 접지면에 배치할 때는 가능한 한 지름이 큰 비아를 사용한다. 그러나 지름이 큰 비아를 한 개 사용하는 것보다 지름이 작은 비아를 여러 개 분산하여 사용하는 것이 더 좋다.

67. 전원 패드와 접지 패드에는 이중 본딩을 사용하여 와이어 본드의 루프 인덕턴스를 최소화한다.

68. 칩에서 전원 연결과 접지 연결을 가능한 한 많이 사용한다.

69. 패키지에서 전원 연결과 접지 연결을 가능한 한 많이 사용한다.

70. 와이어 본드보다는 플립 칩과 같이 가능한 한 짧은 칩-인터커넥트 방법을 사용한다.

71. QFP 패키지보다는 칩 스케일 패키지(CSP)와 같이 가능한 한 짧은 패키지 리드를 사용한다.

72. 디커플링 커패시터의 패드와 비아 사이를 연결하는 모든 표면 트레이스는 가능한 짧고 넓게 유지한다.

73. 저주파수에서는 조정기(regulator)를 대신하는 데 충분한 양의 벌크 디커플링 커패시턴스를 사용한다.

74. 고주파수에서는 등가 인덕턴스를 줄이는 데 충분한 개수의 디커플링 커패시터를 사용한다.

75. 디커플링 커패시터 본체의 크기는 가능한 한 작은 것을 사용하고, 커패시터 패드에서 전원면과 접지면 까지의 모든 연결 길이를 최소화한다.

76. 칩 자체에 가능한 한 많은 디커플링 커패시턴스를 배치한다.
77. 패키지에 가능한 한 많은 낮은 인덕턴스를 갖는 디커플링 커패시터를 배치한다.
78. V_{dd} 평면의 온-다이 커패시턴스와 패키지 리드 인덕턴스의 병렬 피크 임피던스를 감쇠시켜 평탄한 임피던스 프로파일을 제공해주는 커패시터 값을 선택하는 데 FDTIM을 사용한다.
79. I/O에 차동 쌍을 사용하여 스위칭 전류의 dI/dt를 줄인다.

A.4 EMI 최소화

전략: 공통 전류를 구동하는 전압을 줄이고, 공통 전류 경로의 임피던스를 높이며, 빠른 해결 방법으로 차폐와 필터링을 사용한다.

전술:

80. 접지 바운스를 줄인다.
81. 모든 트레이스를 기판 가장자리로부터 적어도 선로 폭의 5배 만큼 떨어지게 유지한다.
82. 트레이스는 가능한 한 스트립라인으로 배선한다.
83. 최고 속도/최고 전류의 신호를 처리하는 부품은 I/O 연결에서 가능한 한 멀리 떨어뜨려 배치한다.
84. 디커플링 커패시터는 칩과 가깝게 배치하여 평면에서 고주파 전류 성분이 확산되어(퍼져) 흐르는 것을 최소화한다.
85. 전원면과 접지면을 인접한 층에 배치하고 가능한 한 서로 가까운 간격으로 유지한다.
86. 가능한 한 많은 전원면과 접지면 쌍을 사용한다.
87. 여러 개의 전원면과 접지면 쌍을 사용하는 경우, 전원면을 접지면보다 작게 하고 접지면의 가장자리를 따라 여러 개의 스티칭 비아를 사용하여 접지면들 사이를 단락시킨다.
88. 가능한 경우에는 접지면을 표면 층으로 사용한다.
89. 모든 패키지의 공진 주파수를 알아내어 클록 고조파와 겹치는 경우에는 패키지 구조를 변경한다.
90. 패키지 내에서 신호가 서로 다른 전압을 갖는 귀환 평면을 변경하며 지나가는 것을 피한다. 신호가 귀환 평면을 변경하면 패키지 공진이 발생한다.
91. 공진이 발생할 수 있는 경우, 패키지 상단에 페라이트 필터 시트를 추가한다.
92. 각 차동 쌍에서 선로 사이의 비대칭을 최소화한다.
93. 외부에 연결된 모든 차동 쌍 연결에는 공통모드 신호 초크 필터를 사용한다.
94. 주변기기에 연결된 차폐 케이블에는 케이블 외부를 감싸는 공통모드 신호 초크 필터를 사용한다.
95. 타이밍 버짓에서 허용되는 가장 긴 신호 상승 시간을 사용할 수 있도록 모든 외부 I/O 선로를 필터링 한다.

96. 확산스펙트럼 클록 발생기(spread-spectrum clock generator)를 사용하여 1차 고조파를 더 넓은 주파수 범위로 확산하고 FCC 시험 대역폭 내에서 방사성 에너지를 줄인다.

97. 차폐 케이블을 연결할 때는 차폐(shield)가 함체(enclosure)의 연장된 구조를 유지하도록 한다.

98. 함체에 대한 차폐 케이블 연결의 인덕턴스를 최소화한다. 케이블 끝에서 함체까지 동축 연결(접속)을 사용한다.

99. 장비 베이(equipment bay)가 함체의 무결성을 깨뜨려서는 안 된다.

100. 인터커넥트만이 함체 무결성을 깨트릴 수 있다.

101. 개구부(aperture)의 지름을 누출될 수 있는 방사 신호의 최고 주파수의 파장보다 훨씬 작게 유지한다. 적은 수의 큰 구멍보다는 많은 수의 작은 구멍이 차폐 효과가 더 좋다.

102. 가장 비용이 많이 드는 규칙은 제품 출시일을 지연시키는 규칙이다.

[B]

신호 무결성 효과를 추정하는 데 도움이 되는 100가지 경험 규칙

경험 규칙은 나중에 얻는 좋은 답보다 지금 당장 괜찮은 답이 더 중요한 경우에만 사용해야 한다. 경험 규칙은 아주 대략적인 근사치를 제공하기 위한 것일 뿐이다. 직관에 도움을 주고 아주 적은 노력으로 빠른 답을 찾는 데 도움이 되도록 설계된 것이다. 경험 규칙은 항상 모든 추정의 출발점이 되어야 한다. 간단히 말해 5와 50을 구분하는 데 도움이 되는 것이 경험 규칙이다. 경험 규칙은 설계 단계 초기에 전체적인 상황을 볼 수 있도록 도와준다. 신속성과 정확성의 기준으로 보면 경험 규칙은 정확하기보다는 빠르다.

물론 경험 규칙을 맹목적으로 사용할 수는 없다. 원칙에 대한 이해와 올바른 공학적 판단이 뒷받침되어야 한다.

설계 승인과 같이 단 몇 퍼센트 오차가 100만 달러의 영향을 미칠 수 있을 만큼 정확성이 중요한 경우, 검증된 수치 시뮬레이션 도구가 아닌 다른 것을 사용할 이유가 있을까?

부록 B에는 각 장에서 소개한 가장 유용한 경험 법칙이 장별로 정리되어 있다.

B.1 2장

1. 신호의 상승 시간은 클록 주기의 약 10%이다. 즉 $1/10 \times 1/F_{clock}$이다. 예를 들어, 100 MHz 클록의 상승 시간은 약 1 nsec이다.
2. 이상적인 사각파의 n차 고조파 진폭은 클록 전압 크기에 $2/(\pi n)$를 곱한 값이다. 예를 들어, 1 V 클록 신호의 1차 고조파 진폭은 약 0.6 V이다. 3차 고조파는 약 0.2 V이다.
3. 신호의 대역폭(BW)과 상승 시간(RT) 사이에는 BW = 0.35/RT의 관계가 있다. 예를 들어 상승 시간이 1 nsec인 경우 대역폭은 350 MHz이다. 인터커넥트의 대역폭이 3 GHz인 경우, 전송할 수 있는 최단 상승 시간은 약 0.1 nsec이다.
4. 상승 시간을 모르는 경우, 신호의 대역폭은 클록 주파수의 대략 5배로 추정할 수 있다. 예를 들어, 클록 주파수가 1 GHz인 경우 신호의 대역폭은 약 5 GHz이다.

B.2 3장

5. LC 회로의 공진 주파수는 5 GHz/$\sqrt{LC}$이다. 여기서 L의 단위는 nH, C의 단위는 pF이다. 예를 들어, 패키지 리드와 그 귀환 경로의 루프 자체 인덕턴스가 7 nH이고 커패시턴스가 약 1 pF인 경우, 링잉 주파수는 약 2 GHz이다.

B.3 4장

6. 축방향 리드 저항기는 최대 약 400 MHz까지 이상적인 저항기처럼 보인다. SMT 0603 저항기는 최대 약 2 GHz까지 이상적인 저항기처럼 보인다.
7. 축방향 리드 저항기의 ESL은 약 8 nH이다. SMT 저항기의 ESL은 약 2 nH이다.
8. 지름이 1 mil인 금으로 된 와이어 본드의 길이당 저항은 약 1 Ω/inch이다. 예를 들어, 길이가 50 mil 인 와이어 본드의 저항은 약 50 mΩ이다.
9. 24 AWG 도선은 지름이 약 20 mil이고 길이당 저항은 약 25 mΩ/ft이다
10. 1 oz 구리의 시트 저항은 약 0.5 mΩ/square이다. 예를 들어 폭이 5 mil이고 길이가 1 inch인 트레이스는 200 square이므로 직렬 저항은 200 square × 0.5 mΩ/square = 100 mΩ = 0.1 Ω이다.
11. 1 oz 구리의 표피 깊이 효과는 약 10 MHz에서 시작된다.

B.4 5장

12. 지름이 1 inch인 구의 커패시턴스는 약 2 pF이다. 예를 들어, 기판에 매달려 있는 수 inch 길이의 피그테일 케이블은 바닥에 대한 커패시턴스가 약 2 pF이다.
13. 변의 길이가 1 cm인 정사각형 도체 판 두 개 사이의 간격이 1 mm일 때 커패시턴스는 약 0.9 pF이다. 단 도체 판 사이의 물질은 공기이다.
14. 커패시터의 두 평행판이 판의 폭만큼 떨어져 있는 경우, 평행판의 가장자리를 따라 분포하는 프린지 전기장이 커패시턴스에 기여하는 양은 평행판 내부에 분포하는 전기장이 커패시턴스에 기여하는 양과 같다. 예를 들어, 트레이스 폭이 10 mil이고 유전체 두께가 10 mil인 마이크로스트립의 커패시턴스를 평행판 근사식으로 추정한 값이 1 pF/inch라면 실제 커패시턴스는 이 값의 약 2배인 2 pF/inch가 된다.
15. 유기 유전체 기판(organic laminate)이라는 것 외에는 물질에 대한 다른 정보가 없는 경우, 유전 상수에 대한 좋은 추정치는 4이다.
16. 1 W 칩의 경우, 디커플링 커패시턴스 C(단위: F)가 5% 미만의 전압 강하로 전하를 제공하는 시간(단위: sec)은 C/2이다. 예를 들어, 디커플링 커패시턴스가 10 nF인 경우 5 nsec 동안만 디커플링을 제공한다. 10 μsec 동안 디커플링이 필요한 경우 20 μF의 커패시턴스가 필요하다.

17. 간격이 1 mil인 전형적인 회로 기판의 전원면과 접지면으로 얻을 수 있는 커패시턴스는 1 nF/in^{2}이며 이 값은 유전체 두께에 반비례하여 증가한다. 예를 들어, 두께가 10 mil인 기판에서 ASIC을 디커플링하는 데 사용할 수 있는 총 기판 면적이 4 in^{2}이라고 가정하면 커패시턴스는 4 in^2 × 1 nF/in^2/10 = 0.4 nF이며, 약 0.2 nsec 동안 디커플링을 제공할 수 있다.
18. 50 Ω 마이크로스트립에서 유전체 기판의 유전 상수가 4일 때 유효 유전 상수는 3이다.

B.5 6장

19. 지름이 1 mil인 원형 도선의 부분 자기 인덕턴스는 약 25 nH/inch, 또는 1 nH/mm이다. 예를 들어 길이가 1.5 mm인 비아의 부분 자기 인덕턴스는 약 1.5 nH이다.
20. 엄지손가락 끝과 집게손가락 끝을 서로 맞대면 지름이 약 1 inch인 원이 만들어진다. 두께가 10 mil인 도선으로 만든 이 크기의 원형 루프의 루프 자기 인덕턴스는 약 85 nH이다.
21. 지름이 1 inch인 루프에서 어느 한 부분을 취할 때 이 부분의 길이당 총 인덕턴스는 약 25 nH/inch, 또는 1 nH/mm이다. 예를 들어 패키지 리드가 루프의 일부를 이루고 있고 길이가 0.5 inch인 경우, 총 인덕턴스는 약 12 nH이다.
22. 두 원형 막대의 중심 사이의 간격이 길이의 10%인 경우, 부분 상호 인덕턴스는 어느 한 막대의 부분 자기 인덕턴스의 약 50%가 된다. 예를 들어, 길이가 각각 1 mm인 두 와이어 본드의 중심 사이의 간격이 0.1 mm인 경우, 각 와이어 본드의 부분 자기 인덕턴스는 약 1 nH이고 부분 상호 인덕턴스는 약 0.5 nH이다.
23. 두 원형 막대 사이의 중심 사이의 간격이 길이와 거의 같으면 두 막대 사이의 부분 상호 인덕턴스는 어느 한 막대의 부분 자기 인덕턴스의 10% 미만이다. 예를 들어, 길이가 각각 25 mil인 두 개의 비아를 중심 사이의 간격이 25 mil 이상이 되도록 떨어뜨려 놓으면 두 비아 사이에는 유도성 결합이 거의 없다.
24. SMT 커패시터의 루프 인덕턴스는 표면 트레이스, 비아, 커패시터 본체를 포함하여 약 2 nH이다. 이를 1 nH 이하로 줄이려면 많은 노력을 기울여 설계를 해야 한다.
25. 한 쌍의 평면의 정사각형당 루프 인덕턴스는 32 pH/mil(32 pH/mil/square)이다. 예를 들어, 유전체 두께가 2 mil인 경우, 전원면과 접지면의 루프 인덕턴스는 정사각형당 64 pH(64 pH/square)이다.
26. 많은 수의 클리어런스 홀이 있어서 구리가 제거된 개방 면적이 50%인 한 쌍의 평면의 루프 인덕턴스는 약 50% 증가한다.
27. 구리의 표피 깊이는 1 GHz에서 2 μm이며 주파수의 제곱근에 반비례한다. 예를 들어, 10 MHz에서 표피 깊이는 20 μm이다.
28. 1 oz 구리로 만든 50 Ω 전송선로의 길이당 루프 인덕턴스는 약 50 MHz 이상의 주파수에서 일정하다. 따라서 전송선로의 특성 임피던스는 50 MHz 이상에서 일정하다.

B.6 7장

29. 구리에서 전자의 속도는 개미의 속도와 비슷해서 약 1 cm/sec이다.
30. 공기에서 신호의 속도는 대략 12 inch/nsec이다. 대부분의 고분자 물질에서 신호의 속도는 약 6 inch/nsec이다.
31. 대부분 유전체 기판에서 배선 지연, 즉 길이당 시간 지연 1/v는 약 170 psec/inch이다.
32. 신호의 공간적 범위는 상승 시간에 속도를 곱한 값으로, RT × 6 inch/nsec로 나타낼 수 있다. 예를 들어, 상승 시간이 0.5 nsec이면, 기판을 따라 전파되는 에지의 공간적 범위는 3 inch이다.
33. 전송선로의 특성 임피던스는 길이당 커패시턴스에 반비례한다. 특성 임피던스는 약 160 Ω/C_len이다. 여기서 C_len의 단위는 pF/inch이다.
34. FR4에서 모든 50 Ω 선로의 길이당 커패시턴스는 약 3.3 pF/inch이다. 예를 들어, BGA 리드가 50 Ω으로 설계되었고 길이가 0.5 inch이면 커패시턴스는 약 1.7 pF이다.
35. FR4에서 모든 50 Ω 선로의 길이당 인덕턴스는 약 8.3 nH/inch이다. 예를 들어, 커넥터가 50 Ω으로 설계되었고 길이가 0.5 inch이면, 신호 경로와 귀환 경로의 루프 인덕턴스는 약 4 nH이다.
36. FR4에서 50 Ω 마이크로스트립은 유전체 기판의 두께가 트레이스 폭의 약 절반이다. 예를 들어, 트레이스 폭이 10 mil이면 유전체 기판의 두께는 5 mil이 된다.
37. FR4에서 50 Ω 스트립라인은 두 기준 평면 사이의 간격이 트레이스 폭의 약 두 배이다. 예를 들어, 트레이스 폭이 10 mil이면, 두 평면 사이의 간격은 20 mil이 된다.
38. 신호가 전송선로를 들여다볼 때 보이는 임피던스는 왕복 전파 시간보다 짧은 시간 동안의 특성 임피던스이다. 예를 들어, 50 Ω 선로의 길이가 3 inch인 경우, 상승 시간이 1 nsec보다 짧은 신호로 선로를 구동하는 모든 드라이버는 신호가 전이되는 동안 일정한 50 Ω 부하를 바라보게 된다.
39. 시간 지연이 TD인 전송선로의 총 커패시턴스는 $C = TD/Z_0$이다. 예를 들어, 선로의 TD가 1 nsec이고 특성 임피던스가 50 Ω인 경우, 신호와 귀환 경로 사이의 커패시턴스는 20 pF이다.
40. 시간 지연이 TD인 전송선로의 총 루프 인덕턴스는 $L = TD \times Z_0$이다. 예를 들어, 선로의 TD가 1 nsec이고 특성 임피던스가 50 Ω이면 신호와 귀환 경로 사이의 루프 인덕턴스는 50 nH이다.
41. 50 Ω 마이크로스트립에서 귀환 경로의 폭이 신호 선로의 폭과 같은 경우 특성 임피던스는 귀환 경로의 폭이 무한히 넓은 경우보다 20% 더 높다.
42. 50 Ω 마이크로스트립에서 귀환 경로의 폭이 신호 선로의 폭보다 세 배 이상 넓은 경우 특성 임피던스는 귀환 경로의 폭이 무한히 넓은 경우의 특성 임피던스와 거의 같다. 차이는 1% 미만이다.
43. 트레이스의 두께는 특성 임피던스를 mil당 약 2 Ω씩 감소시킨다. 예를 들어, 트레이스

의 두께가 1/2 oz 구리에서 1 oz 구리로 0.7 mil만큼 증가하면 트레이스의 특성 임피던스는 약 1 Ω 감소한다.

44. 마이크로스트립 상단에 솔더 마스크가 있으면 특성 임피던스는 솔더 마스크 두께에 따라 mil당 약 2 Ω씩 감소한다. 예를 들어, 0.5 mil 두께의 솔더 마스크는 특성 임피던스를 약 1 Ω 감소시킨다.

45. 정확한 집중 회로 근사 모델을 만들기 위해서는 상승 시간의 공간적 범위당 최소 3.5개의 LC 부분이 필요하다. 예를 들어, 상승 시간이 1 nsec인 경우 FR4에서 공간적 범위는 6 inch이다. 정확한 집중 회로 근사 모델을 만들려면 트레이스 길이 6 inch마다 최소 3.5개의 LC 부분, 다시 말해 대략적으로 트레이스 길이 2 inch마다 한 개의 LC 부분이 필요하다.

46. LC 부분이 한 개인 모델의 대역폭은 0.1/TD이다. 예를 들어, 전송선로의 시간 지연이 1 nsec인 경우, 이 전송선로를 한 개의 LC로 모델링하면 약 100 MHz의 대역폭까지 정확할 것이다.

B.7 8장

47. 전송선로의 시간 지연이 신호의 상승 시간의 20% 미만인 경우, 선로를 종단하지 않아도 될 수 있다.

48. 50 Ω 시스템에서 임피던스가 5 Ω이 변하면 반사 계수는 약 5%(=0.05)가 된다.

49. 모든 불연속의 길이(단위: inch)는 신호의 상승 시간(단위: nsec)보다 작아야 한다. 예를 들어, 신호의 상승 시간이 0.5 nsec일 때, 선로의 폭이 비아 지역을 통과하기 위해 좁아져야 하는 경우에는 좁아진 부분의 길이를 0.5 inch 미만으로 유지하면 허용될 수 있다.

50. 전송선로의 맨 끝에 연결된 용량성 부하는 신호의 상승 시간을 증가시킨다. 10−90 상승 시간은 약 100 × C psec이다. 여기서 C의 단위는 pF이다. 예를 들어, 전형적인 수신기의 입력 게이트 커패시턴스인 2 pF 정도의 커패시턴스가 연결된 경우, RC로 인해 느려진 상승 시간은 200 psec가 된다.

51. 불연속으로 인한 커패시턴스가 0.004 × RT 미만이면 문제가 발생하지 않을 수 있다. 예를 들어, 상승 시간이 1 nsec인 경우, 용량성 불연속은 0.004 nF = 4 pF 미만이어야 문제를 일으키지 않는다.

52. 50 Ω 선로에서 90°로 꺾인 모서리의 커패시턴스(단위: fF)는 선로 폭(단위: mil)의 두 배이다. 예를 들어, 50 Ω 선로의 폭이 10 mil이라면, 90°로 꺾인 선로의 모서리의 커패시턴스는 약 20 fF이다. 이 모서리는 상승 시간이 0.02 pF/4 = 5 psec인 경우 반사 문제를 일으킬 수 있다.

53. 용량성 불연속성은 약 $0.5 \times Z_0 \times C$만큼의 50% 임계점 지연 시간을 추가한다. 예를 들어, 50 Ω 선로에서 커패시턴스가 1 pF인 경우, 지연 시간 추가량은 약 25 psec이다.

54. 불연속의 인덕턴스(단위: nH)가 상승 시간(단위: nsec)의 10배 미만이면 문제를 일으키지 않을 수 있다. 예를 들어, 상승 시간이 1 nsec인 경우, 허용되는 최대 유도성 불연속은 약 10 nH이다.

55. 루프 인덕턴스가 약 10 nH인 축방향 리드 저항기는 상승 시간이 1 nsec 미만인 신호에 대해서는 너무 많은 반사 노이즈를 발생시킬 수 있다. 이 경우 표면 실장 저항기(surface-mount resistor)로 변경해야 한다.

56. 10 nH의 인덕턴스를 보상하려면 50 Ω 시스템에서는 4 pF의 커패시턴스가 필요하다.

B.8 9장

57. 1 GHz에서 1 oz 구리 트레이스의 저항은 DC에서의 저항의 약 15배이다.

58. 폭이 8 mil인 트레이스의 경우, 1 GHz에서 도체의 저항으로 인한 감쇠는 유전체에 의한 감쇠와 비슷하며, 주파수가 증가함에 따라 유전체에 의한 감쇠가 더 빠르게 커진다.

59. 선로 폭이 3 mil 이상인 선로의 경우, 저손실 영역은 약 10 MHz 이상의 주파수 영역이다. 저손실 영역에서는 특성 임피던스와 신호 속도가 손실과 주파수에 무관하다. 일반적인 기판 수준의 인터커넥트에서는 손실로 인한 신호의 분산은 발생하지 않는다.

60. −3 dB 감쇠는 초기 전력의 50%로 감소한 것 또는 초기 진폭의 70%로 감소한 것을 나타낸다.

61. −20 dB 감쇠는 초기 전력의 1%로 감소한 것 또는 초기 진폭의 10%로 감소한 것을 나타낸다.

62. 표피 깊이 영역에서, 선로 폭이 w(단위: mil)인 신호 경로와 귀환 경로의 inch당 직렬 저항은 약 $8/w \times \sqrt{f}$이다. 여기서 f의 단위는 GHz이다. 예를 들어, 폭이 10 mil인 선로의 직렬 저항은 1 GHz에서 약 0.8 Ω/inch이며, 주파수의 제곱근에 비례하여 증가한다.

63. 50 Ω 선로에서 도체에 의한 감쇠는 1 GHz에서 약 $36/(w \times Z_0)$ dB/inch이다. 예를 들어, 50 Ω 선로에서 선로 폭이 10 mil인 경우, 1 GHz에서 감쇠는 $36/(10 \times 50) = 0.07$ dB/inch이다.

64. FR4의 손실 계수는 약 0.02이다.

65. FR4에서 유전체에 의한 감쇠는 1 GHz에서 약 0.1 dB/inch이며, 주파수에 따라 선형적으로 증가한다.

66. 선로 폭이 8 mil인 FR4 50 Ω 선로는 1 GHz에서 유전체 손실과 도체 손실이 동일하다.

67. 길이가 Len(단위: inch)인 FR4 인터커넥트는 손실 계수에 의해 30 GHz/Len의 비율로 대역폭이 제한된다. 예를 들어, 10 inch 길이의 50 Ω 선로의 대역폭은 3 GHz이다.

68. FR4 인터커넥트에 의해 전파될 수 있는 가장 짧은 상승 시간은 10 psec/inch × Len이다. 예를 들어, 10 inch 길이의 FR4 50 Ω 선로를 따라 전파되는 신호의 상승시간은 적어도 100 psec 이상이다.

69. FR4 유전체 기판에서 손실로 인한 상승 시간 성능저하, 즉 상승 시간의 증가는 인터커넥트의 길이(단위: inch)가 상승 시간(단위: nsec)의 50배 이상일 때 중요하다. 예를 들어, 상승 시간이 200 psec인 경우, 선로의 길이가 10 inch를 초과하면 손실에 대해 걱정해야 한다.

B.9 10장

70. 한 쌍의 50 Ω 마이크로스트립 전송선로에서 두 선로의 간격이 선로 폭과 동일한 경우, 신호 선로 사이의 결합 커패시턴스는 약 5%이다.
71. 한 쌍의 50 Ω 마이크로스트립 전송선로에서 두 선로의 간격이 선로 폭과 동일한 경우, 신호 선로 사이의 결합 인덕턴스는 약 15%이다.
72. FR4에서 근단 노이즈의 포화 길이는 1 nsec의 상승 시간에 대해 3 inch이고 상승 시간에 따라 확장된다. 예를 들어, 상승 시간이 0.5 nsec이면 포화 길이는 1.5 inch이다.
73. 한 트레이스의 장하 커패시턴스(loaded capacitance)는 일정하며 근처에 있는 다른 트레이스들과의 간격에 무관하다.
74. 트레이스 사이의 간격이 트레이스의 폭과 같은 50 Ω 마이크로스트립 트레이스 쌍에서 근단 크로스토크는 5%이다.
75. 트레이스 사이의 간격이 트레이스 폭의 두 배인 50 Ω 마이크로스트립 트레이스 쌍에서 근단 크로스토크는 2%이다.
76. 트레이스 사이의 간격이 트레이스 폭의 세 배인 50 Ω 마이크로스트립 트레이스 쌍에서 근단 크로스토크는 1%이다.
77. 트레이스 사이의 간격이 트레이스의 폭과 같은 50 Ω 스트립라인 트레이스 쌍에서 근단 크로스토크는 6%이다.
78. 트레이스 사이의 간격이 트레이스 폭의 두 배인 50 Ω 스트립라인 트레이스 쌍에서 근단 크로스토크는 2%이다.
79. 트레이스 사이의 간격이 트레이스 폭의 세 배인 50 Ω 스트립라인 트레이스 쌍에서 근단 크로스토크는 0.5%이다.
80. 트레이스의 폭과 트레이스 사이의 간격이 같은 50 Ω 마이크로스트립 트레이스 쌍에서 원단 노이즈는 4% × TD/RT이다. 선로의 시간 지연이 1 nsec이고 상승 시간이 0.5 nsec이면 원단 노이즈는 8%이다.
81. 트레이스 사이의 간격이 트레이스 폭의 두 배인 50 Ω 마이크로스트립 트레이스 쌍에서 원단 노이즈는 2% × TD/RT이다. 선로의 시간 지연이 1 nsec이고 상승 시간이 0.5 nsec이면 원단 노이즈는 4%이다.
82. 트레이스 사이의 간격이 트레이스 폭의 세 배인 50 Ω 마이크로스트립 트레이스 쌍에서 원단 노이즈는 1.5% × TD/RT이다. 선로의 시간 지연이 1 nsec이고 상승 시간이 0.5 nsec이면 원단 노이즈는 3%이다.

83. 스트립라인이나 완전 내장형 마이크로스트립에서는 원단 노이즈는 없다.

84. 50 Ω 버스, 스트립라인 또는 마이크로스트립에서 최악인 경우의 근단 노이즈를 5% 미만으로 유지하려면 선로 간격을 선로 폭의 두 배 이상으로 유지해야 한다.

85. 선로 사이의 간격이 선로 폭과 같은 50 Ω 버스의 경우, 피해자 선로에서 발생하는 모든 크로스토크의 75%는 피해자 선로의 양쪽에서 가장 가까운 한 개의 트레이스에서 결합된 것이다.

86. 선로 사이의 간격이 선로 폭과 같은 50 Ω 버스의 경우, 피해자 선로에서 발생하는 모든 크로스토크의 95%는 피해자 선로의 양쪽에서 가장 가까운 두 개의 트레이스에서 결합된 것이다.

87. 선로 사이의 간격이 선로 폭의 두 배와 같은 50 Ω 버스에서, 피해자 선로에서 발생하는 모든 크로스토크의 100%는 피해자 선로에서 가장 가까운 한 개의 트레이스에서 결합된 것이다. 버스에 있는 나머지 모든 트레이스에서 결합된 것은 모두 무시할 수 있다.

88. 표면 트레이스의 경우, 인접한 두 신호 트레이스 사이에 보호 트레이스를 추가할 수 있을 만큼 충분히 떨어뜨리면 종종 크로스토크를 허용할 수 있는 수준으로 감소시킬 수 있다. 실제 이렇게 되면 보호 트레이스를 추가할 필요가 없게 된다. 충분히 떨어뜨린 두 신호 트레이스 사이에 양쪽 끝이 단락된 보호 트레이스를 추가하면 크로스토크를 추가로 약 50%를 더 줄일 수 있다.

89. 스트립라인 트레이스의 경우, 보호 트레이스를 사용하면 크로스토크의 크기를 보호 트레이스가 없는 경우의 10% 미만으로 줄일 수 있다.

90. 스위칭 노이즈의 크기를 허용 가능 수준 이하로 유지하려면 상호 인덕턴스(단위: nH)를 상승 시간(단위: nsec)의 2.5배 미만으로 유지해야 한다. 예를 들어, 상승 시간이 0.5 nsec인 경우 두 개의 신호/귀환 경로 쌍 사이의 결합으로 인한 스위칭 노이즈 크로스토크를 허용 가능 수준 이하로 유지하려면 상호 인덕턴스가 1.3 nH 미만이어야 한다.

91. 스위칭 노이즈에 의해 제한되는 커넥터 또는 패키지에서 사용 가능한 최고 클록 주파수는 신호 경로와 귀환 경로 쌍 사이의 상호 인덕턴스가 L_m(단위: nH)이고 동시 스위칭 선로의 수가 n일 때 250 MHz/(n × L_m)이다. 예를 들어, 동일한 귀환 경로를 공유하는 핀이 4개이고 신호 경로와 귀환 경로 쌍 사이의 상호 인덕턴스가 약 1 nH인 경우, 커넥터에서 사용 가능한 최고 클록 주파수는 약 250 MHz/(4 × 1) ~ 60 MHz이다.

B.10 11장

92. LVDS 신호에서 공통 신호 성분은 차동 신호 성분의 2배 이상이다.

93. 결합이 없는 경우, 차동 쌍의 차동 임피던스는 어느 한 선로의 단일 종단 임피던스의 2배이다.

94. 한 쌍의 50 Ω 마이크로스트립 선로에서, 한 선로의 단일 종단 특성 임피던스는 다른 선로의 전압이 로우(low, 0 V)로 고정되어 있거나 하이(high, 전원 전압)로 고정되어 있으면 이 선로의 근접 정도와는 완전히 무관하다.

95. 차동 마이크로스트립 쌍이 가장 강하게 결합되어 있는 경우(트레이스 간격이 선로 폭과 같을 때)의 차동 임피던스는 트레이스가 서로 멀리 떨어져 있어 결합되어 있지 않은 경우의 차동 임피던스에서 약 10%만 감소한다.

96. 광면 결합 차동 쌍(broadside coupled differential pair)에서 두 트레이스 사이의 간격이 적어도 트레이스 폭보다 커야 차동 임피던스가 100 Ω이 될 수 있다.

97. FCC B급 요건에서는 측정 거리가 3 m일 때 100 MHz에서 원거리장 강도가 150 μV/m 미만이 되어야 한다.

98. 차폐되지 않은 트위스티드 페어 케이블에 약 3 μA의 공통 전류만 흘러도 FCC B급 EMC 인증 시험에 불합격할 수 있다.

99. 단일 종단 선로에 의해 인접한 차동 쌍에 크로스토크가 발생하는 경우, 강하게 결합된 차동 쌍과 약하게 결합된 차동 쌍의 선로 폭과 유전체 두께를 동일하게 유지할 때, 강하게 결합된 차동 쌍에서 발생하는 차동 신호 크로스토크가 약하게 결합된 차동 쌍의 크로스토크보다 30% 더 적다. 이는 두 트레이스가 더 강하게 결합되면 차동 임피던스가 감소한다는 것을 의미한다.

100. 단일 종단 선로에 의해 인접한 차동 쌍에 크로스토크가 발생하는 경우, 강하게 결합된 차동 쌍에 발생하는 공통 신호 크로스토크가 약하게 결합된 차동 쌍보다 약 30% 더 많다.

[C]
선별된 참고문헌

Anderson, E.M. *Electric Transmission Line Fundamentals*. Reston, VA: Reston Publishing Company, Inc., 1985.

Archambeault, B. *PCB Design for Real World EMI Control*. The Netherlands: Kluwer Academic Publishers, 2002.

Bakoglu, H.B. *Circuits, Interconnects, and Packaging for VLSI*. Reading, MA: Addison-Wesley, 1990.

Bennett, W.S. *Control and Measurement of Unintentional Electromagnetic Radiation*. Hoboken, NJ: John Wiley and Sons, 1997.

Buchanan, J.E. *Signal and Power Integrity in Digital Systems*. Columbus, OH: McGraw-Hill Book Company, 1995.

Chipman, R.A. *Transmission Lines*. Schaum's Outline Series. Columbus, OH: McGraw-Hill Book Company, 1968.

Dally, W.J., and Poulton, J.W. *Digital Systems Engineering*. Cambridge, England: Cambridge University Press, 1998.

Derickson, Dennis, Muller, Marcus. *Digital Communications Test and Measurement: High–Speed Physical Layer Characterization*. Upper Saddle River, NJ: Prentice-Hall, 2008.

Gardial, F. *Lossy Transmission Lines*. Norwood, MA: Artech House, 1987.

Grover, F.W. *Inductance Calculations*. Mineola, NY: Dover Publications, 1973.

Hall, S.H., Hall, G.W., and McCall, J.A. *High Speed Digital System Design*. Hoboken, NJ: John Wiley and Sons, 2000.

Itoh, T. *Planar Transmission Line Structures*. Piscataway, NJ: IEEE Press, 1987.

Johnson, Howard, and Graham, Martin. *High Speed Digital Design*. Upper Saddle River, NJ: Prentice-Hall, 1993.

Konsowski and Helland et al. *Electronic Packaging of High Speed Circuitry*. Columbus, OH: McGraw-Hill, 1997.

Li, Mike Peng. *Jitter, Noise, and Signal Integrity at High-Speed*, Upper Saddle River, NJ: Prentice-Hall, 2007.

Mardiguian, Michel. *Controlling Radiated Emissions by Design*. The Netherlands: Chapman and Hall, 1992.

Martens, L. *High Frequency Characterization of Electronic Packaging*. The Netherlands: Kluwer Academic Publishers, 1998.

Oh, K.S., and Yuan, X. *High–Speed Signaling: Jitter Modeling, Analysis and Budgeting*. Upper Saddle River, NJ: Prentice-Hall, 2012.

Ott, Henry. *Noise Reduction Techniques in Electronic Systems*. Hoboken, NJ: Wiley-Interscience, 1988.

Paul, Clayton. *Introduction to Electromagnetic Compatibility*. Hoboken, NJ: Wiley-Interscience, 1992.

Pandit, V.S., Ryu, W.H., and Choi, M.J. *Power Integrity for I/O Interfaces: With Signal Integrity/Power Integrity Co-Design*. Upper Saddle River, NJ: Prentice-Hall, 2010.

Poon, Ron. *Computer Circuits Electrical Design*. Upper Saddle River, NJ: Prentice-Hall, 1995.

Rosenstark, Sol. *Transmission Lines in Computer Engineering*. Columbus, OH: McGraw-Hill, 1994.

Skilling, H.H. *Electric Transmission Lines*. Melbourne, FL: Krieger Publishing Company, 1979.

Smith, D. *High Frequency Measurements and Noise in Electronic Circuits*. New York: Van Nostrand Reinhold, 1993.

Smith, Larry and Bogatin, Eric. *Principles of Power Integrity for PDN Design-Simplified*. Upper Saddle River, NJ: Prentice-Hall, 2017.

Tsaliovich, A. *Cable Shielding for Electromagnetic Compatibility*. The Netherlands: Chapman and Hall, 1995.

Wadell, Brian. *Transmission Line Design Handbook*. Norwood, MA: Artech House, 1991.

Walker, C. *Capacitance, Inductance and Crosstalk Analysis*. Norwood, MA: Artech House, 1990.

Walsh, J.B. *Electromagnetic Theory and Engineering Applications*. New York: The Ronald Press Company, 1960.

Williams, Tim. *EMC for Product Designers. Burlington*, MA: Newnes Press, 1992.

Young, B. *Digital Signal Integrity*. Upper Saddle River, NJ: Prentice-Hall, 2000.

[D]

복습 문제 해답

부록 D에는 이 책 전체에서 다루는 내용을 확실히 이해하는 데 도움을 주기 위해 각 장의 맨 뒤쪽에 실려 있는 복습문제의 해답을 수록하였다. 해답을 보기에 앞서 먼저 스스로 문제에 답해보기를 바란다.

1장

1.1 신호 무결성 문제 중 한 가지를 말하라.

신호 무결성 문제에 속하는 것으로, 전송선로에서 발생하는 반사(reflection)가 있다. 반사는 전송선로에서 신호로부터 생겨나서 다시 신호 자신에 영향을 주므로 반사를 다른 말로 "자기 공격(self-aggression)" 노이즈라고 부르기도 한다.

1.2 전원 무결성 문제 중 한 가지를 말하라.

전원 무결성 문제에 속하는 것으로, 다이(die)에 있는 코어(core)의 V_{dd} 공급 전압에 존재하는 레일 노이즈(rail noise)가 있다. 이 노이즈는 V_{dd} 레일에 흐르는 전류에 의해 V_{dd} 레일에 발생하므로 V_{dd} 레일상의 "자기 공격(self-aggression)" 노이즈이다.

1.3 전자파 적합성 문제 중 한 가지를 말하라.

"모든" 방사성 방출(radiated emission)의 근본적인 원인은 시스템의 일부를 이루고 있는 긴 길이의 도체에 흐르는 시변전류에서 비롯된다. 물론 이 시변전류는 다른 것이 아니라 오로지 신호전류와 귀환전류, 또는 전원전류와 접지전류로부터 생겨난다. 따라서 이 두 가지 전류 사이에는 항상 상호작용이 존재한다. 하지만 신호를 전달하는 인터커넥트의 특성들 중에서 많은 것들이 신호에는 영향을 미치지 않아도 EMI에는 상당히 큰 영향을 미칠 수 있다. 이에 대한 좋은 예로, CAT 5 트위스티드 페어(twisted pair)와 같은 차동 쌍(differential pair)에서 일어나는 약간의 모드 변환을 들 수 있다. 트위스티드 페어에서의 작은 양의 공통신호는 차동신호에는 아무런 영향을 주지 않지만, EMC에는 완전한 실패를 가져올 수 있다.

1.4 SI 문제와 PI 문제 중 양쪽에 모두 해당하는 것 한 가지를 말하라.

신호 무결성과 전원 무결성을 동시에 포함하는 문제 중에서 가장 흔하게 발생하는 것이 '접지 바운스(ground bounce)'이다. 이 접지 바운스는 신호의 귀환경로가 엉망인(잘못 설계된) 경우, 다시 말해 넓고 균일한 평면이 아닌 경우, 이 공통 귀환 경로를 공유하는 신호들이 있을 때 발생하는 현상이다. 귀환 경로가 패키지 내의 리드(lead)와 같이 폭이 좁은 경우, 폭이 넓은 면(plane)인 경우보다 더 큰 인덕턴스를 가진다.

신호의 귀환 경로는 전원의 귀환 경로와 공유되는 것이 일반적이다. 따라서 귀환 경로가 잘못 설계되어 신호 인터커넥트의 일부를 이루거나 전원 분배 네트워크의 일부가 될 수 있다. 이 공유된 공통 귀환 경로를 통해 전류가 흐르면 전압이 발생하는데 이것이 '접지 바운스'이다. 접지 바운스는 신호와 신호 사이의 크로스토크 또는 전원과 신호 사이의 크로스토크의 한 종류라고 말할 수 있다.

1.5 임피던스 불연속의 원인은 무엇인가?

임피던스 불연속은 신호가 바라보는 순시 임피던스가 변하는 경우(지점)에 발생한다. 이는 단면의 기하학적 구조가 변하는 곳(위치)마다 발생한다. 신호 도체의 모양이 변하거나 귀환 경로의 기하학적 구조가 변하는 곳, 또는 이 둘이 모두 변하는 곳에서 임피던스 불연속이 발생할 수 있다. 불연속은 서로 다른 구조들의 접속부(interface, 경계) – 다이(die)에서 패키지를 지나 층 위의 트레이스를 거쳐 관통 비어를 통과해 커넥터에 이르기까지 – 에서 발생하는 것이 보통이다.

1.6 주파수 의존적 손실이 있는 인터커넥트는 전파 신호에 어떤 영향을 미치는가?

일반적으로, 주파수가 증가함에 따라 도체와 유전체에서 발생하는 손실도 증가한다. 빠른 에지(edge)를 가진 신호가 주파수에 따라 손실이 증가하는 인터커넥트를 통과하면 신호의 높은 주파수 성분이 낮은 주파수 성분보다 더욱 많이 감쇠된다. 이는 신호의 대역폭의 감소라는 결과를 가져온다.

대역폭이 넓은 신호는 상승시간이 짧다. 대역폭이 감소하면 상승시간이 길어진다. 이러한 상승시간의 증가는 손실이 있는 인터커넥트의 가장 큰 문제이다. 상승시간이 데이터 패턴의 단위 (시간)간격과 비슷해질 정도로 손실이 발생하면 신호 품질에 영향을 미치게 된다.

1.7 크로스토크를 일으키는 두 가지 메커니즘은 무엇인가?

크로스토크의 근본 메커니즘은 프린지(fringe) 전기장 결합과 프린지 자기장 결합이다. 신호경로와 귀환경로 사이의 모든 전기장과 자기장이 신호경로 부근에 한정되어 있다면, 크로스토크는 발생하지 않을 것이다.

전기장 결합과 자기장 결합은 각각 결합 커패시턴스(coupling capacitance)와 결합 인덕턴스(coupling inductance)로 근사할 수 있는데 이를 상호 커패시턴스(mutual capacitance)와 상호 인덕턴스(mutual inductance)라고 한다.

1.8 크로스토크를 최소로 하려면 인접한 신호 경로에 대해 귀환 경로는 어떤 구조가 되어야 하는가?

내부가 빈틈없이 채워진(solid) 도체 면(plane)은 다른 어떤 구조보다 부유(stray) 전기장과 부유 자기장(즉, 프린지 전기장과 프린지 자기장)을 잘 가두어 놓을 수 있다. 따라서 크로스토크를 최소로 하려면 언제나 넓은 귀환 면(return plane)을 사용하라. 이에 비해 다른 구조는 크로스토크를 증가시킨다.

1.9 임피던스가 낮은 전원 분배 네트워크(PDN)는 전원 무결성 문제를 줄여준다. 임피던스가 낮은 PDN을 설계하기 위한 세 가지 방법을 말하라.

전원 분배 네트워크(PDN)는 VRM의 패드에서 시작해 다이(die)의 전원 레일 패드에 이르기까지 그 사이에 들어있는 모든 인터커넥트를 가리키는 것이다. 이러한 PDN의 임피던스를 줄이기 위해서는 경로의 루프 인덕턴스를 줄여야 한다. 이를 위한 방법으로 1) 전원 경로를 접지 경로에 최대한 가깝게 배치하고, 2) 인터커넥트 길이를 짧게 유지하며, 3) 면(plane) 형태의 넓은 도체를 사용한다.

면과 부품 사이의 인터커넥트의 길이를 줄이기 위해서는 4) 전원면과 접지면을 인접한 층으로 배치하고 5) 이때 두 면 사이에는 두께가 얇은 유전체를 사용하고, 6) 전원면과 접지면이 최상위 부품층(component layer)에 최대한 가깝게 놓이도록 적층구조를 설계해야 한다.

1.10 EMI를 감소시키는 방법 중 두 가지를 말하라.

EMI의 가장 큰 원인 중 하나는 CAT 5 케이블과 같은 외부의 트위스티드 페어(twisted pair)에서 발생하는 공통 전류이다. 이 EMI는 CAT 6과 같은 차폐 케이블을 사용하면 줄일 수 있다. 이때 차폐 케이블의 차폐도체(shield)는 섀시에 연결되어야 한다. 이 경우, 차폐도체의 역할은 내부 전자기장이 방사되는 것을 차단하는 것이 아니다. 차폐도체는 트위스티드 페어에 흐르는 공통 전류에 대해 귀환 경로로 작용하여 공통 전류에 의해 발생하는 외부 전자기장을 줄인다.

차폐도체를 섀시에 연결하는 방법을 제대로 적용하지 않으면 두 번째 문제가 발생한다. 차폐도체가 360도 전체로 섀시에 연결되지 않아서 이상적인 동축 연결(접속) 형태가 되지 않으면 귀환경로에 약간의 총 인덕턴스가 발생한다. 귀환 전류가 이 총 인덕턴스를 통해 흐르면 접지 바운스 전압이 발생하고 이 전압에 의해 케이블의 외부 차폐도체에 새로운 공통전류가 흐르게 된다.

1.11 경험 규칙을 사용하는 것이 좋은 경우와 사용하지 않는 것이 좋은 경우를 말하라.

문제 해결의 시작점은 경험 규칙을 적용하여 예상되는 결과를 추정하는 것이다. 이 초기 예측 값은 공학적 판단을 내리는 데 도움이 된다. 설계 승인 결정을 내려야 할 때 오차 10% 이내로 정확도가 중요한 경우에는 경험 규칙을 사용하지 말고 검증된 절차에 따라 수치 시뮬레이션을 사용해야 한다.

1.12 신호의 특성 중에서 신호 무결성 문제의 발생 여부에 가장 큰 영향을 미치는 것은 무엇인가?

신호의 상승시간이 짧을수록 모든 신호 무결성 문제는 증가한다. 일반적으로 신호의 상승시간이 10 nsec보다 길면 인터커넥트는 전달되는 신호에 아무런 악영향을 주지 않으므로 신호 무결성 문제는 적다. 그러나 상승시간이 이보다 짧아질수록 신호 무결성 문제는 더욱 악화된다. 일반적으로 상승시간이 1 nsec보다 짧으면 인터커넥트는 전달되는 신호에 문제를 일으킨다. 따라서 신호 무결성에 대해 신경을 쓰지 않으면 제품이 처음에 작동하지 않을 수 있다.

1.13 문제를 해결하기 위해 알아야 할 가장 중요한 정보는 무엇인가?

바로 문제의 근본 원인을 알아야 한다. 정확한 근본 원인을 모르면 문제 해결의 가능성은 순전히 운에 달려 있다. 근본 원인을 알아야 할 뿐만 아니라 그것이 정확한 원인이라는 확신도 있어야 한다. 이를 위해서는 가능한 한 많은 일관성 시험(consistency test)를 생각해내고 이를 시도해 보아야 한다.

1.14 모범 설계 관행은 따라야 할 좋은 습관이다. 회로 기판의 인터커넥트에 대한 모범 설계 관행 중 세 가지를 말하라.

1. 모든 신호를 균일 전송선로 구조로 배선한다.
2. 신호를 배선할 때 분기(branch)를 사용하지 않는다.
3. 각 신호 선로 아래에는 연속 구조의 귀환 경로를 사용한다.
4. 문제가 될 만큼 선로의 길이가 길거나 신호의 상승시간이 짧은 경우에는 적절한 종단(termination) 처리를 고려해주어야 한다.
5. 커패시터에는 가능한 한 짧은 표면 트레이스를 사용하여, 커패시터 실장 시 실현 가능한 한도 내에서 패드 안에 있는 비아(via in pad)에 가장 가까워지게 한다.
6. 귀환경로를 지저분하게 만들지 않는다. 또는 귀환경로에 다른 신호경로의 귀환전류가 흘러 서로 다른 귀환전류들이 겹쳐지는 일이 없게 한다.

1.15 모델과 시뮬레이션의 차이점은 무엇인가?

모델은 물리적 구조, 구성 요소(부품) 또는 장치에 대한 전기적 설명(표현)이다. 모델은 시뮬레이터가 계산할 수 있도록 시뮬레이터가 이해할 수 있는 언어로 작성된 입력 정보이다. 예를 들어, SPICE와 같은 회로 시뮬레이터에서는 커패시터, 저항기, 인덕터, 전송선로와 같은 회로소자들이 모델의 언어이다.

시뮬레이터는 시간 영역 또는 주파수 영역에서 전기장이나 자기장, S 파라미터, 전압이나 전류를 계산하는 엔진이다. 종종 인터커넥트를 S 파라미터로 나타내어 인터커넥트의 동작 모델을 만든 다음 이를 사용하여 시뮬레이션 도구에 삽입하기도 한다.

1.16 중요하게 사용되는 분석 도구 세 가지를 말하라.

가장 간단한 분석 도구는 경험 규칙(rule of thumb)이다. 이 도구는 사용하기 쉽지만 정확도는 떨어진다. 경험 규칙은 맨 처음 분석을 시작할 때 사용하도록 만들어진 것으로 확실한 공학적 판단을 내리는 데 도움이 된다.

다음으로 더 정확한 도구는 해석적 근사식(analytical approximation)이다. 이 도구(수식)가 복잡해 보이는 경우도 종종 있지만 복잡하다고 해서 꼭 정확한 것은 아니다. 이 도구를 스프레드시트에 통합하여 가상의 시나리오를 평가할 수 있다. 이 해석적 근사식의 정확도를 제대로 파악하기는 어렵다.

정확도가 가장 높을 가능성이 있는 분석 도구는 수치 시뮬레이션(numerical simulation)이다. 이 도구는 유용성이 매우 높을 수 있지만 전문지식, 학습 곡선(learning curve)[1], 도구의 실제 가격 측면에서 보면 비용은 더 많이 들기도 한다.

1.17 '보가틴 규칙 9번'은 무엇인가?

측정이나 시뮬레이션을 할 때는 사전에 반드시 결과를 예상해놓고 이를 수행해야 한다. 예상한 결과와 실제 결과가 다르게 나온다면 거기에는 이유가 있다. 예상과 다른 결과가 나온 까닭을 이해하기 전까지는 그 결과를 사용해서는 안 된다. 무언가 잘못했거나 도구가 잘못된 것일 수 있다.

예상한 대로 결과가 나오면 자신이 하는 일을 제대로 이해하고 있다는 안도감을 얻을 수 있다.

결국, 규칙 9번은 측정이나 시뮬레이션을 망칠 수 있는 방법은 매우 많아서, 측정이나 시뮬레이션을 통해 얻은 결과의 질(우수성)을 검사하여 확인하는 데 부족함이 없는 일관성 시험을 하는 것이 불가능함을 말해주고 있다.

1.18 전체 설계 과정 중의 어느 적절한 시점에서 측정을 통합시켜주어야 하는 세 가지 중요한 이유는 무엇인가?

많은 시뮬레이터에서 입력 정보로서 넣어 주어야 하는 것이 물질(재료)의 특성이다. 이러한 특성은 측정을 통해서만 얻을 수 있는 경우가 많다.

구성요소(부품) 모델의 정확성은 측정을 통해서만 검증할 수 있다. 여러 시뮬레이션 도구들은 그 본질상 정확하다. 그러나 문제를 설정하고 이를 시뮬레이션 도구에 통합하는 과정이 올바르게 수행되지 않을 수 있다. 시뮬레이터 도구와 그 수행 과정을 검증하는 가장 좋은 방법은 특성이 잘 정의된 테스트용 장치(test vehicle)를 만들어 측정한 결과와 시뮬레이션 결과를 비교하는 것이다.

1.19 클록 신호의 주파수가 2 GHz이다. 주기는 얼마인가? 또 상승시간의 합리적 추정치는 얼마인가?

주파수가 2 GHz인 클록 신호의 주기는 1/F = 0.5 nsec이다. 상승시간을 주기의 약 10%라고 가정하면, 상승시간은 0.05 nsec, 즉 50 psec가 된다. 이 값은 상승시간이 주

1 (옮긴이) 특정 기술이나 지식을 실제 필요한 업무 환경에서 효율적으로 사용하기 위해 들여야 하는 학습 비용

기의 몇 분의 일에 해당하는지를 기준으로 삼은 대략적인 추정치일 뿐이다. 상승시간은 최대, 주기의 50%까지 길어질 수도 있다.

1.20 SPICE 모델과 IBIS 모델의 차이점은 무엇인가?

SPICE 모델은 능동 장치(active device)를 전압원과 전류원, 커패시터, 인덕터, 저항기와 같은 부품들의 조합으로 표현한다. 이들 부품은 회로 소자(circuit element) 모델로서, 종종 장치의 미시적 모델(microscopic model)을 구성하는 특정 물리적 특성(형상, 물질 등)과 관련이 있다.

드라이버(driver)의 IBIS 모델은 종종 장치(device)의 동작 모델(behavioral model)로 표현된다. 이 모델은 다양한 부하 조건에 대한 드라이버의 전압-전류 곡선의 동작으로 구성된다. I-V 곡선의 동작과 물리적 설계 특성 사이에는 아무런 연관성이 없다.

1.21 맥스웰 방정식은 무엇을 설명하는가?

맥스웰 방정식은 전기장, 자기장이 전류, 전하와 어떻게 관계를 맺고 있는지, 또 전기장과 자기장이 어떻게 상호작용하는지 설명한다. 가장 중요한 것은, 맥스웰이 자신의 방정식에서 두 가지 중요한 새로운 특성을 도입했다는 점이다. 첫 번째는 시간에 따라 변하는 전기장은 물리적(실제) 전하의 운동이 아님에도 전류와 동일한 작용을 한다는 개념이다. 그는 이것에 변위 전류(displacement current)라는 이름을 붙였다. 이것은 신호 무결성에서 매우 중요한 개념이다.

그가 방정식에 도입한 두 번째 획기적인 특성은 시간에 따라 변하는 전기장과 자기장 사이의 결합(coupling)으로, 시간에 따라 변하는 전기장은 시간에 따라 변하는 자기장을 생성하고, 이것은 다시 시간에 따라 변하는 전기장을 생성하는 과정을 되풀이한다. 이런 방식의 상호작용이, 전파하는 전자기장의 근원이다.

전기장 E와 자기장 B 사이에서 선형 미분 방정식을 결합하면, 각각 전기장 E와 자기장 B만으로 이루어진 두 개의 선형 2차 미분 방정식을 얻을 수 있다. 이 두 방정식의 해가 각각 전파하는 전기장과 자기장, 즉 전자기파이다. 빛(light)도 전파하는 전기장과 자기장의 한 종류이다.

1.22 기본 클록 주파수가 2 GHz일 때, 기본 클록 주파수의 두 배가 되는 속도로 데이터를 추출해 보내면 신호의 전송 속도는 얼마인가?

한 클록 주기마다 두 비트의 데이터가 추출되어 전송되므로 신호의 전송 속도는 4 Gbps가 된다. 1 주기당 데이터의 비트 수가 2일 때 전송 속도의 기본 클록 주파수를 나이퀴스트 주파수(Nyquist frequency)라고 한다.

2장

2.1 시간 영역과 주파수 영역의 차이점은 무엇인가?

시간 영역은 현실 세계이다. 주파수 영역은 수학적으로 구성된 세계이다.

현실 세계에서, 사건들은 각각 시간으로 기록되며 시간 간격을 두고 순차적으로 발생한다. 현실 세계인 시간 영역에서 중요한 특성은 인과성(causality)이다. 인과성은 자극(stimulus)이 발생하기 전에 반응(response)이 일어날 수 없음을 뜻한다.

시간 영역에서는 각 순간의 전압값으로 신호를 나타낸다. 파형(waveform)은 시간에 따른 전압값의 변화를 그래프로 나타낸 것이다.

주파수 영역은 수학적 구조체이다. 이 정확하게 정의된 영역에 존재할 수 있는 유일한 유형의 파형은 사인파(sine wave)이다. 어떤 신호를 구성하고 있는 다양한 사인파 전체의 집합이 스펙트럼(spectrum)이다. 스펙트럼에서 신호는 개별 주파수 값에서의 전압진폭과 위상으로 표시된다.

2.2 주파수 영역의 특수한 성질은 무엇이며 인터커넥트의 신호 분석에 주파수 영역이 중요한 까닭은 무엇인가?

주파수 영역에 존재할 수 있는 유일한 유형의 파형은 사인파이다. 물리 현상 중에는 고유(자연) 응답(natural response)이 사인파의 형태와 일치하는 것들도 있다. 물리 현상이 2차 선형 미분 방정식으로 표현되는 경우가 여기에 해당된다. 이 미분 방정식의 해는 사인파이다. 이는 이러한 시스템에서는 그 고유 특성에 의해 사인파가 자연적으로 발생함을 의미한다.

저항기, 커패시터, 인덕터, 전송선로로 구성된 전기 회로는 선형 2차 미분 방정식으로 표현된다. 이는 전기 회로에서 사인파가 자연적으로 발생한다는 것을 뜻한다.

전기 회로의 시간에 따른 전압 파형은 사인파들의 조합으로 나타낼 수 있다. 이러한 파형은 시간 영역에서 전압-대-시간으로 표시하는 것보다는 주파수 영역에서 몇 개의 사인파로 표시하는 것이 더욱 간단하다. 이 경우, 시간 영역보다 주파수 영역에서 더욱 간단히 문제를 해결할 수 있다. 바꿔 말해 보면 시간 영역에만 머물러 있지 말고 주파수 영역을 이용하면 더욱 짧은 시간에 해답에 도달할 수 있다.

2.3 현실 세계인 시간 영역을 떠나 주파수 영역으로 들어가는 단 하나의 이유는 무엇인가?

현실 세계는 시간 영역에 있으므로, 문제를 해결하기 위한 첫 번째 선택은 항상 시간 영역에 머무르는 것이다. 현실 세계를 떠나 수학적으로 구성된 세계인 주파수 영역으로 돌아 들어가는 유일한 이유는 답을 더 빨리 얻기 위해서이다.

모든 문제를 주파수 영역에서 더 빠르게 해결할 수 있는 것은 아니다. 하지만 주파수 영역이 효과가 있는 경우에는 주파수 영역이 중요한 지름길이 될 수 있다. 이 때문에 시간 영역의 언어와 주파수 영역의 언어를 둘 다 구사하면서 두 영역 모두에서 생각하고 행동하는 방법을 배워야 한다.

2.4 신호에서 짝수 고조파가 거의 0이 되려면 어떤 특징이 필요한가?

시간 영역에서 반복되는(주기적) 파형을 주파수 영역에서 살펴보면 파형의 모든 고조파는 반복 주파수의 정수배가 된다. 특히 파형이 대칭인 경우 – 다시 말해, 한 주기에서 첫 번째 반주기 파형이 두 번째 반주기 파형과 똑같으면서 부호만 반대인 경우 – 모든 짝수 고조파는 진폭이 0이 된다. 따라서 주파수 영역에서 짝수 고조파가 존재하지 않는다.

그러나 파형의 한 주기에서 첫 번째 반주기 파형과 두 번째 반주기 파형 사이에 비대칭이 있는 경우에는 짝수 고조파가 나타난다. 예를 들어, 듀티 사이클이 50%인 사각파의 경우, 짝수 고조파는 없다. 하지만 듀티 사이클이 50%가 아닌 경우, 짝수 고조파가 나타난다.

파형의 한 주기에서 첫 번째 반주기에 있는 어떤 형상(모양이나 특성)이 두 번째 반주기에는 존재하지 않거나 다른 경우 – 예를 들어, 상승 시간이 하강 시간과 다른 경우 – 짝수 고조파가 존재한다.

2.5 대역폭이란 무엇인가? 또 대역폭이 근사치를 나타내는 항목인 까닭은 무엇인가?

신호의 대역폭은 신호의 스펙트럼에서 크기(진폭)를 무시할 수 없는 사인파 성분들 중 가장 주파수가 높은 사인파 성분을 말한다. 다시 말해 대역폭을 초과하는 모든 주파수 성분들은 제거하여도 신호 파형을 다시 만들 때 신호에는 별다른 영향을 주지 않는다.

대역폭을 초과하는 성분들을 제거하는 것은 원본 신호를, 대역폭보다 높은 주파수를 급격하게 차단하는 저역통과 필터로 보내 통과시키는 것과 같다. 원본 신호와 필터링이 된 신호를 비교할 때, 우리가 "관심을 갖는" "중요한" 특징들에 대해서는 두 신호가 서로 동일해야 한다.

하지만 "관심을 갖는다"와 "중요하다"는 말은 모호한 표현이다. 원본 파형과 저역통과 필터링이 된 파형의 유사성을 나타내는 기준을, 전압-대-시간에서 두 파형의 차이 10% 이하, 또는 1% 이하, 또는 0.1% 이하로 다르게 정의하면 대역폭 값으로 다른 값을 얻게 된다.

이 때문에 대역폭이라는 항목이 나타내는 값은 근삿값이 될 수밖에 없다. 1% 차이를 신경 써야 한다면, 대역폭이라는 항목을 사용하지 말고 '전체 신호 파형' 또는 '전체 스펙트럼'을 전부 포함해서 다루어야 한다.

2.6 DFT를 수행하기 위해 신호가 가져야 할 가장 중요한 속성은 무엇인가?

이산 푸리에 변환(DFT)을 사용하여 어떤 신호를 주파수 영역에서 설명하는 것이 유용하려면 그 신호는 반복적이어야 하며 DFT를 계산하는 데 사용하는 시간 창(time window) 내에 전체 주기가 들어있어야 한다.

이 경우, 고조파는 신호 반복 주파수의 정수배로 표시되며 스펙트럼은 시간 간격 내의 주기의 개수와 무관하다.

전체 주기를 포함하지 않는 시간 간격을 선택하면 그때 나타나는 스펙트럼은 선택한 시간 간격에 따라 달라지며 신호의 원래 특성을 온전히 나타내지 못한다.

2.7 고속 디지털 용도로 인터커넥트를 설계하는 것이 RF 용도로 인터커넥트를 설계하는 것보다 더 어려운 이유는 무엇인가?

고속 디지털 분야에 사용되는 신호는 넓은 대역폭을 가진다. 이 말은 인터커넥트가 넓은 주파수 범위에서 원활하게 작동해야 함을 의미한다. RF 세계의 신호는 반송파 주파수를 중심으로 좁은 대역폭을 가진다. 이 말은 인터커넥트가 하나의 주파수, 즉 반송파 주파수에서 제대로 작동해야 함을 의미한다.

넓은 범위의 주파수보다는 어느 한 주파수에서 특정한 임피던스 특성에 맞게 인터커넥트를 설계하는 것이 더 쉽다. 물론 '더 쉽다'는 말의 의미는 주관적이다. RF 분야의 전문가 중에는 RF 설계에서는 임피던스를 훨씬 더 엄격하게 제어해야 하고 디지털 설계에서는 허용되는 크기의 크로스토크가 RF 설계에서는 너무 높아서 용납되지 않으므로 RF 설계가 더 어렵다고 말하는 이들도 분명히 있을 것이다.

2.8 신호의 대역폭이 감소하면 신호의 어떤 특성이 바뀌는가?

대역폭은 저역통과 필터의 차단 주파수 값과 같다고 할 수 있다. 대역폭을 신호의 대역폭으로 선택하면 대역폭은 원본 신호와 필터링이 된 신호가 동일하게 보이는 최저 주파수가 된다.

저역통과 필터를 통해 신호를 전송하는 경우, 필터의 차단 주파수를 낮출 때 출력 신호에서 가장 크게 바뀌는 특성은 신호의 상승 시간이다. 대역폭이 낮을수록 상승 시간은 길어진다.

2.9 인터커넥트에서 −10 dB의 감쇠가 생기지만 그 주파수 특성은 평탄한 경우, 인터커넥트를 통과하는 동안에 신호의 상승 시간에 어떤 일이 생기는가?

−10 dB 감쇠의 주파수 응답이 평탄하므로 신호 스펙트럼의 모든 주파수 구성 성분이 동일한 감쇠를 겪게 된다. 스펙트럼의 형태는 동일하게 유지되며, 스펙트럼의 진폭 전체가 −10 dB만큼, 다시 말해 원래 진폭의 약 30%로 감소한다.

상승 시간은 스펙트럼의 주파수 성분들의 상대적 감소와 관련이 있다. 이 문제의 조건에서는 스펙트럼의 형태가 동일하게 유지되기 때문에 상승 시간은 동일하게 유지되고 신호의 진폭만 작아지게 된다.

감쇠 그 자체는 상승 시간에 영향을 주지 않는다. 평탄하지 않은 주파수 감쇠 특성이 상승 시간에 영향을 주어 상승 시간을 증가시킨다.

2.10 대역폭을 "중요한" 주파수 성분들 중에서 가장 높은 주파수라고 설명하는 경우, 여기서 "중요한"이라는 단어는 어떤 의미인가?

"중요한"이라는 용어의 의미는 모호하다. 대역폭은 신호를 분석할 때 포함해야 하는 가장 높은 사인파 주파수 성분을 말한다. 원래 신호에서 대역폭보다 높은 주파수 성분은 모두 0으로 놓고 이를 시간 영역으로 다시 변환하면, 변환된 신호에서는 상승 시간을 비롯한 신호의 중요한 특성들이 보존되고 원래 신호에 충분히 가까워진다.

어떤 신호를 아주 가파른 절벽처럼 떨어지는 차단 주파수를 갖는 저역통과 필터를 통해 보낼 때 이 신호의 중요한 특성들을 그대로 보존하면서 사용할 수 있는 최저 차단 주파수는 얼마인가라는 질문은 신호의 대역폭의 의미를 설명하는 것과 동일하다고 할 수 있다.

"중요하다"라는 단어의 의미는 사용처에 따라 다를 수 있다. 신호의 상승 시간을 다시 재현하고 가파른 차단특성을 갖는 저역통과필터를 통과한 후에도 동일한 10−90 상승 시간을 얻기 위해서는 약 "$\frac{0.35}{\text{상승시간}}$"에 해당하는 차단 주파수(즉, 대역폭)가 필요하다.

2.11 몇몇 발표된 경험 규칙에서는 신호의 대역폭이 실제로는 0.5/RT라고 제시하고 있다. 0.35/RT와 0.5/RT 중에서 어느 쪽이 맞는가?

0.35/RT와 0.5/RT의 차이가 걱정된다면 대역폭이라는 항목을 사용하지 말아야 하며 전체 스펙트럼을 고려해서 분석을 해야 한다. 상승 시간의 보존을 언급하는 경우, 대역폭이라는 항목은 의미가 모호해서 0.35와 0.5의 차이를 구별하는 것은 적절하지 않다.

예를 들어, 신호의 상승 시간이 사각파의 주기 T의 10%일 때 고조파 주파수는 1/T의 정수배가 된다. 바꾸어 말하면 스펙트럼의 특징을 살펴보는 해상도가 1/T가 된다.

대역폭의 정의로 0.35/RT를 따르면 이는 대역폭 주파수가 $0.35/(0.1 \times T) = 3.5/T$라고 말하는 것과 같다. 대역폭의 정의로 0.5/RT를 따르면 이는 대역폭 주파수가 5/T라고 말하는 것과 같다. 스펙트럼의 해상도는 1/T에 지나지 않은데 3.5/T 값과 5/T의 값을 구별하려고 한다. 이 두 값은 서로 1.5/T 이내에 있어서 스펙트럼의 해상도 한계인 1/T에 가깝다.

2.12 측정 대역폭이란 무엇을 의미하는가?

측정 대역폭은 프로브(probe) 시스템 또는 픽스처(fixture)와 장치(device)에서 측정할 수 있는 가장 높은 주파수의 사인파 성분을 말한다. 이 값을 수치로 나타내기 위해 검출된 신호 진폭이 실제 신호 진폭보다 −3 dB만큼 감소되어 나타나는 주파수로 측정 대역폭을 정의한다.

많은 디지털 스토리지 오실로스코프(DSO)의 주파수 응답 곡선의 형태를 살펴보면 고주파수 끝에서 매우 가파르게 떨어지는데 이는 DSO가 광범위한 신호 처리를 하기 때문이다. 스코프 기기의 경우에는 다른 기기와는 달리 대역폭을 −2 dB 주파수 지점으로 정의하여 사용한다.

1 GHz 스코프는 1 GHz에서 −2 dB 주파수 지점을 가진다. 이 주파수 지점은 사인파를 스코프로 보낼 때 스코프에서 측정되는 사인파 진폭이 실제 진폭보다 −2 dB 이내로

감소되어 나타나는 최대 주파수를 기준으로 한다.

스펙트럼 분석기나 네트워크 분석기와 같은 주파수 영역의 계측기는 일반적으로 보정(calibration) 후에는 최고 측정 주파수까지 평탄한 응답을 가진다. 이 주파수를 넘어서는 주파수 범위에서 측정되는 응답은 당연히 0이다. 계측기의 대역폭은 간단히 말해 측정된 가장 높은 주파수 성분이다.

2.13 모델의 대역폭이란 무엇을 의미하는가?

모델의 대역폭은 모델의 예측이 실제 구성 요소(부품)들의 응답과 비교하여 "허용 가능한" 수준의 정확도 이내로 일치하는 가장 높은 사인파 주파수를 말한다.

여기서 "허용 가능한"이라는 용어의 의미는 모호하다. 적용 대상에 따라 다르지만, 일반적으로는 실제 구성 요소에 대해 측정한 응답과 시뮬레이션한 응답이 오차 10% 이내로 일치하는 것을 의미한다.

일반적으로 측정한 응답과 시뮬레이션한 응답 간의 일치도를 살펴보면 모델의 대역폭 아래쪽보다는 대역폭 위쪽에서 정확도가 훨씬 빠르게 감소한다.

2.14 인터커넥트의 대역폭이란 무엇을 의미하는가?

인터커넥트의 대역폭은 인터커넥트를 통해 신호를 전송할 때 요구되는 신호 성능 사양을 충족할 수 있는 최고 주파수를 뜻한다.

물론 응용 분야에 따라 성능 요구 조건들은 달라지지만, 신호의 상승 시간을 보존하고 인터커넥트를 통한 전송에 의해 신호가 영향을 받지 않으려면 일반적으로 그 최고 주파수에서 신호의 감쇠가 −3 dB 이내여야 한다.

여기서 신호 감쇠는 주파수에 따라 선형적으로 변한다고 가정한다. 감쇠가 −3 dB 주파수까지 평탄하면, 상승 시간은 영향을 받지 않는다.

주파수 응답이 가파른 저역통과 필터인 경우, 출력 10−90 상승 시간이 입력 10−90 상승 시간과 동일한 주파수는 −2 dB 주파수 지점에 더 가까울 수 있다.

그러나 어떤 응용 분야에서 출력 반송파 주파수 진폭이 입력 신호와 비교하여 −20 dB일 것을 요구하는 경우에는 훨씬 더 열악한 인터커넥트를 사용해도 된다.

그렇기 때문에 인터커넥트에서는 대역폭이라는 용어 앞에 감쇠 값을 추가하여 −3 dB 대역폭, −10 dB 대역폭, −20 dB 대역폭과 나타내는 경우가 많다. 이 감쇠 값은 응용 분야에서 허용 가능한 감쇠 정도에 따라 달라진다.

2.15 인터커넥트의 대역폭을 측정할 때, 발생기 임피던스와 수신기 임피던스를 인터커넥트의 특성 임피던스와 일치시켜야 하는 까닭은 무엇인가?

인터커넥트 대역폭을 출력 신호가 입력 신호의 −3 dB가 되는 최고 주파수로 정의할 경우, 인터커넥드의 특싱 임피딘스 값과 비교하여 빌생기 임피딘스 값과 수신기 임피딘스 값이 상대적으로 얼마인가가 중요한 이유로는 두 가지가 있다.

첫째, 발생기에서 전송선로로 주입되는 신호의 양은 발생기 임피던스 값이 인터커넥트의 특성 임피던스 값과 비교하여 상대적으로 얼마인가에 따라 달라진다. 발생기 임피던스를 인터커넥트의 특성 임피던스에 비해 증가시키면 전송선로로 주입되는 신호의 양이 줄어든다. 마찬가지로 수신기 임피던스를 변경하면 인터커넥트에서 수신기로 전달되는 전압이 달라지는데 수신기 임피던스를 증가시키면 수신기에서는 더 많은 전압이 측정된다.

둘째, 발생기 임피던스와 수신기 임피던스가 저마다 인터커넥트의 특성 임피던스와 일치하지 않으면 인터커넥트의 양쪽 끝에서 반사가 일어나 인터커넥트의 주파수 응답에는 리플이 발생한다. 이 리플은 인터커넥트 자체의 특성으로 인해 생기는 응답이 아니다. 발생기 임피던스와 수신기 임피던스라는 외부 조건을 변경하여 리플의 변조 깊이(modulation depth)를 변경할 수 있다.

인터커넥트 양쪽 끝에서 인터커넥트의 종단(termination) 값을 인터커넥트의 특성 임피던스 값과 같게 해주면 양쪽 끝의 종단에서 발생하는 반사를 최소로 할 수 있다. 이렇게 해야 인터커넥트 자체의 고유한 성능을 확인할 수 있다.

물론, 인터커넥트가 제어된 임피던스 인터커넥트가 아니고 길이에 따라 인터커넥트의 순시 임피던스가 변하는 경우, 인터커넥트 내부에서는 반사가 일어나는데 이는 인터커넥트 자체가 가진 고유한 특성의 일부다. 이 경우 최선의 대책은 발생기 및 수신기 임피던스 값을 인터커넥트의 평균 임피던스 값 또는 저주파 특성 임피던스 값에 맞추는 것이다.

이러한 상황으로 인해 인터커넥트의 대역폭을 정의할 때 특정 종단 임피던스 값을 함께 명시해주어야 하는 경우가 있다. 다행히도, 어느 한 종단 값에서 인터커넥트 응답을 알고 있다면 다른 종단 값에서의 응답을 수학적으로 계산할 수 있다. 따라서 모든 종단 값에 대해 측정할 필요는 없다.

2.16 대역폭이 더 높은 스코프는 대역폭이 낮은 스코프보다 신호를 덜 왜곡한다. 그럼에도 신호 대역폭의 20배에 달하는 대역폭을 가진 스코프를 구매하면 안 되는 까닭은 무엇인가?

대역폭이 높다고 해서 반드시 더 좋은 것이 아닌 데에는 다음 두 가지 이유가 있다. 첫 번째는 비용이다. 스코프는 대역폭이 높을수록 더 비싸다. 계측기를 구매할 때는 반드시 향후 유용성, 다시 말해 기능적 "여유분"과 예산을 고려해야 한다.

하드 드라이브의 메모리 용량처럼, 감당할 수 있는 범위 내에서 최고 대역폭을 구입해야 한다.

높은 대역폭 측정에는 근본적인 문제가 있다. 모든 수신기에는 ADC의 디지털화 노이즈(digitizing noise)를 포함하여 어느 정도 노이즈가 존재한다. 일반적으로 노이즈 밀도는 주파수에 따라 일정하다. 따라서 높은 대역폭 측정이 낮은 대역폭 측정보다 더 많은 증폭기 노이즈를 발생시킨다. 더 높은 대역폭에 신호 정보가 없다면, 노이즈만 증가하게 만드는 셈이 된다.

신호-대-잡음비(SNR)는 말 그대로 노이즈(잡음)에 대한 신호 에너지의 비율이다. 더 높은 대역폭 측정으로 인해 신호 에너지는 증가하지 않고, 단지 노이즈 에너지만 증가하는 경우, 더 높은 대역폭 스코프로 더 낮은 SNR을 얻게 된다.

이 때문에 대부분의 스코프에는 증폭기 앞단에서 측정 대역폭을 사용자가 선택할 수 있는 기능이 들어 있다. SNR에 여유가 있으면 별문제가 아닐 수 있다. 하지만 거의 SNR의 한계에 달하는 경우, 모든 신호를 받아들이기에 충분한 측정 대역폭을 사용하되, 신호가 없는 주파수 범위에서는 많은 노이즈가 들어올 정도로 높은 대역폭은 사용하지 않도록 해야 한다.

측정의 달인이 되고 싶다면 항상 신호의 대역폭에 주의를 기울이고, 측정 대역폭을 신호 대역폭의 두 배 이상으로 하여 신호 손실이 생기지 않게 하되, 측정 대역폭을 지나치게 높지 않게 하여 너무 많은 노이즈가 추가되지 않도록 해야 한다.

2.17 고속 직렬 링크에서, 인터커넥트의 −10 dB 대역폭는 1차 고조파가 −10 dB 감쇠하는 주파수다. 3차 고조파는 얼마나 감쇠하는가? 이는 얼마나 작은 진폭인가?

유전체 손실이 지배적인 인터커넥트에서, 인터커넥트 감쇠(dB 단위)는 주파수에 따라 − 값으로 선형적으로 증가한다. 예를 들어, 1차 고조파인 주파수 1 GHz에서 감쇠가 −10 dB일 때 3차 고조파인 3 GHz에서 감쇠는 3배가 증가하여 3 × (−10 dB) = −30 dB가 된다.

수신기에서 1차 고조파의 감쇠는 −10 dB이므로 1차 고조파의 진폭은 입력 신호 진폭의 약 30%로 감소한다. 3차 고조파의 감쇠는 −30 dB이므로 3차 고조파의 진폭은 입력 신호 진폭에 비해

$$\text{진폭} = 10^{\frac{-30}{20}} = 10^{-1.5} = 3\%$$

로 감소한다. 따라서 3차 고조파에는 신호가 거의 남아있지 않다.

2.18 신호 대역폭보다 낮은 대역폭을 가진 모델을 사용하는 경우, 어떤 잠재적 위험이 있는가?

모델의 본래 목적은 모델을 구성하는 실제 요소들의 전기적 동작을 나타내는 것이다. 모델의 가치는 실제 구성 요소들의 실제 성능을 얼마나 충실하고 정확하게 예측하는지에 있다.

모델의 대역폭은 모델의 예측이 실제 구성 요소의 동작과 일치하는 가장 높은 주파수이다. 신호가 모델의 대역폭을 초과하는 주파수 구성 성분을 가지고 있는 경우, 모델의 예측은 더 이상 정확하지 않다. 답을 얻을 수는 있지만, 그 답은 틀릴 수 있다.

신호 대역폭이 모델의 대역폭을 초과하면, 틀린 답을 얻게 되지만, 얼마나 틀렸는지 정

량화 하기는 매우 어렵다. 경우에 따라서는 실제보다 더 나쁘다고 잘못 판단하여 제품을 과도하게 설계하거나 또는 실제보다 더 좋다고 오해하여 작동하지 않을 수 있는 제품을 만들 수 있다.

2.19 VNA 계측기를 사용하여 인터커넥트의 모델 대역폭을 측정하려면 VNA 계측기의 대역폭은 어느 정도가 되어야 하는가?

모델의 대역폭은 최소한 신호 대역폭과 같거나 그 이상이어야 하며, 계측기의 대역폭은 요구되는 모델의 대역폭만큼 높아야 한다.

여건이 허락되면, 대역폭이라는 항목의 모호성을 고려하여 모델 대역폭과 측정 대역폭을 신호 대역폭의 2배로 한다. 이렇게 하면 2배의 마진을 확보할 수 있다. 문제는 이를 감당할 수 있느냐에 달려있다.

VNA에서는 계측기의 대역폭이 매우 명확하게 정의되어 있다. VNA의 대역폭은 VNA가 처리할 수 있는 가장 높은 주파수다. 일반적으로 VNA 측정에 드는 비용은 측정 대역폭이 높아질수록 증가한다. 그 까닭은 VNA의 가격, 케이블, 커넥터, 보정(calibration) 장치, 픽스처 설계, 그리고 측정을 수행하는 데 필수적으로 수행해야 할 작업들 때문이다.

사용할 VNA의 대역폭은 최소한 모델의 요구 대역폭과 같아야 하며 여건이 허락되는 한도에서 가장 높은 주파수까지 확장해야 한다. 그러나 한계(limit)를 알아내기 위해 VNA를 사용하는 경우가 아니라면 모델 대역폭의 2배 이상으로 할 필요는 없다. 굳이 모델 대역폭의 2배를 초과해서 측정을 할 이유가 없다면, 모델의 요구 대역폭의 2배보다 높은 주파수 측정은 추가 비용이 들지 않을 경우에만 사용해야 한다.

2.20 클록 주파수가 2.5 GHz이다. 주기를 구하라. 또 10−90 상승 시간의 추정치를 구하라.

주기는 클록 주파수의 역수이다. 클록 주파수가 2.5 GHz이므로 주기는 1/(2.5 GHz) = 0.4 nsec이다.

물론, 주기를 안다고 해서 상승 시간을 곧바로 알 수 있는 것은 아니고 몇 가지 가정을 해야 한다. 일반적으로 많은 클록 디지털 시스템에서 상승 시간은 주기의 약 10%이다. 이러한 경험 규칙을 사용하면, 주기가 0.4 nsec일 때 상승 시간은 약 0.1 × 0.4 nsec = 0.04 nsec = 40 psec가 된다.

그러나 이 가정은 극단적인 경우에는 들어맞지 않는다. 고속 직렬 링크에서는 상승 시간이 단위 간격의 1/2인 경우가 많다. 신호는 한 단위 간격 안에서 상승하고 하강한다. 단위 간격이 기본 클록 주파수의 절반인 나이퀴스트 주파수의 주기라고 할 때, 상승 시간은 '0.25 × 클록주기'가 된다.

예를 들어, 아두이노와 같은 간단한 마이크로컨트롤러 회로의 클록 주파수는 16 MHz이다. 그러면 주기는 60 nsec이고, '주기의 1/10'이라는 경험 규칙을 사용하면, 상승 시간은 약 6 nsec라고 예측할 수 있다. 실제 측정해보면, I/O에서 나오는 신호의 상승 시간은 3 nsec로, 예측한 상승 시간의 절반임을 알 수 있다.

하지만 때로는 나중에 정답을 얻는 것보다 당장은 미흡해도 그럭저럭 괜찮은 답을 얻는 것이 더 낫다. 시스템이나 신호에 대해 알려진 값은 주기뿐이고 나머지는 모르는 상황에서 대략적인 추정치가 필요한 경우에는 '주기의 1/10' 경험 규칙을 사용하는 것이 예측의 좋은 시작점이 될 수 있다.

2.21 주기가 500 MHz인 반복 신호가 있다. 1차 고조파, 2차 고조파, 3차 고조파의 주파수를 구하라.

1차 고조파의 주파수는 반복 주파수인 500 MHz이다. 2차 고조파는 1차 고조파의 2배인 1 GHz이며, 3차 고조파는 1차 고조파의 3배인 1.5 GHz이다. 물론 1차, 2차, 3차 고조파의 크기(진폭)에 대해서는 충분한 정보가 없어 말할 수 있는 게 없지만 주파수 값은 알 수 있다.

2.22 이상적인 어떤 사각파의 듀티 사이클이 50%이고 피크-대-피크 값은 1 V이다. 1차 고조파의 피크-대-피크 값을 구하라. 이 결과에서 놀라운 점이 있다면 말하라.

1차 고조파의 진폭은 $2/\pi = 0.637$ V이다. 이 값은 1차 고조파를 나타내는 사인파의 진폭이다. 이 사인파의 피크-대-피크 값은 이 값의 2배인 1.25 V이다.

놀라운 점은 사각파의 피크-대-피크 값이 1 V인데, 이 신호를 구성하는 1차 고조파의 피크-대-피크 값은 1.25 V로 원래 신호 파형의 피크-대-피크 값인 1 V보다 25% 더 크다는 것이다.

1차 고조파에 나머지 다른 고조파들이 더해지면서 1.25 V의 피크-대-피크 값은 줄어드는데 고조파들이 더 많이 추가될수록 낮아지면서 점점 1 V에 가까운 값이 된다.

2.23 이상적인 사각파의 스펙트럼에서 1차 고조파의 진폭은 사각파의 피크-대-피크 값의 0.63배이다. 1차 고조파보다 진폭이 3 dB 낮은 고조파는 몇 차 고조파인가?

이상적인 사각파의 스펙트럼에서, 각각의 주파수 성분의 진폭은 1/n로 감소한다. 다시 말해 2차 고조파 진폭은 1차 고조파의 1/2, 즉 50%로 감소하고, 3차 고조파 진폭은 1차 고조파 진폭의 1/3, 즉 33 %로 감소한다.

진폭이 −3 dB로 감소한 것은 원래 진폭의 71%로 감소한 셈이다. 이렇게 감소한 진폭은 1차 고조파와 2차 고조파 사이의 진폭에 해당한다. 2차 고조파는 1차 고조파보다 −6 dB만큼 작으므로 −3 dB보다는 훨씬 낮다.

이 내용이 중요한 것은 고조파 진폭이 1차 고조파 진폭의 −3 dB로 낮아지는 지점을 가리켜 대역폭이라고 말하는 것은 명백히 잘못된 것이기 때문이다.

2.24 이상적인 사각파의 상승 시간은 얼마인가? 1001차 고조파의 진폭은 1차 고조파에 비해 얼마가 되는가? 1001차 고조파의 진폭이 매우 작다면, 이 고조파를 포함할 필요가 꼭 있는가?

정의에 따라 이상적인 사각파의 상승 시간은 0 psec이다. 이상적인 사각파의 대역폭은 무한대이다. 이상적인 사각파의 고조파 진폭을 해석적으로 계산하면 다음 방정식을 유도할 수 있다.

$$A_n = \frac{2}{\pi n}$$

사각파가 대칭이고 듀티 사이클이 50%이면 짝수 차수의 고조파 진폭은 0이기 때문에 이 관계식은 n이 홀수일 때만 적용된다.

이 관계식을 사용하면 차수 n이 어떤 값을 갖더라도 고조파 진폭을 계산할 수 있다. n = 1001 값을 대입하면

$$A_{1001} = \frac{2}{\pi 1001} = 0.000636$$

이 된다. 이 값은 1차 고조파의 진폭에 견주어 아주 작다. 실제로 이 값은 1차 고조파 진폭의 0.1% 미만이다. 이 값은 확실히 무시해도 될 만큼 작다. n=1001보다 차수가 높은 고조파를 모두 무시하여 제외시키고 나서 만들어진 사각파의 상승시간은 더 이상 0 psce가 아니며 0 psec보다는 상승 시간이 길어진다.

0 psec의 상승 시간이 중요하다면, 아무리 진폭이 작은 고조파라도 전부 다 중요하므로 모든 고조파를 스펙트럼에 포함시켜야 한다.

2.25 어떤 신호의 10−90 상승 시간이 1 nsec일 때 대역폭을 구하라. 20−80 상승 시간이 1 nsec이면 대역폭은 증가하는가, 아니면 감소하는가, 또는 신호 대역폭에는 아무런 영향을 미치지 않는가?

상승 시간이 1 nsec인 신호의 대역폭은 0.35/(1 nsec) = 350 MHz이다. 10−90 상승 시간 대신에 20−80 상승 시간을 사용하더라도, 신호의 대역폭은 변하지 않는다. 이것은 신호 자체의 고유한 특성이다.

그러나 만약 20−80 상승 시간이 1 nsec인 경우, 10−90 상승 시간은 1 nsec 보다 길어진다. 상승 시간이 길수록 대역폭은 낮아진다. 신호의 대역폭을 추정할 때는 어떤 상승 시간을 사용하고 있는지 주의를 기울여야 한다.

2.26 신호의 클록 주파수는 3 GHz이다. 신호의 상승 시간을 모르는 경우, 대역폭을 어떻게 추정할 수 있는가? 추정치의 기본 가정은 무엇인가?

물론 신호의 대역폭을 결정하는 것은 신호의 클록 주파수가 아니라 신호의 상승 시간이다. 그러나 클록 주파수 말고는 신호에 대한 다른 정보를 알지 못하는 경우, 신호 대역폭은 대략적으로 클록 주파수의 5배이다.

클록 주파수가 3 GHz이므로 신호 대역폭은 대략 5 × 3 GHz = 15 GHz이다.

이렇게 신호 대역폭을 추정하는 규칙에는 신호의 상승 시간이 주기의 약 7%라는 가정이 깔려 있다. 실제로 상승 시간이 7%보다 길어지면 대역폭은 15 GHz보다 작아진다. 이 추정 규칙은 대역폭을 보수적으로 추정하는 방법으로, 예를 들어 상승 시간을 주기의 10%로 가정하는 경우보다는 약간 더 높은 대역폭 추정치를 제공한다.

2.27 어떤 신호의 상승 시간이 100 psec이다. 이를 측정하는 데 사용하는 스코프의 최소 대역폭을 구하라.

스코프의 대역폭은 신호 대역폭의 최소 두 배는 되어야 한다. 신호의 상승 시간이 0.1 nsec이므로 신호 대역폭은 0.35/0.1 nsec = 3.5 GHz이다. 따라서 스코프의 대역폭은 프로브를 포함하여 이 값의 최소 2배, 즉 7 GHz 이상이어야 한다.

스코프의 대역폭이 7 GHz 미만인 경우, 스코프로 측정한 신호의 상승 시간은 신호의 실제 상승 시간보다 길어진다.

2.28 어떤 인터커넥트의 대역폭이 5 GHz이다. 이 인터커넥트의 예측되는 최단 상승 시간을 구하라.

인터커넥트의 대역폭이 5 GHz라는 것은 인터커넥터에 상승 시간이 1 psec인 신호를 입력할 때 인터커넥트에서 출력되는 신호의 상승시간의 대역폭이 5 GHz라는 것을 의미한다. 따라서 상승 시간은 0.35/5 GHz = 70 psec이다.

결국 인터커넥트에서 출력되는 신호의 상승 시간을 측정할 때 얻을 수 있는 값 중에서 가장 짧은 것은 약 70 psec이다.

2.29 어떤 클록 신호의 주파수가 2.5 GHz이다. 이를 측정하는 데 사용하는 스코프의 최소 대역폭을 구하라. 또 이 신호를 전송하는 데 사용하는 인터커넥트의 최소 대역폭을 구하고 이를 시뮬레이션하는 데 사용하는 모델의 최소 대역폭을 구하라.

신호의 상승 시간을 모르면 신호의 대역폭이나 필요한 다른 특성의 대역폭을 정확하게 구할 수 없고 대략적인 추정만 할 수 있을 뿐이다. 실제로 필요한 것보다 성능을 더 높게 예측해서 추가 비용을 지불하거나 반대로 성능을 낮게 예측해서 적절한 대역폭을 제공하지 못하는 위험을 피하고 싶다면 필요한 정보를 얻는 것이 정말 중요하다.

클록 주파수가 2.5 GHz라는 정보만 알고 있다면 신호 대역폭은 5 × 2.5 GHz = 12.5 GHz로 추정할 수 있다. 이 값을 시작점으로 삼으면 필요한 스코프 대역폭은 최소 2 × 12.5 GHz = 25 GHz가 된다. 이 계측기(스코프)의 대역폭 값은 클록 주파수의 10배이다.

일반적으로 주파수가 2.5 GHz인 클록 신호는 상승 시간이 7%보다 길지만 정확한 정보가 부족한 탓에 성능 보증을 위한 일종의 보험료를 추가로 지불해야 한다.

신호의 상승 시간을 눈에 띄게 저하시키지 않으려면 신호 대역폭 12.5 GHz의 2배인 25 GHz의 전송 대역폭을 가진 인터커넥트를 사용해야 한다. 마찬가지로 모델 대역폭도

25 GHz여야 한다.

목표로 하는 대역폭 값이 이렇기는 해도, 상승 시간을 알지 못하면 신호 대역폭 값을 보수적으로 추정해서 사용해야 하기 때문에 필요 이상의 비용을 지출할 수 있다. 따라서 대역폭이 25 GHz인 스코프, 인터커넥트, 모델로 확정짓기 전에 실제 신호 대역폭을 구하는 데 어느 정도 시간과 노력을 투자하는 것이 좋다.

3장

3.1 인터커넥트의 가장 중요한 전기적 특성은 무엇인가?

인터커넥트를 특징짓는 전기적 특성으로 여러 가지가 있지만 그중에서도 가장 중요한 것은 임피던스이다. 임피던스는 여러 가지 방식으로 나타낼 수 있는데, 특히 주파수의 함수로 나타나는 입력 임피던스가 대표적인 예이다.

3.2 임피던스 관점에서 반사 노이즈의 근본적 원인을 어떻게 설명할 수 있는가?

신호가 인터커넥트를 따라 전파되다가 순시 임피던스 변화를 맞닥뜨리면 반사가 발생하고 이로 인해 전송되는 신호가 왜곡된다. 신호가 인터커넥트를 따라가는 동안 바라보는 임피던스 환경이 반사 잡음에 의한 신호 왜곡을 결정한다.

3.3 임피던스 관점에서 크로스토크의 근본적 원인을 어떻게 설명할 수 있는가?

공격자 신호 선로에서 피해자 신호 선로로 가는 크로스토크는 근본적으로 프린지 전기장(fringe electric field)와 프린지 자기장(fringe magnetic field)에 의해 발생한다. 이 전기장과 자기장을 작은 사이즈의 집중 회로 소자(lumped circuit element)인 상호 커패시터 소자와 상호 인덕터 소자를 사용하여 근사적으로 나타낼 수 있다.

인접한 두 쌍의 신호-귀환 경로 사이에서 발생하는 크로스토크는 결합 커패시턴스(다른 말로 상호 커패시턴스)와 결합 인덕턴스(다른 말로 상호 인덕턴스)로 인해 발생한다. 결합되는 신호의 양은 소스 전압과 결합(상호) 소자의 임피던스에 따라 달라진다.

3.4 모델링과 시뮬레이션의 차이점은 무엇인가?

모델링은 도체와 유전체로 이루어진 실제 인터커넥트를 등가(equivalent) 전기 회로 모델로 변환하는 과정이다. 모델링을 위한 첫 번째 단계에서는 전체 구조를 표현하는 회로 토폴로지를 만들어야 한다. 회로 토폴로지를 구성하는 각 회로 소자는 해당 소자를 정의하는 몇 가지 파라미터를 가지고 있다.

두 번째 단계에서는 각 회로 소자의 파라미터 값을 계산한다. 이 계산 작업은 경험 규칙, 해석적 근사식, 또는 수치 시뮬레이션 도구를 사용하여 수행할 수 있다.

시뮬레이션은 모델을 사용하여 시간 영역이나 주파수 영역에서 실제 신호 파형을 전류 또는 전압으로 예측하는 것이다. 시뮬레이터는 회로 모델을 가져와 각 소자들을 수식으로 간결하게 표현한 미분 방정식을 푼 다음, 입력 신호를 기반으로 출력 파형을 예측한다.

3.5 임피던스란 무엇인가?

어떤 부품의 임피던스는 기본적으로 그 부품 양단의 전압과 그 부품을 통과해 흐르는 전류의 비(ratio)이다. 이 비는 전류와 전압이 부품과 어떤 방식으로 상호 작용하는지를 나타낸다. 일반적으로 임피던스는 주파수에 따라 변하기 때문에 주파수 영역에서 설명하는 것이 더 쉽지만 시간 영역에서 설명할 수도 있다.

임피던스에는 여러 가지 종류가 있으며 각각을 구별할 수 있도록 앞에 수식어를 붙인다. 이 가운데 다섯 가지 종류를 들어보면 순시 임피던스(instantaneous impedance), 특성 임피던스(characteristic impedance), 시간 영역의 입력 임피던스(input impedance), 주파수 영역의 입력 임피던스, 두 개 이상의 단자를 갖는 부품의 임피던스 행렬(impedance matrix)이 있다.

3.6 실제 커패시터와 이상적인 커패시터의 차이점은 무엇인가?

실제 커패시터는 커패시터라는 이름으로 현실 세계에 실제로 존재하는 장치(부품)이다. 이 실제 부품은 회로 기판에 장착되어 DC 전압을 차단하거나 필터 회로에서 국부적으로 전하를 저장하는 기능을 수행하는 용도로 사용된다.

이상적 커패시터는 실제 커패시터의 전기적 모델이다. 이것은 커패시터의 이상적인 동작을 시뮬레이션 도구가 이해할 수 있는 언어로 표현한 것이다. 이상적이라고 해서 실제 커패시터의 더욱 복잡한 동작을 설명하지 않는다는 의미는 아니다.

실제 커패시터가 가지고 있는 저주파 특성과 고주파 특성을 모두 갖춘, 여러 가지 높은 수준의 정교함을 갖춘 모델을 만들 수도 있다.

이상적인 커패시터의 중요한 성능 지표는 모델의 대역폭이다. 즉, 모델로 예측한 임피던스 특성이 실제 커패시터에 대해 측정한 임피던스 특성에 견주어 얼마나 높은 주파수까지 일치하는지를 살펴보는 것이다.

3.7 실제 부품을 표현하는 데 사용되는 이상적인 회로 모델의 대역폭은 무엇을 의미하는가?

이상적인 회로 모델의 대역폭은 모델로 예측한 동작 특성이 실제 커패시터에 대해 측정한 특성과 잘 일치할 것으로 예측되는 가장 높은 주파수이다.

회로 모델 대역폭은 이상적 커패시터 모델을 사용하여 얼마나 높은 주파수까지 실제 커패시터를 근사할 수 있는지를 나타내는 척도이다. 예를 들어, 저주파에서는 이상적인 커패시터를 이상적인 C 부품 한 개만으로도 충분히 모델링을 할 수 있다. 주파수가 높아지면 저주파 모델보다 더 좋은 모델을 만들어야 하는데 이 모델은 직렬 RLC 회로로 이루어져 있다. 이 모델은 임피던스의 실수부의 주파수 의존성을 잘 반영할 수 있도록 더욱 정교하게 만들 수 있다.

3.8 인터커넥트 모델을 구축하는 데 사용되는 네 가지 이상적인 수동 회로 소자는 무엇인가?

인터커넥트 나타내는 데 가장 널리 사용되는 네 가지 회로 소자는 저항기 R, 커패시터

C, 인덕터 L, 그리고 Z_0와 TD로 나타내는 균일 전송선로이다.

3.9 간단한 L 소자로 표시되는 이상적인 인덕턴스의 동작과 실제 인덕터의 동작 사이의 두 가지 차이점은 무엇인가?

낮은 주파수에서 실제 인덕턴스는 이상적인 인덕턴스와 거의 비슷하게 동작해야 한다. L의 값을 올바르게 선택한 경우, 낮은 주파수에서는 측정된 특성과 모델링된 특성 사이에 큰 차이가 없다는 사실에 놀랄 것이다.

그러나 실제 인덕터는 주파수에 따라 변하는 직렬 저항 성분을 가지고 있어서 실제 인덕터의 임피던스에는 실수부가 나타난다. 또한, 인덕터 단자 사이에는 부유 커패시턴스(stray capacitance)가 존재하므로 약 100 MHz 이상의 매우 높은 주파수에서는 실제 인덕턴스의 임피던스는 주파수에 따라 증가하는 추세를 멈추고 평탄해지기 시작하다가 오히려 주파수가 높아질수록 감소한다.

실제 인덕터의 실제 동작을 알고 있으면 이상적인 회로 소자들로 더 정교한 이상적 커패시터 회로 모델을 만들 수 있으며 이렇게 만든 모델은 실제 인덕터의 실제 동작과 거의 일치한다.

3.10 이상적인 인덕터로 모델링할 수 있는 인터커넥트 구조의 두 가지 예를 제시하라.

기판상의 두 핀 사이에 새로운 연결 경로를 만들기 위해 추가하는 도선(wire)은 종종 간단한 인덕터로 모델링할 수 있다. 다이 패드(die pad)를 패키지 리드(lead)에 연결하는 IC 패키지 내부의 와이어 본드(wire bond)도 종종 이상적인 인덕터로 모델링할 수 있다.

3.11 변위 전류란 무엇이며 어디서 찾을 수 있는가?

변위 전류는 맥스웰의 발명품이다. 그는 자기장과 전도 전류 사이의 관계를 살펴보면서 dE/dt를 전류로 취급하면 절연 유전체를 통해서 전류가 흐르는 것으로 볼 수 있으므로 결국 전류의 연속성이 유지된다는 사실을 발견했다.

이것은 그가 네 가지 방정식을 하나로 묶을 때 도입한 중요한 통합 원리 중 하나였다. 그는 실제로 전류에는 전도 전류와 변위 전류라는 두 가지 유형이 있다는 것을 깨달았다. 변위 전류가 흐르는 방향은 변화하는 전기장선의 방향이 되고 변위 전류의 크기는 전기장선이 시간에 따라 변하는 정도(즉 전기장선의 시간 변화율)에 비례한다.

이것이 커패시터의 절연 유전체를 통해 전류가 흐르는 방식이다 커패시터의 두 평판 사이의 전압이 변하면 커패시터 내부의 절연 유전체의 전기장이 변하므로 변위 전류가 유전체를 통해 흐르게 된다.

변위 전류는 두 도체 사이의 전압이 변할 때마다 두 도체 사이에 흐른다. 두 도체 사이에 전류가 흐른다는 것은 두 도체 사이의 전기장이 변한다는 것을 의미한다. 이것이 신호가 전송선로를 따라 이동할 때 신호 경로와 귀환 경로 사이에 귀환 전류가 흐르는 방식이다.

3.12 주파수가 증가함에 따라 이상적인 커패시터의 커패시턴스는 어떻게 되는가?

이상적인 커패시터 모델에서 커패시턴스는 주파수 변화와는 전혀 상관없이 일정하다. 커패시터 소자 C의 커패시턴스는 주파수에 따라 변하지 않는다. 물론, 이상적인 커패시터의 임피던스 값은 주파수에 따라 변하지만 커패시터의 커패시턴스 값은 주파수와 상관없이 일정하다.

많은 고성능 회로 시뮬레이터에는 이러한 특성이 약간 수정되어 있다. 일반적으로 실제 커패시터의 내부를 채우고 있는 유전체의 유전 상수는 주파수에 따라 변하기 때문에 커패시턴스 값도 주파수에 따라 약간 변한다. 좀 더 복잡한 이상적인 커패시터 모델에는 이러한 주파수 의존 효과가 포함되어 있다.

3.13 SPICE에서 임피던스 분석기의 출력에 개방 회로를 연결한 경우, 임피던스 시뮬레이션 결과는 어떻게 되는가?

많은 SPICE 시뮬레이터에서는 초기 조건을 계산하기 위해 접지로 가는 DC 경로가 필요하다. 접지로 가는 경로가 중간에 개방(open)되어 있는 경우, SPICE는 에러 메시지를 출력한다.

접지로 가는 경로가 개방된 것은 물체가 엄청나게 큰 힘에 밀려 움직일 수 없게 된 상황에 비유할 수 있다. 정전류 전원은 그 전원에서 나오는 전류를 일정하게 유지하기 위해 필요한 전압을 출력한다. 이 전원에 연결된 개방 회로는 임피던스가 무한대이므로 이 개방 회로를 통해 일정한 전류를 흐르게 하기 위해서는 크기가 무한대인 전압이 필요하다. 따라서 에러 메시지가 표시된다.

이 때문에 SPICE의 정전류 전원 양 단자에는 션트 저항(shunt resistance, 병렬 저항)을 달아주는 것이 좋다. 이렇게 하면 어떠한 경우에도 무한대가 아닌 어떤 높은 값의 접지 저항을 제공할 수 있으므로 유한한 전압으로 정전류를 얻을 수 있다.

3.14 인터커넥트를 위한 가장 간단한 시작 모델은 무엇인가?

인터커넥트를 위한 가장 간단한 시작 모델은 예전에는 RLC 회로였다. 모든 시뮬레이터는 R, L, C 소자를 이해한다. 그러나 시뮬레이터가 더욱 정교해짐에 따라 이제 모든 시뮬레이터에는 전송선로 소자가 포함되어 있다. 이는 인터커넥트를 표현하는 훨씬 더 좋은 모델이다.

인터커넥트의 전송선로 모델은 저주파에서는 물론이고 훨씬 높은 주파수에서도 실제 인터커넥트의 특성을 정확하게 표현할 수 있다. 전송선로 모델은 적정한 대역폭을 가지는 가장 간단한 모델이다.

3.15 실제 커패시터를 모델링하는 가장 간단한 회로 토폴로지는 무엇인가? 더 높은 주파수에서 이 모델을 어떻게 개선할 수 있는가?

실제 커패시터를 나타내는 가장 간단한 회로 토폴로지는 이상적인 C 소자 한 개이다. C에 대한 파라미터 값을 정확하게 선택하면 이 간단한 1차 모델은 경우에 따라 1 MHz

를 넘는 대역폭까지 실제 커패시터의 측정 임피던스와 일치할 수 있다.

더 높은 대역폭 모델을 얻기 위한 좀 더 복잡한 모델은 RLC 회로 토폴로지를 가진다. 이 2차 모델에서 C는 1차 모델 값과 동일하고 L은 회로 기판에 커패시터를 장착하는 것과 관련된 값이다.

3.16 실제 저항기를 모델링하는 가장 간단한 회로 토폴로지는 무엇인가? 더 높은 주파수에서 이 모델을 어떻게 개선할 수 있는가?

실제 저항기를 나타내는 가장 간단한 모델은 단 한 개의 R 소자이다. 이 모델은 일반적으로 10 MHz 범위 내에서 실제 R과 잘 일치한다. 실제 저항기의 임피던스는 주파수에 따라 매우 평탄(flat)하다.

더 높은 대역폭 모델의 경우, 이상적인 R 소자와 L 소자로 이루어진 직렬회로를 사용할 수 있다. 이 모델은 저항기의 실장 인덕턴스를 고려한다. 이 이상적인 모델은 종종 GHz 영역까지 실제 저항기의 측정 임피던스와 일치시킬 수 있다.

3.17 실제 축 방향 리드(axial lead) 저항기의 동작은 어느 정도의 대역폭까지 간단한 이상적인 저항기 소자의 동작과 일치할 수 있는가?

축 방향 리드 저항기에 부착된 리드는 일반적으로 최대 10 nH의 직렬 인덕턴스를 추가한다. 주파수가 높아질수록 직렬 L 소자의 임피던스는 증가하므로 실제 저항기의 임피던스도 커진다. 따라서 단일 R 소자로 된 이상적 모델과 직렬 L의 임피던스 증가 사이의 차이를 계산할 수 있다.

대략적으로, 인덕터의 임피던스가 직렬 저항의 임피던스의 10%를 넘어서기 시작하는 주파수를 대역폭의 기준으로 삼으면 충분하다. 이 주파수는 이상적인 모델에서 직렬 인덕턴스를 무시할 때, 실제 저항기와의 임피던스 차이가 10% 정도가 되는 결과가 나오는 주파수이다.

이 기준을 수식으로 나타내면

$$\omega L > 10\% R = 0.1 \times R$$

이 된다. 저항기의 R 값이 50 Ω이고 실장 임피던스가 10 nH인 경우를 가정하면 최고 주파수는

$$f > \frac{0.1 \times R}{2\pi L} = \frac{0.1 \times 50}{2\pi 10\ \text{nH}} = 80\ \text{MHz}$$

이 된다. 따라서 간단한 이상적 R 소자의 임피던스는 저항기의 저항 값을 정확하게 선택하기만 하면 80 MHz 이하의 주파수에서 실제 저항기의 임피던스와 10% 이내의 오차로 일치한다.

3.18 모델의 대역폭을 평가하기 가장 쉬운 영역은 무엇인가?

대역폭이란 항목은 본질적으로 주파수 영역의 항목이다. 따라서 대역폭은 주파수 영역에서 더 쉽게 구할 수 있다. 예를 들어 모델의 대역폭을 구하는 경우, 예상 임피던스와 실제 측정임피던스는 주파수에 대해 비교하는 것이 쉽다. 이 두 임피던스가 더 이상은 잘 일치하지 않게 되는 주파수까지가 모델의 대역폭이다.

3.19 253 Ω의 저항을 가진 이상적인 저항기의 임피던스는 1 kHz와 1 MHz에서 각각 얼마인가?

이것은 쉽다. 이상적인 저항기의 임피던스는 주파수에 관계없이 일정하다. 임피던스는 저항과 정확히 같다. 253 Ω의 저항을 가진 이상적인 저항기의 임피던스는 1 kHz와 1 MHz에서 모두 253 Ω으로 같다.

3.20 100 nF의 커패시턴스를 가진 이상적인 커패시터의 임피던스는 1 MHz와 1 GHz에서 각각 얼마인가? 실제 커패시터가 1 GHz에서 아주 낮은 임피던스를 가질 가능성이 낮은 까닭은 무엇인가?

이상적인 커패시터의 임피던스의 크기는 다음과 같다.

$$|Z| = \frac{1}{2\pi fC}$$

100 nF 커패시터의 경우, 1 MHz에서의 임피던스는

$$|Z| = \frac{1}{2\pi \times 10^{6} \times 10^{-7}} = 1.6\ \Omega$$

이 되고 1 GHz에서의 임피던스는

$$|Z| = \frac{1}{2\pi \times 10^{9} \times 10^{-7}} = 0.0016\ \Omega$$

이 된다.

위 결과를 보면 100 nF 커패시터를 사용할 때 1 GHz에서의 임피던스가 1 mΩ 정도까지 낮아졌다. 이 값은 정말로 낮은 값이다!

하지만 실제 커패시터에는 리드 인덕턴스가 존재한다. 주파수가 대략 10 MHz를 넘어서면 이 직렬 인덕턴스의 임피던스가 실제 커패시터의 임피던스보다 커지기 시작한다. 따라서 10 MHz 이상에서 커패시터의 임피던스는 주파수에 따라 증가하며, 실제 커패시터가 가진 이상적인 커패시턴스의 낮은 임피던스는 리드 인덕턴스의 영향에 의해 가려진다.

3.21 온-다이(on-die) 전원 레일 전압이 매우 빠른 속도로 50 mV만큼 감소하는 경우, 1 nH의 패키지 리드를 통해 흐르는 전류의 변화율 dI/dt를 구하라.

인덕터 양단의 전압 강하와 인덕터를 통해 흐르는 과도 전류 사이의 관계는 다음과 같다.

$$\Delta V = L\frac{dI}{dt}$$

전압 강하가 50 mV이고 패키지 리드의 인덕턴스가 1 nH이므로 패키지 리드를 통해 흐르는 과도 전류를 계산하면 다음과 같다.

$$\frac{dI}{dt} = \frac{\Delta V}{L} = \frac{0.05\ V}{1\ nH} = 50\ mA / nsec$$

3.22 패키지 리드를 통해 흐르는 전류의 변화율 dI/dt를 최대로 얻으려면 리드 인덕턴스는 커야 하는가, 아니면 작아야 하는가?

위 [문제 3.21]을 보면 빠져나간 전하를 온-다이 커패시턴스에 다시 공급하기 위해 흘러 들어오는 최대 과도 전류는 리드 인덕턴스가 가장 작을 때 발생한다는 것을 분명하게 알 수 있다. 바로 이것이 패키지 리드 인덕턴스가 낮아야 하는 까닭이다. 낮은 리드 인덕턴스는 온-다이 커패시턴스로 빠른 과도 전류가 흘러 들어올 수 있게 하며 다이의 전압 강하를 줄인다.

3.23 R = 0.12 Ω, C = 10 nF, L = 2 nH인 직렬 RLC 회로에서 최소 임피던스를 구하라.

최소 임피던스는 항상 회로의 R과 같다. 최소 임피던스는 리액턴스가 0이 될 때 발생한다. 이 문제에서 최소 임피던스는 0.12 Ω이다.

3.24 위 [문제 3.23]의 회로에서 1 Hz와 1 GHz에서의 임피던스는 각각 얼마인가?

이 직렬 RLC 회로의 임피던스는 몇 가지 방법으로 계산할 수 있다. 첫째, SPICE와 같은 시뮬레이터로 가져와서 원하는 모든 주파수에서 임피던스를 계산할 수 있다. 둘째, 주파수에 따른 임피던스의 크기의 변화를 나타내는 해석적 방정식을 작성할 수 있다. 이 방정식과 계산기를 사용하면 원하는 모든 주파수에서 쉽게 임피던스를 계산할 수 있다.

마지막으로, 회로의 어느 성분이 임피던스에서 가장 큰 비중을 차지하는가를 보면서 대략적으로 임피던스를 추정할 수 있다. 예를 들어, 1 Hz와 같은 낮은 주파수에서는 커패시터의 임피던스를 계산하면

$$|Z| = \frac{1}{2\pi fC} = \frac{1}{2\pi\ 1\times 10^{-8}} = 16\ M\Omega$$

와 같이 큰 값이 된다. 따라서 회로 임피던스의 대부분을 커패시터 성분이 차지한다.

1 GHz와 같은 높은 주파수에서는 인덕터의 임피던스를 계산하면

$$Z = 2\pi fL = 2\pi \times 10^9 \times 2\ \text{nH} = 12\ \Omega$$

와 같이 큰 값이 된다. 따라서 회로 임피던스의 대부분을 인덕터 성분이 차지한다.

3.25 맨 끝이 개방된 이상적인 전송선로를 맨 앞에서 바라볼 때, 이 전송선로의 임피던스는 주파수에 따라 어떻게 달라지는가? 낮은 주파수에서 이 이상적인 전송선로의 임피던스는 높은 값을 갖는가, 아니면 낮은 값을 갖는가?

전송선로의 맨 끝(수신단)이 개방(open)된 경우, 전송선로의 맨 앞(송신단)에서 바라본 임피던스는 낮은 주파수에서는 매우 높은 임피던스로 보인다. 주파수가 높아질수록 맨 앞에서 바라본 전송선로의 임피던스는 계속해서 감소하여(마치 커패시터처럼 동작하여) 결국에는 단락(short)처럼 보인다. 다시 말해 전송선로의 맨 끝이 개방되어 있더라도 그 전송선로를 맨 앞에서 바라보면 전송선로는 단락처럼 보인다.

단락처럼 보이는 주파수를 넘어 더욱 주파수를 높이면, 전송선로를 바라본 임피던스는 다시 증가하여(마치 인덕터처럼 동작하여) 결국에는 개방처럼 보인다. 주파수를 계속해서 높이면 임피던스는 다시 감소하고, 개방과 단락이 번갈아 나타나는 동작을 계속한다. 맨 끝이 개방된 전송선로는 고주파 신호에 대해 잘 동작하지 않는 인터커넥트이다.

3.26 임피던스 분석기의 역할을 하는 SPICE 회로는 무엇인가?

SPICE에서 임피던스 분석기를 만드는 것은 쉽다. 정전류 AC 소스 하나만 있으면 된다. 정전류 소스 양단에 회로가 연결되면, 전류 소스가 발생시키는 정전류 사인파에 의해 양단에는 연결된 회로에 일정한 진폭의 전류를 흘려주는 데 필요한 전압 진폭이 발생한다. 여기서 필요한 전압 진폭은 다음과 같다.

$$V(f) = Z(f) \times I(f)$$

정전류 진폭을 1 A로 고정시키고 임피던스 분석기에 임의의 회로를 연결한 다음, 시뮬레이션을 수행하여 전압을 구하면 이 전압은 분석기에 연결된 회로의 임피던스의 값과 수치적으로 동일하다. 이 전압은 복소수라는 사실에 주의해야 한다. 전압의 위상은 곧 임피던스 위상이 된다.

4장

4.1 인터커넥트의 저항에 영향을 미치는 세 가지 항목은 무엇인가?

인터커넥트의 저항에 가장 큰 영향을 미치는 세 가지 항목은 도체 물질(재료)의 벌크 저항률(bulk resistivity), 인터커넥트의 길이, 그리고 전류가 통과하는 단면적이다.

4.2 거의 모든 저항 문제는 3D 전자기장 솔버를 사용하여 계산할 수 있다. 하지만 문제를 푸는 데 있어서 맨 처음 단계에서 3D 전자기장 솔버를 사용하는 경우, 어떤 단점이 있는가?

3D 필드 솔버를 사용하기 위해서는 먼저 솔버를 가지고 있어야 하며 사용법도 알고 있어야 한다. 이 솔버에 속하는 대부분의 도구들은 수치로 결과를 출력한다. 전자기장 솔버 도구가 출력하는 수치가 무엇을 예측하는 값인지 이해하지 못하는 경우, 전자기장 솔버의 결과가 "타당한" 결과인지 알 수가 없으므로 이때 수치는 무의미한 결과가 된다.

모든 결과를 3D 전자기장 솔버에 의존하면 근사식이나 경험 규칙을 사용하여 수치에 대한 느낌이나 생각을 얻을 수 있는 소중한 기회를 놓치게 된다. 경험 규칙을 사용하면 저항 값을 훨씬 빠르게 추정할 수 있으므로 전자기장 솔버로 문제 하나를 모델링해서 결과를 얻는 시간 동안 경험 법칙을 사용하여 50개의 다른 추정을 할 수 있다.

이것이 간단한 근사식이나 경험 규칙이 매우 유용한 까닭이다. 인터커넥트의 저항을 추정할 때는 항상 경험 규칙을 맨 처음 단계에서 사용해야 한다.

4.3 보가틴 규칙 9번은 무엇이며, 왜 이 규칙을 항상 지켜야 하는가?

규칙 9번은 측정이나 시뮬레이션을 시작하기 전에 반드시 먼저 결과를 예상해야 한다는 말이다. 즉, 문제를 풀기 시작하기 전에 답이 무엇인지에 대한 생각을 가지고 있어야 한다는 뜻이다. 이 경우에 유용한 것이 대략적인 답을 빠르게 예측할 수 있는 경험 규칙이다.

경험 규칙으로 예측한 답들을 바탕으로 정확하고 완전한 공학적 판단을 내릴 수 있으며 수치에 대한 느낌과 생각을 얻을 수 있다.

측정이나 시뮬레이션 문제를 망칠 수 있는 방법은 매우 많기 때문에, 그렇게나 많은 일관성 검사를 일일이 할 수는 없다. 첫 번째 일관성 검사는 공학적인 판단이 결과와 일치하는지 확인하는 것으로, 대개 경험 규칙을 기반으로 한다.

4.4 벌크 저항률의 단위는 무엇이며, 벌크 지항률은 왜 그러한 이상한 단위를 가지고 있는가?

부피 저항률의 단위는 Ω-cm이다. 이 단위는 무엇을 의미할까? 단위를 보면 부피당 저항도 아니고, 면적당 저항도 아니며, 길이당 저항도 아니다.

길이에 따라 단면이 균일한 구조의 저항을 계산할 때, 저항은 다음과 같은 형태로 표시된다.

$$R = \rho \frac{L}{A}$$

저항은 인터커넥트의 길이에 비례하고 단면적에 반비례한다. 이때 비례 상수가 물질(재료)의 벌크 저항률로, 이것은 물질의 저항 특성을 나타내는 척도이다.

L/A는 '길이/면적'이므로 단위는 길이의 역수가 된다. 따라서 저항 R의 단위가 Ω으로 나오려면 벌크 저항률 ρ의 단위에는 Ω 단위와 함께 길이 단위가 들어 있어야 한다.

모든 모서리의 길이가 Len인 정육면체 구조의 물질이 있다면, 길이/면적은 1/Len이 된다. 이는 정육면체 한 모서리의 길이가 길수록 저항이 낮아진다는 것을 뜻한다. 한 모서리의 길이가 길어지면 양쪽에서 마주보는 두 면 사이의 거리가 길어져 저항이 증가하지만, 양쪽 면의 단면적은 모서리의 길이의 제곱으로 증가하므로 길이가 증가하는 것보다 더 빠르게 저항이 감소된다.

저항은 R = ρ/Len이 된다. 저항 R의 단위가 Ω으로 나오기 위해서 ρ의 단위는 'Ω-길이'가 되어야 한다.

4.5 저항률과 전도율의 차이는 무엇인가?

이 두 용어는 모두 물질의 전기 저항을 설명하는 데 사용하는 용어이다. 저항률은 물질이 가진 저항 성질이 어느 정도인지 나타내는 척도이다. 전도율은 물질이 가진 전도 성질이 어느 정도인지 나타내는 척도이다. 둘 다 동일한 물질에 대해 성질을 측정한 것으로, 다음 식에서 보듯이 서로 역수 관계를 갖는다.

$$\rho = \frac{1}{\sigma}$$

저항률의 단위가 Ω-m이므로, 전도율의 단위는 1/(Ω-m)이다. 1/Ω 단위를 S(Siemens, 지멘스)라고 한다. 따라서 전도율의 단위는 S/m이다. 다시 말하지만, 이 두 단위는 부피나 면적을 가진 물체의 저항을 계산할 때 Ω 단위로 값을 얻기 위한 것 말고는 별다른 의미는 없다.

4.6 벌크 저항률과 시트 저항의 차이는 무엇인가?

벌크 저항률은 물질이 가지는 고유한 특성으로 해당 물질에 어느 정도의 저항이 들어 있는지와 관련이 있다. 동일한 물질끼리는 그 물질의 사이즈, 모양, 수량에 관계없이 벌크 저항률이 서로 같다.

시트 저항은 구리 포일(foil, 박막)처럼 폭이 넓고 두께가 얇고 균일한 시트 형태로 된 물질의 저항 특성을 말한다.

시트 저항을 다른 말로 시드 저항률(sheet resistivity)이라고 한다. 시드 저항은 시드에서 정사각형 형태로 잘라낼 때 나오는 정사각형 조각의 한 변(모서리)에서 반대편 변까지의 저항을 말하는 것이다. 정사각형 조각에서 한 변의 길이를 두 배로 늘이면 저항을 측정하는 두 변 사이의 거리가 증가하므로 저항이 증가하지만, 전류가 통과하는 폭이 두 배로 증가하므로 그만큼 저항이 감소한다. 이 두 가지 영향이 상쇄되어 정사각형 조각의 한 변의 길이가 두 배로 늘어나도 두 변 사이의 저항은 동일하게 유지된다. 다시 말해, 정사각형의 변의 길이에 상관없이 마주보는 두 변 사이의 저항은 동일하다. 이 정사각형 조각의 저항을 시트 저항 또는 시트 저항률 또는 정사각형당 저항(resistance per square)이라고 한다. 동일한 시트에서 잘라낸 모든 정사각형 조각은 조각의 크기에 관계없이 모두 동일한 저항 값을 갖는다.

4.7 인터커넥트의 길이가 증가하면 도체의 벌크 저항률은 어떻게 되는가? 또 도체의 시트 저항은 어떻게 되는가?

이 문제는 자칫하면 틀리기 쉽다. 어떤 물질의 벌크 저항률은 그 물질의 고유한 특성이므로 물질의 기하학적 형태와는 관련이 없다. 인터커넥트의 길이가 증가하더라도 인터커넥트를 구성하는 물질은 동일하기 때문에 부피 저항률은 동일한 값을 갖는다.

마찬가지로, 인터커넥트가 회로 기판의 트레이스처럼 도체 시트 형태로 되어 있는 경우, 시트 저항은 포일을 구성하는 물질과 포일의 두께에 따라 고유한 값을 갖는다. 따라서 인터커넥트의 길이가 변경되더라도 포일의 시트 저항은 변하지 않는다.

4.8 저항률 값이 가장 낮은 금속은 무엇인가?

균질한(homogeneous) 재료 중에서 초전도체를 제외하면 은(silver)이 가장 낮은 벌크 저항률을 가지는데, 그 값은 약 1.59×10^{-8} Ω-m이다. 구리는 저항률 값이 1.68×10^{-8} Ω-m로서 근소한 차이로 그 다음 자리를 차지한다. 구리는 은보다 저항률이 겨우 6% 높다. 이것은 아주 작은 차이로, 구리를 사용하면 많은 경우에 은의 비싼 원가와 높은 제조비용으로 인한 추가 비용을 줄이 수 있게 된다.

흔히 금이 저항률이 가장 낮은 물질이라고 생각하기 쉽지만 이는 사실과 다르다. 실제로 금의 저항률은 2.44×10^{-8} Ω-m이다. 이 값은 구리보다 45% 높은 수치이다. 그렇다면 금이 인터커넥트 재료로 자주 사용되는 이유는 무엇일까?

금은 일반적으로 벌크(부피 전체)로 사용되기보다는 코팅 물질로서 사용된다. 금은 부식되거나 산화되지 않기 때문이다. 금은 납땜이 잘 되고 접촉 저항이 낮기 때문에 표면처리를 하는 데 사용하기 좋은 재료이다.

4.9 도체의 벌크 저항률은 주파수에 따라 어떻게 달라지는가?

일반적으로 물질의 벌크 저항률은 주파수에 거의 달라지지 않고 일정하다. 이러한 성질은 100 GHz를 훨씬 넘는 주파수까지 그대로 유지된다. 인터커넥트의 저항은 주파수에 따라 달라지는데, 이는 저항률이 변해서가 아니라 전류가 통과하는 단면적이 주파수에 따라 변하기 때문이다.

모든 응용에서 구리를 비롯한 모든 도체의 벌크 저항률은 주파수에 따라 일정하다고 가정한다.

4.10 일반적으로 인터커넥트 트레이스의 저항은 주파수에 따라 증가하는가, 아니면 감소하는가? 그 이유는 무엇인가?

인터커넥트 트레이스의 저항은 주파수가 증가함에 따라 언제나 증가한다. 이것은 표피 깊이(skin depth) 또는 표피 효과(skin effect)라고 불리는 현상 때문이다. 전류의 주파수가 증가함에 따라 도체를 통해 흐르는 전류의 경로가 변경된다. 전류는 항상 도체를 따라 흘러 나갔다가 귀환 도체를 따라 되돌아오는데 이때 전류가 선택하는 경로는 루프 인덕턴스를 최소로 만드는 경로이다.

각 도체의 영역 중에서 전류가 도체의 표면 가까이에 흐를 때 인덕턴스가 낮아지기 때문에 주파수가 높아질수록 전류는 표면 근처로 더 많이 집중된다. 전류가 통과하는 단면적이 얇아지면 저항이 증가하는데, 일반적으로 주파수의 제곱근에 비례하여 증가한다.

4.11 금이 구리보다 저항률이 높은데도 인터커넥트용으로 여러 분야에서 사용되는 까닭은 무엇인가?

금의 가장 중요한 특성은 산화되거나 부식되지 않는다는 것이다. 이것은 도체의 외부 표면에 금이 있는 경우, 이것이 다른 금 표면과 접촉할 때 접촉 저항이 낮다는 것을 뜻한다. 또한 온도를 높여 금을 녹여도 금은 산화되지 않으므로 공기 중에 장시간 노출된 이후에도 납땜하기에 좋은 표면이 바로 금이다.

일반적으로 인터커넥트에 사용되는 금은 매우 얇다. 커넥터 리드에 일반적으로 사용되는 금 두께 사양(spec)은 30 μin(micro-inch)로 1 μm보다 약간 작은 정도이다. 이 정도 두께의 금으로도 산화와 부식으로부터 밑에 있는 금속을 보호하기에 충분하다.

4.12 1/2 온스 구리의 시트 저항은 얼마인가?

다음 수치를 기억해두면 유용하다. 1/2 온스(oz) 구리 포일의 시트 저항은 정사각형당 1 mΩ이다. 이 값이 어떻게 나왔는지 알 수 있도록 시트 저항을 계산해보자.

$$R_{sq} = \frac{\rho}{t} = \frac{1.68e-8\ \Omega\text{-m}}{17e-6\ \text{m}} = 0.99\ \text{m}\Omega/\text{sq}$$

1 mΩ/sq는 기억하기 쉬운 수치이다.

4.13 1/2 온스 구리로 만들어진 트레이스의 폭이 5 mil이고 길이가 10 inch이다. 총 DC 저항은 얼마인가?

1/2 oz 구리 포일의 시트 저항은 정사각형당 1 mΩ이다. 선로의 저항을 계산하기 위해서는 트레이스의 전체 길이를 따라 모두 몇 개의 정사각형 조각으로 나눌 수 있는지 알아야 한다. 총 정사각형 개수를 구해보면 '길이/폭 = 10 inch/5 mil = 10 inch/0.005 inch = 2000 sq'가 된다.

각 정사각형이 직렬로 연결되어 있으므로 총 저항은 '2000 sq × 1 mΩ/sq = 2 Ω'이 된다. 이 좁은 트레이스의 길이가 10 inch이면 총 저항 값은 2 Ω이다. 이 정도의 저항은 디지털 회로에서는 별 영향을 주지 않으므로 큰 값이라고 할 수 없지만 전원 경로상에서는 상당한 영향을 미치므로 큰 값일 수 있다.

4.14 동일한 도체 시트에서 잘라낸 모든 정사각형 조각끼리는 사이즈가 달라도 마주보는 두 변 사이의 저항이 같은 까닭은 무엇인가?

어떤 정사각형 조각에 대해 마주보는 두 변 사이의 저항을 측정한 다음, 두 변 사이의 길이를 두 배로 증가시켜 길이 방향으로 길쭉하게 만들고 다시 두 변 사이의 저항을 측정하면 저항은 원래 정사각형의 두 배가 된다. 이번에는 정사각형의 폭을 두 배로 늘려 폭 방향으로 널찍하게 만들고 다시 두 변 사이의 저항을 측정하면 저항은 절반으로 줄어든다.

따라서 길이와 폭을 모두 두 배로 늘리면 모양은 여전히 정사각형이고 저항은 동일한 값으로 유지된다는 것을 알 수 있다.

길이가 Len, 폭이 w, 두께가 t인 도체의 저항 R을 나타내는 식

$$R = \frac{\rho}{t} \times \frac{Len}{w}$$

을 사용하면 위의 내용을 잘 알 수 있다.

인터커넥트에서 길이(Len)와 폭(w)의 비율을 동일하게 유지하면 저항은 변하지 않는다. 또한 이 비율 값이 1인 정사각형 형태인 경우, 한쪽 변에서 반대쪽 변까지의 저항은 벌크 저항률(ρ)과 포일 두께(t)에 따라서만 결정되는 일정한 값이 되는데, 이를 시트 저항이라고 한다.

4.15 정사각형 모양의 금속에 대해 양쪽에서 마주보는 두 변 사이의 저항을 계산할 때, 정사각형 내의 전류 분포에 대해서는 어떤 기본적인 가정을 하고 있는가?

마주보는 두 변 사이의 저항을 계산할 때, 전류는 정사각형의 길이를 따라 균일하게 흐른다고 가정한다. 전류를 정사각형 도체의 한쪽 변(모서리) 전체에 흘러들어가게 하고 반대쪽 변 전체에서 흘러나오게 하여 정사각형 도체 전체의 모든 위치에서 동일한 전류 밀도를 가지도록 한다. 변(모서리)의 어느 한 점에 접촉하여 측정하면 저항은 더 높게 측정된다.

4.16 1/2 온스 구리로 만든 어떤 신호 선로의 폭이 5 mil일 때 이 신호 선로의 길이당 저항은 얼마인가?

1/2 oz 구리의 시트 저항은 정사각형당 1 mΩ이다. 폭이 5 mil인 선로의 길이당 저항을 구해보면 1 mΩ/sq/(0.005 inch) = 0.2 Ω/inch이다.

4.17 표면 트레이스는 종종 2 온스 두께의 구리로 도금한다. 폭이 5 mil인 이 표면 트레이스의 길이당 저항은 1/2 온스 두께인 스트립라인 층과 비교하여 어느 정도인가?

도체의 두께가 증가하면 전류가 통과할 수 있는 단면적이 더 커지므로 시트 저항과 도체의 길이당 저항이 감소한다.

스트립라인 층의 1/2 oz 구리와 비교하면 표면의 2 oz 구리는 두께가 4배로 늘어난 것이다. 두께가 4배가 되면 저항은 1/4로 감소한다. 1/2 oz 구리로 만든 폭이 5 mil인 트레이스의 길이당 저항은 위 [문제 4.16]에서 0.2 Ω/inch이다. 같은 폭의 트레이스 표면

을 2 oz 구리로 제작하면 길이당 저항은 1/4로 줄어든 0.05 Ω/inch이 된다.

4.18 4점 프로브(4-point probe)를 사용하여 1/2 온스 구리의 시트 저항을 1% 이내의 오차로 측정하려면 분해능이 1 μΩ이 되어야 한다. 100 mA의 전류를 사용하는 경우, 이렇게 작은 저항을 확인하기 위해 어느 정도의 전압까지 측정할 수 있어야 하는가?

1 μΩ의 저항을 측정하기 위해 0.1 A의 전류를 흘려주는 경우, 측정해야 하는 전압은 $V = I \times R = 0.1\ A \times 1\ \mu\Omega = 0.1\ \mu V = 100\ nV$이다. 이것은 매우 작은 전압이다.

다시 말해, 보통의 시트 저항을 측정하기 위해서 계측기는 일반적으로 100 nV의 전압을 측정할 수 있어야 한다. 이를 측정하기가 상당히 어려운 것은 당연하다.

4.19 지름이 10 mil이고 길이가 100 inch인 구리도선과 지름이 20 mil이고 길이가 50 inch인 구리도선 중 어느 것이 더 저항이 높은가? 두 번째 선이 텅스텐으로 만들어졌다면 어떻게 되는가?

이 문제를 풀기 위해 두 선의 저항을 각각 계산하여 어느 선의 저항이 더 큰지 확인해보자.

첫 번째 구리도선은 지름이 10 mil이고 길이가 100 inch이다. 두 번째 구리도선은 지름이 20 mil 이고 길이가 50 inch이다. 도선의 단면적이 작을수록 길이당 저항이 더 높은 것은 명확한 사실이므로 첫 번째 구리도선이 길이당 저항이 더 높다. 게다가 도선의 길이도 첫 번째 구리도선이 더 길다. 따라서 첫 번째 구리도선이 더 높은 저항을 가질 것이다.

두 번째 도선을 텅스텐으로 만든다고 가정하면, 어느 도선의 저항이 더 높을까?

두 도선의 각 항들 사이의 비율을 따져보자. 도선의 저항은 기본적으로 다음 식과 같다:

$$R = \rho \frac{Len}{A}$$

두 번째 도선의 길이는 첫 번째 도선의 1/2배이다. 단면적은 첫 번째 도선의 4배이다. 이 두 항목의 비율을 고려하면 두 번째 도선의 저항은 첫 번째 도선의 (1/2)/4 = 1/8배이다. 구리의 저항률은 $1.68 \times 10^{-8}\ \Omega\ m$이고, 텅스텐의 저항률은 $5.6 \times 10^{-8}\ \Omega\text{-}m$이다. 따라서 두 번째 도선의 저항률은 첫 번째 도선보다 3.3배 높다.

최종적으로 두 번째 텅스텐 도선의 저항이 첫 번째 구리 도선보다 3.3/8 = 0.42배의 저항 값을 가진다. 저항률이 더 높은 물질로 만든 도선이라도, 길이를 더 짧게 하고 지름을 더 굵게 하면 높은 저항률을 보상하여 더 작은 저항 값을 가질 수 있다.

4.20 와이어 본드(wire bond)의 길이당 저항을 예측하는 데 사용되는 경험 규칙은 무엇인가?

일반적으로 와이어 본드는 지름이 1 mil인 알루미늄 또는 금선으로 만든다. 이 경우, 길이당 저항은 약 1 Ω/inch이다. 와이어 본드의 길이가 0.1 inch이면 저항은 0.1 Ω이 된다.

4.21 칩 부착 용도로 사용되는 솔더볼(solder ball)이 있다. 이 솔더볼은 지름이 0.15 mm이고 길이가 0.15 mm 길이인 원통 형태이며, 벌크 저항률은 15 μΩ-cm이다. 이 솔더볼의 저항을 추정하라. 이 결과를 와이어 본드와 비교하라.

균일한 단면을 가진 인터커넥트의 저항은 다음 식으로 표시된다.

$$R = \rho \frac{Len}{A}$$

이 식을 이용하여 지름이 0.15 mm인 원통의 길이당 저항을 계산하면 다음과 같다.

$$\frac{R}{Len} = \rho \frac{1}{A} = 15\ \mu\Omega\text{-cm} \frac{1}{\pi(0.015\ \text{cm})^2} = 0.021\ \Omega/\text{cm} = 0.05\ \Omega/\text{inch}$$

대부분의 경우, 솔더볼의 지름이 와이어 본드보다 더 크기 때문에 와이어 본드의 길이당 저항은 솔더볼의 길이당 저항의 약 20배이다. 솔더볼의 길이가 0.15 mm이면, 솔더볼의 저항은 0.021 Ω/cm × 0.015 cm = 0.0003 Ω이 된다. 이 저항 값은 경로 내에서 여러 가지 요인으로 생겨날 수 있는 다른 저항들의 값에 비해 아주 작은 수준이다.

4.22 구리의 벌크 저항률은 1.6 μΩ-cm이다. 구리로 만든 정육면체의 모서리의 길이가 1 cm일 때, 서로 마주보는 두 면 사이의 저항은 얼마인가? 또 모서리의 길이가 10 cm로 길어지면 저항은 얼마인가?

모서리의 길이가 1 cm인 정육면체의 한 면에서 다른 면까지의 저항은 다음과 같다.

$$R = \rho \frac{Len}{A} = \rho \frac{Len}{Len^2} = \rho \frac{1}{Len} = 1.6 \times 10^{-6}\ \Omega\text{-cm} \frac{1}{1\ \text{cm}} = 1.6\ \mu\Omega$$

모서리의 길이가 10 cm로 10배만큼 더 길어지면 저항은 1/10배로 더 낮아져서 0.16 μΩ이 된다.

4.23 일반적으로 신호 경로에서 1 Ω 미만의 저항은 별다른 영향을 주지 않는 작은 값이다. 1/2 온스 구리로 만든 트레이스의 폭이 5 mil인 경우, 트레이스의 길이가 얼마 이상이 되면 DC 저항이 1 Ω을 초과하는가?

1/2 온스 구리로 만든 트레이스의 폭이 5 mil인 경우, 길이당 저항은 1 mΩ/sq/0.005 inch = 0.2 Ω/inch이다. 따라서 Len × 0.2 Ω/inch = 1 Ω이 되는 길이 Len은 5 inch이므로 '길이 > 5 inch'인 경우 'DC 저항 > 1 Ω'이 된다. 그렇다고 해서 트레이스 인터커넥트의 길이가 5 inch보다 길면 작동하지 않는다는 의미는 아니다. 다만 이러한 경우에 1 Ω 이상의 DC 직렬 저항이 경로상에 존재하므로 이 정도 크기의 저항 값이 어느 정도의 영향을 미치는지 주의를 기울여야 한다는 의미이다.

4.24 비아의 드릴 지름은 일반적으로 10 mil이다. 도금 후에는 약 1/2 온스 구리에 해당하는 두께의 구리 층으로 코팅된다. 비아의 길이가 64 mil일 때 비아 내부에 코팅된 구리 원통의 저항은 얼마인가?

이 문제는 두 가지 방법으로 풀 수 있다. 하나는 단면적과 길이를 사용하여 양쪽 끝 면 사이의 직렬 저항을 계산하는 방법이다. 또 다른 방법을 사용하면 더욱 간단하게 문제를 풀 수 있다.

원형 비아의 한쪽을 위에서 아래로 길게 자른 다음 펼쳐서 평평하게 만들면 납작한 직사각형 모양의 트레이스가 된다. 이 트레이스의 폭은 비아의 둘레 길이와 같은 3.14 × 10 mil = 32 mil이 될 것이다. 트레이스의 길이는 비아의 길이와 같은 64 mil이다. 따라서 이 트레이스는 변이 길이가 32 mil인 정사각형 두 개로 이루어져 있는 셈이다. 1/2 온스 구리의 시트 저항이 1 mΩ/sq이고 트레이스는 두 개의 정사각형이 직렬로 연결된 것으로 볼 수 있으므로 비아의 직렬 저항은 약 2 mΩ이 된다.

4.25 어떤 경우에는 비아 내부를 실버 에폭시(silver epoxy)로 채우는 방법을 권장하기도 한다. 이 실버 에폭시의 벌크 저항률은 300 μΩ-cm이다. 비아 내부를 채운 실버 에폭시의 양쪽 끝 면 사이의 저항은 얼마인가? 실버 에폭시로 채운 경우의 저항을 구리 층으로 코팅한 경우의 저항과 비교하라. 실버 에폭시로 채우는 방법의 장점은 무엇인가?

실버 에폭시 끝부분의 저항은 다음과 같이 추정할 수 있다.

$$R = \rho \frac{\text{Len}}{A} = 300\ \mu\Omega\text{-}\text{cm}\ \frac{0.16\ \text{cm}}{\pi\left(0.025/2\right)^2\ \text{cm}^2} = 98\ \text{m}\Omega$$

실버 에폭시로 채운 비아의 저항이 구리층으로 코팅한 비아 저항보다 약 50배 정도 높음을 알 수 있다. 비아를 실버 에폭시로 채운다고 해서 비아의 직렬 저항은 크게 줄어들지는 않는다.

실버 에폭시를 사용하는 까닭은 비아의 위쪽 표면을 평평하게 만들고 납땜이 용이하도록 하는 데 있다.

4.26 기판의 회로를 변경하는 데 종종 24 AWG 도선이 사용된다. 이 도선의 길이가 4 inch(약 10.16 cm)일 때 도선의 저항은 얼마인가?

AWG 24 도선의 길이당 저항은 약 0.08 Ω/m, 인치 단위로는 2 mΩ/inch이다.

도선의 길이가 4 inch이면 도선의 저항은 2 mΩ/inch × 4 inch = 8 mΩ이다. 일반적으로 이 정도 저항 값은 작은 값으로서 설계 변경 와이어(engineering change wire)의 전기적 특성에 별다른 영향을 주지 않는다.

5장

5.1 커패시턴스란 무엇인가?

일반적으로 커패시턴스는 두 개의 도체 사이에 +와 −로 분리된 전하의 양과 두 도체 사이의 전압의 비(ratio)로 정의된다. 이 정의가 정확한 표현이기는 해도 이 정의만 가지고는 실제 커패시턴스에 대해서 잘 알기는 어렵다.

'커패시턴스'에 숨어 있는 원리는 전하들을 분리해서 인접한 두 개의 도체 위에 각각 올려놓으면 두 도체 사이에 전압 차이(voltage difference)가 발생한다는 것이다. 두 도체판 사이의 커패시턴스는 두 도체 양단에 전압이라는 비용을 지불할 때 두 도체가 전하를 얼마나 효율적으로 저장하는지를 나타내는 실제적인 척도이다.

두 도체가 적은 양의 전압 차이에 대해 더 많은 양의 전하를 저장할수록 두 도체의 커패시턴스는 더 큰 값을 갖는다. 만약 두 도체에서 이러한 일이 이루어지는 효율이 좋지 않은 경우에는 전압을 더욱 높여 주어야 필요한 양의 전하를 저장할 수 있다.

두 도체의 커패시턴스 값 자체로는 도체에 얼마만큼의 전하가 저장되어 있는지 또는 도체에 얼마만큼의 전압 차이가 가해지고 있는지는 알 수가 없다. 커패시턴스는 전압이라는 비용의 지불로 전하를 저장하는 일의 효율과 관련이 있다.

5.2 커패시턴스가 중요한 성능 지표 중의 하나라는 것을 보여주는 사례를 한 가지 들어라.

수신기의 입력 게이트 커패시턴스는 다이(die)상의 패드와 그 바로 아래에 있는 아주 작고 좁은 영역 집중되어 있다. 신호가 수신기로 수신될 때, 이 신호는 특정 임피던스 값 −드라이버의 출력 임피던스 또는 전송선로의 특성 임피던스의 값−을 거쳐서 들어온다.

신호가 게이트 커패시턴스에 도달하면 전류가 흘러들어오면서 전압이 증가한다. 입력 게이트 커패시턴스가 충전되는 데 걸리는 시간은 수신된 신호의 상승 시간을 나타내는 척도이다.

입력 게이트의 커패시턴스가 클수록 충전하는 데 걸리는 시간이 길어지고 수신기에서 상승 시간이 길어진다. 이 상승 시간이 단위 간격의 상당 부분을 차지할 정도로 긴 시간이 되면 타이밍 문제가 발생한다.

5.3 두 도체 사이에서 측정되는 커패시턴스는 무엇을 말하는 것인지 세 가지 방식으로 해석하라.

해석 1: 커패시턴스는 두 도체에 저장된 전하와 두 도체 양단의 전압의 비이다. 이것은 DC 효과(현상)이다.

해석 2: 커패시턴스는 dV/dt로 구동되는 전류가 절연 유전체로 분리된 두 도체 사이를 얼마만큼 통과해 흐르는지 나타내는 척도이다. dV/dt 값이 클수록 커패시터를 통과해 흐르는 전류가 커진다. dV/dt 값이 일정한 경우, 두 도체의 커패시턴스가 클수록 두 도체 사이를 통해 흐르는 전류가 더 커진다.

해석 3: 커패시턴스는 두 도체 양단에 전압이라는 비용을 지불할 때 두 도체에 전하가 저장되는 효율이다. 커패시턴스가 클수록 효율이 높으므로 전압을 크게 증가시키지 않아도 필요한 만큼의 전하를 저장할 수 있다.

5.4 작은 금속 조각을 다른 금속 가까이에 가져다 놓으면 이 두 금속은 1 pF의 커패시턴스를 가질 수 있다. 이 두 금속 사이에 DC 연결이 없을 때 1 GHz에서 두 금속 사이의 임피던스를 구하라.

주파수 f와 커패시터의 임피던스 사이의 관계는 다음 식과 같다. 따라서 f = 1 GHz를 대입하면

$$Z = \frac{1}{2\pi fC} = \frac{1}{2\pi 10^9 \times 10^{-12}} = 160\,\Omega$$

이 된다. 어떤 금속 조각이 다른 금속과 전기적으로 연결되지 않고 공기 중에 놓여 있을 때, 그 금속 조각과 인접한 도체 사이의 임피던스가 1 GHz에서 160 Ω 정도까지 낮을 수 있다는 것은 놀라운 일이다. 이 값은 접촉하지 않은 두 도체 사이의 임피던스 값으로는 매우 낮은 편이다.

5.5 전도 전류는 어떤 방식으로 커패시터의 절연 유전체를 통과해 흐르는가?

전도 전류는 커패시터의 절연 유전체를 통과해 흐르지 않는다. 이것은 유전체가 말 그대로 "절연" 특성을 가지고 있기 때문이다. 유전체에서의 이온 이동(ion motion)이나 누설 전류(leakage current)로 인해 커패시터를 통과해 흐르는 아주 적은 양의 누설 전류가 있다. 하지만 이렇게 적은 양은 신호 품질에는 영향을 미치지 않고, 1 nA 미만의 아주 낮은 크기의 전류에만 영향을 줄 뿐이다.

5.6 변위 전류를 발생시키는 근원은 무엇인가? 또 변위 전류는 어디로 흐르는가?

변위 전류는 맥스웰이 유전체를 통과해 흐르는 전류의 연속성을 설명하기 위해 도입한 용어이다. 그는 전기장 E가 시간에 따라 변할 때마다 그 전기장 선을 따라가는 방향으로 변위 전류가 흐른다고 말했다. 이 변위 전류의 크기는 정확히 dE/dt이었다.

전압 차이가 있는 두 도체 사이에는 항상 전기장이 존재한다. 전압이 시간에 따라 변하면 전기장도 시간에 따라 변하므로 변위 전류가 도체 사이의 전기장 선의 방향을 따라 흐른다.

맥스웰은 자신의 세계관에 따라 빈 공간조차도 에테르(ether)라는 물질로 가득 찬 것으로 생각하였다. 즉 커패시터의 두 판 사이의 공간은 진공(vacuum)이고, 이 진공은 에테르로 가득 차 있는 것으로 보았다. 맥스웰은 에테르에는 분극(polarization) 현상이 일어난다고 생각했다.

두 판 사이의 전기장이 시간에 따라 변하면 이 전기장에 의해 에테르 입자는 분극된다.

즉 전기장은 에테르 입자를 이루고 있는 + 전하와 − 전하를 원래 위치에서 이동시켜 서로 더 멀리 떨어지게 만든다. 전기장이 시간에 따라 변할 때 발생하는 에테르 입자의 이동(위치 변화)에 맥스웰은 변위 전류(displacement current)라는 이름을 붙였다.

변위 전류는 속박 전하의 이동으로서, 도체 내에서 이동하는 자유 전하의 흐름인 전도 전류(conduction current)와 구별된다.

오늘날에도 전기장이 시간에 따라 변할 때 흐르는 전류를 변위 전류라고 부르기는 하지만, 지금은 변위 전류의 근원을 에테르 입자의 분극이 아니라 시공간(space-time) 특성으로 설명하고 있다.

5.7 기판의 전원면과 접지면 사이의 커패시턴스를 높게 설계하고 싶은 경우, 어떤 세 가지 설계 특성을 변경해야 하는가?

두 도체 사이의 커패시턴스를 증가시키려면 도체를 서로 가깝게 배치하고, 두 평면이 겹쳐지는 영역의 폭을 늘리고 길이를 늘린다.

5.8 유전체의 화학적 특성 중에서 유전 상수에 가장 큰 영향을 미치는 것은 무엇인가?

어떤 물질의 유전 상수는 그 물질을 두 도체 사이에 끼워 넣을 때 두 도체의 커패시턴스를 얼마나 많이 증가시키는지 나타내는 척도이다.

두 도체 사이에 끼워 넣은 물질 내부의 속박 전하가 분극되면 이로 인해 두 도체 사이의 전기장의 일부가 상쇄되어 커패시턴스가 증가한다.

일반적으로 유전 상수가 높은 물질에서는 분극이 잘 일어난다. 이 말은 분리될 수 있는 속박 전하가 많음을 뜻한다. 유전 상수를 높게 하는 가장 일반적인 방법은 물질로 하여금 전기장에 의해 회전할 수 있는 큰 다이폴(dipole, 쌍극자)을 가지게 하는 것이다.

높은 유전 상수를 갖는 물질은 전기장이 가해지면 이동하고 회전하고 정렬할 수 있는 큰 다이폴을 가지고 있는 것이 보통이다. 물은 전기장에 의해 회전할 수 있는 큰 다이폴을 가진 완벽한 물질이다. 물의 유전 상수가 80이라는 큰 값인 까닭은 바로 여기에 있다.

높은 유전 상수를 가지는 고분자(polymer)에는 다이폴 집단들이 골격 사슬(주 사슬, backbone chain)에 묶여 있거나 골격 사슬에 통합되어 있는데, 이들은 외부에서 가해주는 전기장에 따라 회전하고 정렬할 수 있다.

에폭시 고분자는 고분자의 주 사슬에 C-O-C 작용기(group)가 들어있다. 이 작용기는 큰 다이폴을 가지며 외부 전기장에 의해 회전할 수 있다.

낮은 유전 상수 값을 가진 물질에는 회전할 수 있는 다이폴이 많지 않다. 테플론 또는 PTFE(polytetrafluoroethylene, 폴리테트라플루오로에틸렌)는 사슬을 따라 불소(fluorine, 플루오린) 원자가 결합되어 있는 일종의 탄소 골격(carbon backbone)으로서, 회전할 수 있는 다이폴이 없고 분극될 수 있는 구조가 거의 없다.

5.9 두 도체 사이의 전압이 증가하면 두 도체 사이의 커패시턴스는 어떻게 되는가?

이 문제는 자칫하면 틀리기 쉽다. 정답은 커패시턴스 값에는 '아무런 변화가 없다'이다. 커패시턴스는 두 도체 사이에서, 도체에 저장된 전하와 두 도체 사이의 전압 차이의 비이다. 이 비는 저장된 전하의 양이나 도체 사이의 전압의 크기와는 무관하다.

커패시턴스는 기하학적 구조에 따라 결정되므로 전압이 증가해도 커패시턴스는 동일하게 유지된다. 변화하는 것은 두 도체 사이의 전하 분리, 즉 저장되는 전하의 양이다.

5.10 동축 구조로 된 두 도체에서 외부 도체의 반지름이 증가하면 커패시턴스는 어떻게 되는가?

만약 두 도체 사이의 떨어진 거리가 증가하면 이들 도체의 커패시턴스는 감소한다. 동축 구조에서 외부 도체의 반지름이 증가하면 외부 도체가 내부 도체로부터 더 멀어지므로 동축 구조의 커패시턴스는 감소한다.

5.11 마이크로스트립에서 신호 경로가 귀환 경로로부터 멀어지면 마이크로스트립의 길이당 커패시턴스는 어떻게 되는가?

두 도체가 어떤 토폴로지로 되어 있든지 신호 경로와 귀환 경로 사이의 거리가 멀어지면 커패시턴스는 감소한다.

5.12 두 도체가 서로 멀어질 때 커패시턴스가 증가하는 기하학적 구조가 있는가?

없다.

5.13 마이크로스트립에서 유전체 코팅의 두께가 증가함에 따라 유효 유전 상수가 증가하는 까닭은 무엇인가?

마이크로스트립 트레이스의 위에 입히는 유전체 코팅의 두께를 증가시키면 마이크로스트립의 커패시턴스가 증가한다. 유전체 코팅을 하기 전에는 프린지 전기장의 일부가 공기 중에 있었지만 코팅을 한 이후에는 이 프린지 전기장이 공기보다 높은 유전 상수를 가지는 코팅 물질 속에 놓이게 된다. 이렇게 되면 커패시턴스는 전체적으로 증가한다.

이 경우에 기하학 구조는 변경되지 않았고, 유전체 물질의 분포만 변경되었다. 이렇게 커패시턴스가 증가한 것을, 유효 유전 상수(effective dielectric constant)가 증가하여 커패시턴스가 증가했다고 설명할 수 있다.

5.14 속이 채워진 균질한 물질 중에서 가장 낮은 유전 상수를 가진 물질은 무엇이고, 그 물질의 유전 상수는 얼마인가?

속이 채워진 균질한 물질 중에서 가장 낮은 유전 상수를 가진 것으로 유전 상수가 2인 테플론을 들 수 있다. 이 물질에는 움직일 수 있는 알짜 다이폴이 없다. 분자 내의 전자만이 외부 전기장에 의해 변위되어 분극이 일어난다.

어떤 물질에 다이폴이 없고 분자 내의 전자만이 외부 전기장에 의해서 분극이 될 수 있는 경우, 이 물질의 유전 상수는 가능한 값 중에서 가장 낮은 값인 약 2.0이 된다.

5.15 어떤 물질의 유전 상수를 상당히 낮추기 위해 그 물질에 대해 해줄 수 있는 방법은 무엇인가?

인터커넥트에서 유전체의 유전 상수를 줄이기 위해 흔히 사용되는 한 가지 비법은 유전체를 발포(foam) 처리하는 것이다. 물질을 발포 처리하면 그 물질에 공기가 추가되므로 물질의 밀도를 낮출 수 있다. 테플론이나 폴리에틸렌과 같은 물질을 발포 처리하면 그 유전 상수를 공기의 유전 상수인 1에 가까운 값으로 낮출 수 있다. 발포 처리된 테플론은 고성능 케이블에 널리 사용된다.

5.16 마이크로스트립의 맨 위쪽 면에 솔더 마스크를 추가하면 길이당 커패시턴스는 어떻게 되는가?

마이크로스트립 상단에 솔더 마스크를 추가하면, 전에는 공기 중에 있던 프린지 전기장의 일부가 공기보다 높은 유전 상수를 가진 물질(솔더 마스크) 속에 놓이게 된다. 이렇게 되면 마이크로스트립의 신호 경로와 귀환 경로 사이의 커패시턴스가 증가한다.

5.17 마이크로스트립의 도체 두께가 증가하면 길이당 커패시턴스는 어떻게 되는가?

도체 두께가 증가하면 두꺼워진 신호 트레이스의 옆면에서 나와 귀환면에 도달하는 프린지 전기장 선의 개수가 약간 더 늘어난다. 이렇게 되면 마이크로스트립의 신호 경로와 귀환 경로 사이의 커패시턴스가 약간 증가한다.

5.18 스트립라인의 선로 폭이 증가하면 길이당 커패시턴스는 어떻게 되는가?

선로 폭이 증가하면 신호 경로와 귀환 경로 사이의 겹치는 면적이 증가하므로 길이당 커패시턴스가 증가한다.

5.19 스트립라인의 트레이스 두께가 증가하면 길이당 커패시턴스는 어떻게 되는가?

트레이스 두께가 증가하고 스트립라인의 두 면 간의 간격이 동일한 경우, 신호 선로의 상단 표면과 두 면 중 어느 한 면 사이의 거리가 감소한다. 그러면 신호 경로와 귀환 경로 사이의 간격이 가까워지므로 두 도체 사이의 커패시턴스가 증가한다.

5.20 마이크로스트립과 스트립라인이 서로 동일한 선로 폭과 동일한 층당 유전체 두께를 가질 때, 어느 쪽이 더 큰 길이당 커패시턴스 값을 가지는가?

마이크로스트립 신호 선로는 단지 하나의 평면에 대해 커패시턴스를 가지고 있지만, 스트립라인 선로는 두 평면 각각에 대해 하나씩 총 두 개의 커패시턴스를 가진다. 이때 두 커패시턴스는 값이 비슷하며 병렬로 연결된 것으로 볼 수 있다. 따라서 선로 폭이 동일하고 층당 유전체 두께가 동일한 경우, 스트립라인 트레이스가 마이크로스트립 트레이스보다 길이당 커패시턴스가 더 크다.

5.21 이론적으로 어떤 물질이 가질 수 있는 가장 낮은 유전 상수는 얼마인가?

어떤 물질도 공기의 유전 상수인 1보다 낮은 유전 상수를 가질 수는 없다. 폼(foam)으로 만들어져 케이블용으로 사용되는 일부 물질은 이 값에 근접할 수 있다. 어떤 물질이 속이 채워져 있고 균질한 경우, 그 물질이 가질 수 있는 최저 유전 상수는 약 2이다. 유전 상수 값은 물질을 구성하는 분자 내 전자의 분극률(polarizability)에 의해 제한된다. 회전할 수 있는 다이폴이 물질에 추가되면 유전 상수는 증가한다.

5.22 단면이 균일한 인터커넥트에서 길이당 커패시턴스가 일정한 까닭은 무엇인가?

두 도체 사이의 커패시턴스는 두 도체 사이의 간격과 겹치는 면적에 따라 달라진다. 단면이 균일한 전송선로에서는 신호 경로와 귀환 경로 사이의 간격이 길이를 따라 일정하고 도체의 폭도 일정하다. 따라서 정해진 길이에 대해 커패시턴스는 일정하다.

5.23 다이(die)에서 전원 레일과 접지 레일 사이의 유전체 두께는 0.1 μm 정도까지 얇을 수 있다. SiO_2 물질의 유전 상수가 4이고 전원면과 접지면 사이의 간격이 10 mil일 때, 제곱인치당 온-다이(on-die) 커패시턴스와 제곱인치당 온-보드(on-board) 커패시턴스를 서로 비교하라.

두 평판 사이에 유전체가 들어있는 구조의 커패시턴스는 유전체 두께에 반비례한다. 기판의 유전체 두께 10 mil를 m 단위로 변환하면 250 μm이다. 기판의 두께는 다이의 유전체 두께 0.1 μm보다 2500배 더 크다. 따라서 전원 레일과 접지 레일 사이의 제곱인치당 온-다이 커패시턴스는 일반적인 회로 기판의 온-보드 커패시턴스보다 2500배 높다.

5.24 1페니 동전의 앞면과 뒷면이 공기로 분리되어 있다면 두 면 사이의 커패시턴스는 얼마인가?

1페니 동전의 한 면의 면적은 약 0.5 제곱인치이고 동전의 두께는 약 0.1 인치이다. 동전의 앞면과 뒷면이 동전과 같은 두께의 공기로 분리된 경우의 커패시턴스는 다음과 같이 계산할 수 있다.

$$C = 0.225\ \text{pF/in}\ \frac{A}{h} = 0.225\ \text{pF/in}\ \frac{0.5\ \text{in}^2}{0.1\ \text{in}} = 1.1\ \text{pF}$$

따라서 동전의 두 면 사이의 커패시턴스는 약 1 pF이다. 물론 실제 1페니 동전은 내부가 구리로 채워져 있으므로 커패시턴스는 없다. 그러나 두 개의 판이 동전 모양이고 동전의 두께와 같은 거리로 서로 떨어져 있으면 약 1 pF의 커패시턴스를 갖게 된다.

1페니 동전의 크기와 모양을 참고로 하면 1 pF가 어느 정도의 커패시턴스 값인지 판단하는 데 도움이 된다.

5.25 지름이 2 cm인 공 모양의 도체가 바닥에서 위로 1 m 떨어진 곳에 매달려 있을 때, 공과 바닥 사이의 최소 커패시턴스는 얼마인가? 공이 바닥에서 더 높이 올라가면 커패시턴스는 어떻게 변하는가?

공 모양 도체의 커패시턴스는 다른 도체로부터 떨어진 거리가 지름의 100배일 때 다음 식으로 구할 수 있다.

$$C = 4\pi\varepsilon_0 r = 4 \times 3.14 \times 0.225 \times \frac{2}{2.54} = 2.2\ \text{pF}$$

지름이 2 cm인 공을 바닥 표면 위에서 1 m 떨어진 곳에 올려놓으면 커패시턴스는 이 값보다 약간 커진다. 하지만 공을 더 높은 곳으로 이동하면 대략 이 값에 가까워진다. pF 단위로 표시한 커패시턴스가 cm 단위로 표시한 공의 지름과 거의 같음을 알 수 있다. 이것은 바닥 위에 떠 있는 금속 조각의 커패시턴스를 대략적으로 추정하는 방법이다. 어떤 금속 조각도 어딘가에 접지된 표면 사이에서 부유 커패시턴스(stray capacitance)를 가질 수밖에 없다. 모든 것은 서로 결합되어 있다.

5.26 어떤 회로 기판에서 한 변의 길이가 10 inch인 전원면과 접지면 사이에 두께가 10 mil인 FR4가 채워져 있다. 두 면 사이의 커패시턴스는 얼마인가?

두 면 사이의 커패시턴스를 계산하기 위해 평행판 근사식을 시작점으로 삼을 수 있다. 수식을 쓰고 값을 대입하여 커패시턴스를 계산하는 데 채 1분도 걸리지 않는다.

또한 두 면 사이에 FR4 유전체가 채워져 있는 특수한 경우에는 다음 근사식을 사용하여 대략적인 값을 추정할 수 있다.

$$C\left[\frac{nF}{in^2}\right]=\frac{1}{h[mil]}$$

FR4의 두께가 10 mil이므로 면적당 커패시턴스는 0.1 nF/in^2이다. 전원면과 접지면의 면적이 각각 10 in × 10 in = 100 in^2이므로 두 면 사이의 커패시턴스는 0.1 nF/in^2 × 100 in^2 = 10 nF이다.

5.27 공기 중에서 평행한 두 도선 구조의 길이당 커패시턴스 수식을 이용하여 평면 위에 한 개의 도선이 놓여 있는 구조의 길이당 커패시턴스를 유도하라.

공기 중에서 반지름이 r인 두 개의 평행한 도선이 중심 사이의 거리 s만큼 서로 떨어져 있을 때 커패시턴스는 다음 식으로 주어진다.

$$C_{L\text{-}rod\text{-}rod}=\frac{\pi\varepsilon_0}{\ln\left(\frac{s}{r}\right)}$$

어떤 수식을 사용할 때는 그 전에 반드시 '규칙 9번'을 적용해보아야 한다. 이치에 맞는 타당한 수식한가? 예상과 일치하는가? 두 도선을 멀리 떨어뜨릴수록 커패시턴스는 감소해야 한다. 수식에서 s가 증가하면 분모가 커지므로 길이당 커패시턴스는 감소한다. 이는 예상과 일치한다. 그렇다고 해서 이 수식이 좋은 근사식이라는 것을 입증하는 것은 아니며 간단한 테스트를 통과했다는 의미일 뿐이다.

두 도선 사이에 전도성을 가진 평면을 배치해도 전기장 분포는 변하지 않는다. 두 도선 사이의 커패시턴스도 변하지 않는다. 이러한 구성은 한 도선과 평면 사이의 커패시턴스와, 나머지 다른 도선과 평면 사이의 커패시턴스가 직렬로 연결된 것으로 나타낼 수 있다.

이 두 개의 커패시턴스를 직렬로 합성한 것이 두 도선 사이의 커패시턴스와 같다. 이는 한 도선과 평면 사이의 커패시턴스는 두 도선 사이의 커패시턴스의 2배라는 것이므로

$$C_{L-rod-plane} = 2 \times C_{L-rod-rod}$$

이 된다. 위 수식에서 두 도선 사이의 간격 s 자리에 2 × h를 대신해서 넣으면 도선과 평면 사이의 커패시턴스를 다음과 같이 계산할 수 있다.

$$C_{L-rod-plane} = 2 \times C_{L-rod-rod} = \frac{2\pi\varepsilon_0}{\ln\left(\frac{2h}{r}\right)}$$

이것이 도선과 평면 사이의 커패시턴스이다. 여기서 h는 도선과 평면 사이의 간격(높이)이다.

6장

6.1 인덕턴스란 무엇인가?

인덕턴스는 도체에 전류를 흘려줄 때 그 도체에 자기장 선의 고리가 얼마나 효율적으로 발생하는지를 나타내는 척도이다. 어떤 도체에 적은 전류를 흘려줘도 많은 자기장 선 고리를 발생시킬 수 있다면 그 도체는 높은 인덕턴스를 갖고 있는 것이다. 반대로 도체가 전류 1 A당 발생시키는 자기장 선의 고리가 겨우 몇 개밖에 되지 않으면 그 도체는 낮은 인덕턴스를 갖고 있는 것이다.

6.2 자기장 선을 계산하는 데 사용되는 단위는 무엇인가?

자기장 선 고리를 세는 데 사용하는 단위는 웨버(Weber, Wb)이다. 1 Wb는 몇 개의 자기장 선 고리가 합해진 것이다.

6.3 전류 주위에 발생하는 자기장 선의 세 가지 성질을 말하라.

도선에 흐르는 전류 주위에 발생하는 자기장 선은 완전한 원, 다시 말해 닫힌 고리 모양이다.

이러한 고리에는 순환하는 방향이 있다. 순환 방향은 오른손 규칙을 따른다. 즉 오른손의 엄지손가락 끝이 향하는 방향을 양(+)의 전류 방향에 맞추어 놓으면 나머지 손가락들이 감기는 방향이 자기장 선 고리가 순환하는 방향이 된다.

도선 주위를 둘러싸는 자기장 선 고리 수를 헤아려서 Wb 단위의 수치로 나타낼 수 있다. 이 수치는 도선에 흐르는 전류에 정비례한다. 전류를 두 배로 증가시키면 자기장 선 고리의 Wb 단위 수치도 두 배로 증가한다.

도선에서 멀어질수록 자기장 선 고리의 밀도는 감소한다. 도선에서 멀어질수록 고리들

사이의 간격은 점점 멀어지므로 고리의 개수는 점점 적어진다.

6.4 전류가 흐르지 않을 때 도체 주위에 발생하는 자기장 선 고리의 수는 얼마나 되는가?

이 문제는 자칫하면 틀리기 쉽다. 도체에 전류가 흐르지 않으면 도체 주위를 둘러싸는 자기장 선 고리가 존재하지 않는다.

6.5 도선에 흐르는 전류가 증가하면 자기장 선 고리의 수는 어떻게 되는가?

도선 내의 전류가 두 배로 증가하면 자기장 선 고리의 수도 정확히 두 배로 증가한다. 도선 주위에 발생하는 자기장 선 고리의 Wb 단위 수치는 도선에 흐르는 전류에 정비례한다.

6.6 도선에 흐르는 전류가 증가하면 도선의 인덕턴스는 어떻게 되는가?

이 문제는 자칫하면 틀리기 쉽다. 도선을 흐르는 전류가 두 배로 증가하면 자기장 선 고리의 Wb 단위 수치가 두 배로 증가하지만, Wb 단위 수치와 전류의 비율은 일정하게 유지된다. 따라서 인덕턴스는 도선에 흐르는 전류의 크기와는 상관이 없다. 도선에 전류가 흐르지 않아도 도선은 인덕턴스를 가진다. 인덕턴스는 도선 주위를 둘러싸는 자기장 선 고리의 개수를 나타내는 척도가 아니라 자기장 선 고리가 얼마나 효율적으로 만들어지는지를 나타내는 척도이다.

6.7 자기 인덕턴스와 상호 인덕턴스의 차이점은 무엇인가?

어떤 도체의 자기 인덕턴스는 그 도체를 통해 흐르는 전류 1 A당 그 도체 주위에 발생하는 자기장 선 고리의 Wb 단위 수치를 측정한 것이다(1 H = 1 Wb/A). 다시 말해 자기 인덕턴스는 어떤 도체가 자기 주위를 둘러싸는 자기장 선 고리를 얼마나 효율적으로 발생시키는지를 나타내는 척도이다.

상호 인덕턴스는 한 도체를 통해 흐르는 전류 1 A당 다른 도체 주위에 발생하는 자기장 선 고리의 Wb 단위 수치를 측정한 것이다. 다시 말해 상호 인덕턴스는 한 도체를 통해 흐르는 전류가 다른 도체 주위를 둘러싸는 자기장 선 고리를 얼마나 효율적으로 발생시키는지를 나타내는 척도이다.

6.8 두 도체 사이의 간격이 증가하면 상호 인덕턴스는 어떻게 되는가? 또 그 까닭은 무엇인가?

두 도체를 멀리 떨어뜨리면 두 도체 사이의 상호 인덕턴스가 감소한다. 한 도체에 전류가 흐르면 그 도체 주위를 둘러싸는 자기장 선 고리가 발생한다. 도체에서 멀어질수록 이 자기장 선 고리의 밀도는 감소한다.

한 도체에 인접해서 다른 도체가 존재하면 첫 번째 도체의 주위에 발생하는 자기장 선 고리 중의 일부는 두 번째 도체 주위도 둘러싸게 된다. 이 자기장 선을 상호 자기장 선이라고 한다. 두 번째 도체가 첫 번째 도체로부터 멀리 떨어져 있을수록 첫 번째 도체에서 발생한 자기장 선 고리 중에서 두 번째 도체의 주위까지 둘러싸는 자기장 선 고리의 수는 적어진다.

따라서 두 도체가 서로 멀리 떨어져 있을수록 상호 인덕턴스는 낮아진다.

6.9 도체의 자기 인덕턴스에 영향을 미치는 두 가지 기하학적 특성은 무엇인가?

도체의 자기 인덕턴스에 영향을 미치는 두 가지 가장 중요한 설계 요소는 도체의 길이와 도체 내부의 전류 분포이다.

도체의 길이가 길어질수록 동일한 전류에 의해 도체 길이를 따라서 도체 주위를 둘러싸는 자기장 선 고리의 개수는 더 많아지므로 자기 인덕턴스는 더 높아진다.

도체 내에서 전류가 퍼져 흐르는 범위를 제한할수록 – 예를 들어, 폭이 더 좁은 도체를 사용할수록 – 도체 주위를 둘러싸는 자기장 선 고리의 수가 많아지므로 자기 인덕턴스가 높아진다.

6.10 도체의 길이가 길어질수록 자기 인덕턴스가 증가하는 까닭은 무엇인가?

자기 인덕턴스는 도체를 통해 흐르는 전류 1 A당 도체 주위에 발생하는 자기장 선 고리의 Wb 단위 수치를 나타내는 척도이다. 도체의 길이가 길수록 도체 주위를 둘러싸는 자기장 선 고리의 수를 헤아려야 하는 길이도 늘어난다.

6.11 도체에 유도되는 전압에 영향을 미치는 것은 무엇인가?

도체상의 두 지점 사이에 유도되는 전압은 도체 주위를 둘러싸는 자기장 선 고리의 수가 얼마나 빠르게 변하는지에 따라 달라진다. 두 지점 사이의 도체 부분 주위를 둘러싸는 자기장 선 고리의 Wb 수가 시간에 따라 변하지 않고 일정하면 유도 전압은 발생하지 않는다.

그러나 어떤 이유로든 두 지점 사이의 도체 부분 주위를 둘러싸는 자기장 선 고리의 Wb 수가 변하면 두 지점 사이에 유도 전압이 발생한다.

6.12 부분 인덕턴스와 루프 인덕턴스의 차이점은 무엇인가?

일반적으로 인덕턴스는 도체를 통과하는 전류가 얼마나 효율적으로 그 도체 주위를 둘러싸는 자기장 선 고리를 발생하는지와 관련이 있다. 실제로 도체를 준비하고 이 도체를 통해 전류를 흐르게 하려면 도체는 완전히 닫힌 루프를 이루고 있어야 한다.

여기서 반드시 짚고 넘어가야 할 문제는, '전체 도체 루프 중에서 어떤 부분 주위를 둘러싸는 자기장 선 고리의 개수를 헤아리고 있는가?'와 '도체 루프의 길이를 따라 이동하면서 루프의 각 부분 주위를 둘러싸는 자기장 선 고리의 총 개수를 헤아리고 있는가?'이다.

여러분이 루프의 어느 한 부분에 앉아서 그 부분의 자기장 선 고리를 헤아리고 있다고 하자. 그 선 고리 중에서 일부는 루프의 여러분이 있는 루프 부분을 통해 흐르는 전류에 의해 발생한 선 고리이지만 나머지 선 고리는 흐르는 방향이 정반대인 귀환 전류가 흐르는 다른 루프 부분에 의해 발생하여 여러분이 있는 루프 부분에 도달한 선 고리이다. 여러분이 있는 루프 부분에 흐르는 전류에 의해 발생한 자기장 선 고리의 순환 방향은 귀환 전류가 흐르는 부분에 의해 발생하여 여러분이 있는 루프 부분에 도달한 자기장 선 고리의 순환 방향과 반대이다. 여러분이 앉아 있는 루프 부분 주위를 둘러싸는 이 두 종류의 자기장 선 고리는 순환 방향이 반대이므로 서로 빼지게 된다.

루프를 따라 한쪽 끝에서 반대쪽 끝까지 루프 전체를 따라 걸어가면서 각각의 자기장 선 고리의 순환 방향을 고려하여 총 자기장 선 고리의 수를 헤아려 얻게 되는 인덕턴스가 바로 루프의 루프 인덕턴스이다. 어떤 한 루프의 루프 인덕턴스는 오직 하나의 값으로 나온다.

그러나 루프에서 어떤 한 부분만을 고려하여, 그 부분을 통해 흐르는 전류에 의해 그 부분 주위에 발생하는 자기장 선 고리만을 헤아리고 나머지 다른 전류에 의해 발생해서 그 부분 주위에 도달한 다른 자기장 선 고리는 무시하는 방식으로 얻은 인덕턴스를 부분 인덕턴스 또는 더욱 명확하게 부분 자기 인덕턴스라고 한다.

6.13 한 도체의 총 인덕턴스를 구할 때, 다른 도체가 귀환 경로로 사용되는 경우에는 자기 인덕턴스에서 상호 인덕턴스를 빼는 이유는 무엇인가?

자기장 선 고리에는 순환하는 방향이 있다. 어떤 도체의 한 부분 주위를 둘러싸는 자기장 선 고리의 총 개수는 어느 한 방향으로 순환하는 선 고리의 수와 이와 반대 방향으로 순환하는 선 고리의 수에 따라 달라진다. 서로 반대 방향으로 순환하는 두 선 고리는 상쇄되므로 이 두 선 고리는 서로 빠진다.

어떤 도체 주위를 둘러싸는 자기장 선 고리의 총 개수를 헤아리는 경우, 그 도체에 흐르는 자신의 전류에 의해 발생하는 모든 자기장 선, 즉 모든 자기 자기장 선은 모두 같은 방향으로 순환하므로 합산된다. 하지만 귀환 전류에 의해 발생하는 상호 자기장 선 고리는 귀환 전류가 자신의 전류와는 반대 방향으로 흐르기 때문에 그 도체 주변에서는 자기 자기장 선과 반대 방향으로 순환한다.

이처럼 귀환 전류에 의해 발생하는 상호 자기장 선 고리는 자신의 전류에 의해 발생하는 자기장 고리와 반대 방향으로 순환하므로 서로 빠진다. 이 때문에 어떤 도체(원래 도체)에 인접한 곳에 귀환 전류가 흐르는 다른 도체가 있으면 그 원래 도체 주위를 둘러싸는 자기장 선 고리의 개수는 더욱 감소한다.

6.14 한 도체의 총 인덕턴스를 구할 때, 그 도체의 자기 인덕턴스에 상호 인덕턴스를 더하는 것은 어떤 경우인가?

한 도체 흐르는 전류와 인접한 다른 도체에 흐르는 전류가 서로 동일한 방향으로 흐를 때마다 두 전류 사이의 상호 자기장 선은 두 전류의 자기 자기장 선에 각각 더해져서 총 자기장 선의 수는 증가한다.

어떤 전류에 인접해 흐르는 전류라고 해서 모두 귀환 전류인 것은 아니다. 어떤 전류(첫 번째 전류)가 흐르는 도체에 인접한 다른 도체에 또 다른 전원에 의해 첫 번째 전류와 같은 방향으로 전류(두 번째 전류)가 흐르는 경우, 두 번째 전류에 의해 발생하는 자기 자기장 선 고리의 순환 방향은 첫 번째 전류에 의해 발생하는 자기 자기장 선 고리의 순환 방향과 같다.

따라서 첫 번째 전류가 흐르는 도체의 주위를 둘러싸는 자기장 선 고리의 총 개수는 첫 번째 전류에 의한 자기 자기장 선 고리의 수와 두 번째 전류에 의한 상호 자기장 선 고리의 수를 더한 것이 된다.

6.15 전류 루프의 루프 인덕턴스를 증가시키는 세 가지 설계 특성은 무엇인가?

어떤 루프 주위를 둘러싸는 자기장 선 고리의 총 개수는 그 루프의 길이, 전류가 흐르는 루프 도체의 폭, 그리고 전체 루프의 처음 절반 부분과 나머지 절반에 해당하는 귀환 경로 부분 사이의 근접도에 따라 달라진다.

루프가 길수록 루프 인덕턴스는 커진다. 루프 도선의 지름이 작을수록 루프 인덕턴스는 커진다. 전체 루프의 처음 절반 부분과 귀환 경로인 나머지 절반 부분 사이의 간격이 클수록 루프 인덕턴스가 커진다.

6.16 접지 바운스의 크기를 예측할 때는 어떤 유형의 인덕턴스를 계산해야 하는가?

접지 바운스를 일으키는 원인은 귀환 경로의 총 인덕턴스이다. 접지 바운스란 귀환 도체 주위를 둘러싸는 자기장 선 고리 수의 시간에 따른 변화율에 의해 귀환 경로의 한쪽 끝에서 반대쪽 끝까지 사이에서 발생하는 전압이다.

6.17 리드 타입 패키지에서 접지 바운스를 줄이려면 어떤 리드를 귀환 리드로 선택해야 하는가?

귀환 경로의 총 인덕턴스에 영향을 미치는 세 가지 요소는 귀환 경로의 길이, 귀환 경로의 폭, 귀환 경로와 신호 경로의 근접도이다.

이 중에서 길이는 총 인덕턴스에 가장 큰 영향을 미치는 항목이다. 따라서 패키지에서 귀환 핀은 가장 짧은 리드를 선택해야 한다. 일반적으로 정사각형 패키지의 중앙에 위치한 리드가 여기에 해당한다.

6.18 커넥터의 전원 경로와 접지 경로에서 루프 인덕턴스를 줄이기 위해 전원 핀과 접지 핀을 선택할 때 고려해야 하는 두 가지 중요한 설계 특징은 무엇인가?

길이가 짧은 핀을 사용하고 접지 핀과 전원 핀이 서로 인접하도록 선택한다.

6.19 2 A의 전류가 흐르는 도체 주위를 개수가 24 Wb인 자기장 선 고리가 둘러싸고 있다. 전류가 6 A로 증가하면 자기장 고리의 개수는 어떻게 되는가?

어떤 도체 주위를 둘러싸는 자기장 선 고리의 Wb 단위 개수는 그 도체를 통해 흐르는 전류에 정비례한다. 전류가 2 A에서 6 A로 3배 증가하면 자기장 선 고리의 Wb 단위 개수도 같은 비율로 증가하므로 24 Wb에서 24 Wb × 3 = 72 Wb로 3배 증가한다.

6.20 0.1 A의 전류가 흐르는 도체 주위를 1 μWb의 자기장 선 고리가 둘러싸고 있다. 이 도체의 인덕턴스를 구하라.

인덕턴스는 전류 1 A당 자기장 선 고리의 Wb 단위 개수이다. 0.1 A의 전류에 의해 10^{-6} Wb 의 자기장 선 고리가 발생하므로 인덕턴스는 10^{-6} Wb/0.1 A = 10^{-5} Wb/A = 10^{-5} H 또는 10 μH이다.

6.21 어떤 도체에 흐르는 전류가 도체 주변에 100 μWb의 자기장 선 고리를 발생시키고 있다. 이 전류가 1 nsec 후에 흐름을 멈추고 0이 되었다. 1 nsec 동안 도체 양 끝 사이에 유도된 전압은 얼마인가?

도체의 양 끝 사이에 유도되는 전압은 dN/dt이다. 1 nsec의 시간 동안 100 μWb에서 0으로 자기장 선 고리 수가 선형적으로 변한 경우, 이 시간 동안 유도된 전압은 V = 100 μWb/1 nsec = 100 μWb/0.001 μsec = 10^5 Wb/sec = 10^5 V로 엄청나게 큰 전압이 된다. 이처럼 전류가 매우 짧은 시간 동안에 갑자기 흐르거나 사라지면 매우 큰 전압이 발생할 수 있다.

이러한 일이 릴레이(relay)에서 발생한다. 릴레이에 전류가 흐르고 있는 도중에 릴레이가 개방(open)되면 전류의 흐름이 아주 빠르게 끊기므로 개방된 릴레이의 양단 사이에는 아크 불꽃이 생길 정도로 큰 전압이 발생할 수 있다. 이 현상은 릴레이의 성능을 저하시키는 주요 원인이다. 이러한 문제를 막으려면 릴레이에 전류가 거의 흐르지 않을 때 릴레이가 개방되도록 설계한다. 또는 릴레이 양단 사이에 커패시터나 다이오드를 추가로 연결하여 전류가 흐를 수 있는 대체 경로를 제공함으로써 dI/dt를 줄인다.

6.22 어떤 패키지의 귀환 리드는 총 인덕턴스가 5 nH이다. 리드를 통해 20 mA의 전류가 흐르다가 1 nsec 동안에 흐름을 멈추고 0이 되었다. 리드에 유도되는 전압 노이즈는 얼마인가?

인덕터 양단에 걸리는 전압은 V = L·dI/dt이다. 이 문제에서 인덕턴스 L은 5 nH, 전류 변화량 dI는 20 mA, 시간 변화량 dt는 1 nsec이므로 전압은 V = 5 nH × 20 mA/1 nsec = 100 mV로 쉽게 계산할 수 있다.

계산을 하는 과정에서 단위에도 주의해야 한다. 이 경우에 nH 단위에 있는 nano와 nsec 단위에 있는 nano가 상쇄되어 최종적으로 남은 단위는 mV가 된다.

6.23 4개의 신호가 [문제 6.22]의 리드를 귀환 경로로 사용하는 경우, 발생하는 총 접지 바운스 노이즈는 얼마인가?

4개의 신호의 전류가 모두 20 mA로 동일하게 흐르다가 1 nsec 동안에 흐름을 멈추고 0이 된다면 4개의 귀환 전류가 모두 동일한 총 인덕턴스를 가진 경로를 통해 흐르므로 전류의 변화량 dI는 신호 하나가 스위칭 되는 경우의 4배가 된다.

따라서 접지 바운스 노이즈는 [문제 6.22]의 4배인 400 mV가 된다.

6.24 1 GHz에서 구리의 표피 깊이는 얼마인가?

1 GHz에서 구리의 표피 깊이는 약 2 μm이다. 이는 기억하기 쉬운 경험 규칙이므로 잘 알아두면 좋다.

6.25 어떤 회로 기판상의 구리로 만들어진 신호 트레이스에서 주파수가 1 GHz일 때 이 트레이스의 위쪽 표면과 아래쪽 표면을 통해서 전류가 흐르는 경우에 트레이스의 저항은, 직류 전류가 흐르는 경우의 저항에 견주어 얼마나 증가하는가?

트레이스에는 일반적으로 1 oz 구리가 사용된다. 1 oz 구리의 시트저항은 0.5 mΩ/square이다. 이 시트저항은 두께가 34 μm인 구리 도체의 단면을 통해 전류가 균일하게 퍼져 흐를 때의 값이다.

기판에 인쇄된 트레이스가 마이크로스트립 구조를 이루고 있는 경우, 트레이스에 흐르는 전류는 트레이스의 위쪽 표면과 아래쪽 표면에서 각각 표피 깊이만큼의 두께로 균일하게 퍼져 흐른다. 따라서 1 GHz의 주파수에서 전류가 흐르는 단면은 트레이스의 위쪽 표면과 아래쪽 표면에서 각각 두께 2 μm이다. 다시 말해 주파수가 1 GHz일 때 마이크로스트립에서 전류가 흐르는 총 단면은 4 μm이다. 이것은 직류에서 전류가 약 34 μm의 단면을 통해 흐르는 것과 크게 대비된다.

주파수를 제외한 다른 모든 조건이 동일하므로 1 GHz에서 도체의 길이당 저항은 직류의 단면 두께와의 비에 비례한다. 저항은 두께가 얇을수록 높아지므로 1 GHz에서 트레이스의 저항은 1 oz 구리의 직류 저항보다 34 μm/4 μm = 8.5배만큼 더 높다. 트레이스가 0.5 oz 구리로 만들어진 경우, 트레이스의 두께는 17 μm가 되고, 1 GHz에서의 저항은 직류 저항보다 17 μm/4 μm = 4.2배만큼 높다.

6.26 [그림 6-26]의 시뮬레이션 결과를 참고로 하여 전류의 주파수가 직류에서 1 GHz로 증가할 때 인덕턴스의 감소율을 백분율로 구하라.

직류에서 마이크로스트립의 길이당 루프 인덕턴스는 약 10 nH/inch이다. 1 GHz에서는 이 특정한 특성 임피던스의 경우에 약 8 nH/inch이다. 이는 10 nH의 직류 인덕턴스가 1 GHz에서는 2 nH만큼 감소한 것이므로 감소율을 백분율로 계산하면 2 nH/10 nH = 0.2 = 20%이다.

대략 100 MHz 이상의 주파수에서는 모든 전류가 최대로 퍼져 흐르므로 100 MHz에서의 루프 인덕턴스는 1 GHz 또는 그 이상의 주파수에서의 루프 인덕턴스와 같다.

6.27 두 개의 루프 사이의 간격이 2배로 늘어나면 루프 사이의 상호 인덕턴스는 증가하는가, 아니면 감소하는가?

두 루프를 더 멀리 떨어뜨렸으므로 루프 사이의 상호 인덕턴스는 감소한다. 두 루프를 더 멀리 떨어뜨리면 어느 한 루프에서 발생한 자기장 선 중에서 다른 루프 주위를 둘러싸는 상호 자기장 선의 수가 더 적어진다.

6.28 지름이 10 mil(=0.01 inch)인 도선으로 이루어진 원형 루프의 지름이 2 inch일 때 루프 인덕턴스는 얼마인가?

원형 루프의 인덕턴스를 근사식을 써서 계산하면 다음과 같다. 이 식에서 R은 루프의 반지름이므로 2 inch/2 = 1 inch이다.

$$L_{loop} = 32 \times R \times \ln\left(\frac{4R}{D}\right)\ nH = 32 \times 1 \times \ln\left(\frac{4 \times 1}{0.01}\right)\ nH = 192\ nH$$

6.29 지름이 100 mil(=0.1 inch)인 막대 두 개가 1 inch 간격으로 떨어져 있을 때, 두 막대의 길이당 루프 인덕턴스는 얼마인가? 막대 한 개의 1 inch당 총 인덕턴스는 얼마인가?

나란히 놓인 두 막대의 길이당 루프 인덕턴스를 근사식을 써서 계산하면 다음과 같다. 이 식에서 s는 두 막대 사이의 간격이고, r은 막대의 반지름이다. 따라서 r은 50 mil, 또는 0.05 inch이다. s와 r에 값을 대입할 때는 단위에 주의해야 한다. s와 r 값은 단위가 같아야 한다.

$$L_{loop-Len} = 10 \times \ln\left(\frac{s}{r}\right)\ nH/inch = 10 \times \ln\left(\frac{1}{0.05}\right)\ nH/inch = 30\ nH/inch$$

위 근사식은 평행한 두 막대에서 전류가 한 막대로 흘러내려 가고 다른 막대로는 다시 흘러 올라오는 경우를 가정할 때 두 막대의 루프 인덕턴스를 구하는 식이다.

위에서 구한 두 막대의 루프 인덕턴스를 각 막대의 총 인덕턴스로 분리할 수 있다. 각 막대의 총 인덕턴스의 합이 루프 인덕턴스를 구성하므로 막대 하나의 총 인덕턴스는 약 15 nH/inch이다.

6.30 4층 기판에서 전원면과 접지면 사이의 유전체 두께는 일반적으로 40 mil이다. 전원면과 접지면의 시트 인덕턴스는 얼마인가? 시트 인덕턴스의 값을 일반적인 디커플링 커패시터의 실장 인덕턴스(mounting inductance) 값인 2 nH와 비교하라.

두 면의 시트 인덕턴스는 약 32 pH/mil × h mil이다. 두 면 사이의 간격이 40 mil이므로 시트 인덕턴스는 32 pH/mil × 40 mil = 1.3 nH이다. 이 값은 두 면에서의 정사각형당 인덕턴스이다.

이 값은 일반적인 디커플링 커패시터의 실장 인덕턴스 값인 2 nH보다 작지만 그 수준은 비슷하다. 다시 말해 커패시터에서 패키지까지의 공동(cavity)의 인덕턴스가 상당히 크다고 할 수 있다. 커패시터와 패키지 사이의 간격을 줄이면 커패시터의 등가 인덕턴스를 감소시킬 수 있다. 이러한 환경에서는 공동의 영향을 무시할 수 없으므로 커패시터의 위치가 중요하다.

두 면 사이의 유전체 두께를 3 mil로 줄이면 시트 인덕턴스는 0.1 nH로 감소한다. 이 값은 디커플링 커패시터의 실장 인덕턴스 값인 2 nH에 비해 훨씬 작으므로 공동에 의한 영향은 거의 없다. 이 경우에는 디커플링 커패시터 위치는 중요하지 않다.

7장

7.1 실제 전송선로란 무엇인가?

실제 전송선로는 어느 정도의 길이를 가진 두 개의 도체로 구성된다. 그중 한 도체를 신호 경로라고 하고, 다른 도체를 귀환 경로라고 한다.

7.2 이상적인 전송선로 모델은 이상적인 R, L, C 모델과는 어떻게 다른가?

저주파에서 이상적인 전송선로의 입력 임피던스는 맨 끝이 개방되어 있을 때는 간단히 하나의 C 소자의 임피던스, 단락되어 있을 때는 간단히 하나의 L 소자의 임피던스와 일치한다. 그러나 어떤 주파수를 넘어서면 L 모델 또는 C 모델의 동작은 이상적인 전송선로와 크게 달라진다.

따라서 L 소자 또는 C 소자는 저주파에서 이상적인 전송선로 모델에 대한 좋은 근사 모델이지만 고주파에서는 아주 좋지 않은 근사 모델이다. 이상적인 전송선로 모델은 단일 L 소자 또는 단일 C 소자와는 완전히 다른 특성을 가진 새로운 회로 소자로, 이러한 특성은 매우 높은 주파수에서 더욱 분명히 드러난다.

7.3 접지는 무엇이며 신호 무결성 분야에서 왜 혼란스러운 단어인가?

'접지'라는 용어는 회로에서 모든 전압이 참조하는 단일 기준점을 지칭하는 데에만 사용해야 한다. 접지점에는 어떠한 전류도 흘러서는 안 된다. 전류가 흐르는 평면에서 '접지'로 표시된 모든 점이 같은 전압을 가지는 것은 아니다. 따라서 하나의 접지면 전체를 같은 단일 기준점으로 사용하기는 어렵다.

접지라는 용어는 산업계에서 종종 잘못 사용되고 있는데 특히 귀환 경로와 혼동되기도 한다. 귀환 경로는 귀환 전류를 전달하는 도체이다. 귀환 경로는 어떤 DC 전압도 가질 수 있으며, 귀환 경로상에서 한 위치와 다른 위치 사이의 전압은 위치마다 다르다.

7.4 섀시 접지와 대지 접지 차이는 무엇인가?

대지 접지(earth ground)는 종종 안전 접지(safety ground)라고 불리며 문자 그대로 지면에 연결된 것이다. 대지 접지로 표시된 모든 지점 사이에는 근처의 어딘가 땅에 박혀있는 구리 파이프로 연결되는 저항이 낮은 경로가 있다. 이 파이프는 대지와 연결된 공통 기준 지점(reference point)을 나타내며, 다른 지점들은 이 지점을 기준으로 참조된다. 모든 지점이 동일한 대지 접지에 연결되면 같은 전압을 가지게 되므로 사람이 감전될 가능성이 줄어든다.

섀시 접지(chassis ground)는 기기나 장치의 외부 금속 하우징에 연결된 것을 말한다. 플라스틱 함체(enclosure)의 경우 섀시 접지가 없다. 안전상의 이유로, UL은 섀시 접지를 대지 접지와 연결할 것을 요구한다. 이렇게 하면 섀시 접지들 사이의 큰 전압 차이로 인한 사용자의 감전 위험성을 줄인다.

7.5 선로의 전압과 선로의 신호는 어떠한 차이가 있는가?

전송선로의 전압은 스코프 프로브의 두 단자를 신호 경로와 귀환 경로의 인접 지점 사이에 각각 연결할 때 스코프로 측정되는 전압이다. 이렇게 측정된 전압으로는 전파 특성을 알 수 없으므로 스칼라 전압이라 할 수 있다. 이 전압은 단지 신호 경로와 귀환 경로 사이의 총 전압일 뿐이다.

전송선로의 신호는 선로를 따라 전파되는 전압이다. 선로의 신호는 방향을 가지고 있다. 어떤 신호의 전압을 측정할 때, 측정되는 전압의 크기는 그 신호의 크기와 같을 수 있지만, 그 신호의 전파 방향에 대한 정보는 측정되지 않는다.

전압과 신호 사이에 진정한 차이가 생기는 것은 전송선로에 여러 개의 신호가 전파될 때이다. 전송선로에서는 두 개의 신호가 서로 반대 방향으로 전파될 수 있다. 어느 한 지점에서 전압을 측정할 때 측정되는 전압은 두 신호의 전압의 합이다. 그 전압은 두 신호의 특정한 특성에 따라 각 신호의 전압보다 작거나, 크거나, 같을 수 있다.

7.6 균일 전송선로란 무엇이며, 왜 이것이 선호되는 인터커넥트 설계인가?

균일 전송선로는 전송선로의 단면이 길이를 따라 동일한 것을 의미한다. 따라서 균일 전송선로는 길이를 따라 순시 임피던스가 동일하다. 선로를 따라 신호가 바라보는 순시 임피던스를 동일하게 설계하면 신호가 반사나 왜곡 없이 전파되어 신호 품질이 향상된다.

전송선로가 균일하지 않으면 임피던스의 변화가 발생하여 반사와 신호 왜곡이 발생할 수 있다.

7.7 도선 속의 전자들은 얼마나 빠르게 이동하는가?

놀랍게도 가는 도선에 1 A의 전류가 흐르는 경우에도 전자의 속도는 약 1 cm/sec 정도로 매우 느리다. 이는 신호가 전자의 움직임이 아니라, 변화하는 전기장과 자기장의 전파라는 것을 의미한다.

이것은 구슬로 가득 찬 튜브와 같다. 튜브의 한쪽 끝에서 구슬 하나를 밀면, 압력에 의해 튜브의 반대쪽 끝에서 다른 구슬이 곧바로 밀려 나온다. 특정 구슬 하나가 튜브를 따라 움직이는 속도는 느리지만, 그 구슬의 움직임이 미치는 영향은 매우 빠르다.

7.8 전도 전류, 분극 전류, 변위 전류의 차이는 무엇인가?

전도 전류(conduction current)는 도체 내에서 자유 전하(free charge)들이 흐르는 것이다. DC 전압이 인가되면 DC 전류가 흐를 수 있다.

분극 전류(polarization current)는 유전체 내에서 속박 전하(bound charge)의 분극이 변할 때 흐르는 전류이다. 분극 전류도 전류이므로 글자 뜻으로는 전하의 이동이지만 이 경우에 전하들은 유전체 분자에 붙어 있다. 이 전류는 외부 전기장 E가 변하여 유전체 물질에서 분극이 변할 때만 흐른다. 이 전류는 일시적이며 dE/dt에 비례한다.

변위 전류(displacement current)는 전기장이 변할 때 공기 중에서 흐르는 전류이다. 맥스웰은 에테르에서 전하의 분극이 변할 때 흐르는 전류를 변위 전류라고 불렀다. 오늘날에는 에테르를 더는 언급하지 않고 시공간 구조에 내장된 특징으로 인해 전기장이 변하면 변위 전류라는 전류가 흐르는 것으로 설명한다.

7.9 인터커넥트의 신호 속도에 대한 좋은 경험 규칙은 무엇인가?

공기 중에서 신호의 속도, 즉 빛(전자파)의 속도는 12 inch/nsec이다. 유전 상수 Dk를 가진 유전체를 통과할 때, 변화하는 전기장의 속도인 빛은 Dk의 제곱근에 따라 느려진다.

대부분의 인터커넥트에 사용되는 물질의 전형적인 Dk는 약 4이다. 이는 전형적인 유전체로 만들어진 인터커넥트 기판상의 신호 속도가 약 $12/\sqrt{4} = 6$ inch/nsec임을 의미한다. 약 6 inch/nsec는 인터커넥트의 신호 속도에 대한 좋은 경험 규칙이다.

7.10 FR4 기판으로 특성 임피던스가 50 Ω인 마이크로스트립을 만드는 데 필요한 선로 폭과 유전체 두께의 비율에 대한 좋은 경험 규칙은 무엇인가?

FR4 기판을 사용할 때, 50 Ω 전송선로의 선로 폭과 유전체 두께의 비율은 2:1이다.

7.11 FR4 기판으로 특성 임피던스가 50 Ω인 스트립라인을 만드는 데 필요한 선로 폭과 유전체 두께의 비율에 대한 좋은 경험 규칙은 무엇인가?

스트립라인 구조에서 FR4 기판을 사용할 때, 선로 폭과 두 평면 사이에 있는 유전체 두께의 비율은 1:2이다. 스트립라인은 평면이 두 개이므로 스트립라인의 유전체의 두께는 마이크로스트립보다 커야 한다.

7.12 유전 상수와 신호의 속도가 주파수에 따라 달라지는 현상을 무엇이라고 하는가?

유전 상수가 주파수에 따라 변하거나 신호의 속도가 주파수에 따라 달라지는 현상을 분산(dispersion)이라고 한다.

7.13 전송선로의 특성 임피던스가 주파수에 따라 달라지는 두 가지 이유는 무엇인가?

전송선로의 특성 임피던스는 선로의 길이당 인덕턴스와 길이당 커패시턴스에 따라 달라진다. 이 둘은 모두 약간의 주파수 의존성을 가진다.

예를 들어, 선로의 길이당 인덕턴스는 저주파에서는 더 높고 고주파에서는 약 10~20% 정도 감소한다. 따라서 특성 임피던스는 저주파에서 더 높고 고주파에서는 약 10~20%의 제곱근만큼 낮아진다.

유전 상수가 주파수에 따라 변하기 때문에 전송선로의 길이당 커패시턴스도 주파수에 따라 약간 달라진다. 저주파에서 Dk는 일반적으로 고주파보다 약간 더 크다. 따라서 저주파에서는 특성 임피던스가 약간 낮아지고 고주파에서는 증가한다.

이 두 효과가 특성 임피던스를 서로 반대 방향으로 움직이게 하지만, 두 효과의 주파수 의존성이 다르고 크기도 다르므로 상쇄되지 않는다. 따라서 특성 임피던스의 주파수 의

존성은 어느 정도 여전히 존재하는데, 일반적으로 저주파에서 고주파까지 변화율은 10% 미만이다.

7.14 전송선로의 순시 임피던스, 특성 임피던스, 입력 임피던스의 차이점은 무엇인가?

이 세 가지 용어는 모두 임피던스를 나타내지만, 서로 다른 특징을 나타낸다. 순시 임피던스(instantaneous impedance)는 신호가 전송선로를 따라 전파하면서 순간순간 바라보는 임피던스이다. 순시 임피던스는 전파하는 신호가 각 순간에 반응하는 임피던스이다.

특성 임피던스(characteristic impedance)는 균일 전송선로에만 적용되며, 전파하는 신호가 바라보는 단 하나의 순시 임피던스의 값이다. 순시 임피던스가 변하면, 전송선로를 특징짓는 단 하나의 순시 임피던스값이 없다.

전송선로의 입력 임피던스(input impedance)는 주로 주파수 영역의 용어로서, 특정 주파수에서 전송선로의 맨 앞쪽을 들여다 볼 때 보이는 임피던스이다. 입력 임피던스는 주파수에 따라 크게 달라진다.

7.15 전송선로의 길이가 3배 증가하면 시간 지연에 어떤 영향을 미치는가?

전송선로의 시간 지연은 선로의 길이에 정비례한다. 선로의 길이를 3배로 늘리면, 선로의 시간 지연도 3배가 된다.

7.16 FR4에서 전송선로의 배선 지연은 얼마인가?

신호 속도의 역수를 배선 지연(wiring delay)이라고 말하기도 한다. 배선 지연은 선로의 길이당 지연이다. 신호의 속도가 6 inch/nsec이면, 배선 지연은 1/(6 inch/nsec) = 170 psec/inch이다.

이는 전송선로를 따라 1 inch 이동할 때마다 170 psec의 시간 지연이 발생한다는 것을 의미한다.

7.17 전송선로의 선로 폭이 증가하면 순시 임피던스에 어떤 영향을 미치는가?

전송선로의 선로 폭이 증가하면, 선로의 길이당 커패시턴스가 증가하고 순시 임피던스는 감소한다. 선로가 더 넓을수록 순시 임피던스는 더 낮아진다. 선로가 균일하다면, 선로가 넓어질수록 특성 임피던스도 감소할 것이다.

7.18 전송선로의 길이가 증가하면 선로 중앙의 순시 임피던스에 어떤 영향을 미치는가?

이것은 착각하기 쉬운 문제이다. 선로의 길이가 증가해도 순시 임피던스는 정확히 동일하게 유지된다. 선로의 시간 지연은 증가하지만, 순시 임피던스는 변하지 않는다.

7.19 전송선로의 특성 임피던스가 길이당 커패시턴스에 반비례하는 이유는 무엇인가?

길이당 커패시턴스가 증가하면, 전송선로를 이루고 있는 각각의 짧은 부분을 동일한 전압으로 충전하기 위해 더 많은 전류가 필요하다. 동일한 전압으로 충전하는 데 더 많은 전류가 필요하면 임피던스가 감소한다. 따라서 길이당 커패시턴스는 순시 임피던스와 반비례한다.

7.20 FR4에서 50 Ω 전송선로의 길이당 커패시턴스는 얼마인가? 또 임피던스가 두 배가 되면 이 길이당 커패시턴스에 어떻게 되는가?

FR4에서 모든 50 Ω 선로는 약 3.3 pF/inch의 길이당 커패시턴스를 가진다. 선로 폭이 증가하더라도 유전체 두께가 증가하면 특성 임피던스는 동일하게 유지되므로 더 넓고 두꺼운 전송선로는 동일한 길이당 커패시턴스를 가진다.

선로의 특성 임피던스는 커패시턴스의 제곱근에 반비례한다. 선로의 임피던스가 두 배가 되면, 선로의 길이당 커패시턴스는 1/4로 줄어든다.

7.21 FR4에서 50 Ω 전송선로의 길이당 인덕턴스는 얼마인가? 또 임피던스가 두 배가 되면 이 길이당 인덕턴스는 어떻게 되는가?

FR4에서 모든 50 Ω 전송선로는 약 8.3 nH/inch의 길이당 인덕턴스를 가진다. 선로 폭과 유전체 두께 중에서 어느 하나의 치수가 변하면, 50 Ω을 유지하기 위해 다른 치수도 변경되어야 한다.

선로의 특성 임피던스는 길이당 인덕턴스의 제곱근에 비례한다. 선로의 임피던스가 두 배가 되면 선로의 길이당 인덕턴스는 네 배가 된다.

7.22 RG59 케이블과 RG58 케이블의 길이당 커패시턴스를 비교하라.

이 두 동축 케이블은 동일한 유전체를 사용한다. 중앙 도체의 반지름도 서로 동일하다. 하지만 특성 임피던스는 서로 다르다. RG58 케이블의 특성 임피던스는 약 50 Ω이고, RG59 케이블의 특성 임피던스는 75 Ω이다.

임피던스가 더 높은 케이블은 길이당 커패시턴스가 더 낮다. 이는 RG59 케이블의 외부 지름이 RG58 케이블보다 크다는 사실에서도 알 수 있다. RG59 케이블의 외부 도체가 더 멀리 있으므로 RG59 케이블의 길이당 커패시턴스는 더 낮다.

7.23 전송선로의 '임피던스'를 언급할 때 무엇을 의미하는가?

전송선로에 대해 '임피던스'라고만 언급하는 것은 모호하다. 이때 임피던스는 '순시' 임피던스, '특성' 임피던스, '주파수 영역'에서의 '입력' 임피던스, '시간 영역'에서의 '입력' 임피던스 중 어느 한 임피던스를 의미할 수 있다. 구체적인 맥락 없이는 어떤 임피던스에 관심을 두고 있는지 알 수 없다.

안타깝게도, 주의를 기울이지 않으면 임피던스 앞에 붙는 수식어를 빼먹는 경우가 많다. 전송선로에 대해 '임피던스'라고만 언급하면 전송선로의 특성 임피던스를 의미하는 경우가 대부분이다. 특성 임피던스를 언급하더라도, 특히 상승 시간이 매우 짧고 선로가 매우 길며 매우 짧은 시간 동안에만 선로를 바라보는 경우가 아니라면 특성 임피던스는 신호의 드라이버가 바라보는 임피던스와 같지 않게 된다.

7.24 TDR은 nsec보다도 짧은 단위로 전송선로의 입력 임피던스를 측정할 수 있다. 50 Ω 전송선로의 길이(지연 시간)가 2 nsec이고 맨 끝이 개방되어 있을 때 TDR로 이 전송선로를 측정하면 어떤 결과가 나오는가? 5초 후에는 무엇이 측정되는가?

TDR은 전송선로로 짧은 상승 시간의 스텝(step, 계단형) 에지를 보내고 반사된 신호를 측정한다. 보통 50 Ω 소스에서 신호가 출력된다. 연결된 전송선로가 50 Ω이면, 반사가 생기지 않으므로 전송선로 안으로 신호가 들어갈 때 반사되는 신호는 없다.

전송선로 안으로 들어간 스텝 에지는 전송선로를 따라 이동해 맨 끝에 도달하여 개방된 부분에서 반사된다. TDR에서 선로 안으로 스텝 에지가 들어간 다음에 반사된 에지가 TDR의 맨 앞쪽으로 다시 돌아오는 데 약 4 nsec가 걸린다.

TDR로 들어간 반사 에지는 더 이상 반사되지 않으며 TDR에서 전송선로로 추가로 신호가 들어가지 않는다. TDR은 처음 4 nsec 동안에는 50 Ω 선로를 측정하고 4 nsec 이후에는 개방을 측정한다. 그 후로는 계속 개방 상태를 측정한다. 따라서 5초 후에는 TDR은 개방을 측정한다.

7.25 드라이버의 출력 저항이 10 Ω이고, 개방 회로 출력 전압이 1 V일 때, 65 Ω 전송선로에 인가되는 전압은 얼마인가?

드라이버와 전송선로는 전압 분배기를 형성한다. 전송선로는 10 Ω 드라이버 임피던스와 직렬로 연결된 65 Ω 저항기처럼 보인다. 65 Ω 저항기 양단의 전압 강하는 $1\ V \times 65\ \Omega/(10\ \Omega + 65\ \Omega) = 0.87\ V$이다.

7.26 신호가 귀환 경로 평면을 변경할 때 귀환 경로의 임피던스를 줄이기 위해 설계할 수 있는 세 가지 방법은 무엇인가?

신호가 두 평면 사이에서 귀환 경로를 변경할 때, 귀환 전류는 두 평면 사이의 임피던스를 바라보는데 이 임피던스는 선로의 임피던스에 직렬로 연결된다. 따라서 임피던스 불연속성과 두 평면의 공동(cavity)으로 결합하는 노이즈를 최소화하기 위해서 공동의 임피던스를 줄여야 한다.

가장 중요한 방법은 두 평면을 단락시키는 비아를 추가하는 것이다. 이렇게 하려면 두 평면은 동일한 전압을 사용해야 한다.

두 번째 방법은 두 평면의 전압이 같든 다르든 상관없이, 두 평면 사이에 얇은 유전체를 사용하는 것이다. 이렇게 하면 두 평면이 전압이 서로 다른 경우에도 평면 사이의 임피던스를 크게 줄일 수 있으며 두 평면 전압이 같은 경우에 사용하는 단락 비아의 효과를 더욱 높여준다.

마지막으로, 두 평면의 전압이 달라서 단락 비아를 사용할 수 없는 경우, 단락 비아 자리에 DC 차단 커패시터를 장착할 수 있다. 이 경우는 단락 비아만큼 임피던스가 낮지는 않지만, 대안으로 사용할 수 있다.

7.27 최고 100 MHz까지의 인터커넥트를 나타내는 모델을 구축하기 위채 처음에 어떤 모델로 시작하면 좋은가? 이상적인 전송선로 모델인가 아니면 2개의 LC 부분으로 이루어진 회로 모델인가?

실제 인터커넥트를 나타내기 위해서는 n개 부분 LC 모델을 사용하는 것보다 이상적인 전송선로 모델을 사용하는 것이 항상 더 좋다. 이상적인 전송선로 모델은 저주파에서는 L 소자와 C 소자처럼 보이지만, 어떤 n개 부분 LC 모델보다 훨씬 더 높은 주파수까지 실제 전송선로의 특성과 일치한다.

또한 이상적인 전송선로 모델은 사용하기 훨씬 간단한 모델이다. 모든 SPICE 시뮬레이터는 이상적인 전송선로 모델을 기본적으로 사용하며 그중 많은 시뮬레이터는 손실이 있는 전송선로 모델(lossy transmission line model)과 결합된 전송선로 모델(coupled transmission line model)을 가지고 있다.

7.28 기판상의 인터커넥트 길이가 18 inch일 때, 이 전송선로의 시간 지연을 추정하라.

FR4에서 신호의 속도는 약 6 inch/nsec이다. 전송선로의 지연은 '길이/속도'이므로 18 inch/(6 inch/nsec) = 3 nsec이다.

7.29 50 Ω 마이크로스트립의 선로 폭이 5 mil일 때, 대략적인 유전체 두께는 얼마인가?

FR4의 50 Ω 전송선로에서 선로 폭과 유전체 두께의 비율은 약 2:1이다. 선로 폭이 5 mil이면, 유전체 두께는 약 2.5 mil이어야 한다. 널리 사용되는 유전체 기판의 두께는 약 2.8 mil이다.

7.30 50 Ω 스트립라인의 선로 폭이 5 mil일 때, 전송선로의 길이는 얼마인가?

이것은 착각하기 쉬운 문제이다. 특성 임피던스와 선로 폭만 알고 있으면 선로의 길이에 대해서는 아무것도 알 수 없다. 선로 길이는 1 inch일 수도 있고 30 inch일 수도 있다. 선로의 시간 지연이나 총 인덕턴스 또는 총 커패시턴스를 추가로 알아야 한다. 선로 폭과 임피던스만으로는 정보가 충분하지 않다.

8장

8.1 반사를 일으키는 유일한 원인은 무엇인가?

반사는 신호가 순시 임피던스의 변화를 마주칠 때만 발생한다. 반사가 있다면, 이는 순시 임피던스가 변했음을 의미한다. 반사는 선로 폭의 변화, 유전체 두께의 변화, 그 밖의 기하학적 특징의 변화 때문에 발생할 수 있다.

8.2 반사 계수의 크기에 영향을 미치는 두 가지 특징은 무엇인가?

두 임피던스 사이의 반사 계수는 두 임피던스의 차이를 두 임피던스의 합으로 나눈 비율이다. 따라서 반사 계수에 영향을 미치는 두 가지 특징은 경계 양쪽의 두 순시 임피던스이다.

8.3 반사 계수의 부호에 영향을 미치는 요소는 무엇인가?

반사 계수는 두 번째 임피던스에서 첫 번째 임피던스를 뺀 값을 두 임피던스의 합으로 나눈 것이다. 두 번째 임피던스가 첫 번째 임피던스보다 크면 부호는 양수(+)이다. 두 번째 임피던스가 첫 번째 임피던스보다 작으면 부호는 음수(−)이다. 이것이 반사 계수의 부호에 영향을 미치는 유일한 요소이다.

8.4 경계 양쪽에서 만족해야 하는 두 가지 경계 조건은 무엇인가?

전송선로에서 신호 경로와 귀환 경로 사이의 전압은 경계에서 연속성을 가져야 한다. 다시 말해, 경계 왼쪽의 신호 경로와 귀환 경로 사이의 전압은 경계 오른쪽의 신호 경로와 귀환 경로 선로 사이의 전압과 같아야 한다. 그렇지 않으면 경계에 무한히 큰 전기장이 발생하여 우주가 폭발할 수 있다.

또한 경계 왼쪽에서 순환하는 전류는 경계 오른쪽에서 순환하는 전류와 같아야 한다. 이는 경계에 흐르는 알짜(net) 전류가 없음을 의미한다. 경계에 흐르는 알짜 전류가 0이 아니면, 경계는 충전된다. 충분히 오래 기다리면 경계는 무한대로 충전되어 우주가 폭발할 수 있다. 이 두 경계 조건을 전압의 연속성과 전하의 보존이라고 한다.

8.5 송신기에서 볼 때, 불연속에서 반사되는 신호는 얼마나 오래 지속되는가?

균일 전송선로를 전파하는 신호가 짧은 불연속을 마주치면 신호는 불연속의 앞쪽 끝에서 반사되고 불연속의 뒤쪽 끝에서 반사된다.

불연속의 앞쪽 경계에서 신호의 반사가 시작된 시간부터, 그 경계를 통과한 신호가 불연속의 뒤쪽 끝에 부딪혀 되돌아와 다시 앞쪽 경계를 통과해 송신기로 향할 때까지 왕복 시간이 걸린다.

따라서 송신기로 향하는 반사 신호는 불연속을 통과하는 데 걸리는 총 시간인 왕복 시간 동안 지속된다.

불연속의 길이가 1 inch이고 그 시간 지연이 약 170 psec라면, 반사 신호는 약 170 psec × 2 = 340 psec의 펄스폭을 가진다.

8.6 50 Ω 선로에서 반사된 신호가 75 Ω의 전송선로를 만날 때와 75 Ω 저항기를 만날 때 반사계수는 어떻게 달라지는가?

이것은 착각하기 쉬운 문제이다. 50 Ω 특성 임피던스를 갖는 전송선로에서 신호가 75 Ω 전송선로로 넘어갈 때나 75 Ω 저항기를 만날 때나 반사계수에는 전혀 차이가 없다. 두 경우 모두 신호가 바라보는 순시 임피던스는 정확히 같다.

8.7 신호가 50 Ω 선로의 맨 끝까지 이동하여 수신기의 높은 임피던스와 직렬로 연결된 30 Ω 저항기를 만나는 경우, 수신기에 연결된 30 Ω의 직렬 저항기가 미치는 영향은 무엇인가?

이것은 착각하기 쉬운 문제이다. 수신기의 입력 임피던스가 매우 높기 때문에 30 Ω의 직렬 저항기를 추가해도 전혀 영향을 미치지 않는다. 신호가 30 Ω 저항기를 만나면, 곧 바로 개방으로 인식하므로 실제 응답은 개방에 대한 응답이 된다.

8.8 소스 직렬 저항을 사용하여 양방향 버스를 어떻게 종단시킬 수 있는가? 소스 저항기는 어디에 위치해야 하는가?

양방향 버스(bi-directional bus)를 종단하는 가장 간단한 방법은 버스의 양쪽 끝에 소스 직렬 저항을 사용하는 것이다. 어느 한 쪽의 드라이버가 전송할 때, 그 드라이버는 출력에서 소스 직렬 저항기를 바라본다. 수신기에 도달한 신호는 본질적으로 개방을 보게 되므로 다시 송신기로 반사되어 소스 직렬 저항기에 의해 종단된다. 반대쪽에 있는 드라이버가 선로에 신호를 보낼 때도 정확히 같은 일이 발생한다.

이 문제 외에 또 다른 문제들이 없다면 선로의 양쪽 끝에 소스 직렬 저항기를 배치하는 것이 일반적으로 가장 좋은 접근 방법이다.

8.9 TDR 화면에 실제로 표시되는 측정값은 무엇인가?

TDR은 실제로 신호가 '정밀(precise) 50 Ω 전송선로'로 들어가는 지점인 50 Ω 소스 직렬 저항기 바로 다음 위치에서 전압을 측정한다. 이 전압은 고정되어 변하지 않는 입사 신호와 반대 방향으로 이동하는 반사 신호로 구성된다.

일반적으로 입사 신호의 전압 레벨은 250 mV이다. 이것이 처음에 표시되는 전압이다. TDR에 연결된 어떤 장치에 반사가 없다면, 다시 말해, 완벽하게 임피던스가 정합된 장치가 TDR에 연결되어 있다면, TDR 화면에는 250 mV가 계속해서 표시된다.

250 mV 외에 추가로 측정된 전압은 반사로 인해 발생한 전압이다. 측정된 전압과 250 mV 사이의 차이가 반사 전압이다. 반사 전압과 입사 전압으로부터, 어떤 위치에서든 반사계수를 측정할 수 있다.

8.10 TDR 화면에 표시되는 측정값으로부터 신호가 바라보는 순시 임피던스를 어떻게 구할 수 있는가?

입사 전압이 250 mV라는 것을 알고 있다면, 반사 전압은 화면에 표시된 전압과 250 mV 입사 신호 사이의 차이이다. 반사 전압과 입사 전압으로부터 반사계수를 계산한다.

반사계수를 알고 소스에서 나오는 신호의 임피던스가 50 Ω이라는 것을 알면, 두 번째 경계의 임피던스를 계산할 수 있다. 첫 번째 반사 후에는 뒤이어 나오는 각 경계의 임피던스를 화면에 표시된 전압으로부터 직접 측정하기가 더 어려워진다.

8.11 드라이버에서 무부하 전압이 1 V이다. 출력 핀과 접지 사이에 50 Ω 저항기를 연결할 때 전압이 0.8 V라면 출력 임피던스는 얼마인가?

이 경우는 선로에 부하를 연결할 때 출력 전압이 감소하는 상황이다. 이것은 DC 효과이다. 50 Ω 저항기 양단에 0.8 V가 나타나므로 출력 소스 저항을 통한 전압 강하는 0.2 V이다.

전압 분배기 회로에서, 50 Ω 저항기 양단의 전압은 아래와 같다.

$$0.8\,\text{V} = 1\,\text{V}\frac{50\,\Omega}{50\,\Omega + R_{\text{source}}}$$

따라서 소스 저항은 다음과 같이 간단하게 구할 수 있다.

$$R_{\text{source}} = \frac{50(1-0.8)}{0.8} = 12.5\,\Omega$$

소스 저항은 12.5 Ω이다.

8.12 용량성 불연속에서의 TDR 응답은 어떤 형태이며 그런 형태가 나오는 이유는 무엇인가?

TDR 신호의 스텝 에지가 커패시터를 만날 때, 매우 큰 dV/dt를 갖는 에지는 낮은 임피던스를 보기 때문에 반사계수는 음수가 되어 음의 전압이 반사된다. 커패시터가 50 Ω 소스로부터 충전됨에 따라 커패시터 양단의 전압 차이는 계속 감소하고 임피던스는 계속 증가하므로 반사 전압은 감소한다. 그 결과 반사 신호는 급격하게 아래로 떨어졌다가 상대적으로 천천히 올라가서 반사가 없는 상태에 도달하는 아래로 뾰족한 딥(dip) 형태가 된다.

8.13 유도성 불연속에서의 TDR 응답은 어떤 형태이며 그런 형태가 나오는 이유는 무엇인가?

TDR 신호의 스텝 에지가 인덕터를 만날 때, 매우 큰 dI/dt를 갖는 에지는 큰 임피던스를 보기 때문에 반사계수는 양수가 되어 양의 전압이 반사된다. 인덕터를 통과하는 전류가 정상상태에 도달하면, 임피던스 변화는 적어지고 반사 전압은 감소한다. 반사 신호는 급격하게 위로 올라갔다가 상대적으로 천천히 내려가 반사가 없는 상태에 도달하는 위로 뾰족한 펄스 형태가 된다.

8.14 드라이버의 출력 임피던스가 35 Ω일 때, 50 Ω 선로에 연결하려면 몇 Ω의 소스 직렬 저항기를 사용해야 하는가? 또 65 Ω 선로에서는 몇 Ω의 소스 직렬 저항기를 사용해야 하는가?

전송선로를 소스 직렬로 종단하려면, 반사 신호가 소스로 되돌아갈 때 직렬 저항기와 소스 저항기의 합이 전송선로의 임피던스와 같아지도록 직렬 저항기의 값을 맞춰주어야 한다. 50 Ω 전송선로와 35 Ω 출력 저항기인 경우, 추가해야 할 소스 직렬 저항기의 값은 50 Ω − 35 Ω = 15 Ω이다.

65 Ω 선로를 구동할 때, 소스 직렬 저항기의 값은 65 Ω − 35 Ω = 30 Ω이어야 한다.

8.15 균일 전송선로 중간에 낮은 임피던스의 짧은 전송선로가 있는 경우와 작은 커패시터가 있는 경우를 TDR을 사용하여 어떻게 구별할 수 있는가?

이 두 경우를 구분하기는 어렵다. 낮은 임피던스의 짧은 전송선로는 용량성 불연속과 매우 비슷하게 보일 것이다. 기대할 수 있는 것은 전송선로의 길이가 충분히 길면 TDR

응답에서 아래쪽이 평평해 보이기 시작한다는 것이다. 하지만 전송선로의 길이가 짧으면 실제 커패시터와 짧은 전송선로를 구별하기가 불가능할 수 있다.

8.16 TDR 응답을 보고 실제로 긴 75 Ω 선로와 짧은 75 Ω 선로에 75 Ω 저항기가 연결된 것을 어떻게 구별할 수 있는가?

길이가 긴 75 Ω 케이블과 길이가 짧은 75 Ω 케이블에 각각 75 Ω 저항기를 연결한 것의 차이를 알 방법은 없다. TDR 에지가 보는 순시 임피던스는 동일하다. 차이를 구별할 수 있는 유일한 방법은 전송선로의 끝에서의 반사를 볼 수 있을 만큼 충분히 오래 TDR을 실행하는 것이다.

8.17 40 Ω 임피던스를 통해 오는 신호가 80 Ω 임피던스를 만날 때 반사계수와 전달 계수는 어떻게 되는가?

반사계수는 두 번째 임피던스에서 첫 번째 임피던스를 뺀 값을 두 임피던스의 합으로 나눈 값이다. 이 경우에는 (80 − 40)/(80 + 40) = 1/3이다.

전달 계수는 두 번째 임피던스의 두 배를 두 임피던스의 합으로 나눈 값이다. 이 경우에는 2 × 80/(40 + 80) = 4/3이다.

8.18 80 Ω 임피던스를 통해 오는 신호가 40 Ω 임피던스를 만날 때 반사계수와 전달 계수는 어떻게 되는가?

반사계수는 앞의 17번 문제와 같지만 부호가 반대이다. 반사계수는 (40 − 80)/(80 + 40) = −1/3이다.

전달 계수는 2 × 40/(40 + 80) = 2/3이다.

8.19 1 V의 무부하 출력 전압과 10 Ω 출력 저항을 가진 드라이버가 있다. 연결된 전송선로는 50 Ω이며, 선로의 맨 끝이 종단되어 있다. 선로를 종단하기 위해 어떤 값의 저항기를 사용해야 하는가? 맨 끝에 있는 저항이 V_{ss}에 연결되어 있을 때 수신기에서 하이 레벨(high level) 전압과 로우 레벨(low level) 전압은 얼마인가?

선로 맨 끝에서의 반사를 방지하기 위해 맨 끝에 연결하는 저항기의 값은 50 Ω이어야 한다. 이 경우 드라이버의 출력 저항이 10 Ω이므로 출력 신호가 0 V일 때 맨 끝에서 저항기 양단의 전압은 0 V가 된다.

드라이버가 1 V의 신호를 보낼 때는 전압 분배기로 인해 50 Ω 종단 저항기 양단의 전압은 50/(10 + 50) = 5/6 V = 0.83 V가 된다. 따라서 하이 레벨 전압은 0.83 V이고 로우 레벨 전압은 0 V이다.

8.20 맨 끝의 저항기가 V_{cc}(1 V)에 연결된 경우에 대해 위 19번 문제를 다시 풀어라.

종단 저항기가 어느 전압에 연결되든 상관없이 그 값은 50 Ω이어야 한다. 드라이버가 1 V의 신호를 출력할 때, 50 Ω 저항기의 전압은 V_{ss}를 기준으로 1 V이다.

하지만 드라이버가 0 V 신호를 출력할 때, 50 Ω 저항기의 전압은 1 V × 10/(10 + 50) = 0.17 V이다.

저항기가 V_{cc}에 연결되어 있을 때, 하이 레벨 전압은 1 V이고 로우 레벨 전압은 0.17 V이다.

8.21 맨 끝의 저항기가 V_{cc}의 1/2[이를 종단 전압(terminating voltage) V_{tt}라고 함] 전압에 연결된 경우에 대해 위 19번 문제를 다시 풀어라.

종단 저항기가 0.5 V에 연결될 때, 로우 레벨 신호의 전압은 0.5 V × 10/(10 + 50) = 0.08 V이고, 하이 레벨 신호의 전압은 0.5 V + 0.5 × 50/(10 + 50) = 0.92 V가 된다. 따라서 하이 레벨 전압은 0.92 V이고 로우 레벨 전압은 0.08 V이다.

문제 19, 20, 21의 세 가지 예를 통해 V_{tt} 전압에 종단할 때의 장점을 알 수 있다. V_{tt} 전압으로 종단하면 하이 레벨 전압과 로우 레벨 전압이 V_{tt} 전압을 중심으로 대칭을 이룬다. 이 경우 높은 쪽과 낮은 쪽 모두에서 동일한 노이즈 마진을 확보할 수 있다.

8.22 신호의 상승 시간이 3 nsec일 때, 맨 끝을 종단하지 않고 사용할 수 있는 선로의 길이는 얼마인가?

상승 시간이 3 nsec라면, 공간적 범위는 약 3 nsec × 6 inch/nsec = 18 inch가 된다. 전송선로의 길이가 상승 시간의 공간적 범위의 약 1/3보다 짧다면, 반사는 여전히 발생하지만 상승 에지에 묻히게 된다. 따라서 6 inch보다 짧은 선로는 종단이 필요 없을 수 있다.

8.23 짧은 전송선로 구조의 불연속인 경우, 그 길이가 점점 짧아질 때 불연속에서 반사되는 전압의 크기는 어떻게 되는가? 어떤 길이에서 불연속이 '투명'해 보이게 되는가?

어떤 구조의 왕복 전파 시간이 신호의 상승 시간보다 짧아지면, 그 구조의 앞쪽 끝과 뒤쪽 끝에서 반사되는 신호들이 서로 겹치기 시작하여 반사의 크기가 감소한다.

이때 그 구조의 길이를 상승 시간의 1/2보다 충분히 작게 유지할 수 있다면 불연속이 더 투명해 보이기 시작한다. 불연속의 길이가 더욱 짧아질수록 더욱 투명해 보힌다.

8.24 비아의 각 층에 있는 비기능 캡처 패드(nonfunctional capture pad)로 인한 용량성 부하에 의해 비아는 전기적으로 더 길어 보일 것인가, 아니면 짧아 보일 것인가?

전송선로의 지연은 선로의 총 인덕턴스와 총 커패시턴스의 곱의 제곱근이다. 선로의 총 인덕턴스를 동일하게 유지하되, 비기능 패드를 포함하여 비아를 따라 부유 커패시턴스(stray capacitance)를 추가하면 총 커패시턴스가 증가하므로 총 시간 지연이 증가한다. 따라서 비아는 전기적으로 더 길어 보일 것이다.

8.25 1 Ω 출력 임피던스를 갖는 소스에서 나오는 1 V 신호가 0.1 nsec 상승 시간과 50% 듀티 사이클을 가지고 12 inch 길이의 50 Ω 전송선로로 출발한다고 가정해 보자. 단일 50 Ω 종단 저항기를 통해 귀환 경로와 연결될 때 이 저항기의 평균 소비 전력은 얼마인가?

신호는 온(on)이 되는 시간이 50%인 사각파이다. 드라이버의 소스 임피던스가 매우 낮으므로 거의 모든 1 V 신호가 전송선로 안으로 들어간다. 선로의 끝은 50 Ω 저항기를 통해 V_{ss}와 연결되어 종단된다.

여기서 클록 사이클당 평균 소비 전력을 추정할 수 있다. 신호가 하이 상태, 즉 저항 양단 전압이 1 V일 때 소비 전력은 다음과 같다.

$$P = \frac{V^2}{R} = \frac{1}{50} = 20 \text{ mW}$$

신호가 로우 상태, 즉 저항 양단 전압이 0 V일 때의 소비 전력은 0 mW이다. 듀티 사이클이 50%일 때 한 사이클 전체에 걸친 평균 소비 전력은 이 둘의 평균인 10 mW이다.

8.26 맨 끝에 연결된 저항기가 접지가 아닌 V_{cc} 전압의 1/2로 종단되면 평균 소비 전력은 어떻게 되는가?

동일한 방식으로, 50 Ω 저항기 양단의 전압은 로우 신호와 하이 신호 모두에 대해 1/2 V_{cc}가 되고 부호만 반대가 된다. 전압의 극성이 바뀌면 수신기는 다른 신호를 보게 된다.

하이 레벨 전압과 로우 레벨 전압 모두에서 소비 전력은 각각 다음과 같다.

$$P = \frac{V^2}{R} = \frac{(0.5 \text{ V})^2}{50} = 5 \text{ mW}$$

이것은 각 절반 사이클에서의 소비 전력이며, 한 사이클 내에서 모두 발생하므로 평균 소비 전력이기도 하다.

V_{ss}나 V_{cc}를 종단으로 사용할 때는 1/2 V_{cc} 전압을 종단으로 사용할 때보다 두 배의 전력 소비가 발생한다.

8.27 위 25번 문제에서, 선로를 종단시키는 데 49 Ω 소스 직렬 저항기를 사용한다고 가정하자. 소스 저항기의 소비 전력은 맨 끝 종단과 비교해서 더 큰가, 더 작은가, 아니면 같은가?

큰 값의 소스 직렬 저항기를 추가하면 전체 시스템의 전류가 감소하고 총 소비 전력이 줄어든다.

49 Ω 소스 저항기와 50 Ω 종단 저항기를 사용하면 총 저항은 약 100 Ω이 된다. 같은 전압에 대해 저항이 두 배가 되면 소비 전력은 절반이 된다.

이 평균 전력의 절반씩 소스 저항기와 종단 저항기로 나뉜다. 평균 소비 전력은 10 mW의 1/4인 2.5 mW가 되며 이 전력이 소스 저항기와 종단 저항기 모두에서 소비된다.

9장

9.1 주파수에 따라 감쇠 상수가 −20 dB로 일정한 전송선로를 따라 전파하는 신호에는 어떤 일이 발생하는가?

모든 주파수에서 감쇠가 −20 dB로 일정하면 전체 신호의 진폭이 −20 dB로 감소한다. 다시 말해 전송된 신호의 진폭은 입사 신호 진폭의 10%로 감소한다. 모든 주파수 성분이 이 수준으로 감소하지만, 신호 모양은 그대로 유지된다.

이는 전송선로로 들어갈 때의 신호의 상승 시간과 전송선로에서 나올 때의 신호의 상승 시간이 같다는 것을 의미한다. 신호 대역폭은 변경되지 않고, 단지 전체 신호의 진폭만 변경된다.

9.2 ISI는 무엇이며, 이를 발생시킬 수 있는 두 가지 주요 원인은 무엇인가?

ISI는 부호 간 간섭(inter-symbol interference)이다. 한 비트의 정보가 다른 비트와 겹쳐서 간섭할 때 발생한다. ISI의 원인으로는 몇 가지가 있다. 가장 일반적인 두 가지 원인이 상승 시간 증가와 반사이다.

주파수 의존적 손실이 너무 커서 상승 시간이 단위 간격보다 길어지면 하나 또는 그 이상의 비트의 정보가 다른 비트의 정보로 흘러 들어간다.

시스템에서 초기 비트가 왔다 갔다 하는 반사가 여러 번 되풀이하여 발생하는 경우, 한 비트에서 반사된 부분이 다른 비트가 수신기에 도착할 때 함께 도착하게 된다. 한 비트에서 반사된 부분이 시간 지연이 되어 다른 비트에 간섭을 일으킨다.

9.3 채널을 통해 수신기에 도달한 신호의 상승 시간이 단위 간격보다 여전히 매우 짧은 경우, 채널의 손실이 미치는 영향은 무엇인가?

채널의 손실에 의해 상승 시간이 증가한 정도가 매우 작아서 단위 간격에 비해 상승 시간이 여전히 짧다면 상승 시간 증가는 신호 품질에 거의 영향을 미치지 않는다.

이러한 상황에서는 손실이 신호 품질에 영향을 미치는 데 큰 역할을 하지 않는다.

9.4 주파수 의존적 손실이 수신기에 도달하는 신호에 미치는 주요 영향은 무엇인가?

주파수 의존적 손실은 항상 주파수가 높을수록 증가한다. 이는 수신기에 도달한 신호의 대역폭이 입사 신호의 대역폭보다 낮고, 수신기에 도달한 신호의 상승 시간이 송신기에서 출발한 신호의 상승 시간보다 길다는 것을 의미한다.

이 상승 시간이 단위 간격에 비해 길면, 상승 시간 저하는 아이 다이어그램에서 눈의 붕괴 형태로 신호 품질에 강력한 영향을 미칠 수 있다.

9.5 FR4로 제작된 백플레인 채널보다 손실이 훨씬 낮을 것으로 예상되는 인터커넥트의 예를 들라.

FR4로 제작된 채널의 손실은 대부분은 유전체 손실에서 발생하고 일부는 도체 손실에서 발생한다. 유전체 기판 물질을 메그트론 6(Megtron 6) 라미네이트 또는 로저스(Rogers) RO1200 라미네이트로 교체하면, FR4에 비해 손실이 훨씬 적을 것이다.

9.6 수평 방향에서 아이 다이어그램의 눈이 붕괴하는 것을 무엇이라고 부르는가?

지터(jitter)이다. 수평축은 시간이다. 0에서 1 또는 1에서 0으로 전이하는 신호의 도착 시간 변동을 지터라고 부른다.

9.7 스트립라인의 감쇠 항목에 방사 손실이 포함되지 않는 이유는 무엇인가?

모든 인터커넥트에서는 어느 정도의 방사 손실이 발생한다. 그러나 스트립라인에서의 방사 손실은 도체 손실과 유전체 손실에 비해 너무 작아서 무시할 수 있다. 방사 손실을 포함시키면 분석만 복잡하게 될 뿐 얻을 수 있는 이득은 거의 없다.

9.8 문제를 효율적으로 해결하기 위해 알아야 할 가장 중요한 요소는 무엇인가?

근본 원인이다. 닥치는 대로 여러 가지 방법을 시도하여 문제를 해결할 수도 있지만, 문제를 신속하게 해결하는 데 가장 중요한 것은 근본 원인을 찾아내고 거기에서 문제를 해결하는 것이다. 물론, 정확한 근본 원인을 파악하고 있다는 확실을 가질 수 있도록 이를 확인하는 과정이 중요하다.

9.9 반사가 어떻게 ISI를 일으키는가?

반사 신호가 방향을 바꾸어 송신기로 돌아가기 위해서는 반사를 일으키는 두 개의 원천이 필요하다. 그런데 어떤 회로에서 두 개의 반사 원천이 매우 크다면, 한 비트의 일부는 회로를 왔다 갔다 한 후에 수신기에 도달할 것이다. 이때 이렇게 반사된 한 비트 일부의 지연 시간이 단위 간격보다 길면, 이것이 수신기에 새로 나타나는 다음 비트와 간섭을 일으킬 것이다. 이것이 바로 부호 간 간섭의 정의이다.

9.10 불연속은 신호의 상승 시간을 어떻게 증가시키는가?

불연속을 C 소자 또는 L 소자로 간주하면 반사되는 신호의 크기는 dV/dt 또는 dI/dt에 비례한다. 따라서 입사 신호의 빠른 에지를 구성하고 있는 고주파 성분이 저주파 성분보다 더 많이 반사된다.

신호의 높은 주파수 성분이 반사로 인해 손실되면, 전달된 신호의 대역폭은 감소한다. 이는 상승 시간이 길어진다는 것을 의미한다.

이를 다른 방식으로 생각해보자. 신호가 병렬 C 또는 직렬 L을 만날 때, 신호는 RC 시정수 또는 L/R 시정수에 의해 상승 시간이 느려진다. 전달되는 신호는 50 Ω 임피던스의 전송선로에 연결된 C 불연속 또는 L 불연속을 바라보게 된다. 이렇게 되면 신호의 상승 시간이 증가한다. 예를 들어, 1 pF의 용량성 부하는 신호의 상승 시간을 50 × 1 pF = 50 psec으로 증가시킨다.

9.11 표피 깊이 효과의 원인은 무엇인가?

표피 깊이(skin depth)는 신호-귀환 경로의 임피던스를 줄이기 위해 신호 경로와 귀환 경로의 전류가 재분포되면서 발생한다. 약 1 MHz 이상의 주파수에서는 임피던스가 루프 인덕턴스에 의해 지배된다. 전류는 루프 인덕턴스를 줄이려고 재분포된다. 이는 두 가지 효과를 의미한다. 신호 전류와 귀환 전류는 서로 최대한 가까워지려 하고, 각 도체 내에서 전류는 최대한 넓게 퍼져 서로 멀리 떨어지려 한다.

9.12 유전체 손실의 원인은 무엇인가?

유전체 손실은 유전체 내의 결합된 쌍극자의 급속한 운동으로 인해 발생한다. 쌍극자들은 신호의 전기장에서 회전하며 유전체 내부에서 전기장 에너지를 운동 에너지와 마찰 에너지로 변환하여 에너지를 흡수한다.

쌍극자의 수가 적거나 쌍극자의 크기가 작은 물질은 전기장으로부터 더 적은 에너지를 흡수하므로 손실이 더 낮다.

9.13 유전체에서 주파수에 따라 누설 전류가 증가하는 이유는 무엇인가?

유전체 손실은 신호 경로와 귀환 경로 사이에 흐르는 AC 누설 전류로 인해 발생한다. 사인파 주파수 성분의 반주기마다 쌍극자는 어느 정도 회전할 수 있다. 이는 약간의 전하 흐름을 나타낸다.

한 주기에서 회전하는 총 전하량은 쌍극자의 개수와 그 분포에 따라 달라진다. 이 양은 고정되어 있다. 흐르는 전류는 반주기마다 흐르는 총 전하량을 반주기 시간으로 나눈 것이다.

신호의 주파수가 높을수록 주기당 시간이 짧아진다. 흐르는 총 전하의 양이 고정되어 있는 경우, 시간 간격이 감소하면 전류가 증가한다. 어떤 유형의 전류이든 전류가 흐르는 시간 간격은 주파수에 따라 선형적으로 감소하므로 유전체 손실은 주파수에 비례한다.

9.14 유전 상수, 손실 계수, 그리고 손실 각도의 차이는 무엇인가?

유전 상수는 유전체 물질의 존재로 인해 신호의 속도가 느려지는 현상을 나타내는 물질 특성이다. 또한 복소 유전 상수의 실수부이기도 하다.

손실 계수(Df로 줄여서 표기함)는 복소 유전 상수의 허수부와 관련이 있으며, 외부 전기장에 의해 움직일 수 있는 쌍극자의 밀도가 얼마인지, 다시 말해 쌍극자의 크기가 얼마나 크고 쌍극자의 개수가 얼마나 많은지를 나타낸다. 유전체 손실은 손실 계수 Df에 정비례한다.

손실 각도는 실제로 복소 유전 상수 벡터와 실수 축 사이의 각도이다. 이는 복소 유전 상수의 실수부에 비해 손실이 얼마나 큰지를 나타내는 척도이다.

손실 계수는 손실 각도의 탄젠트 값으로도 정의할 수 있는데, 이는 복소 유전 상수의 허수부를 복소 유전 상수의 실수부로 나눈 비율이다.

9.15 손실이 없는 이상적인 커패시터 양단에 사인파 전압을 인가할 때, 전압과 전류 사이의 위상은 어떻게 되는가? 소비되는 전력은 얼마인가?

전압의 위상은 전류의 위상을 기준으로 −90도이다.

전압과 전류의 위상차가 90도이므로 전압 × 전류의 내적(dot product)으로 전력을 계산하면 0이 된다. 따라서 이상적인 커패시터를 통한 소비 전력은 없다.

9.16 이상적인 저항기 양단에 사인파 전압을 인가할 때, 전압과 전류 사이의 위상은 어떻게 되는가? 소비되는 전력은 얼마인가?

이상적인 저항기에서 전압과 전류 사이의 위상차는 0도이다. 전압과 전류의 위상이 완벽하게 같으므로 전압 × 전류의 내적인 전력은 전압과 전류의 단순한 곱이 된다. 따라서 소비 전력은 V^2/R 또는 I^2R로 표현할 수 있다.

9.17 FR4로 채워진 커패시터에서 Df = 0.02인 경우, 커패시터를 통과하는 실수 전류와 허수 전류의 비율은 얼마인가? 커패시터에서 저장된 에너지와 주기당 손실되는 에너지의 비율은 얼마인가?

손실 계수 Df는 복소 유전 상수의 허수부와 실수부의 비율이다.

물질을 통과하는 전류는 복소 유전 상수의 각 성분에 비례한다. 전압과 위상이 일치하고 전력 소모에 기여하는 실수부 전류는 복소 유전 상수의 허수부와 관련이 있다.

전압과 위상이 어긋나고, 소모되는 것이 아니라 저장되는 에너지와 관련된 허수부 전류는 복소 유전 상수의 실수부에 비례한다.

실수부 전류와 허수부 전류의 비율은 복소 유전 상수의 허수부와 실수부의 비율, 즉 Df와 같다. 복소 유전 상수의 실수부는 주기당 저장된 에너지의 직접적인 척도이다. 복소 유전 상수의 허수부는 주기당 손실된 에너지의 직접적인 척도이다.

주기당 저장된 에너지와 손실된 에너지의 비율, 즉 시스템의 양호도(Q−factor)는 1/Df이다.

FR4에서 Df = 0.02인 경우, 인터커넥트의 양호도는 50이다.

Df가 매우 작은 경우, 예를 들어 0.002일 때 양호도는 500까지 높아질 수 있다!

9.18 n개 부분 손실 전송선로 모델을 사용하여 2 nsec 길이의 전송선로를 10 GHz 대역폭까지 정확하게 예측하려면 n을 몇 개로 해야 하는가?

합리적인 정확도를 얻는 데 필요한 부분의 개수는 최단 파장당 10개이다. '시간 지연 × 최고 주파수'는 인터커넥트 길이 전체에 걸쳐 있는 주기의 수 또는 파장의 수이다. 충분한 정확도를 위해 주기 수의 10배가 필요하다. 따라서 10 × TD × BW이다. 이 문제에서 부분의 개수 n은 10 × 2 × 10 = 200개이다. 부분의 개수 200은 너무 많아서 실용적이지 않다.

9.19 선로 폭이 각각 5 mil과 10 mil인 50 Ω 선로에서, 1 GHz와 5 GHz에서 도체 손실만으로 인해 발생하는 inch당 감쇠는 얼마인가?

도체 손실만으로 발생하는 감쇠는 대략 $-1/w \times \sqrt{f}$ dB/inch이다. 이 식에는 신호 트레이스의 양쪽 면을 포함한 신호 경로의 표면이 매끄러운(smooth) 구리 손실, 귀환 경로의 작은 손실, 구리의 표면의 거칠기로 인해 2배 더 높은 저항이 모두 들어있다.

선로 폭이 5 mil일 때 1 GHz에서 감쇠는 −0.2 dB/inch이다. 폭이 10 mil일 때는 정확히 절반인 −0.1 dB/inch이다.

도체 손실은 주파수의 제곱근에 비례하여 증가한다. 5 GHz에서, 감쇠는 $\sqrt{5} = 2.2$배로 높아진다. 선로 폭이 5 mil인 경우, 5 GHz에서 감쇠는 −0.44 dB/inch이고 10 mil인 경우에는 −0.22 dB/inch이다.

9.20 5 Gbps 신호의 나이퀴스트 주파수에서 폭이 5 mil인 트레이스에 대해 FR4 채널의 inch당 감쇠는 얼마인가? 또 도체 손실과 유전체 손실 중 어느 쪽이 더 큰가?

도체 손실과 유전체 손실로 인한 총 손실인 전달 계수는 다음과 같다.

$$S21 = -1/w \times \sqrt{f} - 2.3 \times Df \times f \times \sqrt{Dk}$$

여기서 f는 나이퀴스트 주파수로, 이 경우 2.5 GHz이다.

두 손실 항목은 다음과 같다.

$$S21 = -1/5 \times \sqrt{2.5} - 2.3 \times 0.02 \times 2.5 \times \sqrt{4} = -0.32 \text{ dB/inch} - 0.23 \text{ dB/inch}$$

수치를 대입해보면 2.5 GHz에서 도체 손실이 유전체 손실보다 약간 더 높은 것을 알 수 있다. 이것은 대략 5 Gbps 신호를 사용하는 USB 3.0에 해당하는 결과이다.

9.21 1 GHz에서 구리의 표피 깊이는 얼마인가? 또 10 GHz에서는 얼마인가?

간단한 경험 규칙으로서, 1 GHz에서 구리의 표피 깊이는 2 μm이며, 주파수의 제곱근에 따라 감소한다. 주파수를 10배 증가시키면, 표피 깊이는 $1/\sqrt{10} = 0.32$만큼 줄어들어, 2 μm × 0.32 = 0.64 μm가 된다.

9.22 신호의 데이터 전송 속도가 5 Gbps인 경우, 단위 간격(unit interval, UI)은 얼마인가? 신호의 상승 시간이 25 psec라면 ISI가 발생할 것으로 예상되는가?

단위 간격(UI)은 데이터 전송 속도의 역수이다. 데이터 전송 속도가 5 Gbps인 경우, 단위 간격은 1/5 Gbps = 0.2 nsec = 200 psec이다. 채널에서 나오는 신호의 상승 시간 25 psec는 UI에 비해 매우 작다. 따라서 상승 시간 증가로 인한 ISI는 발생하지 않는다. 상승 시간 저하로 인해 이전 비트의 정보가 다음 비트로 유입되는 일은 일어나지 않는다.

9.23 1/2 oz 구리로 만든 선로 폭 5 mil의 신호 선로가 있다. DC와 1 GHz에서의 신호 선로의 길이당 저항은 얼마인가? 단 신호 선로의 상단과 하단에 모두 전류가 흐르는 것으로

가정한다.

1/2 oz 구리의 경우 시트 저항은 1 mΩ/sq이다. 5 mil 폭의 선로에는 inch당 200개의 정사각형이 들어가므로 DC 저항은 1 mΩ/sq × 200 sq = 200 mΩ/inch이다.

이 선로를 구성하는 구리 도체의 두께는 17 μm이다. 1 GHz에서 구리의 표피 깊이는 2 μm이다. 선로의 상단 2 μm와 하단 2 μm 두께에 전류가 흐르는 경우, 전류가 흐르는 총 단면의 두께는 1 GHz에서 4 μm이다.

DC에서는 전류가 17 μm 두께의 단면을 통해 흐르지만 1 GHz에서는 4 μm만을 통해 흐른다. 두께의 비는 17/4 = 4.25배이다. 따라서 1 GHz에서의 저항은 DC 저항보다 4.25배 증가할 것으로 예상할 수 있다.

9.24 FR4에서 선로 폭이 3 mil인 손실이 있는 인터커넥트의 경우, 어느 주파수를 기준으로 이 인터커넥트가 저손실 전송선로와 고손실 전송선로로 구분되는가?

저손실과 고손실 구분의 조건은 R 항과 2πfL 항의 상대적 크기와 관련이 있다. 인터커넥트의 길이당 직렬 저항이 길이당 리액턴스보다 크면 손실이 큰 인터커넥트가 된다. 낮은 주파수로 갈수록 저항은 주파수에 따라 일정하게 유지되지만, 리액턴스 항은 계속 감소한다. 그러다보면 저항이 리액턴스보다 커지는 지점이 생기고, 그 주파수 범위에서는 선로는 손실이 지배적이다.

표피 깊이 한계보다 낮은 저주파에서, 길이당 저항은 일정하며 그 값은 대략 330 square/inch × 1 mΩ/square = 330 mΩ/inch이다.

50 Ω 선로의 길이당 인덕턴스는 대략 8 nH/inch이다.

R > 2πfL 조건을 충족하는 주파수 범위를 계산해보자. 0.3 Ω/inch > 6 × 8 nH/inch × f로부터 f < (0.3/50) GHz = 6 MHz이다. 이는 놀라운 결과이다. 이 결과는 선로의 폭이 매우 좁은 이 전송선로가 6 MHz 이하의 저주파에서 손실이 지배적이라고 말해주고 있다. R 항이 L 항보다 더 성능에 더 큰 영향을 미친다. 6 MHz 이상에서는 실제로 저손실 선로로 동작한다.

9.25 손실이 특성 임피던스에 미치는 영향은 무엇인가? 이 영향은 고손실 영역과 저손실 영역에서는 각각 어떻게 되는가?

특성 임피던스를 생각할 때, 실제로 다루는 것은 특성 임피던스의 실수부이다. 저손실 영역에서 허수부는 손실 계수에서 작은 부분을 차지하고 있는데, 최대 2% 정도이다.

특성 임피던스의 허수부가 미치는 영향은 저항을 가진 부품을 사용하여 선로를 종단할 때 반사를 일으키는 것이다. 이 허수부로 인해 실수 임피던스를 갖는 저항기에서 반사가 일어난다. 복소 특성 임피던스와 일치하는 광대역 복소 임피던스를 설계할 수는 없다.

다행히도, 허수부가 훨씬 더 커지는 것은 5 MHz 이하의 저주파에서만이다. 하지만 이러한 저주파 영역에서는 종단에 대해 걱정할 필요가 없다. 저주파에서는 어떤 인터커넥트에 비해서도 파장이 훨씬 길기 때문에, 저주파수에서 모든 인터커넥트는 집중 회로 소자처럼 보이게 된다.

9.26 손실이 신호의 속도에 미치는 영향은 무엇인가? 이 영향은 높은 손실 영역과 낮은 손실 영역에서는 각각 어떠한가?

손실은 특성 임피던스를 복소수로 만드는 것 이외에 분산을 일으킨다. 다시 말해 손실로 인해 속도는 주파수에 따라 달라진다. 이러한 손실의 영향은 선로에서 저항이 지배적인 역할을 하는 낮은 주파수에서 더욱 크게 나타난다. 5 MHz 이하의 영역에서 이런 일이 일어난다.

저손실 영역에서는, 손실로 인한 분산은 매우 작은 요인이며, 유전 상수로 인한 분산의 영향이 일반적으로 더 크다.

9.27 손실이 전송선로의 특성에 미치는 가장 큰 영향은 무엇인가?

전송선로에서 손실이 미치는 가장 큰 문제는 분산이나 복소 특성 임피던스가 아니다. 가장 큰 영향은 주파수에 따라 달라지는 감쇠에서 비롯된다. 이 감쇠가 상승 시간을 증가시키고 아이 다이어그램에서 눈의 붕괴에 기여한다.

9.28 두 신호의 비율이 −20 dB, −30 dB, −40 dB일 때 두 진폭 비율을 각각 구하라.

dB는 항상 두 전력 비율의 로그값의 10배이다. 값이 −20 dB인 경우, 전력의 비율은 10^{-2}이다. 진폭의 비율은 이의 제곱근인 10^{-1}, 즉 0.1 또는 10%이다.

수식을 사용하여 계산하는 방법은 다음과 같다.

$$비율 = 10^{\frac{dB}{20}}$$

−30 dB의 경우, 비율은 $10^{-1.5} = 0.031 = 3.1\%$이다. −40 dB의 경우는 $10^{-2} = 1\%$이다.

9.29 두 진폭 비율이 50%, 5%, 1%일 때, dB 단위로는 얼마인가?

위 28번 문제와는 반대로 다음 식을 이용하여 % 단위의 진폭 비율을 dB 단위의 값으로 변환한다.

$$값[dB] = 20 \times \log(비율)$$

비율이 50%일 때, dB 값은 $20 \times \log(0.5) = -6$ dB이다.

비율이 5%일 때, dB 값은 $20 \times \log(0.05) = -26$ dB이다.

비율이 1%일 때, dB 값은 $20 \times \log(0.01) = -40$ dB이다.

9.30 전송선로의 선로 폭은 일정하게 유지되고 특성 임피던스가 감소하면 도체 손실은 어떻게 되는가? 선로 폭을 일정하게 유지하면서 임피던스를 줄이려면 어떻게 해야 하는가? 어떤 인터커넥트 구조에서 이런 상황이 발생할 수 있는가?

선로 폭이 고정되어 있고 특성 임피던스가 감소하면 도체 손실로 인한 감쇠가 증가한다. 감쇠는 (길이당 저항)/(특성 임피던스)에 비례한다. 따라서 특성 임피던스가 낮을수록 감쇠는 높아진다.

선로 폭을 변경하지 않고 특성 임피던스를 줄이는 한 가지 방법은 신호 경로와 귀환 경로를 더 가까워지게 것이다. 신호 경로와 귀환 경로 사이에 들어가는 유전체가 얇을수록 특성 임피던스는 낮아지고 도체의 손실로 인한 감쇠는 높아진다.

이러한 상황은 전원면과 접지면에서 발생한다. 전원면과 접지면을 가깝게 가져갈수록 임피던스는 낮아지고 저항 손실은 높아진다. 이것은 전원면과 접지면에서 발생하는 공동 공진(cavity resonance)을 감쇠시키는 강력한 방법이다.

9.31 유전체 손실로 인한 길이당 GHz당 감쇠는 물질 특성에 따라 달라진다. 이 때문에 유전체 손실을 물질의 특성을 평가하는 성능 지표(figure of merit, FoM)로 삼는다. FR4와 Megtron 6의 FoM은 각각 얼마인가? 또 다른 유전체 물질을 선택하고 데이터시트로부터 FoM을 계산하라.

유전체 손실로 인한 inch당 감쇠는 $S21 = -2.3 \times Df \times f \times \sqrt{Dk}$이다. GHz당 inch당 감쇠를 나타내는 FoM은 다음과 같다.

$$FoM = 2.3 \times Df \times \sqrt{Dk}$$

FR4의 경우, $FoM = 2.3 \times 0.02 \times \sqrt{4} = 0.092$이다.

Megtron 6의 경우, $FoM = 2.3 \times 0.004 \times \sqrt{3.6} = 0.017$이다.

9.32 몇몇 손실 선로 시뮬레이터는 이상적인 직렬 저항기와 이상적인 병렬(션트) 저항기로 구성된 모델을 사용한다. 이러한 모델의 문제점은 무엇인가?

손실이 있는 선로의 모든 문제는 손실의 주파수 의존성으로 인해 생긴다. 직렬 저항기가 주파수에 무관하게 저항값이 일정하고 병렬 저항기 역시 저항값이 일정한 경우, 이 모델로 예측하는 손실은 주파수에 따라 일정할 것이다. 이는 손실이 있는 선로의 가장 중요한 특징이 이 모델에서는 시뮬레이션되지 않는다는 것을 의미한다. 따라서 이 모델은 쓸모가 없다.

9.33 나이퀴스트 주파수에서의 감쇠가 대략 어느 정도이면 수신기에서의 아이 다이어그램의 눈이 너무 많이 닫히는가? 5 Gbps 신호의 경우, 이퀄라이저 없이 사용할 수 있는 FR4 인터커넥트의 최대 길이는 얼마인가? 또 10 Gbps 인터커넥트의 경우에는 얼마인가?

나이퀴스트 주파수에서의 감쇠가 약 −10 dB이면 일반적으로 아이 다이어그램의 눈이 너무 많이 닫히고 비트 에러율이 매우 높아진다. 이 감쇠 한계치를 사용하면 손실이 약 −0.2 dB/inch/GHz로 매우 큰 인터커넥트에 대해 −10 dB 한계에 도달하기까지 얼마나 멀리 가야 하는지 다음과 같이 추정할 수 있다.

$$-10\ dB = -0.2\ dB/inch/GHz \times Len \times 2.5\ GHz$$

이 식을 풀면 다음과 같이 길이를 구할 수 있다.

$$\text{Len} = 20 \text{ inch}$$

인터커넥트가 10 Gbps에서 동작하는 경우, 나이퀴스트 주파수는 5 GHz이며, 감쇠가 −10 dB에 도달할 때까지 이동해야 하는 거리는 앞서 구한 거리의 절반인 10 inch이다.

10장

10.1 대부분의 일반적인 디지털 시스템에서, 피해자 선로의 크로스토크가 어느 정도면 과도하다고 할 수 있는가?

일반적으로 크로스토크에 할당되는 양은 전체 노이즈 버짓의 약 30%이다. 전체 노이즈 버짓이 신호 진폭의 15%인 경우, 허용 가능한 크로스토크 양은 신호 스윙의 약 5%이다.

10.2 신호 스윙이 5 V인 경우, 허용 가능한 크로스토크는 몇 mV인가?

일반적으로 허용되는 크로스토크 노이즈로 신호 스윙의 5%를 가정하면 5% × 5 V = 250 mV의 노이즈가 허용된다.

10.3 신호 스윙이 1.2 V인 경우, 허용 가능한 크로스토크는 몇 mV인가?

신호 스윙이 1.2 V일 때, 허용 가능한 노이즈는 5% × 1.2 V = 60 mV이다.

10.4 크로스토크의 근본 원인은 무엇인가?

크로스토크는 한 신호-귀환 경로에서 다른 신호-귀환 경로로 결합하는 프린지 전기장과 프린지 자기장으로 인해 발생한다. 크로스토크는 전기장과 자기장으로 설명하거나 용량성 결합과 유도성 결합으로 근사적으로 설명할 수 있다.

10.5 중첩 원리는 무엇이며, 이 원리가 크로스토크 분석에 어떻게 도움을 주는가?

중첩 원리는 한 선로에 존재하는 전기장 또는 자기장이, 인접한 다른 신호에 의해 그 선로에 유도되는 전기장 또는 자기장에 영향을 미치지 않는다는 것을 의미한다. 즉, 신호가 없는 비활성 선로에 인접한 선로에서 결합되는 프린지 전기장과 자기장이 나타나는 경우, 비활성 선로에 신호가 있을 때도 동일한 프린지 전기장과 자기장이 나타나므로 비활성 선로에는 동일한 노이즈 레벨이 발생한다. 따라서 비활성 선로에 신호가 있을 때 비활성 선로에 발생하는 총 전압은 신호가 없는 상태에서 존재하는 노이즈와 신호의 합이 된다.

10.6 혼성 신호 시스템에서 필요한 격리도는 얼마인가?

많은 RF 수신기의 감도는 송신 신호로보다 −100 dB 만큼 낮다. 이는 수신기가 노이즈에 대해 매우 민감하다는 것을 의미한다. 크로스토크로 인한 영향을 최소화하는 데 도움이 되는 한 가지 특징은 대부분의 RF 수신기가 매우 좁은 주파수 대역을 사용한다는 것이다. 따라서 수신기는 필터의 대역폭 내 디지털 노이즈에 대해서만 걱정하면 된다. 그러나 송신기와의 격리도는 −100 dB 정도로 낮아야 한다.

10.7 크로스토크의 두 가지 근본적인 원인은 무엇인가?

크로스토크는 프린지 전기장과 자기장의 결합과 관련이 있다. 프린지 전기장과 자기장이 없으면 크로스토크도 발생하지 않는다. 크로스토크의 근본 원인을 아는 것이 중요한 이유는 먼저 근본 원인을 알아야 크로스토크를 제어하고 줄일 수 있기 때문이다.

크로스토크를 줄이는 한 가지 중요한 방법은 한 신호-귀환 경로에서 다른 신호-귀환 경로로 결합하는 프린지 전자기장의 범위가 최소가 되도록 기하학적 구조를 설계하는 것이다. 그중 가장 중요한 두 가지 설계 방식은 귀환 경로를 신호 경로에 더 가깝게 가져오고 두 신호 경로를 더 멀리 떨어트리는 것이다.

10.8 결합(coupling) 현상을 나타내는 등가 회로 모델에 포함되는 소자는 무엇인가?

결합 현상의 본질은 전기장 결합과 자기장 결합이지만, 이 현상을 상호 커패시터와 상호 인덕터라는 회로 소자로 근사화할 수 있다. 이 회로 소자들을 사용하여 신호 경로와 결합을 포함하는 등가회로 모델을 구축하고, SPICE와 같은 회로 시뮬레이터를 사용하여 크로스토크 노이즈를 시뮬레이션할 수 있다.

10.9 신호의 상승 시간이 0.5 nsec이고, 결합 길이가 12 inch인 경우, n개 부분 LC 모델에 필요한 부분의 수는 몇 개인가?

크로스토크를 시뮬레이션하기 위해 집중 회로 모델을 사용하고 n개 부분 전송선로 모델을 사용하는 경우, $10 \times TD \times BW = 10 \times 12/6 \times 0.35/0.5 = 14$개의 부분이 필요하다. 따라서 각 전송선로에는 14개의 LC 부분이 필요하고, 상호 커패시터와 상호 인덕터 부분도 14개가 필요하다.

10.10 프린지 전기장과 자기장의 범위를 줄이는 두 가지 방법은 무엇인가?

크로스토크의 근본 원인이 프린지 전기장과 자기장에 의한 결합이라는 것을 알면, 이 전기장과 자기장의 범위를 줄이기 위한 설계를 할 수 있다. 가장 중요한 두 가지 방법은 신호 선로들을 서로 더 멀리 떨어트리고 귀환 경로를 신호 선로에 더 가깝게 가져오는 것이다.

10.11 활성 선로와 비활성 선로 사이에 전달되는 총 전류가 신호의 상승 시간과 무관한 이유는 무엇인가?

상승 에지의 공간 범위가 결합 길이보다 짧으면 활성 선로에서 비활성 선로로 결합되는 전류의 양은 상승 시간과는 상관이 없다.

용량성 결합 전류는 결합 커패시턴스와 dV/dt와 관련이 있다. 결합 커패시턴스는 신호 에지의 공간적 범위에 따라 달라진다. 결합 커패시턴스는 dV/dt가 존재하는 에지 길이에 걸쳐서만 존재한다.

활성 선로에서 비활성 선로로 흐르는 총 용량성 결합 전류는 $RT/v \times dV/RT = dV/v$에 비례한다. 상승 시간이 짧을수록 결합 영역은 짧아지고 총 결합 커패시턴스는 작아진다. 하지만 상승 시간이 짧을수록 dV/dt는 더 크다. 이 두 가지 효과의 조합으로 인해 용량성 결합 전류는 상승 시간과는 관련이 없게 된다.

유도성 결합 전류도 마찬가지 방법을 적용하여 분석하면 상승 시간에 무관하다.

10.12 근단 노이즈의 특징(signature)은 무엇인가?

근단 크로스토크는 신호가 공격자 선로에 진입하자마자 근단에 나타난다. 근단 노이즈는 비활성 선로에서 역방향으로 이동한다. 근단 노이즈는 신호의 상승 시간을 따라 발생하기 시작하여 신호 에지의 선행 부분이 1/2 × RT의 시간 지연 거리를 진행하면 포화 상태, 즉 일정한 값에 도달한다.

근단 노이즈 전압은 두 선로의 왕복 전파 시간에 해당하는 시점까지 이 포화 값을 유지한 다음에 하강 시간을 따라 떨어진다.

신호 에지가 상승 에지인 경우에 근단 노이즈는 양(+)의 값이 되고 신호 에지가 하강 에지인 경우에 근단 노이즈는 음(−)의 값이 된다.

10.13 마이크로스트립에서 원단 노이즈의 특징은 무엇인가?

유전체가 비대칭적으로 분포된 구조인 마이크로스트립에서만 원단 노이즈가 발생한다. 비활성 선로의 원단 크로스토크 노이즈는 신호가 활성 선로를 모두 통과할 때까지 비활성 선로에서 발생하지 않는다. 다시 말해, 원단 크로스토크는 신호가 활성 선로로 신호가 진입한 후 TD만큼 시간이 지나서 발생한다.

원단 크로스토크 노이즈는 일반적으로 상승 에지의 경우 음의 방향이고, 하강 에지의 경우 양의 방향이다. 원단 크로스토크 노이즈의 펄스 폭은 신호의 상승 시간과 같다. 노이즈 펄스의 최대 전압은 결합 길이에 비례하고 상승 시간에 반비례하며, 두 선로가 서로 가까워질수록 증가한다.

10.14 스트립라인에서 원단 노이즈의 특징은 무엇인가?

이것은 착각하기 쉬운 문제이다. 유전체가 균질하면 스트립라인에서는 크로스토크가 발생하지 않는다. 프리프레그 층의 유전 상수와 코어 층의 유전 상수 사이에 약간의 차이가 있으면 작은 크기의 원단 크로스토크가 발생할 수 있지만, 그 크기는 일반적으로 마이크로스트립에서 볼 수 있는 원단 크로스토크의 5% 미만이다.

10.15 강하게 결합된 스트립라인 쌍의 전형적인 근단 크로스토크 계수는 얼마인가?

50 Ω 스트립라인에서 선로의 간격이 선로의 폭과 같을 때, 근단 크로스토크는 약 6%이다. 근단 크로스토크 값을 정확하게 알 수 있는 유일한 방법은 프린지 전자기장의 형태를 고려하여 시뮬레이션을 수행하는 2D 전자기장 솔버를 사용하는 것이다.

10.16 두 개의 결합된 마이크로스트립에서 비활성 선로의 원단이 개방되어 있을 때, 비활성 선로의 근단에서 노이즈 특징은 무엇인가?

비활성 선로의 원단이 개방되어 있으면, 순방향으로 진행하는 크로스토크인 원단 크로스토크는 개방된 끝(원단)에서 반사되어 근단으로 되돌아온다. 신호가 공격자 선로에 진입하면서 비활성 선로의 근단에는 초기 근단 노이즈 파형이 나타나기 시작한다. 한 번의 왕복 전파 시간 지연이 지나서 근단 노이즈의 마지막 부분이 근단으로 돌아오면, 개방된 끝에서 반사되어 근단으로 돌아온 원단 노이즈를 비활성 선로의 근단에서 볼 수 있다. 이 노이즈는 근단 노이즈에서 음(−)으로 크게 내려갔다 올라오는 파형으로 나타난다.

10.17 활성 선로에서 신호가 상승 에지일 때, 근단 노이즈는 양의 방향이다. 활성 신호가 하강 에지일 때 노이즈 특징은 무엇인가? 활성 선로의 신호가 사각파일 때 노이즈 특징은 무엇인가?

신호가 하강 에지일 때, 예를 들어 1 V에서 0 V로, 또는 0 V에서 −1 V로 떨어지면, 비활성 선로에서 포화된 근단 노이즈는 음의 전압이 된다.

공격자 선로로 사각파를 보내면, 처음에는 양의 근단 포화 전압이 나타났다가 왕복 전파 지연 시간 후에 사라진다. 그러고 나서 왕복 전파 지연 시간 동안 음의 포화 전압 레벨이 지속되는 것을 볼 수 있다. 클록 주기가 길수록 양의 신호와 음의 신호 사이의 시간이 길어진다.

10.18 맥스웰 커패시턴스 행렬의 비대각선 원소들이 음수인 이유는 무엇인가?

맥스웰 커패시턴스 행렬의 비대각선 원소들의 부호는 행렬 원소의 정의에서 정해진다. 각 커패시턴스 행렬 원소는 항상 전하와 전압의 비율이다.

비대각선 행렬 원소의 경우, 모든 도체를 접지하고 첫 번째 도체에 1 V를 인가한다. 그러고 나서 두 번째 도체에 유도된 전하를 측정한다. 비대각선 행렬 원소는 첫 번째 도체의 전압에 대한 두 번째 도체의 전하의 비율이다.

첫 번째 도체에 양의 1 V가 인가되면, 다른 모든 도체에 존재하는 양의 전하를 밀어내므로 음의 전하가 남는다. 따라서 다른 모든 도체는 알짜 음전하를 가진다. 이 음전하로 인해 비대각선 행렬 원소들은 모두 음수가 된다.

10.19 신호의 상승 시간이 0.2 nsec일 때, FR4 인터커넥트에서 근단 크로스토크의 포화 길이는 얼마인가?

포화 길이는 신호 상승 시간의 1/2에 해당하는 결합 길이에 대한 시간 지연이다. 문제에서 주어진 상승 시간이 0.2 nsec이므로 포화 시간 지연은 $1/2 \times 0.2$ nsec = 0.1 nsec이다. 이 포화 길이는 대략 6 inch/nsec × 0.1 nsec = 0.6 inch에 해당한다. 결합 길이가 0.6 inch 이상이면 근단 크로스토크는 최대 포화 값에 도달한다.

10.20 스트립라인에서 용량성 결합 전류와 유도성 결합 전류 중에서 어느 것이 원단 크로스토크를 더 많이 발생시키는가?

스트립라인에서 용량성 결합 전류와 유도성 결합 전류는 상대적으로 정확히 같으며 둘 다 똑같이 중요하다. 이 때문에 스트립라인에서는 원단 크로스토크가 없다. 원단 크로스토크는 유도성 결합 전류와 용량성 결합 전류 사이의 차이이다. 스트립라인에서 원단 크로스토크가 없다는 사실은 이 두 전류의 크기가 같다는 것을 의미한다.

10.21 근단 노이즈는 길이와 상승 시간에 따라 어떻게 변하는가?

결합 길이가 상승 시간의 1/2보다 짧으면 근단 노이즈 전압의 크기는 결합 길이에 비례하여 증가한다. 결합 길이가 상승 시간의 1/2보다 긴 경우, 근단 노이즈 전압의 크기는 결합 길이가 증가해도 동일하게 유지된다. 마찬가지로, 공격자 선로의 신호 상승 시간은 근단 노이즈의 전압 크기에 영향을 미치지 않는다.

10.22 마이크로스트립에서 원단 크로스토크는 길이와 상승 시간에 따라 어떻게 변하는가?

마이크로스트립에서 원단 노이즈는 결합 길이에 따라 선형적으로 증가한다. 원단 노이즈는 신호 에지가 신호 선로를 따라 전파됨에 따라 마치 눈덩이처럼 커진다.

또한 원단 노이즈는 상승 시간에 반비례하여 증가한다. 상승 시간이 짧을수록 원단 노이즈의 폭은 좁아지고 피크 값은 커진다.

10.23 스트립라인에서 원단 노이즈가 없는 이유는 무엇인가?

원단 노이즈의 발생 원인은 두 가지로 생각해볼 수 있다. 먼저, 용량성 결합 모델과 유도성 결합 모델을 사용하는 경우, 원단 크로스토크는 유도성 결합 전류와 용량성 결합 전류의 차이이다. 스트립라인에서는 유도성 결합 전류와 용량성 결합 전류가 같으므로 원단에서 상쇄된다.

다음으로 차동 쌍을 구성하는 두 선로(p 선로와 n 선로)에서 차동 신호의 속도와 공통 신호의 속도의 차이를 두 선로의 원단 크로스토크의 발생 원인으로 생각할 수 있다. 스트립라인에서는 모든 곳에서 유전체가 균일하므로 차동 신호의 속도는 공통 신호의 속도와 같다. 차동 신호와 공통 신호는 동일한 속도로 전파하므로 비활성 선로인 n 선로에 나타나는 차동 성분과 공통 성분은 n 선로에서 정확히 상쇄되어 n 선로의 원단에는 신호가 발생하지 않는다.

10.24 근단 크로스토크를 줄이기 위해 조정할 수 있는 세 가지 설계 특징은 무엇인가?

근단 크로스토크를 줄이기 위해 조정해야 할 가장 중요한 설계 특징은 신호 선로들을 가능한 한 멀리 떨어트리는 것이다. 이렇게 하면 공격자 선로에서 피해자 선로로 이동하는 프린지 전자기장 선의 개수를 줄일 수 있다.

다음으로 조정할 수 있는 두 번째 설계 특징은 귀환면을 가능한 한 신호 선로에 가깝게 가져오는 것이다. 이렇게 하면 프린지 전자기장이 공격자 선로 가까이에 더욱 집중된다. 이는 또한 선로의 특성 임피던스를 낮게 설계하는 것이 된다.

조정할 수 있는 마지막 특징은 결합 길이를 포화 길이보다 짧게 유지하는 것이다. 하지만 선로의 길이를 포화 길이보다 짧게 만들 수 없는 경우에는 결합 길이가 짧아도 아무런 이점이 없다.

10.25 원단 크로스토크를 줄이기 위해 조정할 수 있는 세 가지 설계 특징은 무엇인가?

원단 크로스토크는 근단 크로스토크와 동일한 두 가지 조건-신호 트레이스들을 서로 더 멀리 배치하고 귀환면을 신호 경로에 더 가까이 배치하는 것-으로 줄일 수 있다.

또한, 원단 크로스토크는 결합 길이에 비례하고 상승 시간의 역수에 비례한다. 따라서 결합 길이를 줄이고 상승 시간을 증가시키면 원단 크로스토크를 줄일 수 있다.

마지막으로, 원단 크로스토크가 우려되는 경우에는 신호 경로를 스트립라인으로 배선해야 한다.

10.26 낮은 유전 상수가 크로스토크를 줄이는 이유는 무엇인가?

낮은 유전 상수 자체가 크로스토크를 줄이는 것은 아니다. 실제로 스트립라인 구조로 되어있으면 유전체를 유전 상수가 낮은 유전체로 교체해도 근단 크로스토크는 변하지 않는다.

그러나 낮은 유전 상수로 변경하면 특성 임피던스가 증가하게 된다. 이를 원래의 목표 임피던스 값으로 되돌리려면 귀환면을 신호 경로에 더 가깝게 가져와야 한다. 특성 임피던스를 동일하게 유지하기 위해 귀환면을 더 가깝게 가져오면 크로스토크는 줄어든다. 이는 귀환면을 신호 선로에 더 가깝게 가져오면 프린지 전자기장이 공격자 신호 선로 주변으로 제한되기 때문이다.

10.27 두 신호 선로 사이에 보호 트레이스를 추가하는 경우, 신호 선로들을 얼마나 멀리 떨어뜨려야 하는가? 트레이스들이 서로 떨어져 있을 때 보호 트레이스를 추가하지 않으면 근단 크로스토크는 어떻게 되는가? 이보다 낮은 크로스토크가 필요한 응용 분야는 무엇인가?

신호 선로 사이에 보호 트레이스를 넣기 위해서는 신호 선로를 선로 폭의 세 배에 해당하는 간격으로 떨어뜨려 놓아야 한다. 신호 선로들을 이 정도만 떨어뜨려 놓으면 크로스토크를 1% 미만으로 낮출 수 있다. 이 정도 수치는 대부분의 디지털 응용 분야에 완벽하게 적합한 수준이다.

실제로는 신호 선로 사이에 보호 트레이스를 추가할 필요가 없다. 공격자 선로가 5 V 신호를 사용하고 피해자 선로가 1 V 신호를 사용하는 경우, 1 V 선로에서 허용 가능한 노이즈 수준은 50 mV이다. 이 수치는 5 V 선로의 1% 정도이다.

보호 트레이스가 필요한 분야는 ADC나 DAC 회로와 같이 1% 미만의 크로스토크를 요구하는 민감한 아날로그 선로이다.

10.28 정말로 높은 격리가 필요한 경우, 보호 트레이스를 사용할 때 가장 높은 격리를 제공하는 구조는 무엇인가? 보호 트레이스는 어떻게 종단 처리를 해야 하는가?

정말로 높은 격리가 필요한 경우, 신호 트레이스들은 스트립라인으로 배선해야 하며, 노이즈가 많은 공동구조를 통과하지 않아야 한다. 보호 트레이스의 길이를 결합 길이와 동일하게 하고 보호 트레이스의 양쪽 끝을 귀환면에 단락시키면 스트립라인에서의 결합을 크게 감소시킬 수 있다. 이렇게 하면 보호 트레이스에서 근단 노이즈가 음(−)의 값으로 반사되고 공격자 신호와 같은 방향으로 전파되어 피해자 선로에서 근단 크로스 토크를 감소시키는 데 도움이 된다.

10.29 접지 바운스의 근본 원인은 무엇인가?

접지 바운스는 인덕턴스를 가진 공통 귀환 경로를 통과하는 귀환 전류의 dI/dt에 의해 발생한다. 귀환 경로의 총 인덕턴스가 높을수록 접지 바운스는 더 커진다. 잘못 설계된 공통 귀환 경로를 통해 더 많은 신호들의 귀환 전류가 흐를수록 접지 바운스 전압이 높아진다.

공통 귀환 경로를 공유하는 모든 신호는 이 접지 바운스를 자신들의 노이즈 일부로 바라보게 된다.

10.30 접지 바운스를 줄이기 위한 세 가지 설계 특징을 말하라.

접지 바운스는 귀환 경로의 총 인덕턴스를 통과하는 dI/dt와 관련이 있으므로, 다음 방법으로 접지 바운스를 감소시킬 수 있다:

1. 넓고 짧은 경로를 사용하여 귀환 경로의 인덕턴스를 줄인다.
2. 동일한 공통 귀환 경로를 사용하는 신호의 수를 줄여 dI/dt를 감소시킨다.
3. 여러 개의 귀환 경로를 추가하여 공통 리드 인덕턴스를 감소시키고, 어느 한 귀환 경로를 통해 흐르는 신호들의 귀환 전류의 수를 줄인다.

11장

11.1 차동 쌍이란 무엇인가?

차동 쌍은 두 개의 전송선로로 구성된다. 그것이 전부이다. 이러한 구조에서 차동 신호의 신호 품질을 향상시키는 몇 가지 특수한 특징이 있다.

11.2 차동 신호 방식이란 무엇인가?

차동 신호 방식은 서로 다른 두 개의 신호 선로인 p 선로와 n 선로에 상보 신호(complimentary signal)를 보내서 정보를 전송하는 것을 말한다. 두 선로에 상보 신호를 보내면 한 신호 선로가 온(on)이 될 때 다른 신호선로는 오프(off)가 되며 정보는 두 신호 선로의 전압 차이로 전송된다.

11.3 단일 종단 신호 방식과 비교할 때 차동 신호 방식의 세 가지 장점은 무엇인가?

차동 신호를 구동할 때 드라이버의 알짜 V_{cc} 전류와 V_{ss} 전류는 대부분 일정하다. 한 선로가 온이면 다른 선은 오프이므로 차동 드라이버를 통해 흐르는 알짜 전류는 일정하다. 이렇게 되면 접지 바운스와 레일 붕괴 노이즈가 크게 줄어든다.

차동 수신기는 일반적으로 단일 종단 수신기보다 민감하다. 다시 말해 더 작은 신호를 수신할 수 있거나 더 큰 노이즈 마진을 가진다. 이 특성은 채널에 많은 감쇠가 있을 때 중요하다.

차동 신호는 귀환 경로의 불연속에 더 강한 내성을 가진다. 차동 쌍이 귀환 경로의 갭을 가로지를 때 귀환 전류의 알짜 dI/dt는 거의 0이므로 접지 바운스가 발생하지 않는다. 이런 장점은 특히 차동 신호가 비아를 통해 공동구조를 통과할 때 더욱 두드러지게 나타난다. 이때 시간에 따라 변화하는 알짜 전류는 0이고 차동 비아에서 발생하는 공동 노이즈는 거의 없다.

11.4 차동 신호 방식이 접지 바운스를 줄이는 이유는 무엇인가?

접지 바운스는 여러 개의 신호 선로들의 귀환 전류가, 잘못 만들어진 귀환 경로를 공유하는 경우에 발생한다. 엉망인 귀환 경로의 높은 인덕턴스를 통과하는 귀환 전류의 dI/dt가 접지 바운스를 발생시킨다.

차동 신호의 귀환 전류가 이런 잘못된 귀환 경로를 통과할 때 차동 쌍의 p 선로 신호의 귀환 전류의 dI/dt와 n 선로 신호의 귀환 전류의 dI/dt가 서로 겹쳐 흐르므로 상쇄된다. 따라서 알짜 dI/dt는 없다. 이는 접지 바운스가 없다는 것을 의미한다.

11.5 차동 쌍에 대해 배우기 전에 가졌던 두 가지 오해를 나열하라.

일반적인 오해는 차동 쌍에서 한 선로의 귀환 전류가 다른 선로에 의해 전달된다는 것이다. 그러나 이 말은 차동 쌍에 인접한 귀환면이 없는 경우에만 사실이다. 트위스티드 페어 케이블이나 커넥터 핀들의 경우에는 이 말이 맞지만 기판 수준에서는 그렇지 않다.

차동 쌍에서 공통 전류가 방사성 방출을 일으킨다고 알려져 있는 것도 흔한 오해이다. 공통 전류가 방사성 방출을 일으킬 수 있는 것은 사실이지만, 기판 수준에서 마이크로스트립과 스트립라인 차동 쌍에 흐르는 공통 전류는 단일 종단 신호와 마찬가지로 방사성 방출을 발생시키지 않는다.

11.6 LVDS 신호에서 전압 스윙의 범위를 말하라. 또 차동 신호 스윙의 범위를 말하라.

LVDS 신호에서 각 신호 선로의 전압은 1.4 V에서 1.15 V로 스윙한다. 즉 p 선로는 1.4 V이고 n 선로는 1.15 V인 상태에서 스위칭을 시작한다. 그러면 그 다음에 p 선로는 1.15 V가 되고 n 선로는 1.4 V가 된다. 이는 차동 신호가 +0.25 V에서 −0.25 V로 스위칭을 하는 것이 되므로 차동 신호의 피크-대-피크 스윙은 0.5 V이다.

11.7 두 개의 단일 종단 신호를 차동 쌍으로 하여 전송하려고 한다. 한 선로에는 0 V에서 1 V로 스윙을 하는 신호를 보내고 다른 선로에는 1 V에서 0 V로 스윙을 하는 신호를 보낸다. 이 두 신호는 차동 신호인가? 차동 신호 성분과 공통 신호 성분은 무엇인가?

두 단일 종단 신호는 순수한 차동 신호가 아니다. 두 신호에는 차동 신호 성분이 있지만, 공통 신호 성분도 있다. 이 두 신호는 실제로는 차동 신호 성분과 공통 신호 성분의 조합이다. 차동 신호 성분은 두 신호의 차이이고, 공통 신호 성분은 두 신호의 평균이다.

따라서 차동 신호는 −1 V에서 +1 V 사이를 스윙하고 피크-대-피크 스윙은 2 V이다. 공통 신호 성분은 평균인 0.5 V로 일정하다.

11.8 노이즈에 강한 내성을 가진 차동 쌍의 네 가지 핵심 특징을 나열하라.

어떤 두 전송선로라도 차동 쌍을 구성하지만 차동 신호의 품질을 좋게 만드는 몇 가지 특별한 특징이 있다.

- **제어된 임피던스**: 전송선로의 단면은 선로를 따라 균일해야 한다. 이는 선로에서 반사가 일어나는 것을 막는다.
- **대칭**: p 선로와 n 선로는 구조가 동일하고 길이도 같아야 한다. 이는 모드 변환을 줄인다.
- **강한 결합**: 차동 쌍은 두 선로 사이의 결합 정도에 관계없이 좋은 신호 품질을 갖지만 강하게 결합된 차동 쌍을 사용하면 인터커넥터의 밀도를 높일 수 있으므로 기판 제조비용이 낮아진다.
- **빈 데가 없는 평면 형태의 귀환면 위쪽에 트레이스를 배선**: 차동 신호는 귀환 경로의 불연속에 강한 내성을 가지지만 접지 바운스에 민감한 공통 신호 성분을 가질 수 있다. 차동 쌍에는 언제나 공통 신호 성분이 차동 신호 성분과 함께 전파되고 있다고 가정하고 차동 쌍을 설계하고 배선해야 한다.

11.9 차동 임피던스는 무엇을 가리키는가? 이것은 각 선로의 특성 임피던스와 어떻게 다른가?

차동 임피던스는 차동 신호가 바라보는 임피던스이다. 차동 임피던스는 p 선로과 n 선로의 전압 차이이다. 각 선로의 특성 임피던스는 각 선로의 단일 종단 임피던스이다.

두 신호 선로가 충분히 멀리 떨어져 있어서 서로 결합되지 않은 경우, 차동 임피던스는 각 선로의 단일 종단 임피던스의 두 배이다. 두 신호 선로가 서로 가까워지면 결합이 증가하면서 차동 임피던스가 감소한다.

11.10 두 개의 결합되지 않은 전송선로의 단일 종단 특성 임피던스가 45 Ω일 때, 이 쌍에서 전파되는 차동 신호가 바라보는 임피던스는 얼마인가? 또 공통 신호가 바라보는 임피던스는 얼마인가?

차동 쌍을 이루는 두 선로가 결합되지 않은 경우, 차동 임피던스는 단일 종단 특성 임피던스의 두 배이다. 따라서 차동 임피던스는 90 Ω이다.

공통 임피던스는 두 단일 종단 임피던스의 병렬 조합이다. 이 경우, 병렬로 연결된 두 45 Ω 선로의 공통 임피던스는 22.5 Ω이다.

11.11 회로 기판에서 마주보는 양쪽 모서리를 따라 하나씩 배치한 두 개의 신호 선로로 차동 쌍을 구성할 수 있을까? 이 경우에 있을 수 있는 세 가지 단점은 무엇인가?

이 질문에 대한 답은 "그렇다"이다. 차동 쌍은 어떤 두 전송선로로도 구성할 수 있다. 두 선로가 5 inch나 떨어져 있어도 차동 쌍이 될 수 있지만 이것은 좋은 생각이 아니다.

차동 쌍을 이루는 두 선로가 멀리 떨어져 있으면 p 선로나 n 선로에, 다른 신호 선로나 소스로부터 오는 결합이 쉽게 발생할 수 있다. 이렇게 되면 두 선로에 차동 신호 크로스토크와 공통 신호 크로스토크가 발생한다.

차동 쌍을 이루는 두 선로에서 전파되는 신호들은 신호 선로 바로 아래쪽에 흐르는 귀환 전류를 가진다. 두 신호 선로 중에서 어느 한 신호 선로가 귀환 경로의 불연속 위쪽을 지나면 두 귀환 전류가 상쇄되는 일이 일어나지 않으므로 접지 바운스가 발생한다. 따라서 이 차동 쌍은 접지 바운스로 인해 신호 품질에 영향을 받는다.

차동 쌍을 이루는 두 선로 사이의 어떤 비대칭도 모드 변환에 기여한다. 두 선로가 기판상에서 서로 가깝게 배치되면 이들은 동일한 환경을 바라보고 동일한 특징과 길이를 가질 가능성이 높아진다. 두 선로가 양쪽 모서리를 따라 서로 멀리 떨어져 있으면 제작된 기판의 한쪽 모서리와 다른 쪽 모서리 사이에 존재하는 여러 가지 차이점으로 인해 비대칭이 증가한다.

11.12 차동 쌍을 이루는 두 선로가 서로 가까워질 때, 차동 임피던스가 감소하는 이유는 무엇인가?

두 선로가 서로 가까워질수록 한 선로에서 다른 선로로 결합되는 프린지 전기장 선이 증가한다. 그러면 두 선로 사이에 존재하는 dV/dt에 대해 두 선로 사이에는 더 많은 용량성 결합 전류가 흐른다. 동일한 신호 전압에 대해 선로에 더 많은 전류가 흐르면 선로의 임피던스는 낮아진다.

또한, 한 선로의 전류 루프의 상호 인덕턴스는 다른 선로의 유효 루프 인덕턴스를 감소시킨다. 각 선로의 루프 인덕턴스가 낮아지면 그 선로의 홀수 모드 임피던스가 감소하므로 차동 임피던스가 감소한다.

11.13 차동 쌍을 이루는 두 선로가 서로 가까워질 때, 공통 임피던스가 증가하는 이유는 무엇인가?

두 선로에 각각 단일 종단 신호를 인가하면 각 선로에는 신호 선로에서 귀환 경로로 가는 일부 프린지 전기장이 발생하여 선로의 길이당 커패시턴스와 특성 임피던스에 기여한다. 두 선로가 공통 신호로 구동될 때, 두 선로에는 동일한 전압이 인가된다. 두 선로의 전압이 동일하면 두 선로 사이에는 프린지 전기장이 없다.

두 선로에 공통 신호가 인가되면 두 선로 사이의 프린지 전기장이 감소하므로 길이당 커패시턴스가 줄어든다. 길이당 커패시턴스가 감소하면 짝수 모드 임피던스는 증가한다.

또한 두 선로에 각각 동일한 전류가 흐르면 한 선로의 자기장 선에 다른 선로에서 발생한 자기장 선이 추가되므로 한 선로의 유효 루프 인덕턴스가 증가한다. 이렇게 되면 그 선로의 임피던스가 증가한다.

11.14 차동 쌍의 차동 임피던스를 계산하는 가장 효과적인 방법은 무엇인가? 그 이유도 함께 설명하라.

차동 쌍의 차동 임피던스에 가장 크게 기여하는 것은 프린지 전기장과 자기장이다. 프린지 전자기장을 고려하는 가장 좋은 방법은 2차원 전자기장 솔버를 사용하는 것이다. 이 도구를 사용하면 가장 정확한 차동 임피던스 값을 얻을 수 있다.

차동 쌍의 단면이 길이를 따라 균일한 경우에는 3D 전자기장 솔버를 사용할 필요는 없다. 3D 전자기장 솔버의 경우, 시뮬레이션을 하는 데 더 오랜 시간이 걸리며 일반적으로 차동 임피던스 값을 수치로 제공하지 않고 S 파라미터의 형태로 결과를 제공한다.

11.15 차동 모드 임피던스와 공통 모드 임피던스라는 용어를 사용하는 것이 바람직하지 못한 이유는 무엇인가?

차동 모드와 공통 모드라는 용어를 사용하지 말아야 하는 이유로는 두 가지가 있다. 차동 모드와 공통 모드는 실제로 홀수 모드와 짝수 모드라고 불러야 한다. 홀수 모드와 짝수 모드라는 용어를 사용하면 모드 개념에 대한 좋은 공학적 모델을 형성하는 데 도움이 된다.

더 중요한 것은 홀수 모드와 짝수 모드는 잘 정의된 임피던스를 가지고 있다는 점이다. 홀수 모드 임피던스와 차동 임피던스 사이에는 연관성이 있지만, 이 두 임피던스는 같지 않다. 차동 모드 임피던스라는 용어를 사용하면, 이것이 홀수 모드 임피던스를 가리키는지, 아니면 차동 임피던스를 가리키는지 약간 모호하다.

마찬가지로 공통 임피던스와 짝수 모드 임피던스는 서로 관련이 있지만, 역시 같지 않다. 공통 모드 임피던스라는 용어를 사용하면 짝수 모드와 공통 신호라는 두 개념을 혼동할 수 있다. 짝수 모드와 공통 신호는 다른 것인데 공통 모드 임피던스라고 하면 정확히 둘 중 어느 쪽을 말하는지 알 수 없다.

차동 임피던스와 공통 임피던스, 홀수 모드와 짝수 모드, 이렇게 말하는 것이 훨씬 명확하다. 이 용어들을 사용하면 항상 모호함이 없다. 이미 혼동하기 쉬운 용어들이 충분히 많은데 굳이 더 헷갈리게 만들 필요가 없다.

11.16 홀수 모드 임피던스는 무엇이며, 차동 임피던스와 어떻게 다른가?

홀수 모드 임피던스는 차동 신호로 한 쌍의 전송선로가 구동될 때 차동 쌍 전송선로 중 한 선로의 임피던스이다. 즉 홀수 모드 임피던스는 한 쌍의 선로가 아닌 한 선로의 임피던스이다. 차동 임피던스는 한 쌍의 선로의 임피던스로 두 선로가 서로 직렬로 연결된 임피던스이다. 따라서 차동 임피던스는 두 선로 각각의 홀수 모드 임피던스의 직렬 조합이므로 차동 임피던스는 홀수 모드 임피던스의 두 배이다.

11.17 짝수 모드 임피던스는 무엇이며, 공통 임피던스와 어떻게 다른가?

짝수 모드 임피던스는 공통 신호로 한 쌍의 전송선로가 구동될 때 차동 쌍 전송선로 중 한 선로의 임피던스이다. 공통 임피던스는 두 선로가 병렬로 연결된 임피던스이다. 따라서 공통 임피던스는 짝수 모드 임피던스의 절반이 된다.

11.18 차동 쌍을 이루는 두 선로가 결합되지 않고 각 선로의 단일 종단 임피던스가 50 Ω일 때, 차동 임피던스와 공통 임피던스는 얼마인가? 두 선로가 서로 가까워지면 각각의 임피던스는 어떻게 되는가?

두 선로가 결합되지 않은 경우, 차동 임피던스는 어느 한 선로의 단일 종단 임피던스의 두 배이고, 공통 임피던스는 단일 종단 임피던스의 절반이다. 두 단일 종단 선로가 각각 50 Ω일 때, 차동 임피던스는 2 × 50 Ω = 100 Ω이고 공통 임피던스는 1/2 × 50 Ω = 25 Ω이다.

두 선로가 서로 가까워질수록 차동 임피던스는 감소하고 공통 임피던스는 증가한다.

11.19 차동 쌍을 이루는 두 선로가 결합되지 않고 각 선로의 단일 종단 임피던스가 37.5 Ω일 때, 홀수 모드 임피던스와 짝수 모드 임피던스는 얼마인가?

이것은 착각하기 쉬운 문제이다. 차동 쌍을 이루는 두 선로 사이에 결합이 없을 때 홀수 모드 임피던스는 한 선로의 단일 종단 임피던스와 같다. 마찬가지로 짝수 모드 임피던스도 단일 종단 임피던스와 같다. 따라서 홀수 모드 임피던스와 짝수 모드 임피던스는 둘 다 37.5 Ω이다.

11.20 강하게 결합된 차동 쌍의 차동 임피던스가 100 Ω인 경우, 공통 임피던스는 25 Ω보다 높은가, 낮은가, 같은가?

차동 임피던스가 100 Ω이면 홀수 모드 임피던스는 50 Ω임을 알 수 있다. 두 선로를 서로 멀리 떨어뜨려 결합되지 않게 하면, 홀수 모드 임피던스는 50 Ω보다 커진다. 두 선로가 결합되지 않은 경우, 홀수 모드 임피던스와 짝수 모드 임피던스는 동일하다. 따라서 결합되지 않은 경우에 짝수 모드 임피던스는 50 Ω보다 높다. 두 선로를 서로 가까이 가져가 강하게 결합된 상태가 되면 공통 임피던스는 25 Ω보다 커진다.

11.21 강하게 결합된 차동 마이크로스트립 쌍에서 대부분의 귀환 전류는 어디에 있는가?

기판의 귀환면이 신호 선로에 인접한 층에 있는 경우, 귀환 전류의 대부분은 귀환면에 흐른다. 귀환면이 아닌 다른 선로에 의해 전달되는 귀환 전류는 극히 일부분이다.

11.22 차동 쌍을 이루는 한 선로의 귀환 전류가 다른 선로에 의해 전달되는 인터커넥트의 구조 세 가지를 나열하라.

귀환 전류가 이렇게 흐르는 상황은 인접한 귀환면이 없는 경우에 발생한다. 차동 쌍에 인접한 귀환면이 없는 세 가지 일반적인 구조는 다음과 같다.

- 리드가 달린 패키지
- 커넥터
- 트위스티드 페어

11.23 스트립라인에서 두 선로가 서로 가까워질 때, 차동 신호의 속도는 공통 신호의 속도에 비해 빠른가, 느린가, 같은가? 마이크로스트립에서는 어떻게 달라지는가?

스트립라인에서는 차동 신호의 전기장 분포와 공통 신호의 전기장 분포가 매우 다르다. 그러나 유전체 물질이 균질하게 분포되어 있으면 전기장이 있는 곳에서는 어디에서나 유전 상수가 동일하다. 따라서 차동 신호와 공통 신호 모두 동일한 유효 유전 상수를 바라보며 동일한 속도로 전파된다.

마이크로스트립에서는 트레이스 위에 공기가 존재한다. 차동 신호는 공통 신호보다 트레이스 위에 큰 전기장을 발생시키므로 차동 신호가 바라보는 유효 유전 상수는 기판의 유전체 물질보다 공기가 더 많이 기여한 값이다. 공통 신호가 발생하는 전기장은 대부분 신호 선로와 귀환 경로 사이에 존재하므로 공통 신호가 바라보는 유효 유전 상수는 유전체 물질의 유전 상수 값에 더 가깝다. 따라서 차동 신호는 공통 신호보다 더 빠른 속도로 전파된다.

11.24 광면 결합 스트립라인에서 완벽하게 대칭인 차동 쌍을 설계하기 어려운 이유는 무엇인가?

광면 결합 스트립라인에서, 한 신호 선로와 그에 인접한 귀환면 사이의 유전체는 다른 신호 선로와 그에 인접한 귀환면 사이의 유전체와 적층 구조에서 서로 다른 유전체 층에 있다. 이 두 개의 서로 다른 유전체 층이 동일한 두께와 동일한 유전 상수를 갖게 하는 것은 어렵다. 또한 두 신호 선로는 서로 다른 신호 층에 위치해 있다. 두 선로가 서로 다른 층에 에칭될 때 동일한 선로 폭을 가지도록 제작하는 것은 어렵다.

11.25 마이크로스트립 차동 쌍에서 두 선로가 서로 가까워지면 길이당 홀수 모드 루프 인덕턴스는 어떻게 되는가? 길이당 짝수 모드 루프 인덕턴스는 어떻게 되는가? 스트립라인에서는 어떻게 달라지는가?

차동 쌍에서 한 선로의 홀수 모드 루프 인덕턴스는 차동 쌍이 차동 신호로 구동될 때의 값이다. 차동 신호로 구동되면 n 선로의 전류는 p 선로의 전류와 반대 방향으로 순환한다. 그러면 한 선로의 자기장은 다른 선로의 자기장을 감소시킨다. 따라서 홀수 모드 루프 인덕턴스는 단일 종단 루프 인덕턴스보다 작아진다. 차동 쌍에서 두 선로가 가까울수록 홀수 모드 루프 인덕턴스는 더 많이 감소한다. 스트립라인에서도 마이크로스트립에서와 동일한 효과가 발생한다. 짝수 모드 루프 인덕턴스는 홀수 모드 루프 인덕턴스와 반대로 변한다.

11.26 100 Ω 차동 쌍의 두 선로 끝을 100 Ω 차동 저항기만 사용하여 종단하면 이 차동 쌍의 두 선로 끝에서 공통 신호는 어떻게 되는가?

공통 신호는 반사된다. 차동 신호는 차동 쌍의 원단에서 100 Ω 저항기를 보게 되므로 반사가 되지 않지만 공통 신호는 개방(open)을 보게 되므로 100% 반사된다.

11.27 차동 쌍의 두 선로를 개별적으로 온-다이 V_{tt} 종단을 하는 것이 효과적인 종단 전략인 이유는 무엇인가? 각 저항기가 50 Ω이고 차동 임피던스가 100 Ω인 경우, 두 선로가 강하게 결합되어 있을 때 공통 신호의 최악 경우의 반사계수는 어떻게 되는가?

각 선로를 50 Ω 저항기로 V_{tt}에 종단하면 각 선로를 단일 종단 선로로 종단한 효과를 거둘 수 있다. 이렇게 하면 온-다이 종단을 할 수 있어서 종단 불연속을 줄일 수 있다는 장점이 있다.

또한 이 종단 방식은 아이 다이어그램에서 눈의 균형을 잘 유지하게 해준다.

차동 쌍의 두 선로가 강하게 결합되어 있고 차동 임피던스가 100 Ω인 경우, 홀수 모드 임피던스는 50 Ω이므로 50 Ω 온-다이 종단은 차동 신호에 대해 완벽한 종단이다.

공통 임피던스는 25 Ω보다 높으며 30 Ω까지 높아질 수 있다. 원단에 두 개의 50 Ω 저항기를 병렬로 연결하면 공통 신호는 약 25 Ω의 종단 저항을 바라보게 된다. 이 경우, 반사계수는 약 (30 − 25)/(30 + 25) = 0.09 = 9%이다. 공통 신호에 대한 반사계수 수치는 비교적 작은 값이다.

다이에서 V_{tt} 종단을 사용하는 것은 온-다이 종단을 통한 우수한 신호 품질과 공통 신호 종단 사이의 좋은 절충이다.

12장

12.1 기본적으로 S 파라미터는 실제로 무엇을 측정하는가?

S 파라미터는 시험 대상 장치(DUT)로 들어가는 복소 전압에 대한 시험 대상 장치에서 나오는 복소 전압의 비율이다. 이를 어떻게 해석하는가에 따라 실제 값이 나온다.

12.2 인터커넥트 구조의 S 파라미터 모델을 다른 이름으로 무엇이라고 하는가?

S 파라미터는 인터커넥트의 모든 전기적 특성 정보를 포함하고 있기 때문에 인터커넥트의 동작 모델(behavioral model) 또는 인터커넥트의 블랙박스 모델(black box model)이라고도 한다.

일부 시뮬레이터는 S 파라미터 모델을 자신의 시뮬레이션 환경에 직접 통합할 수 있다.

블랙박스 모델이라고 불리는 이유는 DUT의 구조가 모델 내부에 숨겨져 있기 때문이다. S 파라미터를 전기적 모델로 사용할 수는 있지만, 구조와 동작의 근본 원인에 대한 정보는 숫자들 안에 숨겨져 있다.

12.3 주파수 영역에서 S 파라미터는 인터커넥트의 어떤 특성을 나타내는가?

S 파라미터는 인터커넥트에 대한 신호의 응답과 입력 신호가 인터커넥트에서 “산란”되는 방식을 나타낸다. 각 S 파라미터 원소는 주어진 주파수 범위에서 입력 신호에 대한 인터커넥트의 응답을 나타낸다.

12.4 인터커넥트의 S 파라미터 모델을 시간 영역에서 표시할 때 주파수 영역과는 무엇이 다른가?

주파수 영역에서 표시할 때나 시간 영역에서 표시할 때나 S 파라미터 데이터는 동일하다. 주파수 영역과 시간 영역 사이에 S 파라미터의 동작 모델에는 차이가 없으며, 단지 다르게 표시될 뿐이다.

시간 영역에서는 어떤 파형이든 원하는 파형을 자극(stimulus)으로 사용할 수 있는데, 역사적인 이유로 스텝 응답을 소스로 사용한다. 드물지만 임펄스 응답을 소스 함수로 사용하는 경우도 있다.

시간 영역에서는 한 포트에 입사되는 스텝 에지에 대한 인터커넥트의 시간에 따른 응답을 볼 수 있다. 경우에 따라 이 정보는 임피던스, 결합, 모드 변환과 같은 DUT의 특성을 공간 매핑(spatial mapping) 측면에서 더 쉽게 해석할 수 있다.

12.5 인터커넥트의 S 파라미터 모델에서 데이터 마이닝을 할 수 있는 인터커넥트의 네 가지 특성을 나열하라.

인터커넥트의 S 파라미터 동작 모델 안에는 다음과 같은 인터커넥트 구조의 모든 특성이 포함되어 있다.

- 순시 임피던스 프로파일
- 인터커넥트의 특성 임피던스
- 인접 구조로의 크로스토크
- 감쇠
- 시간 지연
- 분산
- 주파수 영역에서의 입력 임피던스

12.6 50 Ω의 포트 임피던스를 사용하는 것의 중요성은 무엇인가?

50 Ω 포트를 사용하는 것에 대한 근본적인 이유는 없다. 원칙적으로 원하는 포트 임피던스를 사용할 수 있다. 한 포트 임피던스에 대한 S 파라미터를 알고 있다면, 이를 다른 포트 임피던스에 대한 S 파라미터로 변경할 수 있다.

포트 임피던스는 S 파라미터 안에 들어 있는 정보를 변경하지 않는다.

그러나 S 파라미터 파일 내의 실제 숫자를 해석하려면, 포트 임피던스를 알아야 한다. 포트 임피던스가 50 Ω이라고 생각했는데 실제로는 75 Ω이라면, S 파라미터를 잘못 해석하게 된다. 그렇기 때문에 포트 임피던스를 아는 것이 매우 중요하다. S 파라미터 텍스트 파일을 열어서 수록된 포트 임피던스를 직접 확인하지 않으면, S 파라미터만으로는 포트 임피던스가 얼마인지 알 수 없다.

혼동을 피하기 위해 특별한 이유가 없는 한 항상 50 Ω을 포트 임피던스로 사용해야 한다.

12.7 S 파라미터를 비율 값에서 dB 값으로 변환할 때 왜 10 대신 20이라는 인수를 사용하는가?

dB는 전력의 비(ratio)에 로그를 취해 10을 곱한 값의 단위이다. 하지만 S 파라미터는 두 진폭의 비, 다시 말해 두 전압의 비이다. 진폭 비를 전력 비로 변환할 때는 진폭 비를 제곱한다. 이 전력 비의 로그를 취하면 제곱을 나타내는 지수 2는 로그 앞에 곱해지는 인수 2로 된다.

따라서 S 파라미터를 dB 값으로 변환할 때, 로그 앞의 10에 2가 추가로 곱해져 인수는 20이 된다.

12.8 인터커넥트의 임피던스에 가장 민감한 S 파라미터 행렬의 원소은 무엇인가?

인터커넥트의 임피던스는 모든 S 파라미터 원소에 어떤 식으로든 영향을 미친다. 그러나 반사 신호, 즉 S 파라미터 행렬의 대각선 원소들은 인터커넥트의 임피던스 프로파일에 가장 민감하다.

결국 신호가 반사되는 유일한 경우는 인터커넥트를 따라 임피던스의 변화가 있는 경우이다. 반사 계수에 해당하는 S 파라미터 원소에는 각 포트를 들여다볼 때 신호가 바라보는 임피던스 구조에 대한 모든 정보가 담겨 있다.

12.9 인터커넥트에서 감쇠에 가장 민감한 S 파라미터 행렬의 원소는 무엇인가?

인터커넥트의 감쇠는 인터커넥트를 통한 신호의 전달과 관련이 있다. 감쇠로 인한 영향은 전달 계수인 S21, 다시 말해 삽입 손실에서 가장 분명하게 나타난다.

12.10 이상적인 투명한 인터커넥트의 S 파라미터 값은 무엇인가?

투명한 인터커넥트는 반사가 없어야 하며 모든 것이 전달되어야 한다. 따라서 S11은 0 또는 매우 큰 음(−)의 dB 값(이론적으로는 $-\infty$ dB)이 되어야 하고, S21은 1 또는 0 dB가 되어야 한다.

12.11 한 쌍의 전송선로의 포트를 지정할 때 권장되는 방식은 무엇인가?

한 개의 전송선로의 왼쪽 포트에는 홀수 인덱스 번호를 붙이고 오른쪽 포트에는 짝수 인덱스 번호를 붙이는 방식을 권장한다. 이 방식을 사용하면 스루(through, 통과) 경로는 포트 1에서 포트 2로 가는 경로가 된다. 나머지 한 개의 전송선로에서는 스루 경로가 포트 3에서 포트 4로 가는 경로가 된다.

이 포트 지정 방식을 사용하면, 차동 쌍의 한 선로의 삽입 손실은 S21이며 이는 단일 종단 선로의 삽입 손실과 동일하다. 그리고 차동 응답은 SDD21이 된다. 차동 쌍에서도 단일 종단 선로에서의 방식을 일관성 있게 적용하여 "2,1"의 인덱스 번호로 스루 경로의 응답을 나타낸다.

12.12 두 전송선로 사이의 근단 크로스토크에 대한 정보를 포함하는 S 파라미터 행렬의 원소는 무엇인가?

권장하는 포트 지정 방식을 사용하면 근단 크로스토크는 S31이 된다. 또는 다른 쪽에서 보면 S42가 된다.

12.13 두 전송선로 사이의 원단 크로스토크에 대한 정보를 포함하는 S 파라미터 행렬의 원소는 무엇인가?

권장하는 포트 지정 방식을 사용하면, 원단 크로스토크는 S41이 된다. 다른 쪽에서 보면 S32가 된다.

12.14 4 포트 인터커넥트의 S 파라미터 모델을 측정하는 경우, 10 MHz에서 40 GHz까지의 범위에서 10 MHz 간격으로 측정하면 S 파라미터 모델은 총 몇 개의 숫자가 들어 있는가?

4 포트 S 파라미터 파일을 구성하는 S 파라미터 행렬에는 각 포트로 들어가고 나오는 신호와 관련된 총 16가지 서로 다른 원소가 있다. 모든 원소가 유일한 것은 아니지만 그래도 모든 원소가 S 파라미터 파일 안에 포함되어 있다.

각 행렬 원소에는 복소수가 들어가므로 결국 각 원소에는 두 종류의 수(실수와 허수, 또는 크기와 위상)가 들어간다. 총 4,000개의 주파수 점마다 두 종류의 수에 대한 값이 제공된다.

따라서 주파수 값은 제외하고 S 파라미터 파일에 있는 개별 숫자의 총 개수는 16 × 2 × 4,000 = 128,000개이다. 이것은 정말 많은 양의 정보이다!

12.15 역사적으로 정확한(통상적인) 반사 손실 정의를 사용하는 경우, 반사 손실이 증가하면 반사 계수는 어떻게 되는가? 이렇게 되면 더 투명한 인터커넥트가 되는가, 아니면 덜 투명한 인터커넥트가 되는가?

역사적으로 정확한 반사 손실 값은 양(+)의 dB 값이다. 반사 계수는 음(−)의 dB 값이다. 따라서 반사 손실이 증가하여 큰 + dB 값이 되면 반사 계수는 큰 − dB 값이 되어 더 작은 값이 된다. 반사 계수가 작을수록 역사적으로 정확한 반사 손실은 커지고 인터커넥트는 더 투명해진다.

12.16 역사적으로 정확한(통상적인) 삽입 손실 정의를 사용하는 경우, 삽입 손실이 증가하면 전달 계수는 어떻게 되는가? 이렇게 되면 더 투명한 인터커넥트가 되는가, 아니면 덜 투명한 인터커넥트가 되는가?

역사적으로 정확한 정의를 사용하는 경우, 삽입 손실이 증가하면 전달 계수가 증가하여 더 많은 신호가 통과한다. 따라서 삽입 손실이 증가할수록 전달 계수 S21의 값은 1 또는 0 dB에 가까워지고 인터커넥트는 더 투명해진다.

12.17 50 Ω 포트 임피던스를 가진 케이블의 반사계수가 −35 dB의 피크 값을 가지는 경우, 케이블의 특성 임피던스를 추정하라. 포트 임피던스가 75 Ω으로 변경된다면, 피크 반사계수는 증가하는가, 감소하는가?

반사계수의 피크 값이 −35 dB이면 이는 인터커넥트에서의 반사가 약 3%라는 것이다. 피크 값으로서 이는 인터커넥트의 앞쪽 끝에서 약 1.5%, 반대쪽 끝에서 약 1.5%의 반사가 발생한다는 것을 의미한다.

어느 한쪽 끝에서의 반사계수는 $1.5\% = (Z_2 - Z_1)/(Z_2 + Z_1)$이다. 소스 임피던스가 50 Ω인 경우, 인터커넥트의 임피던스 Z_2는 $Z_2 = 50 \times (1 - 1.5\%)/(1 + 1.5\%) = 49.2\ \Omega$

이 된다. 이 값은 50 Ω에 매우 가깝다.

하지만 포트 임피던스가 75 Ω으로 변경되면, 반사계수는 크게 증가한다. 인터커넥트는 그대로지만 포트 임피던스를 변경하는 것만으로 S11 항을 비롯한 다른 항들이 변한다. 그렇기 때문에 S 파라미터를 만들어낼 때 사용되는 포트 임피던스를 아는 것이 중요하다.

12.18 스루(through) 인터커넥트의 S 파라미터에 대한 가장 중요한 두 가지 일관성 시험으로서, 저주파에서 반사 손실과 삽입 손실은 얼마가 되어야 하는가? 인터커넥트의 임피던스가 증가하면 이 값은 어떻게 변하는가?

저주파에서 반사 손실, 즉 S11은 항상 큰 음(−)의 dB 값이어야 한다. 삽입 손실, 즉 S21은 0 dB에 가까워야 한다. 즉, 인터커넥트는 저주파에서 투명한 인터커넥트처럼 보여야 한다.

인터커넥트의 임피던스가 증가해도 저주파에서 이 두 값은 거의 같게 유지되어야 한다. 충분히 낮은 주파수에서 모든 인터커넥트는 자신의 임피던스에 상관없이 투명하게 보인다.

12.19 반사 계수에서 리플이 발생하는 원인은 무엇인가?

반사 계수의 리플은 인터커넥트의 앞쪽 끝에서 반사된 신호와 뒤쪽 끝에서 반사된 신호가 같은 포트로 되돌아와 간섭을 일으키기 때문에 발생한다. 이 두 반사 신호의 위상이 같으면 서로 더해지므로 반사 계수에 피크가 나타난다. 두 반사 신호의 위상이 어긋나 정반대가 되면 서로 빼져서 반사 계수에 딥이 나타난다.

12.20 반사 계수의 크기가 얼마 이상이면 반사 손실 리플이 전달 계수에 나타나기 시작하는가?

반사 계수가 약 −13 dB보다 작으면 반사되는 신호에서 손실되는 에너지가 너무 작아서 전달되는 신호의 크기에 거의 영향을 미치지 않는다. 하지만 반사 계수가 −13 dB보다 크면 이 에너지 손실이 전달 계수를 감소시켜 전달되는 신호에 영향을 미치기 시작한다.

12.21 S21의 위상이 음(−)의 방향으로 증가하는 이유는 무엇인가?

S21의 위상은 인터커넥트에서 나오는 신호의 위상에서 "지금" 인터커넥터로 들어오는 신호의 위상을 뺀 것으로 정의된다.

인터커넥트에서 나오는 신호를 보는 시점에는, 그 신호가 인터커넥트로 들어간 시점에서 어느 정도 시간이 지났으므로 지금 인터커넥트로 들어가는 신호의 위상이 선행한 것이다. 따라서 지금 신호가 인터커넥트에서 나오는 순간에 인터커넥트로 들어오는 신호의 위상은 나오는 신호보다 위상이 크다.

S21의 위상 정의가 나오는 위상에서 들어오는 위상을 뺀 것이고, 들어오는 위상이 항상 나오는 위상보다 크기 때문에 S21의 위상은 항상 음수가 된다. 그리고 주파수를 증

가시키면 같은 시간 지연에 대해 위상 이동이 증가하여 S21의 위상은 음의 방향으로 증가한다.

12.22 S21을 극좌표에 그래프로 그리는 경우, 주파수가 증가함에 따라 S21이 안쪽으로 말리는 나선형 곡선이 되는 이유는 무엇인가가?

거의 모든 인터커넥트는 주파수가 증가할수록 감쇠가 증가한다. 이는 주파수가 증가할수록 전달되는 신호의 크기가 점점 작아진다는 것을 의미한다.

S21을 극좌표에 그리면 위상이 진행할수록 S21 벡터의 크기가 작아지므로 주파수가 증가할수록 S21 벡터는 안쪽으로 말리는 나선형 곡선을 그리게 된다.

12.23 일관성 시험으로서, 10 GHz에서 길이가 20 inch인 FR4 인터커넥트의 삽입 손실은 어느 정도가 될 것으로 예상하는가?

도체 손실을 포함할 때 FR4 채널의 손실을 나타내는 성능지수는 약 −0.2 dB/inch/GHz이다. 길이가 20 inch인 채널의 10 GHz에서의 손실은 약 −0.2 dB/inch/GHz × 20 inch × 10 GHz = −40 dB가 될 것이다.

12.24 마이크로스트립 차동 쌍을 이루고 있는 한 선로의 S21에 특정 주파수에서 깊은 딥이 나타나는 이유는 무엇인가? 대답을 검증하기 위한 일관성 시험 방법을 말하라.

마이크로스트립의 삽입 손실에서 딥이 나타나는 이유로 몇 가지 가능성이 있다. 하나의 가능성은 차동 쌍 자체에서 발생하는 결합이다. 에너지가 한 도체에서 다른 도체로 흐르면 전달된 신호에서 에너지가 손실된다. 이 가능성을 확인해 볼 수 있는 일관성 시험 방법은 다른 라인의 맨 끝에 에너지가 나타나는지 확인하는 것이다. 즉 S21이 감소하면, S41이 증가해야 한다.

또 다른 가능성은 스터브 공진이다. 이것이 맞다면 S21에서 손실된 에너지는 S11에서 나타난다. 이를 확인하는 것은 중요한 일관성 테스트가 될 수 있다.

12.25 스루(through) 인터커넥트의 삽입 손실에 나타나는 날카롭고 좁은 딥을 발생시키는 가장 흔한 원인은 무엇인가?

딥이 좁고 날카로운 경우, 이는 Q가 높은 공진으로 인해 에너지가 손실된 것을 나타낸다. 신호 근처 어딘가에서 Q가 높은 공진 구조로 결합되고 있다는 뜻이다. 이러한 구조가 되는 가장 흔한 원인은 두 개의 평면으로 구성된 공동(cavity)이다. 신호가 공동을 통과하면 그 귀환 전류가 공동에 결합된다.

또한 인접한 플로팅 도체도 공진 구조로 동작할 수 있으므로 딥의 원인이 될 수 있다.

12.26 차동 쌍에서 나타날 수 있는 신호의 두 가지 종류는 무엇인가?

차동 쌍에는 차동 신호와 공통 신호, 이렇게 두 가지만 나타날 수 있다.

12.27 차동 쌍에서 모드 변환을 일으키는 유일한 특징은 무엇인가? 모드 변환을 나타내는 강력한 혼성 모드 S 파라미터 행렬의 두 가지 원소는 무엇인가?

모드 변환은 차동 쌍을 구성하는 두 선로의 특징 사이의 비대칭에 의해서만 발생한다. 한 선로가 아무리 잘못되어 있어도 다른 선로가 똑같은 방식으로 잘못되어 있으면 모드 변환은 일어나지 않는다.

모드 변환을 나타내는 가장 강력한 혼성 모드 S 파라미터 행렬 원소는 SCD21과 SCD11이다. 이 두 항목은 인터커넥트 내부의 모드 변환을 나타내는 직접적인 척도이다.

12.28 결합이 없는 차동 쌍에서, 차동 삽입 손실은 각 선로의 단일 종단 삽입 손실과 어떻게 다른가?

차동 쌍의 두 선로 사이에 결합이 없으면 모든 S 파라미터 항의 차동 응답은 해당 S 파라미터 항의 단일 종단 응답과 정확히 같다.

결합이 없는 경우, 차동 응답은 두 선로의 평균 응답이다. 두 선로가 대칭인 경우, 두 선로는 같은 값을 가지며 그 평균도 같은 값이 된다.

12.29 인터커넥트의 TDR 응답을 표시할 때, 어떤 S 파라미터가 표시되며 어떻게 해석해야 하는가?

TDR 응답은 실제로 시간 영역에서 표시된 S11 응답이다. 시간 영역 입력 자극으로는 S 파라미터의 대역폭에 해당하는 상승 시간을 가진 스텝 에지를 사용한다. 이 스텝 에지가 인터커넥트로 들어가서 반사된 신호가 시간 영역 응답으로 표시된다.

스텝 에지의 반사는 임피던스 프로파일과 직접 관련이 있다. 소스 임피던스를 알면, 반사 계수의 크기를 조정하여 인터커넥트의 순시 임피던스 프로파일을 표시할 수 있다.

12.30 스루 인터커넥트의 TDT 응답에는 어떤 정보가 포함되는가?

스루 인터커넥트의 TDT 응답에서 중요한 두 가지 정보는 인터커넥트의 시간 지연과 상승 시간의 성능저하(즉 상승 시간 증가)이다. 주파수 의존적 손실이 더 많을수록 상승 시간은 더욱 증가한다.

13장

13.1 전원 분배 네트워크(PDN)를 구성하는 다섯 가지 요소는 무엇인가?

VRM에서 다이의 패드까지 PDN의 경로를 따라가는 과정에서 다음과 같은 구조를 만나게 된다.

- 전압 조정기 모듈(VRM)
- 벌크 디커플링 커패시터
- MLCC 커패시터
- 전원/접지면 공동
- 패키지에 연결되는 비아
- 패키지 리드 인덕턴스

- 온-다이 커패시턴스

13.2 PDN의 일부가 아닌 인터커넥트 구조의 예를 두 가지 들어라.

기판의 맨 위층과 맨 아래층에서 마이크로스트립으로 이동하는 신호 선로는 PDN의 일부가 아니다. 전송선로의 맨 끝에 있는 종단 저항기도 PDN의 일부가 아니다.

13.3 잘못 설계된 PDN에서 발생할 수 있는 세 가지 잠재적 문제는 무엇인가?

잘못 설계된 PDN은 다음과 같은 문제를 초래할 수 있다.

- 수신기가 수신된 신호의 전압 레벨 전이를 읽으려고 할 때 비트 에러 노이즈가 발생
- 클록 분배 네트워크의 일부 회로나 타이밍 회로에서 지나치게 많은 지터가 발생
- 공동을 통과하는 신호가 전이할 때 너무 많은 크로스토크가 발생하고 신호가 공동으로부터 노이즈를 포착

13.4 PDN에서 가장 중요한 설계 원리는 무엇인가?

공동에서 전압 노이즈를 줄이기 위해서는 공동의 임피던스를 가능한 한 낮게 유지해야 한다.

13.5 목표 임피던스 선택에 영향을 미치는 성능 요소는 무엇인가?

허용할 수 있는 전압 노이즈 양과 PDN에 흐를 것으로 예상되는 최대 전류를 기반으로 목표 임피던스를 선택한다. 최대 허용 전압 노이즈와 최대 전류의 비율이 목표 임피던스이다.

13.6 PDN에서 가장 중요한 세 가지 설계지침은 무엇인가?

PDN의 임피던스를 목표 임피던스 이하로 유지하기 위한 설계지침은 다음과 같다.

- 모든 인터커넥트 구성요소(소자)의 인덕턴스 감소
- 가능한 한 큰 온-다이 커패시턴스 사용
- 온-패키지 커패시터 사용
- 높은 Q 공진을 감쇠(damping)시키는 데 충분한 높은 ESR을 가진 커패시터 사용
- 얇은 유전체를 사용하여 전원면과 접지면을 인접한 층으로 만들고 이를 적층 구조의 상단에 가깝게 배치

13.7 2 V 전원 레일의 리플 사양이 5%이고 이 전원 레일에서 인출되는 최대 과도 전류가 10 A일 때 목표 임피던스를 구하라.

목표 임피던스는 전압 노이즈 허용량을 최대 과도 전류로 나눈 값이다. 이 문제에서는 $Z_{target} = (2\ V \times 0.05)/10\ A = 0.1\ V/10\ A = 0.01\ \Omega$이다.

13.8 목표 임피던스보다 훨씬 낮은 PDN 임피던스를 구현하는 경우의 단점은 무엇인가?

목표 임피던스를 모든 곳에서 충족하는 PDN은 아무 문제없이 작동하겠지만 비용이 더 많이 들 수 있다. 적절한 성능을 제공하면서도 더 저렴한 대체 설계 방법이 있을 수 있다.

13.9 PDN을 주파수 영역에서 분석하는 것이 더 쉬운 이유는 무엇인가?

PDN의 성능은 대부분 L과 C 소자 사이의 병렬 공진과 관련이 있다. 이러한 종류의 문제는 주파수 영역에서 찾아내고 이해하고 처리하기가 훨씬 쉽다.

13.10 주파수 영역에서 PDN 임피던스의 다섯 가지 주파수 영역은 무엇이며, 이들 영역에 영향을 미치는 물리적 특징은 무엇인가?

- 가장 높은 주파수 영역은 온-다이 커패시턴스가 임피던스를 지배하는 영역이다.
- 두 번째로 높은 주파수 영역은 온-다이 커패시턴스와 패키지 리드 인덕턴스의 병렬 공진에 의해 다수의 임피던스 피크가 발생하는 영역이다.
- 세 번째로 높은 주파수 영역은 MLCC 커패시터가 임피던스를 지배하는 영역이다.
- 네 번째로 높은 주파수 영역은 벌크 커패시터와 VRM의 병렬 공진이 발생하는 영역이다
- 가장 낮은 주파수 영역은 VRM의 출력 저항과 유효 인덕턴스가 임피던스를 지배하는 영역이다.

13.11 PDN의 어떤 특징이 최고 주파수에서 낮은 임피던스를 제공하는가?

최고 주파수에서 임피던스를 지배하는 것은 온-다이 커패시턴스이다.

13.12 최고 주파수에서 임피던스를 줄이기 위해 조정해야 하는 유일한 설계 특징은 무엇이며, 이를 달성하기 어려운 이유는 무엇인가?

최고 주파수에서 임피던스는 온-다이 커패시턴스가 지배하므로 이 임피던스를 줄이기 위해 조정할 수 있는 유일한 방법은 온-다이 커패시턴스를 더 추가하는 것이다. 이 방법은 일반적으로 비용이 많이 들고 달성하기 어렵다.

13.13 VRM의 특성을 나타내는 가장 중요한 세 가지 항목은 무엇인가?

VRM은 일반적으로 직렬 저항과 인덕턴스로 모델링된다. 이 두 가지가 VRM의 가장 중요한 특성이다. 스위치 모드 전원 공급 장치(switch mode power supply, SMPS)의 경우, 스위칭 주파수도 중요한 지표이다.

13.14 임피던스 분석기 시뮬레이션을 가능하게 하는 핵심 SPICE 소자는 무엇인가?

임피던스 분석기 시뮬레이션에 사용하는 소자는 정전류 AC 전류 소스이다.

13.15 패키지 리드 인덕턴스를 줄이는 것이 왜 그렇게 중요한가?

패키지 리드 인덕턴스는 병렬 공진의 피크 임피던스에 영향을 미치는 두 가지 항목 중 하나이다. 패키지 리드 인덕턴스가 낮을수록 병렬 공진의 피크 인덕턴스가 낮아진다.

13.16 어떤 2층 BGA에는 한쪽 모서리에서 다른 쪽 모서리로 이어지는 리드가 있다. 인접한 전원 리드와 접지 리드의 길이가 모두 0.5 inch이고, 이 전원/접지 리드 쌍이 총 20개가 있을 때 PDN의 등가 패키지 리드 인덕턴스는 얼마인가?

전원/접지 리드 쌍의 길이당 루프 인덕턴스는 약 20 nH/inch이다. 리드 길이가 0.5 inch이므로 총 루프 인덕턴스는 약 0.5 inch × 20 nH/inch = 10 nH이다. 20개의 리드

쌍이 병렬로 연결되므로 전원/접지 경로에서 등가 인덕턴스는 1/20 × 10 nH = 0.5 nH이다.

13.17 가장 낮은 루프 인덕턴스를 가진 패키지 유형은 무엇인가? 패키지 리드 인덕턴스를 줄이기 위해서는 어떤 세 가지 패키지 특징을 설계해야 하는가?

전원 분배에서 루프 인덕턴스가 가장 낮은 패키지 유형은 인접한 층에 전원면과 접지면이 서로 가깝게 배치된 다층 BGA이다. 다른 패키지 유형으로, 리드가 매우 짧은 칩 스케일 패키지(chip-scale package, CSP)도 루프 인덕턴스가 매우 작다.

13.18 기판에서 모든 디커플링 커패시터를 제거해도 제품이 여전히 작동하는 경우가 가끔 있는데 그 이유는 무엇인가? 이것은 좋은 테스트가 아닌 이유는 무엇인가?

PDN 문제로 인한 실패(고장) 여부는 임피던스 프로파일에서 큰 피크가 발생하는 주파수와 동일한 주파수 성분을 가지는 큰 과도 전류가 있는지 여부에 따라 결정되는 경우가 많다. 제품의 전원을 켤 때, 부팅 과정이나 특정 코드가 실행되는 과정에서 큰 과도 전류가 흐르지 않으면 제품은 잘 작동할 것이므로 PDN에는 문제가 없는 것이다. 그러면 모든 디커플링 커패시터를 제거해도 제품은 잘 작동할 수 있다.

그러나 어떤 정상적인 마이크로코드가 실행되자마자 피크 임피던스 주파수에서 큰 과도 전류가 발생하면 이로 인한 노이즈가 노이즈 한계를 초과하여 고장(실패)이 생길 수 있다. 제품이 "작동"한다고 해서 모든 마이크로코드에서 작동한다는 보장은 없다.

13.19 MLCC 커패시터의 가장 중요한 세 가지 특성은 무엇이며, 각 항목에 영향을 미치는 물리적 특성은 무엇인가?

MLCC 커패시터의 세 가지 전기적 특징은 커패시턴스, 실장 인덕턴스, ESR이다.

커패시턴스는 층의 개수와 층 사이의 간격에 관한 것이다.

실장 인덕턴스는 기판 내부의 공동에서 커패시터 리드로 연결되는 인터커넥트의 루프 인덕턴스에 관한 것이다.

ESR은 병렬로 연결된 평판의 수와 관련이 있다. 일반적으로 커패시터의 커패시턴스가 클수록 더 많은 수의 평판이 병렬로 연결되며 ESR이 더 낮아진다.

13.20 기판상의 PDN 구성요소에서 인덕턴스를 줄이는 것이 왜 그렇게 중요한가?

PDN의 가장 큰 문제는 병렬 공진에서의 높은 임피던스이다. 피크 임피던스에 영향을 미치는 한 가지 특징은 공진과 관련된 인덕턴스이다. 인덕턴스를 줄이면 피크 임피던스가 감소한다.

13.21 MLCC 커패시터의 실장 인덕턴스를 줄이기 위한 가장 중요한 세 가지 설계지침은 무엇인가?

루프 인덕턴스를 줄이려면 다음과 같이 세 가지 설계 특징을 변경해야 한다.

- 가능한 한 둘레 길이를 짧게 한다. 다시 말해, 비아 인 패드(via in pad)와 같이 모든

경로를 가능한 한 최단 길이로 유지한다.

- 넓은 도체를 사용한다. 표면 트레이스를 가능한 한 넓게 유지하여 전류를 넓게 퍼뜨린다.
- 전원과 접지를 가깝게 배치한다. 공동의 상단을 기판 표면에 최대한 가깝게 배치하여 전원과 접지 경로 사이의 부분 상호 인덕턴스를 증가시킨다.

13.22 전원/접지면 공동에서 확산 인덕턴스를 줄일 수 있는 세 가지 설계 특징은 무엇이고, 그중에서 가장 중요한 것은 무엇인가?

커패시터 위치에서 BGA까지 공동의 확산 인덕턴스는 다음과 관련이 있다.

- 공동을 구성하는 전원/접지면 사이의 얇은 유전체: 이것은 일차적 항목이며 가장 중요하다.
- 공동 내의 접촉 영역의 지름: 이것은 공동으로 들어가는 비아의 크기나 비아의 개수에 해당한다. 여러 개의 비아를 사용하면 공동 내의 접촉 영역이 증가하고 접촉 영역에서의 확산 인덕턴스가 감소한다.
- 커패시터와 BGA의 근접도: 이것은 이차적 항목이며 거리에 따라 로그의 비율로 변하지만, 가능한 한 가까울수록 더 좋다.

13.23 어떤 설계 특징의 조합에서 디커플링 커패시터의 위치가 중요하지 않은가? 어떤 경우에 디커플링 커패시터의 위치가 중요한가?

커패시터의 위치가 중요한 상황은 공동 내의 확산 인덕턴스가 전체 실장 인덕턴스의 큰 부분을 차지하는 경우이다. 공동 내의 확산 인덕턴스가 실장 인덕턴스에 비해 작으면 커패시터의 위치를 옮겨도 총 유효 인덕턴스는 변하지 않는다.

이것은 공동의 전원면과 접지면 사이에 있는 유전체가 매우 얇거나 커패시터의 실장 인덕턴스가 높은 경우에 해당한다.

13.24 높은 주파수에서 기판에 있는 커패시터는 이상적인 커패시터처럼 작동하지 않는다. 실제 커패시터를 고려하는 더 효과적인 방법은 무엇인가?

실제 커패시터를 나타내는 간단한 모델은 한 개의 이상적인 C 소자이다. 이 모델은 저주파에서는 일반적으로 잘 작동하지만, 약 1 MHz 이상에서는 실제 커패시터와 그다지 잘 맞지 않는다.

더 높은 주파수에서 더 잘 일치하는 모델은 RLC 직렬 회로이다. 이 모델에서 C는 저주파 임피던스와 일치하고 L은 실제 커패시터의 고주파 임피던스와 일치한다.

실제 커패시터의 가장 낮은 임피던스는 R 값과 잘 일치한다.

13.25 커패시터에서 비아를 거쳐 공동으로 가는 어떤 기판 상의 표면 트레이스가 폭은 10 mil이고 길이는 30 mil이다. 공동의 상단은 표면보다 10 mil 아래에 있다. 0603 커패시터의 실장 인덕턴스는 얼마인가? 비아의 지름이 10 mil일 때 비아의 루프 인덕턴스는 얼

마인가?

폭이 10 mil인 표면 트레이스의 루프 인덕턴스를 추정해보자. 커패시터에 연결된 트레이스의 길이는 양쪽 면으로 각각 30 mil이므로 전체 길이는 60 mil이다. 따라서 전체 트레이스에는 총 6개의 정사각형이 들어간다. 0603 커패시터에는 2개의 정사각형이 들어가므로 상단 경로의 총 정사각형 수는 8개이다.

공동의 상단과 트레이스의 하단 사이의 유전체 간격은 10 mil이다. 트레이스와 공동의 상단은 공동 구조를 이루고 있으므로, 시트 인덕턴스는 32 pH/mil × 10 mil = 320 pH/sq가 된다. 이 대략적인 근사치를 사용하면, 커패시터의 루프 인덕턴스는 다음과 같다.

$$8 \text{ sq} \times 0.32 \text{ nH/sq} = 2.5 \text{ nH}$$

한 쌍의 비아는 길이당 약 20 nH/inch의 루프 인덕턴스를 가진다. 길이가 10 mil인 비아의 루프 인덕턴스 기여도는 약 20 nH/inch × 0.01 inch = 0.2 nH이다. 이것은 커패시터에 연결된 표면 트레이스의 인덕턴스의 10%보다 작다.

13.26 기판에 동일한 커패시터 10개를 추가하면 자기 공진 주파수는 어떻게 되는가? 변경되는 특징은 무엇인가?

커패시터의 자기 공진 주파수(SRF)는 ESL과 C의 곱과 관련이 있다. 동일한 커패시터 n개를 기판에 병렬로 추가하면 커패시턴스는 n배로 증가하고 인덕턴스는 1/n로 감소한다. 따라서 L과 C의 곱은 변함없이 유지된다. n개 커패시터 전체의 자기 공진 주파수는 각각의 개별 커패시터의 자기 공진 주파수와 동일하다.

13.27 값이 서로 다른 두 개의 커패시터를 병렬로 추가하면 어떠한 새로운 임피던스 특징이 생기는가? 이 특징이 PDN 설계에 매우 중요한 이유는 무엇인가?

커패시턴스가 다른 두 개의 실제 커패시터를 기판에 실장하는 경우, 각 커패시터의 실장 인덕턴스는 동일한 것이 일반적이다. 이 두 커패시터의 병렬 임피던스는 큰 커패시터의 인덕턴스와 작은 커패시터의 커패시턴스의 상호작용으로 인해 병렬 공진을 나타낸다.

이러한 병렬 공진으로 인해 두 커패시터의 각각의 임피던스보다 큰 피크 임피던스가 PDN에 발생한다. 이 피크 임피던스가 종종 PDN에서 문제의 원인이 된다.

13.28 두 개의 커패시터 사이의 병렬 피크 임피던스를 줄이기 위한 세 가지 설계지침은 무엇인가?

문제를 분석하는 첫 번째 단계는 근본 원인을 찾는 것이다. 등가 회로 모델을 사용하여 문제를 나타낼 수 있으면 회로 모델을 통해 중요한 항목을 파악할 수 있는 경우가 많이 있다.

병렬 공진에서는 세 가지 항목이 피크 임피던스를 결정한다. L과 C가 피크 임피던스에 기여하는 정도는 동일하다. 따라서 피크 임피던스를 줄이려면 소자들의 커패시턴스를 증가시키고 인덕턴스를 감소시켜야 한다.

피크 임피던스에 영향을 미치는 세 번째 항목은 소자의 ESR로 나타내는 손실(loss)이다. 피크 임피던스를 줄이기 위해 ESR은 증가시켜야 한다. ESR 값이 너무 크면 임피던스의 평평한(flat) 부분이 증가할 수 있다. 따라서 ESR에는 최적의 값이 있는데, 일반적으로 ESR이 목표 임피던스와 같아질 때까지이다.

13.29 커패시턴스의 값이 증가함에 따라 커패시터의 ESR은 어떻게 되는가?

MLCC 커패시터의 커패시턴스는 MLCC를 구성하는 평판의 개수에 따라 증가한다. 커패시턴스가 높을수록 평판의 개수가 많다.

커패시터의 ESR은 도체 판 시트의 확산 저항(spreading resistance)으로 인해 발생한다. 일반적으로, 병렬로 연결된 평판의 수가 많을수록 ESR은 낮아진다. 따라서 MLCC 커패시터의 경우, 커패시턴스가 높을수록 평판의 개수가 더 많으므로 ESR이 감소한다.

13.30 목표 임피던스를 달성하는 데 필요한 커패시터 수를 줄이기 위해 조정해야 할 가장 중요한 설계 특징은 무엇인가?

필요한 커패시터의 개수는 패키지 리드 인덕턴스에서 공동까지 루프 인덕턴스를 증가시키지 않는 것을 기준으로 한다. 따라서 각 커패시터의 ESL이 작을수록 병렬로 연결되는 커패시터의 수는 더 적게 필요하다.

13.31 PDN 임피던스 프로파일을 평평하게 설계하는 것의 한 가지 장점은 무엇인가?

평평한 임피던스 프로파일은 피크 임피던스가 없으므로 PDN에서 큰 전압 노이즈를 발생시킬 수 있는 특별히 민감한 주파수가 없다.

기판 수준에서 저항기처럼 보이는 평평한 임피던스 프로파일은 병렬 공진의 피크 임피던스를 감쇠시키는 데 도움이 된다.

13.32 FDTIM 프로세스는 무엇이고, 왜 강력한 기술인가?

주파수 영역 목표 임피던스 방법(FDTIM)은 커패시터의 임피던스 피크들을 평평하게 만들기 위해 커패시터 값을 선택하는 프로세스이다. 기본적으로 가장 낮은 주파수에서 시작하여 사용 가능한 가장 큰 커패시터를 선택하고, 이 커패시터의 값을 1/10로 낮출 때마다 3개의 값으로 구분하여 이 작은 값을 계속 추가하고, 각 값을 가지는 커패시터 개수를 선택하여 상대적으로 평평한 임피던스 프로파일을 만든다.

이러한 방식으로 선택한 커패시터 값들의 집합은 기판 수준 PDN을 저항기처럼 보이게 하고, 병렬 공진의 피크 임피던스를 감쇠시킨다.

[찾아보기]

ㅅ

ㅇ

ㅊ

ㅋ

ㅌ

ㅍ

T

U

V

W

X

Y

번호

번역진

유태훈 동양미래대학교 정보통신공학과 교수

권종화 한국전자통신연구원 책임연구원

김지성 한국과학기술원 조천식모빌리티대학원 초빙교수

박현호 수원대학교 전기전자공학부 교수

송익환 광운대학교 전자통신공학과 교수

안승영 한국과학기술원 조천식모빌리티대학원 교수

신호 및 전원 무결성 3판

(Signal and Power Integrity 3e)

발행일 | 2024년 12월 02일
저 자 | Eric Bogatin
역 자 | 유태훈 · 권종화 · 김지성 · 박현호 · 송익환 · 안승영
발행인 | 문정임
발행처 | 학산미디어
기 획 | 이덕선
표 지 | 김연아
편 집 | 장진희
주 소 | 서울특별시 노원구 동일로 245가길 41
전 화 | 02-935-0670 / 010-3223-7340
팩 스 | 02-932-0670
이메일 | sorgento2000@hanmail.net
등록번호 | 제 25100-2011-000001호
ISBN | 979-11-85294-45-2 (93560)
정 가 | 55,000원